Springer-Lehrbuch

Springer

*Berlin*
*Heidelberg*
*New York*
*Hongkong*
*London*
*Mailand*
*Paris*
*Tokio*

Gerhard Heldmaier · Gerhard Neuweiler

# Vergleichende Tierphysiologie

Band 2

Gerhard Heldmaier

Vegetative Physiologie

Mit 305 zweifarbigen Abbildungen und 36 Tabellen

Springer

Professor Dr. Gerhard Heldmaier
Universität Marburg
Fachbereich Biologie
– Zoologie –
Karl-von-Frisch-Straße
35043 Marburg

e-mail: heldmaier@staff.uni-marburg.de

Professor Dr. Gerhard Neuweiler
Universität München
Zoologisches Institut
Luisenstraße 14
80333 München

e-mail: neuweil@zi.biologie.uni-muenchen.de

ISBN 3-540-00067-4 Springer-Verlag Berlin Heidelberg New York

Bibliografische Information Der Deutschen Bibliothek
Die Deutsche Bibliothek verzeichnet diese Publikation in der Deutschen Nationalbibliografie; detaillierte bibliografische Daten sind im Internet über <http://dnb.ddb.de> abrufbar.



Springer-Verlag Berlin Heidelberg New York
ein Unternehmen der BertelsmannSpringer Science+Business Media GmbH
http://www.springer.de



Satz: K+V Fotosatz GmbH, Beerfelden
Einbandgestaltung: deblik Berlin
Umschlagabbildungen: links: Blutzellen (deblik Berlin), rechts; Eisbär (Norbert Rosing, Premium Stock Photography)
29/3150 – 5 4 3 2 1 0 – Gedruckt auf säurefreiem Papier

# Vorwort

Die Grundzüge dieses Buches entstanden aus der Vorlesung „Vergleichende Tierphysiologie“ und Spezialvorlesungen zu physiologischen Themen, die ich an den Universitäten Frankfurt und Marburg angeboten habe, und aus jahrelangen Erfahrungen in der praktischen Arbeit mit Studierenden in den Kursen für Tierphysiologie. Vielen Studierenden bin ich deshalb für ihre Fragen, aber auch für Verständnisschwierigkeiten dankbar, denn sie haben damit unwissentlich zur Vorbereitung des Buches beigetragen. In meiner jahrzehntelangen Lehrtätigkeit habe ich stets versucht, die Vielfalt der Lebensvorgänge anschaulich zu machen. Während der Evolution des biologischen Systems der Erde ist ein solcher Reichtum an Lebensfunktionen entstanden, dass wir wahrscheinlich nie alles überblicken werden. Außerdem schreitet die Evolution stetig voran und wird uns immer wieder neue Entwicklungen bescheren. Das vorliegende Buch soll deshalb nicht nur einige exemplarisch ausgewählte Lebensfunktionen erläutern, sondern auch Neugier wecken, um die Grundprinzipien und die Vielfalt tierischen Lebens zu verstehen.

Im Zeitalter des Internet taucht oft die Frage auf, ob ein Lehrbuch dieser Art überhaupt noch notwendig ist. Mit einem Mausklick ist das neueste Spezialwissen aus aller Welt abrufbar. Die Erfahrung zeigt jedoch, dass fragmentarisches, spezielles Wissen schnell aufgenommen werden kann, aber genau so schnell wieder in Vergessenheit gerät, wenn es nicht in größere Zusammenhänge eingebettet wird. In der Physiologie gibt es nur hoch komplexe Systeme, und spezielles Wissen über die Eigenschaft einzelner Biomoleküle erhält erst dann Sinn, wenn es gelingt, diese mit biologischen Fragen zu verknüpfen. Von Lichtenberg stammt der Satz „Wer nur die Chemie kann, kann auch die nicht“, und der gilt im übertragenen Sinn auch für die Physiologie. Im Vordergrund des Buches steht deshalb nicht die isolierte Beschreibung physiologischer Mechanismen, sondern ihre Vernetzung untereinander, ihre Bedeutung für den gesamten Organismus und die Anpassung an seinen Lebensraum.

Die meisten Naturforscher des 18. und 19. Jahrhunderts waren gleichzeitig Physiker, Chemiker, Biologen, Mediziner und Geisteswissenschaftler. Diese Universalisten lieferten uns die Einsicht, dass tierische Lebensfunktionen alleine auf den physikalischen Eigenschaften der Materie beruhen. Damit war der Nährboden für eine aufblühende biologische Forschung geschaffen. Heute wissen wir, dass die physikalischen Eigenschaften der Materie durch die Evolution auf manchmal geradezu genial erscheinende Weise in Lebensfunktionen umgesetzt wurden, obwohl die Evolution nur mit Versuch und Irrtum arbeitet. Einige Beispiele dafür sind Thunfische, die Gegenstrom-Wärmeaustauscher evolvierten, um ihre Schwimmmuskulatur warm zu halten, oder Insekten, welche die hohe Diffusionsgeschwindigkeit des Sauerstoffs in der Luft konsequent nutzen, um ihre Zellen über Tracheen direkt mit Sauerstoff zu versorgen. Für die Kontrolle von Stoffwechselprozessen entstanden Hormone und Rezeptoren, deren räumliche Molekularstrukturen nach dem Schlüssel-Schloss-Prinzip genau ineinander passen, mit einer Vielfalt, die jeden Entwickler von Sicherheitssystemen erblassen lassen.

Obwohl die physikalischen Grundlagen von Lebensvorgängen faszinieren können, reicht eine mechanistische Beschreibung alleine nicht aus. Physiologische Mechanismen fielen ja nicht vom Himmel, sondern entstanden allmählich im Lauf der Evolution, gleichsam durch einen fortwährenden Dialog zwischen Organismen und ihrer Umwelt. Eines der vielen Beispiele dafür sind Fische, die zur Atmung Kiemen entwickelten, um sich mit den geringen Mengen an Sauerstoff aus dem sie umgebenden Wasser zu versorgen. Deren filigrane Strukturen eignen sich jedoch nicht für die Atmung von Luft, so dass Wirbeltiere beim Übergang von aquatischer zu terrestrischer Lebensweise nicht nur Beine, sondern auch lufttaugliche Atemorgane wie Lungen und Tracheen entwickeln mussten. Daraus folgt, dass physiologische Mechanismen, wie die Kiemenatmung oder die Lungenatmung, nicht für sich alleine existieren, sondern nur im Zusammenhang mit der Lebensweise und der Evolution von Tieren verständlich werden als Optimierungsvorgang oder Anpassung an die physikalischen Eigenschaften ihres Lebensraums. Für dieses Konzept der Ökophysiologie gibt es in der angelsächsischen Literatur auch den Ausdruck *environmental physiology*, eine sehr treffende Bezeichnung für die Abstimmung zwischen Tieren und ihrer Umwelt. Ein Vergleich der Lebensfunktionen verschiedener Tierarten mit unterschiedlichen Bauplänen und unterschiedlicher phylogenetischer Herkunft macht diese Anpassungen besonders anschaulich.

Der Vergleich verschiedener Tierarten erlaubt auch einen Einblick in die Evolution von Lebensfunktionen. In den letzten Jahrzehnten ist die Kenntnis phylogenetischer Zusammenhänge immer besser geworden, nicht zuletzt durch die Entwicklung und den Einsatz von molekularen Methoden. Sie beflügelten auch die physiologische Forschung, und es entstand, vor allem in den USA, das Konzept der *evolutionary physiology*. Sie hat bereits jetzt dazu geführt, dass Vorstellungen über die Entstehung und Bedeutung physiologischer Mechanismen revidiert werden mussten. Meist sind sie viel älter als vermutet, und bisher als Anpassungen betrachtete Mechanismen erweisen sich als phylogenetisch alte Merkmale, wie die Entstehung des Tauchreflexes oder der Ursprung physiologischer Sparzustände, z. B. des Winterschlafs. Die Anwendung molekularer Methoden in der Physiologie hat den Erkenntnis-Zuwachs geradezu exponentiell beschleunigt. Viele unbekannte Mechanismen konnten in jüngster Zeit aufgeklärt werden, z. B. die Funktion von Thermosensoren oder die Funktion der circadianen Uhr. Gleichzeitig tauchen auch völlig neue Fragen auf, insbesondere in der Hormonphysiologie, die in Abständen von wenigen Monaten auf neue Hormone, Cytokine oder Rezeptoren stößt, deren Funktionen noch nicht bekannt sind.

Ohne die Unterstützung von Mitarbeitern und Kollegen wäre das Buch nicht zustande gekommen. Ihnen allen gilt mein Dank für zahlreiche Diskussionen, Vorschläge und die Überarbeitung des Textes. Martin Klingenspor, Kathrin Dausmann, Thomas Ruf, Carola Meyer und Jan Rozman waren dabei eine ganz besondere Hilfe. Eine herausragende Leistung vollbrachte Sigrid Stöhr, die sämtliche Abbildungen zeichnete und sich in den vergangenen zwei Jahren mit viel Geduld und Einfühlungsvermögen in die graphische Darstellung physiologischer Funktionen eingearbeitet hat. Ganz besonderer Dank gilt meiner Frau, die mich mit Geduld und Verständnis unterstützte, so dass ich mich in den vergangenen beiden Jahren ganz auf das Schreiben dieses Lehrbuchs konzentrieren konnte.

Marburg, im Juli 2003 Gerhard Heldmaier

# Inhaltsverzeichnis

# 1 Bioenergetik

## Kurzer Blick in die Geschichte

Robert Julius Mayer, 1814 in Heilbronn geboren, studierte Medizin und wurde Schiffsarzt auf einem Kauffahrt-Schiff, dessen Route von Rotterdam nach Indonesien und zurück führte. Er machte sich viele Gedanken über die Wirkung von Wärme auf den Körper. In einem Brief vom 24.7.1841 schrieb er: *„Wenn Bewegung abnimmt und aufhört, so bildet sich immer ein dem verschwindenden Bewegungs-Quantum genau entsprechendes Quantum von Kraft mit anderer Qualität, namentlich also Wärme"*. Dies ist die Rohfassung dessen, was wir heute als **Prinzip von der Erhaltung der Energie** oder den **Ersten Hauptsatz der Thermodynamik** bezeichnen. In der Biologie bedeutet dieser Satz, dass Energie weder erzeugt noch vernichtet, sondern nur im Körper umgesetzt wird und dabei ihre Form ändert: als Wärme, Bewegung, chemische Verbindung oder elektrische Ladung.

Im Jahr darauf veröffentlichte Mayer einen Artikel in Liebigs Annalen der Chemie, in dem er ausführte, *„dass dem Herabsinken eines Gewichtsteiles von einer Höhe von ca. 365 m die Erwärmung eines gleichen Gewichtsteiles Wasser von 0 auf 1 °C entspreche"*. Wiederum ein Jahr später führte James Prescott Joule ein Experiment vor: Fällt eine Masse von 42,7 kg um 10 m und wird diese Arbeit vollständig in Wärme umgewandelt, so erwärmt sich ein Liter Wasser um 1 °C. Dies entspricht ungefähr den Überlegungen von Mayer. In der Folgezeit wurde Joule als Entdecker des ersten Hauptsatzes der Thermodynamik gefeiert und Mayer völlig ignoriert, auch von Wilhelm Helmholtz. Dies grämte Mayer bis an den Rand der Depression. Er schrieb Briefe an wissenschaftliche Akademien und forderte die Anerkennung seiner Leistung. Nach einem Selbstmordversuch wurde er 1850 in eine Irrenanstalt eingewiesen und hatte dort einen schweren Stand, weil er behauptete, eine bedeutende Entdeckung gemacht zu haben, die nicht anerkannt wird. Mittlerweile feierte das Prinzip von der Erhaltung der Energie seinen Siegeszug durch die Physik. 1862 stellte John Tyndall in einem Vortrag vor der Royal Institution in London richtig, dass Mayer an erster Stelle unter den Entdeckern des Prinzips von der Erhaltung der Energie steht. Fortan erhielt Mayer zahlreiche Auszeichnungen und starb 1878 als berühmter Mann.

## 1.1 Energiegewinnung für Lebensvorgänge

Die Umwandlung und Nutzung von Energie ist Grundlage aller Lebensvorgänge. Energie ist notwendig, um Bewegungen auszuführen, um das Blut mit dem Herzen umzuwälzen, um Information mit dem Nervensystem zu verarbeiten, um Ionen über Membranen zu transportieren und auch um die molekulare Struktur der lebenden Zellen aufrecht zu erhalten. Kurzum, Leben ist ohne Energie nicht denkbar. Tiere sind allerdings nicht in der Lage, die Energie des Sonnenlichts oder anderer Wärmequellen direkt zu nutzen. Sie sind keine Wärme-Kraft-Maschinen wie ein Stirling-Motor oder eine Dampfmaschine. Dies hat thermodynamische Gründe, denn die Effizienz einer solchen Maschine erfordert einen möglichst hohen Temperaturgradienten zwischen einem Organismus und seiner Umgebung und würde nur mit maschinenähnlich hohen Körpertemperaturen funktionieren. Statt dessen verwenden Tiere für den Betrieb ihrer Lebensvorgänge chemische Energie, die sie aus dem Abbau von Nährstoffen gewinnen. Sie wandeln die in den Biomolekülen enthaltene Energie in sinnvoll nutzbare andere Formen um, in Bewegungsenergie, in Wärme, in Elektrizität, in Konzentrationsgefälle, in Schallenergie oder in Licht (Biolumineszenz). Aus den energiereichen Biomolekülen entstehen dabei energiearme Moleküle wie z.B. Kohlendioxid und Wasser, die vom Stoffwechsel nicht weiter genutzt und ausgeschieden werden.

Alle energiereichen Biomoleküle sind letzten Endes pflanzlichen Ursprungs, denn nur Pflanzen und Cyanobakterien sind in der Lage, durch Photosynthese die Lichtenergie der Sonne in chemisch gebundene Energie umzuwandeln. Sie liefern damit die Energie für ihren eigenen Stoffwechsel, ihr Wachstum und sonstige Lebensvorgänge; deshalb wird ihre Lebensweise als **autotroph** bezeichnet. Tiere sind auf diese Syntheseleistung der Pflanzen angewiesen, nehmen sie mit der Nahrung auf und erhalten auf diesem Weg das Brennmaterial für ihre **heterotrophe** Lebensweise.

Aus dem Blickwinkel der Energetik betrachtet sind die Lebensvorgänge in den Zellen nichts anderes als äußerst komplexe Mechanismen zur Umwandlung von chemischer Energie. Sie folgen den physikalischen Gesetzen der Thermodynamik und nutzen die Möglichkeit, Energie aus chemischen Bindungen zu gewinnen oder in chemischen Bindungen zu speichern. Eine wichtige Schlussfolgerung aus dem **ersten Hauptsatz der Thermodynamik** ist, dass Energie nicht vernichtet oder „verbraucht" (im engeren Sinn des Wortes) oder gar neu geschaffen werden kann. In einem geschlossenen System bleibt sie erhalten, und kann nur von einer Energieform in eine andere umgewandelt werden. Organismen sind keine geschlossenen Systeme im physikalischen Sinn, sondern offene Systeme. Dies bedeutet jedoch nicht, dass sie Energie vernichten oder neu schaffen können, sondern lediglich, dass sie Energie aus ihrer Umgebung aufnehmen oder an diese abgeben können.

Die physikalische Einheit für Energie ist **Joule** (J). Ein J entspricht der Energiemenge, die erforderlich ist, um ein Newton ($1\ N = 1\ kg\ m\ sec^{-2}$) um einen Meter anzuheben. Deshalb wird der Begriff Newton-Meter auch als Ausdruck für mechanische Energie verwandt. Für Wärmeenergie wurde lange Zeit der Begriff Kalorie (cal) verwendet, nämlich die Energiemenge, die erforderlich ist, um 1 Gramm Wasser um 1 Grad Celsius zu erwärmen (von 14,5 °C auf 15,5 °C). Alle unterschiedlichen Energieformen und deren Maßeinheiten können jedoch in Joule umgerechnet werden (Tabelle 1.1).

**Tabelle 1.1.** **a** Maßeinheiten für Energie und deren Umrechnung in Joule, **b** Maßeinheiten für Leistung und deren Umrechnung in Watt

| Einheit<br>a | Abkürzung oder Dimension | Faktor für Umrechnung in 1 Joule |
|---|---|---|
| 1 Newtonmeter | N m | 1 |
| 1 Kalorie | cal | 4,187 |
| 1 British Thermal Unit | BTU | $1{,}05 \times 10^{3}$ |
| 1 Kilowatt-Stunde | kWh | $3{,}6 \times 10^{6}$ |
| 1 PS-Stunde | PSh | $2{,}69 \times 10^{6}$ |
| 1 foot-pound | ft-lb | 1,356 |
| 1 ml $O_2$ (Glucoseoxidation) | | 20,6 |
| 1 ml $O_2$ (Lipidoxidation) | | 19,5 |
| 1 erg | dyn cm | $1 \times 10^{-7}$ |
| 1 Elektronenvolt | eV | $1{,}602 \times 10^{-19}$ |
| Energie eines Elektrons | | $8{,}6 \times 10^{-14}$ |
| Energie eines H-Atoms | | $1{,}49 \times 10^{-10}$ |
| 1 g Materie ($E = mc^2$) | | $9 \times 10^{16}$ |

| Einheit<br>b | Abkürzung oder Dimension | Umrechnung in 1 Watt |
|---|---|---|
| 1 Joulesekunde | J $sec^{-1}$ | 1 |
| 1 Kilopondmeter pro Minute | kpm $min^{-1}$ | 0,1634 |
| 1 Kalorie pro Sekunde | cal $sec^{-1}$ | 4,187 |
| 1 Kilokalorie pro Stunde | kcal $h^{-1}$ | 1,162 |
| 1 Kilokalorie pro Tag | kcal $d^{-1}$ | $48{,}4 \times 10^{-3}$ |
| 1 British Thermal Unit pro Minute | BTU $min^{-1}$ | 17,57 |
| 1 Pferdestärke | PS | 745 |
| 1 ml $O_2$ pro Stunde (Glucoseoxidation) | $mlO_2\ h^{-1}$ | $5{,}72 \times 10^{-3}$ |
| 1 ml $O_2$ pro Stunde (Lipidoxidation) | $mlO_2\ h^{-1}$ | $5{,}42 \times 10^{-3}$ |
| 1 ml $O_2$ pro Minute (Glucoseoxidation) | $mlO_2\ min^{-1}$ | 0,343 |

## 1.2 Freie Energie

Bei chemischen Reaktionen werden Stoffe hohen Energiegehalts in Produkte mit niedrigem Energiegehalt umgewandelt, wie z.B. beim Abbau des organischen Moleküls Glucose zu Kohlendioxid und Wasser. Umgekehrt kann auch Energie in chemische Reaktionen investiert werden, wie bei der Photosynthese, bei der aus Kohlendioxid und Wasser die energiereiche organische Verbindung Glucose synthetisiert wird. Die Energiedifferenz zwischen dem Ausgangszustand und dem Endzustand einer Reaktion wird als Enthalpiedifferenz ($\Delta H$) bezeichnet. Sie setzt sich zusammen aus der Energie, die bei der Reaktion freigesetzt wird ($\Delta G$) und einem Betrag an gebundener Energie, die dem Produkt aus der absoluten Temperatur ($T$) und der Entropiedifferenz ($\Delta S$) entspricht:

$$\Delta H = G + T\,\Delta S \tag{1.1}$$

Umgeformt für die Veränderung der freien Energie:

$$\Delta G = \Delta H - T\,\Delta S \tag{1.2}$$

Sie wird üblicherweise als Gibbssche (freie) Energie ($G$, J mol$^{-1}$) angegeben, benannt nach dem amerikanischen Biophysiker Josiah Willard Gibbs (1839–1903). $\Delta G$ ist der Betrag an Energie, der einer chemischen Reaktion unter konstanten Bedingungen entnommen werden kann. Diese freie, arbeitsfähige Energie kann auf andere biochemische Reaktionen übertragen werden und ermöglicht Biosynthesen, den Transport von Ionen über Membranen oder die Myosin-Actin-Bewegung. Es handelt sich dabei im Grunde um einen ähnlichen Vorgang wie beim Antrieb eines Mühlrads durch die Schwerkraft des Wassers, bei dem die in der Fallhöhe des Wassers steckende potentielle Energie für andere Zwecke genutzt wird, zum Mahlen von Getreide oder zur Stromerzeugung. Die freie Energie einer chemischen Reaktion kann ebenfalls in andere Energieformen umgewandelt werden, z.B. in Ladungsunterschiede über Membranen (Membranpotentiale), osmotische Gradienten über Membranen, den hydrostatischen Druck des Blutes oder in Bewegungsenergie beim Schwimmen, Laufen und Fliegen. Man hat die Übereinkunft getroffen, dass die bei einer chemischen Reaktion abgegebenen Energiemengen negativ gezählt werden. Die Werte für $\Delta G$ und $\Delta H$ erhalten deshalb ein negatives Vorzeichen. Eine Reaktion, der Energie zugeführt werden muss, hat dem entsprechend ein positives $\Delta G$.

Die beiden wichtigsten Prozesse für die Lieferung von Energie aus Nährstoffen sind der aerobe und der anaerobe Abbau von Glucose. Für den thermodynamischen Vergleich der beiden Reaktionen wurde die molare Arbeitsfähigkeit der Reaktion in kJ mol$^{-1}$ für die Konzentrationsarbeit nach dem Gasgesetz berechnet (deshalb $\Delta\rho G$ anstatt $\Delta G$), und zwar für biologische Standardbedingungen bei 25 °C, $pO_2$ = 20 kPa, $pCO_2$ = 5 kPa, einem pH 7,0 und 0,01 molaren Konzentrationen der übrigen Reaktionspartner (Wieser 1986).

aerob: $C_6H_{12}O_6 + 6\ O_2 \rightarrow 6\ CO_2 + 6\ H_2O$
anaerob: $C_6H_{12}O_6 \rightarrow 2\,CH_3CHOHCOO^- + 2H^+$

| $\Delta\rho G$ | $\Delta\rho H$ | $T\,\Delta\rho S$ |
|---|---|---|
| −2903 | −2864 | +39 |
| −208 | −160 | +48 |

Beide Prozesse liefern sehr unterschiedliche Energiemengen, aber unterscheiden sich auch im Anteil an Entropiedifferenzen. Die Entropie ist ein Maß für den Grad der thermodynamischen Wahrscheinlichkeit oder, in anderen Worten, den Grad der Unordnung in einem System. Die Entropie eines Systems steigt ($\Delta S > 0$), wenn der Grad der Unordnung zunimmt. Einem großen Molekül wie Glucose kommt im Allgemeinen eine geringere Entropie zu (= höhere Ordnung) als den vielen kleinen Molekülen, in die es abgebaut wird. Letztere haben mehr Freiheitsgrade in der Bewegung und sind weniger geordnet in der Verteilung, als die Glucose. Dies bedeutet auch, dass biochemische Reaktionen, die zu Konzentrationsunterschieden führen, ein hohes $\Delta S$ haben. Der anaerobe Abbau ist wesentlich stärker entropieabhängig als der aerobe Abbau. Dies lässt sich schon allein daran ablesen, dass das Verhältnis von entstandenen Teilchen zu eingesetzten Teilchen beim anaeroben Abbau wesentlich größer ist. Hinzu kommt dass die aerob gebildeten 6 Wassermoleküle nur eine geringfügige Erhöhung der Entropie bedeuten, da sie in der Zelle sich dem bereits reichlich vorhandenen wässrigen Medium hinzugesellen. Der Vergleich ist von Bedeutung für die Interpretation kalorimetrischer Messungen. Beim aeroben Abbau von Glucose ist die Wärmebildung annähernd identisch mit der frei werdenden Energie,

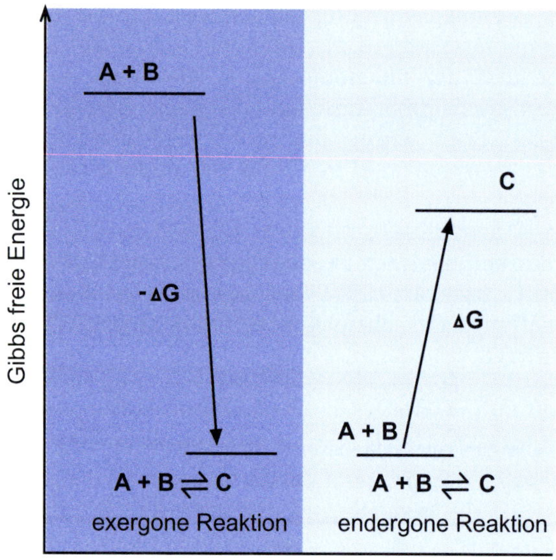


**Abb. 1.1.** Veränderung des Energiegehalts ($\Delta G$) bei einer chemischen Reaktion. Die Ausgangssubstanzen können mehr Energie enthalten als das Endprodukt (= exergone Reaktion) oder umgekehrt (= endergone Reaktion). Die bei einer exergonen Reaktion frei werdende Energie kann als Wärme abgegeben oder auch für den Betrieb von endergonen Reaktionen genutzt werden

während bei anaeroben Abbau die frei werdende arbeitsfähige Energie wesentlich höher ist (+30%) als die Wärmeabgabe.

$\Delta G$ ist gleichbedeutend für die Energie, die von einer chemischen Reaktion bereitgestellt wird, um andere biologische Vorgänge anzutreiben, oder die in eine Reaktion investiert werden muss, damit sie überhaupt ablaufen kann (Abb. 1.1). Aus der Größe und dem Vorzeichen von $G$ können deshalb auch Rückschlüsse auf die Spontaneität einer Reaktion gezogen werden:

- Wenn $\Delta G = 0$ ist, befindet sich die Reaktion im Gleichgewicht und es findet kein erkennbarer Umsatz statt.
- Wenn $\Delta G$ positiv ist, so kann die Reaktion nicht spontan ablaufen. Eine Zufuhr an Energie ist notwendig, um die Reaktion anzutreiben. Reaktionen, für deren Ablauf Energie investiert werden muss, werden als **endergon** bezeichnet. Typische endergone Prozesse sind Biosynthesen von Makromolekülen, wie z.B. die Synthese wie Proteinen, Nucleinsäuren, und Kohlenhydraten.
- Wenn $\Delta G$ negativ ist, kann die Reaktion spontan ablaufen. Eine solche **exergone** Reaktion kann Energie abgeben und damit Ionen transportieren sowie andere Arbeit verrichten. Eine in der Biologie universelle exergone Reaktion ist die Spaltung des Adenosintriphosphat, $ATP \rightarrow ADP + P_i$, mit einem $\Delta G$ von $-30{,}5$ kJ mol$^{-1}$. Sie liefert in allen Zellen die Energie für den Antrieb von Lebensfunktionen oder für die Synthese von körpereigenen Makromolekülen. Dabei müssen allerdings zwei Aspekte berücksichtigt werden:
  **Erstens**, die Änderung der freien Energie eines Systems ist unabhängig vom molekularen Mechanismus der Reaktion. $\Delta G$ für die Oxidation von Glucose zu $CO_2$ und $H_2O$ ist immer gleich groß, unabhängig davon, ob Glucose in einer Flamme verbrannt wird oder schrittweise durch biochemische Prozesse *in vivo* umgesetzt wird. Dies ist von erheblicher Bedeutung für die Energiegewinnung in biologischen Systemen. Gleichgültig wie kompliziert die Stoffwechselwege für den Abbau von Nährstoffen angelegt sind, es wird immer die gleiche Energiemenge gewonnen, die sich aus $-\Delta G$ zwischen Ausgangsmaterial und den Endprodukten ergibt.
  **Zweitens**, ein negatives $\Delta G$ sagt nichts über die Geschwindigkeit einer Reaktion aus. Auch bei einem hohen Energiegefälle zwischen Substrat und Endprodukt kann es sein, dass die Reaktion nicht spontan einsetzt. Ein negatives $\Delta G$ bedeutet lediglich, dass die Reaktion spontan ablaufen kann, aber nicht, ob dies tatsächlich mit wahrnehmbarer Geschwindigkeit geschieht. Der Beginn einer Reaktion hängt in erster Linie von der Aktivierungsenergie des Systems ($E_a$ oder $\Delta G^{\#}$) ab, eine Eigenschaft, die von $\Delta G$ unabhängig ist.

## 1.3 Aktivierungsenergie

Exergone chemische Reaktion laufen nicht immer spontan ab. So reagiert z.B. Glucose nicht spontan mit Sauerstoff unter Bildung von $CO_2$ und $H_2O$, obwohl diese Reaktion ein negatives $\Delta G$ mit $-2870$ kJ mol$^{-1}$ hat. Dies liegt daran,

## Box 1.1

### Freie Energie und Gleichgewicht einer Reaktion

Betrachten wir eine einfache chemische Reaktion, bei der aus einer Ausgangssubstanz A ein Reaktionsprodukt B gebildet wird.

$$A \leftrightarrows B \quad (1)$$

Die Gleichgewichtskonstante ($K'$) dieser Reaktion ergibt sich aus dem Konzentrationsverhältnis [A] zu [B], wobei die Angaben in eckigen Klammern immer eine Angabe in molaren Mengen bedeutet.

$$K' = \frac{[B]}{[A]} \quad (2)$$

Die Änderung der freien Energie dieser Reaktion ist

$$\Delta G = \Delta G^{\circ\prime} + RT \ln \frac{[B]}{[A]} \quad (3)$$

Für Standardbedingungen ($\Delta G^{\circ\prime}$) gilt eine Molarität von 1, eine Temperatur von 25°C und ein pH von 7,0. $R$ ist die Gaskonstante ($8{,}314 \times 10^{-3}$ kJ mol$^{-1}$ K$^{-1}$) und $T$ die Temperatur in Kelvin. Um die Beziehung zwischen der freien Standardenergie ($\Delta G^{\circ\prime}$) und der Gleichgewichtskonstante zu erhalten, betrachten wir den Gleichgewichtszustand der Reaktion. Im Gleichgewichtszustand gilt $\Delta G = 0$. Daraus folgt:

$$0 = \Delta G^{\circ\prime} + RT \ln \frac{[B]}{[A]} \quad (4)$$

$$\Delta G^{\circ\prime} = -RT \ln \frac{[B]}{[A]} \quad (5)$$

Setzen wir nun die Gleichgewichtskonstante ($K'$) ein, so ergibt sich für die Beziehung zwischen der freien Standardenergie ($\Delta G^{\circ\prime}$) und der Gleichgewichtskonstanten ($K'$)

$$\Delta G^{\circ\prime} = -RT \ln K' \quad (6)$$

oder für die Verwendung dekadischer (log) anstatt natürlicher (ln) Logarithmen

$$\Delta G^{\circ\prime} = -2{,}303\, RT \log K' \quad (7)$$

Wird die Gleichung für die Gleichgewichtskonstante ($K'$) aufgelöst, so lautet sie

$$K' = 10^{-\Delta G^{\circ\prime}/2{,}303\, RT} \quad (8)$$

Daraus folgt, dass eine feste numerische Beziehung zwischen dem Standardwert der freien Energie und der Gleichgewichtskonstanten besteht. Bei einem $\Delta G^{\circ\prime} = 0$, also Gleichgewichtsbedingungen, ist $K' = 1$, bei $\Delta G^{\circ\prime} > 0$ wird $K'$ negativ, und bei $\Delta G^{\circ\prime} < 0$ wird $K'$ positiv, wie in der Abb. Box 1 dargestellt.

Auf der Grundlage dieser Überlegungen kann nun die tatsächliche Gibbssche freie Energie ($\Delta G$) für eine Reaktion berechnet werden, indem $\Delta G^{\circ\prime}$ aus Gleichung (7) ermittelt und in Gleichung (3) eingesetzt wird und für [A] und [B] die tatsächlichen Konzentrationen verwendet werden. $\Delta G$ kann erheblich vom $\Delta G^{\circ\prime}$ abweichen, je nach den Konzentrationsverhältnissen von A und B. Selbst wenn $\Delta G^{\circ\prime}$ positiv ist, kann $\Delta G$ auch negative Werte haben. Der tatsächliche Ablauf der Reaktion, ihre exergone oder endergone Eigenschaft, wird nicht durch $\Delta G^{\circ\prime}$, sondern allein durch $\Delta G$ charakterisiert.

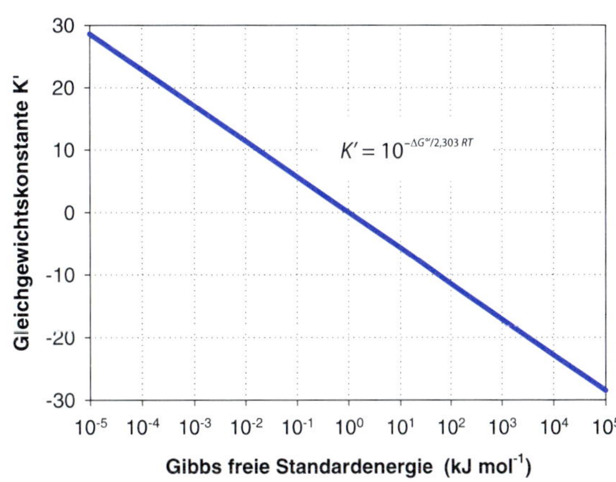


**Abb. Box 1.** Beziehung zwischen der Gleichgewichtskonstanten und der Gibbsschen freien Energie einer Reaktion nach Gleichung (8), bei 298 K (25 °C) und R = $8{,}314 \times 10^{-3}$ kJ mol$^{-1}$ K$^{-1}$

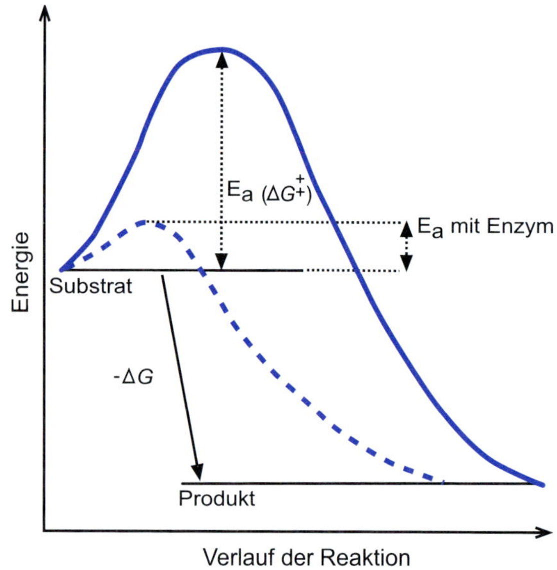


**Abb. 1.2.** Um eine chemische Reaktion in Gang zu bringen, müssen einzelne Teilchen mit ausreichend hoher Energie aufeinandertreffen. Diese Energie ist höher als die mittlere Energie aller Teilchen und wird als Aktivierungsenergie bezeichnet ($E_a$ oder $\Delta G^{++}$). Auch bei einer exergonen Reaktion ($-\Delta G$ ) muss diese anfängliche Hürde von den Reaktionspartnern überwunden werden. Enzyme erniedrigen die Aktivierungsenergie, sodass die Reaktion leichter in Gang kommt und rascher abläuft

dass im Verlauf der Reaktion energiereiche Übergangsformen gebildet werden müssen, bevor es überhaupt zur Entstehung der Reaktionsprodukte kommt. Die Reaktionsgeschwindigkeit hängt also nicht vom $\Delta G$ ab, sondern vom Energiebedarf der an der Reaktion beteiligten Übergangszustände (Abb. 1.2). Diese können deutlich über der freien Energie des Systems liegen. Soll die Reaktion in Gang kommen, so müssen die Reaktionspartner eine ausreichend hohe Energie besitzen, um die Übergangszustände der Reaktion zu durchlaufen. Die dafür notwendige Energie wird als Aktivierungsenergie $E_a$ ($\Delta G^{\#}$) bezeichnet.

In einem Reaktionsgemisch prallen Moleküle aufeinander, wodurch sich ihre kinetische Energie kurzzeitig ändert. Auch bei konstanter Temperatur, die einer mittleren kinetische Energie aller Teilchen im Reaktionsgemisch entspricht, streut die kinetische Energie einzelner Moleküle um diesen Mittelwert. Erreichen einzelne Mole-

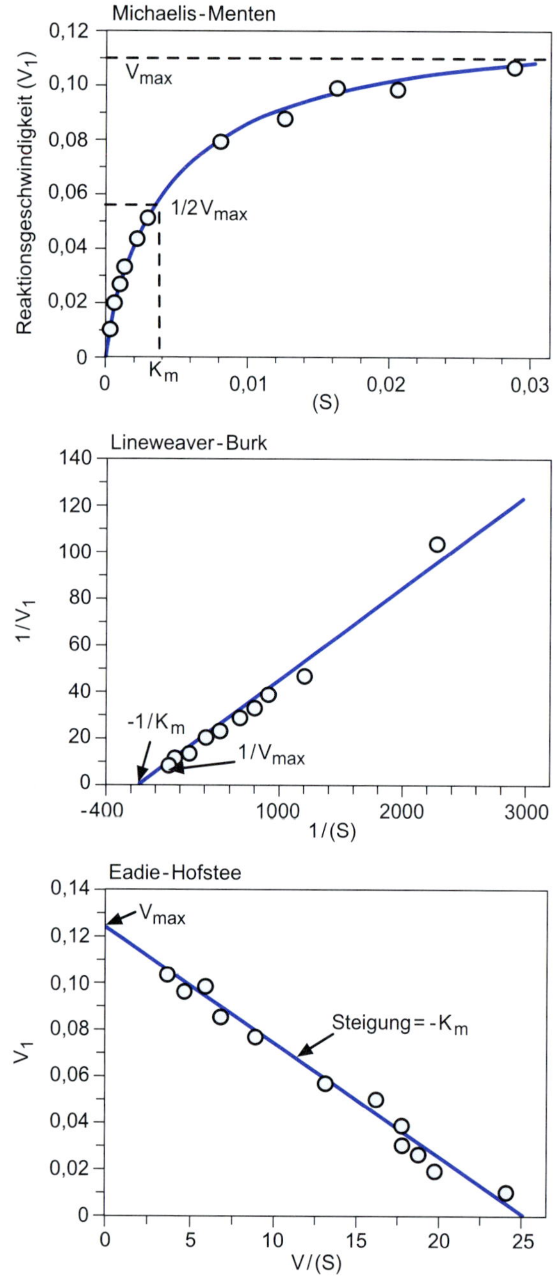


**Abb. 1.3.** Enzymkinetik. Graphische Darstellung der Beziehungen zwischen der Substratkonzentration und der Geschwindigkeit einer enzymatisch katalysierten Reaktion (*oben* Michelis-Menten-Kinetik). Andere Darstellungen und Berechnungen dieser Zusammenhänge (*Mitte* Lineweaver-Burk, *unten* Eadie-Hofstee) erlauben eine einfachere Bestimmung von wichtigen Enzymeigenschaften wie $V_{max}$ und $K_m$ (Erläuterungen s. Box 1.2)

## Box 1.2

### Kinetik enzymatischer Reaktionen

Jede chemische Reaktion beruht auf der Kollision von Molekülen. Die Kontakte zwischen Molekülen sind um so häufiger, je mehr Moleküle anwesend sind. Die Geschwindigkeit einer Reaktion hängt deshalb sowohl von ihren energetischen Eigenschaften als auch der Konzentration der beteiligten Reaktionspartner ab. Chemische Reaktion sind im Prinzip reversibel, deshalb gibt es eine Reaktionskonstante für die Hinreaktion ($k_1$) und eine für die Rückreaktion ($k_{-1}$). Im Standardfall werden diese Konstanten für den Umsatz von 1 mol pro Sekunde angegeben und haben deshalb die Dimension $sec^{-1}$. Für eine einfache chemische Reaktion erster Ordnung gilt dann:

$$A \underset{k_{-1}}{\overset{k_1}{\rightleftarrows}} B$$

oder umformuliert für die Konzentrationen von A und B: $k_1[A] = k_{-1}[B]$.

Die Geschwindigkeit für die Bildung von B beträgt $V_B = k_1[A]$ und für die Rückreaktion $VA = k_2[B]$.

Die Gleichgewichtskonstante ($K_{eq}$) für diese Reaktion ergibt sich aus dem Verhältnis der beiden Reaktionskonstanten oder dem Konzentrationsverhältnis von Produkt [B] und Substrat [A]. Für ein einfaches Rechenbeispiel nehmen wir an $k_1 = 10^{-3}\ sec^{-1}$ und $k_{-1} = 10^{-5}\ sec^{-1}$. Daraus folgt:

$$K_{eq} = \frac{[B]}{[A]} = \frac{k_1}{k_{-1}} = \frac{10^{-3}}{10^{-5}} = 100$$

Die Geschwindigkeit der Hinreaktion ist 100-mal höher als die der Rückreaktion, deshalb ist im Gleichgewichtszustand die Konzentration des Produkts *B* 100-mal höher als die des Substrats *A*. Diese Gleichgewichtskonstante beträgt 100, gleichgültig ob die Reaktion mit oder ohne Enzym abläuft. Enzyme beschleunigen lediglich die Einstellung des Gleichgewichts. Eine Reaktion, die ohne Enzym 1 Stunde benötigt, erreicht mit Enzym z. B. bereits in 1 sec ihren Gleichgewichtszustand und würde somit die Reaktionsgeschwindigkeit um den Faktor 3600 erhöhen.

Bei enzymatisch katalysierten Reaktionen kommt es vorübergehend zu einem Enzym (E)-Substrat (S)-Komplex (ES), auf dessen Bildung und Zerfall ebenfalls das Massenwirkungsgesetz angewandt werden kann.

$$E + S \underset{k_{-1}}{\overset{k_1}{\rightleftarrows}} ES \overset{k_2}{\rightarrow} E + P$$

Daraus ergibt sich als Bildungsgeschwindigkeit für den Enzym-Substrat-Komplex ($V_{ES}$)

$$V_{ES} = k_1[E][S]$$

und für die Zerfallsgeschwindigkeit des ES-Komplexes

$$V_{E+S} = (k_{-1} + k_2)[ES]$$

Die Gleichgewichtskonstante dieser Reaktion ergibt die **Michaelis-Menten-Konstante ($K_m$)** (Aebi 1967)

$$K_{eq} = \frac{[E][S]}{[ES]} = \frac{k_{-1} + K_2}{k_1} = K_m$$

Wenn wir die Reaktion nur in einer Richtung ablaufen lassen und davon ausgehen, dass die Rückreaktion vernachlässigbar niedrig ist, so resultiert eine hyperbelförmige Beziehung zwischen der Substratkonzentration [S] und der Reaktionsgeschwindigkeit ($V_1$), die

**Michaelis-Menten-Gleichung** (Abb 1.3 oben):

$$V_1 = V_{max}[S]/(K_m + [S])$$

Aus dieser Beziehung ergibt sich, dass eine maximale Reaktionsgeschwindigkeit erst bei möglichst hoher (mathematisch unendlich hoher) Substratkonzentration erreicht wird, also dann, wenn das Enzym mit Substrat gesättigt ist. Aus der Gleichung folgt außerdem, dass bei $[S] = K_m$ die Reaktionsgeschwindigkeit $V_1 = V_{max}/2$ wird. D. h. die Michaelis-Menten-Konstante $K_m$ entspricht genau der Subratkonzentration, bei der die Reaktionsgeschwindigkeit die Hälfte ihres Maximalwerts erreicht hat. Deshalb ist der $K_m$-Wert eine wichtige Größe für die Beschreibung von Enzymreaktionen. Die meisten $K_m$-Werte liegen zwischen $10^{-2}$ und $10^{-5}$ Mol pro Liter.

Aus praktischen Gründen ist es schwierig, die $V_{max}$ und den $K_m$-Wert aus einer graphisch dargestellten ►

## Box 1.2 (Fortsetzung)

Hyperbel zu ermitteln. Aber diese Funktion ist sehr hilfreich für andere Auswertungen. Wird die Michaelis-Menten-Gleichung in eine Darstellung von $1/V_1$ gegen $1/[S]$ umgewandelt, so ergibt sich daraus eine Gerade, welche die x-Achse bei $-1/K_m$ und die y-Achse bei $1/V_{max}$ schneidet. Dies ist die

**Lineweaver-Burk-Gerade** (Abb 1.3 Mitte):
$1/V_1 = K_m\ /\ V_{max}\ [S] + 1/V_{max}$

Eine weitere Umformung der Michaelis-Menten-Gleichung und graphische Methode für die Ermittlung von $K_m$ und $V_{max}$ ist die

**Eadie-Hofstee-Gerade** (Abb 1.3 unten):
$V_{max} = V_1 + V_1\ K_m/[S]$

Viele Enzyme benötigen zusätzlich Ionen oder andere Moleküle, um ihre Aktivität zu entfalten, die dann als **Aktivatoren** oder **Kofaktoren** bezeichnet werden. Sie binden an das Enzym und ändern dadurch dessen räumliche Struktur, so dass es mit dem Substrat in Kontakt treten kann.

Enzyme besitzen eine Stelle hoher Affinität für das Substrat, die als **aktives Zentrum** oder auch **Rezeptor** bezeichnet wird. In vielen Fällen kann an dieser Stelle nicht nur ein bestimmtes Substrat-Molekül mit dem Enzym in Kontakt treten, sondern strukturell ähnliche Moleküle können um die Bindungsstelle konkurrieren. Dadurch werden die aktiven Zentren von ähnlichen Molekülen belegt und der Umsatz des eigentlichen Substrats gehemmt. Man bezeichnet dies als **kompetitive Hemmung**. Ob eine kompetitive Hemmung vorliegt, kann aus dem Lineweaver-Burk-Diagramm ermittelt werden, denn $1/V_{max}$ bleibt gleich, aber die Steigung der Geraden wird um so größer, je mehr Inhibitor zugegen ist.

küle dabei das Niveau der Aktivierungsenergie, so kommt die Reaktion spontan in Gang. Liegt die Aktivierungsenergie außerhalb der energetischen Schwankungsbreite einzelner Moleküle, so wird die Reaktion nicht spontan ablaufen, wie das z. B. beim oxidativen Abbau von Glucose der Fall ist. Liegt die Aktivierungsenergie nicht weit außerhalb dieser Schwankungsbreite, so kann die Reaktion durch Erwärmung in Gang gebracht werden. Wärmezufuhr erhöht die mittlere kinetische Energie der Moleküle, und damit wächst die Chance, dass einzelne Moleküle die Schwelle der Aktivierungsenergie überschreiten und damit reaktionsfähig werden.

Die meisten chemischen Reaktionen in der Zelle laufen nicht spontan mit ausreichender Geschwindigkeit ab. Sie werden nicht durch Erhitzen in Gang gebracht, sondern durch die katalytische Wirkung von Enzymen. Dabei bindet das Substrat (S) vorübergehend an das Enzym (E). Dieser Enzym-Substrat-Komplex (ES) führt die Reaktion aus und setzt das Produkt frei.

$$\mathrm{E+S} \xrightleftharpoons{\text{Aktivierung}} \mathrm{ES} \xrightleftharpoons{\text{Reaktion}} \mathrm{E+Produkt} \qquad (1.3)$$

Die Bildung des aktivierten Enzym-Substrat-Komplexes hat eine wesentlich niedrigere Aktivierungsenergie, als für die chemische Reaktion ohne Katalysator notwendig wäre. Deshalb kann es spontan zur Bildung des Enzym-Substrat-Komplexes kommen, und die Reaktion kann ablaufen. Der Nutzen der Enzyme besteht deshalb, thermodynamisch betrachtet, in einer Erniedrigung der Aktivierungsenergie für eine Reaktion, so dass diese in Reichweite der kinetischen Energie der an der Reaktion beteiligten Moleküle gerät (Abb. 1.2). Auch viele Reaktionen, die spontan ablaufen können, wie z. B. die Bildung von Kohlensäure aus Kohlendioxid und Wasser, werden im Organismus durch Enzyme vermittelt. In diesem Fall wird die sowieso ablaufende Reaktion durch die katalytische Wirkung eines Enzyms wesentlich beschleunigt. Nähere Einzelheiten über die Eigenschaften von Enzymen sind in Box 1.2 und Abb. 1.3 erläutert.

## 1.4 Energiegewinnung durch den oxidativen Abbau von Nährstoffen

Die beim Abbau von Nährstoffen in der Zelle frei werdende Energie wird für eine Vielzahl unterschiedlicher Aufgaben in der Zelle verwandt. Dazu gehören die Synthese von zelleigenen Makromolekülen, der Transport von Ionen und die Schaffung chemischer Potentiale, die Bewegung von Muskelfasern und Cilien, die Wärmebildung und sogar die Erzeugung von Licht. Zelluläre metabolische Reaktionsschritte benötigen häufig etwa 20–40 kJ pro Mol. Dieser Energiebetrag ist wesentlich geringer, als z. B. beim kompletten Abbau aus einem Mol Glucose erzielt wird (–2870 kJ $mol^{-1}$). Deshalb wird die beim Abbau von Nährstoffen frei werdende Energie nicht direkt für eine Zielreaktion eingesetzt, sondern sie wird in energiereiche Phosphatbindungen umgewandelt, z. B. in Adenosintriphosphat (ATP), das eine freie Energie von etwa –30 kJ $mol^{-1}$ pro Phosphatbindung hat (Tabelle 1.2). Die aus der Substratumwandlung verfügbar gemachte Energie wird dadurch in kleinere Einheiten gestückelt und gleichsam als „Kleingeld" in der Zelle bereit gehalten. Bei Bedarf kann auf den Vorrat an energiereichen Phosphaten zugegriffen werden, deren Energie dann auf andere biochemische Reaktionen übertragen wird (Abb. 1.4). Sie dienen als universelle Energielieferanten chemischer Prozesse in der Zelle und sind, bildlich gesprochen, die Währung, mit der Energieflüsse in der Zelle und deren chemische Maschinerie in Gang gehalten werden.

**Tabelle 1.2.** Änderung der freien Energie ($\Delta G^{\circ\prime}$) für einige energetisch wichtige Reaktionen. Standardwerte für pH 7,0, 25 °C, 101 kPa und 1 molare Konzentration aller Reaktionspartner

| Reaktion | $\Delta G^{\circ\prime}$ (kJ $mol^{-1}$) |
|---|---|
| ATP $\leftrightarrows$ ADP + $P_i$ | -30,5 |
| ADP $\leftrightarrows$ AMP + $P_i$ | -30,5 |
| ATP $\leftrightarrows$ AMP + $P_i$ | -32,2 |
| AMP $\leftrightarrows$ Adenosin + $P_i$ | -14,2 |
| Pyrophosphat Hydrolyse | -33,5 |
| Kreatinphosphat Hydrolyse | -43,1 |
| Argininphosphat Hydrolyse | -32,2 |
| ADP + Kreatinphosphat $\leftrightarrows$ ATP + Kreatin | -6,2 |
| Hydrolyse von Saccharose (Rohrzucker) | -27,6 |
| Glucose-6-Phosphat-Hydrolyse | -13,8 |
| Phosphoenolpyruvat-Hydrolyse | -61,9 |
| Glycerin-3-Phosphat-Hydrolyse | -9,6 |
| Pyruvat + NADH/$H^+$ $\leftrightarrows$ Laktat + NAD | -25,1 |
| Milchsäure $\leftrightarrows$ Laktat + $H^+$ | -18,0 |
| $CO_2$ + $H_2O$ $\leftrightarrows$ $H^+$ + $HCO_3^-$ | -20,9 |

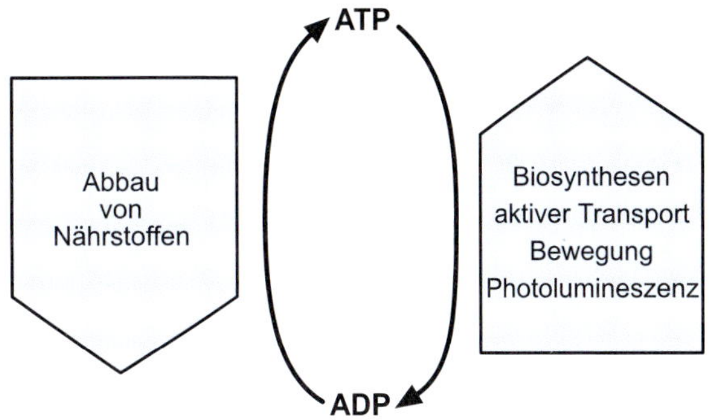


**Abb. 1.4.** Die beim Abbau von Nährstoffen erhaltene Energie wird in energiereiche Phosphate wie ATP übertragen und durch Hydrolyse des ATP zu ADP + $P_i$ für Syntheseleistungen und andere Lebensfunktionen verfügbar gemacht

## 1.5 Energiereiche Phosphate

Adenosintriphosphat (ATP) ist das am weitesten verbreitete energiereiche Phosphat. Es ist ein für diese Aufgabe relativ großes Molekül, das aus einer Purinbase, dem Adenin, und einem 5er-Zucker, der Ribose, besteht (Abb. 1.5). Beide gemeinsam bilden das Adenosin. An der Ribose hängen hintereinander drei Phosphatreste, teils durch Esterbindung (erster Phosphatrest), teils energiereiche Säureanhydridbindung (zweiter und dritter Phosphatrest). Wenn eine der beiden Säureanhydridbindungen gespalten wird (exergone Reaktion), kann die frei werdende Energie auf andere energieverbrauchende (endergone) Reaktionen in der Zelle übertragen werden. Die universelle Rolle des ATP für den Energieaustausch in biologischen Systemen ist 1941 von Fritz Lipmann und Hermann Kalckar erkannt worden.

$$\mathrm{ATP} + \mathrm{H_2O} \leftrightarrows \mathrm{ADP} + \mathrm{P_i} + \mathrm{H^+} \quad \Delta G^{\circ\prime} = -30{,}5\,\mathrm{kJ\,mol^{-1}}$$

$$\mathrm{ATP} + \mathrm{H_2O} \leftrightarrows \mathrm{AMP} + \mathrm{PP_i} + \mathrm{H^+} \quad \Delta G^{\circ\prime} = -30{,}5\,\mathrm{kJ\,mol^{-1}}$$

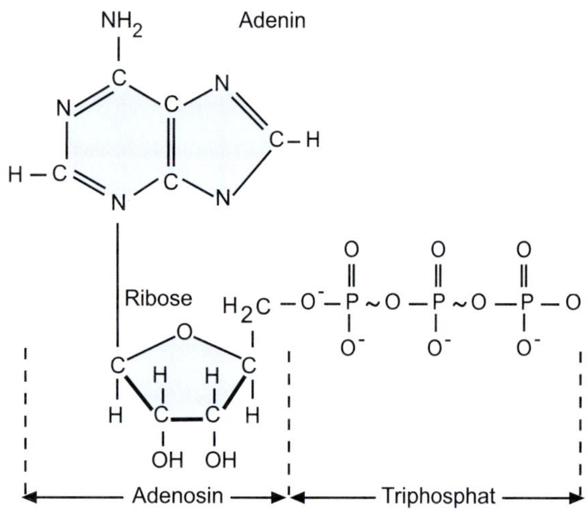


**Abb. 1.5.** Struktur des Adenosintriphosphat ATP. Unter physiologischen Bedingungen in der Zelle liegen die Phosphatreste ionisiert vor. Die beiden endständigen Phosphatreste sind durch energiereiche Säureanhydridbindungen an das Adenosinmonophosphat (AMP) gebunden. Bei der Hydrolyse dieser Bindungen wird anorganisches Phosphat ($P_i$) oder Pyrophosphat ($PP_i$) abgespalten und die Bindungsenergie für andere Zwecke freigesetzt

Wird ATP zu ADP und Orthophosphat ($P_i$) oder zu AMP und Pyrophosphat ($PP_i$) hydrolisiert, so setzt dies unter biologischen Standardbedingungen ($\Delta G^{\circ\prime}$, 25 °C, pH 7,0, 101 kPa und 1 molare Konzentration) jeweils 30,5 kJ mol$^{-1}$ frei. Unter den tatsächlichen Bedingungen in der Zelle erreicht die freie Energie ($\Delta G$ ) der ATP-Hydrolyse jedoch wesentlich höhere Werte von –40 bis –60 kJ mol$^{-1}$. Ursache dafür sind die Konzentrationsverhältnisse aller Reaktionspartner in der Zelle und vor allem die Anwesenheit von anderen Ionen wie $H^+$, $Ca^{++}$ und $Mg^{++}$. Sie beeinflussen die Hydratationshüllen, den Ladungszustand und die Reaktionsweise des ATP. Dies bedeutet, dass die von ATP gelieferte Energie *in vivo* keine starr feststehende Größe ist, sondern variiert werden kann und auch von den Reaktionspartnern abhängt, auf die Energie übertragen werden soll.

Besonders hohe Energiemengen liefert ATP bei der Reaktion mit Myosin ($\Delta G$=–60 kJ mol$^{-1}$). Dieser Prozess ist die Grundlage der Umwandlung von chemischer Energie in Bewegungsenergie in der Muskulatur. Hierbei findet die ATP-Hydrolyse nicht in wässriger Lösung im Cytosol statt, sondern das ATP wird an das Myosin gebunden. Dadurch sind mehr Schritte beteiligt als in wässriger Lösung, d.h. erstens Bindung des ATP an Myosin, zweitens Hydrolyse des ATP, drittens Dissoziation des $P_i$ und viertens Freisetzung des ADP vom Myosin. Die Reaktionsenergie dieses Vorgangs beträgt etwa –80 kJ mol$^{-1}$, wobei dies nicht der ATP-Hydrolyse allein zuzuschreiben ist, sondern zum größten Teil aus der Bindung des ATP an das Myosin resultiert.

ATP ist der wichtigste unmittelbare Überträger freier Energie in der Zelle. Es wird in den Mitochondrien gebildet und kann dann die Energie entweder direkt für biologische Prozesse wie Biosynthese, Ionentransport oder Bewegung von Myofibrillen einsetzen oder in andere energiereiche Verbindungen investieren. So können ATP, ADP und AMP durch Übertragung des Phosphatrestes je nach Bedarf ineinander umgewandelt werden, eine Reaktion, die durch das Enzym **Adenylatkinase** beschleunigt wird. Einige Biosynthesen werden außerdem von anderen Nucleotiden angetrieben, die dem ATP ähnlich sind. Dazu gehören das Guanosintriphosphat (GTP), das Uridintriphosphat (UTP) und das Cytidintriphosphat (CTP). Sie können ebenfalls als Diphosphat (GDP, UDP, CDP) oder Monophosphat (GMP, UMP, CMP) vorliegen. Ihre energiereichen Phosphatreste erhalten sie ebenfalls vom ATP, z.B.

$$\text{ATP} + \text{GDP} \rightleftarrows \text{ADP} + \text{GTP}$$

Der Umsatz von ATP in der Zelle ist sehr hoch, und es muss beständig in den Mitochondrien aus ADP regeneriert werden. In einer typischen Zelle reicht der Vorrat an ATP in der Regel nur für eine Minute, in Muskelzellen nur für wenige Sekunden. Ein Mensch benötigt in Ruhe etwa 40 kg ATP Tag$^{-1}$, und bei körperlicher Arbeit kann dieser Bedarf kurzfristig auf 0,5 kg min$^{-1}$ ansteigen. Bei einer Maus mit 30 g Körpergewicht übersteigt der tägliche ATP-Bedarf mit etwa 200 g sogar das eigene Körpergewicht. Diese Beispiele machen deutlich, dass ATP nicht als längerfristiger Energiespeicher geeignet ist, sondern laufend neu gebildet werden muss. In der Muskulatur sind die Anforderungen an den ATP-Umsatz besonders groß, und der ATP-Vorrat eines aktiven Muskels reicht nur für Sekundenbruchteile aus. Dieser Zeitraum ist auch für die Nachlieferung von neu synthetisiertem ATP aus den Mitochondrien sehr knapp bemessen. Die Muskulatur von Wirbeltieren enthält ein zusätzliches Reservoir an energiereichen Phosphatbindungen in Form von **Creatinphosphat**. Vom Creatinphosphat kann die Phosphatgruppe auf ADP übertragen werden, wobei ATP entsteht. Dies wird durch eine Creatin-Kinase katalysiert, so dass verbrauchtes ATP sehr rasch aus dem **Energiespeicher des Creatinphosphat** regeneriert werden kann.

$$\text{Creatinphosphat} + \text{ADP} + \text{H}^+ \leftrightarrows \text{ATP} + \text{Creatin}$$

Die freie Energie der Hydrolyse des Creatinphosphats ($\Delta G^{\circ\prime}$ –43,1 kJ mol$^{-1}$) ist unter Standardbedingungen höher als die der Hydrolyse des ATP ($\Delta G^{\circ\prime}$ –30,5 kJ mol$^{-1}$). Bei der Übertragung des Phosphatrestes von Creatin auf ADP beträgt die Änderung der freien Energie deshalb –12,6 kJ mol$^{-1}$. Dies kennzeichnet ein hohes Potential für die Übertragung der Phosphatgruppe auf ADP. Im ruhenden Muskel liegt wesentlich mehr Creatinphosphat (25 mM) als ATP (4 mM) vor. Der Überschuss an Creatinphosphat und seine hohe Bereitschaft zur Übertragung der Phosphatgruppe auf ADP machen es zu einem wirksamen Puffer für energiereiche Phosphatgruppen. Es sorgt vor allem in der Anfangsphase einer körperlichen Beanspruchung für Nachschub an Energie. Als Beispiel dafür kann der 100-Meter-Sprint genannt werden, dessen Energieversorgung in den ersten 4 Sekunden vor allem aus dem Creatinphosphat-Puffer der Muskulatur bestritten wird.

Der Abbau von Nahrungsstoffen zur Gewinnung von ATP erfolgt in vier Schritten (Abb. 1.6). Zunächst (Schritt 1) werden die als Polymer (Polysaccharide, Lipide, Proteine) gespeicherten Substanzen in Monomere zerlegt (Monosaccharide, Fettsäuren, Aminosäuren). Nur in dieser Form können sie zur Energiegewinnung abgebaut werden. Alle drei werden in ein gemeinsames Endprodukt zerlegt, in die aktivierte Essigsäure, das Acetyl-CoA. Dabei entstehen nur geringe Mengen an ATP (Schritt 2). Dieses Acetyl-CoA wird im Citrat-Zyklus umgesetzt, wobei zwar ebenfalls geringe Mengen ATP gebildet werden, aber vor allem Wasserstoff (Proton + Elektron) auf Wasserstoffakzeptoren wie das Nicotinamid-Adenindinucleotid (NAD) übertragen wird (Schritt 3). Die größte Menge an ATP entsteht erst im letzten Schritt bei der Oxidation des Wasserstoff in den Mitochondrien (Schritt 4).

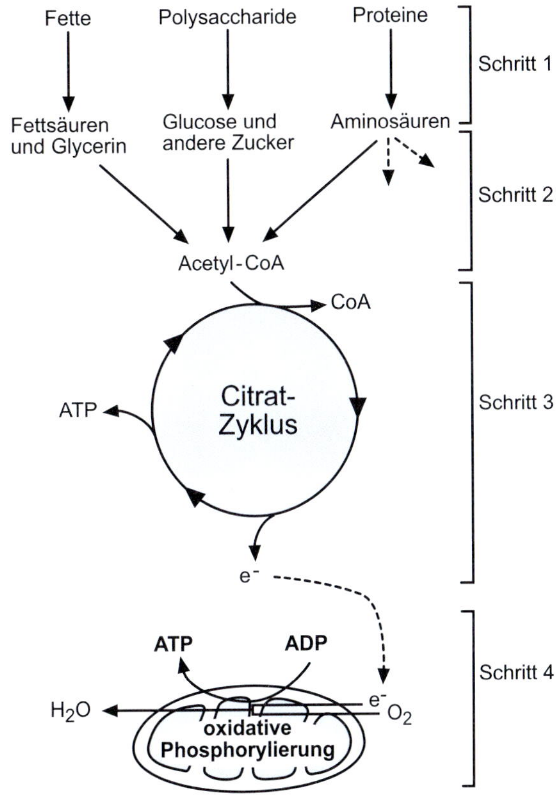


**Abb. 1.6.** Abschnitte der Energiegewinnung aus Nahrungsstoffen in der Zelle

## 1.6 Abbau von Kohlenhydraten

Alle organischen Nahrungsbestandteile haben ihren Ursprung in der Photosynthese von Kohlenhydraten durch Pflanzen und Cyanobakterien. Deshalb sind Kohlenhydrate die am weitesten verbreiteten Nahrungsbestandteile und von zentraler Bedeutung für die Energieversorgung der Tiere. Besonders häufig sind die aus einem Grundgerüst von 6 C-Atomen bestehenden **Mo-**

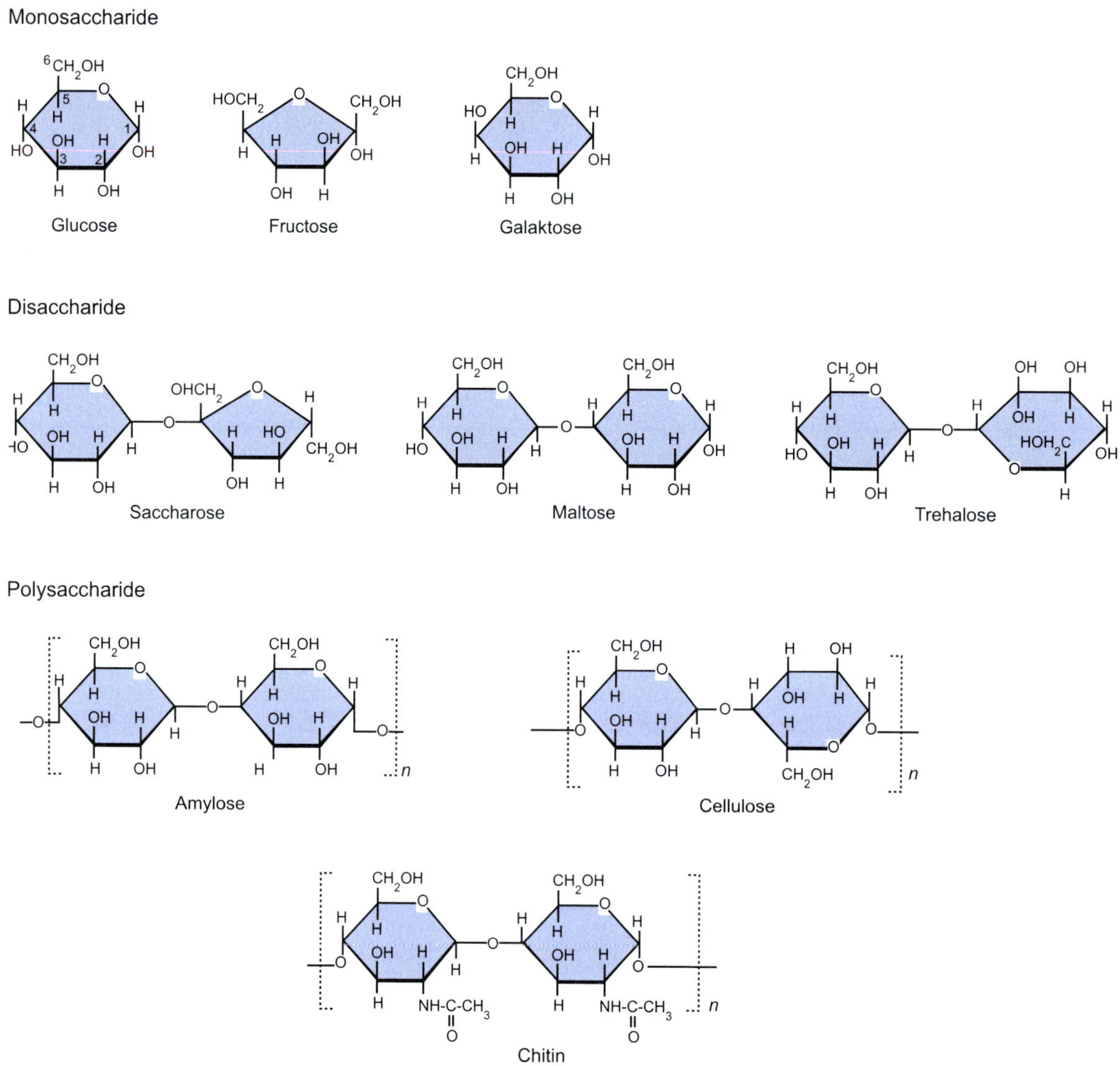


**Abb. 1.7.** Struktur der für die Energiegewinnung wichtigsten Mono-, Di- und Polysaccharide

**nosaccharide** (Hexosen) Glucose, Fructose und Galactose. Sie liegen in der Nahrung in geringer Menge als Monosaccharid oder Disaccarid vor, wie z.B. die Saccharose („Zucker"), ein **Disaccharid**, das aus je einer Glucose und Fructose zusammengesetzt ist (Abb. 1.7).

Der größte Anteil der Kohlenhydrate liegt als **Polymer** vor. Eine Speicherung in Form polymerer Riesenmoleküle hat den Vorteil, dass große Mengen Kohlenhydrate ohne osmotische Belastung gespeichert werden können, während die Speicherung in Form einzelner Monosaccharide den osmotischen Druck in den Zellen extrem erhöhen würde. Durch Bildung großer Polymere wird die Anzahl der gelösten Teilchen verringert, und wenn diese schlecht wasserlöslich sind und auskristallisieren, werden sie sogar osmotisch unwirksam. Pflanzen enthalten als wichtigsten Kohlenhydratspeicher die **Stärke (Amylum)**, bei der die Glucose-Moleküle durch eine 1,4*α*-glykosidische Bindung miteinander verknüpft sind. Die 1,4 $\alpha$-glykosidische Bindung hat zur Folge, dass sich die Glucose-Monomere schraubenförmig aufwickeln, wobei eine Umdrehung die Länge von 6 Glucose-Monomeren hat. Beim pflanzlichen **Amylopektin** kommen neben der 1-4-Bindung noch zusätzlich 1-6-Bindungen vor, so dass verzweigte Polymere entstehen. Die tierische Speicherform ist das **Glycogen**, das noch etwas stärker verzweigt ist als Amylopektin und riesige Moleküle ausbildet. So besteht das Leberglykogen aus etwa 100000 Glucose-Monomeren und hat ein Molekulargewicht von etwa 18 Mio. Da. Da aus Kohlenhydraten riesige Polymere gebildet werden können, eignen sie sich auch als Stützelemente, wie die **Cellulose** in der pflanzlichen Zellwand. Sie ist ebenfalls ein Glucose-Polymer, bei dem die Glucosereste aber zwischen dem C-1 und dem C-4 in Wechselstellung miteinander verknüpft sind (1,4 $\beta$-glykosidische Bindung). Das **Chitin**, ein Polymer aus N-Acetyl-glucosamin, ist ebenfalls als Gerüstsubstanz weit verbreitet, bei Pilzen als Bestandteil der Zellwand und bei Arthropoden (Insekten, Crustaceen usw.) als Grundlage des Exoskeletts.

## 1.7 Glykolyse

Glucose ist das am weitesten verbreitete Monosaccharid und bei den meisten Tieren die wichtigste Transportform für Kohlenhydrate in den Körperflüssigkeiten. Lediglich Insekten benutzen statt dessen Trehalose für den Transport, ein Disaccharid aus Glucose, das erst unmittelbar beim Verbrauch in der Flugmuskulatur in Glucose gespalten wird. Der Abbau von Glucose ist der zentrale Weg zur Bereitstellung von chemischer Energie in Form von ATP für den Zellstoffwechsel und für die Lieferung von Baumaterial für Synthesevorgänge. Dieser Abbau beginnt mit der Glykolyse (Embden-Meyerhof-Weg). Im Grunde wird dabei das aus 6 C-Atomen bestehende Glucosemolekül in zwei Moleküle Pyruvat (Brenztraubensäure) zerlegt, die aus jeweils 3 C-Atomen bestehen (Abb. 1.8). Die Energiedifferenz zwischen der Glucose und den zwei Pyruvat ($\Delta G^{\circ\prime}$ –134 kJ $mol^{-1}$) wird zur Bildung von 2 Mol ATP genutzt. Außerdem entsteht bei den 10 Reaktionsschritten der Glykolyse eine Reihe von Zwischenprodukten, die als Bausteine für Synthesereaktionen verwendet werden, wie etwa zur Herstellung von langkettigen Fettsäuren oder Aminosäuren. Der Ablauf der Glykolyse muss deshalb so reguliert werden, dass sowohl wesentliche Grundbedürfnisse der Zelle für biochemisches Baumaterial als auch für chemische Energiegewinnung gedeckt werden.

### 1.7.1 Bereitstellung von Glucose

Tierische Zellen enthalten nur minimale Mengen an freier Glucose, und sie muss für die Glykolyse ständig aus dem Blut aufgenommen werden. Der Transport von Glucose über die Plasmamembran wird von mehreren **Glucosetransportern** vermittelt, die als GLUT1 bis GLUT5 bezeichnet werden. Die Mitglieder dieser Proteinfamilie haben jeweils spezielle Eigenschaften die eine bedarfsgerechte Verteilung der Glucose im Körper unterstützen. So kommen GLUT1 und GLUT3 in beinahe jeder Säugetierzelle vor, und auf Grund ihres weit unter dem Blutglucosespiegel (7 mM) liegenden $K_M$-Werts [1 mM, ($K_M$-Wert s. Box 1.2)] transportieren sie ständig Glucose in die Zelle.

Der in der Leber und in der Bauchspeicheldrüse vorkommende GLUT2 hat einen besonders hohen $K_M$-Wert für Glucose (15 mM) und transportiert sie deshalb nur bei einem hohen Glucosespiegel vom Blut in die Zellen. In den Leberzellen ermöglicht er die Füllung der Glycogenspeicher, wenn nach der Nahrungsaufnahme das Blut für einige Zeit viel Glucose enthält. Bei einem niedrigen Blutglucosespiegel sorgt der hohe $K_M$-Wert des GLUT2 dafür, dass die Leberzellen nur wenig Glucose aufnehmen und statt dessen das Gehirn und andere Gewebe mit Glucose versorgt werden können, deren Glucosetransporter mit einem niedrigen $K_M$-Wert funktionieren. In der Bauchspeicheldrüse hat der hohe $K_M$-Wert des GLUT2 auch zur Folge, dass bei einem überschwelligen Blutglucosespiegel die Insulinsekretion stimuliert wird.

GLUT4 kommt vor allem in den Fettzellen und in der Muskulatur vor und hat einen mittleren $K_M$-Wert von 5 mM. Ein hoher Insulinspie-

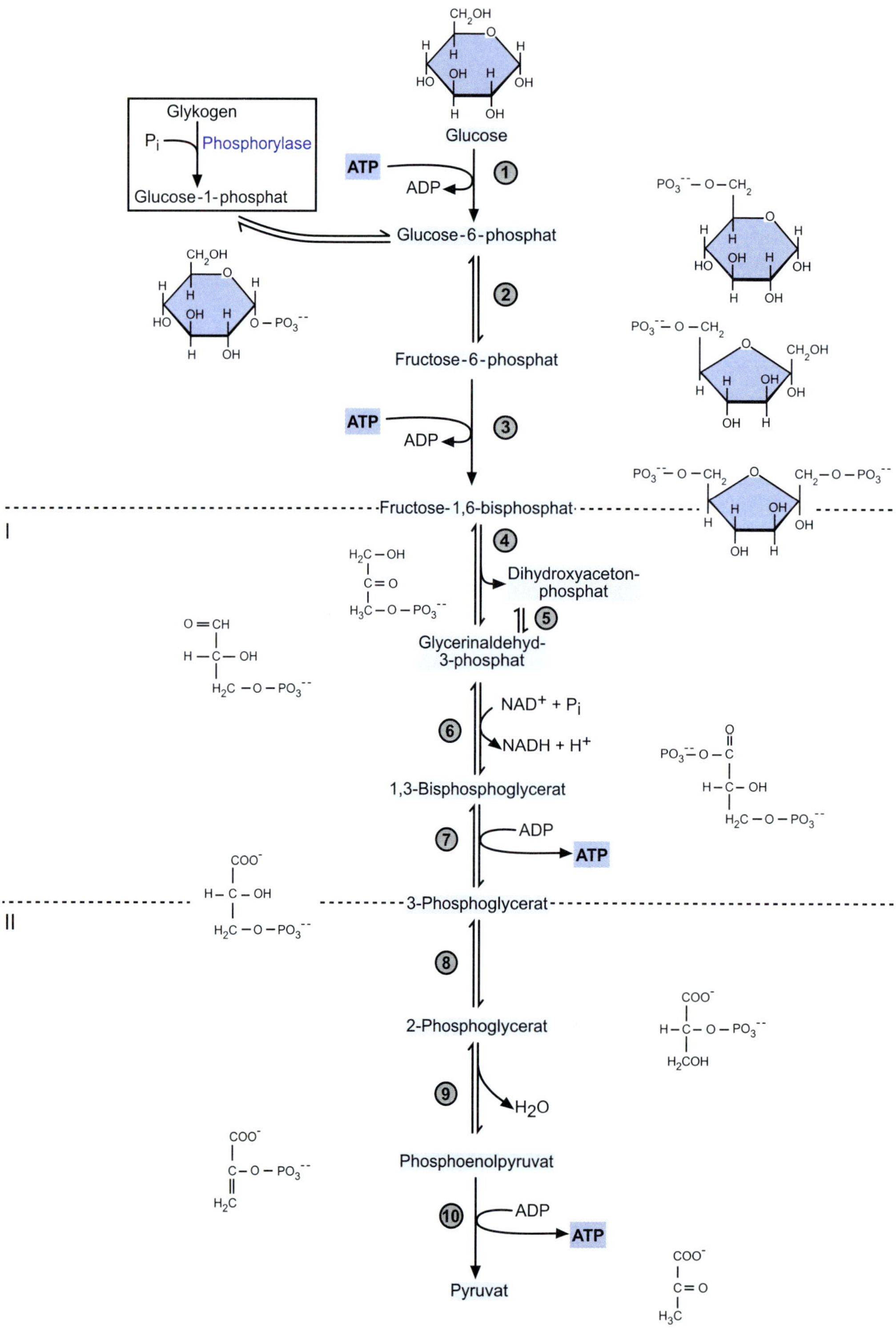
Glucose
Glykogen
Pi
Phosphorylase
Glucose-1-phosphat
ATP
ADP
1
Glucose-6-phosphat
2
Fructose-6-phosphat
ATP
ADP
3
Fructose-1,6-bisphosphat
I
4
Dihydroxyaceton-
phosphat
5
Glycerinaldehyd-
3-phosphat
NAD+ + Pi
6
NADH + H+
1,3-Bisphosphoglycerat
ADP
7
ATP
3-Phosphoglycerat
II
8
2-Phosphoglycerat
9
H2O
Phosphoenolpyruvat
ADP
10
ATP
Pyruvat

gel nach der Nahrungsaufnahme führt zu einer Vermehrung des GLUT4, so dass die Fett- und Muskelzellen in die Lage versetzt werden, zusätzlich Glucose aufzunehmen und in Form von Glycogen oder Lipid zu speichern. Im Darmepithel existiert ein weiterer Glucosetransporter, der, gemeinsam mit $Na^+$, Glucose aus dem Darmlumen resorbiert (SGLT1, s. Verdauung).

## 1.7.2 Reaktionsverlauf der Glykolyse

Alle zehn Reaktionsschritte der Glykolyse finden im Cytosol statt (Abb. 1.8, Tabelle 1.3). Sie wird durch Phosphorylierung der Glucose zum Glucose-6-Phosphat eingeleitet, eine Reaktion, die von der **Hexokinase** katalysiert wird und ein ATP verbraucht. Greift die Zelle auf ihren eigenen Vorrat an Glycogen zu, so wird daraus Glucose-1-Phosphat bereitgestellt, eine Reaktion, die durch das Enzym **Phosphorylase** unter Einsatz eines anorganischen Phosphatrestes ($P_i$) katalysiert wird. Das Glucose-1-Phosphat wird durch die Phosphoglucomutase in Glucose-6-Phosphat umgewandelt. Die Mobilisierung von Glucose aus dem Glycogen erspart deshalb den ersten Phosphorylierungsschritt unter ATP-Verbrauch durch die Hexokinase.

Anschließend wird die Glucose zu Fructose-6-Phosphat isomerisiert. Ein weiteres ATP wird verbraucht, um die Fructose auch am C-Atom 1 zu phosphorylieren, wodurch Fructose-1,6-Bisphosphat entsteht. Ziel dieser ersten drei Reaktionsschritte ist es, die Glucose in der Zelle festzuhalten und in eine Form umzuwandeln, die sich anschließend in zwei phosphorylierte Einheiten von 3-C-Atomen spalten lässt. Es handelt sich dabei gleichsam um eine Aktivierung der Hexose für die folgenden Abbauschritte. Dabei wird noch keine Energie gewonnen, sondern im Gegenteil, es sind zwei ATP investiert worden, um die Glucose für den weiteren Abbau startklar zu machen. Ein ATP-Gewinn ist erst mit dem folgenden Abbau der 3-C-Einheiten möglich.

**Tabelle 1.3.** Enzyme und Energiedifferenzen der einzelnen Reaktionsschritte der Glykolyse

| Reaktion Nr. | Enzym | $\Delta G^{\circ\prime}$ kJ mol$^{-1}$ | $\Delta G$ kJ mol$^{-1}$ |
|---|---|---|---|
| 1 | Hexokinase | −16,7 | −33,5 |
| 2 | Glucosephosphat-Isomerase | 1,7 | −2,5 |
| 3 | Phosphofructokinase | −14,2 | −22,2 |
| 4 | Aldolase | 23,8 | −1,3 |
| 5 | Triosephosphat-Isomerase | 7,5 | 2,5 |
| 6 | Glycerinaldehyd-3-Phosphat-Dehydrogenase | 6,3 | −1,7 |
| 7 | Phosphoglycerat-Kinase | −18,8 | 1,3 |
| 8 | Phosphoglycerat-Mutase | 4,6 | 0,8 |
| 9 | Enolase | 1,7 | −3,3 |
| 10 | Pyruvat-Kinase | −31,4 | −16,7 |

Die zweite Phase der Glykolyse enthält vier Reaktionsschritte und beginnt mit der Spaltung des Fructose-1,6-Bisphosphat zu Glycerinaldehyd-3-Phosphat und Dihydroxyacetonphosphat. Beide können durch eine Isomerase ineinander übergeführt werden. Die Isomerase-Reaktion verläuft sehr schnell, so dass bei den meisten Tieren das Dihydroxyacetonphosphat vollständig in Glycerinaldehyd-3-Phosphat umgewandelt und auch auf diesem Hauptweg der Glykolyse weiter umgesetzt wird. Die Umwandlung des Glycerinaldehyd-3-Phosphat in das 1,3-Bisphosphoglycerat ist eine Reduktions-Oxidationsreaktion, bei der eine energiereiche Phosphatverbindung entsteht, ein gemischtes Anhydrid aus einer Phosphorsäure und einer Carbonsäure. Die Energie zur Bildung dieses Anhydrids entstammt der Oxidation der Aldehydgruppe am C-1 des Glycerindaldehyd-3-phosphat. Bei dieser Oxidation

**Abb. 1.8.** Glykolyse. Abbau der Glucose bis zum Pyruvat. Jeder der zehn Reaktionsschritte wird durch ein Enzym (oder einen Enzymkomplex) katalysiert. **1** Hexokinase, **2** Glucosephosphat-Isomerase, **3** Phosphofructokinase, **4** Aldolase, **5** Triosephosphat-Isomerase, **6** Glycerinaldehyd-3-Phosphat-Dehydrogenase, **7** Phosphoglycerat-Kinase, **8** Phosphoglycerat-Mutase, **9** Enolase, **10** Pyruvat-Kinase

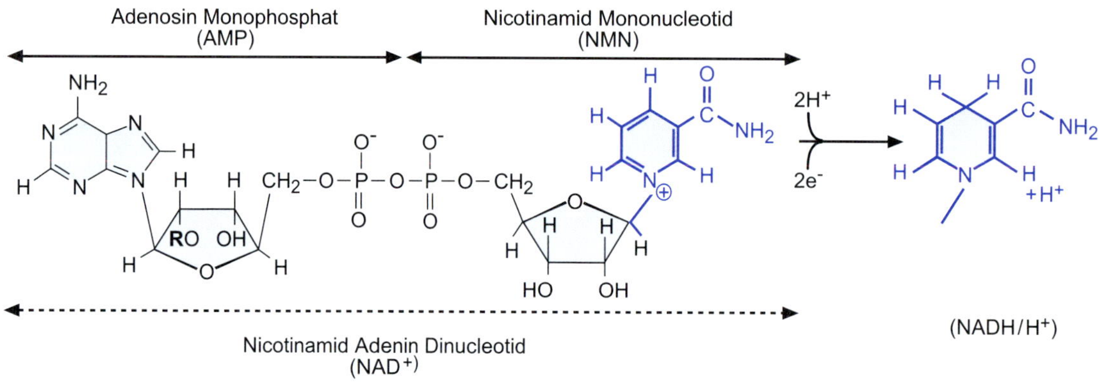


**Abb. 1.9.** Nicotinamid-Adenin-Dinucleotid ($NAD^+$) ist der wichtigste Elektronenakzeptor für die Oxidation von Nährstoffen. Bei der Oxidation des Substrats nimmt der Nicotinamidring des $NAD^+$ ein Wasserstoffion (Proton, $H^+$) und zwei Elektronen ($e^-$) auf. Ein weiteres $H^+$ wird dem Protonen-Pool der Zelle hinzugefügt. Deshalb wird für die reduzierte Form des $NAD^+$ unter biologischen Bedingungen die Bezeichnung $NADH/H^+$ verwendet. An der mit R bezeichneten Stelle sitzt beim $NAD^+$ ein H. Beim $NADP^+$ sitzt an dieser Stelle ein Phosphatrest ($PO_3^{2-}$). $NADP^+$ dient ebenfalls als Elektronenakzeptor und wird vorwiegend für reduktive Biosynthesen eingesetzt

wirkt Nicotinamid-Adenin-Dinucleotid ($NAD^+$) als Elektronenakzeptor (Abb. 1.9). Bei der folgenden Reaktion wird das hohe Energiepotential der Phosphatbindung dazu genutzt, um den Phosphatrest auf ADP zu übertragen, und somit erste ATP aus der Glykolyse gewonnen. Da zur Aktivierung der Glykolyse zwei ATP eingesetzt wurden und nun aus zwei Triosen je ein ATP gewonnen wird, ist die ATP-Bilanz zu diesem Zeitpunkt ausgeglichen.

Ein Nettogewinn an ATP wird erst mit dem letzten Abschnitt der Glykolyse erzielt, in dem das 3-Phosphoglycerat in Pyruvat umgewandelt wird. Diese Umwandlung vollzieht sich in zwei Zwischenschritten; zuerst wird der Phosphatrest umgelagert zu 2-Phosphoglycerat und anschließend durch eine Enolase das Phosphoenolpyruvat gebildet. Enolphosphate besitzen ein besonders hohes Potential für die Übertragung der Phosphatgruppe. Das Enzym Pyruvatkinase katalysiert die anschließende Reaktion, die ein weiteres ATP liefert und zu Pyruvat führt, dem Endprodukt der Glykolyse.

Die Glykolyse ist ein phylogenetisch sehr alter Stoffwechselweg, der bereits bei Mikroorganismen angelegt ist. Sie findet in allen tierischen Geweben statt, ist aber in der Skelettmuskulatur besonders aktiv, gefolgt von Gehirn, Niere, Leber und Herz. Gemessen an der Aktivität der Glykolyseenzyme kann die Glykolyse in der Skelettmuskulatur bis zu 100-mal höher sein als in anderen Geweben. Eine wesentliche Eigenschaft der Glykolyse besteht darin, dass sie mit wenigen Reaktionsschritten, ohne Zufuhr von Sauerstoff, für raschen Nachschub an ATP sorgt. Bereits in der sauerstoffarmen Frühzeit der Erdgeschichte konnten Organismen diesen Stoffwechselweg zur ATP-Produktion einsetzen. Aber auch bei aerob lebenden Organismen wird dieser Vorteil der Glykolyse weiterhin zur ATP-Bildung unter Sauerstoff-limitierten Bedingungen genutzt. Vor allem in der Muskulatur kann es während der Kontraktion zu Unterbrechungen der Blutzufuhr kommen, die den Nachschub an Sauerstoff beeinträchtigen. Pyruvat kann dann nicht weiter abgebaut werden und die Glykolyse wird gehemmt. Um dies zu vermeiden, wird Pyruvat in Lactat umgewandelt, das ins Blut abgegeben und außerhalb der Muskulatur weiter metabolisiert werden kann (Abb. 1.10). Schwere körperliche Arbeit, bei der die oxidative Kapazität der Muskulatur überschritten wird, verursacht deshalb einen Anstieg des Lactatgehaltes im Blut (s. Anaerobiose).

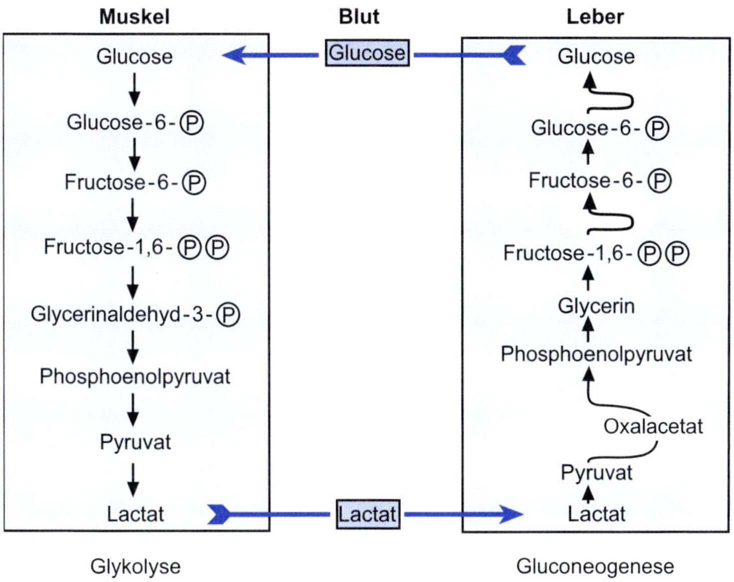


**Abb. 1.10.** Zusammenschluss von anaerober Glykolyse in der Muskulatur und Gluconeogenese in der Leber. Dem Muskel wird dadurch neue Glucose für die glykolytische ATP-Produktion nachgeliefert. Bei der Gluconeogenese aus Lactat werden dieselben Enzyme genutzt und Reaktionen durchlaufen wie bei der Glykolyse, bis auf drei energetisch ungünstige Reaktionsschritte, die durch Umwegreaktionen umgangen werden (nach Hochachka u. Somero 1980)

## 1.7.3 Gluconeogenese

Überschüssig produziertes Lactat wird vor allem von der Leber aufgenommen und wieder in Pyruvat zurückverwandelt. Obwohl das Gleichgewicht dieser Reaktion eher auf Seiten des Lactat liegt, läuft die Reaktion in der Leber in der umgekehrten Richtung ab, da Pyruvat sehr rasch für die Neubildung von Glucose verbraucht wird. Im Prinzip könnte Glucose aus Pyruvat synthetisiert werden, indem die Glykolyse rückwärts abläuft. Dies ist jedoch nur eingeschränkt möglich, da drei Reaktionen der Glykolyse nicht reversibel sind. Es handelt sich dabei um die Reaktionen mit der größten Abnahme an freier Energie, die von den Enzymen Hexokinase, Phosphofructokinase und Pyruvatkinase katalysiert werden (Tabelle 1.3). Sie müssen bei der Gluconeogenese durch andere Reaktionen umgangen werden, alle anderen Reaktionsschritte stimmen mit der Glykolyse überein.

1. Die Pyruvatkinase-Reaktion wird umgangen, indem aus Pyruvat zuerst Oxalacetat hergestellt wird, das dann in einem zweiten Reaktionsschritt zu Phosphoenolpyruvat führt.

$$\text{Pyruvat} + CO_2 + \text{ATP} + H_2O \xrightarrow{\text{Pyruvat-Carboxylase}} \text{Oxalacetat} + \text{ADP} + P_i + 2\,H^+$$

$$\text{Oxalacetat} + \text{GTP} \xrightleftharpoons{\text{Phosphoenolpyruvat-Carboxykinase}} \text{Phosphoenolpyruvat} + \text{GDP} + CO_2$$

Dieser zweistufige Reaktionsweg in Gegenrichtung der Glykolyse ist thermodynamisch möglich ($G^{\circ\prime}$ +0,8 kJ $\text{mol}^{-1}$), erfordert jedoch den Verbrauch von einem ATP und einem GTP.

2. Die Phosphofructokinase-Reaktion wird umgangen, indem Fructose-1,6-Bisphosphat durch ein separates Enzym, die Fructose-1,6-Bisphosphatase, in Fructose-6-Phosphat umgewandelt wird.

$$\text{Fructose-1,6-Bisphosphat} \xrightarrow{\text{Fructose-1,6-Bisphosphatase}} \text{Fructosc-6-Phosphat} + P_i$$

3. Beim letzten Schritt der Gluconeogenese wird Glucose-6-Phosphat hydrolysiert. Diese Reaktion findet nicht mehr im Cytosol statt, sondern das Glucose-6-Phosphat wird in das Lumen des endoplasmatischen Reticulums transportiert, durch die membrangebundene Glucose-6-Phosphatase gespalten, und die freie Glucose wieder ins Cytosol transportiert.

$$\text{Glucose-6-Phosphat} + H_2O \xrightarrow{\text{Glucose-6-Phosphatase}} \text{Glucose} + P_i$$

Die Gluconeogenese dient nicht nur zur Beseitigung eines eventuellen Lactatüberschusses im Blut, sondern ist ein wichtiger Stoffwechselweg, auf dem Glucose auch aus anderen Vorstufen des Kohlenhydratstoffwechsels, dem Citrat-Zyklus, und indirekt auch aus Proteinen gewonnen werden kann. Viele Tiere, vor allem solche mit räuberischer Lebensweise, müssen zwischen den Mahlzeiten längere Zeit **fasten**, und die Nahrung enthält nicht genügend Glucose. Die Gluconeogenese sichert deren Versorgung mit Glucose. Einige Gewebe des Körpers, wie z. B. das Gehirn und Erythrozyten, decken ihren Energiebedarf ausschließlich aus Glucose. Die Glucosevorräte des menschlichen Körpers reichen, einschließlich der in Glycogen gebundenen Glucose, für maximal 12 Stunden aus. Bei kleineren Säugetieren und auch bei körperlicher Aktivität großer Säugetiere sind die Glucosevorräte in wesentlich kürzerer Zeit aufgebraucht. Nach Ablauf dieser Zeit könnten das Gehirn und andere glucoseabhängigen Gewebe nicht mehr mit Glucose versorgt werden, wenn nicht die Gluconeogenese in der Leber für einen ausreichenden Nachschub sorgen würde.

### 1.7.4 Kontrolle der Glykolyse

Die Katalyse von biochemischen Reaktionen durch Enzyme erfüllt zwei Aufgaben: Zum einen **beschleunigen Enzyme den Ablauf** einer biochemischen Reaktion und ermöglichen damit auch Reaktionen die spontan gar nicht auftreten würden, wie z. B. die Spaltung der Glucose in zwei Triosen. Zum andern sind Enzyme komplexe Proteine, die Angriffsmöglichkeiten für andere Faktoren bieten und somit dem Zellstoffwechsel eine **Regulation der katalytischen Eigenschaft** ermöglichen. Durch reversible Bindung von Faktoren können die allosterischen Eigenschaften des Proteins verändert oder durch Phosphorylierung aktiviert oder inaktiviert werden, oder die Menge an aktivem Enzym kann durch Kontrolle der Transkription und Translation verändert werden. Auf diese Weise wird die Aktivität von Enzymen an die sich ändernden Bedürfnisse des Stoffwechsels angepasst.

Grundsätzlich sind Enzyme, die weitgehend irreversible Reaktionen katalysieren, oder Reaktionen, die ein hohes Energieübertragungspotential erfordern, potentielle Kandidaten für die Kontrolle des Reaktionsverlaufs. In der Glykolyse sind dies vor allem die von der Hexokinase, der Phosphofructokinase und der Pyruvatkinase katalysierten Reaktionen (Tabelle 1.3). Eigentlich wäre zu erwarten, dass eine Kontrolle der durch die Hexokinase katalysierten Eingangsreaktion für die Regelung insgesamt ausreicht, denn deren Intensität ist letzten Endes entscheidend für alle Folgereaktionen. Wenn es nur auf die Bereitstellung von chemischer Energie ankommt, wäre dies vielleicht ausreichend. Da aber die Glykolyse gleichzeitig auch Bausteine für Synthesevorgänge liefert und über den so genannten Nebenweg auch Pentosen (Ribose, Xylose) für die Synthese von DNA und RNA bereitgestellt werden, muss die Regelung der Glykolyse an den Materialbedarf der Zelle angepasst werden.

Die **Phosphofructokinase** ist das Schlüsselenzym für die Regelung der Glykolyse bei Säugetieren. Das Enzym hat ein Molekulargewicht von mehr als 300 kD und seine Aktivität wird durch einen hohen ATP-Gehalt gehemmt. ATP bindet dabei an ein Regulationszentrum des Enzyms, das außerhalb des eigentlichen Reaktionszentrums liegt. Dies verändert die räumliche Struktur, so dass die Affinität des Enzyms zum Fructose-6-Phosphat nachlässt. Die geringere Affinität zum Substrat der Reaktion hat zur Folge, dass weniger Fructose-6-Phosphat umgesetzt werden kann. Der **allosterische Effekt des ATP** wird durch einen hohen AMP-Gehalt wieder aufgehoben, so dass letztendlich das ATP/AMP-Verhältnis im Cytosol die Aktivität der Phosphofructokinase kontrolliert. Bei einem hohen ATP-Angebot in der Zelle läuft die Glykolyse mit geringer Rate. Wird in der Zelle viel ATP verbraucht, so sinkt das ATP/AMP-Verhältnis. Dies steigert die Aktivität der Phosphofructokinase, die Glykolyserate nimmt zu und erhöht den Nachschub an ATP. Neben dem ATP wird Phosphofructokinase auch durch **sinkenden pH gehemmt**. Dies geschieht z. B. wenn Pyruvat, das Endprodukt der Glykolyse, nicht weiter verbraucht, sondern in Lactat umgewandelt wird. Auch eine hohe Menge an **Citrat** kann die Aktivität der Phosphofructokinase hemmen und verknüpft dadurch die Regulation der Glykolyse mit der des Citrat-Zyklus. Die Synthese von Citrat aus Acetyl-CoA und Oxalacetat ist die Startreaktion des Citrat-Zyklus, in dem Pyruvat weiter abgebaut wird. Sie ist sowohl ein wichtiger Kontrollpunkt für die Regulation des Citrat-Zyklus (Hemmung durch ATP), und gleichzeitig hat ihr Reaktionsprodukt Citrat eine Kontrollfunktion für die Glykloyse. Die kontrollierende Wirkung des ATP/AMP-Verhältnisses, des pH und des Citrat gewährleistet, dass die Rate des Glucoseabbaus stets unmittelbar an den Energiebedarf der Zelle angepasst wird.

Die Aktivität der **Hexokinase** ist ein weiterer Kontrollpunkt der Glykolyse. Sie katalysiert den ersten Reaktionsschritt, die Phosphorylierung der Glucose zum Glucose-6-Phosphat, und sie wird durch Glucose-6-Phosphat, das Endprodukt ihrer eigenen Reaktion, gehemmt. Wenn die Aktivität der Phosphofructokinase nachlässt, so kommt es zu einem Rückstau an Glucose-6-Phosphat, und diese hemmt die Hexokinase. Ein sinnvoller Mechanismus, denn dieser erste Reaktionsschritt der Glykolyse verbraucht ATP, und durch die Endprodukt-Hemmung wird Glucose-6-Phosphat nur in genau der Menge geliefert, die anschließend weiter verarbeitet werden kann. Dies gilt allerdings nicht für die Leber, denn sie enthält eine Isoform des Enzyms, die Glucokinase, die nicht durch Glucose-6-Phosphat hemmbar ist. Die Leber ist der wichtigste Speicher für Glycogen. Die fehlende Hemmbarkeit der Glucokinase durch Glucose-6-Phosphat gewährleistet, dass unabhängig von der Glykolyserate stets Glucose-6-Phosphat zur Synthese von Glycogen in der Zelle nachgeliefert wird. Die Glucokinase hat einen wesentlich höheren $K_M$-Wert (5 mM) als die Hexokinase (0,1 mM). Der hohe $K_M$-Wert gewährleistet, dass die Speicherung von Glycogen in der Leber vor allem bei einem ausreichend hohen Glucosespiegel im Blut geschieht. Die unterschiedlichen Eigenschaften von Glucokinase und Hexokinase sichern damit das Zusammenspiel von Glucosespeicherung in der Leber und Glucoseverbrauch im Gehirn und in der Muskulatur.

Die Pyruvatkinase katalysiert den letzten Schritt der Glykolyse. Ihre Aktivität unterliegt einer Vielzahl von konkurrierenden Einflüssen, und sie kommt in noch mehr Isoformen vor als die zuvor genannte Hexokinase. Das Enzym wird durch Fructose-1,6-Bisphosphat aktiviert, einem Zwischenprodukt, das einige Reaktionsschritte zuvor am Kontrollpunkt der Phosphofructokinase entstanden ist. Die Pyruvatkinase reagiert darauf und kann damit ihre eigene Leistung entsprechend dem zu erwartenden Bedarf steigern. Durch hohen ATP-Gehalt und durch die Aminosäure Alanin wird die Aktivität des Enzyms allosterisch gehemmt. ATP signalisiert dem Enzym, dass kein zusätzlicher Bedarf an chemischer Energie besteht, und ein hoher Spiegel von Alanin, eine Aminosäure, die aus Pyruvat gebildet wird, signalisiert, dass genügend Bausteine für Synthesevorgänge in der Zelle vorhanden sind. Außerdem kann die Pyruvatkinase durch Phosphorylierung in eine weniger aktive Form überführt werden. Dies kann durch Hormone (Glucagon) oder einen Anstieg an $Ca^{++}$ in der Zelle ausgelöst werden. Eine geringere Aktivität der Pyruvat-Kinase führt zu einem Rückstau an Zwischenprodukten der Glykolyse und verringert den Glucose-Verbrauch der Zelle.

### 1.7.5 Abbau von Fructose und Galactose durch die Glykolyse

Fructose und Galactose sind, nach der Glucose, die häufigsten mit der Nahrung aufgenommenen Monosaccharide. Beide werden ebenfalls durch die Glykolyse abgebaut, müssen aber zuerst umgeformt werden. Fructose (Fruchtzucker) ist vor allem in Früchten oder Honig enthalten. Die Saccharose (Rohrzucker) ist ein aus Glucose und Fructose bestehendes Disaccharid, bei dessen Hydrolyse Glucose und Fructose gebildet und vom Darm resorbiert werden. Ein Teil der Fructose wird durch Hexokinase zu Fructose-6-Phosphat phosphoryliert (Reaktion 3) und dann direkt glykolytisch abgebaut. Der größte Teil der mit der Nahrung aufgenommenen Fructose wird jedoch in der Leber zu Fructose-1-Phosphat phosphoryliert und dann, entsprechend der Reaktion 4 der Glykolyse, in Glyceri-

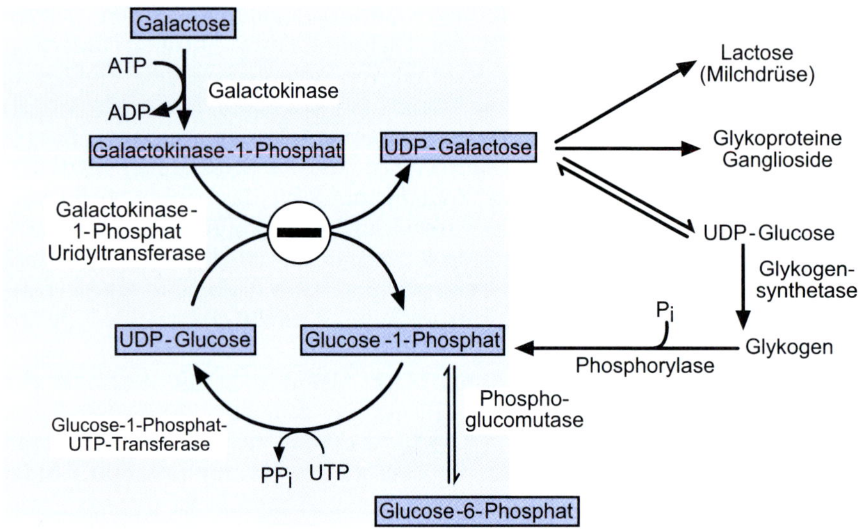


**Abb. 1.11.** Galactose wird in vier Reaktionsschritten zu Glucose-6-Phosphat umgewandelt und dadurch in die Abbau- und Synthesewege der Glucose eingeschleust. Ein Fehlen der Galactose-1-Phosphat-Uridyltransferase verursacht Galaktosämie (nach Löffler u. Petrides 1997)

naldehyd und Dihydroxyacetonphosphat gespalten. Erstere wird phosphoryliert und über die Glykolyse weiter abgebaut.

Milchzucker (Lactose) ist ein Disaccarid das aus Glucose und Galactose besteht. Die Galactose wird in vier Schritten in Glucose umgewandelt und anschließend glykolytisch abgebaut. Der erste Schritt der Umwandlung ist eine Phosphorylierung zu Galactose-1-Phosphat, die dann aus UDP-Glucose einen Uridylrest übertragen bekommt. Die dabei entstandene UDP-Galactose wird zu UDP-Glucose isomerisiert und schließlich als Glucose-6-Phosphat dem glykolytischen Abbau zugeführt (Abb. 1.11).

Für die Umwandlung ist das Enzym Galactose-1-Phosphat-Uridyltransferase notwendig. Beim Menschen ist ein genetisch bedingter Ausfall dieses Enzyms bekannt (1:50000), der autosomal rezessiv vererbt wird und zu einer schweren Erkrankung führt, der **Galactosämie**. Die Aufnahme von Milch führt bei den betroffenen Säuglingen bereits in den ersten Lebenstagen zu Erbrechen und Durchfall, Krampfanfällen und schweren Hypoglykämien. Bei länger anhaltender Ernährung mit Galactose kann es zu Funktionsstörungen der Leber kommen, bis zur Leberzirrhose, zur Ausbildung von Katarakten, und die Kinder bleiben geistig zurück. Wenn die Erkrankung früh genug erkannt wird (hoher Galactosegehalt im Blut), so können ihre Folgen durch eine Galactose-freie Ernährung gemildert oder beseitigt werden. Die Galaktosämie ist eines der besten Beispiele für die Notwendigkeit einer möglichst frühen Diagnose von Stoffwechselstörungen (etwa 30 sind bekannt). Sie zeigt auch, dass die Lebensqualität der Erkrankten durch geeignete Therapien verbessert werden kann.

Die schädlichen Folgen der Galactosämie entstehen nicht nur durch einen Mangel an UDP-Galactose, die für die Synthese von Glykoproteinen und Gangliosiden notwendig ist, da UDP-Galactose auch aus UDP-Glucose gebildet werden kann. Vielmehr entstehen beim Abbau der überschüssigen Galactose toxische Zwischenprodukte, wie Galactitol, die Gewebeschäden verursachen (Katarakt). Durch den Ausfall der Uridiyltransferase kommt es außerdem zu einem Rückstau an Galactose-1-Phosphat, der Enzyme des Glucoseabbaus hemmt (Phosphoglucomutase, Glucose-6-Phosphatase und Glucose-6-Phosphatdehydrogenase). Der Ausfall des Galactose-Abbaus beeinträchtigt deshalb zusätzlich auch den Glucose-Abbau, und es mangelt an Abbauprodukten des Kohlenhydratstoffwechsels, die als Bausteine für Synthesevorgänge benötigt werden. Von dieser Störung des Glucosestoffwechsels sind vor allem glucoseabhängige Gewebe, wie das Gehirn, besonders stark betroffen.

### 1.7.6 ATP-Gewinn durch Glykolyse

Trotz ihrer weiten Verbreitung ist die Glykolyse kein effizienter Weg der Energieübertragung in der Zelle. Die Bilanz der Umwandlung von Glucose zu Pyruvat lautet:

$$\text{Glucose} + 2\ P_i + 2\ \text{ADP} + 2\ \text{NAD}^+ \rightarrow 2\ \text{Pyruvat} + 2\ \text{ATP} + 2\ \text{NADH/H}^+ + 2\ H_2O$$

$$\Delta G^{\circ\prime} = -72{,}8\ \text{kJ mol}^{-1}$$

Die Energiedifferenz $\Delta G^{\circ\prime}$ zwischen Glucose und 2 Pyruvat beträgt insgesamt $-134\ \text{kJ mol}^{-1}$. Davon sind 61,2 kJ in die Synthese von 2 ATP investiert worden, die verbleibenden 72,8 kJ werden als Wärme freigesetzt. Die Effizienz der Glykolyse beträgt damit nur 46% ($=100 \cdot 61{,}2/134$). Angesichts der ubiquitären Verbreitung der Glykolyse ist es erstaunlich, dass sie nur eine solch bescheidene Effizienz besitzt. Dies wird jedoch verständlich, wenn man berücksichtigt, dass die Glykolyse nicht allein zur ATP-Produktion dient, sondern gleichermaßen als Lieferant von Zwischenprodukten für andere Prozesse notwendig ist.

Die Energiedifferenz $\Delta G^{\circ\prime}$ zwischen Glucose und 2 Lactat ist noch höher und beträgt insgesamt $-184\ \text{kJ mol}^{-1}$. Wird das Pyruvat durch den oxidativen Stoffwechsel nicht unmittelbar weiter abgebaut, sondern als Lactat gespeichert, so sinkt die Effizienz der ATP-Produktion durch Glykolyse auf 34%. Die gesamte Änderung der freien Energie für den vollständigen Abbau von Glucose zu Kohlendioxid und Wasser beträgt $-2854\ \text{kJ Mol}^{-1}$. Bezogen auf diese insgesamt verfügbare Energie ist bei der Glykolyse nur ein Anteil von 4,7% ($\approx 134$ kJ) nutzbar gemacht worden, und nur 2,1% ($\approx 61$ kJ) wurden als chemische Energie in Form von ATP gespeichert. Diese geringe Ausbeute macht verständlich, wieso der Glucose-Abbau im Gewebe nur selten mit der Glykolyse bei Pyruvat und Lactat endet, sondern durch weiteren Abbau wesentlich mehr ATP gewonnen wird (Abb. 1.12).

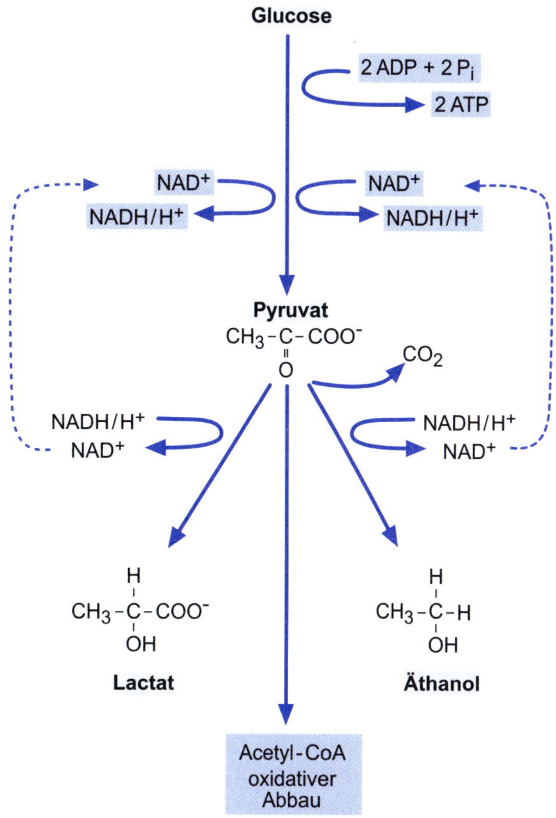


**Abb. 1.12.** Der Abbau der Glucose bis zum Pyruvat liefert 2 ATP. Pyruvat wird über Acetyl-CoA dem oxidativen Abbau im Citrat-Zyklus zugeführt. Bei einem Überangebot an Pyruvat kann es als Lactat zwischengespeichert werden (Milchsäuregärung) oder bei Mikroorganismen in Alkohol umgewandelt werden (alkoholische Gärung)

## 1.8 Citrat-Zyklus

Das gesamte Energiepotential von Kohlenhydraten kann genutzt werden, wenn dem Pyruvat der Wasserstoff entzogen und dieser zu Wasser oxidiert wird. Der Kohlenstoff des Pyruvat wird dabei von seinem hohen Energieniveau in organischen Verbindungen auf das niedrige Energieniveau des Kohlendioxid gebracht. Dieser Abbau geschieht durch den Citrat-Zyklus und die anschließende Elektronenübertragung in der Atmungskette. Beide Prozesse laufen in den Mitochondrien ab, und das Pyruvat muss dazu aus

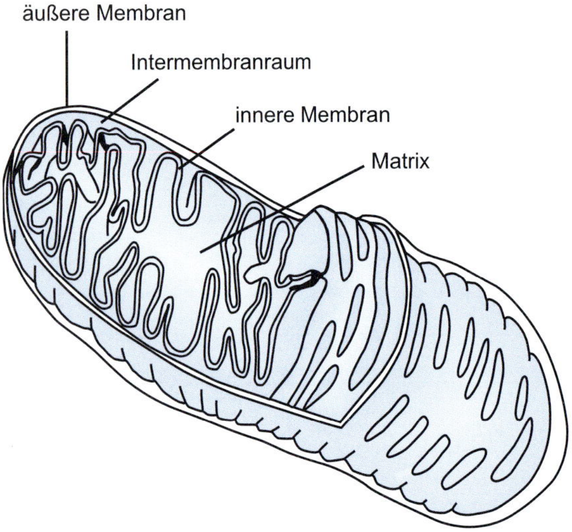


**Abb. 1.13.** Aufbau eines Mitochondrions mit äußerer (Hüll-)Membran und stark gefalteter Innenmembran, die Enzyme der Atmungskette und der oxidativen Phosphorylierung trägt. Die Matrix enthält Enzyme des Citrat-Zyklus und des Fettsäurenabbaus

dem Cytosol, in dem die Glykolyse stattfindet, in die **Mitochondrien** gelangen (Abb. 1.13).

Die **äußere Membran** der Mitochondrien enthält zahlreiche Poren, durch die Moleküle mit einem Molekulargewicht kleiner als 5000 Dalton frei passieren können. Die innere Membran ist stark gefaltet und enthält Proteine für drei verschiedene Funktionen:

1. spezifische Transportmoleküle für den Import und Export von Metaboliten in die Matrix der Mitochondrien,
2. Enzyme der Atmungskette, die für die Übertragung der Reduktionsäquivalente (Elektronen) auf Sauerstoff zuständig sind,
3. einen Enzymkomplex, der ATP synthetisiert, die ATP-Synthase.

Die **Matrix der Mitochondrien** enthält eine konzentrierte Mischung von zahlreichen Enzymen, die für die Oxidation des Pyruvat und der Fettsäuren notwendig sind. Außerdem enthält sie auch die DNA der Mitochondrien sowie spezielle Ribosomen und Enzyme, die für die Expression der mitochondrialen Gene verantwortlich sind. Im **Intermembranraum** zwischen der inneren und äußeren Membran befinden sich einige Enzyme, die mit dem aus der Matrix exportierten ATP andere Nucleotide phosphorylieren. Die Existenz mitochondrialer DNA und RNA (mtDNA, mtRNA) ist einer der Gründe, die dafür sprechen, dass es sich bei diesen Zellorganellen ursprünglich um endosymbiontisch lebende Bakterien handelt (Margulis 1975). Die Zellen aller Eukaryoten (außer einigen Protozoen und einigen Pilzen) enthalten Mitochondrien und nutzen deshalb dasselbe Grundprinzip des aeroben Abbaus von Nährstoffen.

## 1.8.1 Reaktionsverlauf des Citrat-Zyklus

Der erste Schritt des Pyruvat-Abbaus ist seine oxidative Decarboxylierung zu **Acetyl-CoA**, der aktivierten Essigsäure.

$$\text{Pyruvat} + \text{CoA} + \text{NAD}^+ \xrightarrow{\text{Pyruvat-Dehydrogenase-Complex}} \text{Acetyl-CoA} + \text{CO}_2 + \text{NADH/H}^+$$

$$\Delta G^{\circ\prime} - 33{,}5\,\text{kJ mol}^{-1}$$

Die Reaktion ist wegen der hohen Energiedifferenz irreversibel. Sie ist gleichsam eine Einbahnstraße, mit der die Kohlenhydrate in den oxidativen Abbau eingeschleust werden. Die Reaktion wird durch den **Pyruvat-Dehydrogenase-Complex** (PDC) katalysiert. Es ist dies einer der größten bekannten Multienzymkomplexe, der aus mehr als 50 Proteinen besteht und auf Grund seiner Größe auch im Elektronenmikroskop sichtbar ist. Er enthält die drei an der Reaktion beteiligten Enzyme Pyruvat-Dehydrogenase, Dihydrolipoyl-Transacetylase und Dihydrolipoyl-Dehydrogenase jeweils in mehrfacher Ausfertigung (24, 24, 12 bei *Escherichia coli*). Die Reaktion ist also viel verwickelter, als die angegebene stöchiometrische Gleichung vermuten lässt. Außerdem sind Thiamin-Pyrophosphat (Thiamin = Vitamin B1), Liponamid und FAD als katalytische Kofaktoren der drei Enzyme beteiligt. Der Enzymkomplex wird durch Phosphorylierung inaktiviert und, umgekehrt, durch Dephosphorylierung aktiviert. Ein hoher ATP-Gehalt in den Mitochondrien wird deshalb die Reaktion hemmen und ATP-Mangel die Reaktion beschleunigen, so dass die Aktivität des PDC stets unmittelbar an die zelluläre ATP-Bedürfnisse gekoppelt ist.

Für die Phosphorylierung sind vier Kinasen (Pyruvat-Dehydrogenase-Kinase, PDK1 bis PDK4) zuständig, die, zumindest teilweise, ebenfalls im Enzymkomplex enthalten sind. Diese Kinasen können auch unabhängig vom ATP-Gehalt der Mitochondrien reguliert werden. Wird Ratten das Futter rationiert, so steigt innerhalb weniger Tage die Menge und Aktivität der PDK4 um das Fünffache an. Sie inaktiviert die PDC und hemmt damit den Nachschub an Acetyl-CoA aus der Glykolyse. Fasten verursacht in erster Linie einen Mangel an Glucose sowie einen Mangel an ATP und Produkten der Glykolyse. Der PDC reagiert auf diesen Mangel, indem er, trotz Mangelsituation, inaktiviert wird und den weiteren oxidativen Abbau von Kohlenhydraten hemmt. Statt dessen kann nun Acetyl-CoA aus Fettsäuren gewonnen und zum oxidativen Abbau in den Citrat-Zyklus eingeschleust werden. Der PDC wird damit zum Bestandteil eines metabolischen Reglers, mit dem vom Kohlenhydratabbau auf den Fettabbau umgeschaltet werden kann.

Der Kreislauf des Citrat-Zyklus beginnt mit der Synthese der C6-Einheit des Citrat aus der $C_2$-Einheit Acetyl-CoA und der $C_4$-Einheit Oxalactetat. Das Grundmuster des Zyklus ist in Abb. 1.14 dargestellt. Es ist eine Abfolge von Reaktionen, bei der durch eine oxidative Decarboxylierung des Citrat zuerst eine $C_5$-Einheit ($\alpha$-Ketoglutarat) entsteht. Durch eine weitere oxidative Decarboxylierung entsteht eine $C_4$-Einheit (Succinat), die dann zu Oxalacetat regeneriert wird. Das Oxalacetat steht dann wieder bereit, um einen Acetylrest für den nächsten Umlauf im Citrat-Zyklus aufzunehmen. Bei beiden Schritten der oxidativen Decarboxylierung verlassen zwei Atome Kohlenstoff den Kreislauf als Kohlendioxid. Sie sind nicht mit dem eintretenden Acetylrest identisch, sondern entstammen dem Oxalacetat und damit dem Acetylrest aus einem früheren Umlauf des Citrat-Zyklus. Das entstandene Kohlendioxid diffundiert aus den Mitochondrien ins Cytosol und von dort in andere Körperflüssigkeiten.

## 1.8.2 Energieausbeute des Citrat-Zyklus

Bei insgesamt vier Oxidationsreaktionen verlassen vier Paar Wasserstoffatome den Zyklus. Davon werden drei auf $NAD^+$ und eines auf FAD übertragen. Lediglich bei einer Reaktion entsteht eine energiereiche Phosphatbindung, und zwar bei der Umwandlung von Succinyl-CoA zu Succinat. Dabei wird chemische Energie in Form von GTP gespeichert, dessen Phosphatrest auf ATP übertragen werden kann. In der Summe ergibt dies folgende Reaktionsgleichung:

$$\text{Acetyl-CoA} + 3\,NAD^+ + FAD + GDP + 2\,H_2O + P_i \longrightarrow \text{HS-CoA} + 2\,CO_2 + 3\,NADH/H^+ + FADH_2 + GTP$$

mit einer Energiedifferenz $\Delta G^{\circ\prime}$ von –37,7 kJ $mol^{-1}$. Obwohl der Citrat-Zyklus zum aeroben Stoffwechsel gehört, wird in seinem Verlauf kein molekularer Sauerstoff verbraucht. Dies geschieht erst durch die anschließende Atmungskette, in der die aus dem Citrat-Zyklus stammenden $NADH/H^+$ und $FADH_2$ oxidiert werden. Wichtigstes Ergebnis des Citrat-Zyklus für den Energiehaushalt ist deshalb die Lieferung der Reduktionsäquivalente für die Atmungskette. Vor dem Start des Citrat-Zyklus, bei der Aktivierung des Pyruvat zu Acetyl-CoA, ist zusätzlich ein weiteres $NADH/H^+$ gebildet worden, so dass die Ausbeute an chemisch gebundener Energie aus Pyruvat insgesamt 4 $NADH/H^+$, 1 $FADH_2$ und 1 GTP beträgt. Aus einem Molekül Glucose lieferte die Glykolyse zwei Pyruvat, so dass die Ausbeute an chemisch gebundener Energie, bezogen auf Glucose, verdoppelt werden muss, also insgesamt 8 $NADH/H^+$, 2 $FADH_2$ und 2 GTP (=2 ATP). Rechnen wir die Ausbeute an biochemisch weiter verwertbarer Energie aus der Glykolyse hinzu (siehe Energieausbeute der Glykolyse), so lieferte der aerobe Abbau der Glucose bis zu diesem Zeitpunkt 10 $NADH/H^+$, 2 $FADH_2$ und 4 ATP.

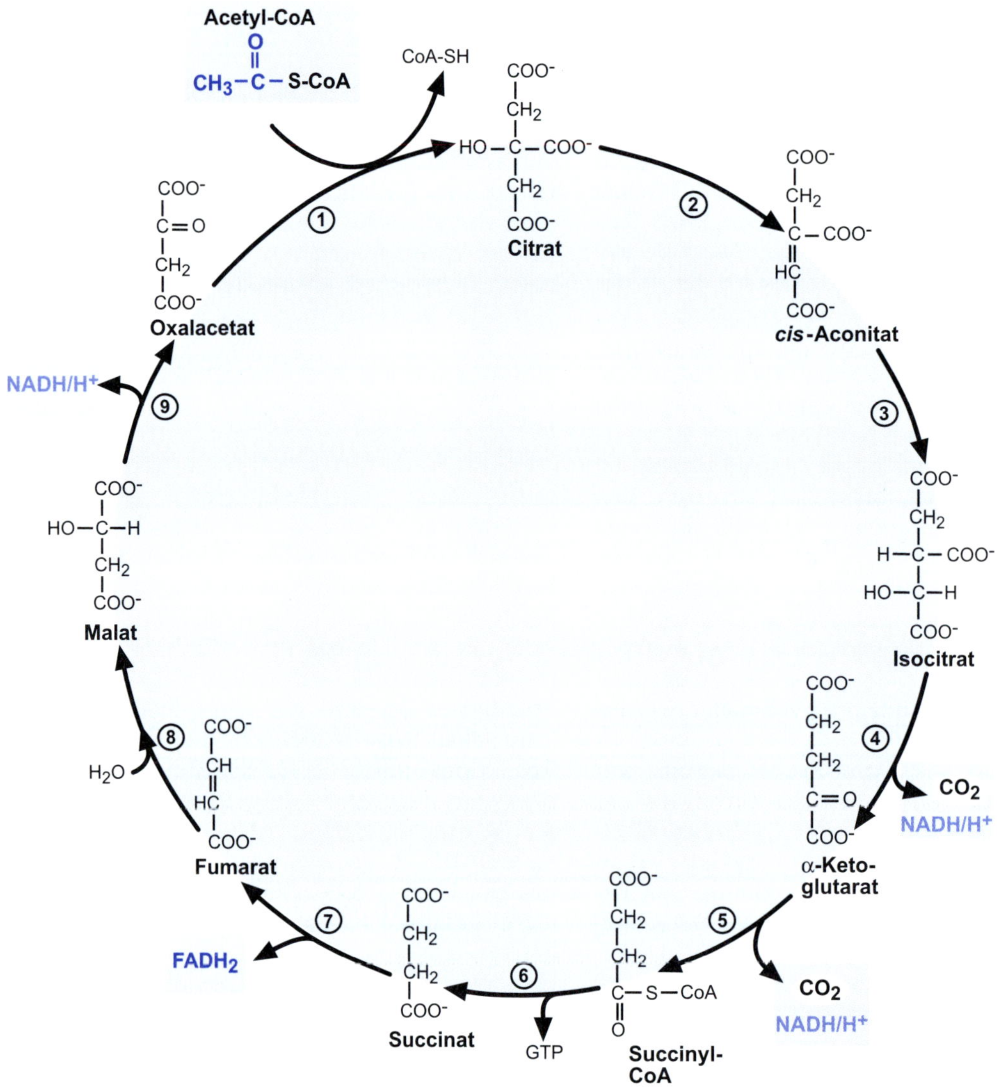


**Abb. 1.14.** Reaktionsschema des Citrat-Zyklus. Der Ablauf der 9 aufeinanderfolgenden Reaktionen wird von folgenden Enzymen katalysiert: **1** Citrat-Synthase, **2** und **3** Aconitase, **4** Isocitrat-Dehydrogenase, **5** $\alpha$-Ketoglutarat-Dehydrogenase-Komplex, **6** Succinyl-CoA-Synthase, **7** Succinat-Dehydrogenase, **8** Fumarase, **9** Malat-Dehydrogenase

## 1.9 Oxidative Phosphorylierung

### 1.9.1 Elektronenübertagung und Protonentransport durch die Atmungskette

Der letzte und entscheidende Schritt des oxidativen Abbaus ist die Übertragung der an FAD und NAD gebundenen Protonen und Elektronen auf den Sauerstoff. Diese energetisch sehr ergiebige Reaktion zwischen Wasserstoff und Sauerstoff läuft in der inneren Membran der Mitochondrien in zahlreichen kleinen Teilschritten ab (Abb. 1.15). Sie steht unter der Kontrolle von membranständigen Enzymen und deren Kofaktoren, die dafür sorgen, dass möglichst wenig Energie als Wärme verloren geht, sondern zur Gewinnung von ATP genutzt wird. Es handelt sich dabei um eine Kette von vier großen Proteinkomplexen, die Elektronen vom $NADH/H^+$ auf Sauerstoff übertragen, die **Atmungskette.** Die treibende Kraft dieser Reaktion ist das Elektronenübertragungspotential des $NADH/H^+$ oder des $FADH_2$ zum Sauerstoff. Dabei wird $NADH/H^+$ wieder zu $NAD^+$ oxidiert entsprechend folgender Gleichung:

$$^{1}/_{2}O_2 + NADH/H^+ \longrightarrow H_2O + NAD^+$$
$$\Delta G^{\circ\prime}\ -220\ mmol^{-1}$$

Wasserstoffatome bestehen aus einem Proton und einem Elektron. Eine besondere Leistung der Atmungskette besteht darin, dass sie zu Beginn der Reaktion den Wasserstoff in Elektronen und Protonen trennt und die Elektronen über einen eigenen Weg durch die Elektronentransportkette in der Mitochondrienmembran führt. An einigen Stellen des Elektronentransports werden Protonen und Elektronen vorübergehend wieder zusammengeführt, aber erst am Ziel der Reaktion, bei der Übertragung der Elektronen auf Sauerstoff, entsteht mit dem dabei gebildeten Wasser wieder ein stabiler Zustand.

$NADH/H^+$ wird im Citrat-Zyklus in der Matrix der Mitochondrien gebildet. Der erste Komplex der Atmungskette (auch als **NADH-Reduktase** oder **Komplex I** bezeichnet), oxidiert das $NADH/H^+$ zu NAD und überträgt dabei zwei

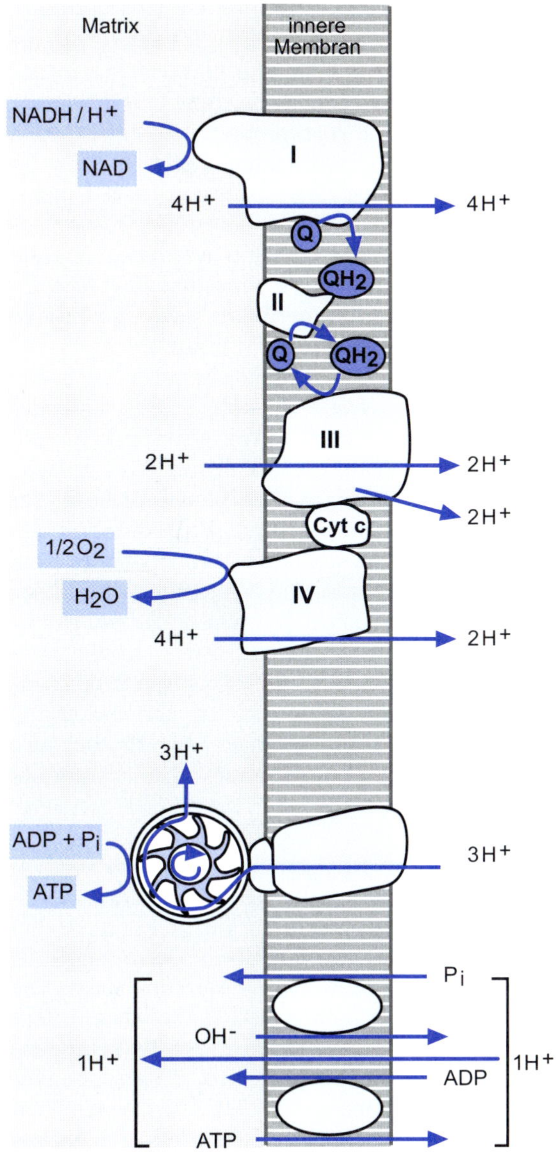


**Abb. 1.15.** Atmungskette und oxidative Phosphorylierung in der inneren Mitochondrienmembran

Elektronen auf das Flavinmononucleotid (FMN), eine prosthetische Gruppe des Komplexes I. Dadurch wird FMN zu $FMNH_2$ reduziert. Die Elektronen werden dann von einer Reihe von Eisen-Schwefel-Proteinen (Fe-S-Cluster) im Komplex I weitergereicht. Bei Aufnahme eines Elektrons wird das $Fe^{3+}$ zu $Fe^{2+}$ reduziert und bei

Abgabe des Elektrons wieder zu $Fe^{3+}$ oxidiert. Nach der Passage der Eisen-Schwefel-Proteine des Komplexes I werden die Elektronen auf das Coenzym Q übertragen. Coenzym Q wird wegen seines ubiquitären Vorkommens in Zellen auch als **Ubichinon** (Q) bezeichnet. Bei Aufnahme eines Elektrons wird das Ubichinon zum Ubichinol ($QH_2$) reduziert. Die beim Elektronenfluss vom NADH/$H^+$ zum $QH_2$ frei werdende Energie wird dazu genutzt, um 4 Protonen über die innere Mitochondrienmembran nach außen zu pumpen, in den Intermembranraum.

Im Citrat-Zyklus wird Wasserstoff auch auf FAD übertragen. Dabei entsteht $FADH_2$ und dieses tritt im **Komplex II** in die Atmungskette ein. Das für diese Reaktion des Zitratzyklus zuständige Enzym Succinat-Q-Reduktase sitzt in der Mitochondrienmembran und ist Bestandteil des Komplexes II. Neu gebildetes $FADH_2$ bleibt deshalb in der Membran und überträgt seine Elektronen direkt auf Eisen-Schwefel-Proteine, die es an Ubichinon weitergeben. Dabei findet kein Protonentransport über die Mitochondrienmembran statt, da die Änderung der freien Energie bei dieser Reaktion geringer ist als bei der NADH-Reduktion im Komplex I. Deshalb ist auch die Ausbeute an ATP aus $FADH_2$ geringer als bei der Oxidation des NADH/$H^+$.

Ubichinon ist auf Grund seiner Isoprenketten gut lipidlöslich und kann deshalb in der inneren Mitochondrienmembran frei diffundieren. Dabei erreicht es den **Komplex III** der Atmungskette, die **Cytochrom-Reduktase**. Sie überträgt die Elektronen vom Ubichinol ($QH_2$) auf das Protein Cytochrom *c*. Gleichzeitig wirkt sie als **Protonenpumpe** und transportiert pro Elektronenpaar zwei Protonen über die Mitochondrienmembran nach außen. Cytochrom *c* ist ein wasserlösliches Protein, das als prosthetische Gruppe ein Häm (Pophyrinring + Fe, s. Kap. Blut 5.5.1, S. 232 Atmung) enthält, dessen zentrales Eisenatom Elektronen aufnehmen und wieder abgeben kann. Dabei ändert sich die Wertigkeit des zentralen Eisenatoms, es wird von $Fe^{3+}$ zu $Fe^{2+}$ reduziert und bei Abgabe eines Elektrons wieder zu $Fe^{3+}$ oxidiert. Cytochrom hat durch das Häm mit dem zentralen Eisenatom eine kräftige rote Farbe und ist, neben Häm-haltigen respiratorischen Proteinen, mitverantwortlich für die dunkle Färbung von mitochondrienreichen Geweben (Braunes Fettgewebe, Leber, Muskulatur).

Der letzte Schritt der Atmungskette ist die Übertragung der Elektronen aus dem Cytochrom c auf den molekularen Sauerstoff durch die **Cytochrom-Oxidase (Komplex IV)**. Zur vollständigen Reduktion des Sauerstoff vom $O_2$ zu 2 $H_2O$ werden vier Elektronen auf $O_2$ übertragen, vier Protonen gebunden und dabei gleichzeitig acht Protonen über die Mitochondrienmembran gepumpt (4 pro Elektronenpaar). Die Cytochrom-Oxidase ist ein Proteinkomplex aus 10 Untereinheiten, die teilweise vom Mitochondrien-Genom selbst codiert werden (I, II, und III), während die anderen im Zellkern codiert sind. Bindung und Umsetzung des Sauerstoffs wird durch zwei Häm-Gruppen und zwei Kupferatome bewerkstelligt, die in der Cytochrom-Oxidase enthalten sind. Die Cytochrom-Oxidase ist, neben den Peroxisomen, die einzige Stelle im Zellstoffwechsel, an der Reaktionen mit molekularem Sauerstoff aus der Luft stattfinden können. Der Anteil der peroxisomalen Respiration beträgt meist weniger als 1%, so dass praktisch der gesamte Sauerstoffverbrauch des Körpers auf der katalytischen Wirkung der Cytochrom-Oxidase beruht.

### 1.9.2 Synthese von ATP

Bis zum Ende der Atmungskette ist zwar Sauerstoff verbraucht, aber noch kein ATP gebildet worden. Dies geschieht in einem weiteren Enzymkomplex der Mitochondrienmembran, der **ATP-Synthase**. Es war lange Zeit umstritten, wie Energie von der Atmungskette auf ATP übertragen wird. Peter Mitchell (Nobelpreis 1979) machte den Vorschlag, dass dies nicht direkt durch ein energiereiches Zwischenprodukt der Atmungskette geschieht, sondern dass allein der von der Atmungskette erzeugte Protonengradient über die innere Mitochondrienmembran die Antriebsenergie für die ATP-Synthese liefert. Dieses **chemiosmotische Modell** der Energieübertragung in den Mitochondrien ist inzwischen allgemein akzeptiert. Durch den Protonengradienten ist die ATP-Synthese an die Oxidation gekoppelt, und man spricht deshalb auch von **gekoppelter Respiration**. Wenn die Mitochondrienmembran Sauerstoff verbraucht, ohne eine entsprechende Menge ATP zu synthetisieren, so bezeichnet man dies als **entkoppelte Respiration**.

Die Protonenpumpen erzeugen einen mehr als 10fachen Konzentrationsunterschied an Protonen zwischen der Matrix (wenig $H^+$) und dem Intermembranraum (hohe $H^+$-Konzentration). Die hohe Anzahl positiver Ladungen auf der Außenseite der Mitochondrienmembran erzeugt ein Membranpotential $\Delta\psi$ von 170 mV (Außenseite positiv). Außerdem führt die unterschiedliche $H^+$-Konzentration zu einem $\Delta pH$ von $\leq 0{,}5$ ($pH = -\log [H^+]$). Beide zusammen, $\Delta\psi$ und $\Delta pH$, ergeben das gesamte elektrochemische Potential der Mitochondrienmembran ($\Delta p$) von 200 mV, die **protonenmotorische Kraft** (Übersicht siehe Nicholls u. Ferguson 1992). Sie liefert die Energie zur ATP-Synthese. An Hand der protonenmotorischen Kraft kann auch berechnet werden, wieviel Energie für den Transport von Protonen über die Mitochondrienmembran notwendig ist. Für ein $\Delta p$ von 224 mV beträgt sie $0{,}224 \times 6{,}023 \times 10^{23}$ Elektronenvolt pro Mol Protonen oder umgerechnet 21,7 kJ $mol^{-1}$. Diese Energie muss von der Atmungskette in den Protonenfluss investiert werden, um die ATP-Synthese anzutreiben. Thermodynamisch ist dies möglich, da die Oxidation von $NADH/H^+$ zu $H_2O$ ein $\Delta G^{\circ\prime}$ von –220 kJ $mol^{-1}$ hat und somit den Transport von bis zu 10 Mol $H^+$ erlauben würde, je nach Effizienz der Atmungskette.

Die Protonen streben über die Mitochondrienmembran zurück in die Matrix, und dies wird von der ATP-Synthase zur Bildung von ATP genutzt. Die ATP-Synthase besteht aus einer Protonen leitenden Gruppe von Proteinen, die in der Membran verankert sind ($F_0$-Einheit), dem Protonenkanal. Zur Matrixseite hin sitzt eine Gruppe von Proteinen, die aus ADP und $P_i$ die Bildung von ATP katalysieren ($F_1$-Einheit). Sie enthalten Strukturen, die, analog zu einem Mühlrad, von den einströmenden Mitochondrien einen Drehimpuls erhalten der wesentlichen Anteil an der Energieübertragung zur Bildung des ATP hat. Die Synthese von einem Mol ATP erfordert unter physiologischen Bedingungen 40–50 kJ und entspricht damit der Energie, die aus dem Rückfluss von 2–3 Mol Protonen über die Mitochondrienmembran gewonnen werden kann.

## 1.9.3 Regulation der oxidativen Phosphorylierung

Das neugebildete ATP wird in die Matrix entlassen und durch die ADP/ATP-Translokase im Austausch gegen ADP ins Cytosol abgegeben. Auf diesem Weg wird ATP als Energiequelle für andere biochemische Prozesse ständig ins Cytosol nachgeliefert und gleichzeitig ADP in den Mitochondrien zur Synthese von ATP bereitgestellt. Unter physiologischen Bedingungen ist der Elektronentransport der Atmungskette und die oxidative Phosphorylierung eng mit der Menge an angebotenen ADP verknüpft. Steht kein ADP zur Verfügung, so kommt der Protonenfluss durch die ATP-Synthase zum Stillstand. Es gibt einen Rückstau an Protonen auf der Außenseite der Mitochondrienmembran, da die Atmungskette keine wesentlich höhere protonenmotorische Kraft als die üblichen 224 mV aufbauen kann. Es werden keine Protonen mehr gepumpt, und folglich kommt auch der Elektronentransport in der Atmungskette zum Stillstand, und zwar so lange, bis wieder ADP zur Phosphorylierung bereitsteht (Abb. 1.16). Damit ist sichergestellt, dass die ATP-Synthese kurzfristig und unmittelbar an den ATP-Bedarf des Organismus angepasst wird.

## 1.9.4 ATP-Bilanz der oxidativen Phosphorylierung

Durch Oxidation von $NADH/H^+$ wird ein Elektronenpaar in die Atmungskette eingeschleust und auf Sauerstoff übertragen. Die Protonenpumpen der NADH-Reduktase, der Cytochrom-Reduktase und der Cytochrom-Oxidase transportieren pro Elektronenpaar jeweils vier, zwei und vier Protonen über die Mitochondrienmembran. Für die Synthese eines ATP fließen drei Protonen durch die ATP-Synthase in die Matrix der Mitochondrien zurück. Ein weiteres Proton wird beim Transport von ATP ins Cytosol verbraucht. Dies ergibt einen Gewinn von 2,5 Molekülen ATP im Cytosol pro Elektronenpaar, das vom $NADH/H^+$ zum $O_2$ fließt. Das $FADH_2$ speist seine Elektronen und Protonen erst nach der ersten Protonenpumpe in die Atmungskette ein, so dass nur 1,5 ATP pro Elektronenpaar ins Cytosol geliefert werden.

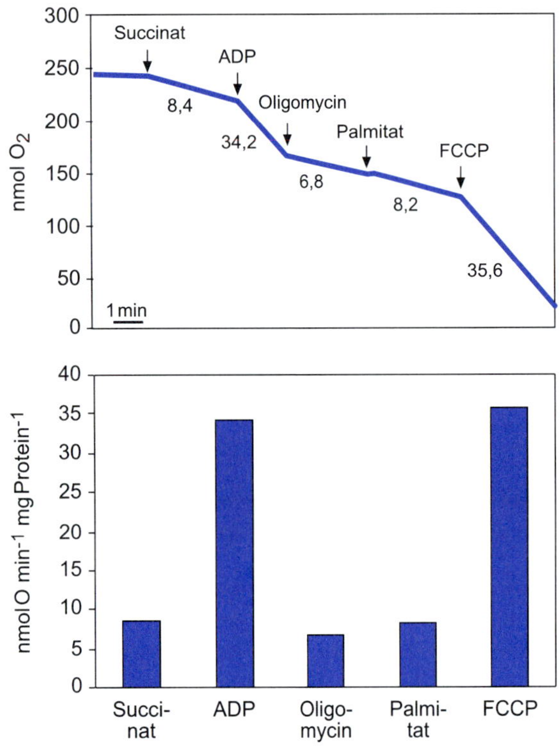


**Abb. 1.16.** Sauerstoffverbrauch von isolierten Mitochondrien (Lebermitochondrien des Dsungarischen Zwerghamsters). Die Mitochondrien wurden in Phosphatpuffer eingebracht (750 µl) und verbrauchten den darin enthaltenen Sauerstoffvorrat. Zwei Minuten **Vorlauf ohne Substrat**, danach wurde **Succinat** als Substrat zugegeben und die Respiration dadurch gestartet. Nach Zugabe von **ADP** deutliche Steigerung der Atmungsrate. **Oligomycin** hemmt die ATP-Synthase, und die dann noch bestehende niedrige Atmungsrate entspricht der von der ATP-Synthese **entkoppelten Respiration**. Zugabe von Fettsäuren verursacht eine geringe Steigerung der entkoppelten Respiration. Erst die Zugabe eines künstlichen Entkopplers (FCCP), der die Mitochondrienmembran für Protonen durchlässig macht, erlaubt wieder eine maximale Atmungsrate der Mitochondrien. Für die verschiedenen Atmungszustände der Mitochondrien sind folgende Bezeichnungen üblich (Nicholls u. Ferguson 1992): state 1 = Mitochondrien ohne Substrat und ohne ADP; state 2 = nach Zugabe von Substrat (ohne ADP); state 3 = nach Zugabe von ADP; state 4 = verringerte Respiration nachdem alles ADP in ATP umgewandelt ist; state 5 = Anoxie

Addieren wir den ATP-Gewinn aus den drei NADH/$H^+$ (7,5 ATP), einem $FADH_2$ (1,5 ATP), die pro Umlauf des Citrat-Zyklus aus einem Acetylrest gewonnen werden, und dem NADH/$H^+$ aus der Umwandlung von Pyruvat zu Acetyl-CoA (2,5 ATP), so ergibt dies eine Ausbeute von 11,5 Mol ATP pro Mol Pyruvat.

Dies ist jedoch nur ein Schätzwert, denn die Mechanismen und die Effizienz der Energieübertragung in der Mitochondrienmembran sind umstritten und nicht in allen Details bekannt. Dies gilt sowohl für die Leistung der Protonenpumpen (6 bis 10 Protonen pro NADPH/$H^+$) als auch für die Stöchiometrie der ATP-Synthese (2 oder 3 $H^+$ für ein ATP). Entsprechend schwanken auch die Angaben über die ATP-Ausbeute pro Mol Pyruvat zwischen 11 und 15 ATP.

Diese Variabilität in der Ausbeute an ATP bei der oxidativen Phosphorylierung ist nicht nur eine Folge von Kenntnislücken, sondern ist systembedingt. Bei der Glykolyse und im Citrat-Zyklus entsteht ATP durch direkte Übertragung eines Phosphatrestes auf ADP und kann durch stöchiometrische Reaktionsgleichungen beschrieben werden. Im Gegensatz dazu ist die ATP-Synthese bei der oxidativen Phosphorylierung nur indirekt an die Atmungskette gekoppelt, über die von den Protonenpumpen erzeugte protonenmotorische Kraft der inneren Mitochondrienmembran. Sowohl die Leistung der Protonenpumpen als auch die der ATP-Synthase sind deshalb nicht direkt und ganzzahlig mit dem Umsatz von Metaboliten verknüpft, sondern hängen von der in Grenzen variablen protonenmotorischen Kraft (200–240 mV) ab.

Außerdem ist die Mitochondrienmembran nicht völlig protonendicht, so dass es auch zu einem Rückstrom an gepumpten Mitochondrien kommen kann, ohne dass entsprechende Mengen an ATP synthetisiert werden. Man bezeichnet dies als **entkoppelte Respiration** der Mitochondrien, da sie zwar Sauerstoff verbrauchen, aber kein ATP liefern. Der Anteil der entkoppelten Respiration beträgt in den Mitochondrien verschiedener Gewebe 15 bis 30% des Sauerstoffverbrauchs, mit besonders hohen Werten in den Mitochondrien von Säugetieren (Brand et al. 1991). Die Mitochondrien des braunen Fettgewebes enthalten sogar ein spezielles Entkopplerprotein (UCP1), das eine völlige Entkopplung der Respiration erlaubt, d.h. Sauerstoff wird verbraucht, ohne dass eine für die ATP-Synthese notwendige protonenmotorische Kraft aufgebaut wird (s. zitterfreie Wärmebildung). Kürzlich wurden auch in den Mitochondrien anderer Geweben weitere Proteine entdeckt, die eine ähnliche Aminosäurensequenz besitzen (UCP2, UCP3, UCP4 und BMCP1) (Bouillaud et al. 2001). Allerdings ist nicht bekannt, ob sie für die entkoppelte Respiration der Mitochondrien verantwortlich gemacht werden können (Klingenberg u. Echtay 2001, Porter 2001).

### 1.9.5 ATP-Ausbeute beim oxidativen Abbau von Glucose

Bei Abbau der Glucose zu 2 Pyruvat wurden 2 ATP und 2 $NADH/H^+$ gewonnen. Die Mitochondrienmembran ist nicht durchlässig für NADH. Seine Reduktionsäquivalente werden im Cytosol zur Bildung von Glycerin-3-Phosphat genutzt. Dieses diffundiert in die Mitochondrien und schleust die Reduktionsäquivalente mit Hilfe von FAD in die Atmungskette ein (Glycerin-Phosphat-Shuttle), wodurch weitere 3 ATP geliefert werden. Hinzu kommen 2 ATP-Äquivalente, die im Citrat-Zyklus direkt gebildet werden, und 22–30 ATP aus den Reduktionsäquivalenten des oxidativen Abbaus von 2 Pyruvat im Citrat-Zyklus. Aus der Summe aller Teilschritte ergibt dies, dass pro Mol Glucose 29 bis 38 Mol ATP im Cytosol bereit gestellt werden (Tabelle 1.4).

Daraus kann der Wirkungsgrad des oxidativen Glucoseabbaus errechnet werden. Cytosolisches ATP liefert eine Standardenergie von etwa 30,5 kJ $mol^{-1}$ für weitere biochemische Reaktionen. Mit 29 bis 38 Mol ATP wurden somit 885–1159 kJ als chemische Energie in Form von ATP gespeichert. Die Änderung der freien Energie für die vollständige Oxidation von Glucose zu Kohlendioxid und Wasser beträgt –2864 kJ $mol^{-1}$. Bezogen auf diese maximal mögliche Energieausbeute hat der biochemische Abbau bis zum ATP also nur einen **Wirkungsgrad von 31 bis 41%**. Die restlichen 69% bis 59% der aus Glucose mobilisierbaren Energie werden in Wärmeenergie umgewandelt und an

**Tabelle 1.4.** ATP-Bilanz des Abbaus von Glucose. Die Stöchiometrie der oxidativen Phosphorylierung beruht auf Schätzwerten für die Protonenpumpen, der dabei entwickelten protonenmotorischen Kraft der inneren Mitochondrienmembran und der davon angetriebenen ATP-Synthase. Hier angegeben ist die Mindestausbeute an ATP die unter physiologischen Bedingungen erreichbar ist, 30 ATP pro Mol Glucose (Stryer 1997). Werden die glykolytisch gebildeten Reduktionsäquivalente ($NADH/H^+$) mit dem Malat-Aspartat-Shuttle anstatt dem Glycerinphosphat-Shuttle in die Mitochondrien transportiert, so entstehen zusätzlich 2 ATP

| Reaktion | Reduktionsäquivalente | ATP-Ausbeute |
|---|---|---|
| Glykolyse im Cytosol | | |
| Phosphorylierung der Glucose | | -1 |
| Phosphorylierung von Fructose-6-Phosphat | | -1 |
| 2 mal Dephosphorylierung von 1,3-Bisphosphoglycerat | | +2 |
| 2 mal Dephosphorylierung von Phosphoenolpyruvat | | +2 |
| 2 mal Oxidation von Glycerinaldehyd-3-Phosphat | 2 $NADH/H^+$ | |
| Citrat-Zyklus in den Mitochondrien | | |
| Umwandlung von 2 Pyruvat zu 2 Acetyl-CoA | 2 $NADH/H^+$ | |
| 2 Moleküle GTP aus Succinyl-CoA | | +2 |
| 2 mal Umlauf des Citrat-Zyklus | 6 $NADH/H^+$<br>2 $FADH_2$ | |
| Oxidative Phosphorylierung in den Mitochondrien | | |
| 2 $NADH/H^+$ aus der Glykolyse (je 1,5 ATP) (über den Glycerinphosphat-Shuttle) | | +3 |
| 2 $NADH/H^+$ aus der oxidativen Decarboxylierung von Pyruvat (je 2,5 ATP) | | +5 |
| 2 $FADH_2$ aus dem Citrat-Zyklus (je 1,5 ATP) | | +3 |
| 6 $NADH/H^+$ aus dem Citrat-Zyklus (je 2,5 ATP) | | +15 |
| | | Summe 30 |

die Umgebung abgegeben. Dies ist keine besonders effiziente Nutzung der Nahrungsenergie bis zum chemischen Zwischenspeicher des ATP und ist etwa dem Wirkungsgrad von veralteten Kraftwerken (35%) vergleichbar. Dabei muss jedoch berücksichtigt werden, dass der Abbau von Glucose ja nicht nur dem Energiegewinn dient, sondern dass dessen Abbau gleichzeitig Baumaterial für Biosynthesen liefert. Außerdem ist für viele Tiere die dabei gewonnene Abwärme ein erwünschtes Nebenprodukt, das zur Regulation der Körpertemperatur genutzt wird.

## 1.10 Bausteine aus dem Citrat-Zyklus

Der Citrat-Zyklus ist nicht nur ein Hauptweg zur Gewinnung von ATP, sondern auch eine wichtige Quelle für **Vorstufen zur Biosynthese** von Aminosäuren und Porphyrin (Abb. 1.17). Das Grundgerüst von Aminosäuren kann vor allem aus $\alpha$-Ketoglutarat und Oxalacetat gewonnen werden. Oxalacetat ist auerdem ein wichtiges Zwischenprodukt der Gluconeogenese. Succinyl-CoA liefert Baumaterial zur Biosynthese von Porphyrinen. Diese Abzweigung von Baumaterial hat jedoch Folgen für den Citrat-Zyklus. Werden Zwischenprodukte aus dem Kreislauf abgezogen, so fehlen sie als Grundstock für den nächsten Umlauf. Das ist besonders offensichtlich beim

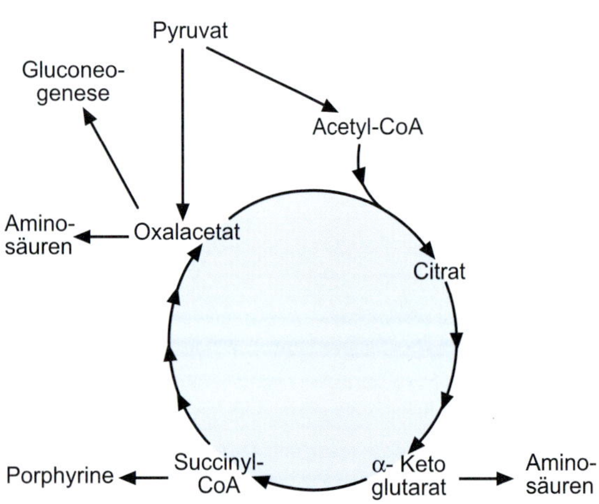


**Abb. 1.17.** Lieferung von Bausteinen für die Biosynthese aus dem Citrat-Zyklus

Oxalacetat. Wenn ein Teil davon für andere Aufgaben aus dem Zyklus abgezweigt wird, dann steht es nicht mehr für die Startreaktion des Citrat-Zyklus zur Verfügung. Es wird weniger Acetyl-CoA in den Citrat-Zyklus eingeschleust anstatt mehr, wie bei einem Mehrbedarf an Oxalacetat zu fordern wäre. Der Citrat-Zyklus droht wegen Mangel an Oxalacetat auszuhungern.

Säugetieren fehlen die Enzyme, um aus dem Acetyl-CoA auch Oxalacetat oder ein anderes Zwischenprodukt des Citrat-Zyklus zu bilden. Sie sind deshalb darauf angewiesen, dass die fehlenden Zwischenprodukte durch **Auffüllreaktionen** (anaplorektische Reaktionen) auf anderem Weg nachgeliefert werden. Im Gegensatz dazu sind viele Pflanzen und Bakterien in der Lage, aus zwei Molekülen Acetly-CoA auch Succinat zu bilden (Glyoxylat-Zyklus), so dass ein Abzug an Zwischenprodukten aus dem Citrat-Zyklus durch Acetyl-CoA selbst ausgeglichen werden kann. Eine Auffüllreaktion im Stoffwechsel von Tieren ist die Carboxylierung von Pyruvat zu Oxalacetat. Pyruvat entsteht als Endprodukt der Glykolyse im Cytosol und wird für den weiteren Abbau in die Mitochondrien transportiert. Dort wird es zu Acetyl-CoA aktiviert und in den Citrat-Zyklus eingeschleust. Bei Mangel an Oxalacetat kann das Pyruvat jedoch auch in Oxalacetat umgewandelt werden:

$$\text{Pyruvat} + CO_2 + \text{ATP} + H_2O \\ \rightarrow \text{Oxalacetat} + \text{ADP} + P_i + 2\,H^+$$

Der Ablauf der Reaktion wird durch das Enzym Pyruvat-Carboxylase katalysiert und verbraucht ein ATP. Die Aktivität dieses Enzyms wird von Acetyl-CoA reguliert. Bei einem Überschuss an Acetyl-CoA bindet es an das Enzym und steigert dessen Aktivität. Diese allosterische Aktivierung der Pyruvat-Carboxylase ist ein wichtiger physiologischer **Kontrollmechanismus** für die Abstimmung zwischen dem Energiebedarf und dem Baustoffbedarf der Zelle. Ein hoher Gehalt an Acetyl-CoA signalisiert einen Mangel an Oxalacetat, das dann aus Pyruvat nachgeliefert werden kann. Herrscht gleichzeitig ein Mangel an ATP, so kann Oxalacetat und Acetyl-CoA zu Citrat kondensieren und die Kapazität des Citrat-Zyklus steigern. Ist ausreichend ATP vorhanden, so kann das Oxalacetat zur Synthese von Glucose verwendet werden, denn es ist gleichzeitig auch ein Zwischenprodukt der ersten Umgehungsreaktion für die Gluconeogenese (Abb. 1.10).

## 1.11 Lipide als Energiequelle für den aeroben Stoffwechsel

Lipide werden vor allem als langfristige Speicher für Energie eingesetzt. Die meisten Tiere besitzen ein für die Lipidspeicherung spezialisiertes Gewebe, das **Fettgewebe.** Bei überschüssigem Nahrungsangebot werden die Vakuolen der Fettzellen mit Lipiden gefüllt, und bei Nahrungsmangel werden diese aus dem Speicher mobilisiert. Neben diesem Hauptspeicher sind kleinere Vorräte an Lipiden und Fettsäuren in der Körperflüssigkeit und in Körperzellen enthalten. Bei Energiebedarf werden diese vor Ort liegenden Lipide zuerst abgebaut und dann aus dem zentralen Speicher des Fettgewebes nachgefüllt. Während das ATP für plötzliche starke Muskelaktivität meist glykolytischen Ursprungs ist, wird eine länger anhaltende Muskelaktivität bei den Wirbeltieren in zunehmendem Maße durch Abbau von Lipiden mit ATP versorgt.

Die **Speicher-Lipide** liegen meist als **Triglyceride** vor, d.h. 3 Fettsäuren sind durch eine Esterbindung an Glycerin gebunden (Abb. 1.18). Fettsäuren besitzen eine besonders hohe Energiedichte und sind deshalb der energetisch wichtige Teil des Moleküls (Tabelle 1.5). Der Brennwert von Lipiden ist etwa doppelt so hoch wie der von Kohlenhydraten oder Proteinen. Aus diesem Grund sind fetthaltige Nahrungsmittel wie Nüsse oder Speck wesentlich energiereicher als Gemüse oder

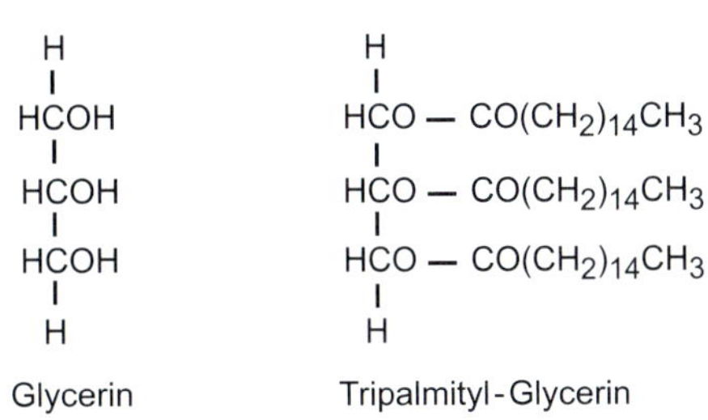


**Abb. 1.18.** Aufbau von Lipiden. Die meisten Speicherlipide sind Triglyceride, d.h. Fettsäuren sind durch eine Esterbindung an den dreiwertigen Alkohol Glycerin gebunden

Stärkeprodukte (Tabelle 1.6). Die Kettenlänge der Fettsäuren liegt in der Regel zwischen 12 und 22 C-Atomen, wobei die C-16- und C-18-Fettsäuren bei Tieren am häufigsten vorkommen (Abb. 1.19). Fettsäuren sind hoch polare Moleküle und können Zellstrukturen schädigen (Seifenbildung). Deshalb können sie nicht als freie Fettsäuren gespeichert und transportiert werden, sondern müssen entweder an Proteine gebunden oder zu Lipiden verestert werden. Lipide sind **nicht wasserlöslich** und werden in der Zelle in **Vakuolen** gespeichert. Dadurch verhalten sie sich **chemisch inert**, greifen nicht in biochemische Reaktionen in der Zelle ein und sind außerdem **osmotisch unwirksam.** Diese Eigenschaften machen Lipide zu einem idealen Speicher für Energie.

Bei der Mobilisierung der gespeicherten Lipide werden diese zuerst durch **Lipasen** in Glycerin und Fettsäuren gespalten. Das Glycerin wird in den Kohlenhydratstoffwechsel eingeschleust. Die Fettsäuren werden durch **$\beta$-Oxidation** in **Acetyl-CoA** zerlegt (Abb. 1.20), und diese im Citrat-Zyklus und der Atmungskette zu Kohlendioxid und Wasser vollständig abgebaut, auf dieselbe Weise, wie wir das bereits beim Glucose-Abbau kennen gelernt haben. Das Acetyl-CoA kann deshalb als zentraler Sammelpunkt des Stoffwechsels betrachtet werden, da sowohl der Abbau von Fettsäuren als auch der von Kohlenhydraten und einigen Aminosäuren in Acetyl-CoA mündet und von dort aus gemeinsam zu Ende geführt wird.

### 1.11.1 $\beta$-Oxidation

Die im Cytosol angelieferten Fettsäuren werden zuerst an **Coenzym A** gebunden, eine Reaktion, die durch Thiokinasen katalysiert wird, und ein ATP verbraucht. Diese Aktivierung der Fettsäuren geschieht an der äußeren Mitochondrienmembran. Anschließend wird das entstandene **Acyl-CoA** mit Hilfe von **Carnitin** in die Matrix der Mitochondrien transportiert. Vom Acyl-CoA wird durch eine sich mehrfach wiederholende Sequenz von 4 Reaktionen (Oxidation, Hydratisierung, Oxidation, Thiolyse) jeweils eine C-2-Einheit der Fettsäurenkette abgespalten, eine Reaktionsfolge, die als **$\beta$-Oxidation** bezeichnet wird (Abb. 1.20).

**Tabelle 1.5.** Verbrennungswärme ($\Delta H$) einiger Nahrungsbestandteile und Metaboliten und deren ATP-Ausbeute beim oxidativen Abbau. Beim Abbau der Aminosäuren wurden jeweils 2 ATP für die Synthese von Harnstoff berücksichtigt. Für die Berechnung des Wirkungsgrads wurden 30,5 kJ pro mol ATP angenommen

| Substanz | Summenformel | Molekulargewicht | $\Delta H$ (kJ $g^{-1}$) | $\Delta H$ (kJ $mol^{-1}$) | ATP $mol^{-1}$ | Wirkungsgrad |
|---|---|---|---|---|---|---|
| Glucose | $C_6H_{12}O_6$ | 180,16 | 15,63 | 2813 | 30–36 | 33–39% |
| Pyruvat | $C_3H_4O_3$ | 88,06 | 15,44 | 1360 | 15 | 34% |
| Lactat | $C_3H_6O_3$ | 90,08 | 15,13 | 1363 | 18 | 40% |
| Citrat | $C_6H_8O_7$ | 192,12 | 10,32 | 1983 | 27 | 42% |
| Äthanol | $C_6H_6O$ | 46,07 | 29,76 | 1371 | – | – |
| Glycerin-Tripalmitat | $C_{51}H_{98}O_6$ | 807,33 | 37,34 | 30143 | 409 | 41% |
| Glycerin | $C_3H_8O_3$ | 92,09 | 18,02 | 1659 | 22 | 40% |
| Palmitat | $C_{16}H_{32}O_2$ | 256,42 | 38,79 | 10025 | 131 | 40% |
| Stearat | $C_{18}H_{36}O_2$ | 282,45 | 39,92 | 11278 | 148 | 40% |
| Oleat | $C_{18}H_{34}O_2$ | 280,44 | 39,58 | 11106 | 148 | 41% |
| Alanin | $C_3H_7O_2N$ | 89,09 | 18,17 | 1619 | 19 | 36% |
| Tryptophan | $C_{11}H_{12}O_2N_2$ | 204,23 | 27,55 | 5627 | 47 | 25% |

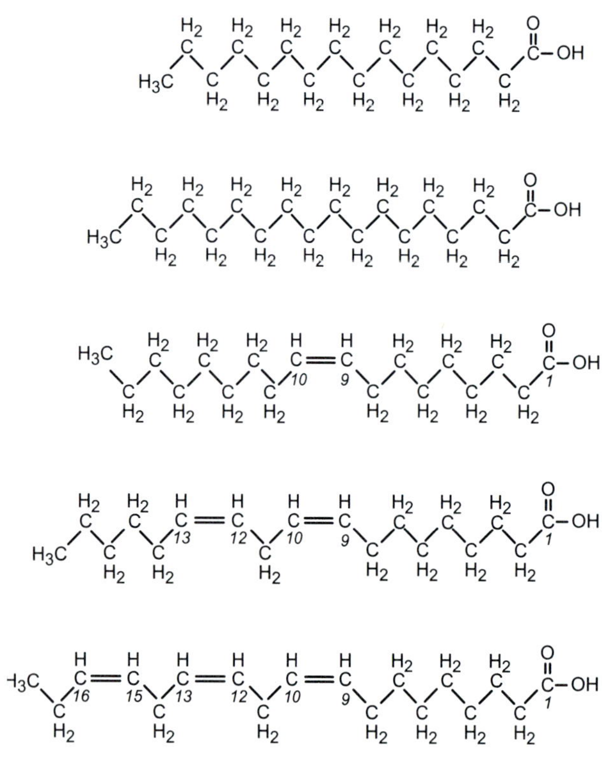

Palmitinsäure
$C_{16}H_{32}O_2$
$C_{16:0}$

Stearinsäure
$C_{18}H_{36}O_2$
$C_{18:0}$

Oleinsäure
(Ölsäure)
$C_{18}H_{34}O_2$
$C_{18:1}$

Linolsäure
$C_{18}H_{32}O_2$
$C_{18:2}$

Linolensäure
$C_{18}H_{30}O_2$
$C_{18:3}$

**Abb. 1.19.** Aufbau von gesättigten und ungesättigten Fettsäuren. Bei der Bezeichnung von Fettsäuren wird im Index die Anzahl der C-Atome und die Anzahl der Doppelbindungen genannt, z. B. $C_{18:1}$ für die einfach ungesättigte Oleinsäure. Die häufigsten Fettsäuren bei Säugetieren sind die Oleinsäure ($C_{18:1}$) (Mensch 43–48,2%) und die Palmitinsäure ($C_{16:0}$) (22,5%). Danach folgen die Linolsäure ($C_{18:2}$) (10–16%), Palmitoleinsäure (C16:1) (6,8%), Stearinsäure ($C_{18:0}$) (4–5,7%), Myristinsäure ($C_{14:0}$) (2,6–4,7%) und die seltenere dreifach ungesättigte Linolensäure ($C_{18:3}$) (0,5–1,8%)

**Tabelle 1.6.** Brennwert **a** von einigen Nahrungsmitteln (pro g Frischgewicht), **b** von Gewebe und Gewebebestandteilen (pro g aschefreies Trockengewicht) (nach Documenta Geigy 1981)

**a Brennwert für Frischgewicht**

| Nahrungsmittel | Brennwert ($kJ\ g^{-1}$) | Nahrungsmittel | Brennwert ($kJ\ g^{-1}$) |
|---|---|---|---|
| Süßigkeiten | | Gemüse | |
| Kristallzucker | 16,72 | Tomaten | 0,84 |
| Schokolade | 17,18 | Champignon | 1,09 |
| Bienenhonig | 12,29 | Bohnen | 1,64 |
| | | Kartoffel | 3,55 |
| Getreideprodukte | | Eier, Milchprodukte | |
| Haferflocken | 16,10 | Hühnerei | 6,27 |
| Reis | 15,26 | Kuhmilch | 2,97 |
| Reis, gekocht | 4,6 | Schlagsahne | 12,62 |
| Mais | 3,84 | Emmentaler Käse | 16,89 |
| Weizenmehl | 13,80 | | |
| Roggenbrot | 11,6 | Fleisch | |
| Heu | 18,85 | Rindfleisch | 18,18 |
| Haferstroh | 18,52 | Kalbsleber | 5,89 |
| Früchte, Nüsse | | Leberwurst | 11,0 |
| Äpfel | 2,09 | Speck (gebraten) | 24,03 |
| Orangen | 1,67 | Dorsch (gebraten) | 7,27 |
| Avocado | 10,24 | Aal (geräuchert) | 13,58 |
| Datteln (getrocknet) | 11,87 | Austern | 2,17 |
| Erdnüsse | 25,08 | Fette | |
| Walnüsse | 27,83 | Olivenöl | 38,83 |
| | | Butter | 29,92 |

**b Brennwerte für aschefreies Trockengewicht**

| Gewebe u.a. | Brennwert ($kJ\ g^{-1}$) | Gewebe usw. | Brennwert ($kJ\ g^{-1}$) |
|---|---|---|---|
| Glycogen, Stärke | 17,51 | Säugermuskel | 22,24 |
| Cellulose | 17,47 | Muscheln | 23,1 |
| Hirse | 17,1 | Fisch | 24,4 |
| Sojabohnen | 21,8 | Regenwurm | 23,8 |
| Algen | 19,7 | Käfer | 26,4 |
| Kasein | 24,5 | Fettgewebe | 39,17 |

In jeder Runde liefert die $\beta$-Oxidation ein **Acetyl-CoA** und Reduktionsäquivalente in Form von einem **NADH/H$^+$** und einem **FADH$_2$**. Weitere 3 NADH/H$^+$ und ein FADH$_2$ entstehen beim Abbau des Acetyl-CoA über den Citrat-Zyklus, so dass jede C-2-Einheit einer Fettsäure insgesamt 4 NADH/H$^+$ und zwei FADH$_2$ für die oxidative Phosphorylierung bereitstellt ($\sim$ 16 ATP). Die Energieausbeute aus einem Mol Fettsäuren variiert deshalb mit der Kettenlänge und ist proportional der Anzahl C-2-Einheiten, in die eine Fettsäure zerlegt werden kann.

Die Summengleichung für die Oxidation der Palmitinsäure lautet:

$$CH_3(CH_2)_{14}COOH + 23\,O_2 \rightarrow 16\,CO_2 + 16\,H_2O$$
$$\Delta G^{\circ\prime} - 9791\ mol^{-1}$$

Der mögliche ATP-Gewinn für Palmitinsäure aus dieser Reaktion ist im folgenden Beispiel erläutert:

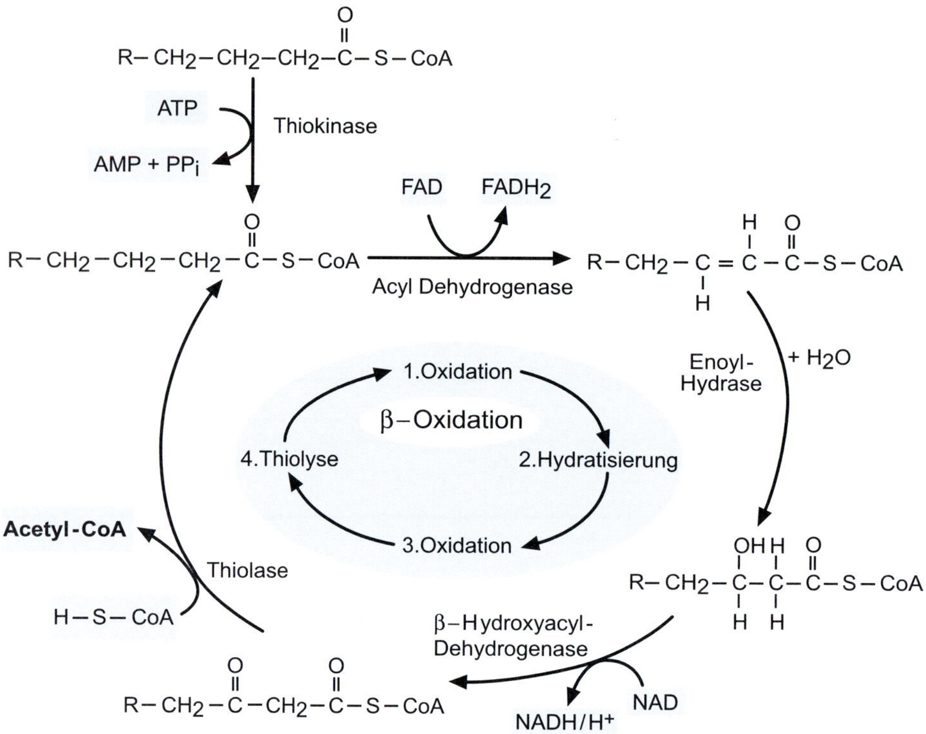


**Abb. 1.20.** Reaktionsschema der *β*-Oxidation von Fettsäuren. Bei jedem Umlauf durch den Zyklus wird die Fettsäure um zwei C-Atome verkürzt, die als Acetyl-CoA in den oxidativen Abbau eingeschleust werden

1. Aktivierung → Palmityl-CoA ↓ $\quad$ −1 ATP, −1 $PP_i$
2. *β*-Oxidation → 8 Acetyl-CoA + 7 $NADH/H^+$ + 7 $FADH_2$ ↓ $\quad$ 35 ATP
3. Citrat-Zyklus → 16 $CO_2$ + 24 $NADH/H^+$ + 8 $FADH_2$ $\quad$ 96 ATP

Nimmt man einen Maximalwert von 3 ATP pro $NADH/H^+$ und 2 ATP pro $FADH_2$ bei der oxidativen Phosphorylierung an, so ergibt dies eine Summe von 131 ATP. Davon muss das bei der Aktivierung verbrauchte ATP und Pyrophosphat abgezogen werden (∼ 2 ATP). Somit beträgt die Nettoausbeute der vollständigen Oxidation von einem mol Palmitat 129 mol ATP. Legt man einen niedrigeren Schätzwert für den ATP-Gewinn bei der oxidativen Phosphorylierung (2,5 pro $NADH/H^+$ und 1,5 pro $FADH_2$) zu Grunde, so ergibt dies eine Summe von 106 ATP. Bei einem $\Delta G^{\circ\prime}$ von −30,5 kJ $mol^{-1}$ für ATP entspricht dies einer Ausbeute von 3233–3934 kJ. Bezogen auf die Energiedifferenz $G^{\circ\prime}$ der vollständigen Oxidation sind somit 33 bis 40% der verfügbaren Energie in ATP überführt worden.

### 1.11.2 Biologische Bedeutung von Lipiden als Energiespeicher

Lipide enthalten pro Gramm etwa doppelt so viel metabolisch nutzbare Energie wie Kohlenhydrate (Tabelle 1.5). Auf Grund dieser hohen Energiedichte, aber einer etwas umständlicheren metabolischen Verfügbarkeit gegenüber Kohlenhydraten, eignen sie sich besonders gut zur längerfristigen Speicherung von Energie. Kohlenhydrate wie das Glycogen können rasch mobilisiert werden und eignen sich deshalb eher für die kurzfristige Energiespeicherung. Angesichts dieser Tatsache verwundert es nicht, dass wesentlich mehr Lipid im Körper auf Vorrat gehalten wird, z.B. enthält ein erwachsener Mensch 0,3 bis 0,5 kg Glycogen, aber 5–15 kg Fett.

Besonders gut eignen sich Lipide als Vorrat für länger dauernde Perioden ohne Nahrungsaufnahme, wie z.B. für den Winterschlaf. Murmeltiere haben im Frühjahr ein Körpergewicht von 3,5 kg und legen sich im Frühjahr und Sommer innerhalb von vier Monaten ein Fettpolster von 1,5 kg zu (40% Gewichtszunahme), aus dem sie ihren gesamten Energiebedarf während der 7 Wintermonate decken können (Heldmaier et al. 1993). Bei den madegassischen Fettschwanzmakis, die erst kürzlich als Winterschläfer identifiziert wurden, beträgt die Gewichtszunahme vor dem Winterschlaf sogar 75% (Dausmann et al. 2000). Würden Winterschläfer ihren Energievorrat in Form von Kohlenhydraten anstatt Lipiden speichern, dann müsste das Trockengewicht des Speichers mindestens doppelt so hoch sein. Ähnliche Speicherleistungen für lange Hungerperioden werden von Kaiserpinguinen vollbracht. Sie stehen während der Brutzeit in der Antarktis mehrere Monate ohne Nahrungsaufnahme auf dem Eis, und sowohl das Brüten als auch die Aufzucht der Jungvögel wird allein mit dem endogenen Fettpolster bestritten. Bei einem Ausgangsgewicht von 34–40 kg verlieren sie während der Hungerperiode 10–15 kg an Gewicht (40% Gewichtszunahme bezogen auf das Magergewicht) (Le Maho 1977).

Die hohe Energiedichte macht Lipide auch zum idealen Energielieferanten für Vögel, die beim Flug möglichst wenig Gewicht mitschleppen sollten. Zugvögel legen sich für ihre Langstreckenflüge einen Fettvorrat an, wobei z.B. das Körpergewicht einer Gartengrasmücke von 20 g auf 29 g ansteigt (45% Gewichtszunahme) (Bairlein u. Gwinner 1994). Während der Zugvorbereitung besteht ihre Nahrung überwiegend aus kohlenhydratreichen Früchten und Beeren. Diese werden in Lipide umgewandelt und in Fettpolstern abgelegt. Der Vorrat reicht für Non-Stop-Flüge von etwa 1500 km, bei Nutzung von Rückenwind etwa 3000 km. Damit können geographische Barrieren wie das Mittelmeer oder die Wüste Sahara überbrückt werden. Bei noch längeren Strecken sind Zwischenlandungen erforderlich, bei denen Fettvorräte wieder nachgetankt werden müssen (Biebach 1992, Berthold 1996). Würden Zugvögel das für die Flugmuskulatur biochemisch einfacher zu nutzende Glycogen als Speicher verwenden, so müsste ihr Speicher für Glycogen (Trockengewicht) etwa doppelt so schwer sein, um den gleichen Energievorrat bereitzustellen. Glycogen wird jedoch nicht trocken kristallin im Körper gespeichert, sondern bindet Wasser in seinem Molekulargerüst, so dass der Glycogenspeicher etwa 8-mal schwerer sein würde als Fettgewebe. Damit wäre ein Langstreckenflug nicht möglich. Immer dann, wenn es auf die **Leichtigkeit** ankommt, sind deshalb Lipide den Kohlenhydraten als Energiespeicher weit überlegen.

Für Wüstentiere sind Lipide als Energiespeicher besonders vorteilhaft, da erstens für ihre Speicherung kein Wasser erforderlich ist und da sie zweitens sogar zusätzliches Wasser liefern können. Bei der Oxidation von Lipiden entsteht etwa doppelt so viel metabolisches Wasser pro Gramm verbrauchtes Substrat im Vergleich zu Kohlenhydraten (Tabelle 1.6). Diese Differenz verschwindet jedoch, wenn wir den Wassergewinn pro kJ Energieausbeute betrachten. Aber es bleibt der Vorteil der Lipide, dass sie ohne zusätzliches Wasser gespeichert werden können. Alle Organismen, die ihren Stoffwechsel nicht so sehr im Hinblick auf rasche und maximale Energieausbeute ausrichten, sondern ihn auch im Hinblick auf sparsamen Umgang mit Wasser optimieren, werden deshalb ebenfalls Lipidspeicherung bevorzugen. Deshalb ist es nicht verwunderlich, dass Kamele ihre Höcker mit Lipiden füllen, und sowohl vom Stoffwechselwasser als auch der Leichtigkeit dieses Energiespeichers profitieren. Die meisten ariden Kleinsäuger besitzen erstaunliche Fähigkeiten zur Fettspeicherung. Stachelmäuse in der semiariden judäischen Wüste müssen immer wieder mit Wochen oder Monaten extremer Trockenheit, Hitze und Nahrungsarmut auskommen. Sie wiegen normalerweise etwa 40 g, aber bei gutem Futterangebot verdoppeln sie innerhalb von wenigen Wochen ihr Körpergewicht. In anschließenden, wesentlich länger dauernden Hunger- und Trockenperioden zehren sie sowohl von dem Energievorrat als auch der Wasserlieferung aus ihrem Fettspeicher (Degen 1997).

Alle Gewebe die einen erheblichen Anteil ihres Energiebedarfs aus Lipiden decken, müssen über eine hohe Kapazität an Enzymen für $\beta$-Oxidation in den Mitochondrien verfügen, wie z. B. der Herzmuskel von Wirbeltieren und die roten Fasern der Skelettmuskulatur. Die Skelettmuskulatur der Säugetiere und Vögel besteht meist aus einer Mischung von weißen und roten Muskelfasern. Die weißen Fasern enthalten wesentlich weniger Mitochondrien, haben ein hohe glykolytische Kapazität und sind deshalb für kurzfristige hohe Kraftentfaltung zuständig. Dagegen sind die roten Fasern reich an Mitochondrien und für oxidative Energiegewinnung optimiert. Der hohe Gehalt an Häm-Gruppen der mitochondrialen Cytochrome und des Myoglobin verursacht die rote Farbe dieser Muskelfasern. Sie verfügen in der Regel auch über eine hohe Kapazität zum Abbau von Fettsäuren und sind für länger anhaltende Muskelarbeit zuständig. Die aerobe Kapazität der Muskulatur wird in erster Linie durch den Anteil der roten Fasern bestimmt.

### 1.11.3 Lipide werden in der Flamme der Kohlenhydrate verbrannt

Der Abbau von Fettsäuren liefert zwar identische Moleküle Acetyl-CoA wie der Abbau der Kohlenhydrate, aber trotzdem ist eine Energieversorgung aus Fettsäuren allein nicht möglich, sondern erfordert stets die Beteiligung von Kohlenhydraten. Für den Eintritt von Acetyl-CoA in den Citrat-Zyklus ist eine entsprechende Menge an Oxalacetat notwendig. Der Citrat-Zyklus liefert jedoch nicht nur Reduktionsäquivalente für den oxidativen Abbau sondern auch Bausteine für Synthesen. Um den Citrat-Zyklus am Laufen zu halten, müssen die dem Zyklus entzogenen Zwischenprodukte durch Auffüllreaktionen wieder nachgeliefert werden. Die wichtigste Auffüllreaktion ist die Bildung von Oxalacetat aus Pyruvat, dem Endprodukt der Glykolyse. Ohne ständigen Nachschub an Oxalacetat aus dem Kohlenhydratstoffwechsel kann deshalb der Citrat-Zyklus nicht aufrechterhalten werden. Wenn Acetyl-CoA nur aus dem Fettsäurenabbau geliefert wird und keine Glykolyse stattfindet, so wird der Citrat-Zyklus allmählich ausgehungert.

Einige Gewebe, wie z. B. das Zentralnervensystem, können ihren Energiebedarf nur aus dem Abbau von Glucose decken. Bei Hunger fehlt der Glucose-Nachschub aus der Nahrung und deshalb muss dieses Defizit durch **Gluconeogenese** in der Leber gedeckt werden. Die Gluconeogenese benötigt zusätzlich Oxalacetat, so dass ausgerechnet dann, wenn auf Acetyl-CoA aus dem endogenen Fettspeicher zugegriffen werden muss, ein akuter Oxalacetat-Mangel für den weiteren Betrieb des Citrat-Zyklus droht. Aus dieser metabolischen Zwickmühle gibt es keinen einfachen Ausweg. Die einfachste Lösung wäre es, Fettsäuren in Glucose umzuwandeln. Merkwürdigerweise besitzen Tiere, im Gegensatz zu Pflanzen, keine Enzyme für die Rückverwandlung von Fettsäuren in Glucose. Fette liegen gleichsam auf einer Einbahnstraße des Stoffwechsels, sie werden zwar aus Kohlenhydraten hergestellt und gespeichert, aber können danach nur durch oxidativen Abbau wieder verbraucht werden.

Bei der Hydrolyse von Triglyceriden wird **Glycerin** frei gesetzt. Dieses wird in Glycerin-3-Phosphat umgewandelt und kann dann in der Glykolyse weiter abgebaut oder zur Gluconeogenese verwendet werden. Dadurch wird der Kohlenhydratmangel bei Hunger etwas gemildert. Langfristig deckt dies allerdings nicht den Minimalbedarf an Kohlenhydraten; deshalb müssen Tiere bei fortgesetztem Hunger, auch wenn noch genügend Fettvorräte vorhanden sind, Bausteine des Kohlenhydrat-Stoffwechsels aus dem Abbau von Aminosäuren gewinnen.

Ein teilweiser Ausgleich des Mangels an Kohlenhydraten wird durch die Bildung von **Ketonkörpern** beim Fettabbau erreicht. Bei fehlendem Oxalacetat für den Betrieb des Citrat-Zyklus und fortgesetzter Lieferung von Acetyl-CoA aus der $\beta$-Oxidation steigt das Angebot an Acetyl-CoA. Dann wird Acetyl-CoA zu Acetoacetat, Hydroxybutyrat und schließlich zu Aceton umgewandelt. Diese Ketonkörper können von einigen Geweben anstatt der Glucose als Energiequellen genutzt werden. Der Herzmuskel und die Niere bevorzugen sogar Acetoacetat gegenüber Glucose. Winterschläfer, die regelmäßig über lange Zeit aus ihren Fettvorräten leben müssen, decken in diesem Zustand auch den Energiebedarf ihres Gehirns weitgehend aus Ketonkörpern statt aus Glucose. Man kann deshalb das Acetoacetat als die wasserlösliche, transportable Form von abgebauten Fettsäuren betrachten, die zumindest teilweise als Glucose-Ersatz geeignet ist. Acetoacetat hat darüber hinaus eine regulatorische Funktion für den Fettstoffwechsel. Ein hoher Acetoacetatspiegel im Blut signalisiert einen Überschuss an Acetyl-CoA und hemmt die Lipolyse im Fettgewebe, so dass weniger Fettsäuren für die $\beta$-Oxidation nachgeliefert werden.

## 1.12 Stoffwechsel von Aminosäuren

Aminosäuren dienen in erster Linie als Bausteine für die Synthese körpereigener Proteine. Da Proteine dauernd neu hergestellt und wieder abgebaut werden, müssen stets Aminosäuren bereitgehalten werden, die entweder mit der Nahrung aufgenommen, oder aus dem Abbau von Proteinen und aus Zwischenprodukten des Stoffwechsels bereitgestellt werden. Die Speichermöglichkeiten des Körpers für Aminosäuren sind, im Gegensatz zu Lipiden, sehr gering (z.B. Blutproteine). Überschüssige Aminosäuren, die nicht unmittelbar zur Synthese von Proteinen benötigt werden, werden jedoch nicht ausgeschieden, sondern in Glucose oder Lipid umgewandelt und gespeichert oder zur Energiegewinnung verbrannt. Es gibt deshalb keinen stabilen und langfristig nutzbaren Vorrat an Aminosäuren im Körper, sondern sie sind ein fluktuierender Bestandteil des Intermediärstoffwechsels. Die 20 häufigsten Aminosäuren unterscheiden sich durch die Struktur ihrer Seitenkette (Abb. 1.21). Sie verleiht ihnen unterschiedliche biochemische Eigenschaften (z.B. sauer oder basisch), und erfordert unterschiedliche Wege für ihren Abbau im Stoffwechsel. Die Energieausbeute aus Aminosäuren ist etwa mit der aus Kohlenhydraten vergleichbar (Tabelle 1.7). Sie erreichen jedoch nicht ganz den Brennwert der Kohlenhydrate, da für die Beseitigung der Aminogruppen und deren Umwandlung in Harnstoff, oder in Harnsäure bei terrestrisch lebenden Tieren, zusätzlich Energie aufgewandt werden muss.

Beim Abbau wird den überschüssigen Aminosäuren durch **Transaminierung** die $\alpha$-Aminogruppe entfernt. Das verbleibende Kohlenstoffskelett wird dann als Pyruvat, Acetyl-CoA oder ein anderes Zwischenprodukt des Citrat-Zyklus in den oxidativen Abbau eingeschleust. Einige Aminosäuren, wie Serin und Threonin, werden direkt desaminiert und ihre Aminogruppe als Ammonium-Ion ($NH_4^+$) freigesetzt (Abb. 1.22):

Die Aminogruppe der meisten Aminosäuren wird auf Ketosäuren übertragen, z.B. $\alpha$-Ketoglutarat, wodurch eine weitere Aminosäure, das Glutamat, entsteht. Dessen Aminogruppe wird dann in einem zweiten Reaktionsschritt als $NH_4^+$ freigesetzt und die Reduktionsäquivalente von NAD (oder NADP) übernommen:

1. $\text{Alanin} + \alpha\text{-Ketoglutarat} \xrightarrow{\text{Alanin-Aminotransferase}} \text{Pyruvat} + \text{Glutamat}$

2. $\text{Glutamat} + \text{NAD} \xrightleftharpoons{\text{Glutamat-Dehydrogenase}} \alpha\text{-Ketoglutarat} + NH_4^+ + \text{NADH}/H^+$

Die frei werdenden Ammonium-Ionen können in der Zelle für die Synthese von stickstoffhaltigen Verbindungen genutzt oder bei einem Überangebot ausgeschieden werden. Wasserlebende Tiere können Ammonium meist direkt ins Wasser abgeben, während die landlebenden Tiere

**Tabelle 1.7.** Oxidationswasser beim Abbau von Nährstoffen

| Energiequelle | ml $O_2$ verbraucht pro g Substrat | kJ pro g Substrat | g Wasser pro g Substrat | g Wasser pro pro kJ |
|---|---|---|---|---|
| Glucose | 1081 | 15,6 | 0,599 | 0,038 |
| Palmitat | 2010 | 39,1 | 1,124 | 0,029 |
| Protein | 1070 | 20,1 | 0,422 | 0,021 |

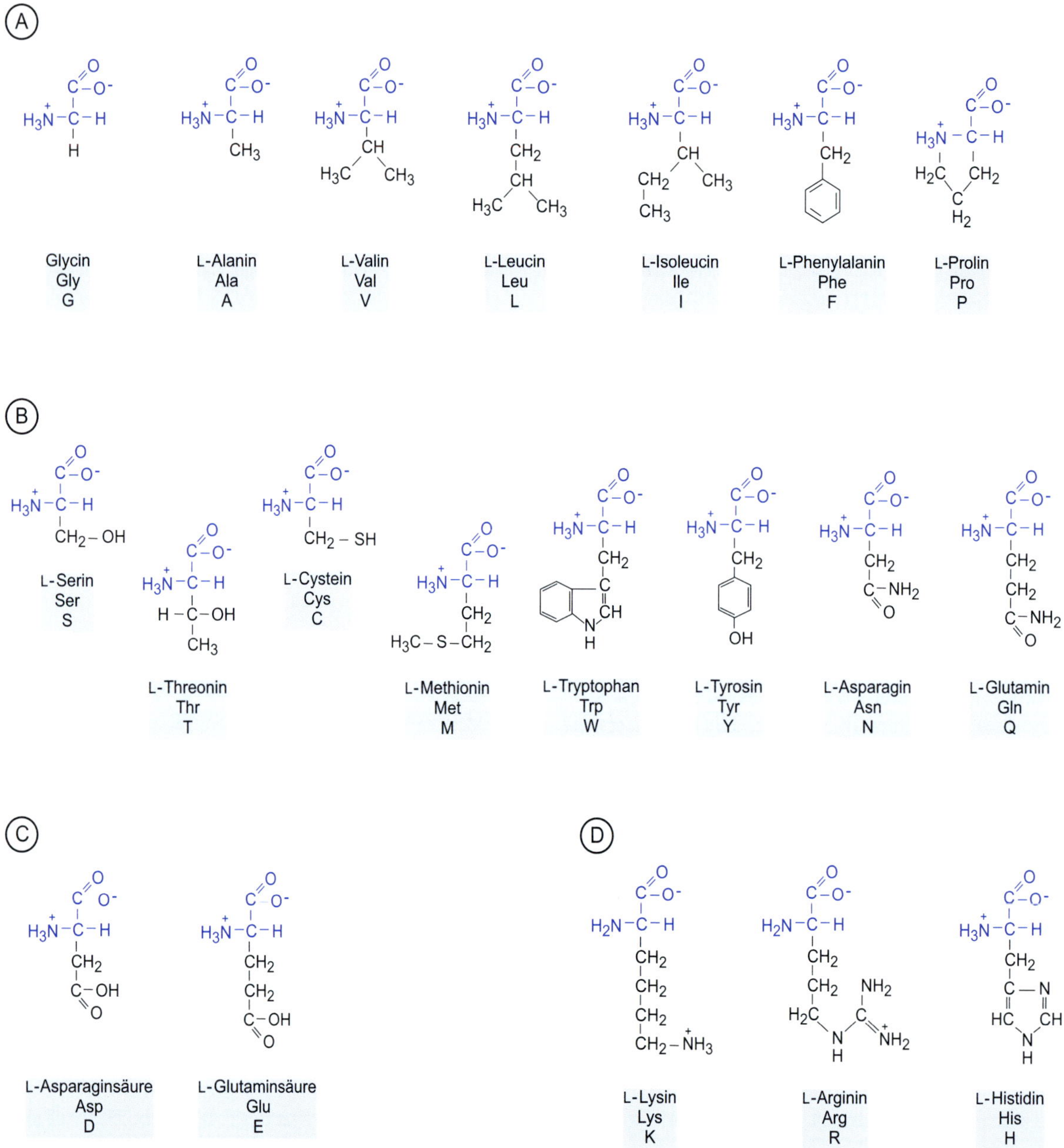


**Abb. 1.21.** Aufbau der 20 häufigsten Aminosäuren. Alle Aminosäuren bestehen aus einer endständigen Carboxylgruppe und einer Aminogruppe am nächsten C-Atom, daher der Name Aminosäure. An dem C-Atom das die Aminogruppe trägt, können weitere Seitenketten (Aminosäurenrest) sitzen, entweder nur Wasserstoff wie beim Glycin oder größere Ringstrukturen wie beim Tryptophan. Je nach der Zusammensetzung der Seitenkette unterscheiden sich die chemischen Eigenschaften der Aminosäuren in wässriger Lösung: **A** unpolare Aminosäuren, **B** nicht ionisierte aber polar wirkende Seitenkette, **C** saure Aminosäuren, **D** basische Aminosäuren

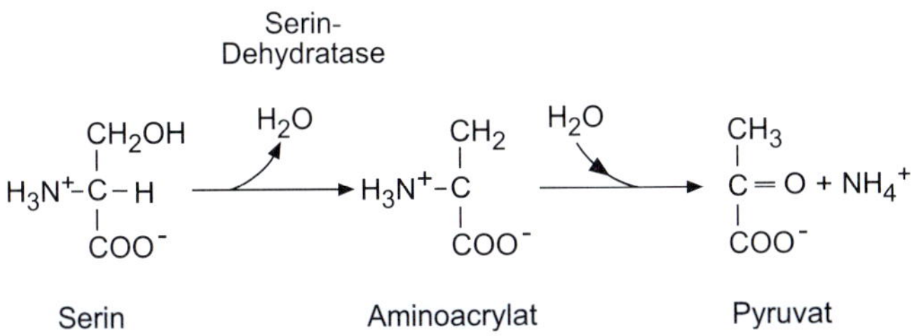


**Abb. 1.22.** Die Aminosäure Serin wird durch Desaminierung in Pyruvat umgewandelt. Die Reaktion verläuft in zwei Schritten. Durch die Serin-Dehydratase wird dem Serin ein Wasser entzogen. Dabei entsteht eine instabile Verbindung, ein Aminoacrylat, das in Anwesenheit von Wasser in Pyruvat und Ammonium zerfällt

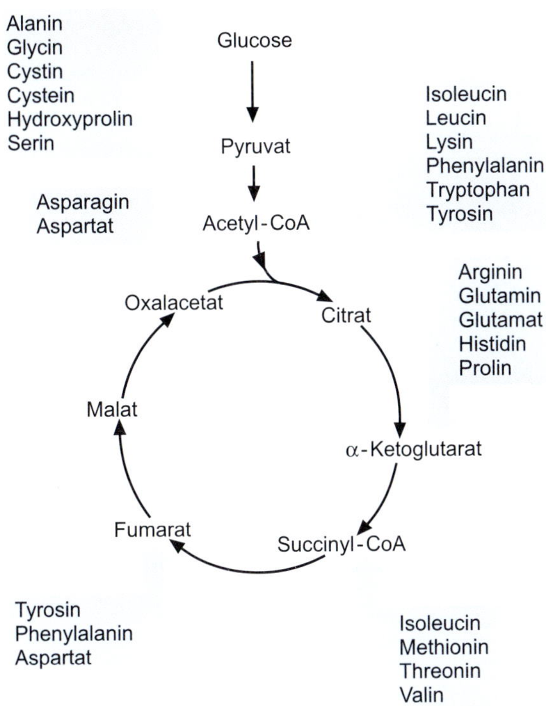


**Abb. 1.23.** Verwertung des Kohlenstoffskeletts von Aminosäuren beim Abbau von Kohlenhydraten und im Citrat-Zyklus

daraus Harnstoff oder Harnsäure synthetisieren und über die Niere ausscheiden.

Die 20 häufigsten Aminosäuren werden durch die Transaminierung direkt oder in nur wenigen Reaktionsschritten in eines von 7 gängigen Intermediärprodukten des Stoffwechsels umgewandelt (Abb. 1.23), dem Pyruvat, Acetyl-CoA, α-Ketoglutarat, Succinyl-CoA, Fumarat oder Oxalacetat. Auf diesem Weg können die Kohlenstoffskelette der Aminosäuren direkt zur Energiegewinnung verwendet werden, oder sie werden in Glucose oder Fettsäuren umgewandelt. Allerdings sind nicht alle Abbauprodukte universell verwendbar. Aminosäuren, deren Abbau über Acetyl-CoA läuft, können nicht in Glucose umgewandelt werden, da Tiere keine dafür geeigneten Enzyme besitzen (s. Bausteine aus dem Citrat-Zyklus). Bei einem Überangebot an Acetyl-CoA können sie dieses nur in Ketonkörper umwandeln, und man bezeichnet diese Aminosäuren als ketogen (Abb. 1.23). Alle anderen Aminosäuren werden als glucogen bezeichnet, da sie über Oxalacetat auch zur Gluconeogenese verwendet werden können. Bei Hunger bilden diese Aminosäuren eine wichtige Ressource, um glucoseabhängige Gewebe, wie das Gehirn, mit der für sie lebensnotwendigen Glucose zu versorgen.

## 1.13 ATP-Gewinnung im Flugmuskel von Insekten

Die Flugmuskulatur von Insekten gehört zu den Geweben mit den höchsten Respirationsraten im Tierreich. Trotz der enormen Flugleistungen und hohen Frequenzen des Flügelschlags bleibt die Muskulatur stets aerob. Bei der elektrischen Erregung der Muskulatur wird, ähnlich wie im Säugetiermuskel, das im sarcoplasmatischen Reticulum eingeschlossene $Ca^{++}$ freigesetzt. Die freien $Ca^{++}$-Ionen aktivieren die myofibrilläre ATPase zum Betrieb der Myosin-Actin-Verschiebung und gleichzeitig die Phosphorylase a, die zum Abbau von Glycogen führt und die Glykolyse in Gang setzt. Die biochemischen Wege der ATP-Gewinnung im Flugmuskel der Insekten weisen jedoch einige Besonderheiten auf, die an Fliegen exemplarisch aufgeklärt wurden (Sacktor 1976).

Kohlenhydrate, insbesondere Glycogen, sind der wichtigste Energielieferant auch für länger dauernde Flugleistungen. Im Gegensatz zu Säu-

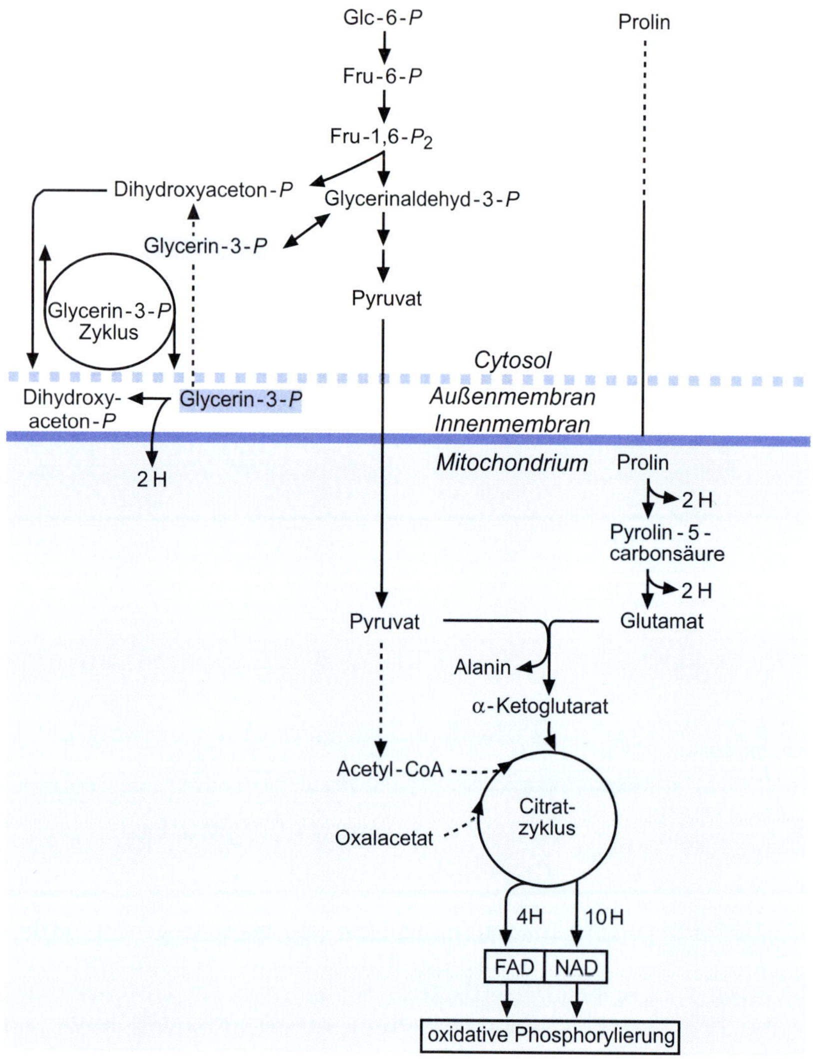


**Abb. 1.24.** Die Koppelung von Glucose und Prolinabbau im Flugmuskel von Insekten (Schmeißfliege). Unter der Voraussetzung, dass der Prolinabbau nur bis zur Stufe des Oxalacetat verläuft, kommen zur Nettoausbeute von 30 ATP pro Mol oxidierte Glucose weitere 15 ATP hinzu. Manche Insekten besitzen jedoch aktive Oxalacetat-Decarboxylasen, und das aus Prolin gebildete Oxalacetat wird weiter zu Pyruvat decarboxyliert. Letzteres tritt dann in den Citrat-Zyklus ein. Auf diese Weise kann Prolin vollständig oxidiert werden (Hochachka u. Somero 1980)

gern bilden Insekten in ihrer Muskulatur kein Lactat, da die Lactat-Dehydrogenase fehlt. Statt dessen endet die Glykolyse beim Pyruvat und beim Glycerin-3-Phosphat (Abb. 1.24). Letzteres entsteht aus Dihydroxyaceton-Phosphat, da Insekten eine hochaktive Glycerin-3-Phosphat-Dehydrogenase besitzen und damit das Dihydroxyaceton-Phosphat aus der Glykolyse abzweigen. Dieser Schritt regeneriert außerdem das bei der Pyruvat-Bildung anfallende NADH/$H^+$. Im Gegensatz zu Säugetieren liefert die Glykolyse also nur ein Pyruvat, und dem entsprechend wird auch kein Nettogewinn an ATP erzielt, wenn Glucose oder Trehalose als Substrat diente, da 2 ATP bis zum Fructose-1,6-Bisphosphat investiert und 2 ATP beim Abbau eines Glycerinaldehyd-3-Phosphat bis zum Pyruvat gebildet wurden. Nimmt die Glykolyse ihren Ausgang vom Glycogen, so wird 1 ATP pro Glucosyleinheit gewonnen.

Auf den ersten Blick erscheint dieser Weg weniger effizient als der Abbau von Glucose zu 2 Pyruvat. Dieser Eindruck ändert sich jedoch, wenn wir das weitere Schicksal des Glycerin-3-Phosphat betrachten. Die äußere Mitochondrienmembran ist frei permeabel für Glycerin-3-Phosphat, und es diffundiert aus dem Cytosol in den Intermembranraum. An der äußeren Oberfläche der inneren Mitochondrienmembran wird es zu Dihydroxyaceton-Phophat oxidiert durch eine mitochondriale Glycerin-3-Phosphat-Dehydrogenase (Abb. 1.24). Dieses Enzym unterscheidet sich von seinem cytosolischen Pendant dadurch, dass es membranständig ist und FAD anstatt NAD als prosthetische Gruppe enthält. Es übernimmt die bei der Reaktion vom Glycerin-3-Phosphat zum Dihydroxyaceton-Phosphat frei werdenden Reduktionsäquivalente und schleust sie direkt in die Atmungskette zur oxidativen Phosphorylierung ein.

Das an der inneren Mitochondrienmembran gebildete Dihydroxyaceton-Phosphat kehrt ins Cytosol zurück und steht erneut für die Oxidation von cytosolischem NADH/$H^+$ bereit. Der **Glycerin-3-Phosphat-Zyklus** ist deshalb ein **Pendelsystem**, mit dem Reduktionsäquivalente direkt vom Cytosol in die Mitochondrien geschafft werden (Sacktor 1976). Weil die Reduktionsäquivalente über $FADH_2$ in die Mitochondrien eingeschleust werden, liefert das cytosolische NADH/$H^+$ weniger ATP als mitochondriales NADH/$H^+$ (1,5 statt 2,5 ATP $mol^{-1}$). Das Dihydroxyaceton-Phosphat wird in diesem Kreislauf ständig regeneriert, so dass nur eine kleine katalytische Menge für den Betrieb Glycerin-3-Phosphat-Zyklus erforderlich ist. Der größte Teil des Glycerin-3-Phosphat kann deshalb zu Glycerinaldehyd-3-Phosphat isomerisiert und zu Pyruvat abgebaut werden. Bei lang dauernden aeroben Flügen entstehen deshalb als Endresultat doch 2 mol Pyruvat aus einem mol Glucose.

Durch die hohe Glykolyserate des Insektenmuskels wird in den ersten Flugminuten mehr Pyruvat gebildet, als durch den Citrat-Zyklus oxidiert werden kann. Deshalb häuft sich das Pyruvat vorübergehend an und wird in andere Metabolite umgewandelt, vor allem in Alanin. Um den Citrat-Zyklus in Gang zu bringen, müssen mehr Zwischenprodukte des Zyklus bereit gehalten werden, insbesondere Oxalacetat, um den Zyklus mit Acetyl-CoA zu starten. Der Flugmuskel der Insekten enthält in Ruhe eine sehr hohe Konzentration an Prolin. Dieses Prolin wird in den Mitochondrien in Glutamat umgewandelt, dessen Aminogruppe dann auf Pyruvat übertragen wird, wobei Alanin und $\alpha$-Ketoglutarat entstehen. Das $\alpha$-Ketoglutarat füllt den Citrat-Zyklus auf, und nun steht mehr Oxalacetat für die Aufnahme von Acetyl-CoA bereit. Auf diese Weise wird die Kapazität des Citrat-Zyklus gesteigert, und Prolin dient, bildlich gesprochen, als Zünder für diese Kapazitätssteigerung.

Der energetische Vorteil dieser Abbauwege wird klar, wenn wir die zu erwartende Ausbeute an ATP aus einem mol Glucose bilanzieren. Bei der Glykolyse entstehen 2–3 ATP im Cytosol, je nachdem, ob wir von Glucose oder Glycogen ausgehen, ähnlich wie bei Wirbeltieren. Über den Glycerin-3-Phosphat-Zyklus gelangen zusätzlich 4 $H^+$ in die Atmungskette, die maximal 4 ATP ergeben. Der gleichzeitige Abbau des Prolin bis zum Oxalacetat liefert 1 ATP, und es werden weitere Wasserstoffatome zur Atmungskette übertragen, die einen maximalen Ertrag von 13 ATP ergeben. Dies ergibt eine Summe von 21 (=3+4+1+13) ATP im Vergleich zu 3 ATP beim klassischen Ablauf der Glykolyse bei Wirbeltieren. Dies gilt für die Startphase des Flugs (4 bis 5 Flugminuten). Bei länger dauernden Flügen lässt die Prolin-Zufuhr nach, aber die mit Prolin erreichte Kapazitätssteigerung des Citrat-Zyklus um etwa das 100 fache reicht nun aus, um alles glykolytisch gebildete Pyruvat oxidativ abzubauen und daraus ATP zu gewinnen.

Zusammenfassend kann die hohe aerobe Leistungsfähigkeit des Insekten-Flugmuskels durch drei Eigenschaften charakterisiert werden:

- Durch den gekoppelten Abbau von Prolin und Glucose und die Übertragung von glykolytischen Reduktionsäquivalenten in die Mitochondrien erzielen Insekten in der Startphase des Fluges eine 6–7fach höhere ATP-Ausbeute.
- Durch den Prolin-Abbau in der Startphase wurde die Kapazität des Citrat-Zyklus erhöht und erlaubt bei länger dauerndem Flug eine hohe ATP-Produktion allein aus dem glykolytisch produzierten Pyruvat.
- Auch bei intensiver Glykolyse kommt es nicht zu einer unrentablen und den Stoffwechsel hemmenden Anhäufung von Endprodukten wie dem Lactat; statt dessen werden alle Glykolyseprodukte unmittelbar und vollständig zur ATP-Gewinnung abgebaut.

## 1.14 Leben ohne Sauerstoff – Anaerobe Energiegewinnung

Nur der aerobe Abbau von Glucose, Fettsäuren und Aminosäuren liefert einen maximalen ATP-Gewinn aus den Nährstoffen. Sauerstoff ist jedoch in manchen Lebensräumen Mangelware, und er kann nur in sehr geringen Mengen im Körper gespeichert werden. Die gespeicherten Mengen decken meist nur den Bedarf von Sekunden oder Minuten, und deshalb muss Sauerstoff ständig aus der Umgebung aufgenommen und im Körper verteilt werden. Deshalb besteht immer die Gefahr, dass Gewebe für kurze Zeit nicht genügend Sauerstoff erhalten. Eine kurzfristige hohe Beanspruchung der Muskulatur, bei Spurtreaktionen oder Sprüngen, wird bei den meisten Tieren durch anaerobe ATP-Gewinnung unterstützt. Selbst bei den strikt aerob lebenden Säugetieren und Vögeln können Engpässe in Sauerstoffversorgung der Muskulatur auftreten, die anaerobe Energiegewinnung erfordern. Man bezeichnet dies als eine **funktionsbedingte Anaerobiose,** im Gegensatz zur **biotopbedingten Anaerobiose,** die durch Sauerstoffmangel im Lebensraum verursacht wird.

Bei einer funktionsbedingten Anaerobiose wird die Muskulatur zuerst mit ATP aus dem intrazellulären Phosphagen-Vorrat versorgt. Bei Wirbeltieren ist dies Kreatinphosphat, das seinen Phosphatrest auf ADP überträgt. Viele Evertebraten nutzen statt dessen Phosphoarginin oder Phosphotauromycin. Ist dieser Speicher erschöpft, so wird neues ATP durch Glykolyse gebildet. Da deren Endprodukt, das Pyruvat, nicht mehr oxidativ abgebaut werden kann, wird es in Lactat umgewandelt und ans Blut abgegeben. Diese Reaktion wird durch die Lactat-Dehydrogense katalysiert und regeneriert gleichzeitig NAD, so dass es wieder für die Aufnahme von Wasserstoff bei der Glykolyse bereitsteht. Die Beseitigung des anaeroben Endprodukts Lactat aus den Zellen und die Regeneration von NAD erlauben den weiteren Betrieb der Glykolyse (Abb. 1.12).

Der anaerobe Abbau bis zum Pyruvat und Lactat liefert zwar nur 2–3 Mol ATP pro Mol Glucose, im Vergleich zu 30–38 ATP beim aeroben Abbau, aber er stellt dieses ATP rasch und direkt im Cytosol für die Actin-Myosin-Bewegung bereit. Das anaerobe Endprodukt Lactat muss aus der Zelle entfernt werden, damit die Glykolyse weiterlaufen kann. Erst in einer anschließenden Ruhephase kann es oxidativ abgebaut oder für Gluconeogenese in der Leber verwendet werden. Letztere benötigt 6 ATP pro Glucose, so dass zusätzliche oxidative ATP-Gewinnung zur Beseitigung der Anaerobiosefolgen erforderlich ist. Bei der funktionsbedingten Anaerobiose wird deshalb stets eine Sauerstoffschuld eingegangen, die durch erhöhten Sauerstoffverbrauch in der anschließenden Ruhephase wieder ausgeglichen werden muss.

### 1.14.1 Anaerobiose beim Tauchen von Robben

Tauchende Säugetiere wie die Pinnipedia und Cetacea können besonders lang dauernde Anaerobiose-Phasen ertragen. In kurzen Tauchgängen von nur wenigen Minuten bleiben sie aerob und erfahren höchstens eine kurze aktivitätsbedingte Anaerobiose in der Muskulatur, wie sie auch durch Bewegung bei terrestrischen Säugetieren entsteht. Die aerobe Kapazität der Robben beruht auf einer hohen Speicherfähigkeit ihres Blutes für Sauerstoff. Zusätzlich wird beim Tauchen die Herzfrequenz verringert (**Bradykardie**) und das Blut umverteilt, so dass es nur die Organe versorgt, die für das Tauchen wichtig sind, während andere Organe wie z. B. Eingeweideorgane vorübergehend nur spärlich versorgt werden (Abb. 1.25 b und c). Bei Tauchgängen von weniger als 10 Minuten können Wedell-Robben eine aerobe Stoffwechsellage aufrecht erhalten. In dieser Zeit sinkt jedoch der arterielle Sauerstoffgehalt, so dass allmählich auf anaerobe Energiegewinnung umgestellt werden muss (Abb. 1.25 d). Durch anaerobe Energiegewinnung steigt der Lactatgehalt des Blutes von 1 $\mu$mol ml$^{-1}$ auf etwa 4 $\mu$mol ml$^{-1}$ bis zum Ende eines 45 min Tauchvorgangs an. Die Spitzenwerte der Lactatkonzentration von 14 $\mu$mol ml$^{-1}$ werden jedoch erst nach dem Auftauchen erreicht, wenn alle Organe wieder normal durchblutet werden und das in den Zellen angesammelte Lactat ausgewaschen wird. Nach einem lang dauernden Tauchvorgang ist eine Erholungsphase notwendig, in der die Lactatwerte wieder auf das normale Niveau zurückkehren. Eine Stunde nach dem Ende des Tauchens sind diese jedoch noch weit überhöht, wie Abb 1.25 d zeigt. Zusätzlich steigt der Glucosespiegel an, was auf Gluconeogenese und Umschichtung der Glucosevorräte im Körper hindeutet. Die Erholungsphase nach einem langen anaeroben Tauchgang dauert also wesentlich länger als der eigentliche Tauchgang.

Die geschilderten Ergebnisse stammen von erzwungenen Tauchgängen im Labor. Messungen an frei beweglichen Robben in der Natur, denen Sender oder Datenlogger implantiert wurden, bestätigten diese Ergebnisse in der Tendenz. Die freiwilligen Tauchvorgänge dauerten zwischen 11 und 40 Minuten, führten aber meist zu einem weniger drastischen Anstieg des Blutlactatspiegels und geringerer Bradykardie als bei erzwungenen Tauchen im Labor. Bei kurzen Tauchvorgängen war überhaupt kein Anstieg im Blutlactat zu beobachten (Hochachka 2000). D.h. die Robben können extrem lange anaerobe Phasen tolerieren, aber machen von diesem Leistungsvermögen in freier Natur nur selten Gebrauch.

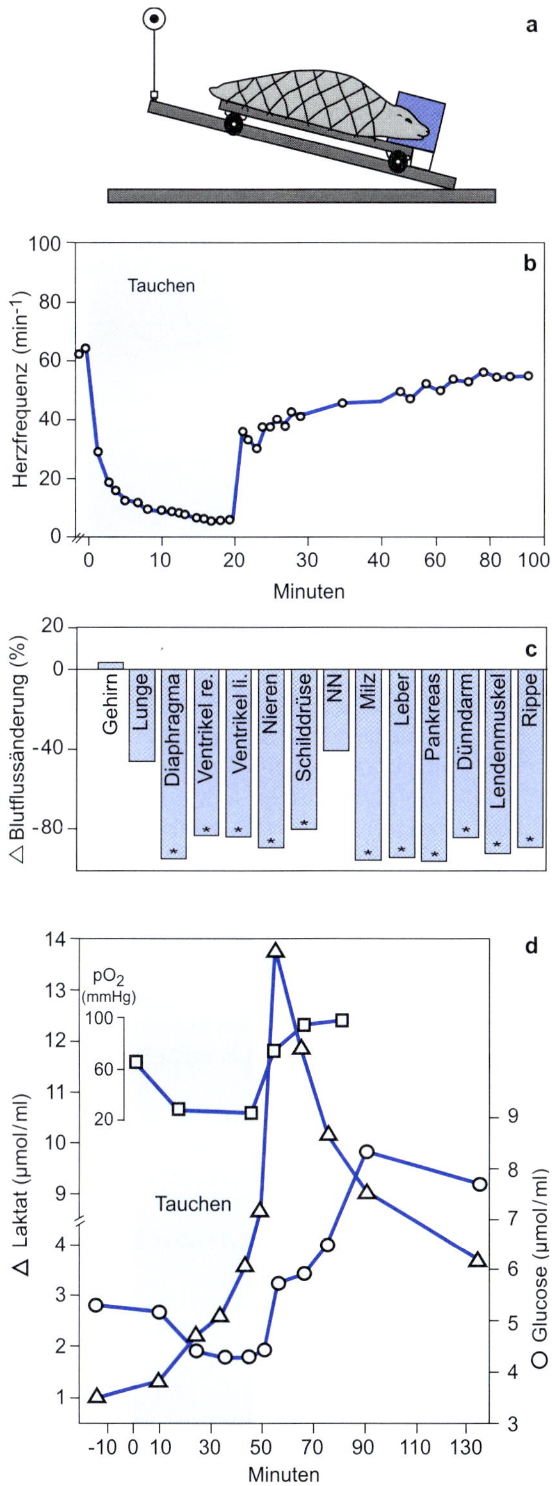


**Abb. 1.25 a–d.** Tauchreaktion bei Robben. *a* zeigt einen im Labor künstlich ausgelösten Tauchvorgang bei einer Wedell-Robbe. In *b* ist zu erkennen, dass die Herzfrequenz beim Tauchen auf etwa 1/10 verringert wird. *c* Dies führt, unterstützt durch Vasokonstriktion, zu einer geringeren Durchblutung aller Gewebe bis auf das Gehirn (NN = Nebenniere). *d* Der arterielle Sauerstoffgehalt (□) sinkt während der ersten 10–20 min des Tauchvorgangs auf sehr niedrige Werte ab, so dass kein aerober Stoffwechsel mehr möglich ist und die Konzentration des anaeroben Endprodukt Lactat (Δ) im Blut allmählich ansteigt. Der Spitzenwert des Blutlactats wird erst nach dem Auftauchen erreicht, wenn die peripheren Gewebe wieder gut durchblutet und das im Gewebe angehäufte Lactat ausgewaschen wird. Während der Erholungsphase das Lactat durch Gluconeogenese wieder beseitigt, gleichzeitig steigt der Glucosegehalt des Blutes an (nach Hochachka 2000)

## 1.14.2 Anaerobiose beim Tauchen von Schildkröten

Bei einer biotopbedingten Anaerobiose sind Tiere über wesentlich längere Zeiten einem Sauerstoffmangel ausgesetzt und mussten die Fähigkeit entwickeln, für längere Zeit vollständig von einer aeroben auf anaerobe ATP-Gewinnung umzuschalten. Sie werden als **fakultative Anaerobier** bezeichnet. Dazu gehören Schildkröten, deren Tauchgänge mehrere Stunden dauern können, Fische, die sich in schlecht belüftetem Wasser aufhalten, oder Invertebraten aus der Gezeitenzone, deren Sauerstoffangebot sich mit Ebbe und Flut ändert. Im Gegensatz dazu verbringen einige Invertebraten, wie z.B. Darmparasiten, ihr ganzes Leben ohne ausreichende Sauerstoffzufuhr. Diese **obligaten Anaerobier** betreiben nur noch anaerobe Energiegewinnung und können in der Gegenwart von Sauerstoff nicht überleben.

Schildkröten sind zwar Luftatmer, können aber trotzdem stundenlang unter Wasser bleiben. Der Tauchvorgang von Schildkröten kann in drei stoffwechselphysiologisch unterschiedliche Phasen eingeteilt werden (Abb. 1.26) (Jackson 1968):

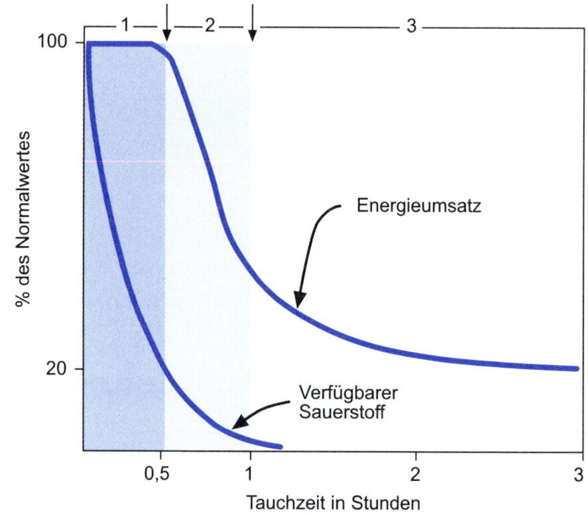


**Abb. 1.26.** Metabolische Reaktion beim Tauchvorgang von Schildkröten. Phase 1: Aerober Stoffwechsel. Phase 2: Metabolische Depression, Umstellung auf anaeroben Stoffwechsel und Verbrauch der letzten Sauerstoffreserven. Phase 3: Anaerober Stoffwechsel (Jackson 1968)

1. In einer ersten Phase, die bei 24 °C etwa 30 Minuten dauert, halten sie ihren ursprünglichen Energieumsatz aufrecht (Energieumsatz gemessen durch Kalorimetrie). Dabei sinkt der Sauerstoffgehalt der Körperflüssigkeiten allmählich auf 20% des Ausgangswertes ab. Schildkröten haben relativ große Lungenvolumina und verbrauchen in dieser ersten Phase den mitgeführten Sauerstoffvorrat.
2. In einer zweiten Phase, die ebenfalls etwa 30 Minuten dauert, sinkt der Energieumsatz der Schildkröte auf etwa 40% des Ausgangswertes. Dabei werden auch die letzten Reste des mitgeführten Sauerstoffs verbraucht und die Schildkröten schalten allmählich auf anaerobe Energiegewinnung um.
3. In der dritten Phase wird nur noch auf anaerobem Weg Energie gewonnen, und der Lactatgehalt der Körperflüssigkeiten steigt auf Werte bis 60 mM an. Schildkröten besitzen besondere Isoformen der Lactat-Dehydrogenase, die diese hohen Werte begünstigen, obwohl gleichzeitig der Pyruvat-Gehalt nur 0,1 mM beträgt. Der gesamte Energieumsatz sinkt allmählich auf 20% des ursprünglichen Werts und wird nur durch anaerobe Mechanismen erhalten. In diesem Zustand können Schildkröten für mehrere Stunden unter Wasser bleiben.

Dieses Beispiel zeigt, dass Schildkröten nicht nur von aerober auf anaerobe Energiegewinnung umstellen, sondern dies auch mit einer metabolischen Depression verbinden und sich auf diese Weise an die geringere Effizienz der ATP-Produktion des aeroben Stoffwechsels anpassen. Obwohl Süßwasserschildkröten fakultative Anaerobier sind, können sie in 3 °C kaltem Wasser bis zu 150 Tage ohne Sauerstoff überleben. Dabei steigt jedoch ihr Blutlactat auf extrem hohe Werte von 185 mM, was zu einer schweren Acidose führt, denn der pH-Wert des Bluts sinkt von 7,98 auf 7,19 (Reese et al. 2001). In sauerstoffhaltigem Wasser dagegen steigt der Lactatgehalt nur auf 23 mM und der Blut-pH bleibt annähernd konstant. Diese Beobachtung lässt vermuten, dass sie aus dem Wasser Sauerstoff aufnehmen können und zu einen geringen Anteil auch aerob ATP gewinnen. Letzteres entspricht wahrscheinlich der Situation beim Überwintern in freier Natur, und sie können dadurch in ihren Winterquartieren monatelang auf Tauchstation bleiben.

Die Akkumulation von Lactat bei tauchenden Schildkröten hemmt nicht nur die Glykolyse, sondern stört auch das Säure-Basen-Gleichgewicht und die Osmolarität der Zellen. Die Dissoziation einer 20-mM-Lösung von Milchsäure in Lactat und $H^+$ würde theoretisch zu einem Anstieg der $H^+$-Konzentration von 20 mM führen, was einer Erniedrigung des pH um 5 Einheiten entspräche. Durch die Puffersysteme des Körpers wird diese extreme Reaktion zwar vermieden (s. Blut), aber trotzdem ist die Lactat-Bildung immer mit einer pH-Belastung verbunden. Die Hyperlactämie hat auch schwerwiegende Folgen für den Calcium-Haushalt des Körpers. Calcium bindet an Lactat und verringert dadurch die Konzentration an freiem $Ca^{++}$, das dann nicht mehr für seine zentralen Aufgaben bei der Signalübertragung und der Muskelkontraktion zur Verfügung steht. Tauchende Schildkröten reagieren darauf, indem sie erhebliche Mengen Calcium aus dem Skelett mobilisieren, denn der Calciumgehalt im Blut steigt von 3,7 auf 58,9 mM, was einer Calciummenge von 2,3 g pro Liter Blut entspricht (Reese et al. 2001). Obwohl die Anaerobiose-Toleranz bei Schildkröten aus nördlichen Breiten besonders ausgeprägt ist, wurden ähnliche Reaktionen auch bei tropischen Schildkröten beobachtet. Dies lässt vermuten, dass bei allen Schildkröten die Fähigkeit zur Anaerobiose auf Lactat-Akkumulation und einer hohen Lactat-Toleranz beruht (Crocker et al. 1999).

## 1.14.3 Genregulation bei Sauerstoffmangel

Sauerstoffmangel (**Hypoxie**) führt nicht einfach zu einem Ausfall von biochemischen Reaktionen, sondern löst spezifische Veränderungen des Zellstoffwechsels aus. Eine der ersten Reaktionen ist die **Hemmung der Proteinbiosynthese**. Sie geschieht so rasch, dass sich mit den üblichen Messmethoden kein Zeitverlauf ermitteln lässt. Der biochemische Mechanismus dieser Reaktion ist nicht bekannt, aber die rasche und starke Reaktion lässt vermuten, dass bei Hypoxie sowohl die **Transkription** als auch die **Translation** abgeschaltet werden. Damit entfallen einige der großen Energieverbraucher in der Zelle, und sie kann ihre Ressourcen, zumindest vorübergehend, auf andere unmittelbar vorrangige Funktionen konzentrieren, wie z. B. den Stoff- und Ionentransport zur Aufrechterhaltung des intrazellulären Milieus (Land u. Hochachka 1995, Hand u. Hardewig 1996).

Allerdings werden nicht alle Biosynthesen vollständig gehemmt, denn die Enzyme der **Glykolyse** werden weiter exprimiert und die Aktivität einiger der 11 Glykolyse-Enzyme wird sogar gesteigert. Die Kapazität für eine glykolytische ATP-Produktion nimmt zu und sichert auf diese Weise das Überleben in Hypoxie. Die Reaktion der Glykolyse-Enzyme auf Hypoxie zeigt Parallelen zur Reaktion des **Erythropoietin (EPO)**. Dieses Hormon steigert die Bildung von Erythrocyten und wird bei Hypoxie verstärkt exprimiert. Am EPO-System sind die wesentlichen Grundzüge der Reaktion von Zellen auf Hypoxie ermittelt worden (Eckhardt 1994, Wenger u. Gassmann 1997). Der Sauerstoff-Sensor ist wahrscheinlich ein Häm-Protein, das auf noch nicht bekanntem Weg einen **Hypoxie-induzierbaren Faktor 1 (HIF 1*α*)** aktiviert. Interessanterweise wird HIF 1$\alpha$ in Hypoxie nicht vermehrt exprimiert, sondern sowohl in Normoxie als auch in Hypoxie kontinuierlich gebildet. Unter normoxischen Bedingungen wird es jedoch rasch ubiquitiniert und abgebaut. Seine Halbwertszeit beträgt unter normoxischen Bedingungen 5–10 Minuten, während es in Hypoxie stabil bleibt und allmählich in der Zelle akkumuliert (Webster et al. 2000).

HIF 1$\alpha$ ist ein **Transkriptionsfaktor** der Helix-Loop-Helix-Familie, der gemeinsam mit einem weiteren Protein, dem ARNT (acyl hydrocarbon receptor nuclear transporter, manchmal auch HIF 1$\beta$ genannt), ein Heterodimer bildet. Der Komplex wird in den Zellkern transloziert, bindet an der Promotorregion glykolytischer Enzyme und aktiviert deren Expression. In einzelnen Fällen stieg die spezifische mRNA-Konzentration um das 5- bis 10fache an (Firth et al. 1994). Diese Zusammenhänge gelten in erster Linie für Leber und Nierengewebe. Seltsamerweise bindet

HIF 1 nicht in der Promotorregion glykolytischer Gene von Muskelzellen. Statt dessen wurden in deren Promotorregion für Pyruvatkinase und Enolase, sogenannte HREs (hypoxia responsive elements) entdeckt, an deren Regulation die Transpkriptionsfaktoren Sp1 und Sp3 beteiligt sind, die in der Muskulatur vermutlich die Rolle des HIF 1 übernehmen (Webster et al. 2000).

### 1.14.4 Anaerobiose bei Fischen

Auch wasseratmende Fische müssen mit Sauerstoffmangel rechnen. Das gilt besonders für Fische, die in schlecht belüftetem Wasser leben oder in zugefrorenen Gewässern überwintern. Der Karpfen und seine Zuchtform, der Goldfisch, sind Experten für Anaerobiose. In kaltem Wasser (5 °C) können sie bis zu 140 Tage ohne Zufuhr von Sauerstoff gehalten werden (Holopainen et al. 1986). Sie stützen sich dabei ebenfalls auf ATP-Gewinnung durch Glykolyse. Der Lactatspiegel im Blut steigt dabei zwar an, ähnlich wie auch während heftiger Schwimmbewegungen der Fische, aber erreicht bei weitem nicht die Werte, wie sie auf Grund der metabolischen Aktivität zu erwarten wären. Sie haben einen für Wirbeltiere sehr ungewöhnlichen Stoffwechselweg entwickelt, denn sie wandeln den größten Teil des glykolytisch gebildeten Pyruvat nicht in Lactat, sondern in Acetat und Äthanol um (Abb. 1.27) (Shoubridge u. Hochachka 1980). Der Abbau des Pyruvat zu Acetat liefert ein zusätzliches ATP, und es entsteht Kohlendioxid, das ausgeatmet wird, ohne dass gleichzeitig Sauerstoff aufgenommen wird. Der Äthanol-Gehalt im Fischblut steigt auf etwa 0,1% an, was einem Promillegehalt von 1,0 entspricht. Acetat und Äthanol sind sehr mobile Moleküle und werden von den Fischen ans umgebende Wasser abgegeben. Ein Karpfen liefert auf diese Weise in einer Stunde 25 µg Äthanol pro Gramm Körpergewicht. Gleichzeitig mit der Umschaltung vom aeroben zum anaeroben Stoffwechsel ändern die Goldfische ihre Thermopräferenz, suchen 8–10 °C kälteres Wasser auf und verringern ihre Bewegungsaktivität. Diese Verhaltensänderungen werden nicht durch Äthanol, sondern durch andere noch unbekannte Faktoren ausgelöst (Rausch et al. 2000).

### 1.14.5 Anaerobiose bei Evertebraten

Viele Evertebraten verfügen über einen Anaerobiose-Stoffwechsel, der eine höhere ATP-Ausbeute ermöglicht und bei dem weniger problematische Endprodukte entstehen. Dies ist sehr gut am Schließmuskel von Muscheln untersucht, der ja bei einem Verschluss der Schale von jeder Sauerstoffzufuhr abgeschottet ist. Einige Muschelarten, wie z. B. Austern, können sogar unbegrenzt lange ohne Sauerstoffzufuhr gehalten werden (Hochachka 1980). Auch der Wattwurm *Arenicola*, der bis zu 20 cm tief im Sediment der Gezeitenzone eingegraben lebt, ist regelmäßigen Schwankungen im Sauerstoffangebot ausgesetzt. Bei Flut kann er seine Wohnröhre mit Atemwasser ventilieren und lebt aerob. Bei Ebbe ist keine Ventilation mehr möglich, und wenn der Sauerstoffpartialdruck des Wasser auf unter 7 kPa fällt, dann stellt er auf anaerobe Energiegewinnung um (Zebe u. Schiedeck 1996). Für den Anaerobiose-Stoffwechsel der Invertebraten werden zwei miteinander gekoppelte Hauptwege genutzt (Abb. 1.27).

Die Glykolyse mündet nicht wie üblich in Pyruvat und Lactat, sondern wird unter anaeroben Bedingungen bereits vorher in Richtung des Citrat-Zyklus umgeleitet. Durch Carboxylierung des Phosphoenolpyruvat entsteht Oxalacetat. Für diese Reaktion ist das Enzym **Phosphoenolpyruvat-Carboxykinase (PEPCK)** verantwortlich, das deshalb eine Schlüsselfunktion für die Regulation des anaeroben Stoffwechsels hat. Oxalacetat wird in Malat, Fumarat und Succinat umgewandelt, d.h. es wird ein Teil des Citrat-Zyklus im Rückwärtsgang durchlaufen. Durch die Aktivität der PEPCK werden zusätzlich 2 ATP pro Glucose geliefert, und die Umwandlung von Oxalacetat zu Malat regeneriert das cytosolische NAD, so dass die Glykolyse weiterlaufen kann. Das Malat gelangt in die Mitochondrien und wird über Fumarat zu Succinat umgewandelt. Daran ist, trotz Abwesenheit von Sauerstoff, der Komplex I und II der Atmungskette beteiligt (Succinat-Dehydrogenase ist Bestandteil von Komplex II), die über den mitochondrialen Protonengradienten weiteres ATP bildet. Beim Abbau der Glucose bis zum Succinat werden also mehr als 4 ATP gelie-

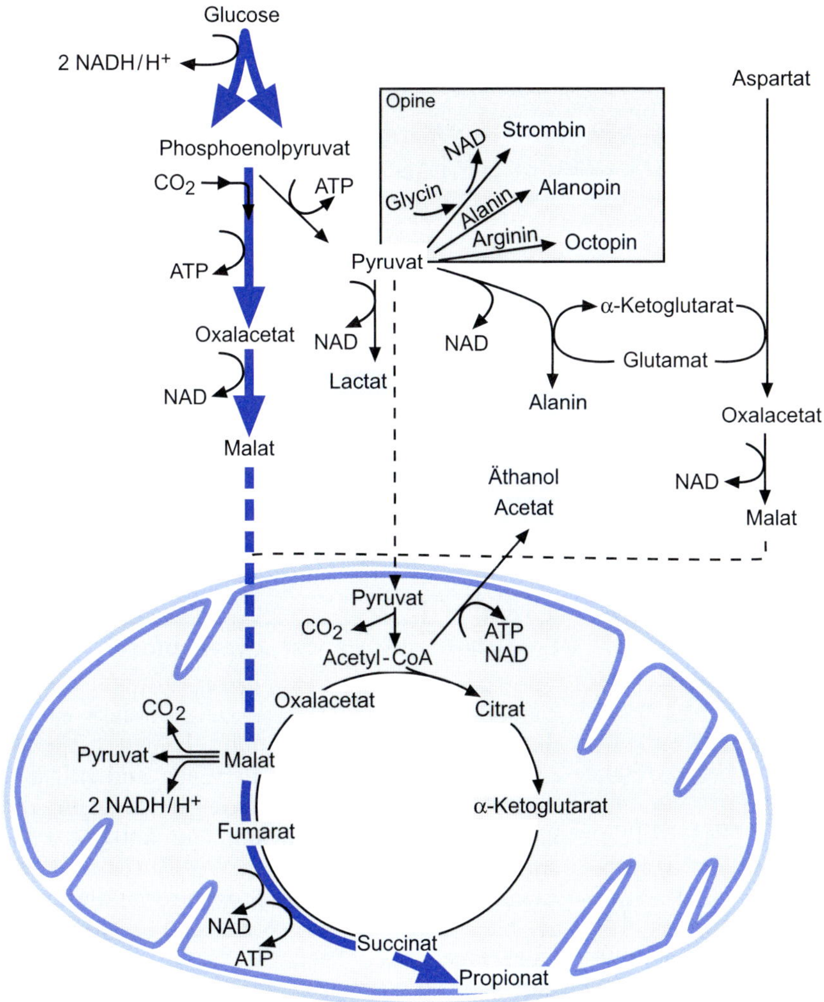


**Abb. 1.27.** Reaktionsschema des anaeroben Abbaus von Kohlenhydraten und Aminosäuren. Die häufigsten Endprodukte sind durch einen *blauen Hintergrund* hervorgehoben

fert (Tabelle 1.8). Succinat wird entweder als Endprodukt gespeichert oder es wird zu Propionat (oder Acetat und andere Metaboliten) weiter abgebaut, wobei weiteres ATP entsteht. Der Abbau bis zum Propionat liefert insgesamt 6–7 ATP aus einem Mol Glucose und ist damit wesentlich effektiver als der glykolytische Abbau allein.

Der Glucoseabbau ist bei vielen Invertebraten mit dem Stoffwechsel von Aminosäuren verknüpft, und als Endprodukt enstehen dabei entweder Aminosäuren wie Alanin, oder aus den Aminosäuren und Pyruvat werden **Opine** als anaerobes Endprodukt synthetisiert (Abb. 1.28). Zu Beginn einer Anaerobiose kommt es durch Glykolyse stets zu einem Anstieg des Pyruvatgehalts, da Pyruvat nicht mehr oxidativ abgebaut werden kann. Der Wattwurm *Arenicola* wandelt nur wenig davon in Lactat um, da die Aktivität seiner Lactat-Dehydrogenase sehr gering ist. Aus einem Teil des Pyruvat wird mit Glycin das anaerobe Endprodukt **Strombin** synthetisiert. Dabei wird $NADH/H^+$ zu NAD regeneriert. Dieser Schritt hat eine ähnliche Funktion wie die Lactatbildung, die ebenfalls NAD regeneriert und die Redoxbalance der Zelle aufrechterhält. Ein weiterer Teil des Pyruvat erhält durch eine Kette von Transaminierungsreaktionen die Aminogruppe von Aspartat und Glutamat über-

**Tabelle 1.8.** ATP-Gewinnung durch verschiedene Stoffwechselwege beim anaeroben Abbau von freier Glucose (Glu) oder Glucose aus Glycogen (Glc). Die Energiedifferenz ($\Delta H$) wurde aus den Brennwerten des Substrats und der Endprodukte berechnet und pro Mol Endprodukt angegeben (nach Gnaiger 1983, de Zwaan 1983)

| Substrat | Endprodukte | $\Delta H$ (kJ $mol^{-1}$) | mol ATP pro mol Endprodukt | µmol ATP pro g Endprodukt |
|---|---|---|---|---|
| Glu | 2 Lactat + 2 ATP | 75 | 1 | 11,2 |
| Glc | 2 Lactat + 3 ATP | 76 | 1,5 | 16,7 |
| Glu | 2 Acetat + 4 ATP | 85 | 2 | 33,9 |
| Glu | 2 Äthanol + 4 ATP | 80 | 2 | 26,2 |
| Glc | 1,71 Succinat + 4,71 ATP | 140 | 2,75 | 23,7 |
| Glc | 1,71 Propionat + 6,43 ATP | 150 | 3,75 | 51,5 |
| Glc + 2 Arginin | 2 Octopin + 3 ATP | | 1,5 | 6,4 |
| Glc + 2 Alanin | 2 Alanopin + 3 ATP | | 1,5 | 10,1 |
| Glc + 2 Aspartat | 1,71 Succinat + 2 Ala + 4,71 ATP | | 2,75 | 23,7 |
| aerober Abbau | | | | |
| Glu | 6 ($CO_2$ + $H_2O$) + 38 ATP | 475 | 6,33 | 144 |
| Glc | 6 ($CO_2$ + $H_2O$) + 39 ATP | 475 | 6,5 | 148 |

tragen und wird dadurch zu **Alanin,** das als aerobes Endprodukt in den Zellen angehäuft wird. Das bei der Desaminierung von Aspartat entstandene Oxalacetat wird zu Succinat abgebaut, wie oben beschrieben. Darüber hinaus kann auch ein Teil des Alanin dazu verwendet werden, um mit Pyruvat **Alanopin** zu synthetisieren, das dann ebenfalls als aerobes Endprodukt gespeichert wird (Zebe u. Schiedeck 1996). Die Glykolyse kann weiterlaufen, ohne dass es zu einer Akkumulation von Pyruvat oder Lactat in der Zelle kommt. Im Schließmuskel einiger Muscheln hat der Aspartat-Abbau einen höheren Anteil am gesamten Umsatz, so dass vorwiegend Alanopin als aerobes Endprodukt gespeichert wird, neben Lactat und geringen Mengen Strombin.

Ein weiteres verbreitetes Endprodukt ist das Octopin. Kammmuscheln und Cephalopoden benutzen Argininphosphat als Phosphagen, um ihr ATP-Defizit bei starker Muskelaktivität auszugleichen. Der Phosphatrest wird auf ATP übertragen und Arginin freigesetzt. Arginin ist eine stark basische Aminosäure, die das Säure-Basen-Gleichgewicht der Zelle belastet und enzymatische Aktivitäten stört. Sie wird mit Pyruvat zu **Octopin** verbunden, das dann als anaerobes Endprodukt in der Muskulatur angehäuft wird.

### 1.14.6 Energie-Ausbeute der Anaerobiose

Die geschilderten Beispiele zeigen, dass es für die anaerobe ATP-Gewinnung keinen einheitlichen Stoffwechselweg mit einem einheitlichen Endprodukt gibt. Wirbeltiere bevorzugen die klassische Milchsäuregärung. Sie können zwar auch andere Endprodukte wie Succcinat und Alanin bilden, aber diese entsprechen weniger als 1% des umgesetzten Substrats. So steigt z. B. beim tauchenden Seehund der Lactatgehalt im Blut von 90 mM auf 160 mM (+70 mM), während gleichzeitig das Succinat nur von 0,04 auf 0,28 mM (+0,24 mM) und Alanin von 0,3 auf 0,65 mM (+0,35 mM) erhöht wird (Hochachka 1980). Wirbellose Tiere benutzen ein wesentlich größeres Spektrum an Stoffwechselwegen und Endprodukten und erreichen eine wesentlich höhere ATP-Ausbeute beim Abbau bis zum Succinat und Propionat. Er liefert 6–7 ATP pro Glucosylrest (aus Glycogen), während der Abbau zum Lactat nur 3 ATP liefert. Außerdem entstehen dabei weniger problematische anaerobe Endprodukte. Hierbei spielt sicher eine Rolle, dass bei Wirbeltieren die funktionsbedingte Anaerobiose im Vordergrund steht, bei der es auf eine rasche Nachlieferung an ATP und weniger auf eine effiziente Nutzung der Nahrung an-

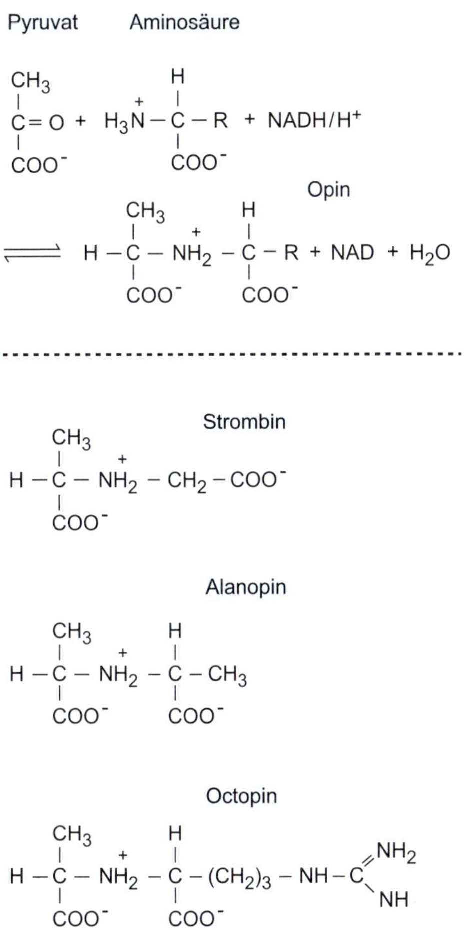


**Abb. 1.28.** Opine sind Endprodukte des anaeroben Abbaus. Sie entstehen durch Bindung von Pyruvat an eine Aminosäure

kommt. Die biotopbedingten Anaerobiosen der meisten wirbellosen Tiere dauern wesentlich länger, so dass eine möglichst effiziente Nutzung der gespeicherten Energievorräte größeres Gewicht hat. Dafür werden umständlichere und vergleichsweise langsame Stoffwechselwege in Kauf genommen.

Eine zeitlich befristete Anaerobiose, bei der anaerobe Endprodukte angehäuft werden, erfordert nach der Rückkehr zu aeroben Bedingungen eine Erholungszeit zum Abbau der anaeroben Endprodukte. Die Dauer der Erholungszeit hängt natürlich von der Menge dieser Produkte ab und davon, ob sie oxidativ abgebaut oder zur Gluconeogenese oder für andere Synthesen verwendet werden. Ratten, die durch körperliche Aktivität 90 mg Lactat akkumuliert haben, benötigen etwa 30 min, um wieder ein normales Niveau an Lactat zu erreichen. Gleich große Salamander (*Amphiuma*) benötigen dazu etwa 14 h, da sie einen wesentlich geringeren Energieumsatz haben (Withers 1992). Beim Wattwurm *Arenicola marina* dauert es etwa 2 h, bis er seine aeroben ATP-Werte wieder erreicht, die Phosphagene benötigen dazu 3–4 h und Alanin in der Coelomflüssigkeit etwa 10 h (Paul 2001).

## 1.15 Nutzung von ATP für Lebensfunktionen – Der Transport von $Na^+$ und $K^+$ über die Zellmembran

ATP ist die universelle Energiewährung, mit der Lebensfunktionen in der Zelle aufrechterhalten werden. Die vielfältige Verwendung des ATP wird bei der Besprechung der einzelnen physiologischen Funktionen in diesem Buch erläutert. Hier soll nur ein universell verbreiteter Mechanismus geschildert werden, der in allen Zellen dazu dient, ein Ionen-Ungleichgewicht über die Zellmembran aufzubauen, als Beispiel für die Nutzungsmöglichkeiten des ATP.

Tierische Zellen enthalten in ihrem Inneren eine relativ hohe Konzentration an Kaliumionen und eine niedrige Konzentration an Natriumionen gegenüber der Extrazellulärflüssigkeit. Dieses Ionenungleichgewicht wird durch eine membrangebundene $Na^+/K^+$-Pumpe, unter Verbrauch von ATP, erzeugt, die deshalb auch als $Na^+/K^+$-ATPase bezeichnet wird. Ihre Funktion ist von zentraler Bedeutung für die Lebensfähigkeit der Zellen. Das von ihr erzeugte Ungleichgewicht in der Ionenverteilung über die Plasmamembran ist die treibende Kraft für den Transport anderer Ionen und die Aufnahme von Nährstoffen in die Zelle. Ohne $Na^+/K^+$-ATPase wäre keine ausreichende Stoffversorgung der Zellen möglich (Abb. 1.29). Sie reguliert außerdem die Ionenverteilung und damit auch das Volumen und die Osmolarität der Zelle, und sie bedingt das Membranpotential, mit dem eine Zelle durch Signale von außen erregbar wird.

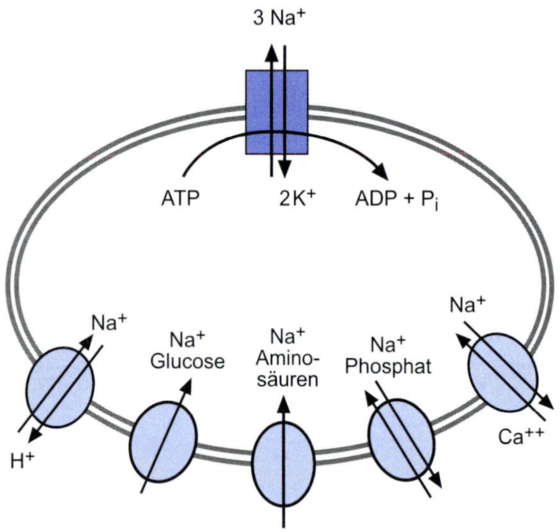


**Abb. 1.29.** Durch die Aktivität der $Na^+/K^+$-ATPase entsteht ein Ungleichgewicht der Ionenverteilung über die Zellmembran, extrazellulär eine hohe $Na^+$-Konzentration und intrazellulär eine hohe $K^+$-Konzentration. Der Konzentrationsunterschied ermöglicht den Transport anderer Stoffe über die Zellmembran, teilweise gekoppelt mit einem passiven $Na^+$-Einstrom in die Zelle

Die Erregung von Nervenzellen und Muskelzellen ist ohne $Na^+/K^+$-ATPase nicht möglich, aber auch die Funktion der meisten anderen Zellen wird über das Membranpotential gesteuert. In manchen tierischen Zellen wird bis zu 30% des gesamten ATP für die $Na^+/K^+$-ATPase verbraucht. Sie „energetisiert" die Membran, damit diese ihre lebensnotwendigen Transportaufgaben durchführen kann.

Die $Na^+/K^+$-ATPase der Erythrocytenmembran besteht aus zwei Protein-Untereinheiten, einer großen $\alpha$-Kette (112 kD) und einer kleineren $\beta$-Kette (35 kD), die als $\alpha_2\beta_2$-Tetramer in die Membran eingebaut sind. Die $Na^+/K^+$-ATPase aus Nierengewebe besteht aus drei Untereinheiten, einer $\alpha$-Kette mit 1016, einer $\beta$-Kette mit 302 und einer $\gamma$-Kette mit 55 Aminosäuren. Die $\alpha$-Kette hat Ähnlichkeit mit anderen Ionentransportern in der Zelle (Jorgensen u. Pedersen 2001). Aus den Eigenschaften der Aminosäurensequenz der $\alpha$-Kette kann vermutet werden, dass sie aus 8 transmembranalen Helices besteht. Ein großer Teil des Proteins ragt ins Cytosol und enthält die ATPase-Funktion. Ein kleiner Teil ragt nach außen und enthält Bindungsstellen für Steroidinhibitoren, wie Ouabain und Digitoxin. Die $\beta$-Kette hat nur eine transmembranale Helix und ist nicht direkt an der ATPase-Reaktion be-

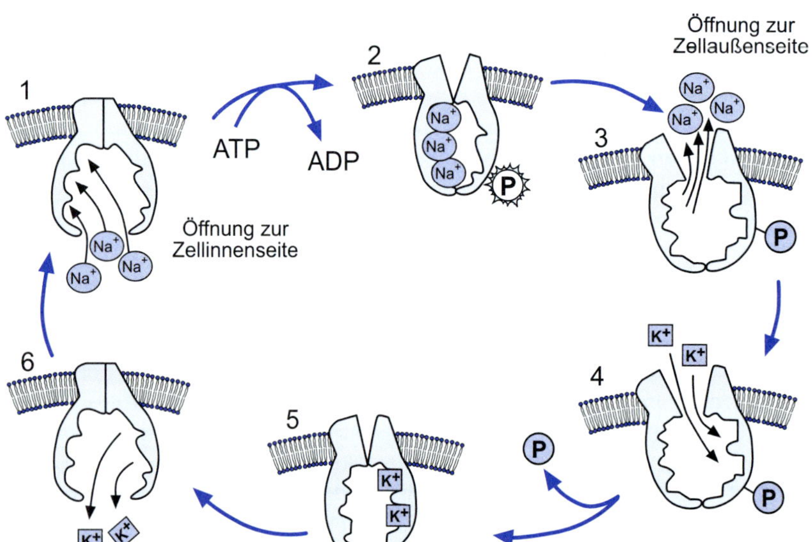


**Abb. 1.30.** Die $Na^+/K^+$-ATPase (E.C.3.6.1.37) nutzt die Energie der Hydrolyse von 1 Mol ATP zu ADP um 3 Mol $Na^+$ aus der Zelle zu exportieren und im Gegenzug 2 Mol $K^+$ zu importieren (Albers-Post-Modell). Eine wichtige Voraussetzung für diesen enzymatischen Ping-Pong-Prozess ist, dass die in der Zellmembran verankerten $\alpha$-Untereinheiten der ATPase zwischen einer $Na^+$- und einer $K^+$-Konfiguration hin- und herwechseln ($E_1$[3Na]- und $E_2$[2K]-Zustand), so dass dieselbe Untereinheit sowohl den Export von $Na^+$ als auch den Import von $K^+$ leistet

teiligt. Für den Ionentransport wird die $\alpha$-Kette in Gegenwart von $Na^+$ und $Mg^{++}$ phosphoryliert. Man stellt sich vor, dass die Ionen durch einen zyklisch ablaufenden Prozess über die Membran transportiert werden. Das ATPase-Molekül wird auf cytosolischer Seite phosphoryliert und bindet $Na^+$. Danach stülpt es seine Bindungstasche nach außen um und gibt $Na^+$ ab. In dieser Stellung nimmt es $K^+$ auf, kehrt wieder in die Ausgangsstellung zurück und gibt $K^+$ ins Cytosol ab. Danach wird es erneut phosphoryliert, nimmt $Na^+$ in seine Bindungstasche auf, und der Kreisprozess beginnt von vorne (Abb. 1.30).

Pro verbrauchtes ATP werden drei $Na^+$ exportiert und zwei $K^+$ importiert. Der Kreisprozess dauert etwa 10 ms, d.h. ein einzelnes $Na^+/K^+$-ATPase-Moleküle befördert pro Sekunde 300 $Na^+$ und 200 $K^+$ über die Plasmamembran. Für den Transport von 3 mol $Na^+$ aus der Zelle und 2 mol $K^+$ in die Zelle ist, bei einem Membranpotential von –50 mV, eine Änderung der freien Energie von +41 kJ zu erwarten. Die Hydrolyse von einem mol ATP liefert unter physiologischen Bedingungen in der Zelle etwa –50 kJ. Dies entspricht etwa dem für den Ionentransport über die Plasmamembran notwendigen Energieaufwand (Stryer 1997).

## Literatur, s. Kapitel 2

# 2 Energiehaushalt von Tieren

## 2.1 Die umgesetzte Energie wird als Wärme abgegeben

Tiere gewinnen die zum Leben notwendige Energie aus der Verbrennung von Nahrungsstoffen. Diese Erkenntnis war eine der großen wissenschaftlichen Entdeckungen des 18. Jahrhunderts, und ihr Beweis ist vor allem den Experimenten von Antoine Laurent Lavoisier (1743–1794) zu verdanken. Er wies nach, dass Tiere ein Gas aus der Luft entnehmen, das im Körper verbraucht wird, wie bei einer Verbrennung, und die in Tieren entstehende Wärme wird an die Umgebung abgegeben. Das Gas nannte er Sauerstoff und widerlegte damit die bis dahin herrschende Vorstellung, dass bei der Verbrennung ein im Brennmaterial enthaltenes Wärmeprinzip, das so genannte Phlogiston, freigesetzt wird. Um die Wärmebildung von Tieren zu messen, setzte er Ratten und Meerschweinchen in eine Kammer, die von einem doppelten Eismantel umgeben war. Aus der Menge des gebildeten Schmelzwassers berechnete er die von den Tieren abgegebene Wärmemenge (Box 2.1). In einem weiteren Experiment setzte er die Tiere unter eine Glasglocke und bestimmte die Menge an Sauerstoff, die sie aus der Luft entnehmen. Gleichzeitig wies er nach, dass sie dabei ein nicht brennbares Gas abgeben, das Kohlendioxid (*air fixé*), und schloss aus seinen Messungen: „La respiration est donc une combustion".

Bereits 100 Jahre früher hatte John Mayow beobachtet, dass eine brennende Kerze in einem luftdichten Glasgefäß etwa zur selben Zeit erlöscht wie eine Maus in diesem Glasgefäß erstickt. Sowohl die brennende Kerze als auch die atmende Maus hatten die Luft verändert, und zwar beide auf dieselbe Weise, da sie gemeinsam im Glasgefäß saßen. Damit demonstrierte er eine Übereinstimmung zwischen der Verbrennung und tierischen Lebensfunktionen, denn beide sind offensichtlich auf denselben Bestandteil der Luft angewiesen, um zu brennen oder zu leben. Er konnte jedoch keine weiteren Schlüsse aus dieser Parallelität ziehen, da zu dieser Zeit weder der Sauerstoff noch Lavoisiers Verbrennungstheorie bekannt war.

### 2.1.1 Direkte Kalorimetrie

Die von Lavoisier angewandte Methode zur Messung des tierischen Energiehaushalts mit dem doppelwandigen **Eiskalorimeter** ist technisch relativ einfach zu handhaben und im Prinzip auch heute noch anwendbar (Box 2.1). Alle Energie, die ein Tier umsetzt, gibt es als Wärme nach außen ab, und diese kann aus der Schmelzwärme des abfließenden Wassers berechnet werden. Die einzige Beschränkung der Methode ist, dass nur bei 0 °C Umgebungstemperatur gemessen werden kann. Sie eignet sich deshalb nur für die Untersuchung von Säugetieren und Vögeln, die bei dieser Temperatur aktiv sein können. Die meisten anderen Wirbeltiere und Wirbellosen fallen bei Temperaturen von 0 °C in Kältestarre und können ihre normalen Körperfunktionen nicht mehr aufrechterhalten.

Die Kalorimetrie mit einer **Wärmefalle** (*heat sink calorimeter*, Wärmesenken-Kalorimeter) erlaubt Messungen bei beliebiger Umgebungstemperatur. Dabei sitzen Tiere in einer wärmeisolierten Kammer; alle Wärme, die sie produzieren, wird über die Belüftung abtransportiert und gemessen. Nachteil der Methode ist die zeitliche Trägheit der Messung. Diese Nachteile entfallen

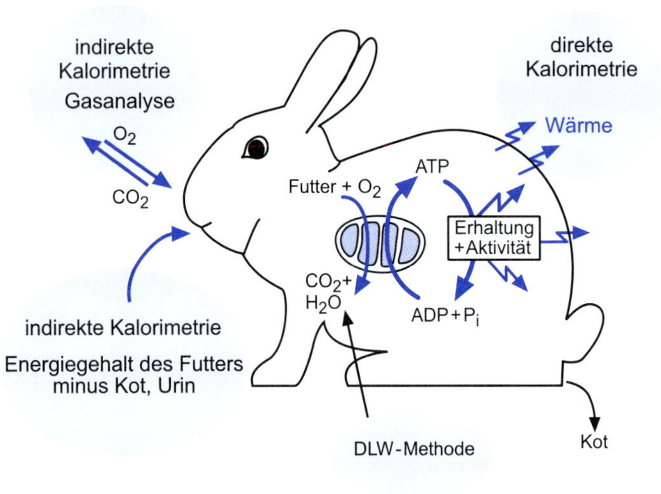


**Abb. 2.1.** Schema des Energieumsatzes von Tieren. Die mit der Nahrung aufgenommene Energie wird durch mitochondriale Respiration in ATP umgewandelt. ATP liefert die Energie zum Betrieb aller Stoffwechselprozesse in den Zellen, für Biosynthesen, zum Stofftransport, für Bewegung usw. Die dabei umgesetzte Energie wird letzten Endes als Wärme an die Umgebung abgegeben, mit Ausnahme des kleinen Anteils, der beim Wachstum als Zuwachs an Körpermasse gespeichert oder in äußere Arbeit investiert wird. Die von einem Tier abgegebene Wärmemenge entspricht deshalb dem Energieumsatz. Sie kann durch **direkte Kalorimetrie** bestimmt werden (Box 2.1). Durch Messung der aufgenommenen Nahrungsmenge (**indirekte Kalorimetrie**, Nahrungsaufnahme) kann die Effizienz der Nutzung von Nahrungsenergie und das Energiebudget ermittelt werden. Alternativ kann der Energieumsatz auch aus dem Sauerstoffverbrauch und der Kohlendioxidproduktion berechnet werden (**indirekte Kalorimetrie**, Gasanalyse). Für längerfristige Beobachtungen eignet sich die Messung des Kohlendioxid- und Wasserumsatzes mit der DLW-Methode (*doubly labelled water*). Dazu erhalten Tiere eine definierte Menge Wasser, das aus seltenen stabilen Isotopen besteht ($D_2{}^{18}O$). Anschließend wird die Verdünnung der Isotope im Körperwasser bestimmt und ihre Auswaschrate aus der Körperflüssigkeit über mehrere Tage verfolgt. Die D-Auswaschrate entspricht dem $H_2O$-Umsatz, und aus der $^{18}O$-Auswaschrate wird die Kohlendioxid-Produktion berechnet

beim **Gradientenkalorimeter**, mit dem die von Tieren abgehenden Wärmeströme bei jeder Temperatur direkt und ohne Verzögerung gemessen werden können.

## 2.1.2 Indirekte Kalorimetrie

Alle Energie die zum Betrieb von Lebensfunktionen notwendig ist, wird durch den Abbau von Nährstoffen gewonnen. Für den aeroben Stoffwechsel kann deshalb folgende einfache Reaktionsgleichung formuliert werden:

$$\text{Nahrung} + \text{Sauerstoff} \rightarrow \text{Kohlendioxid} + \text{Wasser} + \text{Energie}$$

Daraus folgt, dass der Energieumsatz eines Tieres sich nicht nur als Wärmeabgabe bemerkbar macht, sondern auch aus dem Verbrauch an Nährstoffen, dem Verbrauch an Sauerstoff oder der Produktion von Kohlendioxid oder Wasser abgelesen werden kann (Abb. 2.1; Tabelle 2.1). Die Analyse des Energiehaushaltes über den **Stoffumsatz** wird als **indirekte Kalorimetrie** bezeichnet (Box 2.2). Der Vorteil dieser Methoden besteht darin, dass nicht nur der gesamte Energieumsatz bestimmt wird, sondern auf diesem Weg auch die einzelnen Reaktionsschritte und Komponenten des Energiehaushalts von Tieren analysiert werden können. Der Energiegehalt der Nahrung kann mit dem Bombenkalorimeter bestimmt werden (Box 2.3) und hängt von deren chemischer Zusammensetzung ab (Box 2.4). Die Energieausbeute pro Einheit verbrauchten Sauerstoffs beträgt jedoch, unabhängig vom oxidierten Substrat, immer etwa 20 kJ pro Liter $O_2$ (Box

**Tabelle 2.1.** Wärmebildung von Tieren beim oxidativen Abbau von unterschiedlichen Kohlenhydrat-Lipid-Mischungen in der Nahrung

| Anteil der Kohlenhydrate (%) | Anteil der Lipide (%) | RQ $\frac{mol\ CO_2}{mol\ CO_2}$ | Energieäquivalent | | |
|---|---|---|---|---|---|
| | | | pro Liter $CO_2$-Produktion (kJ $lCO_2^{-1}$) $=5{,}3+16{,}0/RQ$ | pro mol $O_2$-Verbrauch (kJ mol $O_2^{-1}$) $=358+118 \cdot RQ$ | pro Liter $O_2$-Verbrauch (kJ $lO_2^{-1}$) $=16{,}0+5{,}3 \cdot RQ$ |
| 100 | 0 | 1,00 | 21,3 | 477 | **21,3** |
| 80 | 20 | 0,88 | 23,4 | 461 | **20,6** |
| 60 | 40 | 0,80 | 25,6 | 452 | **20,2** |
| 40 | 60 | 0,76 | 26,3 | 448 | **20,0** |
| 20 | 80 | 0,73 | 27,1 | 443 | **19,8** |
| 0 | 100 | 0,71 | 28,1 | 441 | **19,7** |

2.4), so dass die Messung des Sauerstoffverbrauchs eine besonders genaue Bestimmung des Energieumsatzes erlaubt.

## 2.2 Nahrungsenergie und Energiebudget

### 2.2.1 Nahrungsaufnahme und assimilierte Energie

Aus der Nahrungsmenge, die ein Tier pro Tag aufnimmt ($E_{in}$), und dem Energiegehalt der Nahrung kann der tägliche Bedarf an Nahrungsenergie berechnet werden. Rinder verzehren täglich 15 kg Futter, was einem Brennwert von 234 MJ entspricht (Abb. 2.2). Die Nahrung enthält jedoch auch fasrige Pflanzenteile und andere unverdauliche Bestandteile, die im Darm nicht resorbiert werden können und statt dessen ungenutzt mit dem Kot ausgeschieden werden. Die täglich resorbierte Nahrungsenergie wird als **assimilierte Energie** ($E_{ass}$) bezeichnet, und daher muss der Brennwert des Kots von dem der aufgenommenen Nahrung abgezogen werden. Bei der Ernährung mit einer Alfalfa-Mais-Soja Mischung geben die Rinder 27% der im Futter enthaltenen Energie mit dem Kot ab und erreichen somit einen Wirkungsgrad von 73% für die Energieassimilation. Werden die Rinder nur mit Heu oder Gras ernährt, so sinkt die Assimilationsquote deutlich unter 60%.

Der nutzbare Anteil der Nahrung hängt nicht nur von der Verdauungsleistung des Darms ab, sondern auch von der Qualität der Nahrung. Besonders geringe assimilierbare Energieanteile mit weniger als 50% haben Gras, Heu und die Blätter von Bäumen. Wie alle Wiederkäuer betreiben Rinder Cellulose-Verdauung mit Hilfe von Bakterien und Protozoen in ihrem Pansen, und nur mit deren Hilfe sind sie überhaupt in der Lage die weitgehend unverdaulichen Bestandteile von Heu und Gras aufzuschließen (Tabelle 2.2). Tiere, die sich mit gemischter Kost ernähren, können meistens 80–90% der aufgenommen Nahrung assimilieren, 10–20% werden als Kot ausgeschieden. Bei Carnivoren kann die Effizienz der Assimilation über 90% betragen.

**Tabelle 2.2.** Assimilationseffizienz kleiner Säugetierarten (nach Grodzinski u. Wunder 1975)

| | Anzahl der berücksichtigten Arten | Mittlere Assimilations-Effizienz $=100\ E_{ass}/E_{in}$ |
|---|---|---|
| Weidende Pflanzenfresser (z. B. Kaninchen) | 14 | 65% |
| Omnivore Arten (z. B. Erdhörnchen) | 10 | 75% |
| Körnerfresser (z. B. Feldmaus) | 6 | 88% |
| Insektenfresser (z. B. Spitzmaus) | 15 | 85–90% |

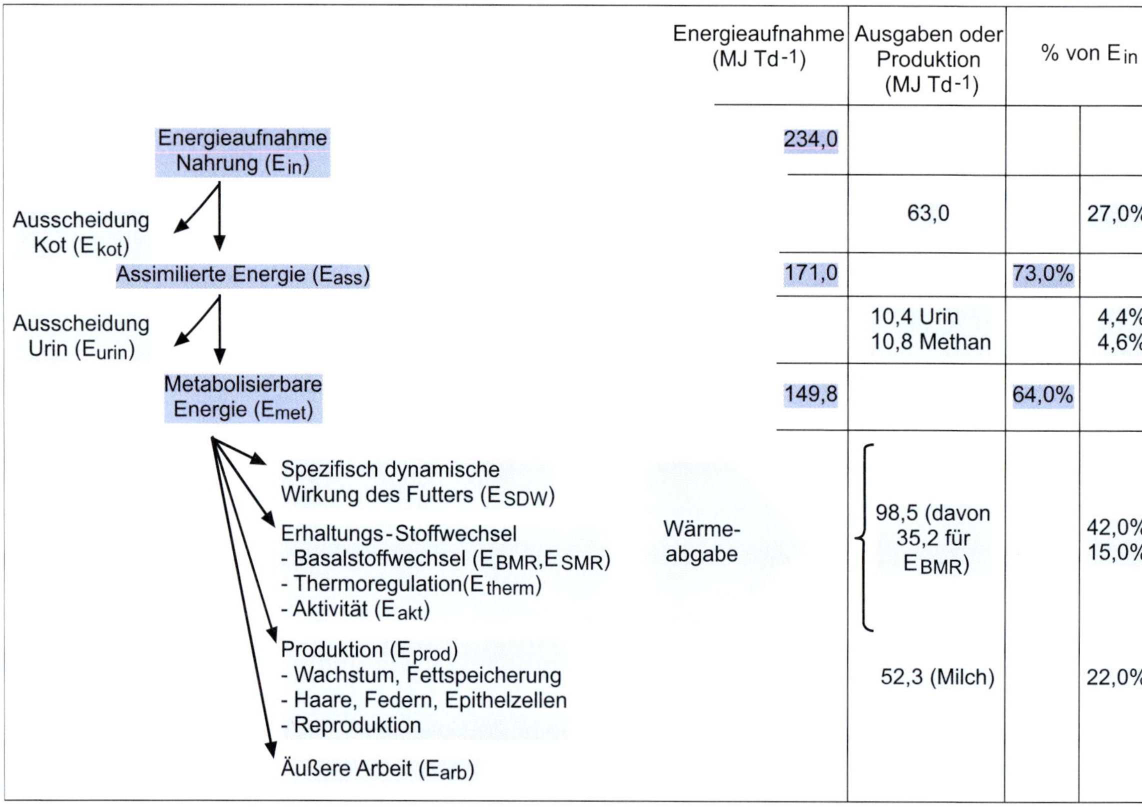


**Abb. 2.2.** Energiebudget von Tieren. Ein Teil der aufgenommenen Nahrung ($E_{in}$) wird als Kot oder Urin wieder ausgeschieden, so dass nur 64% der aufgenommen Energie vom Stoffwechsel vollständig ausgenutzt werden können ($E_{met}$). Die Zahlen sind Mittelwerte von 144 Rindern, die mit Alfalfa-Mais-Soja-Mischungen gefüttert und zu verschiedenen Zeiten des Lakatationszyklus gemessen wurden (nach Flatt et al. 1969)

## 2.2.2 Metabolisierbare Energie

Ein Teil der assimilierten Energie wird zwar durch die Stoffwechselmaschinerie des Körpers geschleust, aber nicht vollständig abgebaut, sondern als Ammoniak, Harnstoff oder Harnsäure über den Urin wieder ausgeschieden. Der Energiegehalt dieser Ausscheidungsprodukte wird der weiteren Nutzung im Körper entzogen. Um die **metabolisierbare Energie** ($E_{met}$) zu bestimmen, muss deshalb der Energiegehalt des Urins von der assimilierten Energie subtrahiert werden. Dies ergibt den Betrag an Energie, der für den Betrieb sämtlicher Lebensvorgänge im Körper erforderlich ist, wie Atmung, Verdauung, Kreislauf, Exkretion, Nervenfunktionen und Aktivität, aber auch für Wachstum und die Anlage von Körperfettdepots. Die für den Betrieb der Lebensvorgänge erforderliche Energie, ohne Wachstum und Fettspeicherung, kann auch direkt über den Sauerstoffverbrauch und die Kohlendioxidproduktion eines Tieres bestimmt werden (Box 2.2) und wird deshalb als **Stoffwechselrate** (*metabolic rate*, MR) bezeichnet.

Der Energieverlust über den Urin beträgt normalerweise etwa 0,5–2% der aufgenommenen Energie. Bei Nagetieren, die sehr wenig Urin produzieren, wird er deshalb häufig ignoriert und $E_{ass}$ mit $E_{met}$ gleichgesetzt. Bei Rindern und Schweinen ist dies jedoch nicht möglich, da erheblich größere Energiemengen über den Urin verloren gehen (5–7% von $E_{in}$). Hinzu kommt dass bei der symbiotischen Cellulose-Verdauung der Wiederkäuer große Mengen an Methan entstehen und ausgeschieden werden. Bei den in Abb. 2.2 geschilderten Rindern sind es pro Tag 300 l Methan, was einem Brennwert von 11,6 MJ entspricht (5% von $E_{in}$). Insgesamt gehen dadurch 13% der assimilierten Energie verloren, und nur 87% der assimilierten Energie können vom Stoffwechsel des Rindes weiter verwertet werden. Bezogen auf die gesamte mit der Nahrung aufgenommenen Energie von 234 MJ $d^{-1}$ werden nur 64% im Stoffwechsel des Rindes umgesetzt, d.h. der Teilwirkungsgrad für die Bereitstellung metabolisierbarer Energie beträgt 64%.

## 2.2.3 Nutzbare Energie und spezifisch dynamische Wirkung

Theoretisch ist zu erwarten, dass ein Teil der metabolisierbaren Energie für die Verdauung und Resorption der Nahrung eingesetzt werden muss, denn die Darmperistaltik, die Durchblutung der Eingeweide, die Sekretion von Enzymen und der aktive Transport von Nahrungsbestandteilen sind allesamt ATP-verbrauchende Prozesse. Energie, die dabei verbraucht wird, steht anderen Lebensfunktionen im Körper nicht mehr zur Verfügung. Die tatsächlich nutzbare Energie ist deshalb geringer als die metabolisierbare Energie. Dass die Nahrungsaufnahme einen hohen Anteil der metabolisierten Energie beansprucht, wurde bereits in den Anfängen der kalorimetrischen Forschung erkannt, denn bei Mensch und Tier steigt unmittelbar nach der Nahrungsaufnahme der Energieumsatz an. Dies wurde als ein Hinweis auf die hohen Energiekosten der Verdauungsarbeit verstanden. Obwohl diese Schlussfolgerung einleuchtet, hat bereits Rubner (1909) darauf hingewiesen, dass die Verdauungsarbeit allein nicht ausreicht, um die Steigerung des Energieumsatzes zu erklären, sondern auch andere Faktoren beteiligt sein müssen, und deshalb bezeichnete er diese metabolische Reaktion auf eine Nahrungsaufnahme nicht als Verdauungsarbeit, sondern als die **spezifisch dynamische Wirkung** ($E_{SDW}$) des Futters.

Beim Menschen steigt nach einer Mahlzeit der Energieumsatz um etwa 30% an und diese

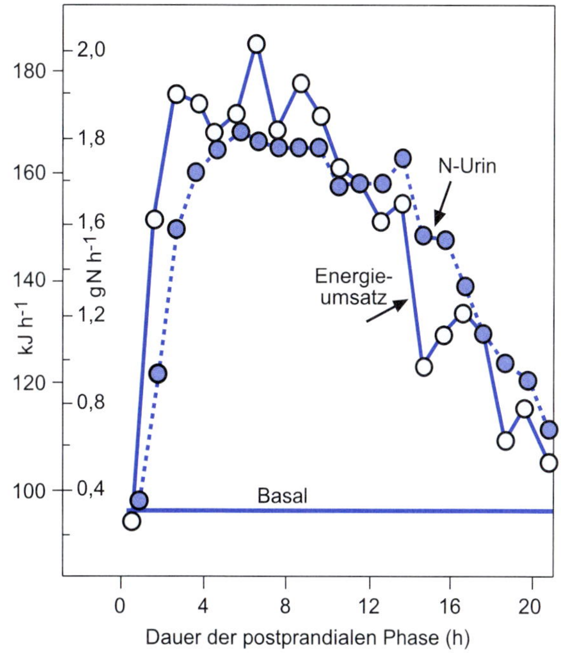


**Abb. 2.3.** Spezifisch dynamische Wirkung bei einem Hund nach Fütterung mit 1,2 kg Fleisch. Verlauf des Energieumsatzes (—) und der Stickstoffausscheidung mit dem Urin (...). (Body 1945)

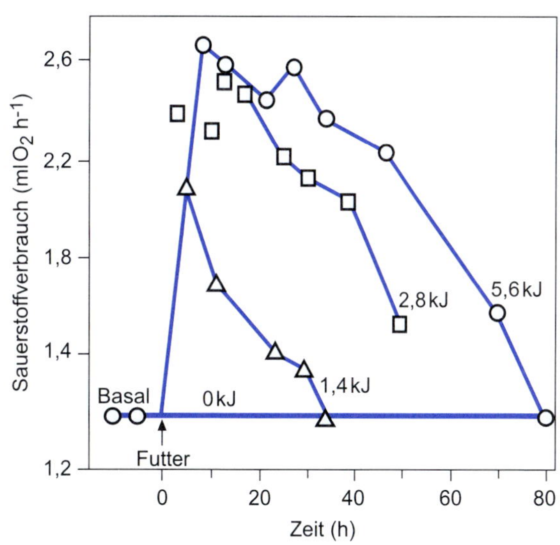


**Abb. 2.4.** Spezifisch dynamische Wirkung des Futters bei Schollen. Die Fütterung verursacht einen Anstieg im Sauerstoffverbrauch, dessen Amplitude und Dauer mit der Futtermenge korrelierte. Für jede Kurve ist der Energiegehalt des Futters in kJ angegeben (Jobling u. Davis 1980)

Reaktion hält etwa 2 Stunden an. Die Intensität und Dauer dieser postprandialen Umsatzsteigerung hängt vom Umfang der Mahlzeit ab und ist nach einer proteinreichen Mahlzeit besonders ausgeprägt. Hunde entwickeln eine besonders intensive $E_{SDW}$. Nach Fütterung einer großen Ration Fleisch verdoppeln sie ihren Energieumsatz, und diese Reaktion klingt erst nach 20 Stunden wieder ab (Abb. 2.3). Aber auch ektotherme Wirbeltiere und wirbellose Tiere reagieren auf Nahrungsaufnahme mit einer Steigerung des Energieumsatzes, wie das Beispiel an Fischen in Abb. 2.4 zeigt. Die Intensität und Dauer der Reaktion der Fische ist proportional zur aufgenommenen Nahrungsmenge. Bei großen Nahrungsmengen wird der Energieumsatz verdoppelt, und es dauert etwa 3 Tage, bis wieder der Umsatz fastender Fische erreicht wurde. Bei Fischen wurde außerdem ermittelt, dass der mechanische Anteil der Verdauungsarbeit, je nach aufgenommener Nahrungsmenge, für etwa 10–30% der spezifisch dynamischen Wirkung verantwortlich ist (Tandler u. Beamish 1979). Weitere 0,5% können dem Energieaufwand für die hydrolytische Spaltung von Glykosidbindungen in den aufgenommenen Kohlenhydraten, den Peptidbindungen der Proteine und den Esterbindungen der Lipide zugerechnet werden.

An Hunden wurde mit unterschiedlichen Futterqualitäten und Mengen versucht, die Ursachen der spezifisch dynamischen Wirkung aufzuklären (z.B. Rubner 1909, Brody 1954). Nach einer Fleischmahlzeit von etwa 1,5 kg stieg der Energieumsatz von Hunden um 31% an, nach Aufnahme einer ähnlichen Menge von Lipiden um 13%, nach Aufnahme von Kohlenhydraten um 6%, und nach einer Knochenmahlzeit blieb die $E_{SDW}$ unter der Nachweisgrenze. Bei allen Diäten kann von einer vergleichbaren mechanischen und chemischen Verdauungsarbeit ausgegangen werden, trotzdem hatten Proteine die höchste kalorigene Wirkung. Nach der mechanischen und enzymatischen Verdauung werden die Nahrungsbestandteile resorbiert. Bei Proteinen und Kohlenhydraten geschieht dies auf ähnliche Weise, indem Aminosäuren oder Monosaccharide durch aktivem Transport, unter Verbrauch von ATP, über das Darmepithel in die Blutbahn geschafft werden. Daher wäre für Proteine und Kohlenhydrate ein ähnlicher Umfang an Resorptionsarbeit zu erwarten. In Wirklichkeit verursachen Proteine eine 5fach höhere Steigerung des Energieumsatzes als die Fütterung mit Kohlenhydraten.

Daraus folgt, dass die mechanische und chemische Verdauungsarbeit sowie die Resorption der Nährstoffe im Darmepithel nur für einen kleinen Teil der spezifisch dynamischen Wirkung des Futters verantwortlich sein können. Der größere Teil dieser Reaktion beruht auf nachgeschalteten Reaktionen des Proteinstoffwechsels. In Abb. 2.3 ist zu sehen, dass die Ausscheidung von Protein-Abbauprodukten mit dem Urin dem Verlauf der $E_{SDW}$ entspricht. D.h. die mit der Nahrung aufgenommenen Aminosäuren steigerten unmittelbar den Umsatz an Proteinen. Damit verbunden sind umfangreiche Synthese- und Abbauvorgänge, Transaminierungsreaktionen beim Abbau von Aminosäuren und die Synthese von Harnstoff (4 mol ATP für 1 mol Harnstoff) und Harnsäure (8 mol ATP), bei denen Energie in Form von Wärme abgegeben wird. Auch wenn überschüssige Aminosäuren in den Kohlenhydratabbau eingeschleust werden, so müssen die Aminosäuren zuerst desaminiert und die Aminogruppe als Harnstoff oder Harnsäure unter Energieaufwand entsorgt werden. Vereinfacht ausgedrückt bedeutet dies, dass der größere Teil der $E_{SDW}$ dem durch die Nahrungsaufnahme angeregten Proteinstoffwechsel entspricht.

Durch die spezifisch dynamische Wirkung der Nahrung geht ein Teil der Nahrungsenergie als Wärme verloren und schmälert den Anteil der **nutzbaren Energie**. Dies ist offensichtlich ein Tribut, der gezollt werden muss, um die Nahrung nicht nur zum Energiegewinn abzubauen, sondern daraus auch Baumaterial für andere Prozesse im Körper bereitzustellen. Bei ektothermen Tieren geht dieser Anteil der Nahrungsenergie in der Tat als Wärmeenergie verloren. Dies gilt jedoch nicht für endotherme Tiere, die ihre Körpertemperatur bei 37 °C konstant halten, denn die bei der $E_{SDW}$ entstehende Wärme kann als Körperwärme gespeichert werden. Insbesondere in Kälte kann sie andere Mechanismen der Wärmebildung ersetzen und ist deshalb kein Verlustgeschäft wie bei ektothermen Tieren.

## 2.3 Energiebilanz

Die Zusammenhänge zwischen den einzelnen Komponenten des Energiebudgets von Tieren können als Reaktionsgleichung dargestellt werden:

$$E_{\text{in}} = E_{\text{met}} + E_{\text{Kot}} + E_{\text{Urin}}$$

Die metabolisierbare Energie $E_{\text{met}}$ deckt den Energiebedarf aller weiteren Funktionen des Körpers

$$E_{\text{met}} = E_{\text{MR}} + E_{\text{SDW}} + E_{\text{prod}} + E_{\text{ex}}$$

Bei dem in Abb. 2.2 erläuterten Beispiel von Milchrindern betragen die Anteile für den Erhaltungsbedarf [$E_{\text{MR}}$ (Grundumsatz und Aktivität)] und die spezifisch dynamische Wirkung ($E_{\text{SDW}}$) zusammen 25% und die Produktion ($E_{\text{prod}}$) 22% der mit der Nahrung aufgenommenen Energie. Die Anteile der einzelnen Komponenten des Energiehaushalts hängen von der Lebensweise von Tieren ab. Bei einem Nutztier wie dem Rind, das für hohe Produktionsleistungen gezüchtet wurde, ist der Anteil von $E_{\text{prod}}$ sehr hoch. Bei ausgewachsenen Tieren außerhalb der Fortpflanzungszeit ist $E_{\text{prod}}$ in der Regel vernachlässigbar gering. Die als „sinnvolle äußere Arbeit" exportierte Energie ($E_{\text{ex}}$) hat bei Tieren nur einen geringen Umfang und bildet höchstens zeitweise, z.B. bei grabenden Tieren, einen messbaren Anteil des Energiebudgets. Somit verbleiben $E_{\text{MR}}$ und $E_{\text{SDW}}$ als die wesentlichen Teile des Energiebudgets bei adulten Tieren. Anders ist die Situation bei juvenilen Tieren während des Wachstums, da sie zusätzlich $E_{\text{prod}}$ in den Zuwachs an Körpersubstanz investieren müssen.

Ein ausgeglichenes Energiebudget liegt vor, wenn ein Tier so viel Energie umsetzt, wie es als metabolisierbare Energie mit der Nahrung aufnimmt. Dieses Gleichgewicht ist gestört, wenn zu wenig Nahrung aufgenommen wird und statt dessen körpereigene Vorräte abgebaut werden. In diesem Fall spricht man von einer negativen Energiebilanz. Sie tritt nicht nur bei Nahrungsmangel auf, sondern kann auch während der Fortpflanzung bei Säugetieren und Vögeln beobachtet werden, wenn die Anforderungen an Brutpflege (z.B. Laktation) die Kapazität der Energieassimilation übersteigen und Körpersubstanz abgebaut wird, um das Energiedefizit zu decken. Außerdem zeigen viele Tiere Verhaltensweisen wie Winterschlaf oder Vogelzug, bei denen sie über einen längeren Zeitraum negative Energiebilanzen in Kauf nehmen. Die dabei entstandenen Defizite müssen durch anschließende Zeiten mit einer positiven Energiebilanz wieder ausgeglichen werden, in denen die verloren gegangene Körpersubstanz wieder aufgebaut wird. Diese Beispiele zeigen, dass Tiere in ihrer natürlichen Umgebung nicht gleichförmig mit einer ausgeglichenen Energiebilanz leben, sondern je nach Nahrungsangebot, Tages- oder Jahreszeit in der Lage sind, zwischen einer positiven und negativen Energiebilanz zu wechseln.

## 2.4 Aerobe Stoffwechselrate

Die aerobe Stoffwechselrate ist eine der am besten untersuchten physiologischen Leistungen von Tieren, dank der immer besser werdenden Methoden zur Messung des Sauerstoffverbrauchs. Er kann an einem ruhenden Tier gemessen werden, wie es für die Analyse des Energiebudgets erforderlich ist, aber auch bei Aktivität und anderen Verhaltensweisen, bei Kälte, in Hitze usw. und gibt dadurch Auskunft über die Regulation und Leistung des Energiehaushalts sowie über die Anpassung eines Tieres an wechselnde Lebenssituationen.

### 2.4.1 Grundumsatz und Standardstoffwechsel

Der **Grundumsatz** (Basalstoffwechsel, *basal metabolic rate*, **BMR**) ist der niedrigste Wert des Energieumsatzes der bei einem endothermen Tier mit normaler Körpertemperatur gemessen werden kann. Voraussetzung dafür ist, dass Tiere ruhig sitzen oder liegen, keinen physischen und sozialen Belastungen ausgesetzt und postabsorptiv sind. D.h. die letzte Nahrungsaufnahme muss lange genug zurück liegen, so dass die spezifisch dynamische Wirkung des Futters abgeklungen ist. Bei Kleinsäugern und Vögeln ist das innerhalb weniger Stunden erreicht, bei größeren Säugern muss 12 h oder noch länger gewartet werden. Eine weitere Voraussetzung ist, dass die Tiere dabei weder durch Kälte noch Hitze belastet sind, sondern sich in neutraler Umgebungstemperatur befinden (Thermoneutralität s. Kapitel Thermoregulation). Werden alle diese Voraussetzungen eingehalten, so erhält man den minimalen Energieumsatz eines Tieres, der notwendig ist, um im Ruhezustand alle Körperfunktionen aufrechtzuerhalten. Bei ektothermen Tieren ist die Situation etwas komplizierter, da ihre Körpertemperatur der Umgebungstemperatur folgt und sich der minimale Energieumsatz temperaturbedingt verändert. Deshalb bezeichnet man den Energieumsatz eines ruhenden, postabsorptiven, unbelasteten Ektothermen bei einer gegebenen Umgebungstemperatur als den **Standardstoffwechsel** (*standard metabolic rate*, **SMR**).

Am BMR sind die verschiedenen Organe des Körpers mit unterschiedlicher Intensität beteiligt. **Stoffwechselaktive Organe** wie die Leber (Anteil am Körpergewicht, 2%), Verdauungstrakt (2%), Nieren (0,5%), Lunge (0,9%), Gehirn (2%), Herz (0,4%) und Muskulatur (42%) machen beim Menschen insgesamt etwa 50% des Körpergewichts aus, aber bestreiten 90% des BMR. Lediglich 10% des BMR verteilen sich auf die restlichen 50% der Gewebe des Körpers. Aus den respiratorischen Eigenschaften der Mitochondrien folgt, dass der Beitrag der stoffwechselaktiven Organe zum BMR nicht ihrem Gewichtsanteil entspricht, sondern 17, 10, 6, 4, 20, 11, 25% beträgt (entsprechend der Reihenfolge, in der die stoffwechselaktiven Gewebe des Menschen oben genannt sind; Rolfe u. Brown 1997). Bei den meisten Organen liegt er höher als deren Gewichtsanteil (5–12fach), nur in der Muskulatur liegt er niedriger, da sie im Ruhezustand des BMR weitgehend inaktiviert ist. Diese Verteilung ändert sich mit der Zusammensetzung und Größe des Körpers, aber neben den genauen Untersuchungen am Menschen ist bisher nur an Ratten eine ähnliche **Topographie des BMR** möglich. Bei Ratten bestreiten die stoffwechselaktiven Organe etwa 75% des BMR, und ihre Einzelanteile liegen bei 20, 5, 7, 1, 3, 3 und 25% des BMR.

Eigentlich ist es nicht verwunderlich, dass die verschiedenen Organe des Körpers in unterschiedlichem Maße zum Energieumsatz beitragen, denn ihre speziellen Aufgaben sind mit unterschiedlichem Energieaufwand verbunden. Das Skelett hat zwar eine wichtige Stützfunktion, aber erledigt dies durch die mechanische Stabilität der Knochen ohne Energieverbrauch, während der Herzmuskel dauernd eine hohe Leistung erbringen muss, um das Blut in Umlauf zu halten. Sehr viel schwieriger ist die Abschätzung der einzelnen **Stoffwechselwege**, die zum Grundumsatz beitragen. Bei der oxidativen Phosphorylierung geht ein Teil der Oxidationsenergie durch die variable Effizienz der Protonenpumpen und/oder **Protonenlecks** über die Mitochondrienmembran verloren. Bei Ratten beträgt dieser Anteil der entkoppelten Respiration etwa 20%, so dass nur 80% der umgesetzten Energie in ATP überführt werden. Die Hydrolyse von ATP zu ADP und Phosphat liefert die Energie für sämtliche energieverbrauchenden Stoffwechselprozesse. Ein großer Teil des ATP wird im Körper für die dauernd ablaufende **RNA- und Proteinsynthese** benötigt (etwa 25% des BMR). Ein ähnlich hoher Anteil muss in den Betrieb der verschiedenen **Ionenpumpen** investiert werden, um den Stoffaustausch über die Zellmembran und über intrazelluläre Membranen aufrechtzuerhalten. Diese Verteilung ändert sich mit der Aufgabe eines Gewebes. So hat der Verdauungstrakt einen sehr hohen Proteinumsatz, in den bis zu 75% seines ATP-Verbrauchs investiert werden. Im Gegensatz dazu hat der Herzmuskel einen relativ niedrigen Proteinumsatz, für den er nur 3% seines ATP einsetzt, während er den überwiegenden Teil des ATP für die Pumparbeit verbraucht (Brand et al. 1991, 1994, Rolfe u. Brooks 1997, Rolfe et al. 1999).

## 2.4.2 Körpergröße und Energieumsatz

Die Beziehung zwischen dem Energiehaushalt und der Körpergröße der Tiere ist eine der spannendsten ungelösten Fragen in der vergleichenden Physiologie. Ein Elefant mit 3 t Gewicht benötigt natürlich mehr Energie, um seine Körperfunktionen aufrechtzuerhalten, als eine

Maus, die nur 30 g wiegt. Aber benötigt er wirklich 100 000-mal so viel Energie, wie es der Gewichtsdifferenz entsprechen würde? Es gelten offensichtlich andere Verhältnisse, denn der Energiebedarf des Elefanten ist nur 5 600-mal so hoch wie der einer Maus. Diese Frage hat nicht nur Bedeutung für den Energiehaushalt, sondern berührt Grundfragen des Vergleichs zwischen Tieren. Was macht Tiere ähnlich? Durch welche besonderen Eigenschaften unterscheiden sich große und kleine Tiere? Warum entstanden im Lauf der Evolution überhaupt unterschiedlich große Tiere, anstatt die Lebensfunktionen jeweils für eine Standardgröße von Säugetieren, Vögeln, Fischen oder Insekten zu optimieren? Innerhalb einer Tiergruppe kann die Körpergröße über mehrere Zehnerpotenzen variieren, wie z. B. bei den Säugetieren, deren Gewichtsspanne über 8 Zehnerpotenzen reicht, von der winzigen Etrusker-Spitzmaus mit 1,8 g bis zum riesigen Blauwal mit 100 t.

### Allometrie des Energiehaushalts

Dass der Energiebedarf von Tieren nicht linear proportional dem Körpergewicht entspricht, war bereits aus frühen Messungen klar und wurde von Max Kleiber (1967) in einem sehr anschaulichen Gedankenexperiment begründet. Wenn ein Ochse denselben Energieumsatz pro kg Körpergewicht wie eine Maus hätte, so müsste seine Körpertemperatur auf über 100 °C ansteigen, um die dabei entstehende Wärme an die Umgebung abzugeben, d. h. er wäre in kurzer Zeit gar gekocht. Wenn umgekehrt eine Maus mit dem geringen Energiebedarf eines Ochsen leben möchte, so müsste sie sich ein Fell von 20 cm Schichtdicke zulegen, um ihre Körpertemperatur von 37 °C aufrechtzuerhalten. Daraus folgt, dass aus physikalischen Gründen die Beziehung zwischen Körpergewicht und dem Energiehaushalt nicht isometrisch (= gleiches Maß) sein kann, sondern allometrische (= anderes Maß) Zusammenhänge bestehen müssen, die sich am besten als eine Exponentialfunktion beschreiben lassen. Für die exponentielle Beziehung zwischen dem Sauerstoffverbrauch und dem Körpergewicht gilt folgende Gleichung:

$$\dot{V}_{O_2} = a \cdot M^{b}$$

oder in logarithmischer Schreibweise

$$\log \dot{V}_{O_2} = \log a + b \cdot \log M$$

wobei $\dot{V}_{O_2}$ den Sauerstoffverbrauch als Maß für den Energieumsatz angibt, $M$ das Körpergewicht (g), b die Steigung der Abhängigkeit und a der y-Achsenschnittpunkt, d. h. der $\dot{V}_{O_2}$, der bei einem Körpergewicht von 1 g herrscht.

Eine frühe Vermutung war, dass der Energieumsatz von der Körperoberfläche bestimmt wird, da alle im Körper umgesetzte Energie letzten Endes über die Körperoberfläche als Wärme abgegeben werden muss. Die Oberfläche eines dreidimensionalen Körpers entspricht der 2/3-Potenz seines Volumens, und wenn man das Volumen durch das Gewicht eines Tieres ($M$) ersetzt, so folgt, dass der Energieumsatz sich entsprechend $M^{2/3}$ verändern muss. Max Rubner (1883) hat diese Hypothese, durch einen Vergleich des Energieumsatzes von unterschiedlich großen Hunden von 3–30 kg, erstmalig experimentell untermauert. Rubners Oberflächentheorie hatte jahrelang Bestand, bis schließlich Max Kleiber (1932, 1967) in einem Vergleich des Energieumsatzes bei 12 verschiedenen Tierarten von der Maus (21 g) bis zum Rind (600 kg) zeigte, dass die Oberflächenregel keine allgemeine Gültigkeit hat, sondern dass im interspezifischen Vergleich der Energieumsatz eher der 3/4-Potenz des Körpergewichts als der 2/3-Potenz folgt. Der von ihm errechnete Exponent betrug 0,739, aber aus Gründen der Anschaulichkeit rundete er den Wert auf 0,75 auf, da sich 3/4 leichter merken lässt und der Unterschied zum Exponenten der Oberflächenregel einprägsamer wird. Nach Kleiber gilt deshalb für die Beziehung zwischen $\dot{V}_{O_2}$ (ml $h^{-1}$) und Körpergewicht (g):

$$\dot{V}_{O_2} = 3{,}9 \cdot M^{0{,}739}, \text{ oder vereinfacht: } \dot{V}_{O_2} = 3{,}9 \cdot M^{0{,}75}$$

In den letzten Jahrzehnten sind Hunderte von weiteren Messwerten an verschiedenen Tierarten erhoben worden, und auf dieser Grundlage ist heute die Annahme eines Exponenten von 0,75 nicht mehr gerechtfertigt (Heldmaier 1971, Hayssen u. Lacy 1985). Für den interspezifischen Vergleich von Säugetieren (Eutheria) muss ein

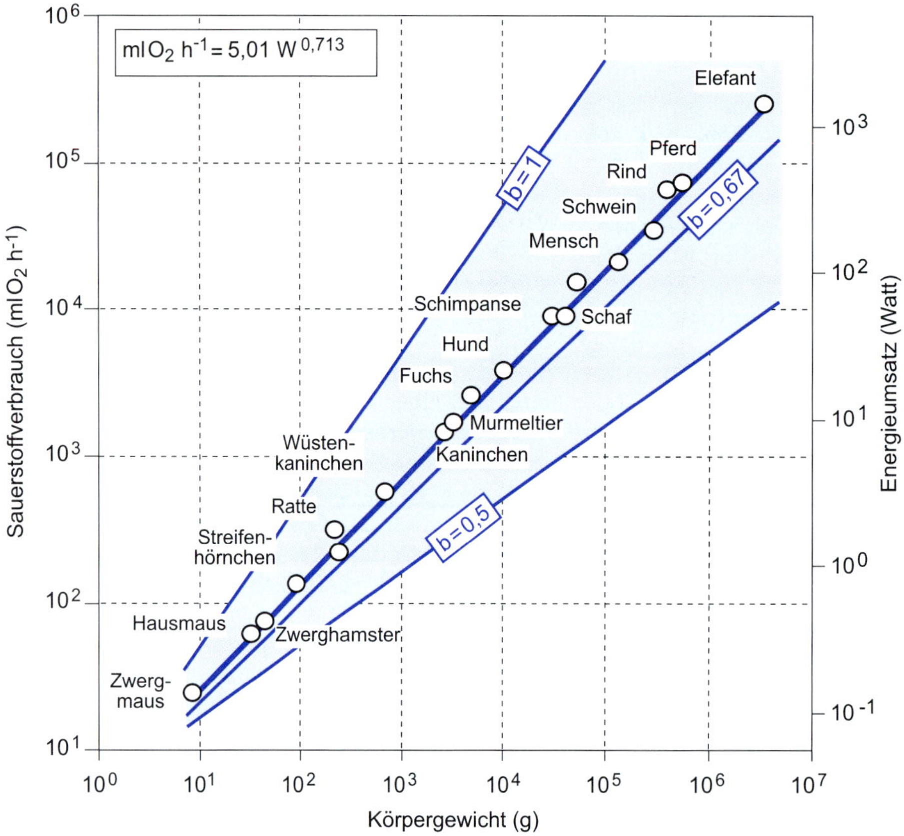


**Abb. 2.5.** Grundumsatz und Körpergröße bei Säugetieren. Zwergmaus (Grodzindski et al. 1988), Maus und Ratte eigene Daten, Zwerghamster (Heldmaier u. Steinlechner 1981, Erdhörnchen (Neumann u. Cade 1965), Murmeltier (Ortmann u. Heldmaier 2000), Hund, Schaf, Mensch, Pferd, Elefant (Brody 1945), Schwein (Mount 1971), Schimpanse, Rind (Kleiber 1967). Zum Vergleich sind Linien eingezeichnet für Erwartungswerte des Grundumsatzes, wenn dieser sich direkt proportional Körpergewicht verhalten würde (b = 1), wenn er eine Funktion der Oberfläche der Tiere wäre (b = 0,67) oder wenn er der Wärmedurchgangszahl der Tiere entsprechen würde (b = 0,5) (Wärmedurchgangszahl s. Kapitel Temperaturbeziehungen und Thermoregulation). Die aus den Messwerten berechnete Regression stimmt mit keinem der Erwartungswerte überein

Exponent von 0,71 angenommen werden (Abb. 2.5):

$$\dot{V}_{O_2} = 5{,}01 \cdot M^{0{,}713}$$

Wir sind gewohnt, in linearen Zusammenhängen zu denken, und deshalb fällt uns die bildliche Vorstellung und der direkte Vergleich von Exponentialfunktionen schwer. Auf den ersten Blick erscheint der Unterschied zwischen den Exponenten von 0,66–0,75 sehr gering. Tatsächlich hat dieser geringe Unterschiede große Auswirkungen auf den Energiehaushalt. Wenn sich das Körpergewicht nur um drei Größenordnungen unterscheidet, so ergeben sich aus den beiden Exponenten Werte, die um 83% voneinander abweichen. Hochgerechnet auf die gesamte Gewichtsspanne der Land-Säugetiere von sechs Größenordungen, liegt die Abweichung bei 346%. Dies bedeutet, dass die marginal erscheinenden Unterschiede im Exponenten für die Beurteilung physiologischer Leistungen von Tieren unterschiedlicher Körpergröße tatsächlich ins Gewicht fallen.

Besonders augenfällig ist die größenabhängige Veränderung wenn der Energieumsatz pro Einheit des Körpergewichts verglichen wird (Abb. 2.6). Im oberen Teil der Abbildung sind die Ab-

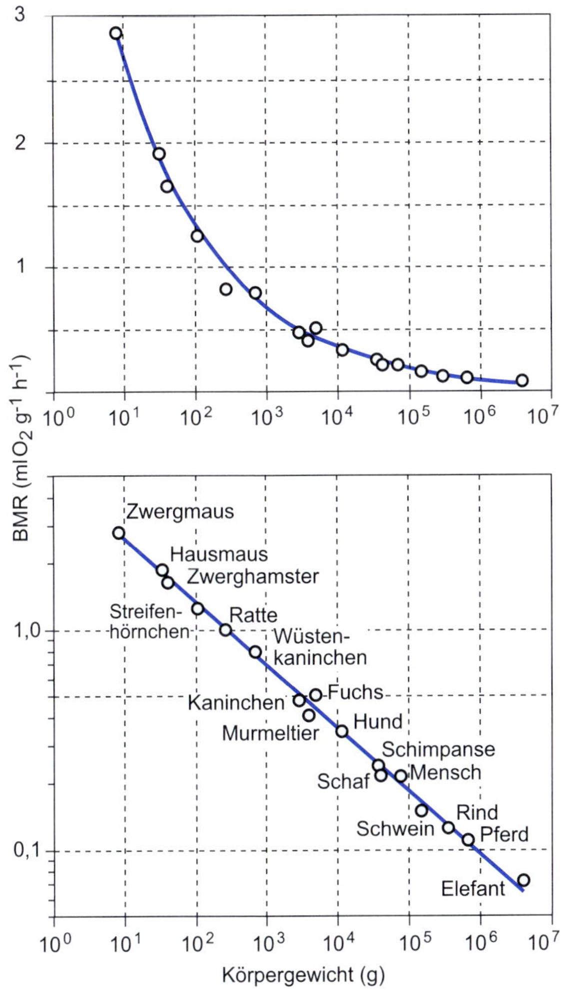


**Abb. 2.6.** Gewichtsspezifischer Grundumsatz von Säugetieren. In der *oberen Bildhälfte* ist der Grundumsatz linear dargestellt, um die exponentielle Verringerung mit steigendem Körpergewicht deutlich zu machen. Durch logarithmische Skalierung erhält man eine Gerade (*untere Bildhälfte*)

solutwerte des Grundumsatzes mit einer linearen Skala angegeben, während im unteren Teil eine logarithmische Darstellung gewählt wurde, die dann wieder eine Gerade mit dem Körpergewicht ergibt. Die Regression für den gewichtsspezifischen Energieumsatz ($mlO_2\ g^{-1}\ h^{-1}$) kann aus der zuvor erwähnten Gerade für den Grundumsatz pro Tier ($mlO_2\ h^{-1}$) durch Division mit dem Körpergewicht ($M$) abgeleitet werden:

$$\dot{V}_{O_2} = 5{,}01 \cdot \frac{M^{0{,}713}}{M^1} = 5{,}01 \cdot M^{0{,}713-1} = 5{,}01 \cdot M^{-0{,}287}$$

Aus dieser Gleichung folgt, dass Säugtiere bei einer Zunahme des Körpergewichts um den Faktor 10 ihren gewichtsspezifischen Energieumsatz um 48% verringern. Noch drastischer werden die Unterschiede, wenn die gesamte Schwankungsbreite des Körpergewichts terrestrischer Säugtiere berücksichtigt wird. Die Zwergmaus (8,4 g Körpergewicht) hat einen Grundumsatz von 2,8 $mlO_2\ g^{-1}\ h^{-1}$. Dieser Wert sinkt beim Elefanten (3 833 000 g) auf 0,07 $mlO_2\ g^{-1}\ h^{-1}$, d.h. er beträgt nur 1/40 des basalen Energiebedarfs der Zwergmaus. Deshalb leben große Tiere energetisch betrachtet wesentlich sparsamer als kleine Tiere. Wenn beide nur von gespeicherten Fettvorräten zehren würden, und zwar von einem Fettspeicher, der 10% des Körpergewichts beträgt, so wäre dieser bei der Zwergmaus innerhalb von 15 h aufgebraucht, während der Elefant davon 119 Tage leben könnte. In Wirklichkeit dürfte der Unterschied noch viel größer sein, da die Zwergmaus auf Grund ihrer geringen Größe viel kälteempfindlicher ist und zusätzliche Energie für die Thermoregulation aufbringen muss. Dieser Vergleich zeigt, dass kleine Säugetiere ihren endogenen Energiespeicher nur kurzfristig nutzen können und sie dauernd auf der Nahrungssuche sein müssen, während große Säugetiere auch längere Pausen zwischen den Mahlzeiten ohne Schaden tolerieren können.

Bisher haben wir alle Säugtiere gemeinsam betrachtet und dabei völlig außer acht gelassen, dass es gravierende Unterschiede im Körperbau, der Größe und der Lebensweise gibt. Dies drängt die Frage auf, ob denn eine einheitliche allometrische Beziehung für alle Säugetierordnungen gleichermaßen gilt (Abb. 2.7, Tabelle 2.3). In der Tat liegen die allometrischen Beziehungen einiger Ordnungen recht nahe an der für alle Säugtiere geltenden interspezifischen Regression. Das gilt z.B. für Primaten, die sogar recht gut mit dem ursprünglich von Kleiber postulierten Exponenten von 0,75 (bzw. –0,25) übereinstimmen. Die Nagetiere zeigen eine steilere Beziehung des gewichtsspezifischen Umsatzes mit dem Körpergewicht, und die Insektivoren

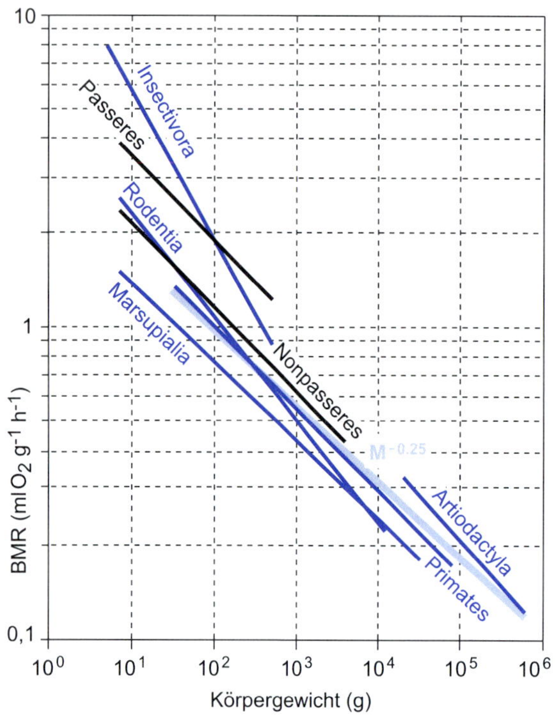


**Abb. 2.7.** Gewichtsspezifischer Grundumsatz bei verschiedenen Ordnungen der Säugetiere, und bei Vögeln (s. Tabelle 2.3). Die allometrischen Beziehungen der taxonomischen Gruppen weichen teilweise erheblich voneinander ab und stimmen auch nicht mit der Standardkurve für Endotherme überein. Zum Vergleich ist die am häufigsten verwendete Standardkurve nach Kleiber ($M^{-0,25}$) angegeben

liegen weit oberhalb des von Kleiber postulierten Zusammenhangs mit einem Grundumsatz, der um das 3–4fache über dem Mittelwert für Säugetiere liegen kann. Im Gegensatz dazu liegt der Grundumsatz der Marsupialia etwa 50% unter dem Grundumsatz der Eutheria. Vögel haben einen etwas höheren Grundumsatz als Säugetiere, wobei die Passeres etwa 50% über den Nonpasseres liegen. Neben diesen Unterschieden zwischen taxonomischen Gruppen hat auch die Lebensweise einen Einfluss auf die Höhe des Grundumsatzes innerhalb taxonomischer Gruppen. Bewohner arider Gebiete haben häufig einen etwa 40% niedrigeren Grundumsatz als nah verwandte Arten aus anderen Klimazonen (Hart 1971). Ein weiteres Beispiel dafür sind die großen Unterschiede, die innerhalb der Insektivoren bestehen. So liegt der Grundumsatz der Soricini etwa 40% über dem Grundumsatz gleich großer Crocidurini (Vogel 1976). Auf Grund dieser Unterschiede wurde immer wieder angezweifelt, ob es überhaupt sinnvoll und berechtigt ist, ein einheitliches Grundprinzip für die Allometrie des Energieumsatzes anzunehmen.

Ein starkes Argument für die Annahme eines einheitlichen Grundprinzips lieferte Hemmingsen (1960) mit dem Vergleich des Energieumsatzes von Einzellern, ektothermen und endothermen Tieren, da er in allen drei Gruppen eine ähnliche Beziehung zwischen dem Energieumsatz und der Körpergröße fand, deren Exponent in der Nähe von 0,75 liegt. Bisher war alleine der Wärmehaushalt als treibende Kraft für die allometrische Beziehung angenommen worden. Da auch ektotherme Tiere und Einzeller mit ihrer geringen Wärmeproduktion ähnlichen allometrischen Zwängen unterliegen, ist diese Vorstellung nicht mehr haltbar und es müssen andere Faktoren als die Wärmeabgabe für die Organisation des Energiehaushalts bei unterschiedlich großen Organismen verantwortlich sein. Ein großer Unterschied besteht in der vertikalen Lage der drei Geraden. Den niedrigsten Energieumsatz zeigen einzellige Organismen. Ein mehrzelliger Organismus hat einen 5-mal höheren Ruheumsatz als ein gleich großer Einzeller, und ein endothermes Tier liegt um den Faktor 10 über den Ektothermen. Offensichtlich entstanden im Lauf der Evolution drei unterschiedliche Kategorien des Energiebedarfs, ausgehend von den sparsamen Einzellern über die energetisch aufwendigeren multizellulären Organisationsformen bis zu den mit Energie geradezu verschwenderisch umgehenden endothermen Tieren.

Die physiologischen Ursachen für die exponentielle Beziehung zwischen Körpergewicht und Energieumsatz sind nicht bekannt, und deshalb kann auch nicht entschieden werden, ob ein Exponent von 0,66, 0,71 oder 0,75 „richtig“ ist. Einige Hypothesen zur Erklärung des allometrischen Grundprinzips werden im Folgenden erläutert.

**Tabelle 2.3.** Grundumsatz und Körpergröße bei Säugetieren und Vögeln, Standardstoffwechsel bei Reptilien. Die allometrische Beziehung wird durch eine Exponentialfunktion beschrieben $V_{O2} = a \cdot M^b$. Die Konstante a und der Regressionskoeffizient b sind in der Tabelle angegeben, für den Grundumsatz ($V_{O2}$) in ml $O_2$ $g^{-1}$ $h^{-1}$) und das Körpergewicht in g. Vögel haben während der circadianen Aktivitätszeit ($\alpha$) einen wesentlich höheren Grundumsatz als während der Ruhezeit ($\rho$), deshalb sind getrennte Regressionen berechnet worden. Für Säugetiere sind drei verschiedene Werte angegeben, erstens die ursprünglich von Kleiber genannte Funktion (Kleiber 1967, erweiterte Fassung mit 26 statt 10 Messpunkten), zweitens die in diesem Buch verwendete Funktion, in der die Spannbreite des Körpergewichts terrestrischer Säugetiere berücksichtigt wurde (Zwergmaus bis Elefant), und eine dritte Funktion die aus möglichst vielen Messpunkten ermittelt wurde (Hayssen u. Lacy 1985)

| | | a | b | n | Körpergewicht (g) von – bis | Quelle |
|---|---|---|---|---|---|---|
| Mammalia | | 3,90 | −0,244 | 26 | 21–600 000 | Klei er 1967 |
| Mammalia | | 5,01 | −0,287 | 19 | 7–3 833 000 | Abb. 2.5 |
| Mammalia | | 4,32 | −0,307 | 293 | 7–407 000 | Hayssen u. Lacy 1985 |
| | Marsupialia | 2,49 | −0,253 | 42 | 7–30 000 | Hayssen u. Lacy 1985 |
| | Insectivora | 17,3 | −0,479 | 18 | 2–1191 | Vogel 1976, Hayssen u. Lacy 1985, Sparti u. Genoud 1989 |
| | Chiroptera | 3,64 | −0,286 | 35 | 6–598 | Hayssen u. Lacy 1985 |
| | Primates | 2,65 | −0,245 | 10 | 64–4670 | Hayssen u. Lacy 1985 |
| | Lagomorpha | 6,97 | −0,332 | 6 | 109–3250 | Hayssen u. Lacy 1985 |
| | Rodentia | 4,98 | −0,331 | 122 | 7–9156 | Hayssen u. Lacy 1985 |
| | Carnivora | 4,27 | −0,262 | 18 | 69–150 000 | Hayssen u. Lacy 1985 |
| | Artiodactyla | 6,12 | −0,294 | 18 | 20 000–407 000 | Mount 1968, Weiner 1977, Hayssen u. Lacy 1985, Blix 1984 |
| Aves | | 6,98 | −0,333 | 263 | 7–11 000 | Gavrilov u. Dol'nik 1985, Daanet al. 1989 |
| | Passeres ($\alpha$) | 9,45 | −0,296 | 15 | 9–500 | Aschoff u. Pohl 1970 |
| | Passeres ($\rho$) | 6,61 | −0,274 | 15 | | Aschoff u. Pohl 1970 |
| | Nonpasseres ($\alpha$) | 5,14 | −0,271 | 16 | 140–6000 | Aschoff u. Pohl 1970 |
| | Nonpasseres ($\rho$) | 4,01 | −0,266 | 16 | | Aschoff u. Pohl 1970 |
| | Falconiformes | 5,04 | −0,322 | 19 | 83–10 320 | Daan et al. 1989 |
| Reptilien (30 °C) | Lacertidae | 0,219 | −0,17 | 24 | 1–7000 | Bennett u. Dawson 1976 |
| | Colubridae | 0,0437 | −0,02 | 16 | 11–8000 | Galvao et al. (1965) |
| | Boidae | 0,0083 | +0,09 | 34 | 1000–22 000 | Galvao et al. (1965) |
| | Colubridae + Boidae | 0,0708 | −0,14 | 50 | 11–22 000 | Galvao et al. (1965) |

### Oberflächentheorie

Die **Oberflächentheorie** kann nach wie vor nicht völlig ausgeschlossen werden, da in mehreren Tiergruppen ein Exponent von 0,66 für allometrische Beziehungen gilt, z. B. bei Hunden (Rubner 1883) oder bei Falken (Tabelle 2.3). Heusner (1982) analysierte die allometrischen Beziehungen von morphologisch ähnlichen Tieren in einem engen Bereich des Körpergewichts und fand dabei stets Exponenten, die nicht von 0,66 zu unterscheiden waren. Bildete er eine Regression über alle diese Einzelkurven, so erhielt er einen Exponenten von 0,75. Er bezeichnete diesen als „statistisches Artefakt", das durch die eigentlich nicht zulässige Gleichbehandlung von unterschiedlichen Bauplänen entsteht.

Neben der äußeren Oberfläche sind auch die **inneren Oberflächen** am Stoff- und Energieumsatz beteiligt. Zahlreiche Stoffwechselprozesse

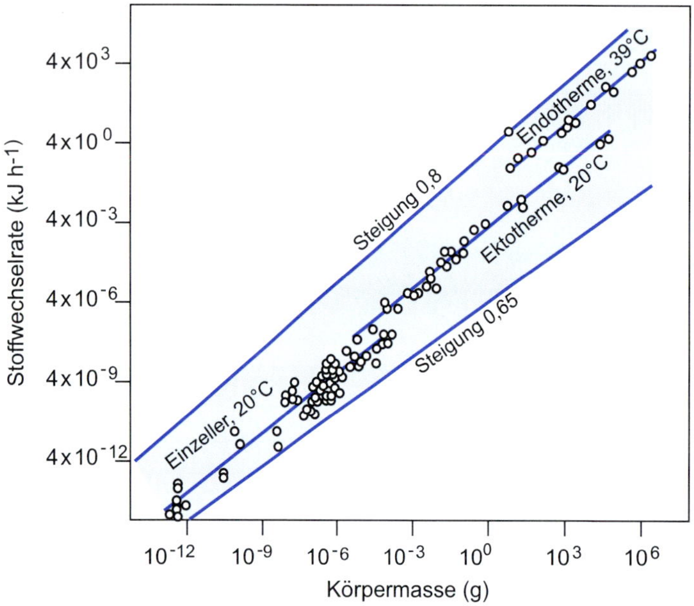


**Abb. 2.8.** Allometrie des Energieumsatzes bei Einzellern, Ektothermen und Endothermen (Hemmingsen 1960)

sind an den aktiven Transport von Ionen und Metaboliten über Zell-, Plasma- und Mitochondrien-Membranen gebunden; z.B. die oxidative Phosphorylierung in den Mitochondrien oder die Energetisierung der Zellmembran durch die $Na^+/K^+$-ATPase und andere Ionenpumpen. Durch Vergrößerung der inneren Oberflächen wird der Stoff- und Energieumsatz im Körper beschleunigt. Dies ist möglicherweise der Grund für den höheren Energieumsatz von multizellulären Organismen gegenüber gleich großen Einzellern (Abb. 2.8).

Die Gewebe kleiner Tiere sind stärker kapillarisiert, so dass ihnen auch für den Stoffaustausch durch Diffusion in den Geweben größere Oberflächen zur Verfügung stehen und kürzere Strecken durch Diffusion überbrückt werden müssen (Schmidt-Nielsen u. Pennycuik 1961). Deshalb ist zu erwarten, dass Gewebe kleinerer Tiere besser versorgt werden und eine höhere Stoffwechselrate besitzen. In der Tat hängt die Respirationsleistung von Geweben *in vitro* von der Körpergröße ab (Abb. 2.9). Bei einer Zunahme des Körpergewichts um 5 Größenordnungen nimmt die Respiration pro g Gewebe um 25–50% ab. Damit einher geht eine Verringerung der Mitochondriendichte im Gewebe ($M^{-0,2}$, Ma-

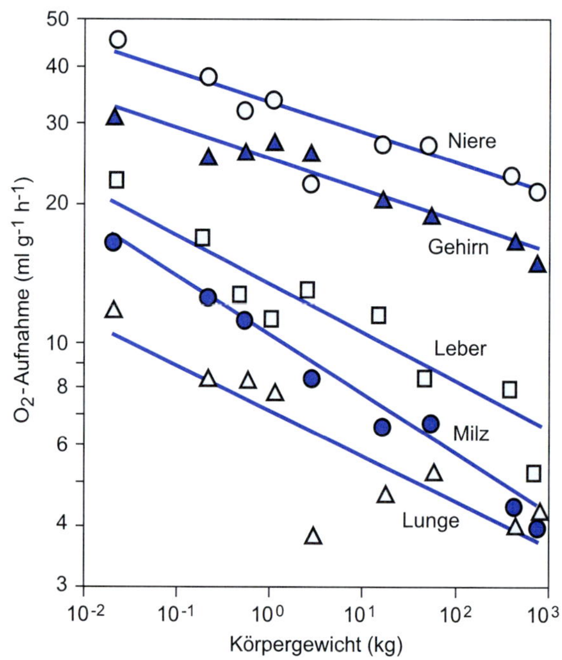


**Abb. 2.9.** Sauerstoffverbrauch verschiedener Gewebe von Säugetieren *in vitro* als Funktion des Körpergewichts (nach Krebs 1950)

thieu et al. 1981) und eine effizientere Bilanz der oxidativen Phosphorylierung in den Mitochondrien (Porter u. Brand 1993).

### Strukturtheorie

Aus statischen Gründen benötigen große Tiere ein wesentlich stabileres Skelett als kleine Tiere. So genügt einer Maus ein kleines Skelett von nur 5% des Körpergewichts, während der Elefant einen wesentlich stabileren Knochenbau benötigt, der bis 30% des gesamten Körpergewichts einnehmen kann (Abb. 2.10). Das Skelett hat im Vergleich zu Leber und dem Gehirn nur einen relativ geringen Stoff- und Energieumsatz. Wenn sein Anteil am gesamten Körper steigt, so muss der Anteil der anderen stoffwechselaktiven Gewebe abnehmen und der Energieumsatz bei großen Tieren entsprechend geringer werden. McMahon (1973) hat ein mathematisches Modell für diese größenabhängigen Veränderungen der Anteile des tragenden Skeletts und der stoffwechselaktiven Organe entwickelt. Nach diesem Modell ist zu erwarten, dass sich die Stoffwechselrate als eine Funktion des Körpergewichts hoch 0,75 verhält. Dies bestätigt den ursprünglich von Kleiber postulierten Exponenten und liefert eine kausale Begründung für die Abhängigkeit der Stoffwechselrate vom Körpergewicht.

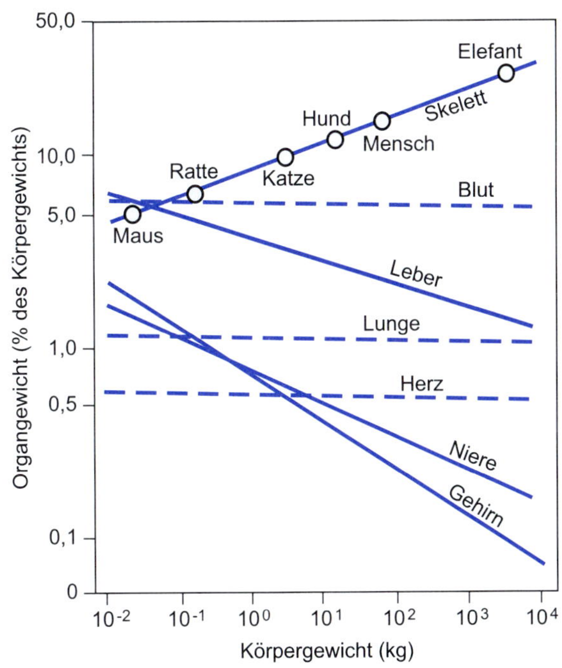


**Abb. 2.10.** Prozentualer Anteil verschiedener Gewebe am Gesamt-Körpergewicht (nach Aschoff 1971)

### Transport-Theorien

Ein Gewebe kann nur dann funktionieren, wenn es über den Blutkreislauf und den Gasaustausch der Atemorgane mit Sauerstoff und Nährstoffen versorgt wird. Für diese Verteilung können mathematische Modelle entwickelt, und Vorhersagen über den Einfluss der Körpergröße gemacht werden. So postulieren West et al. (1997), dass eine Verzweigung von Blutgefäßen, die den Gesetzmäßigkeiten der fraktalen Geometrie unterliegt, einen Exponenten von 0,75 für die Beziehung zwischen Energieumsatz und dem Körpergröße erwarten lässt. Einen anderen Ansatz wählten Darveau et al. (2002). Sie gehen davon aus, dass der Energieumsatz durch eine Folge von hintereinandergeschalteten Prozessen bestimmt wird: dem Gasaustausch in der Lunge, Transport durch den Kreislauf, Diffusion im Kapillarsystem, intrazellulären Transport und dem Umsatz in den Mitochondrien. Ein Modell, in dem 10 solcher Reaktionsschritte miteinander gekoppelt und unterschiedlich gewichtet werden, ergibt Exponenten von 0,76 bis 0,79 für die Beziehung zwischen Grundumsatz und dem Körpergewicht.

### Optimierungsstrategien

Die Oberflächen-, Struktur- und Transport-Theorien bieten Erklärungen für Exponenten von 0,66 oder 0,75, aber die gemessenen Exponenten für die Beziehung zwischen physiologischen Leistungen und der Körpergröße streuen zwischen 0,66 und 1,0. Sie variieren mit der Lebensweise der Tiere und ihrer Ernährung (Elgar u. Harvey 1987). Zwischen den Ordnungen der verschiedenen Wirbeltierklassen bestehen zum Teil gravierende Unterschiede (Tabelle 2.3). Noch größer sind die Unterschiede bei Größenabhängigkeiten innerhalb einer Art. Bei Hausmäusen

(*Mus musculus*) wurde ein Exponent von 0,92 gefunden, bei Ratten (*Rattus norvegicus*) liegt er bei etwa 0,5 (Zusammenfassung Hart 1971). Dies widerspricht der Theorie von einer einheitlichen physiologischen Grundlage der Größenabhängigkeit. Alternativ wurde vorgeschlagen, dass die Allometrie des Grundumsatzes nur ein Nebenprodukt der Evolution ist. Im Lauf der Evolution einer Tierart werden deren Körpergröße, Wachstum, Lebensweise, Lebenserwartung und Reproduktion so optimiert, dass die vorhandenen Nahrungsangebote möglichst effizient genutzt werden können. Bei diesen Optimierungsstrategien spielt der tatsächliche Energieumsatz eines Tieres unter Freilandbedingungen eine dominierende Rolle, ebenso der Energieanteil, der in Aktivität und Produktion investiert werden kann, während der Grundumsatz eines ruhenden, postprandialen Tieres für die Fitness nur von nachrangiger Bedeutung ist (Kozlowski u. Weiner 1997). Solche ökologischen und evolutionsbiologischen Zwänge für die Optimierung der Körpergröße könnten die intraspezifischen Beziehungen zwischen Grundumsatz und Körpergröße erklären.

### 2.4.3 Endotherm versus Ektotherm

Endotherme Wirbeltiere, wie Vögel und Säugetiere, haben in der Regel einen Energiebedarf, der um das 10fache über dem Energieumsatz der ektothermen Fische, Amphibien und Reptilien liegt. Da Säugetiere und Vögel eine hohe Körpertemperatur besitzen und ektotherme Wirbeltiere eine kältere Körpertemperatur bevorzugen, könnte man versucht sein, diesen Unterschied der Temperatur in die Schuhe zu schieben. Dies ist jedoch nicht der Fall. Else und Hulbert (1981) verglichen den Energieumsatz von Mäusen (*Mus musculus*) mit dem von gleich schweren australischen Drachen-Eidechsen (*Amphibolurus (Ctenophorus) nuchalis*) (Tabelle 2.4). Trotz identischer Körpertemperatur haben die Mäuse einen 8fach höheren Energieumsatz als die Eidechsen.

Ein Teil dieses Unterschieds ist dadurch zu erklären, dass Mäuse eine größere Masse an stoffwechselaktiven Organen wie Herz, Leber, Niere und Gehirn besitzen (2–3fach). Außerdem enthalten diese Gewebe bei Mäusen einen größeren Anteil an Mitochondrien, die ihrerseits mit

**Tabelle 2.4.** Vergleich der Stoffwechselraten und Organgewichte von Hausmaus (*Mus musculus*) und Eidechse (*Amphibolurus nuchalis*) bei gleicher Temperatur und gleichem Körpergewicht. COX = Cytochrom-Oxidase-Aktivität als Maß für die maximal mögliche Respirationsleistung der Mitochondrien-Innenmembran (Else u. Hulbert 1981)

| | | *Mus musculus* | *Amphibolurus nuchalis* | |
|---|---|---|---|---|
| | | | | % des Werts der Maus |
| Organgewichte (g) | Leber | 5,91 | 3,68 | **62,3** |
| | Niere | 1,68 | 0,65 | **38,7** |
| | Herz | 0,79 | 0,39 | **49,4** |
| | Gehirn | 1,58 | 0,57 | **36,1** |
| COX (nmol$O_2$ $g^{-1}$ $h^{-1}$) | Leber | 30,0 | 11,2 | **37,3** |
| | Niere | 26,7 | 22,1 | **82,8** |
| | Herz | 30,5 | 21,9 | **71,8** |
| | Gehirn | 31,3 | 15,9 | **50,8** |
| Gesamt COX (nmol$O_2$ $h^{-1}$) | Leber | 177,3 | 41,2 | **23,2** |
| | Niere | 44,8 | 14,4 | **32,0** |
| | Herz | 24,1 | 8,54 | **35,4** |
| | Gehirn | 31,3 | 9,03 | **18,3** |
| Körpergewicht (g) | | 32,1 | 34,3 | |
| Körpertemperatur (°C) | | 36,8 | 37,0 | |
| SMR (nmol$O_2$ $g^{-1}$ $h^{-1}$) | | 1620 | 200 | **12,3** |

größerer Innenmembran-Oberfläche ausgestattet sind und eine höhere Respirationsleistung besitzen (2–3fach). Wenn alle *in vitro* gefundenen Unterschiede berücksichtigt werden, so haben Mäuse eine 6–8fach höhere metabolische Kapazität als Eidechsen. Dies würde zu den beobachteten Unterschieden im Basalstoffwechsel *in vivo* passen. Allerdings ist fraglich ob die *in vitro* bestimmte Respirationskapazität der Gewebe für den basalen Stoffwechsel relevant ist, da sie dem maximalen Energieumsatz entspricht, wie er bei körperlicher Aktivität erreicht wird. Während des Grundumsatzes regeln Mäuse und Eidechsen ihren Energiebedarf auf einem viel niedrigeren Niveau, und es ist unklar, in welchem Umfang die Respirationskapazität der Gewebe dabei ausgeschöpft wird.

### 2.4.4 Ruhe- und Aktivitätsumsatz

Die Messbedingungen für BMR und SMR können bei frei beweglichen Tieren nicht immer eingehalten werden, vor allem wenn über längere Zeit gemessen wird und die Tiere während der Messung Nahrung zu sich nehmen. In diesem Fall beschränkt man sich auf Messwerte von ruhig sitzenden Tieren und bezeichnet dies als **Ruhestoffwechsel** (Ruheumsatz, *resting metabolic rate*, **RMR**). Ein Beispiel für die Messung des Ruhestoffwechsels bei einem Zwerghamster enthält Abb. 2.11. Gleichzeitig mit dem Sauerstoffverbrauch wurde die Bewegungsaktivität mit einem Infrarotsensor erfasst. Es ist deutlich zu sehen, dass bei Aktivität der Energieumsatz um das 2–4fache ansteigt, meist begleitet von einem Anstieg der Körpertemperatur, obwohl sich die Aktivität der Zwerghamster dabei nur auf Putzen, Scharren, Fressen, Trinken und Platzwechsel im Messkäfig beschränkt. Außerdem ist zu erkennen, dass der RMR während der nocturnalen Aktivitätszeit um etwa 20% höher liegt als in der diurnalen Ruhephase. Bei thermoneutraler Umgebungstemperatur stimmt der RMR recht gut mit dem BMR oder SMR überein, vor allem wenn kein proteinreiches Futter verzehrt wird.

Für die Energiebilanz eines Tieres sind nicht nur Ruhewerte von Belang, sondern der tatsächliche Energiebedarf über einen längeren Zeitraum, einschließlich des zusätzlichen Energiebedarfs für Aktivität. Dazu ermittelt man den **gesamten täglichen Energieumsatz** über 24 h (average daily metabolic rate, **ADMR** oder *daily energy expenditure*, **DEE**) (Abb. 2.11). Er liegt bei Kleinsäugern meist 100–200% über dem BMR, d.h. auch unter den eingeschränkten Verhaltensmöglichkeiten in einem Käfig liegt der tägliche Energieumsatz um das 2–3fache über dem minimalen Erhaltungsbedarf. Bei Tieren im Freiland ist ein noch höherer täglicher Energiebedarf zu erwarten. Dieser kann allerdings nicht in einer geschlossenen Küvette gemessen werden, sondern nur indirekt über den Umsatz stabiler Isotopen wie bei der DLW-Methode (Abb. 2.1) oder durch telemetrische Registrierung der Herzfrequenz

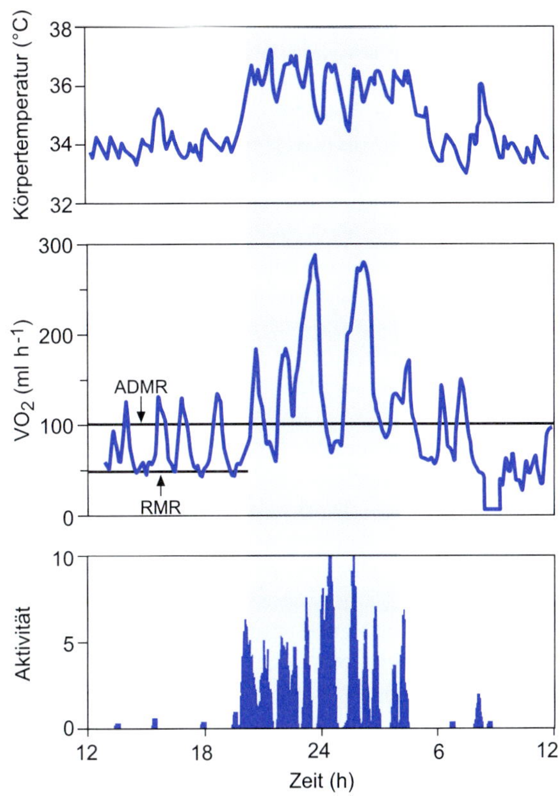


**Abb. 2.11.** Tagesperiodik des Sauerstoffverbrauchs, der Körpertemperatur und der lokomotorischen Aktivität bei einem Zwerghamster (*Phodopus sungorus*). RMR = Ruheumsatz (*resting metabolic rate*), ADMR = mittlerer täglicher Energieumsatz (*average daily metabolic rate)*

(Nagy 1980, Speakman 1997, Butler 1995). Der Energieumsatz von Säugetieren und Vögeln unter Freilandbedingungen (*field metabolic rate*, **FMR**) beträgt etwa das 3–4fache des BMR (Nagy 1980, Daan et al. 1990, Ricklefs et al. 1996). Erstaunlicherweise liegt damit der Energieumsatz im Freiland nur wenig über dem unter Laborbedingungen gemessenen täglichen Energieumsatz. Dies könnte ein Hinweis darauf sein, dass Tiere spontan ein tägliches Pensum an Aktivität und anderen energieaufwendigen Verhaltensweisen entwickeln, gleichgültig, ob sie unter Laborbedingungen gehalten werden oder sich im Freiland aufhalten.

Die FMR entspricht dem Energieumsatz der spontan auf Dauer im Freiland aufrecht erhalten wird. Dies führt zwangsläufig zu der Frage, ob und in welchem Umfang der Energieumsatz über diesen Wert hinaus gesteigert werden kann. Jedes Jahr unterziehen sich die Teilnehmer der „Tour de France" einer maximalen **Dauerbelastung des Energiehaushalts**. Im Jahr 1984 wurde der Energiehaushalt einiger Fahrer während der Tour gemessen (Westerterp 1986). An 22 Tagen legten sie 3826 km zurück und überwanden dabei 34 Bergstrecken, auf denen mehrfach Passhöhen von über 2000 m zu bewältigen waren. Auf einzelnen Bergetappen wurden dabei pro Tag mehr als 4000 Höhenmeter überwunden. Im Mittel verbrauchten die Fahrer 34 000 kJ $d^{-1}$ (397 Watt). Sie verloren während der Tour kein Körpergewicht, sondern versorgten sich mit dem notwendigen Brennstoff durch Energiedrinks und kleine Mahlzeiten tagsüber während der Fahrt und abends mit üppigen Portionen Pasta und Gebäck. Die 34 000 kJ $d^{-1}$ sind eine außergewöhnliche Energieleistung, und liegen um das 4,2–5,6fache über dem Grundumsatz von 6900 kJ $d^{-1}$ (80 Watt) eines Menschen von 70 kg Gewicht.

Bei einer körperlich wenig belastenden Berufstätigkeit im Büro oder Labor beträgt der tägliche Energiebedarf 11 700 kJ $d^{-1}$, d. h. das 1,7fache des Grundumsatzes. Körperlich schwer arbeitende Menschen benötigen natürlich mehr Energie, wie z. B. Kumpel unter Tage, die 15 900 kJ $d^{-1}$, das 2,3fache des Grundumsatzes, verbrauchen. Radrennfahrer benötigen eine sehr gute körperliche Verfassung und erreichen die hohen Dauerleistungen für die Tour de France erst nach jahrelangem Training. Offensichtlich kann diese maximale Dauerleistung nicht überschritten werden und wird deshalb als *maximum sustained metabolic rate* (**MRsus**) bezeichnet. Ähnliche Dauerbelastungen des Energiehaushalts sind auch bei Tieren zu beobachten, z. B. bei Kleinsäugern während der Laktation oder bei Vögeln während der Brutpflege. Ihr Energieumsatz liegt dann um das 4,3–6,7fache über dem Grundumsatz (Hammond u. Diamond 1997). Es ist nicht bekannt, wodurch die maximale Dauerleistung begrenzt wird, denn der Sauerstoffverbrauch kann kurzfristig wesentlich höhere Werte erreichen (s. maximale Stoffwechselrate), so dass weder die Atmung noch die mitochondriale Respiration dafür verantwortlich gemacht werden können. Die Gründe für die begrenzte Dauerleistung müssen deshalb in den Kapazitätsgrenzen für den Transport und Metabolismus von Nährstoffen zu suchen sein.

## 2.5 Energetik der Fortbewegung

Aktivität hat einen dominierenden Einfluss auf den Energieumsatz bei Tieren. Die energetischen Kosten für Bewegung sind am Menschen besonders ausführlich untersucht worden. Tabelle 2.5 enthält eine Zusammenstellung des menschlichen Energiebedarfs, vom Grundumsatz bis zu maximalen körperlichen Belastungen. Auch bei moderater Aktivität beträgt der Energieumsatz bereits das 3–4fache des Grundumsatzes. Die **maximale Stoffwechselrate** (*maximum metabolic rate*, **$MR_{max}$**) liegt bei Säugetieren im Mittel um das 10fache über dem Grundumsatz (Abb. 2.12). Vögel sind durch den Flug besonders hohen Belastungen ausgesetzt und entwickeln eine etwas höhere aerobe Kapazität (12fache Steigerung gegenüber dem Grundumsatz) als Säugetiere gleicher Körpergröße. Besonders hohe aerobe Kapazitäten wurden beim Menschen, Hund, Pferd und Antilopen (30fach über dem Grundumsatz) gefunden. Wegen der hohen Kapazitäten dieser spurtstarken großen Säugetiere ist die Steigung der allometrischen Beziehung zwischen Körpergewicht und $MR_{max}$ etwas steiler als für den Grundumsatz (Exponenten für $MR_{max}$ 0,809 bis

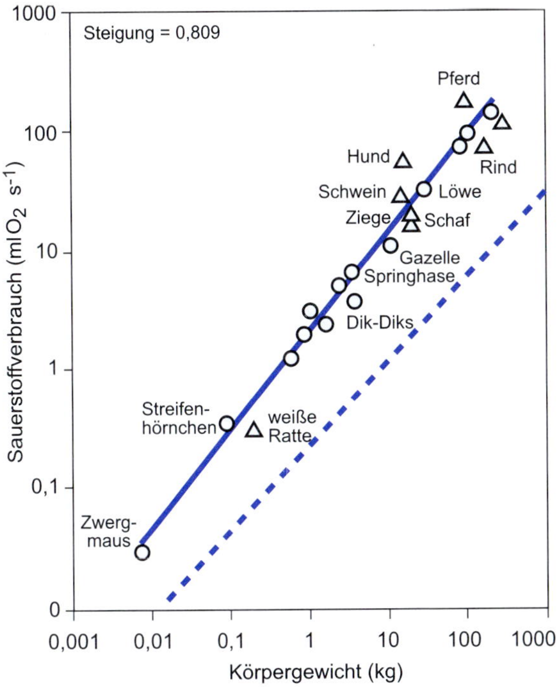


**Abb. 2.12.** Maximaler Sauerstoffverbrauch ($MR_{max}$) von Säugetieren im Vergleich zum Grundumsatz. Der maximale Sauerstoffverbrauch beträgt etwa das 10fache des Grundumsatzes. Die gestrichelte Linie entspricht dem Ruheumsatz $RMR = 0{,}188 \cdot M^{0{,}75}$ (RMR [$mlO_2\ sec^{-1}$], M [kg]; nach Kleiber 1961). Die Regression für $MR_{max}$ wurde aus den maximalen Laufleistungen von verschiedenen Säugetierarten berechnet $MR_{max} = 1{,}94 \cdot M^{0{,}79}$ (Taylor et al. 1980)

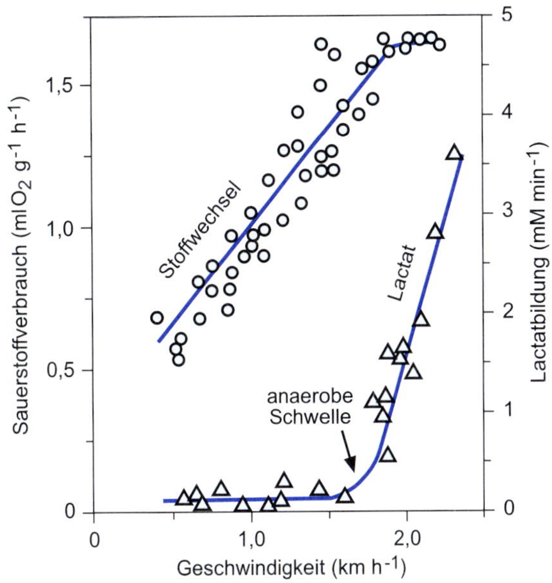


**Abb. 2.13.** Aerobe Kapazität und anaerobe Schwelle bei der Echse *Varanus exanthematicus*. Wenn 95% der aeroben Leistung ausgeschöpft sind, wird die anaerobe ATP-Produktion aktiviert, erkennbar als Anstieg in der Lactat-Konzentration des Bluts (Seeherman et al. 1983)

0,849, für BMR 0,71–0,75; Taylor et al. 1980, Koteja 1987).

Ähnliche aerobe Steigerungsfähigkeiten des Stoffwechsels (*aerobic scope*) wurden auch bei anderen Tiergruppen gefunden. Beuteltiere können ihren aeroben Stoffwechsel etwa um das 8,7fache über den Grundumsatz steigern ($MR_{max} = 21{,}2 \cdot M^{0{,}95}$, Baudinette et al. 1976), Amphibien etwa um das 10fache (Hillman u. Withers 1979), Käfer um das 8–30fache (Bartholomew u. Casey 1977). Wegen der hohen Energiekosten des Fliegens haben vor allem fliegende Insekten ein hohe Kapazität zur Steigerung des aeroben Stoffwechsels. Bei Bienen liegt er etwa um das 40fache über dem Ruhestoffwechsel und erreicht bei Schmetterlingen, die zum Schwirrflug fähig sind, Werte die um das 129–172fache über dem Ruheumsatz liegen. Dabei spielt sicher ein Rolle, dass sie die Muskulatur zum Flug aufheizen (Bartholomew u. Casey 1978). Wenn der Temperatureinfluss berücksichtigt wird, so bleibt immer noch ein Steigerungsfaktor von 30. Zusammenfassend kann festgestellt werden, dass Tiere ihre aerobe Kapazität nicht beliebig steigern können, sondern in der Regel bei einer 10fachen Steigerung über den Ruheumsatz ihre Leistungsgrenze erreichen. Der Gasaustausch and den respiratorischen Oberflächen, die Transportleistung des Körpers für Sauerstoff und die Respirationsleistung der Mitochondrien erlauben keine höhere Umsatzrate. Diese Leistungen müssen für den maximalen Energieumsatz aufeinander abgestimmt sein, und nur bei Tieren, die an hohe Lauf- oder Flugleistung angepasst sind, kann der Spitzenwert kurzfristig das 30fache des Grundumsatzes erreichen.

Bei der maximalen Stoffwechselrate wird die aerobe Kapazität des Körpers vollständig ausgeschöpft. Im Grenzbereich der aeroben Kapazität der Muskulatur wird zusätzlich ATP auf anaerobem Wege gewonnen. Dabei wird Glucose nur bis zum Lactat abgebaut und von der Muskulatur ans Blut abgegeben, wie das am Beispiel eines Warans in Abb. 2.13 zu sehen ist. Der Waran lief auf einem Laufband, dessen Geschwindigkeit immer weiter gesteigert wurde. Mit zunehmender Laufgeschwindigkeit erhöhte er seinen Sauerstoffverbrauch. Kurz vor dem Erreichen der maximalen aeroben Kapazität stieg der Lactatgehalt des Blutes an, auf etwa das 30fache des Ausgangwerts, ein Zeichen dafür, dass nun zusätzlich anaerob ATP produziert wird. Die Belastung, bei welcher der Lactatgehalt des Blutes ansteigt, wird als anaerobe Schwelle bezeichnet. Sie liegt bei den meisten Wirbeltieren bei 95% der maximalen aeroben Kapazität, ähnlich wie am Beispiel des Warans zu sehen ist. Da die anaerobe ATP-Produktion durch Glykolyse sehr rasch geschieht, rascher als die aerobe ATP-Produktion in den Mitochondrien, kann die Leistung der Muskulatur durch anaerobe ATP-Produktion besonders wirkungsvoll unterstützt werden. Allerdings ist dies nur für kurze Zeit möglich, denn das Energiepotential der Glucose wird dabei nur unvollständig genutzt und der Muskel ermüdet. Der hohe Lactatspiegel muss in anschließenden Erholungsphasen wieder abgebaut werden (s. anaerobe Energiegewinnung). Zusätzliche Ruhepausen sind notwendig, da der maximale Sauerstoffverbrauch ($MR_{max}$) die maximal mögliche Dauerleistung des Stoffwechsels ($MR_{sus}$, s. oben) um das 3–4fache übersteigt. Diese führt zu einem Defizit in der Energiebilanz, das durch entsprechend lange Pausen mit niedrigem Ruhestoffwechsel wieder ausgeglichen werden muss.

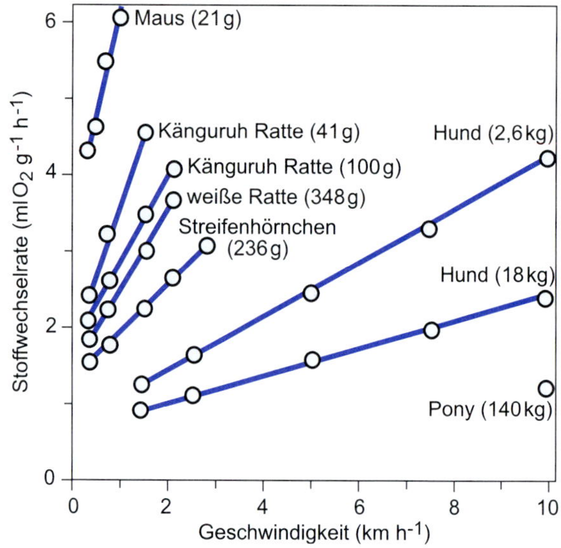


**Abb. 2.14.** Der Sauerstoffverbrauch von Säugetieren steigt linear mit der Laufgeschwindigkeit an. Je größer ein Säugetier ist, desto geringer ist dieser Anstieg im Sauerstoffverbrauch (Taylor et al. 1970)

## 2.5.1 Gehen, Laufen und Springen

Je schneller ein Tier sich fortbewegt, desto größer ist der Energiebedarf für die Lokomotion. Dies ist bereits aus den Beispielen für den Menschen zu erkennen, der bei raschem Gehen mit 8 km/h etwa doppelt so viel Energie verbraucht wie bei gemäßigtem Tempo von 4,9 km/h (Tabelle 2.5). Noch viel deutlicher wird dieser Zusammenhang beim Waran dessen Sauerstoffverbrauch linear mit der Laufgeschwindigkeit steigt (Abb. 2.13). Zahlreiche Messungen an verschiedenen Säugetieren ergaben stets eine proportionale Beziehung zwischen Laufgeschwindigkeit und Sauerstoffverbrauch (Abb. 2.14). Daraus folgt, dass über einen weiten Geschwindigkeitsbereich die in der Muskulatur umgesetzte chemische Energie stets mit gleich bleibender Effizienz in Bewegungsenergie umgewandelt wird.

Der Anstieg des Energieverbrauchs proportional mit der Laufgeschwindigkeit lässt vermuten, dass die Steigung der Geraden auf den Ruhestoffwechsel extrapoliert. Eigentlich ist nichts anderes zu erwarten, da bei Geschwindigkeit null keine zusätzliche Energie für die Lokomotion notwendig ist und der Ruhestoffwechsel ausreichen müsste. Alle Messungen extrapolieren jedoch stets auf einen Energieumsatz, der um etwa 50–100% über dem Ruheumsatz liegt (Abb. 2.14, 2.15). Wie kann diese Abweichung erklärt werden? In Ruhe, beim Liegen oder Sitzen sind nur wenige Muskelgruppen aktiv und die Muskulatur der Extremitäten ist weitgehend entspannt. Beim Laufen wird nicht nur die Muskulatur der Extremitäten aktiviert, sondern die Skelettmuskulatur insgesamt in einen erhöhten Spannungszustand versetzt, um die einzelnen Schritte elastisch abzufedern und die aktive Arbeit der Extremitäten zu

**Tabelle 2.5.** Energiebedarf des Menschen für unterschiedliche Tätigkeiten. Die Angaben gelten für ein Körpergewicht von 65 kg ( Passmore u. Durnim 1955[1], FAO/WHO 1973)

| | kJ $min^{-1}$ | Watt | Faktor für Steigerung über den Grundumsatz |
|---|---|---|---|
| *Bewegungsweisen* | | | |
| Grundumsatz[1] | 4,20 | 70 | 1 |
| Liegen | 4,52 | 75 | 1,1 |
| Sitzen | 5,82 | 97 | 1,4 |
| Stehen | 7,32 | 122 | 1,7 |
| Gehen (4,9 km/h) | 15,5 | 258 | 3,7 |
| Gehen (4,9 km/h mit 10 kg Last) | 16,7 | 278 | 4,0 |
| Gehen (15% Steigung, 3 km/h)[1] | 26,4 | 440 | 6,3 |
| Gehen (8 km/h)[1] | 33,5 | 558 | 8,0 |
| Senkrechte Leiter besteigen[1] | 48,1 | 801 | 11,5 |
| *Arbeit* | | | |
| Büroarbeit | 7,5 | 125 | 1,8 |
| Auto fahren[1] | 11,7 | 195 | 2,8 |
| Hausarbeit (Kochen, Putzen, Waschen) | 8,8–18,0 | 147–300 | 4,0 |
| Arbeit mit Maschinen (Bäcker, Drucker, Schneider, Elektro- und chemische Industrie) | 9,6–17,2 | 160–287 | 3,8 |
| Bauarbeiter | 13,4–25,5 | 223–425 | 5,7 |
| Landwirtschaft (Arbeit mit Landmaschinen, Tiere füttern, Stall reinigen usw.) | 10,0–32,6 | 167–543 | 7,2 |
| Bergbau | 23,4–28,9 | 390–482 | 6,4 |
| Waldarbeiter (Bäume fällen, Sägen) | 17,2–36,0 | 287–600 | 8,0 |
| z. B. 51 Axthiebe pro Minute[1] | 100,9 | 1682 | 24,0 |
| *Sport und Freizeit* | | | |
| Geringe Belastung (Golf, Segeln, Billard, Kegeln) | 10,5–21,0 | 175–350 | 4,7 |
| Mittlere Belastung (Tennis, Reiten, Tanzen, Schwimmen, Skifahren) | 21,0–31,5 | 350–525 | 7,0 |
| Hohe Belastung (Leichtathletik, Rudern, Fußball, Radrennen) | >31,5 | >525 | >7,0 |
| z. B. Gehen[1] | 40,6 | 677 | 9,7 |
| z. B. Squash[1] | 42,7 | 712 | 10,2 |
| z. B. Treppensteigen mit einer Last von 60 kg[1] | 128 | 2133 | 30,5 |

unterstützen. Diese erhöhte Körperspannung und die Laufhaltung des Körpers sowie die damit erhöhten Anforderungen an die vegetativen Leistungen wie Atmung und Kreislauf, erfordern zusätzliche Energie. Sie übersteigt den Ruhestoffwechsel, und ihr Anteil an der Lokomotion kann aus der Extrapolation der Geraden auf die y-Achse abgelesen werden.

Die meisten Tiere beherrschen verschiedene Gangarten, die je nach der Geschwindigkeit gewählt werden. Bei Fortbewegung mit vier Beinen kann, wie z. B. beim Pferd, vom Gehen zum Trab und schließlich bei hoher Geschwindigkeit in den Galopp gewechselt werden. Menschen gehen bei langsamer Geschwindigkeit, wobei jeweils ein Fuß Bodenkontakt hält, und wechseln bei hoher Geschwindigkeit zum Laufen, bei dem jeder Schritt mit einem Sprung verbunden ist. Das Gehen erfordert bei langsamer Geschwindigkeit weniger Energie als das Laufen (Abb. 2.16). Schnelles Gehen wird jedoch zunehmend unökonomisch, und bei maximaler Geh-Geschwindigkeit wird unter Umständen mehr Energie aufgewandt als beim Laufen mit derselben Geschwindigkeit. Die etwas unterschiedliche Effizienz von Gehen und Laufen hängt vermutlich mit der stets bipedalen Fortbewegung des Menschen zusammen. Schimpansen (*Pan troy-*

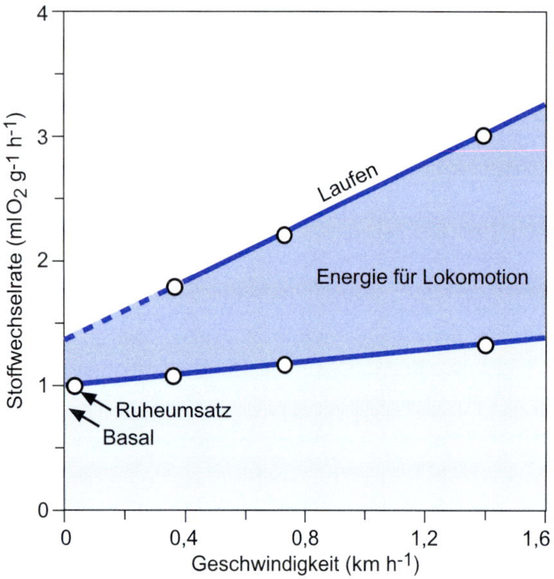


**Abb. 2.15.** Beziehung zwischen dem Ruheumsatz und dem Energieumsatz beim Laufen. Der linear mit der Geschwindigkeit ansteigende Sauerstoffverbrauch extrapoliert auf höhere Werte als der Grund- und der Ruheumsatz, ein Hinweis auf den zusätzlichen Energiebedarf der für die Vorspannung des Körpers in Laufhaltung erforderlich ist

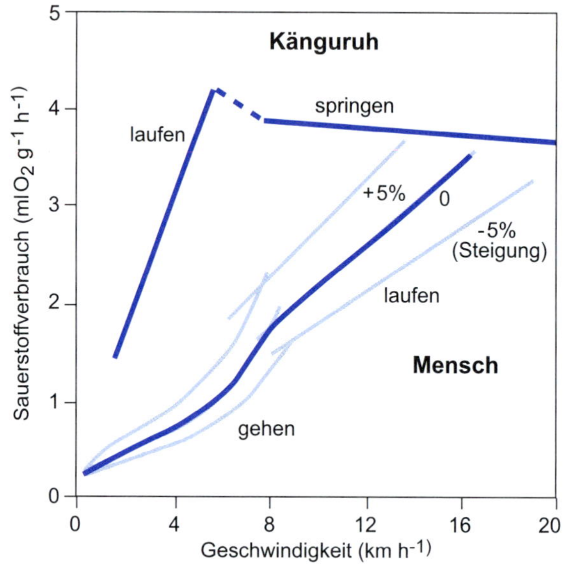


**Abb. 2.16.** Vergleich des Energieaufwandes für verschiedene Gangarten. Der Sauerstoffverbrauch für Gehen und Laufen des Menschen mit unterschiedlicher Geschwindigkeit wurde bei ebenerdiger Fortbewegung sowie bei 5%iger Steigung bergauf und bergab ermittelt (Margaria 1976). Zum Vergleich ist der Sauerstoffverbrauch eines 18 kg schweren Känguruhs angegeben. Bei einer Geschwindigkeit von 6 km $h^{-1}$ wechselt es seine Gangart vom Laufen zum Springen (Dawson u. Taylor 1973, nach Wieser 1986)

*glodytes*) und Kapuzineraffen (*Cebus capucinus*) wurden trainiert, auf dem Laufband aufrecht zu gehen oder mit allen Vieren zu laufen. Bei beiden Primatenarten hatte die Gangart keinen Einfluss auf die Energiekosten der Fortbewegung (Taylor u. Rowntree 1973).

Neben der Laufgeschwindigkeit hängt der Energieverbrauch auch davon ab, ob bergauf oder bergab gelaufen wird. Bergauf muss zusätzlich Energie aufgewandt werden, um das Gewicht des Körpers anzuheben, und bergab wird diese Hebearbeit verringert. Abb. 2.16 vergleicht die Energiekosten der ebenerdigen Fortbewegung mit den Anforderungen bei einer 5%igen Steigung. Dieser flache Anstieg verursacht bereits einen 30% höheren Energieaufwand für Gehen und Laufen. Bergab verringert sich der Energieaufwand in ähnlichem Umfang gegenüber dem ebenerdigen Gehen. Für einen steileren Anstieg von 15% ist bereits mehr als doppelt so viel Energie notwendig wie bei ebenerdigem Gehen mit gleicher Geschwindigkeit (Tabelle 2.5).

Die hüpfende Fortbewegung der Beuteltiere und Springmäuse erscheint, auf Grund unserer eigenen unbeholfenen Hüpftechnik, weniger ökonomisch als das elegante Laufen von Säugetieren. Bei langsamer Geschwindigkeit laufen die Beuteltiere und benutzen dabei auch ihre Vorderextremitäten. Dabei steigt der Energieaufwand steil mit der Geschwindigkeit an (Abb. 2.16). Ab einer Geschwindigkeits-Schwelle von 6–7 km $h^{-1}$ wechseln sie in die hüpfende Gangart. Der Energieaufwand für das Hüpfen bleibt über einen weiten Geschwindigkeitsbereich konstant und wird bei hoher Geschwindigkeit sogar effizienter als das Laufen. Kängurus nutzen dabei die elastischen Eigenschaften ihres Sprungapparates auf ideale Weise aus. Bei der Landung fangen sie die kinetische Energie des Sprungs durch Dehnung von Sehen und Muskulatur ihrer Sprungbeine auf und setzen diese Energie in den folgenden Absprung um. Sie benötigen nur noch zusätzlich metabolische Energie um die elastische Kontraktion des Sprungapparates beim Absprung zu verstärken. Der konstante Sauerstoffverbrauch bei hohen Geschwindigkeiten zeigt, dass sie, ohne Steigerung des Energieumsatzes, allein durch die biomechanischen Eigenschaften des Sprungs ihre Geschwindigkeit variieren können.

## 2.5.2 Fliegen

Fliegen ist eine besonders energieaufwendige Art der Fortbewegung, da die geringe Dichte der Luft hohe mechanische Leistungen erfordert, um den Körper gegen die Schwerkraft anzuheben. Beim Gleitflug entsteht durch den Anstellwinkel und das Profil der Flügel ein Unterdruck an der Flügeloberfläche, der den Körper trägt. Dies gilt genau so für technisches Fluggerät. Allerdings nutzen Flugzeuge zwei getrennte Systeme für den Hub und den Schub, nämlich die Tragflächen und Propeller oder Düsen, während Tiere beides mit den Flügeln erzeugen. Beim geradlinigen Flug heben die Flügel den Körper gegen die Schwerkraft und treiben ihn gegen den Luftwiderstand nach vorn. Sie erreichen dies, indem sie beim Abschlag die Luft insgesamt nach hinten unten beschleunigen und dadurch eine nach vorne und oben gerichtete Kraft erzeugen. Trotz dieser technischen Komplikation ist das Fliegen mindestens viermal unabhängig voneinander im Lauf der Evolution entstanden, bei den Insekten, den Reptilien (den ausgestorbenen Flugsauriern), den Vögeln und den Fledermäusen. Da drei Viertel aller Insekten fliegen können, und die Insekten mehr als drei Viertel aller Tierarten stellen, kann deshalb unterstellt werden, dass mehr als die Hälfte aller Tierarten fliegen können, mit einer großen Spannbreite des Körpergewichts, von sehr kleinen nur wenige μg wiegenden Insekten bis zu 12 kg schweren Vögeln und den wahrscheinlich noch schwereren Flugsauriern. Fliegen bietet gegenüber dem Laufen eine wesentlich höhere Fortbewegungsgeschwindigkeit, so dass große Strecken in relativ kurzer Zeit zurückgelegt werden können. Dies ist ein entscheidender Grund für die mehrfache und erfolgreiche Evolution des Fliegens.

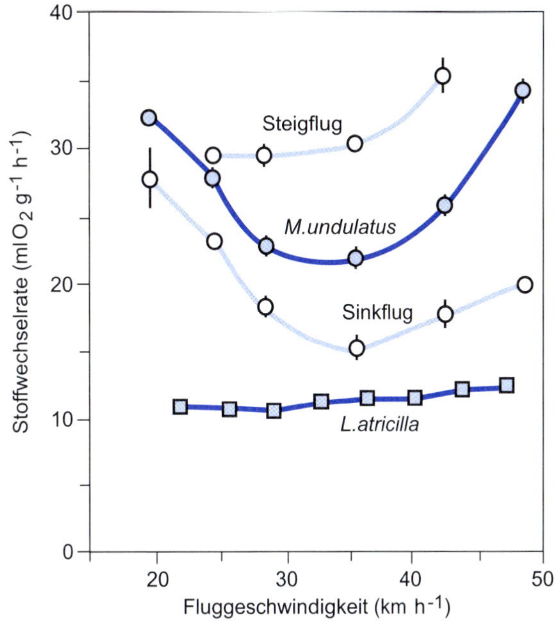


**Abb. 2.17.** Sauerstoffverbrauch von Wellensittich (*Melopsittacus undulatus*) und Möwe (*Larus atricilla*) bei unterschiedlicher Fluggeschwindigkeit (nach Tucker 1968, Berger 1984)

Der Energieaufwand für das Fliegen hängt, wie beim Laufen, ebenfalls von der Geschwindigkeit ab. Allerdings ist nicht zu erwarten, dass diese Beziehung ähnlich proportional ist wie beim Laufen, da ein großer Teil der Energie allein für die Hubarbeit benötigt wird, insbesondere bei geringer Fluggeschwindigkeit. Der Schwirrflug eines Kolibris oder der Rüttelflug eines Falken erfordert eine sehr hohe Arbeitsleistung, um in der Luft stehend genügend Hub gegen die Schwerkraft zu entwickeln. Beim Vorwärtsflug ändern sich die Strömungsverhältnisse. Mit zunehmender Geschwindigkeit entsteht zwischen der Ober- und Unterseite des Vogels ein Druckgradient, der Auftrieb erzeugt, so dass die für den Schub geleistete Arbeit zunehmend auch für den Hub sorgt, d.h. die Schubarbeit kann die Hubarbeit kompensieren. Das Zusammenspiel dieser Kräfte hängt von der Körpergröße, Körperform, dem Aufbau der Flügel, der Flügelschlagfrequenz und anderen biomechanischen Eigenschaften einer Vogelart ab (zur Biomechanik des Flugs s. Band 1, S. 662).

An Wellensittichen sind die Flugleistungen besonders gründlich untersucht worden (Abb. 2.17) und ergaben eine U-förmige Beziehung zwischen Fluggeschwindigkeit und Energieumsatz. Bei einer Geschwindigkeit von 30–40 km $h^{-1}$ fliegen Wellensittiche mit dem geringsten Energieaufwand, d.h. der größten aerodynamischen Effizienz, während sie sowohl bei langsamerer als auch bei höherer Geschwindigkeit mehr Energie aufwenden müssen. Ähnlich wie beim Bergauf-Laufen ist auch der Steigflug mit einem größeren Energieaufwand verbunden und der Sinkflug verringert den Energieumsatz. Viele Vögel zeigen keine derart ausgeprägte U-förmige Kennlinie für Energiekosten des Flugs, sondern eher einen konstanten Energieumsatz über weite Bereiche der Fluggeschwindigkeit, wie dies beim Wellensittich im Steigflug oder bei der Möwe, *Larus atricilla,* im Geradeausflug zu beobachten ist.

### 2.5.3 Wirkungsgrad der lokomotorischen Arbeit

Die lokomotorische Arbeit erfordert sehr viel Energie, da eine große Masse beschleunigt werden muss, nämlich der gesamte Körper, und deshalb wäre zu erwarten, dass alle Tiere die dafür notwendige chemische Energie mit möglichst hoher Effizienz in Bewegungsenergie umwandeln. Der Wirkungsgrad für die körperliche Arbeit eines Pferds liegt, je nach Bezugsgröße, zwischen 23 und 35% (Box 2.5). Dies ist ein relativ hoher Wirkungsgrad und erreicht etwa den eines Pkw. Die Effizienz der Lokomotion des Menschen liegt normalerweise deutlich niedriger, lediglich gut trainierte Sportler, z.B. Radrennfahrer, erreichen Werte, die über 20% liegen. Diese geringe Effizienz bedeutet, dass in der Regel mehr als 80% der bei der Lokomotion aufgewendeten chemischen Energie nicht in Arbeit umgesetzt wird, sondern „nutzlos“ als Wärme verpufft.

Für diese geringe Effizienz der Lokomotion gibt es mehrere Gründe. Erstens geht bei der Umwandlung der Nahrungsenergie in ATP ein erheblicher Teil als Wärme verloren (50–60%). Zweitens wird nur ein Teil (etwa 50%) der chemischen Energie des ATP in die Actin-Myosin-Bewegung umgesetzt, u.a. weil begleitende Stoffwechselvorgänge (z.B. Stoff- und Ionen-Transport) zusätzlich ATP verbrauchen. Und drittens müssen bei der Bewegung Reibungs- und Dehnungswiderstände im Bewegungsapparat überwunden werden, die ebenfalls Energie erfordern. Dies macht verständlich, dass bei der Lokomotion stets viel Wärme gebildet wird und die Temperatur der Muskulatur während körperlicher Arbeit ansteigt. Bei lang anhaltender Lokomotionsarbeit fällt so viel Wärme an, dass große stoffwechselaktive Tiere zusätzlich schwitzen oder hecheln müssen, um die überschüssige Körperwärme abzugeben.

### 2.5.4 Transportkosten der Fortbewegung – Vergleich von Schwimmen, Laufen und Fliegen

Große Tiere können beim Gehen, Laufen und Springen höhere Geschwindigkeiten erreichen als kleine Tiere. Dies ergibt sich schon alleine aus der Tatsache, dass große Tiere, bei gleicher Bauform, längere Extremitäten besitzen und pro Schritt eine größere Distanz zurücklegen. Kleine Tiere können mit ihren kurzen Extremitäten zwar eine höhere Schrittfrequenz entwickeln, aber dies erfordert einen wesentlich höheren Energieaufwand, so dass sie bei maximalem Energieumsatz geringere Geschwindigkeiten erreichen als große Tiere (Abb. 2.14). Diese generelle Beziehung schließt natürlich nicht aus, dass im Lauf der Evolution Bauformen entstanden, die, gemessen an ihrer Körpergröße, besonders hohe Geschwindigkeiten entwickeln. Ein Beispiel dafür ist der Gepard, der auf kurzen Sprintstrecken etwa 140 km $h^{-1}$ schnell sein kann.

Aus der Messung des Sauerstoffverbrauchs (ml $O_2$ $g^{-1}$ $h^{-1}$) bei verschiedenen Geschwindigkeiten (km $h^{-1}$) können auch die Transportkosten der Lokomotion berechnet werden, genauer gesagt die Energie, die erforderlich ist um ein g Körpermasse über eine Strecke von einem km zu transportieren.

$$\text{Transportkosten} = \frac{\text{mlO}_2^{-1} \cdot \text{g}^{-1} \cdot \text{h}^{-1}}{\text{km} \cdot \text{h}^{-1}} = \text{mlO}_2 \cdot \text{g}^{-1} \cdot \text{km}^{-1}$$

Abbildung 2.18 enthält eine Zusammenstellung der Transportkosten für Schwimmen, Laufen und Fliegen bei zahlreichen Tierarten und einigen Maschinen. Bei allen drei Fortbewegungsarten sinken die Transportkosten mit der Körpergröße. Dies ist sicher einer der Vorteile, der die Evolution großer Tierarten begünstigt.

Der Vergleich zeigt, dass **Schwimmen** die geringsten Transportkosten hat. Beim Schwimmen wird der Körper durch die Dichte und den Auftrieb des Wassers in der Schwebe gehalten, d. h. es muss keine Arbeit gegen die Schwerkraft geleistet werden und es ist weniger aktive Muskelanspannung erforderlich, um den Körper in Form zu halten, wie das beim Laufen, Springen und Fliegen der Fall ist. Beim Schwimmen muss lediglich Vortrieb erzeugt werden, um den Strömungswiderstand des Wassers zu überwinden. Die meisten aquatischen Organismen bieten durch ihre Körperform und ihre strömungsgünstige Körperoberfläche dem Wasser nur einen geringen Widerstand und erzeugen den Vortrieb durch Flossenbewegungen, Schwanzschläge oder Auslenkungen der Körperlängsachse. Fische von 30–100 cm Körperlänge erreichen damit normalerweise Geschwindigkeiten von 0,7–2,5 km $h^{-1}$. Als Jäger oder Gejagte können sie kurzfristig sogar höhere Geschwindigkeiten von etwa 20 Körperlängen pro Sekunde entwickeln. Die absolut schnellsten Schwimmer sind Thunfische, von denen mehrfach an der Angel Geschwindigkeiten von 70 km $h^{-1}$ und in einem Fall 100 km $h^{-1}$

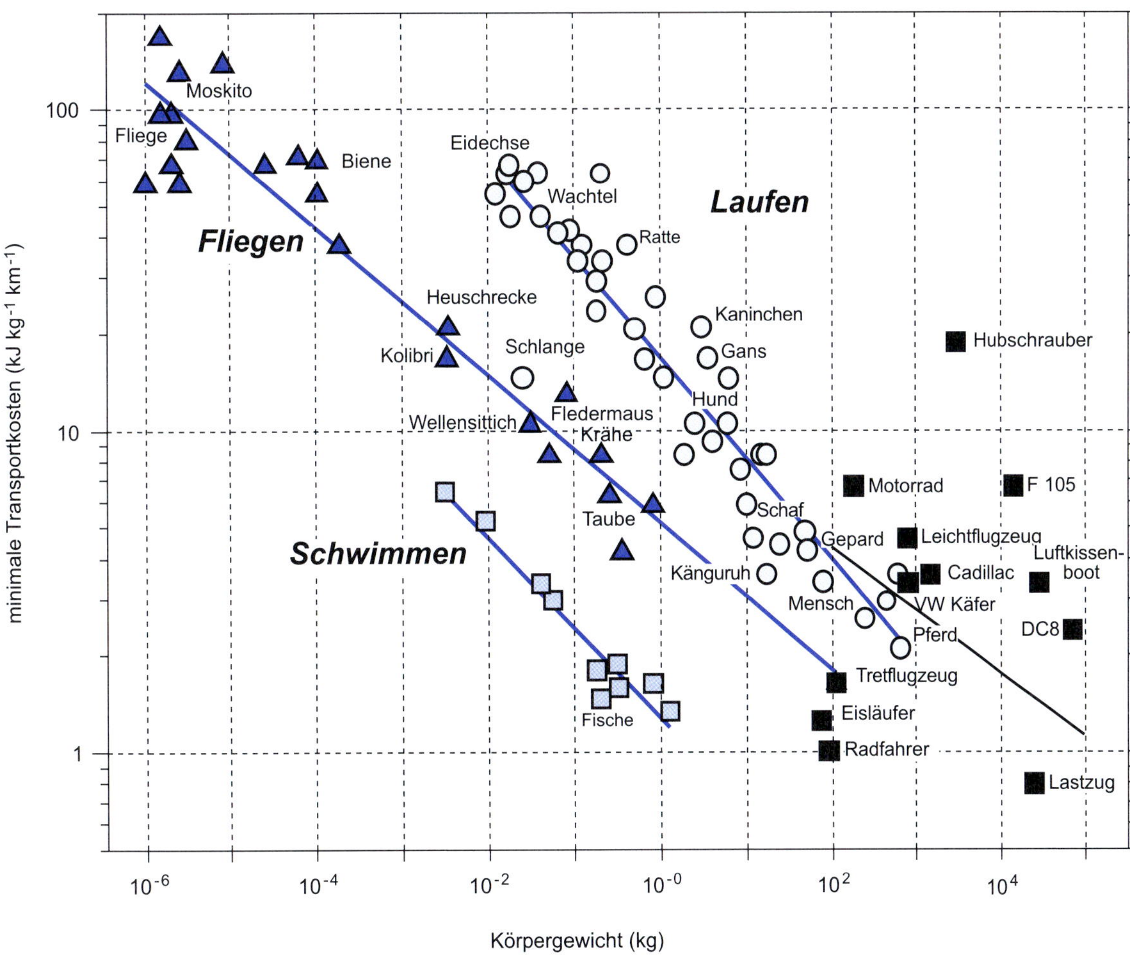


**Abb. 2.18.** Transportkosten für die Fortbewegung bei Tieren und bei Maschinen (Tucker 1975)

gemessen wurden. Die Schwimmgeschwindigkeit liegt damit in einem ähnlichen Bereich wie auch die Laufgeschwindigkeit von schnellen Tetrapoden.

Eine Fortbewegung durch Laufen hat etwa 10-mal höhere Transportkosten wie das Schwimmen bei vergleichbarer Körpergröße. Dies gilt sowohl für die Säugetiere als auch für laufende Vögel. Beim Laufen muss die Körperform und Körperspannung für die Lokomotion allein durch Muskelkraft erzeugt werden, während dies beim Schwimmen „kostenlos" durch die Dichte und den Auftrieb des Wassers erledigt wird. Auch die Transportkosten für Fahrzeuge liegen in einer ähnlichen Größenordnung wie für das Laufen. Erstaunlicherweise hat das Fliegen geringere Transportkosten als das Laufen, obwohl das Fliegen selbst einen hohen Energieaufwand erfordert. Die geringen Transportkosten sind eine Folge der hohen Geschwindigkeit beim Fliegen, wodurch Vögel ihre Körpermasse in kurzer Zeit über lange Strecken transportieren. Dieser Einfluss der Geschwindigkeit auf die Transportkosten ist auch beim Radfahrer und Eisläufer zu erkennen, deren Transportkosten nur einen Bruchteil der eines Läufers betragen.

## 2.6 Produktion

### 2.6.1 Kosten der Biosynthese

Wenn Tiere wachsen, Milch oder Eier produzieren, so müssen sie aus den mit der Nahrung aufgenommenen Aminosäuren und Monosacchariden neue komplexe Makromoleküle synthetisieren. Die Energiekosten für die Biosynthese von Makromolekülen sind relativ niedrig im Vergleich zum Energiegehalt der Monomere. So beträgt der Energiegehalt einer Glykosidbindung im Glycogen etwa 18 kJ $mol^{-1}$, während der Brennwert der Glucose selbst einen Energiegehalt von 2813 kJ $mol^{-1}$ hat, d.h. nur etwa 0,6% der Energie sind für die glykosidischen Komplexbindungen erforderlich. Ähnliche Verhältnisse gelten auch für Proteine, deren Synthese aus Aminosäuren für die Peptidbindung 0,24 kJ $g^{-1}$ (12,5 kJ $mol^{-1}$) erfordert, während die Aminosäuren im Mittel einen Brennwert von 22,9 kJ $g^{-1}$ besitzen. Daraus folgt, dass nur etwa 1% des Energiegehalts der Monomere für die Synthese von komplexen Makromolekülen aufgewandt werden müssen. Die biochemische Synthese von Makromolekülen ist außerdem energetisch sehr effizient organisiert. Sie hat einen Wirkungsgrad von etwa 95%, obwohl daran ineffiziente Schritte der ATP-Synthese und ATP-Hydrolyse beteiligt sind (Calow 1977).

Die Produktionsleistungen von Tieren erfüllen drei Hauptaufgaben, den Stoffumsatz im Körper, das Wachstum und die Reproduktion. In jedem Organismus findet ein **Stoffumsatz** statt, bei dem neue Proteine synthetisiert, defekte DNA repariert oder abgestoßene Epithelzellen nachgeliefert werden. Diese Synthesen sind Bestandteil des Fließgleichgewichts, in dem sich ein lebender Körper befindet, ersetzen abgebaute Makromoleküle und erhalten die Lebensfähigkeit des Organismus. Der Energieaufwand für diese Syntheseleistungen gehört deshalb zum Erhaltungsbedarfs eines Organismus. Das für den Stoffumsatz notwendige Baumaterial wird entweder durch Wiederverwertung aus abgebauten Makromolekülen gewonnen oder muss mit der Nahrung aufgenommen werden. Letzteres gilt vor allem für Proteine, denn beim Stoffwechsel der Aminosäuren werden diese teilweise desaminiert und die Aminogruppe als Ammoniak, Harnstoff oder Harnsäure mit dem Urin ausgeschieden. Der Verlust muss durch Nachschub von Nahrungsproteinen ausgeglichen werden, und deshalb ist neben dem kalorischen Wert der Nahrung eine ausreichende und regelmäßige Proteinzufuhr notwendig.

### 2.6.2 Wachstum und Sekundärproduktion

Beim **Wachstum** übersteigt die Syntheseleistung des Körpers die Abbauprozesse und es kommt zu einer Zunahme der Körpermasse. Dies kann natürlich nur geschehen, wenn mit der Nahrung mehr Energie aufgenommen wird, als für die Erhaltung notwendig ist. Die überschüssig aufgenommene Nahrung wird nicht zur Energiegewinnung eingesetzt, sondern in zusätzliche

Körpermasse umgewandelt, die **somatische Produktion**. In der Embryonalphase und während der Juvenilentwicklung verläuft das Wachstum der meisten Tiere relativ rasch, und umfasst als **allometrisches Wachstum** sämtliche Organe. Im adulten Zustand findet bei Säugetieren nur noch ein geringes Wachstum statt und die somatische Produktion beschränkt sich auf Muskel- und Fettansatz oder das Wachstum von Haaren. Bei der Zucht von Nutztieren wurde Wert auf möglichst hohe somatische Produktionsleistungen gelegt, die das normale Wachstum übersteigen und deshalb auch als **Sekundärproduktion** bezeichnet werden. Die somatische Produktion bildet die Grundlage für die erfolgreiche Entwicklung eines Individuums. Im Gegensatz dazu dient die **reproduktive Produktion** der Vermehrung. Dazu gehört die Synthese von Fortpflanzungsorganen, Keimzellen, Eiern, Embryonen, aber auch Investitionen in die Brutpflege durch Milch bei Säugtieren und Kropfsekret bei Vögeln, kurzum alles, was für die Erzeugung von Nachkommen und Brutpflege produziert wird.

Damit ein Tier wachsen, Milch und Eier liefern kann, benötigt es nicht nur die chemische Maschinerie zur Biosynthese, sondern diese ist selbst auf andere Lebensfunktionen angewiesen, wie z.B. die Nahrungsaufnahme, Verdauung, Atmung, Kreislauf und Exkretion. Wenn wir wissen wollen, wie effizient die tierische Produktion funktioniert, so müssen diese Kosten mit berücksichtigt werden. Trotz der geringen Kosten für die biochemischen Schritte der Biosynthese werden deshalb die tatsächlichen Kosten für Produktion von tierischem Gewebe und Material höher liegen.

### 2.6.3 Wachstum während der Embryonalentwicklung

Betrachten wir als Erstes die gut überschaubare Situation bei der Entwicklung eines Hühnerembryos. Eier bieten besonders vorteilhafte Rahmenbedingungen für das somatische Wachstum, denn die Embryonalentwicklung findet in einer optimal zusammengesetzten Nährlösung statt, weitgehend abgeschlossen von Außeneinflüssen und genährt aus dem beinahe rückstandsfrei verwertbaren Dotter. Der Brennwert eines durchschnittlichen Hühnereies beträgt 364 kJ. Davon finden sich 159 kJ im fertigen Küken wieder, während 109 kJ in Form von Eidotter, Membranen und embryonalen Ausscheidungsprodukten übrig bleiben. Der Rest von 96 kJ ist die durch den Stoffwechsel verloren gegangene Energie (Wärmeabgabe). Vergleichen wir den Energiegehalt des geschlüpften Kükens (159 kJ) mit dem Energiegehalt des verbrauchten Dotters (255 kJ), so ergibt dies eine Effizienz von 62%, mit welcher der Dotter in das fertige Küken umgewandelt wurde (Netto-Wirkungsgrad, s. unten). Ähnliche Untersuchungen wurden an Eiern mehrerer Tierarten durchgeführt und ergaben Effizienzen von 65% beim Seidenspinner, 51% beim Frosch, 62–67% bei Süßwasserschnecken, 59% beim Seeigel und 70% beim Hering. Offensichtlich wandeln alle Tiere die im Dotter gespeicherte chemische Energie mit einer sehr ähnlich hohen Effizienz in die Körpersubstanz eines heranwachsenden Embryos um (Needham 1931, Calow 1977, Kiorboe u. Mohlenberg 1987).

### 2.6.4 Effizienz von Wachstum und Produktion

Das Juvenilwachstum und die Produktionsleistungen von erwachsenen Nutztieren spielen eine wichtige Rolle für die Versorgung des Menschen mit Fleisch, Eiern, Wolle und Leder. An ihnen wurden im vergangenen Jahrhundert viele grundsätzliche Zusammenhänge des Energiehaushalts, der Ernährung und des Wachstums aufgeklärt, die auch für andere Tiere Gültigkeit haben (Rubner 1909, Kellner 1919, Brody 1945, Kleiber 1967). Aus dem Energiebudget von Milchkühen ist zu erkennen (Abb. 2.2), dass sie aus den täglich aufgenommenen 234 MJ Nahrungsenergie nur 52,3 MJ für die Produktion zusätzlicher Biomasse verwenden. Dies entspricht einer Effizienz von 22%. Wie in der Technik üblich, wird auch bei Tieren der Begriff Wirkungsgrad ($\eta$) verwendet. Da es sich hierbei um die Effizienz der Produktion bezogen auf die gesamte Nahrungsaufnahme handelt, wird sie als Gesamtwirkungsgrad oder **Brutto-Wirkungsgrad** ($\eta_{brutto}$) bezeichnet:

$$\eta_{brutto} = 100 \cdot E_{prod}/E_{in}$$

**Tabelle 2.6.** Wirkungsgrade des Wachstums und der Sekundärproduktion von Tieren

| | Brutto-Wirkungsgrad | Netto-Wirkungsgrad | Physiologischer (Teil-) Wirkungsgrad | |
|---|---|---|---|---|
| Bildung eines Hühnereis | 17% | 23% | 70–80% | Hoffmann u. Schliemann 1973 |
| Embryonalentwicklung eines Hühnchens | 43% | 62% | 90% | Hoffmann u. Schliemann 1973 |
| Embryonalentwicklung eines Herings | 20% | 25% | 91% | Kiorboe u. Mohlenberg 1987 |
| Milchproduktion einer Kuh | 20% | 30–50% | 60–65% | Flatt et al. 1969 |
| Wachstum eines Ochsen | 18% | 49% | 58% | Kleiber 1967 |
| Wachstum von Schweinen | 22% | 33% | 66% | Mount 1968 |

Dieser älteste Produktionsquotient wurde von Rubner (1909) als „Wachstumsquotient" eingeführt und schildert den Prozentsatz der Nahrung, der in Produktion überführt wird. Er wird häufig von Tierzüchtern verwandt, um die Eigenschaften eines Futters für die Tierproduktion zu beschreiben. In der Ökologie wird er bei der Analyse von Nahrungsketten und Nahrungsnetzwerken verwendet, um den Wirkungsgrad der Umwandlung von Nahrungsenergie einer bestimmten trophischen Stufe in die Körpersubstanz der nächst höheren trophischen Stufe zu beschreiben. Tabelle 2.6 zeigt, dass dieser Brutto-Wirkungsgrad bei den meisten Nutztieren in der Größenordnung von 20% liegt. Lediglich in dem für die Embryonalentwicklung optimierten System des Hühnereis wird ein etwa doppelt so hoher Brutto-Wirkungsgrad erreicht.

Ein Teil der aufgenommenen Nahrung wird nicht resorbiert und metabolisiert, sondern als Kot oder Urin wieder ausgeschieden. Sowohl für Biosynthesen als auch für die Energiegewinnung steht nur der verbleibende metabolisierbare Anteil ($E_{met}$) der Nahrung zur Verfügung. Bei den in Abb. 2.2 erwähnten Rindern sind dies 149,8 MJ. Bezieht man die Milchproduktion der Rinder auf $E_{met}$, so erhält man einen Wirkungsgrad von 34%, den **Netto-Wirkungsgrad** ($\eta_{netto}$). In der Praxis wird häufig die assimilierte Energie als Bezugsgröße verwandt ($E_{ass}$), statt des metabolisierbaren Energieanteils ($E_{met}$), was aber bei Tieren mit geringen Energieverlusten über den Urin zu vergleichbaren Werten führt:

$$\eta_{netto} = 100 \cdot E_{prod}/E_{met}$$

Wenn $E_{met}$ aus dem Sauerstoffverbrauch anstatt der Nahrungsmenge bestimmt wird, so fehlt der in der Produktion gespeicherte Anteil der Nahrungsenergie. Die Berechnung erfolgt dann nach folgender Gleichung:

$$\eta_{netto} = 100 \cdot E_{prod}/(E_{prod} + E_{met})$$

Der Netto-Wirkungsgrad beschreibt den Anteil der Produktion am gesamten Stoffwechsel eines Tieres und ist somit ein Maß für die physiologische Produktions-Leistung. Bei den meisten Nutztieren beträgt der Netto-Wirkungsgrad etwa 30%, erreicht aber bei Hochleistungskühen für die Milchproduktion mehr als 50%.

In der metabolisierbaren Energie sind sämtliche Kosten für die Erhaltung des Körpers, Aktivität, Thermoregulation, Exkretion und andere Lebensfunktionen enthalten. Wenn wir die Effizienz des eigentlichen Produktionsvorgangs isoliert betrachten wollen, also die Effizienz mit der Nahrungsenergie in die Sekundärprodukte bei Nutztieren umgewandelt wird, so müssen die allgemeinen Unterhaltskosten von der metabolisierbaren Energie subtrahiert werden. Es verbleibt der Energiebetrag, der allein für die Produktion aufgewendet wurde. Bezieht man die produzierte Biomasse auf diese reinen Produktionskosten, so erhält man den physiologischen Wirkungsgrad der Produktion, der als **Teilwirkungsgrad** ($\eta_{teil}$) bezeichnet wird.

Dieser Teilwirkungsgrad liegt in den meisten Fällen über 60% und erreicht bei der Entwicklung von Embryonen im Hühnerei (90%) annähernd den Idealwert für die Biosynthese (95%). Die Bestimmung sämtlicher Elemente des Energiehaushalts ist sehr aufwendig und häufig überhaupt nicht möglich, weil sich die einzelnen Prozesse in einem Tier gar nicht isoliert betrachten lassen. Der Teilwirkungsgrad wird deshalb häufig experimentell ermittelt, z. B. mit Differenzversuchen (Kellner 1919). Dabei erhalten zwei Gruppen von Tieren über längere Zeit unterschiedliche Futtermengen. Bei der höheren Futtermenge verläuft das Wachstum rascher, es wird mehr Milch produziert und/oder mehr Fleisch angesetzt. Aus der Differenz der Produktion ($E_{prod2}$–$E_{prod1}$) und der Differenz der metabolisierten Nahrungsenergie ($E_{met2}$–$E_{met1}$) kann dann der Teilwirkungsgrad für die Produktion direkt berechnet werden.

$$\eta_{teil} = 100 \cdot (E_{prod2} - E_{prod1})/(E_{met2} - E_{met1})$$

Dieses Verfahren eignet sich auch, um die optimale Zusammensetzung des Futters für Tiere zu ermitteln, indem unterschiedliche Diäten und Futterzusätze in ihrer Wirkung auf die Produktion verglichen werden.

## 2.6.5 Vergleich des Wachstums verschiedener Tierarten

Da kleinere Tiere einen höheren Energieumsatz pro Gramm Körpergewicht haben als größere Tiere, liegt die Vermutung nahe, dass sie mehr Energie in Form von Wärme an die Umgebung „verschwenden", als in Produktion umgesetzt werden kann. Dies ist jedoch ein Trugschluss, denn trotz unterschiedlichen Energieumsatzes großer und kleiner Säugetiere bleibt der Wirkungsgrad für Wachstum und Produktion konstant. Den Grund für diese vergleichbare Effizienz der Produktion hat Kleiber (1967) anschaulich demonstriert (Abb. 2.19). Ein Ochse mit einem Gewicht von 600 kg und 300 Kaninchen, die insgesamt ebenfalls 600 kg wiegen, ernähren sich von einer Tonne Heu. Obwohl die Kaninchen einen 4,2-mal höheren Energiebedarf als der Ochse haben, erzielen beide denselben Zuwachs von 120 kg aus dem Verbrauch der einen Tonne Heu. Die Kaninchen wachsen jedoch schneller und erreichen den Zuwachs innerhalb von 33 Tagen, während der Ochse dazu 120 Tage benötigt.

In einer umfangreichen Analyse von mehr als 200 Messungen an verschiedenen Tierarten wurde deren Energieumsatz pro Jahr mit ihrer Produkti-

| | 1 Tonne Heu | 1 Tonne Heu |
|---|---|---|
| | 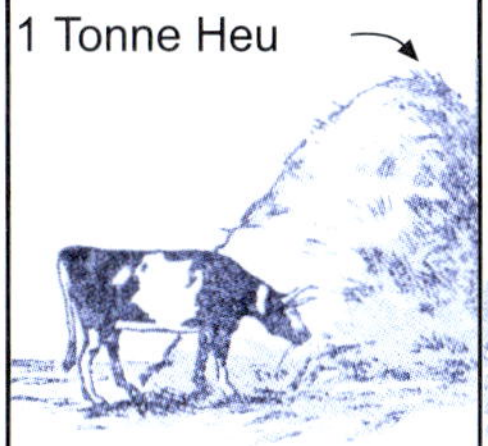 | 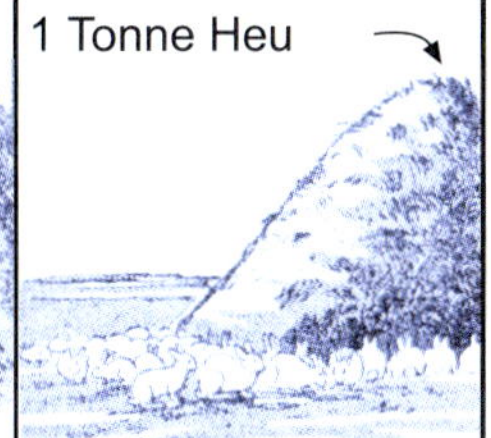 |
| Tiere | 1 Ochse | 300 Kaninchen |
| Gewicht | 600 kg | 600 kg |
| Futter pro Tag | 7,5 kg Heu | 30 kg Heu |
| 1t Heu reicht | 130 Tage | 33 Tage |
| Wärmeverlust der Tiere | 83,7 MJ | 335 MJ |
| Tägl. Gewichtszunahme | 0,9 kg | 3,6 kg |
| Gewichtszunahme/t Heu | 120 kg | 120 kg |

**Abb. 2.19.** Einfluss der Körpergröße und des Futterverbrauchs auf die Produktion. Das Körpergewicht eines Ochsen nimmt durch Fütterung mit einer Tonne Heu innerhalb von 130 Tagen von 600 kg auf 720 kg zu. 300 Kaninchen mit einem Gesamtgewicht von 600 kg nehmen durch Fütterung mit einer Tonne Heu ebenfalls um 120 kg zu. Trotz des wesentlich höheren täglichen Energiebedarfs der Kaninchen verwenden sie denselben Anteil der umgesetzten Futters zur Produktion, erreichen diesen Zuwachs an Körpergewicht allerdings innerhalb von 33 Tagen (Kleiber 1967)

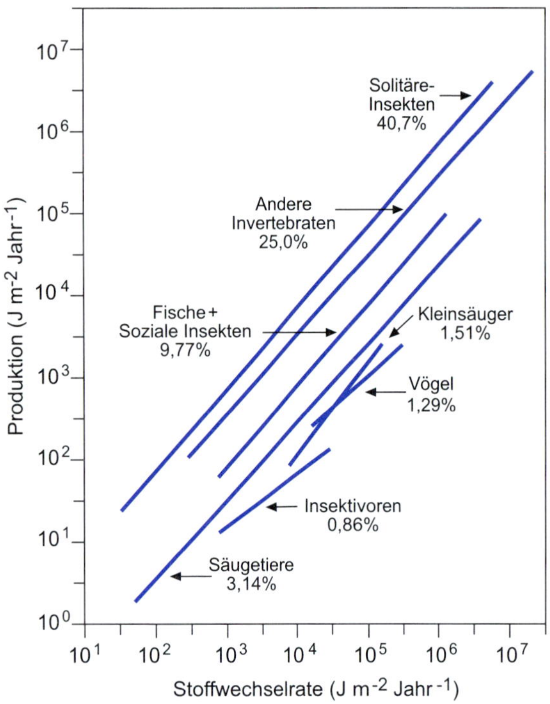


**Abb. 2.20.** Beziehung zwischen der Stoffwechselrate und der jährlichen Produktionsleistung von Tieren (nach Humphreys 1979)

onsleistung pro Jahr im Freiland verglichen (= Netto-Wirkungsgrad, = Produktionsquote) (Abb. 2.20). Aus den untersuchten Tierarten wurden Gruppen gebildet, wie Säugetiere oder Vögel, je nach der Ähnlichkeit der Beziehung zwischen Energieumsatz und Produktionsleitung. Die Steigung der Regressionen lag bei allen Gruppen nahe 1, d.h. die Produktion innerhalb der einzelnen Gruppen ist stets proportional dem Energieumsatz. Die Produktionsquote frei lebender Säugetiere (ohne Insektivoren und ohne Kleinsäuger-Populationen) von der Zwergmaus bis zum Elefanten beträgt 3,14%. Dies ist nur 1/10 des Netto-Wirkungsgrads, der während der Wachstumsphase im Labor oder der landwirtschaftlichen Tierhaltung gemessen werden kann. Der Unterschied ist nicht weiter verwunderlich, denn im Freiland müssen Tiere wesentlich mehr Zeit und Energie in die Nahrungssuche investieren, sie müssen außerdem soziale und territoriale Aktivitäten entwickeln, und sie beschränken Reproduktion und Wachstum auf die Jahreszeit mit dem besten Nahrungsangebot. Bei den Säugetieren gibt es zwei Gruppen, deren Netto-Wirkungsgrad hinter dem der anderen Säugetiere zurückbleibt. Das sind Insektivoren, die nur eine Produktionsquote von 0,86% erreichen, und Kleinsäuger-Populationen im Freiland mit einer mittleren Produktionsquote von 1,51%. Der niedrige Netto-Wirkungsgrad der Produktion von Insektivoren (6 Messungen an 4 Spitzmausarten) ist vermutlich eine Folge der hohen Energiekosten, die sie auf Grund ihrer geringen Größe für die Thermoregulation aufwenden müssen, durch die der relative Energieanteil für die Produktion im Jahresbudget geringer wird.

Ektotherme Tiere erreichen wesentlich höhere Produktionsquoten als endotherme Tiere, mit einem Spitzenwert von 40,7% bei solitären Insekten, gefolgt von anderen Evertebraten mit 25%. Der Netto-Wirkungsgrad sozialer Insekten liegt deutlich niedriger bei 9,77% und entspricht damit dem Netto-Wirkungsgrad von ektothermen Wirbeltieren. Dies könnte zu der Schlussfolgerung verleiten, dass Ektotherme bessere Produzenten sind. In der Tat ist ihre Produktionsleistung in Relation zu ihrem gesamten Energiebedarf deutlich höher. Aber dabei darf nicht übersehen werden, dass Ektotherme eine energetisch sehr sparsame Lebensweise haben. Ihr Energieumsatz in Ruhe beträgt nur 10–20% des Ruheumsatzes eines gleich großen endothermen Tieres bei gleicher Temperatur. Im Freiland leben sie meist bei niedrigerer Temperatur und können für längere Zeit in Winterschlaf, Kältestarre oder Diapause fallen, so dass sie ihre Existenz mit einem Bruchteil der Energiekosten eines gleich großen endothermen Tieres bestreiten können. Bei konstantem Energie- und Materialaufwand für Biosynthesen muss deshalb der relative Anteil der Produktion am gesamten Energiebudget bei Ektothermen höher liegen.

## Box 2.1

### Methoden der direkten Kalorimetrie

Alle Energie, die ein Tier umsetzt, wird in Wärme umgewandelt und nach außen abgegeben. Die abgegebene Wärmemenge kann mit drei unterschiedlichen Methoden gemessen werden:

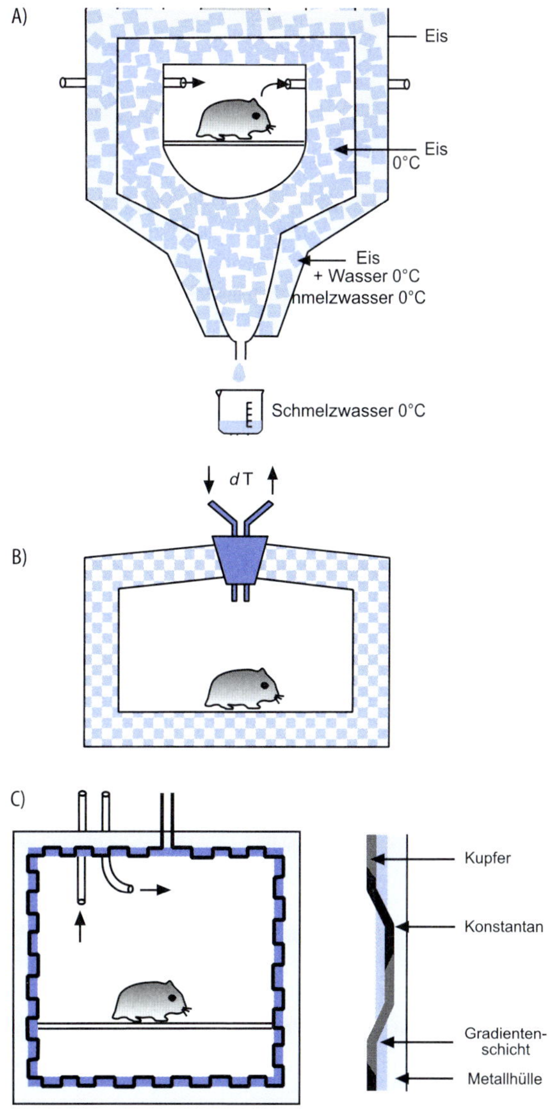


A) **Eiskalorimeter:** Dieses Prinzip wurde erstmals von Lavoisier eingesetzt, zum Nachweis, dass alle zum Leben notwendige Energie im Grunde aus Verbrennungsvorgängen im Körper gewonnen wird. Die äußere Hülle enthält ein Eis-Wassergemisch, dessen Temperatur bei 0 °C konstant bleibt und gleichzeitig eine Wärmezufuhr von außen in die innere Hülle verhindert. Die von Tieren abgegebene Wärmemenge bringt das Eis in der inneren Hülle zum Schmelzen. Sie wird aus der Menge des Schmelzwassers und dessen Schmelzwärme (334 kJ $g^{-1}$) berechnet. Nachteil ist, dass nur bei 0 °C gemessen werden kann.

B) **Wärmefalle** (Wärmesenken-Kalorimeter, *heat sink calorimeter*): Zur Messung wird ein Tier in eine sehr gut wärmeisolierte Kammer gesetzt. Im Idealfall ist diese nach dem Prinzip einer Thermoskanne aufgebaut, verspiegelt und mit vakuumisolierten Wänden versehen, so dass kein Wärmeaustausch über die Wand möglich ist. Die von einem Tier in dieser Kammer produzierte Wärmemenge wird nur über die Belüftung abtransportiert und kann aus dem Temperaturanstieg und der Luftmenge berechnet werden (Wärmekapazität der Luft 1,234 J $l^{-1}$°$C^{-1}$). Diese Methode eignet sich für Langzeitstudien an größeren Nutztieren und beim Menschen, da große und komfortable Messkammern aufgebaut werden können, in denen der Energieumsatz über mehrere Tage gemessen werden kann. Nachteil der Methode ist die zeitliche Trägheit der Messung, vor allem bei großen Kammern. Außerdem lässt sich, auch bei guter Isolierung, der Wärmeaustausch über die Wand nicht ganz vermeiden und muss zusätzlich gemessen und berücksichtigt werden, z. B. durch Eichung mit künstlichen Wärmequellen.

C) **Gradienten-Kalorimeter**: Die Wärmeabgabe führt zu einem Temperaturgradienten in der Umgebung des Tieres. Dieser geringe Temperaturgradient kann durch eine Serienschaltung von Thermoelementen messbar gemacht werden. Die Ausgangspannung des Kalorimeters hängt von der Größe der Messkammer und der Anzahl der hintergeschalteten Thermoelemente ab und wird mit einer künstlichen Wärmequelle geeicht (z. B. Stromfluss durch einen Widerstandsdraht). Wegen der aufwendigen Herstellung müssen die Kammern für Tiere unterschiedlicher Größe maßgeschneidert werden. Ihre Vorteile sind eine hohe Messgenauigkeit und die direkte Messung der Wärmeabgabe mit nur geringer zeitlicher Verzögerung im Vergleich zu den trägen Verfahren A und B.

## Box 2.2

### Methoden der indirekten Kalorimetrie

*Geschlossenes System*

Zur Messung des $O_2$-Verbrauchs in einem geschlossenen System wird ein Tier in eine luftdicht verschlossene Kammer gesetzt. Seine Stoffwechselendprodukte $CO_2$ und $H_2O$ werden chemisch absorbiert (z. B. mit NaOH und $P_2O_5$), sodass der Verbrauch an Sauerstoff die Gasmenge in der Kammer allmählich verringert. In einer Messkammer mit starren Wänden und konstantem Volumen senkt dies den Luftdruck, die Wassersäule des Manometers steigt zur Messkammer hin an und die verbrauchte Menge $O_2$ kann aus der Druckminderung berechnet werden [Gleichung (2)]. Bei längerfristigen Messungen wird reiner $O_2$ zum Druckausgleich über ein Ventil nachgefüllt, und diese Nachfüllmenge entspricht dem $O_2$-Verbrauch.

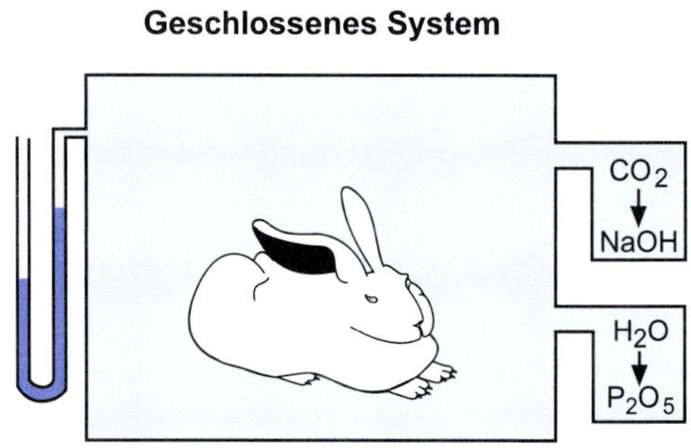


Obwohl das Messprinzip sehr einfach erscheint, hat es doch einige technische Tücken. Erstens muss die Messkammer luftdicht verschlossen sein, eine Forderung, die vor allem bei großen Messkammern nur mit erheblichem Aufwand zu erfüllen ist. Bei der Messung von kleinen Insekten oder Gewebestücken können kleine Messkammern durch Glasschliff o. ä. abgedichtet werden (z. B. Respirationsapparatur nach Warburg). Bei größeren Organismen wurden anfänglich die Deckel der Messkammern in Paraffin- oder Quecksilber-Wannen gestellt, was zwar Dichtigkeit garantiert, aber unhandlich und u.U. gesundheitsschädlich ist, da Tiere eingesetzt und entnommen werden und eventuell mit Käfig, Futter und Einstreu versorgt werden müssen. Ein zweites Problem ergibt sich aus der Temperaturverteilung in den Messkammern. Geringe Temperaturunterschiede verursachen Druck- und Volumenänderungen in der Messkammer und führen zu Fehlmessungen. Diese Gefahr wird verringert, indem man die gesamte Anlage in einem Wasserbad versenkt, was aber bei Messungen an großen Tieren nicht praktikabel ist.

Da das Volumen einer Gasmenge vom Druck und der Temperatur abhängt, gelten Gasmengen immer nur für eine bestimmte Temperatur und einen bestimmten Druck. Um Vergleiche zu ermöglichen, hat man sich darauf geeinigt, dass Gasvolumina immer für eine Standard-Bedingung angegeben werden (STPT, *standard pressure and temperature*), die dem Luftdruck auf Meereshöhe (760 mmHg, 21,2 kPa) und einer Temperatur von 0°C entsprechen. Für die Umrechnung wird das Gesetz von Boyle-Mariotte angewandt, das eine hyperbolische Beziehung zwischen Druck und Volumen eines Gases bei einer konstanten Temperatur postuliert

$$V = k\frac{1}{P} . \tag{1}$$

Daraus folgt für den Vergleich von zwei Bedingungen

$$V_s = V_1\frac{P_1}{P_s} , \tag{2}$$

Dabei ist $V_s$ das Standard-Volumen, $V_1$ das gemessene Volumen, $P_1$ der Druck unter welchem das Gas gemessen wurde, und $P_s$ der Druck unter Standardbedingungen (760 mmHg).

Nach dem Gesetz von Gay-Lussac nimmt, bei konstantem Druck, das Volumen eines Gases mit steigender Temperatur zu, und zwar proportional der Temperaturänderung in Kelvin [$T_1$ Messtemperatur, $T_s$ Standardtemperatur (273 K = 0 °C)]. Aus der Kombination beider Gesetze erhält man eine Formel mit der sich gemessene Gasvolumina ($V_1$) auf das Volumen unter STPT-Bedingungen ($V_s$) umrechnen lassen:

►

## Box 2.2 (Fortsetzung)

$$V_s = V_1 \frac{P_1}{P_s} \left( \frac{T_s}{T_1} \right) \tag{3}$$

*Offenes System*

Bei der Messung des $O_2$-Verbrauchs im offenen System wird Luft durch die Messkammer gepumpt und die Abnahme des $O_2$-Gehalts der Luft gemessen. Durch Multiplikation der Flussrate der Luft [$F$ (l $h^{-1}$)] mit der Veränderung im Gasgehalt [$\Delta O_2$ (Vol%)] erhält man die pro Zeiteinheit verbrauchte Menge an $O_2$ [$VO_2$ (ml $h^{-1}$)].

$$VO_2 = 10 \cdot \Delta O_2 \cdot F \tag{4}$$

Auf dieselbe Weise wird auch die $CO_2$-Produktion aus der Zunahme des $CO_2$-Gehalts der Messluft berechnet. Der Faktor 10 ergibt sich aus der Umrechnung von l in ml (=1000) und der Umrechnung von Vol% in Absolutwerte (=1/100). Aus dem $O_2$-Verbrauch kann der Energieumsatz abgeleitet werden ($\sim$20 J pro ml $O_2$; s. Tabelle 2.1). Für die genaue Bestimmung des Energieumsatzes mit indirekter Kalorimetrie ist zusätzlich der respiratorische Quotient notwendig ($RQ$ = Produktion $CO_2$/Verbrauch $O_2$) (s. Box 1.7). Der Energieumsatz [Wärmeproduktion, *„heat production"*, HP (mW = J $sec^{-1}$)] kann dann nach folgender Approximation berechnet werden (Heldmaier 1975):

$$HP = (4{,}44 + 1{,}44 \cdot RQ) \cdot VO_2 \tag{5}$$

Das **offene Messsystem** wurde erstmals 1862 von Pettenkofer für Respirationsmessungen am Menschen eingesetzt. Damals konnte nur die $CO_2$-Produktion, nicht jedoch der $O_2$-Verbrauch gemessen werden. Erst die Entwicklung empfindlicher Sensoren für $O_2$ machte die Technik auch für die Untersuchung von Tieren anwendbar. Ein Meilenstein war die Entwicklung magnetischer $O_2$-Analysatoren durch Pauling und seine Mitarbeiter (1946), die die paramagnetische Eigenschaf ten des $O_2$-Moleküls zum Nachweis nutzen. Heute werden zunehmend elektrochemische Nachweisverfahren oder Massenspektrometer eingesetzt, und die Messtechnik wurde so weit verfeinert, dass damit auch an völlig ungestörten Tieren im Freiland, in ihren natürlichen Bauten und Schlafhöhlen, der

**Offenes System**

Energieumsatz gemessen werden kann (z.B. Dausmann et al. 2000).

Zur Messung im offenen System sind keine luftdichten Messkammern erforderlich, sondern es muss gewährleistet sein, dass alle Atemluft über die durch das System gepumpte Messluft abtransportiert wird, und nichts durch Diffusion verloren geht. Für Messungen an frei beweglichen Tieren ist dies ein Vorteil gegenüber dem geschlossenen System. Die im Schema vorgeschlagene Messanordnung (Saug- anstatt Druckpumpe, isobare Messung der Gaskonzentration am Ende der pneumatischen Strecke) ist methodisch besonders robust und erfordert die geringsten Volumenkorrekturen. In Spezialfällen ist höchstens eine Korrektur des Volumens für den RQ erforderlich. Bei einem RQ von <1 wird mehr $O_2$ verbraucht als $CO_2$ produziert. Da die Flussrate erst nach der Messkammer gemessen wird, zeigt sie ein geringfügig zu niedriges Flussvolumen an. Aus den gemessenen $\Delta$Vol% für $O_2$ und $CO_2$ kann ein Korrekturfaktor $K_{Fluss}$ errechnet werden.

$$K_{Fluss} = 100/(100 - \Delta Vol\%\, O_2 + \Delta Vol\%\, CO_2) \tag{6}$$

Bei üblichen Messwerten (Vol%) von z.B. 0,5 für $O_2$ und 0,45 für $CO_2$ ($RQ$ = 0,9) ergibt dies einen $K_{Fluss}$ von 1,0005. In Anbetracht der Messgenauigkeit von handelsüblichen Gasanalysatoren und Flussmessern muss diese Korrektur im Normalfall nicht berücksichtigt werden, sondern nur, wenn extreme RQ's und hohe $\Delta$Vol% auftreten, und mit entsprechend hoch auflösender Analysentechnik gearbeitet wird.

## Box 2.3

### Verbrennungskalorimeter (Bombenkalorimeter)

Sowohl bei der Verbrennung im Kalorimeter als auch beim aeroben Stoffwechsel werden die energiereichen Kohlenhydrate, Lipide und Proteine in die energiearmen Endprodukte $CO_2$ und $H_2O$ abgebaut. Die Energiedifferenz zwischen Ausgangsmaterial und Endprodukt ist unabhängig von der Anzahl der beteiligten chemischen Reaktionen (Hess' Gesetz der konstanten Wärmesummen). Gleichgültig ob Kohlenhydrate in einer Flamme direkt verbrennen oder über zahlreiche Zwischenschritte des Stoffwechsels umgesetzt werden, liefern sie doch stets dieselbe Menge an Wärmeenergie.

Mit dem Verbrennungskalorimeter kann der Energiegehalt von Nährstoffen und anderen oxidierbaren Stoffen bestimmt werden. Eine getrocknete Probe des Stoffes wird in einem Metallzylinder (Bombe) mit reinem Sauerstoff unter hohem Druck verbrannt. Sauerstoff muss im Überschuss zugegeben werden, damit die Probe vollständig zu $H_2O$ und $CO_2$ abgebaut wird. In der gasdicht verschlossenen Bombe wird die Verbrennung elektrisch gezündet. Durch die Verbrennung steigt die Temperatur des Metallzylinders an (meist 10–30 °C), proportional zum Brennwert der Probe. Die Bombe wird geeicht, indem Standards mit bekanntem Energiegehalt verbrannt werden, z. B. Benzoesäure mit einem Brennwert von 26,4 kJ $g^{-1}$.

Kohlenhydrate haben einen Brennwert von 16–17 kJ $g^{-1}$, Proteine liegen bei 19 kJ $g^{-1}$, und den höchsten Brennwert haben Fette mit 38 kJ $g^{-1}$ (s. Tabelle 1.5 und Box 1.4). Die Nahrung besteht meist aus Mischungen aller drei Komponenten, so dass ihr Brennwert je nach Zusammensetzung zwischen 17 und 38 kJ $g^{-1}$ schwankt (s. Tabelle 1.6). Biologisches Material kann variable Anteile von Wasser und anorganische Verbindungen enthalten. Um diesen Fehler zu vermeiden, wird der Brennwert häufig auf das aschefrei Trockengewicht bezogen. Dies entspricht dem Brennwert der organischen Verbindungen, die in einer Probe enthalten sind.

Die mit dem Bombenkalorimeter bestimmte Wärmemenge stimmt nicht ganz genau mit dem Idealwert der Enthalpie ($\Delta H$) überein, da durch die Verbrennung ein Überdruck entsteht. Die wahre Änderung der Enthalpie müsste unter isobaren Bedingungen gemessen werden, wie sie auch bei der Oxidation in den Mitochondrien herrschen (s. auch Kapitel Freie Energie). Üblicherweise liegen die Brennwerte von biologischem Material aber nahe am isobaren Idealwert (Abweichung $\sim 1\%$), so dass eine ausreichende Genauigkeit für Messungen des Energiehaushalts von Tieren gegeben ist.

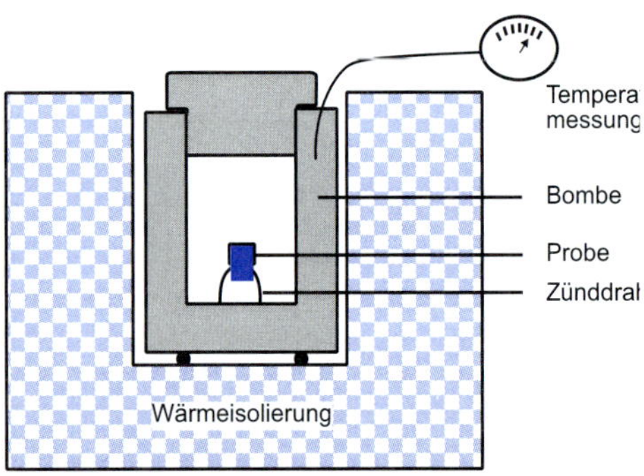

## Box 2.4

### Wärmeäquivalente des oxidativen Abbaus von Kohlenhydraten, Lipiden und Proteinen

Beim oxidativen Abbau von einem mol Glucose werden 6 mol Sauerstoff verbraucht, 6 mol Kohlendioxid und Wasser produziert, und ein Energiebetrag von 2864 kJ freigesetzt:

$$C_6H_{12}O_6 + 6\,O_2 \longrightarrow 6\,CO_2 + 6\,H_2O + 2864\,kJ$$

Aus dieser stöchiometrischen Gleichung folgt, dass die Glucose ein kalorisches Äquivalent von 2864 kJ $mol^{-1}$ hat oder umgerechnet 15,9 kJ $g^{-1}$. Auf dieselbe Weise ergeben sich auch die kalorischen Äquivalent für verbrauchten Sauerstoff, produziertes Kohlendioxid und Wasser.

| Einheit | Glucose | Lipid | Protein |
|---|---|---|---|
| $lO_2\ g^{-1}$ | 0,746 | 2,01 | 0,99 |
| $lCO_2\ g^{-1}$ | 0,746 | 1,40 | 0,83 |
| RQ | 1,00 | 0,707 | 0,84 |
| | Kalorische Äquivalente | | |
| kJ $mol^{-1}$ (Substrat) | 2864 | 10042 | – |
| kJ $g^{-1}$ (Substrat) | 15,9 | 39,2 | 19,0 |
| kJ $lCO_2^{-1}$ | 21,3 | 28,1 | 23,2 |
| kJ $molO_2^{-1}$ | 477 | 447 | 436 |
| kJ $lO_2^{-1}$ | 21,3 | 19,7 | 19,5 |

Der oxidative Abbau von Lipiden (z.B. Palmitinsäure) bringt wesentlich höhere Energieausbeuten pro mol und pro g Substrat:

$$C_6H_{32}O_2 + 23\,O_2 \longrightarrow 16\,CO_2 + 16\,H_2O + 10042\,kJ$$

Werden diese jedoch auf die Menge an verbrauchtem Sauerstoff bezogen, so ergibt sich mit 19,7 kJ $lO_2^{-1}$ eine ähnliche Energieausbeute wie beim oxidativen Abbau von Glucose (21,3 kJ $lO_2^{-1}$).

Die Stöchiometrie des Proteinabbaus ist wesentlich komplexer, da Proteine neben den Atomen Kohlenstoff, Wasserstoff und Sauerstoff auch noch Stickstoff und Schwefel enthalten. 100 g Trockengewicht eines typischen Muskelfleisches bestehen aus etwa 52 g C, 23 g O, 7 g H, 17 g N, 1 g S und haben einen Brennwert von 2364 kJ. In diesem Fall kann jedoch der Brennwert aus dem Bombenkalorimeter nicht der Energieausbeute von Proteinen *in vivo* entsprechen, da die Verbrennung von N im Bombenkalorimeter zu anderen Endprodukten führt als der oxidative Abbau von Proteinen in den Zellen von Lebewesen. Beim biologischen Abbau von N-haltigen Verbindungen entstehen die Endprodukte Ammoniak ($NH_3$), Harnstoff ($CO(NH_2)_2$) oder Harnsäure ($C_5H_4O_3N_4$). Alle drei enthalten noch Energie für den oxidativen Abbau, aber werden ausgeschieden. Ammoniak hat einen Brennwert von 348 kJ $mol^{-1}$, Harnstoff 634 kJ $mol^{-1}$, und Harnsäure 1926 kJ $mol^{-1}$. Ihr Brennwert muss deshalb vom Brennwert des Proteins subtrahiert werden. Ausgehend von der Zusammensetzung von 100 g Muskelprotein ergeben sich deshalb jeweils unterschiedliche Bilanzen:

| Summenformel für 100 g Protein (Trockengewicht) | $C_{4,33}H_{6,94}O_{1,44}N_{1,21}S_{0,03}$ | | | |
|---|---|---|---|---|
| + Sauerstoff | $+5{,}37\ O_2$ ↓ | $+4{,}50\ O_2$ ↓ | $+4{,}50\ O_2$ ↓ | $+4{,}04\ O_2$ ↓ |
| N-Abbauweg | Verbrennung | Ammoniak | Harnstoff | Harnsäure |
| Reaktionsprodukte | $0{,}607\ N_2$<br>$+4{,}33\ CO_2$<br>$+3{,}47\ H_2O$<br>$+0{,}03\ SO_2$ | $1{,}21\ NH_3$<br>$+4{,}33\ CO_2$<br>$+1{,}65\ H_2O$<br>$+0{,}03\ SO_4^-$ | $0{,}607\ CO(NH_2)_2$<br>$+3{,}72\ CO_2$<br>$+2{,}26\ H_2O$<br>$+0{,}03\ SO_4^-$ | $0{,}303\ C_5H_4O_3N_4$<br>$+2{,}81\ CO_2$<br>$+2{,}86\ H_2O$<br>$+0{,}03\ SO_4^-$ |
| kJ pro 100 g Protein | 2364 | 1942 | 1979 | 1779 |
| kJ pro N | 1948 | 1625 | 1631 | 1466 |
| kJ pro mol $O_2$ | 439,6 | 431,6 | 440 | 440 |
| kJ pro Liter $O_2$ | 19,6 | 19,3 | 19,6 | 19,6 |
| Respiratorischer Quotient | 0,805 | 0,962 | 0,827 | 0,695 |

►

## Box 2.4 (Fortsetzung)

Während die Verbrennung etwa 23,6 kJ $g^{-1}$ Protein liefert, so beträgt die kalorische Ausbeute beim Endprodukt Ammoniak nur 19,4 kJ $g^{-1}$, bei Harnstoff 19,8 kJ $g^{-1}$ und ist bei Harnsäure am geringsten mit 17,8 kJ $g^{-1}$. Beziehen wir jedoch die Energieausbeute des Proteinabbaus auf den dazu verbrauchten Sauerstoff so ergeben sich bei allen Abbauwegen ähnliche Werte von etwa 19,5 kJ $lO_2^{-1}$ (436 kJ $mol^{-1}$). D.h. der Proteinabbau hat einen konstanten oxikalorischen Wert, unabhängig vom Abbauweg und den dabei ausgeschiedenen Endprodukten. Große Unterschiede bestehen jedoch im respiratorischen Quotienten (RQ), der zwischen 0,96 beim Abbau zu Ammoniak und 0,70 beim Abbau zu Harnsäure schwankt. Als Mittelwert für den Proteinabbau wird deshalb häufig ein RQ von 0,84 angenommen, der dicht beim RQ für Harnstoff (0,83) liegt.

## Box 2.5

**Messung des Wirkungsgrads der Arbeit eines Pferdes**

Das Pferd hebt eine Last W und legt dabei auf dem Laufband eine bestimmte Strecke in einer bestimmten Zeit zurück. Im hier ausgeführten Beispiel leistet es eine Arbeit von 5313 mkg (53,13 kJ) pro min (Brody 1974, Kleiber 1967)

Gemessener Energieumsatz:

| | |
|---|---|
| Energieumsatz in Ruhe | = 34,7 kJ/min |
| bei Arbeit | = 223,4 kJ/min |
| Differenz | = 188,7 kJ/min |
| Bei lastfreiem Gehen | = 71,6 kJ/min |
| Differenz | = 36,9 kJ/min |

*Wirkungsgrad der Arbeit beim Ziehen einer Last:*

Gesamtwirkungsgrad (% von 223,4)
$= 100 \cdot 53{,}13/223{,}4$ = **23,8%**

Nettowirkungsgrad (% von 118,7)
$= 100 \cdot 53{,}13/188{,}7$ = **28,2%**

Absoluter Wirkungsgrad (% von 151,8)
$= 100 \cdot 53{,}13/(188{,}7-36{,}9)$ = **35,0%**

## Literatur


Aebi H (1967) Kinetik. In: Biochemisches Taschenbuch. Springer, Berlin Heidelberg New York, S 159–192

Aschoff J, Kramer K (1971) Energiestoffwechsel. In: Gauer OHG, Kramer K, Jung R (Hrsg) Physiologie des Menschen. Band 2: Energiehaushalt und Temperaturregulation. Urban & Schwarzenberg, München

Aschoff J, Pohl H (1970) Der Ruheumsatz von Vögeln als Funktion der Tageszeit und der Körpergröße. J Ornithol 3:38–48

Bairlein F, Gwinner E (1994) Nutritional mechanisms and temporal control of migratory energy accumulation in birds. Ann Rev Nutr 14:187–215

Bartholomew GA, Casey TM (1977) Body temperature and oxygen consumption during rest and activity in relation to body size in some tropical beetles. J Therm Biol 2:173–176

Bartholomew GA, Casey TM (1978) Oxygen consumption of moths during rest, pre-fleight warm-up, and flight in relation to body size and wing morphology. J Exp Biol 76:11–25

Baudinette RV, Nagle KA, Scott RAD (1976) Locomotory energetics in dasyurid marsupials. J Comp Physiol 109:159–168

Berger M (1984) Sauerstoffverbrauch von Kolibris (*Colibri coruscans* und *C. thalassinus*) beim Horizontalflug. In: Nachtigall W (Hrsg) Biona Report 3. Bird Flight. Fischer, Stuttgart 1984, S 307–314

Berthold P (1996) Control of bird migration. Chapman & Hall, London

Biebach H (1992) Flight-range estimates for small trans-Sahara migrants. Ibis 134, Suppl 1:47–54

Bishop CM (1999) The maximum oxygen consumption and aerobic scope of birds and mammals: getting to the heart of the matter. Proc R Soc Lond B 266:2275–2281

Brand MD, Couture P, Else PL, Wither KW, Hulbert AJ (1991) Evolution of energy metabolism: proton permeability of the inner membrane of liver mitochondria is greater in a mammal than a reptile. Biochem J 275:81–86

Brand MD, Chien LF, Ainscow EK, Rolfe DFS, Porter RK (1994) The causes and functions of mitochondrial proton leaks. BBA 1187:132–139

Bouillaud F, Couplan E, Pecqueur C, Ricquier D (2001) Homologues of the uncoupling protein from brown adipose tissue (UCP1): UCP2, UCP2, BMCP1 and UCP4. BBA 1504:107–119

Brody S (1945) Bioenergetics and growth. Reinhold, New York

Buck LT (2000) Succinate and alanine as aerobic end-products in the diving turtle. Comp Biochem Physiol B 126:409–413

Crocker CE, Ultsch GR, Jackson DC (1999) The physiology of diving in a north-temperate and three tropical turtle species. J Comp Physiol 169:249–255

Daan S, Masman D, Groenewold A (1989) Avian basal metabolic rates: Their association with body composition and energy expenditure in nature. Am J Physiol 259:R333–R340

Darveau CA, Suarez RK, Andrews RD, Hochachka PW (2002) Allometric cascade as a unifying principle of body mass effects on metabolism. Science 417:166–170

Dausmann KH, Ganzhorn JU, Heldmaier G (2000) Body temperature and metabolic rate of a hibernating primate in Madagascar: Preliminary results from a field study. In: Heldmaier G, Klingenspor M (eds) Life in the cold. Proceedings of the 11th hibernation symposium. Springer, Berlin Heidelberg New York Tokyo, pp 41–48

Dawson TJ, Taylor CR (1973) Energetic cost of locomotion in kangaroos. Nature 246:313–314

Degen AA (1997) Ecophysiology of small desert mammals. In Cloudsley-Thompson LL (ed) Adaptations of Desert Organisms. Springer, Berlin Heidelberg New York Tokyo

de Zwaan A (1983) Carbohydrate metabolism in bivalves. In: Hochachka P (ed) The mollusca. Vol 1. Metabolic biochemistry and molecular biomechanics. Academic Press, New York, pp 138–176

Eckhardt KU (1994) Erythropoietin: Oxygen-dependent control of erythropoiesis and its failure in renal desease. Nephron 67:7–23

Elgar MA, Harvey PH (1987) Basal metabolic rates in mammals: allometry, phylogeny and ecology. Funct Ecol 1:25–36

Else PL, Hulbert AJ (1981) Comparison of the „mammal machine" and the „reptile machine": energy production. Am J Physiol 240:R3–R9

FAO/WHO (1973) Joint Expert Committee on energy and Protein Requirements. Wld Hlth Org techn Rep Ser No 522

Feldman HA, McMahon TA (1983) The 3/4 mass exponent for energy metabolism is not a statistical artifact. Respirat Physiol 52:149–163

Firth JD, Ebert BL, Pugh CW, Ratcliff PJ (1994) Oxygen-related control elements in the phosphoglycerate kinase 1 and lactate dehydrogenase A genes: Similarities with the erythropoietin 3′ enhancer. Proc Natl Acad Sci USA 91:6496–6500

Gnaiger E (1977) Thermodynamic considerations of invertebrate anoxibiosis. In: Lamprecht I, Schaarschmidt B (eds) Applications of calorimetry in life sciences. de Gruyter, Berlin, pp 281–303

Gnaiger E (1983) Heat dissipation and energetic efficiency in animal anoxibiosis: Economy versus power. J exp Zool 228:471–490

Grodzinski W, Wunder BA (1976) Ecological energetics of small mammals. In: Golley FB, Petrusewicz K, Ryszkowski L (eds) Small mammals: Their productivity and population dynamics. International Biological Program 5. Cambridge Univ Press, pp 173–204

Grodzinsky W, Böckler H, Heldmaier G (1988) Basal and cold-induced metabolic rates in the Harvest mouse, *Micromys minutus*. Acta Theriol 33:293–291

Guppy M, Hulbert WC, Hochachka PW (1979) Metabolic sources of heat and power in tuna muscles. J exp Biol 82:303–320

Hammond KA, Diamond J (1997) Maximal sustained energy budgets in humans and animals. Science 386:457–462

Hand SC, Hardewig I (1996) Downregulation of cellular metabolism during environmental stress - mechanisms and implications. Ann Rev Physiol 58:539–563

Hart JS (1971) Rodents. In: Whittow GC (ed) Comparative physiology of thermoregulation. Vol II. Mammals. Academic Press, pp 1–149

Hayssen V, Lacy RC (1985) Basal metabolic rates in mammals: Taxonomic differences in the allometry of BMR and body mass. Comp Biochem Physiol 81A:741–754

Heldmaier G, Ortmann S, Körtner G (1993) Energy requirements of hibernating Alpine marmots. In: Carey C, Florant GL, Wunder BA, Horwitz B (eds) Life in the cold: ecological, physiological and molecular mechanisms. Westview, Boulder, pp 175–183

Heldmaier G, Steinlechner S (1981) Seasonal control of energy requirements for thermoregulation in the Djungarian hamster (*Phodopus sungorus*) living in a natural photoperiod. J Comp Physiol 142:429–437

Hemmingsen AM (1960) Energy metabolism as related to body size and respiratory surfaces, and its evolution. Rep Steno Memorial Hosp Nord Insulinlab 9:1–110

Herreid CF, Kessel B (1967) Thermal conductance in birds and mammals. Comp Biochem Physiol 21:405–414

Heusner AA (1982) Energy metabolism and body size. I. Is the 0.75 mass exponent of Kleibers equation a statistical artifact? Respir Physiol 48:1–12

Hillman SS, Withers PC (1979) An analysis of respiratory surface area as a limit to activity metabolism in anurans. Can J Zool 57:2100–2105

Hoffman L, Schiemann R (1973) Die Verwertung der Futterenergie durch die legende Henne. Arch Tierernährung 23:105–132

Hochachka PW (1980) Living without oxygen. Harvard Univ Press, Cambridge/MA

Hochachka PW (2000) Pinniped diving response mechanism and evolution: A window on the paradigm of comparative biochemistry and physiology. Comp Biochem Physiol A 126:435–458

Hochachka PW, Guppy M, Guderley HE, Storey KB, Hulbert WC (1978) Metabolic biochemistry of water versus air-breathing fishes: Muscle enzymes and ultrastructure. J Zool 56:736–750

Hochachka PW, Somero GN (1980) Strategien biochemischer Anpassung. Thieme, Stuttgart

Holpainen IJ, Hyvarinen H, Piironen J (1986) Anaerobic wintering of crucian carp (*Carassius auratus* L.) II. Metabolic products. Comp Biochem Physiol A 1983:239–242

Humphreys WF (1979) Production and respiration in animal populations. J Anim Ecol 48:427–453

Jackson DC (1968) Metabolic depression and oxygen depletion in the diving turtle. J Appl Physiol 24:503–509

Jobling M, Davis PS (1980) Effects of feeding on metabolic rate and the specific dynamic action in plaice, *Pleuronectes platessa*. J Fish Biol 16:629–638

Jorgensen PL, Pedersen PA (2001) Structure-function relationships of $Na^+$, $K^+$, ATP, or $Mg^{2+}$ binding and energy transduction in Na, K-ATPase. Biochim Biophys Acta 1505:57–74

Kellner O (1919) Die Ernährung der landwirtschaftlichen Nutztiere. Paul Parey, Berlin

Kiorboe T, Mohlenberg F (1987) Partitioning of oxygen consumption between maintenance and growth in developing herring *Clupea harengus* (L.) embryos. J Exp Mar Biol Ecol 111:99–108

Kleiber M (1932) Body size and metabolism. Hilgardia 6:315–353

Kleiber M (1967) Der Energiehaushalt von Mensch und Haustier. Paul Parey, Hamburg

Klingenberg M, Echtay KS (2001) Uncoupling proteins: the issues from a biochemist point of view. BBA 1504:128–143

Koteja P (1987) On the relation between basal and maximum metabolic rate in mammals. Comp Biochem Physiol 87A:205–208

Kozlowski J, Weiner J (1997) Interspecific allometries are by-products of body size optimisation. Am Nat 149:352–380

Land SC, Hochachka PW (1995) Protein turnover during metabolic arrest in turtle hepatocytes: role and energy dependence of proteolysis. Am J Physiol 266:C1028–C1036

Le Maho Y (1977) The Emperor penguin: A strategy to live and breed in the cold. Amer Sci 65:680–693

Lipman F (1941) Metabolic generation of phosphate bond energy. Advan Enzymol Rel Areas Mol Biol 1:99–162

Löffler G, Petrides PE (1997) Biochemie und Pathobiochemie. 5. Aufl. Springer, Berlin Heidelberg New York Tokyo

Margaria R (1976) Biomechaniscs and energetics of muscular exercise. Clarendon Press, Oxford

Margulis L (1975) Symbiontic theory for the origin of the eukarytic organelles: Criteria for proof. Symp Exp Biol 29:21–37

Mathieu O, Krauer R, Hoppeler H, Gehr P, Lindstedt SL, Alexander RM, Taylor CR, Weibel ER (1981) Design of the mammalian respiratory system. VII. Scaling mitochondrial volumes in skeletal muscle to body mass. Respir Physiol 44:13–126

McMahon T (1973) Size and shape in biology. Science 179:1201–1204

Mount LE (1968) The climatic physiology of the pig. Edward Arnold, London

Neumann RL, Cade TJ (1965) Torpidity in the Mexican ground squirrel *Citellus mexicans parvidens*. Can J Zool 43:33–140

Nicholls DG, Ferguson SJ (1992) Bioenergetics 2. Academic Press, London

Ortmann S, Heldmaier G (2000) Regulation of body temperature and energy requirements of hibernating Alpine marmots. Am J Physiol 278:R698–R704

Passmore R, Durnin JVGA (1955) Human energy expenditure. Physiol Rev 35:801–840

Porter RK (2001) Mitochondrial proton leak: a role for uncoupling proteins 2 and 3? BBA 1504:120–127

Porter RK, Brand M (1993) Body mass dependency of H+ leak in mitochondria and its relevance to metabolic rate. Nature 362:628–630

Rausch RN, Crawshaw LI, Wallace HL (2000) Effects of hypoxia, anoxia, and endogenous ethanol in thermoregulation in goldfish, *Carassius auratus*. Am J Physiol 278:R545–R555

Reese SA, Crocker CE, Jackson DC, Ultsch GR (2001) The physiology of hibernation among painted turtles: the midland painted turtle (*Chrysemys picta marginata*). Respir Physiol 124:43–50

Rolfe DF, Brown GC (1997) Cellular energy utilization and molecular origin of standard metabolic rate in mammals. Physiol Rev 77:731–758

Rolfe DF, Newman JM, Buckingham JA, Clark MG, Brand MD (1999) Contribution of mitochondrial proton leak to respiration rate in working skeletal muscle and liver and to SMR. Am J Physiol 276:C692–699

Rubner M (1883) Über den Einfluß der Körpergröße auf den Stoff- und Kraftwechsel. Z Biol 19:535–562

Rubner M (1902) Die Gesetze des Energieverbrauchs bei der Ernährung. Deuticke, Leipzig

Seeherman HJ, Dmi'el R, Gleeson TT (1983) Oxygen consumption and lactate production in varanid and iguanid lizards: A mammalian relationship. In: Knuttgen HG, Vogel JA, Poortmans J (eds) Biochemistry of Exercise, Int Ser Sport Sci 13, Kinetics, Champaign, pp 421–427

Schmidt-Nielsen K (1984) Scaling. Why is animal size so important. Cambridge Univ Press

Schmidt-Nielsen K, Pennycuik P (1961) Capillary density in mammals in relation to body size and oxygen consumption. Am J Physiol 200:746–750

Shoubridge EA, Hochachka PW (1980) Ethanol: novel end product of vertebrate anaerobic metabolism. Science 209:308–309

Stryer L (1996) Biochemie. 4. Aufl. Spektrum, Heidelberg

Taylor CR, Schmidt-Nielsen K, Raab JL (1970) Scaling of the energetic cost of running to body size in mammals. Am J Physiol 219:1104–1107

Taylor RC, Maloiy GMO, Weibel ER, Langman VA, Kamau JMZ, Seeherman HJ, Heglund NC (1980) Design of the mammalian respiratory system. III. Scaling maximum aerobic capacity to body mass: wild and domestic animals. Resp Physiol 44:25–37

Tucker VA (1968) Respiratory exchange and evaporative water loss in the flying budgeriar. J Exp Biol 48:67–87

Tucker VA (1975) The energetic cost of moving about. Am Sci 63:413–419

Webster KA, Discher DJ, Hernandez OM, Yamashita K, Bishopric NH (2000) A glycolytic pathway to apoptosis of hypoxic cardiac myocytes. In: Lahiri S, Prabhakar NR, Forster RE (eds) Oxygen sensing – molecules to man. Kluwer Academic / Plenum. New York, pp 161–178

Weiner J (1977) Energy metabolism of the roe deer. Acta Theriol 22:3–24

Wenger RH, Gassman M (1997) Oxygen(es) and the hypoxia inducible factor 1. Biol Chem 378:609–616

West GB, Brown JH, Enquist BJ (1997) A general model for the origin of allometric scaling laws in biology. Science 276:122–126

Wieser W (1986) Bioenergetik. Energietransformation bei Organismen. Thieme, Stuttgart

# 3 Temperaturwirkungen und Thermoregulation

## 3.1 Temperaturabhängigkeit von Lebensvorgängen

Die Atome und Moleküle eines Gasgemisches oder einer Lösung sind ständig in Bewegung und kollidieren miteinander. Bei den Kollisionen können sie Bewegungsenergie abgeben oder gewinnen. Deshalb streut die kinetische Energie der Teilchen von sehr hohen bis sehr niedrigen Werten (Box 3.1). Die **Temperatur** ist nichts anderes als eine Maßeinheit für die **mittlere kinetische Energie** der Moleküle eines Körpers. Beim absoluten Nullpunkt der Temperatur (–273,15 °C) kommt jede Molekularbewegung zum Stillstand, d.h. die kinetische Energie ist null, und je wärmer es wird, desto größer ist die mittlere kinetische Energie der Teilchen. Zur Messung der Temperatur wurde eine völlig willkürliche Maßeinteilung geschaffen, die den Gefrierpunkt des Wasser als null und den Siedepunkt als 100 °C bezeichnet. Für thermodynamische Betrachtungen ist die Maßeinheit Kelvin anschaulicher, da diese Skala beim absoluten Nullpunkt der Temperatur beginnt; die Skaleneinteilung erfolgt aber in denselben Schritten wie bei °C ($d$K = $d$°C). Die Temperatur ist also keine physikalische Größe an sich, sondern nur ein Hilfsmittel, um die mittlere kinetische Energie der Moleküle und damit den Wärmegehalt eines Systems zu beschreiben. Warm und kalt sind ausschließlich subjektive Empfindungen. Wenn wir ein Objekt berühren, das eine höhere Temperatur als die unserer Finger hat, werden wir es als warm empfinden, und wenn seine Temperatur niedriger liegt, werden wir es als kalt bezeichnen. Wärme und Kälte sind deshalb auch keine eigenständigen physikalischen Qualitäten, sondern nur unterschiedliche Bereiche auf der Energieskala, und „Kälte" als solche existiert überhaupt nicht, sie kann allenfalls physikalisch als das Fehlen von Wärme definiert werden.

Die kinetische Energie der Moleküle ist Voraussetzung dafür, dass chemische Reaktionen stattfinden. Je wärmer ein Körper ist, desto größer ist die kinetische Energie der Moleküle und desto rascher werden biochemische Prozesse ablaufen. Als Beispiel für die **Temperaturabhängigkeit** eines biologischen Vorgangs soll die Herzfrequenz von Wasserflöhen (*Daphnia pulex*) dienen (Abb. 3.1 oben). Je höher die Temperatur, desto höher ist die Herzfrequenz der Daphnien. Charakteristisch für diesen Temperatureffekt ist, dass die Herzfrequenz nicht linear, sondern exponentiell mit steigender Temperatur beschleunigt wird. Wegen dieser Eigenschaft werden Temperaturabhängigkeiten häufig mit dem $Q_{10}$ beschrieben, also dem Faktor, um den eine Umsatzrate steigt, wenn die Temperatur um 10 °C angehoben wird. Für die meisten biochemischen Reaktionen ergibt sich ein $Q_{10}$ von 2,0–3,0, oder in Worten ausgedrückt, die Stoffwechselrate wird verdoppelt bis verdreifacht, wenn die Temperatur um 10 °C ansteigt, bzw. auf die Hälfte bis ein Drittel verlangsamt, wenn die Temperatur um 10 °C sinkt. Der $Q_{10}$ eignet sich jedoch nur bedingt für die Beschreibung von Temperatureffekten, da er selbst temperaturabhängig ist (Box 3.1).

Wird die Herzfrequenz nicht linear sondern logarithmisch aufgetragen, so resultiert eine Gerade für die Beziehung zwischen Temperatur und Herzfrequenz (Abb 3.1 Mitte). Dies entspricht der aus thermodynamischen Gründen erwarteten Temperaturwirkung und ist ein einfacher Weg, um die Temperaturabhängigkeit eines biologischen Vorgangs zu überprüfen. We-

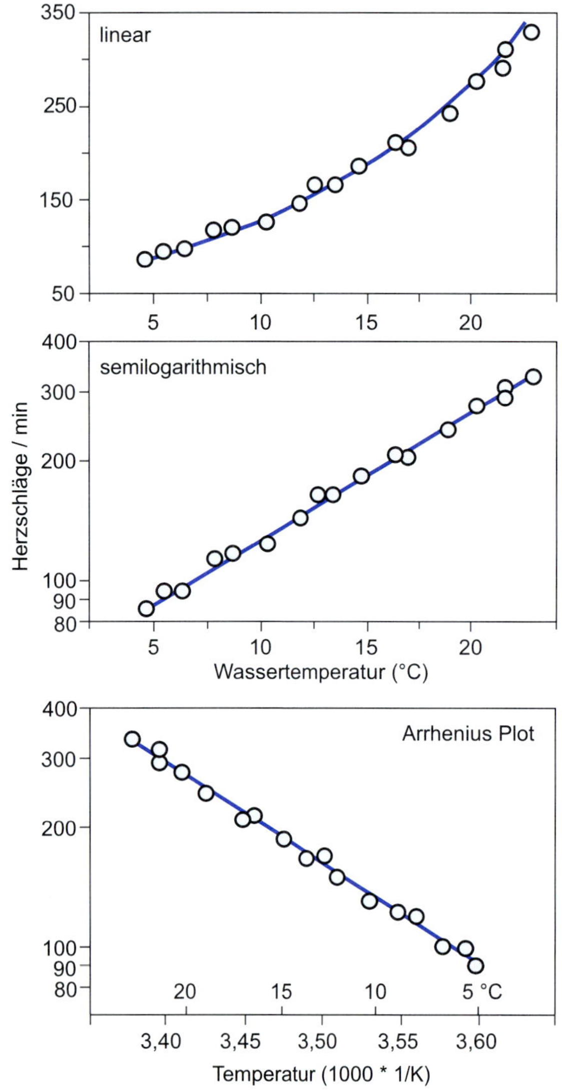


**Abb. 3.1.** Einfluss der Temperatur auf die Herzfrequenz des Wasserflohs (*Daphnia pulex*). In der *oberen Abbildung* ist die Herzfrequenz mit einer linearen Skala gegen die Temperatur aufgetragen. Im *mittleren Bild* sind dieselben Daten logarithmisch gegen die Temperatur aufgetragen und ergeben nur ein Gerade. Im *unteren Bild* ist der Logarithmus der Herzfrequenz gegen den Reziprokwert der Temperatur in Kelvin aufgetragen (Arrhenius-Plot, s. Box 3.1)

sentlich aussagekräftiger ist der Arrhenius-Plot, bei dem der Logarithmus der Herzfrequenz gegen den Reziprokwert der Absoluttemperatur aufgetragen wird (Abb. 3.1 unten). Die Messwerte liegen dann auf einer Geraden, deren Steigung der Aktivierungsenergie ($E_a$) entspricht (Box 3.1).

Obwohl die Aktivierungsenergie streng genommen nur für eine definierte chemische Reaktion angegeben werden kann, wird sie auch aus der Temperaturabhängigkeit von komplexen Stoffwechselprozessen in isolierten Geweben oder auch ganzen Tieren berechnet. Zur Unterscheidung wird sie in solch komplexen Systemen auch als scheinbare Aktivierungsenergie ($\mu$ anstatt $E_a$) bezeichnet. Aus demselben Grund wird der $Q_{10}$ gelegentlich ebenfalls als scheinbarer $Q_{10}$ (*apparent* $Q_{10}$) bezeichnet. Bemerkenswert ist, dass die Temperaturabhängigkeit und die Aktivierungsenergie von einzelnen biochemischen Reaktionen denen von isolierten Geweben oder von ganzen Tieren sehr ähnlich sind. Meist liegen sowohl $E_a$ als auch $\mu$ zwischen 10 und 100 kJ $mol^{-1}$. Die Gründe für diese Ähnlichkeit sind nicht klar. Eine Erklärung könnte darin bestehen, dass bei komplexen Stoffwechselprozessen *in vivo* ein einzelner Reaktionsschritt geschwindigkeitsbestimmend ist, dessen Temperaturabhängigkeit dann das Verhalten des gesamten Systems bestimmt.

## 3.2 Thermische Grenzen des Lebens

### 3.2.1 Minimum in Kälte

Die absolute Untergrenze der Temperatur für tierisches Leben ist eindeutig definiert, durch den Gefrierpunkt der Körperflüssigkeiten. Alle biochemischen Reaktionen in der Zelle laufen in wässriger Lösung ab, und wenn das Körperwasser zu Eis erstarrt, so ist kein Stoffwechsel mehr

## Box 3.1

### Wirkung der Temperatur auf Stoffwechselraten

Beim absoluten Nullpunkt der Temperatur (0 K= −273,15 °C) ist die kinetische Energie der Moleküle gleich null und es können keine chemischen Reaktionen stattfinden. Mit steigender Temperatur nimmt die kinetische Energie zu, wobei die Energiezustände der einzelnen Moleküle über einen weiten Bereich streuen, wie dies aus der Häufigkeitsverteilung der Energie in Abb. 1 zu erkennen ist (— und —). Der Mittelwert der kinetischen Energie der Moleküle ($V_k$ und $V_w$) entspricht dem mittleren Wärmegehalt des Systems und damit der Temperatur. Je höher die kinetische Energie der Moleküle ist, desto häufiger treffen sie aufeinander und können reagieren. Die Reaktionsrate steigt exponentiell mit der Temperatur an, wie es durch die Gasgesetze beschrieben wird [Gleichung (2)].

Für den Ablauf einer chemischen Reaktion ist nicht der mittlere Wärmegehalt entscheidend, sondern die Anzahl der Moleküle, deren kinetische Energie eine für die Reaktion erforderliche energetische Schwelle, die Aktivierungsenergie ($E_a$ oder $\mu$, s. Kap. 1.3 Bioenergetik, S. 4), übertrifft. Je höher die Temperatur, desto höher liegt der Anteil dieser reaktionsbereiten Moleküle; aus diesem Grund werden alle biochemischen Prozesse durch Wärme beschleunigt.

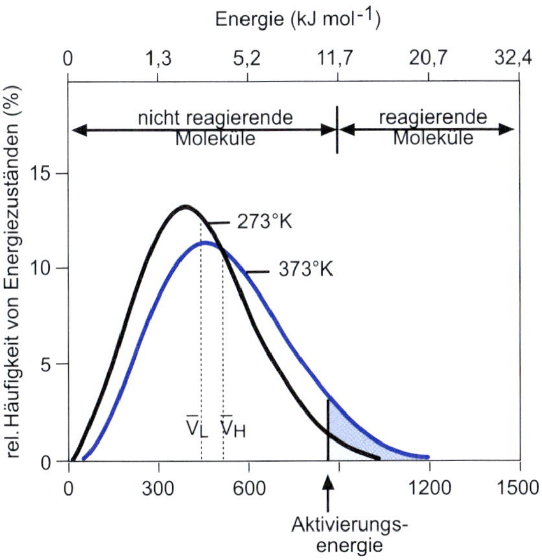


**Abb. 1.** Häufigkeitsverteilung des Energiegehalts von Molekülen bei zwei verschiedenen Temperaturen

**$Q_{10}$-Effekt:**

Die Temperaturwirkung auf biologische Prozesse wird häufig mit dem $Q_{10}$ beschrieben (van t'Hoff-Regel, RGT-Regel). Dieser Faktor gibt an, wie stark ein biologischer Prozess bei einer Temperaturerhöhung um 10 °C beschleunigt wird oder umgekehrt bei einer Temperatursenkung um 10 °C verlangsamt wird. Der $Q_{10}$-Effekt für biologische Prozesse liegt meist zwischen 1,8 und 3,0, d. h. eine Temperaturerniedrigung um 10 °C halbiert oder drittelt die Reaktionsgeschwindigkeit, wie in der Graphik vergleichend dargestellt.

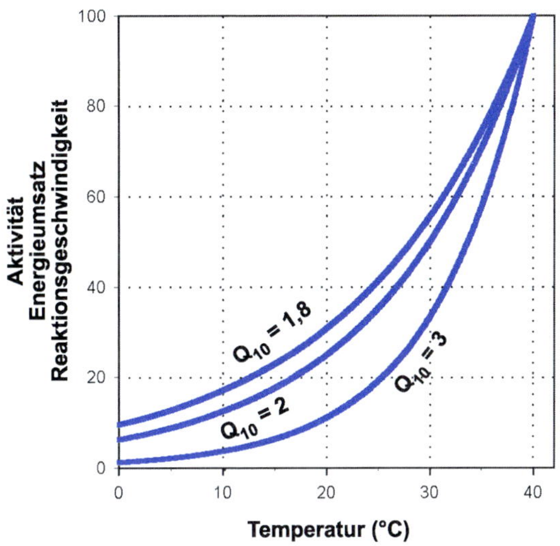


**Abb. 2.** Temperaturabhängigkeit des Sauerstoffverbrauchs bei einem $Q_{10}$ von 1,8, 2 oder 3

Der $Q_{10}$ ist eine dimensionslose Größe und ergibt sich als Quotient aus den beiden Messwerten bei 10 °C Temperaturdifferenz. Bei anderen Temperaturstufen muss Gleichung (1) verwendet werden.

$$\text{Wenn } T_2 - T_1 = 10 \text{ dann } Q_{10} = \frac{k_2}{k_1}$$

$$\text{sonst: } Q_{10} = \left(\frac{k_2}{k_1}\right)^{\left[\frac{10}{T_2 - T_1}\right]} \qquad (1)$$

$k_1$ = Stoffwechselrate bei der Temperatur $T_1$
$k_2$ = Stoffwechselrate bei der Temperatur $T_2$

## Box 3.1 (Fortsetzung)

Der $Q_{10}$ wird wegen seiner Anschaulichkeit gerne verwendet und unterstreicht die exponentielle Wirkung der Temperatur auf den Stoffwechsel. Allerdings entspricht er nicht den thermodynamischen Grundlagen einer biochemischen Reaktion. Aus den Gleichungen (4) und (5) folgt, dass rein rechnerisch der $Q_{10}$ selbst temperaturabhängig ist und mit steigender Temperatur sinkt. Eine Reaktion, die im Bereich von 0 °C einen $Q_{10}$ von 2,4 hat, liefert trotz konstanter Aktivierungsenergie im Bereich von 30 °C nur noch einen $Q_{10}$ von 2,0. Er eignet sich deshalb nur als ungefährer Anhaltspunkt für Temperaturwirkungen in einem engen Temperaturbereich und ist ungeeignet für Vergleiche zwischen unterschiedlichen Temperaturbereichen.

### Arrhenius-Funktion, Aktivierungsenergie ($E_a$ oder $\mu$)

Die Analyse der Temperaturwirkungen auf Reaktionsgeschwindigkeiten haben vor allem der niederländische Chemiker Hendrik van t'Hoff und der schwedische Physiker Svante Arrhenius geprägt (van t'Hoff 1896, Arrhenius 1889, 1915). Auf Arrhenius' Vorschlägen beruht eine graphische Darstellung temperaturabhängiger Reaktionen, bei welcher der Logarithmus einer Reaktionsgeschwindigkeit (oder Stoffwechselrate, Sprungkraft o. ä.) gegen den Reziprokwert der absoluten Temperatur (in Kelvin) aufgetragen wird (s. Abb. 3.1 und Abb. 3 dieser Box). Dieser **Arrhenius-Plot** entspricht den thermodynamischen Zusammenhängen zwischen Temperatur und der Reaktionsgeschwindigkeit, wie sie sich aus den Gasgesetzen ableiten lässt und in Gleichung (2) in vereinfachter Form wiedergegeben ist. Die Messwerte liegen damit auf einer Geraden, deren Steigung der Aktivierungsenergie entspricht. Je steiler die Gerade, desto höher die Aktivierungsenergie.

Für die Zusammenhänge zwischen Reaktionsgeschwindigkeit und Temperatur gilt:

$$\ln k = const. - \frac{E_a}{R}\frac{1}{T} \quad \text{oder } k = const. \cdot e^{-\left[\frac{E_a}{RT}\right]} \qquad (2)$$

$k$ = Stoffwechselrate
$T$ = Temperatur in Kelvin
$\mu$ = Aktivierungsenergie ($\mu$ = scheinbare $E_a$ in biol. Syst.)
$R$ = Gaskonstante 8,3 [J mol$^{-1}$ K$^{-1}$]

### Berechnung der Aktivierungsenergie aus dem Arrhenius-Plot

Die Aktivierungsenergie entspricht der Steigung der Regressionsgeraden. Sie kann aus dem Regressionskoeffizienten $b$ berechnet werden ($b = tan\ \alpha$ des Neigungswinkels der Geraden):

$$\mu = b \cdot 19{,}15\ [\text{J mol}^{-1}]$$

In biologischen Systemen kann ein nichtlinearer Verlauf des Arrhenius-Plots beobachtet werden, der die Berechnung von zwei unterschiedlichen Geraden ermöglicht. Ein nichtlinearer Verlauf kann ein Hinweis darauf sein, dass sich die Enzymkonfiguration oder, bei membranständigen Enzymen, die Fluidität der Membran ändert oder dass, bei komplexen Stoffwechselreaktionen, sich das Zusammenspiel der Einzelreaktionen verändert. Allerdings ist bei der Entscheidung darüber, ob es sich um ein Kontinuum handelt oder ob ein Knick in der Steigung vorliegt, große Vorsicht geboten, da die Knickstelle durch die Streuung der Messwerte nicht immer eindeutig ist. Hilfreich ist, wenn andere Gründe, z. B. der Schmelzpunkt von Membranlipiden, für die Identifikation einer solch schlagartigen Veränderung der Reaktionseigenschaften herangezogen werden können.

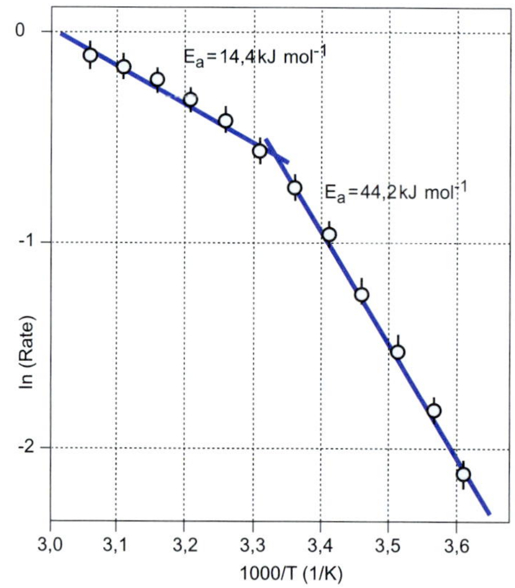


**Abb. 3.** Arrhenius-Plot. Berechnung von zwei unterschiedlichen Geraden mit unterschiedlichen Aktivierungsenergien, aus einen curvilinear verlaufenden Arrhenius-Plot (nach Silvius und McElhaney 1981)

## Box 3.1 (Fortsetzung)

### Berechnung der Aktivierungsenergie aus Einzelmessungen von Stoffwechselraten

Alternativ kann die Aktivierungsenergie auch aus Stoffwechselraten berechnet werden, die bei zwei unterschiedlichen Temperaturen gemessenen wurden ($k_1$ *und* $k_2$ *bei* $T_1$ *und* $T_2$). Für beide Stoffwechselraten gilt:

$$\ln k_1 = const. - \frac{\mu}{RT_1} \text{ bzw. } \ln k_2 = const. - \frac{\mu}{RT_2} \tag{3}$$

Um den Temperatureffekt zu berechnen, wird die Differenz zwischen beiden Reaktionsgeschwindigkeiten gebildet:

$$\ln k_2 - \ln k_1 = -\frac{\mu}{RT_2} + \frac{\mu}{RT_1}$$

$$\ln k_2 - \ln k_1 = \frac{\mu}{R}\left(\frac{1}{T_1} - \frac{1}{T_2}\right) \tag{4}$$

Daraus folgt für die Berechnung der Aktivierungsenergie:

$$\mu = \frac{R \cdot 2{,}3\,(\log k_2 - \log k_1)}{\frac{1}{T_1} - \frac{1}{T_2}} \; [\mathrm{J\,mol^{-1}}] \tag{5}$$

### Kavanau-Funktion

Kavanau (1950) hat eine Änderung der Arrhenius-Funktion vorgeschlagen und einen neuen Bezugspunkt $T_0$ eingeführt, als die Temperatur, bei der eine biologische Reaktion ihren Nullwert erreicht. Dies ist eine biologisch einleuchtendere Situation für die Berechnung von Temperaturabhängigkeiten als der Bezugspunkt von 0 K in der Arrhenius-Funktion. Die meisten biologischen Prozesse erreichen ihren Nullwert bei 0 °C bis –10 °C, während er für viele enzymatische Reaktion *in vitro* bei –30 °C bis –70 °C liegt. Demnach gilt für die Beziehung zwischen Temperatur und Reaktionsgeschwindigkeit, analog zu (2), folgende Gleichung:

$$\log k = const. - \frac{\mu_K}{R(T - T_0)} \tag{6}$$

Mit diesem empirischen Verfahren wurde in vielen Fällen ein bessere Anpassung an biologische Messwerte erreicht, aber natürlich entsprechen die Regressionen und die damit berechneten Aktivierungsenergien ($\mu_K$) nicht der Arrhenius-Funktion.

möglich. Außerdem ist das Einfrieren von Körperflüssigkeiten sehr gefährlich, da Eiskristalle in den Zellen Membranen und Organellen zerstören. Der Gefrierpunkt der Körperflüssigkeiten liegt meist bei -0,5 °C bis -1,0 °C, da sie Salze und andere Stoffe enthalten, die den Gefrierpunkt unter den des reinen Wassers erniedrigen. Einige wenige Organismen haben besondere Gefrierschutzmechanismen entwickelt oder lassen sich unterkühlen und können auf diese Weise auch noch etwas tiefere Temperaturen erreichen (-2 °C bis -4 °C), ohne dass Eisbildung einsetzt (s. Kap. Eisfische).

Selbst kältetolerante Tiere haben bei Körpertemperaturen um den Gefrierpunkt einen sehr langsamen Stoffwechsel oder fallen sogar in Kältestarre. Die Untergrenze, bis zu der ein Tier sich noch koordiniert bewegen kann, wird als **kritisches thermisches Minimum** bezeichnet. Diese Schwelle kann bei Wirbeltieren leicht festgestellt werden, da bei Unterschreiten dieser Körpertemperatur die Reflexe zur Kontrolle der Körperlage nicht mehr funktionieren, d.h. eine Eidechse, die auf dem Rücken liegt, kann sich nicht von allein wieder umdrehen. Amphibien und Fische verlieren diese Reflexe bei Temperaturen zwischen 0 °C und 10 °C Körpertemperatur (bei marinen Fischen bis -2 °C), während viele Reptilien dieses Schicksal bereits bei 10–20 °C ereilt. Allerdings streuen diese Werte von Art zu Art und liegen bei kälteangepassten Tierarten niedriger als bei hitzeangepassten Tierarten. Das kritische thermische Minimum gilt deshalb als Maß für die Kälteanpassung von Tieren. Säugetiere und Vögel, deren Körpertemperatur normalerweise zwischen 36 °C bis 42 °C liegt, zeigen bei 30 °C bereits Ausfallserscheinungen und ertragen in der Regel keine Körpertemperaturen unter 20 °C, ohne dass Schäden zurückbleiben. Lediglich Arten, die Winterschlaf halten, können auch Temperaturen nahe 0 °C tolerieren. Aus diesen Beispielen folgt, dass die meisten Tiere die Grenze ihrer Kältetoleranz bereits bei Temperaturen erreichen, die weit oberhalb der absoluten Grenze für tierisches Leben liegen.

### 3.2.2 Thermisches Maximum und Hitzetod

Da die Geschwindigkeit biochemischer Reaktionen mit zunehmender Temperatur steigt, wäre es eigentlich zu erwarten, dass alle Tiere danach trachten, eine möglichst hohe Körpertemperatur zu erreichen, um besonders leistungsfähig zu sein. Dies ist offensichtlich nicht der Fall, denn aus der Erfahrung mit unserem eigenen Körper wissen wir, dass Körpertemperaturen oberhalb des Normalwerts von 37 °C zu einem Leistungsabfall führen und dass Fieber oberhalb 40 °C tödlich sein kann. Vögel haben etwas höhere Körpertemperaturen als Säugetiere mit Normalwerten bis zu 42 °C, und erreichen ihr Hitzelimit bei etwa 46 °C. Die meisten Fische und Amphibien erreichen bereits bei 30–35 °C ihr **kritisches thermisches Maximum,** d.h. eine Körpertemperatur, bei der Störungen der Bewegungskoordination einsetzen. Reptilien sind etwas hitzetoleranter und erreichen Temperaturen um 40 °C. Temperaturen im Bereich des kritischen thermischen Maximums können für kurze Zeit ertragen werden (Minuten), und die Ausfälle sind reversibel, wenn die Körpertemperatur wieder sinkt. Wird das kritische thermische Maximum geringfügig überschritten, so führt dies zu irreversiblen Schäden, sogar zum Hitzetod, so dass sich ein sehr schmaler Grat zwischen tolerabler und letaler Hitzebelastung ergibt.

Kältespezialisten unter den Fischen erreichen bereits bei wesentlich tieferen Temperaturen die Grenze ihrer Hitzetoleranz. Die in relativ kühlem Wasser lebenden Lachse ertragen nur Temperaturen bis 23 °C, und für die antarktischen Eisfische stellen bereits 4–6 °C eine unerträgliche Hitzebelastung dar (Somero u. DeVries 1967). Die höchste Hitzetoleranz eines Fischs beträgt 43 °C und wurde bei *Cyprinodon diabolis*, einem kleinen Killifisch beschrieben, der nur in einer Grotte im Death Valley vorkommt, in der die Wassertemperatur ganzjährig etwa 30 °C beträgt (Brown u. Feldmeth 1971).

Unter den Reptilien gibt es wahre Hitzespezialisten wie z.B. die Wüstenechse *Dipsosaurus dorsalis* mit einem kritischen thermischen Maximum bei etwa 48 °C. Auch thermophile Evertebraten ertragen keine wesentlich höheren Temperaturen. Die in der Sahara lebende, tagaktive Wüstenameise *Cataglyphis* ist eine der hitzetolerantesten terrestrischen Tierarten. Sie verlässt ihren unterirdischen Bau in der Tageshitze bei Umgebungstemperaturen nahe 50 °C, macht Jagd auf Insekten, die der Hitzebelastung zum Opfer gefallen sind, und vermeidet auf diese Weise auch selbst gejagt zu werden. Das kritische thermische Maximum von *C. bombycina* liegt bei 53,6 °C und das von *C. bicolor* bei 55,1 °C (Gehring u. Wehner 1995).

Die bisher genannten thermischen Grenzen gelten für das Leben von adulten Tieren. Manche Eizellen und Juvenilstadien, insbesondere von Invertebraten, überleben sowohl das Einfrieren als auch Hitze von nahe 100 °C. Die Larven der Fliege *Polypedium* aus Uganda und Nigeria ertragen im dehydrierten Zustand 1 min bei 102 °C, und können anschließend weiterwachsen und eine normale Metamorphose durchlaufen (Hinton 1960). Ein weiteres Beispiel für extreme Hitzetoleranz ist der Süßwasser-Krebs *Triops* aus dem Sudan. Dessen Eier überdauern die Trockenzeit, eingebacken in den Schlamm ausgetrockneter Gewässer, wo sie Temperaturen bis 80 °C ausgesetzt sind. In kochendem Wasser mit Überdruck überstehen sie 16 h bei 103 °C, aber bei 106 °C sterben sie innerhalb von 15 min ab (Carlisle 1968). Noch höhere Hitzetoleranzen sind nur von extremophilen Archeae und Bakterien bekannt, die in der Nähe von Heißwasserquellen am Meeresboden vorkommen und dort bei Temperaturen über 110 °C ihr ganzes Dasein fristen. Diese Extrembeispiele zeigen, dass biologische Membranen, Nucleinsäuren, Enzyme und die von ihnen katalysierten Stoffwechselwege sehr wohl so beschaffen sein können, dass sie auch bei 100 °C noch funktionieren, dass aber tierisches Leben im Lauf der Evolution nur für den moderaten Temperaturbereich von 0 °C bis 40 °C spezialisiert wurde.

## 3.3 Biochemische und physiologische Grundlagen der Temperaturtoleranz

Die physiologischen Mechanismen der Kälte- bzw. Hitzetoleranz sind sehr komplex und noch weitgehend unverstanden. Häufig wird die Denaturierung von Proteinen bei Temperaturen über 45 °C als Grund für Hitzeschäden eines Tieres genannt. Allerdings bestehen Zweifel, ob dies tatsächlich von allgemeiner Bedeutung für Hitzetoleranz ist, denn damit wird nicht erklärt, warum der Lachs nur Temperaturen bis 23 °C erträgt, Eisfische aber bereits in 6 °C kaltem Wasser den Hitzetod erleiden. Für eine Beteiligung der Proteine spricht, dass alle Tiere und auch andere Organismen, von den Archeae bis zum Menschen, bei Hitzebelastung so genannte Hitzeschock-Proteine (HSPs) exprimieren. Wenn die Larven von *Drosophila melanogaster* einer schweren Hitzebelastung von 40,5 °C ausgesetzt werden, so gehen die meisten dabei ein. Werden sie jedoch unmittelbar vorher einer milden Hitze von 35 °C ausgesetzt, dann überlebt etwa die Hälfte. Durch die Vorbehandlung sind sie hitzetoleranter geworden. Dabei kommt es zur Expression diverser HSPs, allen voran des HSP70, des HSP83 und in geringem Umfang auch einiger kleinerer HSPs, HSP22, 23, 26 und 27. Die gesteigerte Expression der kleinen HSPs setzt bereits bei 27 °C ein, die der größeren etwa bei 33 °C. Den HSPs werden Funktionen als Helfer (**Chaperone**) bei der Faltung und dem intrazellulären Transport von Proteinen zugeschrieben (Hendrick u. Hartl 1993). Da die Proteinsynthese bei Hitzebelastung, bis auf die der HSPs, weitgehend eingestellt wird, dienen sie wohl in erster Linie der Stabilisierung bereits existierender Proteine. Dies würde den Schluss erlauben, dass thermisch bedingte Störungen des Proteinstoffwechsels und der Proteinkonfiguration zu den Hitzeschäden beitragen.

Thermisch bedingte Störungen in der **Abstimmung verschiedener Stoffwechselwege** können eine weitere Ursache für Toleranzgrenzen in Hitze und Kälte sein. Jeder biochemische Reaktionsschritt hat seine eigenen thermischen Eigenschaften. Voneinander abhängige Reaktionen können deshalb nur in einem begrenzten Temperaturbereich harmonieren. Zum Funktionieren der Zelle tragen außerdem physikalische Prozesse bei, wie Diffusion und Osmose, die nur eine minimale Temperaturabhängigkeit besitzen ($Q_{10}$ ca. 1,1). Wenn eine einzelne Reaktion durch Kälte stärker verlangsamt wird als die benachbarten Reaktionsschritte, so kommt es an dieser Stelle zu einem Stau, einer Anhäufung eines Zwischenprodukts, das seinerseits andere enzymatisch kontrollierte Reaktionsschritte auslösen kann. Bei der Vielzahl an biochemischen Reaktionen im Körper und an miteinander vernetzten Stoffwechselwegen ist es eine große Herausforderung an den Zellstoffwechsel, die Abstimmung zwischen den Stoffwechselwegen bei Änderungen der Temperatur aufrechtzuerhalten und Entgleisungen zu vermeiden. Wegen der variablen Temperatureffekte ist ein bei allen Temperaturen gleich funktionierender Stoffwechsel überhaupt nicht vorstellbar, und es ist absehbar, dass der Ausgleich thermischer Effekte sowohl in der Kälte als auch in der Hitze irgendwann seine Grenzen erreicht.

Die **Zellmembran und die intrazellulären Membranen** sind besonders temperaturempfindlich. Sie bestehen aus parallel ausgerichteten Lipidmolekülen und müssen eine gewisse Fluidität besitzen, um die zahlreichen eingelagerten Membranproteine funktionsbereit zu halten. Bei hoher Temperatur nimmt die Fluidität der Membran zu und die Stabilität und Ordnung der Lipidmoleküle und der darin verankerten Membranproteine wird beeinträchtigt. Bei niedriger Temperatur tritt der umgekehrte Fall ein, die Fluidität nimmt ab, und irgendwann wird der Schmelzpunkt der Membranlipide unterschritten; sie bilden ein steifes Kristallgerüst, das die Funktionalität der Membranproteine einschränkt. Die Kälteanpassung von Organismen ist deshalb häufig von Veränderungen der Membranlipide begleitet. Bei der Anpassung an kaltes Wasser bauen Fische vermehrt ungesättigte Fettsäuren in ihre Membranen ein und exprimieren Enzyme, die ihnen die Synthese von mehrfach ungesättigten Fettsäuren mit besonders niedrigem Schmelzpunkt ermöglichen (Tiku et al. 1996).

Neben diesen biochemischen und zellulären Mechanismen wird auch die **Kooperation zwischen den Organfunktionen** durch die Temperatur beeinträchtigt. Ein Beispiel dafür liefert der Sauerstofftransport im Kreislauf. Bei steigender Temperatur nimmt die Sauerstoffaffinität der respiratorischen Proteine ab, die Transportkapazität des Kreislaufs sinkt und ein thermisch bedingter Mehrbedarf an Sauerstoff in den Geweben wird zunehmend schwieriger zu decken sein. Bei niedriger Temperatur nimmt die Sauerstoffaffinität der respiratorischen Proteine zu. Dies erhöht zwar die Transportkapazität des Kreislaufs, aber bei Temperaturen unter 10 °C ist z.B. die Affinität des Hämoglobin zum Sauerstoff so hoch, dass es ihn nur noch bei extrem niedrigen Partialdrucken im Gewebe wieder abgibt. Dies ist sicher einer der Gründe, warum antarktische Eisfische kein Hämoglobin besitzen, sondern den Sauerstoff nur in wässriger Lösung transportieren (s. Kap. 5.7.4). Dies ist zwar eine schlaue Lösung, die bei der niedrigen Körpertemperatur von –1,8 °C und dem dabei hohen Sauerstoffgehalt des Wassers gut funktioniert, hat aber zur Folge, dass Eisfische bei höherer Temperatur und steigender Stoffwechselrate keine Chance haben, ihren Bedarf zu decken, und bereits bei +6 °C den Hitzetod erleiden.

## 3.3.1 Thermisches Optimum

Aus diesen Zusammenhängen wird deutlich, dass tierisches Leben nur in einem begrenzten Temperaturbereich funktionieren kann und dass bei Temperaturen außerhalb dieses Optimums Einschränkungen in der Leistungsfähigkeit zu erwarten sind. Grundsätzlich können wir deshalb für die Lebensfunktionen von Tieren **drei thermische Bereiche** unterscheiden (Abb. 3.2):

- einen Bereich der **subjektiven Kälte**, in dem die Stoffwechselrate, körperliche Leistungsfähigkeit usw. mit steigender Temperatur zunimmt,
- ein **thermisches Optimum**, in dem die maximale Leistungsfähigkeit erreicht und in Grenzen konstant gehalten wird,
- einen Bereich der **subjektiven Hitze**, in dem durch den Temperaturanstieg einzelne Funktionen inaktiviert werden.

Das thermische Optimum kann artspezifisch bei unterschiedlichen Temperaturen liegen. Fische aus kühlen Gewässern haben ihr thermisches Optimum bei 15–20 °C, während viele Reptilien dies erst bei 30–35 °C erreichen. Kälte und Hitze sind deshalb subjektive Begriffe, die sich artspezifisch unterscheiden. So bedeutet das thermische Optimum von Reptilien für Fische subjektiv eine Hitzebelastung, während umgekehrt das thermische Optimum der Fische bei Reptilien subjektiv als Kälte wirkt.

Die exponentielle Temperaturabhängigkeit im Bereich der subjektiven Kälte ist an zahlreichen

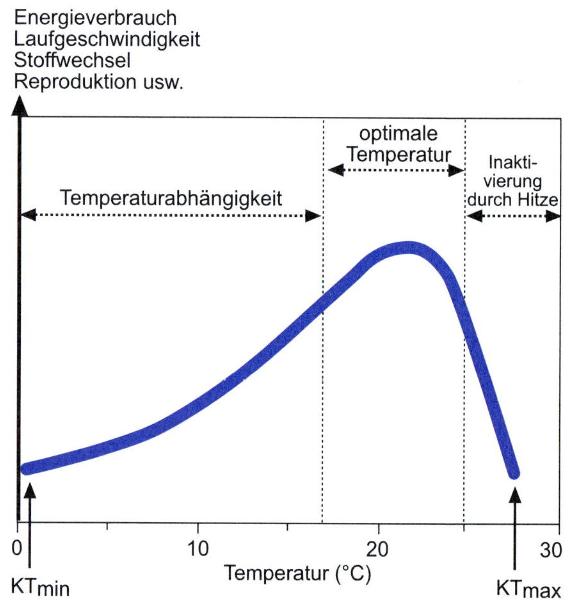


**Abb. 3.2.** Wirkung der Temperatur auf physiologischen Leistungen von Tieren. Im Bereich der optimalen Temperatur wird die höchsten Stoffwechselrate usw. erreicht. Bei tieferen Temperaturen hängt die Reaktionsgeschwindigkeit unmittelbar von der Temperatur ab und steigt aus thermodynamischen Gründen exponentiell mit steigender Temperatur. Temperaturen oberhalb des optimalen Bereichs inaktivieren physiologische Leistungen mit zunehmender Hitzebelastung. Die Temperaturtoleranz eines Tieres wird durch das kritische thermische Minimum ($KT_{min}$) und das kritische thermische Maximum ($KT_{max}$) begrenzt

Enzymen, an isolierten Zellen und physiologischen Funktionen *in vivo* nachgewiesen worden, wie in Abb. 3.1 an der Herzfrequenz von Wasserflöhen. Meist wurde bei diesen Untersuchungen die Inaktivierung durch Hitze nicht mit eingeschlossen, und deshalb kann auch das thermische Optimum nicht identifiziert werden. Ein Beispiel für das vollständige Temperaturprofil ist in Abb. 3.2 enthalten, nämlich die Anzahl der Eier, die von zwei Insektenarten bei verschiedenen Temperaturen pro Tag gelegt werden. Der Bohnenkäfer *Bruchus* legt unter 10 °C überhaupt keine Eier, erreicht bei 28–30 °C sein thermisches Optimum mit der höchsten Produktivität; bei höheren Temperaturen baut die Legerate wieder ab. Einen ähnlichen bergförmigen Temperaturverlauf zeigt auch die Legerate der Getreidemilbe, allerdings mit einem thermischen Optimum bei 20–25 °C. Die Eierlegerate ist eine relativ komplizierte physiologische Leistung, die sowohl biochemische Syntheseprozesse als auch endokrine und neural gesteuerte Verhaltensreaktionen erfordert. Trotz dieser Komplexität resultiert ein dem theoretischen Dreizonen-Modell entsprechendes Temperaturprofil.

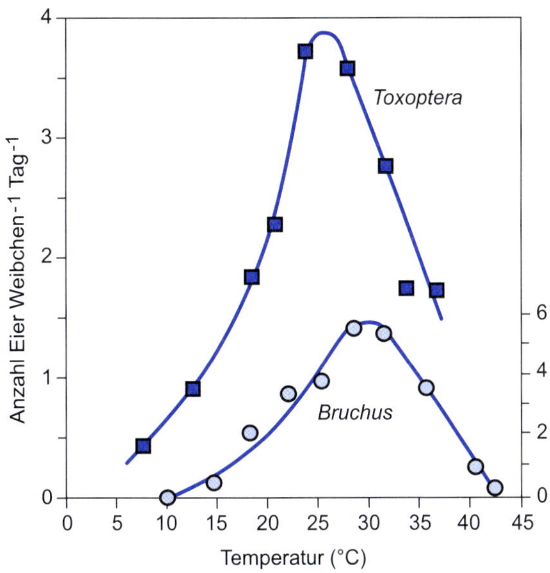


**Abb. 3.3.** Einfluss der Temperatur auf die Eiablage von zwei Arthropodenarten, den Bohnenkäfer (*Bruchus obtectus*) und die Getreidemilbe (*Toxoptera graminum*). Beide haben ein thermisches Optimum, bei dem sie die maximale Anzahl von Eiern pro Tag legen. Eine Kenntnis dieser Zusammenhänge ist von praktischer Bedeutung für die Schädlingsbekämpfung (nach Bursell 1973)

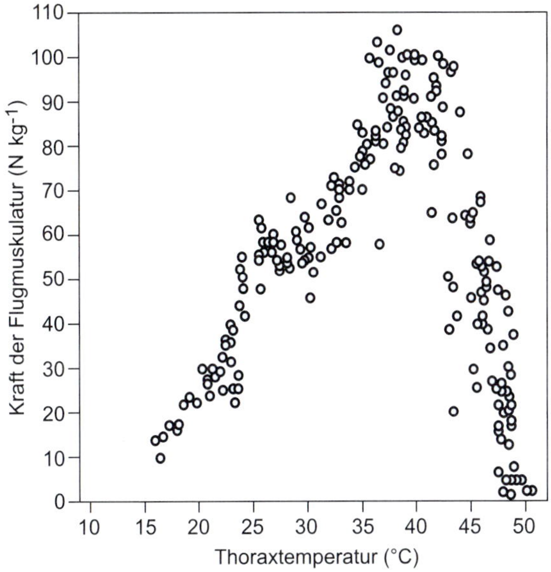


**Abb. 3.4.** Auftriebskraft der Flugmuskulatur einer Libelle (*Libellula pulchella*, Körpergewicht 507 mg) bei verschiedenen Temperaturen (nach Heinrich 1993)

Besonders drastische Temperaturwirkungen sind auf die Muskulatur zu erwarten, da deren Leistungsfähigkeit unmittelbar von der Produktion an ATP und dessen Hydrolyse an den Actin-Myosin-Filamenten abhängt. Am Beispiel der Flugmuskulatur einer Libelle ist zu sehen, dass sie bei 35–38 °C die höchste Auftriebskraft entwickelt (Abb. 3.4). Bei diesem thermischen Optimum erreicht die Auftriebskraft das 10fache des Minimums in Kälte bei 15 °C. Temperaturen oberhalb des thermischen Optimums der Flugmuskulatur schwächen die Auftriebskraft.

## 3.4 Strategien der Thermoregulation

Es lassen sich zwei grundsätzlich verschiedene Strategien unterscheiden, mit denen Tiere ihre thermischen Probleme lösen, die Strategie der Ektothermen und die der Endothermen. Die meisten Invertebraten, die Fische, Amphibien und Reptilien haben eine Körpertemperatur, die

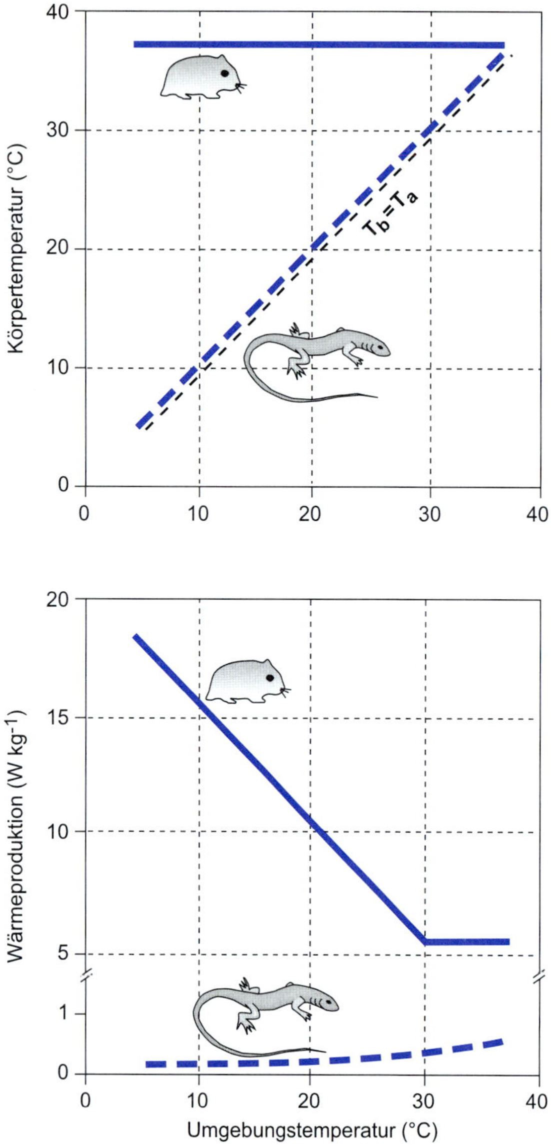


**Abb. 3.5.** Körpertemperatur ($T_b$) (*oben*) und Energieumsatz (*unten*) von Ektothermen (---) und Endothermen (—) als Funktion der Umgebungstemperatur ($T_a$)

etwa der Umgebungstemperatur entspricht, bzw. lassen ihre Körpertemperatur von der Umgebung erwärmen oder abkühlen und werden deshalb als **ektotherm** bezeichnet. Dagegen halten die Vögel und Säugetiere ihre Körpertemperatur unabhängig von der Umgebungstemperatur durch körpereigene Wärmebildung konstant (**endotherm**) und vermeiden auf diese Weise thermische Abstimmungsprobleme. Voraussetzung dafür ist ein sehr hoher Energieumsatz, der den der Ektothermen um etwa das 8–10fache übertrifft (Abb. 3.5). In der Kälte wird dieser hohe Energieumsatz noch zusätzlich gesteigert, um den Verlust an Körperwärme auszugleichen. Im Gegensatz dazu sinkt der Energieumsatz der Ektothermen mit sinkender Körpertemperatur in der Kälte. Die Unterschiede im Energieumsatz sind ein wesentliches Merkmal zur Unterscheidung von ektotherm und endotherm. Die Endothermen sind **tachymetabolisch** und halten ihre Körpertemperatur mit hohem Energieaufwand im optimalen Bereich. Die Ektothermen dagegen sind **bradymetabolisch**, nutzen den Vorteil einer energiesparenden Lebensweise, aber nehmen dafür eine mit der Umgebungstemperatur schwankende Körpertemperatur in Kauf, mit all den thermischen Problemen, die im vorigen Kapitel erläutert wurden.

Diese beiden Strategien werden in der Literatur auch mit anderen Begriffspaaren charakterisiert, z.B. **homoiotherm** (gleichwarm) für die Endothermen und **poikilotherm** (wechselwarm) für die Ektothermen, ergänzt durch die dritte Kategorie **heterotherm** (wechselwarm) für z.B. Winterschläfer, die zwischen beiden Strategien wechseln. Diese Begriffe, obwohl weit verbreitet, treffen jedoch nicht den Kern der beiden Strategien. Ein „poikilothermer" Fisch oder Evertebrat, der in größeren Meerestiefen lebt, hat zeitlebens eine wesentlich konstantere Körpertemperatur als ein „homoiothermer" Säuger oder Vogel, dessen Körpertemperatur tageszeitlich um bis zu 3 °C schwankt. Auch der Begriff „heterotherm" trifft für Winterschläfer nicht zu, da sie nicht zwischen einem „homoiothermen" und einem „poikilothermen" Zustand wechseln, sondern sowohl im Wachzustand als auch im Winterschlaf ihre Körpertemperatur durch kontrollierte Wärmebildung regulieren, also in beiden Zuständen endotherm sind (s. Kap. 3.8).

### 3.4.1 Thermoregulation bei aquatischen Ektothermen

Ektotherme Tiere geringer Körpergröße haben auf Grund ihres niedrigen Energieumsatzes und der daraus resultierenden geringen Wärmebildung eine Körpertemperatur, die nicht von der Umgebungstemperatur zu unterscheiden ist ($T_b = T_a$), und sind daher **Thermokonformer** (Abb. 3.5). Das gilt insbesondere für aquatisch lebende Tiere, die wegen der hohen Wärmeleitfähigkeit des Wassers stets die Temperatur des umgebenden Wassers haben. Fische sind, auf Grund ihrer Kreislaufkonstruktion, besonders eng an die Wassertemperatur gekoppelt. Vom Herzen wird alles Blut zuerst durch die Kiemen gepumpt, so dass alle Organe frisch oxygeniertes Blut erhalten. Gleichzeitig mit dem Gasaustausch wird aber auch die Temperatur des Bluts dem des Wassers angeglichen, so dass alle im Körper entstandene Wärme verloren geht und den direkt anschließend durchströmten Organen, wie Muskulatur und Gehirn, stets die Wassertemperatur aufgezwungen wird.

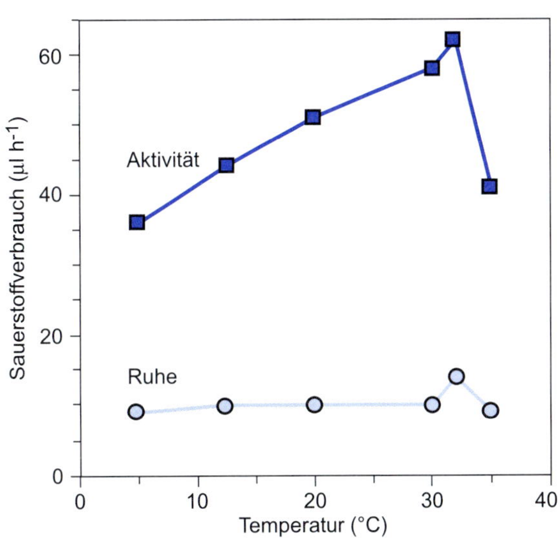


**Abb. 3.6.** Sauerstoffverbrauch der Strandschnecke (*Littorina littoraea*) bei verschiedenen Umgebungstemperaturen in Ruhe und im aktiven Zustand (kriechend). Die Strandschnecken waren alle ähnlich groß und hatten einen Proteingehalt von 30 mg (Messungen im Mai, Newell u. Pye 1971)

Im Meer und in großen Binnengewässern schwanken die Temperaturen tages- und jahreszeitlich nur in geringem Umfang; deshalb sind die dort lebenden Tiere in der Regel **stenotherm**, d.h. sie haben sich im Lauf der Evolution an geringe Temperaturschwankungen angepasst. Ein gutes Beispiel dafür sind die bereits erwähnten Eisfische, die ganzjährig bei einer Wassertemperatur von −1,8 °C leben und bereits bei +6 °C die Grenze ihrer Hitzetoleranz erreichen. Im Gegensatz dazu sind Bewohner des Littorals besonders starken und raschen Schwankungen der Körpertemperatur ausgesetzt, wie z.B. die Strandschnecke *Littorina littoraea* (Abb. 3.6), d.h. sie leben **eurytherm**. Die Strandschnecken leben zwischen Steinen und in Felsspalten, können von kaltem Meerwasser überspült werden, kurze Zeit später trocken fallen und durch starke Sonneneinstrahlung erwärmt werden. Sie erfahren dadurch Schwankungen der Körpertemperatur von nahe 0 °C bis 35 °C. Wie zu erwarten, ist ihr Energieumsatz temperaturabhängig, mit einem thermischen Optimum bei 30 °C. Dies gilt allerdings nur für den Energieumsatz bei Aktivität, denn in Ruhe können sie ihren Energieumsatz auf einem sehr viel niedrigeren Wert unabhängig von der Temperatur konstant halten. Zumindest im Ruhezustand verfügen sie über eine metabolische Regulation, mit der sie die physikochemischen Zwänge von Temperaturschwankungen ausgleichen, während sie im Aktivitätszustand den Vorteil der durch Wärme erhöhten Reaktionsgeschwindigkeit nutzen.

Fische, die im Süßwasser leben, vor allem in kleinen, stehenden Gewässern, müssen ebenfalls große Temperaturunterschiede verkraften. Ein Beispiel dafür sind Goldfische, die, wie in Abb. 3.7 gezeigt, Temperaturen zwischen 5 °C und 40 °C tolerieren. Sowohl ihr Ruheumsatz als auch der Energieumsatz bei Aktivität sind über diesen ganzen Bereich temperaturabhängig ohne erkennbares thermisches Optimum. Bildet man jedoch die Differenz zwischen Ruhe- und Aktivitätsumsatz, so ergibt sich ein thermisches Optimum bei 24–30 °C. Dieses Muster stimmt mit der Schwimmgeschwindigkeit der Goldfische überein, die ebenfalls in diesem Temperaturbereich ihr Maximum erreicht.

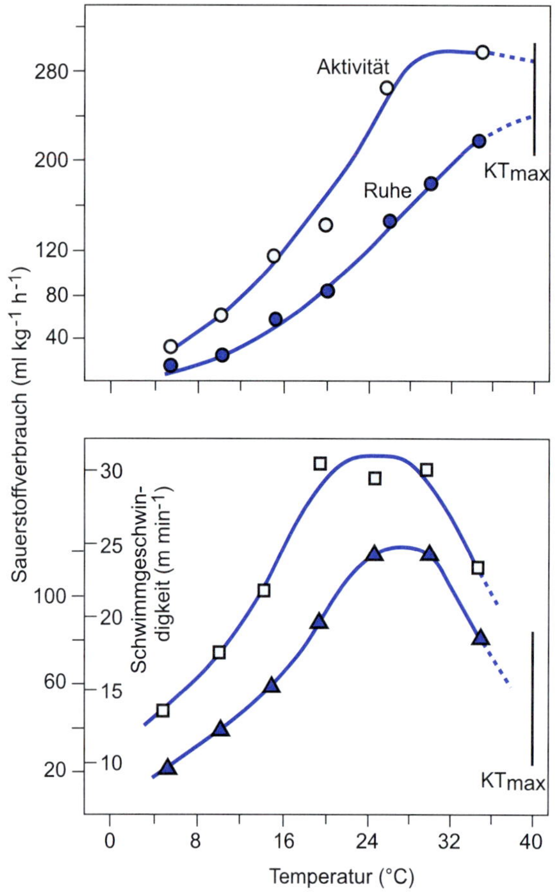


**Abb. 3.7 a, b.** Sauerstoffverbrauch des Goldfischs (*Carassius auratus*) bei verschiedenen Umgebungstemperaturen. *Oben*: Standardumsatz in Ruhe (●) und Energieumsatz bei Aktivität (○). *Unten*: Differenz zwischen Ruhe- und Aktivitätsumsatz (▲), Schwimmgeschwindigkeit (□) der Goldfische. Der Ruheumsatz wurde in einem ruhig stehenden Glasgefäß gemessen. Der Aktivitätsumsatz und die Schwimmgeschwindigkeit wurden in einem rotierenden Ringaquarium gemessen, in dem die Fische gegen eine variable Strömungsgeschwindigkeit schwimmen mussten (Fry u. Hart 1948)

## 3.4.2 Temperaturanpassung und Kompensation

Wenn sich Temperaturen längerfristig ändern, z.B. um 10 °C sinken, so hat dies zur Folge, dass der Energieumsatz und damit auch die körperliche Leistungsfähigkeit eines Tieres auf die Hälfte abnimmt. Viele Fische und andere Ektotherme entkommen diesem Zwang, indem sie sich durch **Kompensation** an das neue Temperaturniveau anpassen (Abb. 3.8). Unmittelbar mit einer Temperaturerniedrigung wird ihr Energieumsatz verringert (akute Reaktion), aber innerhalb von Tagen bis Wochen (Akklimatisation) steigt er wieder auf das ursprüngliche, höhere Niveau an. Nicht nur der Energieumsatz sondern auch die Schwimmgeschwindigkeit und die damit verbundenen biochemischen und physiologischen

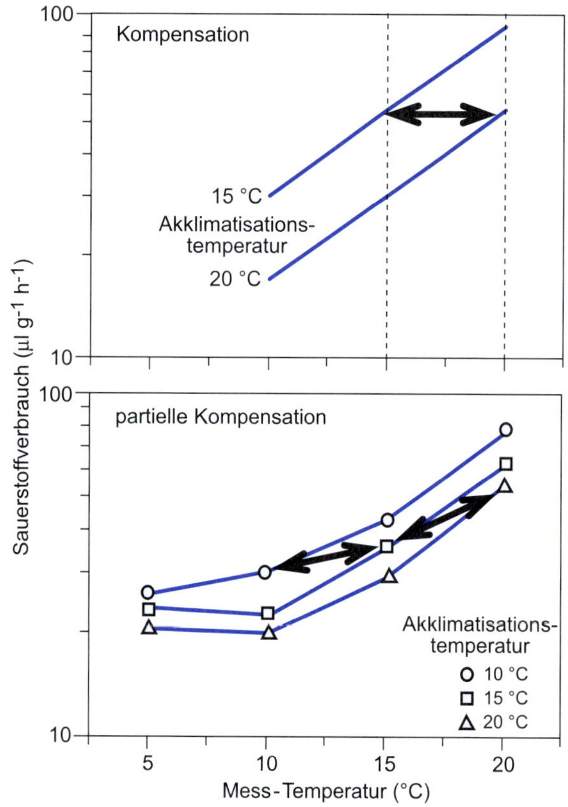


**Abb. 3.8.** Kompensation = Akklimatisation der Temperaturabhängigkeit des Sauerstoffverbrauchs. Das *obere Bild* zeigt schematisch eine vollständige Kompensation, bei der ein Fisch nach Akklimatisation an eine neue Temperatur denselben Energieumsatz wie bei der vorherigen Temperatur einstellt (*dicker Pfeil waagerecht*). Bei Fischen und anderen aquatischen Organismen ist häufig eine vollständige Kompensation zu beobachten, während terrestrische Ektotherme meist nur partiell kompensieren. Das *untere Bild* zeigt tatsächliche Messwerte des Sauerstoffverbrauchs von Salamandern, die eine nur partielle Kompensation (*Steigung der dicken Pfeile*) des Sauerstoffverbrauchs bei der Temperaturanpassung entwickeln (nach Fitzpatrick et al. 1971)

Funktionen erlangen wieder die ursprüngliche körperliche Leistungsfähigkeit. Eine vollständige Kompensation bedeutet, dass bei der neuen Adaptionstemperatur dieselben Umsatzraten erreicht werden, wie sie bei der vorherigen Akklimatisationstemperatur herrschten (waagerechter Pfeil in Abb. 3.8 oben). Häufig wird der Ausgleich nicht vollständig erreicht, was als **partielle Kompensation** bezeichnet wird (Abb. 3.8 unten). Sie ist in der Regel reversibel und kann sowohl für eine Akklimatisation an kaltes Wasser als auch an wärmeres Wasser eingesetzt werden. Die physiologischen Mechanismen der Kompensation sind nicht bekannt. Möglicherweise spielen Konfigurationsänderungen von Proteinen und Veränderungen der Isoenzym-Muster eine Rolle, wobei membranständige Enzyme sicher von der thermischen Anpassung der Membranfluidität beeinflusst werden. Die Anpassung der Membranen an kalte Temperaturen durch Einbau von Fettsäuren mit einem niedrigeren Schmelzpunkt ist ein zentraler Mechanismus der Kälteakklimatisation bei Ektothermen. Dadurch werden die äußeren und inneren Membranen der Zelle und vor allem die in den Membranen eingelagerten Enzyme und Transportmoleküle funktionsfähig gehalten. Da dies dem Ziel dient, die Viskosität der Membran zu erhalten, wird sie als **homoioviskose Anpassung** (*homeoviscous adaptation*) bezeichnet (Cossins et al. 1981, Hazel et al. 1992, Behan-Martin et al. 1993, Tiku et al. 1996).

Der Begriff Kompensation wird nicht nur für die Anpassung des Sauerstoffverbrauchs an akute Temperaturänderungen verwendet, sondern auch für die genetische Anpassung an unterschiedliche Temperaturen. Bei gleicher Wassertemperatur haben Fische aus polaren Gewässern einen etwa 5-mal höheren Energieumsatz als Fische aus tropischen Gewässern. Dies sichert Fischen aus arktischen und antarktischen Gewässern, trotz der niedrigen Temperatur, eine relativ hohe körperliche Leistungsfähigkeit. Eine wichtige Voraussetzung dieser **genetischen Kompensation** ist die homoioviskose Anpassung der Membranen. Darüber hinaus gibt es Hinweise, dass einige Enzyme „bessere" kinetische Eigenschaften besitzen, so dass sie bei tiefen Temperaturen relativ hohe Umsatzraten entwickeln. Das gilt

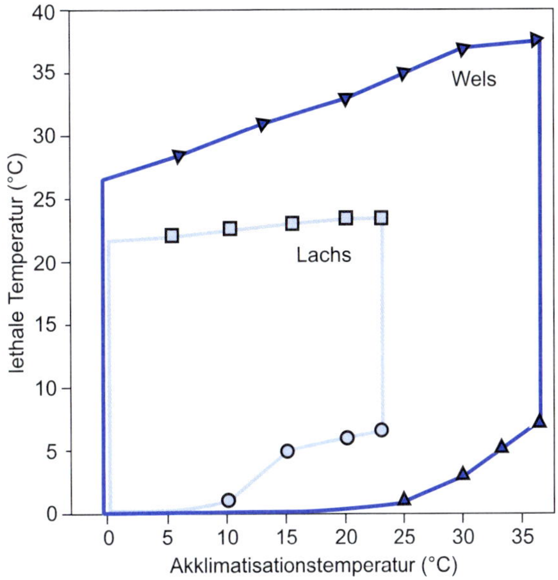


**Abb. 3.9.** Temperaturtoleranz eines Welses *(Ictalurus nebulosus)* und eines Lachses *(Oncorhynchus keta)*. Die Fische wurden an verschiedene Wassertemperaturen adaptiert und danach die Kältetoleranz (○ Lachs, △ Wels) und die Hitzetoleranz (□ Lachs, ▽ Wels) bestimmt. Werden die Messwerte durch Linien miteinander verbunden, so ergibt dies ein Toleranz-Polygon, d.h. die Linie umfährt den gesamten Temperaturbereich, der von einem Fisch toleriert werden kann. Welse ertragen einen wesentlich größeren Temperaturbereich als Lachse, d.h. der Wels ist ein ausgeprägt eurythermer Fisch (nach Brett 1956)

z.B. für die Michaelis-Menten-Konstante ($K_M$) der Lactatdehydrogenase ($A_4$-LDH) für den Umsatz von Pyruvat. Der $K_M$-Wert nimmt zwar mit der Temperatur ab, aber antarktische Fische haben bei 0 °C einem $K_M$ von 0,2 mM, der identisch ist mit dem $K_M$ tropischer Fische bei 20 °C (Fields u. Somero 1997, 1998).

Bei der Akklimatisation an kaltes oder warmes Wasser werden auch die Grenzen der Temperaturtoleranz mit verschoben. Hält man Fische in wärmerem Wasser, so steigt ihr kritisches thermisches Maximum, aber gleichzeitig steigt auch ihr kritisches thermisches Minimum und ihre Kältetoleranz verschlechtert sich. Durch Akklimatisation an unterschiedliche Temperaturen und anschließende Prüfung der Kälte- und Hitzetoleranz kann man den gesamten Temperaturbereich ausloten, der von einem Fisch überhaupt erschlossen werden kann. Verbindet man die thermischen Grenzwerte mit einer Linie, so resultiert daraus ein **Toleranz-Polygon** (Abb. 3.9), aus dem abgelesen werden kann, ob es sich um eine stenotherme oder eurytherme Fischart handelt. Welse sind eurytherm, ähnlich wie Goldfische. Ihr Toleranz-Polygon umfasst einen großen Temperaturbereich, und sie können Temperaturen zwischen 0 °C und 37 °C ertragen. Im Gegensatz dazu sind Lachse stenotherm; ihr Toleranz-Polygon umfasst nur einen kleinen Temperaturbereich von 0 °C bis 23 °C, vor allem durch ihre geringe akute Hitzetoleranz und damit verbunden auch geringe Fähigkeit der Akklimatisation an hohe Temperaturen.

### 3.4.3 Thermoregulatorisches Verhalten

Die meisten Tiere sind in der Lage, extrem hohe oder tiefe Temperaturen zu meiden. Wegen der hohen Wärmeleitfähigkeit des Wassers ist es für aquatische Organismen besonders wichtig, solche Extremwerte rasch zu erkennen und moderate Temperaturen aufzusuchen. Fische besitzen nicht nur solche Vermeidereaktionen, sondern auch ein ausgeprägtes thermoregulatorisches Verhalten. Dies kann durch Haltung von Fischen (*Chromis chromis*) in einem Aquarium, dessen Wasser ein Temperaturgefälle hat, gezeigt werden (Abb. 3.10). Solange die Wassertemperatur konstant war, hielten sich die Fische bevorzugt an den beiden Längsenden auf. Wurde das Wasser an einem Ende gekühlt und am anderen Ende erwärmt, so dass ein Temperaturgradient von 5 °C bis 30 °C entstand, so mieden sie die Enden des Aquariums und hielten sich bevorzugt an der Stelle auf, an der das Wasser etwa 20 °C hatte. Offensichtlich ist dies die **Präferenztemperatur** (Thermopräferendum) von *Chromis chromis*.

An diesem Beispiel wird auch die häufig zu beobachtende Variabilität des thermoregulatorischen Verhaltens einsichtig, da das thermoregulatorische Verhalten häufig in Konkurrenz zu anderen Verhaltensweisen steht. Solange kein oder nur ein geringes Temperaturgefälle im Aquarium herrscht, überwiegt bei den Fischen die Motivation, Ecken aufzusuchen, die mehr Deckung als das freie Wasser bieten. Wenn ein

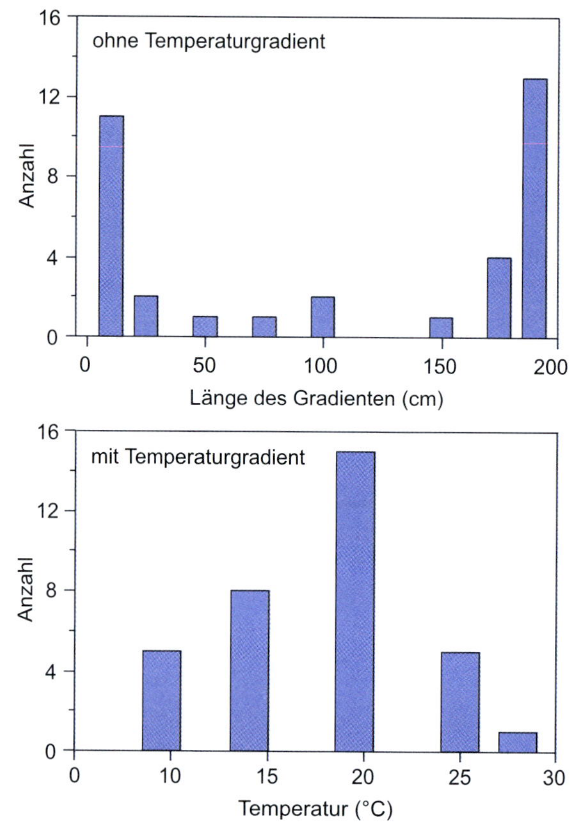


**Abb. 3.10.** Thermopräferenz bei Fischen (*Chromis chromis*). Die Fische wurden in einem 2 m langen Aquarium observiert, dessen ein Ende auf 5 °C gekühlt, das andere aber auf 30 °C geheizt wurde. Die Fische wurden einzeln in das Aquarium gesetzt und nach 45 min ihr Standort lokalisiert. Das *obere Bild* zeigt die Standortwahl bei konstanter Temperatur im Aquarium, das *untere Bild* die Position der Fische im Gradienten bei eingeschalteter Heizung und Kühlung (Cabanac u. Jeddi 1971)

deutliches Temperaturgefälle besteht, so überwiegt die Motivation zu thermoregulatorischem Verhalten. Die Präferenztemperatur von Karpfen (*Cyprinus carpio*) variiert je nach Autor zwischen 20 °C und 30 °C. Möglicherweise ist dies die Folge einer unklaren Vorgeschichte der Karpfen, denn an anderen Arten, wie der Scholle (*Pleuronectes platessa*) und dem Bitterling (*Rhodeus sericeus*) wurde gezeigt, dass die Präferenztemperatur meist einige °C über der Akklimatisationstemperatur liegt (Übersicht Fry u. Hochachka 1970). Im Freiland ändert sich die

Präferenztemperatur mit der Jahreszeit. Beim „*White sucker*" (*Catostomus commersoni*), einem etwa 60 cm langen karpfenartigen Fisch aus den großen Seen Nordamerikas, liegt sie im Winter bei etwa 5 °C und steigt im Sommer auf 15 °C, wobei diese Änderung des thermoregulatorischen Verhaltens in erster Linie durch die jahreszeitlichen Veränderungen der Photoperiode gesteuert wird (Kavaliers 1982).

### 3.4.4 Regionale Endothermie bei Fischen

Trotz der hohen Wärmeleitfähigkeit des Wassers und dem raschen Wärmeverlust über die Kiemen kann die Körpertemperatur einiger Fische in der Muskulatur oder im Bereich des Kopfes deutlich höher sein als die des umgebenden Wassers. Ein Beispiel dafür sind Blauflossen-Thunfische, die bei verschiedenen Wassertemperaturen gefangen wurden (Abb. 3.11). In Reusen gefangene Thunfische hatten Muskeltemperaturen von etwa 25–32 °C, auch wenn die Wassertemperatur auf 5 °C sank. Etwas tiefer, bei 25 °C, lag die Temperatur von Thunfischen, die geangelt wurden. Ähnlich hohe, und unabhängig von der Wassertemperatur relativ stabile Körpertemperaturen, wurden bisher bei 27 anderen Fischarten gefunden, wobei alle zu den Thunfischen oder Haien gehören und allesamt große und schnelle Schwimmer sind. Neben solch punktuellen Messungen wie in Abb. 3.11 sind in jüngster Zeit auch vermehrt Dauerregistrierungen der Körpertemperatur mit implantierten oder verschluckten Temperatursendern durchgeführt worden. So hielten Weiße Haie vor der Küste Kaliforniens ihre Kerntemperatur bei 26–28 °C stabil, auch wenn sie in Wasser mit 12–15 °C schwammen (Goldmann 1997).

Die hohe Temperatur wird bei Thunfischen nicht im ganzen Körper gehalten, sondern ist auf eine rote, stoffwechselaktive Muskelpartie beidseitig entlang der Wirbelsäule konzentriert (Abb. 3.12). Aber auch im Eingeweidebereich, im Gehirn und der Augenregion liegt die Temperatur über der Wassertemperatur. Der Vortrieb für das Schwimmen wird bei Thunfischen durch Seitwärtsschläge des Körperhinterendes erzeugt, und die warmen Muskeln setzen dort an, wo aus

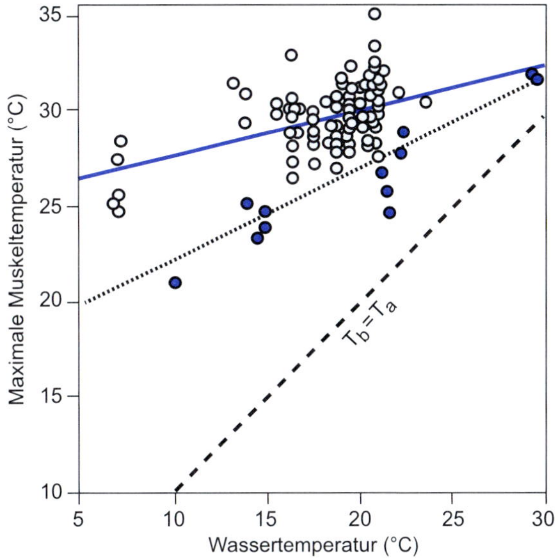


**Abb. 3.11.** Maximale Muskeltemperatur des Blauflossen-Thunfischs (*Thunnus thynnus*). Messung nach Fang in einer Reuse (○) oder mit der Angel (●) (nach Carey u. Teal 1969)

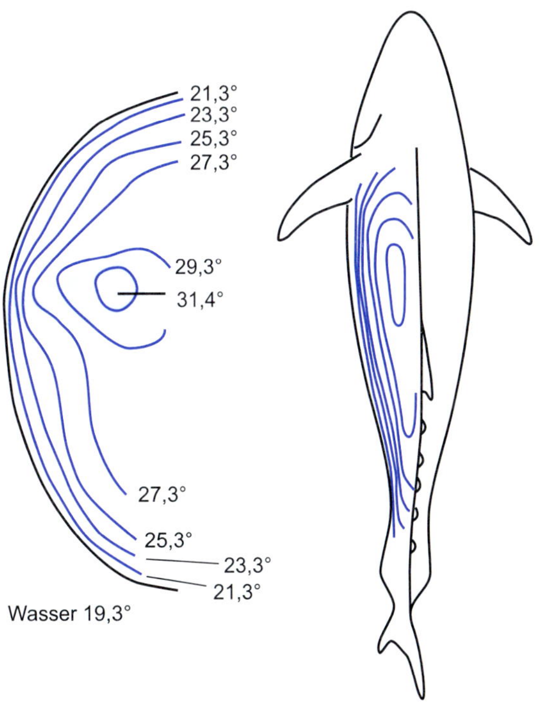


**Abb. 3.12.** Isothermen der Muskeltemperatur des Thunfischs. Die höchste Temperatur herrscht in einer Muskelpartie entlang der Wirbelsäule (Carey u. Teal 1966)

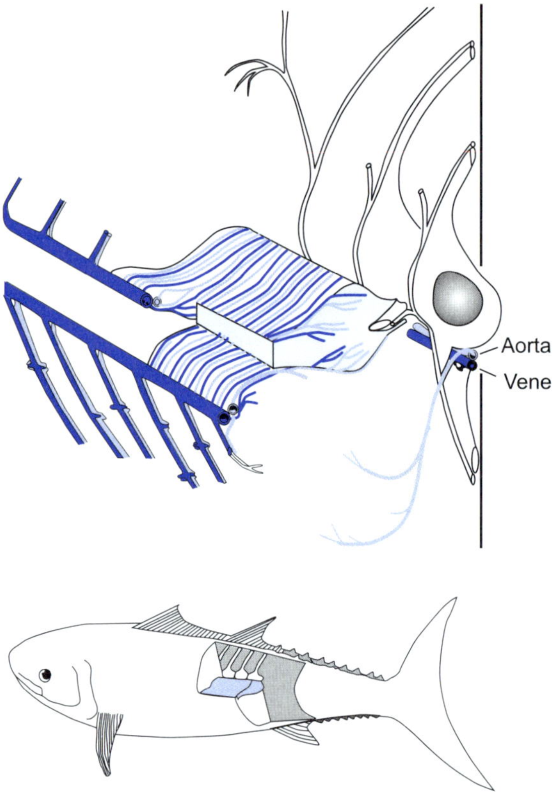


**Abb. 3.13.** Die zentrale rote Muskulatur des Thunfischs wird von dicht nebeneinander liegenden Arterien und Venen eingehüllt. Dieser Gegenstrom-Wärmeaustauscher hält alle in der Muskulatur entstehende Wärme zurück (Carey u. Teal 1966)

hydrodynamischen Gründen die größten Vortriebskräfte entfaltet werden müssen. Die hohe Temperatur ist allerdings nicht das Ergebnis gezielter Wärmeerzeugung, sondern wird durch eine spezielle Anordnung der den Muskel versorgenden Blutgefäße erreicht. Das venöse Blut nimmt die bei der Muskelkontraktion entstehende Wärme auf. Die den Muskel verlassenden Venen kommen in engen Kontakt mit den zuführenden Arterien (Wundernetz, *Rete mirabile*) und erwärmen das zum Muskel strömende arterielle Blut, das die Wärme in die Muskulatur zurückführt. Die am Wundernetz beteiligten Arterien und Venen sind relativ dickwandig, so dass nur ein Wärmeaustausch stattfindet, aber kein Gasaustausch wie im Wundernetz der Gasdrüse, mit der Fische ihre Schwimmblase füllen (s. Schwimmblase). Die zentral liegende Muskulatur ist nahezu vollständig von einem derartigen **Gegenstrom-Wärmeaustauscher** umschlossen, so dass die Abwärme der Muskelarbeit in der Muskulatur gehalten wird, anstatt sie an die Umgebung abzugeben (Abb. 3.13). Weitere Gegenstrom-Wärmeaustauscher unterstützen die Wärmerückhaltung in anderen Körperregionen, so dass z. B. auch im Kopfbereich höhere Temperaturen herrschen.

In ihrer Wirkung sind Gegenstrom-Wärmeaustauscher zwar Kern der Endothermie von Thunfischen, sie werden aber durch weitere Maßnahmen unterstützt: Normalerweise liegt die rote aerobe Muskulatur eher in der Peripherie von Fischen, bei Thunfischen wurde sie internalisiert und dadurch die Wärmeretention erleichtert. Die rote aerobe Muskulatur der Thunfische hat eine ähnliche metabolische Kapazität wie die anderer Fische, aber Thunfische besitzen eine ungewöhnlich hohe aerobe Kapazität in ihrer weißen Muskulatur. Darüber hinaus sind endotherme Thunfische, wie auch die Haie, alle relativ groß, und die thermische Trägheit der großen Körpermasse macht es leichter, die Körpertemperatur konstant zu halten.

Obwohl Thunfische eine für Fische relativ hohen Energieumsatz erreichen, ist die hohe Körpertemperatur in erster Linie das Ergebnis einer Wärmerückgewinnung und kann deshalb als **physikalische Endothermie** bezeichnet werden, im Gegensatz zur **metabolischen Endothermie** der Säugetiere und Vögel, bei der Wärme durch hohen Energieumsatz entsteht. Die Existenz einer metabolischen Endothermie ist in der Zwischenzeit aber auch bei Schwertfischen nachgewiesen worden. Frank G. Carey (1990) registrierte bei einem frei schwimmenden Schwertfisch über 36 h eine konstante craniale Temperatur von 28 °C, während die Wassertemperatur zwischen 13 °C und 17 °C schwankte. In der Augenregion von Schwertfischen wurde ein Gewebe entdeckt, das eine extrem hohe Mitochondriendichte und aerobe Kapazität besitzt und Heizleistungen bis 250 W $kg^{-1}$ erreicht (Block 1994). Das Heizorgan ist zusätzlich mit einem Wundernetz zur Wärmerückhaltung verbunden, über dessen Gefäßverbindungen auch benachbarte

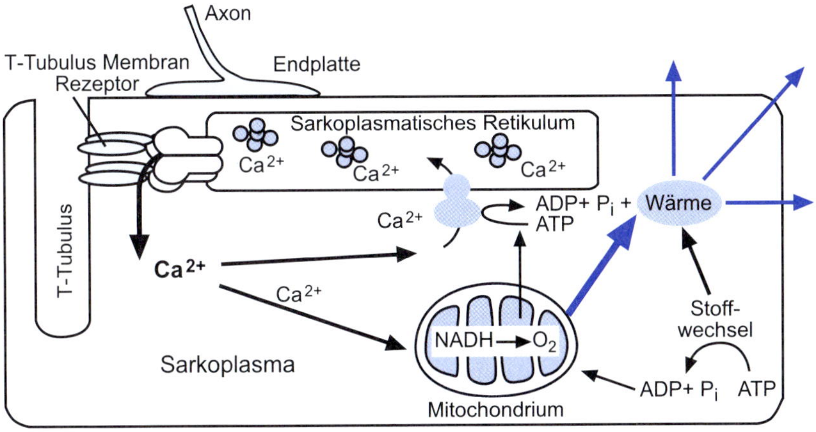


**Abb. 3.14.** Biochemischer Mechanismus der Wärmebildung im Heizorgan von Schwertfischen. Die Mitochondrien liefern ATP durch gekoppelte Respiration. das für den Betrieb eines $Ca^{2+}$-Kreislaufs in der Zelle wieder verbraucht wird. Eine $Ca^{2+}$-ATPase pumpt $Ca^{2+}$ über die Membran des sarcoplasmatischen Reticulums, von dort wird es bei Erregung wieder ins Cytoplasma ausgeschüttet und durch die $Ca^{2+}$-ATPase wieder ins sarcoplasmatische Reticulum zurück transportiert (nach Block 2001)

Organe wie das Gehirn warm gehalten werden, so dass man von **cranialer Endothermie bei Schwertfischen** spricht (Abb. 3.14).

Es handelt sich dabei um einen umgebildeten Augenmuskel, der für die Wärmebildung umgerüstet wurde (*M. rectus superior* bei Schwertfischen, *M. rectus lateralis* bei der Schmetterlingsmakrele). Die typischen Muskelproteine wie Actin und Myosin fehlen, auch $Ca^{2+}$-bindende Proteine wie Parvalbumin und Troponin-C. Statt dessen sind die Zellen dicht gepackt mit Mitochondrien, eingebettet in ein stark aufgefaltetes sarkoplasmatisches Reticulum (SR). $Ca^{2+}$ spielt eine zentrale Rolle bei der Wärmebildung, ähnlich wie $Ca^{2+}$ eine zentrale Rolle bei der Koppelung von Erregung und Kontraktion in der Muskelzelle spielt. Bei Erregung der Zelle wird $Ca^{2+}$ aus den SR freigesetzt, steigt wegen der fehlenden cytoplasmatischen Muskelproteine auf hohe Konzentration an und stimuliert die Respiration der Mitochondrien. Diese liefern ATP durch **gekoppelte Respiration** wie in einer normalen Muskelzelle. Die Membranen in der Nähe der Mitochondrien enthalten in hoher Dichte eine $Ca^{2+}$-ATPase, das **Calsequestrin,** eine Ionenpumpe, die unter ATP-Verbrauch $Ca^{2+}$ wieder ins SR transportiert. Dadurch kommt es zu einem „nutzlosen" Kreislauf von $Ca^{2+}$, der unter Verbrauch von ATP aufrechterhalten wird. Alle Energie, die von den Mitochondrien durch ihr komplexes System der gekoppelten Respiration als ATP bereit gestellt wird, verpufft letzten Endes als Wärme in der Zelle (Block 2001). Im Heizorgan der Fische wird daher ein grundsätzlich anderer Weg der Wärmebildung beschritten als bei der zitterfreien Wärmebildung der Säugetiere, da deren Heizorgan, das braune Fettgewebe, keinen Umweg über eine ATP-Hydrolyse nimmt, sondern die mitochondriale Respiration von der ATP-Bildung entkoppelt (s.Kap. 3.7.5 zitterfreie Wärmebildung).

Die hohe Temperatur der Muskulatur verbessert die Schwimmleistung von Thunfischen, vor allem in der für ausdauerndes Schwimmen zuständigen roten Muskulatur. Die Endothermie wird außerdem dazu genutzt, die Temperatur in der Muskulatur, im Auge und im Gehirn konstant zu halten. Ein erheblicher Vorteil gegenüber den Leistungsschwankungen, die bei variabler Temperatur auftreten. Dies waren vermutlich die treibenden Kräfte für die aufwendige Umgestaltung von Muskelgewebe und der Anatomie des Blutgefäßsystems im Lauf der Evolution dieser zu den Scombroidei gehörenden Fischgruppen. Allerdings variieren die endothermen Muskelpartien und die beteiligten Abschnitte des Blutgefäßsystems bei verschiedenen Thunfischarten, den Bonitos und den Makrelen, so dass von einer mehrfachen, konvergenten Evolution der Endothermie bei Fischen ausgegangen werden muss. Aus phylogenetischer Perspektive sind vermutlich die Heizorgane der Schwertfische älter als die Gegenstrom-Wärmeaustauscher der Thunfisch-Muskulatur (Block et al. 1993).

## 3.5 Leben mit Eis

### 3.5.1 Unterkühlung oder Gefrierschutz bei marinen Organismen

Der Gefrierpunkt reinen Wassers liegt bei 0 °C. Wenn es Salze und andere gelösten Bestandteile enthält, dann sinkt der Gefrierpunkt auf tiefere Temperaturen. Die in Lösung befindlichen Teilchen interagieren mit den Molekülaggregaten des Wassers und behindern auf diese Weise die Bildung von Eiskristallen (kolligative Wirkung). Entscheidend ist deshalb die Anzahl der gelösten Teilchen, nicht unmittelbar die Molarität der in Lösung gebrachten Substanzen. Denn Salze wie NaCl dissoziieren in wässriger Lösung in $Na^+$ und $Cl^-$, so dass 0,5 Mol NaCl genügen, um ein Mol gelöster Teilchen zu erhalten. Die Anzahl gelöster Teilchen entspricht der Osmolarität, und ein Osmol (=Osm,=1 Mol gelöster und dissoziierter Teilchen) enthält pro Liter Wasser die der Avogadro-Zahl ($6{,}02 \cdot 10^{23}$) entsprechende Anzahl Lösungsteilchen. Dies ergibt einen Gefrierpunkt von –1,86 °C. Wasser gefriert jedoch nicht immer, wenn sein Gefrierpunkt erreicht wird, sondern nur wenn eine Bewegung oder ein Kristallisationskeim die Kristallbildung auslösen. Absolut reines Wasser kann bis –40 °C unterkühlt werden; erst dann werden die Bindungskräfte zwischen den Molekülen so stark, dass es schlagartig erstarrt. Köperflüssigkeiten können wegen der zahlreichen gelösten Teilchen, die als Kristallisationskeim wirken, meist nur wenige Zehntel °C bis einige °C unterkühlt werden, bis Eisbildung einsetzt.

Der Salzgehalt des Meerwasser beträgt knapp ein Osmol, und deshalb liegt sein Gefrierpunkt bei etwa –1,8 °C. Fische in den Polarmeeren sind einer ungewöhnlichen thermischen Dauerbelastung ausgesetzt, denn in der Eisrandzone beträgt die Wassertemperatur etwa –1,8 °C, Die Körperflüssigkeit der Wirbeltiere hat eine Osmolarität von knapp 0,5, so dass ihr Gefrierpunkt bei –0,7 °C bis –0,9 °C liegt, d.h. die Fische müssten eigentlich gefroren sein. Scholander und seine Mitarbeiter untersuchten in einer Feldstudie im Norden Kanadas die Eisbildung in den Körperflüssigkeiten frisch gefangener Fische und Evertebraten (Abb. 3.15). Im Sommer war das Meer eisfrei, und sie stellten fest, dass sowohl die oberflächennah lebenden Fische als auch die aus tiefem Wasser einen erwarteten Gefrierpunkt von –0,7 °C bis –0,9 °C hatten. Für die oberflächennah lebenden Fische ist dies kein Problem, da das Wasser im Sommer +5 °C warm ist. In der Tiefe herrschen jedoch auch im Sommer –1,73 °C, so dass die dort lebenden Fische eigentlich gefroren sein müssten. Im Winter senken die oberflächennah lebenden Fische ihren Gefrierpunkt auf –1,4 °C bis –1,6 °C, nahe dem Gefrierpunkt des Meerwassers, während die Tiefenfische unverändert bei –0,9 °C blieben. Die Tiefenfische waren offensichtlich unterkühlt, was auch dadurch bestätigt wurde, dass sie, wenn sie gefangen wurden und mit Eis in Berührung kamen, sofort gefroren. Da Eis leichter ist als Wasser und deshalb oben schwimmt, kommen sie in ihren natürlichen Lebensraum nie mit Eis in Berührung und können deshalb unterkühlt leben. Die oberflächennah lebenden Fische, die im Winter in Kontakt mit Eiskristallen kommen, können sich nicht auf Unterkühlung verlassen, sondern müssen ihre Körperflüssigkeiten gegen das Einfrieren schützen.

Ein einfaches Verfahren, den Gefrierpunkt zu erniedrigen, besteht darin, die Osmolarität der Körperflüssigkeiten zu erhöhen. Um den niedrigen Gefrierpunkt des sie umgebenden Meerwassers zu erreichen, müssten Fische (Teleostier) den Salzgehalt ihrer Körperflüssigkeit mehr als verdoppeln, was mit erheblichen, wenn nicht letalen Belastungen der Ionenregulation verbunden wäre. Einige Fische steigern statt dessen im Winter die Glycerin-Konzentration, wobei der Stint (*Osmerus mordax*) und der Grünling (*Hexagrammos spec.*) Glycerin-Konzentrationen von bis zu 0,4 M im Blut erreichen und auf diese Weise gemeinsam mit den anderen Blutbestandteilen den Gefrierpunkt auf das Niveau des Meerwassers senken (Raymond 1992, 1993). Dies ist jedoch eine sehr verschwenderische Lösung, denn die Kiemen sind gut durchlässig für Glycerin, so dass es beständig nachgeliefert werden muss. Trotzdem ist Glycerin ein sehr wirkungsvoller Schutz gegen Einfrieren und hat außerdem

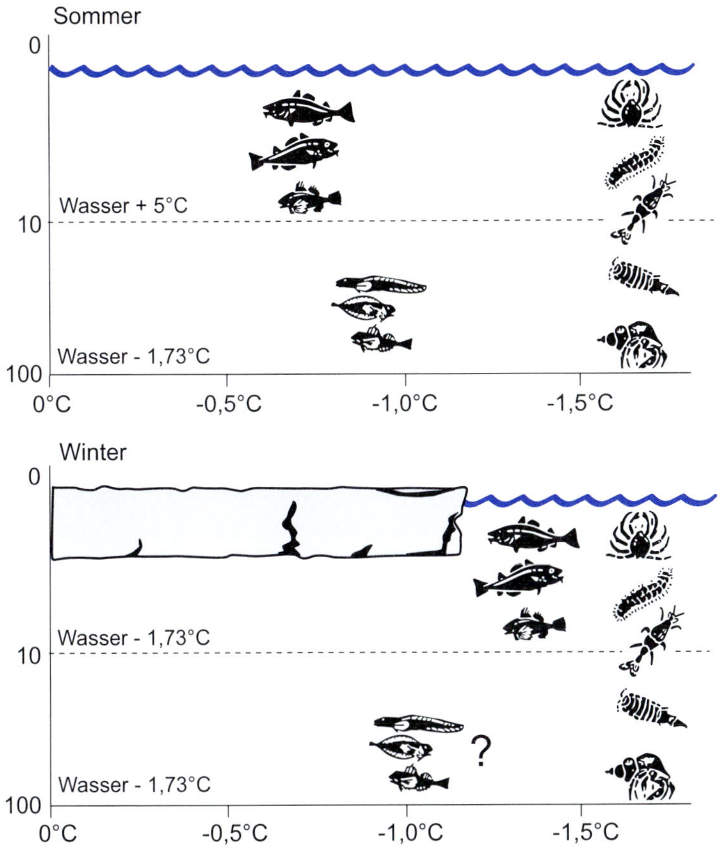


**Abb. 3.15.** Gefrierpunkt der Körperflüssigkeiten von arktischen Evertebraten und Fischen im Sommer und im Winter. Die Tiere wurden entweder im oberflächennahen Wasser oder aus größerer Tiefe gefangen und unmittelbar danach wurde die Gefrierpunktserniedrigung an Blutproben gemessen. Im oberflächennahen Wasser waren dies Fische der Gattung *Gadus* und *Myoxocephalus* und aus dem tiefen Wasser *Lycodes*, *Liparis* und *Gymnacanthus* (Scholander et al. 1957)

den Vorteil, dass, wenn trotzdem lokal Eiskristalle auftreten, es mit Proteinen interagiert und diese stabilisiert. Die Körperflüssigkeit einiger antarktischer und arktischer Teleostier enthält außerdem Trimethylaminoxid, einen organischen Lösungsbestandteil, der von Knorpelfischen zur Osmoregulation eingesetzt wird, bei einigen Notothenioden eine Konzentration von 0,14 M erreicht und dadurch ebenfalls zur Gefrierpunktserniedrigung beiträgt (Raymond u. DeVries 1998).

## 3.5.2 Gefrierschutz-Proteine

Ein völlig neuer Einblick in dem Umgang von Organismen mit Eis ergab sich aus der Entdeckung von **Gefrierschutz-Proteinen** durch De Vries (1971, 1992). Dabei handelt es sich um bis dahin völlig unbekannte Proteine, die entweder als reines Protein (*antifreeze protein*, AFP) oder mit Kohlenhydrat-Seitenketten als Glykoprotein (*antifreeze glycoprotein*, AFGP) vorliegen. In der Zwischenzeit sind mehrere dieser Proteine unterschiedlicher Struktur und Herkunft bekannt geworden mit Molekulargewichten zwischen 2,6 kDa und 34 kDa (Abb. 3.16). Ihre Gefrierschutzwirkung beruht nicht auf der oben beschriebenen kolligativen Wirkung von Lösungsbestandteilen, dazu ist ihre molare Konzentration viel zu gering. Allen AFPs und AGFPs gemeinsam ist, dass sie zu einer thermischen Hysterese bei der Eisbildung führen. Bei langsamer Unterkühlung einer AFP-haltigen Lösung gefriert diese erst bei etwa –5 °C, erwärmt man das Eis wieder, so taut es beim normalen Gefrierpunkt des Wassers von nahe 0 °C wieder auf. Wegen dieser Differenz zwischen Gefrierpunkt und Taupunkt

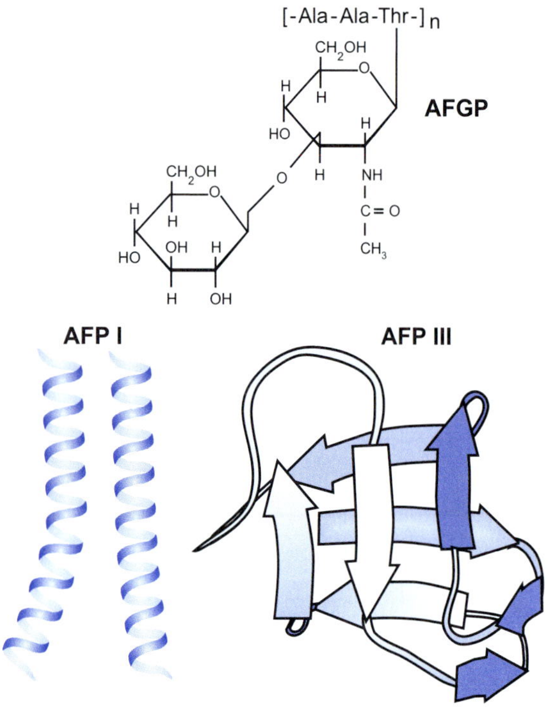


**Abb. 3.16.** Beispiele für die Struktur einiger Gefrierschutz-Proteine: das helicale AFP I der Flunder (Sicheri u. Yang 1995), die Faltblattstruktur des AFP III (Sönnichsen et al. 1993) und ein Gefrierschutz-Glykoprotein (AFGP) des Kabeljau (Fletcher et al. 2001)

werden alle AFPs und AGFPs auch gemeinsam als **thermische Hystereseproteine (THP)** bezeichnet.

THPs verzögern die Eisbildung, indem sie sich an entstehende Eiskristalle anlagern und deren weiteres Wachstum verhindern. Bei den AFGPs sind vermutlich die Hydroxylgruppen der Kohlenhydratseitenketten für den Hysterese-Effekt verantwortlich, da deren chemische Modifikation die Gefrierschutzwirkung stört. Das AFP III, das nur Faltblattstrukturen und keine helicalen Abschnitte enthält, entstehen an den flachen Abschnitten des Moleküls Wasserstoffbindungen zwischen Eis und AFP. Die Eis bindenden Domänen der anderen AFPs sind nicht bekannt, aber es gibt Hinweise, dass sogar hydrophobe Abschnitte mit dem Eis in Wechselwirkung treten können (Jia et al. 1997, Harding et al. 1999). Die Anwesenheit von THPs in der Körperflüssigkeit, verhindert deshalb die Eisbildung nicht vollständig, aber diese bleibt auf mikroskopisch kleine Kristallgrößen beschränkt, die keine Gewebeschäden anrichten und nicht weiter wachsen können.

Die THPs der antarktischen Fische sind wahrscheinlich erst vor wenigen (5–14) Millionen Jahren entstanden, zu einer Zeit, als die Eisbedeckung des antarktischen Kontinents begann. Die THPs der Fische des Nordmeers sind vermutlich noch jünger, da die Umlenkung der Meeresströmungen, die zum extrem kalten Wasser in nördlichen Breiten führte, erst vor 1–2 Mio. Jahren stattfand (Chen 1997, Fletcher 2001). Dies erklärt die große Diversität unter den THPs, die offensichtlich bei verschiedenen Fischarten durch Rückgriff auf unterschiedliche Ursprungs-Proteine entstanden sind. Am Beispiel des AFP II ist die Phylogenie eines THP rekonstruiert worden. Das AFP II des Seeteufels (*Hemitripterus americanus*), des Herings (*Clupea harengus*) und des Stint (*Osmerus mordax*) ist teilweise homolog mit der Kohlenhydrat-Erkennungsdomäne des Lektin C. Dies lässt vermuten, dass die AFP II codierenden Gene aus einem oder mehreren Abschnitten von Lektin codierenden Genen entstanden sind. Der große phylogenetische Abstand dieser drei Fischarten spricht dagegen, dass das AFP II codierende Gen von einem gemeinsamen Vorfahren stammt und nur einmal entstand. Viel wahrscheinlicher ist es, dass die AFP-II-Gene mehrfach und unabhängig voneinander aus Lektin-Genen rekrutiert wurden und somit ein Beispiel für parallele und konvergente Evolution eines physiologischen Mechanismus liefern (Cheng 1998, Fletcher et al. 2001).

**Antarktische Eisfische** leben während des ganzen Jahres bei −1,8 °C und müssen deshalb dauernd über THPs verfügen. So weit bisher bekannt, findet bei ihnen die Synthese von THPs nur in der **Leber** statt, und sie werden von dort aus per Kreislauf über den Rest des Körpers verteilt. Im Gegensatz zu dieser **konstitutiven Expression** von THPs bei antarktischen Nothotenioiden zeigen arktische Fische eine **saisonal geregelte Expression** von THPs. Das ist aus energetischen Gründen vernünftig, denn nur im Winter ist das Wasser mit Eis bedeckt und hat großflächig Temperaturen von −1,8 °C. Sie besitzen eine Vielzahl von THPs, die nicht nur in der Leber sondern auch in anderen Organen exprimiert werden. In einigen Fischen wurden 30 bis 150 unterschiedliche Genfamilien identifiziert, die zur Produktion von THPs beitragen. Die saisonale Produktion von THPs wird nicht durch die Wassertemperatur, sondern durch die jahreszeitliche **Veränderung der Photoperiode** gesteuert, wie Fletcher (2001) an der Flunder zeigte. Die Photoperiode ist ein wesentlich verlässlicheres Signal für die Jahreszeit als die Wassertemperatur, die auch kurzfristig mit der Wetterlage schwanken kann. Ein kurze Photoperiode, unterdrückt bei der Flunder die Synthese des Wachstumshormons (GH), und damit entfällt auch dessen stimulierende Wirkung auf IGF-1 (*insulin-like-growth-factor*). IGF-1 unterdrückt im Sommer die Synthese von AFP in der Leber, und deshalb führt der Ausfall von IGF-1 im Winter zu einer Synthese von AFP. Bei länger werdender Photoperiode im Frühjahr produzieren die Flundern wieder vermehrt GH, und die AFP-Produktion wird wieder unterdrückt.

### 3.5.3 Gefrierschutz bei Insekten

Terrestrisch lebende Tiere, wie die Insekten, müssen im Winter Temperaturen bis $-50\,^{\circ}$C ertragen und sind damit wesentlich tieferen Temperaturen ausgesetzt als Fische. Der Gefrierschutz von Insekten muss deshalb sehr viel leistungsfähiger sein als der von Fischen. Insekten nutzen ebenfalls Glycerin zur Gefrierpunktserniedrigung, wobei sie während der kalten Jahreszeit sehr hohe Konzentrationen von bis zu 6 M in ihrer Hämolymphe aufbauen, was mehr als das 10fache der bei Fischen gefundenen Glycerinkonzentration ist. Bei dieser hohen Konzentration kommt eine weitere Eigenschaft des Glycerin zum Tragen. Es erniedrigt nämlich nicht nur den Gefrierpunkt durch seine kolligative Wirkung, sondern es erleichtert die Unterkühlung der Körperflüssigkeiten. Mit dieser stabilisierenden Wirkung auf das Wasser können die Körperflüssigkeiten 2–3fach niedrigere Temperaturen erreichen und flüssig bleiben, als durch die kolligative Wirkung allein. Für Insekten ist die Unterkühlung eine durchaus vernünftige Strategie. Durch ihre wasserdichte Kutikula sind sie gut gegen Kristallisationskeime von außen geschützt. Sie können sich mit unterkühlter Hämolymphe in gefrorenem Boden aufhalten. Auch Insekten besitzen THPs, allerdings ist deren biochemische Natur weniger gut untersucht als bei Fischen. In vielen Fällen sind sie noch gar nicht identifiziert, sondern ihre Anwesenheit wird lediglich aus der deutlichen Hysterese von Einfrieren und Auftauen der Körperflüssigkeiten geschlossen (Duman 2001).

### 3.5.4 Können Tiere das Einfrieren ihrer Körperflüssigkeiten ertragen?

Bisher hatten wir nur Mechanismen kennen gelernt, mit denen Tiere das Einfrieren ihrer Körperflüssigkeiten verhindern, um sich vor der zerstörerischen Wirkung der Eiskristalle im Körper zu schützen. Um so mehr erstaunt es, dass einige Tiere ohne letale Konsequenzen einfrieren und wieder auftauen können. Beispiele dafür finden sich bei zahlreichen Insekten, wie dem Käfer *Dendroides canadensis* oder der Hornisse *Vespula maculata* (Duman 2001), aber auch bei Wirbeltieren, wie dem kanadischen Waldfrosch *Rana sylvatica* und der Schlange *Thamnophis sirtalis* (*red-sided garter snake*) (Storey 1988, 2000). Sie entwickelten eine **Gefriertoleranz**, im Gegensatz zum bisher besprochenen **Gefrierschutz**. In allen Fällen beruht die Gefriertoleranz darauf, dass die Eisbildung im Körper genau kontrolliert und auf ausgewählte extrazelluläre Flüssigkeitskompartimente beschränkt wird, denn eine unkontrollierte intrazelluläre Eisbildung würde unweigerlich Zellmembranen zerstören. Sie erreichen dies unter anderem dadurch, dass spezielle Proteine das Gefrieren von unterkühlten Körperflüssigkeiten an der gewünschten Stelle auslösen (*protein ice nucleators*, PIN). Eine Gefahr der Eisbildung besteht darin, dass wachsende Eiskristalle mit ihren kristallinen Kanten und Spitzen die Integrität von Membranen zerstören, eine Gefahr, die auch bei extrazellulärer Eisbildung besteht. Diese Gefahr wird verringert, indem beim Einfrieren

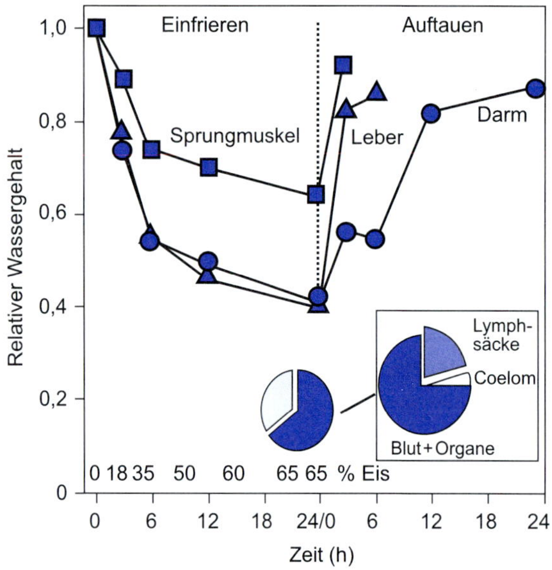


**Abb. 3.17.** Zeitverlauf des Einfrierens und Auftauens beim Waldfrosch *Rana sylvatica* bei -2,5 °C. 24 h nach Beginn des Einfrierens liegen 65% des gesamten Körperwassers in gefrorenem Zustand vor. Davon befinden sich 25% in den Lymphsäcken und im Coelom. Das Auftauen bei +5 °C bis auch die letzten Eisreste aus dem Darm verschwunden sind, dauert ähnlich lange (nach Lee u. Costanzo 1998)

die Bildung von Eiskristallen vermieden und statt dessen eine glasförmige Erstarrung des Wassers kontrolliert herbeigeführt wird, wie das bei der Eisstruktur von gefriertoleranten Tieren beobachtet wurde (Duman 2001).

Beim Waldfrosch sind die physiologischen Mechanismen des Einfrierens besonders gut untersucht, einschließlich der daran beteiligten biochemischen Prozesse und Veränderungen der Genexpression (Storey 2000). Die ersten auf der Haut gebildeten Eiskristalle führen zu einer Ausschüttung von Adrenalin. Das Adrenalin verursacht den Abbau von Leber-Glycogen, und die frei werdende Glucose jagt innerhalb von 2–5 min den Blutglucosespiegel auf 300 mM. Dies ist ein extrem hoher Wert, im Vergleich zum Normalwert von 5 mM und angesichts der Tatsache, dass beim Menschen bereits bei 10–40 mM ein pathologischer Diabetes vorliegt. Der hohe Glucosegehalt im Plasma erniedrigt den Gefrierpunkt, und gleichzeitig zieht die hohe Osmalarität des Plasmas Wasser aus den Zellen. Bei der weiter fortschreitenden Eisbildung in den peripheren Lymphsäcken und Teilen des Kreislaufs friert bevorzugt reines Wasser aus und in der verbleibenden Körperflüssigkeit steigt die Konzentration an gelösten Bestandteilen. Dies verstärkt den osmotischen Wasserentzug aus den Zellen, so dass diese dehydrieren. Auf diese Weise wird das intrazelluläre Wasser in den Extrazellulärraum geschafft, um dort gefroren zu werden. Im Endzustand liegen etwa 65% des Körperwassers als Eis vor (Abb. 3.17). Beim Auftauen laufen die Prozesse in der Gegenrichtung ab, die Zellen werden wieder hydriert und die Glucose wieder als Glycogen in der Leber gespeichert. Mit dieser Technik werden keine Membranen zerstört. Die Waldfrösche tolerieren so mehrere Zyklen von Einfrieren und Auftauen ohne bleibende Schäden.

## 3.6 Thermoregulation von terrestrischen Ektothermen

Die Luft hat eine geringe Wärmeleitfähigkeit und Wärmekapazität, so dass terrestrisch lebende Tiere ihre Körpertemperatur sehr viel leichter unabhängig von der Umgebungstemperatur regeln können als aquatisch lebende Tiere. Dieser thermische Vorteil des Landlebens ermöglicht die Existenz von Tieren sowohl in extrem kalten Biotopen wie der Antarktis mit Temperaturen bis -50 °C als auch in extrem heißen Wüstenregionen mit Temperaturen bis +50 °C. Außerdem bieten viele terrestrische Lebensräume eine vielfältige thermische Strukturierung des Mikroklimas, so dass Ektotherme durch Wahl des Standorts ihre Körpertemperatur beeinflussen können.

### 3.6.1 Thermoregulatorisches Verhalten

Um die thermischen Strukturen des Mikroklimas ausnutzen zu können, müssen Ektotherme in der Lage sein, thermisch günstige Standorte zu erkennen und diese aufzusuchen, ähnlich wie dies bereits bei Fischen geschildert wurde (Abb. 3.10). In der Tat ist thermoregulatorisches Verhalten der dominierende Mechanismus, mit

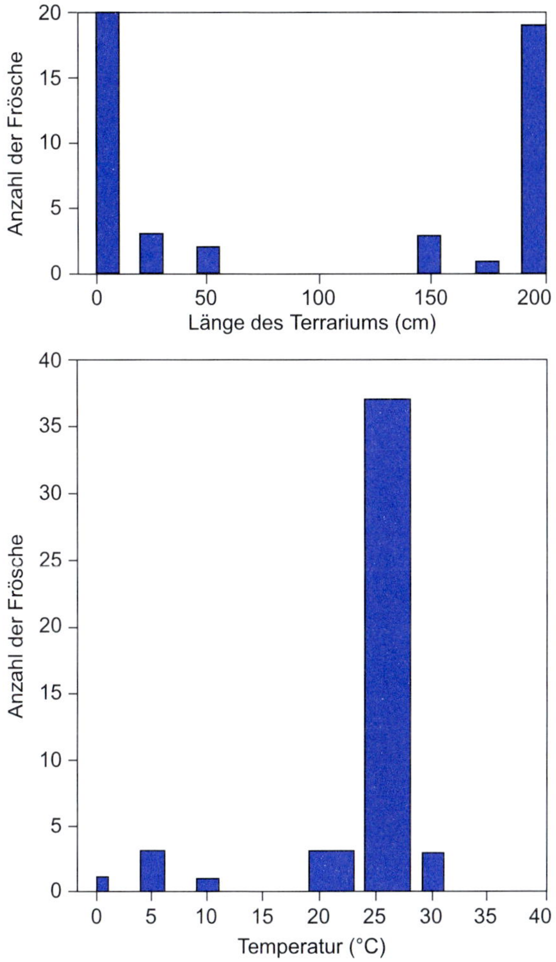


**Abb. 3.18.** Thermoregulatorisches Verhalten des Grasfroschs (*Rana esculenta*). Die Frösche wurden einzeln in ein 2 m langes Terrarium gesetzt; und 45 min später wird ihre Position festgestellt. Bei konstanter Temperatur (*oberes Bild*) wandern sie an die Enden des Terrariums. Bei einem Temperaturgradienten im Boden (*unteres Bild*) wählen sie ihre Präferenztemperatur in der Mitte des Terrariums (nach Cabanac u. Jeddi 1971)

dem terrestrische Ektotherme ihre Körpertemperatur kontrollieren. Diese Leistung kann bei Fröschen beobachtet werden, die sich in einem Terrarium die Temperatur frei wählen können (Abb. 3.18). Solange das Terrarium überall die gleiche Temperatur hat, wandern die Frösche nach dem Einsetzen bevorzugt an die seitlichen Ränder. Wird am Terrarienboden ein thermischer Gradient von 5 °C bis 40 °C angelegt, so werden die seitlichen Ränder uninteressant, und die Frösche suchen innerhalb kurzer Zeit die Stelle auf, an der 26 °C herrschen, die von ihnen offensichtlich bevorzugte Temperatur. Die Lufttemperatur war konstant 20 °C, so dass sie Temperaturunterschiede nur mit der Körperunterseite wahrnehmen konnten und sich danach orientierten (**thigmothermisches Verhalten**). Die **Präferenztemperatur** der Frösche ist sehr viel ausgeprägter und auf einen engeren Temperaturbereich beschränkt, als dies bei Fischen in einer vergleichbaren Versuchssituation beobachtet werden kann (Abb. 3.10). Dieser Vergleich unterstreicht die große Bedeutung des thermoregulatorischen Verhaltens für terrestrische Ektotherme.

Dass Reptilien thermisch orientierte Verhaltensweisen zeigen, ist den meisten von uns aus eigenen Beobachtungen bekannt, da Eidechsen und Schlangen gerne ein Sonnenbad nehmen. Sie führen sich auf diese Weise Sonnenwärme zu (**heliotropes Verhalten**), ein Verhalten, das sich für Amphibien weniger eignet, da sie über ihre feuchte Haut viel Wasser verlieren. Ein spektakuläres Beispiel für die Leistung heliotropen Verhaltens gibt die zu den Erdleguanen gehörende peruanische Bergeidechse *Liolaemus multiformis* (Pearson 1954). Sie lebt in den Anden in Höhen bis 4000 m, in denen es auch im Sommer relativ kühl ist, sogar Eis und Schnee auftreten können. Sie übernachten in frostgeschützten Erdhöhlen, aus denen sie morgens beim ersten Sonnenstrahl hervorkriechen, und stellen sich dann quer zur Sonne, um sich aufzuwärmen. Eine Eidechse (108 g) wurde in dieser Stellung festgehalten (bei −2 °C Lufttemperatur) und die weitere Entwicklung der Körpertemperatur verfolgt (Abb. 3.19). Innerhalb einer halben Stunde hatte sie eine Körpertemperatur von über 30 °C, hielt diese über Stunden konstant bei etwa 36 °C, obwohl die Lufttemperatur nur allmählich auf 13 °C anstieg. Ganz offensichtlich ist sie in der Lage, die Sonnenstrahlung sehr gut zu absorbieren und die Wärme mit dem Kreislauf im Körper zu verteilen, da ja nur die Kloakentemperatur gemessen wurde.

Viele Reptilien wählen nicht immer dieselbe Temperatur, sondern zeigen eine ausgeprägte Ta-

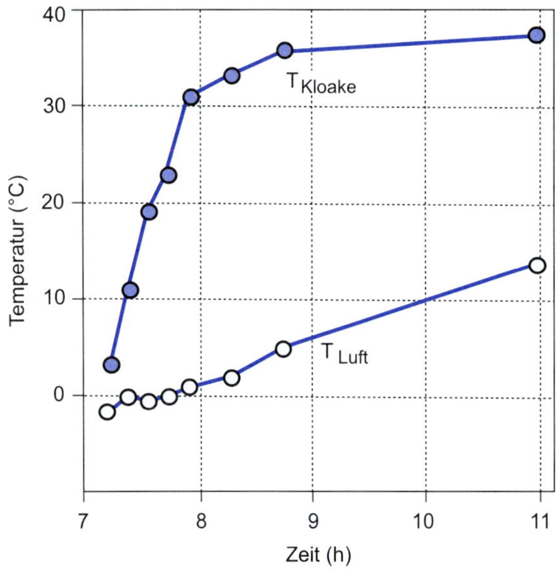


**Abb. 3.19.** Die auf 4000 m Höhe lebende peruanische Bergeidechse *Liolaemus multiformis* lässt sich von der Sonne aufheizen und erreicht dabei Körpertemperaturen von über 30 °C, auch wenn die Lufttemperatur nur wenig über dem Gefrierpunkt liegt (Pearson 1954)

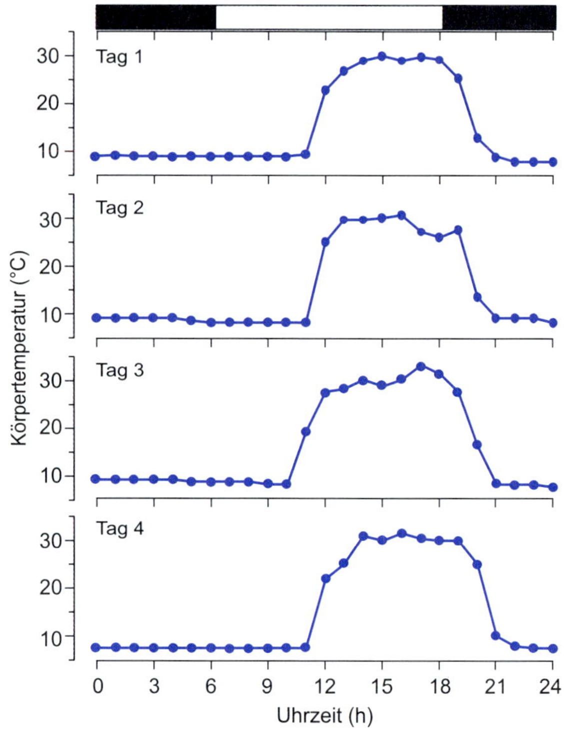


**Abb. 3.20.** Tageszeitliche Änderung der Präferenztemperatur bei Smaragdeidechsen *Lacerta viridis*. Die Eidechsen wurden in einem Terrarium (80×40 cm) gehalten, dessen Boden (Metallplatte mit dünner Sandauflage) an einem Ende auf 5 °C gekühlt und am anderen Ende auf 45 °C geheizt wurde. Nahrung und Unterschlupf wurden über die ganze Länge des Gradienten angeboten. Die Körpertemperatur wurde mit einem in die Bauchhöhle implantierten Sender telemetrisch registriert (nach Rismiller u. Heldmaier 1982)

gesperiodik und Jahresperiodik der Präferenztemperatur. Hohe Körpertemperaturen streben sie nur während der Aktivitätszeit an und suchen tiefere Temperaturen für die Ruhezeit. Ein Beispiel dafür gibt die Smaragdeidechse, *Lacerta viridis* (Abb. 3.20). Die Smaragdeidechse trug in der Bauchhöhle einen Temperatursender, so dass die Körpertemperatur kontinuierlich verfolgt werden konnte, während sie sich in einem Terrarium frei bewegte. Das Terrarium wurde an einem Ende auf 7 °C gekühlt und am anderen Ende auf 45 °C geheizt. Die Ruhezeit verbrachte die Eidechse in einem Unterschlupf auf der kalten Seite des Terrariums, mit einer Körpertemperatur von 8–10 °C. Sie war ein Spätaufsteher und begann ihre tägliche Aktivitätszeit erst nach 11 Uhr, indem sie ihre Körpertemperatur auf etwa 30 °C steigerte. Während der Aktivitätszeit hielt sie ihre Körpertemperatur konstant bei 30–32 °C. Man könnte vermuten, dass sie diese Konstanz erreichte, indem sie einfach die 30 °C-Position des Temperaturgradienten wählte. Doch genau dies war nicht der Fall. Während der Aktivitätszeit war sie überall im Käfig unterwegs, von der kalten bis zur warmen Seite, ja sie sprang sogar auf die in 15 cm Höhe angebrachte Empfangsantenne für den Temperatursender. Offensichtlich muss sie nicht bei der Präferenztemperatur verharren, sondern kann sich durch Wechsel zwischen warmen und kalten Standorten genau die Wärmemenge zuführen, die notwendig ist. um eine gewünschte Körpertemperatur zu erreichen. Eidechsen leisten dies, auch wenn man ihnen nur eine kalte (10 °C) und eine warme (40 °C) Kammer mit Durchgang anbietet. Sie wechseln dann zwischen den beiden Kammern und halten ihre Körpertemperatur auf dem gewünschten Wert (*shuttling behaviour*), d.h. sie wählen keine Präferenztemperatur, sondern sie regulieren ihre Präferenztemperatur, auch wenn diese Temperatur in ihrer Umgebung gar nicht angeboten wird.

### 3.6.2 Warum regulieren Ektotherme ihre Körpertemperatur?

Da Ektotherme ihre Körpertemperaturen über einen großen Bereich schwanken lassen können, scheint es auf den ersten Blick sinnlos, so viel Aufwand zu treiben, um die Körpertemperatur konstant zu halten. Eine Erklärung dafür liefert ein Vergleich des Energieumsatzes in Ruhe und bei körperlicher Aktivität (Abb. 3.21). Bei der Eidechse *Dipsosaurus dorsalis* wurde bei verschiedenen Umgebungstemperaturen der Ruheumsatz und der Umsatz während maximaler körperlicher Arbeit gemessen. Der Energieumsatz wird bei allen Temperaturen für die körperliche Arbeit gesteigert und liegt um das 10–20fache über dem Ruheumsatz. Aber die Steigerungsfähigkeit des aeroben Stoffwechsels (*aerobic scope*), hat im Bereich der Präferenztemperatur ihr Maximum, wie aus dem unteren Bild in Abb. 3.21 zu erkennen ist. Durch die Einstellung der Präferenztemperatur erreichen die Eidechsen ihr thermisches Optimum (s. Kap. 3.3.1) für die körperliche Leistungsfähigkeit. Bei tieferen und höheren Temperaturen können sie zwar ebenfalls jagen oder ihren Feinden entkommen, aber am vorliegenden Beispiel von *D. dorsalis* ist zu erkennen, dass sie dies bei ihrer Präferenztemperatur von 39 °C etwa 6-mal besser kann als bei 25 °C.

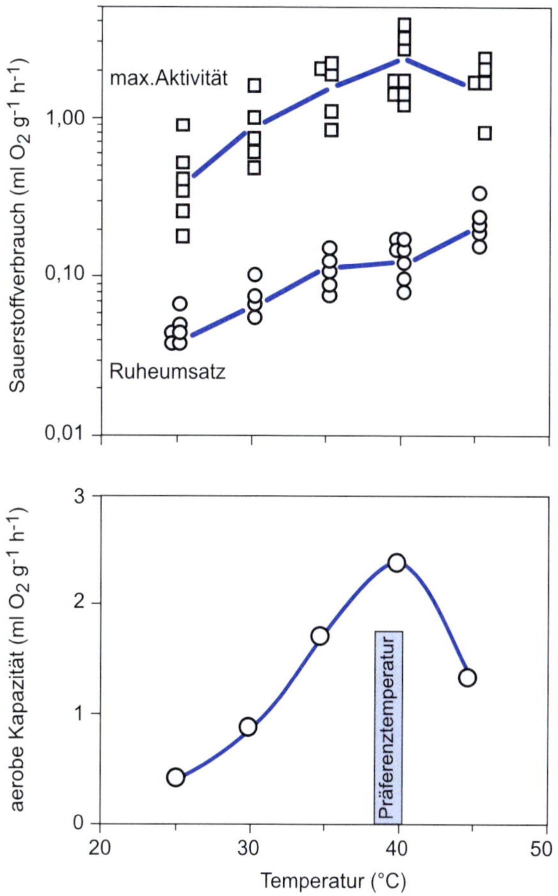


**Abb. 3.21.** Bei der Eidechse *Dipsosaurus dorsalis* wurde der Sauerstoffverbrauch in Ruhe und bei maximaler körperlicher Aktivität gemessen (*oberes Bild*). Beide Werte steigen mit der Temperatur an (log Skala!). Die Differenz zwischen Ruhe- und Aktivitätsumsatz entspricht der aeroben Kapazität. Sie verändert sich besonders stark mit der Temperatur, und ihr Maximum fällt mit der Präferenztemperatur (*unteres Bild*) dieser Eidechsen zusammen (nach Bennett u. Dawson 1972)

### 3.6.3 Vasomotorische Temperaturregelung

Der Wärmetransport und Wärmeausgleich im Körper ist eine der wichtigen Aufgaben des Blutkreislaufs. Auch beim Wärmeaustausch eines Tieres mit seiner Umgebung hat der Blutkreislauf eine dominierende Funktion, denn er kann Körperwärme an die Oberfläche transportieren bzw. umgekehrt Wärme an der Körperoberfläche aufnehmen und ins Körperinnere transportieren. Dank ihres geschlossenen Kreislaufsystems und der hohen Umwälzgeschwindigkeit des Blutes können ektotherme Wirbeltiere die Regelung der Körpertemperatur mit dem Blutkreislauf wirkungsvoll unterstützen. Wird eine Eidechse von kalter in warme Umgebung umgesetzt, so wird sie sich allmählich erwärmen; z. B. benötigt eine Smaragdeidechse etwa 60 min, um sich bei einem Temperatursprung von 20 °C auf 30 °C einzustellen. Wird die Eidechse wieder in die Kälte gesetzt, so braucht sie jedoch wesentlich länger,

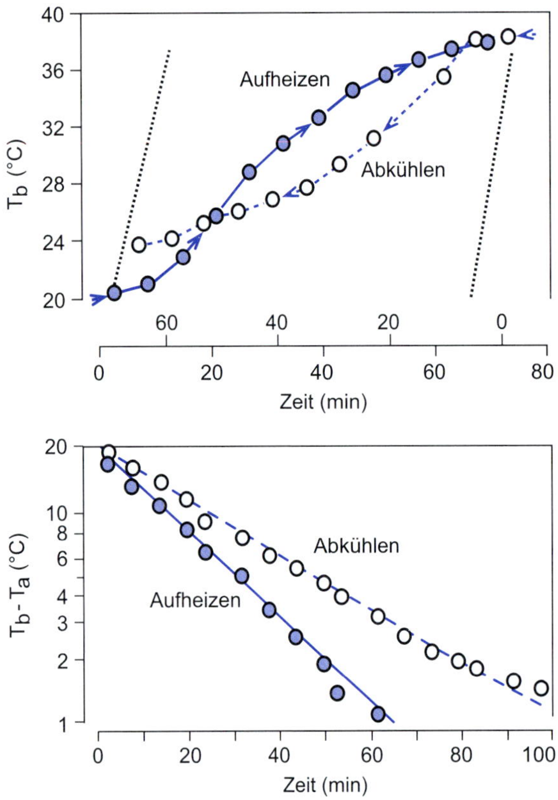


**Abb. 3.22.** Aufheizen und Abkühlen bei der Smaragdeidechse *Lacerta viridis*. Die Umgebungstemperatur wurde von 20 °C auf 30 °C erhöht und der Verlauf der Körpertemperatur (Tb) mit einem Temperatursender in der Bauchhöhle gemessen. Das *obere Bild* enthält der Zeitverlauf des Aufwärmens von links nach rechts, und den Verlauf der Abkühlung in der umgekehrten Richtung. Im *unteren Bild* ist die Temperaturdifferenz zwischen Körper und Umgebung (Ta) als Logarithmus gegen die Zeit aufgetragen. Da dem Aufwärmen und Abkühlen eine e-Funktion zu Grunde liegt, ergibt diese Darstellung eine Gerade, deren Steilheit die Aufwärm- und Abkühlrate beschreibt (nach Rismiller u. Heldmaier 1985)

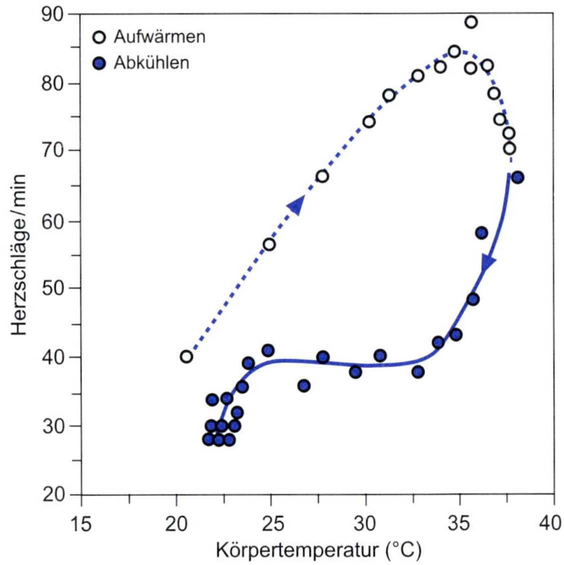


**Abb. 3.23.** Beziehung zwischen Herzfrequenz und Körpertemperatur bei der Galapagos Meeresechse *Amblyrhynchus cristatus* beim Aufheizen (○) und Abkühlen (●) (Bartholomew u. Lasiewski 1965)

etwa 90 min, um auf die Endtemperatur abzukühlen. Vergleicht man den Zeitverlauf des Aufheizens und Abkühlens (Abb. 3.22), so erhält man **Hysteresis-Kurven**, die zeigen, dass sich Reptilien stets **schneller aufheizen als abkühlen.**

Dieser Unterschied zwischen Aufheizen und Abkühlen kann durch Kreislaufreaktionen erklärt werden. Beim Aufheizen werden die Körperpartien, die einer warmen Oberfläche oder der Sonne zugekehrt sind, besonders gut durchblutet. Die Blutgefäße an der Körperoberfläche dilatieren, das Blut nimmt die Wärme auf und verteilt sie im Körper. Beim Wechsel in kalte Umgebung kontrahieren sich die peripheren Blutgefäße, so dass möglichst wenig Wärme an die Umgebung verloren geht. Diese **vasomotorische Reaktion** wird zusätzlich durch eine **Tachykardie**, eine Verlangsamung des Herzschlages um etwa 50%, unterstützt (Abb. 3.23). Sie verringert die Pumpleistung des Herzens und verringert dadurch auch den Wärmetransport aus dem Körperkern zur Peripherie, damit die Wärme möglichst lange im Körper gehalten werden kann.

Mit dieser vasomotorischen Reaktion verschaffen sich Ektotherme eine gewisse Unabhängigkeit von der Umgebungstemperatur. Vor allem bei kurzfristigen Schwankungen der Temperatur können Reptilien den Wärmeaustausch mit der Umgebung kontrollieren und deren Wirkung auf die Körpertemperatur dämpfen. Die dämpfende Wirkung ist um so deutlicher, je größer ein Tier ist. Große Tiere besitzen eine geringere relative Körperoberfläche, so dass ihr

Wärmeaustausch mit der Umgebung langsamer stattfindet. Durch die vasomotorische Regelung hängt er jedoch zusätzlich von der Durchblutung der Peripherie ab. Deshalb kann das Erwärmen erheblich beschleunigt und das Abkühlen erheblich verlangsamt werden, und die Hysterese für Aufwärmen und Abkühlen nimmt zu. Große Reptilien besitzen außerdem durch ihre Masse eine höhere Wärmekapazität und größere Trägheit gegenüber Temperaturänderungen. Dadurch können große Echsen wie eine Python, vor allem wenn sie sich zur Wärmespeicherung einrollt, oder der Komodo-Waran, auch noch in den Nachtstunden ihre Körpertemperatur um 10 °C über der Umgebungstemperatur halten. Die fossilen Dinosaurier konnten wegen ihrer großen Körpermasse und der daraus resultierenden thermischen Trägheit ihre Körpertemperatur sicher noch besser über längere Zeit konstant halten als die rezenten Reptilien.

Aus den bisherigen Schilderungen wird klar, dass Reptilien mit ihrem Verhalten und ihrer Vasomotorik sehr flexible und effektive Mechanismen entwickelten, mit denen sie die thermischen Gegebenheiten ihrer Umgebung auf geradezu virtuose Weise optimal ausschöpften. Sie gelten deshalb als Musterbeispiel für die erfolgreiche Evolution der Ektothermie, einer energetisch sparsamen Lebensweise unter den Wirbeltieren, als Alternative zu der energieaufwendigen Lebensweise der Säugtiere und Vögel.

## 3.6.4 Temporäre Endothermie bei Ektothermen

Einige große Fische, wie Thunfisch, Hai und Schwertfisch, können durch Wärmeaustauscher im Blutkreislauf in einigen Geweben eine hohe Körpertemperatur aufrecht erhalten. Terrestrisch lebenden Ektothermen müsste dies eigentlich viel leichter fallen, da sie, umgeben von der gut wärmeisolierenden Luft, mit wenig Energieaufwand eine hohe Körpertemperatur und hohe Stoffwechselraten erreichen könnten. Endothermie sollte ihnen leicht fallen. Deshalb überrascht es umso mehr, dass es unter den ektothermen Wirbeltieren nur einen gut belegten Fall der Endothermie gibt, und zwar bei brütenden Pythons. Eine brütende Python legt sich um ihre

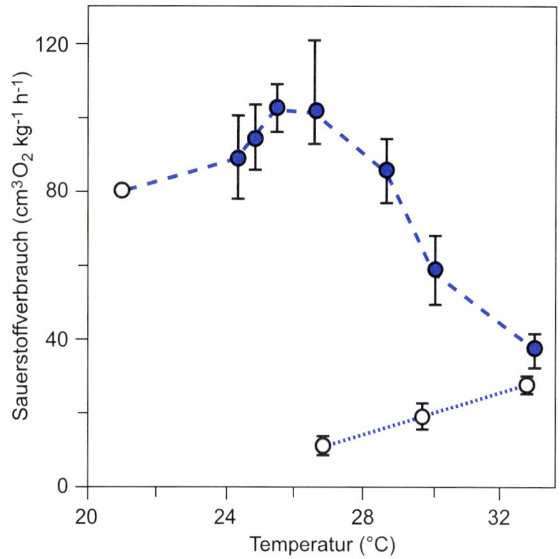


**Abb. 3.24.** Sauerstoffverbrauch einer brütenden indischen Python (*Python molurus*, 14 kg) bei verschiedenen Umgebungstemperaturen. Die *obere Kurve* wurde während des Brütens gemessen, die *untere Kurve* außerhalb der Brutzeit (Hutchison et al. 1966)

Eier und produziert Wärme, begleitet von Kontraktionswellen, die über die Muskulatur laufen. Sie kann dabei ihr Gelege für längere Zeit etwa 7 °C wärmer als die Umgebungstemperatur halten. Oberhalb 33 °C ist der Energieumsatz von nicht brütenden und brütenden Pythons identisch. Sinkt die Umgebungstemperatur auf tiefere Werte, so steigern nur die brütenden Pythons ihre Wärmebildung, proportional der Kältebelastung (Abb. 3.24), und betreiben damit eine energieaufwendige **metabolische Endothermie.** Die funktionelle Bedeutung dieses Verhaltens ist offensichtlich, denn es schafft eine gleichförmige und hohe Temperatur für die Entwicklung der Embryonen.

Es bleibt die Frage, warum es nur diesen Einzelfall unter den Reptilien gibt, während mehrere Fischarten die Vorteile der Endothermie nutzen. Offensichtlich ist, dass terrestrisch lebende Reptilien durch thermoregulatorisches Verhalten und Vasomotorik eine hohe Körpertemperatur auf energiesparende Weise regulieren können. Eine metabolische Endothermie würde der Reptilienstrategie einer energiesparenden Lebens-

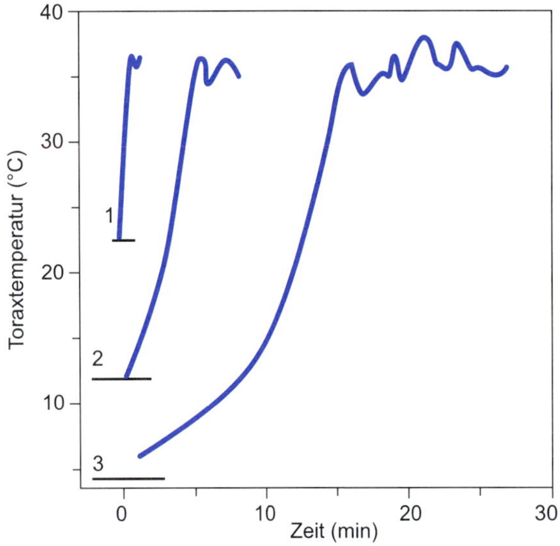


**Abb. 3.25.** Aufheizen der Thoraxtemperatur vor dem Flug bei einer Hummelkönigin, *Bombus vosnesenskii,* bei drei verschiedenen Umgebungstemperaturen, (1) 24 °C, (2) 13 °C, (3) 6,2 °C (Heinrich 1993)

weise widersprechen. Im Gegensatz dazu haben die aquatisch lebenden Fische, wegen der hohen Wärmeleitfähigkeit und Wärmekapazität des Wassers, keine Chance für eine höhere Körpertemperatur. Ihnen bleibt nur die Möglichkeit, durch **physikalische Endothermie** wenigstens lokal höhere Temperaturen einzustellen, um auf diese Weise die thermischen Voraussetzungen für eine bessere körperliche Leistungsfähigkeit zu schaffen.

Fliegende Insekten sind auf eine hohe Leistung ihrer Flugmuskulatur angewiesen. Vor allem große Insekten erreichen einen optimalen Auftrieb und Schub nur bei hoher Muskeltemperatur und wärmen sich deshalb vor dem Flug auf. Bei **Hummeln** ist die **metabolische Endothermie** besonders auffällig und setzt sie in die Lage, auch bei kaltem Wetter, sogar bei Frost, zur Nahrungssuche auszufliegen. In Ruhe und während der Nacht verhalten sie sich wie typische Ektotherme mit einer Körpertemperatur gleich der Umgebungstemperatur und geringer körperlicher Leistungsfähigkeit in der Kälte. Vor dem Start heizen sie sich durch körpereigene Wärmebildung auf und steigern dabei innerhalb

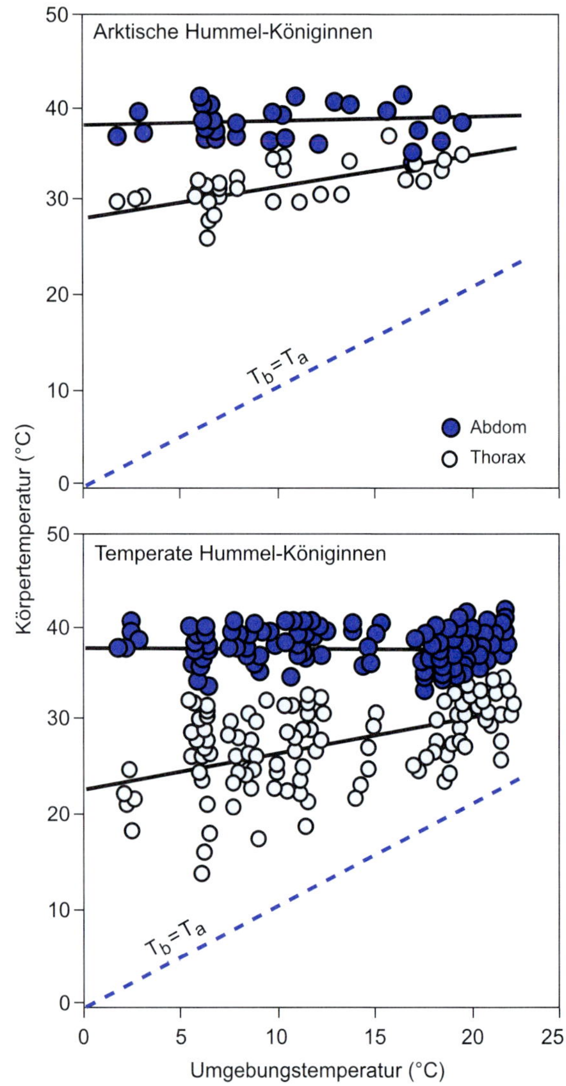


**Abb. 3.26.** Thorax- und Abdominaltemperatur von arktischen Hummelköniginnen und Hummelköniginnen aus gemäßigten Breiten während der Nahrungssuche bei verschiedenen Umgebungstemperaturen (Heinrich 1993)

von wenigen Minuten ihren Thorax auf die für den Flug notwendige Betriebstemperatur von 37–38 °C. Die Wärme wird von der **Flugmuskulatur** selbst erzeugt, die sich beim **Aufheizen im Leerlauf** kontrahiert, möglicherweise unterstützt durch zyklische Stoffwechselprozesse, die ebenfalls im Leerlauf ATP verbrauchen (*futile cycles*).

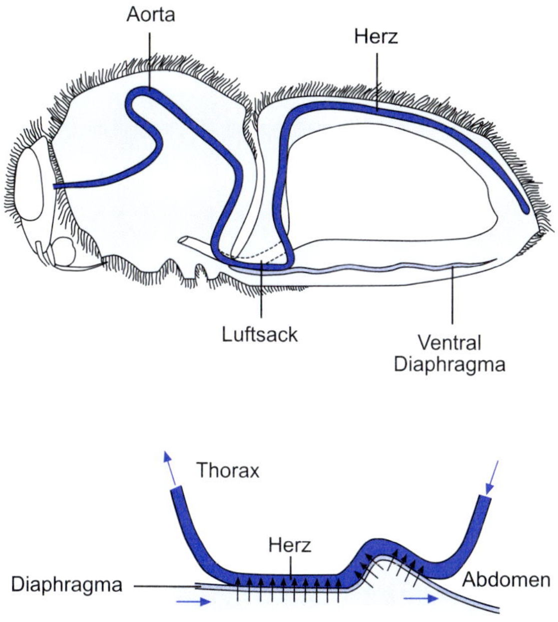


**Abb. 3.27.** Sagittalschnitt durch eine Hummel, der die anatomischen Voraussetzungen für die Kontrolle der Wärmeabgabe ins Abdomen zeigt. Entscheidend ist die Flussrate der Hämolymphe und der Abstand (und die Streckenlänge), den das Diaphragma zwischen der im Herzen thorakalwärts strömenden Hämolymphe und dem Rückstrom der Hämolymphe zulässt. Kalte Hämolymphe wird im Herzen Richtung Thorax gepumpt, warme Hämolymphe fließt aus dem Thorax ins Abdomen zurück. Die Luftsäcke im vorderen Abdominalbereich können, je nach Füllungszustand, den Rückstrom der Hämolymphe in der engen Taille verringern und dadurch den Wärmeaustausch zwischen beiden Strömungsrichtungen verändern (Heinrich 1993)

Auch bei Temperaturen um den Gefrierpunkt sind Hummeln noch in der Lage, die Flugtemperatur von 38 °C zu erreichen (Abb. 3.25). Bei 4 °C Umgebungstemperatur dauert das Aufheizen etwa 15 min, während sie bei 23 °C in weniger als einer Minute betriebsbereit sind.

Während des Flugs halten Hummeln ihre Muskeltemperatur konstant, unabhängig von der Umgebungstemperatur (Abb. 3.26). Die konstant hohe Temperatur ist deshalb auf den Thorax beschränkt, während das Abdomen wesentlich kälter bleibt. Dies gilt jedoch nicht für arktische Hummeln, deren Abdomen im Flug relativ warm gehalten wird. Das Abdomen spielt eine wichtige Rolle bei der Thermoregulation, da die vom Herzen nach vorne gepumpte Hämolymphe in der Taille in engen Kontakt mit der ins Abdomen zurückfließenden Hämolymphe kommt (Abb. 3.27). Wie in einem Gegenstrom-Wärmeaustauscher kann die Wärme im Thorax gehalten oder, je nach Flussrate und Strömungsregulation in der Taille, auch vom Thorax zum Abdomen abgegeben werden. Dieser Mechanismus erlaubt eine Kontrolle der Wärmeverteilung im ganzen Körper, trotz des offenen Kreislaufsystems der Insekten.

Hummeln setzen die Fähigkeit zur Wärmeerzeugung nicht nur bei der Flugvorbereitung, sondern auch zur **Brutpflege** ein, um das Wachstum der Larve zu beschleunigen. Hummelköniginnen pressen sich mit dem Thorax und ihrem relativ langen Abdomen auf ihr Gelege und wärmen es. Sie erreichen dabei einen ähnlich hohen Sauerstoffverbrauch wie im Flug von etwa 160 $\text{mlO}_2\,\text{g Thorax}^{-1}\,\text{h}^{-1}$, obwohl sie ruhig sitzen und nur die Brut erwärmen (Heinrich 1993). Auch soziale Bienen verfügen über erstaunliche Wärmebildungsfähigkeiten, so dass sie selbst bei strengem Frost bis –50 °C Umgebungstemperatur die Innentemperatur ihres Stockes noch auf 32 °C konstant halten können (Southwick u. Heldmaier 1987, Heinrich 1993). Insekten erreichen bei der Wärmebildung extrem hohe Stoffwechselraten pro Gramm Körpergewicht, noch höher als die der Vögel und Säugetiere. Allerdings nutzen sie ihre Fähigkeit zur Wärmebildung nicht dauernd, sondern nur zeitlich befristet in Situationen, in denen eine hohe Körpertemperatur benötigt wird. In der restlichen Zeit haben sie extrem niedrige Stoffwechselraten, wie dies für Ektotherme typisch ist, und werden deshalb als Ektotherme mit **temporärer oder fakulativer Endothermie** charakterisiert.

## 3.7 Thermoregulation der endothermen Säugetiere und Vögel

Vögel und Säugetiere besitzen die Fähigkeit zur körpereigenen Wärmebildung, mit der sie ihre Körpertemperatur auf einem konstant hohen Wert von 36 °C halten. Damit vermeiden sie die

Probleme, die veränderliche Körpertemperaturen auf die Reaktionskinetik der verschiedenen Stoffwechselwege haben, und sie erlauben eine optimale Abstimmung der Leistung, die Ektotherme nur bei der Vorzugstemperatur erreichen. Dieses Ziel wird allerdings nur um den Preis eines sehr hohen Energiebedarfs erreicht, denn bereits in Ruhe haben Säugetiere und Vögel einen 8–10-mal höheren Energieumsatz als gleich große Ektotherme mit gleicher Körpertemperatur (s. Kap. 2.4.3 Energiehaushalt). Dieser hohe Energieumsatz und die damit verbundene Wärmeproduktion wird noch unterstützt durch eine Wärmeisolierung der Körperoberfläche aus Fell bzw. Federn. Sie halten die Wärme im Körper und erlauben eine konstant hohe Körpertemperatur auch bei sehr niedrigen Außentemperaturen. Mit der guten Isolierung und der körpereigenen Wärmebildung können Endotherme auch extrem kalte Lebensräume nutzen, die für Ektotherme nicht zugänglich sind, wie z. B. polare Eisgebiete.

**Tabelle 3.1.** Kerntemperaturen der Säugetiere und Vögel, im wachen Zustand. Während der Ruhephase kann die Körpertemperatur um 0,5 bis 3 °C tiefer liegen.

| | normotherm (°C) | letal (°C) |
|---|---|---|
| Mammalia | | |
| Monotremata | 30–33 | 37 |
| Marsupialia | 33–36 | 40–41 |
| Eutheria | | |
| Insectivora | 34–38 | 41 |
| andere | 36–38 | 42–44 |
| Aves | | |
| Nonpasseres | 39–40 | 45 |
| Passeres | 40–42 | 47 |

## 3.7.1 Körpertemperatur

Endotherme haben nicht alle dieselbe Körpertemperatur. Der häufig angegebene Durchschnittswert von 37 °C trifft nur für den Menschen und einige andere Säugetiergruppen zu. Die Monotremata und Marsupialia bevorzugen niedrigere Werte (32–35 °C), und die Vögel haben meist Körpertemperaturen über 40 °C. Insbesondere die als Passeres zusammengefassten Vogelgruppen, zu denen die meisten unserer Singvögel gehören, haben Körpertemperaturen von 41–42 °C, eine Temperatur die für die meisten Säugetiere bereits letal ist (Tabelle 3.1). Die unterschiedlichen Werte zeigen, dass es keine universelle optimale Körpertemperatur für alle Endotherme gibt, sondern dass im Lauf der Evolution durch Anpassung an Lebensweise und Habitat unterschiedliche Normothermie-Niveaus zwischen 32 °C und 42 °C entwickelt wurden. Jede Tierart hat ihre eigene spezifische Körpertemperatur und kann diese auf 0,1 °C genau kontrollieren. Uns Menschen ist diese Regelgenauigkeit aus eigenen Körpertemperaturmessungen sehr gut vertraut, da z. B. bei Fieber eine nur um wenige Zehntel Grad Celsius erhöhte Körpertemperatur bereits als deutliches Symptom für eine Erkrankung gelten kann. Man bezeichnet die Körpertemperatur, die ein Säugetier oder Vogel im Ruhezustand hat, als **normotherm oder eutherm**, Temperaturen, die darüber liegen, als **hypertherm**, und Temperaturen, die unter der Normaltemperatur liegen, als **hypotherm**.

Trotz der großen Genauigkeit, mit denen die Thermoregulation arbeiten kann, ist die Körpertemperatur keineswegs konstant, sondern zeigt **räumliche und zeitliche Schwankungen**. Die räumlichen Schwankungen der Körpertemperatur lassen sich vor allem bei großen Säugetieren und beim Menschen recht gut nachweisen. Beim Menschen hat der Körperkern eine konstant hohe Temperatur und zur Peripherie des Körpers sinkt die Temperatur ab (Abb. 3.28). In Kälte bleibt die Kerntemperatur zwar konstant, aber die Schalentemperatur sinkt und der Schalenbereich wird vergrößert. Die Körperschale wirkt damit als Wärmeisolierung um einen thermostabilen Körperkern. Bei kleinen Säugetieren und Vögeln ist die thermische Körperschale im Wesentlichen auf das gut isolierende Fell oder Federkleid, die Extremitäten sowie Ohren und Nase (bzw. Schnabel) beschränkt. Wenn von Körpertemperatur geredet wird, dann beschränkt sich dies in der Regel auf die Kerntemperatur. Dabei sollte aber nicht vergessen werden, dass die Körpertemperatur regional sehr unterschiedlich sein kann und dass diese **regionale Hetero-**

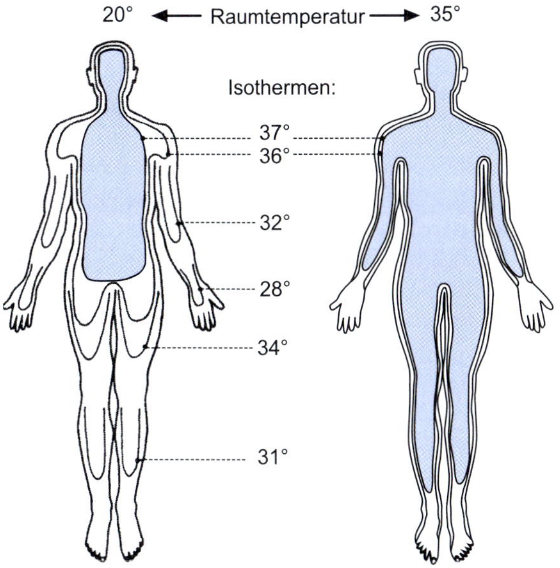


**Abb. 3.28.** Regionale Heterothermie. Temperaturverteilung im Körper des Menschen, bei einer Lufttemperatur von 20 °C (*links*) und 35 °C (*rechts*). Die Isothermen, als Orte gleicher Temperatur, zeigen, dass die Temperatur des Körperkerns in beiden Temperaturen konstant bleibt. Bei 35 °C Umgebungstemperatur erstreckt sich die Kerntemperatur (*dunkel*) bis kurz unter die Körperoberfläche. In Kälte zieht sich dieser Kern auf das Innere des Rumpfes und des Kopfes zurück, die Extremitäten und die Körperoberfläche kühlen ab. In der Körperschale entsteht ein Temperaturgradient, der den Körperkern vor weiterem Wärmeverlust isoliert (Aschoff u. Wever 1958)

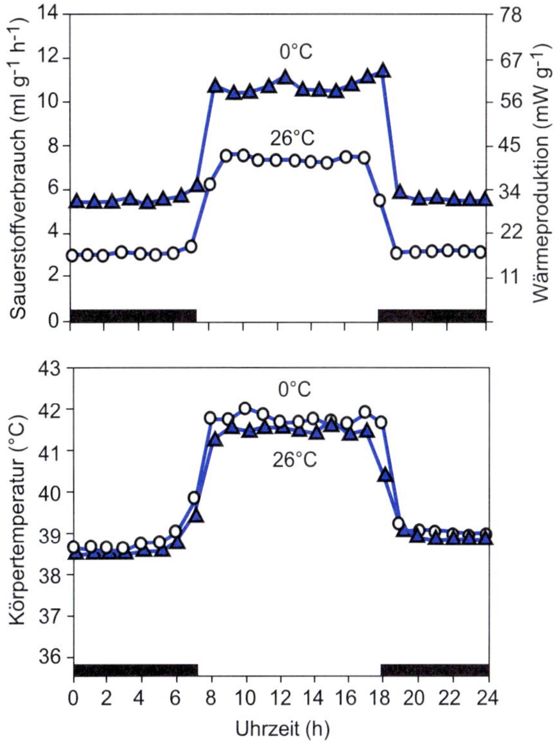


**Abb. 3.29.** Temporäre Heterothermie. Tageszeitliche Veränderung der Körpertemperatur und des Sauerstoffverbrauchs von Grünfinken bei 26 °C (thermoneutral) und bei 0 °C Umgebungstemperatur in einem Licht-Dunkel-Wechsel (Saarela et al. 1995)

**thermie** eine wesentliche Voraussetzung für die Funktion der Thermoregulation ist. Messwerte der Körpertemperatur müssen deshalb stets mit Angaben über den Ort der Messung verbunden werden, z. B. gelten $T_b$ (*body*) und $T_c$ (*core*) für die Kerntemperatur und $T_{sk}$ (*skin*) für die Hauttemperatur.

Sämtliche Temperaturen des Körpers sind darüber hinaus tagesperiodischen Schwankungen unterworfen. Während der Ruhezeit senken Säugetiere ihre Körpertemperatur um 0,5–2 °C ab (s. Abb. 3.11). Bei Vögeln ist die tagesperiodische Schwankung noch stärker ausgeprägt, und die Körpertemperatur kann während der nächtlichen Ruhezeit um bis zu 4 °C sinken (Abb. 3.29). Es handelt sich dabei nicht um allmähliche Auskühlung, sondern, wenn Vögel in einem Licht-Dunkel-Wechsel leben, um einen sprunghaften Wechsel zwischen der hohen Körpertemperatur von 42 °C während der Aktivitätszeit und 38,5 °C während der Ruhezeit. Beide Temperatur-Niveaus werden konstant gehalten, unabhängig von der Umgebungstemperatur, wie bei den Finken in Abb. 3.29 zu sehen ist. Diese **circadiane Heterothermie** kann auch unter Konstantbedingungen und bei eingeschränkter lokomotorischer Aktivität beobachtet werden, z. B. 24 h Bettruhe beim Menschen oder bei Vögeln, die im Dauerdunkel gehalten werden, wie bei der Taube in Abb. 3.30. Die circadiane Heterothermie ist deshalb kein bloßes Nebenprodukt von körperlicher Arbeit und Ruhe, sondern beruht auf circadianen Verstellungen der geregelten Körpertemperatur. Aus den bisherigen Erläuterungen folgt, dass es die häufig als Charakteristikum der Endothermen genannte konstante

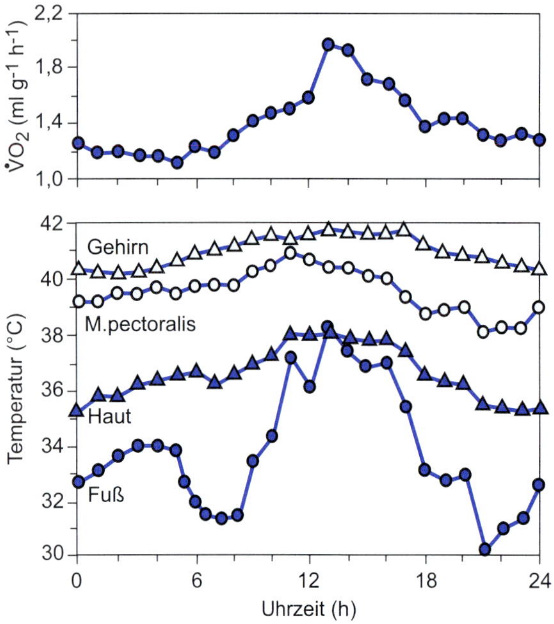


**Abb. 3.30.** Regionale und temporäre Heterothermie. Circadiane Veränderungen verschiedener Körpertemperaturen bei einer Taube. Die Taube saß bei 20 °C Umgebungstemperatur in schwachem Dauerlicht (1,3 Lux). Die Temperatur des Flugmuskels lag 1–2 °C unter der des Gehirns. Die Subkutantemperatur im Bereich des Abdomens und die Oberflächentemperatur des Fußes (über der Muskulatur des Tibiotarsus) lag 5–10 °C unter der des Gehirns (Heldmaier, unveröffentlicht)

Körpertemperatur von 37 °C eigentlich überhaupt nicht gibt. Statt dessen variiert die Kerntemperatur artspezifisch zwischen 30 °C und 42 °C, und anstatt rigoroser Konstanz nutzen sie zeitliche und räumliche Temperaturschwankungen und verringern durch diese Flexibilität den Energieaufwand für die Regulation in Kälte oder Hitze.

## 3.7.2 Wärmeisolierung der Körperoberfläche

Die isolierende Wirkung des Fells und des Federkleides beruht darauf, dass zwischen den **Fellhaaren** oder den **Federn** eine **isolierende Luftschicht** festgehalten wird. Luft hat eine sehr geringe Wärmeleitfähigkeit und eine niedrige Wärmekapazität; sie eignet sich deshalb sehr gut zur Wärmeisolierung. Werden Fell und Federn fest zusammen gepresst, so fehlt die isolierende Luftschicht und die Isolierwirkung wird erheblich verschlechtert. Diese Eigenschaft machen sich Säugetiere und Vögel zunutze, indem sie bei hoher Umgebungstemperatur Fell und Federn dicht aneinander pressen und so die Wärmeabgabe über die Körperoberfläche erleichtern. In der Kälte werden Fell und Federn gesträubt, durch Muskelkontraktion der Haar- oder Feder-Papille, so dass eine möglichst dicke und still stehende Luftschicht an der Körperoberfläche aufgebaut wird. Die Federn der Vögel haben wegen ihres massiveren Baus eine geringere Isolierwirkung als das Fell bei gleicher Schichtdicke. Durch ihren festen Kiel und gefiederte Federfläche erlauben sie jedoch, im aufgerichteten Zustand, den Aufbau von dickeren, stabilen Luftschichten und dadurch insgesamt eine etwas bessere Wärmeisolierung. Kleine Vögel können sich deshalb besser gegen Wärmeverlust schützen als Säugetiere vergleichbarer Körpergröße.

Die Isolierung des Fells hängt sehr stark von Haarlänge und von dem Vorhandensein einer dichten Unterwolle ab. Kleine Säugetiere von der Größe einer Maus können nur ein Fell mit wenigen Millimetern Schichtdicke tragen, während größere Säugetiere wie Polarfuchs, Schaf oder Bär ein 6–7 cm dickes Fell besitzen (Abb. 3.31). Da sie jedoch sehr dünne und dicht stehende Haare haben, kommt die Wärmeisolierung ihres Fells dem Idealfall der stehenden Luft sehr nahe. Je länger die Fellhaare sind, desto stärker bleibt die Isolierwirkung hinter dem Idealwert zurück. Bei Felldicken von etwa 50 mm, wie sie der Polarfuchs hat, wird die maximale Fellisolierung erreicht. Größere Felldicken, wie z. B. beim Schaf oder beim Eisbären, bringen keine weitere Verbesserung, da die langen Haare nicht fest genug sind, um eine stehende Luftschicht zu halten.

Im Wasser bricht die isolierende Wirkung des Fells zusammen, da die Luft durch gut leitendes Wasser ersetzt wird. Nur aquatisch lebende Säugetiere wie die Seehunde, deren Wärmeisolierung auf der dicken Schicht des Unterhautfettgewebes (*blubber*) beruht, besitzen auch im Wasser eine gute Isolierung. Wir Menschen nutzen die isolierende Wirkung der Luft, indem wir bei Kälte mehrere Kleidungsschichten übereinander tragen,

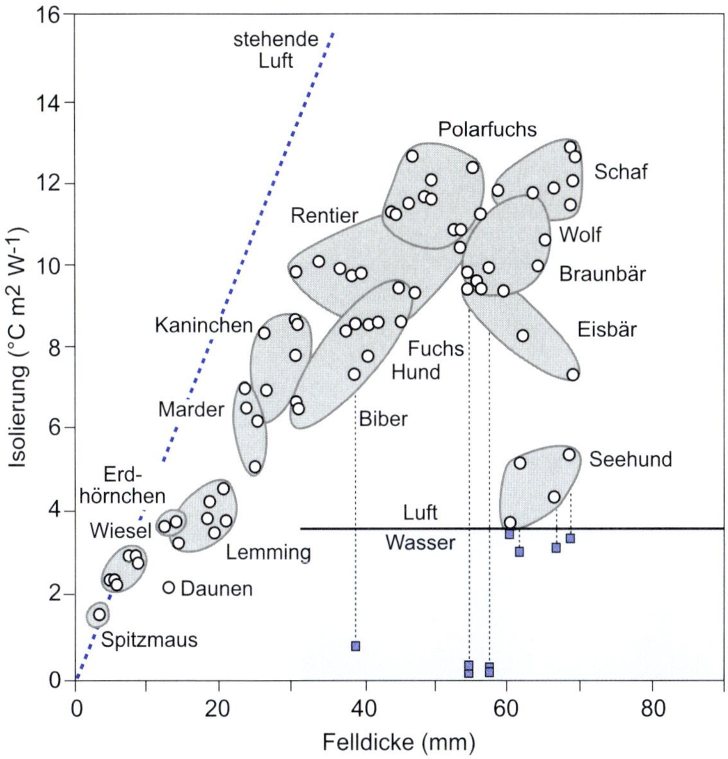


**Abb. 3.31.** Die Wärmeisolierung des Fells der Säugetiere hängt von der Felldicke, oder genauer gesagt, von der Schichtdicke der vom Fell geschaffenen isolierenden Luftschicht ab. Kleine Säuger haben ein Fell von nur geringer Schichtdicke und sind deshalb weniger gut wärmeisoliert als große Säuger. Zur Messung der Fellisolierung wurde ein elektrisches Heizelement mit einer Fellprobe überzogen und der Stromverbrauch bestimmt, der notwendig war, um auf der Innenseite des Fells eine Temperatur von 37 °C zu halten bei einer Luft- oder Wassertemperatur von 0 °C. Zum Vergleich ist die physikalisch ideale Wärmeisolierung einer stehenden Schicht trockener Luft angegeben (- - -) (nach Scholander et al. 1950)

von denen jede für sich eine isolierende Luftschicht festhält. Die Isolierwirkungen der einzelnen Schichten addieren sich, und die Summe vieler gut isolierender Einzelschichten bietet den besten Schutz gegen Wärmeverlust.

## 3.7.3 Grundumsatz und Thermoneutralzone

Mit der gut isolierenden Körperbedeckung und dem hohen Energieumsatz können Vögel und Säugetiere ihre Körpertemperatur auch in kalter Umgebung aufrechterhalten. Sie haben damit die besten Voraussetzungen geschaffen, um ihre Lebensvorgänge stets im Bereich des thermischen Optimums ablaufen zu lassen. Die Umgebungstemperatur, bei der ihnen allein die Heizleistung des Grundumsatzes ausreicht (s. Kap. 2.4.1 Energiehaushalt), wird als **thermoneutral** bezeichnet. Innerhalb der **Thermoneutralzone (TNZ)** regulieren sie ihre Körpertemperatur allein durch Veränderungen der Wärmeabgabe über die Körperoberfläche (Abb. 3.32). Bei sinkender Umgebungstemperatur innerhalb der Thermoneutralzone werden die Fellhaare oder Federn allmählich aufgerichtet, um die **Wärmeisolierung** zu verbessern. Diese Reaktion wird begleitet von einer **Vasokonstriktion**, so dass die Körperoberfläche und vor allem die Extremitäten weniger gut durchblutet werden und somit den Wärmeverlust verringern. Bei ruhenden Säugetieren lässt sich außerdem eine auffallende Veränderung der **Körperhaltung** beobachten. Am oberen Ende der Thermoneutralzone liegen sie längs ausgestreckt, und zum unteren Ende der Thermoneutralzone hin rollen sie sich möglichst klein zusammen, um so die Oberfläche für den Wärmeverlust zu verringern. All diese Maßnahmen erfordern keine zusätzliche Energie, sondern verändern ausschließlich die Wärmeabgabe, weshalb die Thermoregulation in der Thermoneutralzone auch als **physikalische Regulation** bezeichnet wird.

Die Möglichkeiten der physikalischen Thermoregulation sind bei großen Säugern beson-

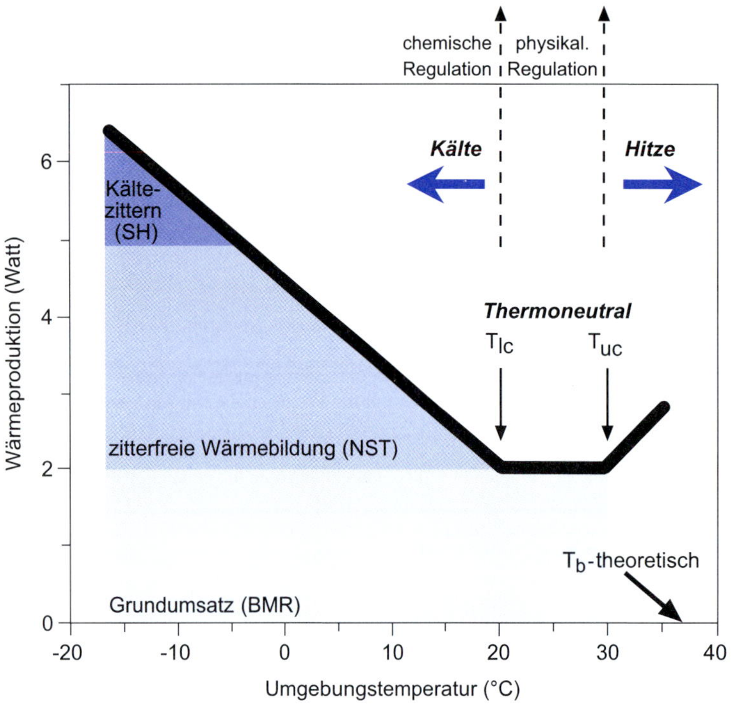


**Abb. 3.32.** Grundumsatz, Thermoneutralzone und thermoregulatorische Wärmebildung bei Säugetieren (s. auch Box 3.2). $T_b$ = Körpertemperatur, $T_{lc}$ = Untergrenze der Thermoneutralzone, $T_{uc}$ = Obergrenze der Thermoneutralzone

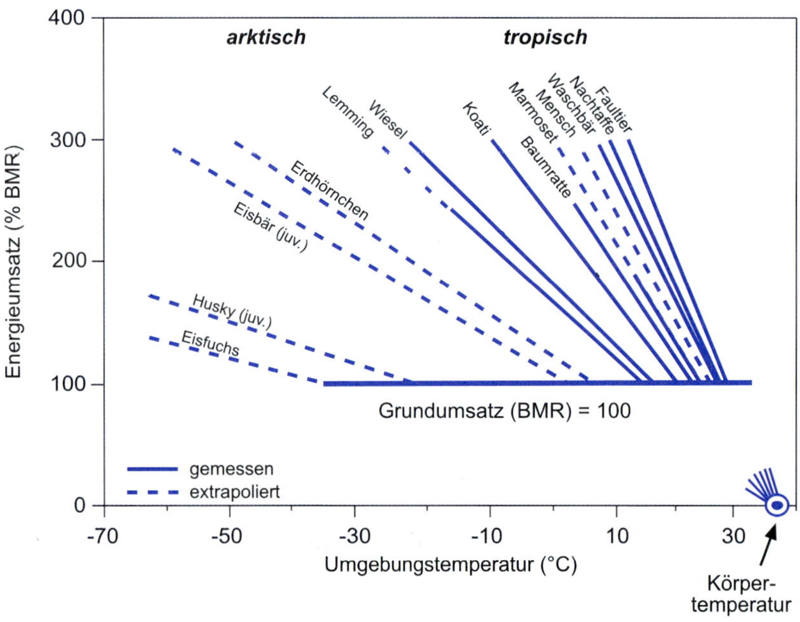


**Abb. 3.33.** Beziehung zwischen Grundumsatz und der thermoregulatorischen Wärmebildung bei arktischen und bei tropischen Säugern (Scholander et al. 1950)

ders ausgeprägt. Sie können ein sehr gut isolierendes Fell tragen, können durch Vasokonstriktion eine gut isolierende Körperschale aufbauen und haben eine relativ kleine Körperoberfläche. Die Thermoneutralzone eines Polarfuchses erstreckt sich deshalb bis etwa –40 °C, während sie bei der Maus auf einen engen Bereich von 30 °C bis 32 °C beschränkt ist (Abb. 3.33). Mäuse und andere Kleinsäuger haben nur eine geringe Kapazität zur physikalischen Thermoregulation, während sie bei größeren, gut isolierten Säugern so leistungsfähig ist, dass diese die meisten thermischen Belastungen in ihrer natürlichen Umgebung mit physikalischer Regulation kompensieren können. Eine Umgebungstemperatur von –20 °C liegt für einen Polarfuchs, einen Schlittenhund oder ein Rentier im komfortablen Bereich der Thermoneutralzone. Kleine Säuger sind dagegen auf zusätzlichen Energieverbrauch zur Wärmebildung angewiesen und geraten bei –20 °C schon an die Grenze ihrer Regulationsmöglichkeiten. Viele Kleinsäuger scharen sich deshalb in Kälte in einem gut isolierenden **Nest** zusammen und verringern durch **soziale Thermoregulation** den Wärmeverlust über die kleiner gewordene äußere Oberfläche der Gruppe und die Isolierwirkung des Nests.

Der Vergleich in Abb. 3.33 zeigt außerdem, dass tropische Säuger eine kleinere Thermoneutralzone besitzen und bereits bei höheren Temperaturen zusätzliche Wärmebildung einsetzen müssen. Tropische Säuger besitzen häufig ein weniger gut isolierendes Fell. Auch der unbekleidete Mensch hat eine für seine Körpergröße nur gering ausgebildete Thermoneutralzone, die im unbekleideten Zustand bei einer Umgebungstemperatur von 28–33 °C liegt.

Außerhalb der Thermoneutralzone kann die Körpertemperatur nur durch zusätzliche, Energie verbrauchende Maßnahmen aufrechterhalten werden. Man bezeichnet die Umgebungstemperaturen, bei denen diese Umsatzsteigerung einsetzt, als untere kritische Temperatur (*lower critical temperature*, $T_{lc}$) und obere kritische Temperatur (*upper critical temperature*, $T_{uc}$), alle Temperaturen die unterhalb der $T_{lc}$ liegen als **Kälte**, und alle Temperaturen oberhalb der $T_{uc}$ als **Hitze** (Abb. 3.32). Kälte und Hitze sind also subjektive Kategorien, die sich mit den thermischen Eigenschaften eines Tiere ändern. So bedeuten z. B. 20 °C für Mäuse oder unbekleidete Menschen bereits eine Kältebelastung, während diese Temperatur für besser isolierte Säuger wie Katze, Hund oder Schaf noch thermoneutral ist.

## 3.7.4 Thermoregulation in Kälte

In Kälte kann die Körpertemperatur nur durch zusätzliche Wärmebildung aufrechterhalten werden. Dazu steigern Säugetiere und Vögel ihren Energieumsatz und nutzen die Abwärme von Stoffwechselprozessen zur Thermoregulation. Da biochemische Prozesse zur Wärmeregulation eingesetzt werden, spricht man auch von **chemischer Regulation**, im Gegensatz zur physikalischen Regulation in der Thermoneutralzone (Abb. 3.32). Es leuchtet ein, dass die **thermoregulatorische Wärmebildung** um so größer werden muss, je tiefer die Umgebungstemperatur sinkt. Grundlage dafür ist das Newtonschen Abkühlungsgesetz bzw. Fouriers Gesetz der Wärmeübergänge. Aus diesen Gesetzen folgt, dass die Wärmebildung eines Tiers proportional dem Temperaturgradienten zwischen Körper ($T_b$) und Umgebung ($T_a$) zunehmen muss (Box 3.3). Diese Forderung gilt zwar grundsätzlich, aber häufig gehen die Tiere auf virtuose Weise mit den physikalischen Gegebenheiten um und entwickeln besondere Strategien zur Temperaturanpassung.

Das in Box 3.2 erläuterte Modell der Thermoregulation setzt voraus, dass Tiere in der Thermoneutralzone ihr Potential der physikalischen Regulation voll ausschöpfen und am Unterende der Thermoneutralzone ihre maximale Wärmeisolierung (= minimale Wärmedurchgangszahl) erreichen. Außerdem setzt das Modell voraus, dass die Körpertemperatur konstant bleibt. Beide Forderungen werden allerdings nur selten eingehalten. Abb. 3.34 zeigt die Wärmeregulation eines Dsungarischen Zwerghamsters, eines in Anbetracht seines geringen Körpergewichts von 25–42 g extrem kältetoleranten Kleinsäugers. Innerhalb der Thermoneutralzone verringert er zwar seine Wärmedurchgangszahl, aber das Minimum wird erst bei etwa –20 °C $T_a$ erreicht. Außerdem senkt er bei moderater Kältebelastung seine Körpertemperatur von 36,5 °C auf etwa

## Box 3.2

### Physikalische Voraussetzungen für die Wärmeregulation in Kälte

Unser Verständnis der Zusammenhänge zwischen Grundumsatz, Thermoneutralzone und thermoregulatorischer Wärmebildung wurde vor allem durch Scholander und seine Mitarbeiter geprägt, und die im Folgenden erläuterten Grundprinzipien werden deshalb auch als das Scholander-Modell der Thermoregulation bezeichnet (Scholander et al. 1950 a, b, c). Aus dem Newtonschen Abkühlungsgesetz bzw. Fouriers Gesetz der Wärmeübergänge folgt, dass der Wärmeverlust (*heat loss, HL*) eines Körpers proportional dem Temperaturgradienten zwischen Körper ($T_b$) und Umgebung ($T_a$) ist:

$$HL \approx T_b - T_a \qquad (1)$$

Um den Wärmeverlust genau berechnen zu können, müssten wir zusätzlich die Rate des Wärmeverlusts über die Körperoberfläche kennen. Da sie im Moment nicht bekannt ist, nehmen wir statt dessen vorläufig eine Konstante ($C$) an und erhalten dann:

$$HL = C\,(T_b - T_a) \qquad (2)$$

Wenn die Körpertemperatur konstant bleiben soll, dann muss die Wärmebildung (*heat production, HP*) eines Tieres genau so hoch sein wie sein Wärmeverlust:

$$HP = HL \qquad (3)$$

Setzen wir nur Gleichung (3) in Gleichung (2) ein, so erhalten wir die physikalischen Gesetzmäßigkeiten für die Kontrolle der Wärmeproduktion eines Tieres in Kälte:

$$HP = C(T_b - T_a) \qquad (4)$$

Die Wärmeleitfähigkeit der Körperoberfläche von Tieren ist nur schwer messbar; außerdem ist zu erwarten, dass sie sich bei einem lebenden Tier mit der Körperhaltung und bei Bewegungen ändert. Darüber hinaus ist Wärmestrom durch das Fell nicht der einzige Weg der Wärmeabgabe, sondern sie geht auch durch Evaporation an der Körperoberfläche und den Atemwegen an die Umgebung verloren. Da die Wärmeabgabe von Tieren komplexer und flexibler als die Wärmeleitfähigkeit (*conductivity*) eines physikalischen Körpers ist, wurde ein eigener Begriff für die Rate der Wärmeabgabe bei Tieren definiert, die **Wärmedurchgangszahl** (*Conductance C*), die alle Wege des Wärmeverlusts einschließt. Mit dieser Größe kann man die Kälteempfindlichkeit eines Tieres beschreiben, und sie lässt sich aus der Körpertemperatur ($T_b$), der Umgebungstemperatur ($T_a$), und dem Energieumsatz (*HP*) bei dieser Umgebungstemperatur ermitteln (Gleichung 4 nach $C$ aufgelöst):

$$C = \frac{HP}{T_b - T_a} \qquad (5)$$

Je nachdem, in welchen physikalischen Einheiten *HP* gemessen wird, hat C die Dimension [Watt $°C^{-1}$] oder [$mlO_2\ h^{-1}\ °C^{-1}$]. Die Conductance ist, in anderen Worten, die Wärmeleitfähigkeit eines Tieres zu seiner Umgebung. Analog zur Elektrotechnik, in der die Leitfähigkeit eines Drahts dem Reziprokwerk seines elektrischen Widerstands entspricht, kann aus dem Reziprokwert der Conductance auch die Wärmeisolierung ($I$) eines Tieres berechnet werden:

$$I = \frac{1}{C} \qquad (6)$$

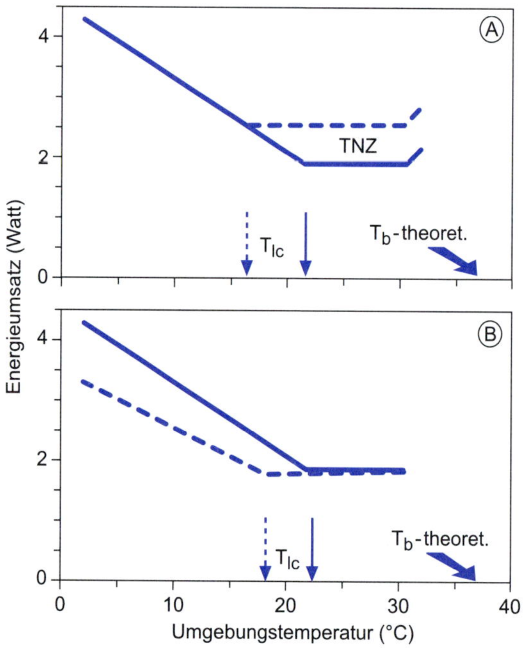

## Box 3.2 (Fortsetzung)

Aus diesen Überlegungen können einige grundsätzliche Voraussagen über das Verhalten von Tieren in Kälte gemacht werden:

- Die Ausdehnung der TNZ hängt sowohl vom Grundumsatz als auch der Wärmeisolierung eines Tieres ab. Je höher der Grundumsatz und je besser die Wärmeisolierung, desto tiefer liegt die untere kritische Temperatur ($T_{lc}$) (Abb. Box 3.3).
- In Kälte ($=T_a<$ TNZ) muss ein Tier seine Wärmebildung linear mit zunehmender Kältebelastung steigern.
- Die Steigung dieses linearen Anstiegs entspricht der Conductance, bzw. der Wärmeisolierung eines Tieres. Große und gut isolierte Tiere reagieren mit einem flacheren Anstieg der Wärmebildung als kleine und schlecht isolierte Tiere.
- Aus diesem Grund haben erstere auch eine breite Thermoneutralzone, die sich je nach Wärmeisolierung auch bis in extrem tiefe Temperaturen reicht.
- Im Idealfall sollte die lineare Regression der Wärmebildung auf Körpertemperatur extrapolieren ($T_b$-theoretisch), da ja nach Gleichung (4) bei $T_b=T_a$ der Temperaturgradient gleich null wird und keine Wärmebildung mehr zu erwarten ist.

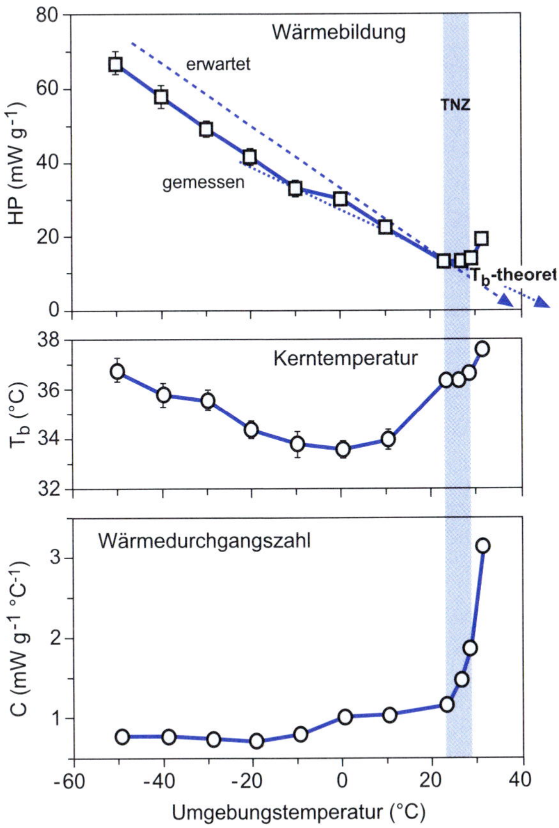


**Abb. 3.34.** Wärmeregulation des Dsungarischen Zwerghamsters, *Phodopus sungorus*, als Beispiel für die Übereinstimmung der Leistung von Tieren mit den Forderungen des theoretischen Modells zur Thermoregulation. Mittelwerte von 6 Zwerghamstern. Körpergewicht 29 g (Mittelwert). Die Wärmebildung wurde mit indirekter Kalorimetrie bestimmt, die Körpertemperatur mit intraperitoneal implantierten Temperatursendern (Abkürzungen nach Box 3.2). Der Wärmedurchgang wurde nach Gleichung (5) berechnet (nach Heldmaier et al. 1981)

34,5 °C. Beide Maßnahmen führen dazu, dass er weniger Aufwand für die Wärmebildung treiben muss und somit in Kälte 15–20% der Energiekosten einspart. Der kälteinduzierte Anstieg der Wärmebildung verläuft flacher und extrapoliert deshalb auch nicht wie erwartet auf die tatsächliche Körpertemperatur, sondern auf eine theoretische Körpertemperatur von 46 °C. Auch Vögel zeigen häufig einen relativ flachen Anstieg der Wärmebildung in der Kälte und extrapolieren auf zu hohe theoretische Körpertemperaturen, weil sie erst in extremer Kälte ihre Federn maximal aufstellen und den Kopf im Federkleid verbergen.

## 3.7.5 Thermoregulatorische Wärmebildung

### Kältezittern

Der Grundumsatz liefert andauernd Wärme, mit der die Körpertemperatur im Bereich der Thermoneutralzone konstant gehalten werden kann. Er kann nur in geringem Umfang verändert werden, liefert die Energie für Basisfunktionen des Körpers und wird deshalb als **obligate Wärmebildung** betrachtet. Bei Kälte wird zusätzlich Wärme benötigt um die Körpertemperatur konstant zu halten, die **thermoregulatorische Wärmebildung.** Säugetiere besitzen dazu zwei unterschiedliche Mechanismen, das Kältezittern und die zitterfreie Wärmebildung. Bei schwachem **Kältezittern** kontrahiert sich die Muskulatur der Beuger und Strecker gleichzeitig, so dass es nur zu einer Tonussteigerung kommt. Starkes Kältezittern ist auch als Bewegung wahrnehmbar, an der auch eine alternierende Aktivierung der Muskeln durch die zugehörigen Motoneurone beteiligt ist. Typischerweise beginnt das Kältezittern mit der Kaumuskulatur, bei Mehrbedarf werden zusätzlich der Schultergürtel und die Arme mit einbezogen, und erst bei extremen Kältezittern sind auch die Hinterextremitäten beteiligt. Die Frequenz des Zitterns wird im Rückenmark erzeugt. Sie hängt von der Körpermasse ab und beträgt beim Menschen etwa 10 Hz und bei der Maus etwa 40 Hz. Da keine sinnvolle äußere Arbeit verrichtet wird, bleibt alle über ATP in der Muskulatur umgesetzte Energie im Körper als Wärme erhalten. Insgesamt ist das Kältezittern der Säugetiere kein sehr ökonomischer Weg der Wärmebildung. Sie findet in der peripheren Muskulatur statt, die periphere Durchblutung muss gesteigert werden, und deshalb geht die Wärme zum Teil über die Körperoberfläche verloren. Bei heftigem Kältezittern kann darüber hinaus die isolierende Luftschicht im Fell durch Bewegungen gestört werden; dies verringert die Fellisolierung und Wärme geht zusätzlich verloren.

### Zitterfreie Wärmebildung und braunes Fettgewebe

Bei der **zitterfreien Wärmebildung** (*nonshivering thermogenesis*, **NST**) werden die Nachteile des Kältezitterns vermieden. Sie findet vorwiegend im **braunen Fettgewebe** (*brown adipose tissue*, **BAT**) statt, das alle Kleinsäuger und neugeborenen Säugetiere in mehreren Lagern im Cervicothorakal-Bereich tragen (Abb. 3.35). Wegen seiner anatomischen Lage wirkt es gleichsam als **Heizjacke**, die unter dem Fell getragen wird. Besonders auffallend ist ein interscapulares braunes Fettdepot, das zwischen den Schulterblättern liegt und über eine besonders weitlumige Vene (Sulzersche Vene) erwärmtes Blut zum Herzen führt. Kleinere Lager umhüllen die großen Blutgefäße im Brustkorb und können so das zirkulierende Blut direkt erwärmen. Die Mitochondrien des braunen Fettgewebes besitzen ein spezifisches **Entkopplerprotein** (*uncoupling protein 1*, **UCP1**), das die Atmungskette von der ATP-Synthese entkoppelt (Abb. 3.36). In allen Mitochondrien wird die durch Oxidation frei werdende Energie von der Atmungskette dazu benutzt, Protonen auf die Außenseite der inneren Mitochondrienmembran zu pumpen. Dadurch entsteht ein Protonengradient über die innere Membran, der die An-

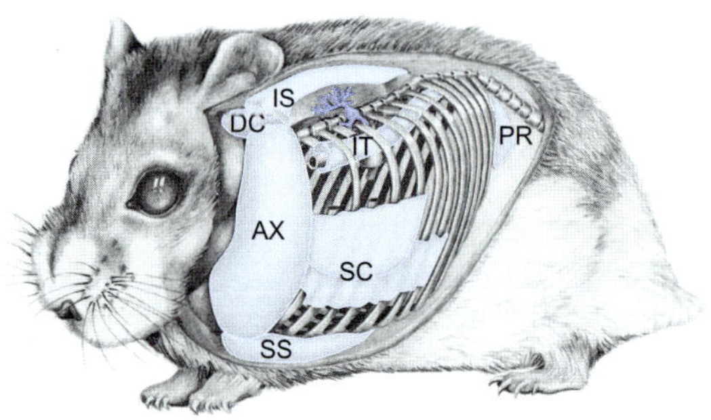


**Abb. 3.35.** Anatomische Verteilung des braunen Fettgewebes (BAT) beim Dsungarischen Zwerghamster: IS = interscapular, DC = dorsal cervical, AX = axillar, SS = suprasternal, IT = intrathorakal, PR = perirenal, SC = subscapular (mehrere dünne Schichten in der Muskulatur des Schulterbereichs). Die anatomische Verteilung ist bei anderen Kleinsäugern ähnlich, aber mit anderem mengenmäßigen Anteil der verschiedenen Lager. Bei Hamstern betragen AX und SS etwa 50% des gesamten BAT, bei Mäusen und Ratten sind die AX- und SS-Lager sehr klein, statt dessen befinden sich 50% des BAT in den IS- und DC-Lagern

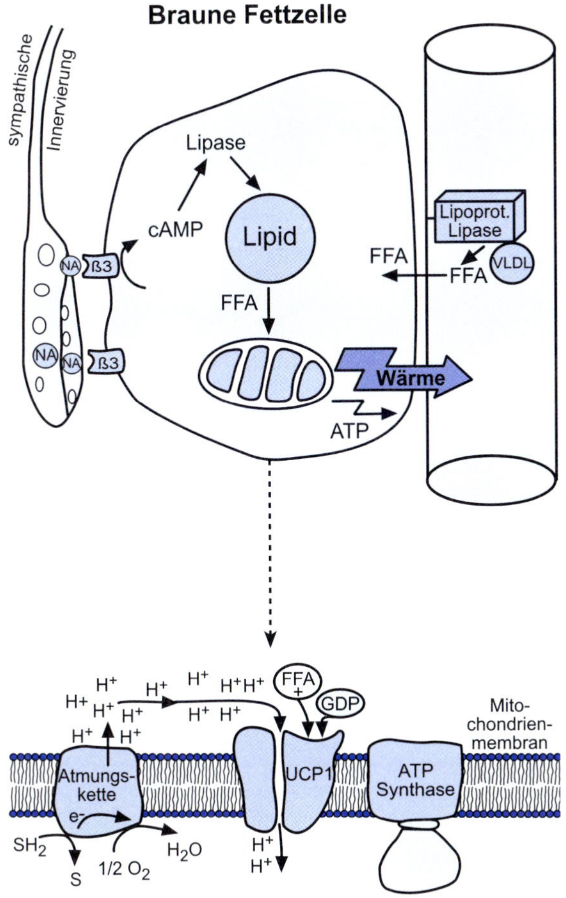


**Abb. 3.36.** Mechanismus der zitterfreien Wärmebildung im braunen Fettgewebe. Die Zellen des braunen Fettgewebes sind dicht innerviert. Aus den sympathischen Varikositäten wird Noradrenalin ausgeschüttet, das über Fettgewebs-spezifische $\beta_3$-adrenerge Rezeptoren die Adenylatcyclase stimuliert. cAMP aktiviert eine hormonsensitive Lipase, die Fettsäuren (FFA) aus den gespeicherten Lipiden freisetzt. Das braune Fettgewebe enthält zahlreiche kleine Lipidvakuloen und wird deshalb auch als multilokuläres Fettgewebe bezeichnet, im Gegensatz zum weißen Fettgewebe, das nur eine große Lipidvakuole (unilokulär) enthält. Die freien Fettsäuren haben zwei Aufgaben. Zum einen sind sie das Substrat der Energie liefernden Prozesse in den Mitochondrien, $\beta$-Oxidation und Atmungskette, und zum andern aktivieren sie das UCP1 der inneren Mitochondrienmembran, so dass ein Protonenkurzschluss über die Membran eintritt. Der Protonengradient bricht zusammen, reicht nicht mehr aus, um ATP zu synthetisieren (entkoppelte Respiration), die umgesetzte Energie wird statt dessen als Wärme frei. Im Ruhezustand wird die entkoppelnde Wirkung des UCP1 durch hohe Nucleotid-Konzentration (z. B. GDP) gehemmt und die ATP-Synthese ist an die Respiration gekoppelt, wie in den Mitochondrien anderer Gewebe (siehe Abb 1.15). Die intrazellulären Lipidspeicher reichen nur für kurze Zeit, bei länger andauernder Wärmebildung müssen Fettsäuren aus dem Blut nachgeliefert werden, durch die Aktivität einer Lipoproteinlipase, die von den Zellen des braunen Fettgewebes synthetisiert und an den Endothelzellen benachbarter Kapillaren verankert wird

triebsenergie für die ATP-Synthese liefert (protonenmotorische Kraft, s. Kap. 1.9.2 Bioenergetik). Dies gilt auch für die Mitochondrien des braunen Fettgewebes im Ruhezustand. Durch Aktivierung des Entkopplerproteins wird jedoch die Mitochondrienmembran durchlässig für Protonen. Es kommt zu einem Protonenkurzschluss über die Mitochondrienmembran, und der für die ATP-Synthese notwendige hohe Protonengradient bricht zusammen. Dies löst eine maximale Aktivität der Atmungskette aus, und alle umgesetzte Oxidationsenergie wird direkt als Wärme frei, anstatt sie in Form von ATP zu speichern (Nicholls u. Locke 1984, Cannon u. Nedergaard 1985, Klingenberg u. Huang 1999).

Das Entkopplerprotein wirkt dabei so, wie wenn man die beiden Pole einer Batterie mit einem Draht kurzschließt und sich deren elektrisches Potential als Wärme über den Draht entlädt. Außerdem besitzt das braune Fettgewebe die höchste Respirationsleistung aller Gewebe von Säugetieren mit einer extrem hohen Dichte an Mitochondrien (Mitochondrienprotein bis zu 10% des Frischgewichts). Dadurch steigt die Gewebetemperatur während der Wärmebildung auf über 42–46 °C an, und nur wenig braunes Fettgewebe (1–4% des Körpergewichts) genügt, um den Rest des Körpers zu beheizen.

Das Entkopplerprotein liegt normalerweise inaktiv vor und kann über die sympathische Innervierung des braunen Fettgewebes in Sekundenbruchteilen aktiviert werden, je nachdem, wie viel Wärme zur Aufrechterhaltung der Körpertemperatur benötigt wird. Damit steht

Säugetieren ein Weg zur Wärmebildung zur Verfügung, der nicht die Muskulatur beansprucht, so dass sie sich in der Kälte weitgehend frei bewegen können. Die Fähigkeit zur zitterfreien Wärmebildung und die Menge an braunem Fettgewebe ist umgekehrt proportional mit dem Körpergewicht korreliert. Je kleiner ein Säugetier ist, desto größer ist seine Fähigkeit zur zitterfreien Wärmebildung (Abb. 3.37). Bei Kleinsäugern ist sie der überwiegende Weg der thermoregulatorischen Wärmebildung, während größere Säugetiere ab etwa 10 kg Körpergewicht, also auch der erwachsene Mensch, nur eine unbedeutende zitterfreie Wärmebildung besitzen und vorwiegend Kältezittern zur Wärmeregulation benutzen.

Bei einem Aufenthalt in Kälte benutzen Kleinsäuger primär ihre zitterfreie Wärmebildung. Erst bei extremer Kältebelastung wird, praktisch als letzte Rettung, zusätzliches Kältezittern eingesetzt. Die Bevorzugung der zitterfreien Wärmebildung beruht vermutlich auf der anatomischen Lage des braunen Fetts im Interscapularbereich. Die für die Auslösung von Kältezittern verantwortlichen Thermorezeptoren sitzen im Rückenmark. Solange das Rückenmark durch das umgebende braune Fett warm bleibt, findet kein Kältezittern statt; erst wenn die Temperatur im Wirbelkanal sinkt, wird das Kältezittern aktiviert.

Vögel besitzen kein braunes Fett und keine den Säugetieren entsprechende Fähigkeit zur zitterfreien Wärmebildung. Der Flugmuskel sitzt bei den Vögeln nahe dem Körperkern, hat eine extrem hohe Mitochondriendichte und ist durch Federn sehr gut isoliert. Der hohe Energieumsatz dieses Muskels prädestiniert ihn geradezu zur Wärmebildung. Ein sitzender oder herumlaufender Vogel kann mit dem Flugmuskel Wärme produzieren, ohne den normalen Bewegungsablauf zu stören. Beim Flug fällt im Flugmuskel so viel Abwärme an, dass eher das Problem einer Überhitzung als Auskühlung besteht. Trotz dieser eindeutigen Bevorzugung des Kältezitterns gibt es bei frisch geschlüpften und bei adulten Vögeln unter extremer Kältebelastung Hinweise für eine Wärmebildung ohne Kältezittern, deren biochemische Natur noch nicht bekannt ist (Duchamp u. Barré 1993, Saarela et al. 1995).

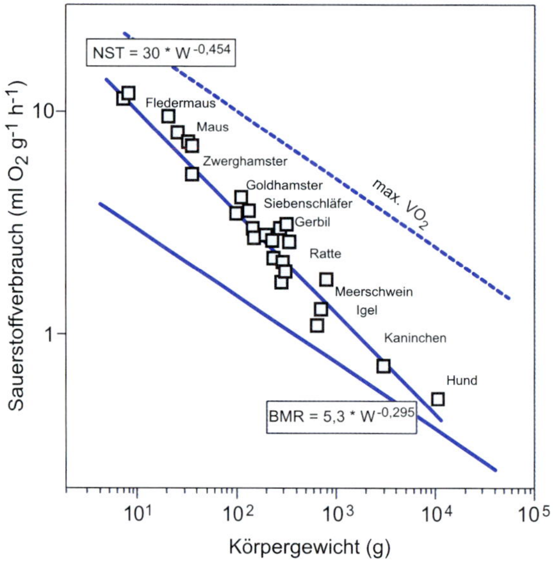


**Abb. 3.37.** Kapazität der zitterfreien Wärmebildung (NST) bei Kleinsäugern. Die NST wird bei thermoneutraler Umgebungstemperatur durch eine Injektion von Noradrenalin ausgelöst. Dabei steigt der Sauerstoffverbrauch über den Grundumsatz an. Kleine Säugetiere verfügen über eine hohe NST-Kapazität, erkennbar daran, dass sie durch NST den Sauerstoffverbrauch um bis zu 800% über den Grundumsatz (BMR) steigern. Säugetiere mit einem Körpergewicht über 10 kg besitzen keine nennenswerte NST (nach Heldmaier 1971)

## Kälteakklimatisation

Neben einer genetischen Anpassung an Kälte (Box 3.3) reagieren viele Säugetiere und Vögel auf die jahreszeitlichen Klimaschwankungen mit einer saisonalen Verbesserung der Wärmeisolierung ihres Fells oder Federkleids. Säugetiere erreichen dies, indem sie die Fellhaare verlängern, und sich eine dichte Unterwolle zulegen, so dass die Schichtdicke und Stabilität der isolierenden Luftschicht zunimmt. Allerdings verursacht dies nur bei größeren Säugetieren eine deutlich bessere Wärmeisolierung, die auch absolut zu einer nennenswerten Energieeinsparung führt. Ein einfaches Rechenbeispiel macht diese Zwänge klar. Wenn eine Maus, deren Thermoneutralzone sich bis 30 °C erstreckt, ihre Fellisolierung um 30% verbessert, so wird die Untergrenze ihrer Thermoneutralzone auf 27,9 °C sinken (Erhöhung des Tb-Ta-Gradienten um 30%, s. Box 3.2).

## Box 3.3

### Regeln für die Klimaanpassung bei Endothermen

Körpergröße und Form sind die bestimmenden Faktoren für den Wärmeaustausch mit der Umgebung. Deshalb ist die Vermutung naheliegend, dass die klimatischen Bedingungen einen Einfluss auf die Morphologie der Endothermen haben.

Große Säugetiere und Vögel haben pro Gramm Körpergewicht einen geringeren Energiebedarf als kleine Arten. Darüber hinaus sind sie wesentlich besser wärmeisoliert und haben eine Thermoneutralzone, die bis unter den Gefrierpunkt reicht. In einem kalten Klima ist deshalb ein hohes Körpergewicht energetisch vorteilhaft gegenüber einem niedrigen Körpergewicht. Auf diesen Überlegungen beruht die **Bergmannsche Regel**. Sie besagt, dass, innerhalb von nahe verwandten Vogel- und Säugetiergruppen Individuen aus kälteren Klimazonen ein höheres Köpergewicht besitzen. Für diesen Zusammenhang gibt es eine Reihe von Beispielen. So besteht bei Ratten der Gattung *Neotoma* eine negative Beziehung zwischen der mittleren Umgebungstemperatur ihres Verbreitungsgebiets und dem Körpergewicht. Auch innerhalb einer Art lassen sich solche Beobachtungen machen, wie z. B. bei Rötelmäusen (*Clethrionomys glareolus*), die in alpinen Populationen häufig höhere Körpergewichte aufweisen als im klimatisch milderen Flachland. Selbst beim Menschen gibt es Hinweise dafür, dass das Körpergewicht von Männern pro 1 °C niedrigere mittlere Jahrestemperatur etwa um 0,5 kg zunimmt. Im Zusammenhang mit diesen Überlegungen steht auch **Copes Regel**, die postuliert, dass im Verlauf der Evolution eine Tendenz für zunehmende Körpergröße innerhalb von nah verwandten Gruppen besteht.

Nach **Allens Regel** verkürzen Endotherme bei Kälteanpassung ihre Extremitäten, wie Beine, Schwanz und Ohren. Dies verringert die Körperoberfläche und damit auch ihren Wärmeverlust an die Umgebung. Ein Vergleich der Morphologie von Endothermen aus kalten und warmen Klimazonen liefert viele Beispiele für diese Regel. So haben Polarfüchse sehr kleine Ohren, die kaum aus dem Fell herausragen, der Rotfuchs aus temperatem Klima etwas größere Ohren und Wüstenfüchse extrem großflächige Ohren. Ein ähnlicher Unterschied ergibt sich beim Vergleich der kurzen Ohren von arktischen Hasen mit den extrem langen Ohren von Wüstenhasen. Neben diesen Beispielen für genetische Anpassung kann eine Verkürzung der Extremitäten auch bei akuter Anpassung an Kälte auftreten. So entwickeln Mäuse, die in Kälte gehalten werden, kürzere Schwänze und Schweine, die in Kälte aufwachsen (5 °C im Vergleich zu 35 °C), haben sowohl kürzere Beine als auch einen verkleinerten Schwanz (jeweils nur halb so lang).

Viele Säugetiere aus kalten Klimazonen besitzen ein besonders dickes Fell und verbessern dadurch ihre Wärmeisolierung (**Wilsons Regel**). Neben dieser genetischen Anpassung der Fellisolierung entwickeln viele Säuger auch ein dichteres und längeres Fell im Verlauf einer Kälteakklimatisation. Aber nicht nur die Felldicke sondern auch die Fellfarbe hat Bedeutung für den Wärmeaustausch. Sie hat natürlich auch andere Funktionen für das Verhalten von Tieren, aber je heller das Fell ist, desto tiefer kann Sonnenstrahlung in das Fell eindringen und so die Thermoregulation in Kälte erleichtern (**Glogers Regel**).

Die **bioklimatischen Regeln** erklären die Ausprägung unterschiedlicher morphologischer Merkmale von Tieren in kalten und warmen Klimazonen auf der Grundlage der Physiologie der Thermoregulation und des Energiehaushalts. Sie werden durch zahlreiche Beobachtungen gestützt, aber auch durch Beispiele widerlegt, in denen Tiere ihre Morphologie nicht wie erwartet mit dem Klima ändern. Nach der Bergmannschen Regel ist z. B. nicht zu erwarten, dass extrem kleine Mäuse und Spitzmäuse auch in nördlichen Breiten vorkommen und teilweise kleiner sind als tropische Spitzmäuse. Die bioklimatischen Regeln werden deshalb kontrovers diskutiert. Sie sind beschreibender Natur, und die Kausalzusammenhänge zwischen den Klimabedingungen und der Regulation des Körpergewichts und anderer morphologischer Merkmale sind nicht bekannt.

(Literatur: Kleiber 1967, McNab 1971, Damon 1975, Mount 1979, Calder 1984)

Dies spart zwar etwas Energie, ist aber in Anbetracht winterlicher Außentemperaturen nahezu belanglos. Wesentlich wirkungsvoller ist die 30%ige Verbesserung der Fellisolierung bei einem Fuchs, dessen Thermoneutralzone im Sommer bis 5 °C reicht, denn sie würde sich dadurch bis auf -6,5 °C erstrecken, so dass er weiterhin die meiste Zeit ohne zusätzliche thermoregulatorische Wärmebildung auskäme.

Bei Kleinsäugern spielt deshalb die Fellisolierung nur eine geringe Rolle, statt dessen beruht ihre jahreszeitliche Akklimatisation auf Verbesserung der Fähigkeit zur Wärmebildung. Ein Beispiel dafür ist der Dsungarische Zwerghamster (25–42 g), der in der sibirischen Steppe beheimatet ist, mit ihren extremen jahreszeitlichen Temperaturunterschieden, wobei im Winter Tiefstwerte von -50 °C erreicht werden. Er ist nachtaktiv, auch deshalb im Winter sowohl den niedrigen Lufttemperaturen als auch, bei klarem Wetter, den noch niedrigeren Strahlungstemperaturen des nächtlichen Himmels ausgesetzt. Im Sommer kann er Umgebungstemperaturen bis -20 °C ertragen (Kältelimit), und dieses Kältelimit wird im Winter bis auf -70 °C ausgeweitet (Abb. 3.38). Seine Wärmebildungskapazität steigt dabei von 55 mW $g^{-1}$ auf 90 mW $g^{-1}$. Bei den Zwerghamstern ist gleichzeitig mit der Wärmebildung auch das Kältezittern (EMG) registriert worden. Im Sommer beginnt es bereits um 0 °C, während im Winter erst bei -40 °C die Schwelle für das Kältezittern erreicht wird. Dieser Befund zeigt erstens, dass bei moderater Kältebelastung nur die zitterfreie Wärmebildung genutzt wird. Kältezittern setzt erst ein, wenn die Kapazität zur zitterfreien Wärmebildung erschöpft ist. Er zeigt zweitens, dass die Kapazität zur zitterfreien Wärmebildung im Winter erhöht ist, die des Kältezitterns bleibt unverändert. Die jahreszeitliche Verbesserung der Thermogenese-Kapazität beruht auf massiver Mitochondriogenese im braunen Fettgewebe und einer verstärkten Expression aller Proteine, die an der Thermogenese beteiligt sind, insbesondere des UCP1, dessen Menge etwa auf das 40fache ansteigt (Heldmaier u. Klingenspor 2002).

Ähnliche jahreszeitliche Veränderungen der Thermogenese-Kapazität sind auch bei einheimischen Kleinsäugern wie der Rötelmaus und

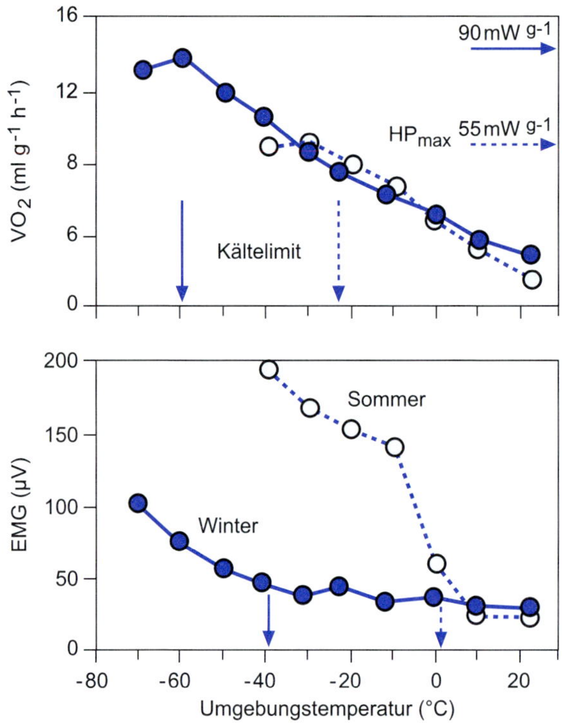


**Abb. 3.38.** Jahreszeitliche Änderung der maximalen thermoregulatorischen Wärmebildung (HPmax) beim Dsungarischen Zwerghamster. Gleichzeitig mit der Wärmebildung wurde auch das Kältezittern registriert. Die Schwelle für Kältezittern wird von etwa 0 °C im Sommer auf etwa -40 °C im Winter verschoben

der Waldmaus gemessen worden (Abb. 3.39). Ihre Kältetoleranz erreicht nicht die Spitzenwerte des Dsungarischen Zwerghamsters, aber allen dreien ist gemeinsam, dass die Wärmebildung durch den Grundumsatz und das Kältezittern konstant bleibt und die jahreszeitliche Kälteanpassung allein durch die zitterfreie Wärmebildung im braunen Fettgewebe erreicht wird. Die saisonale Akklimatisation ist keine unmittelbare Reaktion auf chronische Kälte, sondern die meisten Säuger nutzen die saisonalen Änderungen der Photoperiode, um rechtzeitig vor Beginn ihre Fellisolierung und ihre Thermogenesekapazität zu verbessern (Heldmaier et al. 1990, Heldmaier u. Klingenspor 2002).

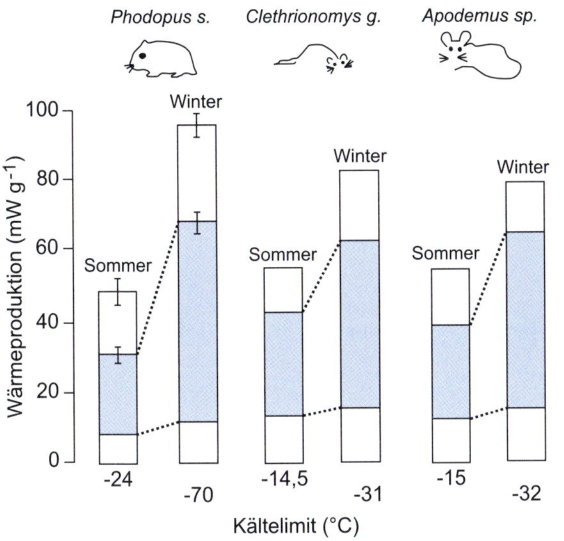


**Abb. 3.39.** Anteil des Grundumsatzes (BMR), der zitterfreien Wärmebildung (NST) und des Kältezitterns (SH) an der Wärmebildung bei der Rötelmaus (*Clethrionomys glareolus*), der Waldmaus (*Apodemus sylvaticus*) und beim Zwerghamster (*Phodopus sungorus*) im Sommer und im Winter (nach Heldmaier et al. 1990)

## 3.7.6 Thermoregulation bei Hitze

### Wege der Wärmeabgabe

Endotherme Säugetiere und Vögel werden durch Hitzebelastung vor schwierigere Probleme gestellt als Ektotherme, da jede äußere Wärmelastung durch die hohe körpereigene Wärmebildung zusätzlich verstärkt wird. Bei hohen Umgebungstemperaturen ist deshalb eine effiziente Wärmeabgabe erforderlich, um einen fatalen Anstieg der Körpertemperatur zu vermeiden. Solange die Umgebungstemperatur unterhalb der Körpertemperatur liegt, kann die überschüssige Wärme durch **Konduktion** (Wärmeleitung), **Konvektion** (Wärmetransport durch Bewegung der Luft oder den Blutkreislauf) und **Radiation** (Wärmestrahlung) nach außen abgegeben werden (Box 3.4). Um diese Wege der Wärmeabgabe zu nutzen, nehmen Säugetiere und Vögel bei Hitze eine ausgestreckte Körperhaltung ein, so dass eine möglichst große Oberfläche für die Wärmeabgabe bereitsteht. Fellhaare oder Federn werden flach angelegt, damit der Körper nur noch von einer möglichst dünnen Luftschicht isoliert wird. Die Durchblutung der Extremitäten, des Schwanzes und der Ohren wird gesteigert, denn über diese meist wenig behaarten Stellen kann besonders viel Wärme abgeben werden. Zusätzlich können sich Kleinsäuger an den Boden drücken, um so den konvektiven Wärmeabtransport zum Boden zu verstärken. Alle diese Reaktionen setzen noch innerhalb der Thermoneutralzone ein, verursachen aber keine zusätzlichen Energiekosten (Abb 3.32).

Steigt die Umgebungstemperatur über den Thermoneutralbereich an, dann reichen die bisher genannten Wege der Wärmeabgabe nicht mehr aus, um die durch den Grundumsatz anfallende Wärme abzutransportieren. Dieses Problem wird noch verschärft, wenn die Umgebungstemperatur über der Körpertemperatur liegt, denn dann strömt zusätzlich Wärme von außen in den Körper ein. In dieser Situation kann die Körpertemperatur nur durch **evaporative Kühlung** konstant gehalten werden. Die Verdampfung von einem Gramm Wasser erfordert 2420 Joule (bei 35 °C) Verdampfungswärme. Sie wird dem Körper entzogen, so dass er pro Gramm Wasser um 2420 Joule „gekühlt“ wird.

Eine evaporative Kühlung findet bei Säugetieren und Vögeln in geringem Umfang immer statt, da die Haut nicht völlig wasserdicht ist und deshalb an der Körperoberfläche ständig Wasser verdampft (insensible Perspiration, unmerkliche Wasserabgabe). Außerdem wird auch beim Ausatmen etwas Wasserdampf abgegeben. Der Mensch verliert durch diese passive Evaporation pro Tag 0,5–1 l Wasser. Beim **Schwitzen** (sensible Perspiration) wird aus Schweißdrüsen zusätzlich Wasser auf die Körperoberfläche abgegeben, wo es verdunsten kann und damit der Körperoberfläche Wärme entzieht. Die glanduläre Wasserabgabe wird durch sympathische Nervenfasern kontrolliert (cholinerg oder adrenerg), wobei deren Wirkung durch hohe lokale Temperaturen verstärkt und umgekehrt durch lokale Kühlung abgeschwächt wird. Neben dem **thermoregulatorischen Schwitzen** gibt es noch das **emotionale Schwitzen**, das bei starker psychischer Erregung, in Verbindung mit starker Vasokonstriktion der Blutgefäße, zur lokalen

## Box 3.4

**Wege des Wärmeaustauschs zwischen einem Tier und seiner Umgebung**

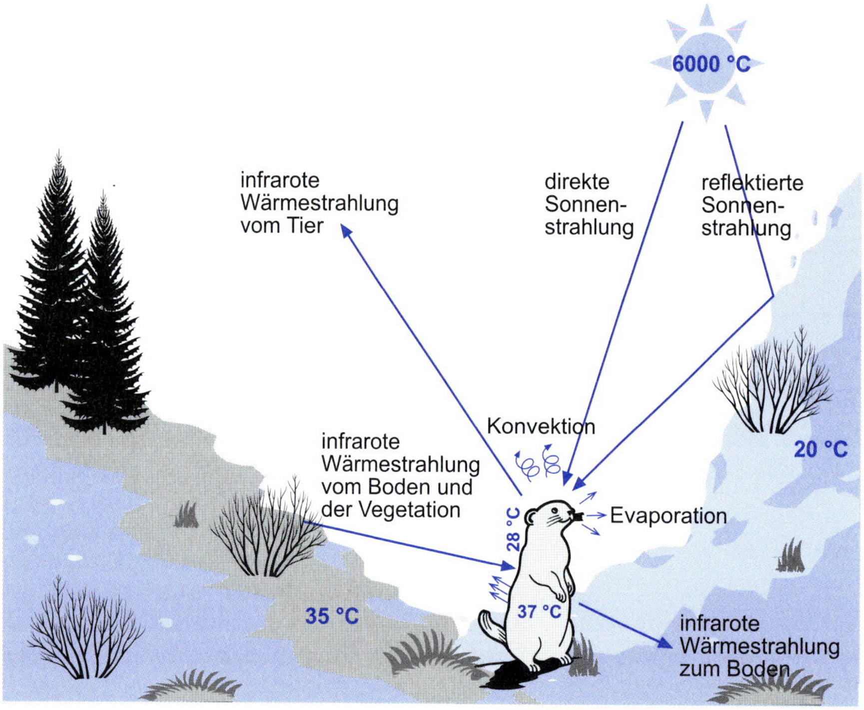


### Wärmewege

Die thermischen Eigenschafen der Umgebung eines Tieres sind in der Regel sehr komplex. Der Transport an Wärmeenergie findet nur in einer Richtung statt, von der hohen zur tiefen Temperatur. Daran ist zum einen die **Konduktion (Wärmeleitung)** beteiligt, d. h. die Übertragung von kinetischer Energie durch Interaktion von Molekülen. Dabei findet kein Massentransport, sondern nur eine Wärmetransport statt, z. B. wenn sich ein Tier auf ein kühle Unterlage legt und Wärme an die Unterlage abgibt. Sie führt auch dazu, dass an der warmen Körperoberfläche und im Fell Luftmoleküle erwärmt werden. Von dort abtransportiert wird die Wärme jedoch durch **Konvektion (Wärmetransport)**. Konvektion ist auch das wichtigste Instrument für die Wärmeverteilung im Körper und dem Austausch zwischen Oberfläche und Körperkern. Die Leistung der Konvektion hängt von der Strömungsgeschwindigkeit und der Wärmekapazität des transportierenden Mediums ab (Luft = 0,001 J $m^{-1}$ $°C^{-1}$, Wasser 4,72 J $ml^{-1}$ $°C^{-1}$), d. h. Wasser hat eine nahezu 5000-mal bessere Transportkapazität.

Die **Strahlungsenergie** der Sonne beeinflusst den Wärmehaushalt eines Tieres entweder durch direkte Strahlung oder indirekt über die Erwärmung der Umgebung. Ektotherme nutzen die Strahlungswärme der Sonne, um ihre Präferenztemperatur zu erreichen, und Endotherem nutzen sie, um Energie für die körpereigene Wärmebildung einzusparen. Die Übertragung von Strahlungsenergie wird durch das **Stefan-Boltzmannsche Gesetz** beschrieben. Danach beträgt die Strahlung eines perfekten schwarzen Körpers

$$H_r = \sigma A T^4 \quad (1)$$

Wobei $H_r$ die transferierte Wärmemenge ist, $\sigma$ die Stefan-Boltzmann-Konstante ($5{,}67 \cdot 10^{-8}$ W $m^{-2} K^{-4}$). *A* die Oberfläche des strahlenden Körpers und *T* die absolute Temperatur der strahlenden Oberfläche in *K*.

## Box 3.4 (Fortsetzung)

Für die Anwendung dieses Gesetzes für den Wärmeaustausch von Tieren müssen zwei Dinge berücksichtigt werden. Zum einen sind Tiere keine perfekten schwarzen Körper, die alle Strahlung absorbieren und keine Strahlung reflektieren. Diese Eigenschaft wird durch den **Emissionsfaktor** $\varepsilon$ beschrieben. Bei einem idealen schwarzen Körper ist $\varepsilon = 1$, und bei einem idealen Spiegel, der alle Strahlung reflektiert und nichts absorbiert, ist $\varepsilon = 0$. Mit einer mattschwarz lackierten Kugel (*black body*) kommt man diesen Eigenschaften recht nahe ($\varepsilon = 0{,}95$–1) und deshalb wird sie häufig für die Messung der Strahlungstemperatur verwendet (*black body temperature*). Der Emissionsfaktor von Tieren hängt von der Beschaffenheit des Fells und der Körperoberfläche ab. Im langwelligen Bereich, der für die Wärmestrahlung besonders wichtig ist, beträgt er häufig $\varepsilon = 0{,}9$. Um $\varepsilon$ zu berücksichtigen, muss Gleichung (1) umformuliert werden:

$$H_r = \varepsilon \sigma A T^4 \qquad (2)$$

Zum anderen befindet sich ein Tier in ständigem Wärmeaustausch mi seiner Umgebung; deshalb entspricht seine Strahlungsenergie-Bilanz ($H_r$-*netto*) der Differenz zwischen aufgenommener und angegebener Strahlung. Sie kann auf der Grundlage von Gleichung (2) berechnet werden:

$$H_r\text{-}netto = \sigma A \left(\varepsilon_1 T_1^4 - \varepsilon_2 T_1^4\right) \qquad (3)$$

Wobei $\varepsilon_1$ und $\varepsilon_2$ für den Emissionsfaktor des Tieres und der Umgebung stehen, $T_1$ und $T_2$ für die Oberflächentemperatur des Tieres und seiner Umgebung. Aus dieser Gleichung wird klar, dass der Fluss an Strahlungswärme von der **vierten Potenz des Temperaturunterschieds** zwischen einem Tier und seiner Umgebung abhängt.

Der einzige Weg, auf dem Tiere Wärme gegen einen Temperaturgradienten abgeben können, ist die **Evaporation**. Durch Verdunstung von Wasser an der Körperoberfläche wird dem Körper Verdunstungswärme entzogen 2420 J $g^{-1}$ bei 35 °C. Damit können Tiere ihre Körpertemperatur unter der Umgebungstemperatur regulieren. Sie erfordert jedoch einen hohen Wasserverbrauch, denn es muss sowohl die überschüssige Wärme des körpereigenen Energieumsatzes als auch die durch Konvektion, Konduktion und Radiation von außen aufgenommene Wärme mit Hilfe der Evaporation wieder abgegeben werden. Evaporative Kühlung wird häufig auch eingesetzt, um bei körperlicher Arbeit anfallende Wärme durch Schwitzen und Hecheln rasch nach außen abzugeben. In diesem Fall unterstützt die evaporative Kühlung den Wärmetransport durch Konduktion und Konvektion.

Schweißbildung an den Plantarflächen von Händen und Füßen sowie in den Achselhöhlen führt.

Schweißdrüsen kommen bei Primaten, den Equidae, Bovidae und den Camelidae besonders zahlreich vor und sie sondern besonders große Mengen Schweiß ab, während z.B. Nagetiere oder unter den Artiodactyla die Suidae weniger gut schwitzen können. Ekkrine Schweißdrüsen öffnen sich direkt zur Haut, während apokrine Schweißdrüsen mit Haaren assoziiert sind und ihr Sekret über den gemeinsamen Talg-Haarkanal abgeben. Menschen können bei starkem Schwitzen bis zu 1 l Wasser pro Stunde verlieren. Die Kühlwirkung des Schwitzens hängt jedoch sehr stark davon ab, wie gut das Wasser direkt auf der Körperoberfläche verdampfen kann. In trockener Luft und bei leichtem Wind kann das Wasser sofort verdampfen und maximal kühlen. In der sehr trockenen Luft einer Sauna können deshalb Umgebungstemperaturen bis zu 120 °C mit evaporativer Kühlung kurzfristig ertragen werden, ohne dass die Kerntemperatur ansteigt. Bei höherer Luftfeuchtigkeit, starker Schweißsekretion und dichter Kleidung kann das Wasser nicht vollständig verdampfen. Der Schweiß fließt am Körper ab, und die Kühlwirkung ist damit nur gering.

**Hecheln** ist ein besonders ökonomischer Weg der evaporativen Kühlung, den vor allem Vögel, Carnivoren und Ungulaten benutzen. Dabei wird mit relativ hoher Frequenz ein- und ausgeatmet, wobei mit geringem Atemvolumen nur die oberen Atemwege ventiliert werden. Die Luft überstreicht die stets feuchten Epithelien der oberen Atemwege und entzieht dort Verdampfungswärme. Auf diese Weise geht kein Wasser unnötig verloren, da es direkt an den Schleimhaut-Oberflächen verdampft und so die Epithelien des Mundraums und der oberen Atemwege kühlt. Deshalb hat Hecheln eine besonders große Bedeutung für die Bewohner arider Gebiete, die sich keine Wasserverschwendung leisten können. Es bietet außerdem den Vorteil, dass damit ganz gezielt der Kopfbereich gekühlt werden kann. Aride Antilopen, wie z. B. die Oryx-Antilope, tragen sogar Wärmeaustauscher im Kopfbereich, über die sie ganz gezielt das Gehirn mit gekühltem Blut versorgen, so dass dessen Temperatur stabil bleibt, während sie im restlichen Körper die Temperatur weit über 40 °C ansteigen lassen. Da sie lange Zeit ohne Trinken und ohne viel freies Wasser in der Nahrung auskommen müssen, vermeiden sie den Wasserverlust, der bei der evaporativen Kühlung des ganzen Körpers auftreten würde, und beschränken den Verbrauch an kostbarem Wasser darauf, einen kühlen Kopf zu behalten (Taylor u. Lyman 1972).

Das **Einspeicheln** zur evaporativen Kühlung lässt sich vor allem bei Nagetieren beobachten. Sie sondern Speichel ab und verteilen ihn durch Putzbewegungen auf dem ventralen Thorax und dem Abdomen. Meist legen sie sich damit auf den Boden und nutzen so neben der evaporativen Kühlung auch die hohe Wärmeleitfähigkeit des Wassers zur konduktiven Wärmeabgabe. Der Wasserverlust ist jedoch beim Einspeicheln sehr hoch und die Kühlwirkung ist, bezogen auf den Wasserverbrauch, nur gering. Die meisten Kleinsäuger bewohnen unterirdische Bauten oder Baumhöhlen. Für sie ist es wesentlich wirkungsvoller, sich bei Hitze in einen kühlen unterirdischen Bau zurückzuziehen, um sich auf diese Weise sich den Aufwand und Wasserverbrauch zur evaporativen Kühlung zu ersparen.

### Anpassung an Hitze

Bei der Anpassung an Hitze müssen Endotherme einige knifflige und geradezu paradoxe Probleme lösen. Theoretisch wäre zu fordern, dass sie möglichst wenig überschüssige Wärme im Körper produzieren und möglichst wenig Wärme aus der Umgebung aufnehmen. Gleichzeitig sollten sie jedoch überschüssige Körperwärme gut abgeben können und dabei möglichst wenig Wasser für die evaporative Kühlung verlieren. Ob und in welchem Umfang diese Forderungen durch genetische Anpassung an das Leben in Hitze erfüllt werden können, sollen die folgenden Beispiele zeigen. Viele Säugetiere aus ariden Lebensräumen haben einen **20–40% niedrigeren Grundumsatz**, als auf Grund ihrer Körpergröße zu erwarten wäre, und verringern dadurch ihre endogene Wärmebelastung. Allerdings ist fraglich, ob diese Anpassung aus thermoregulatorischen Gründen erfolgte (McNab 1992, Degen 1997). Unter ariden Bedingungen sind in der Regel auch die Nahrung und das Wasser knapp, auch die Qualität und Zusammensetzung der Nahrung unterscheiden sich von der des feuchten Graslands. Unabhängig davon, was die treibenden Kräfte dieser Anpassung waren, werden mit einem niedrigeren Grundumsatz die vorhandenen Ressourcen besser genutzt und gleichzeitig die thermoregulatorischen Probleme vermindert.

Die Bewohner heißer und arider Lebensräume besitzen meist ein weniger gut isolierendes Fell als die Bewohner temperater oder arktischer Klimazonen. Allerdings gilt das nur für das Fell auf der Ventralseite des Körpers, denn ein gut wärmeisolierendes Fell auf dem Rücken bietet auch einen guten Schutz gegen die Wärmestrahlung der Sonne. So tragen Kamele ein sehr gut isolierendes Rückenfell, aber ein dünnes Fell an den der Sonne abgewandten Körperpartien des Bauchs und der Beine, über die sie leicht Wärme abgeben können. Dadurch vermindern sie tagsüber die zusätzliche Hitzebelastung der Sonne und können überschüssige Körperwärme nach unten abgeben. Im Fell kann außerdem besonders wirkungsvoll evaporative Kühlung stattfinden, da durch die Haare kein Wasser abtropft, durch Evaporation ein stabiler Temperaturgradient im Fell entsteht und so die gesamte Kühlwirkung für die Thermoregulation ausgeschöpft wird. Viele menschliche Bewohner arider Gebiete vermeiden leichte Bekleidung und hüllen sich in dichte Umhänge, um deren klimatisierende Wirkung zu nutzen. Eigentlich würde Haarlosigkeit die Wärmeabgabe begünstigen, aber sie kommt im Freiland nur bei Nacktmullen vor, die mit einer ausschließlich grabenden Lebensweise in großen Kolonien

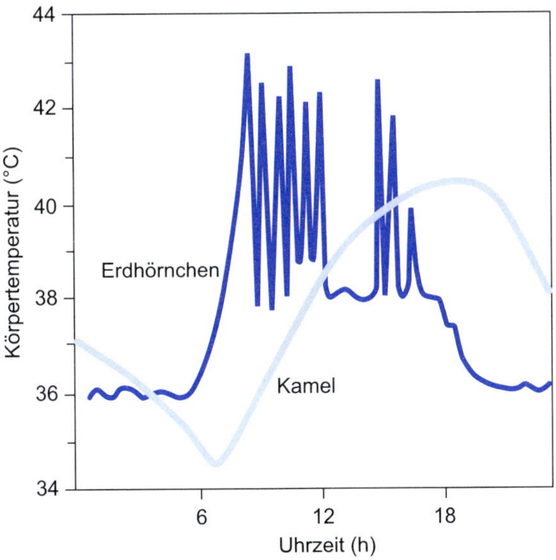


**Abb. 3.40.** Fluktuation der Körpertemperatur eines großen (Kamel) und eines kleinen (Antilopen-Erdhörnchen) Säugers bei Hitzebelastung in der Wüste. Das Antilopen-Erdhörchen kehrt immer wieder in seinen unterirdischen Bau zurück, um sich abzukühlen (nach Bartholomew 1964)

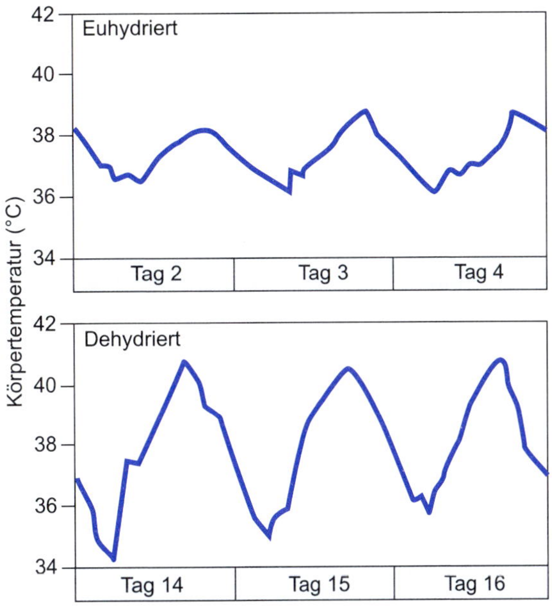


**Abb. 3.41.** Tageszeitliche Fluktuation der Körpertemperatur bei Kamelen. Kamele, die genügend Wasser erhalten, lassen ihre Körpertemperatur nur etwa um 2 °C schwanken. Bei Wassermangel steigt die Amplitude der Temperaturschwankung bis auf 7 °C. Die Verfügbarkeit von Wasser hat also einen großen Einfluss auf die Thermoregulation der Kamele (Schmidt-Nielsen 1965)

die Böden arider Gebiete besiedeln und dabei keiner Sonneneinstrahlung ausgesetzt sind. Eine weitere morphologische Anpassung an Hitze ist die Ausbildung großer Körperanhänge für die Wärmeabgabe. Beispiele dafür sind die großen Ohren von Wüstenhasen, von Wüstenfüchsen (Fennek) und von Elefanten (Schmidt-Nielsen 1964).

Alle morphologischen Anpassungen zur besseren Wärmeabfuhr funktionieren jedoch nur dann, wenn die Körpertemperatur über der Umgebungstemperatur liegt. Wird die Umgebung wärmer als die Körpertemperatur, dann kann nur noch evaporativ gekühlt werden. Evaporative Kühlung ist aber nicht beliebig einsetzbar, da sie viel Wasser verbraucht und da Hitze meist mit Wasserknappheit verbunden ist. Die meisten Säugetiere reagieren auf Hitzebelastung mit einem Anstieg der Körpertemperatur. Dies hält den Temperaturgradienten zwischen Körper und Umgebung aufrecht, so dass mit passiver Kühlung (Konduktion, Konvektion, Radiation) weiterhin Wärme abgegeben werden kann, und verringert den Aufwand für evaporative Kühlung (z. B. Abb. 3.34).

Viele Bewohner arider Gebiete sind auffallend tolerant gegenüber hohen Körpertemperaturen und setzen Hyperthermie gezielt zur Thermoregulation ein. Ein Beispiel dafür ist das tagaktive Antilopen-Erdhörnchen (Abb. 3.40). Es verlässt seinen relativ kühlen Erdbau am frühen Morgen und seine Körpertemperatur steigt innerhalb von 1 bis 2 Stunden auf über 42 °C an. Dann kehrt es wieder in den Bau zurück, lässt sich auf etwa 38° abkühlen und beginnt dann wieder seine Außenaktivitäten. So pendelt es in etwa stündlichen Abständen zwischen seinem Bau und der heißen Oberfläche hin und her. Es erspart sich den Aufwand für thermoregulatorische Kühlung während seiner Außenaktivitäten, verzichtet auf evaporative Kühlung. Statt dessen speichert es die Wärme im Körper und gibt sie erst beim Aufenthalt im kühlen Bau wieder ab.

Dieses Prinzip, Wärme zu speichern anstatt sie abzugeben, nutzen auch die Kamele. Durch ihre große Masse und ihre relative geringe Köperoberfläche heizen sie tagsüber viel langsamer auf als das Antilopen-Erdhörnchen und nutzen die kühle Nacht, um die gespeicherte Wärme wieder abzugeben. Daraus ergibt sich eine hohe tageszeitliche Schwankung der Körpertemperatur mit einem Minimum von 35 °C um 7.00 Uhr morgens und einem Maximum von 40 °C um 19.00 Uhr bei Sonnenuntergang. Dass diese starke Schwankung der Körpertemperatur mit dem Wasserhaushalt in Verbindung steht, wird aus Abb. 3.41 deutlich. Kamele, die ausreichend Wasser erhalten, zeigen nur eine geringe Amplitude ihre Körpertemperatur von etwa 2 °C, und erst wenn sie längere Zeit ohne Wasser bleiben, dann entwickelt sich die auffallend hohe tageszeitliche Schwankung der Körpertemperatur mit einer Amplitude bis zu 7 °C. Wenn Wasser ausreichend verfügbar ist, nutzen es die Kamele zur evaporativen Kühlung, aber bei Wassermangel verzichten sie darauf und speichern statt dessen die Wärme im Körper. Dass dies nicht einfach eine Ausfallserscheinung auf Grund von Wassermangel ist, sondern absichtliche Regulation, kann aus der Tatsache entnommen werden, dass dabei die Körpertemperatur nicht nur tagsüber auf höhere Werte ansteigt, sondern auch nachts auf tiefere Werte sinkt, um so die Speicherkapazität für Wärme im Tagesverlauf zu erhöhen.

## 3.7.7 Thermorezeptoren und Regelung

Aus der bisherigen Schilderung ergibt sich, dass alle Tiere in der Lage sind, gezielt auf die Umgebungstemperatur zu reagieren und ihre Körpertemperatur einem Optimum anzunähern. Dies kann nur funktionieren, wenn drei technische Voraussetzungen erfüllt sind:

- Erstens müssen sie **Thermorezeptoren an ihrer Körperoberfläche** besitzen, um die thermischen Bedingungen der Umgebung zu messen.
- Zweitens müssen sie in der Lage sein ihre eigene Temperatur zu messen, d.h. sie benötigen **interne Thermorezeptoren**,
- und drittens müssen sie in der Lage sein, die interne und externe **Temperaturinformation zu integrieren** und in die thermoregulatorische Reaktion des Verhaltens, Wärmebildung und Wärmeabgabe, umzusetzen.

### Periphere Thermosensitivität

Die Existenz eines **peripheren Temperatursinns** ist uns allen bewusst, da wir warme und kalte Gegenstände bei Berührung sehr fein abgestuft unterscheiden können. Außerdem kann bei allen Tieren beobachtet werden, dass sie bestimmte Temperaturen unmittelbar meiden und andere bevorzugen. Bei Säugetieren ist die gesamte Körperoberfläche mit thermosensitiven Funktionen versehen, die vor allem im Gesicht, der Nasenregion und an den Extremitätenspitzen besonders dicht konzentriert sind. Diese lokalen Unterschiede der Thermosensitivität können sehr leicht überprüft werden, indem man die Körperoberfläche mit zwei gekühlten Thermodenspitzen berührt, deren Abstand verändert werden kann. An den Fingerkuppen und im Bereich der Oberlippe werden sie im Abstand von 1 mm noch als zwei getrennte Kältereize erkannt, während sie im Bereich des Rückens mehrere Zentimeter auseinanderliegen müssen, um als zwei getrennte Kältereize erkannt zu werden. Bei thermischer Reizung der Haut eines Säugetiers treten in den zugehörigen Nerven temperaturabhängige Änderungen der Entladungsraten auf. Ein Beispiel dafür ist in Abb. 3.42 dargestellt, bei dem die Nasenregion von narkotisierten Katzen thermisch gereizt und gleichzeitig am Infraorbitalnerv abgeleitet wurde. Dabei lassen sich kalt- und warm-sensitive Neurone voneinander unterscheiden.

Die meisten Tiere besitzen einen diffus über die gesamte Köperoberfläche verteilten Temperatursinn mit lokalen Konzentrationen. Nur in wenigen Fällen ist der Temperatursinn in einem kompakten Sinnesorgan konzentriert, wie z.B. beim **Grubenorgan der Schlangen**. Vipern, z.B. die Klapperschlange und die Boidae, z.B. Pythons, nutzen das Grubenorgan zum Beutefang, indem sie die Wärmestrahlung von Endothermen, wie kleinen Vögeln und Nagetieren, erfassen. Bei Klapperschlangen liegt das Grubenorgan beidseitig am Kopf zwischen den Augen und der Nasenöffnung. Einige Boidae besitzen mehrere Grubenorgane entlang des Ober- und Unterkiefers.

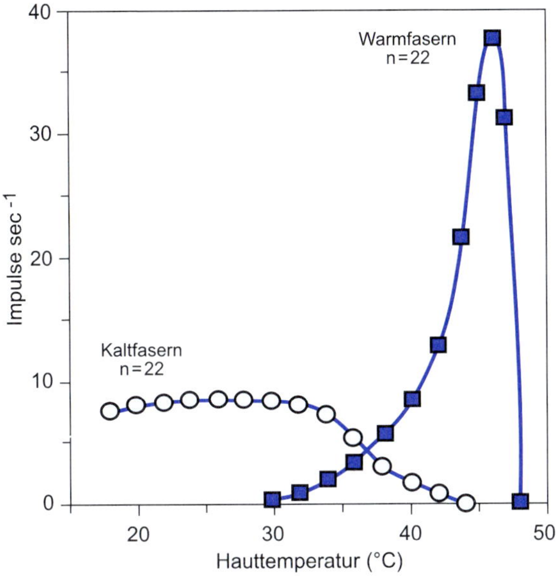


**Abb. 3.42.** Thermosensitive Neurone im Bereich des Infraorbitalnervs der Katze. Die Hautoberfläche der Katzen wurde im Nasenbereich mit Thermoden lokal gekühlt bzw. erwärmt und die Impulsrate von Kaltfasern bzw. Warmfasern abgeleitet. Die Abbildung enthält die statische Impulsrate bei einer konstanten Temperatur. Thermosensitive Neurone zeigen darüber hinaus starke dynamische Reaktion bei Veränderungen der Temperatur (Hensel u. Kenshalo 1969)

Über einer inneren Kammer des Grubenorgans, die als Isolierschicht dient, spannt sich eine dünne Membran (10 μm dick), auf der zahlreiche freie Nervenendigungen verteilt sind, die jeweils ein Areal von 1500 $\mu^2$ bedecken. Trifft Wärmestrahlung auf das Grubenorgan, so erwärmt dies die **thermosensitive Membran.** Sie reagiert besonders empfindlich auf IR-Strahlung von 0,7–15 μ Wellenlänge, aber ist unempfindlich für sichtbares Licht (0,4–0,7 μ) (Goris u. Nomoto 1967). Damit können winzige Temperaturunterschiede von 0,003 °C wahrgenommen werden, was einer Wärmestrahlung von 0,1 mW $cm^{-2}$ entspricht. Ein Temperaturanstieg von nur 0,4 °C erhöht in den zum Nervus trigeminus führenden Neuronen die **statische Impulsrate** von 18 $sec^{-1}$ auf 68 $sec^{-1}$, wobei zu Beginn einer Temperaturänderung wesentlich höhere **dynamische Änderungen** der Impulsrate auftreten. Kurzum, ein äußerst empfindlicher IR-Sensor. Die bilaterale Anordnung der Grubenorgane bei der Klapperschlange erlaubt eine präzise **binokulare Ortung** der Beute. Verbindet man einer Klapperschlange die Augen, so ist sie nach wie vor in der Lage, treffsicher Beute zu schlagen. Allerdings schlagen blinde Klapperschlangen auch ungeeignete warme Objekte wie eine pendelnde Glühbirne oder Lötkolben. Dies ist ein Hinweis darauf, dass sie mit dem Grubenorgan nur Wärme orten, aber kein Bild erzeugen und Objekte identifizieren können (Gamow u. Harris 1973, Breipohl 1984).

Der Primärprozess der Temperaturmessung war lange Zeit unbekannt. Hinweise bestanden, dass Verschiebungen der $Ca^{2+}$-Ionen-Konzentration daran beteiligt sind. Erst kürzlich wurden in thermosensitiven Neuronen spezielle Ionenkanäle identifiziert, die sich bei Kälte oder Wärme öffnen und einen $Ca^{2+}$- und $Na^{+}$-Einstrom in die Zelle verursachen. Diese Ionenkanäle gehören zur Familie der TRP-Rezeptoren, die ursprünglich in den Photorezeptoren von Drosophila beschrieben worden waren. Ihren Namen erhielten sie, weil sie statt einem stabilen ein transientes Rezeptorpotential erzeugen. Aus der Familie der **TRP-Rezeptoren** sind mehr als 20 verschiedene Kationenkanäle bekannt, die an unterschiedlichen Prozessen wie der Photorezeption, der Vasomotorik, der Zellvolumenregulation oder dem Wachstum beteiligt sind (Clapham 2002). Den eigentlichen Protonenkanal bilden 6 helicale Bereiche in der Zellmembran (Abb. 3.43). Die intrazellulären N- und C-Enden des Proteins können in der Länge stark variieren. Bei der Suche nach den Rezeptoren wurde der Umstand genutzt, dass **Menthol** eine **Kältewahrnehmung** suggeriert. Aus dem *Nervus trigeminus* von Ratten wurde mit der Methode des *expression cloning* ein Protein identifiziert, das sowohl die Menthol-Wirkung, als auch die Kältewirkung vermittelt. Das Protein war bereits aus Prostata-Krebszellen bekannt, als TRPM8, und wurde nach dem neuen Befund als CMR1 (*cold and menthol receptor 1*) benannt (McKeny et al. 2002). Durch die Ähnlichkeit der Hitzeempfindung mit der Wirkung des Capsaicin, das für die Schärfe der Paprika verantwortlich ist, wurden zwei **Hitzesensoren** entdeckt, das TRPV1 (VR1), das bei Temperaturen >43 °C und auf **Capsaicin** reagiert, und ein ähnliches Protein, das TRPV2 (VRL2), das erst die Empfindung von schmerzhafter Hitze >52 °C vermittelt (Caterina et al. 1977, 1999).

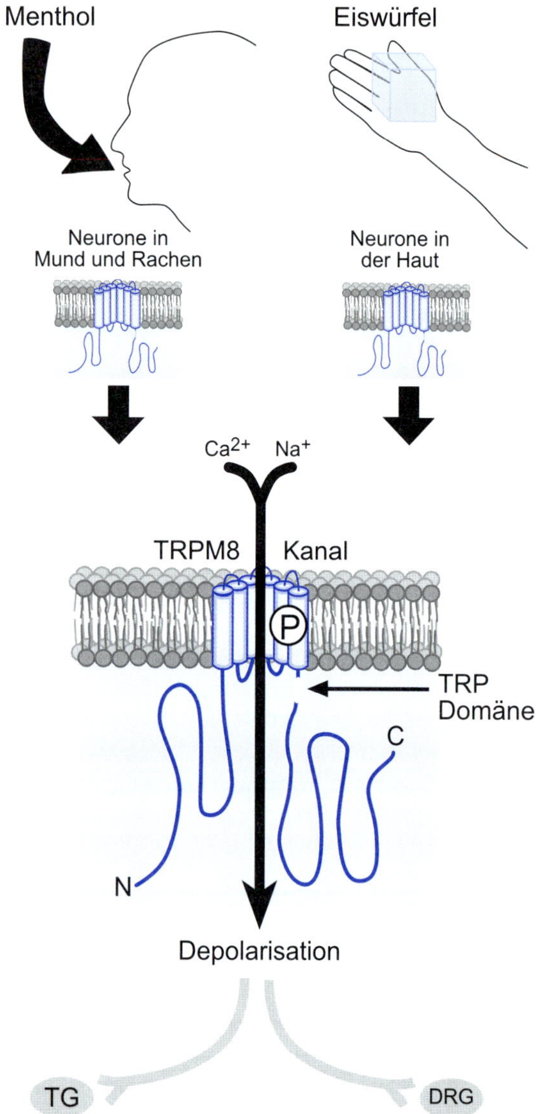


**Abb. 3.43.** Kälte und Menthol aktivieren den TRPM8-Ionenkanal, und es kommt zu einem $Ca^{2+}$-Einstrom in die Zelle, die daraufhin depolarisiert. Der Kanal wird in sensorischen Neuronen des Mund- und Rachenraums und im Gehirn exprimiert. TRPM8 ist, wie andere TRPM-Kanäle, eine Tetramer und jede einzelne Untereinheit besteht aus sechs Transmembran-Domänen mit unterschiedlich langen Proteinketten am N- und C-Ende (Clapham 2002)

### Zentrale Thermosensitivität und Regulation

Die thermosensititven TRP-Kanäle sind nicht auf sensorische Neurone beschränkt, sondern kommen in vielen Bereichen des Nervensystems vor. Dies kann bedeuten, dass sie entweder noch andere Aufgaben im Nervensystem erfüllen oder dass sie zur Temperaturmessung im gesamten Nervensystem eingesetzt werden. In der Tat reagieren Wirbeltiere auf Veränderungen der Temperatur an verschiedenen Körperstellen, ganz besonders wirkungsvoll aber sind Temperaturänderungen im Bereich des Rückenmarks und des Hypothalamus. Eine Kühlung des **Rückenmarks** führt zu heftigem **Kältezittern.** Diese Reaktion bleibt auch in einem cranialwärts durchtrennten Rückenmark bestehen, d.h. die Regulation funktioniert auch ohne Beteiligung des Gehirns. Im Normalfall steht jedoch auch das Kältezittern unter hypothalamischer Kontrolle. Kühlung oder Heizung des **Hypothalamus** löst je nach Temperatur sämtliche bekannten thermoregulatorischen Reaktionen aus, wie z.B. Wärmebildung, Vasomotorik und Schwitzen. Dies gilt auch für ektotherme Fische, Amphibien und Reptilien, die z.B. bei Kühlung des Hypothalamus eine höhere Präferenztemperatur wählen (Cabanac u. Jeddi 1971, Crawshaw u. Hammel 1974). Thermosensitive Neurone finden sich vor allem in der Regio praeoptica, während im caudalen Hypothalamus (*Area hypothalamica posterior*) thermoresponsive Neurone, überwiegen, also Neurone die nicht selbst thermosensitiv sind, sondern auf die Stimulation thermosensitiver Neurone aus der Peripherie oder der Regio preaoptica reagieren. Der Hypothalamus spielt eine Führungsrolle bei der Thermoregulation, denn er besitzt nicht nur eine hohe eigene Thermosensitivität, sondern auch Neuronengruppen, in denen Temperaturinformationen verrechnet und thermoregulatorische Reaktionen ausgelöst werden.

Ein Beispiel für thermoregulatorische Reaktionen auf die Hypothalamustemperatur gibt die Känguruh-Ratte in Abb. 3.44. Sie trug ein Thermoden-Implantat, mit dem die Temperatur des Hypothalamus $T_{hyp}$ variiert werden konnte. Sank die $T_{hyp}$ unter 36 °C, so stieg die Wärmebildung der Känguruh-Ratte proportional der Kältebelas-

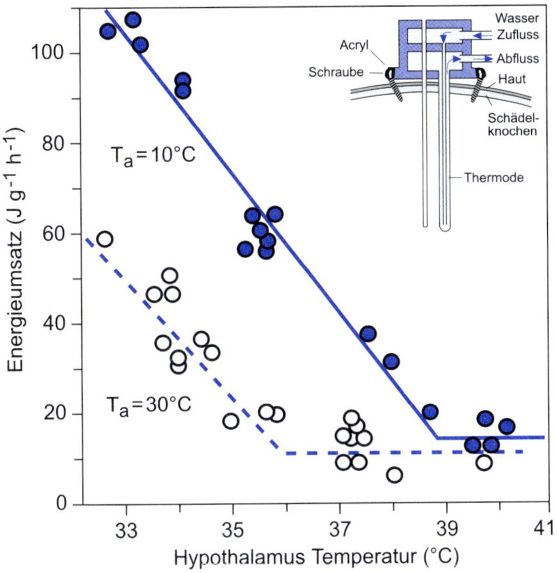


**Abb. 3.44.** Wärmebildung einer Känguruh-Ratte, *Dipodomys ingens*, als Funktion der Hypothalamustemperatur. Die Hypothalamustemperatur wurde durch eine chronisch implantierte Thermode (*Insert oben rechts*) erwärmt oder gekühlt bei einer Umgebungstemperatur von 10 °C oder 30 °C (nach Glotzbach u. Heller 1975)

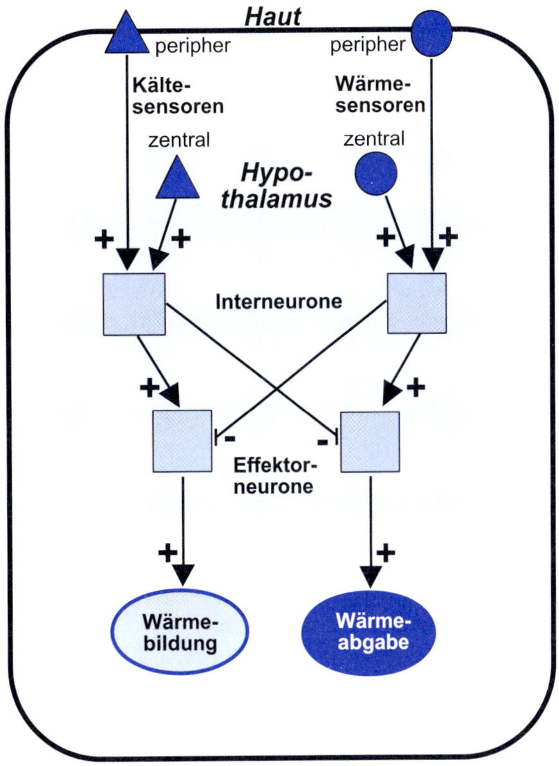


**Abb. 3.45.** Vereinfachtes Modell der Thermoregulation von Vertebraten. Die Signale peripherer und zentraler Thermorezeptoren werden im Hypothalamus integriert und über Effektorneurone im posterioren Hypothalamus in die Kontrolle der Wärmeabgabe (Vasomotorik, Schwitzen, Hecheln) oder der Wärmebildung (Kältezittern, zitterfreie Wärmebildung) umgesetzt. + bedeutet stimulierende Wirkung, – inhibierende Wirkung

tung an, ähnlich wie bei peripherer Kältebelastung (Abb. 3.32). Die Reaktion auf die $T_{hyp}$ hängt jedoch von der Umgebungstemperatur ab, denn in der Kälte setzt sie bereits bei einer $T_{hyp}$ von 38 °C ein und erreicht höhere Werte als bei einer Umgebungstemperatur von 30 °C. Dies zeigt, dass periphere und zentrale Temperaturen sich in ihrer Wirkung verstärken (Abb. 3.45). Signalisieren beide „zu kalt", dann fällt die Reaktion der Wärmebildung besonders heftig aus. Signalisiert die Peripherie „kalt", so kann die Wärmebildung durch eine hohe zentrale Temperatur unterdrückt werden, wie das bei einer $T_{hyp}$ von 40 °C trotz 10 °C Umgebungstemperatur geschieht. Ein weiteres wesentliches Merkmal der Thermoregulation ist, dass sich die Signalwege für Wärmeabgabe und Wärmebildung gegenseitig hemmen, eine einleuchtende Vorkehrung, um den gleichzeitigen Einsatz gegeneinander gerichteter Effektormechanismen zu vermeiden.

## Sollwert der Körpertemperatur

Mit den geschilderten Thermosensoren und Regulationsmechanismen wird die Körpertemperatur in Ruhe auf 1/10 °C genau eingehalten, was vermuten lässt, dass es einen **Sollwert** für die Regelung der Körpertemperatur gibt. Sie kann sich zwar tagesperiodisch ändern oder bei thermischen Belastungen verstellt werden, aber dies beruht nicht auf Unvermögen, sondern auf absichtlichen Veränderungen der Körpertemperatur, die jeweils mit hoher Genauigkeit kontrolliert werden (Abb. 3.29, 3.34) und regeltechnisch als Verstellung des Sollwerts betrachtet werden können.

Dies führt notwendigerweise zu der Frage, wie Tiere den Sollwert ihrer Körpertemperatur festlegen. In Klimaanlagen wird dies durch ein von der Temperatur unabhängiges Referenz-Signal erreicht. Weicht die Raumtemperatur (Istwert) von diesem Sollwert ab, so wird entweder geheizt oder gekühlt. Wenn wir dieses Konzept auf die biologische Thermoregulation anwenden, dann müsste dessen neuronales Netzwerk für den Sollwert Neurone mit temperaturunabhängiger Entladungsrate enthalten (Abb. 3.46 a). Derartige thermostabile Neurone sind nicht gefunden worden, und vieles spricht dafür, dass die biologische Thermoregulation ein wesentlich flexibleres Konzept für die Festlegung des Sollwerts nutzt. Wird die Aktivität von Warm- und Kaltsensoren miteinander verrechnet, so ergibt sich dabei eine Temperatur, bei der beide Aktivitäten gleich hoch sind und sich somit gegenseitig aufheben (Abb. 3.46 b). Dieser Neutralpunkt entspricht dem Sollwert der Körpertemperatur. Beim Vergleich der Aktivität von Kalt- und Warmsensoren finden sich häufig Beispiele für Überschneidungen, deren Neutralpunkt der Körpertemperatur entspricht, wie z. B. bei den peripheren Thermosensoren in der Katzennase (Abb. 3.42). Man kann sogar noch einen Schritt weiter gehen und das Zustandekommen eines Sollwerts auch ohne Kalt- und Warmsensoren erklären, denn es genügt, wenn die Aktivität von Neuronen miteinander verrechnet wird, die eine unterschiedliche Temperaturabhängigkeit besitzen, (Abb. 3.46 c). Auch diese *low* $Q_{10}$ und *high* $Q_{10}$ Neurone führen zu einem Neutralpunkt für die Regulation. Dieses Konzept bietet die größte Flexibilität für Verstellungen des Sollwerts der Körpertemperatur. Dazu genügt es, dass die Kennlinie einer der beiden beteiligten Neuronengruppen (oder beider Neuronengruppen) steiler wird oder parallel verschoben wird, um den Neutralpunkt der Regulation zu höheren oder tieferen Temperaturen zu verschieben (Hammel et al. 1977, Jessen 2001).

Wirbeltiere verstellen den Sollwert ihrer Körpertemperatur im Tagesverlauf. Vor allem im Schlaf werden niedrigere Körpertemperaturen bevorzugt, wobei im **Tiefschlaf** (*slow-wave-sleep*)

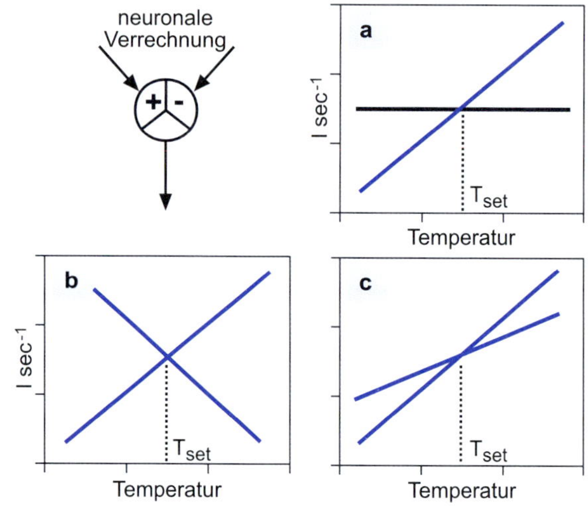


**Abb. 3.46 a–c.** Neuronale Verrechnung und Sollwert der Körpertemperatur. Grundlage der neuronalen Integration ist eine subtraktive Verrechnung von z. B. Kalt- und Warmsensoren (*oben links*). **a** Das einfachste technische Modell für die Einstellung des Sollwerts basiert auf der Verrechnung von Thermosensoren (Istwert, *blaue Linie*) mit einem temperaturkonstanten Sollwert-Signal (*schwarze Linie*). **b** Alternative Modelle kommen ohne temperaturkonstanten Sollwert aus, sondern erreichen den Sollwert der Körpertemperatur ($T_{set}$) durch Verrechnung von Kalt- und Warmsensoren oder **c** von Thermosensoren unterschiedlicher Temperaturabhängigkeit

die Reaktion auf zentrale Kältereize vermindert, und während der kurzen Phasen des **REM-Schlafs** (*rapid-eye-movement*) nahezu vollständig ausgesetzt wird (Glotzbach u. Heller 1976). Uns Menschen ist die Verstellung des Sollwerts der Körpertemperatur vor allem aus der Erfahrung von **Fieber** bewusst. Bei einsetzendem Fieber frieren wir, werden bleich, weil wir den Blutfluss zur Peripherie verringern, um die Wärme im Körper zu halten, und beginnen mit Kältezittern, um mehr Körperwärme zu erzeugen. Wenn die Körpertemperatur den gewünschten Endwert erreicht hat, lassen diese Reaktionen nach. Zum Ende eines Fieberschubs wird die periphere Durchblutung gesteigert, und wir beginnen zu schwitzen, um die überschüssige Körperwärme loszuwerden. Die Verstellung des Sollwerts der Körpertemperatur wird dabei durch **exogene Pyrogene** ausgelöst; dazu gehören vor allem Bestandteile (Lipopolysaccharide) aus Bakterienmembranen (Endotoxine). Sie regen Makrophagen zur Produktion von hitzelabilen Peptiden an, die als **endogene Pyrogene** bezeichnet werden. Zu den endogenen Pyrogenen gehören Interleukine (IL1, IL6), Interferone und Tumornekrosefaktoren. Sie sind Mediatoren des Immunsystems und stoßen bei Infektionen eine Kaskade von Prozessen zur Immunabwehr an. Prostaglandine (PGE2) sind ebenfalls wichtige Fiebermediatoren, denn die gebräuchlichen fiebersenkenden Medikamente (z.B. Acetylsalicylsäure) hemmen die Aktivität der Zyklooxygenase und damit die Synthese von Prostaglandinen. Fieber ist nicht nur ein Bestandteil der Immunabwehr bei Säugetieren und Vögeln, sondern tritt auch bei ektothermen Wirbeltieren auf, die dann höhere Präferenztemperaturen wählen (Mitchell et al. 1970, Cooper 1995).

## 3.8 Torpor und Winterschlaf

### 3.8.1 Jahreszeitliche Probleme der Energieversorgung

Im Winter benötigen die meisten Säugetiere und Vögel wesentlich mehr Energie, um ihre Körpertemperatur konstant zu halten. Dies gilt vor allem für Kleinsäuger, die eine relativ große Körperoberfläche besitzen, deren Fell nur wenige Millimeter dick ist und die deshalb nur durch vermehrte Wärmebildung auf Kälte reagieren können. Gleichzeitig ist im Freiland das Nahrungsangebot gering und durch Eis und Schnee nur schwer erreichbar. Winterschlaf ist das sicherste Mittel, um diesem Dilemma zu entgehen. Viele Kleinsäuger temperater und subarktischer Breiten wie Fledermäuse, Haselmaus, Siebenschläfer, Igel, Feldhamster und Murmeltiere suchen dazu vor Beginn des Winters ein frostgeschütztes Winterschlafquartier (Hibernaculum) auf, verringern ihre Stoffwechselrate und senken ihre Körpertemperatur freiwillig auf ein Niveau nahe der Umgebungstemperatur ab (Torpor). Unsere einheimischen Kleinsäugern erreichen dabei Körpertemperaturen zwischen 1 °C und 8 °C. Bei arktischen Erdhörnchen, die in tief gefrorenem Boden überwintern, wurden sogar unterkühlte Körpertemperaturen von –3,6 °C beobachtet (Barnes 1989). Winterschlaf ist aber keineswegs auf kalte Klimazonen beschränkt, sondern kann auch unter tropischen Bedingungen auftreten, wie z.B. beim Fettschwanzmaki auf Madagaskar, obwohl im madegassischen Winter die Temperatur nachts kaum unter 15 °C sinkt und tagsüber auf über 30 °C ansteigt (Dausmann et al. 2000). Entscheidend für das Winterschlafverhalten ist nicht die Kälte, sondern ein saisonal bedingter Nahrungsmangel, der vor allem Insektenfresser, wie die Fledermäuse, oder Fruchtfresser, wie den Fettschwanzmaki oder den Siebenschläfer, vor große Probleme stellt. Bei Vögeln ist Winterschlaf bisher nur an wenigen Arten beobachtet worden. Ziegenmelker *(Caprimulgus europaeus)* klemmen sich beim Winterschlaf in Felsritzen und lassen ihre Körpertemperatur auf sehr tiefe Werte absinken.

Während des Winterschlafs leben Winterschläfer von einem im Sommer angefressenen Vorrat an Körperfett (Fledermäuse, Igel, Murmeltier, Siebenschläfer) oder von im Winterbau eingelagerten Futtervorräten (Feldhamster). Dies erfordert, dass die **Vorbereitungen** für den Winterschlaf bereits vor Beginn der nahrungsarmen Jahreszeit getroffen werden müssen, also während der klimatisch günstigen Jahreszeit bei hohem Nahrungsangebot. Winterschlaf eignet sich deshalb nicht als fakultatives Verhalten, das bei Nahrungsmangel und Kälte gelegentlich und spontan eingesetzt werden kann, denn die endogenen Energievorräte wären in wenigen Wochen aufgebraucht. Winterschlaf ist deshalb ein obligates Verhalten, das eingebunden sein muss in ein jahresperiodisches Programm von Verhaltenweisen, die sicherstellen, dass während der aktiven Jahreszeit alle anderen Aufgaben wie Reproduktion, Fellwechsel und Anlegen der Energievorräte rechtzeitig zum Abschluss gebracht werden.

## 3.8.2 Winterschlaf-Saison und Winterschlaf-Episoden

Der Winterschlaf wird nicht in einem Dauerzustand der Kältelethargie verbracht, sondern besteht aus einer **Abfolge von Winterschlaf-Episoden** (*hibernation bout*), wie das an der Körpertemperatur eines Murmeltiers im Winterschlaf zu sehen ist (Abb. 3.47). Die etwa 6 Monate dauernde Winterschlaf-Saison besteht aus 22 Winterschlaf-Episoden, in denen es immer wieder vom Torpor in den Wachzustand zurückkehrt. Die Dauer der Episoden ändert sich im Verlauf der Winterschlaf-Saison. Zu Beginn und gegen Ende der Winterschlaf-Saison dauert eine Episode nur 1 bis 5 Tage, wird jedoch im Mittwinter auf etwa 15 Tage ausgedehnt. Da dieses Murmeltier bei einer konstanten Umgebungstemperatur von 5 °C im Dauerdunkel in der Klimakammer saß, kann die Veränderung nur durch ein endogenes Zeitprogramm verursacht worden sein, das die Intensität des Winterschlafs steuert. Im Freiland können im Mittwinter etwas länger dauernde Episoden von über 20 Tagen beobachtet werden. Die gesamte Winterschlaf-Saison dauert jedoch mit 6 bis 7 Monaten ähnlich lange. Alle Winterschläfer zeigen ein ähnliches Muster mit maximaler Episodendauer von etwa 20 Tagen. Dies gilt auch für systematisch weit voneinander entfernt stehende Säugetiergruppen wie die Monotremata, die Marsupialia und die Primaten. Rekordhalter sind die Siebenschläfer mit gelegentlicher maximaler Episodendauer von 34 Tagen.

Jede einzelne Winterschlaf-Episode besteht aus einer Abfolge von vier physiologischen Reaktionen (Abb. 3.48). Nach 1 bis 2 Tagen im Wachzustand mit einer Körpertemperatur von etwa 36 °C und hoher Stoffwechselrate, beginnt der Eintritt in den Torpor mit einer raschen Verringerung des Energieumsatzes und einer allmählichen Senkung der Körpertemperatur. Dieser führt in den tiefen Torpor, wobei der Übergang nicht präzise markiert ist. Charakteristisch ist jedoch, dass im tiefen Torpor der Energieumsatz stets auf Sparflamme gehalten wird. Der tiefe Torpor wird durch einen plötzlichen steilen Anstieg des Energieumsatzes beendet, und durch diese Wärmebildung die Körpertemperatur wieder auf den Normalwert aufgeheizt. Ein solcher Aufwachvorgang dauert bei kleinen Fledermäusen 30–40 min, während Murmeltiere dazu 3–4 h benötigen. Die wiederholten Aufwachvorgänge und Wachphasen kosten natürlich sehr viel Energie. Beim Murmeltier erfordern sie 67% des gesamten Energiebedarfs der Winterschlaf-Saison. Schätzungen bei anderen Winterschläfern ergaben sogar noch höhere Werte für die Energiekosten der Wachphasen. Eigentlich ist es unverständlich, dass ein auf Energiesparen angelegtes Verhalten wie der Winterschlaf auf diese Energie verschwendenden Phasen nicht verzichten kann. Der Grund für die wiederholten Unterbrechungen des Winterschlafs ist bis heute nicht bekannt. Ein grundsätzliches Problem des Winterschlafs besteht darin, dass nicht nur der Energieumsatz sehr niedrig ist, sondern auch einzelne Stoffwechselwege und Organfunktionen weitgehend außer Betrieb gesetzt werden, wie z.B.

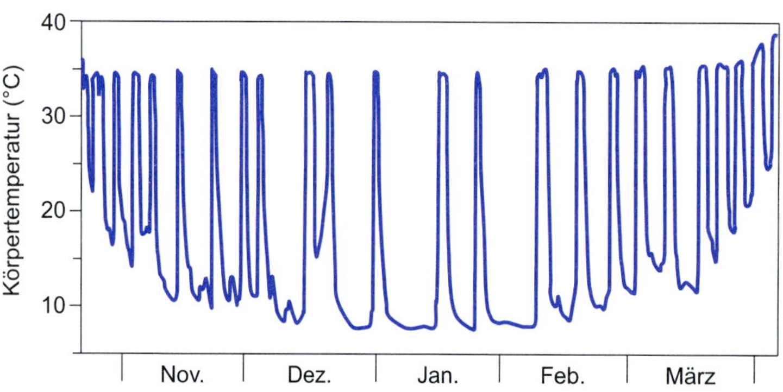


**Abb. 3.47.** Körpertemperatur eines Murmeltiers im Winterschlaf. Das Murmeltier wurde während des Winters konstant bei 7 °C gehalten und die Körpertemperatur über einen implantierten Sender registriert. Während des Winterschlafs erwachen Winterschläfer wiederholte Male, d.h. die gesamte Winterschlaf-Saison besteht aus einer Abfolge von Winterschlaf-Episoden (*hibernation bouts*) (Heldmaier u. Ortmann 1993)

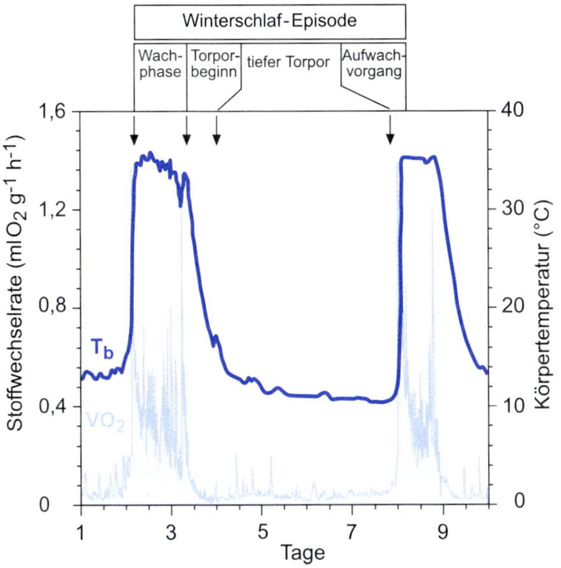


**Abb. 3.48.** Körpertemperatur und Sauerstoffverbrauch eines Murmeltiers, *Marmota marmota*, während einer einzelnen Winterschlaf-Episode. Sie besteht aus einer Wachphase, dem Einschlafvorgang (Torporbeginn), dem tiefen Torpor und wird von einem Aufwachvorgang beendet (nach Heldmaier u. Ortmann 1993)

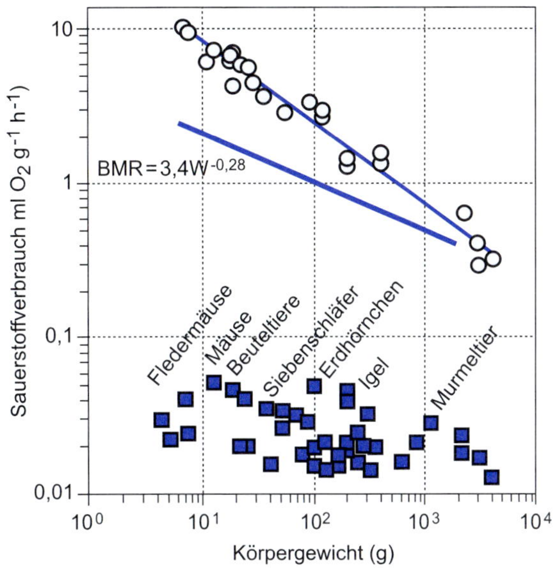


**Abb. 3.49.** Sauerstoffverbrauch von Winterschläfern im Wachzustand und im tiefen Torpor bei 2–6 °C Körpertemperatur. Für den Wachzustand sind sowohl die Werte in Thermoneutralität angegeben (nur Regression) als auch bei etwa 5 °C Umgebungstemperatur, d. h. derselben Temperatur wie im tiefen Torpor (nach Heldmaier u. Ruf 1992)

der größte Teil der Transkription und Proteinbiosynthese. Deshalb wird vermutet, dass zwischendurch Wachphasen mit normaler Stoffwechsellage notwendig sind, um Ausfallserscheinungen vorzubeugen.

## 3.8.3 Energieumsatz im Winterschlaf

Im tiefen Torpor erreichen alle Winterschläfer ähnlich niedrige Minimalwerte des gewichtsspezifischen Energieumsatzes von etwa 0,02 $mlO_2$ $g^{-1}$ $h^{-1}$ ($\sim$ 100 µW $g^{-1}$), unabhängig von der Körpergröße (Abb. 3.49). Da kleine Säuger im normometabolen Zustand einen höheren Energieumsatz haben als große Säuger, ist der Einspareffekt des Energieumsatzes durch Winterschlaf bei kleinen Säugern entsprechend größer. Kleine Säuger verringern ihren Energieumsatz etwa auf ein Hundertstel des normalen Ruheumsatzes, während diese Reduktion beim Murmeltier nur ein Zwanzigstel beträgt. Daraus wird deutlich, dass sich Winterschlaf vor allem für kleine Säuger zur saisonalen Energieeinsparung lohnt. Um die Auswirkung des Winterschlafs auf den gesamten Energieumsatz abzuschätzen, darf aber nicht nur der Minimalumsatz im tiefen Torpor berücksichtigt werden, sondern es müssen auch die Kosten für die Wachphasen mit einbezogen werden, und die sind bei kleinen Säugern wiederum relativ hoch. Verschiedene Schätzungen, unter Einschluss der Wachphasen, ergaben Energieeinsparung in der Größenordnung von 90–96%.

Die Herzfrequenz und die Atmung werden in ähnlichem Umfang verringert wie der Sauerstoffverbrauch, also auf ein Hundertstel bis ein Zwanzigstel des normalen Ruhewertes. Der Blutdruck und die Umlaufgeschwindigkeit sinken dadurch auf entsprechend niedrige Werte. Viele Winterschläfer wechseln von der normalen, regelmäßigen Atmung zu einem unregelmäßigen Atemmuster, bei dem nach etwa 10 regelmäßigen Atemzügen eine Atempause (Apnoe) von bis zu einer Stunde eintritt. Diese intermittierende Ventilation reicht aus, um den geringen Bedarf an Gasaustausch zu decken. Alle diese verminderten Funktionen können innerhalb von wenigen Minuten beim Aufwachvorgang wieder reaktiviert werden, obwohl die Körpertemperatur zu Beginn des Aufwachvorgangs noch nahe der Umgebungstemperatur liegt. Auch im tiefen Winterschlaf verharren die physiologischen Funktionen nicht unverändert in tiefem Torpor, sondern können für die Regulation der Körpertemperatur verändert werden. Im Winterschlaf bleibt die Thermoregulation intakt, es wird lediglich der Sollwert der Körpertemperatur auf ein tiefes Niveau abgesenkt (Heller et al. 1977). Wenn die Umgebungstemperatur kritisch tiefe Werte erreicht, so reagieren Winterschläfer mit verstärkter Wärmebildung oder lösen einen Aufwachvorgang aus. Torpor ist daher kein Versagen der Thermoregulation, wie früher manche Autoren glaubten, sondern ein kontrollierter hypometaboler und hypothermer Zustand, den Endotherme zur Energieeinsparung einsetzen (Storey u. Storey 1990, Heldmaier u. Ruf 1992).

### 3.8.4 Winterruhe, Estivation und Kältestarre

Dem Winterschlaf ähnliche Lethargieformen können in verschiedenen Intensitätsstufen auftreten. Der Winterschlaf des **Bären** (und evtl. anderer großer Carnivoren) wird häufig als **Winterruhe** bezeichnet, da Bären ihre Körpertemperatur nur auf ca. 32 °C absenken, relativ schnell wach werden und sogar in Hypothermie zur Lokomotion fähig sind. Der Sauerstoffverbrauch und andere Lebensfunktionen sind bei Bären jedoch genauso niedrig, wie aus dem Vergleich mit anderen Winterschläfern zu erwarten ist. Wegen der guten Wärmeisolierung und großen Körpermasse kann die Körpertemperatur von Bären nur auf 32 °C sinken. Bei dieser hohen Temperatur bleiben die Lokomotionsreflexe intakt, aber in allen sonstigen Eigenschaften entspricht diese Winterruhe dem Winterschlaf anderer Säugetiere.

Bei wüstenbewohnenden Nagern wie z. B. beim Mohave-Erdhörnchen oder bei den Lemuren Madagaskars wird während der Trockenzeit ein **Sommerschlaf (Estivation)** beobachtet. Sie verharren ähnlich wie Winterschläfer in einem Starrezustand, aber die Körpertemperatur sinkt nur auf 20–30 °C ab. Dies ist nicht verwunderlich, da die Körpertemperatur nicht unter die Umgebungstemperatur absinken kann. Auch unser einheimischer Siebenschläfer kann im Frühling und Sommer für mehrere Wochen in Estivation verharren. Anlass dazu ist sicher nicht der Wassermangel, sondern eher ein geringes Angebot an Früchten. Der Winterschlaf von Amphibien und Reptilien wird häufig als Winterstarre oder **Kältestarre** bezeichnet. Diese Kennzeichnung soll unterstreichen, dass ektotherme Amphibien und Reptilien durch die kalte Umgebungstemperatur im Winter bewegungsunfähig werden und somit zu einer Winterstarre verurteilt sind. Allerdings verhalten sich Amphibien und Reptilien nicht passiv gegenüber der Winterkälte, sondern sie suchen bereits im Herbst vor Beginn der winterlichen Kälteperioden ein geeignetes Quartier auf und wählen aktiv eine niedrige Temperatur. In diesem Zustand verharren sie bis zum folgenden Frühjahr und verlassen dann spontan ihr Winterquartier, auch wenn es draußen noch kalt ist, d. h. sie kontrollieren ihre Körpertemperatur durch thermoregulatorisches Verhalten und sind nicht bloße Gefangene der Kälte. Der wichtigste Unterschied zum Winterschlaf der Säugetiere besteht darin, dass sie keine Fähigkeit zur körpereigenen Wärmebildung besitzen, um damit ihren Körper aufzuheizen, sondern sie müssen sich durch Sonnenbaden oder Kontakt mit dem Boden Wärme von außen zuführen.

### 3.8.5 Tagesschlaflethargie

Die **Tagesschlaflethargie** (*daily torpor*, tageszeitlicher Torpor), ist in den vergangenen Jahren bei einer stetig wachsenden Anzahl von Kleinsäugern und Vögeln entdeckt worden. Bei Kolibris (tagaktiv) und bei Fledermäusen (nachtaktiv) war schon seit langem bekannt, dass sie während ihrer Schlafenszeit nachts bzw. tagsüber ihre Körpertemperatur absinken lassen. Systematische Untersuchungen bei Kleinsäugern zeigten, dass diese Tagesschlaflethargie sehr weit verbrei-

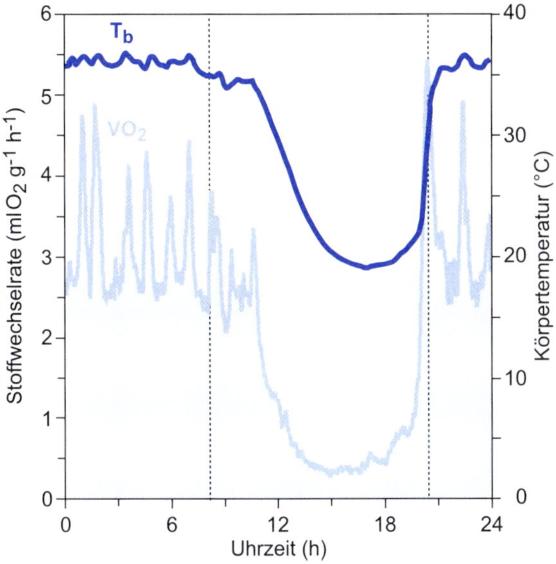


**Abb. 3.50.** Sauerstoffverbrauch und Körpertemperatur im Verlauf der Tagesschlaf-Lethargie bei einem Dsungarischen Zwerghamster, *Phodopus sungorus* (nach Heldmaier et al. 1999)

tet ist und z.B. auch bei der Hausmaus, bei Makis und kleinen Beuteltieren beobachtet werden kann. Diese Erkenntnis ist einer in den letzten Jahren wesentlich verbesserten Messtechnik zu verdanken, die es erlaubt, kleine Tiere mit implantierten Sendern ungestört über einen langen Zeitraum zu beobachten.

Auf den ersten Blick scheint die nur wenige Stunden dauernde Tagesschlaflethargie wenig mit dem Winterschlaf tun zu haben, aber bei genauer Betrachtung verschwinden diese Unterschiede immer mehr und Gemeinsamkeiten werden erkennbar. Während der täglichen Schlafenszeit drosseln sie ihren Energieumsatz auf Werte, die weit unterhalb des Grundumsatzes liegen (20–50% des Grundumsatzes), die Körpertemperatur sinkt durch die fehlende Wärmebildung ab (Abb. 3.50). Am Ende der Torporphase steigern sie die körpereigene Wärmebildung auf einen sehr hohen Wert und heizen ihre Körpertemperatur innerhalb von 30–40 min auf die Normothermie von 36 °C auf. Während der folgenden nächtlichen Aktivitätszeit bleiben sie bei hoher Stoffwechselrate stets normotherm und erst in der nächsten Ruhezeit werden sie wieder torpide.

Mit der Tagesschlaflethargie lässt sich nicht so viel Energie einsparen (bis maximal 67% pro Tag) wie mit richtigem Winterschlaf (mehr als 90%). Der Vorteil der Tagesschlaflethargie besteht darin, dass während der Aktivitätszeit mit hoher Körpertemperatur die normalen sozialen und territorialen Aktivitäten auch in nahrungsarmen Perioden aufrechterhalten werden können. Ein echter Winterschläfer spart zwar mehr Energie ein, aber er muss in dieser Jahreszeit sein Territorium aufgeben und seine sozialen Aktivitäten weitgehend einschränken. Winterschlaf erfordert außerdem eine längere Vorbereitungszeit, so dass er nicht an die aktuelle Nahrungssituation angepasst werden kann, sondern obligater Bestandteil des jahreszeitlichen Verhaltens ist. Dagegen kann die Intensität und Häufigkeit der Tageschlaflethargie von Tag zu Tag variiert werden und erlaubt eine Anpassung des Energieumsatzes an das aktuelle Nahrungsangebot. Sie ist eine **fakultative Strategie zur Energieeinsparung**, die akut kontrolliert wird und bei der, je nach Nahrungsangebot und Energiebedarf, die normalen Aktivitäten weitgehend beibehalten werden können (Ruf et al. 1993, Heldmaier 1993, Heldmaier u. Klingenspor 2002).

## Literatur

Arrhenius S (1889) Über die Reaktionsgeschwindigkeit bei der Inversion von Rohrzucker durch Säuren. Z Phys Chem 4:226–248

Arrhenius S (1915) Quantitative laws in biological chemistry. Bell, London

Aschoff J, Wever R (1958) Kern und Schale im Wärmehaushalt des Menschen. Naturwissenschaften 45:477–485

Barnes BM (1989) Freeze avoidance in a mammals body temperature below 0 °C in an arctic hibernator. Science 244:1521–1616

Bartholomew GA (1964) Symposia of the society for experimental biology, No 18. Academic Press, New York, pp 7–29

Bartholomew GA, Lasiewski RC (1965) Heating and cooling rates, heart rates and simulated diving in the Galapagos marine iguana. Comp Biochem Physiol 16:573–582

Behan-Martin M, Bowler K, Jones R, Cossins AR (1993) A near perfect temperature adaptation of bilayer order in vertebrate brain membranes. Biochim Biophys Acta 1151:216–222

Bennett AF, Dawson WR (1972) Aerobic and anaerobic metabolism during activity in the lizard *Dipsosaurus dorsalis*. J Comp Physiol 81:289–299

Bligh J, Voigt K (1990) Thermoreception and Temperature Regulation. Springer, Berlin Heidelberg New York Tokyo

Block BA, Finnerty JR, Stewart AFR, Kidd J (1993) Evolution of endothermy in fish: mapping physiological traits on a molecular phylogeny. Science 260:210–214

Block BA (1994) Thermogenesis in muscle. Ann Rev Physiol 56:535–577

Breipohl W (1984) Thermoreceptors. In: Bereiter-Hahn J, Matoltsy AG, Richards KS (eds) Biology of the integument. Springer, Berlin Heidelberg New York Tokyo, pp 561–585

Brett JR (1956) Some principles in the thermal requirements of fishes. Quart Rev Biol 31:75–87

Brown JH, Feldmeth CR (1971) Evolution in constant and fluctuating environments: thermal tolerances of desert pupfish (*Cyprinodon*). Evolution 25:390–398

Bursell E (1974) Environmental aspects in temperature. In: Rockstein M (ed) Physiology of the Insecta II. Academic Press, New York, pp 2–32

Cabanac M, Jeddi E (1971) Thermopreferendum et thermoregulation comportementale chez trois poikilothermes. Physiol Behav 7:375–380

Calder WA (1984) Size, function and life history. Harvard Univ Press, Cambridge/MA

Cannon B, Nedergaard J (1985) The biochemistry of an inefficient tissue: brown adipose tissue. Essays Biochem 20:110–164

Carey FG (1973) Fishes with warm bodies. Sci Amer 228:36–44

Carey FG, Teal JL (1969) Regulation of body temperature by the bluefin tuna. Comp Biochem Physiol 28: 205–213

Caterina MJ, Schumacher MA, Tominaga M, Rosen TA, Levine JD, Julius D (1997) The capsaicine receptor: a heat-activated ion channel in the pain pathway. Nature 389:816–824

Chen L, DeVries AL, Cheng CHC (1997a) Evolution of antifreeze glycoprotein gene from a trypsinogen gene in Antarctic nothoteinoid fish. Proc Natl Acad Sci USA 94:3811–3816

Chen L, DeVries AL, Cheng CHC (1997b) Convergent evolution of antifreeze glycoproteins in Antarctic nothoteinoid fish and Arctic cold. Proc Natl Acad Sci USA 94:3817–3822

Cheng CHC (1998) Evolution of the diverse antifreeze proteins. Curr Opin Genet Dev 8:715–720

Clapham DE (2002) Hot and cold TRP ion channels. Science 295:2228–2229

Cossins AR, Bowler K, Prosser CL (1981) Homeoviscous adaptation and its effect on membrane-bound enzymes. J Therm Biol 6:183–187

Cossins AR, Bowler K (1987) Temperature Biology of Animals. Chapman & Hall, London

Cooper KE (1995) Fever and Antipyresis. Cambridge Univ Press, Cambridge, pp 1–182

Crawshaw LI, Hammel HT (1974) Behavioral regulation of internal temperature in the brown bullhead, *Ictalurus nebulosus*. Comp Biochem Physiol A. 47:51–60

Damon A (1975) Physiological anthropology. Oxford Univ Press, Oxford

Dausmann KH, Ganzhorn JU, Heldmaier G (2000) Body temperature and metabolic rate of a hibernating primate in Madagascar: Preliminary results of a field study. In: Heldmaier G, Klingenspor S (eds) Life in the Cold. Springer, Berlin Heidelberg New York Tokyo, pp 41–47

Duchamp C, Barré H (1993) Skeletal muscle as the major site of non-shivering thermogenesis in cold-acclimated ducklings. Am J Physiol 265 R1076–R1083

Duman JG (2001) Antifreeze and ice nucleator proteins in terrestrial arthropods. Ann Rev Physiol 63:327–357

Fields PA, Somero GN (1997) Amino acid sequence differences cannot fully explain interspecific variation in thermal sensitivities of gobiid fish $A_4$-lactate dehydrogenases ($A_4$-LDHs). J Exp Biol 200:1839–1850

Fields PA, Somero GN (1998) Hot spots in cold adaptation: Localized increases in conformational flexibility in lactate dehydrogenase $A_4$ orthologs of antarctic notothenioid fishes. Proc Natl Acad Sci USA 95:11476–11481

Fitzpatrick LC, Bristol JA, Stokes RM (1971) Thermal acclimation and metabolism in the Allegheny mountain salamander, *Desmognathus ochrophaeus*. Comp Biochem Physiol 40A:681–688

Fletcher GL, Hew CL, Davies PL (2001) Antifreeze proteins of teleost fishes. Ann Rev Physiol 63: 359–390

Fry FEJ, Hart JS (1948) The relation of temperature to oxygen consumption in the goldfish. Biol Bull 94:66–77

Fry FEJ, Hochachka PW (1970) Fish. In: Whittow GC (ed) Comparative physiology of thermoregulation. Vol. I. Invertebrates and nonmammalian vertebrates. Academic Press, New York

Gamow RI, Harris JF (1973) The infrared receptors of snakes. Sci Am 228:94–101

Gehring WJ, Wehner R (1995) Heat shock protein synthesis and thermotolerance on *Cataglyphis*, an ant from the Sahara desert. Proc Natl Acad Sci USA 92:2994–2998

Goris RC, Nomoto M (1967) Infrared reception in oriental crotaline snakes. Comp Biochem Physiol 23:879–892

Glotzbach SF, Heller HC (1975) CNS regulation of metabolic rate in the kangaroo rat *Dipodomys ingens*. Am J Physiol 228:1880–1886

Glotzbach SF, Heller HC (1976) Central nervous regulation of body temperature during sleep. Science 194:537–539

Hammel HT, Elsner RW, Heller HC, Maggert J, Bainton CR (1977) Thermoregulatory responses to altering hypothalamic temperature in the harbour seal. Am J Physiol 232:R18–R26

Hazel JR, McKinley SJ, Williams EE (1992) Thermal adaptation in biological membranes: interacting effects of temperature and pH. J Comp Physiol B 162:593–601

Heinrich B (1993) The hot-blooded insects, strategies and mechanisms of thermoregulation. Springer, Berlin Heidelberg New York Tokyo

Heldmaier G (1971) Zitterfreie Wärmebildung und Körpergröße bei Säugetieren. Z vergl Physiol 73:222–248

Heldmaier G (1993) Seasonal acclimatization of small mammals. Verh Dtsch Zool Ges. 86:67–77

Heldmaier G, Steinlechner S (1981) Seasonal control of energy requirements for thermoregulation in the Djungarian hamster (*Phodopus sungorus*), living in natural photoperiod. J Comp Physiol 142: 429–437

Heldmaier G, Steinlechner S, Rafael J (1982a) Nonshivering thermogenesis and cold resistance during seasonal acclimation in the Djungarian hamster. J Comp Physiol 149:1–9

Heldmaier G, Steinlechner S, Rafael J, Vsiansky P (1981b) Photoperiodic control and effects of melatonin on nonshivering thermogenesis and brown adipose tissue. Science 212:917–919

Heldmaier G, Ortmann S, Körtner G (1993) Energy requirements of hibernating alpine marmots. In: Carey C, Florant GL, Wunder B, Horwitz B (ed) Life in the cold. Ecological, physiological and molecular mechanisms. Westview, Boulder, pp 175–183

Heldmaier G, Ruf T (1992) Body temperature and metabolic rate during natural hypothermia in endotherms. J Comp Physiol B 162:696–706

Heldmaier G, Klingenspor S, Werneyer M, Lampi BJ, Brooks SPJ, Stores KB (1999) Metabolic adjustments during daily torpor in the Djungarian hamster. Am J Physiol 276:E896–E906

Heldmaier G, Klingenspor S (2002) Role of photoperiod during seasonal acclimation in small mammals. In: Heldmaier G, Werner D (eds) Environmental Signal Processing. Springer, Berlin Heidelberg New York Tokyo

Heller HC, Colliver GW, Beard J (1977) Thermoregulation during entrance into hibernation. Pflügers Arch 369:55–59

Hendrick JP, Hartl FU (1993) Molecular chaperone functions of heat-shock proteins. Ann Rev Biochem 62:349–384

Hensel H, Kenshalo DR (1969) Warm receptors in the nasal region of cats. J Physiol 204:99–112

Hensel H (1973) Neural processes in thermoregulation. Physiol Rev 53:948–1017

Hinton HE (1960) A fly larva that tolerates dehydration and temperatures of -270 °C to +102 °C. Nature 188:336–337

Hochachka, Peter W, George N Somero: Strategien biochemischer Anpassung. Thieme, Stuttgart New York 1980

Hutchison VH, Dowling HG, Vinegar A (1966) Thermoregulation in a brooding female Indian python. Science 151:694–695

Jessen K (2000) Temperature regulation in humans and other mammals. Springer, Berlin Heidelberg New York Tokyo

Kavaliers M (1982) Seasonal and circannual rhythms in behavioural thermoregulation and their modifications by pinealectomy in the white sucker, *Catostomus commersoni*. J Comp Physiol 146:235–243

Kavanau JL (1950) Enzyme kinetics and the rate of biological processes. J Gen Physiol 34:193–209

Kleiber M (1967) Der Energiehaushalt von Mensch und Haustier. Paul Parey, Hamburg Berlin

Klingenberg M, Huang SG (1999) Structure and function of the uncoupling protein from brown adipose tissue. Biochim Biophys Acta 1415:271–296

Lee RE, Costanzo JP (1998) Biological ice nucleation and ice distribution in cold-hardy ectothermic animals. Ann Rev Physiol 60:55–72

McKemy DD, Neuhausser WM, Julius D (2002) Identification of a cold receptor reveals a general role for TRP channels in thermosensation. Nature 416:52–58

McNab BK (1971) On the ecological significance of Bergman's rule. Ecology 52:845–854

Mitchell HK, Snellen JW, Atkins AR (1970) Thermoregulation during fever: Change of set-point or change of gain. Pflügers Arch 321:293–302

Mount LE (1979) Adaptation to thermal environment. Man and his productive animals. Edward Arnold, London, pp 1–333

Newell RC, Pye VI (1971) Quantitative aspects of the relationship between metabolism and temperature and temperature in the winkle *Littorina littorea*. Comp Biochem Physiol 38B:635–650

Nicholls DG, Ferguson SJ (1992) Bioenergetics 2. Academic Press, London

Nicholls DG, Locke RM (1984) Thermogenic mechanisms in brown fat. Physiol Rev 64:1–64

Pearson OP (1954) Habits of the lizard *Liolaemus multiformis multiformis* at high altitudes in Southern Peru. Copeia 1954 (2):111–116

Precht, H, Christophersen J, Hensel H, Larcher W (1973) Temperature and life. Springer, Berlin Heidelberg New York

Raymond JA (1992) Glycerol is a colligative antifreeze in some northern fishes. J Exp Zool 262:347–352

Raymond JA (1993) Glycerol and water balance in a near-osmotic teleost, winteracclimatized rainbow-smelt. Can J Zool 71:1849–1854

Raymond JA, DeVries AL (1998) Elevated concentrations and synthetic pathways of trimethylamine oxide and urea in some teleost fishes of McMurdo Sound, Antarctica. Fish Physiol Biochem 18:387–398

Rismiller PD, Heldmaier G (1982) The effect of photoperiod on temperature selection in the European green lizard, *Lacerta viridis*. Oecologia 53:222–226

Rismiller PD, Heldmaier G (1985) Thermal behaviour as a function of time of day. Heat exchange rates and oxygen consumption in the lacertid lizard, *Lacerta viridis*. Physiol Zool 58:71–79

Ruf T, Stieglitz S, Steinlechner S, Blank JL, Heldmaier G (1993) Cold exposure and food restriction facilitate physiological to short photoperiod in Djungarian hamsters (*Phodopus sungorus*). J Exp Biol 267:104–112

Saarela S, Klapper B, Heldmaier G (1995) Daily rhythm of oxygen consumption and thermoregulatory responses in some European winter- or summer-acclimatized finches at different ambient temperatures. J Comp Physiol 165:366–376

Schmidt-Nielsen K (1965) Desert animals, physiological problems of heat and water. Clarendon, Oxford

Scholander PF, van Dam L, Kanwisher JW, Hammel HT, Gordon MS (1957) Supercooling and osmoregulation in arctic fish. J Cell Comp Physiol 49:5–24

Scholander PF, Walters V, Hock R, Irving L (1950) Body insulation of some arctic and tropical mammals and birds. Biol Bull 99:225–236

Sicheri F, Wang DSC (1995) Ice-binding structure and mechanism of antifreeze protein from winter flounder. Nature 375:427–431

Silvius JR, McElhhaney RN (1981) Non-linear Arrhenius plots and the analysis of reaction and motional rates in biological membranes. J Theoret Biol 88:135–152

Sönnichsen FD, Sykes BD, Chao H, Davies PL (1993) The nonhelical structure of antifreeze protein type III. Science 259:1154–1157

Storey KB (1988) Freeze tolerance in animals. Physiol Rev 68:27–84

Storey KB (2000) Vertebrate freeze tolerance: Molecular studies of signal transduction and gene expression. In: Heldmaier G, Klingenspor S. Life in the Cold. 11th International Hibernation Symposium. Springer, Berlin Heidelberg New York Tokyo, pp 527–539

Storey KB, Storey M (1990) Metabolic rate depression and biochemical adaptation in anaerobiosis, hibernation and estivation. Quart Rev Biol 65:145–174

Taylor CR, Lyman CP (1972) Heat storage in running antelopes: Independence of brain and body temperatures. Am J Physiol 222: 114–117

Tiku PE, Gracey AY, Macartney AI, Beynon RJ, Cossins AR (1996) Cold induced expression of delta 9-desaturase in carp by transcriptional and posttranslational mechanisms. Science 271:815–818

van t'Hoff JH (1896) Studies in chemical dynamics. Muller, Amsterdam

Wieser W (1986) Bioenergetik, Energietransformationen bei Organismen. Thieme, Stuttgart, New York

# 4 Atmung

## Kurzer Blick in die Geschichte

Am 8. Mai 1794 bestieg Antoine Laurent Lavoisier die Guillotine und wurde auf Weisung des Revolutionstribunals hingerichtet. Damit endete das Leben eines Mannes, der zu den genialsten Naturforschern des 18. Jahrhunderts zählte. Das Tribunal jedoch befand: „Wir brauchen keine Gelehrten mehr".

Lavoisier verdanken wir u.a. die Erkenntnis, dass Sauerstoff, der mit der Atmung aus der Luft in den Körper aufgenommen wird, die Lebensvorgänge von Menschen und Tieren unterhält. Nach unserer heutigen Kenntnis ist die laufende Sauerstoffzufuhr für den oxidativen Abbau von Nährstoffen in den Zellen erforderlich, die auf diese Weise ihre Energie gewinnen. Ebenso wichtig für die Zellfunktion ist der ständige Abtransport des Stoffwechselendprodukts Kohlendioxyd. Diesen ***Gasaustausch*** zwischen Organismen und der Umgebung bezeichnet man als ***Atmung***.

Zitat aus: Schmidt et al. (1995) Physiologie des Menschen

## 4.1 Abhängigkeit vom Sauerstoff

Die meisten Tiere sind auf eine ständige Zufuhr von Sauerstoff aus der Umgebung angewiesen, sie haben eine **aerobe** Lebensweise. Als Endprodukt des aeroben Stoffwechsels entsteht Kohlendioxid, das im Gegenzug an die Umgebung abgegeben werden muss. Bei der oxidativen Energiegewinnung aus Kohlenhydraten entsteht dieselbe Menge Kohlendioxid wie an Sauerstoff verbraucht wird (**respiratorischer Quotient** [**RQ**] = 1) (Abb. 4.1), weshalb alle respiratorischen Oberflächen so gebaut sein müssen, dass sie in gleichem Maße Sauerstoff aufnehmen wie Kohlendioxid abgeben können. Die Versorgung des Körpers mit Atemgasen unterscheidet sich damit auffallend von der Versorgung mit Nährstoffen. Die im Körper gespeicherten Nährstoffvorräte reichen meist für mehrere Stunden oder Tage aus, demgegenüber bestehen keine nennenswerten Speicher für Sauerstoff oder Kohlendioxid. Die geringen Sauerstoffvorräte des Körpers können höchstens den Bedarf von einigen Minuten decken. Für die Aufrechterhaltung der Lebensfunktionen müssen ohne Unterbrechung Sauerstoff und Kohlendioxid mit der Umgebung ausgetauscht werden; sichtbare Atembewegungen sind deshalb ein sicheres Zeichen für das Leben eines Tieres.

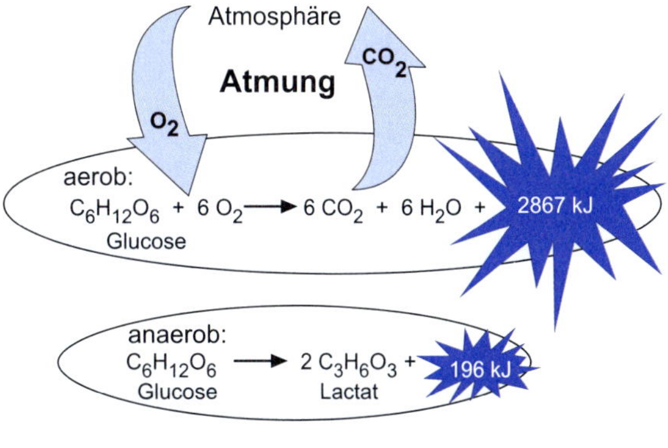


**Abb. 4.1.** Energieausbeute bei aerobem bzw. anaerobem Abbau von Glucose. Die frei werdende Energie wird zur Bildung von ATP verwendet (31 kJ pro Mol ADP + $P_i \rightarrow$ ATP)

Grundsätzlich können Tiere auch ohne die Zufuhr von Sauerstoff aus Nährstoffen Energie gewinnen, was als **anaerobe** Energiegewinnung bezeichnet wird. Dabei werden die Nährstoffe nur unvollständig abgebaut, z. B. die Glucose nur bis zum Lactat. Die Zwischenprodukte des Nährstoffabbaus häufen sich im Körper an und müssen unter Energieaufwand beseitigt werden. Außerdem ist die Energieausbeute aus der Nahrung bei anaerober Lebensweise wesentlich geringer als beim aeroben Abbau (Abb. 4.1). Auf anaerobem Weg können pro mol verbrauchter Glucose insgesamt nur 2 mol ATP gewonnen werden, während der aerobe Abbau den Gewinn von 3 ATP ermöglicht (s. Energiehaushalt). Die wesentlich bessere Ausnutzung des Energiegehalts von Nährstoffen macht klar, warum sich die aerobe Lebensweise im Tierreich durchgesetzt hat. Sie liefert die für alle Lebensvorgänge notwendige Energie unter möglichst effizienter Nutzung der Nahrung, erfordert aber einen ständigen Gasaustausch eines Tieres mit der Umgebung (**äußere Atmung**), eine Verteilung der Atemgase im Körper (**innere Atmung**) und einen bedarfsgerechten Sauerstoffverbrauch der Köperzellen (**Zellatmung**).

### 4.1.1 Sauerstoff und Kohlendioxid in der Luft

Die Erde ist der einzige bekannte Planet, dessen Atmosphäre einen hohen Sauerstoffanteil enthält, ein Ergebnis der Photosynthese von Cyanobakterien und Pflanzen, die im Verlauf der letzten 2 Mrd. Jahre Kohlendioxid in Biomasse und molekularen Sauerstoff umgewandelt haben. Der Sauerstoffgehalt der Atmosphäre ist trotz steigendem Verbrauch durch den Menschen bemerkenswert stabil. Dies lässt sich an der relativen Zusammensetzung trockener Luft ablesen, die überall auf der Erde 20,95 Vol-% Sauerstoff enthält (Box 4.1). Der größte Teil der Luft besteht jedoch aus Stickstoff und Edelgasen (79,2 Vol-%) die für den tierischen Stoffwechsel bedeutungslos sind. Kohlendioxid ist nur in einer sehr geringen Konzentration von 0,03% in der Luft enthalten, so dass für alle Luft atmenden Organismen stets gleichbleibend günstige Bedingungen für eine Aufnahme von Sauerstoff aus der Luft und die Abgabe von Kohlendioxid bestehen.

Diese Volumenanteile gelten allerdings nur für trockene Luft. Der Wasserdampfgehalt der At-

## Box 4.1

**Zusammensetzung trockener Luft**

| | relative Volumina | Druck auf Meereshöhe | | |
|---|---|---|---|---|
| | | mmHg | kPa | |
| Sauerstoff $O_2$ | 20,95% | 159,22 | 21,22 | $pO_2$ |
| Kohlendioxid $CO_2$ | 0,03% | 0,23 | 0,03 | $pCO_2$ |
| Stickstoff $N_2$ | 78,08% | 593,41 | 79,09 | $pN_2$ |
| Argon und andere | 0,94% | 7,14 | 0,95 | pEG |
| Edelgase | | 760 | 101,3 | pLuft |

Die physikalische Dimension für Druck ist Pascal (Pa) (1 Pa = 1 $N/m^2$). In der physiologischen Literatur ist die anschaulichere Dimension mmHg weit verbreitet (= torr, nach dem italienischen Mathematiker Evangelista Torricelli benannt), weil der Luftdruck und andere Drücke gegen die Höhe einer Quecksilbersäule im Vakuum gemessen werden können. Im vorliegenden Kapitel werden beide Dimensionen parallel verwendet, um dem Leser die evtl. notwendige Umrechnung zu ersparen:

Umrechnungsfaktoren:

1 torr = 1 mmHg = 133,3 Pa = 13,6 mm Wassersäule

Für die Angabe von Drücken wird der Buchstabe p (= *pressure*) verwendet, der zusätzliche Spezifikationen als Index enthält, z. B. bedeutet $pO_2$ Partialdruck für Sauerstoff. Der Druck des Gasgemischs Luft setzt sich also aus folgenden Komponenten zusammmen:

trockene Luft: $pLuft = pO_2 + pCO_2 + pN_2 + pEG$

feuchte Luft: $pLuft = pO_2 + pCO_2 + pN_2 + pEG + pH_2O$

**Tabelle 4.1.** Wassergehalt der Luft bei Sättigung mit Wasserdampf (100% Luftfeuchtigkeit)

| Temperatur (°C) | $pH_2O$ (kPa) | mg $l^{-1}$ |
|---|---|---|
| -10 | 0,259 | 2,14 |
| 0 | 0,609 | 4,85 |
| 10 | 1,22 | 9,41 |
| 20 | 2,33 | 17,3 |
| 30 | 4,24 | 30,4 |
| 40 | 7,36 | 51,1 |
| 50 | 12,3 | 82,9 |
| 60 | 19,9 | 129,7 |
| 70 | 31,1 | 198 |
| 80 | 47,0 | 290 |
| 90 | 69,5 | 417 |
| 100 | 101 | 585 |

mosphäre variiert lokal und zeitlich sehr stark. Bei 20 °C Lufttemperatur und 100%iger Luftfeuchtigkeit beträgt der Volumenanteil des Wasserdampfes etwa 2,3%, wodurch sich die Volumenteile der anderen Gase entsprechend verringern, z.B. Sauerstoff auf 20,45 Vol-%. Der maximale Wasserdampfgehalt der Luft steigt mit der Temperatur (Tabelle 4.1). Bei extremer tropischer Schwüle (40 °C Umgebungstemperatur und 100%iger Luftfeuchte) würde dadurch der Sauerstoffgehalt der Luft immerhin bereits auf 19,4 Vol-% sinken.

Für den Gasaustausch an den Atemorganen ist nicht nur die konstante Zusammensetzung der Luft wichtig, sondern auch die verfügbare Absolutmenge an Atemgasen bzw. der Druck, mit dem sie an der Oberfläche der Atemorgane zur Verfügung stehen. Die über 100 km hohe Lufthülle lastet mit einem Druck auf der Erdoberfläche der dem Druck einer 760 mm hohen Quecksilbersäule entspricht. Mit steigender Höhe nimmt der Luftdruck ab, wobei sich etwa alle 5500 m der Luftdruck halbiert. Die relative Zusammensetzung der Luft verändert sich dabei nicht, aber die molare Menge an Sauerstoff, die in einem Liter Luft enthalten ist, bzw. dessen Druck, mit dem er für einen Gasaustausch bereitsteht, wird immer geringer. Eine ähnliche Wirkung hat die Temperatur. Gase dehnen sich mit steigender Temperatur aus, und dadurch sinkt die molare Menge des Gases, die in einem Liter Luft enthalten ist. Eine Verdoppelung der Temperatur (in Kelvin) führt zur Verdoppelung des Gasvolumens und halbiert damit die molare Dichte. Dieses Verhalten von Gasen wird durch die allgemeine Gasgleichung beschrieben (Box 4.2). Weil Gasvolumina von Temperatur, Druck und Feuchte abhängen, ist für physiologische Messungen wichtig, dass sie stets auf Standardbedingungen umgerechnet werden, damit die Ergebnisse unterschiedlicher Messungen und Labors miteinander verglichen werden können. In

## Box 4.2

### Korrektur von Gasvolumina auf Standardbedingungen (STPD)

Das Volumen eines Gases hängt vom Druck und der Temperatur ab. Dieser Zusammenhang wird durch die allgemeine Gasgleichung beschrieben:

$$V = \frac{n \cdot R \cdot T}{P} \qquad (1)$$

*V* ist das Volumen des Gases, *P* der Druck, *n* die molare Menge des Gases (mol), *T* die Temperatur des Gases (K), und *R* die Gaskonstante (8,31 J $K^{-1}$ $mol^{-1}$). Aus dieser Gleichung folgen Korrekturfaktoren, mit denen gemessene Gasvolumina auf Standard-Bedingungen (STPD) umgerechnet werden können.

**Korrekturfaktoren für die Umrechnung auf STPD**

| Temperatur (°C) | Luftdruck | | | |
|---|---|---|---|---|
| | 98 kPa 735 mmHg | 100 kPa 750 mmHg | 101,3 kPa 760 mmHg | 103 kPa 773 mmHg |
| −10 | 1,0042 | 1,0240 | 1,0420 | 1,0554 |
| 0 | 0,9673 | 0,9872 | **1,0000** | 1,0168 |
| 10 | 0,9333 | 0,9523 | 0,9646 | 0,9809 |
| 20 | 0,9014 | 0,9189 | 0,9317 | 0,9474 |
| 30 | 0,8716 | 0,8894 | 0,9010 | 0,9161 |
| 37 | 0,8520 | 0,8693 | 0,8806 | 0,8954 |
| 40 | 0,8438 | 0,8610 | 0,8722 | 0,8868 |

der Regel werden Gasvolumina für *STPD-Bedingungen* (*Standard Temperature, Pressure, Dry*= 0 °C, 760 mmHg, trockenes Gas) angegeben.

Die Luft ist ein Gasgemisch, und für den Gasaustausch an den respiratorischen Oberflächen ist natürlich der Druck, mit dem die beiden Atemgase Sauerstoff und Kohlendioxid in diesem Gasgemisch enthalten sind, von vorrangigem Interesse. Man bezeichnet den Druck eines einzelnen Gases in einem **Gasgemisch** als den **Partialdruck.** Der Partialdruck entspricht stets dem relativen Volumenanteil des Gases am gesamten Gasgemisch (Box 4.1) (Daltons Partialdruck-Gesetz). Auf Meereshöhe beträgt der Luftdruck 760 mmHg (101,3 kPa) wobei der Sauerstoff entsprechend seinem Volumenanteil von 20,95% einen Partialdruck ($pO_2$) von 159 mmHg (21,2 kPa) besitzt. In 5500 m Höhe über dem Meer ist der Luftdruck halbiert und entsprechend sinkt der $pO_2$ auf die Hälfte ab [80 mmHg (10,6 kPa)]. Bei Säugetieren und Menschen, die nicht an das Leben im Hochgebirge angepasst sind, macht sich das verringerte Sauerstoffangebot (**Hypoxie**) bereits ab 3000 m Höhe mit einer spürbaren Leistungsminderung bei körperlicher Arbeit bemerkbar, die mit steigender Höhe zunimmt. Bei Höhen über 5000 m kann die Hypoxie auch Körperfunktionen in Ruhe beeinträchtigen, bis hin zur Bewusstlosigkeit, wenn einige Funktionen des stoffwechselaktiven Zentralnervensystems durch Sauerstoffmangel beeinträchtigt werden.

Obwohl die meisten Menschen ohne Höhenanpassung bei über 5000 m Meershöhe erheblich beeinträchtigt sind, wurde die höchste menschliche Dauersiedlung in den chilenischen Anden in einer Höhe von 5330 m nachgewiesen (Punkt 2 in Abb. 4.2). Es war dies eine Siedlung von Minenarbeitern, die 400 m oberhalb der Siedlung Schwefel abbauten und somit tagsüber auf 5700 m Höhe schwere körperliche Arbeit leisteten. Bemerkenswert ist, dass die Arbeiter nicht auf Höhe der Mine wohnten, sondern 400 m darunter, und täglich einen beschwerlichen Aufstieg in Kauf nahmen. Ein Grund dafür können Schlafstörungen und Probleme mit ausreichender Nahrungsaufnahme gewesen sein die in großer Höhe vermehrt auftreten können. Letzteres wurde auch bei Bergsteigern im Himalaja be-

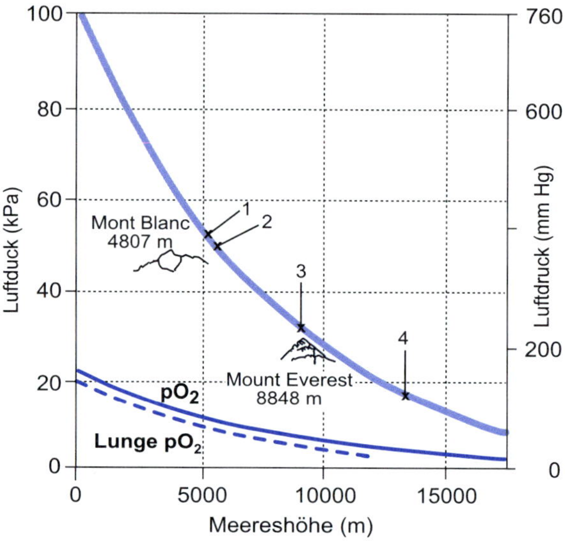


**Abb. 4.2.** Erniedrigung des Luftdrucks und des $pO_2$ mit steigender Höhe. Der $pO_2$ ist sowohl für trockene Luft (—) als auch für feuchte Luft in der Lunge (---) angegeben. *1* markiert die Höhe, bis zu der die meisten Menschen ohne Höhenanpassung aufsteigen können, *2* die Höhe der höchsten menschlichen Dauersiedlung, *3* den höchsten Punkt, bis zu dem sich ein Mensch ohne Atemhilfe kurzzeitig aufhalten kann, *4* die Höhe, bis zu der ein Mensch mit Atmung von reinem Sauerstoff überleben kann (verändert nach Dejours 1966, Dejours 1982)

obachtet (z.B. bei der Himalaja-Expedition 1960–1961). Nach mehreren Monaten Aufenthalt in einem Lager auf 5730 m Höhe hatten alle Teilnehmer durch Appetitlosigkeit an Gewicht verloren. Offensichtlich können sich Menschen und Tiere an das Leben in großer Höhe anpassen und dabei auch die Leistungsfähigkeit ihrer Atmung verbessern (erhöhte Ventilation der Atemorgane und erhöhte Sauerstoff-Transportkapazität des Blutes): dennoch ist aber auch bei maximaler Anpassung ein längerfristiger Aufenthalt nur in Höhen bis etwa 5000 m möglich.

Die Höhe, bis zu der sich ein Mensch ohne Atemhilfe kurzfristig aufhalten kann, wurde mit 8500 m angenommen (Dejours 1966), und eine Besteigung höher liegender Gipfel des Himalaja wie des Mount Everest (8848 m Höhe) ohne Atemhilfe schien unmöglich. In dieser Höhe ist eigentlich ein mittlerer Luftdruck von 236 mmHg (30,7 kPa) zu erwarten, tatsächlich liegt er aber im Himalaja etwas höher, bei 250 mmHg (33,3 kPa), was einen $pO_2$ von 50 mmHg (9,83 kPa) bedeuten würde. In großer Höhe wird dieses Angebot durch den Dampfdruck des Wassers zunehmend verringert. Bei 37 °C Körpertemperatur beträgt der Dampfdruck des Wassers 47 mmHg (6,3 kPa), unabhängig von der Meereshöhe. Dies ist 6% des Luftdrucks auf Meereshöhe, aber bereits 19% auf Höhe des Mount Everest wegen des dort insgesamt niedrigeren Luftdrucks, d.h. der sowieso niedrige $pO_2$ der trockenen Luft wird durch Wasserdampf in der Lunge um weitere 19% verringert [$pO_2$ = 40,5 mmHg (5,4 kPa)] (gestrichelte Linie in Abb. 4.2). Dieser niedrige $pO_2$ der feuchten Atemluft kommt dem normalen $pO_2$ des venösen Blutes von 40 mmHg (5,33 kPa) schon recht nahe, so dass kein Sauerstoff aus der Umgebung aufgenommen werden kann. Eine körperliche Anstrengung wie Bergsteigen erscheint unter diesen Umständen unmöglich. Entgegen dieser Annahme wurde der Mount Everest erstmalig 1978 ohne Atemhilfe bestiegen (Messner 1980). Diese Leistung ist nur durch ein Zusammenspiel mehrerer Faktoren erklärbar. Dazu gehören eine Wetterlage mit relativ hohem Luftdruck (Luftdruck-Anomalie über dem Himalaja), maximale Höhenanpassung des Sauerstofftransports und körperliche Fitness bei Toleranz eines sehr niedrigen endogenen $pO_2$. Außerdem sollte bei diesen Berechnungen berücksichtigt werden, dass der Aufstieg auf geringerer Höhe begann, bei etwas höherem Luftdruck, und der kritische niedrige $pO_2$ erst auf dem Gipfel erreicht wurde (Dejours 1982).

Der konstante Wasserdampfdruck von 47 mmHg in der Lunge und der in Relation dazu sinkende Luftdruck im Hochgebirge erhöhen den **Wasserverlust** über die Atemwege. Dieser Wasserverlust wird durch den geringeren Sauerstoffpartialdruck noch verstärkt, da die Atemorgane zur Aufnahme von Sauerstoff stärker ventiliert werden müssen. Hochgebirgstouristen müssen deshalb mehrere Liter Wasser pro Tag zu sich nehmen, um den zusätzlichen Flüssigkeitsbedarf zu decken.

In einer Höhe von 19 000 m beträgt der Luftdruck nur noch 47 mmHg. In dieser Höhe könnte ein Mensch auch durch Atmung von reinem Sauerstoff nicht überleben, da Luftdruck und Wasserdampfdruck identisch sind, und sich seine Lungen vollständig mit Wasserdampf füllen würden. Aus diesem Grund ist auch bei Atmung von reinem Sauerstoff ein Aufenthalt nur bis etwa 13 000 m möglich (Punkt 4 in Abb. 4.2).

Trotz des üppigen Angebots an Sauerstoff in Bodennähe auf geringer Höhe gibt es auch dort Lebensräume, in denen Sauerstoffmangel auftreten kann, insbesondere in Erdhöhlen, die von Tieren bewohnt werden. Die Bauten unserer einheimischen Nagetiere sind meist gut belüftet, wobei Luft sowohl über die Gänge als auch durch lockeres Erdreich ausgetauscht wird. Selbst wenn die Eingänge z.B. zur Vorbereitung auf den Winterschlaf verschlossen werden, ist keine nennenswerte Abnahme im Sauerstoffgehalt zu erwarten, da genügend Luft durch das Erdreich ausgetauscht werden kann. Wenn jedoch die Gänge verschlossen sind und durch üppige Niederschläge in den oberen Bodenschichten sich Wasser staut und den Gasaustausch behindert, kann der Sauerstoffgehalt auf etwa 15% absinken. Ähnliche Veränderungen wurden auch aus den relativ schlecht belüfteten Höhlen von Uferschwalben und europäischen Honigfressern berichtet. In einer besonders kritischen Situation befinden sich die unterirdischen Gelege von Reptilien. Die Weibchen der marinen Karett-Schildkröte kommen an Land, heben zur Eiablage ein 50 cm tiefes Loch aus, legen Dutzende von Eiern ab und bedecken anschließend ihr Gelege mit Sand. In diesem Gelege sinkt bis zum Schlüpfzeitpunkt der Sauerstoffgehalt auf etwa 15% ab (bei Lederschildkröten bis 11%) (Ackermann 1977). Diese Abnahme im Sauerstoffgehalt ist in der Regel unbedenklich, denn sie entspricht etwa dem geringeren Sauerstoffangebot bei 5000 m im Hochgebirge [$pO_2$ 84 mmHg (11,2 kPa)]. Viel problematischer ist die Ansammlung von Kohlendioxid in den Erdhöhlen, denn beim Verbrauch eines Volumens an Sauerstoff entsteht ein annähernd gleich großes Volumen an Kohlendioxid, d.h. bei Abnahme des Sauerstoffgehalts von 21% auf 15% ist ein Anstieg des Kohlendioxidgehalts auf 6% zu erwarten. Viele Tiere und der Mensch tolerieren im allgemeinen Kohlendioxidkonzentrationen nur bis etwa 1%. Bewohner unterirdi-

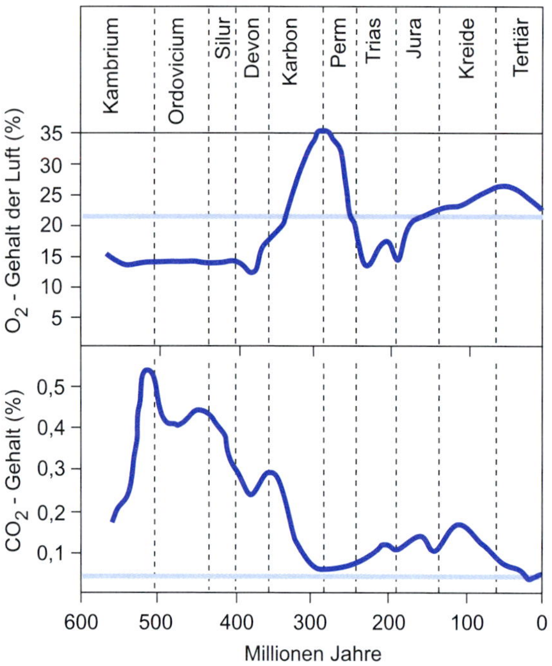


**Abb. 4.3.** Atemgasgehalt der irdischen Atmosphäre während der letzten 600 Mio. Jahre (nach Dudley 1998). Die hellen, waagrechten Linien markieren die gegenwärtige Konzentration der Atemgase

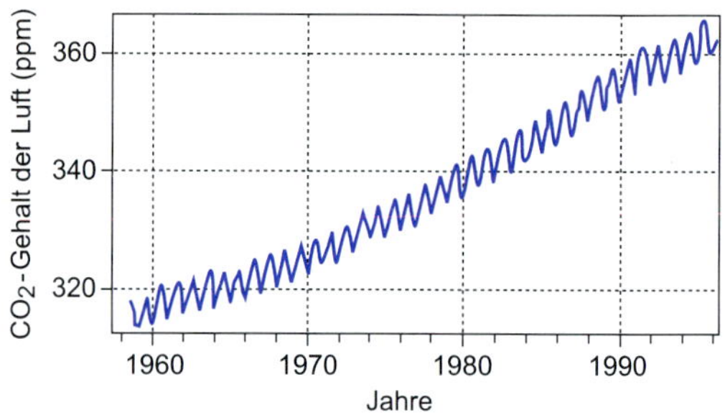


**Abb. 4.4.** Anstieg des Kohlendioxid-Gehalts der Luft am Mauna-Loa-Observatorium auf Hawaii während der letzten 40 Jahre. In dieser Zeit ist der Kohlendioxid-Gehalt der Luft pro Jahr um etwa 1,5 ppm (*parts per million*) angestiegen. Der Verlauf zeigt außerdem jahreszeitliche Fluktuationen durch eine Abnahme des Kohlendioxid während der Vegetationsperiode im Sommer und einen Anstieg jedes Jahr im Winter (nach Keeling aus Crutzen u. Ramanathan 2000)

scher Bauten zeichnen sich häufig durch eine ungewöhnlich große Kohlendioxidtoleranz aus, so dass sie gelegentliche Belastungen von 4–5% unbeschadet überstehen.

Die Zusammensetzung der irdischen Atmosphäre hat sich im Verlauf der Erdgeschichte stark verändert, auch im Verlauf der letzten 500 Mio. Jahre, während deren die Evolution der Organismen durch Fossilien gut belegt ist (Abb. 4.3). Im späten Kambrium und im Ordovizium betrug der Kohlendioxidgehalt etwa 0,5% und der Sauerstoffgehalt nur 15%. Im Karbon und Perm sank der Kohlendioxidgehalt auf Werte nahe der Gegenwart ab, und gleichzeitig stieg der Sauerstoffgehalt auf sehr hohe Werte von etwa 35% an. Es ist nicht abwegig zu vermuten, dass diese starken Schwankungen in der Konzentration der Atemgase die Lebensbedingungen der Tiere und deren Evolution beeinflussten. Der hohe Sauerstoffgehalt im Karbon und Perm bot günstige Voraussetzungen für die Evolution besonders großer Tiere oder auch für die Evolution besonders energieaufwendiger Verhaltensweisen wie das Fliegen, eine Vermutung die mit Fossilien aus dieser Zeit übereinstimmt.

Die steigende Bevölkerungsdichte, die Nutzung fossiler Brennstoffe und die vermehrte Abholzung der Wälder können zu einer Abnahme des Sauerstoffgehalts in der irdischen Atmosphäre beitragen. Hochrechnungen lassen jedoch vermuten, dass der Sauerstoffgehalt der Luft sich dadurch nur geringfügig verändern würde, d.h. die irdische Lufthülle bietet nicht nur Sauerstoff in gleich bleibender Konzentration für die Atmung an, sondern enthält einen beinahe unerschöpflichen Vorrat an Sauerstoff für die oxidative Energiegewinnung durch tierische Organismen.

Mit zunehmendem Verbrauch an Sauerstoff ist ein Anstieg im Kohlendioxidgehalt der Luft zu erwarten, denn Kohlendioxid ist nicht nur das Endprodukt des oxidativen Stoffwechsels von Organismen, sondern auch Endprodukt der Verbrennung fossiler und anderer Brennstoffe. In den letzten 40 Jahren stieg der Kohlendioxidgehalt der Luft von 0,033 Vol-% auf 0,036 Vol-% an (Abb. 4.4). Der Kurvenverlauf zeigt nicht nur diesen allmählichen Anstieg, sondern jahreszeitliche Schwankungen, mit niedrigen Kohlendioxidgehalten während der Vegetationszeit durch die pflanzliche Photosynthese und einem

Anstieg während der vegetationsarmen Jahreszeit. Der allmähliche Anstieg des Kohlendioxidgehaltes ist für die Atmung physiologisch unbedenklich. Aber Kohlendioxid ist, gemeinsam mit Methan und anderen Spurengasen, für den Treibhauseffekt der irdischen Lufthülle verantwortlich. Treibhausgase absorbieren langwellige Wärmestrahlung. Durch Sonneneinstrahlung wird die Erdoberfläche erwärmt, und die Treibhausgase halten einen Teil der langwelligen Wärmestrahlung auf der Erdoberfläche zurück, was zu einem Anstieg der Temperatur auf der Erdoberfläche führt. Die mittlere Jahrestemperatur der Erdoberfläche beträgt 15 °C. Ohne die Treibhauswirkung der Atmosphäre läge die mittlere Jahrestemperatur 16 °C niedriger, d.h. die Erde wäre ein weitgehend vereister und lebensunfreundlicher Planet.

### 4.1.2 Wie kommen die Atemgase ins Wasser

Gase lösen sich in Wasser, ähnlich wie auch Salze oder Zucker in Wasser gelöst werden können. Diese Löslichkeit ist die Voraussetzung dafür, dass wasserlebende Tiere den benötigten Sauerstoff direkt aus dem Wasser aufnehmen und das Endprodukt Kohlendioxid an das Wasser abgeben können. Außerdem ist die Löslichkeit von Gasen der Grund dafür, dass überhaupt oxidative biochemische Prozesse in wässriger Lösung in den Zellen ablaufen können und dass Atemgase in den Körperflüssigkeiten der Tiere transportiert werden. Das Verhalten von Gasen im Wasser zeichnet sich durch drei wesentliche Eigenschaften aus:

- Die im Wasser gelöste Menge eines Gases hängt von dessen Partialdruck ab.
- Unterschiedliche Gase sind unterschiedlich gut wasserlöslich.
- Die Löslichkeit sinkt mit steigender Temperatur und Salinität.

Wird Wasser mit Luft gemischt, so gehen an der Grenzschicht von Wasser und Luft ständig Gasmoleküle in wässrige Lösung über oder sie verlassen das Wasser in der Gegenrichtung. Bei stehendem Wasser vollzieht sich dieser Austausch nur sehr langsam, da er dann allein auf spontane Molekularbewegungen angewiesen ist, aber er kann durch Bewegung des Wassers oder Einblasen der Luft beschleunigt werden. Befinden sich

## Box 4.3

**Löslichkeit von Gasen im Wasser**

Die molare Konzentration eines Gases in wässriger Lösung entspricht dem Partialdruck des Gases, mit dem das Wasser durchmischt wird. Dieser Zusammenhang wird durch Henrys Gesetz beschrieben:

$$C = \alpha \cdot P$$

**C** ist die molare Konzentration des Gases im Wasser (mol $l^{-1}$), **P** der Partialdruck des Gases (kPa), und $\alpha$ der Löslichkeitskoeffizient (mol $l^{-1}$ $kPa^{-1}$), ein Faktor, der die Löslichkeit eines Gases in Wasser beschreibt. Die Löslichkeitskoeffizienten für physiologisch relevante Gase wurden empirisch ermittelt und sind hier für reine Gase in destilliertem Wasser und Salzwasser mit 3% Salinität angegeben (nach Florey 1975 u. Withers 1992). Durch Multiplikation der Löslichkeitskoeffizienten (µmol $l^{-1}$ $kPa^{-1}$) mit dem Umrechnungsfaktor 2,269 (=22,4·101,3/1000) erhält man die Gasmenge (ml), die bei einem Partialdruck von 760 mmHg (101,3 kPa) pro l Wasser gelöst werden kann.

**Löslichkeitskoeffizient $\alpha$ (µmol $l^{-1}$ $kPa^{-1}$)**

| Temperatur (°C) | Sauerstoff | | Kohlendioxid | | Stickstoff | | Helium |
|---|---|---|---|---|---|---|---|
| | Aq. dest. | Sal. 3% | Aq. dest. | Sal. 3% | Aq. dest. | Sal. 3% | |
| 0 | 21,7 | 17,7 | 767,5 | 639 | 10,4 | 6,38 | |
| 10 | 16,9 | 13,9 | 531,2 | 446 | 8,71 | 5,36 | |
| 20 | 13,7 | 11,5 | 386,8 | 329 | 6,99 | 4,37 | |
| 30 | 11,6 | 9,86 | 294,9 | 254 | 6,03 | 3,71 | |
| 37 | 10,6 | – | 250,5 | – | 5,61 | – | 3,75 |
| 40 | 10,2 | 8,73 | 234,8 | 206 | 5,36 | 3,04 | |

**Tabelle 4.2.** Sauerstoffgehalt von Süßwasser und Meerwasser. Der angegebene Sauerstoffgehalt des Wassers wird bei idealer Sättigung des Wassers mit Luft erreicht [Luftdruck 760 mmHg (101,3 kPa), $pO_2$ 159 mmHg (21,2 kPa)]

| | Luft ($mg\ O_2/l$) | Süßwasser | | Meerwasser | |
|---|---|---|---|---|---|
| | | ($ml\ O_2\ l^{-1}$) | ($mg\ O_2\ l^{-1}$) | ($ml\ O_2\ l^{-1}$) | ($mg\ O_2\ l^{-1}$) |
| 0 °C | 298 | 10,3 | 14,70 | 8,0 | 11,40 |
| 10 °C | 289 | 8,0 | 11,40 | 6,4 | 9,14 |
| 20 °C | 278 | 6,6 | 9,42 | 5,3 | 7,57 |
| 30 °C | 268 | 5,6 | 8,00 | 4,5 | 6,43 |

Nach A. Krogh 1941

Wasser und die darüber liegende Gasphase im Gleichgewicht, so sind in beiden die Gase in demselben Mischungsverhältnis enthalten. Mischen wir reinem Sauerstoff mit Wasser, so enthält das Wasser 5-mal mehr Sauerstoff, als wenn wir es mit Luft mischen würden, da diese ja nur zu einem Fünftel aus Sauerstoff besteht. Daraus folgt, dass die gelöste Menge eines Gases dem Partialdruck des Gases entspricht (Henrys Gesetz, Box 4.3).

Gase sind unterschiedlich gut in Wasser löslich, ähnlich wie dies auch von Salzen bekannt ist. Sauerstoff ist relativ schlecht wasserlöslich und deshalb nur in geringer Menge für die Atmung im Wasser verfügbar. Im Gegensatz dazu ist Kohlendioxid sehr gut wasserlöslich, rund 30-mal besser als Sauerstoff, so dass wasserlebende Tiere keine Schwierigkeiten haben, das Stoffwechselendprodukt Kohlendioxid an die Umgebung abzugeben, aber zusätzliche Anstrengungen unternehmen müssen, um den geringen Sauerstoffgehalt des Wassers zu nutzen. Am schlechtesten löslich ist Stickstoff, der aber glücklicherweise als inertes Gas für die Atmung der Tiere bedeutungslos ist. Diese Eigenschaft wird durch den Löslichkeitskoeffizienten $\alpha$ beschrieben, der angibt, wie viel mol eines Gases pro Liter Wasser gelöst werden können (Box 4.3).

Die Löslichkeit von Gasen nimmt mit steigender Wassertemperatur ab. Dies ist eine ungewöhnliche Eigenschaft, da wir von Salzen gewohnt sind, dass ihre Löslichkeit mit steigender Wassertemperatur besser wird. Bei 30 °C ist nur noch halb so viel Sauerstoff in Wasser gelöst wie bei 0 °C. Dies bedeutet, dass kaltes, gut belüftetes Wasser das beste Sauerstoffangebot für wasserlebende Tiere bietet, während warmes Wasser das Angebot verschlechtert. Dieses Problem wird noch dadurch verschärft, dass in warmem Wasser höhere Stoffwechselraten möglich sind. Dem höheren Sauerstoffbedarf steht damit gleichzeitig ein schlechteres Angebot entgegen, so dass nur wenige Fische in der Lage sind Wassertemperaturen über 30 °C zu ertragen. Die Anwesenheit von Salzen setzt die Löslichkeit von Gasen zusätzlich herab, so dass warmes Salzwasser die mit Abstand schlechteste Voraussetzung für die Atmung von wasserlebenden Tieren bietet (Box 4.3 und Tabelle 4.2).

Die geringe Löslichkeit von Sauerstoff lässt vermuten, dass das Sauerstoffangebot im Wasser starken Schwankungen unterliegt. In stehenden Gewässern kann Sauerstoff aus der Luft nur die obersten Wasserschichten erreichen. Ab 2 m Tiefe nimmt der Sauerstoffgehalt rasch ab und kann in 4 m Wassertiefe bereits nahe null liegen. Fließgewässer mit stark bewegtem Wasser werden ständig gut belüftet und sind deshalb besser mit Sauerstoff gesättigt, und zwar mit einer Menge an Sauerstoff, die bei idealer Durchmischung dem Partialdruck von Sauerstoff in der Luft entspricht. Fließgewässer bieten deshalb meist bessere Bedingungen für die Sauerstoffversorgung als stehende Gewässer.

In flachen Seen, Fließgewässern und Gezeitentümpeln, die einen üppigen Pflanzenwuchs enthalten, wird das Sauerstoffangebot durch die Pflanzen beeinflusst und ist ausgeprägten tageszeitlichen Schwankungen unterworfen. In Gezeitentümpeln (Abb. 4.5) kann bei Sonneneinstrahlung der Sauerstoffgehalt auf Spitzenwerte des $pO_2$ über 400 mmHg (30 mg $O_2\ l^{-1}$) ansteigen, d.h. es entsteht im Wasser ein dreifach höheres Sauerstoffangebot als aus der Luft aufgenommen

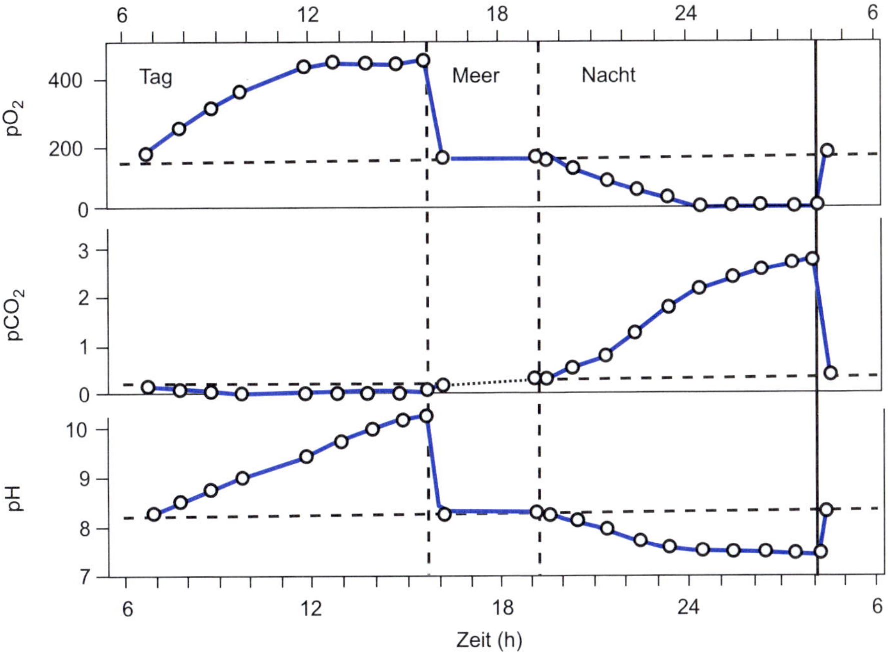


**Abb. 4.5.** Gehalt an Atemgasen im Wasser eines Gezeitentümpels an der Küste der Bretagne. Tagsüber steigt der $pO_2$ auf Werte >400 mmHg (=53 kPa) an, der $pCO_2$ sinkt unter die Nachweisgrenze. Nachts wird das Wasser innerhalb weniger Stunden anoxisch und der $pCO_2$ steigt an. Die gestrichelte Linie entspricht dem normalen $pO_2$ und $pCO_2$ in der Luft bei 15 °C (Dejours 1981)

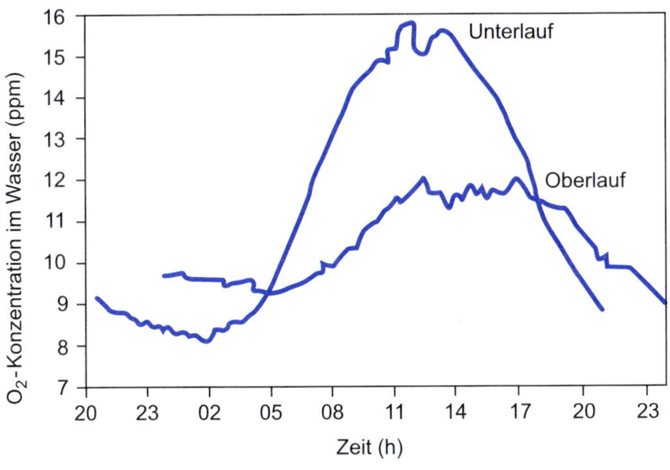


**Abb. 4.6.** Tageszeitliche Schwankung des $O_2$-Gehalts in einem englischen Kalkbach. Im langsamer fließenden Unterlauf werden Werte bis 16 ppm erreicht (entspricht einem Partialdruck von etwa 300 mmHg, bzw. 40 kPa). Während der Nacht sinkt der $O_2$-Gehalt auf normoxische Werte, die dem $O_2$-Gehalt der Luft entsprechen (Allan 1995)

werden könnte. Grund dafür ist die Photosynthese der Pflanzen, die tagsüber Sauerstoff produzieren und damit das Wasser abreichern, von dem er dann in der Folge auch an die Luft abgeben wird. Während der Nacht fällt dieser Sauerstoffgehalt auf sehr niedrige Werte ab, da in der Dunkelheit die Photosynthese zum Stillstand kommt und dann sowohl die Pflanzen als auch Tiere Sauerstoff verbrauchen. Ähnliche tageszeitliche Schwankungen, wenn auch mit etwas geringerer Amplitude, lassen sich sogar in Fließgewässern mit üppigem Pflanzenbewuchs beobachten (Abb. 4.6). Der hohe Sauerstoffgehalt bietet einmalig günstige Bedingungen für die Bewohner dieser Gewässer, allerdings nur tagsüber. Diese Gewässer können nur von Tieren bewohnt werden, die sich an diese Angebotsschwankungen anpassen können und sowohl mit den hyperoxischen Bedingungen bei Tag als auch mit den hypoxischen Bedingungen bei Nacht zurecht kommen.

Im Meer wird Sauerstoff in den oberflächlichen Wasserschichten gelöst und dieses Wasser wird durch Wellengang und Gezeiten bis in Tiefen von etwa 200 m gut durchmischt (4 bis 6 $mlO_2\,l^{-1}$). Darunter nimmt der Sauerstoffgehalt stetig ab und in 500 m Tiefe erreicht er Werte von nur noch $<0{,}5\ mlO_2\,l^{-1}$. In den Ozeanen wird durch großräumige Meeresströmungen in kalten Regionen sauerstoffreiches Wasser in die Tiefe verfrachtet, wodurch sowohl im Pazifik als auch im Atlantik noch in mehreren km Tiefe ein hohes Sauerstoffangebot (3–4 $mlO_2\,l^{-1}$) bestehen kann.

## 4.1.3 Gasaustausch durch Diffusion

Da Atemgase nicht über längere Zeit gespeichert werden können, muss der Gasaustausch unterbrechungsfrei funktionieren und dabei sowohl auf die aktuellen Sauerstoffbedürfnisse des Körpers als auch die Schwankungen des Sauerstoffangebots in der Umgebung rasch reagieren. Es ist erstaunlich, dass trotz dieses hohen Anspruchs an Zuverlässigkeit und Regelungsbedarf, der eigentliche Gasaustausch an den Oberflächen der Atemorgane (= **respiratorische Oberfläche**) allein auf **Diffusion** beruht. Tierisches Leben hängt damit vollständig von einem passiven Einstrom an Sauerstoff und passivem Ausstrom an Kohlendioxid ab. Trotzdem können Lebensräume mit völlig unterschiedlichem Sauerstoffangebot, z. B. auch sauerstoffarmes Wasser, besiedelt werden. Dies ist nur möglich, weil die physikalischen Gesetze der Diffusion bei der Evolution von Atemorganen auf besonders einfallsreiche Weise umgesetzt wurden, um den Gasaustausch an die Bedürfnisse der Tiere und an die Anforderungen des aquatischen oder terrestrischen Lebensraums anzupassen.

**Diffusion** ist das einfachste und am weitesten verbreitete Verfahren zum Stofftransport in Tieren. Die Besonderheit der Diffusion besteht darin, dass spontane thermische Molekularbewegungen ausgenutzt werden und somit Stoffe ohne zusätzlichen Energieaufwand transportiert werden können. In Box 4.4 sind die wichtigsten physikalischen Eigenschaften der Diffusion dargestellt. Für den Fall der Atmung können wir uns vorstellen, dass zwei aneinandergrenzende, gasgefüllte Räume jeweils Gase mit unterschiedlichem Partialdruck enthalten (= verschieden hohe Niveaus freier Energie). Durch spontane thermische Bewegung aller Moleküle fließen sie durch die gaspermeable Zwischenwand von dem einen Raum in den anderen und durchmischen sich so lange, bis die gleiche Gaszusammensetzung erreicht ist (= gleiches Energieniveau). Diffusion bewirkt also ein Gleichgewicht zweier Systeme.

Die durch Diffusion transportierte Stoffmenge lässt sich aus Ficks Diffusionsgesetz berechnen. Danach ist der Teilchenfluss durch die Membran

- proportional der Fläche dieser Membran
- proportional der Konzentrationsdifferenz,
- umgekehrt proportional der Strecke, die bei der Diffusion zurückgelegt werden muss.

Aus diesen physikalischen Eigenschaften des Stofftransports durch Diffusion lassen sich die Voraussetzungen für eine optimale Konstruktion der Atemorgane ableiten. Wenn die Atemorgane eine möglichst hohe Leistung für den Gasaustausch ermöglichen sollen, so müssen folgende drei Forderungen erfüllt werden:

- Die respiratorische Oberfläche der Atemorgane muss möglichst groß sein.
- Es muss ein konstantes und möglichst hohes Partialdruckgefälle aufrechterhalten werden, damit ein dauernder Stofffluss per Diffusion möglich ist.
- Die Epithelien der Atemorgane müssen möglichst dünn sein.

Diese physikalischen Vorgaben wurden in allen Tiergruppen und Atemorganen auf unterschiedliche Weise, aber mit einem bewundernswerten Einfallsreichtum der Evolution erfüllt.

## Box 4.4

### Diffusion

Die beiden Räume A und B enthalten Gasgemische mit unterschiedlicher Zusammensetzung, und sind durch eine gaspermeable Wand getrennt. Durch spontane Molekularbewegungen vermischen sich die Gase, bis die Gaszusammensetzung in beiden Räumen ausgeglichen ist. Diesen Stofffluss zum Erreichen eines Gleichgewichts nennt man *Diffusion*. Die Rate, mit der $O_2$ und $CO_2$ über die respiratorischen Oberflächen und durch Gewebe diffundieren, folgt Ficks Diffusionsgesetz:

$$\dot{M}_x = D_x \cdot F \cdot \frac{C_{ex,x} - C_{in,x}}{L}$$

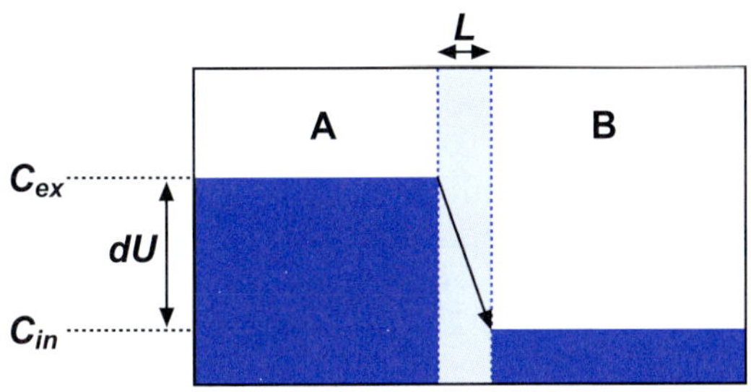


Dabei ist $M_x$ die Menge eines Gases x, die pro Zeiteinheit transportiert wird, $F$ die Oberfläche, über die Diffusion stattfindet, $L$ die Länge der Diffusionsstrecke, $C_{ex}$–$C_{in}$ der Konzentrationsunterschied des Gases x über die Diffusionsstrekce, $D_x$ der Diffusionskoeffizient des Gases x, eine physikalische Konstante, welche die Beweglichkeit eines Gases für die Diffusion beschreibt, eine Größe, die sich umgekehrt proportional zur Quadratwurzel des Molekulargewichts verhält (Tabelle 4.3). Die Diffusion hängt aber auch von der Löslichkeit der Gase im Medium ab, vor allem wenn dabei Übergänge zwischen so unterschiedlichen Medien wie Luft und Wasser stattfinden. August Krogh schlug deshalb vor, statt dem Diffusionskoeffizienten $D$ eine biologische Diffusionskonstante $K$ zu verwenden (Tabelle 4.3). Kroghs Diffusionskonstante $K$ ist das Produkt aus dem Diffusionskoffizienten $D$ und dem Löslichkeitskoeffizienten $\alpha$ (Tabelle 4.2). Außerdem ist die Gaskonzentration in verschiedenen Geweben, Luft und Wasser nur über den Partialdruck direkt vergleichbar. Für die Berechnung der Diffusionsrate bei der Atmung wird deshalb der Partialdruckgradient über die Diffusionsstrecke und Kroghs Diffusionskonstante eingesetzt. Daraus folgt als modifiziertes Diffusionsgesetz für den Gasaustausch:

$$\dot{M}_x = K_x \cdot F \cdot \frac{dU}{L}$$

$K_x$ = Kroghs Diffusionskonstante für Gas x
$F$ = Oberfläche für den Gasaustausch
$dU$ = Partialdruckgradient
$L$ = Diffusionsstrecke

| Kroghs Diffusionskonstante* (nmol $cm^{-1}$ $s^{-1}$ $kPa^{-1}$) für in Luft, Wasser und Gewebe: | $O_2$ | $CO_2$ |
|---|---|---|
| Luft (0 °C) | 73,2 | 57,1 |
| Luft (20 °C) | 82,2 | – |
| Wasser (20 °C) | $0{,}274 \cdot 10^{-3}$ | $6{,}97 \cdot 10^{-3}$ |
| Wasser (37 °C) | $0{,}452 \cdot 10^{-3}$ | – |
| Lungengewebe (37 °) | $0{,}315 \cdot 10^{-3}$ | – |
| Muskel (20 °C) | $0{,}192 \cdot 10^{-3}$ | – |
| Bindegewebe (20 °C) | $0{,}164 \cdot 10^{-3}$ | – |
| Amphibienhaut (25 °C) | $0{,}192 \cdot 10^{-3}$ | – |
| Aalhaut (14 °C) | $0{,}033 \cdot 10^{-3}$ | – |
| Krebs Chitinpanzer (20 °C) | $0{,}009 \cdot 10^{-3}$ | – |

* nach A. Krogh 1919, W. Burggren u. J. Roberts 1991, P.C. Whithers 1992

Eine weitere wichtige Eigenschaft, die bei der Diffusion von Atemgasen berücksichtigt werden muss, ist die Zeit. Die Diffusionszeit wächst mit dem Quadrat der Entfernung, da der Transport auf zufälligen Molekularbewegungen in allen Richtungen beruht. So beträgt z.B. die Diffusionszeit von Sauerstoff in Wasser für 1 µm Strecke etwa 0,1 ms, für 0,1 mm etwa 1 sec und für 1 mm bereits 100 sec. Deshalb eignet sich die Diffusion als Transportmechanismus für den Gasaustausch im Wasser nur über sehr kurze Entfernungen von weniger als 0,1 mm Strecke.

**Tabelle 4.3.** Vergleich der Eigenschaften von Luft und Wasser für den Gasaustausch (bei 20 °C)

| Eigenschaft (Dimension) | Luft | Wasser | Wasser/Luft |
|---|---|---|---|
| Dichte (kg $l^{-1}$) | 0,00121 | 1,001 | 827 |
| Viskosität (cP) | 0,0018 | 0,101 | 56 |
| Wärmekapazität ($cal^{-1}$ °C) | 0,295 | 1000 | 3390 |
| Wärmeleitfähigkeit (mcal $cm^{-1}$ $s^{-1}$ °C) | 0,0603 | 1,440 | 24 |
| $O_2$ Diffusionskoeffizient ($cm^2$ $s^{-1}$) | 0,198 | 0,000025 | 1/7920 |
| $CO_2$ Diffusionskoeffizient ($cm^2$ $s^{-1}$) | 0,155 | 0,000018 | 1/8600 |
| $O_2$ Kapazitätskoeffizient (ml $l^{-1}$ $kPa^{-1}$) | 9,19 | 0,306 | 1/30 |
| $CO_2$ Kapazitätskoeffizient (ml $l^{-1}$ $kPa^{-1}$) | 9,19 | 8,63 | 0,94 |
| $O_2$-Gehalt (Vol%) | 20,9 | 0,7 | 1/30 |
| Liter Medium pro Liter $O_2$ | 4,8 | 143 | 30 |
| Kilogramm Medium pro Liter $O_2$ | 0,0062 | 143 | 23 000 |

### 4.1.4 Vergleich der Atmung in Luft mit der Atmung in Wasser

**Begrenzte Löslichkeit für Sauerstoff** in Wasser, **schwankendes Sauerstoffangebot** im Wasser und **geringe Diffusionsgeschwindigkeit** von Sauerstoff im Wasser deuten bereits an, dass der Gasaustausch im Wasser ganz andere technische Probleme mit sich bringt als eine Atmung von Luft, in der Sauerstoff wesentlich leichter verfügbar ist. Selbst wenn Wasser maximal mit Luft gesättigt wird, kann es nur 1/30 so viel Sauerstoff pro Volumeneinheit enthalten (Tabelle 4.3). Dies ist jedoch nur die halbe Wahrheit, denn Wasser ist wesentlich schwerer Luft, und wenn es für die Atmung bewegt werden muss, so ist dafür ein wesentlich größerer Arbeitsaufwand notwendig. Um dasselbe Volumen Sauerstoff aus Wasser zu erhalten, muss im Wasser eine 23 000fach größere Masse an Atemmedium für den Gasaustausch verwendet werden als bei Atmung in Luft (Tabelle 4.3). Wenn Atemorgane ventiliert werden müssen, so bedeutet dies im Wasser schwere körperliche Arbeit.

Die hohe Viskosität und Dichte des Wassers ist außerdem dafür verantwortlich, dass an den respiratorischen Oberflächen eine Grenzschicht von unbewegtem Wasser entsteht. Eine Grenzschicht vergrößert aber die Wegstrecke, über die Atemgase diffundieren müssen. Da nun die Diffusionszeit mit dem Quadrat der Entfernung zunimmt, verlangsamt die Grenzschicht den Gasaustausch zwischen Wasser und den respiratorischen Oberflächen, weshalb die Grenzschicht durch Bewegung des Wassers möglichst dünn gehalten werden sollte.

Zusätzlich zu dem verringerten Sauerstoffangebot ist auch die Diffusionsrate für Sauerstoff und Kohlendioxid im Wasser geringer, denn der Diffusionskoeffizient beträgt für beide Gase nur etwa 1/8000 des Diffusionskoeffizienten in Luft (Tabelle 4.3). Wegen der geringen Diffusionsgeschwindigkeit im Wasser ist zu erwarten, dass in den Atemorganen wasseratmender Tiere ein besonders enger Kontakt zwischen dem Atemwasser und dem Blut hergestellt werden muss, d.h. es muss präzise ventiliert werden, während bei Atmung von Luft die Atemgase bei der Ventilation auch einige Millimeter diffundieren können, ohne dass darunter der Gasaustausch leidet.

Im Gegensatz zur geringen Löslichkeit von Sauerstoff im Wasser ist Kohlendioxid in Wasser recht gut löslich. Die Löslichkeit eines Gases im Wasser wird durch den **Löslichkeitskoeffizienten** $\alpha$ ausgedrückt. In einem Gasgemisch wie der Luft kann das Verhalten der einzelnen Komponenten des Gasgemischs auf ähnliche Weise durch den **Kapazitätskoeffizienten** $\beta$ beschrieben werden (Tabelle 4.3). Der Löslichkeitskoeffizient und der Kapazitätskoeffizient haben dieselbe physikalische Dimension und beschreiben dieselbe physikalische Eigenschaft von Gasen, entweder in wässriger Lösung oder in der Gasphase. In der Luft haben alle Gase, so auch Sauer-

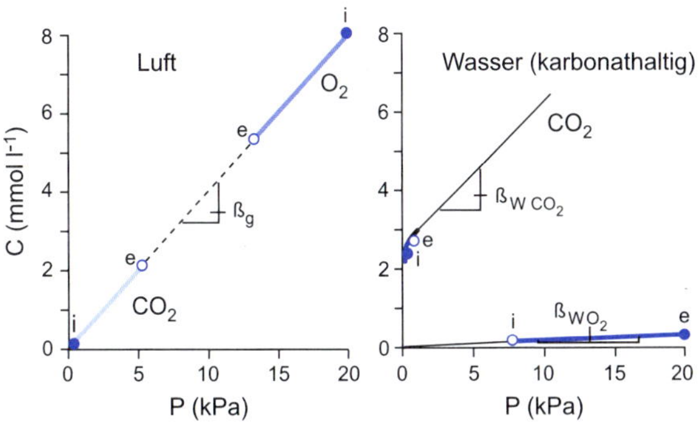


**Abb. 4.7.** Konzentration von $O_2$ und $CO_2$ in der Luft und im Wasser als Funktion des Partialdrucks. Die Steigung der Geraden entspricht dem Kapazitätskoeffizienten $\beta$, d.h. sie gibt, an in welchem Ausmaß der Gasgehalt sich mit dem Partialdruck verändert. Die blauen Linien mit den Endpunkten (e) und (i) markieren die Bereiche, in denen sich die Gaskonzentrationen beim Ausatmen (e) und Einatmen (i) in der Luft oder im Wasser verändern (nach Scheid et al. 1989)

stoff und Kohlendioxid, einen identischen Kapazitätskoeffizienten (Abb. 4.7). Da beim Gasaustausch ähnlich große Mengen an Sauerstoff aufgenommen und an Kohlendioxid abgegeben werden müssen, hat ein Luft atmendes Tier kein Problem, gleichzeitig mit der Aufnahme von Sauerstoff eine vergleichbare Menge Kohlendioxid an die umgebende Luft abzugeben.

Im Wasser ist dieses Gleichgewicht zwischen den beiden Atemgasen verschoben. Kohlendioxid hat einen Kapazitätskoeffizienten ähnlich dem in der Luft, aber der Kapazitätskoeffizient für Sauerstoff beträt nur 1/30 des Wertes für Kohlendioxid. Bei identischem Partialdruck von Sauerstoff und Kohlendioxid können Wasser und die Körperflüssigkeit von Tieren 30-mal mehr Kohlendioxid als Sauerstoff enthalten. In anderen Worten bedeutet dies, dass Wasser eine hervorragende Kohlendioxid-Senke, aber ein schlechter Lieferant für Sauerstoff ist. Die Wirkung des Wassers als Kohlendioxid-Senke wird noch dadurch verstärkt, dass Kohlendioxid mit dem Wasser chemisch reagiert. Dabei entsteht Kohlensäure ($H_2CO_3$), die zu Protonen ($H^+$) und Bicarbonat ($HCO_3^-$) dissoziiert, die wiederum von den Puffersystemen natürlicher Gewässer abgefangen werden und so weiteres Kohlendioxid aus wässriger Lösung abziehen. Daraus folgt, dass

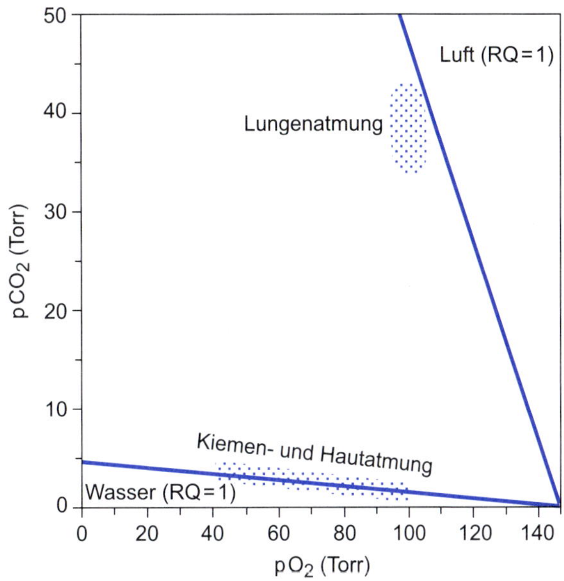


**Abb. 4.8.** Beziehung zwischen $pCO_2$ und $pO_2$ im arteriellen Blut nach dem Verlassen von Kieme oder Lunge. Die Geraden sind die Erwartungswerte, die aus den Kapazitätskoeffizienten für $O_2$ und $CO_2$ berechnet wurden. Die punktierten Areale geben Messwerte an. Die Messwerte von hautatmenden Tieren liegen im Bereich der Kiemenatmer, d.h. der Gasaustausch von Hautatmern ist durch die Diffusion der Atemgase durch eine Wasserschicht in der Haut limitiert (nach Scheid 1982)

Wasser atmende Tiere kein Problem mit der Abgabe von Kohlendioxid an das umgebende Wasser haben, aber verstärkt ventilieren müssen, um ausreichende Mengen Sauerstoff zu erhalten.

Die unterschiedlichen Kapazitätskoeffizienten von Kohlendioxid und Sauerstoff im Wasser lassen vermuten, dass sich die Zusammensetzung der Atemgase in der Körperflüssigkeit von Luft atmenden und Wasser atmenden Tieren unterscheidet. So ist zu erwarten, dass Wasser atmende Tiere in ihrem arteriellen Blut Sauerstoff mit einen etwas geringeren Partialdruck enthalten. Außerdem enthalten sie relativ wenig Kohlendioxid, da sie pro Einheit aufgenommenen Sauerstoff „zu viel“ Kohlendioxid abgeben. Dies kann veranschaulicht werden, indem man die Beziehung zwischen dem $pCO_2$ und dem $pO_2$ im arteriellen Blut von Wasser atmenden und Luft atmenden Tieren direkt miteinander vergleicht (Abb. 4.8). In der Tat haben alle Wasser atmenden Tiere einen relativ niedrigen $pCO_2$ im Vergleich zum $pO_2$. Die unterschiedliche Lage der Kurve macht auch klar, dass Tiere, die zwischen Wasser- und Luftatmung wechseln (bimodale Atmung), erhebliche Schwankungen des $pCO_2$, und damit verbunden des pH, in der Körperflüssigkeit verkraften müssen.

Wasser hat eine hohe Wärmekapazität und Wärmeleitfähigkeit (Tabelle 4.3). Im Wasser lebende Tiere verlieren deshalb ihre beim Stoffwechsel in den Geweben frei werdende Wärmeenergie rasch an das umgebende Wasser. Das gilt besonders für die Atemorgane, in denen zum Gasaustausch ein besonders enger Kontakt zwischen dem Blut und dem umgebenden Wasser hergestellt wird, der auch den Wärmeaustausch zwischen dem Wasser und der Körperflüssigkeit erleichtert. Dadurch wird im Wasser lebenden Tieren die Temperatur des umgebenden Wassers gleichsam aufgezwungen. Nur wenige große Fischarten, wie z.B. Thunfische, haben Gegenstrom-Wärmetauscher in ihrem Kreislaufsystem entwickelt, mit denen sie Teile der Schwimmmuskulatur auf einer höheren Temperatur halten können. Im Gegensatz zu Wasser hat Luft nur eine geringe Wärmekapazität und Wärmeleitfähigkeit. Luft atmende und auf dem Land lebende Tiere können deshalb ihre Körpertemperatur unabhängig von der Umgebungstemperatur regulieren und können auch die Abwärme von Stoffwechselvorgängen zur Temperaturregulation im Körper nutzen. Dadurch erreichen sie ein höheres Maß an Unabhängigkeit von der Umgebungstemperatur, so dass sie auch extrem kalte und warme Lebensräume besiedeln können.

Bei all diesen Schwierigkeiten der Atmung in Wasser und den Vorteilen der Luftatmung ist verwunderlich, dass die Mehrzahl aller heute bekannten Tiergruppen im Wasser lebt und dass vermutlich auch das Leben im Wasser entstand. Nur wenige Tiergruppen, wie die Insekten, Reptilien, Vögel und Säugetiere, haben im Lauf der Evolution erfolgreich auf eine terrestrische Lebensweise und Luftatmung umgestellt. Dies legt die Vermutung nahe, dass Luftatmung nicht nur Vorteile sondern auch Nachteile hat. Einziger und wirklich schwer wiegender Nachteil der Luftatmung ist der Wasserverlust, der stets mit dem Gasaustausch verbunden ist. Der Sauerstoff wird ja nicht in Form von Gasbläschen in die Körperflüssigkeit übernommen, sondern wird in wässriger Lösung transportiert, und alle Lebensfunktionen beruhen auf biochemischen Reaktionen in wässriger Lösung. Beim Gasaustausch an den respiratorischen Oberflächen steht notwendigerweise die Körperflüssigkeit in offenem Kontakt mit der umgebenden Luft und gibt Wasserdampf ab. Dies kann zwar durch morphologische Anpassungen und wassersparende Atemtechniken eingeschränkt werden, bleibt aber stets als systembedingter und lebensbedrohlicher Nachteil der Luftatmung bestehen.

## 4.2 Atmung ohne Atemorgane

Der einfachste Weg des Gasaustauschs bei Tieren ist die Diffusion von Sauerstoff und Kohlendioxid über die Körperoberfläche ohne den Einsatz spezieller Atemorgane. Vor allem wasserlebende Organismen können diesen einfachen Weg beschreiten, indem sie Atemgase in wässriger Lösung direkt zwischen der Körperflüssigkeit und dem umgebenden Wasser diffundieren lassen, ohne dass sie dabei, wie landlebende Tiere, der Gefahr der Austrocknung ausgesetzt sind. Einzeller, Schwämme, Hohltiere, und teilweise auch Turbellarien und Echinodermata beschränken sich auf diesen einfachen Weg des Gasaustauschs. Die meisten anderen wasserlebenden Tiere, z.B. Arthropoden, Mollusken oder Wirbeltiere benutzen dazu Atemorgane. Warum dieser Aufwand, wenn es auch ohne geht? Der Grund dafür ist eine geringe Diffusionsrate für Sauerstoff in wässriger Lösung, die einen effektiven Transport durch Diffusion nur über kurze Strecken zulässt. Für die Diffusion von Sauerstoff über die Körperoberfläche eines kugelrunden Organismus kann nach der Gleichung von Harvey (1928) der Radius berechnet werden, bei dem in der Körpermitte ein Sauerstoffgehalt von null erreicht wird, d.h. es wäre der Radius, bei dem eine Versorgung der Körpermitte mit Sauerstoff gerade nicht mehr gegeben wäre.

$$r = \surd 6 \cdot pO_2 \cdot K_{O_2} / \dot{V}_{O_2}$$

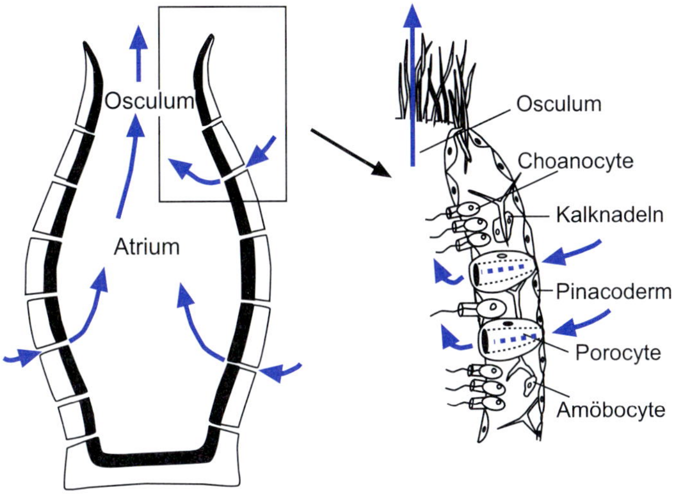


**Abb. 4.9.** Ventilation der inneren Zellschichten eines Schwamms des Ascontyps (links). Das rechte Bild zeigt den Aufbau des außen liegenden Dermallagers und des innen liegenden Gastrallagers (Choanocytenepithel), mit Porocyten und Choanocyten, die einen Wasserstrom durch den Schwamm erzeugen (nach Barnes 1987)

Nehmen wir an, ein kugelrundes Tier hätte einen relativ niedrigen Sauerstoffverbrauch ($\dot{V}O_2$) von 3 $nmolO_2\,g^{-1}\,s^{-1}$, eine Diffusionskonstante, wie sie für Sauerstoff im Muskelgewebe gilt ($K_{O_2}$ 0,192$\cdot10^{-3}$ $nmolO_2\,cm^{-1}\,s^{-1}\,kPa^{-1}$, Box 4.3), so würde ein Sauerstoffpartialdruck ($pO_2$) von 21,2 kPa, also mit Luft gesättigtes Wasser, eine Eindringtiefe ($r$) von 1,1 mm ergeben. D.h. bei einem Organismus dieser Größe herrscht in der Körpermitte ein $pO_2=0$, und dieser Organismus wäre damit in der Körpermitte gerade nicht mehr mit Sauerstoff versorgt. Er müsste dann einen etwas geringeren Radius besitzen, damit auch die Körpermitte genügend Sauerstoff durch Diffusion erhält. Daraus folgt, dass sich der Gasaustausch durch Diffusion über die Körperoberfläche nur für Tiere mit einem Körperdurchmesser von $<2$ mm eignet. Warburg (1923) stellte Berechnungen für die Diffusionsstrecke in flächig ausgebreitetem Gewebe an und kam zu einer ähnlichen Gleichung, jedoch mit dem Multiplikator 8 anstatt 6. Derartige Berechnungen gehen immer davon aus, dass das Wasser um den Organismus dauernd in Bewegung ist und sich keine Grenzschicht mit stehendem Wasser ausbildet. In Wirklichkeit wird sich an der Oberfläche eines festen Körpers immer eine stabile Grenzschicht ausbilden, und diese wird, auch wenn sie nur einige Zehntel Millimeter beträgt, die verbleibende Diffusionsstrecke im Organismus beträchtlich reduzieren, d.h. sie ist eine entscheidende Diffusionsbarriere für den Gasaustausch durch Diffusion.

Protozoen, Coelenteraten, Nematoden, Bryozoen, Rotatorien und einige Anneliden haben geringere Körperdurchmesser als 2 mm und können sich aus diesem Grund allein durch Diffusion über die Körperoberfläche ausreichend mit Sauerstoff versorgen. Viele **Coelenteraten** erreichen Körperdurchmesser bis zu mehreren Zentimetern, und einige sehr große Arten, wie die frei im Meer schwimmenden Wurzelmundquallen *Rhizostoma*, erreichen Durchmesser bis zu 80 cm. Die Staatsquallen *Apolemia* und *Pterophysa*, erreichen Längen bis zu 3 m und bewältigen trotzdem ihren Gasaustausch alleine durch Diffusion. Ihr Körper besteht nur aus zwei dünnen Zellschichten, dem Ektoderm und dem Entoderm, mit denen sie im Wasser schweben; sie werden dabei von außen und innen mit Wasser umspült. Für den Gasaustausch dieser filigran gebauten Organismen müssen deshalb nur Bruchteile von Millimetern durch Diffusion überwunden werden.

**Schwämme** sind durch Einlagerung von Spongin, mehrstrahligen Kalk- oder Kieselnadeln, etwas stabiler gebaut und können Durchmesser bis zu 2 m erreichen (Spheciospongia), was einen Gasaustausch durch Diffusion von außen unmöglich macht. Sie sind jedoch durchzogen von einem System von Wasserkanälen. Mit dem Cilienschlag ihrer Choanocyten erzeugen sie durch Poren einen Wasserstrom in das Innere des Schwamms. Aus diesem Wasserstrom kann der Schwamm auch im Innern seinen Sauerstoffbedarf durch Diffusion decken, Kohlendioxid abgeben und gleichzeitig eine ausreichende Menge Nahrungspartikel herausfiltern (Abb. 4.9). Bei einem 10 cm hohen Schwamm mit 1 cm Durchmesser [*Leuconia (Leucandra)*] wurde ein beachtlicher Wasserstrom von 8,5 cm $s^{-1}$ durch das Osculum gemessen, was einem Wasserdurchsatz von etwa 22,5 l pro Tag entspricht (Reiswig 1971).

## 4.2.1 Hautatmung

Die Wasserzirkulation von Schwämmen macht bereits deutlich, dass auch größere Organismen Gasaustausch durch Diffusion nutzen können, wenn sie den Transport der Atemgase durch Konvektion unterstützen. Bei komplexeren Metazoen, die kompakte Organe ausbilden, wird diese Aufgabe durch zirkulierende Körperflüssigkeiten übernommen. Dann können die Atemgase an der Körperoberfläche durch Diffusion mit dem umgebenden Wasser über eine kurze Distanz ausgetauscht werden, und im Körper werden sie durch Körperflüssigkeiten zu den Organen transportiert. Diese Organisation des Gasaustauschs über die Körperoberfläche ohne spezialisierte Atemorgane finden wir bei vielen Anneliden (z. B. Oligochaeten, Hirudineen, einige Polychaeten), Sipunculiden, Echiura und einigen aquatischen Insekten, die deutlich größer werden können, als die limitierende Diffusionsstrecke für Sauerstoff zulässt. Ein Beispiel dafür ist der zu den Oligochaeten gehörende Regenwurm (*Lumbricus terrestris*). Er besitzt einen gut durchbluteten Hautmuskelschlauch, durch den er mit dem umgebenden feuchten Erdreich Sauerstoff und Kohlendioxid über die kurze Diffusionsstrecke des Integuments austauschen kann, während die Verteilung der Atemgase über längere Strecken im Körper konvektiv durch das Blut erfolgt.

Auch Wirbeltiere können Hautatmung betreiben; man denkt dabei in erster Linie an Amphibien. Die Haut der meisten **Amphibien** ist wenig keratinisiert und wird stets feucht gehalten. Sie tragen keine Haare, Federn, Schuppen oder andere Diffusionsbarrieren, die Epidermis ist mit 10–50 μm recht dünn, und die Haut ist intensiv kapillarisiert (subepidermal 30–200 Kapillaren pro $mm^3$, Feder u. Burggren 1985 a). Damit können sie Gasaustausch sowohl im Wasser als auch mit der Luft betreiben. Durch ihre semiaquatische Lebensweise können sie den Wasserverlust, der bei Hautatmung an Land zu erwarten ist, rasch ausgleichen. Sauerstoff löst sich in dem Feuchtigkeitsfilm, der die Haut bedeckt, und diffundiert über das Integument in die darunter liegenden Blutkapillaren. Ein Teil der Hautblutgefäße erhält relativ sauerstoffarmes Mischblut über eine spezielle Hautarterie, die aus der Lungenarterie abzweigt, so dass ein hohes Sauerstoff-Partialdruckgefälle über die Haut besteht. Dies unterscheidet Amphibien von anderen Wirbeltieren deren Haut wie jedes andere Gewebe mit sauerstoffreichem, arteriellem Blut versorgt wird. Das mit Sauerstoff angereicherte Blut der Hautvene wird zum Herzen transportiert und, da Amphibien nur eine ungeteilte Herzkammer haben, vom Herzen über den Körperkreislauf direkt zu den anderen Geweben geführt. Diese Kreislaufkonstruktion, in Verbindung mit der feuchten Haut, schafft ideale Voraussetzungen für Hautatmung, und viele Amphibien bestreiten etwa die Hälfte des Gasaustauschs über die Haut (Abb. 4.10). Einige Froscharten Arten besitzen zusätzliche Oberflächenvergrößerungen der Haut durch Papillen (z. B. beim Haarfrosch *Astylosternus*) oder Faltenwurf (z. B. bei *Batrachophrynus*) und verbessern dadurch die Leistung ihrer Hautatmung. Den Spitzenplatz unter den Hautatmern nehmen einige **Salamander** ein, z. B. die *Plethodontidae*, die überhaupt keine Lungen besitzen, sondern den gesamten Gasaustausch durch Hautatmung bewältigen.

Amphibien sind zwar die einzige Tiergruppe bei der Hautatmung eine dominierende Rolle spielt, aber auch andere aquatisch oder terrestrisch lebende Wirbeltiere besitzen die Fähigkeit zur Hautatmung. Bei **Fischen** kann 10–30% die Sauerstoffaufnahme über die Haut erfolgen. Die Haut von Fischen hat einen relativ hohen Energiebedarf, da sie an der Ionenregulation mit dem umgebenden Wasser beteiligt ist. Ihr Sauer-

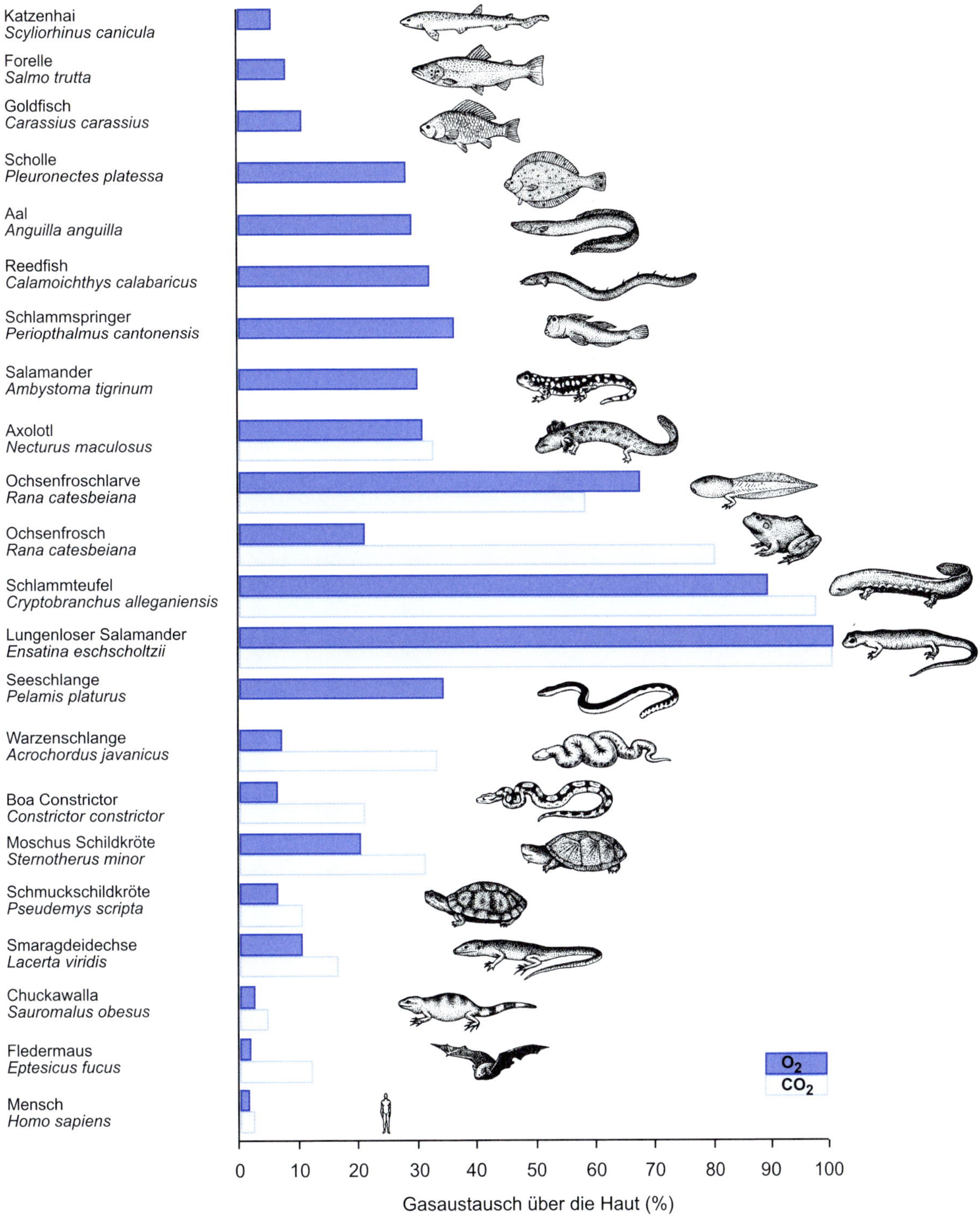


**Abb. 4.10.** Anteil der Hautatmung am gesamten Gasaustausch bei Wirbeltieren (Feder u. Burggren 1985b)

stoffverbrauch ist bei Karpfen, Hecht und Forelle etwa so hoch oder noch höher, als wie durch die Hautatmung maximal aufgenommen werden kann, d.h. die Hautatmung deckt nur lokale Bedürfnisse, trägt aber nicht zur Sauerstoffversorgung anderer Gewebe bei (Nonotte 1981). Eine besonders ausgeprägte Hautatmung wurde bei tief tauchenden **Schildkröten** und bei **Seeschlangen** (*Pelamis platurus*) gefunden, wobei letztere bis zu 74% ihres Kohlendioxid über die Haut abgeben können (bzw. 38% der Aufnahme von Sauerstoff). **Aale** werden häufig als Beispiel für die Leistung der Hautatmung herangezogen, da sie sich in feuchten Wiesen auch längere Zeit über Land fortbewegen können und mit der Haut Luftatmung betreiben. Neuere Untersuchungen zeigten jedoch, dass Aale über die Haut ihren Sauerstoffbedarf nicht vollständig decken können, sondern bei ihren Spaziergängen an Land eine deutliche Sauerstoffschuld eingehen. Die Aale sind damit eher ein gutes Beispiel für Hypoxie-Toleranz, weniger für eine leistungsfähige Hautatmung.

**Reptilien** besitzen durch ihre schlanke Körperform eine relativ große Körperoberfläche, und sind deshalb ebenfalls Kandidaten für **Gasaustausch mit der Luft**. Außerdem ist die Reptilienhaut relativ gut für Gase durchlässig. Bei unseren einheimischen Reptilien, wie z.B. der Smaragdeidechse, finden 10% der Sauerstoffaufnahme und 16% der Kohlendioxidabgabe über die Haut statt. Bei Reptilien wird die Haut, im Gegensatz zu Amphibien, über den normalen Körperkreislauf durchblutet und erhält sauerstoffreiches und kohlendioxidarmes Blut. Trotz der großen Austauschoberfläche kann deshalb nur Gasaustausch in geringem Umfang stattfinden.

Die Haut von **Säugetieren** und **Vögeln** ist für Atemgase schlecht durchlässig, so dass nur wenig Gasaustausch über die Körperoberfläche möglich ist. Selbst bei Fledermäusen, deren Flügelhaut eine sehr große durchblutete Oberfläche bietet, kann diese zwar bis zu 12% des gesamten Kohlendioxid abgeben, aber die Sauerstoffaufnahme liegt unter 1%. Beim Menschen kann 1,4% der Kohlendioxidabgabe der Hautatmung zugerechnet werden, während die Sauerstoffaufnahme weit unter 1% der gesamten Sauerstoffaufnahme liegt.

Es fällt auf, dass bei der Hautatmung häufig die Abgabe von Kohlendioxid größer ist als die Aufnahme von Sauerstoff. Eigentlich wäre genau das Umgekehrte zu erwarten, da kleinere Moleküle ein höhere Diffusionsgeschwindigkeit besitzen ($O_2 < CO_2$). Der limitierende Schritt beim Gasaustausch ist jedoch die Diffusionsstrecke in wässriger Lösung über die Haut bis zu den darunter liegenden Blutgefäßen. In Wasser und Gewebe hat Kohlendioxid einen wesentlich größeren Kapazitätskoeffizienten als Sauerstoff (Tabelle 4.3), d.h. Kohlendioxid kann bei Hautatmung effektiver transportiert werden.

### 4.2.2 Gasaustausch von Vogeleiern

Gasaustausch ohne Atemorgane findet auch bei allen Eiern statt. Die Eier von Invertebraten sind meist sehr klein und werden im Wasser oder in feuchtem Habitat abgelegt, so dass der Gasaustausch mit dem umgebenden Wasser unproblematisch ist. Vögel, Reptilien, und einige Amphibien legen ihre Eier an Land ab. Die Eier der Amphibien sind von einer feuchten gallertigen Hülle umgeben, die Kohlendioxid und Sauerstoff durchlässt, aber auch Wasser verliert. Reptilien und Vögel haben Eier, die mit einer ledrigen oder festen Schale umgeben sind (cleidoische Eier). Sie verringert den Wasserverlust, beeinträchtigt dadurch aber auch den Gasaustausch. Durch den Wasserverlust entsteht in Eiern mit starrer, calcifizierter Schale im Verlauf der Entwicklung häufig eine Luftkammer. Vogeleier entwickeln besonders große Luftkammern, die den Gasaustausch des Embryos erleichtern. Die calcificierte äußere Eischale ist von zahlreichen Poren durchbrochen, die einen freien Gasdurchtritt erlauben. Die Poren können in Gruppen konzentriert sein, wie beim Straußenei, oder gleichmäßig über das ganze Ei verteilt sein, wie beim Hühnerei (Abb. 4.11). Ein **Hühnerei** hat etwa 10 000 Poren, mit jeweils 0,017 mm Durchmesser. Nach außen sind die Poren durch eine calcifizierte Schicht mit feinen Haarrissen abgedeckt, die einen guten Schutz gegen das Eindringen von Mikroorganismen bietet. Die Poren liegen in Abständen von 1,1 mm; jede Pore kann damit den Gasaustausch für etwa 1 $mm^2$ Oberfläche

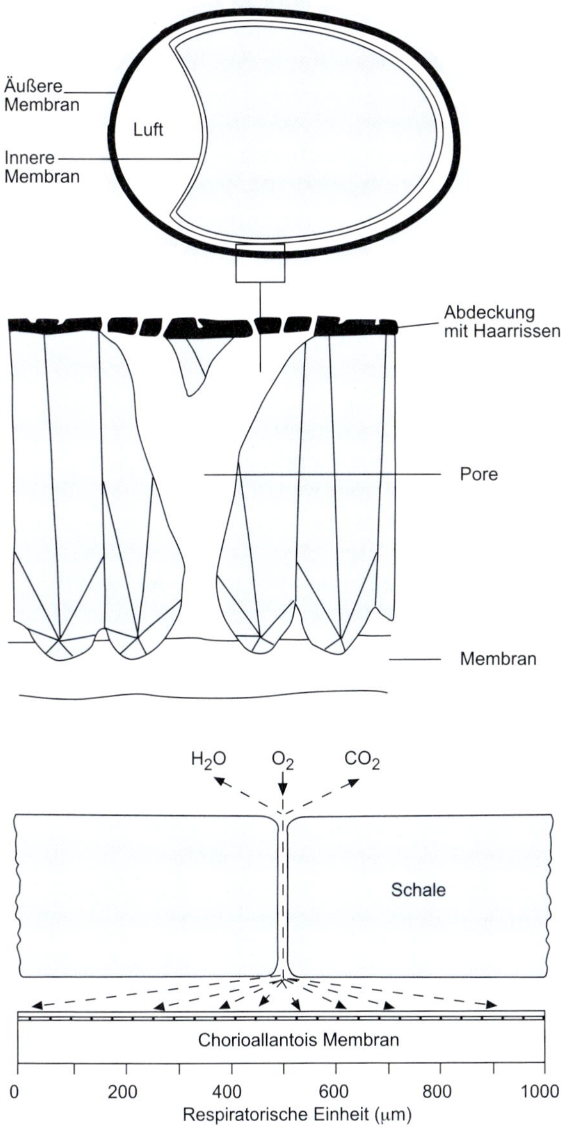


**Abb. 4.11.** Aufbau des Hühnereis mit den für den Gasaustausch vorgesehenen Poren und der Luftblase. Die äußere Kalkschicht des Hühnereis ist von feinen Haarrissen durchzogen, die der Luft Zutritt zu den darunter liegenden Poren ermöglichen. Über die Poren findet Gasaustausch durch Diffusion in Luft statt. Erst bei Erreichen der Chorioallantois-Membran geht Sauerstoff in der Körperflüssigkeit des Embryos in wässrige Lösung über und wird vom embryonalen Kreislauf im Körper weiter verteilt (nach Visschedijk u. Rahn 1983, Sibley u. Simkiss 1987, Withers 1992)

des Eis übernehmen (Gesamtoberfläche eines Eis etwa 70 $cm^2$) (Wangenstein et al. 1971). Die Chorionallantois-Membran wird während der Embryonalentwicklung im Bereich der Luftblase und in der Nähe der Poren gut vaskularisiert, so dass die Atemgase über die Zirkulation im Embryo verteilt werden. Dadurch bleibt die Diffusion der Atemgase auf die kurze Strecke des Schalendurchtritts der Poren begrenzt, und zwar als Diffusion in Luft, die ja wesentlich rascher vonstatten geht als Diffusion durch Epithelzellen. Die Kombination von Diffusion in der Luft und dem konvektiven Weitertransport der Atemgase im Ei ist die Voraussetzung dafür, dass auch in sehr großen Eiern, wie beim Strauß, die Sauerstoffversorgung und Kohlendioxidabgabe während der Embryonalentwicklung ausreichend funktioniert.

## 4.3 Aufbau und Funktion von Atemorganen

Die Körperoberfläche kann nur in Ausnahmefällen und nur in begrenztem Umfang für den Gasaustausch eingesetzt werden. Vor allem große Tiere und solche, deren äußere Körperoberfläche in erster Linie eine Schutzfunktion hat, haben Atemorgane entwickelt, über die der Gasaustausch durch Diffusion stattfindet. Atemorgane sind im Grunde nichts anderes als örtlich begrenzte, spezialisierte Oberflächen, über die mit hoher Effizienz Sauerstoff durch Diffusion aufgenommen und Kohlendioxid im Gegenzug abgegeben werden kann. Aus **Ficks Diffusionsgesetz** folgt, dass die durch Diffusion transportierte Stoffmenge direkt proportional der Oberfläche für den Gasaustausch wächst. Eine örtlich begrenzte Vergrößerung der respiratorischen Oberfläche durch Atemorgane war deshalb der entscheidende Schritt, um die Leistung des Gasaustauschs gegenüber der Hautatmung zu verbessern.

Eine örtliche begrenzte Vergrößerung der respiratorischen Oberfläche hat den Vorteil, dass dabei lokal auf die stabilisierende Funktion und den Schutz des Integuments verzichtet werden kann. Es entfallen Diffusionsbarrieren, und die

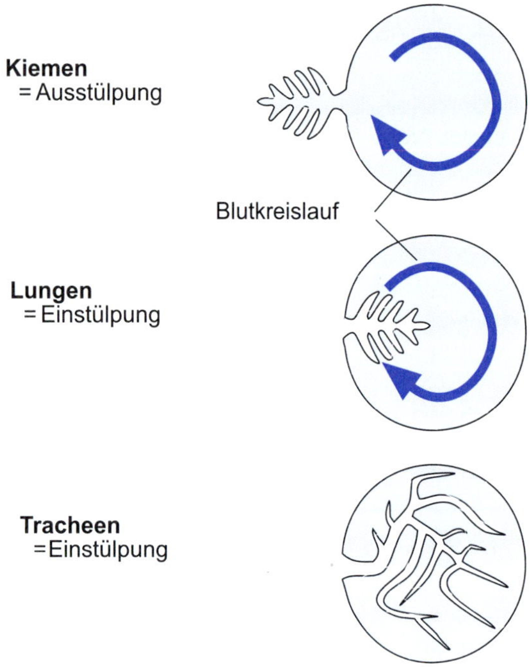


**Abb. 4.12.** Schematischer Aufbau von Kieme, Lunge und Trachee

Diffusionsstrecken können viel kürzer sein, als dies über die normale Körperoberfläche möglich wäre. Damit wird einer zweiten Forderung aus Ficks Diffusionsgesetz entsprochen, dass die transportierte Stoffmenge um so größer ist, je dünner die Schicht ist, die durch Diffusion überwunden werden muss. Für Atemorgane wurden deshalb nicht nur örtlich begrenzte, sondern auch extrem dünne Epithelien entwickelt, die sich zusätzlich als Diffusionsbeschleuniger auswirken.

Im Lauf der Evolution wurden für diese Aufgaben drei unterschiedliche Bauprinzipien angewandt: Kiemen, Lungen und Tracheen (Abb. 4.12). Ausstülpungen der Körperoberfläche zum Gasaustausch werden stets als **Kiemen** bezeichnet, im Gegensatz dazu werden Einstülpungen der Körperoberfläche als **Lungen** oder **Tracheen** bezeichnet. Leider reicht die örtlich begrenzte Oberflächenvergrößerung durch Atemorgane nicht aus, um allein mit dieser Maßnahme den Gasaustausch für die gesamten Körper zu erledigen. Die verbesserte Diffusionsleistung ist nur lokal auf die Atemorgane begrenzt, sie erreicht aber keine anderen Organe. Für die Funktion der Atemorgane, wie Kiemen und Lungen, ist deshalb die Unterstützung durch ein Kreislaufsystem unerlässlich, das die Verteilung der Atemgase im Körper übernimmt. Insekten haben dieses Problem durch die Evolution des Tracheensystems auf völlig andere Weise gelöst. Tracheen sind ebenfalls Einstülpungen der Körperoberfläche, wie die Lungen, aber sie durchziehen den ganzen Körper als Röhrensystem, so dass alle Gewebe direkt mit der umgebenden Luft Atemgase austauschen können, ohne dass ein Kreislaufsystem für die Verteilung der Atemgase im Körper dazwischengeschaltet ist.

Auf Grund ihrer Bauweise lassen sich bei Wirbeltieren vier grundsätzlich verschieden funktionierende Gasaustausch-Systeme unterscheiden (Abb. 4.13), je nachdem, wie die Atemorgane **ventiliert** werden und wie sie an den **Blutkreislauf** angeschlossen sind. Amphibien, die **Hautatmung** betreiben, brauchen keine Ventilation, sie sind nach außen offen und können unbegrenzt Atemgase zwischen Blut und Luft austauschen. Wegen der Dicke des Epithels erfolgt der Austausch langsam, und die Sauerstoffsättigung des Bluts kann nicht so hohe Werte erreichen, wie es über die dünnen Epithelien der Atemorgane möglich ist. **Kiemen** werden in der Regel im Gegenstrom zur Ventilation durchblutet. Sie können deshalb mit einem Minimum an Atemwasser eine hohe Sauerstoffsättigung des Bluts erreichen, die annähernd der des umgebenden Wassers entspricht. Die sackförmigen **Lungen** der Säugetiere halten durch Ventilation einen Vorrat an Mischluft in der Lunge (**Pool**), aus dem Sauerstoff in das Blut diffundieren kann. Da der Pool Mischluft enthält, deren Sauerstoffgehalt noch unter dem der Ausatemluft liegt, wird Blut mit einem niedrigeren Sauerstoffangebot versorgt, als in der Einatemluft enthalten ist. Vögel haben eine Lunge, die bei der Ventilation mit Atemluft gerichtet durchströmt wird, und können durch quer zur Strömungsrichtung der Luft verlaufende Blutgefäße (**Kreuzstromaustausch**) mehr Sauerstoff aus der Luft extrahieren, als dies Säugtieren möglich ist.

Alle Atemorgane verfolgen das Ziel, eine möglichst große Oberfläche für den Gasaus-

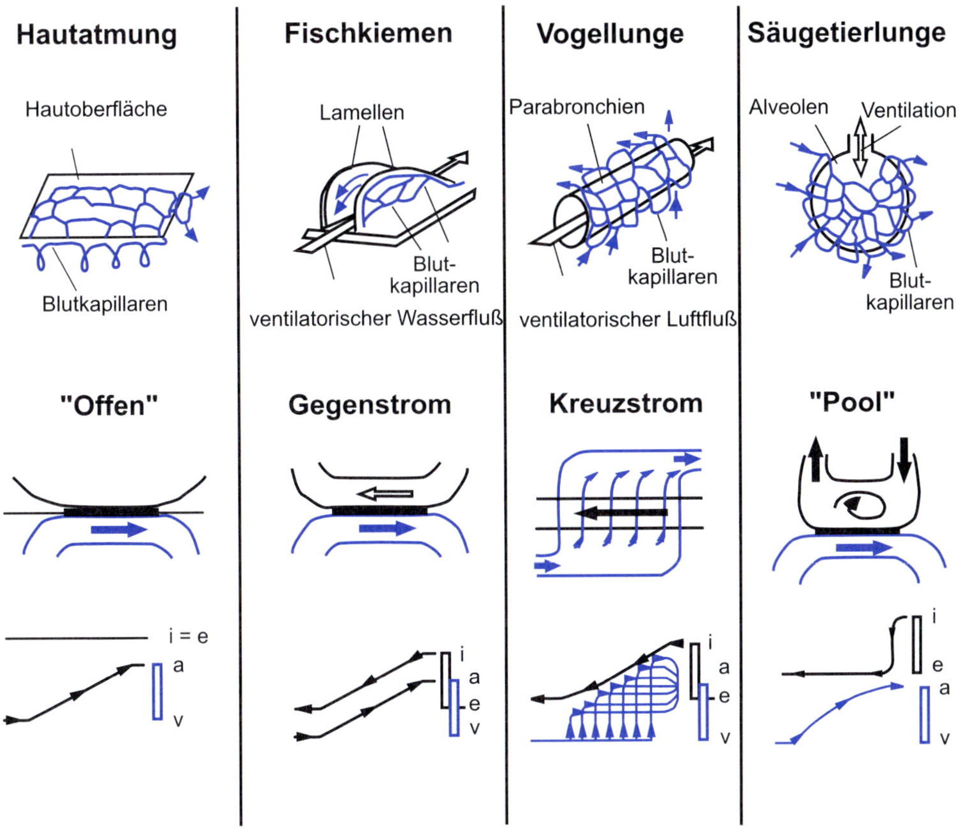


**Abb. 4.13.** Systeme des Gasaustauschs bei Wirbeltieren. Die obere Bildreihe zeigt schematisch die Ventilation der Atemorgane, die mittlere Bildreihe die Verbindung zwischen dem Atemorgan und dem Blutgefäßsystem und die untere Bildreihe den $pO_2$ in der Atemluft bei Inspiration (*i*) und Exspiration (*e*), und den dabei erreichbaren $pO_2$ im Blut (*a* = arteriell, *v* = venös) (nach Piiper u. Scheid 1992)

tausch bereitzustellen. Grundsätzlich haben größere Tiere einen höheren Sauerstoffbedarf und damit auch größere Atemorgane. Diese generelle Beziehung trifft in der Tat für alle Wirbeltiergruppen zu (Abb. 4.14). Eigentlich ist zu erwarten, dass die respiratorische Oberfläche auf Grund ihrer Funktion als Gasaustauscher nicht unmittelbar an die Größe des Organismus, sondern vielmehr an dessen energetische Bedürfnisse angepasst ist. Säugetiere und Vögel sind endotherm und besitzen Lungenoberflächen, die um den Faktor 5 bis 10 über den respiratorischen Oberflächen der ektothermen Fische, Amphibien und Reptilien liegen. Dies stimmt mit dem unterschiedlichen Energiebedarf der endothermen und ektothermen Wirbeltiere überein.

Bei Reptilien und Fröschen lassen sich die Größenabhängigkeiten nur ungefähr abschätzen, da große Unterschiede im Bau der Lunge zwischen den verschiedenen Gruppen und ihren Lebensbedürfnissen stehen. Diese Unterschiede sind bei Fischen noch gravierender, so dass hier ein genereller Größenvergleich nicht möglich ist, sondern nur ein Größenvergleich zwischen nah verwandten Gruppen. Unter diesen Gruppen erreichen die schnell und ausdauernd schwimmenden Thunfische Kiemenoberflächen, die den Lungenoberflächen gleich großer Säugetiere nahe kommen. Innerhalb der Säugetiere und Vögel ist die respiratorische Oberfläche ($F_r$) weder direkt proportional der Körpermasse ($F_r \sim M^1$) noch direkt proportional der basalen Stoffwech-

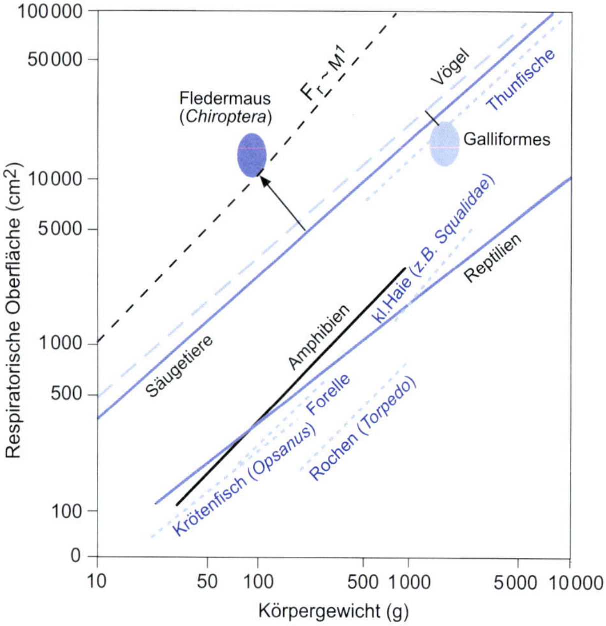


**Abb. 4.14.** Größenvergleich der respiratorischen Oberflächen von Kieme und Lunge bei Wirbeltieren (nach Hughes 1984, Perry 1992)

selrate ($F_r \sim M^{0,75}$), sondern die Exponenten liegen dazwischen, für Säugetiere bei $M^{0,95}$ und für Vögel $M^{0,88}$. Aus dem Vergleich wird aber auch deutlich, dass Vögel die größten respiratorischen Oberflächen besitzen und welche im Durchschnitt diejenigen der Säugetiere um 15% übertreffen. Allerdings mit Ausnahmen, denn die Hühnervögel erreichen nur mit Mühe das Niveau der Säugetiere, während Fledermäuse sogar noch gleich große Vögel übertrumpfen können. Es besteht also offensichtlich ein enger Zusammenhang zwischen der Größe der respiratorischen Oberfläche und dem Sauerstoffbedarf eines Tieres. Ein weiterer Faktor, der die Effizienz des Gasaustauschs beeinträchtigt, ist die Länge der Diffusionsstrecke über das respiratorische Epithel bis zum Blut. Da dieses bei Fischkiemen, als Ausstülpungen der Körperoberfläche, nicht so dünn und filigran aufgebaut sein kann wie in Lungen, wird der Unterschied in der Leistungsfähigkeit zwischen beiden Atemsystemen noch zusätzlich verstärkt.

## 4.4 Atmung im Wasser mit Kiemen

**Kiemen** sind **Ausstülpungen der Körperoberfläche**, die örtlich begrenzt eine große Oberfläche für den Gasaustausch bereitstellen. Ausstülpungen der Körperoberfläche eignen sich besonders gut zur Atmung im Wasser, da sie durch den Auftrieb des Wassers in Schwebe gehalten werden können. Ihr Aufbau erfordert deshalb nur wenige versteifende Stützelemente, so dass eine filigrane Struktur mit vielen Verzweigungen möglich ist, die eine große Oberfläche bietet und vom Wasser in Form gehalten wird. Die örtlich begrenzte Oberflächenvergrößerung durch Kiemen erlaubt es, dort auf die Schutzfunktion eines stabilen Integuments zu verzichten. Die respiratorischen Epithelien können deshalb sehr dünn gebaut sein, so dass bei der Diffusion der Atemgase nur sehr kurze Strecken zurückgelegt werden müssen. Kiemen erlauben somit eine hohe Rate des Gasaustauschs zwischen der Körperflüssigkeit und dem umgebenden Wasser, weil sie zwei Hauptforderungen von Ficks Diffusionsgesetz, große Oberfläche und kurze Diffusionsstrecke, in nahezu idealer Weise erfüllen.

Eine ausgeprägte Kiemenatmung finden wir im Tierreich bei Anneliden, Mollusken, Crustaceen, einigen wenigen Insekten, bei allen Knorpelfischen, den Knochenfischen und Amphibienlarven. Kiemen haben keine einheitliche morphologische Herkunft, sondern sind Ausstülpungen, die bei den einzelnen Tiergruppen an unterschiedlichen Stellen des Körpers sitzen, ganz unterschiedliche Form haben können, aber stets der Oberflächenvergrößerung zum Gasaustausch dienen.

Die **Echinodermaten** nehmen eine gewisse Sonderstellung ein, da sich bei ihnen Übergangsformen zwischen der Hautatmung und der Ausbildung von Kiemen beobachten lassen. So ist die Oberseite von Seesternen mit Papillen bedeckt, die nichts anderes als Ausstülpungen der Coelomwand sind. Auf der Außenseite tragen sie Cilien, die für einen konstanten Fluss des Meerwassers entlang der Cilienoberfläche sorgen, und auf ihrer Innenseite tragen sie Cilien, mit denen sie die Coelomflüssigkeit in Fluss halten. Zum

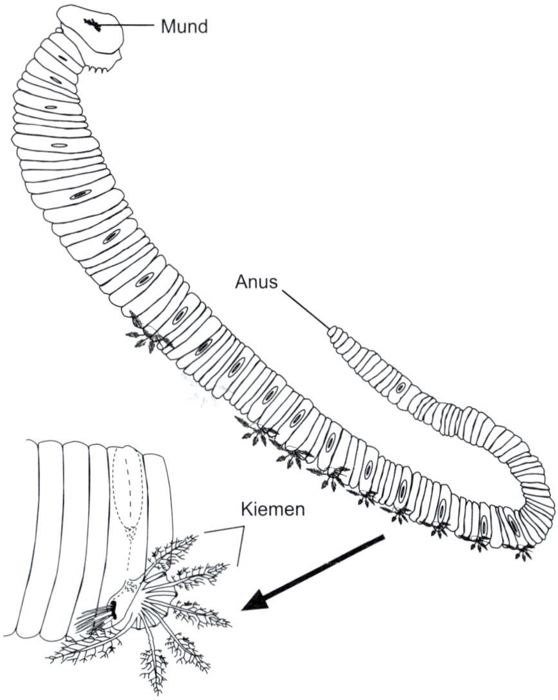


**Abb. 4.15.** Kiemen des Schlickwurms *Arenicola* (Barnes 1987)

Gasaustausch tragen ebenfalls die Podien der Ventralseite bei, die zur Lokomotion ausgefahren und bewegt werden können und die über ihre dabei vergrößerte Oberfläche ebenfalls den Gasaustausch zwischen Meerwasser und dem Ambulacralgefäßsystem erleichtern. Es handelt sich in beiden Fällen um Ausstülpungen der Körperoberfläche zur Verbesserung des Gasaustauschs, aber der Umfang der Oberflächenvergrößerung bleibt weit hinter dem zurück, der mit stark verzweigten Kiemen zu erreichen ist.

Bei **Anneliden**, insbesondere marinen Polychaeten wie dem Schlickwurm Arenicola, sind die Kiemen filamentartige und gefiederte Büschel, die aus einzelnen Segmenten des Hautmuskelschlauchs entspringen (Abb. 4.15). Der Schlickwurm *Arenicola* gräbt sich U-förmige Röhren in das feine Sediment der Gezeitenzone. Der Wurm liegt meist im waagrechten Schenkel der Röhre und erzeugt durch Wellenbewegungen des Körpers und peristaltische Kontraktionen einen Wasserstrom durch die Wohnröhre, durch den die Kiemen ventiliert werden.

### 4.4.1 Mollusken

Die meisten aquatisch lebenden **Mollusken** betreiben ihren Gasaustausch mit Kiemen, die in die Mantelhöhle hineinragen. Sie bestehen aus Stapeln dünner Lamellen, die aus einem primären Filament entspringen. An der Außenseite der Lamellen sitzen Cilien, die durch koordinierten Schlag einen Wasserstrom über die Oberfläche der Lamellen erzeugen, der die Leistung des Gasaustauschs verbessert. Bei den sessilen **Muscheln** sind die Kiemen stark vergrößert, da sie aus dem Wasserstrom gleichzeitig auch Nahrung filtrieren. Der Cilienschlag ist deshalb nicht nur abhängig vom Sauerstoffpartialdruck des Wassers, sondern auch vom Fütterungszustand und Nahrungsangebot. **Cephalopoden** ventilieren ihre Kiemen nicht durch Cilienschlag, sondern durch Muskelkontraktion der hinteren Mantelhöhlenwand. Durch die Mantelhöhlenfalte wird Wasser in die Mantelhöhle eingesaugt und zum Trichter wieder hinausgedrückt. Die Mantelhöhlenwand ist bei Cephalopoden sehr muskulös, kann zusätzlich zur Ventilation der Mantelhöhle auch einen hohen Druck erzeugen (zum Druckstau vorübergehender Verschluss durch die Mantelfalte) und den Rückstoß des ausgepressten Wassers zur Fortbewegung nutzen. Bei Cephalopoden, die durch Tentakelbewegungen schwimmen, wie z.B. Octopus, spielt die Kiemenatmung eine geringere Rolle, da ein großer Teil des Gasaustauschs über die relativ große Körperoberfläche stattfindet.

### 4.4.2 Crustaceen

Die Kiemen der meisten **Crustaceen** sind Anhänge (Epipoditen) oder Umbildungen der Thorakalbeine. Zusätzliche Kiemen können aus der Gelenkmembran an der Basis von Thorakalbeinen oder der Rumpfwand darüber ausgebildet werden. Kiemen entwickelten vor allem die großen Malacostraca, zu denen die Garnelen, Krabben, Hummer und Krebse gehören, während kleinere Crustaceen [Anostraca (z.B. Salinenkrebs), Ostracoden (Muschelkrebse), Copepoden (Daphnien)] den Gasaustausch über die Körper-

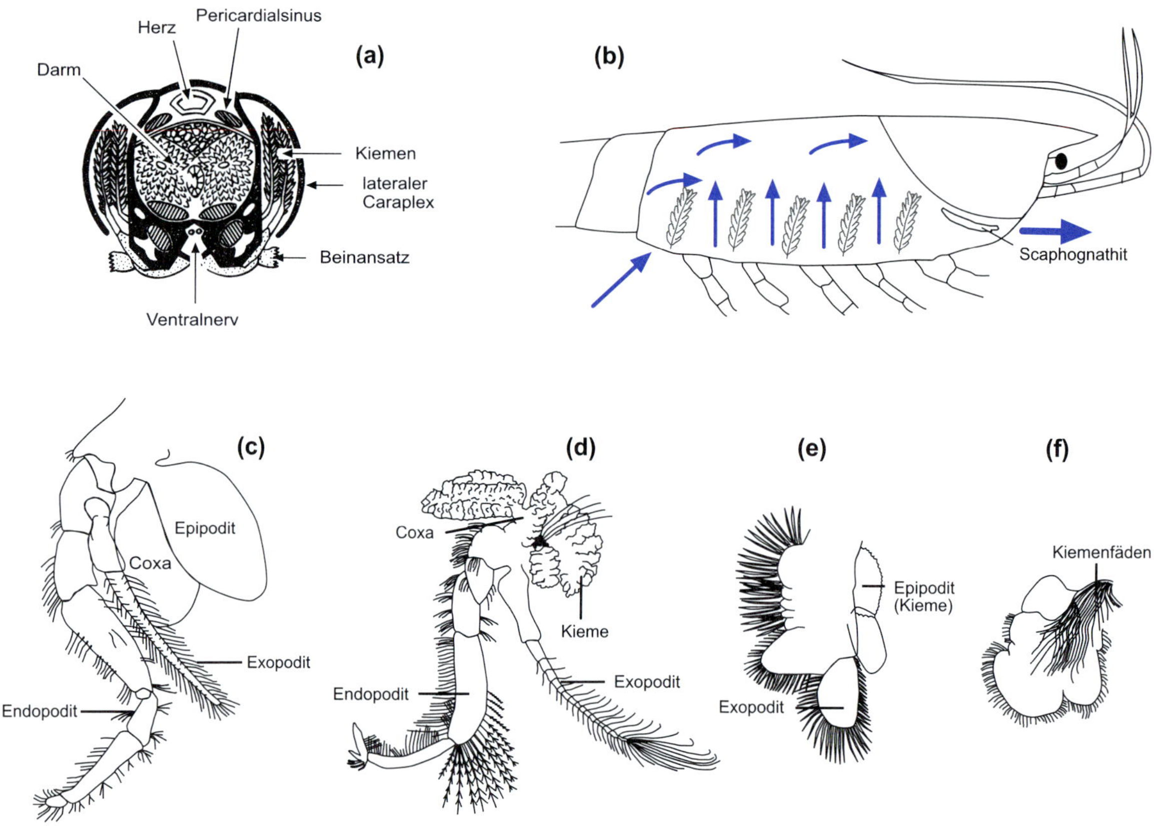


**Abb. 4.16 a–f.** Kiemen von Crustaceen. **a** Querschnitt eines Krebses auf der Höhe des Herzens. Der Karapax überdeckt die seitlich liegenden Kiemen. **b** Seitenansicht eines Krebses. Die Pfeile geben die Strömungsrichtung des Atemwassers durch die Kiemenhöhle des Krebses an. **c–f** Umformung des Epipoditen bei der Bildung von Kiemen (**c–f** Barnes 1987, **a, b** Hill u. Wyse 1989)

oberfläche stattfinden lassen. Abbildung 4.16 zeigt ein standardisiertes Crustaceen-Bein und die Formen der Umgestaltung der Epipoditen zu Kiemen. Diese Kiemen können entweder lamellenförmig sein, wie sie bei Krabben zu finden sind, oder filamentös und fiedrig verzweigt wie bei den Krebsen. Sie sitzen dicht gepackt seitlich am Thorax und sind durch den Karapax bedeckt, wodurch eine Kiemenhöhle (Branchiostegalraum) entsteht. In den rostralen Bereich der Kiemenhöhle ragt ein blattförmiger Anhang der Maxillen hinein (Scaphognathit), der durch Ruderbewegungen einen Wasserstrom durch die Kiemenhöhle erzeugt. Das Wasser tritt von hinten und ventral am Ansatz der Beine in die Kiemenhöhle ein, zieht durch die Kiemen nach oben und von dort nach vorne zur Austrittsöffnung. Das Wasser strömt dabei in entgegengesetzter Richtung zum Blutfluss in den Kiemen, so dass ein Gegenstromaustausch möglich ist.

Große Krebse und Krabben erzeugen bei der Ventilation der Kiemen durch die Ruderbewegungen des Scaphogathiten einen Unterdruck von etwa −10 bis −15 $mmH_2O$ in der Kiemenhöhle, in Einzelfällen wurden sogar Drücke bis zu −45 $mmH_2O$ gemessen. Der Flusskrebs, *Astacus fluviatilis*, pumpt dadurch 0,2–0,8 l Wasser pro Stunde durch die Kiemen (Wassertemperatur 13–18 °C). Die meisten Crustaceen entziehen dem Atemwasser etwa 20–40% des mit-

**Tabelle 4.4.** Eigenschaften der Kiemen und der Kiemenventilation von Invertebraten und Fischen (nach Withers 1992)

| Tierart | Masse (g) | Ta (°C) | $\dot{V}O_2$ (ml $min^{-1}$) | Kiemen-filamente (n) | Kiemen-lamellen (n $mm^{-1}$) | Oberfläche ($cm^2$ $g^{-1}$) | Fluss (ml $kg^{-1}$ $min^{-1}$) | Effizienz der $O_2$-Extraktion (%) |
|---|---|---|---|---|---|---|---|---|
| Invertebraten | | | | | | | | |
| *Callinectes* | 200 | 22 | 0,206 | | | 10 | 555 | 53 |
| *Cancer* | 900 | 8 | 0,504 | | | 1 | 289 | 34 |
| *Homarus* | 460 | 12 | 0,225 | | | | 480 | 23 |
| *Octopus* | 10 000 | 11 | 2,8 | | | | 205 | 27 |
| Aktive Fische | | | | | | | | |
| *Trachurus* | 26 | | | 1665 | 39 | 7,8 | | |
| *Lucioperca* | 70 | | | 1811 | 15 | 18,0 | | |
| *Salmo* | 394 | 8 | 0,193 | 1606 | 19 | 2,0 | 147 | 46 |
| *Katsuwonus* | 3 258 | 24 | 13,27 | 6066 | 32 | 13,5 | 1770 | 56 |
| Träge Fische | | | | | | | | |
| *Callionymus* | 39 | 12 | 0,108 | 478 | 16 | 2,1 | 300 | 55 |
| *Ictalurus* | 239 | | | – | 10 | 1,2 | | |
| *Opsanus* | 251 | | | 660 | 11 | 1,9 | | |

geführten Sauerstoffs, beim Flusskrebs wurden Spitzenwerte bis zu 70% berichtet (Peters 1983). Dies ist eine Effizienz der Sauerstoffnutzung, die den Fischkiemen nahe kommt (Tabelle 4.4) und die Effizienz der Säugetierlunge (20%) weit übertrifft. Rein aquatisch lebende Crustaceen, wie die Blaue Krabbe (*Callinectes sapidus*), besitzen die größten Kiemenoberflächen mit 13,7 $cm^2$ pro Gramm Körpergewicht, während die semiaquatisch lebende Winkerkrabbe (*Uca minax*) eine geringere Kiemenoberfläche von 5,13 $cm^2$ $g^{-1}$ aufweist (Roberts 1975). Das stets in gleicher Richtung durch die Kiemen strömende Wasser trägt Schmutzpartikel in die Kiemen ein. Um diese zu entfernen, können Crustaceen den Wasserstrom kurzfristig umkehren. Die bei Crustaceen erreichte Kiemenoberfläche pro Einheit des Körpergewichts, deren Ventilation und die Möglichkeit des Gegenstromaustauschs kommen in Einzelfällen den Leistungen des Kiemensystems von Fischen nahe.

Sinkt der Sauerstoffgehalt des Wasser, so verringern Crustaceen auch die Aufnahme von Sauerstoff (s. Regelung der Kiemenatmung). Trotzdem sind sie in der Lage auf Veränderungen im Sauerstoffangebot des Wassers zu reagieren (Abb. 4.17). Sinkt der Sauerstoffgehalt unter einen kritischen Wert, der etwa bei Halbsättigung

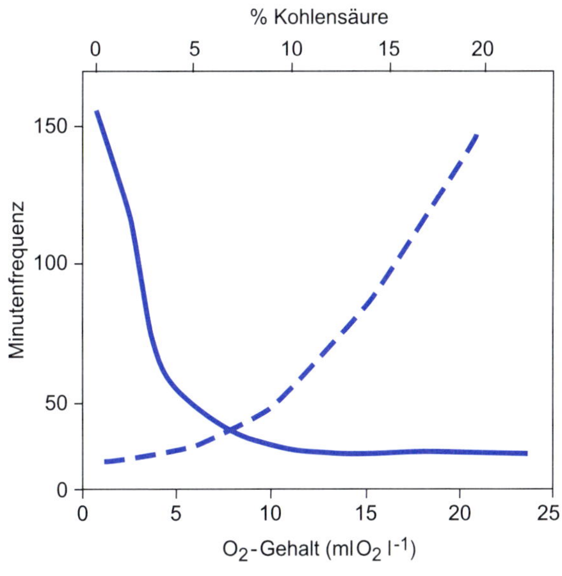


**Abb. 4.17.** Frequenz der Atembewegungen des Scaphognathiten beim Flusskrebs (*Astacus fluviatilis*) bei Veränderung des $O_2$- und $CO_2$-Gehalts des Atemwasser (Peters 1938)

des Wassers mit Luft liegt, so steigt beim Flusskrebs die Schlagfrequenz des Scaphognathiten auf etwa das 3fache der Schlagfrequenz in Ruhe an, wobei sich das Atemvolumen verdoppelt. Hummer reagieren ebenfalls auf geringeren

$O_2$-Gehalt des Wassers, aber nicht durch erhöhte Atemfrequenz, sondern durch Zunahme der Sauerstoffextraktion von 31% auf 55% bei konstantem ventilatorischem Wasserstrom von 9,5 $l\,min^{-1}$ (Thomas 1954).

Viele Krabbenarten können sich in der Gezeitenzone vorübergehend an Land aufhalten und müssen dann ihre Kiemen zur Luftatmung einsetzen. Die Winkerkrabben (*Uca sp.*) oder die Wollhandkrabbe (*Eriocheir sinensis*) benutzen dazu einen Wasservorrat, den sie in der Kiemenhöhle mit an Land nehmen. Sie pumpen das Atemwasser durch Scaphognathitenbewegungen aus der Austrittsöffnung am vorderen Rand des Carapax hinaus. Es fließt dann über Rinnen, Gruben und Borsten auf breiter Front wieder zum ventralen Hinterrand des Carapax, wo es wieder in die Kiemenhöhle eintritt. Beim Fluss über die Oberflächenstrukturen des ventralen Thorax und Carapax belädt sich das Atemwasser neu mit Sauerstoff und gibt Kohlendioxid ab. So kann stets frisch begastes Wasser den Kiemen zugeführt werden. Genau genommen ist dies daher keine Luftatmung, sondern eine Wasseratmung, denn der Gasaustausch an den Kiemen findet nach wie vor mit dem Atemwasser in der Kiemenhöhle statt, das durch den Rückfluss über die Außenseite des Carapax belüftet wird.

Dieses Beispiel zeigt, dass sich Kiemen nur mit Einschränkungen zur Atmung von Luft eignen. Ihre filigrane Struktur, ohne ausreichende Stützelemente, lässt sie außerhalb des Wassers kollabieren. Sie bieten dann nur noch eine geringe Oberfläche für den Gasaustausch. Außerdem ist der Verlust an Wasser über Kiemen sehr groß, und bei Krabben wird es durch Belüftung des Atemwassers an der Außenseite des Körpers geradezu verplempert. Trotz dieser strukturellen Nachteile der Kiemenatmung gibt es Krabbenarten, die zu einer weitgehend terrestrischen Lebensweise übergegangen sind, wie z. B. die Gespensterkrabbe (*Ocypode albicans*) oder die Kokospalmenkrabbe (*Birgus latro*). Erstere lebt in Erdhöhlen in Dünen und wird nur nachts aktiv. Ihre Kiemen sind durch Chitineinlagerungen stabilisiert, mit entsprechend reduzierter Funktion als Gasaustauscher. Am Ansatz der Kiemen tragen sie behaarte Polster, die Wasser festhalten und nur noch gelegentlich befeuchtet werden müssen, die aber über diese Wasserschicht den Gasaustausch mit der Luft ermöglichen.

Bei einigen Krabben (z. B. die Gattungen *Ocypode* und *Geograpsus*) ist zusätzlich das Innere der Kiemenhöhlen mit gut durchbluteten Leisten und Membranen (Branchiostegal-Membranen) ausgekleidet, die einen direkten Gasaustausch mit der Luft ermöglichen. Verdauungsdrüsen und Gonaden, die normalerweise dorsal der Kiemen liegen, wurden zentral in den Thorax verlegt, um die gesamten branchiostegalen Oberflächen für den Gasaustausch zur Verfügung zu haben. Über diese Branchiostegal-Membranen kann zu etwa 80% der Gasaustausch bei Luftatmung stattfinden. Ihr Aufbau als gut durchblutete innen liegende Membranen, die zum Gasaustausch mit der Luft dienen, hat mehr Ähnlichkeit mit der Funktion von Lungen als mit der von Kiemen, und sie werden deshalb auch als **Crustaceen-Lungen** bezeichnet. Die gut an das Landleben angepassten Krabben verfügen damit über eine Kombination von Lungen- und Kiemenatmung, wobei sie im Wasser ihre Kiemen und an Land ihre Lungen bevorzugt zum Gasaustausch nutzen.

Ein weiteres Beispiel für die Luftatmung mit Kiemen bieten die **Isopoda (Asseln)** von denen einige kleinere Arten, wie die Kellerassel (*Porcellio scaber*), eine ausschließlich terrestrische Lebensweise haben. An ihren abdominalen Extremitäten (Pleopoden) tragen Asseln Exopoditen mit besonders dünnhäutigen Anhängen für den Gasaustausch (Sphaeromidae, *Bathynomus*, manche Epicaridea). Die Kellerassel hat Einstülpungen in ihren Exopoditen, die deshalb als Lungen anzusehen sind. Sie leben allerdings stets im Substrat oder in Nischen mit hoher Luftfeuchtigkeit und sind auf diese Weise vor Wasserverlust geschützt.

### 4.4.3 Insekten

**Insekten** sind mit ihrem Tracheensystem eigentlich zur Luftatmung spezialisiert. Trotzdem haben einige aquatisch lebende Insekten oder Insektenlarven ihr Tracheensystem umgebaut, um damit auch Wasseratmung zu betreiben, z. B. mittels Ausstülpungen der Körperoberfläche, die den Gasaustausch zwischen den Tracheen und dem umgebenden Wasser erleichtern (**Tracheenkiemen**). Die Larven von Eintagsfliegen tragen Tracheenkiemen im Bereich des Abdomens. Libellenlarven besitzen Kiemen im Enddarm und ventilieren diese durch den Ein- und Ausstrom von Wasser über den Anus, wobei auch hier der Gasaustausch mit dem Tracheensystem stattfindet. Einige aquatische Insekten besitzen sogar blutgefüllte Kiemen im Rectum und ermöglichen auf diese Weise den Gasaustausch zwischen den Körperflüssigkeiten und dem Wasser, anstatt die Gewebe des Körpers auf dem direkten Weg über ein luftgefülltes Tracheensystem zu versorgen.

## 4.4.4 Kiemenatmung bei Fischen

Die Kiemen der **Knochenfische (Teleostier)** sind besonders gut untersucht und können deshalb als Musterbeispiel für die Funktionsabläufe bei der Kiemenatmung dienen (Abb. 4.18). Sie liegen seitlich beidseitig der Mundhöhle und sind jeweils von einem Kiemendeckel (Operculum) bedeckt. Entwicklungsgeschichtlich können sie als Ausdifferenzierungen des Vorderdarms betrachtet werden. Die Kiemenhöhlen sind zur Mundhöhle hin geöffnet, so dass das Atemwasser aus der Mundhöhle über die Kiemen zum Kiemendeckel hinausströmen kann. In der Kiemenhöhle liegen meist 4 **Kiemenbögen**, die zahlreiche **Kiemenblättchen** (Kiemenfilament) tragen. Senkrecht auf diesen Kiemenblättchen stehen die **Kiemenlamellen**. Der eigentliche Gasaustausch findet nur an den Kiemenlamellen statt, d.h. die Kiemenbögen und -filamente bilden nur das Tragegerüst für die respiratorischen Oberflächen der Kiemenlamellen.

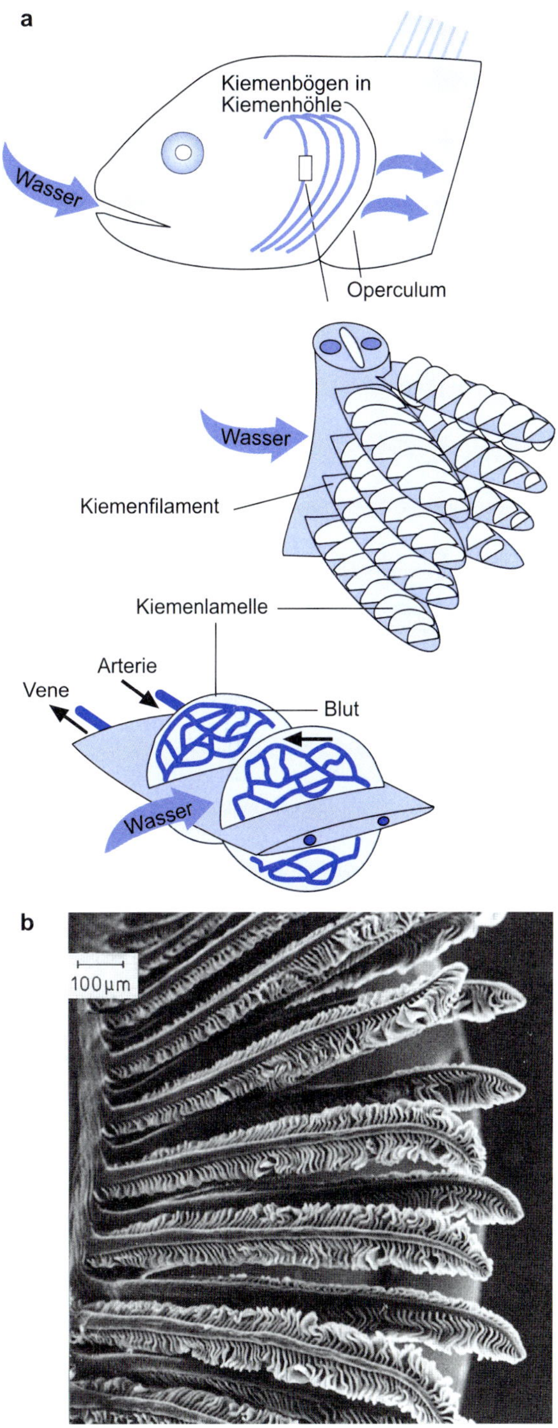


**Abb. 4.18 a, b.** **a** Aufbau der Kiemen eines Teleostiers. Die Kiemenbogen sind durch Knorpeleinlagerungen versteift, enthalten die zu- und abführenden Blutgefäße und tragen jeweils zahlreiche Kiemenfilamente, auf denen die für den Gasaustausch zuständigen Kiemenlamellen sitzen (nach Randall 1968). **b** REM Aufnahme der Kiemenfilamente und -lamellen (mit freundlicher Genehmigung von B. Plester, Innsbruck). Die hellen Pfeile geben die Strömungsrichtung des Wassers an, die dunklen Pfeile die des Blutes in den Kiemenlamellen

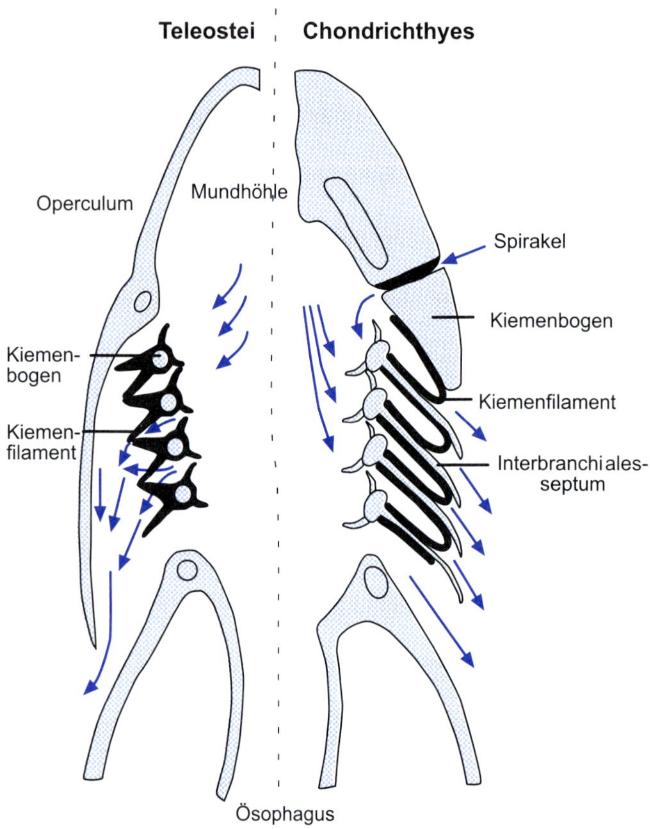


**Abb. 4.19.** Längsschnitt durch Mundhöhle und Kiemenhöhle eines Knochenfischs (*links*) und die eines Knorpelfischs (*rechts*). Letzterer besitzt keine Kiemendeckel, sondern Kiemenspalten als Öffnung der einzelnen Kiementaschen (nach Waterman et al. 1971)

Die Kiemen der **Knorpelfische (Chondrichthyes)** sind ähnlich aufgebaut, liegen jedoch nicht in einer gemeinsamen Kiemenhöhle, die durch einen Kiemendeckel verschlossen ist. Die einzelnen Kiemenbögen sind jeweils durch Septen verlängert (interbrachiales Septum), so dass die Kiemenfilamente zweier benachbarter Kiemenbogen in einer Kiementasche liegen, die sich mit einer Kiemenspalte nach außen öffnet (Abb. 4.19). Die Kiemenfilamente sind mit der Wand der Kiementaschen verwachsen, und die Bewegungen der muskulösen Wand tragen zur Ventilation der Kiemen bei. Im typischen Fall haben Haie und Rochen 5 Kiemenspalten, selten 6 oder 7. Wasser strömt aus der Mundhöhle in die einzelnen Kiementaschen und von dort zu den Kiemenspalten hinaus. Neben der Mundöffnung besitzen sie noch ein Spiraculum, durch das ebenfalls Wasser zur Ventilation in die Mundhöhle und Kiementaschen eintreten kann.

Die Kiemen der **Cyclostomata (z.B. Neunauge)** sind ähnlich organisiert, jedoch mit weniger ausgeprägten Verzweigungen der Filamente und bis zu 14 Kiementaschen.

Die **Kiemenlamellen** der übereinanderliegenden Filamente sind ineinander verzahnt, so dass der Zwischenraum nur noch etwa 0,02 mm beträgt. Es entsteht ein engmaschiges Sieb, durch das Atemwasser regelrecht hindurchgezwängt werden muss. In den Kiemenlamellen fließt das Blut auf relativ breiter Front in einem Gefäßnetz, das eine große Oberfläche für den Gasaustausch anbietet. Die Epithelien der Kiemenlamellen sind sehr dünnwandig, so dass die Atemgase nur Diffusionsstrecken von etwa 5 µm vom Wasser ins Blut, bzw. umgekehrt zurücklegen müssen. Bei den besonders aktiven Thunfischen beträgt diese Diffusionsbarriere sogar nur 0.5 µm. Diese Diffusionsstrecken ergeben sich aus histologischen Untersuchungen. In Wirklichkeit dürften sie etwas länger sein, da sich auf der Kiemenoberfläche eine Grenzschicht stehenden Wassers ausbildet, die zusätzlich durch Diffusion überwunden werden muss und wahrscheinlich sogar größer ist als die zu überwindende Distanz im Gewebe. Trotzdem wird aus diesen kurzen Distanzen deutlich, dass die Atemgase in Sekundenbruchteilen zwischen Blut und Wasser durch Diffusion ausgetauscht werden können.

Die Größe der respiratorischen Oberfläche steht in enger Beziehung zur Lebensweise der Fische. Sehr aktiv schwimmende Hochseefische haben relativ große **Kiemenoberflächen** mit bis zu 13,2 $cm^2$ pro Gramm Körpergewicht, wie der Springer-Thunfisch (*Euthynnus pelamis*), während die bodennah lebende Scholle (*Pleuronectes plessa*) nur 4,33 $cm^2\ g^{-1}$ aufweist und der relativ träge *toadfish* (*Opsanus tau*) sich mit 2,14 $cm^2\ g^{-1}$ begnügt (Roberts 1975). Eine Vergrößerung der respiratorischen Oberfläche wird in erster Linie durch eine größere Anzahl an Kiemenfilamenten erreicht sowie durch deren dichteren Besatz mit Kiemenlamellen (Tabelle 4.4). Bei trägen Fischen finden sich nur 10–16 Kiemenlamellen pro Millimeter, während sie bei aktiv schwimmenden Fischen dicht gepackt bis zu 39 pro Millimeter auf den Kiemenfilamenten stehen.

### Ventilation der Kiemen

Diese für einen Gasaustausch vorbildlich geeignete Struktur (= große Oberfläche, kurze Diffusionsstrecke zwischen Wasser und Blutkapillaren) ist jedoch noch vollkommener, als es auf den ersten Blick aussieht. Um einen ausreichenden Gasaustausch zu gewährleisten, muss nicht nur die Kiemenoberfläche groß genug sein, sondern die Kiemen müssen stets auch in ausreichendem Maß mit Wasser durchspült werden und das Wasser muss in dichten Kontakt mit den gasaustauschenden Oberflächen kommen. Das Blut strömt in den Kiemenlamellen von vorne nach hinten, d.h. es fließt stets gegen die Richtung des die Kiemen durchströmenden Wassers. Der Gasaustausch findet deshalb als **Gegenstromaustausch** statt. Dies ist wesentlich effektiver als ein Gasaustausch zwischen zwei in gleicher Richtung strömenden Medien (Abb. 4.20). Beim Austausch in gleicher Strömungsrichtung kann nur

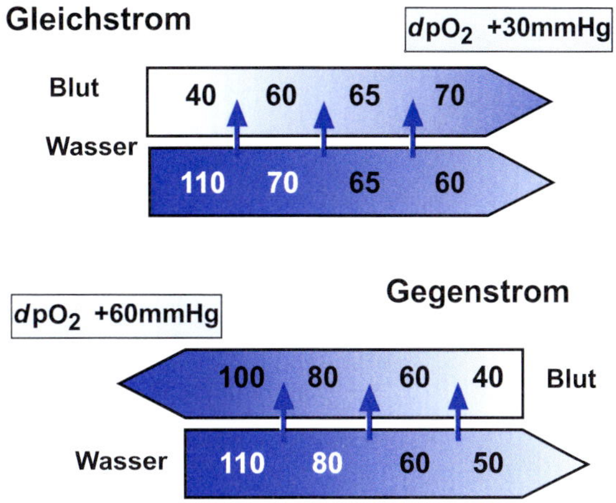


**Abb. 4.20.** Gasaustausch im Gegenstrom bzw. Gleichstrom. Die Zahlen entsprechen dem Sauerstoff-Partialdruck in Wasser und Blut

so lange Sauerstoff von Wasser ins Blut diffundieren, bis sich der Partialdruck des Blutes dem des Ausatemwassers angenähert hat. Beim Gegenstromaustausch kommt das Blut zuerst mit dem Ausatemwasser (mit niedrigem Sauerstoffpartialdruck) in Berührung, belädt sich schon dort mit Sauerstoff und verlässt die Kiemen auf der Seite des Frischwasser-Eintritts. Es kann deshalb seinen Sauerstoffpartialdruck dem des Frischwassers annähern. Bei gleicher Geometrie des Gasaustauschers kann somit im Gegenstromaustausch die Ausbeute doppelt so hoch sein wie beim Gleichstromaustausch.

Ein Gegenstromaustausch kann nur funktionieren, wenn die Kiemen stets in der gleichen Richtung mit Wasser durchströmt werden, denn sobald das Wasser hin und her strömt, ist der Gasaustausch beeinträchtigt. Wenn das Wasser in den Kiemen gar zum Stillstand kommt, so ist in kurzer Zeit der Sauerstoffpartialdruck des Atemwassers dem des Blutes angeglichen und es ist kein Gasaustausch mehr möglich. Grundsätzlich gibt es für Fische zwei Möglichkeiten zur Ventilation: Sie können Wasser über die Kiemen pumpen oder sie bewegen sich mit den Kiemen so schnell durch das Wasser, dass diese ausreichend ventiliert werden (Abb. 4.21). Die meisten Fische sind in der Lage, Wasser in ausreichender Menge über die Kiemen zu pumpen (Abb. 4.22).

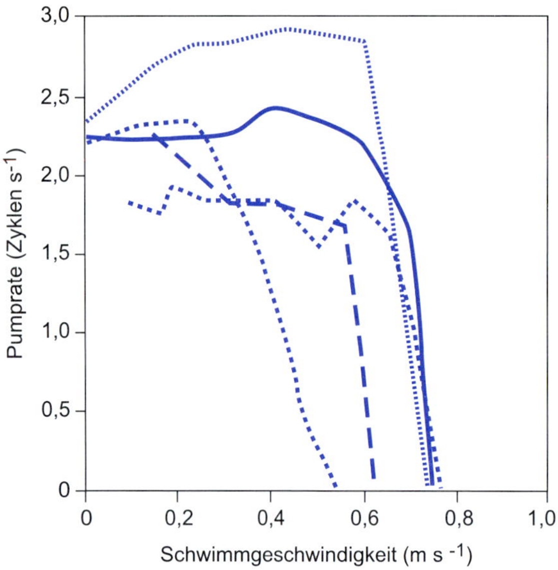


**Abb. 4.21.** Ventilationsbewegungen einzelner Makrelen bei unterschiedlicher Schwimmgeschwindigkeit. Bei einer Geschwindigkeit über 0,5 m $s^{-1}$ stellen sie die Pumpbewegungen ein und ventilieren ihre Kiemen durch den Staudruck des Wassers über das geöffnete Maul (Roberts 1975)

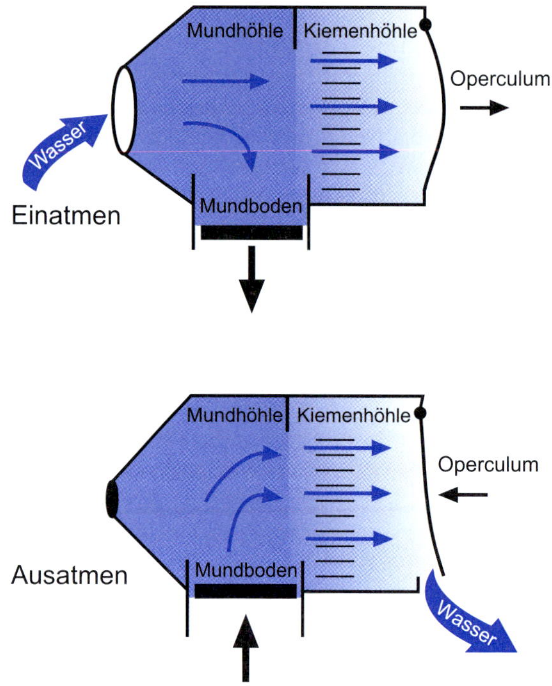


**Abb. 4.22.** Die Ventilation der Fischkiemen durch die beiden hintereinander geschalteten Pumpen des Mundbodens und des Kiemendeckels gewährleistet einen unidirektionalen Wasserstrom über die Kiemen bei der Inspiration und der Exspiration

Einige schnell und ausdauernd schwimmende Fische, z.B. Hai- und Thunfische, führen keine oder nur unzureichende Pumpbewegungen zur Ventilation der Kiemen aus. Statt dessen schwimmen sie mit geöffnetem Maul durch das Wasser, damit der Staudruck an der Mundöffnung genügend Wasser durch die Kiemen drückt. Dazu sind Geschwindigkeiten von etwa 0,5 m $s^{-1}$ notwendig. Hai- oder Thunfische können deshalb am besten in großen Rundaquarien gehalten werden, wo sie mit Tempo im Kreis schwimmen können, ohne dauernd anzuecken. Makrelen können ihre Kiemen sehr gut aktiv ventilieren, aber auch sie stellen die Pumpbewegungen des Mundbodens und Kiemendeckels ein, wenn ihre Schwimmgeschwindigkeit 0,5 m $s^{-1}$ überschreitet (Abb. 4.21). Vermutlich ist der Energieaufwand für aktive Ventilation sehr hoch und wird unrentabel, wenn die Kiemen durch den Staudruck beim Schwimmen ausreichend ventiliert werden können.

Bei der **Pumpventilation** erzeugen Fische einen unidirectionalen Wasserstrom durch ihre Kiemen (Abb. 4.22). Im Grunde benutzen sie dabei zwei hintereinander geschaltete Pumpen, die Mundboden-Pumpe und die Kiemendeckel-Pumpe. Beim Einatmen senkt der Fisch den Mundboden, und durch den entstehenden Unterdruck wird über das geöffnete Maul Wasser in die Mundhöhle gesaugt. Da Druckunterschiede sich in allen Richtungen auswirken, könnte dadurch auch verbrauchtes Wasser aus der Kiemenhöhle verkehrt herum durch die Kiemen in die Mundhöhle gesaugt werden. Um dies zu vermeiden, hält die Kiemendeckel-Pumpe dagegen. Der Randsaum des Kiemendeckels (Branchiostegalmembran) wird dicht am Kopf angelegt und wölbt sich durch Anspannung der Kiemendeckel-Muskulatur beim Absenken des Mundbodens nach außen. Dadurch saugt er Atemwasser aus dem Mundraum durch die Kiemen. Beim Ausatmen schließt der Fisch das Maul, hebt den Mundboden und drückt Wasser durch die Kiemen zum sich nun entspannenden Kiemen-

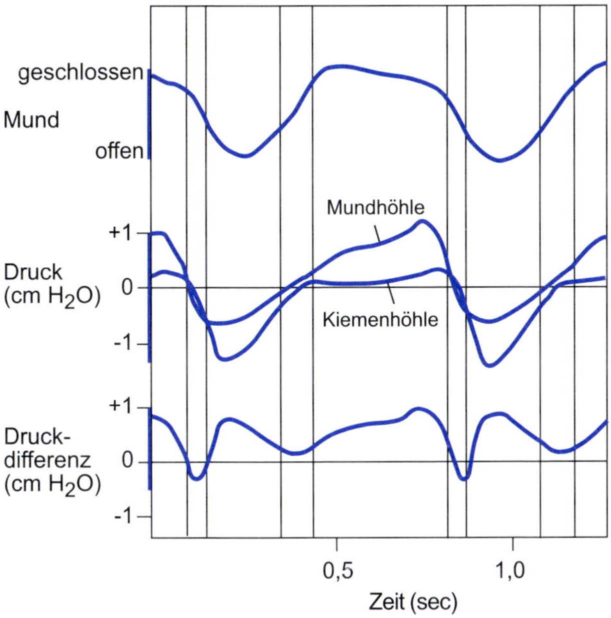


**Abb. 4.23.** Druckmessungen in der Mundhöhle und der Kiemenhöhle bei einer Plötze (*Rutilus*). Die obere Kurve gibt die Mundbewegungen wieder, die untere Kurve die Druckdifferenz zwischen Mundraum und Kiemenhöhle. Ein positiver Druck bedeutet ein Druckgefälle vom Mundraum in die Kiemenhöhle (Hughes u. Shelton 1958)

deckelrand hinaus ins Freie. Durch diese Anordnung einer **Doppelpumpe** ist gewährleistet, dass sowohl beim Einatmen als auch beim Ausatmen das Wasser in der gleichen Richtung durch die Kiemen fließt. Diese unidirektionale Ventilation ist eine wesentliche Voraussetzung für den effizienten Gasaustausch an der Kiemenoberfläche.

Messungen der Druckdifferenz zwischen Kiemenhöhle und der Mundhöhle bei Fischen ergaben ein Druckgefälle von der Mundhöhle zur Kiemenhöhle, das über 90% des Verlaufs eines Ventilationszyklus aufrechterhalten wurde (Abb. 4.23). D.h. während 90% der Zeit eines Ventilationszyklus werden die Kiemen tatsächlich unidirektional durchströmt, und nur während einer kurzen Phase vor dem Beginn des Einatmens (= Öffnung des Mundes) kommt es zu einem Stillstand oder Richtungsumkehr des Wassers. Da die Messungen an einem mechanisch fixierten Fisch durchgeführt wurden, dem außerdem noch Drucksensoren implantiert worden waren, ist es durchaus denkbar, dass die Doppelpumpe bei frei beweglichen Fischen noch effizienter funktioniert.

Die ausgefeilte Konstruktion der Kiemen mit engem Kontakt zum Wasser und die kombinierte Saug-/Druckpumpe zur Ventilation gewährleisten, dass mit einem Minimum an Wasser ein Maximum an Gasaustausch erreicht wird. Das enge Filter der Kiemenlamellen setzt dem Wasser einen Strömungswiderstand entgegen, der um so größer sein muss, je enger die Kiemenlamellen stehen. Interessanterweise ist der auf Grund von physikalischen Berechnungen erwartete Strömungswiderstand wesentlich größer als die tatsächlich an Fischkiemen gemessenen Strömungswiderstände (ca. 10fach). Die Gründe dafür sind nicht ganz klar, aber offensichtlich ist die Oberfläche der Kiemenlamellen so beschaffen, dass sie den Durchtritt des Atemwassers erleichtern. Aus energetischen Gründen ist dies sinnvoll, um die Atemarbeit bei der Ventilation der Kiemen möglichst gering zu halten. Unglücklicherweise ist die Messung der Atemarbeit von Fischen technisch sehr schwierig. Einige Schätzungen auf der Basis der Druckgradienten und der mechanischen Arbeit ergaben, dass 2–20% des Ruheumsatzes für die Ventilation eingesetzt werden müssen. Die direkte Messung des Energieumsatzes von ventilierenden Fischen ergab allerdings deutlich höhere Werte, die bei 10–40% des Ruheumsatzes lagen. Die Zahlen machen auf jeden Fall klar, dass die Beschaffung des Sauerstoffs zur ATP-Produktion in den Zellen für Kiemenatmer bereits mit erheblichen energetischen Kosten verbunden ist.

Nachteil der unidirektionalen Strömung ist, dass im Wasser suspendierte Partikel in dem feinmaschigen Filter der Kiemenlamellen hängen bleiben und dieses allmählich zu verstopfen drohen. Planktonfressende Fische machen aus der Not eine Tugend, haben Filterreusen am Eingang zur Kiemenhöhle und fangen den größten Teil der im Wasser enthaltenen Partikel zur Ernährung ab. Um Verstopfungen der Kiemen zu verhindern, können Fische den Strom des Atemwassers kurz umkehren, d.h. sie senken bei geschlossenem Mund den Mundboden, reißen dadurch den Schmutzbelag von der Kiemenoberfläche und „husten" ihn dann zur Mundöffnung hinaus. Dieser Hustenreflex ist eine direkte Reaktion auf Verschmutzung im Kiemenbereich und kann auch durch mechanische Reizung an einem Kiemenbogen künstlich ausgelöst werden.

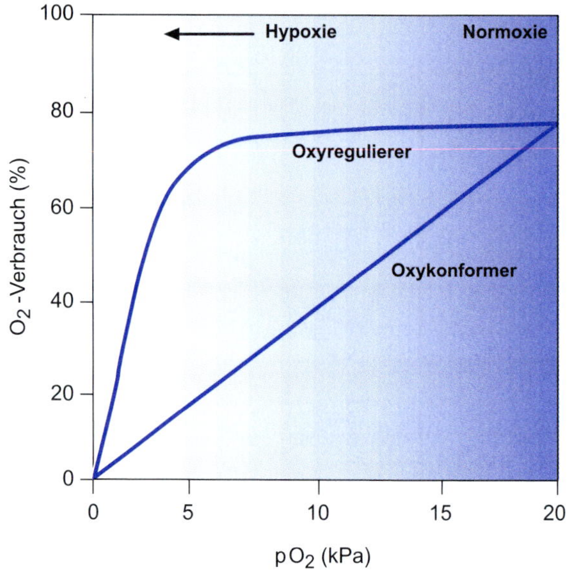


**Abb. 4.24.** Kiemenatmer reagieren auf ein geringeres Sauerstoffangebot, indem sie die Ventilation steigern und den Sauerstoffverbrauch unabhängig vom Angebot konstant halten (Oxyregulierer) oder indem sie ihre Sauerstoffaufnahme entsprechend dem geringer werdenden Angebot reduzieren (Oxykonformer)

## Regulation der Kiemenatmung

Geringer Sauerstoffgehalt im Wasser erhöht das Risiko eines Sauerstoffmangels. Viele Wasser atmenden Tiere haben deshalb die Fähigkeit entwickelt, kurzfristige oder länger dauernde Schwankungen im Sauerstoffangebot zu ertragen. Dafür stehen zwei alternative Strategien zur Verfügung:

- Mit sinkendem Sauerstoffangebot wird auch die Sauerstoffaufnahme reduziert, wie dies z.B. bei Crustaceen und Anneliden beobachtet werden kann. Man bezeichnet diese Reaktion als **abhängige Atmung**, und Tiere, die in ihrem Sauerstoffbedarf mit dem Angebot konform gehen, als **Oxykonformer**. Sie reduzieren ihre Aktivität und andere Lebensfunktionen oder schalten auf Wege der anaeroben Energiegewinnung um.
- **Oxyregulierer** erhalten ihre Sauerstoffaufnahme trotz sinkendem Angebot aufrecht und zeigen somit eine **unabhängige Atmung**, wie sie häufig bei Fischen zu beobachten ist (Abb. 4.24). Oxyregulierer versuchen, das schlechter werdende Angebot durch höhere Leistung des Gasaustauschs über ihre Atemorgane zu kompensieren oder verstärken sogar ihre Aktivität und suchen nach sauerstoffreicherem Wasser (Whitemore et al. 1960). Diese Regulation ist natürlich nur möglich bis zu einem bestimmten kritischen Sauerstoffgehalt des Wassers. Wird er unterschritten, dann können auch Oxyregulierer trotz verstärkter Ventilation nicht mehr genügend Sauerstoff aufnehmen; sie müssen infolgedessen ihre Aktivität verringern und auf anaerobe Energiegewinnung umschalten. Für Forellen liegt der kritische Sauerstoffpartialdruck des Wassers bei 40 mmHg. Karpfen kompensieren Schwankungen im Sauerstoffangebot etwas besser, bis zu etwa 20 mmHg. Unterhalb des kritischen Sauerstoffpartialdrucks reagieren Oxyregulierer ähnlich wie Oxykonformer.

Insofern beschreiben abhängige und unabhängige Atmung nicht zwei grundsätzlich verschiedene Mechanismen, sondern sind die Endpunkte einer Skala von Verhaltensweisen, die ein Kiemenatmer je nach Lebensweise und Leistungsfähigkeit seines Gasaustauschs praktizieren kann.

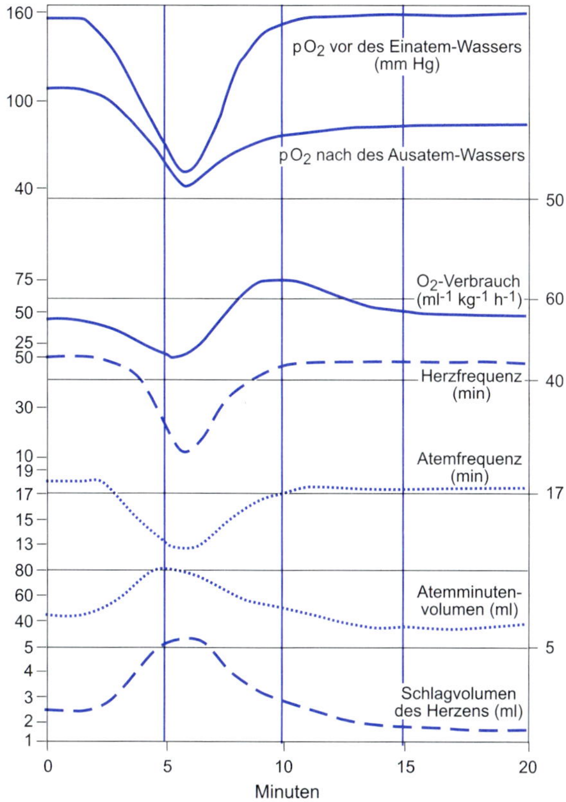


**Abb. 4.25.** Reaktion eines Fisches (Spinnenfisch, *Callionomus lyra*) auf ein vorübergehend (6 min) verringertes Sauerstoffangebot im Atemwasser. Der Sauerstoffverbrauch nimmt zu Beginn kurz ab, überkompensiert dann und kehrt schließlich zum Ausgangswert zurück (Hughes u. Umezawa 1968)

Die meisten Fische reagieren auf geringeren Sauerstoffgehalt im Wasser mit gesteigerter Ventilation der Kiemen, sind also Oxyregulierer, wobei einige wegen der größeren Ventilationsarbeit, die dabei geleistet werden muss, sogar ihren Sauerstoffverbrauch steigern (Hughes u. Roberts 1970). Ein Anstieg des Kohlendioxidgehalts (Hyperkapnie) im Wasser wird von Fischen ganz unterschiedlich beantwortet. Einige Fische reagieren auf Hyperkapnie mit leicht steigender Atemtätigkeit, andere reagieren überhaupt nicht. Der Überwachung des Kohlendioxid und den damit verbundenen Veränderungen im pH des Wassers, wird offensichtlich weniger Aufmerksamkeit gewidmet als dem Sauerstoffangebot.

Die Fähigkeit zur Regulation des Gasaustausches setzt voraus, dass der Sauerstoffgehalt des Wassers gemessen und die Atemleistung variiert werden können. Ein Beispiel dafür ist die Reaktion der Atmung des Spinnenfischs (*dragonet, Callionomus lyra*) auf eine vorübergehende Reduktion des Sauerstoffgehalts im Atemwasser (Abb. 4.25). Für 6 min wurde der $pO_2$ von 150 auf 50 mmHg reduziert, was bei einem Oxykonformer zu einer Reduktion des Sauerstoffverbrauchs um 66% führen würde. Der Spinnenfisch verhält sich in diesem Versuch jedoch als Oxyregulierer und hält trotz des Sauerstoffmangels seine Sauerstoffentnahme aus dem Wasser weitgehend konstant. Er erreicht dies, indem er das Atemvolumen und das Schlagvolumen des Herzens erhöht, wobei gleichzeitig sogar die Atemfrequenz und Herzfrequenz erniedrigt werden. Die zentrale Regulation der Ventilation ist bei Fischen in der Medulla oblongata lokalisiert, ähnlich wie dies auch von lungenatmenden Wirbeltieren bekannt ist (s. Regulation der Lungenatmung).

Voraussetzung dafür sind Chemorezeptoren, mit denen Fische den Sauerstoffgehalt des Wassers messen können. Die rasche Reaktion auf Schwankungen im Sauerstoffangebot lässt vermuten, dass es periphere Rezeptoren gibt, die den Sauerstoffgehalt des Atemwassers messen. Für eine Regulation des Bedarfs bei körperlicher Arbeit müssen auch interne Rezeptoren vorhanden sein, die den Sauerstoffgehalt der Körperflüssigkeit messen (Taylor et al. 1999). In Nervenfasern des ersten Kiemenbogens vom Gelbflossen-Thunfisch wurden **Chemorezeptoren** entdeckt, deren Entladungsrate mit sinkendem $pO_2$ anstieg, ähnlich wie dies bei Sauerstoffrezeptoren von Säugetieren geschieht (Milsom u. Brill 1986). Sie könnten die Rolle der peripheren Rezeptoren übernehmen, mit denen der Sauerstoffgehalt des Einatemwassers gemessen wird, um die Ventilation zu steuern oder Verhaltensreaktionen in Wasser mit schwankendem Sauerstoffgehalt auszulösen. In der Zwischenzeit ist die Existenz von **Sauerstoffrezeptoren** auch in den Kiemen anderer Fischarten bestätigt worden. Bei dem tropischen Fisch *Hoplias malabaricus* können in den Kiemenbogen zwei Rezeptor-Typen unterschieden werden, externe Rezeptoren, die den Sauerstoffgehalt des Wasser messen, und intern sitzende Rezeptoren, die den Sauerstoffgehalt des Blutes messen (Sundin et al. 1999). Erstere verstärkten bei Hypoxie die Ventilationsbewegungen, und die internen Rezeptoren verlangsamen bei Hypoxie die Herzfrequenz (Bradykardie). Die dominierende Rolle der Sauerstoffrezeptoren in den Kiemen zeigt, dass diese nicht nur Gasaustausch betreiben, sondern gleichzeitig als **Sinnesorgan** für die Überwachung des Sauerstoffangebots im Wasser und im Blut dienen.

## 4.5 Luftatmung mit Lungen

**Lungen** sind **Einstülpungen der Körperoberfläche**, die örtlich begrenzt eine große Oberfläche für den Gasaustausch bereitstellen. Dazu zählen die Lungen der Fische, Amphibien, Reptilien, Vögel und Säugetiere genauso wie die Lungen der Asseln, Skorpione und Schnecken. Einstülpungen der Körperoberfläche bieten einen besseren Schutz für die empfindlichen respiratorischen Oberflächen als Kiemen. Außerdem müssen diese Oberflächen nicht extra versteift werden, sondern erhalten ihren Halt von den die Lunge umgebenden Körpergeweben. Deshalb eignen sich Lungen besonders gut zur Atmung in Luft. Durch ihre Lage im Körperinneren kann die Luft bei der Ventilation be- und entfeuchtet werden, so dass das respiratorische Epithel vor einem Wasserverlust geschützt werden kann.

Die Evolution von Lungen war eine entscheidende Weichenstellung beim Übergang vom Leben im Wasser zum Leben an Land, um die Vorteile der Luftatmung zu nutzen. Dieser Schritt wurde von mehreren Tiergruppen unabhängig voneinander vollzogen. Entsprechend unterschiedlich ist deshalb auch der morphologische Ursprung der Lungen. Schnecken verwenden dazu ihre Mantelhöhle, Crustaceen die Thoraxwand und Wirbeltiere ventrale Aussackungen des Vorderdarms. Es lassen sich zwei Grundformen von Lungen unterscheiden:

- die **Diffusionslungen** von Evertebraten, wie bei den Schnecken und Crustaceen, die nicht aktiv ventiliert werden, sondern bei denen der Gaswechsel zwischen der Lunge und der umgebenden Luft alleine durch Diffusion geschieht,
- die **Ventilationslungen** der Wirbeltiere, deren Gaswechsel mit der Luft durch Ventilation beschleunigt wird.

### 4.5.1 Evertebraten atmen mit Diffusionslungen

Crustaceen, Arachniden und die Lungenschnecken entwickelten die Fähigkeit zum Gasaustausch mit der Luft über gut vaskularisierte Hohlräume. Bei **Crustaceen** wird dazu der ursprünglich für die Bedeckung der Kiemen vorgesehene Hohlraum unter dem Carapax verwendet (Branchiostegalraum) (Abb. 4.17). Je nach der Fähigkeit zum Landleben und nach seiner Dauer wurden die Kiemen reduziert und der ganze innere Branchiostegalraum mit einer respiratorischen Oberfläche ausgekleidet (s. Kap. 4.4.2). Die Diffusionstrecke für Atemgase über die reduzierten und versteiften Kiemen beträgt etwa 4–10 µm, während sie über die branchiostegalen Lungenepithelien bis auf 0,22 µm verringert wurde. Dies ist den Lungen von Säugetieren vergleichbar und unterstreicht, dass das Lungenepithel der Crustaceen wesentlich besser zum Gasaustausch mit der Luft geeignet ist als die noch verbliebenen Kiemen. Der Gaswechsel zwischen Branchiostegalraum und Umgebung geschieht durch Diffusion, aber in Einzelfällen sind bei Krabben (*Coenobita clypeatus*) Ruderbewegungen des Scaphognathiten und Bewegungen der Thoraxmuskulatur beobachtet worden, die den Gaswechsel im Branchiostegalraum durch Konvektion unterstützen können.

#### Gastropoden

Die Fähigkeit zur Luftatmung wurde bei den Gastropoden mindestens zweimal unabhängig voneinander entwickelt, bei den Prosobranchiern (Vorderkiemer) und bei den Pulmonaten (Lungenschnecken). Lungenschnecken betreiben Gasaustausch sowohl über die Körperoberfläche als auch über die Lunge. Sie können im Wasser leben, aber viele sind ausschließlich terrestrisch und können sogar extrem trockene aride Lebensräume besiedeln. Die Lunge entstand aus einer Verlagerung und Ausdehnung der Mantelhöhle über den ganzen Rücken der Schnecke, die durch ein Pneumostom am Schalenrand nach außen geöffnet ist. Der Gaswechsel zwischen Lunge und der umgebenden Luft beruht auf Diffusion durch das Pneumostom, kann aber in geringem Umfang durch Bewegungen des Schneckenkörpers konvektiv unterstützt werden. Wegen der geringen Körpergröße der meisten Schnecken reicht eine Diffusion der Atemgase in Luft völlig aus. Einige Lungenschnecken leben aquatisch, aber benutzen trotzdem weiterhin ihre Lunge zu Atmung. Sie kommen an die Wasseroberfläche, belüften die Lunge über das geöffnete Pneumostom und verschließen dieses wieder beim anschließenden Tauchgang.

#### Buchlungen der Arachniden

Viele Spinnen und Skorpione, vor allem die größeren Arten, betreiben ihren Gasaustausch über Buchlungen. Buchlungen erhielten ihren Namen, weil sie zur Oberflächenvergrößerung blätterartige Lamellen ausbilden (Abb. 4.26), deren Morphologie eher an Kiemen als an Lungen erinnert. Ein bis zwei Paare Buchlungen sitzen ventral im Opisthosoma und sind nach außen über den Atemvorhof und einen verschließbaren Schlitz in der Kutikula (Stigma) geöffnet. Die Blätter bieten eine große Oberfläche für die Diffusion der Atemgase an. An ihrer Außenseite tragen sie Versteifungen und Abstandshalter, wodurch Atemtaschen zwischen den Blättern entstehen, in denen die Luft frei diffundieren kann. Auf der Innenseite werden die Blätter von Hämolymphe durchströmt, die den Transport der Atemgase von und zu den verschiedenen Organen übernimmt. Buchlungen werden in der Regel nicht ventiliert, sondern nur durch Diffusion über das Stigma belüftet; allerdings können Kontraktionen der Körperwand diese Belüftung der Buchlungen unterstützen. Wegen der oberflächennahen Lage und der daraus resultierenden kurzen Diffusionsstrecke für Atemgase in der Luft kann auf eine aktive Ventilation verzichtet werden. Dies hat außerdem den Vorteil, dass der Wasserverlust über die Buchlungen verringert wird, und es erleichtert den Arachniden die Besiedlung trockener Standorte.

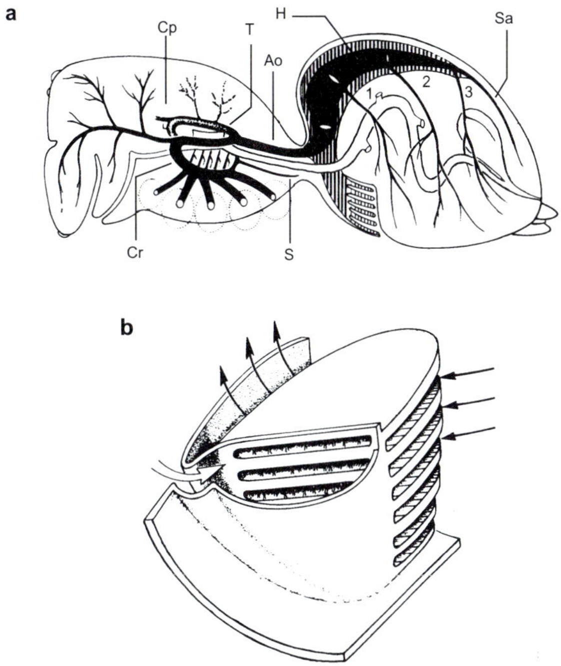


**Abb. 4.26.** Die Buchlungen der Spinnen sitzen an der Ventralseite des Hinterleibs und erlauben einen Gasaustausch zwischen Luft und Hämolymphe (*schraffiert*). Die von den Buchlungen kommende Hämolymphe wird vom Herzen (*schwarz*) in arterielle Gefäße (*schwarz*) gepumpt. *H*: Herz, *AO*: Aorta, *Cp*: Arteria cephalia, *Ac*: Arteria crassa, *S*: Stigma, *A*: Aortenvorhof, *At*: Atemtasche (Foelix 1992)

### 4.5.2 Wirbeltiere atmen mit Ventilationslungen

Die Größe der respiratorischen Oberfläche ist das entscheidende Kriterium für die Leistung der Lunge beim Gasaustausch. Bei Kiemen wurde dies durch zunehmende Verzweigung von Körperanhängen erreicht. Bei Lungen ist dies nicht möglich, da sie einen abgeschlossenen Hohlraum im Körperinnern bilden. Hier kann nur die innere Oberfläche des Organs durch zunehmende Kammerung vergrößert werden, wie ein Vergleich der Ventilationslungen der Wirbeltiere zeigt (Abb. 4.27). Die einfachsten Lungen finden wir bei Lungenfischen und Amphibien. Diese Lungen bilden häufig nur eine sackförmige Einstülpung mit glatter Oberfläche,

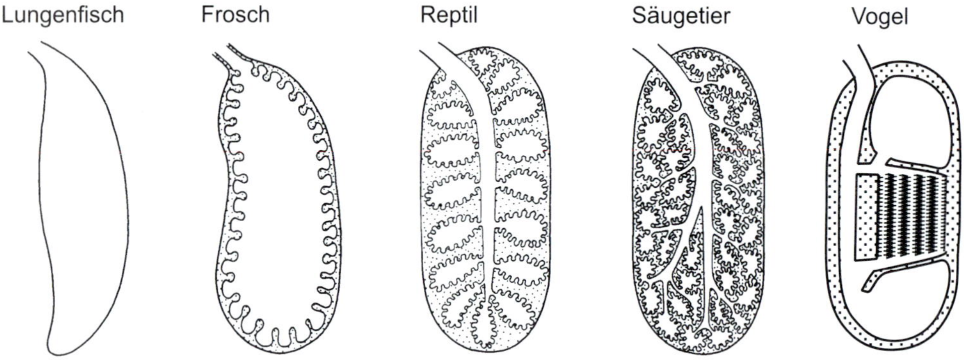


**Abb. 4.27.** Aufbau der Wirbeltierlunge. Vergrößerung der respiratorischen Oberfläche durch leistenförmige Verwölbungen bei Anuren, Kammerung bei Reptilien und vollständige Füllung der Lunge mit Alveolen bei Säugetieren (verändert nach Czihak et al. 1976)

die höchstens durch leistenförmige Verwölbungen eine geringe Oberflächenvergrößerung bewirkt. Amphibien haben noch eine weitgehend aquatische Lebensweise, denn Amphibienlarven atmen wie die Fische mit Kiemen, und adulte Amphibien benutzen die Haut als zusätzliches Atemorgan. Bei Reptilien ist die innere Oberfläche der Lungen vor allem durch Septen und Kammern erheblich vergrößert. Sie erreichen dadurch allerdings nicht die Extremwerte an inneren Oberflächen, wie sie in den Hochleistungslungen der Vögel und Säugetiere zu finden sind.

### 4.5.3 Luftatmung bei Fischen

Da Kiemen unter den schwierigen Bedingungen der Wasseratmung funktionieren, müssten sie eigentlich auch zur Atmung von Luft mit ihrem viel höheren Sauerstoffangebot verwendet werden können. Dies ist aber nicht möglich, da die Kiemen ohne den Auftrieb des Wassers in sich zusammenfallen und dann nur noch die äußere Oberfläche des zusammengefallenen Kiemenblocks zum Gasaustausch verbleibt. Dessen Oberfläche reicht nicht aus, um genügend Sauerstoff aufzunehmen und Kohlendioxid abzugeben, und ein Fisch, der an Land gerät, wird trotz des üppigen Sauerstoffangebots in der Luft ersticken. Trotzdem haben einige Fische Mechanismen zur Luftatmung entwickelt, vor allem wenn sie in Gewässern leben, die bei hoher Temperatur wenig Sauerstoff enthalten können, oder wenn die Gewässer, in denen sie leben, immer wieder trockenfallen.

Fische der Gattungen *Electrophorus* (elektrischer Aal) und *Hypomus* leben in Flüssen und Sümpfen Südamerikas. In schlecht belüfteten Gewässern können sie an der Wasseroberfläche Sauerstoff direkt aus der Luft aufnehmen. Sie nehmen einen Schluck Luft und nutzen diese direkt zum Gasaustausch über gut durchblutete Schleimhäute der Mundhöhle, der Kiemenhöhle und des Kiemendeckels. Fische der Gattungen *Plecostomus, Misgurnus* und *Hoplosternum*, die ebenfalls in sumpfigen Gewässern Südamerikas leben, nutzen zum Gasaustausch zusätzlich den Magen oder den Darm. Auch Fische, die als rein aquatisch und ausschließlich über Kiemen atmend betrachtet werden, wie der Goldfisch (*Carassius auratus*), können in hypoxischem Wasser gelegentlich einen Schluck Luft an der Wasseroberfläche aufnehmen. Sie nutzen dann diese Luftblase um das Atemwasser für die Kiemen mit Sauerstoff anzureichern.

Bei regelmäßig Luft atmenden Fischen können die Kiemen versteift sein, um das Kollabieren zu verhindern, wie z.B. beim Luft atmenden Katzenwels *Clarias*. Sie eignen sich dann nicht mehr in gewohntem Umfang zur Wasseratmung, aber unterstützen die Atmung von Luft. Einige Luft atmende Fische setzen auch ihre Schwimmblase, mit der sie normalerweise ihren

Auftrieb im Wasser kontrollieren, oder durch Septen abgeteilte Bereiche der Schwimmblase zum Gasaustausch ein. Die Wand der Schwimmblase ist dann gut vaskularisiert und wie bei *Arapaima* sogar in der Lage, Pumpbewegungen zur Ventilation der Schwimmblase auszuführen. Diese Beispiele zeigen, mit welcher Vielfalt an morphologischen Anpassungen bei Fischen die Fähigkeit zur Luftatmung erreicht wurde, wobei alle Maßnahmen dem Ziel dienten, eine innere Körperoberfläche durch ein dünnes Epithel und reichliche Vaskularisation für den Gasaustausch umzurüsten. In den meisten Fällen unterstützt die Luftatmung (30–60%) den Gasaustausch der Fische mit dem Wasser über die Kiemen und die Körperoberfläche, aber in Extremfällen kann, z.B. bei *Arapaima*, der gesamte Sauerstoffbedarf durch Luftatmung gedeckt werden.

Die überzeugendsten Beispiele für Luftatmung liefern die **Lungenfische (Dipnoi).** Sie gehören zu den phylogenetisch besonders urtümlichen Fischen und besitzen Lungen, die aus ventralen Aussackungen des Pharnyx entstanden. Von diesen urtümlichen Lungen lassen sich phylogenetisch die Schwimmblasen der modernen Teleostei ableiten. Der afrikanische Lungenfisch (*Protopterus*) und der südamerikanische Lungenfisch (*Lepidosiren*) haben besonders hoch entwickelte Lungen mit Septen und Wülsten zur Vergrößerung der inneren Oberfläche. Sie können beide ihren Sauerstoffbedarf zu 100% mit Lungenatmung decken. Der australische Lungenfisch (*Neoceratodus*) ist dazu nicht in der Lage, sondern muss immer noch zusätzlich Kiemenatmung betreiben. Obwohl *Protopterus* und *Lepidosiren* in schlecht belüftetem Wasser mühelos ihren gesamten Sauerstoffbedarf mit Lungenatmung decken können, findet etwa die Hälfte der Kohlendioxidabgabe über die Kiemen statt. Dieser unterschiedliche Weg für die Sauerstoffaufnahme und die Kohlendioxidabgabe wird auch von den anderen Luft atmenden Fischen beschritten. Durch die gute Löslichkeit von Kohlendioxid und seine gegenüber Sauerstoff 30fach höhere Diffusionskonstante wird es sehr viel leichter, ihn in den Kiemen und über die Haut ins Wasser abgegeben, als Sauerstoff auf diesem Weg aufgenommen werden kann. Bei Luft atmenden Fischen trennen sich deshalb, zumindest teilweise, die Wege für die Aufnahme von Sauerstoff und die Abgabe von Kohlendioxid.

## 4.5.4 Amphibien- und Reptilienlungen

Von allen Wirbeltieren besitzen **Amphibien** die größte Vielfalt an Wegen für den Gasaustausch und setzen diese auch wechselnd ein, je nachdem ob sie mehr aquatisch oder terrestrisch leben. Beispiele für rein aquatische Lebensweise sind der Salamander *Necturus*, und die Kaulquappen der Anuren (Frösche, Kröten). Sie benutzen sowohl **Kiemen** als auch **Hautatmung** und **Lungenatmung** für den Gasaustausch. Die Kombination aller drei Wege ist beim kiementragenden Salamander *Necturus* besonders gut dokumentiert, denn er nimmt 10% des Sauerstoffs über die Lungen, 60% über die Kiemen und 30% über die Haut auf (25 °C Wassertemperatur) (Guimond u. Hutchison 1972). Die Kiemen der Amphibien sind morphologisch und funktionell den Fischkiemen vergleichbar. Kaulquappen reduzieren im Verlauf der Entwicklung zum adulten Frosch ihre Kiemen und schalten auf Lungenatmung um. Semiaquatisch lebende adulte Frösche, Kröten und Salamander haben keine Kiemen mehr, sondern betreiben Hautatmung und Lungenatmung, deren Anteile variieren können, je nachdem ob sie sich im Wasser oder an Land aufhalten (Abb. 4.10). Die lungenlosen Salamander (Plethodontidae) verzichten, wie schon ihr Name sagt, vollständig auf Lungenatmung und verlassen sich allein auf Hautatmung mit geringer Unterstützung durch Gasaustausch über die Mundhöhle.

Angesichts der Variabilität in der Nutzung der Lungenatmung nimmt es nicht wunder, dass der Feinbau der Lunge der verschiedenen Gruppen sich unterscheidet. Im einfachsten Fall besitzen Amphibien eine ungeteilte sackförmige Lunge mit glatter innerer Oberfläche, die nur spärlich mit Blutgefäßen versorgt ist, wie bei dem zu den Urfröschen (Amphicoela) gehörenden Schwanzfrosch (*Ascaphus*). Die Lungen der echten Frösche (Ranidae) enthalten auf ihrer Innenseite Leisten, die eine Vergrößerung der respiratorischen Oberfläche bewirken. Je stärker ausgeprägt die terrestrische Lebensweise von Amphibien ist, desto höher ist der Anteil der Lungenatmung und desto aufwendiger sind die Lungen gebaut. Besonders hoch entwickelte Lungen finden sich bei der Agakröte (*Bufo marinus*), deren Lungenumen durch Leisten, Filamente und Membranen bereits deutlich gekammert ist. Zusätzlich ist die Lunge gut kapillarisiert, so dass die Vorteile der großen inneren Oberfläche für den Gasaustausch optimal genutzt werden können.

## Kombination von Lungenatmung und Hautatmung

Bei Amphibien, die Lungenatmung und Hautatmung in Kombination betreiben, ist häufig zu beobachten, dass über die Lunge bevorzugt Sauerstoff aufgenommen wird, während Kohlendioxid bevorzugt über die Haut abgegeben wird. Das gilt insbesondere für adulte Frösche, die mit Lungenatmung im Wasser unterwegs sind. Es ist dies eine Folge der guten Löslichkeit von Kohlendioxid im Wasser, die ähnlich wie bei lungenatmenden Fischen eine Trennung der Wege für Sauerstoffaufnahme und Kohlendioxidabgabe begünstigt. Ein Beispiel dafür ist die Kröte, *Bufo americanus*, bei der 65% des Sauerstoffs über die Lunge aufgenommen, aber 80% des Kohlendioxid über die Haut abgegeben werden. Dies führt zu einem außerordentlich niedrigen RQ ($=VCO_2/VO_2$) von 0,28 für den Gasaustausch über die Lunge und einem ebenso ungewöhnlichen, hohen RQ von 2,16 für die Hautatmung.

Angesichts der Leistungsfähigkeit der Hautatmung bei Amphibien ist es verwunderlich, dass sich nur wenige Arten darauf allein stützen, sondern noch zusätzlich Lungenatmung betreiben. Diese Frage könnte durch einen Vergleich der Leistung von Haut- und Lungenatmung beantwortet werden. Der Anteil beider Wege des Gasaustauschs kann bei Fröschen gemessen werden, indem man ihnen eine Atemmaske aufsetzt und gleichzeitig den Gasaustausch über die Atemmaske und den Gasaustausch des gesamten Frosches außerhalb der Atemmaske bestimmt. Dieser Vergleich ergab eine konstante Aufnahme von Sauerstoff durch Hautatmung während des ganzen Jahres (Abb. 4.28). Der Beitrag der Lungenatmung zum Gasaustausch war jedoch starken jahreszeitlichen Schwankungen unterworfen.

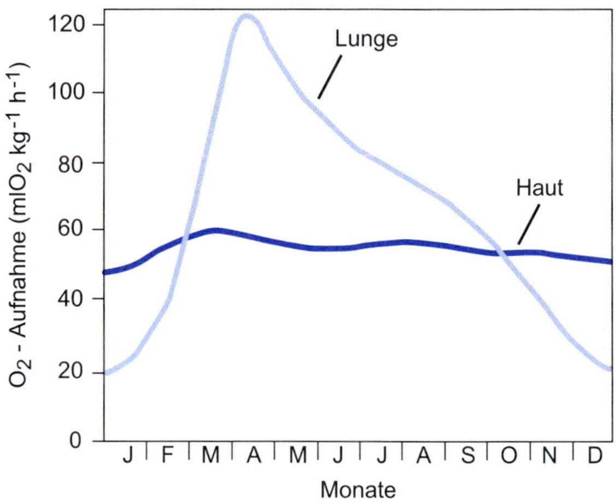


**Abb. 4.28.** Sauerstoffaufnahme eines Frosches (*Rana temporaria*) durch Hautatmung und Lungenatmung. Die Sauerstoffaufnahme über die Lunge wurde mit einer Atemmaske gemessen. Die Frösche saßen gleichzeitig in einer Messküvette, mit der die Sauerstoffaufnahme über die Körperoberfläche gemessen wurde (Dolk u. Postma 1927)

Im Winter betrug die Sauerstoffaufnahme über die Lunge nur einen Bruchteil der Hautatmung, während im Sommer die Lungenatmung etwa doppelt so hoch war wie die Hautatmung. Obwohl die Hautatmung, über das gesamte Jahr betrachtet, etwa die Hälfte des Sauerstoffbedarfs deckt, reicht dies nur für den Bedarf während der Ruhezeit aus. Der erhöhte Energiebedarf zur Fortpflanzung und Lokomotion während der aktiven Jahreszeit wird durch zusätzliche Sauerstoffaufnahme über die Lunge gedeckt.

Die Hautatmung ermöglicht offensichtlich einen konstanten Gasaustausch, kann aber für Zeiten des Mehrbedarfs nicht ausreichend variiert werden. Diese Eigenschaft der Hautatmung wird verständlich, wenn wir uns an Ficks Diffusionsgesetz erinnern (Box 4.4). Daraus folgt, dass die durch Diffusion über die Körperoberfläche transportierte Stoffmenge proportional der Oberfläche, dem Kehrwert der Diffusionsstrecke sowie der Konzentrationsdifferenz zwischen der Luft und den Körperflüssigkeiten ist. Der Frosch hat stets eine gleich große Oberfläche, eine unveränderte Hautdicke, und der Sauerstoffgehalt der Luft ist das ganze Jahr konstant und der des Froschbluts variiert nur geringfügig. Deshalb kann bei Hautatmung nur ein weitgehend konstanter Gasaustausch zwischen Blut und Umgebung stattfinden. Eine Anpassung an wechselnde Bedürfnisse fehlt oder ist nur in geringem Umfang, z.B. durch Änderungen der Hautdurchblutung, möglich.

## Ventilation mit Druckpumpe oder Saugpumpe

Amphibien benutzen, wie die meisten Luft atmenden Fische, eine Druckpumpe zur Ventilation der Lunge, im Gegensatz zur Saugatmung der Säugetiere und Vögel. Die **Druckventilation** ist das ursprüngliche und einfachere Prinzip, da dazu noch keine komplizierten Thoraxbewegungen ausgeführt werden müssen. Zum Einatmen senken Frösche ihren Mundboden, wodurch Luft von außen in den Mundraum eingesaugt wird. Dieser Vorgang kann durch Senken und Heben des Mundbodens mehrmals wiederholt werden, so dass der Mundraum mit Frischluft ventiliert wird. Die Glottis bleibt dabei geschlossen, so dass kein Austausch mit der Lunge stattfindet (**1** in Abb. 4.29). Über die Mundschleimhaut kann in geringem Umfang Gasaustausch stattfinden, aber der Hauptzweck der Ventilation des Mundraums dürfte in der Vorbereitung der Lungenventilation liegen. Nach einem besonders kräftigen Atemzug in die Mundhöhle öffnen Frösche ihre Glottis, und nun strömt als Erstes Luft aus der Lunge in die Mundhöhle und wird gemeinsam mit Luft aus der Mundhöhle ausgeatmet (**2** in Abb. 4.29). Grund dafür ist ein leichter Überdruck der Luft in der Lunge. Danach wird Mund und Nase verschlossen und die im Mundraum vorhandene Luft durch Anheben des Mundbodens in die Lunge gedrückt (**3** in Abb. 4.29).

Nicht jede Füllung der Lunge wechselt bei Fröschen regelmäßig mit einer Entleerung der Lunge ab, sondern es können mehrere Atemzüge in die Lunge hineingedrückt werden, bevor wieder ausgeatmet wird; die Frösche können sich durch mehrmaliges Einatmen regelrecht aufblähen. Durch die variable Folge von Ein- und Ausatmen und durch längere Pausen zwischen den Atemzügen erwecken Amphibien den Eindruck einer unregelmäßigen Atemtätigkeit. Die komplizierten Abläufe machen aber auch deutlich, dass die Druckventilation ein ziemlich umständliches

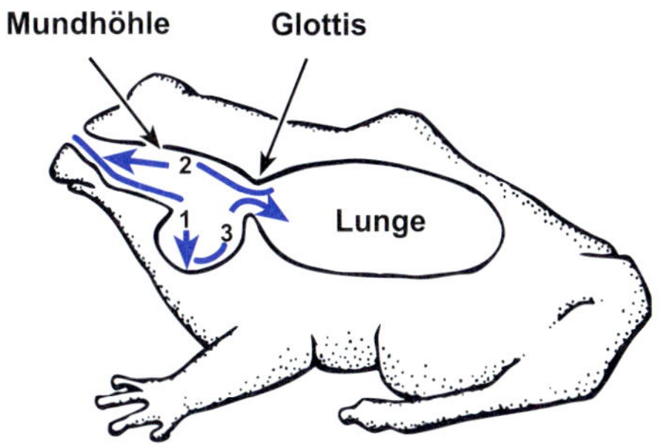


**Abb. 4.29.** Schematische Darstellung der Druckatmung bei einem Frosch (nach Gans et al. 1969)

Verfahren ist und sich nicht besonders gut für eine konstante Luftzufuhr zu den respiratorischen Oberflächen der Lungen eignet.

**Reptilien** haben als erste Wirbeltiergruppe den Übergang vom Wasser- zum Landleben vollständig vollzogen, weil sie durch die Erfindung des Amnioteneis auch das Problem der Fortpflanzung an Land lösten. Sie besitzen keine Kiemen mehr, sondern sind reine Lungenatmer und nutzen auf diese Weise die Vorteile der Atmung von Luft konsequent aus. Die Reptilienlunge ist durch zahlreiche Septen stärker gekammert als die Amphibienlunge, wobei die Lungen ursprünglicher Reptilien in ihrem Aufbau eher an die Amphibienlunge erinnern. Allerdings ist die Kammerung innerhalb der Reptilien sehr unterschiedlich ausgeprägt (Abb. 4.30). Die meisten Eidechsen haben einkammrige Lungen, deren innere Oberfläche durch Vorwölbungen vergrößert ist, während Schildkröten und Krokodile durch Kammerung die innere Oberfläche ihrer Lungen um den Faktor 2–3 vergrößern. Die Lungen phylogenetisch jüngerer Reptilien, wie z.B. den Vipern, besitzen in ihrem vorderen Bereich bereits eine schwammartige Struktur mit dichter Kapillarisierung, die eine sehr große innere Oberfläche für den Gasaustausch bietet (**Faveoli**). Die caudalen Abschnitte der Lunge sind weniger gekammert und kapillarisiert; sie halten einen Luftvorrat für den Gasaustausch im vorderen Bereich der Lunge oder unterstützen als Blasebalg die Ventilation.

Ein weiterer großer Fortschritt, den die Reptilien bei der Lungenatmung erreichten, ist die Ventilation durch Einsaugen der Luft. Einige we-

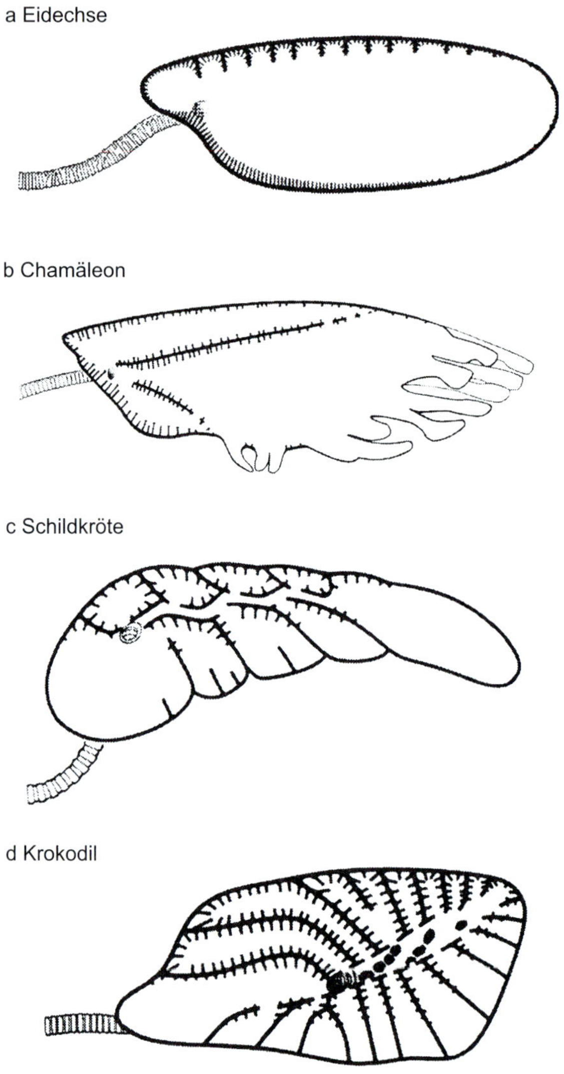


**Abb. 4.30 a–d.** Reptilienlungen. **a** Eidechsen besitzen einkammrige Lungen mit Vergrößerung der inneren Oberfläche. **b** Die Lunge des Chamäleons ist heterogen gekammert, mit einem respiratorischen Bereich im vorderen Bereich und mehreren caudalen Kammern, die kein respiratorisches Epithel besitzen. **c** Schildkröten und **d** Krokodile haben durch Septen mehrfach gekammerte Lungen, mit größeren nicht-respiratorischen Kammern bei Schildkröten (Duncker 2001)

nige Arten benutzen zwar noch den Mundboden zur Druckventilation, aber die Mehrzahl der Reptilien ist zur **Saugventilation** übergegangen. Dies erlaubt eine konstante Ventilation der im Körper liegenden respiratorischen Oberflächen. Voraussetzung dafür ist die Ausbildung von Rippen, die am Ansatz der Wirbelsäule durch die Intercostalmuskulatur bewegt werden können. Durch Kontraktion der Rippenmuskulatur können die Rippen angehoben werden und dehnen den Thorakalraum seitlich und nach vorne aus. Die Lungen sind dorsal mit den umgebenden Geweben verwachsen und bei vielen Reptilien durch ein postpulmonales Septum von den Eingeweiden getrennt, so dass die Lunge den Rippenbewegungen folgen muss. Dadurch entsteht ein leichter Unterdruck, durch den Luft bei geöffneter Glottis in die Lungen eingesaugt wird. Nach dem Einatmen wird die Glottis geschlossen, der Brustkorb gleitet auf Grund seiner Eigenelastizität in die Ausgangstellung zurück und die Luft wird mit einem leichten Überdruck von 0,02 bis 0,04 kPa in der Lunge gehalten. Die Ausatmung beginnt durch Öffnen der Glottis, die Luft verlässt den Atemtrakt durch den immer noch herrschenden leichten Überdruck, unterstützt durch die Eigenelastizität der Lunge, die in ihre Ausgangstellung zurückkehrt. Diese Saugventilation mit den Rippen als Pumpe wird vor allem von **Eidechsen** und **Schlangen** praktiziert.

**Krokodile** haben zwar ebenfalls gut entwickelte Rippen und eine Interkostalmuskulatur, aber sie führen damit keine nennenswerten Ventilationsbewegungen aus. Bei Eidechsen, Schlangen und Krokodilen fehlt ein Zwerchfell, dessen Kontraktion eine Ventilation bewirken könnte. Statt dessen benutzen Krokodile Teile der Abdominalmuskulatur, mit der sie ihre Leber nach vorne gegen die Lunge pressen und dadurch ausatmen. Sie besitzen zusätzlich ein posthepatisches Septum, an dem ein kräftiger Muskel ansetzt (*M. diaphragmaticus*), der die Leber zurückziehen und dadurch die Lunge für das Einatmen dehnen kann. Krokodile müssen also sowohl für das Ein- als auch das Ausatmen aktive Muskelarbeit verrichten. Bei getauchten Krokodilen kann der Druck des Wassers die Ausatmung unterstützen.

Der starre Carapax von **Schildkröten** erfordert eine völlig andere Technik der Ventilation. Schildkröten besitzen ein Zwerchfell, das als bindegewebiges Septum den Thorakalraum vom Abdominalraum trennt. Durch Ausstrecken der Beine aus dem Carapax hinaus wird der Thorakalraum und mit ihm die Lunge gedehnt, und Einatemluft strömt in die Lunge. Das ist natürlich nur bei geöffneter Glottis möglich. Zum Ausatmen werden die Beine am Ansatz des Carapax zurückgezogen, es entsteht ein leichter Überdruck im Thorakalraum, der bei geöffneter Glottis Luft aus der Lunge drückt. Die Glottis hat deshalb bei den Schildkröten eine Führungsrolle für die Ventilation. Bleibt sie geschlossen, so werden Beinbewegungen nur die Druckverhältnisse in der Lunge verändern aber keine Ventilation verursachen, wird sie geöffnet, dann wird die Lunge ventiliert. Normalerweise wird bei Schildkröten zuerst ausgeatmet und unmittelbar danach eingeatmet. Danach kann eine längere Pause ohne Ventilation (**Apnoe**) entstehen, bis wieder die nächste Exspiration und Inspiration folgt.

### 4.5.5 Säugetierlunge

Bei den Lungen der Säugetiere ist die Oberflächenvergrößerung durch Kammerung auf die Spitze getrieben. Der gesamte Binnenraum der Lungen ist von **Alveolen** erfüllt, traubig angeordneten offenen Bläschen, deren Wände nur aus dünnen Lungenepithel-Zellen bestehen, die mit Blutkapillaren durchzogen sind (Abb. 4.31). Säugetierlungen haben etwa 5- bis 10-mal größere respiratorische Oberflächen als die Lungen von Amphibien oder Reptilien gleichen Körpergewichts, obwohl das Volumen der Säugetierlunge wesentlich kleiner ist (1/4) (Abb. 4.14, Tabelle 4.5). Von außen betrachtet erinnern Säugetierlungen an die Konsistenz von feinporigem Schaumstoff, im Gegensatz zu der schwammähnlichen Struktur von Reptilienlungen, die auf einer Teilung des Lungenraums durch Septen beruht. Die Vergrößerung der inneren Oberfläche von Säugetierlungen wurde dadurch erreicht, dass sie ein sich verzweigendes System von Kanälen enthalten, Bronchien, Bronchiolen bis zu den *Ductuli alveolares*, in denen die Luft direkt zu den sehr kleinen Alveolen geführt wird.

Die Verzweigungen der Bronchien ist ursprünglich monopodial angelegt (Abb. 4.32), d. h. von einem die ganze Lunge durchziehenden Hauptbronchus zweigen meist zwei schwächere Bronchien ab. Mit zunehmender Lungengröße und Körpergröße verzweigen sich die Bronchien dichotom (gabelförmig), so dass bei Säugetieren über 10 kg der dichotome Verzweigungstyp überwiegt (Abb. 4.32). Die Organisation der Verzweigungen hat wichtige Folgen für den Gasaustausch, denn es muss erreicht werden, dass die Wegstrecke der Luft zu den Alveolen in der ganzen Lunge annähernd gleich groß ist. Bei den meisten Säugetieren sind es etwa 20 Verzweigungsschritte von der Trachea bis zu den endständigen Alveolarsäckchen (*Sacculi alveolares*). Im Verlauf der Verzweigungen steigt die Gesamt-

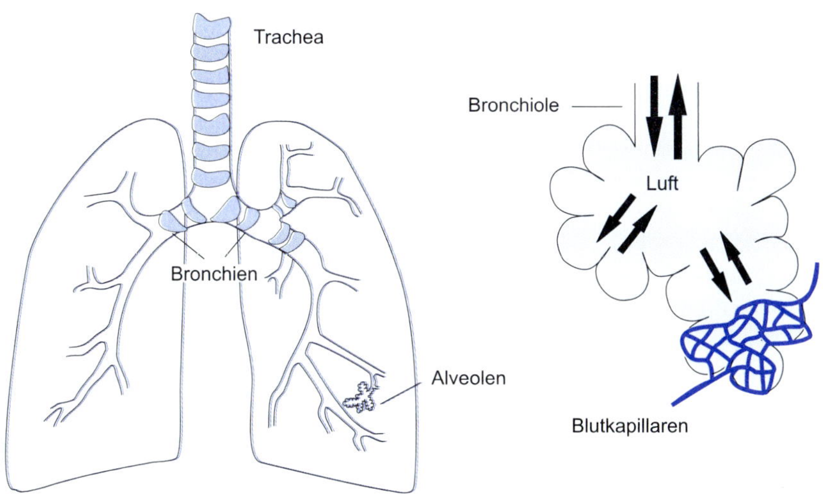


**Abb. 4.31.** Schematischer Aufbau der Säugetierlunge mit zuführenden Luftwegen über Trachea, Bronchien und Bronchiolen bis zu den Alveolen. In den Alveolen findet der Gasaustausch mit den Lungenkapillaren statt

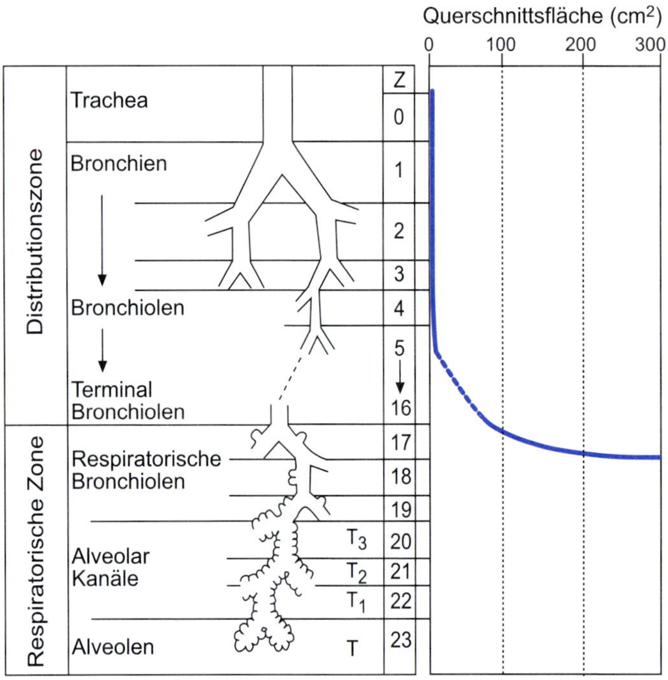


**Abb. 4.32.** Verzweigung des Atemwegesystems der menschlichen Lunge (*links*) und Verlauf des Gesamtquerschnitts der Luftwege (*rechts*) (modifiziert nach Weibel 1963, Hlastala u. Berger 2001)

querschnittsfläche von 2,54 $cm^2$ (Trachea) auf 300 $cm^2$ (17. Verzweigungsebene) an, wobei die Bronchien (3. Verzweigungsebene) die geringste Querschnittsfläche mit 2,0 $cm^2$ haben und damit die engste Stelle für die Belüftung der Atemwege bilden.

Die Trachea und die einzelnen Bronchien sind durch ringförmige Knorpelspangen versteift, so dass sie bei Bewegung und Druckänderungen nicht kollabieren und stets für Luft frei durchlässig bleiben. Lediglich die Bronchien besitzen sympathisch innervierte glatte Muskulatur, mit der sie sich verengen oder erweitern und auf diese Weise die Lungenbelüftung beeinflussen. Die Trachea, Bronchien und Bronchiolen sind am Gasaustausch nicht direkt beteiligt, sie leisten jedoch wichtige Vorbereitungen für den Gasaustausch. Auf ihrem Weg durch die Bronchien und Bronchiolen wird die Luft erwärmt und angefeuchtet. Das dichte Flimmerepithel der Bronchien und Bronchiolen fängt außerdem Schmutzpartikel ab, die in der Luft enthalten sind und die dann, unterstützt durch Makrophagen, abgebaut, resorbiert oder zur Ausscheidung in Richtung Glottis transportiert werden. Auf diese Weise wird sichergestellt, dass die empfindlichen Alveolen von gereinigter, körperwarmer und feuchter Luft erreicht werden (Abb. 4.33).

Die Alveolen sind die funktionelle Einheit des Gasaustauschs der Säugetiere. Sie bilden ein traubenförmiges Alveolarsäckchen von etwa 500 μm Durchmesser; in welchem eine einzelne Alveole einen Durchmesser von 25–100 μm hat, was dem Durchmesser einer normalen Körperzelle, z.B. einer Fettzelle, entspricht. Die beiden menschlichen Lungen enthalten je etwa 150 Mio. Alveolen, die gemeinsam eine innere Oberfläche von 70–90 $m^2$ ausbilden, bei nur etwa 0,5 $m^2$ äußerer Lungenoberfläche (Vergrößerungsfaktor bis zu 150). Zum Vergleich enthalten die wesentlich kleineren Lungen von Ratten 41 Mio. Alveolen, die allerdings etwas kleiner als menschliche Alveolen sind, aber den Ratten eine innere Oberfläche von 0,25 $m^2$ für den Gasaustausch bereitstellen (Massaro u. Massaro 1996). Die beinahe schon astronomische Anzahl an Alveolen in der Lunge dient nur dazu, den Gasaustausch für die anderen Gewebe zu übernehmen. Für jedes Kilogramm seines Körpergewichts hat der Mensch

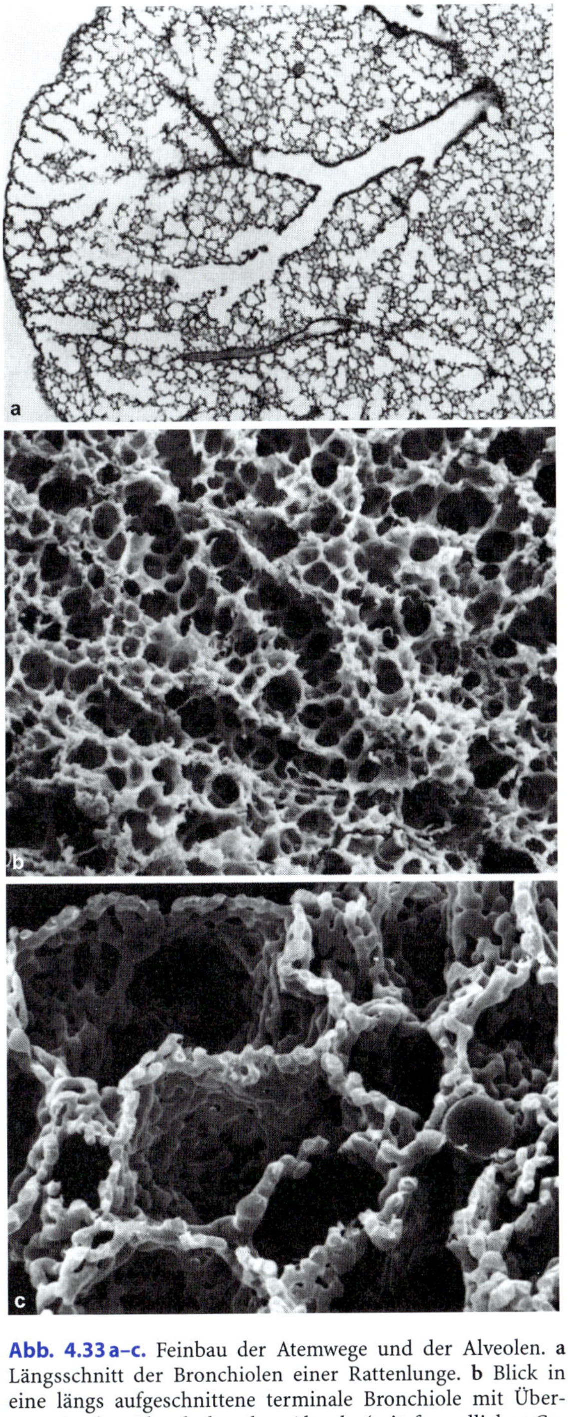


**Abb. 4.33 a–c.** Feinbau der Atemwege und der Alveolen. **a** Längsschnitt der Bronchiolen einer Rattenlunge. **b** Blick in eine längs aufgeschnittene terminale Bronchiole mit Übergang in den Alveolarkanal. **c** Alveole (mit freundlicher Genehmigung von A. Duncker, Giessen)

1–1,3 $m^2$ Lungenoberfläche, während diese gewichtsspezifische Oberfläche bei einer Ratte 1,7 $m^2$ beträgt.

### Diffusionsbarriere

An der Oberfläche der Lungenepithelzellen geht der Sauerstoff aus der Luft in wässrige Lösung über. In wässriger Lösung diffundiert er mit relativ langsamer Diffusionsgeschwindigkeit in das Blut, bzw. Kohlendioxid in umgekehrter Richtung (Abb. 4.34). Sowohl die Kapillarendothelzellen als auch die Lungenepithelzellen sind sehr dünn, so dass nur Diffusionsstrecken von etwa 0,5 µm überbrückt werden müssen (Tabelle 4.5). Spitzenreiter sind dabei die Fledermäuse, die für den Flug einen besonders großen Energiebedarf haben und deshalb nicht nur besonders große respiratorische Oberflächen besitzen (Abb. 4.14), sondern auch besonders dünnwandige Lungen- und Kapillarendothelzellen entwickelten, deren Diffusionsbarrieren nur etwa 0,2 µm betragen. Über solch kurze Distanzen benötigen Sauerstoff und Kohlendioxid in wässriger Lösung nur sehr kurze Diffusionszeiten von weniger als 1 msec, und normalerweise hat deshalb das Blut nach der Passage der Lungenkapillaren seinen Atemgasgehalt an den der Alveolarluft angeglichen.

### Kapillare Haftung

Um ihre Funktion als Atemorgan zu erfüllen, fehlt der Lunge ein eigenes, festigendes Bindegewebe, das die Alveolen stützt und in Form hält. Ein festigendes Epithel und Bindegewebe in der Lunge würde die Diffusionsstrecken verlängern, die respiratorische Oberfläche verringern und die Beweglichkeit der Lunge beim Ein- und Ausatmen beeinträchtigen. Die Stützfunktion für die Lunge wird statt dessen von den umgebenden Geweben übernommen. Bei den meisten Säugetieren haftet die Lunge durch einen kapillaren Flüssigkeitsfilm den umgebenden Geweben an. Ein kapillarer Flüssigkeitsfilm besitzt eine enorme Zugfestigkeit, mit der das äußere und das innere Pleuralblatt aneinander haften, aber die beiden Blätter bleiben seitlich gegeneinander verschiebbar. Die Verschiebbarkeit ist der Garant

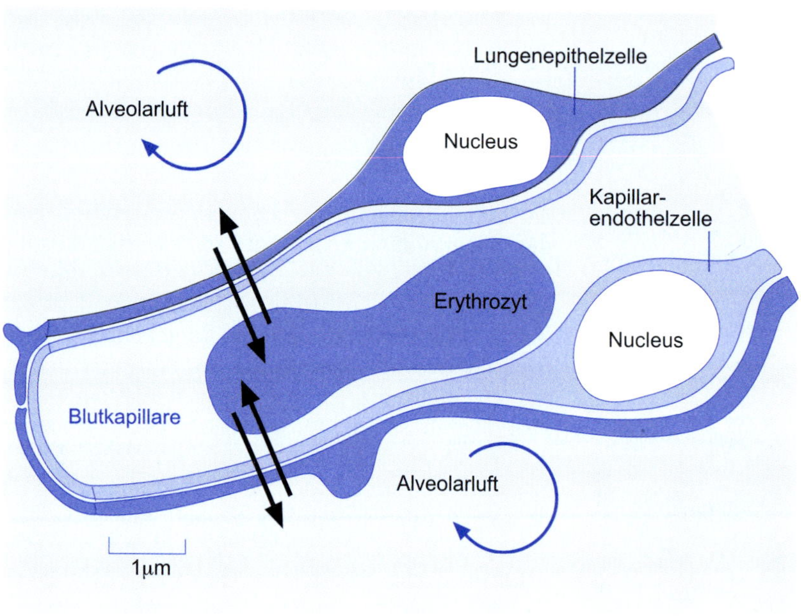


**Abb. 4.34.** Schnitt durch die Alveolarwand einer Ratte. Eine Blutkapillare und die angrenzenden Zellen des Lungenepithels sind von beiden Seiten der Alveolarluft zugänglich. Die Diffusionsbarriere für den Gasaustausch beträgt etwa 0,5 μm

**Tabelle 4.5.** Morphometrische Eigenschaften der Lungen von Wirbeltieren: Frosch (*R. catesbeiana*), Schildkröte (*P. scripta*), Huhn (*G. domesticus*), Kaninchen (*Sylvilagus*) (Burggren u. Roberts 1991)

| | Frosch | Schildkröte | Huhn | Kaninchen |
|---|---|---|---|---|
| Körpermasse (g) | 300 | 990 | 1600 | 1600 |
| Lungenvolumen (ml $g^{-1}$) | 0,2 | 0,28 | 0,01 | 0,075 |
| Lungenoberfläche ($cm^2$ $g^{-1}$) | 2,8 | 2,5 | 18 | 18 |
| Lungenoberfläche pro Lungenvolumen ($cm^2$ $ml^{-1}$) | 12 | 18 | 1920 | 240 |
| Diffusionsbarriere Luft-Blut (μm) | 2 | 0,5 | 0,1 | 0,2–10 |

dafür, dass die Lunge den Atembewegungen der umgebenden Organe folgt und dass sich dabei stets die ganze Lunge gleichmäßig dehnt oder zusammenzieht, so dass ihr Inneres immer vollständig belüftet oder entlüftet wird. Bei sehr großen Säugetieren, wie Elefanten, ist die Lunge teilweise mit den umgebenden Organen verwachsen. Möglicherweise erfordern das Gewicht der Lunge und die hohen Zugkräfte bei der Ventilation einen festeren Halt, als durch kapillare Haftung alleine erwirkt wird.

Ohne kapillare Haftung an den umgebenden Organen würde die Lunge sich durch ihre Eigenelastizität zusammenziehen und in sich zusammenfallen. Durch den kapillaren Flüssigkeitsfilm wird sie gedehnt und unter Spannung gehalten und damit bleiben auch ihre Alveolen für den Gasaustausch offen. Sie entwickelt dabei eine Zugspannung, die in den menschlichen Lungen einem Druck von 0,5 kPa entspricht. Die Thoraxwand und das Zwerchfell halten die Lunge mit einem Gegendruck von −1,33 kPa, so dass im Interpleuralspalt ein Druck von −0,8 kPa (Einatmen, −0,5 kPa beim Ausatmen) entsteht, mit dem die Lunge am äußeren Pleuralblatt haftet. Wenn bei Verletzungen des Brustkorbs Luft in den Pleuralspalt eindringt, dann wird die kapillare Haftung aufgehoben, die Lunge fällt in sich zusammen und kann nicht mehr ventiliert werden (**Pneumothorax**).

### Oberflächenspannung

Die kapillare Haftung allein reicht allerdings nicht aus, um auch die Alveolen im Lungeninnenraum als Bläschen offen zu halten. Die Wände der Alveolen sind ja nur etwa 1 µm stark und müssten, auf Grund der ungleichen Verteilung der Oberflächenspannung an einem offenen Bläschen, eigentlich in sich zusammenfallen wie aufgeschnittene Seifenblasen. Sie enthalten keine Versteifungen und müssen sich bei der Ventilation ohne Behinderung ausdehnen und zusammenziehen können. Die Lungen der Säugetiere sind deshalb alle mit Substanzen bedeckt, welche die Oberflächenspannung erniedrigen (**Surfactant**). Es handelt sich dabei um ein Gemisch von Phospholipiden und Proteinen, die von speziellen Zellen des Lungenepithels (Pneumocyten Typ II) gebildet werden und ihrerseits ein Netz von tubulärem Myelin bilden, das den dünnen Wasserfilm hält, der die Alveolen zur Luft hin auskleidet (Abb 4.35). Als Phospholipide enthalten die Surfactants der Säugetiere vor allem das Dipalmitoylphosphatidylcholin und das Phosphatidylglycerin, zwei Substanzen, die in anderen Geweben des Körpers sehr selten sind. Daneben sind aber auch Lecithinderivate und Cholesterin Bestandteile der Surfactants. Vier spezifische Surfactant-Proteine konnten identifiziert werden, wobei SP-A und SP-D große wasserlösliche Moleküle mit Kollagen-ähnlichen Abschnitten sind, während SP-B und SP-C kleiner und hydrophob sind, sehr gut an Lipide binden und möglicherweise als Apoproteine dienen, um das komplexe Netzwerk zu bilden (Clements 1997).

Aus den Lungen aller Wirbeltiere konnten oberflächenaktive Substanzen extrahiert werden, und zwar jeweils etwa 2–3-mal so viel, wie zu einer monomolekularen Schicht auf der Lungenoberfläche ausgereicht hätten, d.h. man kann von einer lückenlosen Bedeckung der Lungenoberfläche ausgehen (Clements et al. 1970). Das Vorkommen von Surfactant auch in den Lungen von Reptilien, Amphibien und Lungenfischen ist auf den ersten Blick schwer verständlich. Die Faveoli der Reptilien sind durch Einlagerung von Collagen stabilisiert, so dass eine Verringerung der Oberflächenspannung nicht notwendig erscheint. Das gilt noch mehr für die einfachen Lungen der Lungenfische und Amphibien und

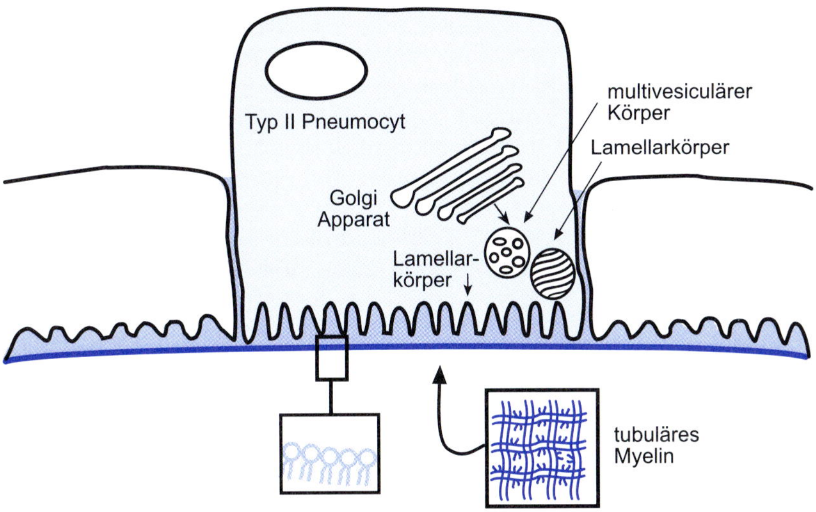


**Abb. 4.35.** Bildung des Surfactant durch Pneumocyten Typ II. Die Alveolaroberfläche wird weitgehend von cytosolischen Ausläufern der Pneumocyten Typ I gebildet (10% aller Lungenzellen), die zum Luftraum hin die Kapillaren umhüllen (Kapillar-Endothelzellen 30%). Vereinzelt eingestreut liegen die Pneumocyten Typ II. Sie synthetisieren den Surfactant-Komplex in Form multivesiculärer Körper, aus denen dann Lamellarkörper werden, deren Inhalt in den Extrazellulärraum sezerniert wird und dort zum tubulären Myelin assoziiert, das mit dem extrazellulären Wasserfilm die Grenze zur Luft bildet

erst recht für die Schwimmblasen der Fische und die Schneckenlungen. Vieles spricht dafür, dass die Surfactants von weitergehender, grundsätzlicher Bedeutung für die Stabilisierung eines dünnen Wasserfilms auf Epithelzellen sind und erst im Verlauf der Evolution der Säugetierlunge für die Funktion der Alveolen Verwendung fanden, wobei sie dafür besonders stark oberflächenaktive Komponenten entwickelten (Daniels u. Orgeig 2001). Während der Geburt von Säugetieren spielen die Surfactants eine besonders wichtige Rolle. Sie sind dafür verantwortlich, dass die Lunge sich rasch entfaltet und bereits beim ersten Atemzug innerhalb von Sekunden die Alveolen stabilisiert, so dass ein Neugeborenes unmittelbar nach der Geburt mit Luftatmung beginnen kann.

### Ventilation der Säugetierlunge

Die Säugetierlunge wird ausschließlich durch **Saugventilation** belüftet. Sie hat dazu keine eigene Muskulatur, sondern ist von den Bewegungen der sie umgebenden Organe abhängig. Dabei kommen zwei verschiedene Techniken zum Einsatz (Abb. 4.36):

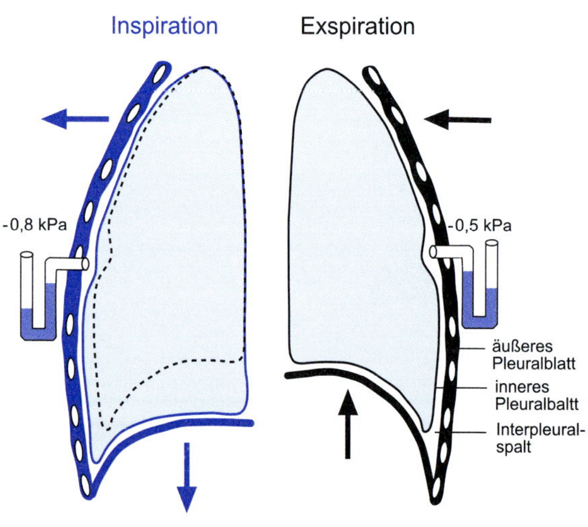


**Abb. 4.36.** Formänderung der Lunge bei der Zwerchfellatmung und der Thorakalatmung und die damit verbundenen Veränderungen des Drucks im kapillaren Flüssigkeitsfilm des Interpleuralspalts

- Bei der **Zwerchfellatmung** kontrahieren sich die Muskelfasern des Zwerchfells (Diaphragma), wobei es sich abplattet, nach unten zieht und die Eingeweide nach vorne unten wegdrückt. Dabei werden die Lungen gedehnt, und der entstehende Unterdruck saugt Luft in beide Lungenflügel. Zum Ausatmen entspannt sich die Zwerchfellmuskulatur, worauf die Lunge und das Zwerchfell auf Grund ihrer Eigenelastizität wieder in die Ausgangsform zurückkehren.
- Eine zweite Technik ist die **Thorakalatmung.** Dabei werden die Rippen mit den dorsal liegenden Zwischenrippenmuskeln (*M. intercostales externi*) angehoben. Gleichzeitig werden die Rippen dabei etwas nach außen gebogen, so dass der Thorax angehoben wird und sich frontal und lateral ausdehnt. Dabei wird ebenfalls die Lunge mitgedehnt, und durch den entstehenden Unterdruck wird Luft in die Lunge gesaugt. Zum Ausatmen entspannt sich die Intercostalmuskulatur, Thorax und Lunge kehren auf Grund ihrer Eigenelastizität in die Ausgangstellung zurück.

Beide Ventilationstechniken werden gemeinsam eingesetzt. Bei der Atmung in Ruhe wird die Zwerchfellatmung bevorzugt und bei erhöhter Ventilation während körperlicher Arbeit wird insbesondere die Thorakalatmung verstärkt. Das Einatmen ist also stets ein aktiver Vorgang, der Muskelarbeit erfordert, während das Ausatmen passiv geschieht. Bei gesteigerter Ventilation kann jedoch auch das Ausatmen durch Kontraktion der Bauchmuskulatur und der inneren Zwischenrippenmuskulatur beschleunigt werden.

Bewegungen der Extremitäten können ebenfalls die Ventilation beeinflussen, weil die an der Ventilation beteiligten Muskeln teilweise in Bewegungsabläufe beim Springen, Fliegen und Laufen einbezogen sind und weil heftige Lokomotionsbewegungen zu Verformungen im Abdomen und Thorax führen. Bei laufenden oder fliegenden Säugetieren wird deshalb häufig mit der Schrittfrequenz oder Flügelschlagfrequenz ventiliert, oder es besteht ein festes Zahlenverhältnis (1:2, 1:3, 1:4) zwischen Lokomotionsbewegungen und der Ventilation. Besonders auffallend ist dies bei springenden Kängurus; denn jede Landung ist mit einer Kompression des Körpers verbunden, die zum Ausatmen genutzt wird, und mit der Streckung beim anschließenden Absprung wird eingeatmet (Baudinette et al. 1987).

### Atemarbeit

Die Lunge wird beim Einatmen gedehnt und hat immer das Bestreben, ihr Volumen zu verkleinern. Um diese Zugspannung zu überwinden, muss beim Einatmen Arbeit geleistet werden. Hinzu kommt beim Einatmen die Arbeit, die geleistet werden muss, um den Dehnungswiderstand des Brustkorbs zu überwinden. Beide Arbeiten hängen von den elastischen Eigenschaften der Lunge und des Brustkorbs ab, die als **Compliance** (Box 4.5) bezeichnet werden. Da das Ausatmen passiv erfolgt, wobei Lunge und Thorax von allein in die Ausgangstellung zurückkehren und das eingeatmete Volumen wieder ausatmen, wird in diesem Idealfall bei der Ventilation netto keine Compliance-Arbeit verrichtet. Arbeit ist jedoch erforderlich, um den Strömungswiderstand der Luft im Atemtrakt und um die nicht-elastischen, viskösen Gewebswiderstände (Reibung, Deformation) zu überwinden. Diese Arbeit muss sowohl beim Ein- als auch beim Ausatmen geleistet werden. Beim Menschen erfordert die Überwindung des Strömungswiderstands etwa 80% und die Überwindung des viskosen Gewebswiderstandes etwa 20% der Atemarbeit. Der Energieaufwand für die Ventilation

## Box 4.5

### Compliance

Die elastischen Eigenschaften der Lunge, des Thorax und des Zwerchfells werden als Compliance ($C$) bezeichnet. Sie lässt sich an Hand von Volumen-Dehnungskurven anschaulich machen. Bei Menschen kann sie gemessen werden, indem man ein bestimmtes Volumen Luft einatmet und dann, bei geschlossenem Mund und Nase, den im Atemtrakt herrschenden Druck ($P_{Pul}$) misst. Man erhält dabei die Compliance für Lunge und Thorax ($C_{Th+L}$):

$$C_{Th+L} = \frac{\Delta V}{\Delta P_{Pul}} \qquad (2)$$

Um die Compliance der Lunge alleine zu erhalten, muss zusätzlich der Druck im Interpleuralspalt für die Compliance des Thorax ($C_{Th}$) gemessen werden. Da die Compliance der Reziprokwert des elastischen Widerstands ist, kann aus der Differenz zwischen $C_{Th+L}$ und $C_{Th}$ die Lungen-Compliance ($C_L$) nach folgender Formel berechnet werden:

$$\frac{1}{C_L} = \frac{1}{C_{Th+L}} - \frac{1}{C_{Th}} \qquad (3)$$

An isolierten Lungen von Tieren kann die Compliance direkt gemessen werden. Für eine Füllung der Lunge mit Luft sind höhere Drücke erforderlich als für eine Füllung mit physiologischer Kochsalzlösung. Dies zeigt, dass die Compliance wesentlich von der Oberflächenspannung der Alveolen abhängt, denn mit physiologischer Kochsalzlösung in der Lunge entfällt die Oberflächenspannung der Alveolen in Luft. Die Volumendehnungskurven ergeben eine unterschiedliche Kurvenlage, je nachdem ob ein- oder ausgeatmet wird. Diese Hysteresis wird hauptsächlich durch die Surfactants verursacht, die sich während der Kontraktion der Alveolenoberfläche zu Micellen umlagern und bei deren Dehnung wieder auf der Oberfläche ausbreiten (Hlastala u. Berger 2001).

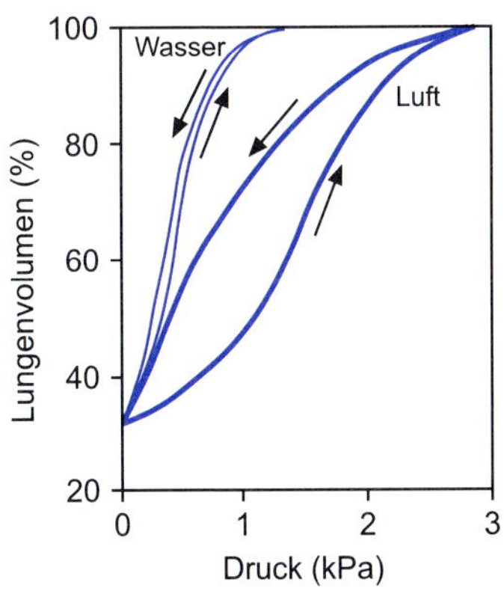

beträgt beim Menschen in Ruhe etwa 0,5% des Ruheumsatzes; dieser Prozentsatz kann aber bei Arbeit bis auf 3,8% des gesamten Umsatzes steigen, vor allem durch den steigenden Strömungswiderstand in den Atemwegen. Für den Frosch *Rana pipiens* wurde berechnet, dass die Atemarbeit in Ruhe etwa 5% des gesamten Energieumsatzes erfordert (West u. Jones 1975), was vermuten lässt, dass die Druckatmung wesentlich energieaufwendiger ist als die hoch entwickelte Saugatmung der Säugetiere.

### Atemvolumina und Alveolarluft

Bei der Ventilation der Lungen muss erreicht werden, dass stets genügend Sauerstoff die Alveolen erreicht und dass Kohlendioxid von dort abtransportiert wird. Dies klingt trivial, aber der Bau der Lunge mit den nicht kompressiblen Bronchien und der Trachea sowie den bläschenförmigen Alveolen macht klar, dass die Lunge nie völlig entleert und auch nie komplett neu mit Frischluft gefüllt werden kann. Die eingeatmete Luft muss sich immer mit einem in der Lunge vorhandenen Luftvorrat mischen. Die Größe und Bewegung der Luftvolumina bei der Ventilation lassen sich beim Menschen mit einem Spirometer sehr gut untersuchen und sollen deshalb hier als Beispiel dienen (Abb. 4.37).

Bei der Ruheatmung des Menschen werden 10–15-mal pro Minute etwa 0,5–0,6 l geatmet (= **Atemvolumen**), daraus ergibt sich ein **Atemminutenvolumen** von 5–9 l Luft $min^{-1}$. Der Nasenrachenraum, die Trachea und die Bronchien bilden einen anatomischen Totraum für die Atmung, da dort nur Luft transportiert wird, aber kein Gasaustausch stattfindet. Die Größe dieses Totraums hängt von der Körpergröße ab (Faustregel Körpergewicht mal zwei in ml) und hat im Mittel ein Volumen von etwa 0,15 l. Daraus folgt, dass nur etwa 0,35 l eines Atemzuges überhaupt in die Lunge vordringen. Diese Luft erreicht jedoch nicht direkt die Alveolen, da sich bei Ruheatmung noch ein **exspiratorisches Reservevolumen** von

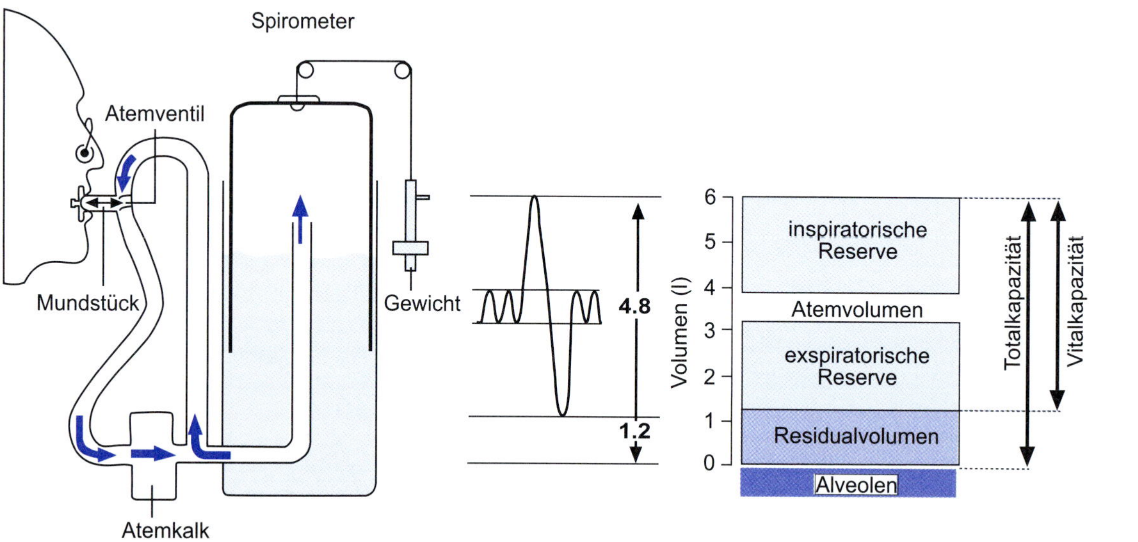


**Abb. 4.37.** Funktionsweise eines Spirometers zur Messung der Atemvolumina (*links*). Eine Atemglocke wird durch die Atemluft des Probanden auf- und abwärts bewegt. Das Gewicht der Glocke wird durch ein Gegengewicht ausgeglichen, um Kompression der Atemluft zu vermeiden. Damit können das Atemvolumen in Ruhe, bei maximaler Ausatmung das exspiratorische Reservevolumen und bei maximaler Einatmung das inspiratorische Reservevolumen gemessen werden (*rechts*). Das Residualvolumen kann aus der Verdünnung eines eingeatmeten Markiergases gemessen werden. Die Summe aller Volumina ergibt die Totalkapazität, ohne das Residualvolumen die Vitalkapazität. Die Vitalkapazität von 20–30 Jahre alten Männern beträgt 5,1 l (Frauen 4,4 l) und wird mit zunehmendem Alter geringer (50–60 Jahre 4,4 l)

## Box 4.6

### Alveolares Gasgemisch und Effizienz der Sauerstoffextraktion

Die Zusammensetzung des Gasgemisches in den Alveolen kann entweder durch Gasproben aus der Lunge direkt gemessen oder aus der Gaszusammensetzung am Ende einer forcierten Ausatmung extrapoliert werden (Mensch). Sie kann auch aus dem Sauerstoffverbrauch und der Kohlendioxidabgabe eines Säugetiers berechnet werden. Aus den Alveolen wird Sauerstoff ins Blut aufgenommen, mit einer Rate, die sich aus dem Sauerstoffverbrauch des Tieres ergibt ($\dot{V}O_2$), und Kohlendioxid wird entsprechend der Rate der Kohlendioxid-Produktion ($\dot{V}O_2$) der Alveolarluft zugegeben. Daraus kann der alveolare $pO_2$ ($p_AO_2$) und der alveolare $pCO_2$ ($p_ACO_2$) bei Körpertemperatur für wasserdampfgesättigte Luft (BTPS-Bedingungen s. u.) berechnet werden:

$$p_AO_2 = p_iO_2 - \frac{\dot{V}O_2}{\dot{V}_A} \quad (4)$$

$$p_ACO_2 = p_iO_2 - \frac{\dot{V}CO_2}{\dot{V}_A} \quad (5)$$

$p_iO_2$ und $p_iCO_2$ stehen in diesen Gleichungen für den Partialdruck von $O_2$ und $CO_2$ in der Einatemluft, $T_b$ ist die Körpertemperatur in °C und $\dot{V}_A$ die alveolare Ventilationsrate. Letztere kann nicht direkt gemessen werden. Sie ist kleiner als die Ventilationsrate (Atemminutenvolumen) eines Säugetiers, da nur ein Teil der Einatemluft die respiratorischen Bereiche der Lunge erreicht. Bei Atmung in Ruhe kann sie aus Gleichung (4.5) abgeschätzt werden, da Säugetiere ihren $p_ACO_2$ auf $40 \pm 3$ mmHg konstant halten (5,3 kPa) und der $p_iCO_2$ in der Luft nahe null ist (0,03 kPa).

Die Effizienz der Sauerstoffextraktion ($E$, %) in der Lunge kann aus dem Verhältnis des Sauerstoffpartialdrucks in der Einatemluft ($p_iO_2$) und der Ausatemluft ($p_aO_2$) berechnet werden:

$$E = 100(p_iO_2 - p_eO_2)/p_iO_2 \quad (6)$$

Bei Säugetieren beträgt die Effizienz 20–25% (Mensch 23%). Vögel besitzen in der Regel eine höhere Effizienz von 40–43%. Die höhere Effizienz der Sauerstoffextraktion in der Vogellunge beruht auf der unidirektionalen Ventilation der Parabronchien und der verbesserten Extraktion in den Luftkapillaren (s. Kap. 4.5.6).

Das Volumen einer Gasmenge hängt von der Temperatur, dem einwirkenden Druck und von deren Wasserdampfgehalt ab (Tabelle 4.1). Deshalb müssen bei Volumenangaben die jeweiligen Messbedingungen spezifiziert werden. Neben der üblichen *STPD-Bedingung* [*Standard Temperature, Pressure, Dry* (0 °C, 760 mmHg, trockene Luft)] sind in der Atmungsphysiologie zwei weitere Bedingungen üblich, um die tatsächliche Leistung der respiratorischen Oberflächen zu beurteilen:

*BTPS-Bedingung*: (*Body Temperature, Pressure, Saturated*) Bedingungen wie sie tatsächlich in der Lunge vorherrschen (aktuelle Temperatur z. B. $T_b$, aktueller Luftdruck, und Sättigung mit Wasserdampf).

*ATPS-Bedingung*: (*Ambient Temperature, Pressure, Saturated*) Hierunter versteht man die Bedingungen, wie sie außerhalb des Körpers bestehen (Umgebungstemperatur $T_a$, aktueller Luftdruck und Wasserdampfsättigung bei der $T_a$).

ca. 2 l in der Lunge befindet, das erst bei forciertem Ausatmen aus der Lunge entfernt wird. Selbst nach maximaler Ausatmung verbleibt in den inkompressiblen Bronchien und Alveolen stets noch ein **Residualvolumen** von 1,2 l. Daraus folgt, dass sich bei Ruheatmung ein Luftvolumen von 3,2 l in der Lunge befindet, an dessen oberem Ende 0,35 l durch Ventilation ausgetauscht werden. Die Alveolen kommen also nie mit Frischluft direkt in Berührung, sondern erst nach deren Durchmischung mit dem bereits in der Lunge befindlichen Luftvorrat. Deshalb wird bei der Ventilation der Lunge zwischen der eigentlichen Ventilation im äußeren Bereich und einer Distributions-Zone im inneren Bereich unterschieden. In der Distributions-Zone wird Sauerstoff und Kohlendioxid durch Diffusion und Konvektion im Alveolarbereich gleichmäßig verteilt (Abb. 4.38).

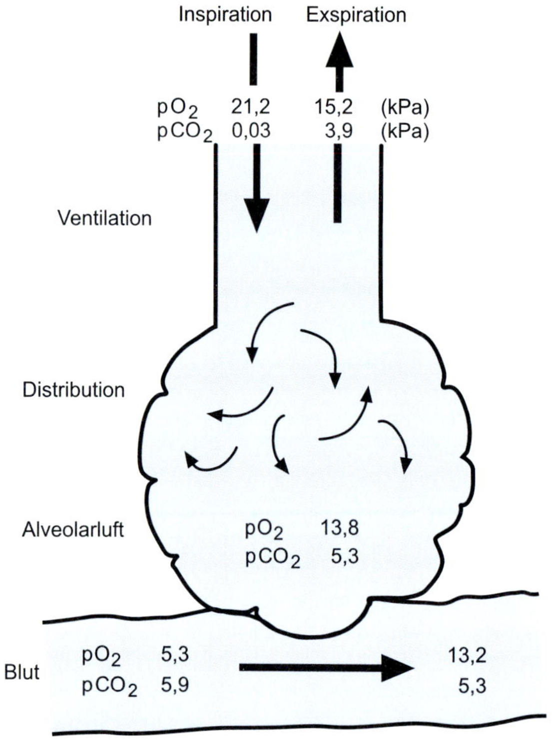


**Abb. 4.38.** Sauerstoff- und Kohlendioxidkonzentration in der Inspirations-, Exspirations- und Alveolarluft

Dieser Weg erscheint auf dem ersten Blick unnötig kompliziert und ineffektiv, denn er verhindert einen direkten Transport von Frischluft zu den Alveolen und hat zur Folge, dass diese nur Luft mit vermindertem Sauerstoffpartialdruck erhalten (Box 4.6). Messungen der alveolaren Gaszusammensetzung bestätigen diese Vermutung, denn der alveoläre $pO_2$ beträgt nur noch etwa 100 mmHg (13,3 kPa) gegenüber 150 mmHg (21,2 kPa) in der Frischluft, und der $pCO_2$ steigt auf 44 mmHg (5,3 kPa) gegenüber 0,23 mmHg (0,03 kPa) in der Frischluft. Auf den ersten Blick ein Nachteil, denn nach Ficks Diffusionsgesetz ist die transportierte Stoffmenge proportional dem Partialdruckgradienten, und ein halbierter Partialdruckgradient bedeutet Halbierung des Gasaustauschs. Bemerkenswert an der alveolaren Gaszusammensetzung ist jedoch, dass sie sowohl beim Ein- als auch beim Ausatmen nahezu konstant bleibt (Abb 4.38). Durch die Mischungsvorgänge in der Distributionszone wird zwar das Sauerstoffangebot in den Alveolen verringert, aber es wird über die Zeit hinweg konstant bereit gehalten und schafft damit ein stabiles Konzentrationsgefälle zwischen Alveolen und dem Blut. Dies erlaubt eine konstante Aufnahme von Sauerstoff durch Diffusion über die respiratorische Oberfläche und umgekehrt konstante Abgabe von Kohlendioxid, unabhängig von der Ventilationsphase. Eine mit der Ventilation schwankende Gaszusammensetzung in der Alveolarluft würde zu einer pulsierenden Aufnahme von Sauerstoff und Abgabe von Kohlendioxid führen. Dies wird vermieden, stattdessen sorgt das stabile Konzentrationsgefälle für einen kontinuierlichen Gasaustausch per Diffusion.

## 4.5.6 Vogellunge

Nimmt man als Maßstab für die Qualität eines Atemorgans die Größe der Oberfläche, die für den Gasaustausch eingesetzt wird, so gebührt der Vogellunge eindeutig der erste Preis für die Evolution von Atemorganen. Ihre innere Oberfläche ist 5–8-mal größer als die einer Säugetierlunge vergleichbaren Volumens (Tabelle 4.5). Diese sprungartige Vergrößerung der respiratorischen Oberfläche der Vogellunge wurde durch einen völlig anderen Bauplan erreicht, als wir ihn bisher bei den Faveoli der Reptilien und den Alveolen der Säugetiere kennengelernt haben.

Die paarigen Vogellungen sind relativ starr und fest mit der dorsalen Thoraxwand verwachsen und können zur Ventilation nicht oder nur geringfügig gedehnt werden. Sie besitzen keine Alveolen, sondern enthalten als kleinste Struktur für den Gasaustausch ein Röhrensystem, die **Parabronchien** (Abb. 4.39). Diese können Querrippen enthalten und öffnen sich seitlich in feine Luftkapillaren, die in ein dichtes Kapillarnetz eingebettet sind. Der Durchmesser der Parabronchien entspricht mit 500 µm etwa dem Durchmesser von Alveolensäckchen, und die davon radial abzweigenden blind endenden **Luftkapillaren** haben einen Durchmesser von etwa 100 µm. Damit wird eine extreme Vergrößerung der Oberfläche für den Gasaustausch erreicht, denn der Gasaustausch findet im Netzwerk der

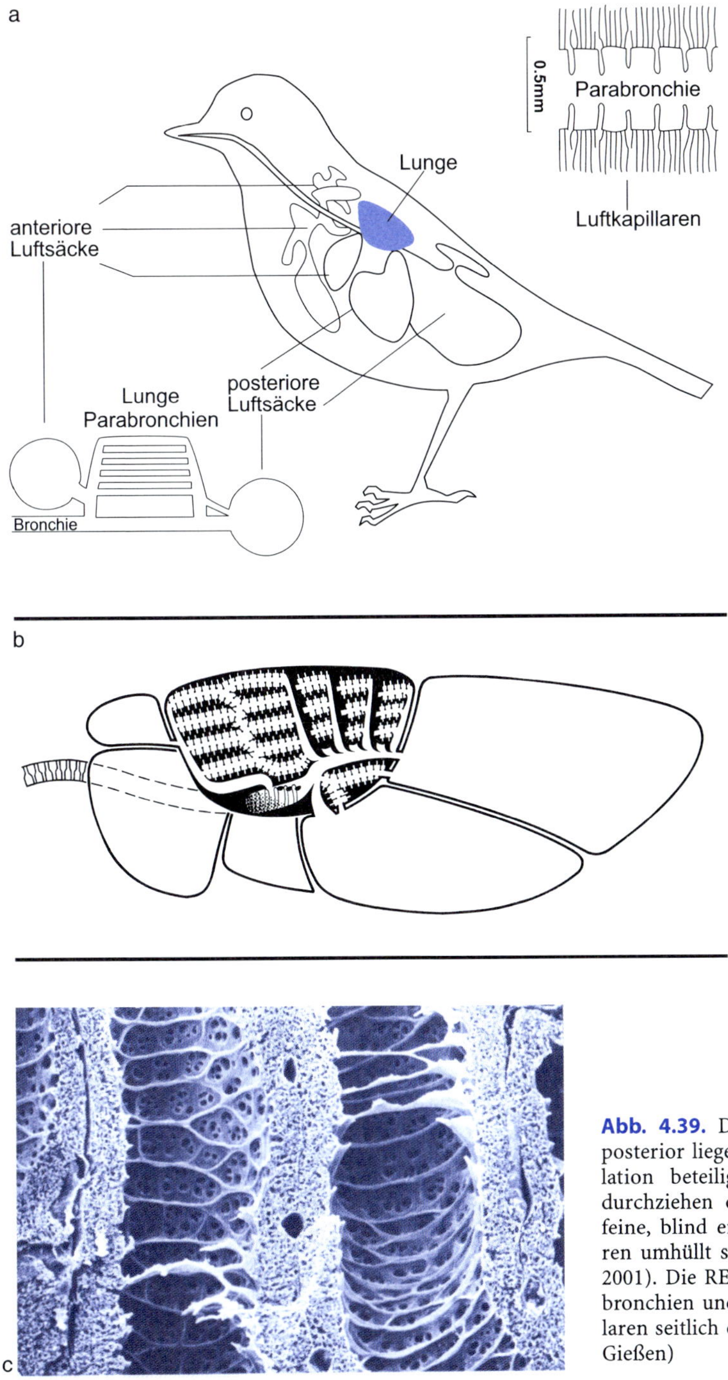


**Abb. 4.39.** Die Lungen der Vögel sind mit anterior und posterior liegenden Luftsäcken verbunden, die an der Ventilation beteiligt sind. Parallel verlaufende Parabronchien durchziehen die Lungen. Von den Parabronchien zweigen feine, blind endende Luftkapillaren ab, die von Blutkapillaren umhüllt sind (**a** nach Schmidt-Nielsen 1972, **b** Duncker 2001). Die REM-Aufnahme zeigt einen Einblick in die Parabronchien und das dichte Netzwerk der Luft-und Blutkapillaren seitlich der Parabronchien (Aufnahme von R. Duncker, Gießen)

Luftkapillaren und Blutkapillaren statt. Diese Anordnung macht für den Gasaustausch auch besonders kurze Diffusionsbarrieren von nur 0,2 µm möglich. Die Parabronchien durchziehen den größten Teil der Lungen parallel laufend in einer Richtung und sind an beiden Enden offen. Hieraus ergibt sich ein weiterer wesentlicher Unterschied zu Säugerlungen, denn die Parabronchien der Vogellungen können von Atemluft direkt durchströmt werden, anstelle einer bidirectionalen Ventilation und einer Durchmischung der Atemluft über längere Strecken, wie sie in den blind endenden Alveolen der Säugetiere notwendig ist. Bereits dieser Feinbau der Vogellunge lässt vermuten, dass mit der Röhrenkonstruktion höhere Raten des Gasaustausch durch Diffusion möglich sind als mit den sackförmigen Lungen der anderen Wirbeltiere.

Vogellungen sind nur etwa halb so groß wie die Lunge eines gleich großen Säugetiers (Tabelle 4.5). Allerdings sind sie zusätzlich mit einem System von **Luftsäcken** verbunden (Abb. 4.39). Die Luftsäcke füllen den ganzen Vogelkörper aus, sie erstrecken sich in kleine Zwischenräume zwischen Organen, ja sie können sogar Hohlräume in Knochen ausfüllen. Die Gruppe der vorderen (anterioren) Luftsäcke nimmt mit den präthorakalen Säcken und dem unpaaren interclavicularen Sack das größte Volumen ein. Die abdominalen und postthorakalen Luftsäcke bilden die Gruppe der hinteren (posterioren) Luftsäcke. Ihr Volumen ist insgesamt etwas kleiner, aber sie zeigen die größten Volumenänderungen bei der Ventilation. Die Vermutung, dass Luftsäcke der Gewichtseinsparung für das Fliegen dienen, trifft sicher nicht zu. Sie ersetzen keine anderen, schweren Organe, sondern sind ein zusätzliches Organ der Vögel. Sie können allenfalls das spezifische Gewicht verringern, was aber kein unbedingter Vorteil für die Flugarbeit eines Vogels ist, denn alle anderen schweren Organe sind ja noch vorhanden und müssen im Flug getragen werden. Ihre enge Verbindung mit der Lunge legt nahe, dass sie an der Atmung beteiligt sind, und dafür gibt es im Grunde nur zwei Möglichkeiten: Sie tragen über ihre große innere Oberfläche direkt zum Gasaustausch bei, oder sie spielen eine Rolle bei der Ventilation. Dass sie direkt zum Gasaustausch beitragen, ist zweifelhaft, da Luftsäcke nur spärlich mit Blutgefäßen versorgt sind. Den Beweis für diese Hypothese lieferte Soum bereits 1896 in einem einfachen Experiment an Enten. Er verschloss die Verbindung der posterioren Luftsäcke zum restlichen Atemsystem und injizierte Kohlenmonoxid in die posterioren Luftsäcke. Kohlenmonoxid ist schon in geringen Mengen toxisch, aber die Enten zeigten keine Reaktion. Daraus folgt dass die Luftsäcke nicht als respiratorische Oberfläche dienen, ja dass sie sogar extrem gasdicht sind, und infolgedessen eigentlich nur als Blasebalg an der Ventilation beteiligt sein können.

### Ventilation der Vogellunge

Die **Ventilation der Vogellunge** warf eine der großen Streitfragen unter den Atmungsphysiologen auf. Über den grundlegenden Ablauf herrscht inzwischen Einigkeit, doch viele Detailfragen sind noch offen. Lässt man eine Ente einen einzelnen Atemzug mit einem markierten Gas machen, z. B. mit reinem Sauerstoff, so taucht dieses Gas nur in den hinteren Luftsäcken auf; in den vorderen Luftsäcken und in der Lunge bleibt der Sauerstoff-Partialdruck unverändert, d. h. nur die hinteren Luftsäcke nehmen die Einatemluft auf. Bei der darauf folgenden Exspiration wird die Ente normale Exspirationsluft ausatmen. Da bei der Exspiration das Volumen aller Luftsäcke verkleinert wird, musste auch Markiergas aus den hinteren Luftsäcken verdrängt werden, aber es tauchte nicht in den vorderen Luftsäcken auf, sondern konnte nur aus den hinteren Luftsäcken in die Lunge befördert werden. Beim nächsten Einatmen gelangt wieder normale Luft in die hinteren Luftsäcke. Gleichzeitig taucht das Markiergas in den vorderen Luftsäcken auf, d. h. die vorderen Luftsäcke erhalten bei der Inspiration die „verbrauchte" Luft aus der Lunge. Bei der darauffolgenden Exspiration wird das Markiergas aus den vorderen Luftsäcken ausgeatmet und taucht wieder in der Ausatemluft auf (Abb. 4.40).

Daraus folgt, dass ein Luftvolumen zwei Atemzüge braucht, um durch das Respirationssystem der Vögel transportiert zu werden. Viel wichtiger aber ist, dass dabei die Lunge mit ihren Parabronchien stets in einer Richtung

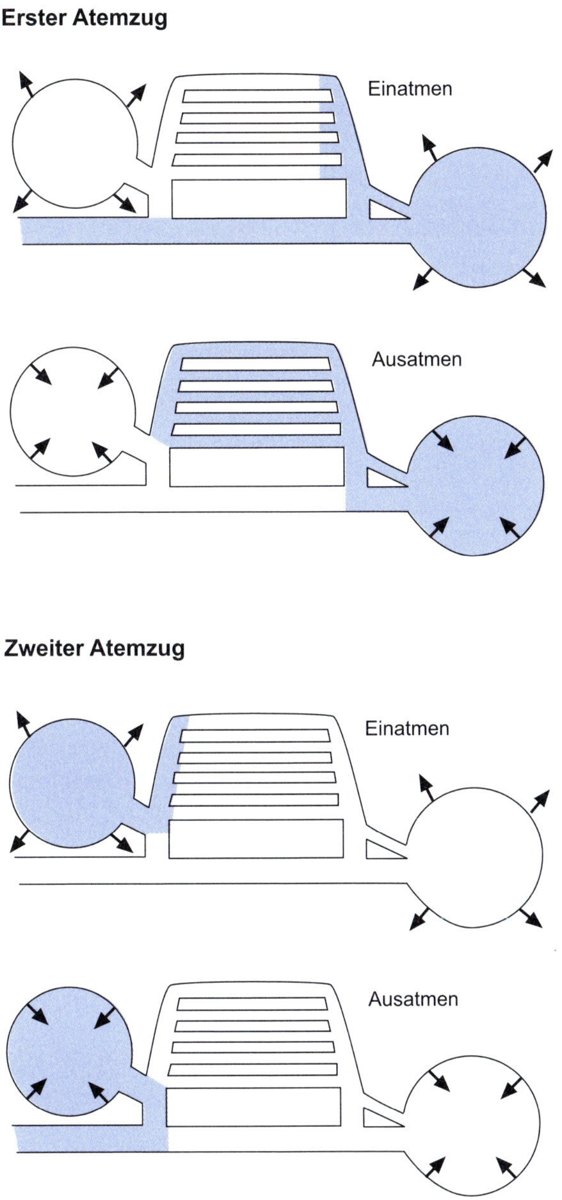


**Abb. 4.40.** Ventilation der Vogellunge. Es werden zwei Atemzüge benötigt, um ein Luftvolumen durch das gesamte System zu transportieren. Beim Ein- und Ausatmen wird die Lunge stets unidirektional, von den posterioren zu den anterioren Luftsäcken, durchströmt (Bretz und Schmidt-Nielsen 1972, Schmidt-Nielsen 1975)

durchströmt wird, von den hinteren Luftsäcken zu den vorderen Luftsäcken. Die Vögel haben erreicht, dass, obwohl in ihren oberen Atemwegen die Luft beim Ein- und Ausatmen jeweils in der Gegenrichtung strömt, dies in einen Kreislauf der Atemluft durch die Luftsäcke und die Lunge umgesetzt wird.

Obwohl dieser Luftfluss in zahlreichen Untersuchungen gut dokumentiert ist, sind doch einige wichtige Funktionen nicht geklärt. Der geschilderte Luftfluss suggeriert, dass die hinteren Luftsäcke nur Frischluft enthalten, die dann in die Lunge geleitet wird. Dies ist jedoch nicht der Fall, denn die Trachea und Bronchien der Vögel enthalten verbrauchte Exspirationsluft, die der Einatemluft beigemischt wird. In Ruheatmung und auf geringer Meereshöhe enthalten die hinteren Luftsäcke der Vögel eine **Mischluft**, deren Sauerstoff- und Kohlendioxidgehalt sich nicht wesentlich von der Alveolarluft der Säugetiere unterscheidet. Bei Flugarbeit und in großer Höhe müssen Vögel ihr Atemvolumen erhöhen; dann wäre zu erwarten, dass der Anteil an Frischluft in den hinteren Luftsäcken erhöht wird. Außerdem ist die physiologische Grundlage des Kreislaufs an Luft durch die Luftsäcke und die Lunge nicht bekannt. Eigentlich wären dazu Ventile in der Lunge und im Luftsacksystem erforderlich, die dafür sorgen, dass beim Einatmen die Luft nur in die hinteren Luftsäcke und beim Ausatmen von dort in die Lunge geleitet wird. Bisher sind keine Ventile oder größere Querschnittsänderungen im Luftleitsystem der Vögel entdeckt worden. Man nimmt an, dass minimale lokale Druckgradienten und die aerodynamischen Eigenschaften der Bronchien für den Luftfluss in der richtigen Richtung sorgen (**aerodynamische Steuerung**).

Die unidirektionale Ventilation der Parabronchien eröffnet einen wesentlich effizienteren Gasaustausch, denn damit könnten Vögel das Gegenstrom-Prinzip nutzen, wie es auch in den Fischkiemen geschieht und diese zu besonders effizienten Gasaustauschern macht. Voraussetzung dafür wäre jedoch, dass Blut in der Gegenrichtung durch die Kapillaren der Parabronchien strömt. Dies scheint jedoch nicht der Fall zu sein, denn die Hauptströmungsrichtung der Kapillaren führt quer zu den Parabronchien; man

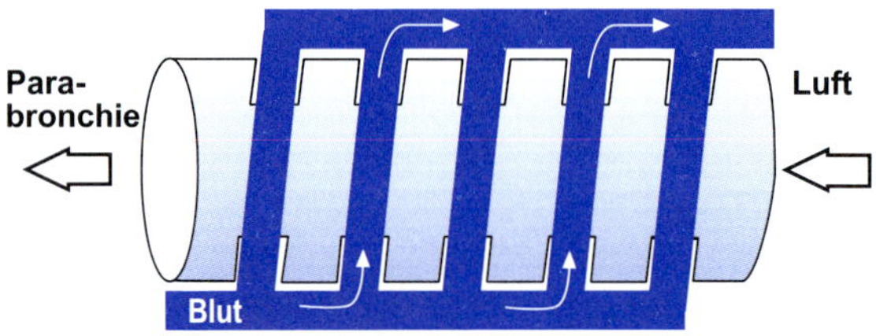


**Abb. 4.41.** Kreuzstromaustausch in den Parabronchien der Vögel. Die Parabronchien werden unidirektional mit Luft durchströmt, und die Kapillaren verlaufen quer zur Strömungsrichtung der Luft

spricht deshalb von einem Kreuzstromaustausch, der in seiner Effizienz zwischen dem Gleich- und dem Gegenstromaustausch liegt (Abb. 4.41). Fest steht, dass die Effizienz des Gasaustausches bei Vögeln wesentlich besser ist als bei Säugetieren, denn sie können mühelos noch in Höhen fliegen, in denen sich Säugetiere aus Sauerstoffmangel nicht mehr auf den Beinen halten können. Zugvögel wurden gelegentlich in sehr großer Höhe von über 10 000 m beobachtet, und selbst wenn sie beim Aufstieg thermische Aufwinde nutzen, so ist Fliegen immer mit schwerer körperlicher Arbeit verbunden. Rekordhalter ist ein Geier (*Gyps ruepellii*), der in einer Flughöhe von 11 280 m mit einem Flugzeug kollidierte (Laybourne 1974). Außerdem sind Vögel beim Steig- und Sinkflug rasch wechselnden Partialdrucken ausgesetzt, die sie ebenfalls mühelos kompensieren. Säugetiere sind zu vergleichbaren Leistungen nicht in der Lage, denn sie können im Normalfall nur einen Aufenthalt bis 5000 m und im Extremfall 8800 m verkraften (s. Kap. 4.1.1).

## 4.5.7 Regulation der Lungenatmung

Atmung kann nicht auf Vorrat oder im Überschuss erfolgen, da kein nennenswerter Speicher für Sauerstoff vorhanden ist und überschüssiges Kohlendioxid nur in geringem Umfang zurückgehalten werden kann. Dies ist besonders kritisch für die endothermen Säugetiere und Vögel, bei denen bereits ein kurzfristiger Ausfall des Gasaustauschs an den respiratorischen Oberflächen zum Tod führt, da ihre hohen Stoffwechselraten nur unter rascher und lückenloser Nachlieferung von Sauerstoff aufrechterhalten werden können. Die Lungen, wie auch die Kiemen, haben keine eigene Muskulatur oder gar ein eigenes neuronales Verarbeitungssystem, sondern sind vollständig auf Fremdsteuerung der Atemmuskulatur angewiesen. Diese muss gewährleisten, dass ein zuverlässiger rhythmischer Wechsel von Ein- und Ausatembewegungen stattfindet. Für den fehlerfreien, regelmäßigen Wechsel von Ein- und Ausatmen wurde bereits vor mehr als 100 Jahren ein Mechanismus der reflektorischen Selbststeuerung vorgeschlagen. Dieser Herring-Breuer-Reflex, nach den Entdeckern so benannt, war noch ohne detaillierte Kenntnis der physiologischen Zusammenhänge postuliert worden, hat aber in einigen Grundzügen auch heute noch Gültigkeit. Damit es zu einem regelmäßigen Alternieren der Atembewegungen kommt, wurde vorgeschlagen, dass für das Ein- und Ausatmen jeweils eigene Gruppen von Nervenzellen verantwortlich sind, die sich gegenseitig hemmen, eine einfache Maßnahme, um den kapitalen Fehler zu vermeiden, dass gleichzeitig ein- und ausgeatmet wird, was Atemstillstand zur Folge hätte. Zusätzlich wurde vorgeschlagen, dass von der Lunge eine Rückmeldung über das Ende einer Einatembewegung zum Zentralnervensystem erfolgt, damit dort auf die Koordination einer Ausatembewegung umgeschaltet werden kann, zum nächsten Zyklus von Ein- und Ausatmen.

### Koordination des Atemrhythmus

Die Koordination der Atemtätigkeit erfolgt im Wesentlichen in der Medulla oblongata durch Neuronengruppen, die das **Atemzentrum** bilden (Abb. 4.42). In der Medulla von Säugetieren lassen sich zwei Gruppen unterscheiden: die paarigen, langgezogenen Säulen ventrolateral liegender respiratorischer Neurone (VRG, ventrale respiratorische Gruppe) und zwei dorsomedial liegende kleinere Gruppen (DRG, dorsale respiratorische Gruppe). Die ventrale Gruppe ist phylogenetisch von besonderem Interesse, da sie bei Fischen die Motoneurone enthält, die für die Be-

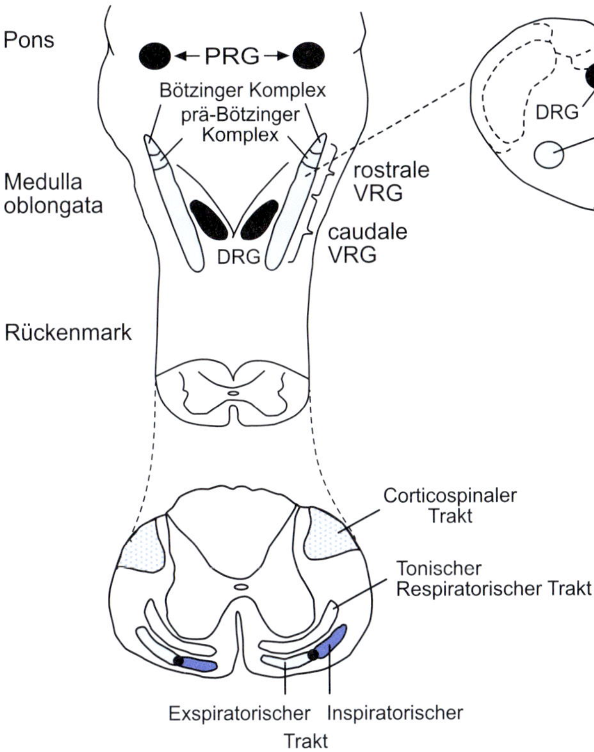


**Abb. 4.42.** Atemzentrum in Pons und Medulla oblongata und Lage der respiratorischen Neurone im Rückenmark. DRG: dorsale respiratorische Neuronengruppe, PRG: pontine respiratorische Neuronengruppe, VRG: ventrale respiratorische Neuronengruppe (nach Hlastala u. Berger 2001)

wegungen des Kiemenapparates verantwortlich sind. Die ventrale Gruppe enthält in der Tat Neurone, die nur bei der Inspiration aktiv sind, und Neurone, die ausschließlich bei der Exspiration aktiv sind. Die beiden Neuronenpopulationen sind in der ventralen Gruppe räumlich aufgeteilt, wobei an den caudalen und rostralen Enden die Exspirationsneurone vorherrschen und in der Mitte die Inspirationsneurone überwiegen. Die ebenfalls in der Medulla liegende dorsale respiratorische Gruppe enthält überwiegend Neurone, die auf sensorische Signale aus der Lunge, der Atemmuskulatur und dem Kreislaufsystem reagieren und somit der Überwachung der Atembewegungen dienen.

Die Bedeutung dieser Neuronen für die Atmung wurde mit Ausschaltversuchen ermittelt. Wird die Medulla oblongata unterhalb (caudal) der Atemneurone durchtrennt, so kommt es zu einem sofortigen Atemstillstand. Wird oberhalb (rostral) durchtrennt, so geht die Atmung regelmäßig weiter, u.U. etwas langsamer und mit Unterbrechungen, was auf die Beteiligung einer weiteren Neuronengruppe aus der Pons hinweist, deren Funktion aber noch nicht ganz geklärt ist. Der regelmäßige Wechsel von Einatmen und Ausatmen wird jedoch allein von der ventralen Gruppe der Atemneurone erzeugt, durch das Wechselspiel zwischen Inspirations- und Exspirationsneuronen und durch den Generator des Respirationsrhythmus, der nach gegenwärtigem Kenntnisstand rostral im Prä-Bötzinger-Komplex des Atemzentrums lokalisiert ist.

Die hauptsächlich an der Atmung beteiligten Muskeln, das Zwerchfell und die Intercostalmuskulatur, werden durch $\alpha$-Motoneurone innerviert, die ventral im Rückenmark verlaufen, mit getrennten Bahnen für die Exspirations- und die Inspirationsbewegungen. Die Lunge und die Atemwege enthalten eine Vielzahl an Mechanorezeptoren, die jeden Dehnungszustand der Lunge registrieren können. Deren Afferenzen werden im Nervus vagus zum Hirnstamm geführt. Wenn sich die Lunge beim Einatmen dehnt, so steigern die Mechanorezeptoren ihre Aktivität und können nach Überschreitung einer Schwelle die Einatembewegung hemmen. Diese Rückkoppelung ist Bestandteil der normalen Atemtätigkeit. Nach Durchtrennung oder Lähmung des Nervus vagus kommt die Atmung kurzfristig wegen fehlender Rückkoppelung zum Stillstand, kann aber danach wieder rhythmisch werden, was die Bedeutung des autonomen Rhythmusgenerators im Atemzentrum unterstreicht. Eine vorübergehende Hemmung der Atmung durch Reizung des Nervus vagus haben wahrscheinlich viele Leser schon an sich selbst erfahren: Ein Ball oder Faustschlag, der den Solarplexus trifft, führt zu einer mechanischen Irritation des Nervus vagus und damit zu einem vorübergehenden Atemstillstand.

### Bedarfsgerechte Regelung der Atmung

Die Atmung muss nicht nur in Ruhe regelmäßig funktionieren, sondern auch in der Lage sein, den Mehrbedarf bei körperlicher Arbeit zu decken und möglichst ohne zeitliche Verzögerung bereitzustellen. Dies geschieht, indem das Atemzentrum sowohl die Atemfrequenz als auch das Volumen der Atemzüge steigert, wodurch der Luftdurchsatz durch die Lunge oder der Wasserdurchsatz durch die Kiemen erhöht wird. Diese Reaktion wird durch Chemorezeptoren ausgelöst, die den Sauerstoffgehalt und Kohlendioxidgehalt im Körper überwachen. Sowohl die Lokalisation dieser Rezeptoren als auch das von ihnen bevorzugte chemische Signal ist überraschend. Am ehesten wäre zu vermuten, dass der Sauerstoffgehalt in den Atemorganen gemessen wird. Dies ist aber nur in wenigen Fällen zu beobachten, z. B. bei Fischen mit Sauerstoffrezeptoren im Bereich der Kiemen (s. Kap. 4.4.4). Die Mehrzahl der Rezeptoren ist jedoch im Blutgefäßsystem lokalisiert und überwacht den Atemgasgehalt der Körperflüssigkeiten. Auch bei Fischen müssen weitere zentrale Rezeptoren existieren. Die Lokalisation der Rezeptoren im Blutkreislauf und deren Rückmeldung zum Atemzentrum stellen sicher, dass die Leistung der Ventilation rasch auf die tatsächlichen Bedürfnisse der Gewebe des Körpers abgestimmt werden kann.

Bei der Nutzung der chemischen Signale für die Atemregelung gibt es gravierende **Unterschiede zwischen Wasser atmenden und Luft atmenden Tieren**. Wasser atmende Tiere messen in erster Linie den Sauerstoffgehalt der Körperflüssigkeit und gestehen dem Kohlendioxidgehalt nur geringe Bedeutung zu. Genau das Umgekehrte kann bei Luft atmenden Tieren beobachtet werden, denn ihre Atmung reagiert in erster Linie auf Schwankungen des Kohlendioxidgehalts und die damit verbundenen Schwankungen des pH-Wertes, während Schwankungen im Sauerstoffangebot nur geringe Reaktionen der Atmung auslösen. Der Vergleich der Reaktion auf Erniedrigung des Sauerstoffgehalts (**Hypoxie**) und Erhöhung des Kohlendioxidgehalts (**Hypercapnie**) bei verschiedenen Luft atmenden Wirbeltieren in Abb. 4.43 zeigt, dass ein um 5% verringerter Sauerstoffgehalt nicht vernachlässigt wird, dass aber ein um 5% erhöhter Kohlendioxidgehalt in der Atemluft mit heftigem Anstieg der Ventilation bis auf das 10fache beantwortet wird. Erst wenn der Sauerstoffgehalt der Atemluft von 21% auf unter 10% gesunken ist, steigt die Ventilation leicht an. Bei einem vergleichbaren Anstieg des $CO_2$-Gehalts der Atemluft auf 11% fallen die meisten Tiere nach anfänglicher Ventilationssteigerung bereits in eine Kohlendioxid-Narkose. Tiere, die Erdhöhlen bewohnen, können wesentlich weniger empfindlich gegenüber Hyperkapnie sein als z. B. Ratten, die bis zu 10% Kohlendioxid in der Atemluft tolerieren.

**Amphibien** besitzen Chemorezeptoren im Aortenbogen, die sowohl auf Hypoxie als auch auf Hyperkapnie ansprechen. Viele Amphibien sind bimodale Atmer, die von Wasser- auf Luftatmung umschalten können. Im Wasser ist das Sauerstoffsignal der dominierende Atemantrieb, während bei Luftatmung auf Kohlendioxid-Regelung umgeschaltet wird (Wakemann u. Ultsch 1975, Burggren u. West 1982). Bei **Reptilien** ist die Existenz von Chemorezeptoren in der Aorta unklar, aber sie haben Kohlendioxidrezeptoren in ihrem Atemtrakt (Fedde et al. 1977). **Vögel** reagieren sehr empfindlich auf Schwankungen im Kohlendioxidgehalt der Luft und der Körperflüssigkeiten. Sie verfügen über Kohlendioxidrezeptoren in der Lunge, außerdem Che-

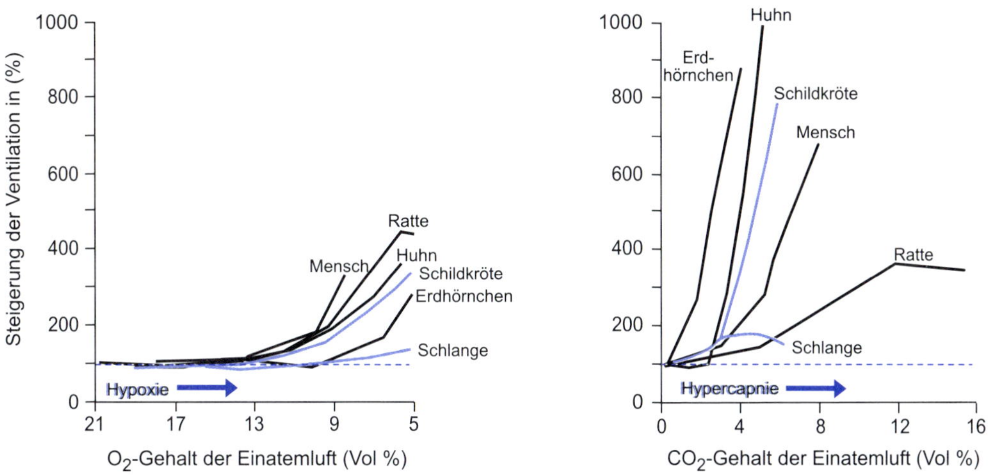


**Abb. 4.43.** Reaktion der Ventilation von Luft atmenden Wirbeltieren auf Veränderungen des Sauerstoffgehalts und des Kohlendioxidgehalts in der Atemluft (nach McArthur u. Milson 1991, Withers 1992)

morezeptoren in der Aorta und dem Karotidenkörperchen, mit denen sowohl Kohlendioxid als auch Sauerstoff gemessen werden können. Am besten untersucht ist die Atemregelung der **Säugetiere**. Sie besitzen Chemorezeptoren im Aortenbogen, im Karotidenkörperchen (*Glomus caroticum*), das in der Aufgabelung der beiden Kopfarterien sitzt, und Chemorezeptoren im Zentralnervensystem dorsal des Atemzentrums in der Medulla, aber keine Chemorezeptoren in der Lunge (Abb. 4.44). Die Chemorezeptoren in der Aorta und im Karotidenkörperchen können den Kohlendioxid- und Sauerstoffgehalt sowie den pH-Wert der Körperflüssigkeit messen, während die Chemorezeptoren beim Atemzentrum in erster Linie auf den pH-Wert der Cerebrospinalflüssigkeit reagieren. Unter normalen Atembedingungen auf Meereshöhe hängt die Atemregelung des Menschen etwa zur Hälfte vom $pCO_2$ und zur Hälfte vom pH-Wert ab, Schwankungen im $pO_2$ spielen nur im Extremfall eine Rolle.

Die Reaktion auf einen Anstieg im $CO_2$-Gehalt der Körperflüssigkeiten oder der Atemluft ist mit einer Ventilationssteigerung nur unzulänglich beschrieben. Sie führt innerhalb kurzer Zeit zu einem Ringen nach Luft und panikartigen Fluchtattacken. Wenn man sich beim Tauchen auch noch so fest vorgenommen hat, möglichst lange unter Wasser zu bleiben, so ist es der Anstieg des $pCO_2$ in der Körperflüssigkeit, der zum Wiederauftauchen und Luft holen zwingt, eine Reaktion, die nicht willentlich unterdrückt werden kann. Im Gegensatz dazu wird ein Mangel an $O_2$ nicht rechtzeitig bemerkt, was schon mehrfach den Tod von Piloten beim Flug in großer Höhe verursacht hat, wenn deren der Atemgeräte einen technischen Defekt hatten.

### Vergleich der Regelung der Lungenatmung mit der Kiemenatmung

Die Bevorzugung des Sauerstoffs für die Atmungsregulation bei Wasser atmenden Tieren erscheint sinnvoll, da das Sauerstoffangebot im Wasser knapp ist, und Kohlendioxid wegen seiner guten Löslichkeit unbegrenzt an das umgebende Wasser abgegeben werden kann. Warum Luft atmende Tiere dagegen das Kohlendioxid und den pH für die Atmungsregulation bevorzugen und damit nur als Nebeneffekt die Sauerstoffversorgung sichern, bietet Anlass zu Spekulation. Erstens ist das Sauerstoffangebot in der Luft so groß, dass kein Mangel zu erwarten ist. Zweitens ist Kohlendioxid gut wasserlöslich, reagiert chemisch mit dem Wasser zu Bikarbonat und wird damit zum Bestandteil der pH-Regulation der Körperflüssigkeit, die nur sehr geringe Schwankungen zulässt. Der pH-Wert der Körper-

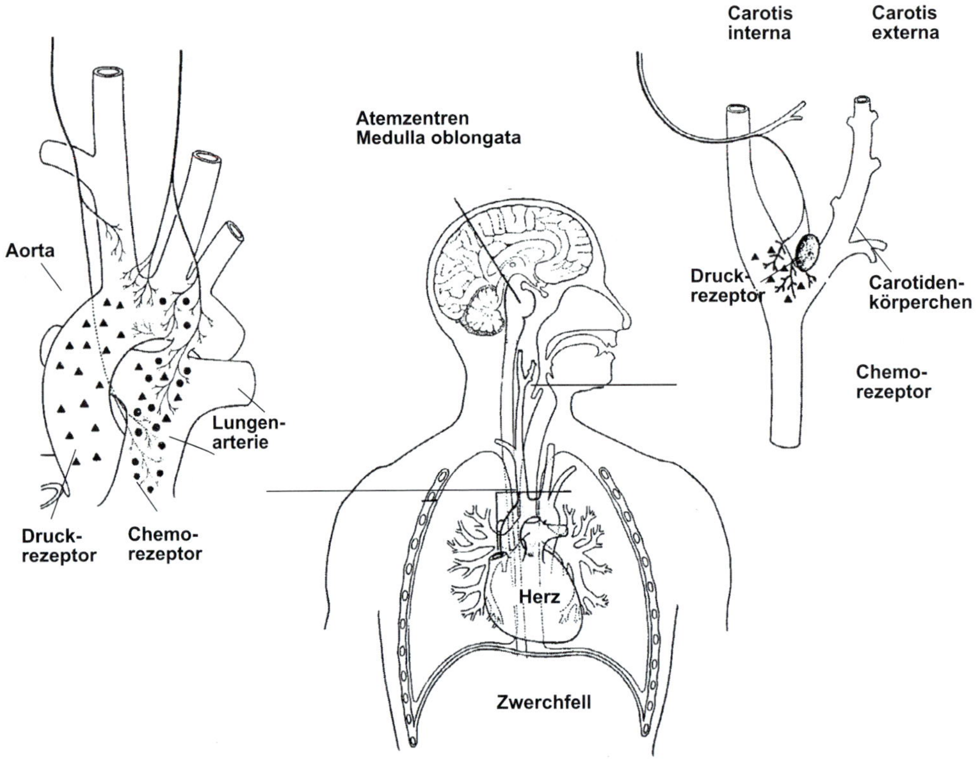


**Abb. 4.44.** Chemorezeptoren im Blutgefäßsystem für die Steuerung der Atemtätigkeit (Comroe 1966)

flüssigkeiten wird sehr präzise geregelt und darf nur in engen Grenzen schwanken. Der daran gekoppelte Kohlendioxidgehalt des Blutes muss hoch sein, um zu gewährleisten, dass eine ausreichende Menge zum Ausatmen vorhanden ist, ohne dass es dabei zu großen Partialdruckschwankungen kommt. Wenn diese Regelung im Nebeneffekt ausreichend Sauerstoff beschafft, so sind keine weiteren Maßnahmen erforderlich.

## Atemregelung im Hochgebirge

Normalerweise funktioniert diese indirekte Regelung des Atemantriebs durch Kohlendioxid und den pH-Wert sehr zuverlässig, aber in Grenzbereichen werden ihre besonderen Eigenschaften bemerkbar. Dazu gehört der Aufenthalt im **Hochgebirge** und das Tauchen. Im Hochgebirge nimmt der Sauerstoffpartialdruck ab, und dieser Sauerstoffmangel kann, wenn auch nur in geringem Umfang, die Ventilation zusätzlich anregen. Dies verbessert die Sauerstoffversorgung, verursacht aber gleichzeitig eine überproportionale Abgabe an Kohlendioxid. Bereits in Höhen von 3000 m ist dies durch einen von 5,3 auf 4,8 kPa verringerten alveolären $pCO_2$ bemerkbar, der in noch größeren Höhen extrem niedrige Werte einnimmt, z. B. auf 8848 m Höhe nur noch 1,5 kPa (Abb. 4.2). Bei erhöhter Stoffwechselrate durch körperliche Aktivität kann auf mäßiger Höhe der $pCO_2$ und pH in der Körperflüssigkeit annähernd konstant gehalten werden. In Ruhe kann er so weit absinken, dass der Atemantrieb durch $CO_2$ ausfällt, da im Verhältnis zum aufgenommenen Sauerstoff zu viel Kohlendioxid ausgeatmet wird. Ohne diesen Atemantrieb kann die Atmung kurzfristig aussetzen, denn der niedrige $pO_2$ reicht als Atemantrieb allein nicht aus. Die Atmung kommt dann so lange zum Stillstand, bis sich wieder genügend $CO_2$ in den Körperflüssigkeiten akkumuliert hat und die Atmung anregt. Dies kann zu unregelmäßiger Ventilation mit längeren Unterbrechungen (**Schlafapnoe**) führen, die auch der Erholungswirkung des Schlafs abträglich ist.

### Atemprobleme beim Tauchen

Schwimmer, die ohne Tauchgerät tauchen (Nackttaucher), machen sich ebenfalls den Atemantrieb durch Kohlendioxid zu Nutze, um ihre Tauchzeit zu verlängern. Genauer gesagt, sie versuchen diesen Atemantrieb zu unterdrücken, indem sie vor einem Tauchgang längere Zeit hyperventilieren und dabei nicht nur das physikalisch gelöste Kohlendioxid abrauchen, sondern auch Kohlendioxid aus dem Bikarbonat-Puffersystem der Körperflüssigkeiten entfernen. Von professionellen Nackttauchern (ohne Tauchgerät) können auf diese Weise Tauchzeiten von mehreren Minuten erreicht werden. Allerdings ist dies ein äußerst riskanter Sport. Wenn bei einem solchen Tauchgang Sauerstoffmangel auftritt, so besteht die Gefahr, dass durch den Sauerstoffmangel wesentliche Lebensfunktionen ausfallen. Ein Sauerstoffmangel in den Körperflüssigkeiten ist nur ein schwaches Signal für Verhaltensreaktionen und löst kein Auftauchen aus. Das Auftauchen wird erst wieder durch Kohlendioxid ausgelöst, das sich allmählich im Körper ansammelt, und dann könnte es zu spät sein. Deshalb sollten Schwimmer auf das Hyperventilieren vor einem Tauchgang verzichten.

Ein weiteres Problem beim Tauchen von Luft atmenden Tieren entsteht durch den **hydrostatischen Druck** des Wassers, der pro 10 m Tiefe um eine Atmosphäre (101,3 kPa) zunimmt. Ein Luftvorrat, der im Körper mit unter Wasser genommen wird, wird komprimiert, der Körper zusammengepresst und dadurch auch der Partialdruck für Sauerstoff und Stickstoff in dem eingeatmeten Luftvorrat erhöht. Beide Gase lösen sich in der Körperflüssigkeit entsprechend ihrem Partialdruck, mit dem sie an der respiratorischen Oberfläche angeboten werden. Taucher mit Tauchgerät atmen über ein Ausgleichsventil, das den Druck der Atemluft dem hydrostatischen Druck des Wassers stets angleicht. Die Lösung der Atemgase in der Körperflüssigkeit dauert einige Minuten, vor allem die des Stickstoffs, der gut lipidlöslich ist (5-mal besser als im Wasser) und deshalb in erster Linie im gering durchbluteten Fettgewebe gespeichert wird. In 100 m Tiefe enthält das Fettgewebe etwa die 10fache Menge Stickstoff wie auf Meereshöhe (Tabelle 4.6). Sowohl Sauerstoff als auch Stickstoff sind in hoher Konzentration gesundheitsschädlich. Ein hoher Sauerstoffpartialdruck von mehr als 100 kPa kann **toxisch** wirken, Lungengewebe zerstören und Krämpfe auslösen. Dieser Sauerstoffgehalt wird unterhalb einer Tauchtiefe von etwa 40 m erreicht. Taucher begegnen dieser Gefahr, indem sie für wiederholte und längere Tauchgänge den Sauerstoffgehalt des Atemgases verringern. Die Gefahr einer **Stickstoffnarkose** ist jedoch größer, da sie sich allmählich einschleicht und sich zuerst in Orientierungsstörungen und Fehlentscheidungen (Tiefenrausch) bemerkbar macht. Die Wirkung von Stickstoff ist ähnlich der Anwendung von Lachgas. Bei einer Tauchtiefe von 100 m ist die Gefahr einer Stickstoff-Narkose so groß, dass Stickstoff nicht mehr für die Atemgasmischungen verwendet werden kann, sondern durch Helium oder Wasserstoff ersetzt werden muss.

**Tabelle 4.6.** Gaspartialdrucke in der Atemluft beim Tauchen, und die bei diesen Drucken lösbare Gasmenge im Blut und Fettgewebe. Für die Berechnung der Löslichkeit von $O_2$ im Plasma wurde ein Löslichkeitskoeffizient von 0,209 ml $l^{-1}$ $kPa^{-1}$, und für die Löslichkeit von $N_2$ im Fettgewebe ein Löslichkeitskoeffizient von 0,67 ml $l^{-1}$ $kPa^{-1}$ verwendet

| Tauchtiefe (m) | Luftdruck (kPa) | $pO_2$ (kPa) | $pCO_2$ (kPa) | $pN_2$ (kPa) | alveolarer $pCO_2$ | Plasma $O_2$-Gehalt ($mlO_2$ $l^{-1}$) | Fettgewebe $N_2$-Gehalt ($mlO_2$ $l^{-1}$) |
|---|---|---|---|---|---|---|---|
| 0 | 101,3 | 21,2 | 0,03 | 79,1 | 5,3 | 4,4 | 53 |
| -10 | 202 | 42,3 | 0,06 | 157,7 | 5,3 | 8,8 | 106 |
| -20 | 303 | 63,6 | 0,1 | 236,7 | 5,3 | 17,5 | 159 |
| -100 | 1111 | 232,5 | 0,33 | 876,5 | 5,3 | 48,3 | 582 |
| -500 | 5151 | 1079 | 1,52 | 4022 | 5,3 | 223,9 | 2700 |

Die kritischste Phase ist das Auftauchen, denn bei der damit verbundenen **Dekompression** werden die im Körper gelösten Gase wieder in Gasform ausgeatmet. Geschieht die Dekompression zu rasch, so können sich kleine **Gasbläschen** im Körper bilden, die in den Gelenken starke Schmerzen verursachen und in der Lunge und im Gehirn zu schweren Durchblutungsstörungen, mit Lähmungen und Schwindel, führen (**Caisson-Krankheit**). Verantwortlich dafür ist in erster Linie Stickstoff, der als inertes Gas nicht vom Stoffwechsel umgesetzt werden kann, sondern ausgeatmet werden muss. Bei einer Tauchtiefe von 100 m wird immerhin mehr als ein halber Liter Luft pro Liter Fettgewebe gespeichert, die dann beim Auftauchen wieder ausgeatmet werden muss. Sauerstoff ist weniger kritisch, da er auch durch den Sauerstoffverbrauch der Gewebe beseitigt werden kann. Das Kohlendioxid spielt bei der Caisson-Krankheit keine Rolle, denn dessen Konzentration bleibt im Körper und der Alveolarluft unverändert auf dem normalen Niveau (Tabelle 4.6). Seine Konzentration ist auch in der komprimierten Atemluft der Taucher niedriger als im Körper, und es kann stets ausgeatmet werden. Die Caisson-Krankheit ist von Tauchern sehr gefürchtet und muss durch langsames Auftauchen mit Wartezeiten vermieden werden. Die Bildung von Gasbläschen kann nicht nur beim Tauchen, sondern auch bei einem zu raschen Aufstieg in große Höhe in einem Ballon oder Flugzeug (ohne Druckkontrolle) auftreten, wenn innerhalb von wenigen Minuten eine Höhe von 5000–6000 m erreicht wird, bei der nur die Hälfte des Luftdrucks auf Meereshöhe herrscht. Die Caisson-Krankheit kann nur durch sofortige Rekompression in einer Druckkammer behandelt werden. Durch einen Überdruck werden die Gasbläschen wieder in den Körperflüssigkeiten gelöst, anschließend wird der Druck langsam erniedrigt, so dass die im Körper übersättigten Gase über die Lunge ausgeatmet werden können.

Es ist erstaunlich, dass trotz dieser Schwierigkeiten Luft atmende Wirbeltiere, wie Wale, Pinguine und Schildkröten, ausgedehnte Tauchgänge absolvieren, und weit größere Tiefen erreichen als menschliche Taucher. Ein Pottwal wurde aus einer Tiefe von 1134 m tot geborgen. Er hatte sich mit seinem Unterkiefer in einem Tiefseekabel verwickelt und wurde entdeckt, als das Kabel zur Reparatur geborgen wurde. Weitere Beispiele für extremes Tieftauchen sind von Seeelefanten (*Mirounga angustirostris*) bekannt. An ihnen wurden Datenlogger befestigt, die über einen längeren Zeitraum das Tauchverhalten registrierten. Nach der Rückkehr der Seeelefanten an Land wurden die Messwerte der Datenlogger ausgelesen. Die größte dabei entdeckte Tauchtiefe eines Seeelefanten waren 1529 m, eine Tiefe, in der bereits ein Wasserdruck von 15 000 kPa herrscht (DeLong u. Stewart 1991). Was setzt sie in die Lage, diese Tiefen zu ertragen, ohne all die Schwierigkeiten zu erleiden, die einem tauchenden Menschen widerfahren? Die Antwort ist überraschend und einfach. Tauchende Säugtiere atmen aus, bevor sie tauchen, und tun damit das Gegenteil dessen was wir aus unserer eigenen Erfahrung erwarten würden. Sie nehmen keinen oder nur einen minimalen Luftvorrat mit unter Wasser. Dadurch vermeiden sie einerseits die Gefahr der Kompression des Körpers bei den enormen Drücken, die in großer Tiefe herrschen, und andererseits findet keine Übersättigung der Körperflüssigkeiten mit Gasen aus der komprimierten Luft statt.

Wale besitzen relativ kleine Lungen in Relation zu ihrer Körpergröße. Ihre Lungen werden beim Tauchen stark komprimiert, und der größte Teil der Luft, die sich auch nach dem Ausatmen noch in den Atemwegen befindet, wird in die Trachea verschoben, die durch massive Knochenspangen versteift und nicht kompressibel ist. Die Wedell-Robbe geht sogar noch weiter, denn ihre Lunge kollabiert beim Tauchen ab einer Tiefe von 25 m, so dass keinerlei Gasaustausch mit dem Blut mehr möglich ist und nur noch ein kleiner Luftraum in den oberen Atemwegen verbleibt, aus denen die Luft nicht ins Blut übertreten kann (Falke et al. 1984). Auch Seeschlangen können längere Zeit unter Wasser bleiben, und dies bei Wassertiefen von 40 m, die ebenfalls mit dem Risiko der Bläschen-Bildung beim Auftauchen verbunden sind. Sie können durch Hautatmung Sauerstoff aufnehmen und auf diesem Weg auch Stickstoff abgeben. Durch die Kompression der Lunge beim Tauchen werden ihre Körperflüssigkeiten anfänglich mit Stickstoff übersättigt, aber dieser Stickstoff diffundiert über die Haut in das umgebende Wasser, und damit ist die Gefahr der Bläschen-Bildung beim Auftauchen gebannt (Seymour 1974).

Das Ausatmen vor einem Tauchgang hat scheinbar den Nachteil, dass dadurch geringere Sauerstoffvorräte mitgenommen werden, als maximal möglich wäre. Es ist aber nur ein scheinbarer Nachteil, denn alle tauchenden Tiere zeichnen sich dadurch aus, dass sie im Körper größere Vorräte an Sauerstoff in wässriger Lösung speichern können als nicht tauchende Tiere. Gleichgültig, ob es tauchende Schlangen, Robben oder Wale sind, ihre Speicherfähigkeit für Sauerstoff ist in der Regel um das 2–5fache erhöht. Sie erreichen dies durch ein größeres Blutvolumen und teilweise auch durch eine verbesserte Speicherfähigkeit des Blutes für Sauerstoff. Z.B. enthält ein 30 kg schwerer Seelöwe 4,5 l Blut, dieselbe Menge, die ein 70 kg schwerer Mensch besitzt. Der größere Sauerstoffvorrat in den Körperflüssigkeiten erlaubt wesentlich längere Tauchzeiten. Rekordhalter scheint auch hierbei der Seeelefant zu sein. Bei telemetrischen Registrierungen zeigte ein Seeelefant Tauchzeiten von bis zu 120 min, bei einer Tauchtiefe von 900 m. Danach tauchte er für 2,5 min auf, um wieder für 30 min abzutauchen (Hindell et al. 1992). Seeelefanten sind also keine Schwimmer, die gelegentlich untertauchen, sondern sie leben hauptsächlich unter Wasser, um gelegentlich zum Luftholen aufzutauchen.

## 4.6 Tracheen – ein alternativer Weg der Luftatmung

Insekten können als die Tiergruppe betrachtet werden, die sich am erfolgreichsten an die terrestrische Lebensweise angepasst hat. Das gilt sowohl für ihren Artenreichtum, als auch die physiologischen Leistungen und den Einfallsreichtum der Evolution, mit dem Insekten den Wasserverlust bei der Luftatmung verringern. Sie benutzen dazu ebenfalls Einstülpungen der Körperoberfläche, deren Bauplan allerdings mit der Wirbeltierlunge nichts gemeinsam hat. Ein System von luftführenden Kanälen, die **Tracheen**, durchziehen den ganzen Körper und bringen die Außenluft direkt mit den Körperzellen zum Gasaustausch in Verbindung. Insekten benötigen deshalb keinen Blutkreislauf, der den Transport der Atemgase im Körper übernimmt, sondern verlassen sich direkt auf den Gasaustausch durch Diffusion über die Tracheen.

Dies erscheint auf den ersten Blick als genial einfache Lösung, die Lungen und den Blutkreislauf für den Gasaustausch überflüssig macht. Die Lösung ist so einfach, dass es verwundert, warum Tracheenatmung nur von den Insekten und den Tausendfüßlern (Myriapoda) betrieben wird, die deshalb einem gemeinsamen Tierstamm Tracheata zugeordnet werden, und warum nicht auch andere Tiergruppen einen vergleichbaren, kreislauffreien Gasaustausch betreiben. Leider hat dieser direkte Weg auch systembedingte Nachteile. Die Gewebe des Körpers müssen ja nicht nur mit Atemgasen, sondern auch mit Nährstoffen versorgt werden. Daraus folgt, dass Insekten jede Zelle ihres Körpers mit zwei getrennten Transportsystemen erschließen müssen, den Tracheen für die Atemgase und dem Kreislaufsystem für die Anlieferung der Nährstoffe und den Abtransport der Endprodukte. Der zweite systembedingte Nachteil besteht darin, dass die Atemgase durch Diffusion über das Tracheensystem ausgetauscht werden. Ein Stofftransport ist deshalb über kurze Strecken rentabel, da die Diffusionszeit mit dem Quadrat der Entfernung wächst (s. Kap. 4.3). Dies und die Verdoppelung der Transportsysteme machen klar, dass Tracheenatmung nur für kleine Organismen in Frage kommt, und in der Tat sind die Insekten und Myriapoda auf kleine Körpergrößen beschränkt, bei denen die Diffusionsstrecken für Atemgase nur in seltenen Fällen länger als 10 mm sind. Die größten fossilen Insekten waren Libellen mit einer Spannweite von etwa 60 cm, aber ihr schlanker Körper hatte einen Durchmesser von nur 3 cm. Unter den rezenten Insekten gelten tropische Käfer mit bis zu 15 cm Körperlänge als die größten Vertreter dieser Tiergruppe.

Der Aufbau des Tracheensystems bei einem Floh ist in Abb. 4.45 wiedergegeben. Die Tracheen sind über Stigmen nach außen geöffnet

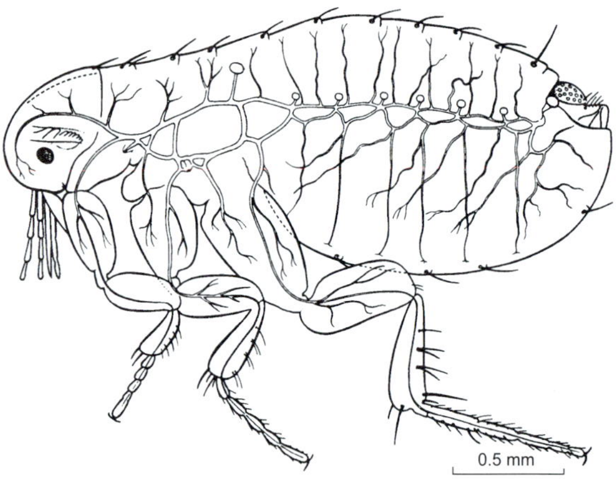


**Abb. 4.45.** Tracheensystem eines Flohs. Das Tracheensystem ist ursprünglich segmental angelegt mit einem Paar Stigmen in jedem Segment (Wigglesworth 1955)

und ursprünglich segmental angelegt, je ein Paar in den 3 Thoraxsegmenten und je ein Paar in 9 Abdominalsegmenten. Diese Maximalzahl ist im Verlauf der Embryonalentwicklung einiger Insekten noch erkennbar, ist aber bei adulten Insekten meist reduziert auf 11 bis 1 Paar im Bereich von Thorax und Abdomen. Die segmental angeordneten Tracheen sind in der Regel durch Anastomosen miteinander verbunden, woraus sich ein zusammenhängender Luftraum aller Tracheen im ganzen Insektenkörper ergibt. Nicht jeder Tracheenstamm ist nach außen geöffnet, und im Extremfall kann die Versorgung des ganzen Tracheensystems über nur ein paar Stigmen erfolgen. Bei im Wasser lebenden Insekten können sämtliche Stigmen verschlossen sein oder durch kiemenartige Ausstülpungen bedeckt sein, die den Gasaustausch zwischen Wasser und Tracheensystem verbessern. Bei primitiven Insekten, wie den Silberfischchen und den Springschwänzen, sind die Stigmen einfache Öffnungen des Tracheensystem, während sie bei anderen Insekten zusätzlich mit Verschlussmechanismen ausgestattet sind, die eine Kontrolle der Belüftung des Tracheensystems erlauben.

Die Tracheen sind ringförmig versteift mit Kutikula ausgekleidet, so dass sie nicht kollabieren und für Luft stets frei durchgängig bleiben. Ausgehend von einem Tracheenstamm verzweigen sie sich mit immer kleiner werdendem Durchmesser bis zu den Tracheolen (Abb. 4.46). Die Tracheolen sind der eigentliche Ort des Gasaustausches. Sie sind sehr dünn, am Ansatz etwa 1 μm und verjüngen sich bis zur Spitze auf 0,2 μm (Länge ca. 250 μm). Sie treten in direkten Kontakt mit den Körperzellen, und können sogar in Zellen in unmittelbarer Nachbarschaft zu den sauerstoffverbrauchenden Zellorganellen, den Mitochondrien, hineinmünden. Der Flugmuskel ist besonders dicht tracheolisiert; hier wurden Abstände von 3 μm zwischen einzelnen Tracheolen gemessen, während in stoffwechselträgeren Geweben die Abstände etwa 30 μm betragen. In Anbetracht des filigranen Aufbaus der Tracheen ist es erstaunlich, dass ihre Kutikula während der Häutung abgestoßen und erneuert wird. Die spärliche Kutikula in den Tracheolen bleibt bei der Häutung erhalten und wird mit der neuen Kutikula der Tracheen verbunden.

Die terminalen Endstücke der Tracheolen sind häufig mit Interstitialflüssigkeit gefüllt. Diese Füllung kann limitierend für den Transport der Atemgase sein, denn der Diffusionskoeffizient für Atemgase im Wasser ist 8000-mal geringer als in Luft (Tabelle 4.3) und sie diffundieren wesentlich langsamer durch die wassergefüllten Endstücke der Tracheolen als durch den längeren, gasgefüllten Bereich des Tracheensystems. Der Füllungszustand der Tracheolen mit Interstitialflüssigkeit hängt vom Aktivitätszustand der Insekten ab; in Ruhe befindet sich viel Flüssigkeit in den Tracheolen, und bei Aktivität sind nur noch die Spitzen der Tracheolen gefüllt. Verantwortlich dafür ist das Gleichgewicht zwischen dem kolloidosmotischen Druck der Körperflüssigkeit und den Kapillarkräften der lipophilen Auskleidung der Tracheolen. Bei Aktivität steigt der kolloidosmotische Druck der Körperflüssigkeit durch Zunahme an Ionen und gelösten Substanzen. Die Insterstitialflüssigkeit zieht sich aus den Tracheolen zurück, und dies beschleunigt den Gasaustausch, da die Distanz für die Diffusion der Atemgase in wässriger Lösung kürzer geworden ist.

Insekten nutzen in ihren Tracheen konsequent die hohe Diffusionsgeschwindigkeit von Atemgasen in der Luft. August Krogh (1920) hat das Tracheensystem von Larven des Weidenbohrers (*Cossus*) genau vermessen und dabei festgestellt,

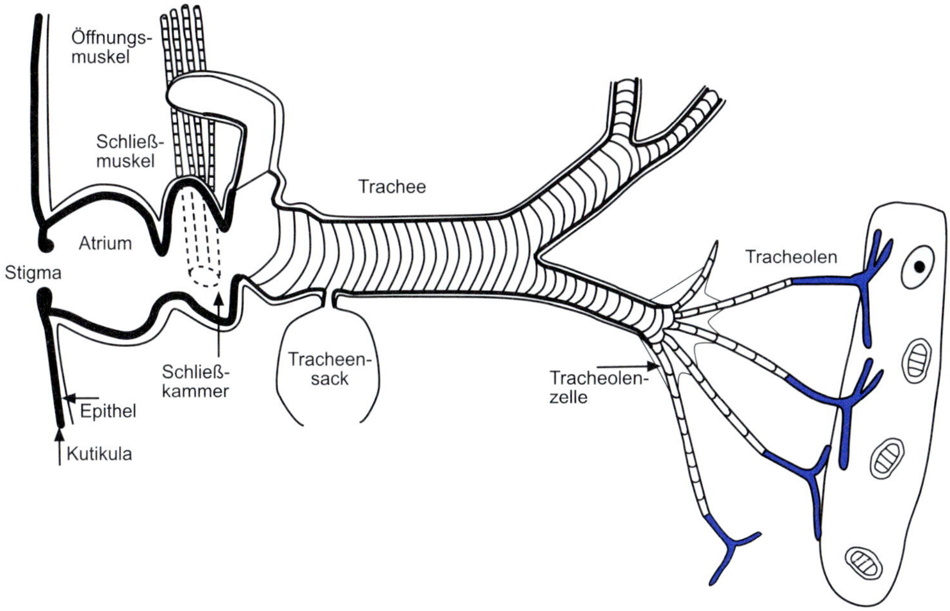


**Abb. 4.46.** Aufbau des Tracheensystems von Insekten. Die Stigmen öffnen sich in ein Atrium, an dessen Ende eine Schließkammer sitzt, deren Sphinkter durch Muskelkontraktion zusammengepresst oder geöffnet werden kann (Ameise, nach Richards u. Davies 1977). Vom Tracheenstamm aus verzweigen sich die Tracheen in immer kleinere Röhren, bis zu den Tracheolen, über deren sehr dünnes Lumen und relativ große Wandfläche der Gasaustausch mit den Zellen stattfindet (nach Barnes 1987)

dass bei den Verzweigungen, die von den Tracheenstämmen ausgehen, zwar die Durchmesser der Tracheenäste geringer werden, aber die Querschnittsfläche von 6,7 $mm^2$ entlang der Tracheen erhalten bleibt. Daraus folgt, dass ihr Tracheensystem im Grunde ein 6 mm langer Zylinder von 6,7 $mm^2$ Querschnittsfläche ist, eine ideale Voraussetzung für Stofftransport durch Diffusion. Bei einem Sauerstoffverbrauch von 18 $\mu lO_2$ $min^{-1}$, kann man mit den Diffusionsgesetzen berechnen, dass ein Partialdruckgradient für Sauerstoff von nur 1,5 kPa zwischen Stigmen und Gewebe ausreicht, um das Gewebe durch Diffusion über die Tracheen hinreichend mit Sauerstoff zu versorgen.

Viele Insekten verlassen sich nicht allein auf die Diffusion der Atemgase entlang der Tracheen, sondern haben im Außenbereich des Tracheensystems kompressible Tracheensäcke, vor allem im Bereich der intersegmentalen Anastomosen. Durch Bewegungen der Flugmuskulatur oder Pumpbewegungen des Abdomens kann somit die Luft im Tracheensystem zusätzlich ventiliert werden. Besonders ausgeprägte Tracheensäcke können bei der Honigbiene beobachtet werden, und auch große Käfer wie Maikäfer oder Gelbrandkäfer verlassen sich nicht auf Diffusion allein, sondern unterstützen diese durch Ventilation im peripheren Bereich des Tracheensystem. Einige große Insekten, wie z.B. die Wüstenheuschrecke *Schistocerca*, erzeugen durch koordinierte Stigmenöffnungen dabei einen gerichteten Luftfluss durch das periphere Tracheensystem, indem sie durch das erste Paar Stigmen einatmen und durch die abdominalen Stigmen ausatmen.

## 4.6.1 Intermittierende Atmung

Die konsequente Nutzung der hohen Diffusionsgeschwindigkeit der Atemgase in Luft ist ein weiteres Beispiel dafür, dass sich Insekten im Lauf der Evolution besonders gut an das Landleben angepasst haben. Die schwierigste Belastung an Land lebender Tiere ist der ständig drohende

Wasserverlust. Auch dieses Problem haben Insekten in geradezu perfekter Weise gelöst. Als Träger eines Exoskeletts können sie in ihrer steifen Kutikula eine stabile Wachsschicht einlagern und damit ihre Körperoberfläche praktisch wasserundurchlässig machen. Damit verbleiben die Tracheen als einzig größere Körperoberfläche, über die Wasser verloren wird. An den respiratorischen Oberflächen der Tracheolen hat die Atemluft freien Zugang zur Körperflüssigkeit. Sauerstoff und Kohlendioxid können frei diffundieren, und da Wassermoleküle eine ähnliche Größe und Beweglichkeit besitzen, ist ein evaporativer Wasserverlust über die respiratorischen Oberflächen unvermeidbar.

Insekten können diesen evaporativen Wasserverlust durch **intermittierende Atmung** einschränken. Diese Atemtechnik findet sich nicht nur bei ariden Insekten, sondern auch bei unseren einheimischen Insekten in trockenen Lebensräumen (z.B. Mehlkäfer) und bei vielen holometabolen Insekten, die im Puppenstadium nicht fressen und trinken können. Bei offenen Stigmen führen sie ihrem Tracheensystem Frischluft zu. Nach einer solchen Belüftungsphase schließen sie die Stigmen (Abb 4.47, oberes Bild) zuerst ganz, und nach wenigen Minuten öffnen diese sich wieder leicht vibrierend zu einem haarfeinen Spalt. Atmungsmessungen zeigten, dass Insekten auch in dieser Verschlussphase Sauerstoff verbrauchen, aber keine entsprechende Menge Kohlendioxid ausatmen (Abb. 4.47, unteres Bild). Kohlendioxid ist sehr gut wasserlöslich, kann in Bikarbonat umgewandelt werden und wird offensichtlich im Körper gespeichert. Der Entzug von Sauerstoff ohne den Nachschub von Kohlendioxid hat zur Folge, dass in der Verschlussphase im Tracheensystem ein Unterdruck entsteht, der Luft durch die Stigmen einsaugt und damit auch Sauerstoff zum Verbrauch anliefert. Scheinbar eine perfekte Lösung, um nur noch einzuatmen, aber nie mehr ausatmen zu müssen. Aber die Verschlussphase kann nicht unbegrenzt lange aufrechterhalten werden, da die Luft nicht nur Sauerstoff, sondern auch den inerten Stickstoff enthält, der sich allmählich in den Tracheen anhäuft. Außerdem wird die Speicherfähigkeit des Körpers für Kohlendioxid irgendwann erschöpft sein. Die Tracheen müssen also immer wieder belüftet werden, um den unbrauchbaren Stickstoff loszuwerden und das im Körper angesammelte Kohlendioxid wieder auszuatmen. Die Verschlussphasen des Tracheensystems können zwischen Minuten und mehreren Tagen dauern. In dieser Phase werden die Insekten kein Wasser über die Atemorgane verlieren, denn der geringe Nachstrom an Luft über die nahezu verschlossenen Stigmen lässt keinen Ausstrom an Wasserdampf zu. Der Wasserverlust ist bei der intermittierenden Atmung nur auf die kurzen Belüftungsphasen mit geöffneten Stigmen beschränkt. Damit sind diese Insekten weitgehend gegen Wasserverlust geschützt, müssen kein freies Wasser aufnehmen und können ihren gesamten Bedarf aus dem beim Zellstoffwechsel gebildeten Wasser decken (s. auch Exkretion, Malphigische Gefäße).

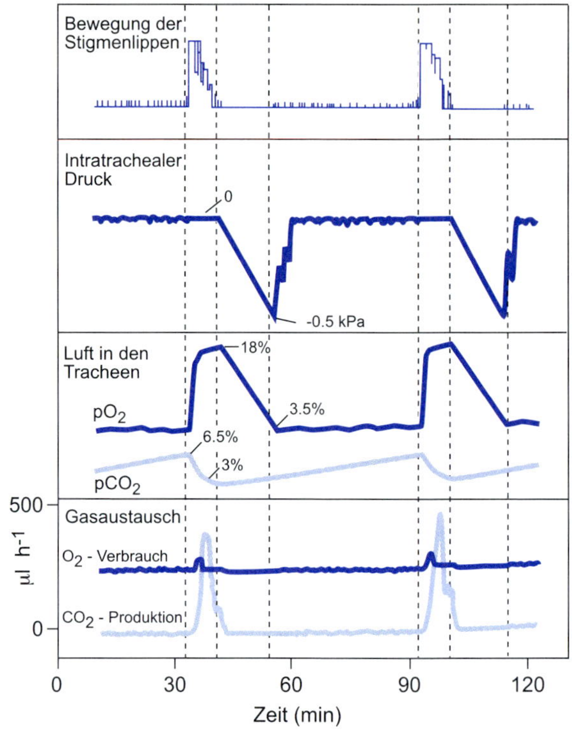


**Abb. 4.47.** Intermittierende Atmung bei der Puppe des Seidenspinners (Levy u. Schneidermann 1966)

## 4.6.2 Physikalische Kieme

Trotz der perfekten Anpassung an das Landleben sind viele Insekten wieder zu einer aquatischen Lebensweise übergegangen, benutzen dabei aber weiterhin das Tracheensystem und Luftatmung. Im einfachsten Fall handelt es sich dabei um einen **Sauerstoffvorrat**, wie ihn der Gelbrandkäfer *Dytiscus* zwischen den Deckflügeln (Elytren) und dem Abdomen beim Tauchen mit unter Wasser nimmt. Zum Luftholen hängt sich der Schwimmkäfer mit der Hinterleibsspitze und den Hinterbeinen an die Wasseroberfläche. Dann biegt er die letzten Hinterleibsringe etwas nach unten und durchstößt damit die Wasseroberfläche. Durch den nun vergrößerten Spalt zwischen den Elytren und dem Abdomen kann frische Luft in das auf dem Rücken liegende letzte abdominale Stigmenpaar einströmen. Sie verteilt sich von dort über das Tracheensystem und füllt über die ebenfalls dorsal liegenden vorderen Stigmen auch den Raum unter den Deckflügeln. Während eines Tauchgangs verbraucht der Gelbrandkäfer Sauerstoff aus diesem Vorrat, und innerhalb von 4 min nimmt der Sauerstoffgehalt dieser Luftblase von 19,5% auf 1% ab (Wigglesworth 1984).

Bei vielen Insekten ist die beim Tauchen mitgenommene Luftblase mehr als nur ein Luftvorrat, sie dient im Wasser auch als **physikalische Kieme**. Dies hat Ege (1915) in sehr einfachen aber überzeugenden Experimenten bei einer Wasserwanze, dem Rückenschwimmer (*Notonecta*), nachgewiesen (Abb. 4.48). Sie hängt mit der Hinterleibsspitze und den Beinen an der Wasseroberfläche und nimmt über das ventral liegende, letzte abdominale Stigmenpaar Luft in das Tracheensystem auf. Auf der Bauchunterseite trägt sie hydrophobe Haare, die in zwei Paar Längsreihen je ein Luftpolster festhalten. Die Luft wird vom letzten abdominalen Stigmenpaar aus über das Tracheensystem verteilt und erreicht über die vorderen Stigmen auch die ventralen Luftpolster. Wegen des Auftriebs der Luftpolster kann sie nur in Rückenlage schwimmen, einer Eigenschaft, der sie auch ihren Namen verdankt. Mit einer normalen Luftfüllung in gut belüftetem Wasser kann der Rückenschwimmer

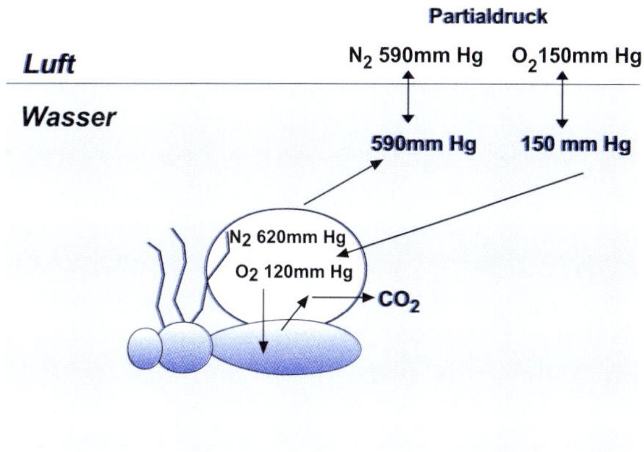


**Abb. 4.48.** Physikalische Kieme des Rückenschwimmers *Notonecta*. Die Luftblase ermöglicht einen Gasaustausch mit dem umgebenden Wasser. Sauerstoff diffundiert aus dem Wasser in die Luftblase und sorgt so für Nachschub ins Tracheensystem. Gleichzeitig verliert jedoch die Blase Stickstoff an das Wasser. Dadurch schrumpft die Luftblase, und der Rückenschwimmer muss wieder auftauchen, um sich eine neue physikalische Kieme anzulegen

bis zu 6 h tauchen. Wurde das Wasser mit Stickstoff anstatt Luft begast, so hielt er es nur 5 min unter Wasser aus. Wurde dem Rückenschwimmer reiner Sauerstoff für seine Luftblase angeboten so konnte er in sauerstoffgesättigtem Wasser nur 35 min tauchen.

Dieses Versuchsergebnis erscheint merkwürdig, vor allem, weil unter den scheinbar besten Rahmenbedingungen mit reinem Sauerstoff nur 1/10 der Tauchzeit erreicht wurde wie mit Luft. Eine erste Schlussfolgerung ist, dass die im Wasser gelösten Gase einen Einfluss auf die Tauchdauer haben, d.h. der Rückenschwimmer hat nicht nur einen Luftvorrat zum Tauchen mitgenommen, sondern dieser Luftvorrat steht mit den im Wasser gelösten Gasen im Austausch, daher der Name physikalische Kieme. Nimmt er Luft zum Tauchgang mit, so verbraucht er Sauerstoff aus seiner Luftblase, wodurch der relative Anteil des Sauerstoffs in der Blase von z.B. 21% ($pO_2$ 150 mmHg) auf 16,8% (120 mmHg) sinkt. In dem luftgesättigten umgebenden Wasser ist so viel Sauerstoff gelöst, wie dem normalen Gehalt der Luft entspricht, nämlich 21%. Durch das Konzentrationsgefälle diffundiert Sauerstoff aus dem Wasser in die Luftblase, und dieser Nachschub ermöglicht es dem Rückenschwimmer, stundenlang unter Wasser zu bleiben. Mit der Abgabe des Kohlendioxid gibt es überhaupt keine Probleme, es diffundiert aus den Stigmen in die Luftblase und löst sich in dem umgebenden Wasser. Eigentlich eine perfekte Lösung, und man fragt sich, wieso die Rückenschwimmer überhaupt noch zur Ventilation auftauchen müssen. Dies hat einen einfachen Grund, denn durch die Abnahme des Sauerstoffanteils in der Luftblase steigt der relative Volumenanteil des Stickstoff in der Blase an, im vorliegenden Beispiel von 78% ($pN_2$ 590 mmHg) auf 82% (620 mmHg). Er wird höher als in dem umgebenden Wasser (590 mmHg) und diffundiert dadurch aus der Blase hinaus. Das Volumen der Blase nimmt dadurch allmählich ab, und die Rückenschwimmer müssen auftauchen, um die Luftblase zu erneuern, d.h. sich eine neue physikalische Kieme anzulegen. Nimmt der Rückenschwimmer reinen Sauerstoff auf, wie im oben erwähnten Experiment, so kann er nur so lange tauchen, bis der Sauerstoffvorrat aufgebraucht ist, also 35 min, denn der Sauerstoffgehalt seiner Luftblase und des umgebenden Wassers sind identisch. Die Erklärung für die kurze Tauchdauer in stickstoffgesättigtem Wasser liegt auf der Hand, denn dabei wird Sauerstoff aus der Luftblase an das umgebende Wasser abgegeben, und Sauerstoffmangel beendet nach wenigen Minuten den Tauchgang.

Die physikalische Kieme eignet sich nur für Tauchgänge in flachem Wasser, denn ein mit der Wassertiefe zunehmender hydrostatischer Druck macht die Kieme unbrauchbar. Der hydrostatische Druck komprimiert die Blase; dadurch steigt der Partialdruck von Sauerstoff und Stickstoff zwar in der Blase, aber nicht im umgebenden Wasser an, und die in der Blase enthaltenen Gase diffundieren in das umgebende Wasser. Umgekehrt würde ein Unterdruck im Wasser die Lebensdauer der physikalischen Kieme verlängern. Diesen Effekt macht sich ein afrikanischer Käfer zu Nutze, *Potamodytes tuberosus*, der in rasch strömenden Fließgewässern lebt (Stride 1955). Durch hydrophobe Strukturen an der Ventralseite und den Hinterbeinen hält er eine Luftblase fest. Bei einer Strömungsgeschwindigkeit von 200 cm $s^{-1}$ entsteht durch den Bernouille-Effekt bei der Umströmung des Körpers ein Unterdruck von −0,04 kPa. Dieser Unterdruck reicht aus, um das Volumen der Blase zu stabilisieren, so dass eine **permanente physikalische Kieme** entsteht.

### 4.6.3 Plastronatmung

Permanente Physikalische Kiemen können auch durch das **Plastron,** eine strukturelle Veränderung der Körperoberfläche von Insekten erreicht werden. Es besteht aus einer Schicht von feinen Haaren, Schuppen oder Kammern auf der Kutikula. Deren Oberfläche ist hydrophob, und sie können ein ausgedehntes, dünnes Luftpolster festhalten, das mit den Stigmen verbunden ist. Das flächige Luftpolster verleiht den Insekten im Wasser ein silbrig glänzendes Aussehen. Beispiele dafür sind die Wasserwanze *Aphelocheirus* und die Wasserkäfer *Haemonia* und *Elmis*. Durch die dicht stehenden hydrophoben Strukturen kann die Oberfläche des Insekts nicht benetzt werden, und das Luftpolster wird permanent festgehalten, eine **inkompressible physikalische Kieme** entsteht. Das aus sehr dichten, feinen Haaren ($2{,}5 \cdot 10^8$ Haare pro $cm^{-2}$, 10 µm lang mit rechtwinklig abgebogener Spitze) bestehende Plastron von *Aphelocheirus* kann gegen einen Wasserdruck von 350–500 kPa festgehalten werden (Thorpe u. Crisp 1947). Wird Sauerstoff verbraucht, so entsteht im Luftpolster ein Unterdruck, der den Nachschub an Sauerstoff aus dem umgebenden Wasser erleichtert und die Abgabe von Stickstoff verhindert. Wegen des entstehenden Unterdrucks eignet sich die Plastronatmung nur in gut belüftetem Wasser, denn in schlecht belüftetem Wasser könnte der Unterdruck dazu führen, dass Sauerstoff aus dem Tracheensystem abgezogen wird und sein Partialdruck unter die Grenze der Lebensfähigkeit fällt.

## Literatur

Ackermann RA (1977) The respiratory gas exchange of sea turtle nests (Chelonia, Caretta). Respir Physiol 31:19–38

Allan JD (1995) Stream ecology: Structure and function of running waters. Chapmann & Hall, London, p 388

Baudinette RV, Gannon BJ, Runciman WR, Wells S (1987) Do cardiorespiratory frequencies show entrainment with hopping in the Tammar Wallaby? J Exp Biol 129:251–263

Barnes RD (1987) Invertebrate Zoology. Saunders, Philadelphia

Boutilier RG (1990) Respiratory gas tensions in the environment. In: Boutilier RG (ed) Vertebrate gas exchange from environment to cell. Springer, Berlin Heidelberg New York Tokyo, pp 1–13

Boutilier RG (ed) (1990) Vertebrate gas exchange from environment to cell. Springer, Heidelberg Berlin New York Tokyo

Bretz WL, Schmidt-Nielsen K (1972) Movement of gas in the respiratory system of the duck. J Exp Biol 56:57–65

Burggren W, Dunn J, Barnard K (1979) Branchial circulation and gill morphmetrics in the sturgeon Acipenser transmontanus, an ancient Chondrosteian fish. Can J Zool 57:2160–2170

Burggren W, Roberts J (1991) Respiration and metabolism. In: Prosser CL (ed) Environmental and metabolic animal physiology. Wiley-Liss, New York, pp 353–435

Childress JJ, Seibel BA (1998) Life at stable low oxygen levels: Adaptations of animals to oceanic oxygen minimum layers. J Exp Biol 201:1211–1221

Clements JA, Nellebogen J, Trahan HJ (1970) Pulmonary surfactant and evolution of the lungs. Science 169:603–604

Clements JA (1997) Lung Surfactant: a personal perspective. Ann Rev Physiol 59:1–21

Comroe JH (1966) The Lung. Sci Amer 230:227–236

Crutzen PJ, Ramanathan V (2000) The ascent of atmospheric sciences. Science 290:299–305

Czihak G, Langer H, Ziegler H (1976) Biologie. Springer, p 435

Daniels CB, Orgeig S (2001) The comparative biology of pulmonary surfactant: past, present and future. Comp Biochem Physiol A 129:9–36

Dejours P (1966) Respiration. Oxford Univ Press, New York, pp 244

Dejours P (1975) Principles of comparative respiratory physiology. North-Holland Publ Comp, Amsterdam

Dejours P (1982) Mount Everest and beyond. In: Taylor CR et al (eds) A companion to animal physiology, Cambridge Univ Press, Cambridge, pp 17–30

DeLong RL, Stewart BS (1991) Diving patterns of northern elephant seals. Mar Mamm Sci 7:369–384

Dolk HE, Postma N (1927) Über die Haut- und die Lungenatmung von *Rana temporaria*. Z vergl Phys 5:417–444

Dudley R (1998) Atmospheric oxygen, giant palaeozoic insects and the evolution of aerial locomotor performance. J Exp Biol 201:1043–1050

Duncker HR (2001) The emergence of macroscopic complexity. An outline of the history of the respiratory apparatus of vertebrates from diffusion do language production. Zoology 103:240–259

Ege R (1915) On the respiratory function of the air stores carried by some aquatic insects (Corixidae, Dytiscidae and *Notonecta*) Z Allg Physiol 17:81–124

Falke KJ et al (1985) Seal lungs collaps during free diving: evidence from arterial nitrogen concentrations. Science 229:556–558

Farrelly CA, Greenaway P (1994) Gas exchange through the lungs and gills in air-breathing crabs. J Exp Biol 187:113–130

Feder ME, Burggren W (1985a) Cutaneous gas exchange in vertebrates: design, patterns, control and implications. Biol Rev 60:1–45

Feder ME, Burggren W (1985b) Skin breathing in vertebrates. Sci Am 253:126–142

Foelix S (1992) Biologie der Spinnen. Thieme, Stuttgart

Gans C, DeJongh HJ, Farber J (1969) Bullfrog (*Rana catesbeiana*) ventilation: How does the frog breathe? Science 163:1223–1225.

Guimond R, Hutchison VH (1972) Pulmonary, brachial and cutaneous gas exchange in the mud puppy, *Necturus maculosus maculosus*. Comp Biochem Physiol 42A:367–392

Harvey EN (1928) The oxygen consumption of luminous bacteria. J Gen Physiol 11:469–475

Hill RW, Wyse GA (1989) Animal Physiology, Harper & Row, New York

Hindell MA, Slip DJ, Burton HR, Bryden MM (1992) Physiological implications of continuous, prolonged, and deep dives of the southern elephant seal (*Mirounga leonine*). Can J Zool 70:370–379

Hlastala MP, Berger AJ (2001) Physiology of Respiration. 2nd ed, Oxford Univ Press, pp 251

Hughes GM (1984) General anatomy of the gills. In: Hoar WS, Randall DJ (eds) Fish Physiology, Vol. 10A. Academic Press, Orlando/FL, pp 1–72

Hughes GM (1984) Scaling of respiratory areas in relation to oxygen consumption of vertebrates. Experientia 40:519–524

Hughes GM, Morgan M (1973) The structure of fish gills in relation to their respiratory function. Biol Rev 48:419–475

Hughes GM, Roberts JL (1970) A study of the effect of temperature changes on the respiratory pumps of the rainbow trout. J Exp Biol 52:177–192

Hughes GM, Umezawa SI (1968) On respiration in the dragonet, *Callionomus lyra*. J Exp Biol 49:565–582

Krogh A (1919) The rate of diffusion of gases through animal tissues, with some remarks on the coefficient of invasion. J Physiol (Lond) 52:391–608

Krogh A (1920) Studien über Tracheenrespiration. 2. Über Gasdiffusion in den Tracheen. Pflügers Arch 179:95–112

Krogh A (1941) The Comparative Physiology of Respiratory Mechanisms. Univ of Pennsylvania Press, Philadelphia. Repr 1968 by Dover Publications, New York

Laybourne RC (1974) Collision between a vulture and an aircraft at an altitude of 37000 feet. Wilson Bull 86:461–462

Levy RI, Schneidermann HA (1966) Discontinuous respiration in insects. IV Changes in intratracheal pressure during the respiratory cycle of silkworm pupae. J Insect Physiol 12:465–492

Massaro GD, Massaro D (1996) Formation of pulmonary alveoli and gas-exchage surface area: quantitation and regulation. Ann Rev Physiol 58:73–92

McArthur MD, Milson WK (1991) Changes in ventilation and respiratory sensitivity associated with hibernation in Columbian (*Spermophilus columbianus*) and golden-mantled (*Spermophilus lateralis*) ground squirrels. Physiol Zool 64:921–939

McMahon TA, Wilkens JL (1983) Ventilation, perfusion and oxygen uptake. In: Mantel L (ed) The biology of crustacea. Vol 5:289–372. Academic Press, New York

Messner R (1980) Everest. Expedition zum Endpunkt. Droemer Knaur, München, p 200

Milsom WK, Brill RW (1986) Oxygen sensitive afferent information arising from the first gill arch of yellowfin tuna. Respir Physiol 66:193–203

Nonotte G (1981) Cutaneous respiration in six freshwater teleosts. Comp Biochem Physiol 70:541–543

Peters F (1938) Über die Regulation der Atembewegungen des Flußkrebses *Astacus fluviatilis*. Z vergl Phys 25:591–611

Perry SF (1990) Recent advances and trends in the comparative morphometry of vertebrate gas exchange organs. In: Boutilier RG (ed) Advances in comparative and environmental physiology, vol 6. Springer, Berlin Heidelberg New York Tokyo, pp 45–71

Piiper J, Scheid P (1992) Modelling of gas exchange in vertebrate lungs, gills and skin. In: Wood SC, Weber RE, Hargens AR, Millard RW (eds) Physiological adaptations in vertebrates: respiration, circulation, and metabolism. Marcel Dekker, New York, pp 69–96

Randall DJ (1968) Fish physiology. Am Zool 8:179–189

Reiswig HM (1971) *In situ* pumping activities of tropical Demospongiae. Mar Biol 9:38–50

Richards OW, Davies RG (1977) Imm's general textbook of entomology. Chapmann & Hall, London

Roberts JL (1975) Respiratory adaptations of aquatic animals. In: Vernberg FJ (ed) Physiological adaptions to the environment. Intext Educational Publ, New York 1975, pp 395–414

Scheid P (1982) A model for comparing gas-exchange systems in vertebrates. In: Taylor CR et al (eds) A companion to animal physiology, Cambridge Univ Press, Cambridge, pp 17–30

Scheid P, Shams H, Piiper J (1989) Gasaustausch bei Wirbeltieren. Verh Dtsch Zool Ges 82:57–68

Seymour RS (1974) How sea snakes may avoid the bends. Nature 250:489–490

Sibley RM, Simkiss K (1987) Gas diffusion through non-tubular pores. J Exp Zool Suppl 1:187–191

Schmidt RF, Thews G (1995) Physiologie des Menschen. 26te Auflage, Springer, Berlin Heidelberg

Schmidt-Nielsen K (1972) How animals work. Cambridge Univ Press, Cambridge

Schmidt-Nielsen K (1975) Animal Physiology. Cambridge Univ Press, Cambridge

Stride GO (1955) On the respiration of an aquatic African beetle, *Potamodytes tuberosus* HINTON. Ann Ent Soc Am 48:344–351

Sundin LI, Reid SG, Kalinin AL, Rantin FT, Milsom WK (1999) Cardiovascular and respiratory reflexes: the tropical fish, traira (*Hoplias malabaricus*) $O_2$ chemoresponses. Resp Physiol 116:181–199

Taylor EW, Jordan D, Coote JH (1999) Central Control of the cardiovascular and respiratory systems and their interactions in vertebrates. Physiol Rev 79:855–916

Thomas HJ (1954) Oxygen uptake of *Homarus*. J Exp Biol 31:228–251

Thorpe WH, Crisp DJ (1947) Studies on plastron respiration. The biology of *Aphelocheirus* (Hemiptera, Aphelocheiridae (Naucoridae)) and the mechanism of plastron retention. J exp Biol 24: 227–269

Visschedijk AHJ, Rahn H (1983) Replacement of diffusive by convective gas transport in the developing hens egg. Respir Physiol 52:137–147

Warburg O (1923) Versuche an überlebendem Carcinomgewebe (Methoden). Biochem. Z 142:317–333

Waterman AJ et al. (1971) Chordate structure and function. Macmillan, New York

Weibel ER (1963) Morphometry of the human lung. Springer, Berlin Heidelberg

West NH, Jones DR (1975) Breathing movements in the frog Rana pipiens. II. The power output and efficiency of breathing. Can J Zool 53:3345–353

Whitemore CM, Warden CE, Doudoroff P (1960) Behaviour of fish in an oxygen gradient. Trans Am Fish Soc 89:17–26

Wigglesworth VB (1955) Physiologie der Insekten. Birkhäuser, Basel

Withers P (1992) Comparative animal physiology. Saunders College Publ, Fort Worth

# 5 Blut

## Kurzer Blick in die Geschichte

„Blut ist ein ganz besondrer Saft", sagt Mephisto zu Faust, damit dieser ihren teuflischen Pakt mit einem Tropfen Blut besiegele. Blut steht in unserer Sprache als Symbol für Lebenskraft. Wir können heißblütig, kaltblütig, blutjung sein, oder blutleer vor Schrecken. Das Blut kocht in unseren Adern vor Wut, wenn wir sehen, mit wie viel sinnlosem Blutvergießen die Geschichte der Menschheit geschrieben wurde. Das Blut gefriert in unseren Adern, wenn wir an die stümperhaften ersten Versuche denken, mit denen sich die Menschen durch Blutübertragung Lebenskraft verschaffen wollten. Im alten Rom stürmten die Zuschauer die Arena, um das Blut der Gladiatoren zu trinken, in der Hoffnung, deren Stärke zu erhalten. Der im Sterben liegende Papst Innozenz VIII musste 1492 auf ärztliche Empfehlung das Blut von drei Knaben trinken, in der Hoffnung, dass er sich verjüngen würde. Die drei Knaben überlebten diesen Versuch nicht und der Papst wurde nicht gesund.

Der Brite Richard Lower hat 1666 als erster Blut von einem lebenden Hund auf einen anderen übertragen. In den Jahren danach wurde Tierblut auch auf Menschen übertragen, mit fatalen Folgen. Die zahlreichen Todesfälle brachten die *Chirurgia transfusoria* in Verruf. Eine Blutübertragung zwischen Menschen wird zum ersten Mal von James Blundell 1825 berichtet, der damit einer ausgebluteten Wöchnerin half. Anfänglich war nur jede zweite Transfusion erfolgreich. Erst seit Entdeckung der Blutgruppen durch Landsteiner 1901 wurden die Gefahren beherrschbar. Mittlerweile sind Transfusionen zu medizinischer Routine geworden und haben unzähligen Menschen das Leben gerettet.

Die Arbeitsteilung zwischen verschiedenen Zellen und Körperregionen ist eine der wichtigsten Errungenschaften der Metazoa. Ein Organismus, der aus spezialisierten Zellen und Geweben besteht, die jeweils getrennt für die Bewegung, Nahrungsaufnahme, Sinnesfunktionen und die Informationsverarbeitung zuständig sind, kann viel komplexere Reaktionen und Verhaltensweisen zeigen als ein Organismus, bei dem jede Zelle des Körpers identische Funktionen hätte. Bei Schwämmen und Coelenteraten ist diese Arbeitsteilung noch in einem relativ urtümlichen Zustand vorhanden, mit spezialisierten Zellen für den Beutefang (Nesselzellen), Sinneszellen, Verdauungszellen, Geiselzellen usw., die über den ganzen Körper verteilt sind. Alle anderen Tiere bilden kompakte Gewebe aus, in denen spezialisierte Zellen zusammengefasst sind zu Organen, die Teilaufgaben für das Funktionieren des gesamten Körpers übernehmen. So ist der Darm für die Aufbereitung und Resorption der Nahrung zuständig, die Leber dient als zentrales Biochemie-Labor, die Muskulatur übernimmt die Bewegung, und das Zentralnervensystem sorgt für die Informationsverarbeitung und Koordination usw. Alle Tiere, die im Lauf der Evolution kompakte Gewebe mit spezialisierten Zellen entwickelten, müssen Nährstoffe und Stoffwechselprodukte zwischen den Geweben austauschen. Nur im abgestimmten Zusammenspiel der an die verschiedenen Gewebe delegierten Spezialaufgaben ist der Gesamtorganismus lebensfähig. Die dafür notwendigen **Transport- und Ausgleichsaufgaben** übernimmt das Blut, das gleichsam als eine Art flüssiges Gewebe überall im Körper im Umlauf gehalten wird.

**Tabelle 5.1.** Funktionen des Bluts

| Funktion | Beispiele | Aufgabenspezifische Bestandteile des Blutes |
|---|---|---|
| Transport | Transport von Nährstoffen zu den Organen | In Wasser gelöst und Bindung an Blutproteine |
| | Transport der Atemgase $O_2$ und $CO_2$ | Respiratorische Pigmente, gelöst oder in Zellen eingeschlossen (Erythrocyten) |
| | Transport der Abbauprodukte zur Exkretion | In Wasser gelöst und Bindung an Blutproteine |
| **Speicher** | Proteinspeicher | Blutproteine, insbes. Albumin |
| | Wasservorrat | Blut und extrazelluläre Flüssigkeit (Lymphe) |
| **Homoiostase** | Konstantes inneres Milieu, pH-Pufferung, Ionenausgleich | Bikarbonat-Puffersystem, Ladungseigenschaften der Proteine, gelöste und an Proteinen gebundene Anionen und Kationen |
| | Wasser- und Volumenregulation | Kolloidosmotischer Druck durch Blutproteine, Bindung kleiner Moleküle an Proteine |
| | Wärmetransport zum Temperaturausgleich | Wärmekapazität und Leitfähigkeit des Wassers |
| **Kommunikation** | Transport von Hormonen im Blut | In Wasser gelöst und Bindung an Trägerproteine |
| **Kraftübertragung** | Häutung bei Crustaceen, Bewegung bei Spinnen und Anneliden, Erektion des Penis | Hydraulische Eigenschaft des Wassers |
| **Schutzfunktion** | Blutgerinnung | Fibrin (in $\beta$-Globulin enthalten) und Thrombocyten |
| **Abwehrmechanismen** | Humorale und zelluläre Immunreaktionen | Immunglobuline ($\gamma$-Globulin) und Leukocyten |

Zu den Transportfunktionen gehört die Verteilung der vom Darm bereitgestellten Nährstoffe zur Leber, zur Muskulatur und zu anderen Verbrauchsstellen (Tabelle 5.1), der Abtransport der Stoffwechselendprodukte von den Geweben zu den Ausscheidungsorganen und der Austausch der Atemgase zwischen den Atemorganen und dem restlichen Körper (Ausnahme Insekten). Mit den **Transportaufgaben** automatisch verbunden sind auch **Ausgleichsfunktionen** des Blutes (**Homöostase**). Das Blut enthält stets einen Vorrat an gelösten Substanzen, die einen lokalen Mangel an Nährstoffen, Wasser und Ionen kompensieren können, und Puffersysteme, die Störungen des pH-Wertes ausgleichen können und auf diese Weise das **innere Milieu** konstant halten. Bei allen Stoffwechselprozessen wird ein überwiegender Teil der Energie in Wärme umgewandelt und diese Wärme wird vom Blut abtransportiert, im Körper verteilt und nach außen abgegeben. Die Omnipräsenz des Blutes lässt auch verständlich erscheinen, dass das Blut zur **Kommunikation** dient, denn alle Hormone werden durch das Blut im Körper verteilt. Das Blut kann durch seine hydraulischen Eigenschaften auch zur Kraftübertragung eingesetzt werden (Box 5.1) und trägt dadurch auch zur Aufrechterhaltung der Körperform bei. Darüber hinaus ist das Blut noch mit **Schutz- und Abwehrfunktionen** ausgestattet, die sicherstellen, dass bei Verletzungen des Körpers und des Blutgefäßsystems ein rascher Wundverschluss (s. Schutzfunktion des Blutes) stattfindet und dass in den Körper eingedrungene Krankheitserreger abgewehrt werden (s. Abwehrfunktionen).

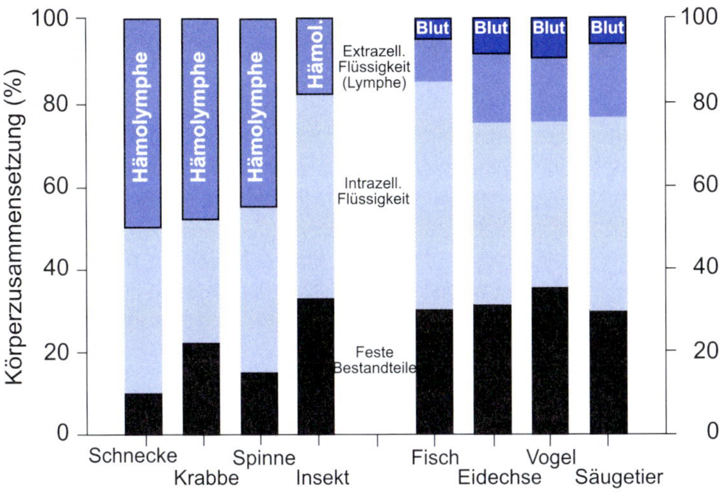


**Abb. 5.1.** Anteil der intrazellulären und extrazellulären Flüssigkeit bei verschiedenen Evertebraten und Vertebraten. Das Blut ist ein relativ kleiner Anteil der Körperflüssigkeit, das beständig im Umlauf gehalten wird und seine Inhaltstoffe mit der extrazellulären Flüssigkeit (Interstitialflüssigkeit) austauscht, die sie an die Intrazellulärflüssigkeit weiterleitet. Dies ist nur bei einem geschlossenen Kreislaufsystem möglich. Die meisten Evertebraten haben ein offenes Kreislaufsystem, bei dem die gesamte Extrazellulärflüssigkeit im Umlauf gehalten wird. Deren Blut wird deshalb auch Hämolymphe genannt

## 5.1 Was ist Blut?

Das Blut besteht aus dem **Blutplasma**, einer wässrigen Lösung von Proteinen, Ionen, Nährstoffen und Stoffwechselprodukten, in dem die Blutzellen (**Hämozyten**) suspendiert sind. Als **Serum** bezeichnet man die Flüssigkeit, die nach Gerinnung des Bluts übrig bleibt, in der also sowohl die Hämozyten als auch die Gerinnungsproteine (Fibrin) fehlen.

Alle Vertebraten und einige Evertebraten, wie die Anneliden und Cephalopoden, haben ein geschlossenes Kreislaufsystem, in dem das **Blut** umgewälzt wird und über Kapillaren mit der Interstitialflüssigkeit (=Lymphe, Extrazellulärflüssigkeit) im Austausch steht, von der dann die Zellen versorgt werden. Die meisten Evertebraten besitzen ein offenes Kreislaufsystem, bei dem die gesamte Lymphe umgewälzt wird. Diese Flüssigkeit wird deshalb auch als **Hämolymphe** bezeichnet, um sie vom Blut des geschlossenen Kreislaufsystems zu unterscheiden (Abb. 5.1). Einige Evertebraten, wie die Anneliden und die Echinodermata, benutzen zum Stofftransport auch die **Coelomflüssigkeit**, die durch Cilienschläge des Coelomepithels in Bewegung gehalten wird. Bei den Echinodermata kann darüber hinaus auch die Flüssigkeit des Ambulacralgefäßsystems Transportaufgaben übernehmen.

Das Blutvolumen der Wirbeltiere mit geschlossenem Kreislauf beträgt 5% bis 8% des Körpergewichts, mit etwas höheren Prozentanteilen bei Vögeln und tauchenden Tieren (Robben, Seeschlangen) und etwas niedrigeren Anteilen von etwa 3% bei einigen Fischen. Das Hämolymphvolumen der Evertebraten ist deutlich höher und kann bei den Bilateria, je nach Körperbau und Wassergehalt, 15% bis 50% des gesamten Körpergewichts betragen.

## 5.2 Plasmaproteine als universelle Transportvehikel und Speicher

Viele Evertebraten enthalten nur wenig Protein in ihrer Hämolymphe, z.B Sipunculiden nur $2\,g\,l^{-1}$. Krebse haben einen wesentlich höheren Proteingehalt von $10–90\,g\,l^{-1}$, wobei der größte Teil davon das respiratorische Protein Hämocyanin ist und nur ein kleiner Anteil der Proteine anderen Funktionen dient, z.B. der Blutgerinnung. Einen besonders hohen Gehalt an Protein hat das Blut der Cephalopoden (Octopus) mit bis zu $110\,g\,l^{-1}$. Das Blutplasma der Wirbeltiere hat einen Proteingehalt von $30–80\,g\,l^{-1}$, menschliches Blutplasma $60–80\,g\,l^{-1}$. Wegen des hohen Molekulargewichts der Plasmaproteine ergibt dies eine molare Konzentration von nur etwa $1\,mmol\,l^{-1}$.

## Box 5.1

### Proteintrennung durch Elektrophorese

Zur Trennung von Proteinen (oder anderen Makromolekülen wie DNA und RNA) wird die Elektrophorese als Routinemethode verwendet. Die untersuchte Proteinmischung wird dazu auf einen Träger (Filterpapier, Folie aus Celluloseacetat, Gel aus Agarose oder Polyacrylamid) aufgebracht. Durch Anlegen einer definierten Gleichspannung an den Träger beginnen die Proteine von der Kathode (–) zur Anode (+) zu wandern. Nach Beendigung des Laufs werden die Proteine gefärbt und durch Denaturierung am Träger fixiert; der Anteil der einzelnen Fraktionen kann photometrisch gemessen werden.

Die **Wanderungsgeschwindigkeit** eines Proteins (oder anderen Makromoleküls) im elektrischen Feld hängt von der angelegten elektrischen Spannung, der Größe und Gestalt der Moleküle sowie deren elektrischer Ladung ab. Die **elektrische Ladung** ergibt sich aus der Differenz zwischen dem isoelektrischen Punkt eines Proteins und dem pH-Wert des Puffers. Der isoelektrische Punkt der Plasmaproteine liegt zwischen 3 und 6, d.h. in einem neutralem oder basischen Puffer sind sie negativ geladen und wandern alle in Richtung Anode. Je größer ein Proteinmolekül ist, desto mehr Widerstand muss bei der Wanderung im wässrigen Medium überwunden werden und desto langsamer wird es von der Kathode zur Anode wandern. Kleinere Moleküle wandern schneller, so dass die Proteine nach ihrer **Molekülgröße** getrennt werden. In engmaschigen Polyacrylamid-Gelen ist der Reibungswiderstand besonders groß und erlaubt dadurch eine schärfere Trennung der Moleküle nach ihrer Größe.

Eine weitergehende Auftrennung von Plasmaproteinen ist durch **Immunelektrophorese** möglich. Die Serumprobe wird zuerst in einem Agarose-Gel elektrophoretisch getrennt. Anschließend wird, seitlich der Laufspur der Proteine, in einer Rinne Antiserum gegen Plasmaproteine aufgetragen, das z.B. durch Immunisierung von Kaninchen mit menschlichen Serum gewonnen wurde. Die Antikörper und die Proteine (Antigen) diffundieren durch das Gel und im Verlauf einiger Stunden kommt es zwischen der Laufspur und der Rinne zu Antigen-Antikörper-Reaktionen, die als halbkreisförmige oder längliche Präzipitationslinien sichtbar werden.

Für die vielfältigen Aufgaben der Blutes wäre ein möglichst hoher Plasmaproteingehalt erstrebenswert. Allerdings sind dem Grenzen gesetzt, da die Plasmaproteine gut wasserlöslich sind und dabei große Mengen an Wasser in ihr Molekülgerüst einlagern. Sie sind für die hohe relative Viskosität des Plasmas von 2 bis 2,5 (Wasser 1) verantwortlich. Jede weitere Erhöhung des Proteingehalts würde zu einer noch höheren Viskosität und damit zu schlechteren Fließeigenschaften des Blutplasmas führen.

Der Material- und Hormontransport zwischen den verschiedenen Organen ist nicht einfach ein Transport in wässriger Lösung, sondern erfordert komplexe biochemische Reaktionen der Blutbestandteile. Bei den meisten dieser Aufgaben spielen die **Plasmaproteine** eine entscheidende Rolle. Proteine können durch ihre Molekularstruktur, ihre lipophilen und hydrophilen Bindungsstellen sowie ihre komplexen Ladungseigenschaften (Ampholytcharakter) kleine Moleküle binden. Die Bindung an ein Makromolekül erlaubt den Transport zahlreicher kleiner Moleküle, ohne dass sich dadurch der osmotische Wert des Blutes verändert, denn dieser hängt allein von der Anzahl der gelösten Teilchen, aber nicht deren Größe ab. Würden alle Nährstoffe, Stoffwechselprodukte und Ionen im Blut frei gelöst transportiert werden, so wäre dessen osmotischer Wert wesentlich höher. Er würde den osmotischen Wert der Intrazellularflüssigkeit übersteigen, würde außerdem durch den Verbrauch von Nährstoffen starken Schwankungen unterliegen und somit das innere Milieu stören, anstatt es konstant zu halten. Plasmaproteine dienen deshalb als universelles Transportvehikel für kleine Moleküle und halten dabei gleichzeitig das innere Milieu konstant.

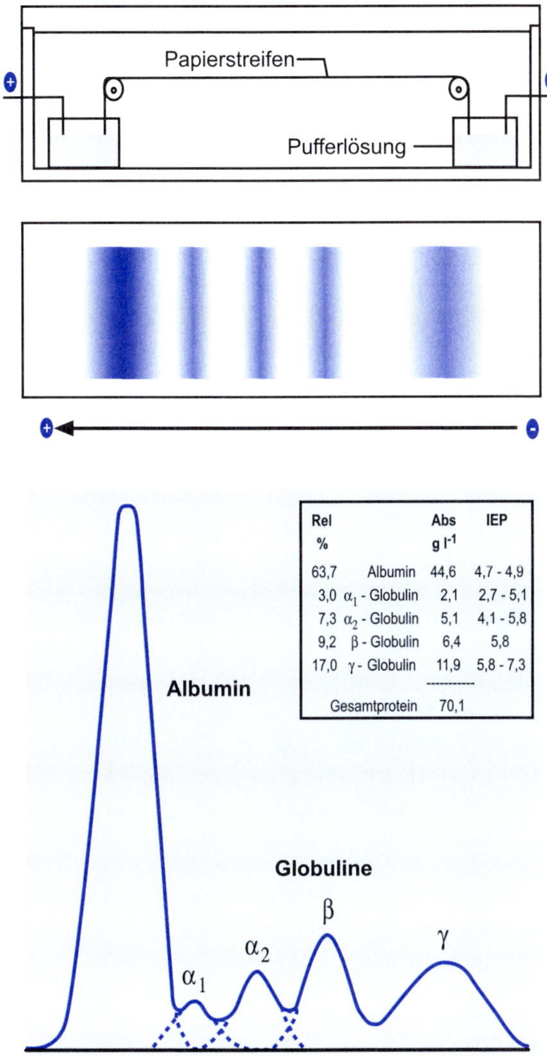


**Abb. 5.2.** Trennung von Serumproteinen durch Elektrophorese. Erläuterungen s. Box 5.1

Die Plasmaproteine sind ein Gemisch aus Dutzenden von unterschiedlichen Proteinen mit Molekulargewichten zwischen 40000 und 1,3 Mio. Diese können durch Elektrophorese nach ihrer Molekülgröße und ihren Ladungseigenschaften getrennt werden (Abb. 5.2, Box 5.1).

### 5.2.1 Funktionen einzelner Plasmaproteine

**Albumine** sind die größte Serumproteinfraktion (60%) und deshalb auch der wichtigste Träger für den **unspezifischen Transport** von kleinmolekularen Substanzen. Dazu gehören lipophile und hydrophile Substanzen (Vitamine, Pharmaka), nicht veresterte Fettsäuren unterschiedlicher Kettenlänge und die Aminosäure Tryptophan. Alle Plasmaproteine können Kationen unspezifisch binden, z.B. liegt Calcium im Blutplasma zu 2/3 gebunden und nur zu 1/3 als freies $Ca^{++}$ in der physiologisch wirksamen Form ungebunden vor. Als größte Plasmaproteinfraktion ist Albumin deshalb für den größten Teil des Ionentransports zuständig, insbesondere den Transport von $Ca^{++}$, $Mg^{++}$ und Spurenelementen. Eine spezifische Transportfunktion von Albumin ist die Bindung des Schilddrüsenhormons Thyroxin.

Die Mehrzahl aller Plasmaproteine, mit Ausnahme der Albumine, sind **Glykoproteine**, d.h. mit Kohlenhydrat-Seitenketten (Hexosen oder Hexosamine) konjugierte Proteine. Etwa 2/3 der **Glukose** des Plasmas sind als Glykoprotein gebunden. Der hydrophile Anteil des Moleküls erhöht die Transportkapazität, und die mit einem hohen Anteil an Hexosaminen konjugierten Proteine (Mukoproteine, Mukopolysaccharide) haben eine besonders hohe Fähigkeit zur Wassereinlagerung, wirken dadurch als Gleitmittel und können einen Schutzüberzug auf epithelialen Oberflächen ausbilden. Die Kohlenhydrat-Seitenketten dienen auch als spezifische Erkennungsmerkmale der Moleküle für Rezeptoren an Zelloberflächen und für die Immunabwehr.

Die **Globuline** sind eine sehr heterogene Gruppe von Plasmaproteinen, die neben den unspezifischen Transportfunktionen ganz unterschiedliche Spezialaufgaben wahrnehmen. Besondere Schwierigkeiten bereitet der Transport von lipophilen Verbindungen, da sie nicht in wässrige Lösung gebracht werden können. **Lipide** werden deshalb an lipohile Bindungsstellen von Proteinen gebunden oder mit einer Proteinhülle versehen und sind nur in dieser Form als **Lipoprotein** im Plasma transportierbar. Dazu gehören Proteine aus der **$\alpha_1$-Globulinfraktion,** das $\alpha_1$-Lipoprotein, das bevorzugt Phospholipide als *high density lipoprotein* (HDL) transportiert. Für den Lipidtransport mit Cholesterin sind vor allem **$\beta$-Globuline** zuständig ($\beta$-Lipoprotein) die das *low density lipoprotein* (LDL) bilden. Letztere können bis zu 80% des gesamten Lipids im Blut enthalten.

Die **$\alpha_2$-Globuline** enthalten Proteine mit Spezialfunktionen für die Bindung und den Transport von Eisen und Kupfer. Das Coeruloplasmin ist ein sehr heterogenes, in zahlreichen genetischen Varianten bestehendes Glykoprotein, das aus 8 Untereinheiten besteht, 8 Kupferatome enthält und als Oxidase wirkt. Das $\alpha_2$-Haptoglobulin kann gelöstes Hämoglobin im Plasma binden, und das $\alpha_2$-Makroglobulin hemmt Plasmin und andere Proteinasen. Ähnliche Spezialaufgaben übernehmen auch Proteine der **$\beta$-Globulinfraktion**, so dass für den Eisentransport zuständige Transferrin. Zu den $\beta$-Globulinen gehört außerdem das für die Blutgerinnung verantwortliche Fibrinogen (s. Blutgerinnung).

Die **$\gamma$-Globuline** bilden etwa 17% der gesamten Plasmaproteine und sind für die Abwehrfunktion des Blutes verantwortlich. Es sind dies Antikörper gegen körperfremdes Protein, bakterielle Antigene (IgG, IgE und IgA) und die besonders großen Proteinmoleküle der Agglutinine (Molekulargewicht 1,3 Millionen Da) (s. Abwehrfunktionen).

## 5.2.2 Plasmaproteine als Eiweißspeicher

Die Plasmaproteine transportieren nicht nur Aminosäuren, sondern sie bilden selbst einen rasch mobilisierbaren Speicher für die Versorgung mit Eiweiß. Die 3 l Blutplasma eines erwachsenen Menschen enthalten ein Proteinreservoir von etwa 200 g (davon Albumine 120 g). Die meisten Gewebe können keine Plasmaproteine aufnehmen, um ihren Eiweißbedarf zu decken, sondern sind auf Aminosäuren aus dem Blut angewiesen. Nur einige Gewebe, z.B. die des reticuloendothelialen Systems und die dazu gehörenden mononukleären Phagozyten, können Albumine aufnehmen und sie mit intrazellulären Proteasen in Aminosäuren zerlegen. Diese Aminosäuren werden dann ins Blut abgegeben, weitertransportiert und können von anderen Geweben als Bausteine für die Synthese zellspezifischer Proteine verwendet werden.

Wichtigster Bildungsort der Plasmaproteine ist die Leber, die auch für den regelmäßigen Nachschub an Albumin sorgt (beim Menschen 10–17 g Albumin und 3–5 g Globulin pro Tag bei normaler Ernährung). Sie ist dazu nicht nur auf die mit der Nahrung aufgenommenen Proteine und Aminosäuren angewiesen, sondern kann durch Transaminierung und Desaminierung auch selbst Aminosäuren aus Intermediärprodukten des Stoffwechsels herstellen. Die Halbwertszeit der Albumine beträgt etwa 10–15 Tage, die der Globuline etwa 5 Tage. In diesem Zeitraum muss die Hälfte der Proteine durch Neusynthese ersetzt werden. Da Albumine den größten Anteil der Proteine stellen, gilt der Serumalbumingehalt als Indikator für die Leberfunktion. Länger anhaltender Proteinmangel bei der Ernährung kann zu einem Verlust an Blutproteinen führen. In der Gesamtbilanz muss allerdings berücksichtigt werden, dass das Blut nur etwa 40% aller Albumine enthält, während 60% der Albumine sich in der extrazellulären Flüssigkeit (Lymphe) befinden, überwiegend im Extrazellulärraum des Hautgewebes. Ein Verlust an Blutproteinen beeinträchtigt die Transport- und Ausgleichsfunktion des Blutes und insbesondere dessen Beitrag zum kolloidosmotischen Druck.

## 5.2.3 Kolloidosmotischer Druck und Wasserhaushalt

Plasmaproteine tragen auf Grund ihrer geringen molalen Konzentration (1 mmol $kg^{-1}$) nur in geringem Umfang zum osmotischen Druck des Blutes bei (Molalität aller Elektrolyte und Nichtelektrolyte des Blutes insgesamt 320 mmol $kg^{-1}$). Kleinmolekulare Verbindungen können durch die Kapillarwand praktisch frei diffundieren und befinden sich deshalb zwischen Blut und der Interstitialflüssigkeit im Gleichgewicht. Die Plasmaproteine können wegen ihrer **Molekülgröße** die Kapillaren nur in geringem Umfang und langsam verlassen, wodurch ein Konzentrationsgradient für Proteine zwischen dem **Blutplasma** und der **Interstitialflüssigkeit** entstehen kann. Der Gradient wird durch den Stoffwechsel der Zellen verstärkt, die dazu Proteine aus der Interstitialflüssigkeit entnehmen. Im Blutplasma beträgt der von den Proteinen erzeugte kolloidosmotische Druck etwa 25 mmHg (3,3 kPa) und in der Interstitialflüssigkeit etwa 5 mmHg (0,7 kPa), woraus ein **kolloidosmotischer Druckgradient** von 20 mmHg (2,7 kPa) resultiert. Der höhere kolloidosmotische Druck im Blutplasma verursacht einen Einstrom von Wasser aus dem Interstitium und ist deshalb mit verantwortlich für die Wasserverteilung zwischen Plasma und Interstitium. Jede Änderung des Gehalts an Plasmaproteinen stört deshalb die **Wasserverteilung** und den Stoffaustausch zwischen Blut und Gewebe (s. Kapillaren und Mikrozirkulation). Ein zu niedriger Proteingehalt und, damit verbunden, ein zu niedriger kolloidosmotischer Druck des Blutplasmas, können **Ödeme** verursachen, da sich die Interstitialflüssigkeit in peripheren Geweben aufstaut. Bei der Anwendung von **Plasma-Ersatzlösungen** in der Medizin werden deshalb Polypeptide (Gelatine) oder Polysaccharide (Dextran) als künstliche Kolloide eingesetzt.

Proteine können, abhängig vom pH-Wert des Mediums, sowohl $H^+$- als auch $OH^-$-Ionen binden und tragen deshalb zur Aufrechterhaltung eines konstanten pH-Werts im Blut bei. Die Bindungskapazität für die beiden Ionen wird von den ionisierbaren Gruppen der Proteinbausteine, den Aminosäuren, bestimmt. Die wenigen Carboxyl- und Amino-Gruppen der endständigen Aminosäuren spielen dabei nur eine geringe Rolle. Wesentlich wichtiger sind die ionisierbaren Aminosäurenreste in der Peptidkette, wobei der Imidazolring des Histidin eine dominierende Rolle spielt (s. Pufferfunktion des Blutes).

## 5.3 Blutzellen

Neben den gelösten Bestandteilen enthält das Blut der meisten Tiere auch Zellen, die im Körper zirkulieren, die Blutzellen oder **Hämozyten**. Sie sind uns in erster Linie von den Vertebraten vertraut, sind aber auch fester Bestandteil des Bluts der Evertebraten. Das Blut der An-

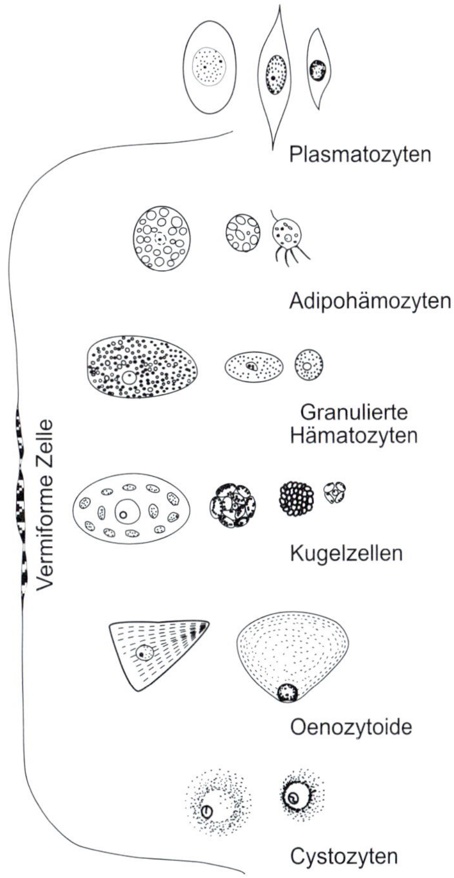


**Abb. 5.3.** Blutzellen von Insekten (Jones 1977)

neliden enthält Hämozyten, die Glycogen speichern und Zellen die Phagocytose betreiben und somit Reinigungs- und Abwehrfunktionen übernehmen, wie das auch für Blutzellen der Vertebraten gilt. Bei Blutegeln wurden bis zu 50 000 Zellen pro µl Blut gezählt. Einige Anneliden enthalten zusätzlich Erythrozyten mit Hämoglobin, die am Sauerstoff-Transport beteiligt sind, obwohl ihr Blut auch Hämoglobin frei gelöst enthält. Auch die Coelomflüssigkeit von Anneliden enthält Erythrozyten und eine Vielzahl unterschiedlicher Coelomozyten, die ganz unterschiedliche Aufgaben wie Phagocytose, Glycogenspeicherung, Wundverschluss und Immunreaktionen übernehmen können.

Die Hämolymphe von Insekten enthält eine große Anzahl ($10^2$–$10^5$ pro µl) Blutzellen von unterschiedlicher Gestalt. Sie sind am Transport und der Speicherung von Nährstoffen beteiligt, übernehmen Phagocytose und sind an der Blutgerinnung und Abwehrfunktionen der Hämolymphe beteiligt (Abb. 5.3).

Bei Wirbeltieren können drei Haupttypen von Blutzellen unterschieden werden (Abb. 5.4). Die roten Blutkörperchen (**Erythrozyten**) sind für den Transport der Atemgase zuständig, die weißen Blutkörperchen (**Leukozyten**) sind für die Abwehrfunktion des Bluts verantwortlich, und die Blutplättchen (**Thrombozyten**) sind an der Blutgerinnung beteiligt. Durch Zentrifugieren des Bluts in einer Kapillare bei etwa 1000 g können die zellulären Bestandteile vom Plasma getrennt werden. Der Volumenanteil der zellulären Bestandteile am gesamten Blut (**Hämatokrit**) beträgt beim menschlichen Blut etwa 44 Vol% (mittlere Werte bei Frauen 41–43% und bei Männern 44–46%; Normbereiche 37–47% bzw. 40–54%). Dies bedeutet, dass knapp die Hälfte des umlaufenden Blutvolumens aus Zellen besteht. Ähnliche Volumenanteile werden auch bei anderen Wirbeltieren gefunden. Bei Kleinsäugern und Vögeln kann der Hämatokrit auf über 50% ansteigen.

Dieser zelluläre Volumenanteil des Blutes besteht nahezu ausschließlich (98%) aus **Erythrozyten** (5,8 Mio. pro μl Blut). Sie enthalten Hämoglobin und verursachen die rote Farbe des Bluts. Thrombozyten und Leukozyten (5000–10000 pro μl Blut im gesunden Zustand) fallen mengenmäßig nicht ins Gewicht. Letztere sind spezifisch leichter als Erythrozyten und sind deshalb als dünne weißliche Schicht auf dem Erythrozyten-Niederschlag in der Hämatokrit-Kapillare zu erkennen. Der Hämatokrit ist deshalb in erster Linie ein Maß für die Erythrozyten und damit für die Sauerstofftransportkapazität des Bluts. Die relative Viskosität des Blutplasmas beträgt etwa 2,2 (Wasser =1) und steigt durch die große Anzahl der Erythrozyten auf etwa 4,5. Eine Erhöhung der Anzahl der Erythrozyten würde die **Viskosität** des Blutes überproportional steigern, somit die Fließeigenschaften verschlechtern und eine Mehrbelastung des Herzens erfordern; dies kann zur Minderdurchblutung von Geweben führen.

Erythrozyten werden aus Stammzellen des Knochenmarks gebildet (Erythropoese) (s. Ab-

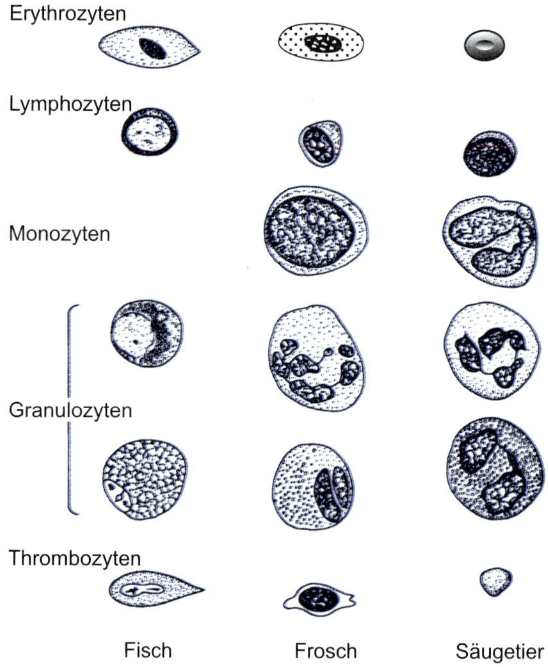


**Abb. 5.4.** Blutzellen von Wirbeltieren (nach Romer 1971)

wehrfunktionen der Säugetiere). Säugetier-Erythrozyten enthalten keinen Zellkern, sind relativ kleine bikonkav eingedellte runde Scheiben von 6–7 μm Durchmesser und 2–3 μm Höhe (Abb. 5.4). Die Erythrozyten aller anderen Wirbeltiergruppen sind wesentlich größer und enthalten Zellkerne. Trotz des fehlenden Zellkerns können auch die Erythrozyten der Säugetiere eine Vielzahl biochemischer Reaktion durchführen und kreisen etwa 100 Tage im Blut. Sie werden dann von Zellen des reticuloendothelialen Systems, vor allem in Milz, Leber und im Knochenmark phagozytiert und abgebaut. Die Resorption von „blauen Flecken" nach Blutergüssen zeigt aber, dass jedes andere Gewebe auch in geringem Umfang in der Lage ist, Erythrozyten abzubauen.

## 5.4 Transport von Atemgasen

Eine der wesentlichen Daueraufgaben des Blutes ist der Transport des Sauerstoff von den Atemorganen zu den Geweben und im Gegenzug des

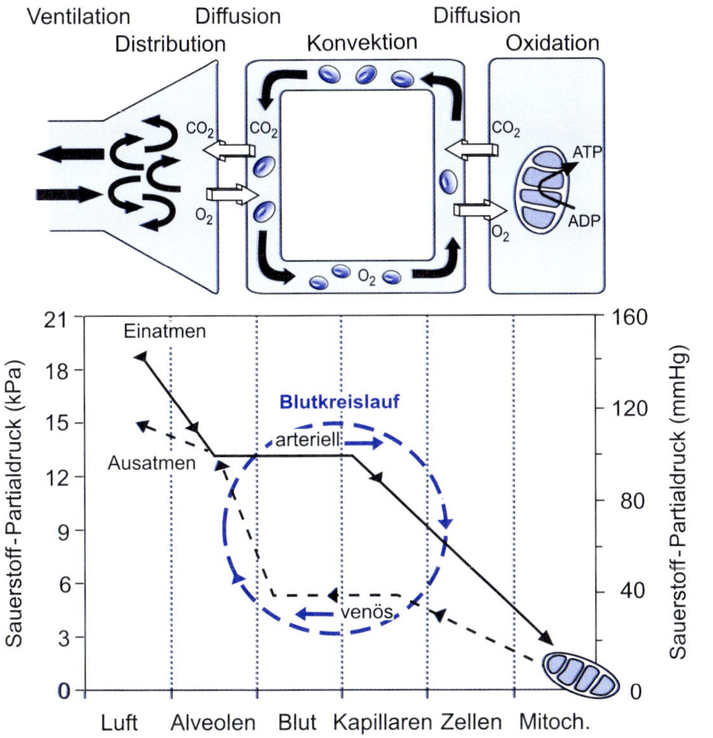


**Abb. 5.5.** Transportmechanismen für den Gasaustausch im Körper (*oben*) und Kaskade des Sauerstoffpartialdrucks von der Atemluft bis zu den Mitochondrien bei einem Säugetier (*unten*). Die Atemgase $O_2$ und $CO_2$ werden durch Konvektion über den Blutkreislauf (Ausnahme Insekten) zwischen den Atemorganen und den Körperzellen transportiert. Respiratorische Proteine im Blutplasma oder in Blutzellen verbessern die Transportkapazität für Sauerstoff. Der Gasaustausch an den respiratorischen Oberflächen sowie zwischen der Insterstitialflüssigkeit und den Zellen geschieht durch Diffusion in Richtung des Partialdruckgefälles durch den Sauerstoffverbrauch der Mitochondrien

Kohlendioxid von den Geweben zu den Atemorganen. Dies gilt für alle Tiere, mit Ausnahme der Tracheata (Insekten und Myriapoda), die über Tracheen einen direkten Gasaustausch zwischen Gewebe und Umgebung ermöglichen, ohne zwischengeschalteten Blutkreislauf. An den respiratorischen Oberflächen der Kiemen und Lungen wird Sauerstoff durch Diffusion ins Blut aufgenommen, dann unter Energieaufwand durch Konvektion im Körper verteilt. Im Gewebe diffundiert er aus dem Blut bis zu den Sauerstoff verbrauchenden Zellorganellen, den Mitochondrien. Durch den Verbrauch ist der Sauerstoffgehalt in den Zellen stets niedriger als in der umgebenden Luft. Dieser Konzentrationsgradient ist letzten Endes für den Nettotransport des Sauerstoff durch den Kreislauf in der richtigen Richtung, von den Atemorganen zu den Geweben, verantwortlich. Entlang der Transportstrecke für Sauerstoff entsteht dadurch eine Sauerstoffkaskade vom Außenmedium zu den Mitochondrien. Bei lungenatmenden Wirbeltieren beginnt diese Kaskade mit einem Sauerstoffpartialdruck von 20 kPa (150 mmHg) in der Einatemluft, erreicht über Konvektion und Diffusion das arterielle Blut mit etwa 13,3 kPa (100 mmHg), die Gewebe mit 5,3 kPa (40 mmHg) und letztendlich die Mitochondrien, deren intrazelluläres Sauerstoffangebot bei etwa 1,3 kPa (10 mmHg) stabilisiert wird (Abb. 5.5). Für Kohlendioxid besteht ein Konzentrationsgradient in der Gegenrichtung, der den Kreislauftransport von Kohlendioxid von den Geweben zu den Atemorganen antreibt.

## 5.5 Respiratorische Proteine

Sauerstoff und Kohlendioxid können beide in wässriger Lösung im Blut transportiert werden. Allerdings ist die Löslichkeit von Sauerstoff in Wasser sehr gering. Die meisten Tiere tragen deshalb in ihrem Blut **respiratorische Proteine**, die Sauerstoff binden, um auf diese Weise die Transportkapazität für Sauerstoff zu erhöhen. Am Beispiel des Säugetierbluts wird diese Wirkung verständlich. Säugetiere könnten wegen der

**Tabelle 5.2.** Eigenschaften respiratorischer Pigmente

| Name Struktur | Molekulargewicht (Da) | $O_2$-Bindung | $O_2$-Kapazität ($mlO_2\ g^{-1}$) | Farbe desoxygeniert – oxygeniert | Vorkommen | $O_2$-Kapazität des Bluts bei 20 °C ($mlO_2$ 100 $ml^{-1}$) |
|---|---|---|---|---|---|---|
| **Hämerythrin** *$Fe^{++}$-Protein* | 13 000 – 120 000 | 1 $O_2$ pro 2 $Fe^{++}$ | 1,67 | farblos – rosarot | Sipunculiden<br>Priapuliden<br>Brachiopoden<br>Anneliden | 2,1–3,5<br><br><br>3,6–6,2 |
| **Hämocyanin** *Cu-Protein* | 400 000 – 8 Mio. | 1 $O_2$ pro 2 $Cu^{++}$ | 0,38 | farblos – blau | Mollusken<br>Crustaceen<br>Arachniden | 0,9–3,5<br>0,5–3,7 |
| **Chlorocruorin** *$Fe^{++}$-Porphyrin-Protein* | 3 Mio. | 1 $O_2$ pro 1 $Fe^{++}$ | 0,76 | grün | Anneliden<br>Polychaeten | 7,2–10,2<br>– |
| **Hämoglobin** *$Fe^{++}$-Porphyrin-Protein* | 64 000 – 4 Mio. | 1 $O_2$ pro 1 $Fe^{++}$ | 1,29 | dunkelrot – hellrot | Vertebraten<br>Echinodermaten<br>Arthropoden<br>Mollusken<br>Anneliden<br>Nemathelminten<br>Protozoen<br>Wurzelknöllchen der Leguminosen | 1,2–32,0<br><br>2,3–3,2<br>–<br>0,1–20,0<br>1,2–3,0 |

hohen Körpertemperatur von 37 °C nur etwa 2 ml Sauerstoff pro Liter Blut in wässriger Lösung enthalten. Durch das respiratorische Protein Hämoglobin werden jedoch 200 ml Sauerstoff pro Liter Blut gespeichert. Die Transportkapazität des Blutes für Sauerstoff ist dadurch um den Faktor 100 besser, als mit gelöstem Sauerstoff allein möglich wäre. Theoretisch könnte man diese Transportleistung auch durch eine erhöhte Umlaufgeschwindigkeit des Bluts erreichen. Die mittlere Fließgeschwindigkeit des Blutes in den Arterien müsste dazu um den Faktor 100 gesteigert werden, von 50 cm $sec^{-1}$ auf 50 m $sec^{-1}$ (entspricht 180 km $h^{-1}$). Dies käme Geschwindigkeiten nahe, bei denen ein feiner Wasserstrahl bereits zum Schneiden verwendet werden könnte, und sie liegen somit außerhalb der technischen Möglichkeiten der Blutgefäße und der Pumpleistung des Herzens.

Für den Atemgastransport werden im Tierreich vier verschiedene respiratorische Proteine eingesetzt: **Hämoglobin, Chlorocruorin, Hämocyanin** und **Hämerythrin** (Tabelle 5.2). Sie unterscheiden sich in der Größe der Moleküle, ihrer chemischen Zusammensetzung und ihrer Bindungskapazität für Sauerstoff, aber alle sind **Metallproteide**. Sie nutzen die Affinität von Sauerstoff zu Metallatomen, um den Sauerstoff **reversibel** an das respiratorische Protein zu binden. Eine reversible Bindung ist für die Funktion der respiratorischen Proteine von entscheidender Bedeutung, da sie ja den Sauerstoff nicht nur in den Atemorganen aufnehmen müssen, sondern diesen auch in den Geweben ohne großen Energieaufwand innerhalb von Sekundenbruchteilen wieder abgeben müssen. Um den reversiblen Charakter der Bindung des Sauerstoffs an die Metallatome der respiratorischen Proteine zu unterstreichen, wird diese nicht als Oxidation bezeichnet, sondern man verwendet den Begriff **Oxygenation** oder **Anlagerung**. Man bezeichnet deshalb die Proteine ohne Sauerstoff als **desoxygeniert** und die mit angelagertem Sauerstoff als **oxygeniert**.

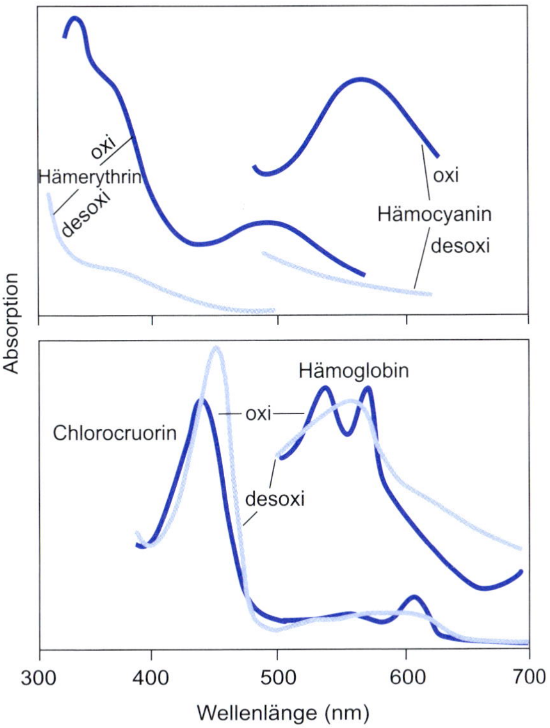


**Abb. 5.6.** Absorptionsspektren oxygenierter und desoxygenierter respiratorischer Pigmente. Hämoglobin des Riesenregenwurms *Megascolides*, Hämerythrin des Sipunculiden *Phascolosoma*, Hämocyanin des Cephalopoden *Octopus*, und Chlorocruorin des Polychaeten *Potamilla* (nach Weber und Baldwin 1985, Klotz et al. 1957, Bonaventura u. Bonaventura 1983, Orii u. Washio 1977)

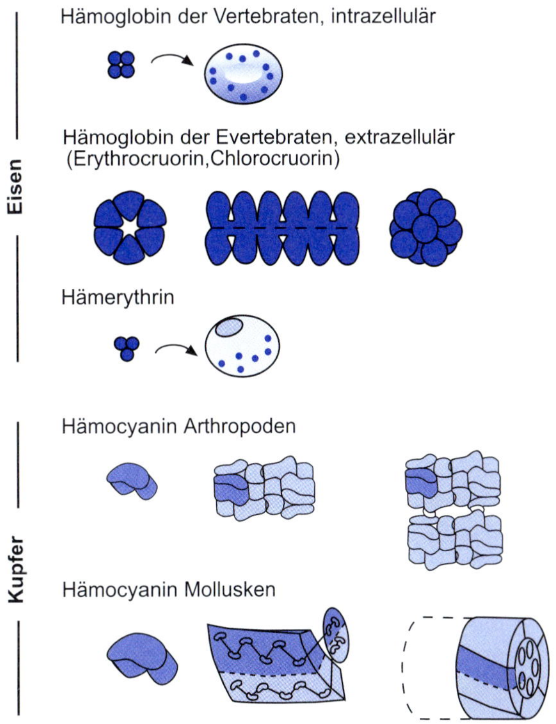


**Abb. 5.7.** Respiratorische Proteine enthalten Eisen- oder Kupferatome zur Bindung von Sauerstoff. Sie zirkulieren im Blut entweder in Blutzellen eingeschlossen, oder als extrazelluläre Riesenmoleküle, wie die Hämocyanine oder die extrazellulären Hämoglobine der Evertebraten (nach Terwilliger 1998)

Die respiratorischen Proteine werden auch als **Pigmente** bezeichnet, da sie, durch ihre chemische Struktur als Metallproteide, eine deutliche Farbe besitzen. Die Farbe beruht auf der Absorption von Licht bestimmter Wellenlängen, eine Eigenschaft, die sich im oxygenierten Zustand und desoxygenierten Zustand verändern kann und einen Farbwechsel des respiratorischen Pigments verursacht. Die Absorptionseigenschaft kann mit einem Spektralphotometer gemessen werden und erlaubt eine Analyse der Oxygenierung des respiratorischen Proteins (Abb. 5.6). Hämoglobin ist im desoxygenierten Zustand dunkelrot und wird bei der Bindung von Sauerstoff hellrot. Im oxygenierten Zustand absorbiert es Licht der Wellenlängen 540 und 575 nm, und dieses Absorptionsmaximum verschiebt sich im desoxygenierten Zustand nach 550 nm. Chlorocruorin hat häufig eine metallisch grüne Farbe, obwohl es in seiner chemischen Struktur dem Hämoglobin sehr ähnlich ist. Hämerythrin ist rosa bis violett im oxygenierten Zustand mit Absorptionsmaxima bei 330 und 500 nm und wird im desoxygenierten Zustand farblos mit einem Absorptionsmaximum bei 400 nm. Hämocyanin ist im oxygenierten Zustand blau (Absorptionsmaximum 575 nm) und wird im desoxygenierten Zustand farblos.

Respiratorische Proteine liegen entweder frei gelöst in der Körperflüssigkeit vor oder sind in Zellen eingeschlossen (Abb. 5.7). Es ist auf den ersten Blick schwer verständlich, wie eine solch lebenswichtige Funktion wie der Sauerstofftransport im Kreislauf scheinbar willkürlich durch zelluläre Mechanismen oder in wässriger Lösung erreicht wird. Um eine möglichst hohe Transportleistung für Sauerstoff zu erreichen, müssen möglichst zahlreiche Einheiten respiratorischer Proteine im Blut enthalten sein. Jede Einheit eines respiratorischen Proteins trägt eine Bindungsstelle für ein Molekül Sauerstoff, und eine hohe Transportkapazität würde deshalb die Osmolalität des Blutes steigern. Dieses Problem kann auf zwei Wegen vermieden werden:

- Wenn die Einheiten der respiratorischen Proteine zu großen Polymeren verknüpft werden, so hat dies nur eine geringe Auswirkung auf die Osmolalität, da sie von der Anzahl der Moleküle in wässriger Lösung abhängt. Ein respiratorisches Protein, das als Oktamer im Blut enthalten ist, hat nur ein Achtel der osmotischen Wirkung eines Monomers. Bei allen Tieren, bei denen die respiratorischen Pigmente frei im Blut zirkulieren, liegen diese deshalb als Polymere vor.
- Der alternative Weg ist eine Verpackung der respiratorischen Proteine in Blutzellen. Ihre osmotische Wirkung wird dadurch weitgehend eliminiert. Allerdings kann auch dabei die Transportkapazität nicht beliebig gesteigert werden, denn eine zu hohe Packungsdichte der Blutzellen beeinträchtigt die Fließfähigkeit des Blutes. Der Einschluss der respiratorischen Proteine in Blutzellen bietet zusätzlich noch die Möglichkeit, durch lokale biochemische Reaktionen die Transportkapazität für Atemgase zu kontrollieren, eine Fähigkeit, die in den Erythrozyten der Wirbeltiere besonders ausgeprägt ist.

## 5.5.1 Hämoglobin

Hämoglobin ist nicht nur das einzige respiratorische Protein im Blut der Wirbeltiere, sondern auch innerhalb des ganzen Tierreichs am weitesten verbreitet. Gemeinsam mit dem ihm verwandten Myoglobin, das einer Untereinheit des Hämoglobin entspricht, kommt es bei mehr als der Hälfte aller Evertebraten-Stämme vor, auch gleichzeitig mit anderen respiratorischen Proteinen. Hämoglobin ist wahrscheinlich das am besten untersuchte größere Protein, denn an ihm wurden beispielhaft die räumliche Faltung eines biologisch aktiven Moleküls und die Interaktion zwischen Untereinheiten eines komplexen Proteins aufgeklärt.

Bei der Beschreibung des Aufbaus von Proteinen unterscheidet man üblicherweise vier Strukturebenen. Man bezeichnet

- als **Primärstruktur** die Sequenz der einzelnen Aminosäuren,
- als **Sekundärstruktur** die räumliche Anordnung von Aminosäuren, die in der Sequenz nahe beieinander liegen. Durch die Eigenschaften der Aminosäurereste können diese in einer Ebene liegen (**Faltblatt**) oder sich räumlich in Form einer Spirale (**Helix**) anordnen,
- als **Tertiärstruktur** die räumliche Anordnung von Aminosäuren, die in der Sequenz weit voneinander enfernt sind, aber durch Faltung des Moleküls nahe beieinander zu liegen kommen und Wechselwirkungen zur Stabilisierung des Moleküls ausbilden können (Disulfidbrücken, Wasserstoffbrücken). Viele biologisch aktive Proteine bestehen aus mehreren Polypeptidketten,
- als **Quartärstruktur** die räumliche Anordnung dieser Untereinheiten und die Kontakte zwischen ihnen.

Für die Aufklärung der räumlichen Struktur des Hämoglobin und Myoglobin wurden neue physikalisch-chemische Methoden entwickelt (z.B. Röntgenbeugungsanalyse), die in der Zwischenzeit auch als Standardwerkzeuge für die Struktur- und Funktionsaufklärung anderer Moleküle eingesetzt werden. Für diese Pionierarbeiten erhielt M.F. Perutz gemeinsam mit J.C. Kendrew im Jahr 1962 den Nobelpreis. Die Aufklärung der molekularen Mechanismen der Sauerstoffbindung und der Regulation der Sauerstoffaffinität des Hämoglobin nahmen jedoch noch viele weitere Jahre in Anspruch (Abb. 5.8) (Perutz 1990, Ackers et al. 1992).

Der eigentlich sauerstoffbindende Teil des Moleküls ist das **Häm,** ein Prophyrin-Ring mit einem zentralen Eisenatom. Das zweiwertige Eisen ist durch zwei haupt- und zwei nebenvalente Bindungen an die N-Atome der Pyrrolringe gebunden (Porphyrin = 4 Pyrrolringe, die über Methinbrücken miteinander verknüpft sind). An

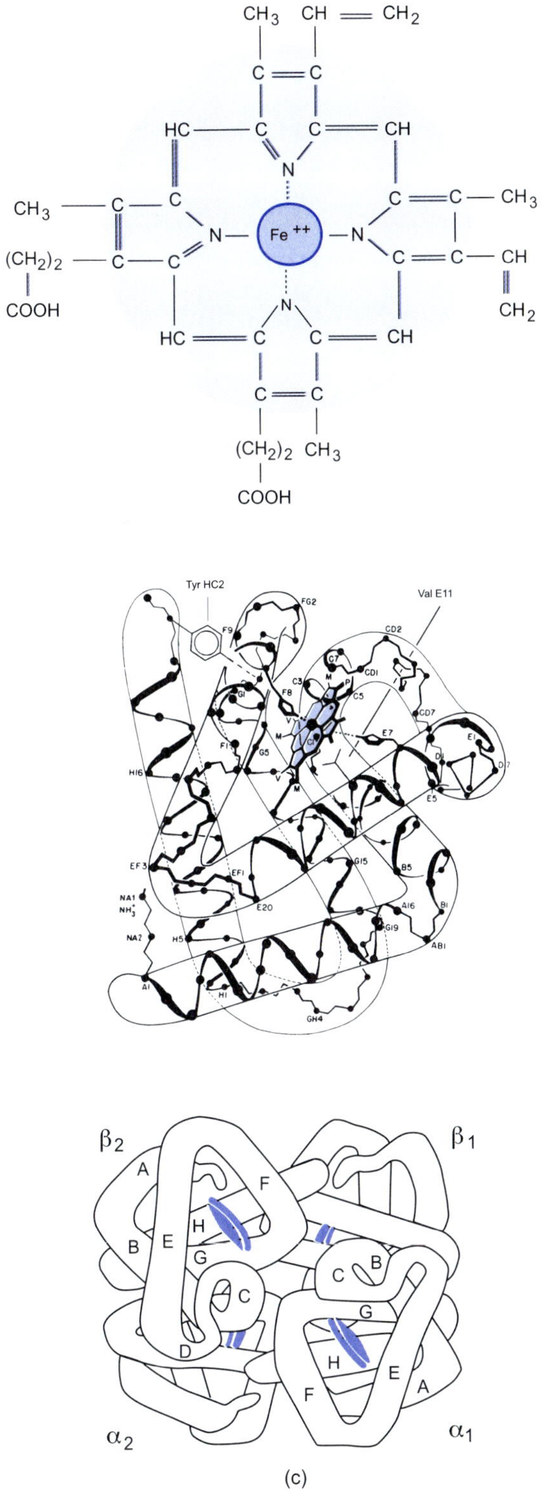


dem zentralen Eisenatom wird Sauerstoff in leicht reversibler Bindung angelagert (Abb. 5.9). Dabei findet keine Wertigkeitsänderung des Eisen statt. Die Bindung ist also keine Oxidation, sondern wird als Oxigenation bezeichnet, und anstatt Bindung wird von einer Anlagerung des Sauerstoff an Hämoglobin gesprochen, um den leicht reversiblen Charakter der Koppelung zu unterstreichen.

Das Häm ist zwar der wichtigste molekulare Abschnitt für die Anlagerung von Sauerstoff, aber es bildet insgesamt nur einen Bruchteil des Hämoglobin-Moleküls. Jedes **Häm** ist mit einer Proteinkette verbunden, dem **Globin,** und somit wird das Molekül zum **Hämoglobin** (Abb. 5.8). Für die Regelung der Sauerstoffbindung ist der Globin-Teil des Moleküls verantwortlich. Das scheibenförmige Häm sitzt in einer hydrophoben Tasche des Globinmoleküls und ist mit dem zentralen Eisenatom über einen Histidinrest an Globin gebunden. Die räumliche Stellung des Häm in dieser Tasche und die Stellung des Eisenatoms im Häm können durch das Globin verändert werden und auf diese Weise die Bindung des Sauerstoff stärken oder schwächen. Das Hämoglobin der meisten Wirbeltiere besteht aus vier solchen Untereinheiten, ist also ein **Tetramer**, wobei das menschliche Hämoglobin zwei Monomere aus ***α*-Globin** mit jeweils 141 Aminosäuren und zwei Monomere aus ***β*-Globin** mit je 146 Aminosäuren enthält. Jedes der vier Hämoglobin-Monomere ist räumlich gefaltet, wobei das $\alpha$-Globin 7 helicale Abschnitte und das $\beta$-Globin 8 helicale Abschnitte ausbildet.

**Fetales Hämoglobin** enthält statt des $\beta$-Globin ein geringfügig verändertes $\gamma$-Globin. **Myoglobin** ist ein **Monomer**, dessen Globin aus 150 Aminosäuren besteht und Ähnlichkeit mit dem $\beta$-Glo-

**Abb. 5.8.** Struktur des Häm (*oben*), eines Hämoglobin-Monomers mit $\beta$-Globin (*Mitte*). Die Polypeptidkette des $\beta$-Globin besteht aus mehreren helicalen Abschnitten, die räumlich ineinander gefaltet sind. Im Zentrum des Globin ist ein Häm gebunden (Bindung des Eisen an den Imidazolring eines Histidin), an dessen zentralem Eisenatom Sauerstoff angelagert werden kann. Das Hämoglobin der Wirbeltiere besteht aus vier Untereinheiten, zwei $\alpha$- und zwei $\beta$-Globinen, die je ein Häm tragen (*unten*) (nach Lehninger 1975, Perutz 1990)

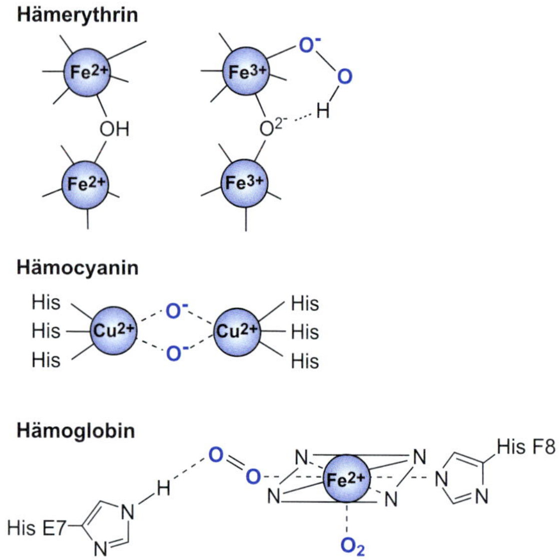


**Abb. 5.9.** Mechanismus der Sauerstoffbindung von respiratorischen Pigmenten. Bei Hämoglobin und Chlorocruorin wird Sauerstoff an das Eisenatom der Hämgruppe und den Imidazolring eines Histidin angelagert. Bei Hämocyanin bindet der Sauerstoff zwischen zwei Kupferatomen. Bei Hämerythrin bindet der Sauerstoff zwischen zwei Eisenatomen und einer zwischen den beiden Eisenatomen gebundenen Hydroxylgruppe (nach van Holde 1997)

bin besitzt. Weitere menschliche Globine sind identifiziert worden, kommen aber nur in geringer Menge vor. So besteht beim erwachsenen Menschen das Hämoglobin zu 92% aus einem identischen Molekül (HbA). Andere Wirbeltiere können jedoch höhere Anteile unterschiedlicher Globine tragen (**Isohämoglobin**). Insbesondere Fische benutzen Mischungen sehr heterogener Hämoglobin-Moleküle, mit deren unterschiedlichen $O_2$-Affinitäten sie auf Schwankungen im $O_2$-Angebot des Wassers reagieren können.

### Eine Mutation des Globin verursacht Sichelzell-Anämie

Bekanntestes Beispiel für eine Hämoglobin-Variante des Menschen ist das **Sichelzell-Hämoglobin** (HbS), bei dem das $\beta$-Globin an Position 6 die Aminosäure Valin statt Glutaminsäure enthält. Dieser Austausch von nur einer Aminosäure verändert die chemischen Eigenschaften des Globin und verursacht eine hydrophobe Assoziation von Hämoglobin-Molekülen. Sie lagern sich zu Bündeln zusammen, und die Erythrozyten nehmen die Gestalt von Sicheln an, die feine Gefäße verstopfen und dadurch schwere Organschäden verursachen können. Eine Sichelzellanämie prägt sich jedoch nur aus, wenn sowohl das von der Mutter als auch das vom Vater ererbte Gen für Hämoglobin die Sichelzellmutation tragen, wenn also Homozygotie für HbS vorliegt. Dann erreichen die Patienten nur selten das Erwachsenenalter. Bei Heterozygotie für HbS, das heißt, wenn das Kind je eine Genkopie des HbS und des normalen Hämoglobin geerbt hat, verformen sich lediglich etwa 1% der roten Blutkörperchen zu Sichelzellen. Die Träger sind symptomfrei und können meist ein ganz normales Leben führen. Sie haben darüber hinaus einen entscheidenden Vorteil. Sie sind zu rund 85% vor den Folgen der schwersten Form der Malaria, der Malaria tropica, geschützt.

### Hämoglobin bei Evertebraten

Das Hämoglobin der Wirbeltiere ist immer in Blutzellen eingeschlossen, den Erythrozyten. Bei Evertebraten kann Hämoglobin sowohl in Zellen vorkommen (z. B. bei Muscheln) oder extrazellulär im Blut oder der Coelomflüssigkeit. Die extrazellulären Hämoglobine sind in der Regel große komplexe Moleküle, die durch Polymerisierung von zahlreichen Untereinheiten gebildet werden, mit globulärer Struktur bei Arthropoden oder in Form hexagonaler Ketten wie bei Regenwurm, die bis zu 200 Untereinheiten enthalten können (Abb. 5.7). Die komplexen extrazellulären Hämoglobine der Evertebraten werden häufig auch als **Erythrocruorin** bezeichnet.

### Molekulare Kooperation bei der Sauerstoffbindung

Die tetramere Struktur hat entscheidende Bedeutung für die biologische Funktion des Hämoglobin. Die vier Untereinheiten des Moleküls kooperieren beim Gasaustausch, so dass bei sinkendem Sauerstoffpartialdruck im Gewebe die Abgabe von Sauerstoff aus dem Hämoglobin erleichtert und bei höherem Sauerstoffpartial in den Atemorganen die Aufnahme von Sauerstoff aus der Luft oder dem Atemwasser begünstigt wird. Das tretamere Molekül verhält sich dabei wie ein System interagierender Dimere, denn je eine $\alpha$- und $\beta$-Kette sind durch zahlreiche (etwa 35) Wasserstoffbindungen relativ fest miteinander verbunden ($\alpha_1\beta_1$ und $\alpha_2\beta_2$). Die Bindung zwischen den beiden Dimeren ist variabel und verändert sich beim Transport von Sauerstoff. Bei der Aufnahme von Sauerstoff bewegen sich die beiden $\beta$-Ketten um etwa 0,7 nm zur Seite. Das Hmoglobin-Molekül springt dadurch von der T-Stellung in die R-Stellung (T = *tense*, R = *relaxed*). Bei der Oxygenierung flacht sich außerdem das Häm zusätzlich ab, und das zentrale Eisenatom wird in die Häm-Ebene zurückgezogen. In der T-Stellung hat das Molekül eine geringe Affinität für Sauerstoff und eine hohe Affinität für $H^+$, $Cl^-$, organische Phosphate und Kohlendioxid, und in der R-Stellung bekommt das Molekül eine hohe Affinität für Sauerstoff. Die energetischen Veränderungen beim Lösen und Verknüpfen der Wasserstoffbrücken zwischen den beiden Dimeren und der dadurch erzeugte Wechsel zwischen der T- und der R-Stellung bilden die Grundlage für die erleichterte Abgabe von Sauerstoff im Gewebe und die Aufnahme von Sauerstoff in den Atemorganen (Pettigrew et al. 1982, Perutz 1990, Akkers et al. 1992).

### Oxidation des Hämoglobin zu Methämoglobin

Wird das zweiwertige Eisenatom im Hämoglobin zu einem dreiwertigen Eisen oxidiert, so kann das dabei entstandene **Methämoglobin (Hämiglobin)** keinen Sauerstoff mehr binden. *In vitro* kann Methämoglobin durch Oxidationsmittel wie Kaliumferricyanid oder Wasserstoffperoxid erzeugt werden. Aber auch *in vivo* entsteht ständig eine geringe Menge Methämoglobin. Bei der Anlagerung von Sauerstoff an das Hämoglobin kann ein Superoxidanion ($O_2^-$) gebildet und ein Elektron vom Eisen übernommen werden (**Autooxidation**). Die Konzentration des Methämoglobin im Erythrozyten liegt in der Regel unter 2% des gesamten Hämoglobin, durch die Aktivität einer NADH-abhängigen Methämoglobinreduktase, die das dreiwertige Eisen wieder zum zweiwertigen Eisen reduziert. Das Superoxidanion wird durch Superoxiddismutase in Kooperation mit einer Peroxidase in $H_2O$ und $O_2$ umgewandelt und somit unschädlich gemacht. Ist die Aktivität der Methämoglobinreduktase stark vermindert, wie z. B. bei der familiären Methämoglobinämie, so kann die Konzentration des Methämoglobin bis auf 30% ansteigen, wodurch die Sauerstoffversorgung der Gewebe beeinträchtigt wird.

### Transport von anderen Gasen

Hämoglobin besitzt nicht nur eine hohe Affinität zu Sauerstoff, sondern auch zu anderen Gasen, insbesondere zu **Kohlenmonoxid** (CO). Kohlenmonoxid entsteht bei der unvollständigen Verbrennung von organischen Verbindungen. Die Affinität des Hämoglobin zum Kohlenmonoxid ist rund 300-mal größer als zum Sauerstoff, und dies ist der Grund für die Toxizität des Kohlenmonoxid. Durch seine hohe Affinität belagert es die Bindungsstellen für Sauerstoff am Hämoglobin, es entsteht Kohlenoxid-Hämoglobin (HbCO), das nicht mehr zum Sauerstofftransport verwendet werden kann. Darüber hinaus verringert es die Abgabe des noch an Hämoglobin angelagerten Sauerstoffs im Gewebe (Linksverschiebung der Sauerstoffbindungskurve, s. Modulatoren der Sauerstoffbindung) und blockiert Myoglobin so wie auch andere eisenhaltige Enzyme. HbCO verändert auch die spektralen Eigenschaften des Hämoglobin und verursacht eine kirschrote Verfärbung des Bluts.

In der Luft sind normalerweise nur Spuren an Kohlenmonoxid vorhanden, die jedoch ausreichen, um 1% des Hämoglobin als HbCO zu blockieren. Bei Kohlenmonoxid-Belastung, z. B. durch offenes Feuer, im dichten Autoverkehr oder beim Bergbau unter Tage, kann der Anteil des HbCO höhere Werte erreichen. Das Blut von Zigarettenrauchern enthält meist 4–9% HbCO, bei stärkeren Rauchern und nach einigen Lungenzügen auch 15–20%. Dieser Wert wird beim Einatmen einer Luft mit nur 0,03% Kohlenmonoxid erreicht und wäre der Grenzwert, bei dem auch ein Bergmann unter Tage ein Atemgerät einsetzt. Bei 0,5% Kohlenmonoxid in der Atemluft würden bereits 90% des Hämoglobin in HbCO umgewandelt. Ein HbCO-Gehalt bis zu 40% kann kurzfristig toleriert werden, während ein HbCO-Gehalt über 60% eine tödliche Bedrohung darstellt. Die Bindung des Kohlenmonoxid an Hämoglobin ist reversibel, deshalb sollten

## Box 5.2

### Sauerstoffbindungskurven

Die Anzahl der Bindungsstellen, die in einem respiratorischen Protein von $O_2$ besetzt werden, hängt in erster Linie von der $O_2$-Konzentration in der Umgebung des Proteins ab. Steigt die $O_2$-Konzentration, so werden mehr Bindungsstellen belegt, bis schließlich alle gesättigt sind. Sinkt die $O_2$-Konzentration, so nimmt die Anzahl der belegten Bindungsstellen ab. Für das Gleichgewicht zwischen $O_2$ und einem monomeren Hämoglobin (z. B. Myoglobin) gilt

$$Hb + O_2 \underset{k'}{\overset{k}{\Leftrightarrow}} HbO_2 \tag{1}$$

wobei ***k*** und ***k'*** die Reaktionskonstanten für die Hin- und Rück-Reaktion sind. Die Gleichgewichtskonstante $\boldsymbol{K_{eq}}$ ist der Quotient ***k/k'*** und entspricht dem Mengenverhältnis der Reaktionspartner

$$K_{eq} = \frac{[HbO_2]}{[Hb][O_2]} \tag{2}$$

Die Sättigung (***S***) eines respiratorischen Proteins mit Sauerstoff kann aus dem Mengenverhältnis von oxigeniertem und desoxygeniertem Protein berechnet werden.

$$S = \frac{HbO_2}{HbO_2 + Hb} \tag{3}$$

Dies ergibt eine hyperbelförmige Sättigungskurve mit Werten zwischen 0 und 1. Durch Multiplikation mit 100 würde man die prozentuale Sättigung erhalten, wie sie für Sauerstoffbindungskurven üblich ist. Die Sättigung ist eine unmittelbare Folge des Sauerstoffangebots, also des Sauerstoffpartialdruck $\boldsymbol{pO_2}$. Deshalb kann die Gleichung auch für das Sauerstoffangebot umgeschrieben werden, wozu Gleichung (2) nach $\mathbf{HbO_2}$ aufgelöst und $\boldsymbol{K_{eq}}$ $\mathbf{[O_2]}$ durch den $\boldsymbol{pO_2}$ ersetzt wird.

$$S = \frac{pO_2}{pO_2 + 1} \tag{4}$$

Um die Lage der Sättigungskurve festzulegen wird der ***p50*** verwendet, d. h. der $\boldsymbol{pO_2}$, bei dem die Hälfte der Bindungsstellen mit $O_2$ gesättigt ist. Dies ergibt die **hyperbelförmige** Bindungskurve eines monomeren respiratorischen Protein wie z. B. Myoglobin (Kurvenbeispiel für ***p50*** = 5).

$$S = \frac{pO_2}{pO_2 + p50} \tag{5}$$

Für polymere respiratorische Proteine mit ***n*** $O_2$-Bindungsstellen pro Molekül ergibt dieses einfache Dissoziations-Modell die Gleichung

$$S = \frac{(pO_2)^n}{(pO_2)^n + (p50)^n} \tag{6}$$

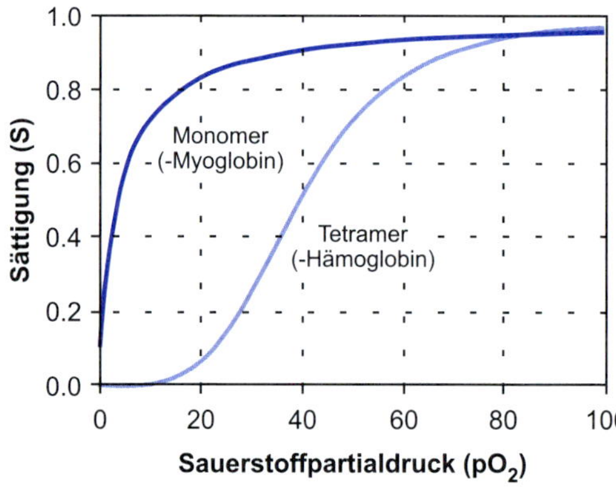


Sie kann dazu verwendet werden, um die Sättigungskurve für ein polymeres respiratorisches Protein zu berechnen, und ergibt eine **sigmoidale** Sättigungskurve, wie z. B. für das tetramere Hämoglobin (Kurvenbeispiel ***n*** = 4, ***p50*** = 40). Daraus folgt, dass die Sättigungskurven polymerer respiratorischer Proteine grundsätzlich alle sigmoidal sind, aber Lage und Kurvenform kann variieren. Das einfache Modell (6) nimmt an, dass alle Untereinheiten dieselbe Affinität zum Sauerstoff besitzen (identische Gleichgewichtskonstante $\boldsymbol{K_{eq}}$). Kleine Unterschiede in der Aminosäurensequenz der Untereinheiten können $\boldsymbol{K_{eq}}$ beeinflussen und dadurch die Form Sättigungskurve verändern. Außerdem können die respiratorischen Proteine bei der Bindung von Sauerstoff interagieren, z. B. die Bindung von $O_2$ an der einen Untereinheit ▶

## Box 5.2 (Fortsetzung)

des Makromoleküls erleichtert die Bindung von $O_2$ an der benachbarten Untereinheit. Es kommt zu einer **Kooperation** zwischen den Untereinheiten, die man auch als **homotrope Interaktion** bezeichnet. In einem monomeren Protein wie Myoglobin ist sie nicht möglich. Nur respiratorische Proteine die aus mehreren Untereinheiten bestehen sind in der Lage, die Sauerstoffaffinität durch Kooperation zu regulieren.

Gleichung (6) kann in eine logarithmische Form umgewandelt werden und wird dann als Hill-Gleichung bezeichnet

$$\log \frac{S}{(1-S)} = n(\log pO_2 - \log p50) \qquad (7)$$

Eine graphische Darstellung der Sauerstoffbindungskurve in dieser Form ergibt für Sättigungen zwischen 0,1 und 0,9 eine Gerade. Die Steigung der Gerade entspricht ***n***. Dieser **Hill-Koeffizient** entspricht im theoretischen Modell (6) der Anzahl der Untereinheiten. Werden Messwerte aus Sauerstoffbindungskurven zur Berechnung des Hill-Koeffizienten verwendet, so ergibt dies die Anzahl der effektiv wirksamen Untereinheiten und damit einen Index für die Kooperativität des respiratorischen Proteins und die Form der Sauerstoffbindungskurve.

Vergiftete möglichst rasch mit frischer Luft beatmet werden, um das Kohlenmonoxid vom Hämoglobin zu entfernen und wieder für den Sauerstofftransport freizugeben.

Das Hämoglobin einiger Mollusken kann Schwefelwasserstoff ($H_2S$) transportieren (Doeller et al. 1988). Die Muschel *Soleyma velum* bewohnt $H_2S$-haltige marine Sedimente und lebt in Symbiose mit intrazellulären chemoautotrophen Bakterien, die $H_2S$ oxidieren können. *Soleyma* besitzt zwei unterschiedliche Typen Hämoglobin. Beide können Sauerstoff transportieren, aber wenn $H_2S$ im Sediment vorhanden ist, so wird eines zu Methämoglobin oxidiert. In dieser Form kann es $H_2S$ reversibel binden und auf diesem Weg die intrazellulär lebenden Symbionten versorgen.

### 5.5.2 Chlorocruorin

**Chlorocruorin** ist ein dem Hämoglobin nahe verwandtes respiratorisches Protein. Es unterscheidet sich vom Hämoglobin nur durch ein geringfügig geändertes Häm, das anstatt einer Vinyl-Gruppe(-$CHCH_2$) eine Formyl-Gruppe (-CHO) als Seitenkette eines Pyrrolringes trägt. Dies gibt ihm im oxygenierten Zustand in verdünnter Lösung eine grüne Farbe, die aber bei höherer Konzentration in rot umschlagen kann. Wegen der grünen Farbe erhielt es den Namen Chlorocruorin. Da es ansonsten in seiner Struktur dem komplexen Hämoglobin (Erythrocruorin) der Evertebraten sehr ähnlich ist, wird es von einigen Autoren als Variante des Hämoglobin betrachtet und als **grünes Hämoglobin** bezeichnet. Monomere des Chlorocruorin haben Molekulargewichte von etwa 16 000 Da. In der Regel liegt das extrazelluläre Chlorocruorin jedoch als Polymer vor, mit Molekulargewichten von bis zu 3 Mio. Da (Abb. 5.7, Tabelle 5.2).

Chlorocruorin dient vielen Anneliden als respiratorisches Protein, insbesondere den Polychaeten. Bei einigen Arten kommt es gemeinsam mit Hämoglobin vor (z. B. Sabellidae, *Potamilla*, und *Serpula*). So enthält *Potamilla* Hämoglobin in Muskelzellen und Chlorocruorin in der Hämolymphe. Serpula enthält sowohl Chlorocruorin als auch Hämoglobin im Blut. In der Gattung *Spirorbis* enthält die Art *S. borealis* Chlorocruorin im Blut, *S. corrugatus* Hämoglobin im Blut, und *S. militaris* besitzt weder Chlorocruorin noch Hämoglobin.

### 5.5.3 Hämerythrin

**Hämerythrin** ist das respiratorische Protein mit der größten spezifischen Bindungskapazität für Sauerstoff (1,67 $mlO_2\,g^{-1}$). Es besteht aus einem

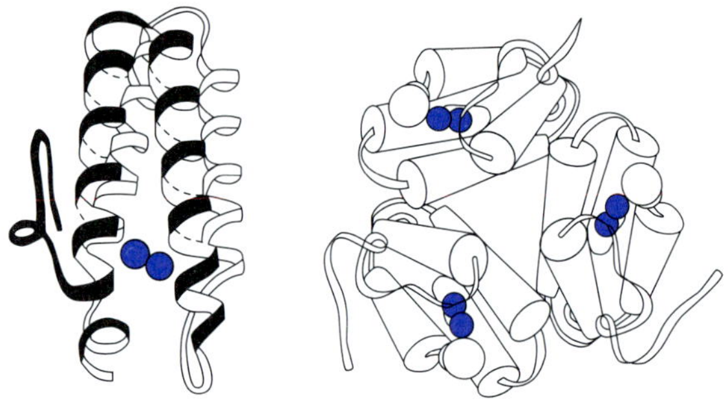

**Abb. 5.10.** Struktur des Hämerythrin. Zwei Eisenatome sind direkt an die Polypeptidkette gebunden. Hämerythrin kann als Monomer (Myohämerythrin), Dimer, Trimer oder bis zum Octamer vorliegen (nach Hendrickson et al. 1985)

Polypeptid mit 113–118 Aminosäuren (Molekulargewicht 13 000–15 000 Da), das vier antiparallel verlaufende $\alpha$-Helices bildet. In diese Polypeptidkette sind zwei $Fe^{++}$ eingebettet, die über Histidin und Tyrosin direkt an das Protein gebunden sind (Abb. 5.10). Diese direkte Bindung an das Protein ist ungewöhnlich, da alle anderen Eisen tragenden respiratorischen Proteine das Eisen stets in einem Porphyrinring enthalten. Zum Transport von Sauerstoff wird ein Molekül $O_2$ zwischen den beiden Fe-Atomen gebunden. Mit hoch auflösender Röntgen-Beugungsanalyse konnte die Bindungsstelle identifiziert und der Ablauf der Reaktion geklärt werden. Im desoxygenierten Zustand sind die beiden Eisenatome durch eine Hydroxylgruppe miteinander verbunden. Bei der Bindung von Sauerstoff werden Elektronen an die Eisenatome übertragen, ihre Wertigkeit ändert sich von $Fe^{++}$ zu $Fe^{+++}$. Die überbrückende Hydroxylgruppe wird durch $O^-$ ersetzt und ein $OOH^-$ an ein Eisenatom gebunden, dessen Wasserstoff zusätzlich an das überbückende $O^-$ bindet (Abb. 5.9). Soweit bisher bekannt, ist dies der einzige Fall eines respiratorischen Proteins, bei dem durch die Sauerstoffbindung die Wertigkeit des sauerstoffbindenden Metalls verändert wird, d.h. es findet eine Oxidation statt (Hendricksen et al. 1985). Im oxygenierten Zustand nimmt es eine rosarote bis violette Farbe an mit Absorptionsmaxima bei 330 nm und 500 nm, und es wird im desoxygenierten Zustand farblos mit einem Absorptionsmaximum bei 400 nm.

Hämerythrin wird nur von wenigen Tiergruppen zum Sauerstofftransport verwendet. Dazu gehören die Sipunculiden, die Priapuliden, die Brachiopoden und einige wenige Anneliden. Es kann entweder als Monomer vorliegen, z.B. als Myohämerythrin in der Muskulatur von Sipunculiden, oder als Dimer, Trimer (Priapuliden), bis zum Octamer bei den Brachiopoden, wodurch das Molekulargewicht auf über 100 000 Da ansteigt. Extrazelluläres Hämerythrin wird nicht frei gelöst in den Körperflüssigkeiten transportiert, sondern liegt immer in Blutzellen (oder Coelomozyten) eingeschlossen vor, die dadurch ein rosarote bis violette Farbe besitzen (Klotz et al. 1976, Terwilliger 1998).

## 5.5.4 Hämocyanin

**Hämocyanine** unterscheiden sich von allen anderen respiratorischen Proteinen dadurch, dass sie ein Paar **Kupferatome** anstatt Eisen für die Bindung des Sauerstoff verwenden. Außerdem enthalten sie keinen Porphyrinring, die Kupferatome sind direkt mit dem Proteingerüst verbunden. Hämocyanine sind das typische respiratorische Pigment der Arthropoden und Mollusken, deren Blut im oxygenierten Zustand dadurch eine blaue Farbe annimmt. Ursprünglich waren sie als eine Proteinfamilie betrachtet worden. Die Strukturunterschiede zwischen dem Hämocyanin der Mollusken und dem der Arthropoden jedoch sind sehr groß, so dass ein gemeinsamer Ursprung fraglich ist. Ähnlichkeiten bestehen noch im Bereich der Sauerstoffbindungsstelle. Bei allen Hämocyaninen wird der Sauerstoff zwischen den beiden Kupferatomen gebunden, die dadurch auf einen Abstand von 0,34 nm zusammenrücken. Durch sterische Änderungen des Proteins weichen die beiden Kupferatome bei der Abgabe von Sauerstoff wieder auseinander. Diese Konfigurationsänderung verursacht die charakteristische blaue Farbe des Hämocyanin im oxygenierten Zustand mit Absorptionsmaxima bei 335–345 nm (Bonaventura u. Bonaventura 1980).

Hämocyanine können ungewöhnlich große extrazelluläre Moleküle bilden. Eine Untereinheit des **Arthropoden-Hämocyanin** hat ein Molekulargewicht von 60000–80000 Da, und diese nierenförmigen Untereinheiten werden im Blut zu großen Aggregaten verbunden. Asseln und einige dekapoden Krebse, wie die Krabbe *Uca*, enthalten das Hämocyanin vorwiegend als Hexamer in ihrem Blut. Bei Spinnen sind zwei Hexamere zu einem Dodekamer verbunden, und bei anderen Cheliceraten wie dem Pfeilschwanzkrebs Limulus erhöht sich die Aggregation bis zum 48mer (Abb. 5.7). Die Untereinheiten des **Mollusken-Hämocyanin** sind größer als die des Arthropoden-Hämocyanin, haben ein Molekulargewicht von etwa 450000 Da und enthalten bereits 7–8 Sauerstoffbindungsstellen. Auch sie können zu noch größeren Aggregaten verbunden sein und bilden dabei zylinderförmige Stapel aus, wie bei dem aus 10 Untereinheiten bestehenden Hämocyanin der Cephalopoden oder dem aus 20 Untereinheiten bestehenden Hämocyanin der Weinbergschnecke. Das Mollusken-Hämocyanin erreicht dabei Molekulargewichte von 8 Mio und das etwas kleinere Arthropoden-Hämocyanin immerhin noch 3 Mio. Da. Sie überschreiten damit die Größe von Ribosomen und sind im Elektronenmikroskop sichtbar, als rechteckige oder hexagonale Würfel bei den Arthropoden und als hohle Zylinder bei den Mollusken (Bonaventura u. Bonaventura 1980, van Holde 1997).

## 5.6 Physiologische Rolle der respiratorischen Proteine beim Sauerstofftransport

Da Hämoglobin vier Untereinheiten mit jeweils einer Hämgruppe enthält, kann 1 Mol Hämoglobin maximal 4 Mol $O_2$ aufnehmen. Die Bindung ist reversibel und deshalb kann für die Sauerstoffanlagerung folgende Gleichgewichtsreaktion formuliert werden:

$$\mathrm{Hb} + 4(\mathrm{O_2}) \Leftrightarrow \mathrm{Hb}(\mathrm{O_2})_4 \tag{1}$$

Aus dieser Gleichung folgt, dass Hämoglobin (Molekulargewicht von 64500 Da) pro Mol maximal 4 Mol Sauerstoff (4·22,4 l = 89,6 l) aufnehmen kann. Umgerechnet auf 1 g Hämoglobin ergibt dies eine maximale Bindungskapazität von 1,39 $mlO_2\,gHb^{-1}$ (1 $mgO_2\,gHb^{-1}$). Da es sich um eine Gleichgewichtsreaktion handelt, hängt die Menge des tatsächlich an Hämoglobin gebundenen Sauerstoffs (rechte Seite der Gleichung) vom Sauerstoffangebot ab (linke Seite der Gleichung). Je höher der Sauerstoffpartialdruck in der Luft ist, desto mehr Sauerstoff wird an Hämoglobin angelagert. Bei sinkendem Sauerstoffpartialdruck läuft die Reaktion umgekehrt ab und vom Hämoglobin wird Sauerstoff abgegeben. Der erste Reaktionsschritt findet bei der Aufnahme von Sauerstoff in der Lunge statt (2) und die Rückreaktion (3) bei der Abgabe von Sauerstoff im Gewebe.

Aufnahme von Sauerstoff in der Lunge:

$$\mathrm{Hb} + 4(\mathrm{O_2}) \xrightarrow{\text{Lunge}} \mathrm{Hb}(\mathrm{O_2})_4 \tag{2}$$

Abgabe von Sauerstoff im Gewebe:

$$\mathrm{Hb} + 4(\mathrm{O_2}) \xleftarrow[\text{Gewebe}]{} \mathrm{Hb}(\mathrm{O_2})_4 \tag{3}$$

In anderen Worten ausgedrückt bedeutet dies, dass sich die Affinität eines respiratorischen Proteins zum Sauerstoff mit dem Sauerstoffpartialdruck verändert. Eine graphische Darstellung dieser Beziehung zwischen Sauerstoffpartialdruck und der Sättigung des Hämoglobin mit Sauerstoff ergibt die **Sauerstoffbindungskurve** (Sauerstoffsättigungskurve) (Abb. 5.11). Zur Ermittlung einer Sauerstoffbindungskurve wird Blut oder ein isoliertes respiratorisches Protein mit Gas unterschiedlichen Sauerstoffpartialdrucks vermischt und anschließend entweder die Menge des an das Protein gebundenen Sauerstoff oder das Mengenverhältnis von oxigeniertem und desoxigeniertem respiratorischem Protein gemessen, z.B. durch Veränderung der Lichtabsorption im Spektralphotometer.

Die **maximale mögliche Sättigung** des Hämoglobin liegt mit 1,34 $mlO_2\,gHb^{-1}$ geringfügig unter dem stöchiometrischen Idealwert, was damit erklärt werden kann, dass ein Teil des Hämoglobin stets in einer bindungsinaktiven Form vorliegt (s. Methämoglobin, HbCO). Diese maximale Sättigung des Hämoglobin, bei der sämtliche verfügbaren Bindungsstellen mit Sauerstoff besetzt sind, wird allerdings erst bei einem Sauerstoffpartialdruck >300 mmHg (>40 kPa) erreicht. Ein solch hoher Sauerstoffpartialdruck

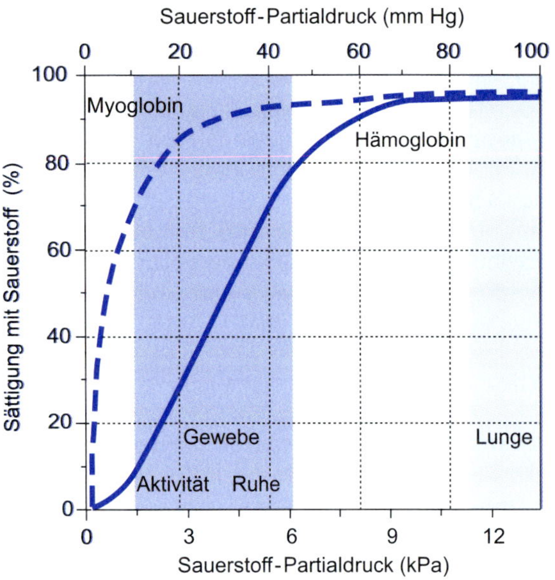


**Abb. 5.11.** Sauerstoffbindungskurve des menschlichen Hämoglobin (*durchgezogene Linie*) und des Myoglobin aus der Muskulatur *(gestrichelt)*

wird bei der Atmung von Luft nie erreicht, denn in trockener Luft auf Meereshöhe sind maximal 159 mmHg (21,2 kPa) Sauerstoff in der Luft enthalten. Hinzu kommt, dass bei der Ventilation der Lunge die Einatemluft mit Ausatemluft durchmischt wird, wodurch der Sauerstoffpartialdruck in der Lunge sinkt und an den respiratorischen Oberflächen nur noch 100 mmHg (13,5 kPa) für den Gasaustausch bereitstehen. Unter physiologischen Bedingungen wird Hämoglobin deshalb nie stöchiometrisch voll gesättigt, aber immerhin beträgt die Sättigung dabei noch 96% und liegt damit nur unwesentlich unter dem stöchiometrischen Maximalwert. In der Literatur wird diese physiologisch maximale Sättigung, wie sie im Atemorgan *in vivo* erreichbar ist, häufig als 100% verwendet.

Der **flache Verlauf der Sauerstoffbindungskurve** bei hohen Sauerstoffpartialdrucken ist Garant dafür, dass das Hämoglobin in der Lunge immer nahezu vollständig mit Sauerstoff gesättigt wird. Mäßige Schwankungen des Sauerstoffangebots im Alveolarbereich zwischen 80 und 150 mmHg (10 kPa–20 kPa) haben keine unmittelbare Auswirkung auf die Sauerstoffaufnahme in das Blut, denn es wird unabhängig vom Angebot immer gleichmäßig mit Sauerstoff beladen. Schwankungen im alveolären Sauerstoffgehalt können beim Aufenthalt in großer Höhe auftreten oder durch ungleichmäßige Ventilation verursacht werden, d.h. man kann auch kurz die Luft anhalten, ohne dadurch die arterielle Sauerstoffsättigung zu gefährden.

Hämoglobin hat, wie auch alle anderen respiratorischen Proteine, noch eine zweite Funktion, denn es muss den im Atemorgan aufgenommenen Sauerstoff im Gewebe wieder abgeben, und zwar bei ausreichend hohen Sauerstoffpartialdrucken, so dass die Mitochondrien ihren Bedarf durch Diffusion decken können. Diese Funktion kann aus dem **mittleren steilen Abschnitt** der sigmoidalen Sauerstoffbindungskurve abgelesen werden. In den Geweben wird Sauerstoff verbraucht, deshalb sinkt dort der Sauerstoffpartialdruck meist auf Werte zwischen 20 und 60 mmHg (2,7 und 8 kPa) ab. Der Kurvenverlauf zeigt, dass bei einem mittleren Sauerstoffpartialdruck von 40 mmHg die Sättigbarkeit des Hämoglobin von 96% auf 70% sinkt, d.h. Hämoglobin gibt 26 von 96 Einheiten (27%) seines mitgeführten Sauerstoffs ans Gewebe ab. Der Sauerstoffpartialdruck im Gewebe unterliegt sehr starken Schwankungen, je nachdem ob lokal viel oder wenig Sauerstoff verbraucht wird. Der steile Verlauf der Sauerstoffbindungskurve stellt sicher, dass eine geringe Abnahme im Sauerstoffpartialdruck des Gewebes mit einer überproportionalen Entsättigung des Hämoglobin beantwortet wird. Sinkt z.B. der Sauerstoffpartialdruck von 40 auf 20 mmHg, dann werden zu den bisherigen 26 Einheiten weitere 40 Einheiten des an Hämoglobin gebundenen Sauerstoff freigesetzt. Der mittlere steile Teil der Sauerstoffbindungskurve funktioniert dadurch als Puffer für zeitliche und räumliche Schwankungen im Sauerstoffbedarf der Gewebe.

Als respiratorisches Protein hat das Hämoglobin zwei Aufgaben zu erfüllen, erstens die Aufnahme von Sauerstoff im Atemorgan und zweitens die bedarfsgerechte Abgabe von Sauerstoff im Gewebe. Diese Doppelfunktion wird durch die **sigmoidale Sauerstoffbindungskurve** gewährleistet. Da es sich bei dieser Bindung um eine einfache Gleichgewichtsreaktion handelt

[Gleichung (5.1)], wäre eigentlich eine hyperbolisch verlaufende Sauerstoffbindungskurve zu erwarten, wie sie z.B. für das Myoglobin gilt (Box. 5.2). Grundlage der sigmoidalen Bindungskurve ist die Kooperation der vier Untereinheiten des Hämoglobin bei der Bindung des Sauerstoff, insbesondere der Wechsel von der T-Stellung in die R-Stellung der beiden $\alpha\beta$-Dimere (S. 236). Die Bedeutung der Kooperation zwischen den Untereinheiten wird auch aus dem Vergleich mit Myoglobin deutlich, denn es ist ein Monomer und zeigt die erwartete hyperbelförmige Sauerstoffbindungskurve. Hätte das Hämoglobin eine dem Myoglobin ähnliche Sauerstoffbindungskurve, so wäre es als respiratorisches Protein im Blut unbrauchbar, da es auf Grund seiner hohen Affinität zum Sauerstoff diesen zwar in der Lunge aufnehmen könnte, aber bei mittleren Partialdrucken im Gewebe nicht abgeben würde.

Der Lage des mittleren steilen Teils der Sauerstoffbindungskurve ist Grundlage für die Sauerstoffversorgung der Gewebe. Je weiter rechts dieser Kurventeil liegt, desto größer ist die Bereitschaft des respiratorischen Pigments, Sauerstoff abzugeben, und je weiter links dieser Kurvenabschnitt liegt, desto geringer ist die Bereitschaft Sauerstoff im Gewebe freizusetzen. Diese Eigenschaft kann durch den **p50** beschrieben werden. Er bezeichnet den Sauerstoffpartialdruck, bei dem ein respiratorisches Protein zu 50% mit Sauerstoff gesättigt ist.

Die Sauerstoffbindungskurven des Bluts verschiedener Säugetiere zeigen alle einen sigmoidalen Verlauf (Abb. 5.12). Bei einem hohen Sauerstoffpartialdruck von etwa 13 kPa (100 mmHg), wie er in den Alveolen vorherrscht, erreichen alle Bindungskurven eine Sättigung von annähernd 100%. D.h. bei allen Säugetieren wird das Blut in der Lunge voll mit Sauerstoff beladen. Der mittlere steile Teil der Sauerstoffbindungskurve ist von Art zu Art verschieden, mit einem p50 von 2,5 kPa (20 mmHg) beim Elefanten und einem p50 von 6,5 kPa (50 mmHg) im Blut der Maus. Offensichtlich besteht ein Zusammenhang zwischen der Lage und Steilheit des mittleren Teils der Sauerstoffbindungskurve und der Körpergröße. Je kleiner ein Säugetier ist, desto weiter ist seine Sauerstoffbindungskurve nach rechts verschoben. Dieser mittlere Teil ist für die Abgabe des Sauerstoff im Gewebe verantwortlich und zeigt, dass das Blut kleiner Tiere leichter bereit ist, den mitgeführten Sauerstoff im Gewebe abzugeben. Bei einem Sauerstoffpartialdruck von 6,5 kPa (50 mmHg), gibt Mäuseblut die Hälfte des mitgeführten Sauerstoff frei, während das Elefantenblut dabei noch voll gesättigt bleibt. Der gewebespezifische Sauerstoffverbrauch von Tieren verändert sich mit der Körpergröße und wird um so größer, je kleiner ein Tier ist. Eine Maus benötigt pro Gramm Körpergewicht etwa 20-mal mehr Sauerstoff als ein Pferd. Eine der vielen Anpassungen kleiner Tiere an diesen erhöhten Sauerstoffbedarf ist die Rechtsverschiebung der Sauerstoffbindungskurve, mit der sie die Abgabe von Sauerstoff im Gewebe erleichtern.

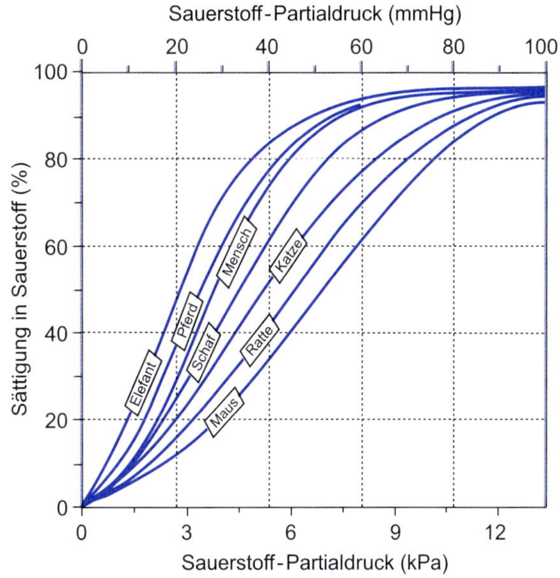


**Abb. 5.12.** Sauerstoffbindungskurven des Bluts verschiedener Säugetierarten (Schmidt-Nielsen 1972)

Die unterschiedliche Lage der Sauerstoffbindungskurven beruht auf Änderungen in der Aminosäurensequenz des Globin, da alle dasselbe Häm tragen. Im Lauf der Evolution wurden Globine unterschiedlich hoher Sauerstoffaffinität entwickelt und an die metabolischen Bedürfnisse unterschiedlicher großer Tiere angepasst. Somit ist die unterschiedliche Lage der Sauerstoffbindungskurven des Hämoglobin genetisch festgelegt. Dies gilt auch für die **Höhenanpassung** des Hämoglobin von Vicunja und Lama. Beide leben in den Anden bis in Höhen von etwa 5000 m. Die Sauerstoffbindungskurve ist deutlich nach links verschoben im Vergleich zu der Sauerstoffbindungskurve, die auf Grund ihrer Körpergröße zu erwarten wäre. Ihr p50 liegt bei 20 mmHg anstatt bei 35 mmHg. Das Blut des Vicunja besitzt die höchste Sauerstoffaffinität, die bei Säugetieren gemessen wurde (Jürgens 1988). Dies bedeutet, dass sie auch bei niedrigem Sauerstoffangebot in der Luft ihr Hämoglobin immer voll mit Sauerstoff sättigen können, dafür aber niedrigere Sauerstoffpartialdrucke im Gewebe in Kauf nehmen (Hall 1936). Ähnliche erhöhte Sauerstoffaffinitäten wurden auch bei Vögeln und Mäusen im Hochgebirge festgestellt (Snyder et al. 1982), und man kann daraus schließen, dass dies eine Strategie ist, die von im Hochgebirge endemischen Tierarten bevorzugt wird. Es ist jedoch nicht die einzig mögliche Strategie der Höhenanpassung, denn bei der akuten und reversiblen Höhenanpassung des Menschen tritt genau das Gegenteil ein, eine Verminderung der Sauerstoffaffinität verbunden mit einer größeren Bereitschaft, den Sauerstoff im Gewebe aus dem Hämoglobin freizusetzen. Dabei wird jedoch nicht das Hämoglobin verändert, sondern vermehrt 2,3-Diphosphoglycerat in den Erythrozyten gebildet, das als Modulator der Sauerstoffbindung die Affinität des Hämoglobin für Sauerstoff verringert (s. Organische Phosphate).

## 5.7 Modulatoren der Sauerstoffbindung

Eine Vielzahl von Molekülen kann an die respiratorischen Proteine binden und deren Affinität für Sauerstoff verändern. Dazu gehören anorganische Faktoren wie $H^+$, $CO_2$, $Cl^-$, $Mg^{++}$ und $Ca^{++}$, aber auch organische Phosphate (Hämoglobin) und Lactat (Hämocyanin), die deshalb als **Modulatoren** des Sauerstofftransports bezeichnet werden. Ihre Bindung verursacht minimale Veränderungen in der räumlichen Konfiguration der Proteine und verändert dadurch deren Affinität zum Sauerstoff. Neben der direkten Wirkung auf die Sauerstoffaffinität können sie auch die Bindung anderer allosterischer Modulatoren verändern und sich in ihrer allosterischen Wirkung gegenseitig hemmen oder verstärken. Diese **heterotropen Interaktionen** verschieben die Sauerstoffbindungskurve nach links oder rechts und erschweren oder erleichtern auf diese Weise die Abgabe von Sauerstoff im Gewebe in Zusammenarbeit mit den **homotropen Interaktionen** zwischen den Untereinheiten eines respiratorischen Proteins (s. Box 5.2). Man kann die Modulatoren als molekulare Verstärker betrachten, die in erster Linie die Sauerstoffversorgung der Gewebe erleichtern und in geringerem Umfang auch die Aufnahme von Sauerstoff an den respiratorischen Oberflächen beschleunigen. Sie erlauben eine physiologische Regulation des Gastransport, um diesen an das Sauerstoffangebot und die aktuellen Bedürfnisse einzelner Gewebe anzupassen.

### 5.7.1 Bohr-Effekt

Als Endprodukt des oxidativen Stoffwechsels entsteht in den Geweben Kohlendioxid, das mit Wasser zu Kohlensäure reagiert und dadurch den **pH-Wert** senkt. Sowohl ein Anstieg des **$pCO_2$** als auch der sinkende **pH** verschieben die Sauerstoffbindungskurve nach rechts und erleichtern damit die Abgabe von Sauerstoff im Gewebe. Dieser Effekt wird nach seinem dänischen Entdecker **Bohr-Effekt** genannt. Abbildung 5.13 zeigt, dass bereits eine Erniedrigung des pH um 0,2 zu 20% geringerer Affinität des Hämoglobin zum Sauerstoff führt.

Für die akute Regelung der Sauerstoffversorgung im Gewebe kann der Bohr-Effekt von großer Bedeutung sein. Bei einer erhöhten Stoffwechselrate im Gewebe wird mehr Kohlendioxid produziert, das durch den Bohr-Effekt die Affinität des Hämoglobin zum Sauerstoff vermindert. Sauerstoff wird dadurch leichter vom Hämoglobin abgegeben und das Gewebe mit zusätzlichem Sauerstoff beliefert. Beim Ausatmen des Kohlendioxid in der Lunge wird der Bohr-Effekt auf die Sauerstoffbindung wieder aufgehoben und die normale Sauerstoffaffinität wieder hergestellt. Für die Aufnahme von Sauerstoff in der Lunge hat der Bohr-Effekt allerdings nur geringe oder gar keine Bedeutung, da bei diesem hohen Sauerstoffpartialdruck die Sauerstoffaffinität durch den pH nur wenig verändert wird.

Durch Austausch einzelner Aminosäuren des Hämoglobin und anschließender Funktionsprüfung konnten die für den Bohr-Effekt verantwortlichen Bereiche des Hämoglobin-Moleküls identifiziert werden. Grundlage des Bohr-Effektes beim menschlichen Hämoglobin (HbA) ist die Bindung von Protonen an die Aminoenden der beiden $\alpha$-Ketten (Val) und das Carboxylende (His) der $\beta$-Ketten. Sie sind für 30–50% der pH-Komponente des Bohr-Effektes verantwortlich. Zusätzlich leistet die Bindung von Protonen an weitere 22 His des gesamten Tetramers einen Beitrag zum Bohr-Effekt. $CO_2$ hat neben seiner indirekten Wirkung über den pH-Wert auch eine direkte Wirkung auf das Hämoglobin, die knapp die Hälfte des Bohr-Effektes ausmacht. Es kann direkt an die Globine gebunden werden, insbesondere an die Aminoenden beider Globinketten (Val) (Perutz 1983, Riggs 1988, Weber 1992).

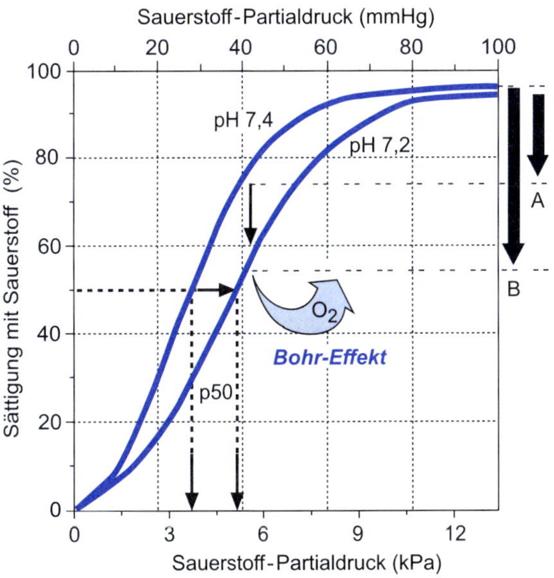


**Abb. 5.13.** Bohr-Effekt. Durch Kohlendioxid und niedrigen pH wird die Sauerstoff-Bindungskurve des Hämoglobin nach rechts verschoben, d.h. die Affinität des Hämoglobin zum Sauerstoff wird erniedrigt und dadurch seine Bereitschaft erhöht, mehr Sauerstoff im Gewebe abzugeben. A: Abgabe von $O_2$ aus dem Hämoglobin im Gewebe ohne Bohr-Effekt, B: mit Bohr-Effekt

Der Bohr Effekt wird als Änderung des p50 pro Einheit des pH angegeben (Bohr-Effekt $=\Delta \log p50/\Delta pH$). Besonders große Bohr-Effekte zeigt das Chlorocruorin (–1,7) und das Hämocyanin der Crustaceen (–1,7). Bei Säugetieren liegt der Bohr-Effekt zwischen –0,3 und –0,96. Obwohl die meisten respiratorischen Proteine einen negativen Bohr-Effekt zeigen, gibt es auch Beispiele für fehlenden Bohr-Effekt (Hämoglobin der Kaulquappen des Ochsenfrosches und einiger Fische, Myoglobin). Das Hämocyanin des Pfeilschwanzkrebses und der Weinbergschnecke sowie die Hämoglobine einiger Fische besitzen sogar einen **positiven Bohr-Effekt**, d.h. bei niedrigem pH steigt die Affinität zum Hämoglobin. Diese Reaktion kann als Anpassung an schwankendes Sauerstoffangebot im umgebenden Wasser interpretiert werden. Die unterschiedlichen Bohr-Effekte der Säugetiere korrelieren mit der Körpergröße. Bei kleinen Säugetierarten ist der Bohr-Effekt besonders groß (z.B. Maus –0,9) und nimmt mit steigender Körpergröße ab (Mensch –0,6; Elefant –0,4). Dies erleichtert die Abgabe von Sauerstoff im Gewebe und verstärkt die Wirkung des höheren p50 im Blut kleiner Säugetierarten (Abb. 5.12).

## 5.7.2 Root-Effekt

Im Blut von Fischen kann eine besonders extreme $pH/pCO_2$-Empfindlichkeit auftreten, die dazu führt, dass das Hämoglobin auch bei hohen Sauerstoffpartialdrucken nicht mehr mit Sauerstoff gesättigt werden kann (Abb. 5.14). Die Bindungskurve wird nach rechts verschoben, und zusätzlich wird die Sauerstoffkapazität verringet (bei Aal und Forelle um 50 bis 60%). Fische nutzen den **Root-Effekt** um ihre Schwimmblase mit sauerstoffreichem Gas zu füllen (98% Sauerstoff, 2% Kohlendioxid), und kontrollieren dadurch ihren Auftrieb im Wasser. Physoclisten, also Fische, bei denen die Schwimmblase nicht mehr mit dem Oesophagus verbunden ist, können die Schwimmblase ausschließlich durch Gassekretion aus dem Blut füllen und durch Absorption wieder daraus entfernen. Bei marinen Fischen, die in 1000 m Tiefe schwimmen, erreicht der Sauerstoffpartialdruck in der Schwimmblase >100 atm

(>10 000 kPa, >760 000 mmHg), da die Gasfüllung der Schwimmblase durch den hydrostatischen Druck des Wassers komprimiert wird. Aus dem geringen Sauerstoffangebot im Atemwasser und Blut ($pO_2$ 21 kPa, 150 mmHg) müssen Fische ihre Schwimmblasen gegen einen geradezu gigantischen Konzentrationsgradienten füllen und einen Überdruck von bis zu 100 atm aufbauen. Sie erreichen dies durch den Root-Effekt, der Sauerstoff beim Ansäuern des Bluts aus der Bindung an das Hämoglobin vertreibt.

An den Schwimmblasen sitzen gasbildende Zellen (**Gasdrüse**), in denen Kohlendioxid und Lactat zum Ansäuern des Blutes gebildet werden. Durch den Root-Effekt wird Sauerstoff freigesetzt. Hämoglobin kann den freigesetzten Sauerstoff nicht mehr binden, gleichgültig wie hoch der Sauerstoffpartialdruck ist. Dadurch entsteht ein Überdruck für Sauerstoff in wässriger Lösung und dieser diffundiert in die Schwimmblase (Abb. 5.15). Lactat und Kohlendioxid entstehen als Endprodukte des anaeroben Abbaus

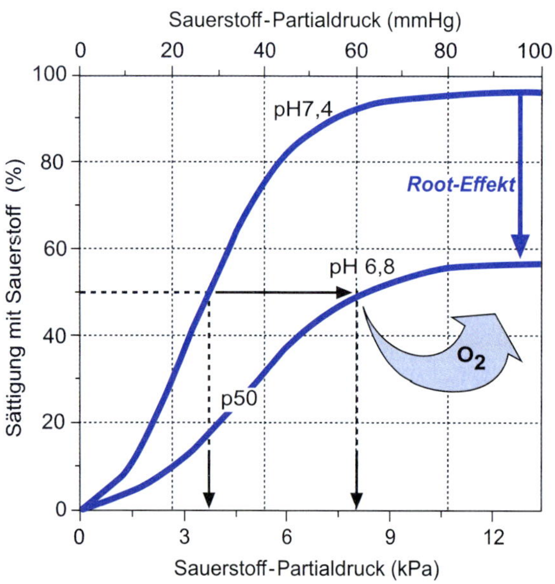


**Abb. 5.14.** Hämoglobin, das einen Root-Effekt bei niedrigem pH zeigt, ist nicht mehr mit Sauerstoff sättigbar, auch bei hohen Sauerstoffpartialdrucken. Der Sauerstoff wird durch Ansäuern aus der Bindung an Hämoglobin vertrieben. Diese Eigenschaft wird von Fischen zur Füllung der Schwimmblase und zur Sauerstoffversorgung der Retina genutzt

von Glucose. Die Zellen der Gasdrüsen sind Spezialisten für Glycolyse, da sie, bezogen auf ihre Glykolysekapazität, nur wenig Mitochondrien enthalten. Nur etwa 1% der aufgenommenen Glukose wird oxidativ abgebaut, der Rest dient zur Produktion von Modulatoren für den Root-Effekt. Die Ansäuerung des Bluts wird zusätzlich durch eine Haarnadel-Gegenstromkonzentrierung in einem **Wundernetz** (**Rete mirabile**) unterstützt. An- und abführende Blutkapillaren liegen dabei parallel nebeneinander und können Atemgase und gelöste Bestandteile des Blutes austauschen (Root 1931, Brittain 1987, Pelster 1997, Pelster 2001).

Ähnliche Strukturen wurden nicht nur an der Schwimmblase, sondern auch am Fischauge entdeckt. Sauerstoffreiches Blut wird vom ersten Kiemenbogen über den **Pseudobranch** zum Kapillarnetzwerk des Augenhintergrunds (chorioides Wundernetz) geführt. Die Retina hat einen hohen Sauerstoffbedarf, und es wurden im Fischauge Sauerstoffpartialdrucke von mehr als 100 kPa gemessen, obwohl die Retina der Fische nicht kapillarisiert ist. In den das Auge umgebenden Kapillaren wird das Blut angesäuert, wahrscheinlich durch Lactat und Kohlendioxid aus der Retina. Sauerstoff wird durch den Root-Effekt aus dem Hämoglobin ausgetrieben und diffundiert zur Retina und in das Kammerwasser des Auges. Die Retina selbst ist sehr pH empfindlich, und die Fische würden bei einem pH von 6,4, wie er in der Gasdrüse der Schwimmblase erreicht wird, erblinden. Deshalb wird der pH-Wert nur geringfügig erniedrigt, und der Überdruck an Sauerstoff erreicht nicht die Extremwerte wie in der Schwimmblase. Hierbei ist der Pseudobranch hilfreich, indem er den pH des Blutes vor Erreichen des Auges so einstellt, dass gerade noch kein Root-Effekt eintritt, aber dieser durch geringe zusätzliche Ansäuerung im Wundernetz hinter dem Auge ausgelöst wird und Sauerstoff zur Versorgung des Auges freisetzt (Wittenberg u. Wittenberg 1974, Bridges et al. 1998).

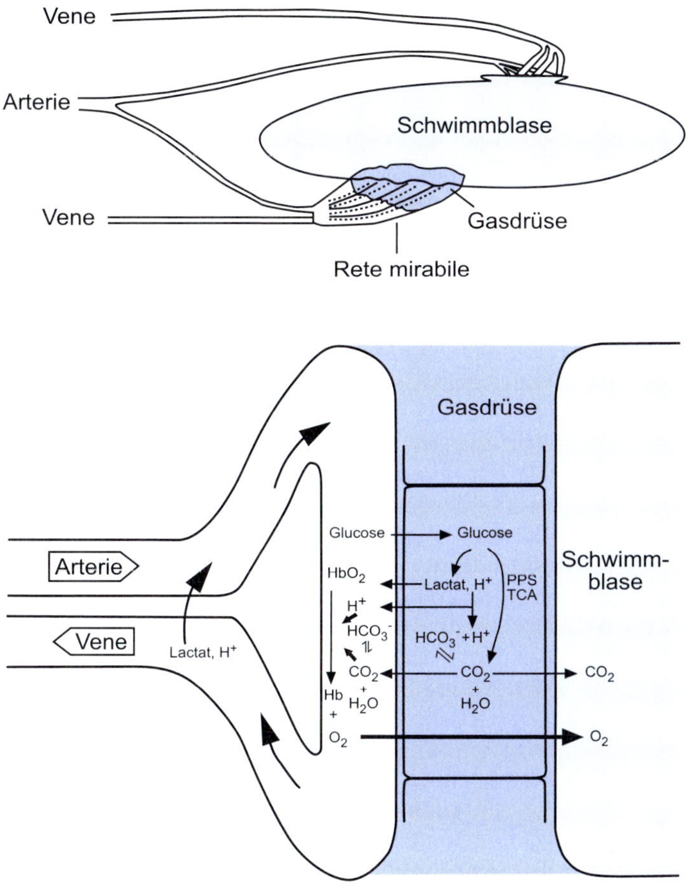


**Abb. 5.15.** In der Gasdrüse von Fischen entsteht durch Glykolyse ein hoher Gehalt an Lactat, der zu einer Ansäuerung führt, die durch Gegenstromkonzentrierung in den zu- und abführenden Blutgefäße (Rete mirabile) verstärkt wird. Der niedrige pH vertreibt Sauerstoff aus der Bindung an das Hämoglobin, und füllt die Schwimmblase mit einem hohen Überdruck an Sauerstoff (nach Peter 1997)

## 5.7.3 Organische Phosphate

Gereinigte Hämoglobinlösungen besitzen häufig eine andere Sauerstoffaffinität als das Blut oder Suspensionen von intakten Erythrozyten. So ist z.B. die Sauerstoffbindungskurve von gereinigtem menschlichem Hämoglobin deutlich nach links verschoben im Vergleich zu Hämoglobin in Erythrozyten, und es besitzt eine wesentlich höhere Affinität zum Sauerstoff, mit der es für die Sauerstoffversorgung der Gewebe nur eingeschränkt tauglich wäre. Offensichtlich wird die Sauerstoffaffinität des Hämoglobin *in vivo* durch die chemische Umgebung im Erythrozyten moduliert.

Dabei spielen **organische Phosphate** eine besonders wichtige Rolle. Den Erythrozyten der Säugetiere fehlt zwar ein Zellkern, aber sind sie trotzdem metabolisch sehr aktiv. Sie betreiben einen intensiven Kohlenhydratstoffwechsel, der sie nicht nur für 100 Tage am Leben erhält, sondern auch zur Regulation des Hämoglobin eingesetzt wird. Die Erythrozyten der Säugetiere enthalten neben ATP ungewöhnlich hohe Konzentrationen an **2,3-Diphosphoglycerat** (2,3-DPG), einem Intermediärprodukt der Glykolyse. Bei menschlichen Erythrozyten sind dies etwa 0,5 mM 2,3-DPG, was bedeutet, dass pro Molekül Hämoglobin ein Molekül 2,3-DPG anwesend ist. Gibt man 2,3-DPG zu einer gereinigten Hämoglobinlösung, so verschiebt dies den mittleren steilen Teil der Sauerstoffbindungskurve nach rechts und stellt dadurch die Grundposition der Sauerstoffbindungskurve des Bluts ein, wie sie für den Gasaustausch im Gewebe erforderlich ist, mit einem

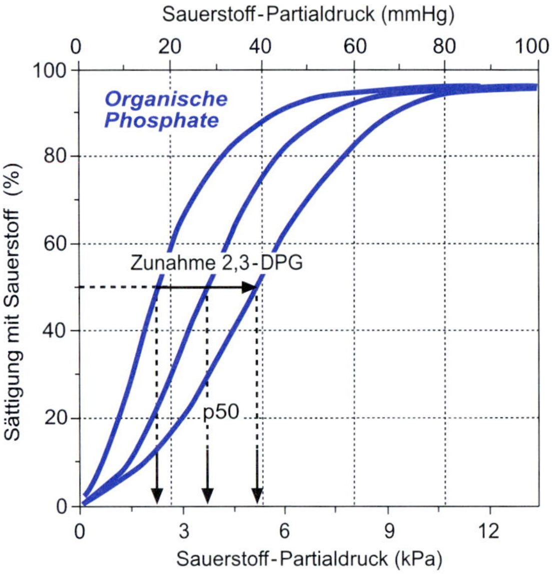


**Abb. 5.16.** Organische Phosphate verschieben den mittleren, steilen Teil der Sauerstoffbindungskurve nach rechts. Sie sind für die sigmoidale Grundstellung des Hämoglobin im Blut verantwortlich

p50, der dem mittleren Sauerstoffpartialdruck im Gewebe entspricht (Abb. 5.16).

In menschlichen Erythrozyten steigt die 2,3-DPG-Konzentration während einer **Höhenanpassung** an. Dies verschiebt die Sauerstoffbindungskurve noch weiter nach rechts, und erhöht die Abgabe von Sauerstoff im Gewebe. Im Gegensatz zur Höhenanpassung bei endemischen Hochgebirgsbewohnern, deren Hämoglobin eine höhere Sauerstoffaffinität besitzt und damit aus dem geringeren Angebot in der Luft Sauerstoff besser aufnimmt, setzt die akute Höhenanpassung des Menschen auf eine alternative Strategie, nämlich bei mangelndem Sauerstoffangebot in der Luft dessen Abgabe im Gewebe zu erleichtern.

Die Konzentration an 2,3-DPG in den Erythrozyten und die Sensitivität des Hämoglobin ist nicht bei allen Säugetieren in gleichem Umfang vorhanden. Ratten, Kaninchen, Hunde und Pferde enthalten viel 2,3-DPG in den Erythrozyten, und es erhöht den p50 ihres Hämoglobin, ähnlich wie beim Menschen. Schafe, Katzen und Ziegen enthalten nur wenig 2,3-DPG in den Erythrozyten, und es hat auch keine Wirkung auf ihr Hämoglobin. Die Gründe für diese Variabilität in der Rolle des 2,3-DPG sind nicht klar, aber 2,3-DPG spielt vor allem bei den Tieren eine wichtige Rolle, deren Hämoglobin einen niedrigen p50 hat (hohe Sauerstoffaffinität), der durch 2,3-DPG angehoben wird, um die Sauerstoffabgabe im Gewebe zu erleichtern, während Arten, deren Hämoglobin sowieso einen relativ hohen p50 besitzt (z. B. Katzen und einige Paarhufer), auf 2,3-DPG als Modulator der respiratorischen Funktion des Hämoglobin verzichten. Vögel enthalten in ihren Erythrozyten nur Spuren von 2,3-DPG, aber statt dessen hohe Konzentrationen an **Inositol-Pentaphosphat** ($IP_5$), das bei ihnen die Rolle des Hämoglobin-Modulators übernimmt. Amphibien enthalten ebenfalls viel 2,3-DPG in den Erythrozyten. Allen anderen ektothermen Wirbeltieren fehlt das 2,3-DPG, statt dessen enthalten ihre Erythrozyten hohe Konzentrationen an **ATP** und bei Fischen zusätzlich noch **Guanosintriphosphat** (GTP) (Bartlett 1980, Bunn 1980).

Bei Hämocyanin, einem extrazellulären respiratorischen Protein der Arthropoden, übernimmt Lactat die Rolle des organischen Modulators (Truchot 1980). Die Sauerstoffaffinität des Hämocyanin steigt mit zunehmender Lactat-Konzentration. Lactat bindet direkt an das Hämocyanin (1 bis 3 Bindungsstellen pro Hexamer) und wirkt als allosterischer Effektor, der auch die Kooperativität zwischen den Untereinheiten verringert. Dieser **Lactat-Effekt** wurde beim Hämocyanin der Krabbe *Carcinus maenas* entdeckt, ist aber in der Zwischenzeit auch an anderen Arten nachgewiesen worden und kann als weit verbreitete Eigenschaft der Hämocyanine betrachtet werden. Bei Crustaceen mit einer eher terrestrischen Lebensweise und häufiger Luftatmung ist der Lactat-Effekt nur schwach ausgeprägt, während die eher aquatisch lebenden Arten die Sauerstoffaffinität ihres Hämocyanin durch Lactat steigern können (Bridges 2001).

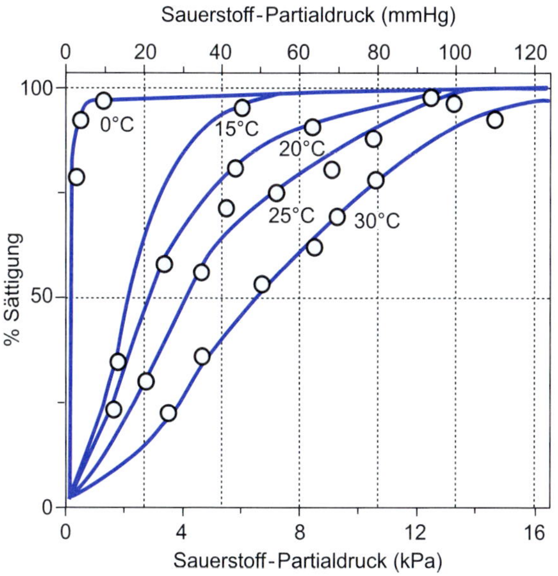


**Abb. 5.17.** Einfluss der Temperatur auf die Sauerstoffbindungskurve des Blutes von *Octopus dofleini* (Florey 1970)

## 5.7.4 Temperaturwirkung auf respiratorische Proteine

Niedrige Temperatur verstärkt die Affinität der respiratorischen Proteine zum Sauerstoff, und umgekehrt verringert eine hohe Temperatur die Affinität zum Sauerstoff. Ein Beispiel für die Sauerstoffbindungskurve des Blutes eines Octopus zeigt, wie drastisch sich die Sauerstoffaffinität im Bereich von 0 °C bis 30 °C verändert (Abb. 5.17). Bei mittleren Temperaturen zwischen 15 °C und 25 °C wird das Hämocyanin in den Kiemen mit Sauerstoff voll gesättigt und kann den mitgeführten Sauerstoff im Gewebe abgeben, allerdings sinkt der p50 mit der Temperatur. Dies ist in diesem mittleren Temperaturbereich unproblematisch, da auch der Sauerstoffverbrauch eines Octopus in kaltem Wasser geringer sein wird, auf Grund der Temperaturabhängigkeit aller chemischen Prozesse. Bei 30 °C ist die Sauerstoffbindungskurve des Hämocyanin so weit nach rechts verschoben, dass es in den Kiemen nicht mehr voll mit Sauerstoff gesättigt werden kann. Bei Temperaturen nahe dem Gefrierpunkt ist die Sauerstoffaffinität so hoch, dass es auch bei geringerem Sauerstoffangebot voll gesättigt wird. Die hohe Affinität hat jedoch zur Folge, dass im Gewebe der Sauerstoff erst bei einem pathologisch niedrigem Partialdruck (p50 <5 mmHg) abgegeben werden kann und damit als Sauerstofftransporter ausfällt.

Diese Eigenschaft hat sicher mit dazu beigetragen, dass antarktische Eisfische (Cannichthyidae) auf den Sauerstofftransport durch Hämoglobin verzichten. Sie verbringen ihr ganzes Leben in antarktischen Gewässern am Eisrand bei −1,5 °C bis −11,8 °C Wassertemperatur. Ihre Skelettmuskulatur enthält außerdem kein Myoglobin, lediglich im Herzmuskel konnte bei einigen Arten noch etwas Myoglobin gefunden werden. Das Fehlen respiratorischer Pigmente verleiht den Eisfischen ein ungewohnt fahles Aussehen. Alle Stoffwechselvorgänge und das Wachstum laufen bei dieser tiefen Temperatur langsam ab, und dementsprechend ist der mittlere Sauerstoffverbrauch relativ gering. Die Löslichkeit für Sauerstoff in Wasser ist bei diesen Temperaturen relativ gut, so dass er im Blut direkt gelöst transportiert werden kann. Zusätzlich spielt bei Eisfischen die Hautatmung eine wichtige Rolle, da sie nicht nur einen erheblichen Anteil am gesamten Gasaustausch deckt, sondern vor allem die Haut und andere peripher liegende Gewebe direkt mit Sauerstoff versorgt, so dass diese weniger auf die Sauerstoffversorgung über den Kreislauf angewiesen ist. Extrem niedrige Wassertemperaturen erhöhen außerdem die Viskosität der Körperflüssigkeiten, und belasten dadurch zusätzlich den Herzmuskel. Durch den Verzicht auf Hämoglobin sind weniger Blutzellen vorhanden und die Fließfähigkeit des Blutes hat sich verbessert. Die Kombination aus Hautatmung, guter Löslichkeit von Sauerstoff in kaltem Wasser und verbesserter Viskosität des Blutes erlaubt es Eisfischen, ihren Sauerstoffbedarf auch ohne die Unterstützung durch Hämoglobin und Myoglobin zu decken (Eastman 1993, Bargelloni et al. 1998, Sidell et al. 1997).

Die Temperaturabhängigkeit der Sauerstoffaffinität beruht darauf, dass die Bindung von Sauerstoff an respiratorische Proteine eine exotherme Reaktion ist. Der Einfluss der Temperatur [*T*

(°K)] auf den p50 wird durch die Enthalpiedifferenz (*ΔH*) beschrieben, die aus den Gasgesetzen berechnet werden kann (Weber 1978).

$$\Delta H = -2{,}303R\frac{\Delta \log p50}{\Delta(1/T)} \qquad (4)$$

Bei den Hämoglobinen der Wirbeltiere und der Wirbellosen liegen die Werte für **ΔH** zwischen –42 und –59 kJ $Mol^{-1}$. Mit steigender Temperatur wird deshalb immer der p50 steigen, was zwar die Abgabe von Sauerstoff im Gewebe erleichtert, aber gleichzeitig die Gefahr in sich birgt, dass in den Atemorganen die respiratorische Proteine nicht mehr voll mit Sauerstoff gesättigt werden können. Bei ektothermen Tieren kann dieser Temperatureffekt den Gasaustausch beeinträchtigen, vor allem wenn ihre Körpertemperatur starken Schwankungen unterliegt. Bei endothermen Vögeln und Säugetieren mit weitgehend konstanter Körpertemperatur spielt der Temperatureffekt eine geringere Rolle. Allerdings kann er auch hier zur Sauerstoffversorgung des Gewebes beitragen, wenn Temperaturunterschiede zwischen der Lunge und dem arbeitenden Skelettmuskel bestehen. Ein Temperaturanstieg um 2 °C erhöht den p50 um etwa 5 mmHg. Dies erleichtert die Abgabe von Sauerstoff aus dem Hämoglobin. Wenn bei körperlicher Arbeit die Temperatur des Muskels ansteigt, so kann er dank dieses Temperatureffekts besser mit Sauerstoff versorgt werden.

## 5.8 Transport von Kohlendioxid

Kohlendioxid entsteht als Endprodukt des oxidativen Abbaus in den Zellen und muss kontinuierlich ausgeschieden werden. Kohlendioxid ist zwar sehr gut wasserlöslich, verhält sich jedoch chemisch nicht neutral wie z.B. molekularer Sauerstoff, sondern reagiert in wässriger Lösung zu Kohlensäure. Für den Transport müssen deshalb Wege gefunden werden, die freies Kohlendioxid abfangen und den pH-Wert der Körperflüssigkeiten möglichst konstant halten. Welche Leistungen dabei erbracht werden, kann an den Partialdrucken der Atemgase im Blut eines Säugetieres anschaulich gemacht werden. Im Gewebe fällt der Sauerstoffpartialdruck des Blutes von 13,3 kPa auf etwa 5,3 kPa (100 bzw. 40 mmHg). Da bei der Oxidation von Kohlenhydraten dieselbe Menge Kohlendioxid entsteht, wie Sauerstoff verbraucht wird, müsste eigentlich der Kohlendioxidpartialdruck um 60 mmHg ansteigen, von 40 auf 100 mmHg. In Wirklichkeit steigt der Partialdruck des Kohlendioxid nur von 40 auf 44 mmHg an, und entsprechend gering sind auch die Schwankungen des pH-Wertes, der bei den meisten Säugetieren im Gewebe nur von 7,45 auf 7,35 sinkt. Das Blut ist also tatsächlich in der Lage, Kohlendioxid zu transportieren, ohne dass dabei das innere Milieu gestört wird.

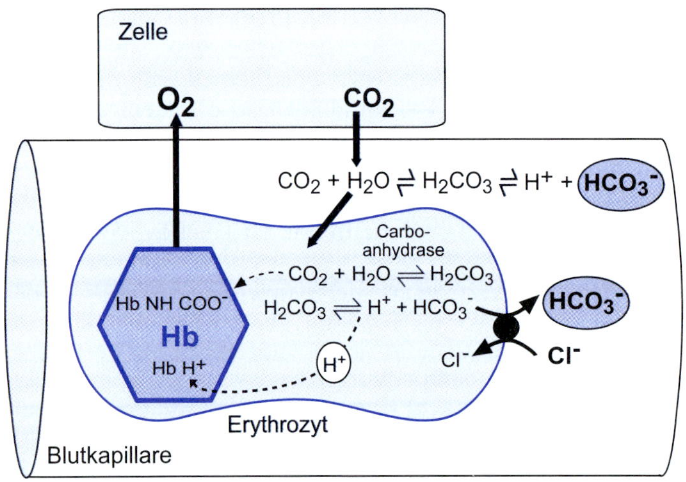


**Abb. 5.18.** Transport des Kohlendioxid im Blut. Schema der Reaktionsmechanismen und Transportprozesse im Blutplasma und Erythrozyten

Beim Kohlendioxidtransport der Wirbeltiere spielen wiederum die Erythrozyten eine führende Rolle (Abb. 5.18). Kohlendioxid diffundiert vom Gewebe in das Blut und in die Erythrozyten. Es reagiert mit Wasser und bildet Kohlensäure ($H_2CO_3$). Die Erythrozyten enthalten das Enzym Carboanhydrase, das diese Reaktion um den Faktor 30000 beschleunigt. Deshalb wird der größte Teil des Kohlendioxid aus dem Gewebe in den Erythrozyten abgefangen und dort zu Kohlensäure umgewandelt. Die entstehende Kohlensäure dissoziiert zu Protonen ($H^+$) und Bicarbonat-Ionen ($HCO_3^-$). Das hohe Angebot an $H^+$ und $HCO_3^-$ im Erythrozyten müsste eigentlich beide Ionen veranlassen, wieder aus dem Erythrozyten in das umgebende Blutplasma zu diffundieren. Dies wird aber durch die Erythrozytenmembran verhindert. Sie ist in hohem Maße dicht für Kationen und lässt deshalb nur $HCO_3^-$ durch, während die Protonen ($H^+$) im Erythrozyten bleiben. Dies führt zu einem Ladungsungleichgewicht über die Erythrozytenmembran, das durch die Aufnahme von Chlorid-Ionen aus dem Plasma in die Erythrozyten teilweise ausgeglichen wird (**Chloridionenshift**).

Die Protonen werden dadurch im Erythrozyten festgehalten und können somit im Plasma nicht pH-wirksam werden. Im Erythrozyten wird ein großer Anteil der Protonen vom Hämoglobin gebunden. Außerdem verringert ein hohes Protonenangebot die Sauerstoffbindung des Hämoglobin und begünstigt so die Abgabe von Sauerstoff im Gewebe (s. Bohr-Effekt). Desoxygeniertes Hämoglobin ist basischer als oxygeniertes Hämoglobin, wodurch noch mehr Protonen gebunden werden können. Ähnlich wie Protonen und Kohlendioxid verringern auch $Cl^-$-Ionen die Sauerstoffaffinität des Hämoglobin. Sie verstärken den Bohr-Effekt und begünstigen die Freisetzung von Sauerstoff im Gewebe. Hämoglobin kann neben den Protonen auch Kohlendioxid an freien Aminogruppen direkt binden (**Carbominohämoglobin**). Desoxygeniertes Hämoglobin hat eine größere Bereitschaft, Kohlendioxid zu binden (**Haldane-Effekt**). Obwohl Hämoglobin in erster Linie ein Transportvehikel für Sauerstoff ist, leistet es damit auf mehrfache Weise einen wesentlichen Beitrag zum Transport des Kohlendioxid, wobei die Prozesse der Sauerstoffreisetzung aus dem Hämoglobin und das Abfangen des Kohlendioxid im Erythrozyten sich gegenseitig verstärken.

Durch die kontrollierte Verarbeitung des Kohlendioxid im Erythrozyten wird es zu 80% in Bikarbonat-Ionen umgewandelt und als Bestandteil des Bikarbonat-Puffersystems in Plasma transportiert (50% im Plasma, 30% im Erythrozyten). 5% des gesamten Kohlendioxid werden als Carbaminohämoglobin transportiert, weitere 5% verbleiben als nicht dissoziierte Kohlensäure und nur 10% werden als molekulares Kohlendioxid physikalisch gelöst transportiert. Dies erklärt, warum der Partialdruck für Kohlendioxid und der pH im Blut nur geringe Schwankungen zeigen.

In der Lunge oder den Kiemen laufen die geschilderten Prozesse in der Gegenrichtung ab. Der Kohlendioxid-Partialdruck in der Luft oder dem umgebenden Wasser ist niedriger als im Blut, so dass Kohlendioxid über das respiratorische Epithel ausgeschieden werden kann. Auch dieser Vorgang wird durch die Carboanhydrase der Erythrozyten beschleunigt, denn sie katalysiert die Kohlensäurereaktion in beiden Richtungen. Dadurch wird Kohlendioxid aus dem Bikarbonat-Puffer des Plasmas auf dem Umweg über die Erythrozyten als molekulares Kohlendioxid freigesetzt, diffundiert zum respiratorischen Epithel und wird ausgeatmet.

## 5.9 Sauerstofftransfer im Gewebe

Für die Wegstrecke zwischen den Blutkapillaren und den Mitochondrien sind die Atemgase allein auf Diffusion angewiesen. Stoffwechselaktive Organe wie die Muskulatur sind deshalb dicht kapillarisiert, um die Diffusionsstrecke für die Atemgase möglichst kurz zu halten. Eine lange Diffusionsstrecke wirkt sich in erster Linie auf die Versorgung der Mitochondrien mit Sauerstoff aus, da Sauerstoff schlecht wasserlöslich ist und nur in geringer Rate in wässriger Lösung transportiert werden kann. Die Abgabe von Kohlendioxid ist weniger problematisch, da es sehr gut wasserlöslich ist, mit Wasser chemisch reagiert und dadurch im Gewebe beweglicher ist als Sauerstoff (s. Kapazitätskoeffizient, Kap. Atmung). Viele Tiere enthalten respiratorische Proteine nicht nur im Blut, sondern auch in der Interstitialflüssigkeit, der Coelomflüssigkeit und intrazellulär im Gewebe. Deren Anwesenheiten lässt vermuten, dass Sauerstoff zwischen den respiratorischen Proteinen der verschiedenen Kompartimente ausgetauscht wird.

Bei Messungen der Diffusion von Gasen in Flüssigkeiten entdeckte Scholander (1960), dass Sauerstoff in einer Hämoglobinlösung wesentlich rascher diffundiert als in Wasser oder in Plasma. Der Effekt war besonders deutlich, wenn die Flüssigkeiten in einer porösen Membran enthalten waren, auf deren einer Seite Luft und auf der anderen ein Vakuum angeboten wurde. Enthielt die Membran nur Plasma ohne Hämoglobin, so diffundierten Sauerstoff und Stickstoff in einem Mengenverhältnis ($O_2$/N2) von 0,5 durch die Membran, da die Luft weniger Sauerstoff als Stickstoff enthält. In Anwesenheit von Hämoglobin kehrte sich dieses Verhältnis um und Sauerstoff diffundierte 4-mal rascher durch die Membran als Stickstoff, d. h. durch die Anwesenheit des Hämoglobin wurde die Sauerstoffdiffusion insgesamt um das 8fache gesteigert. Hämoglobin dient also nicht nur als Transportvehikel für Sauerstoff und Kohlendioxid im Blut, sondern es ermöglicht darüber hinaus eine **erleichterte Diffusion** von Sauerstoff in den Geweben.

Eine erleichterte Diffusion wurde auch für Myoglobin und die Hämoglobine von Evertebraten nachgewiesen. Die Diffusionsgeschwindigkeiten verhielten sich dabei umgekehrt proportional zum Molekulargewicht des respiratorischen Proteins, woraus folgt, dass die erleichterte Diffusion auf der thermischen Bewegung der Respirationsmoleküle beruht (Hemmingsen 1965). Kleine Moleküle wie die intrazellulären Myoglobine sind deshalb als Diffusionsbeschleuniger besonders wirksam. Wird Hämoglobin, in Methämoglobin umgewandelt, durch Oxidation des $Fe^{++}$ im Häm zu $Fe^{+++}$, so kann es keinen Sauerstoff mehr binden. In diesem Zustand wirkt Hämoglobin auch nicht mehr als Diffusionsbeschleuniger, was vermuten lässt, dass die erleichterte Diffusion ebenfalls auf der reversiblen Bindung des Sauerstoff am Häm beruht, wie dies auch für den Langstreckentransport des Sauerstoff im Kreislauf gilt.

Andere respiratorische Proteine wie die Hämocyanine zeigen keine erleichterte Diffusion. Dies könnte erklären, warum es kein intramuskuläres oder intraneuronales Hämocyanin gibt. Der Grund dafür ist nicht ganz klar. Hämocyanin-Moleküle sind sehr viel größer als Hämoglobin-Moleküle, und wegen der Größenabhängigkeit der erleichterten Diffusion wäre nur ein geringer Effekt zu erwarten. Die Sauerstoff bindenden Kupferatome sind beim Hämocyanin direkt an Protein gebunden, während das Sauerstoff bindende Eisen des Hämoglobin zusätzlich in einem Porphyrinring verankert ist. Möglicherweise ist diese komplexere Konstruktion eine Voraussetzung für erleichterte Diffusion von Sauerstoff mit Hilfe das respiratorischen Proteins.

Durch die Entdeckung der erleichterten Diffusion musste auch die **Rolle des Myoglobin** neu bewertet werden. Ursprünglich war ihm in der Muskulatur die Funktion eines Sauerstoffakzeptors und eines Sauerstoffspeichers zugeschrieben worden. Bei den im Gewebe herrschenden Partialdrucken ist die Sauerstoffaffinität des Myoglobin wesentlich höher als die des Hämoglobin (Abb. 5.11), es kann deshalb den Sauerstoff vom Hämoglobin übernehmen. Seine Sauerstoffaffinität ist jedoch so hoch ($p50 < 5$ mmHg), dass es den einmal aufgenommen Sauerstoff nur ungern wieder abgibt, erst wenn extrem niedrige intrazelluläre Sauerstoffkonzentrationen herrschen. Die Funktion des Myoglobin als intrazellulärem Speicher für Sauerstoff ist durch dic Anzahl der Myoglobin-Moleküle begrenzt. Beim Menschen sind etwa 3% des körpereigenen Sauerstoffs im Myoglobin der Muskulatur gespeichert (44% in der Lunge, 46% im Blut, 7% in anderen Körperflüssigkeiten), und deshalb kann Myoglobin höchstens kurzfristig, für einige Sekunden, als Speicher dienen. Tauchende Säugetiere wie Seehunde enthalten mehr Myoglobin und können bis zu 25% des Sauerstoffvorrats in der Muskulatur halten. Dies verlängert zwar die Nutzungsdauer des Speichers, aber der überwiegende Teil des Sauerstoffvorrats wird nach wie vor im Blut (48%) und in der Lunge (21%) gehalten. Sowohl die vermutete Speicherfunktion als auch die Rolle als Akzeptor geben deshalb nur ein unvollständiges Bild von der physiologischen Rolle des Myoglobin. Vielmehr kann es als **Diffusions-**

**beschleuniger** für Sauerstoff betrachtet werden, und in dieser Funktion erleichtert es den Sauerstofftransfer im Gewebe und den Zugriff auf die größeren Sauerstoffspeicher im Körper.

In einer besonders schwierigen Situation für die Versorgung mit Sauerstoff befinden sich Säugetiere während der Embryonalentwicklung, da sie ihren Sauerstoffbedarf nur auf dem Umweg über das mütterliche Blut decken können. Der Gasaustausch zwischen dem mütterlichen und dem **fetalen Blut** findet in der Plazenta statt. In der Plazenta herrscht, wie in anderen Geweben auch, ein niedriger Sauerstoffpartialdruck, bei dem Hämoglobin nicht mehr voll mit Sauerstoff gesättigt werden kann, sondern den zuvor in der Lunge aufgenommenen Sauerstoff ans Gewebe abgibt. Wie kann ein Fetus aus diesem sauerstoffarmen Angebot seinen gesamten Bedarf an Sauerstoff decken?

Das fetale Hämoglobin hat eine höhere Sauerstoffaffinität als das adulte Hämoglobin, der steile Teil seiner Sauerstoffbindungskurve ist nach links verschoben und deshalb kann es Sauerstoff aus dem mütterlichen Hämoglobin übernehmen. Allerdings hat dieser Unterschied *in vivo* eine geringere Bedeutung, da der pH des fetalen Bluts etwas sauerer ist als der des mütterlichen Blutes und durch den Bohr-Effekt die Affinitäten angenähert werden. Das fetale Blut enthält jedoch wesentlich mehr Hämoglobin (190 $g\,l^{-1}$) als das mütterliche Blut (120 $g\,l^{-1}$). Es kann entsprechend mehr Sauerstoff binden, und bei Veränderungen des Partialdrucks werden größere Mengen an Sauerstoff aufgenommen oder abgegeben als im mütterlichen Blut. Die Bedeutung dieser erhöhten Transportkapazität wird deutlich wenn man die Sauerstoffbindungskurven des fetalen und des adulten Blutes vergleicht, wie sie sich aus dem Absolutwert der gespeicherten Menge an Sauerstoff ergeben, anstatt der üblichen relativen Sättigung in Prozent (Abb. 5.19). Bei einem Sauerstoffpartialdruck von 3,3 kPa (25 mmHg) in der Plazenta kann fetales Blut anderthalbmal so viel Sauerstoff tragen, entnimmt ihn aus dem entsättigten mütterlichen Blut und gibt ihn im fetalen Gewebe bei einem Sauerstoffpartialdruck von 1,7 kPa (13 mmHg) wieder ab. Im fetalen Gewebe herrscht deshalb ein etwas geringerer Sauerstoffpartialdruck als im maternalen Gewebe, aber die Kombination aus höherer Sauerstoffaffinität des Hämoglobin und höherer Transportkapazität des fetalen Blutes sichert die Sauerstoffversorgung des fetalen Gewebes aus dem entsättigten maternalen Blut (Longo 1986, Schmidt u. Thews 1995).

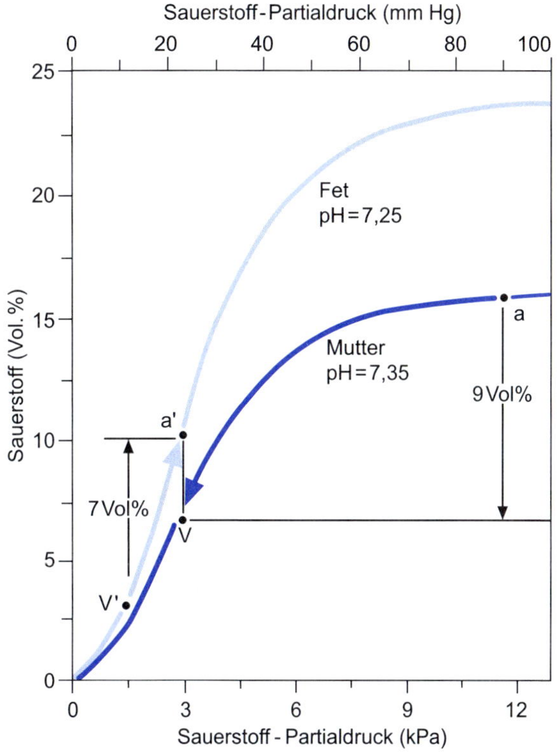


**Abb. 5.19.** Sauerstoffgehalt des fetalen und mütterlichen Blutes in Abhängigkeit vom Sauerstoffpartialdruck zum Zeitpunkt der Geburt. Das fetale Blut hat eine höhere Speicherkapazität für Sauerstoff als das mütterliche Blut und kann deshalb Sauerstoff zur Versorgung der fetalen Gewebe übernehmen. Beim Gasaustausch in der Plazenta sinkt der Sauerstoffgehalt vom arteriellen Sättigungswert (a) auf den venösen Wert (v), während er gleichzeitig im fetalen Blut vom venosierten Wert (v′) in der A. umbilicalis auf den arterialisierten Wert (a′) der V. umbilicalis ansteigt. Durch die Steilheit der Bindungskurve des fetalen Hämoglobin kann es über den geringen Partialdruckgradienten zwischen Placenta und Fetus eine ausreichende Menge Sauerstoff liefern (a′–v′ im Vergleich zu a–v) (nach Schmidt-Thews 1995)

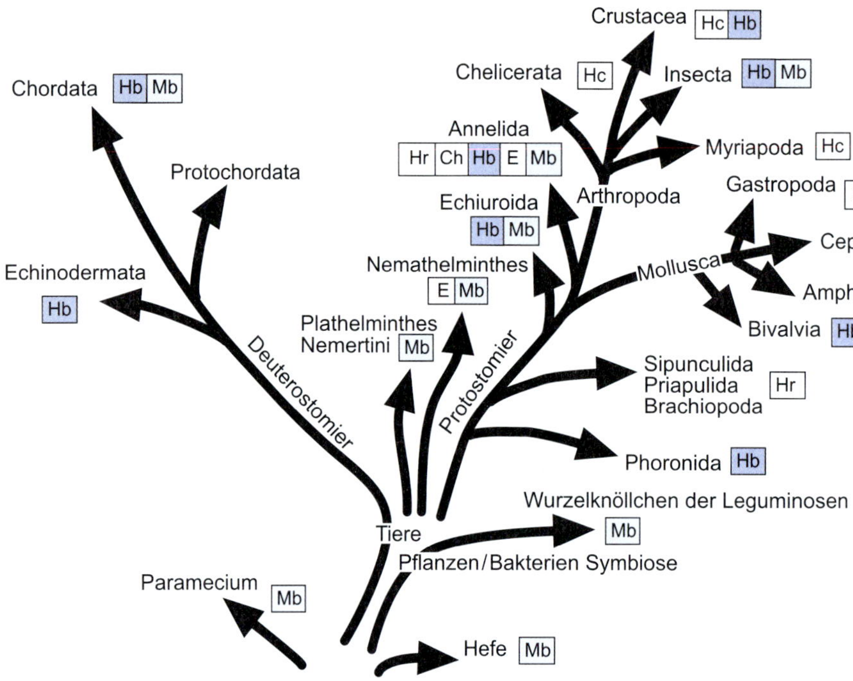


**Abb. 5.20.** Vorkommen der respiratorischen Pigmente. Hb = Hämoglobin, Mb = Myoglobin, E = Erythrocruorin (Hb der Evertebraten), Ch = Chlorocruorin, Hc = Hämocyanin, Hr = Hämerythrin (nach van Holde 1997)

## 5.10 Evolution von Transportsystemen für Sauerstoff

Mit der Fähigkeit zur erleichterten Diffusion lässt sich auch die scheinbar unsystematische Verbreitung der Hämoglobine im Tierreich erklären (Schmidt-Nielsen 1997). Hämoglobin und Myoglobin kommen scheinbar zusammenhanglos in der Mehrzahl aller Tiergruppen vor, auch bei Protozoen und Pflanzen (Abb. 5.20), ebenso als intrazelluläres Respirationsprotein bei Tieren, die keine respiratorischen Proteine im Kreislauf enthalten (z.B. Insekten). Porphyrine gehören zur biochemischen Grundausstattung von Zellen, wo sie aus Glycin und Succinyl-CoA synthetisiert werden. Eine Verbindung mit Eisen macht sie zum Häm, das auch im Cytochrom aller Mitochondrien enthalten ist. Es erscheint „relativ einfach", dass im Lauf der Evolution aus der Koppelung des ubiquitären Häm mit einem Protein (Globin) ein Molekül entstand, das die intrazelluläre Sauerstoffversorgung verbessert. Nach diesem ersten Entwicklungsschritt gingen einige Tiergruppen dazu über, dieses Hämoglobin auch im Kreislauf für den Sauerstofftransport einzusetzen. In jüngster Zeit sind weitere intrazelluläre Proteine entdeckt worden, die große Ähnlichkeit mit Hämoglobinen besitzen, z.B. das in Nervenzellen vorkommende Neuroglobin und das auch in anderen Geweben existierende Cytoglobin. Die Proteine wurden bei der Suche nach Sequenzhomologien in Gendatenbanken aufgespürt und anschließend in Geweben der Maus identifiziert und sequenziert (Burmester et al. 2000). Ihre physiologische Funktion ist noch nicht geklärt, aber sie bestätigen, dass es sich bei den Globinen um eine ubiquitäre und phylogenetisch sehr alte Proteinfamilie handelt.

Die Evolution der Hämocyanine hat vermutlich einen anderen Ursprung, da sie keine erleichterte Diffusion zeigen und auch nicht als intrazelluläre respiratorische Proteine vorkommen. Die Hämocyanine der Arthropoden und Mollusken unterscheiden sich in ihrer Struktur, und es ist unklar, ob sie einen gemeinsamen Ursprung haben. Wenn, dann ist dieser Ursprung in einem Kupfer bindenden Protein sehr früh im Lauf der Metazoen-Evolution zu sehen. Beide Hämocyanin-Typen weisen Ähnlichkeiten zu den Enzymen Tyrosinase und Catecholaminoxidase (Phenoloxidasen) auf (Gaykema et al. 1984, Schneider et al. 1984, Markl 1986, Durstewitz u. Terwilliger 1997, Decker u. Tuczek 2000). Dies lässt vermuten, dass die Hämocyanine, wie das Hämoglobin, aus einem ursprünglich intrazellulär mit Sauerstoff interagierenden Protein in ein Transportvehikel für Sauerstoff im Kreislauf umfunktioniert wurden.

Aus der Größe von Fossilien der präkambrischen Ediacara-Fauna wird vermutet, dass diese bereits Sauerstofftransport-Mechanismen besaßen, um das geringe Sauerstoffangebot in ihrem Lebensraum zu nutzen, so dass diese Systeme bereits früh im Lauf der Evolution der Metazoen verfügbar waren. Das Arthropoden-Hämocyanin wird als phylogenetisch besonders alt betrachtet; es wurde, ausgehend von einer gemeinsamen Urform, sowohl bei den Crustaceen als auch bei den Cheliceraten unabhängig weiterentwickelt. Merkwürdigerweise besitzen Insekten kein Hämocyanin, statt dessen benutzen einige von ihnen Hämoglobin, woraus man vermuten könnte, dass die Hämocyanine erst nach der Trennung der Arthropoden in Crustaceen, Cheliceraten und Insekten entstanden sind. Allerdings besitzen Insekten Speicherproteine, die **Hexamerine**, deren Sequenz dem Hämocyanin sehr ähnlich ist, die aber kein Kupfer für die Sauerstoffbindung enthalten. Deshalb ist als Alternative denkbar, dass Urformen der Insekten sehr wohl Hämocyanin besaßen, auf dessen Funktion als Transportvehikel für Sauerstoff im Lauf der Evolution verzichteten und es in ein Speicherprotein umfunktionierten, da ihr Sauerstofftransport nicht auf den Kreislauf angewiesen ist. Das sporadische Vorkommen von Hämoglobin bei Insekten (auch Mollusken) ist nicht weiter verwunderlich, da sowohl das Häm als auch die Globine ubiquitär sind und bei Hefe, Protisten, Pflanzen und Tieren für den Sauerstofftransport eingesetzt werden können.

## 5.11 Pufferfunktion des Bluts

Wassermoleküle dissoziieren in geringem Umfang in Protonen ($H^+$) und Hydroxylionen ($OH^-$). Das Ionenprodukt dieser Reaktion ($K_{eq} = [H^+][OH^-]$) beträgt etwa $10^{-14}$. Die $H^+$-Konzentration in Körperflüssigkeiten beträgt $1 \cdot 10^{-8}$ bis $1{,}6 \cdot 10^{-7}$ Äquivalente pro Liter. Diese Zahlenangaben machen klar, dass die Verwendung der aktuellen $H^+$-Konzentration unanschaulich ist. Statt dessen wird der pH verwendet, der sich aus dem negativen Logarithmus der $H^+$-Konzentration ergibt

$$pH = \log \frac{1}{[H^+]} - \log[H^+] \qquad (5)$$

Ein niedriger pH bedeutet also hohe $H^+$-Konzentration (Azidose) und ein hoher pH eine niedrige $H^+$-Konzentration (Alkalose). Der pH tierischer Körperflüssigkeiten liegt in der Regel um 0,6 über dem Neutralpunkt des Wassers (pH = 7), wobei die Intrazellularflüssigkeit stets etwas saurer ist und dem Neutralpunkt des Wassers nahe kommt.

Die Pufferkapazität einer Lösung ist die Menge einer starken Säure (oder Base), die benötigt wird, um den pH um eine Einheit zu verändern. Sie hat die Dimension mmol $l^{-1}$ $pH^{-1}$ oder Slyke.

$$\text{Pufferkazaität} = \Delta \frac{\text{mmol}}{\Delta pH} \qquad (6)$$

Die Pufferkapazität hängt vom pH-Wert und dem Mengenverhältnis nicht dissoziierter Säuren [HA] und Anionen [$A^-$] ab. Sie ist am höchsten, wenn [HA]=[$A^-$], oder der pH in der Nähe des pK liegt (Abb. 5.21). Das Bikarbonat-System und schwach basische Aminosäurereste von Proteinen mit einem pK zwischen 7 und 8 (z.B. der Imidazolring des Histidin) sind die wichtigsten Puffer im Blut. Die Pufferkapazität der Körperflüssigkeiten schwankt sehr stark und liegt nahe 0 Slyke in dem proteinarmen Plasma der Echinodernata und bis zu 32 Slyke in dem proteinreichen Plasma der Wirbeltiere. An der Pufferfunktion sind sämtliche Blutproteine beteiligt, auch wenn ihre Hauptaufgabe völlig anderen Zielen, wie dem Nahrungstransport oder dem

## Box 5.3

### Säure-Basen-Gleichgewichte und das Bikarbonat-Puffersystem

Säuren (*HA*) können in Protonen ($H^+$) und Anionen ($A^-$) dissoziieren.

$$HA \Leftrightarrow H^+ + A^-$$

Die Gleichgewichtskonstante dieser Reaktion ($K_{eq} = [H^+][A^-]/[HA]$) ist hoch bei starken Säuren wie z. B. der Salzsäure (HCl) und niedrig für schwache Säuren wie bei der Kohlensäure ($H_2CO_3$) und den meisten organischen Säuren. Da sich die Gleichgewichtkonstante aus der Konstante für die Hin- und die Rückreaktion ergibt, wird sie auch als scheinbare Gleichgewichtskonstante ($K_{eq'}$) bezeichnet werden. Für Kohlensäure gilt:

$$K_{eq} = \frac{[H^+][HCO_3^-]}{[H_2CO_3]}$$

Es ist technisch kaum möglich, die Anzahl nicht dissoziierter Kohlensäuremoleküle in einer wässrigen Lösung direkt zu bestimmen. Außerdem steht die Kohlensäure in einem dynamischen Gleichgewicht mit dem physikalisch gelösten Kohlendioxid. Sie ist proportional dem gelösten Kohlendioxid und kann deshalb in der Gleichung durch Kohlendioxid ersetzt werden.

$$K_{eq} = \frac{[H^+][HCO_3^-]}{[CO_2]}$$

Diese Gleichung kann für die Protonenkonzentration aufgelöst werden in

$$[H^+] = K_{eq} \frac{[CO_2}{[HCO_3^-]}$$

und entsprechend den Massenwirkungsgesetzen in eine logarithmische Beziehung umgewandelt werden

$$\log[H^+] = \log K_{eq} + \log \frac{[CO_2]}{[HcO_3^-]}$$

Mit −1 multipliziert ergibt dies

$$-\log[H^+] = -\log K_{eq} + \log \frac{[HCO_3^-]}{[CO_2]}$$

Der −log $H^+$ entspricht dem pH einer Lösung und der −log K entspricht dem pK eines Puffersystems. Entsprechend kann die Gleichung umgewandelt werden in

$$pH = pK + \log \frac{[HCO_3^-]}{[CO_2]}$$

Für das Bikarbonat-Puffersystem beträgt der pK = 6,1 und es gilt deshalb

$$pH = 6,1 + \log \frac{[HCO_3^-]}{[CO_2]}$$

Dies ist die **Henderson-Hasselbach-Gleichung**, mit der aus dem $CO_2$-Gehalt und der Bikarbonat Konzentration einer Flüssigkeit deren pH-Wert im physiologischen Bereich berechnet werden kann.

---

Gastransport, dient. Hämocyanine haben ein Pufferkapazität von 0,14 Slyke $g^{-1}$, die der Hämoglobine liegt noch höher zwischen 0,12 und 0,23 Slyke $g^{-1}$. In der intrazellulären Flüssigkeit leisten Proteine und kleinere Peptide, insbesondere durch den Imidazolring des Histidin, den wichtigsten Beitrag zur Pufferkapazität.

Das Blut von Vertebraten und Evertebraten hat bei der gleichen Temperatur meist sehr ähnliche pH-Werte, aber die pH-Regulation zeigt große Unterschiede zwischen luft- und wasseratmenden Tieren. Bei wasseratmenden Tieren ist der $pCO_2$ des Blutes sehr niedrig, da Kohlendioxid sehr gut wasserlöslich ist und leichter abgegeben wird, als Sauerstoff aufgenommen werden kann. Ihr Blut enthält deshalb nur wenig Bikarbonat, und die Pufferkapazität des Bluts ist geringer. Für wasseratmende Tiere hat deshalb eine zusätzliche pH-Regulation durch Ionenaustausch mit der Umgebung eine besondere Bedeutung, z. B. der Austausch von $Na^+$ gegen $H^+$ und $NH_4^+$ oder von $Cl^-$ gegen $HCO_3^-$, wie er z. B. in den Kiemen der Fische geschieht.

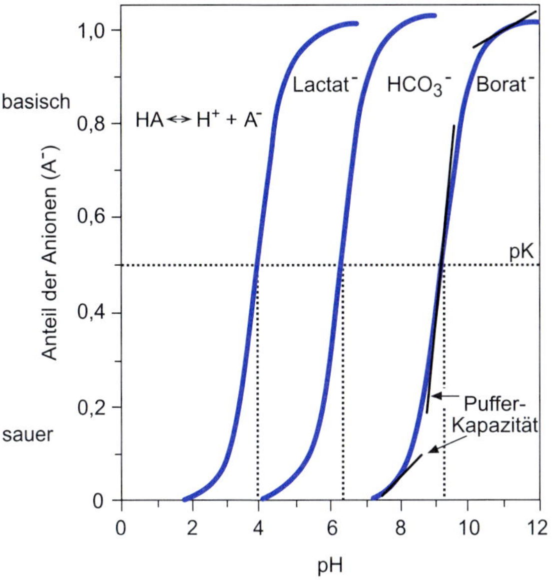


**Abb. 5.21.** Pufferkapazität von drei verschiedenen Puffersystemem als Funktion des pH-Werts. Sie ist am höchsten (=steilsten), wenn der pH in der Nähe des pK liegt

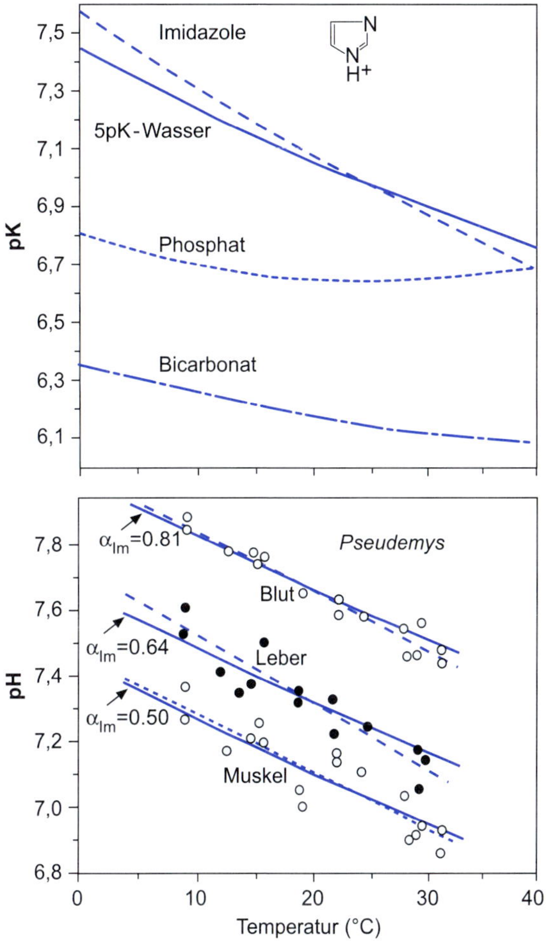


**Abb. 5.22.** (A) Einfluss der Temperatur auf die Dissoziationskonstanten (pK) für Wasser und für Bikarbonat-, Phosphat- und Imidazol-Pufferlösungen. (B) Einfluss der Temperatur auf den pH des Blutes und das intrazelluläre pH in Muskulatur und Leber der Schildkröte *Pseudemys scripta.* Die punktierten Linien sind die berechneten Regressionen durch die Punkte. Die durchgezogene blaue Linie entspricht einem konstanten alpha-Imidazolwert ($\alpha_{IM}$) der Körperflüssigkeiten (Rahn 1974, Malan et al. 1976)

Luftatmende Tiere haben einen hohen $pCO_2$ und hohe Bikarbonat-Konzentration im Blut, da Kohlendioxid sehr gut wasserlöslich ist. Ihre pH-Regulation ist deshalb stark an die Ventilation gekoppelt. Bei Hyperventilation wird viel Kohlendioxid abgegeben, seine Pufferwirkung verringert sich und es entsteht eine **respiratorische Alkalose**. Bei Hypoventilation häuft sich Kohlendioxid und Bikarbonat an und es entsteht eine **respiratorische Acidose**. In einer besonderen Schwierigkeit der pH-Regulation stecken semiaquatisch lebende Tiere, die zwischen Wasseratmung und Luftatmung wechseln, wie z. B. Krabben, da sich bei Luftatmung Kohlendioxid in den Körperflüssigkeiten anhäuft und bei Wasseratmung rasch wieder verschwindet.

Die Temperatur hat einen starken Einfluss auf die pH-Regulation, da die Dissoziation des Wasser in $H^+$ und $OH^-$ mit der Temperatur steigt. Bei 0 °C liegt der Neutralpunkt des Wassers bei einem pH von 7,47 und bei 50 °C bei einem pH von 6,63. Die Temperaturwirkung ist nicht ganz linear, aber vereinfacht lässt sich sagen, dass der pH pro °C Temperaturanstieg um 0,017 Einheiten sinkt. Einige Pufferlösungen zeigen ähnliche Temperaturwirkungen wie die des Wassers (z. B. Imidazolring des Histidin), während der Bikarbonat- und der Phosphat-Puffer etwas weniger temperaturempfindlich sind. Die $\alpha$-Imidazolgruppen des Histidin spielen eine führende Rolle bei der Pufferwirkung der extrazellulären und intrazellulären Flüssigkeiten, vor allem bei wasseratmenden und ektothermen Tieren. Bei Temperaturen zwischen 0 °C und 40 °C verändert sich der pH von Körperflüssigkeiten, ähnlich wie es für einen stabilen Dissoziationszustand der Imidazolgruppen zu erwarten ist (Abb. 5.22). Sie bestimmen dadurch auch den Ladungszustand der Proteine, eine Funktion, die als **Alphastat-Regulation** bezeichnet wird (Reeves 1985, Mortola u. Frappell 2000).

Tiere, deren Körpertemperatur sinkt, müssen deshalb mit einem Anstieg des pH in ihren Körperflüssigkeiten rechnen. Der pH und damit gleichbedeutend das Verhältnis $[OH^-]/[H^+]$, sind eine wichtige Voraussetzung für den Ladungszustand und die richtige räumliche Auffaltung von Proteinen und damit für die Funktion aller enzymatisch kontrollierten Vorgänge im Körper. Im Blut und der Lymphe beträgt das $[OH^-]/[H^+]$ Verhältnis 20:1 und intrazellulär 1:1 wegen der größeren Anzahl von kleinen ionisierten Molekülen in der Intrazellularflüssigkeit (**Donnan-Effekt**). Die Wirkung der Temperatur auf die pH-Regulation eines Tieres beschränkt sich deshalb nicht nur auf die Dissoziationseigenschaften von Puffersystemen, sondern hat eine umfassende Wirkung auf die $[OH^-]/[H^+]$ Verhältnisse in extrazellulären und intrazellulären Flüssigkeiten, die sowohl für den Stoffaustausch über die Zellmembran als auch für die Proteinfunktion wesentlich sind.

Bei einem Murmeltier, dessen Körpertemperatur von 37 °C auf 5 °C im Winterschlaf sinkt, müsste der pH des Bluts von 7,24 auf 7,62 steigen. In Wirklichkeit bleibt der pH nahezu konstant auf 7,28 ($\Delta pH/\Delta °C = -0{,}002$), d.h. das Blut entwickelte im Winterschlaf eine relative Azidose bezogen auf die erwartete pH-Änderung. Die Ursachen für diese Kompensation des Temperatureffekts sind nicht klar, eine wichtige Rolle spielt vermutlich die in Kälte verbesserte Wasserlöslichkeit des Kohlendioxid (Malan et al. 1973, Kreienbühl et al. 1976). Ähnliche Fälle relativer Azidose wurden bei Winterschläfern wiederholt beobachtet, während bei der Mehrzahl der ektothermen Tiere der $pH/\Delta °C$ bei −0,013 bis −0,019 liegt und damit den erwarteten Temperaturwirkungen nahe kommt oder diese sogar übertrifft wie bei der Krabbe *Carcinus maenas* ($\Delta pH/\Delta °C$ −0,026) (Truchot 1978).

## 5.12 Schutzfunktion des Blutes – Blutgerinnung

Bei äußeren oder inneren Verletzungen des Körpers werden häufig kleinere Blutgefäße aufgerissen, die ohne Schutzmechanismen zu einem massiven Verlust an Körperflüssigkeit führen würden. Bei einem gesunden Tier oder Menschen werden kleinere Verletzungen des Gefäßsystems innerhalb von Minuten wieder geschlossen. Dieser Wundverschluss geschieht in zwei Intensitätsstufen, der primären und der sekundären **Hämostase**. Bei beiden Prozessen spielen die **Blutplättchen (Thrombozyten)** eine entscheidende Rolle. Thrombozyten sind kernlose Blutzellen, die aus Zytoplasmaabschnürungen der Knochenmarksriesenzellen entstehen. Sie sind flach, unregelmäßig rund (Durchmesser 1–4 μm) und haben eine Verweildauer von 5–11 Tagen im Blut. Im menschlichen Blut befinden sich etwa 200 000 Blutplättchen pro μl, aber wegen der geringen Größe fallen sie anteilmäßig nicht ins Gewicht.

### 5.12.1 Primäre Hämostase

Bei der **primären Hämostase** treten Blutplättchen aus dem verletzten Blutgefäß aus und bleiben an Bindegewebsstrukturen der Wundränder haften. Diese Adhäsion der Blutplättchen wird durch den **von-Willebrandt-Faktor** (vWF) vermittelt. Der vWF ist ein Glykoprotein, das subendothelial in den Blutplättchen und auch im Plasma an den Gerinnungsfaktor VIII gebunden vorkommt. Es bildet Brücken zwischen den subendothelialen Strukturen und den Blutplättchen. Bei der Adhäsion formen sie sich um, sie werden kugelig und bilden stachelförmige Fortsätze aus (Abb. 5.23). Es kommt zu einer zunächst reversiblen **Aggregation von Blutplättchen**, die durch Abgabe einiger Substanzen aus den Blutplättchen und beschädigten Zellen verstärkt wird. Dazu gehört ADP, das Signalwirkung für weitere Thrombozyten hat, sich an der verletzten Stelle festzusetzen, Kollagen und der plättchenaktivierende Faktor (PAF, aus Leukocyten). Au-

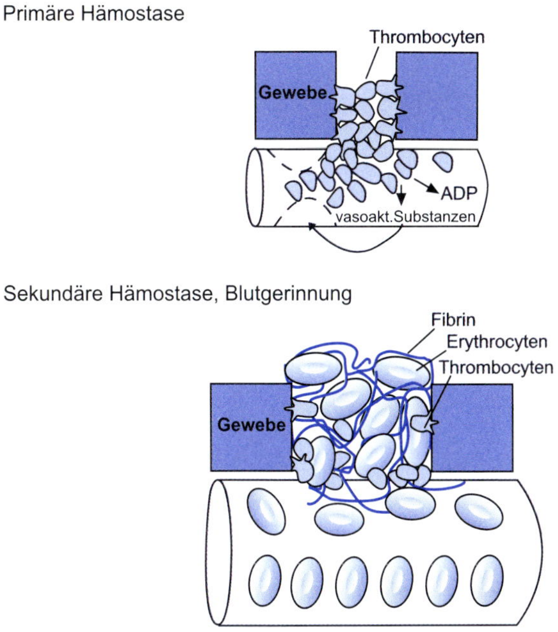


**Abb. 5.23.** Wundverschluss durch primäre und sekundäre Hämostase (Blutgerinnung). Von den Erythrozyten werden durch Kontakt mit Kollagenfasern des Gewebes Substanzen freigesetzt (vWF, ADP), die andere Erythrozyten anlocken und aktivieren (primäre Hämostase). Ein dauerhafter Wundverschluss wird durch die Aktivierung und Polymerisierung von Fibrin eingeleitet. Es bildet sich ein Thrombus, in dem Erythrozyten und Thrombozyten miteinander verbacken werden

ßerdem geben die Blutplättchen vasoconstrictorisch wirksame Substanzen ab, wie z.B. Serotonin und Adrenalin. Dadurch zieht sich das verletzte Blutgefäß zusammen, und es kommt gemeinsam mit der Ansammlung an Blutplättchen zu einem raschen, vorübergehenden Wundverschluss.

Gleichzeitig mit dieser reversiblen Aggregation wird eine stabile Verknüpfung der Blutplättchen durch **Thrombin** eingeleitet. Thrombin reagiert mit Rezeptoren der Thrombozytenmembran und stößt die Phosphorylierung intrazellulärer Proteine an, die zur Bildung von Endoperoxiden und **Thromboxanen** führen. Sie verstärken die Aggregation und Strukturauflösung weiterer Thrombozyten. Dabei werden deren Inhaltstoffe freigesetzt, u.a. ADP, vasoaktive Catecholamine und Serotonin. Thromboxan $A_2$ steigert ebenfalls die Verengung der Blutgefäße. Zusätzlich bindet **Fibrinogen** an spezifische Glykoproteinrezeptoren der aktivierten Blutplättchen, die dadurch miteinander vernetzt werden und ein irreversibles Thrombozytenaggregat bilden (**weißer Abscheidungsthrombus**).

## 5.12.2 Blutgerinnung

Nach der Bildung eines Thrombozytenpfropfes lässt allmählich die Vasokonstriktion im verletzten Bereich nach, und es besteht die Gefahr, dass der Thrombus ausgewaschen wird und die Blutung wieder einsetzt. Dies wird vermieden, weil gleichzeitig mit der primären Hämostase ein Prozess angestoßen wurde, der zu einem dauerhaften Wundverschluss führt, die **sekundäre Hämostase (Blutgerinnung)**. Bei der Blutgerinnung werden Thrombozyten und Erythrozyten durch Eiweißfäden (**Fibrin**) miteinander verklebt und gewährleisten auf diese Weise einen dichten Verschluss der Wunde (**roter Abscheidungsthrombus**), der weiteren Flüssigkeitsverlust und das Eindringen von Krankheitserregern vermeidet. Die erste Stufe der Gerinnung ist in der Regel nach 6 Minuten beendet, und der Thrombus hält die Wunde für einige Tage verschlossen, so dass im Schutz des Thrombus Gewebeschäden repariert werden können. Die Gerinnung birgt jedoch ein hohes Risiko, denn sie darf nicht im intakten Blutgefäßsystem stattfinden und mit Gerinnseln die Blutgefäße blockieren, sondern nur Verletzungen nach außen abdecken. Dieses Ziel wird durch zwei Maßnahmen erreicht. Zum einen wird die Fibrinbildung nur am Ort einer Verletzung durch eine biochemische Kettenreaktion explosionsartig ausgelöst, und zum anderen steht im Blut ein antagonistisches Enzym bereit, das Plasmin, das entstehende Gerinnsel wieder abbauen kann und das gleichzeitig mit der Gerinnung aktiviert wird (Abb. 5.24).

Das gerinnselbildende Protein, **Fibrin**, liegt im Blut nicht in seiner aktiven Form vor, sondern als inaktive Vorstufe, dem Fibrinogen. Die Umwandlung von Fibrinogen in Fibrin geschieht durch Thrombin. Es wird ebenfalls nur als eine inaktiven Vorstufe, als Prothrombin, bereitgehalten. Durch eine Kaskade von Kontrollfaktoren,

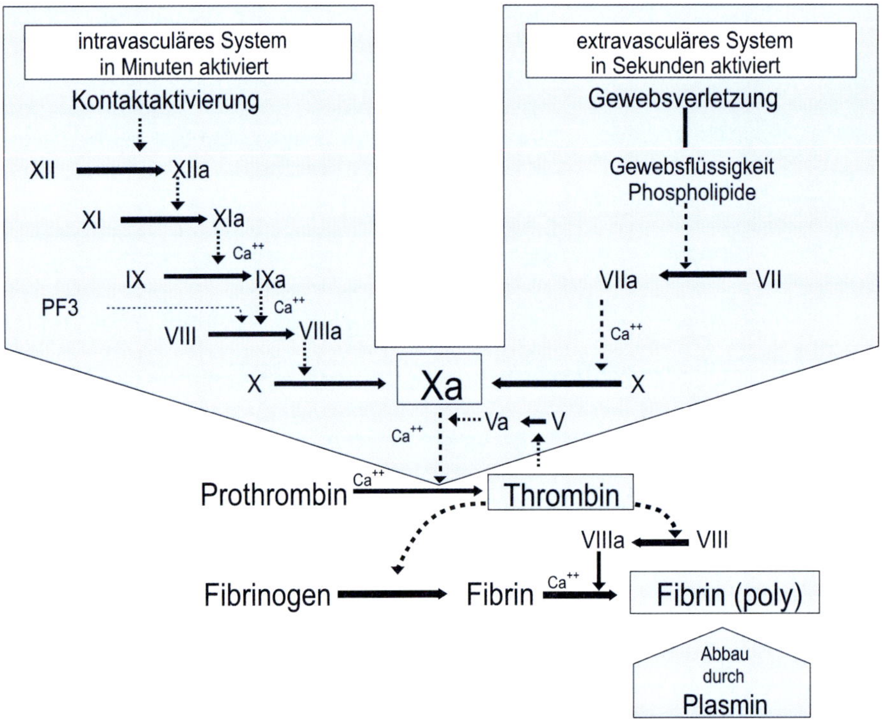


**Abb. 5.24.** Blutgerinnung. Reaktionsschema der Aktivierung des Fibrin durch Faktoren des intravaskulären Systems und Gewebefaktoren. In einer ersten Stufe bildet Fibrin Polymere aus, die Blutzellen miteinander verkleben und am umliegenden Gewebe haften (Polymerisationsphase). In einer zweiten Stufe kontrahieren sich die Fibrinfäden und pressen das Wasser aus dem Thrombus (Retraktionsphase). Er wird dadurch verfestigt und ist nicht mehr wasserlöslich

die entweder durch das Blut selbst (intrinsisches System) oder durch Gewebefaktoren das Blut von außen anregen (extrinisches System), wird Thrombin in Anwesenheit von $Ca^{++}$ aktiviert. Dies katalysiert die Umwandlung von Fibrinogen in Fibrin, das zuerst in einer wasserlöslichen Anfangsphase mit Thrombozyten und Erythrozyten verklebt (Koagualationsphase). Nach längerem Bestehen des Gerinnsels und unter Beteiligung eines Thrombozytenfaktors (Refraktozym) ziehen sich die Fibrinfäden zusammen. Die im Gerinnsel enthaltene Flüssigkeit wird ausgepresst und es entsteht ein halbfester Blutkuchen, der aus einem Maschenwerk an Fibrinfäden und den darin festgehaltenen Blutzellen besteht.

Fibrin kann durch das im Blut enthaltene Enzym **Plasmin** wieder abgebaut werden. Im Normalfall ist die Fibrinbildung und die Plasminbildung des Blutes sehr gering, aber sobald es zu einer Verletzung und Fibrinbildung kommt, wird Plasmin aus seiner inaktiven Vorstufe, dem Plasminogen, bereitgestellt. Die biochemische Kaskade der Plasminaktivierung ist ähnlich komplex organisiert wie die der Fibrinaktivierung. Plasmin ist eine dem Trypsin ähnliche Protease (s. Verdauung), die nicht nur das Fibrin angreift, sondern auch einige Vorstufen des Gerinnungsvorganges inaktiviert (z. B. Faktor V, VIII, XII, Prothrombin und Fibrinogen), so dass es gleichzeitig auch die Intensität einer bereits laufenden Gerinnselbildung herabsetzt.

Das Blut reagiert äußerst sensibel sowohl auf Störungen seines inneren Zustandes als auch auf Kontakt mit fremden Oberflächen. Dies löst eine Kaskade von Reaktionen aus, deren Reaktionsprodukte jeweils als Katalysator für den nächsten Reaktionsschritt dienen. Deshalb wird die Blutgerinnung häufig als Beispiel für einen biochemischen Verstärker genannt, der ein Eingangssignal geringer Intensität schnell und gezielt in eine lokal begrenzte Gerinnung umsetzt (MacFarlane 1964).

Der Mechanismus der Blutgerinnung ist bei Säugetieren sehr gut untersucht. Vielfältige Störungen der Blutgerinnung beim Menschen und seinen Haustieren ergaben den Verdacht auf eine biochemische Kettenreaktion, die bereits 1915 von Morawitz in ihren Grundzügen formuliert wurde. Dieses Konzept hat sich bewährt und das ursprüngliche Numerierungssystem wird immer noch beibehalten, obwohl in der Zwischenzeit die chemische Struktur der Gerinnungsfaktoren und deren Reaktionsmechanismen weitgehend aufgeklärt sind. **Angeborene Gerinnungsstörungen** sind ein Mangel an Faktor VIII (**Hämophilie A**, 75% der Fälle) oder ein Mangel an Faktor IX (Christmas-Faktor, **Hämophilie B**) bekannt. Bei der Hämophilie A handelt es sich um eine X-chromosomal rezessiv vererbte Gerinnungsstörung, von der deshalb vor allem Männer betroffen sind. Etwa 30% aller Hämophilien sind jedoch Neumutationen ohne Familienanamnese. Erworbene Gerinnungsstörungen können bei Infektionskrankheiten oder nach schweren Blutungen auftreten (**Verbrauchskoagulopathie**). Vitamin-K-Mangel, entzündliche und degenerative Lebererkrankungen können die Synthese der Faktoren II, VII, IX und X so stark beeinträchtigen, dass sie in der Folge zu Gerinnungsstörungen führen. **Heparin** ist ein Glykosaminglykan, das vor allem in der Leber, der Lunge, im Muskelgewebe und in Granulozyten gebildet wird. Es hemmt die Bildung und Wirkung des Thrombin und ist deshalb als endogener Gerinnungshemmer wirksam. **Hirudin** ist ein im Speichel der Blutegel enthaltenes Antithrombin, das deshalb nach einem Blutegelbiss für einige Zeit die Gerinnung verhindert. Einige Schlangengifte sind ebenfalls gerinnungshemmend. *In vitro* kann die Blutgerinnung durch Kälte verlangsamt oder durch Zugabe von Chelatbildnern (**Oxalat, Citrat, EDTA**) gehemmt werden, da $Ca^{++}$ an einigen Reaktionsschritten der Gerinnung beteiligt ist und durch Chelatbildner abgefangen wird.

Evertebraten besitzen ebenfalls Gerinnungssysteme, die in der Regel auf der Aggregation von Blutzellen und, soweit bekannt, in geringerem Umfang auf der Vernetzung von Blutproteinen beruhen. Bei Anneliden ist die Existenz einer Blutgerinnung nicht gesichert, ein Blutverlust wird durch Kontraktion von Blutgefäßen verringert. Dies hilft bei der Verletzung von Blutgefäßen, bietet aber keinen Schutz bei größeren Verletzungen, bei denen Coelomflüssigkeit austritt. Mollusken verhindern eine Blutung durch Aggregation von Blutzellen an der Verletzungsstelle, die dann durch Phagozyten nach Heilung wieder abgebaut werden. Bei Arthropoden einschließlich der Insekten werden Verletzungen ebenfalls durch Blutzellen verschlossen (Gupta 1985). Die daran beteiligten Koagulozyten (Cystozyten) können zusätzlich ein Gel ausbilden, das den Verschlusspfropf stabilisiert. Bei Krebsen (Astacus) ist außerdem ein Fibrinogen-ähnliches Protein im Blut nachgewiesen worden.

## 5.13 Abwehrfunktionen der Evertebraten

Alle Tiere sind in der Lage, in den Körper eingedrungene Erreger zu erkennen und diese durch Gegenwehr unschädlich zu machen. Diese Fähigkeit setzt voraus, dass zwischen körpereigenem Material und körperfremdem Material unterschieden wird. Bereits in einer frühen Phase der Evolution der Metazoa muss diese Fähigkeit erworben worden sein, da vielzellige Organismen nur kooperieren können, wenn sie Merkmale für Zusammengehörigkeit besitzen und fremde Zellen davon unterscheiden können.

Schwämme und Coelenteraten sind in der Lage, Transplantate von anderen Individuen oder Kolonien (Allotransplantat) abzustoßen, während sie Transplantate aus der eigenen Kolonie (Isotransplantat) akzeptieren (Hildemann et al. 1977). Dies bedeutet, dass sie nicht nur andere Arten als fremd oder als Beute zum Fressen erkennen können, sondern dass sie bereits ein Immunsystem besitzen, das zwischen Individuen innerhalb einer Art unterscheiden kann. Anneliden sind dem besonderen Risiko ausgesetzt, dass Bakterien über Körperöffnungen eindringen und die Coelomflüssigkeit besiedeln. Ihre Coelomflüssigkeit enthält Amoebozyten, die Bakterien als fremd erkennen und phagozytieren. Diese Fähigkeit ist vor allem bei Oligochaeten gut ausgebildet während die meist marin lebenden Polychaeten sich weniger gut gegen bakterielle Infektion wehren. Möglicherweise benötigen sie wegen der desinfizierenden Wirkung des Meerwassers weniger Abwehrmechanismen als der terrestrisch lebende Regenwurm.

Mollusken haben keine besonders starke Immunreaktion, da sie sich gegen das Eindringen von Bakterien oder Parasiten in erster Linie durch massive Schleimabsonderung wehren können. Trotzdem können sie eingedrungene Fremdkörper und Bakterien durch Hämolymphproteine (Agglutinine) binden und durch Phagozytose beseitigen. Seltsamerweise zeigen sie jedoch keine Abstoßungsreaktion gegen die Implantation von fremdem Gewebe.

Arthropoden sind durch ihre Kutikula sehr gut gegen das Eindringen von Bakterien und Parasiten geschützt. Trotzdem zeigen Insekten sowohl zelluläre als auch humorale Immunreaktionen, und diese sind in einigen Eigenschaften dem Immunsystem der Wirbeltiere vergleichbar (Gotz u. Bomann 1985, Trenczek 1998). Hämocyten bilden Antikörper, und Insekten können dadurch eine gegen spezifische Erreger gerichtete Immunität erwerben. Besonders ausgefeilt sind ihre Methoden zur Phagozytose und zur Einkapselung von Parasiten, die sie mit den verschiedenen Zelltypen in ihrer Hämolymphe bewerkstelligen (Abb. 5.3). Die mehrschichtige Kapsel, mit der sie einen Parasiten umhüllen, besteht meist aus drei Schichten. Eine innere Zone ist etwa 10 Zellen dick, darum liegt eine Mittelzone aus 20 Lagen sehr flacher Hämocyten und darum wieder eine Schicht normaler Hämozyten. Durch die Kapsel schneiden sie den Parasiten von der Zufuhr von Nährstoffen und Sauerstoff ab und verhindern, dass er Exkrete an die Hämolymphe abgibt.

## 5.14 Abwehrfunktionen der Säugetiere

Am besten untersucht sind die Abwehrfunktionen der Säugetiere. Deren Grundzüge sollen deshalb am Beispiel der Menschen kurz geschildert werden. Dreh- und Angelpunkt der Abwehrfunktion sind die **Leukozyten**. Ihre Aufgabe ist es, in die Körperflüssigkeit eingedrungene Krankheitserreger und Fremdstoffe zu erkennen und zu beseitigen. Die Leukozyten sind kernhaltige, hämoglobinfreie Zellen, deren Anzahl zwischen 3000 und 10000 pro 1 µl Blut im menschlichen Blut schwankt (Tabelle 5.3). Die Anzahl schwankt mit dem Funktionszustand des Organismus. Eine hohe Leukozytenzahl ist häufig als normale Reaktion bei entzündlichen Erkrankungen zu beobachten, in besonders schwerer Form bei Leu-

**Tabelle 5.3.** Anzahl und der Leukozyten pro µl Blut bei gesunden Menschen, und deren Eigenschaften bei der Abwehr von Krankheitserregern

| | Schwankungsbreite | Mittelwert | % | Eigenschaften |
|---|---|---|---|---|
| Granulozyten | | | | unspezifische zelluläre Abwehr, gemeinsam mit Monozyten |
| Neutrophile | 712–7588 | 4150 | 59 | Zerstörung von Fremdkörpern durch Sauerstoffradikale und Lysozyme, Phagozytose, anaerobe Lebensweise, Eiterbildung |
| Eosinophile | 0–397 | 165 | 2 | Tagesperiodische Schwankung, Beziehung zu Glukokortikoiden, Beteiligung an allergischen Reaktionen |
| Basophile | 0–112 | 44 | <1 | Freisetzung von Heparin und Histidin, Vasodilatation, Beteiligung an allergischen Reaktionen |
| Monozyten | 66–846 | 456 | 7 | Experten für Phagozytose, entwickeln sich zu Gewebemakrophagen, Produktion von Zytokinen |
| Lymphozyten | 1029–3341 | 2185 | 31 | zelluläre (T-Lymphocyten) und humorale (B-Lymphocyten) Immunreaktion |
| Leukozyten | 2800–11200 | 7000 | | |

kämie. Die Leukozyten sind keine einheitliche Zellgruppe wie die Erythrozyten, sondern können auf Grund ihrer Funktion, ihres Bildungsorts und ihres histologischen Erscheinungsbildes in drei größere Gruppen eingeteilt werden, die **Granulozyten**, die **Monozyten** und **Lymphozyten**. Alle drei stammen von den pluripotenten Stammzellen des Blutbildungssystems im Knochenmark ab (**hämatopoietische Stammzellen**) (Abb. 5.25). Granulozyten und Monozyten entstehen im Knochenmark unter dem Einfluss von Gewebshormonen (CSF und verschiedenen Interleukinen), während die Lymphocyten-Differenzierung auch in andere lymphatische Organe (Lymphknoten, Mandeln, Milz) verlagert wird. Daran sind ebenfalls Interleukine beteiligt, insbesondere das für die Lymphzellen-Differenzierung spezifische Interleukin-2.

Für die Abwehraufgaben stehen dem Körper zwei sich ergänzende Systeme zur Verfügung:

- das **unspezifische Abwehrsystem,** bei dem eingedrungene Fremdkörper oder die bei der spezifischen Abwehr entstandenen Antigen-Antikörper-Komplexe zerstört werden. Dies kann entweder durch phagozytierende Leukozyten und Makrophagen geschehen (**unspezifische zelluläre Abwehr**) oder sie werden durch das Komplementsystem (**unspezifische humorale Abwehr**) unschädlich gemacht;

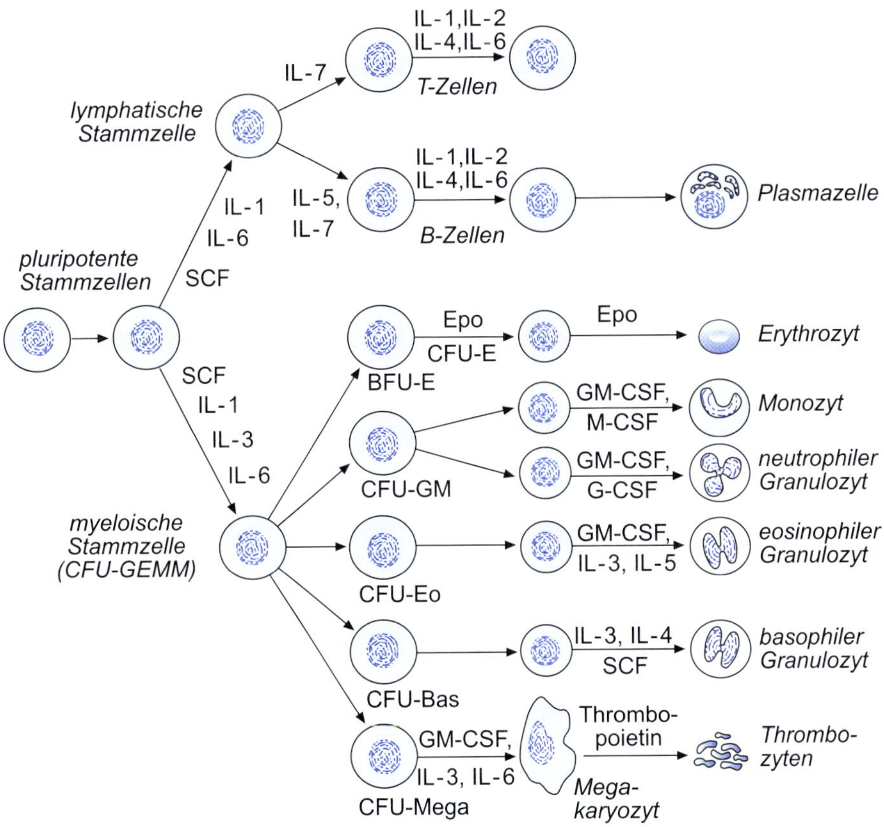


**Abb. 5.25.** Stammbaumschema der Blutzellen von Säugetieren. Sie entstehen durch zahlreiche Proliferations- und Differenzierungsschritte aus pluripotenten Stammzellen im Knochenmark. Die Entwicklung wird durch Cytokine gesteuert. Zu diesen spezifischen Wachstumsfaktoren gehören Interleukine (IL), kolonienstimulierende Faktoren (*colony stiimulating factor*, CSF), Stammzellfaktoren (*stem cell factor*, SCF), Erythropoietin (Epo). Zwischenschritte der Differenzierung sind BFU (*burst forming unit*) und CFU (*colony forming unit*) (nach Schmidt u. Thews 1995)

- das **spezifische Abwehrsystem (Immunsystem)**, bei dem in den Körper eingedrungene Fremdstoffe erkannt werden (Antigene) und daraufhin spezifische Abwehrstoffe gebildet werden. Die Abwehrstoffe sind entweder im Plasma gelöst (Antikörper, **spezifische humorale Abwehr**) oder Bestandteil der Zellmembran (T-Zellen, **spezifische zelluläre Abwehr**). Sie binden die Antigene und machen sie dadurch unschädlich oder führen den Antigen-Antikörper-Komplex den unspezifischen Abwehrmechanismen zur Vernichtung zu.

## 5.14.1 Unspezifisches Abwehrsystem

### Granulozyten und Monozyten

Alle Leukozyten sind amöboid beweglich und können deshalb das Blutgefäßsystem verlassen. Sie wandern im Lymphgefäßsystem und zwischen den Zellen im Gewebe umher. Etwa 50% aller Leukozyten halten sich in diesem extravasalen Raum auf, 30% im Knochenmark und nur etwa 20% im Blut. Offenbar ist das Blut für die meisten Leukozyten in erster Linie ein Transportweg vom Bildungsort im Knochenmark zum Einsatzort im Gewebe. Aus diesem Grund ist auch die Anzahl der im Blut vorhandenen Leukozyten so variabel. Bei entzündlichen Reaktionen oder Infektionen bewegen sie sich chemotaktisch in Richtung des Entzündungsorts. Chemotaktisch wirksam sind u. a. Eikosanoide und der plättchenaktivierende Faktor, die beide auch an der Blutgerinnung beteiligt sind, aber auch Interleukine und Komplementfaktoren. Die meisten Leukozyten sind in der Lage, Fremdkörper aufzunehmen (Phagozytose), und besitzen Enzyme, mit denen sie die Fremdkörper zerstören.

Die **Granulozyten** haben einen Durchmesser von etwa 10–17 μm und erhielten den Namen, weil ihr Protoplasma nach histologischer Fixierung und Färbung eine granulierte Struktur hat (Abb. 5.4 und 5.25). Je nach der Färbbarkeit können sie in neutrophile, eosinphile und basophile Leukozyten getrennt werden. Die **neutrophilen Granulozyten** stellen mit 50–70% den größten Anteil aller Leukozyten. Sie haben eine relativ kurze Verweildauer im Blut und wandern innerhalb von 6–8 h in Schleimhautoberflächen aus. Im Blutgefäßsystem haftet ein großer Teil von ihnen an der Oberfläche der Epithelzellen. Bei Belastungen können sie rasch mobilisiert werden, und deshalb nimmt bei beginnenden Infektionen die Zahl der neutrophilen Granulozyten besonders rasch zu. Die neutrophilen Granulozyten haben die besondere Fähigkeit, auf glykolytische Energiegewinnung umzustellen. Dadurch können sie auch in schlecht durchblutetem oder bereits defektem Gewebe leben. Sie bilden dabei Sauerstoffradikale (Wasserstoffperoxid $H_2O_2$, Hydroxylradikale $^{\bullet}OH$, Superoxidradikale $O_2^{-\bullet}$), mit denen sie die umgebenden Zellstrukturen zerstören. Frei werdende Gewebetrümmer und Schadstoffe können sie phagozytieren und durch ihre lysosomalen Enzyme zerstören. Dadurch weichen sie das umgebende Gewebe auf und können einem Abszess zum Durchbruch verhelfen. Eiter besteht zum größten Teil aus neutrophilen Granulozyten und deren Trümmern.

Die **eosinophilen Granulozyten** machen nur etwa 2% der Leukozyten aus. Sie können phagozytieren und enthalten große protein- und lipidreiche Granula, mit denen sie Fremdkörper zerstören können. Ihre Anzahl unterliegt einer deutlichen tageszeitlichen Fluktuation mit den höchsten Werten um Mitternacht (30% über dem Mittelwert) und den tiefsten Werten frühmorgens und am späten Nachmittag. Die Schwankungen korrelieren mit dem Glukokortikoidgehalt des Blutes; bei hohem Glukokortikoidspiegel sinkt der Gehalt an eosinophilen Granulocyten. Eine hohe Anzahl an eosinophilen Granulozyten wird vor allem bei allergischer Reaktion, bei Wurmerkrankungen und bei Autoimmunerkrankungen beobachtet.

Die **basophilen Granulozyten** sind nur in sehr geringer Anzahl im Blut vorhanden (<1% aller Leukozyten). Die Granula ihres Protoplasmas speichern Histamin und Heparin. Sie sind nach einer Nahrungsaufnahme vermehrt im Blut anzutreffen und beteiligen sich durch Freisetzung von Heparin und Aktivierung der Lipolyse im Serum am Transport von Lipiden. Sie tragen an ihrer Oberfläche Rezeptoren für Immunglobuline E (IgE), an die ihrerseits Antigene binden können. Bei dieser Bindung wird Histamin freigesetzt, das dann lokale Gefäßerweiterungen, Hautrötung und Quaddelbildung verursacht, weshalb den eosinophilen Granulozyten eine wichtige Rolle bei allergischen Reaktionen zugeschrieben wird.

Die **Monozyten** sind anfänglich relativ kleine Zellen mit 12–20 µm Durchmesser und stellen etwa 7% aller Leukozyten. Sie sind **Experten für Phagocytose** und übertreffen in dieser Eigenschaft alle anderen Leukozyten. Nach etwa 2–3 Tagen im Blut wandern sie ins Gewebe aus und vergrößern sich dort immer mehr. Im ausgereiften Zustand werden sie im Gewebe als Gewebemakrophagen (Histiozyten) sesshaft. Sie befinden sich in besonders großer Anzahl in den Lymphknoten, in der Lunge, in Milz, Leber und Knochenmark. An entzündeten Stellen des Körpers können sich die Monozyten durch Teilung vermehren und bilden dabei gemeinsam mit großen Gewebemakrophagen einen isolierenden Wall von Zellen um schwer abbaubare Fremdkörper aus. Eine Besonderheit der Monozyten ist auch, dass sie bei Stimulation zahlreiche **Zytokine** bilden und dadurch steuernd in Abwehrprozesse eingreifen.

#### Komplement

Das **Komplementsystem** ist eine Gruppe von 9 Plasmaproteinen, die als **unspezifisches humorales Abwehrsystem** die Immunreaktionen (s. unten) unterstützen. Die Proteine des Komplements (C1 bis C9) liegen als inaktive Vorstufen im Plasma vor und werden durch ein Kaskade von Reaktionsschritten aktiviert, an der weitere Regulatorproteine beteiligt sind, ähnlich der Reaktionskaskade bei der Blutgerinnung. Wichtigster Auslöser sind das Auftreten von Antigen-Antikörper-Komplexen und bakterielle Wirkstoffe wie Properdin. Die Komplementfaktoren umhüllen körperfremde Zellen, indem sie an den Fc-Abschnitt von Antikörpern binden, die mit ihrem Fab-Teil an den Antigenen von Zellen haften. Dies erleichtert die Phagozytose durch Granulozyten oder Mastzellen. Am Ende der Aktivierungskette wird ein **zytolytischer Komplex** gebildet, der die mit Antikörpern behafteten Zellen zerstört. Er wird in die Zellmembran eingebaut und bildet Poren aus, die sie für Ionen und Wasser permeabel machen. Der Zusammenbruch der Ionengradienten setzt die Zelle außer Funktion, und der osmotische bedingte Wassereinstrom bringt sie zum Platzen.

### 5.14.2 Spezifisches Abwehrsystem, Immunreaktionen

Lymphozyten sind die Grundlage der spezifischen Abwehr des Immunsystems. Dabei werden in den Körper eingedrungene Erreger nicht unmittelbar mit bereits vorhandenen Abwehrmechanismen vernichtet, sondern es werden zuerst spezifische Abwehrstoffe und Abwehrzellen entwickelt, die anschließend die eingedrungenen Erreger besonders effizient vernichten können. Das Immunsystem ist in der Lage, körperfremde Oberflächen (oder Bruchstücke davon) als **Antigene** zu erkennen und dagegen spezifische **Antikörper** zu entwickeln. Durch diese Eigenschaft ist das Immunsystem prinzipiell auch in der Lage, entartete oder defekte eigene Körperzellen anzugreifen. Außerdem besitzt das Immunsystem die Fähigkeit, antigene Strukturen in Erinnerung zu behalten (**immunologisches Gedächtnis**). Bei einem wiederkehrenden Kontakt mit einem Antigen reagiert es rascher und mit heftigerer Produktion von Antikörpern, als beim Erstkontakt. Diese Abwehr ist normalerweise so erfolgreich, dass bei einer wiederholten Infektion mit einem Erreger die Krankheitssymptome nicht erneut auftreten. Dieses immunologische Gedächtnis ist die Grundlage dafür, dass einige Infektionskrankheiten wie Masern, Mumps, Röteln, Scharlach usw. überwiegend bei Kindern auftreten, bei einer späteren Infektion ist der Körper dagegen immun.

#### Zelluläre Immunabwehr

Die für die spezifische zelluläre Abwehr geeigneten Lymphozyten entstehen aus den **lymphatischen Stammzellen** des Knochenmarks (Abb. 5.25 und 5.26). Sie besitzen zu diesem Zeitpunkt noch keine Immunkompetenz (Null-Lymphozyten), sondern wandern im Blut zum **Thymus**. Hier vermehren sie sich, differenzieren und werden mit einer Immunkompetenz ausgestattet. Da

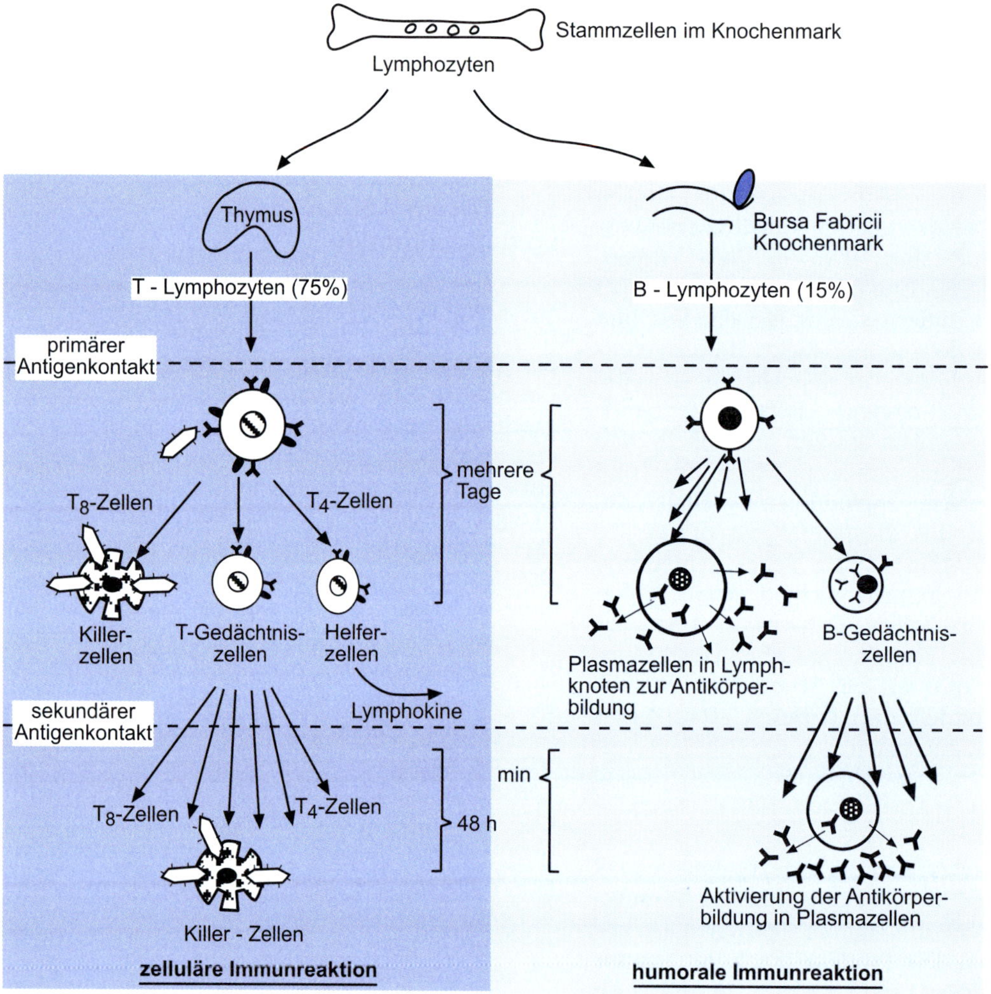


**Abb. 5.26.** Reaktionsschema der zellulären und humoralen Immunreaktion

diese Prägung im Thymus geschieht, werden sie als **T-Lymphocyten** bezeichnet. Sie wandern nach der Prägung wieder ins Blut und andere lymphatische Organe (vor allem Lymphknoten und Milz) und machen etwa 70% der im Blut zirkulierenden Lymphocyten aus. Sie tragen an ihrer Oberfläche **Antigenrezeptoren** ($T_3$/T-Rezeptor) und sind damit in der Lage, körperfremde Oberflächen zu erkennen. Sie können körperfremde Antigene nur dann binden, wenn diese gemeinsam mit körpereigenen antigenen Strukturen (Histokompatibilitätsantigene, **HLA,** *human leukocyte antigens*) präsentiert werden.

Nach dem ersten Antigenkontakt (Primärkontakt) eines mit dem geeigneten Rezeptor ausgestattenen T-Lymphozyten beginnt dieser sich zu teilen, so dass wesentlich mehr Lymphozyten mit diesem spezifischen Rezeptor bereitgestellt werden und das Antigen binden. Bei der Teilung differenzieren sie in drei Haupttypen, $T_8$-Zellen, $T_4$-Zellen und Gedächtniszellen. Zu den **$T_8$-Zellen** (oder CD8-Zellen nach *cluster of differentiation*) gehören die sogenannten **Killerzellen,** die Antigen tragende Zellen binden und zerstören. Ebenfalls dazu gehören die **Supressorzellen,** die nach länger dauernder Immunreaktion die T-

und B-Lymphozyten hemmen und so ein Überschießen der Immunreaktion vermeiden. Zu den $T_4$-Zellen gehören **Helferzellen,** die Gewebshormone (Lymphokine) freisetzen, auf diesem Weg Makrophagen aktivieren und die hämopoieteischen Stammzellen zur Teilung und Differenzierung anregen. Die T-Lymphozyten beschränken sich also nicht nur auf die Vernichtung eingedrungener Krankheitserreger, sondern organisieren auch die Zusammenarbeit mit der unspezifischen Abwehr und der humoralen Immunreaktion.

Die **T-Gedächtniszellen** zirkulieren im Blut und sind sehr langlebig. Sie erkennen ein Antigen noch nach Jahren wieder. Bei einem zweiten Antigenkontakt (Sekundärkontakt) proliferieren sie noch rascher als die unstimulierten T-Lymphzyten beim Primärkontakt. Sie liefern in kurzer Zeit eine große Anzahl Killerzellen, Helferzellen und Supressorzellen, so dass eine Abwehrreaktion schnell in Gang kommt und die eingedrungenen Erreger unschädlich gemacht werden, bevor sie Krankheitssymptome auslösen. Die zelluläre Immunantwort läuft zwar relativ schnell an, benötigt aber doch etwa 48 h, bis sie ihren Höhepunkt erreicht, und wird deshalb auch als verzögerte Immunreaktion bezeichnet.

#### Humorale Immunreaktion

Die humorale Immunreaktion wird ebenfalls von Lymphozyten ausgelöst, allerdings werden die dafür ausgelegten Lymphozyten nicht im Thymus geprägt, sondern bei Vögeln in der Bursa Fabricii mit Immunkompetenz ausgestattet. Deshalb werden sie als B-Lymphozyten bezeichnet. Die Bursa Fabricii ist ein lymphatisches Organ am Darmausgang von Vögeln, das bei jungen Vögeln durch Umweltkontakte zu einer sehr effizienten Prägung des Immunsystems führt. Säugetiere besitzen keine Bursa Fabricii. Man vermutet, dass ihre B-Lymphozyten im Knochenmark geprägt werden, und hat wegen der englischen Bezeichnung *bone marrow* den Namen B-Lymphozyten beibehalten.

Die B-Lymphozyten tragen Immunglobuline an der Zelloberfläche (vorwiegend IgM und IgD), die als Rezeptoren für Antigene funktionieren. Beim ersten Kontakt mit einem Antigen wandelt sich ein Teil der B-Lymphozyten in Plasmazellen um, die spezifische **Antikörper** gegen das Antigen produzieren und ausscheiden. Plasmazellen setzten sich dazu an Gewebezellen fest und sind 2–3 Tage lebensfähig. Für diese Reaktion ist zusätzlich noch die Anwesenheit von Cytokinen, z. B. aus den T-Helferzellen und den Makrophagen (Interleukin-1), erforderlich. Alle Nachkommen eines antigenstimulierten B-Lymphozyten synthetisieren identische Antikörper (**monoklonale Antikörper**). Solche Antikörper mit identischer Antigenspezifität haben große Bedeutung in der Diagnostik und bei der Analyse von Proteinstrukturen. Sie können *in vitro* gewonnen werden, indem gezielt immunisierte B-Lymphozyten mit Tumorzellen zu **Hybridomzellen** verschmolzen werden.

Beim ersten Antigenkontakt entstehen nicht nur die Antikörper produzierenden Plasmazellen, sondern auch **B-Gedächtniszellen.** Sie zirkulieren im Blut und sind sehr langlebig. Bei einem zweiten oder weiteren Antigenkontakt vermehren sich die Gedächtniszellen und wandeln sich in Antikörper produzierende Plasmazellen um. Diese Sekundärreaktion verläuft rascher als die Primärreaktion, und innerhalb von Minuten steigt der Gehalt des Blutes an spezifischen Antikörpern an. Zu dieser Sofortreaktion gehören auch viele Überempfindlichkeitsreaktionen, z. B. gegen Antibiotika, Pollen (Heuschnupfen) oder Tierhaare.

#### Antikörper

Antikörper werden auch als Immunglobuline (Ig) bezeichnet und machen bis 20% des Proteingehalts im Plasma aus (Abb. 5.2). Sie sind Glykoproteine mit einem Molekulargewicht zwischen 150 000 und 800 000 Da. Allen Immunglobulinen gemeinsam ist eine Y-förmige Grundstruktur (Abb. 5.27) mit einer variablen Aminosäurensequenz an den Gabelspitzen (N-terminale Enden der H- und L-Ketten), durch die Bindungsstellen für unterschiedliche Antigene entstehen.

Bei Säugetieren können fünf Gruppen von Immunglobulinen unterschieden werden. IgA, IgD, IgE, IgG, und IgM. 75% aller zirkulierenden Antikörper sind **IgG** und sie leisten deshalb die

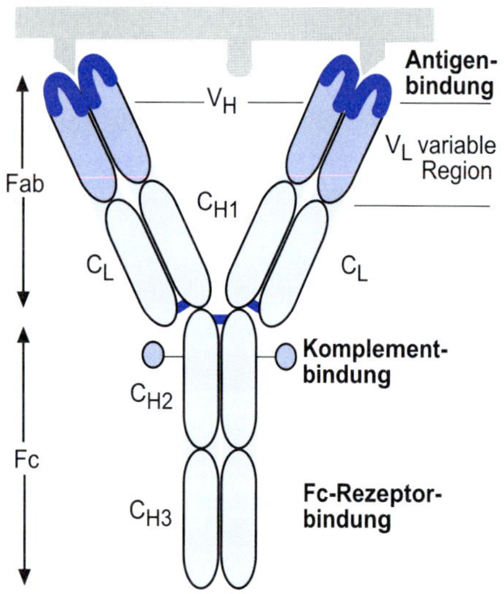


**Abb. 5.27.** Schematischer Aufbau eines Antikörpers, Immunglobulin G (IgG). Die Y-förmige Grundstruktur enthält zwei lange Ketten (H-Ketten, *heavy chain*, Molekulargewicht ~ 50 000 Da) und zwei kurze Ketten (L-Ketten, *light chain*, Molekulargewicht ~ 25 000 Da). Jede dieser Ketten ist aus Untereinheiten (Domänen) mit einem Molekulargewicht von ~ 12 500 zusammengesetzt, die durch Disulfid-Brücken miteinander verbunden sind. Die N-terminalen Enden der H- und L-Ketten sind die Bindungsstellen für Antigene (Fab, *antigen binding fragments*). Ihr Endstück besteht aus einer Region mit variabler Aminosäurensequenz ($V_H$ und $V_L$), während die anderen Abschnitte des Proteins eine konstante Aminsäurensequenz besitzen ($C_H$ und $C_L$). Das kristallisierbare Basisfragment des Antikörpers (Fc-Fragment) enthält die Bindungsstellen für Komplement-Proteine, Lymphozyten und Makrophagen

Hauptarbeit der humoralen Immunreaktion. Sie binden zelluläre Oberflächenantigene, wodurch die betroffenen Zellen leichter phagozytiert werden können. Außerdem aktivieren sie das Komplementsystem, so dass der Antigen-Antikörper-Komplex auch enzymatisch abgebaut werden kann. **IgA** werden mit dem Speichel, den Magen- und Darmsekreten ausgeschieden. Sie dienen der lokalen Abwehr auf Schleimhäuten. **IgD** kommen im Plasma nur in sehr geringer Menge vor, sondern verbleiben an der Oberfläche von B-Lymphozyten. **IgE** binden an basophilen Granulozyten und sind an allergischen Reaktionen beteiligt. **IgM** liegen entweder in der Zellmembran von B-Lymphozyten vor, als wichtige Vermittler der humoralen Immunantwort, oder sie zirkulieren als Pentamere im Plasma und können mit ihren dann 10 Bindungsstellen für Antikörper große Antigen-Antikörper-Komplexe bilden und Zellen verklumpen (agglutinieren). Zur IgM-Gruppe gehören z. B. die Antikörper des AB0-Systems der Blutgruppen (siehe Box 5.4).

Im Körper eines Säugetieres können Millionen von unterschiedlich spezifischen Antikörpern vorliegen, eine erstaunliche Variabilität angesichts der Tatsache, dass es sich dabei um relativ ähnlich aufgebaute Moleküle handelt und nur etwa 1000 Gene für die Produktion von Antikörpern zuständig sind. Ein Grund für diese Plastizität liegt darin, dass die Expression der H- und L-Ketten räumlich getrennt voneinander erfolgt. Für den variablen Teil der H- und L-Kette sind bis zu 1000 Varianten vorhanden, die dann erst bei der endgültigen Synthese des Proteins nach dem Zufallsprinzip miteinander verknüpft werden. Dies schafft eine große Vielfalt an Bindungsstellen und zeitlebens eine große Plastizität für sich neu konfigurierende Antikörper. Die Vielfalt wird noch dadurch unterstützt, dass bei der Vermehrung der Lymphozyten die für die Antikörperproduktion verantwortlichen Gene verändert werden können. Verantwortlich dafür ist eine DNA-Polymerase, die Kopierfehler toleriert und dadurch neue Aminosäurensequenzen für die Immunglobuline zulässt (Friedberg et al. 2000).

## **Literatur,** s. Kapitel 6

## Box 5.4

### Blutgruppen des Menschen

Die ersten Versuche mit Bluttransfusionen zwischen Menschen waren nur zum Teil erfolgreich und führten in vielen Fällen zur Agglutination oder zur Hämolyse von Erythrozyten. Grund dafür ist eine Immunreaktion zwischen Antigenen auf den Erythrozyten und gegen diese Antigene (Agglutinogene) gerichtete Antikörper (Agglutinine) im Plasma.

Es sind bis heute etwa 400 immunologisch wirksame Merkmale der Erythrozytenmembran bekannt, von denen aber die meisten nur so schwach wirken, dass sie bei Blutübertragungen nicht berücksichtigt werden müssen. In der Praxis ist vor allem das **AB0-System** und das **Rhesus-System** von Bedeutung. DasAB0-System, von Landsteiner 1901 vorgeschlagen, erklärte die anfänglichen Fehlschläge bei Transfusionen. Ein Träger des Agglutinogens A auf den Erythrozyten enthält in seinem Plasma Agglutinine vom Typ Anti-B. Sein Blut kann deshalb nicht an Personen übertragen werden, deren Erythrozyten das Agglutinogen B enthalten. Anti-A und Anti-B gehören überwiegend zu den IgM, die wegen ihrer 10 Bindungsstellen für Antigene sehr gut agglutinieren können. Die Eigenschaften und Häufigkeiten der Blutgruppen des AB0-Systems sind in der folgenden Tabelle zusammengestellt.

| Blutgruppe | Agglutinogene (an Erythrozyten) | Genotyp | Agglutinine (im Plasma) | Häufigkeit (Mitteleuropa) | | |
|---|---|---|---|---|---|---|
| | | | | Rh | rh | Σ |
| A | A | 0A oder AA | Anti-B | 36,1 | 7,0 | 43,0 |
| B | B | 0B oder BB | Anti-A | 8,1 | 1,6 | 9,7 |
| AB | A und B | AB | keine | 3,1 | 0,6 | 3,7 |
| 0 | H (unwirksam) | 00 | Anti-A und Anti-B | 36,6 | 7,0 | 43,6 |

Aus der Tabelle ist ersichtlich, dass Träger der Blutgruppe AB ein universelles Spenderblut besitzen, solche der Blutgruppe 0 universelle Empfänger für Serum anderer Blutgruppen sind. Die Blutgruppe A kann noch in zwei Untergruppen aufgeteilt werden, wobei die $A_1$-Erythrozyten rascher agglutinieren als die $A_2$-Erythrozyten. Die Häufigkeiten der Blutgruppen ist regional verschieden. In Zentralasien haben etwa 20% die Blutgruppe B, und die amerikanischen Ureinwohner zu 90% die Blutgruppe 0.

Für das Rhesus-System sind mehrere Antigene auf der Oberfläche der Erythrozyten verantwortlich (C, D, E, c und e), denen eine entsprechende Kombination von Antikörpern gegenüber steht. Das Antigen D hat die größte Wirksamkeit, und Blut, das Erythrozyten mit dem Antigen D enthält, wird deshalb als **Rhesus-positiv (Rh)** bezeichnet, Blut, dem die Eigenschaft D fehlt, ist **Rhesus-negativ (rh)**. Die Anti-D-Antikörper sind nicht immer vorhanden, sondern erst nach Kontakt mit Rh-positivem Blut. Sie gehören zu den inkompletten IgG und können deshalb die Plazentaschranke passieren, im Gegensatz zu den Agglutininen des AB0-Systems. Daher rührt auch die Gefährlichkeit des Rh-Faktors im Fall der Schwangerschaft einer Rh-negativen Mutter mit einem Rh-positiven Kind. Bei der Geburt können größere Mengen fetaler Erythrozyten in das mütterliche Blut übertreten. Dies führt zu einem Anstieg der Anti-D-Antikörper im mütterlichen Blut (Sensibilisierung). Bei einer ersten Schwangerschaft ist dies unproblematisch. Während einer erneuten Schwangerschaft mit einem Rh-positiven Kind kann jedoch die Antikörperbildung der Mutter so hoch werden, dass die kindlichen Erythrozyten zerstört werden und das Kind Schaden nimmt (Anti-D-Prophylaxe erforderlich).

Neben diesen Systemen sind weitere 6 Blutgruppensysteme bekannt (MNSs, P, Lutheran, Kell, Lewis, Duffy, Kidd), die ebenfalls hämolytische Transfusionsreaktionen auslösen, allerdings relativ selten vorkommen. Zur Sicherheit ist es deshalb notwendig, dass vor Transfusionen die Verträglichkeit des Spenderserums und des Empfängerbluts durch eine Kreuzreaktion überprüft wird.

# 6 Kreislauf

## Kurzer Blick in die Geschichte

William **Harvey** veröffentlichte 1628 sein Aufsehen erregendes Werk „Exercitatio anatomica de motu cordis et sanguinis". Bis dahin hatte man angenommen, dass Blut in der Leber gebildet wird und dann in den Geweben des Körpers versickert. Im Herzen sollte das Blut die Kammerscheidewand durchdringen und sich mit der Lungenluft vermischen, wobei der Lebensgeist und Körperwärme entsteht. Harvey widerlegte diese Anschauung. Er beobachtete den Herzschlag von Fröschen und Fischen *in vivo* und sah, dass das Herz bei der Kontraktion kleiner und heller (blutleer) wurde, und dass auf die Kontraktion eine Blutwelle in der Aorta folgte. Er untersuchte das Zusammenspiel von Vorhof und Herzkammer. Am Säugetierherzen entdeckte er, dass das Blut aus der rechten Kammerhälfte zur Lunge und aus der linken in den Körperkreislauf geführt wird. Die Entdeckung des Blutkreislaufs und damit die richtige Interpretation der Herzfunktion war eine der größten wissenschaftlichen Fortschritte im 17. Jahrhundert. Die Erkenntnisse widersprachen den bisherigen Vorstellungen so sehr, dass Harvey schrieb (sinngemäß): „Was ich über das durch Herz und Venen hindurchwandernde Blut zu sagen habe, ist so neu und unerhört, dass ich eine Unbill für mich fürchte".

Das Blut kann seine Aufgabe als Transport- und Ausgleichsmedium nur erfüllen, wenn es durch Konvektion ständig im Umlauf gehalten wird. Die Kreislaufsysteme sind im Tierreich außerordentlich vielfältig gestaltet, aber es lassen sich zwei Konstruktionsprinzipien unterscheiden. Beim **geschlossenen Kreislauf**, z. B. dem der Wirbeltiere, wird das Blut ständig in Blutgefäßen transportiert und nur an kontrollierten Abschnitten des Blutgefäßsystems, den Kapillaren, findet ein Stoffaustausch mit der Interstitialflüssigkeit und dem Gewebe statt. Beim **offenen Kreislauf** der meisten Arthropoden und Mollusken wird das Blut nur kurze Strecken oder überhaupt nicht in Blutgefäßen geführt. Blut und **Interstitialflüssigkeit** (**Lymphe**) werden beständig durchmischt, sind weitgehend identisch und stehen überall im Stoffaustausch mit den Körperzellen. Das Blut des offenen Kreislaufs wird wegen der besonders intensiven Durchmischung mit der Lymphe meist als **Hämolymphe** bezeichnet.

Einige wichtige Eigenschaften der beiden Kreislaufsysteme sind in Abb. 6.1 einander gegenübergestellt. Im geschlossenen Kreislaufsystem befindet sich ein relativ kleines Flüssigkeitsvolumen (5–8% des Körpergewichts) ständig mit hoher Geschwindigkeit und hohem Druck im Umlauf. Es steht im Stoffaustausch mit dem großen Volumen der Interstitialflüssigkeit, die als Zwischenschritt zum Stoffaustausch mit der Intrazellularflüssigkeit dient. Im offenen Kreislaufsystem herrschen meist nur niedrige hydrostatische Drucke; das relativ große Volumen der Hämolymphe (Blut und Lymphe weitgehend identisch) strömt langsam und ist in ständigem Stoffaustausch mit den Körperzellen. Beide Kreislaufsysteme stellen unterschiedliche Anforderungen an die Pumpleistung des Herzens. Beim geschlossenen Kreislauf ist für den hohen Druck ein kräftiger Herzmuskel erforderlich, während im offenen Kreislauf nur dünnwandige Herzen notwendig sind, die für die niedrigen Drücke und den relativ gemächlichen Umlauf des Blutes ausreichen.

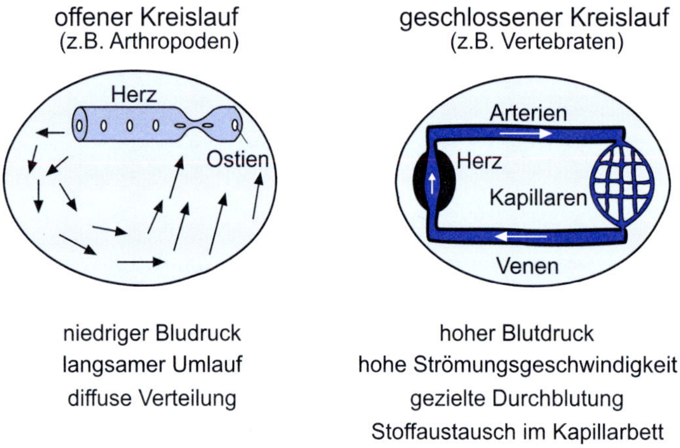


**Abb. 6.1.** Aufbau und Eigenschaften des offenen bzw. des geschlossenen Kreislaufsystems

## 6.1 Offenes Kreislaufsystem

Das offene Kreislaufsystem der **Insekten** besteht aus einem röhrenförmigen **dorsalen** Herzen, das durch peristaltische Kontraktion die Hämolymphe kopfwärts presst (Abb. 6.2 *oben*). Das Herz erstreckt sich entlang des gesamten Abdomens und ist über Bindegewebs- und Muskelfaserstränge an der Wand des Abdomens verankert. Es enthält seitliche Öffnungen (**Ostien**), durch die Hämolymphe beim Erschlaffen des Herzmuskels und seiner Dehnung durch die elastischen Fasern des Aufhängeapparates eingesaugt wird. Bei der Kontraktion des Herzmuskels werden die Ostien durch Bindegewebsklappen von innen verlegt, so dass die Hämolymphe nicht über die Ostien austreten kann, sondern nur über ein großes Blutgefäß (Aorta) zum Kopf geführt wird. Von dort aus wird die Hämolymphe durch langsame Konvektion allmählich wieder zum Abdomen geführt und über die Ostien angesaugt. Das **dorsale Röhrenherz** der Wanderheuschrecke *Locusta migratoria* erzeugt nur einen geringen Überdruck mit kurzfristigen Spitzenwerten von etwa 0,9 kPa während der Kontraktion, die aber für den Ausstoß der Hämolymphe durch die Aorta ausreichen. Die Röhrenherzen sind innerviert, und der Ablauf der Kontraktion in den Röhrenherzen der Arthropoden wird durch das Nervensystem koordiniert, weshalb dieser Herztyp auch als **neurogenes Herz** bezeichnet wird.

Vom abdominal liegenden Röhrenherz der Insekten wird eine mit Nährstoffen angereicherte Hämolymphe im Körper verteilt. Die diffuse Verteilung der Hämolymphe reicht für die Versorgung der meisten Gewebe aus. Sehr stoffwechselaktive Gewebe, wie z.B. die Flugmuskulatur, sind noch mit zusätzlichen **Nebenherzen (pulsatile Organe)** ausgestattet, die lokal eine höhere Strömungsgeschwindigkeit erzeugen und so die Versorgung der Muskulatur verbessern. Wie effektiv diese lokale Zirkulation funktioniert, kann aus den Druckverhältnissen im thorakalen Hämocoel entnommen werden, die zwischen 1,13 kPa im ventralen Thorax und −1,52 kPa in der Nähe der pulsatilen Organe variieren (Bayer 1968). Einige Insekten, wie z.B. der Maikäfer, besitzen weitere pulsatile Organe an der Antennenbasis oder in der Nähe des Oberschlundganglions.

Die langen und dünnen Extremitäten der Insekten stellen den offenen Blutkreislauf vor ein besonders schwieriges Problem. Auch die Spitzen der Beine und Antennen müssen von der Hämolymphe durchblutet werden, um die zahlreichen Sinnesorgane und Nervenzellen mit Nährstoffen zu versorgen. Dies wird auf eine geradezu genial einfache Weise erreicht. Das Hämocoel der Extremitäten ist durch Septen der Länge nach geteilt, bis auf eine offene Stelle an der Spitze der Extremitäten. Ein geringer Druckgradient in der Hämolymphe an der Basis der Extremitäten, oder Bewegung, verursacht einen

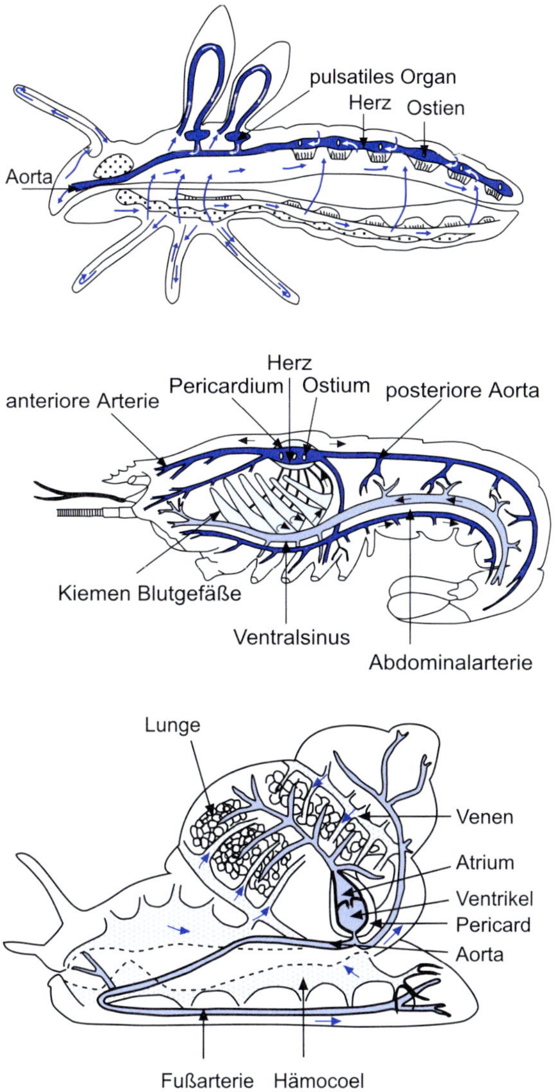


rAbb. 6.2. Offene Kreislaufsysteme bei Evertebraten. *Oben*: Dorsales Röhrenherz einer Wanderheuschrecke. Die Hämolymphe der Insekten ist nicht am Atemgastransport beteiligt, sondern dient nur dem Transport von Nährstoffen, Exkretstoffen, Blutzellen, Hormonen usw. (nach Wigglesworth 1955). *Mitte*: Offenes Kreislaufsystem eines Crustaceen (Flusskrebs) mit kompaktem Herz und angeschlossenen Blutgefäßen, die das Blut nach frontal und caudal leiten. Die Hämolymphe ist auch am Transport der Atemgase beteiligt, deshalb gezielte Durchblutung der Kiemen (nach McLaughlin 1980). *Unten*: Herz und Kreislaufsystem einer Weinbergschnecke. Sie besitzt bereits ein zweikammriges Herz, das aus Vorhof und Ventrikel besteht. Das Blut wird über weite Strecken in Gefäßen geführt und dann in das offene Hämocoel entlassen (nach Martin u. Johansen 1965)

Hämolymphfluss entlang der Extremitäten und um ihre Spitze.

Im offenen Kreislauf der Insekten wird die Hämolymphe bereits über kurze Strecken in geschlossenen Gefäßen geführt, um alle Bereiche des Körpers ausreichend zu versorgen. Diese Führung des Hämolymphflusses ist bei **Crustaceen** noch ausgeprägter, wie aus dem Kreislaufschema eines dekapoden Krebses entnommen werden kann (Abb. 6.2 *Mitte*). Crustaceen sind Kiemenatmer und müssen mit der Hämolymphe auch den Atemgastransport übernehmen, während Insekten ihren Kreislauf nur zum Nährstofftransport einsetzen. Krebse besitzen bereits ein relativ kompaktes Herz, das in einer eigenen Bindegewebsumhüllung (**Perikard**) eingeschlossen ist. Das Herz saugt durch Ostien Hämolymphe an, die aus dem Bereich der Kiemen kommt, und pumpt sie über eine vordere und hintere Aorta zum Kopf bzw. zum Abdomen. Die Hämolymphe wird über weite Strecken in Blutgefäßen geführt und dann ins Gewebe entlassen. Aus dem Gewebe wird die Hämolymphe in separaten Lakunen und Bahnen gesammelt und über Blutgefäße dem Kiemenbereich zugeführt. Das Krebsherz pumpt also sauerstoffreiches Blut, das erst anschließend mit Nährstoffen beladen wird. Das im Vergleich zu Insekten etwas kompaktere Herz der Krebse erzeugt während der Kontraktion (Systole) Drucke von 1–2 kPa, und auch während der Erschlaffung des Herzmuskels (Diastole) bleibt der Aortendruck 0,2 kPa höher als im offenen Hämocoel wegen der Windkesselfunktion der Blutgefäße. Ein Hummer erreicht damit ein Herzminutenvolumen von 10–30 ml $min^{-1}$ und eine Umlaufzeit der Hämolymphe von 2–8 min.

Nicht alle Crustaceen besitzen ein solch komplexes Kreislaufsystem wie die Dekapoda. Eine Führung der Hämolymphe über weite Strecken in Gefäßen ist nur noch von den Isopoda (Asseln) bekannt. Die Cladocera, zu denen die sehr kleinen Wasserflöhe (Daphnia) gehören, besitzen ein ähnlich kompaktes Herz wie die Dekapoda, aber keine Blutgefäße. Die Anostraca, zu denen das Salinenkrebschen Artemia gehört, haben ein Röhrenherz ähnlich dem der Insekten. Die Cirripedia, zu denen die sessilen Seepocken und die Entenmuschel gehören, haben kein eindeutig lokalisierbares Herz, statt dessen werden die Körperflüssigkeiten durch Kontraktionen der Thoraxmuskeln in Umlauf gehalten.

Die Arachniden (Spinnen, Skorpione) müssen wie die Crustaceen sowohl Nährstoffe als auch Atemgase mit der Hämolymphe transportieren. Sie haben ein dorsal liegendes Röhrenherz, ähnlich dem der Insekten, das sich über die gesamte Länge des Opisthosoma erstreckt und mit Blutgefäßen verbunden ist, die bei den Spinnen eine gezielte Durchblutung der Tracheenkiemen gewährleisten. Spinnen besitzen keine ausreichende Muskulatur für die Lokomotion, statt dessen führen zu den Beinen separate Blutgefäße, in denen relativ hohe Drücke erzeugt und mit denen die Beine hydraulisch bewegt werden.

Unter den Mollusken haben nur die Schnecken und Muscheln ein offenes Kreislaufsystem, während die Cephalopoden ein geschlossenes Kreislaufsystem besitzen. Das Herz der Muscheln und Schnecken ist relativ kräftig gebaut, besitzt meist zwei hintereinandergeschaltete kontraktile Abschnitte (Atrium und Ventrikel) und kann für ein offenes Blutgefäßsystem relativ hohe Drücke und Umlaufgeschwindigkeiten erzeugen (Abb. 6.2 *unten*). Bei der Weinbergschnecke *Helix pomatia* schwankt der Druck im Ventrikel zwischen 0,5 kPa während der Diastole und 2,5 kPa während der Systole. Das Blut dient bei ihnen ebenfalls zum Atemgastransport. Die hohen Drücke des Kreislaufsystems können bei einigen Muscheln auch zur hydraulischen Bewegung des Fußes und damit zur Lokomotion eingesetzt werden.

## 6.2 Geschlossener Kreislauf

Geschlossene Kreislaufsysteme besitzen die Anneliden, Cephalopoden und alle Wirbeltiere. Dabei wird das Blut die meiste Zeit in Gefäßen geführt, die mit Endothel ausgekleidet sind und deren Wand durch Bindegewebe, Längs- und Ringmuskulatur verstärkt sein kann. Der Stoffaustausch mit der Interstitialflüssigkeit findet nur lokal begrenzt über Kapillaren im Gewebe statt. Dieser Aufbau erlaubt hohe Strömungsgeschwindigkeiten und Drücke in den Gefäßen sowie eine Kontrolle der lokalen Durchblutung. Um die Strömungswiderstände in den Gefäßen zu überwinden, ist eine hohe Pumpleistung des Herzens erforderlich. Bei der Evolution des geschlossenen Kreislaufsystems mussten deshalb kräftige Herzen entwickelt werden, die zu einer hohen Dauerleistung fähig sind.

## 6.3 Kreislaufsystem der Anneliden

Das Kreislaufsystem der **Anneliden** nimmt eine Sonderstellung ein, da sie kein zentrales Herz besitzen, sondern die Pumparbeit auf mehrere kontraktile Abschnitte des Blutgefäßsystems verteilt haben. Bei **Oligochaeten** wie dem Regenwurm wird der Körper in der Längsachse von einem über dem Darm verlaufenden, dorsalen Blutgefäß durchzogen, in dem das Blut durch peristaltische Kontraktionen nach vorn getrieben wird. Über laterale Abzweigungen in jedem Segment führen Blutgefäße zum Darm und stellen auch Verbindung zum ventralen Blutgefäß her (Abb. 6.3). Zusätzlich zu dem kontraktilen Dorsalgefäß besitzen sie mehrere (meist 5 Paar) Lateralherzen, die das Blut vom dorsalen ins ventrale Gefäß pumpen. Die Lateralherzen sitzen im Bereich des Oesophagus, und so entsteht eine Hauptströmungsrichtung des Blutes im dorsalen Gefäß nach vorne und im ventralen Gefäß nach hinten. Bei den Regenwürmern dient die Haut als Atemorgan (respiratorisches Protein Hämoglobin) und ist deshalb gut durchblutet. Sie erhält sauerstoffarmes Blut aus Abzweigungen des ventralen Blutgefäßes, und dieses sauerstoffreiche Blut wird von der Haut zum dorsalen Blutgefäß geführt.

Die Druckverhältnisse im Kreislaufsystem der Anneliden sind vor allem am **Riesenerdwurm**, *Glossoscolex giganteus*, gut untersucht worden (Johansen u. Martin 1965). Der Riesenerdwurm wird etwa 120 cm lang, wiegt 500–600 g und hat einen Durchmesser von 2–3 cm. Peristaltische Kontraktionen des dorsalen Blutgefäßes erzeugen einen Druck von 1,4–2,4 kPa (6–8 Kontraktionen $min^{-1}$). Die fünf Paar Lateralherzen schlagen normalerweise synchron (20 $min^{-1}$) und bauen im ventralen Blutgefäß einen Druck von

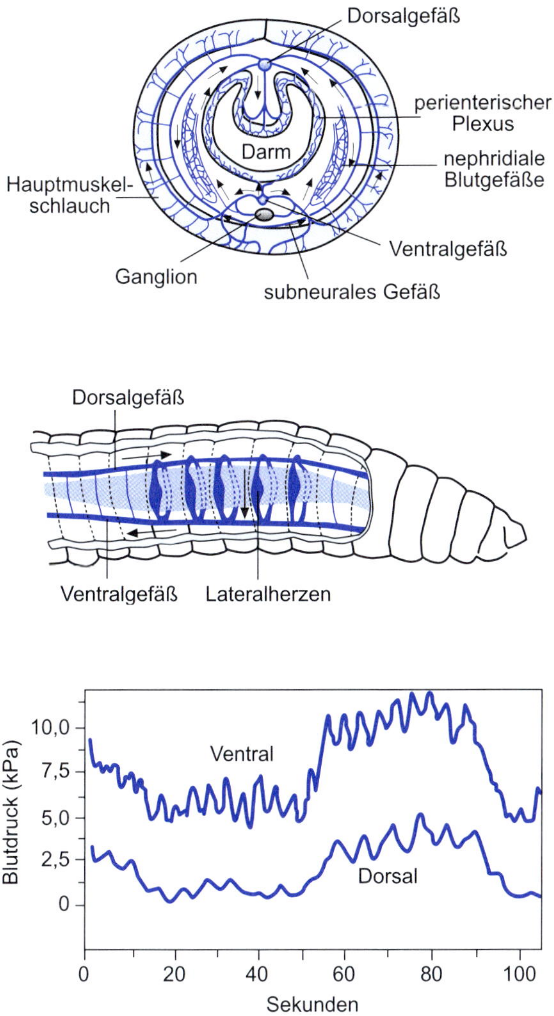


**Abb. 6.3.** Geschlossenes Kreislaufsystem des Regenwurms (*Lumbricus terrestris*) mit dorsalem und ventralem Hauptgefäß, die über Lateralgefäße in den einzelnen Körpersegmenten miteinander verbunden sind. Das dorsale Gefäß ist kontraktil und pumpt Blut nach vorne. Im vorderen Körperbereich um den Ösophagus sitzen 5 Paar Lateralherzen, die das Blut zusätzlich vom dorsalen in das ventrale Blutgefäß pumpen. Im ventralen Blutgefäß strömt das Blut nach hinten und wird zu den Blutgefäßen des Hautmuskelschlauchs (Gasaustausch) und der Metanephridien geleitet. Der Blutdruck im ventralen Blutgefäß ist deshalb höher als im dorsalen Blutgefäß, wie die Messungen am Riesenerdwurm (*Glossoscolex giganteus*) zeigen. Die Lateralherzen schlagen meist synchron und erzeugen dabei Druckschwankungen im Ventralgefäß. Bei aktiven Regenwürmern steigt der Blutdruck auf 10 kPa, in Ruhe ist der Blutdruck nur etwa halb so hoch, und die Frequenz der Lateralherzen verringert (nach Barnes 1987, Johansen u. Martin 1965)

über 10 kPa auf (80 mmHg) (Abb 5.30). Dies sind Drücke, die bereits dem arteriellen Blutdruck von Wirbeltieren nahe kommen. Der Blutdruck des Erdwurms verändert sich mit der Lokomotion; er ist hoch während der Streckung des Körpers und sinkt auf etwa die Hälfte während der Verkürzung des Körpers.

Das Kreislaufsystem der **Polychaeten** ist ähnlich aufgebaut; häufig sind die Blutgefäße dünnwandiger gebaut als bei den Oligochaeten und nicht immer mit Endothel ausgekleidet. Einige Oligochaeten besitzen zusätzliche kontraktile Abschnitte (Nebenherzen) in peripheren Bereichen des Blutgefäßsystems. So sind vor allem die Kiemen mit zusätzlichen Blutgefäßen an den Kreislauf angeschlossen, die einen unidirektionalen Blutfluss durch die Kiemen ermöglichen. Das Kreislaufsystem der Egel ist teilweise reduziert, da sie in stärkerem Maße die Coelomflüssigkeit in den Stofftransport einbeziehen. Beim medizinischen **Blutegel**, *Hirudo medicinalis*, ist das dorsale Blutgefäß nicht kontraktil, statt dessen übernimmt ein Paar laterale Blutgefäße die Hauptfunktion des Herzens. Sie durchziehen den Körper entlang der Längsachse und pumpen das Blut sowohl nach vorne als auch in Abzweigungen, die zu den Nephridien und zum Hautmuskelschlauch führen. Im anterioren Bereich der Lateralgefäße werden während der Kontraktion Drücke bis 5 kPa erreicht. Der Rückstrom des Blutes nach posterior findet im ventralen und dorsalen Blutgefäß statt, wobei vom dorsalen Blutgefäß aus noch zusätzlich die Darmkapillaren mit Blut versorgt werden (Hildebrandt 1988).

## 6.4 Aufbau des Kreislaufsystems der Wirbeltiere

Das Kreislaufsystem der **Wirbeltiere** verfügt nur über einen kräftigen Herzmuskel, der die gesamte Pumparbeit übernimmt. Lediglich bei einigen Fischen und Fröschen werden noch zusätzliche periphere Lymphherzen zur Beschleunigung der Lymphzirkulation eingesetzt. Der Herzmuskel ist kein separates Gewebe, sondern entstand durch lokale Differenzierung aus einem Blutgefäß. Die-

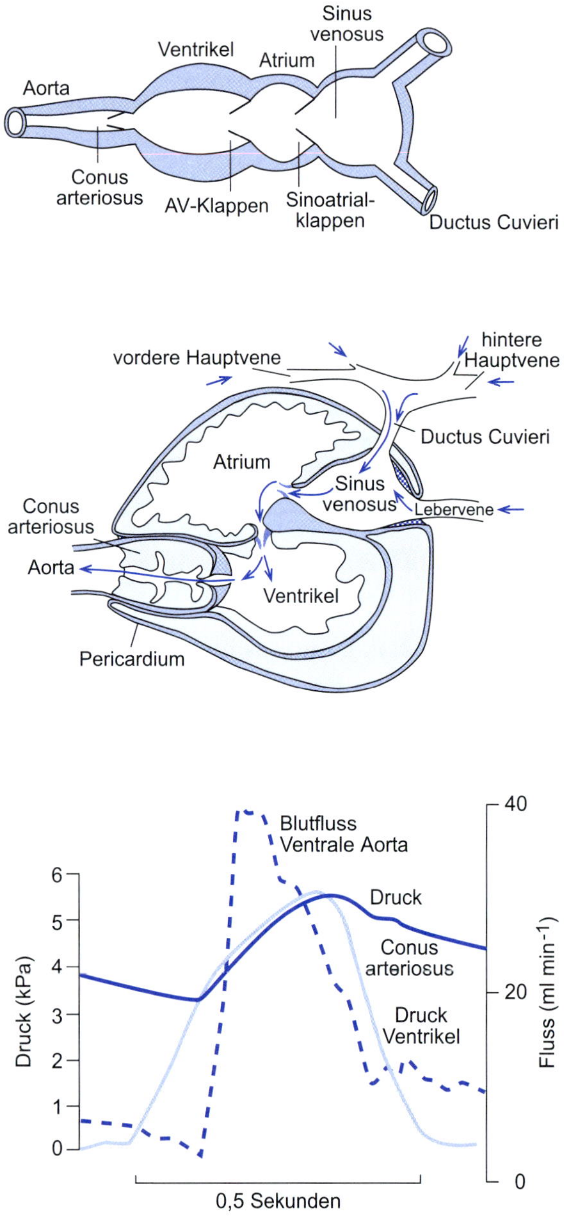


**Abb. 6.4.** Aufbau und Gliederung des Wirbeltierherzens. *Oben*: Hypothetischer, ancestraler Zustand, der in den Ontogenese rekapituliert wird, mit hintereinander liegenden kontraktilen Abschnitten. *Mitte*: Herz eines Elasmobranchiers, bei dem die sequentielle Anordnung noch zu erkennen ist, dessen Atrium sich aber nach vorn über den Ventrikel geschoben hat. *Unten*: Druckschwankungen im Ventrikel und Conus arteriosus während der Kontraktion des Herzens und Blutfluss in der Aorta (nach Romer 1971, Stevens et al. 1972)

se Herkunft des Herzens lässt sich noch während der Embryonalentwicklung der Wirbeltiere feststellen und ist im adulten Zustand auch bei den archaischen Herzen der Cyclostomier mit sequentiell angeordneten Kammern erkennbar (Abb. 6.4).

Es lassen sich vier hintereinander liegende kontraktile Abschnitte unterscheiden, **Sinus venosus**, **Atrium** (Vorhof), **Ventrikel** (Kammer) und der **Conus (Bulbus) arteriosus** am Aortenansatz. Die Wandstärke der Muskulatur nimmt von Abschnitt zu Abschnitt zu, so dass ersichtlich wird, dass es sich um vier hintereinandergeschaltete Pumpabschnitte mit steigender Kontraktionskraft handelt. Das Blut kommt aus den Geweben mit sehr geringem hydrostatischem Druck zurück, der alleine nicht ausreichen würde, den kräftigen Hohlmuskel des Ventrikels im erschlafften Zustand zu dehnen. Durch mehrere, hintereinandergeschaltete Pumpabschnitte mit steigender Kontraktionskraft wird der hydrostatische Druck des Blutes schrittweise erhöht. Damit das Blut nur in eine Richtung befördert wird, sind die Abschnitte des Herzens durch Ventile voneinander getrennt. Im Prinzip handelt es sich dabei um Klappen aus Bindegewebe, die einen Blutstrom nur in einer Richtung durchlassen und sich bei einem Überdruck in der Gegenrichtung schließen.

Dieses längliche Herz hat noch wenig Ähnlichkeit mit dem herzförmigen Herzen der anderen Wirbeltiere. Die Formänderung beruht auf einer Verstärkung und sackförmigen Vergrößerung des Ventrikels, wodurch der venöse Eingang und der arterielle Ausgang nebeneinander zu liegen kommen. Bereits bei den Herzen der Elasmobranchier ist eine Vorstufe dieser Entwicklung zu erkennen, da sich das Atrium über den Ventrikel geschoben hat (Abb 6.4).

Fische pumpen sämtliches Blut über die Aorta in die Kiemen (Abb. 6.5). Dort findet der Gasaustausch statt und das sauerstoffreiche Blut wird anschließend im Körper verteilt. Ein kleiner Teil des Blutes wird nach Passage nur eines Gewebekapillarsystems im Kopfbereich wieder zum Herzen zurückgeführt. Der größere Teil des Blutes wird jedoch über zwei hintereinandergeschaltete Kapillarsysteme geleitet, so dass bei Fischen meist drei Kapillarsysteme in Folge zu

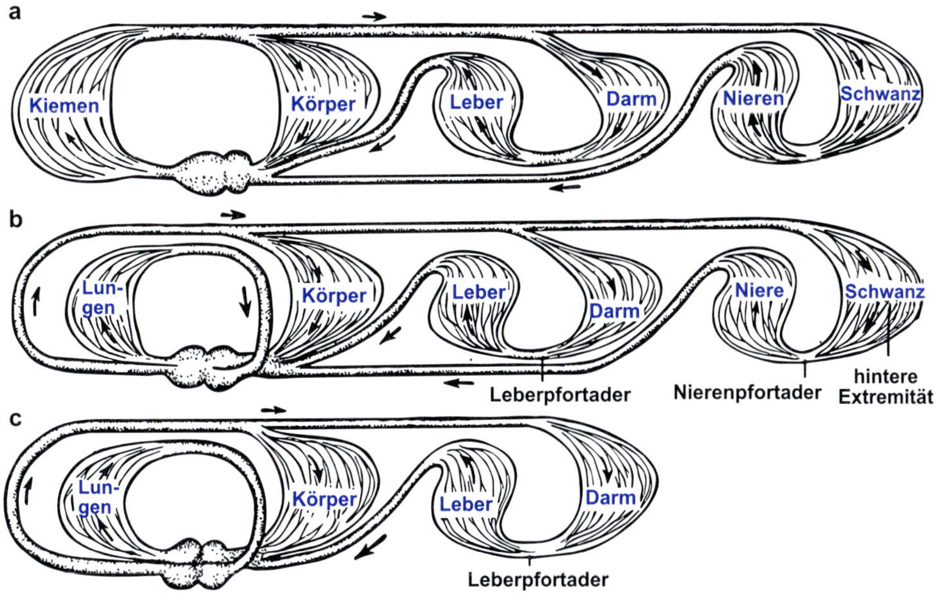


**Abb. 6.5 a–c.** Kreislauforganisation und Anordnung der Kapillarsysteme **a** bei Fischen, **b** bei Amphibien, **c** bei Säugetieren (Romer 1971)

überwinden sind (z. B. Kiemen, Schwanz und Niere), bevor das Blut wieder zum Herzen zurückkehrt. Mit dieser Konstruktion ist kein Blutkreislauf unter hohem Druck und mit hoher Strömungsgeschwindigkeit möglich, da jedes der drei hintereinandergeschalteten Kapillarsysteme den Blutfluss bremst. Außerdem werden als erstes die Kiemen durchblutet, die für die Diffusion von Atemgasen ein möglichst dünnes Epithel besitzen sollten und deshalb nicht mit hohem Druck durchblutet werden können.

Diese Probleme wurden beim Übergang von der Wasseratmung zur Luftatmung noch verschärft, denn über die dünnen Epithelien der Lunge ist die Gefahr eines Flüssigkeitsverlustes noch größer, da dem Blut in der Lunge von außen kein hydrostatischer Druck entgegenwirkt. Mit dem Übergang zur Lungenatmung wurde der Kreislauf in zwei separate Kreislaufsysteme aufgeteilt, eines für die Versorgung des Körpers und eines für den Gasaustausch in der Lunge. Eine Komplikation mit dem Ziel, sauerstoffarmes Blut aus dem Körper gezielt der Lunge zuzuführen und sauerstoffreiches Blut aus der Lunge getrennt im Körper zu verteilen. Mit einer Trennung des Kreislaufs in zwei Hälften wurde außerdem die Anzahl der hintereinandergeschalteten Kapillarsysteme verringert, da der Ventrikel nun sauerstoffreiches Blut unmittelbar an die Körpergewebe verteilen konnte, ohne zuerst das Atemorgan durchbluten zu müssen.

Wie kann dieses Problem gelöst werden mit einer Pumpe, die nur in einer Richtung fördert? Die Lösung des Problems gelang durch eine Zweiteilung des Atriums und des Ventrikels. Einige Luft atmende Fische (z. B. *Protopterus, Electrophorus, Saccobranchus*) benutzen die Kiemenhöhle oder Mundhöhle zum Gasaustausch, haben aber einen im Prinzip unveränderten Kreislauf. **Lungenfische** (*Dipnoi*) dagegen haben bereits einen getrennten Kreislauf für die Durchblutung der Lungen ähnlich wie die höheren Vertebraten. Teilungsansätze zeigt auch ihr Herz, denn es ist bereits ein Septum im Atrium angelegt, das dieses aber noch nicht vollständig in zwei Hälften teilt.

Das Kreislaufsystem der **Amphibien** ist bereits vollständig in einen Körperkreislauf und einen Lungen-Haut-Kreislauf zum Gasaustausch getrennt, die in zwei getrennte Hälften des Atriums münden (Abb. 6.5). Ihr Ventrikelmuskel hat keine

Scheidewand, so dass der Ventrikel Mischblut in die Aorta pumpt. Das Ventrikellumen ist jedoch mit Sehnen und Muskelsträngen durchzogen (Trabeculae) und der Aortenansatz mit einer Spiralfalte ausgekleidet. Dies erlaubt es den Amphibien, relativ sauerstoffarmes Mischblut in die Abzweigung der Lungenarterie und relativ sauerstoffreiches Mischblut in die Aorta zu leiten. Trotz der fehlenden Scheidewand können sie die Blutversorgung für den Atemkreislauf und den Körperkreislauf teilweise getrennt halten, so dass der Atemgastransport zu den Geweben gezielter stattfindet, als es bei reinem Mischblut der Fall wäre.

**Reptilien** besitzen zusätzlich ein Septum im Ventrikel, das zwar nicht vollständig ist, aber eine noch bessere Trennung in sauerstoffreiches Blut für den Körperkreislauf und sauerstoffarmes Blut für den Lungenkreislauf erlaubt, als sie den Amphibien möglich ist. Lediglich die Krokodile besitzen einen vollständig getrennten Ventrikel, haben aber an beiden Ventrikelhälften je eine Aorta, die an ihrer Basis durch das **Foramen Panizza** miteinander verbunden sind. Möglicherweise dient dies dazu, um bei längeren Tauchgängen den Blutfluss im Lungenkreislauf zu verringern oder völlig stillzulegen und nur noch Blut im Körperkreislauf zirkulieren zu lassenh (Jones 1996).

Säugetiere und Vögel haben ein vollständig in zwei Hälften getrenntes Atrium und Ventrikel, ein Doppelherz, mit dem sie im **Körperkreislauf** einen hohen Blutdruck für den raschen Transport des Blutes über lange Strecken zu den Geweben erzeugen (**Hochdrucksystem**), während gleichzeitig im **Lungenkreislauf** ein niedriger Blutdruck herrscht (**Niederdrucksystem**) (Abb. 6.5). In den Arterien des Körperkreislaufs herrscht bei Säugetieren ein mittlerer Blutdruck etwa 13 kPa (100 mmHg), bei Vögeln häufig deutlich höhere Drücke von 22 kPa (170 mmHg). Im Lungenkreislauf beträgt der Blutdruck nur etwa 1/10 dieses Werts, obwohl der Herzmuskel das Blut gleichzeitig in den Körper- und den Lungenkreislauf pumpt (Abb. 6.6). Die Epithelien

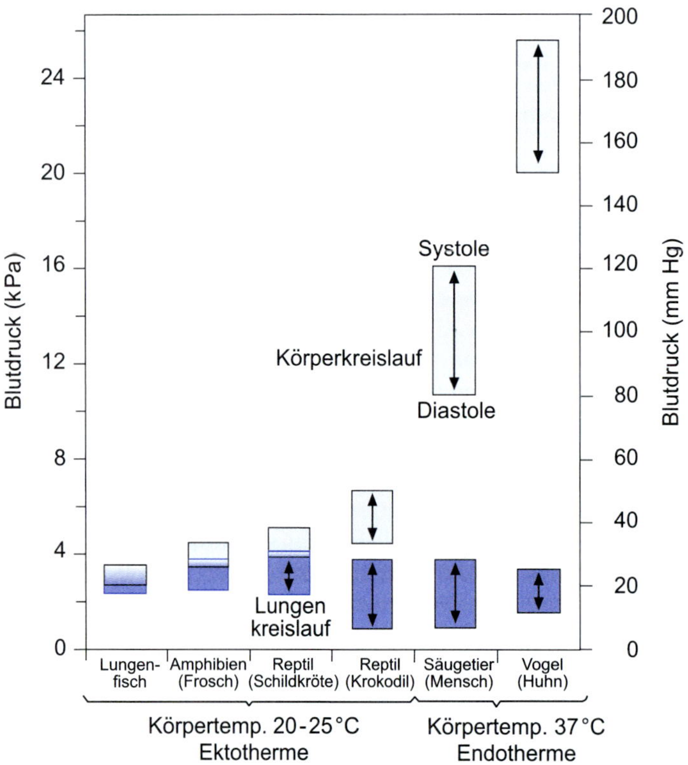


**Abb. 6.6.** Blutdruck im Lungenkreislauf und Körperkreislauf von Wirbeltieren. Die *Balken* geben die Druckschwankungen zwischen Kontraktion (Systole) und Erschlaffung (Diastole) des Herzmuskels an (nach Johansen et al. 1970, Sturkie 1986, Withers 1992)

der Alveolen sind sehr dünn, um die Diffusionsstrecke für den Gasaustausch zwischen Atemluft und Blut möglichst kurz zu halten. Die Lunge kann deshalb nur mit geringem Druck angeströmt werden (intravasaler Druck 5–8 mmHg, 0,6–1,0 kPa). Bei zu hohem Druck, insbesondere wenn er den kolloidosmotischen Druck des Bluts von 25 mmHg (3,3 kPa) übersteigt, würde Plasma über die Epithelien ausgepresst sowie die Lunge sich mit Flüssigkeit füllen und den Gasaustausch beeinträchtigen (**Lungenödem**). Der niedrige hydrostatische Druck im Lungenkreislauf beruht auf einer geringeren Kontraktionskraft der Lungenseite des Ventrikels (bei Säugetieren rechter Ventrikel) durch kurze Wegstrecken vom Herzen zur Lunge, die einen geringen Fließwiderstand bieten und durch besonders weitlumige und elastische Blutgefäße die Druckstöße des Herzmuskels dämpfen (s. Kap. 6.6.1 Windkesselfunktion).

Im Kreislauf der Säugetiere und Vögel ist jedes größere Gewebe direkt und parallel über eigene Arterien an das Herz angeschlossen. Hintereinandergeschaltete Kapillarsysteme werden weitgehend vermieden und existieren nur noch im Bereich von Darm und Leber (Leberpfortader) sowie lokal begrenzt im Bereich endokriner Drüsen (z. B. Hypophysen-Pfortader). Diese Kreislaufkombination garantiert eine hohe Umlaufgeschwindigkeit und damit eine hohe Transportleistung des Blutes. Außerdem kann jedes Organ durch die Versorgung über eigene Arterien in der Durchblutung variiert werden, so dass die Transportleistung den spezifischen Bedürfnissen jedes einzelnen Organs angepasst werden kann, was bei hintereinandergeschalteten Kapillarsystemen nicht möglich wäre. Vögel und Säuger haben als endotherme Wirbeltiere einen besonders hohen Stoff- und Energiebedarf. Die hohe Transportleistung des Kreislaufsystems und die regulierbare und gezielte Durchblutung jedes Gewebes sind wesentliche Voraussetzungen für die Evolution der energetisch anspruchsvolle Lebensweise von Endothermen.

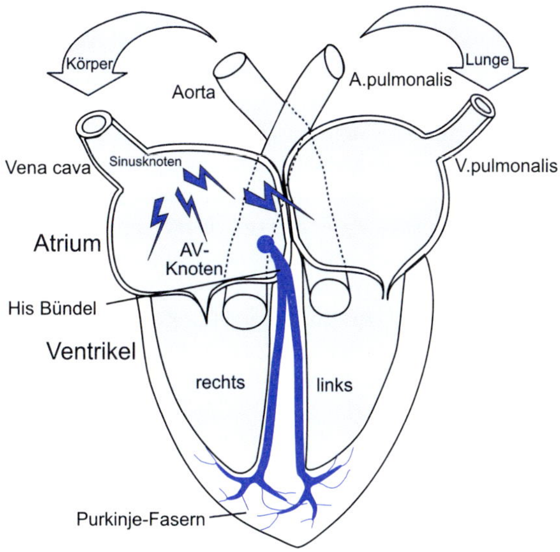


**Abb. 6.7.** Schematischer Aufbau des Säugetier-Herzens und Verlauf der Erregungsausbreitung bei der Kontraktion des Herzmuskels. Die rechte Herzhälfte erhält Blut aus dem Körperkreislauf und beschickt den Lungenkreislauf. Die linke Herzhälfte erhält das Blut aus der Lunge und beschickt den Körperkreislauf

## 6.5 Kontraktion des Wirbeltierherzens

Das Herz der Wirbeltiere hat eine eigenes System der Erregungsbildung und Erregungsleitung und kann damit seinen Kontraktionsablauf selbst kontrollieren. Diese Aufgabe wird von umgewandelten Muskelzellen übernommen, die ihre Kontraktionsfähigkeit verloren haben und statt dessen ihr Membranpotential in den Dienst der Herzmuskelkoordination stellen. Dieser Herztyp wird deshalb auch als **myogenes Herz** bezeichnet, im Gegensatz zum **neurogenen Herz** der meisten Arthropoden, bei denen der Kontraktionsablauf vom Zentralnervensystem gesteuert wird. Grundlegende Erkenntnisse zur Herzfunktion wurden an Amphibienherzen gewonnen. Der Vorteil der Untersuchung von Amphibienherzen besteht darin, dass sie weniger temperaturempfindlich als Säugetierherzen sind. Außerdem haben sie keinen Koronarkreislauf zur Ernährung des Herzmuskels, statt dessen wird er über Längsspalten der Muskulatur direkt aus dem Ventrikelblut mit Nährstoffen und Sauerstoff versorgt.

Das Zentrum der Erregungsbildung ist der **Sinusknoten**, der an der Einmündung der Hohlvene in das rechte Atrium sitzt (Abb. 6.7). Mit regelmäßigen Depolarisationen veranlasst er beim Menschen etwa 1mal pro Sekunde die Vorhofmuskulatur zur Kontraktion. Die Kontraktionswelle breitet sich über beide Vorhöfe aus und kommt an der Grenze der Atrien zum Ventrikel zum Stillstand, da diese aus elektrisch schlecht leitendem Bindegewebe aufgebaut ist. Nur an einer Stelle, dem Atrioventrikularknoten (AV-Knoten), wird die Erregung aufgenommen, kurz verzögert und über die His-Bündel und Purkinjefasern an den Ventrikelmuskel weitergeleitet. Dies veranlasst eine Kontraktion des Ventrikels, die an der Herzspitze beginnt und zur Herzbasis verläuft.

Durch die verzögerte Weiterleitung der Erregung am AV-Knoten wird eine zeitliche Trennung der Kontraktion von Atrium und Ventrikel erreicht, so dass das Atrium seinen Inhalt in die beiden Ventrikelhälften drücken kann, solange diese noch erschlafft sind. Bei der nachfolgenden Kontraktion des Ventrikels werden durch den Überdruck im Ventrikel die Ventile zum Atrium verschlossen das Blut wird nach oben zur Lungenarterie und Aorta hinausgedrückt. Ein Beginn der Kontraktion an der Ventrikelspitze stellt sicher, dass das Blut im Ventrikel in Richtung der Arterien zur Ventilebene statt zur Ventrikelspitze geschoben wird. Bei der Ventrikelkontraktion wird außerdem das Atrium gedehnt und so dessen erneute Füllung mit Blut aus den Venen erleichtert. Dieser Kontraktionsablauf des Herzens ist äußerlich als eine Hin- und Herbewegung der gesamten Ventilebene zu erkennen.

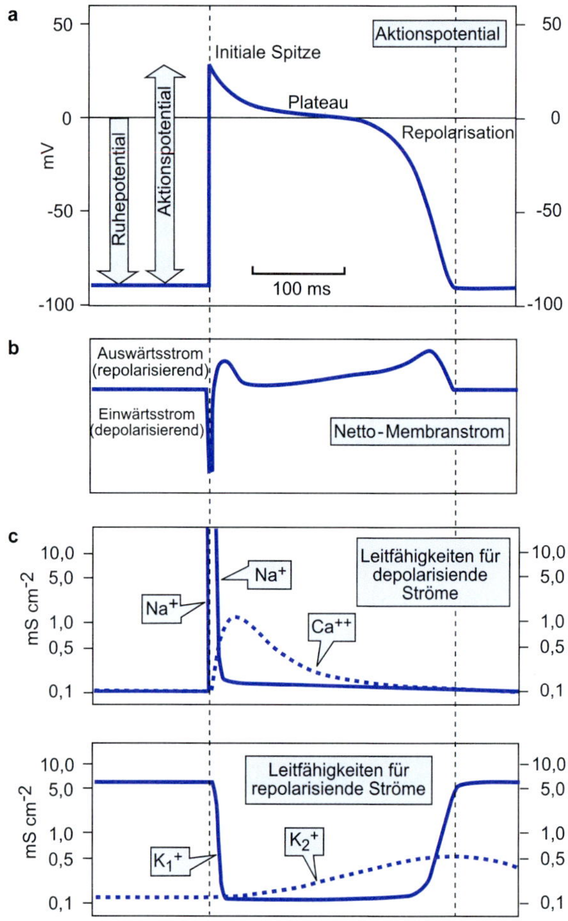


**Abb. 6.8.** **a** Aktionspotential einer Herzmuskelzelle. **b** Verlauf und Richtung des Netto-Ionenstroms durch die Membran (= Auswärtsstrom – Einwärtsstrom). Die Größe eines Ionenstroms hängt von der Leitfähigkeit der Membran für die einzelnen Ionen ab. **c** Zeitlicher Verlauf der Leitfähigkeit für depolarisierende und repolarisierende Ionenströme im Verlauf des Aktionspotentials als Ausdruck des Verhaltens der beteiligten spannungsgesteuerten Ionenkanäle. Für $K^+$ können zwei unterschiedliche Populationen von Ionenkanälen unterschieden werden, $K_1^+$ und $K_2^+$ (nach Schmidt u. Thews 1995)

## 6.5.1 Zelluläre Mechanismen des Erregungsablaufs im Herzmuskel

Herzmuskelzellen haben ein Ruhepotential von –90 mV, ähnlich wie Zellen der Skelettmuskulatur. Das Aktionspotential beginnt mit einer nur wenige Millisekunden dauernden Depolarisation, die initial einen Spitzenwert von 30 mV erreicht. Daran schließt sich eine für Herzmuskelzellen charakteristische, lang dauernde Plateauphase an, bevor die allmähliche Repolarisation zum Ruhepotential stattfindet (Abb. 6.8). Insgesamt erfordert dieser Ablauf etwa 200–400 msec und dauert damit 100-mal länger als das Aktionspotential der Skelettmuskulatur. Das Ruhepotential der Herzmuskelzelle ist vorwiegend ein $K^+$-Potential und beruht auf einer spezifischen $K^+$-Leitfähigkeit der Herzmuskelzellen. Bei der schnellen initialen Depolarisation findet, wie bei der Skelettmuskelzelle, ein schneller $Na^+$-Einstrom in die Zellen statt (Öffnen und Schließen schneller $Na^+$-Kanäle). Das anschließende Plateau wird durch Verminderung der $K^+$-Leitfähigkeit der Membran und durch eine Öffnung von $Ca^{++}$-Kanälen erreicht (langsamer $Ca^{++}$-Einstrom). Bei der anschließenden Repolarisation kommt der $Ca^{++}$-Einstrom zum Erliegen und die $K^+$-Kanäle werden wieder geöffnet.

Das langsame Aktionspotential der Herzmuskelzellen hat zur Folge, dass sie während des Erregungsablaufs nicht für weitere Reize ansprechbar sind. Man kann eine **absolute** und eine **relative Refraktärperiode** unterscheiden (Abb. 6.9). Während der Plateauphase ist keine neue Erregung des Herzmuskels möglich, er ist absolut refraktär. Im Verlauf der Repolarisationsphase kann er erneut erregt werden, wobei zu Beginn der Repolarisation hohe Reizstärken erforderlich sind und bis zum Ende der Repolarisation die erforderliche Reizstärke allmählich abnimmt. Das refraktäre Verhalten beruht vor allem auf einer Inaktivierung der $Na^+$-Kanäle für die initiale Depolarisation.

Die langdauernden Refraktärphasen sind für die Funktion des Herzmuskels von entscheidender Bedeutung. Sie schützen die Muskelzellen vor einer zu schnellen Neuerregung, welche die Pumpleistung beeinträchtigen würde. Außerdem wird durch die lange Refraktärzeit verhindert, dass sich Erregungen im Netzwerk der Herzmuskelzellen unkoordiniert ausbreiten. Die Refraktärzeit dauert normalerweise länger als die Erregungsausbreitung über Atrium und Ventrikel. Dadurch kann eine vom Sinusknoten ausgehende Erregung das Herz nur einmal durchlaufen und muss dann erlöschen, da sie am Ende überall auf refraktäre Zellen trifft. Erst ein neuer Impuls der Schrittmacherzellen des Sinusknotens setzt die Erregungs- und Kontraktionswelle wieder in Gang.

Das Aktionspotential der **Schrittmacherzellen** unterscheidet sich von den Muskelzellen dadurch, dass sie nach dem Abschluss der Repolarisation mit einer langsamen, **spontanen diastolischen Depolarisation** beginnen, die nach Überschreiten einer Schwelle ein Aktionspotential auslöst (Abb. 6.9). Neben dem Sinusknoten besitzen auch Zellen des AV-Knotens und der nachgeschalteten Erregungsleitung potentielle Schrittmacherfunktion und können eine Kontraktion des Herzmuskels anstoßen, wenn der Impuls des Sinusknotens ausfällt. Bei einem normal funktionierenden Herz dürfen sie jedoch den Kontraktionsablauf nicht stören und müssen außer Betrieb gesetzt werden. Dies wird dadurch gewährleistet, dass die spontane diastolische Depolarisation der potentiellen Schrittmacher langsamer geschieht als im Sinusknoten. Bevor sie ihr eigenes Schwellenpotential erreichen, werden sie von der Erregungswelle des Sinusknotens erreicht und depolarisiert.

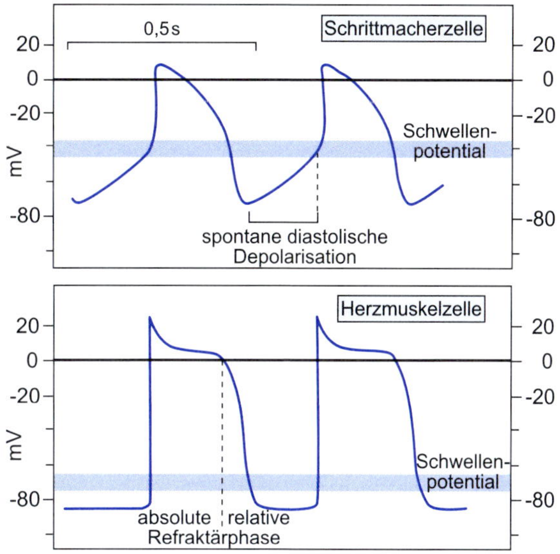


**Abb. 6.9.** Aktionspotential einer Schrittmacherzelle mit langsamer diastolischer Depolarisation (*oben*) und Aktionspotential einer Herzmuskelzelle mit absoluter und relativer Refraktärphase (*unten*)

Bei der Erregungsausbreitung im Herzmuskel fließen Ströme, die sich bis an die Körperoberfläche ausbreiten und dort als Spannung gemessen werden können (0...2 mV). Die Form des **Elektrokardiogramm** (**EKG**) hängt von der Position der Ableitelektroden an der Körperober-

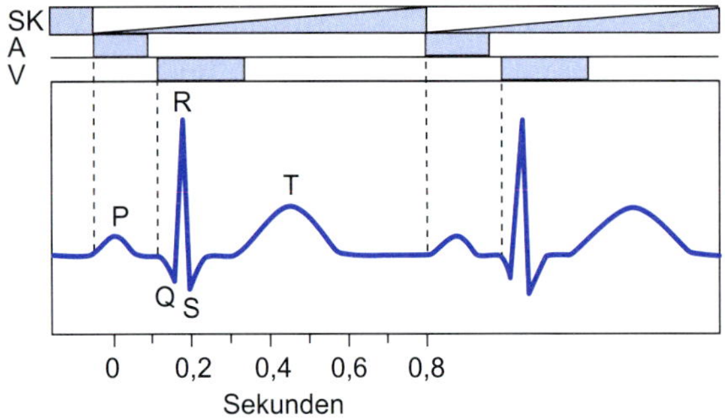


**Abb. 6.10.** Normalform des EKG bei bipolarer Ableitung von der Körperoberfläche in Richtung der Längsachse des Herzens (z. B. linkes Bein, rechter Arm), mit Abfolge der P-, Q-, R-, S-, und T-Welle. Dem EKG lassen sich einzelne Phasen der Erregungsausbreitung am Herzen zuordnen. SK = rhythmische Entladung des Sinusknotens. A = Erregungsausbreitung über die Vorhöfe (Atrium), V = Erregungsausbreitung über die Kammern (Ventrikel)

fläche ab, da das Herz dabei eine schräg im Thorax liegende Spannungsquelle bildet, mit der größten Potentialdifferenz von oben rechts (– Pol) nach links unten (+ Pol). Dies wird bei bipolarer Ableitung des EKG zwischen rechtem Arm und linkem Bein ausgenutzt (Einthoven Typ II) und wird als Normalform des EKG bezeichnet (Abb. 6.10). Die P-Welle entsteht durch die Ausbreitung der Depolarisation über die beiden Atrien, auf die dann die Kontraktion folgt. Etwa 0,16 sec nach dem Beginn der P-Welle treten die QRS-Wellen auf, als Begleiterscheinung der Depolarisation des Ventrikels. Danach kontrahiert sich der Ventrikel (Systole), presst Blut in Aorta und Lungenarterie und erschlafft wieder (Diastole). Die T-Welle entspricht den Vorgängen der Repolarisation des Ventrikels während der Diastole. Das EKG liefert dadurch ein Bild des Erregungsablaufs am Herzen, aber nicht der Kontraktion. Es ist ein wichtiges Hilfsmittel zur Diagnose der Herzfunktion bei Menschen und bei Tieren. Da alle Säugetiere identisch aufgebaute Herzen besitzen, zeigen sie alle ähnliche Spannungsverläufe, deren einzelne Phasen bei kleinen Tieren und hoher Herzfrequenz allerdings erheblich kürzer sind als beim Menschen.

### 6.5.2 Herzfrequenz und Förderleistung des Herzens

Eine lang dauernde Refraktärphase sichert den vollständigen Abschluss des Pumpvorgangs, ist aber hinderlich, wenn die Herzfrequenz erhöht werden soll. Bei Erhöhung der Herzfrequenz wird deshalb die Refraktärzeit verkürzt, vermutlich durch Erhöhung der $K^+$-Leitfähigkeit. Beim Menschen beträgt die Herzfrequenz in Ruhe 60–80 $min^{-1}$ und kann befristet um etwa das Dreifache erhöht werden. Da kleine Säugetiere einen höheren Energieumsatz pro Einheit des Körpergewichts besitzen, muss die Pumpleistung ihrer Herzen entsprechend höher sein. Dies könnte durch höhere Herzfrequenzen oder ein größeres Schlagvolumen des Herzens erreicht werden. Letzteres kann ausgeschlossen werden, da das Herzgewicht ($M_H$) der Säugetiere stets etwa 0,6% des Körpergewichts ($M_K$ in g) beträgt [allometrische Beziehung $M_H = 5{,}9\ M_K^{0{,}98}$ (Stahl 1965)]. Vögel besitzen bei gleichem Körpergewicht etwa 50% schwerere Herzen [$M_H = 8{,}2\ M_K^{0{,}91}$ (Lasiewski u. Calder 1971)]. Eine höhere Förderleistung kleiner Tiere kann also nur durch eine höhere Herzfrequenz erzielt werden. Tatsächlich erreichen kleine Säugetiere wie Spitzmäuse Herzfrequenzen, die in Ruhe über 700 $min^{-1}$ liegen und bei Aktivität über 1000 $min^{-1}$ ansteigen. Eine einzelne Kontraktion dauert dann weniger als 1 msec, und die Frequenz nähert sich der Hörschwelle für tiefe Töne. Bei großen Säugetieren ist die Herzfrequenz noch langsamer als beim Menschen, z. B. beträgt sie beim Elefanten nur 25 $min^{-1}$. Die Herzfrequenz ($f_H$) verhält sich deshalb umgekehrt proportional zum Körpergewicht ($M_K$ in kg) ($f_H = 241\ M_K^{-0{,}25}$ (Säugetiere), $f_H = 156\ M_K^{-0{,}23}$ (Vögel) (Stahl 1967, Calder 1981).

Die Förderleistung des Herzens muss stets an die wechselnden Bedürfnisse des Körpers angepasst werden, da vor allem ein höherer Sauerstoffbedarf der Gewebe nur durch erhöhten Blutfluss gedeckt werden kann. In Ruhe werden im Gewebe etwa 40–60% des an Hämoglobin gebunden Sauerstoff übernommen. Die Extraktion des Sauerstoff aus dem Hämoglobin kann bei Aktivität im Gewebe höchstens in geringem Umfang um weitere 20% gesteigert werden, eine

## Box 6.1

### Messung des Herzminutenvolumens

Die Pumpleistung des Herzens lässt sich durch das Herzminutenvolumen [HMV (ml $min^{-1}$)] beschreiben, also die Blutmenge die pro Minute gefördert wird, d.h. das Produkt aus Schlagvolumen [$V_s$ (ml)] und der Herzfrequenz [$f_H$ ($min^{-1}$)]

$$HMV = f_H \cdot V_s \tag{1}$$

Die Herzfrequenz kann bei Mensch und Tier leicht bestimmt werden, aber das Schlagvolumen kann nur indirekt ermittelt werden. Bei Säugetieren und Vögeln, deren Kreislaufhälften völlig getrennt sind, kann das Herzminutenvolumen auch aus dem Sauerstoffverbrauch des Tieres [$\dot{V}O_2$ (ml $min^{-1}$)] sowie der Differenz im Sauerstoffgehalt des arteriellen Bluts und des venösen Bluts im Herzen berechnet werden, da sämtlicher Sauerstoff, der im Körper verbraucht wird, durch die Pumpleistung des Herzens (HMV) transportiert wird (**Ficksches Prinzip**):

$$\dot{V}_{O_2} = HMV(C_{aO_2} - C_{vO_2}) \tag{2}$$

umgeformt in

$$HMV = \dot{V}_{O_2}/(C_{aO_2} - C_{vO_2}) \tag{3}$$

Der Sauerstoffgehalt des arteriellen Bluts kann aus einer beliebigen Arterie bestimmt werden, der des venösen Bluts sollte am besten aus einer herznahen Vene oder der Lungenarterie ermittelt werden. Bei Amphibien und Reptilien ist dies nicht möglich, da ihr Herz Mischblut fördert. Bei Fischen wäre es durch einen Vergleich des Sauerstoffgehalts in Arterien vor und nach den Kiemen prinzipiell möglich, der Messwert kann allerdings durch den relativ hohen Anteil der Hautatmung verfälscht werden.

Alternative Methoden zur Bestimmung des HMV beruhen auf der Injektion eines Farbstoffs oder einer radioaktiven Markierung in eine Vene kurz vor dem Herzen oder direkt in das Herz. Die Markierung taucht danach in den Arterien auf, und aus dem Zeitverlauf dieser Markierung kann dann das HMV berechnet werden.

Das HMV des Menschen beträgt in Ruhe etwa 5000 ml $min^{-1}$ [Schlagvolumen ($V_s$) 80 ml], und das der Maus ($M_K$ 33 g) 12 ml $min^{-1}$ ($V_s$ etwa 0,2 ml). Vögel haben größere Herzen mit höherem Schlagvolumen ($V_s$ 0,6 ml für einen mausgroßen Vogel) und einem HMV von 20 ml $min^{-1}$. Die allometrischen Beziehungen ($M_K$ in kg) für HMV und $V_s$ lauten (Stahl 1967, Calder 1981):

| | | |
|---|---|---|
| Vögel | $HMV = 285\ M_K^{0,78}$ | $V_s = 1{,}83\ M_K^{1,01}$ |
| Säugetiere | $HMV = 187\ M_K^{0,81}$ | $V_s = 0{,}78\ M_K^{1,06}$ |

Verdoppelung oder gar eine Steigerung um das 10fache, wie sie bei forcierter Aktivität eintritt, ist nicht möglich, weil nicht mehr als 100% extrahiert werden können. Sobald der Mehrbedarf eines Organs längerfristig ansteigt, muss es vermehrt durchblutet werden, und wenn mehrere Organe davon betroffen sind, muss die Förderleistung des Herzens erhöht werden. Die Förderleistung des Herzens hängt vom Schlagvolumen und von der Herzfrequenz ab, deren Produkt als Herzminutenvolumen bezeichnet wird (s. Box 6.1). Das Schlagvolumen kann nur in engen Grenzen verändert werden; deshalb spielt die Herzfrequenz eine dominierende Rolle bei der Anpassung der Förderleistung des Herzens an den Versorgungsbedarf der Organe.

### 6.5.3 Regelung der Herztätigkeit und Vasomotorik

Für die Regelung der Herztätigkeit stehen dem Körper zwei verschiedene Kontrollmechanismen zur Verfügung. Bei körperlicher Arbeit (oder auch bei Lageänderungen des Körpers) steigt durch Kontraktion der peripheren Muskeln der Druck im venösen Rückstrom des Blutes zum Herzen. Dadurch füllt sich das Herz mit einem größeren Volumen. Der Herzmuskel hat die Eigenschaft, sich stets bis zum gleichen Endzustand zu kontrahieren, was dazu führt, dass er bei erhöhter diastolischer Vorfüllung automatisch ein größeres Schlagvolumen fördert (**Star-**

**lings Herzgesetz**, genannt nach seinem Entdecker, dem englischen Physiologen E.H. Starling).

Zusätzlich unterliegt das Herz einer dauernden Funktionskontrolle durch das sympathische Nervensystem, das sowohl die Herztätigkeit steigern als auch verringern kann. Dafür verantwortlich ist zum einen die sympathische Innervierung des Herzmuskels über die Nervi cardiaci und zum anderen eine parasympathische Innervierung über Rami cardiaci des Nervus vagus. Von den sympathischen Nervenendigungen werden Catecholamine, vor allem **Noradrenalin**, ausgeschüttet, die am Herzmuskel die Schlagfrequenz steigern (**chronotrope Wirkung**), die Schlagstärke erhöhen (**inotrope Wirkung**) und die atrioventrikuläre Latenzzeit verkürzen (**dromotrope Wirkung**). Von den parasympathischen Nervenendigungen wird als Überträgersubstanz **Acetylcholin** ausgeschüttet, das gegenteilige Wirkungen auf die Herztätigkeit hat.

Bei der neuralen Kontrolle der Herztätigkeit werden also zwei antagonistisch wirkende Systeme eingesetzt, die eine rasche und genaue Dosierung der Förderleistung des Herzens und des Blutdrucks erlauben.

Alle Blutgefäße befinden sich normalerweise in einem Zustand leichter Vasokonstriktion, ein Zustand, der als **Ruhetonus** bezeichnet wird. Dieser Ruhetonus wird sowohl durch lokale Regulationsmechanismen als auch durch vasokonstriktiv wirkende Impulse der sympathisch adrenergen Innervierung der Blutgefäße eingestellt. Praktisch alle Blutgefäße sind sympathisch innerviert und unterliegen deshalb einer neuronalen Kontrolle ihres Dehnungszustands. Die postganglionären sympathischen Fasern verlaufen an der Grenze zwischen Adventitia und Media und bilden Synapsen mit der Gefäßmuskulatur aus (sympathische Varikositäten). Die Varikositäten setzen als Transmitter Noradrenalin frei, das häufig noch von Kotransmittern wie ATP oder Neuropeptid Y begleitet wird. Dies löst eine Kontraktion der Gefäßmuskulatur aus, deren Dauer und Geschwindigkeit von den Kotransmittern moduliert werden (ATP über purinerge Rezeptoren schnelle Reaktion, NPY länger anhaltende Depolarisation). Organe, die dauernd mit relativ hoher Rate durchblutet werden, wie Niere und Gehirn, zeigen nur einen schwachen sympathisch adrenerg vermittelten Ruhetonus, während in Geweben mit wechselnden Durchblutungsanforderungen, wie Muskulatur und Haut, die Blutgefäße unter einem hohen sympathischen Ruhetonus stehen. Aus dieser Ruhestellung heraus kann sich das Blutgefäß verengen oder erweitern, um den Blutfluss zu verringern oder zu erhöhen.

Für die allgemeine Kreislaufregulation spielen in den Arterien existierende Druckrezeptoren, die mit den Kreislaufregulationszentren in der **Medulla oblongata** und **Pons** verknüpft sind, eine wesentlich Rolle. In der Formatio reticularis der Medulla und in bulbären Abschnitten der Pons liegen mehrere Populationen kreislaufsteuernder Neurone, die unter Ruhebedingungen einen normalen Blutdruck regulieren. Dieser wird als Wandspannung in Blutgefäßen und im Herzen gemessen. Vor allem im Bindegewebe der großen thorakalen und cervicalen Arterien (Aortenbogen und Gabelung der A. carotis) liegen zahlreiche buschartig verflochtene Nervenfasern mit lamellierten Endorganen, die als Mechanorezeptoren dienen und mit denen die Wandspannung des Blutgefäßes gemessen werden kann. Eine weitere wichtige Messstelle mit Dehnungsrezeptoren liegt in den beiden Vorhöfen. Die afferenten Signale der Druckrezeptoren aus den Blutgefäßen werden in der Medulla oblongata über den Nucleus tractus solitarii weitergeleitet und lösen bei zu hoher Wandspannung der Gefäße eine **Hemmung von sympathischen Neuronen** und **Aktivierung von parasympathischen Neuronen** aus, die eine Vasodilatation bewirken. Umgekehrt wird durch Erhöhung des Sympathikustonus eine Vasokonstriktion der Blutgefäße ausgelöst.

Die zentrale Regulation des Blutdrucks hat im Grunde nur eine Überwachungsfunktion für den Kreislauf, denn die Durchblutung peripherer Gewebe wird in erster Linie durch lokale Gefäßmotorik und endokrine Mechanismen geregelt. **Adrenalin** und **Noradrenalin** werden vom Nebennierenmark aber auch von der Innervierung der Blutgefäße ausgeschüttet und wirken meist gefäßverengend, reduzieren dadurch die Durchblutung, aber steigern insgesamt den Druck. Ähnliche blutdrucksteigernde Wirkung haben auch das mit der Nierenfunktion verbundene **Angiotensin II**, das von den Myocyten der Atrien produzierte **Atriopeptin** (atriales natriuretisches Peptid, **ANP**) und das aus dem Hypophysenhinterlappen freigesetzte **Adiuretin**. Eine besonders wichtige Rolle bei der lokalen Durchblutung spielt das **Stickstoffmonoxid (NO)**. Durch Schubspannung an Arterienwänden wird von den Endothelzellen NO freigesetzt und verursacht eine rasche Vasodilatation. Dadurch wird der Gefäßquerschnitt erhöht und der Blutfluss zu einem Gewebebereich erhöht. Seine physiologische Bedeutung liegt deshalb in der Ausschöpfung der vollen Durchblutungsreserve eines Gewebebereichs, ohne dass dadurch der Perfusionsdruck steigt.

## 6.6 Blutgefäße

Im geschlossenen Kreislauf wird das Blut stets in Gefäßen geführt. Alle Blutgefäße, die das Blut vom Herzen wegführen, werden als Arterien, solche, die das Blut zum Herzen zurückführen, als Venen bezeichnet. Alle Arterien und Venen enthalten in Abständen Ventile. Diese Ventile können einfache Bindegewebsklappen sein, die einen Rückstrom des Blutes verhindern, sind aber im Herzen und Herznähe aufwendiger gebaut und bestehen aus mehreren Elementen, z.B. die Segelklappen (Mitralklappen, Atrioventrikularklappen) am Übergang von Atrium zum Ventrikel und die Taschenklappen (= Semilunarklappen, drei halbmondförmige Klappen) am Ansatz der Aorta und in der Lungenarterie. Dadurch wird gewährleistet, dass das Blut immer nur in einer Richtung strömt, in den Arterien vom Herzen weg und in den Venen zum Herzen hin. Die Stammarterie, die am Herzen ansetzt, wird stets **Aorta** genannt (auch bei Evertebraten). **Arterien** verzweigen sich im Gewebe zu **Arteriolen**, an die sich die **Kapillaren** anschließen. Von den Kapillaren wird das Blut wieder in **Venolen** gesammelt und in den **Venen** zum Herzen transportiert, wo der letzte Abschnitt, der ins Herz mündet, stets als **Hohlvene** (Vena cava) bezeichnet wird (bzw. bei Fischen Kardinalvene). Sind im Körperkreislauf mehrere Kapillarsysteme hintereinandergeschaltet, wie z.B. bei Darm und Leber, dann wird das verbindende Blutgefäß als **Pfortader** bezeichnet (Leberpfortader).

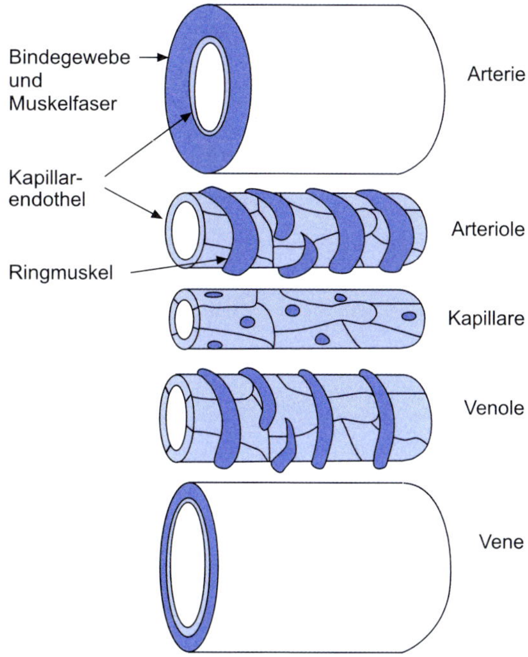


**Abb. 6.11.** Schematischer Aufbau der Blutgefäße. Alle Blutgefäße sind mit einer einzelligen Lage Kapillarendothel ausgekleidet. Die Wand der Blutgefäße besteht aus einer inneren Schicht die vorwiegend Muskelzellen enthält (Media), und einer äußeren Schicht die vorwiegend aus Bindegewebe besteht (Adventitia) und auch Nervenfasern und Blutgefäße zur Versorgung der Gefäßwand enthält

Für den Transport des Blutes mit hohem Druck und hoher Geschwindigkeit müssen, vor allem in Nähe des Herzens, die Blutgefäße besonders stabil gebaut sein. Dies wird durch verstärkte Einlagerung von Bindegewebs- und Muskelfasern erreicht. Sie werden dadurch allerdings nicht steif, sondern bleiben elastisch (Abb. 6.11). Alle Blutgefäße sind nach einem einheitlichen Schema aufgebaut. Auf der Innenseite sind sie von einer einzelligen Lage Kapillarendothel ausgekleidet, und die Gefäßwand besteht aus mehreren Schichten Ring- und Längsmuskulatur, eingelagert in Bindegewebe. Als Adventitia (Adventitia tunica) wird die äußere Wandschicht bezeichnet, die hauptsächlich Bindegewebe enthält, und als Media (Tunica media) die innere Wandschicht, die vorwie-

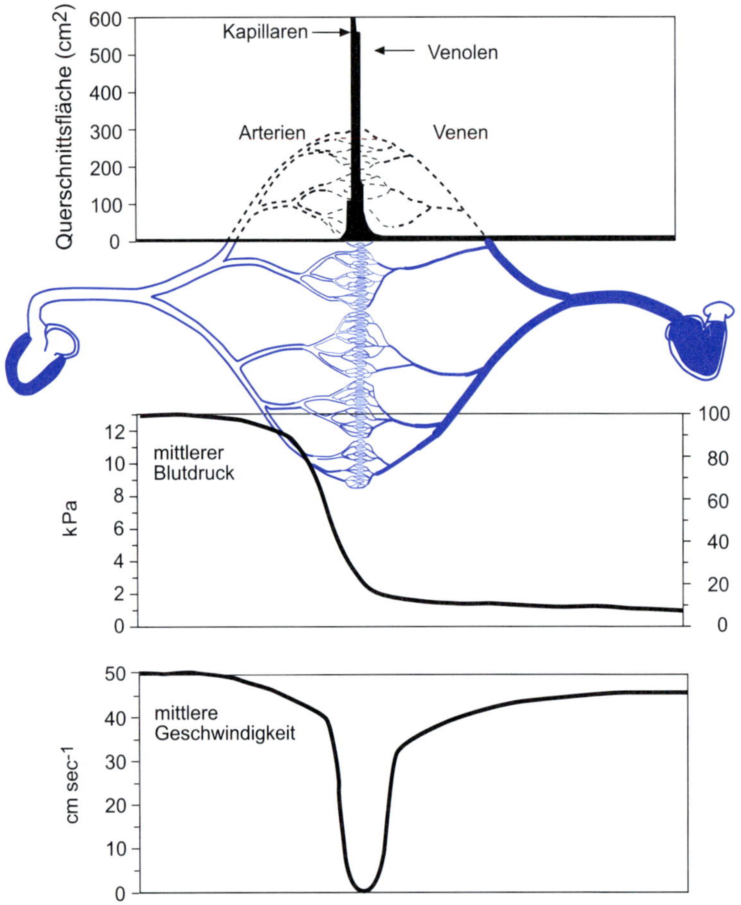


**Abb. 6.12.** Beziehung zwischen Gefäßquerschnitt, Druck und mittlerer linearer Strömungsgeschwindigkeit des Blutes im cardiovasculärem System eines Hundes (teilweise nach Florey 1970)

gend glatte Muskulatur enthält. Die Arteriolen und Venolen besitzen nur noch Kapillarendothel mit kräftiger Ringmuskulatur, die starke Querschnittsveränderungen erlauben und dadurch die lokale Durchblutung regeln. Die Kapillaren selbst bestehen nur noch aus Kapillarendothel. Ihr Füllungszustand hängt deshalb von der Druckregelung durch die vor- und nachgeschalteten Arteriolen und Venolen ab.

Die Geometrie der Blutgefäßsystems der Säugetiere wurde exemplarisch an Hunden analysiert (Abb. 6.12). Ausgehend von einer Aorta mit einer Querschnittsfläche von 0,8 $cm^2$ verzweigen sich die Arterien bis zu den Kapillaren (1,2 Mrd.) auf eine Querschnittsfläche von 600 $cm^2$, d.h. eine Vergrößerung der Querschnittsfläche um das 800fache für den Stoffaustausch im Gewebe. Von dort wird das Blut über Venolen und Venen gesammelt und in der Vena cava (Querschnittsfläche 1,2 $cm^2$) wieder zum Herzen zurückgeführt. Aus der Querschnittsfläche und der Länge der Blutgefäße kann auch das Volumen der verschiedenen Abschnitte des Kreislaufs berechnet werden. Von dem Gesamtvolumen von 930 ml entfallen 190 ml auf den arteriellen Bereich, 60 ml auf die Kapillaren und 680 ml auf den venösen Teil des Kreislaufs. Daraus folgt, dass der größte Teil des Blutes (etwa 70%) im Venenbereich gespeichert werden kann und dort langsam zum Herzen zurückfließt. Etwa 20% des Blutvolumens befinden sich im arteriellen Bereich beim raschen Transport zu den Kapillaren und weniger als 10% sind dort mit Stoffaustausch beschäftigt.

## 6.6.1 Arterielles System

### Windkesselfunktion

Das Arteriensystem besteht aus sich verzweigenden elastischen Gefäßen, die das Blut zu den Geweben transportieren. Dank ihrer **Elastizität** werden die vom Herzmuskel erzeugten Druckstöße gedämpft (Elastizität und **Compliance,** Box 6.2). Zu dieser **Windkesselfunktion** leistet vor allem die Aorta einen wesentlichen Beitrag. Sie wird während der Ventrikelkontraktion gedehnt, und nach Abschluss der Systole und dem Verschluss der Aortenklappe zum Ventrikel (Semilunarklappe) zieht sie sich wieder elastisch zusammen und drückt dabei weiter Blut in die Arterien. Sie dämpft dadurch die dem Ventrikel möglichen Druckspitzen und hält den während der Systole erzeugten Blutdruck weitgehend aufrecht (Abb. 6.13). Der Blutdruck schwankt deshalb im arteriellen System nur in engen Grenzen, bei Säugetieren zwischen 120 und 80 mmHg (16 und 11 kPa) (Abb. 6.6). Würde das Herz statt dessen in starre Röhren pumpen, so würde während jeder Systole der Druck auf höhere Werte ansteigen und während der Diastole der Blutdruck auf 0 sinken. Die Windkesselfunktion beschränkt sich nicht nur auf das Hochdruck-Gefäßsystem der Säugetiere und Vögel, sondern ist bereits bei Fischen nachweisbar (Abb. 6.6, 6.13), obwohl deren Herzen nur Drücke von 5–6 kPa erzeugen. Das Arteriensystem der Wirbeltiere dient deshalb nicht nur als **Leitungssystem,** sondern gleichzeitig auch als **Druckreservoir** für die kontinuierliche Durchblutung der Gewebe.

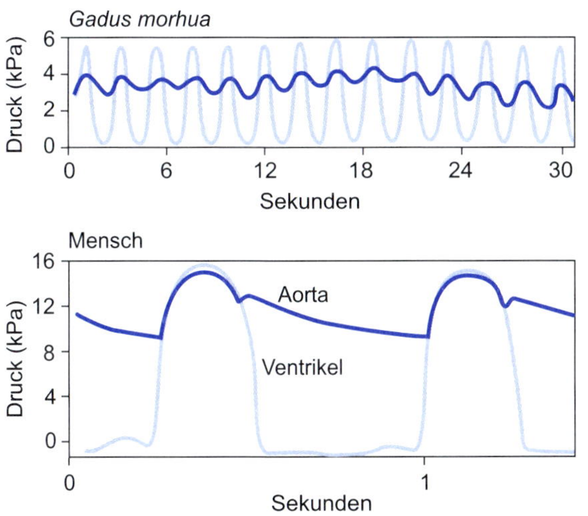


**Abb. 6.13.** Windkesselfunktion der Aorta beim Menschen und beim Kabeljau. Der hydrostatische Druck im Ventrikel und in der Aorta wurde gleichzeitig gemessen. Die Druckstöße des Ventrikels werden durch die Elastizität der Aortenwand gedämpft (nach Johansen 1962, Guyton 1986)

### Blutdruck

Der mittlere Blutdruck bleibt im Verlauf des gesamten Arteriensystems, vom Ende der Aorta bis zu Arterien mit etwa 1 mm Durchmesser, weitgehend konstant und beträgt bei Säugetieren etwa 13,3 kPa (100 mmHg). Auch bei großen Tieren mit langen Leitungswegen nimmt er durch Reibung des Bluts an der Gefäßwand nur geringfügig ab, wie am Beispiel des liegenden Menschen zu sehen ist, dessen mittlerer Blutdruck bis zu den Beinen nur von 13,3 kPa auf 13,0 kPa sinkt (Abb. 6.14). Erst im Bereich der Endverzweigung der Arterien und der Arteriolen sinkt der Blutdruck deutlich ab, da letztere einen Durchmesser von nur 0,02 mm haben und dem Blut einen hohen **Strömungswiderstand** (Box 6.2) entgegensetzen (Abb. 6.12).

Diese Druckverhältnisse gelten für den Körperkreislauf. Im **Lungenkreislauf** herrschen wesentlich niedrigere Drücke von 10–25 mmHg (1,3–3,3 kPa) durch die besonders hohe Elastizität und Windkesselfunktion der Lungenarterie. Die Lungenarterie ist dünnwandiger und hat eine 50% größere Querschnittsfläche als die Aorta. Im leeren Ruhezustand hat sie einen länglich ovalen Querschnitt, der sich während der Systole kreisrund verformt und dehnt. Durch diese Formänderung können größere Druck- und Volumenschwankungen gepuffert werden als in der Aorta.

Die lokalen Druckverhältnisse im Körper werden zusätzlich durch die Schwerkraft verändert (**Bernoulles Theorem,** Box 6.2), was sich vor allem bei Tieren bemerkbar macht, deren Blut im Kreislauf große Höhenunterschiede überwinden muss. Im Blutkreislauf einer nur wenige Zentimeter hohen Maus entstehen dadurch keine gro-

## Box 6.2

### Hämodynamik

**Bernouilles Theorem**

Die grundlegenden physikalischen Gesetze des Verhaltens von strömenden Flüssigkeiten wurden von Daniel Bernouille (1700–1782), einem Baseler Mathematiker, Arzt und Physiker, formuliert. Bernouilles Theorem besagt, dass der **Energiegehalt** (***E***) einer strömenden Flüssigkeit aus der Druckenergie (***P***), der potentiellen Schwerkraftenergie (***ρgh***), und der kinetischen Energie der sich bewegenden Flüssigkeit besteht (***ρv2***), wobei $\rho$ die Dichte ist (g $cm^{-3}$), ***g*** die Schwerkraft (980 cm $sec^{-2}$), ***h*** die Höhe (cm) und ***v*** die Geschwindigkeit (cm $sec^{-1}$) ist.

$$E = P + \rho gh + {}^1/_2\, \rho v^2 \tag{4}$$

Bei Strömung in einer Röhre geht Energie durch Wandreibung verloren. Wenn es sich dabei um ein geschlossenes Röhrensystem mit einer konstanten Flussrate handelt ($\rho gh$ und $½\rho v^2$ bleiben konstant), so bleibt $\boldsymbol{E \approx P}$, d.h. mit abnehmendem Energiegehalt sinkt der Druck der Flüssigkeit. Deshalb nimmt der Blutdruck von den Arterien bis zu den Venen ab. Das Bernouillsche Theorem gibt auch Auskunft darüber, wie sich Druck und Geschwindigkeit bei Veränderungen des Gefäßquerschnitts verhalten. Ohne Kenntnis des Theorems wäre naheliegend, an Engstellen des Blutgefäßsystems ein erhöhter Wanddruck zu erwarten. Genau das Gegenteil ist jedoch der Fall, denn an der Engstelle muss die Flussgeschwindigkeit des Blutes steigen, und mit steigender Geschwindigkeit sinkt der Blutdruck, da aus der Gleichung entnommen werden kann, dass sich Druck und Geschwindigkeit negativ proportional zueinander verhalten ($\boldsymbol{½\rho v^2 \approx -P}$ bei konstanter Energie).

Die **kinetische Energie** ($½\rho v^2$) spielt im Blutkreislauf nur eine untergeordnete Rolle, da die Flussgeschwindigkeit des Blutes sehr gering ist. Am Ort der höchsten Flussgeschwindigkeit in der Aorta macht sie bei Säugetieren etwa 1% des gesamten Energiegehalts aus und kann kurzfristig Maximalwerte von 17% erreichen. Im Bereich der herznahen Venen kann der relative Anteil der kinetischen Energie höher sein, da dort der Blutdruck durch Reibungsverluste im Kreislauf sehr niedrig geworden ist. Der Beitrag der **potentiellen Schwerkraftenergie** ist vor allem bei großen Tieren erheblich, da das Blut beim Kreislauf im Tier große Höhenunterschiede überwunden muss.

**Kontinuitätsbedingung**

Die Stromstärke (***I***) einer Flüssigkeit ist definiert als das durch ein Gefäß strömende Volumen (***V***) pro Zeiteinheit (***t***)

$$I = V/t \tag{5}$$

Für die Stromstärke gilt außerdem, dass sie dem Produkt aus der mittleren Strömungsgeschwindigkeit (***v***) in einem gegebenen Gefäßquerschnitt (***F***) entspricht

$$I = vF \tag{6}$$

Daraus folgt dass, bei konstanter Stromstärke, die Strömungsgeschwindigkeit sich umgekehrt proportional zur Querschnittsfläche eines Gefäßes verhält

$$v = I/F \tag{7}$$

oder einfacher ausgedrückt, in einem weitlumigen Gefäß fließt die Flüssigkeit langsamer als in einem engen Gefäß, wenn die gleiche Menge Flüssigkeit transportiert werden soll. Diese sog. **Kontinuitätsbedingung** ist von erheblicher praktischer Bedeutung im Blutkreislauf, da sich zu den Kapillaren hin die Gesamtquerschnittsfläche um etwa das 800fache vergrößert. Dies bedeutet, dass das Blut dort nur sehr langsam fließt, theoretisch mit einem 800stel der Geschwindigkeit in den Arterien, und somit dem Stoffaustausch im Gewebe genügend Zeit bleibt.

**Reibungswiderstand**

Zur Überwindung des Reibungswiderstandes an der Gefäßwand muss das Blut mit ausreichend hohem Druck in die Gefäße gepresst werden. Analog zum **Ohmschen Gesetz** gilt, dass der Strömungswiderstand (***R***) sich aus dem Quotienten der Druckdifferenz (***ΔP***) und der Stromstärke (***I***) berechnen lässt:

$$R = \frac{\Delta P}{I} \tag{8}$$

▶

## Box 6.2 (Fortsetzung)

Bei hintereinandergeschalteten Strömungswiderständen ergibt sich der Gesamtwiderstand des Gefäßsystems (**$R_{ges}$**) aus der Summe aller Einzelwiderstände:

$$R_{ges} = R_1 + R_2 + R_3 \ldots R_n \qquad (9)$$

Dagegen gilt für parallel geschaltete Widerstände nach den **Kirchhoffschen Regeln**:

$$1/R_{ges} = 1/R_1 + 1/R_2 + 1/R_3 \ldots 1/R_n \qquad (10)$$

Daraus folgt, dass der Gesamtwiderstand in parallel geschalteten Röhren immer geringer ist als der Widerstand jedes einzelnen Rohres. Praktisch bedeutet dies [Gleichung (9)], dass beim Transport des Blutes über lange Strecken hohe Widerstände entstehen und entsprechend hohe Drucke erzeugt werden müssen. Wenn nur geringer Druck möglich ist wie im Lungenkreislauf, so müssen die Transportstrecken möglichst kurz gehalten werden. Andererseits kann durch Verzweigungen im Kreislaufsystem [Gleichung (10)] der Gesamtwiderstand und damit auch der Druck verringert werden, der zum Transport einer gegebenen Blutmenge erforderlich ist.

### Hagen-Poiseuille-Gesetz

Das Hagen-Poiseuille-Gesetz beschreibt die Zusammenhänge zwischen der Stromstärke (***I***) des Blutes, dem Blutdruck und dem Gefäßdurchmesser. Dabei ist **$\Delta P$** die Druckdifferenz zwischen Anfang und Ende eines Rohrs, **$r_i$** der Innenradius, ***l*** die Länge des Rohrs, und **$\eta$** die **Viskosität**. Das Blut hat eine Viskosität von Blut 2,5 mPa·sec (bei 37°C), die von Plasma alleine beträgt 1,2 mPa·sec. Häufig wird die Viskosität auch als „relative Viskosität" angegeben, in Relation zum Wasser dessen Viskosität gleich 1 gesetzt wird. Plasma hat die 1,8fache Viskosität des Wassers, Blut die 3–4fache Viskosität des Wassers.

$$I = \frac{r_i^4 \pi \Delta P}{8 \eta l} \qquad (11)$$

Es gilt zwar für die gleichmäßige Strömung in einem starren zylindrischen Rohr, während im Kreislauf pulsierende Ströme vorherrschen, die Blutgefäße elastisch sind und sich die Viskosität des Blutes lokal verändern kann wegen des hohen Anteils zellulärer Bestandteile. Trotz dieser Einschränkungen sind mit dem Hagen-Poiseuille-Gesetz quantitative Abschätzungen der Strömungsverhältnisse möglich. Die Stromstärke des Blutes ist danach stets proportional der Druckdifferenz im Gefäßsystem. Dies leuchtet ein und ist bereits aus dem Ohmschen Gesetz zu erwarten. Viel wichtiger ist die Tatsache, dass die Stromstärke der vierten Potenz des Radius proportional ist, d.h. eine geringe Vergrößerung des Gefäßquerschnitts erlaubt bereits eine wesentlich höhere Stromstärke. Dieser Zusammenhang kann auch auf den Strömungswiderstand im Blutgefäß angewandt werden, wenn die Stromstärke ***I*** durch den Widerstand ***R*** [Gleichung (8)] ersetzt wird:

$$R = \frac{8 \eta l}{r_i^4 \pi} \qquad (12)$$

Der Strömungswiderstand verhält sich umgekehrt proportional zur vierten Potenz des Gefäßradius. Dies macht klar, dass der Transport durch enge Gefäße den größten Widerstand bietet und dass im Blutgefäßsystem die kleinen Arteriolen den größten Strömungswiderstand für die Zirkulation bieten.

### Laminare und turbulente Strömung

Unter Idealbedingungen strömt eine Flüssigkeit in einem Rohr laminar, d.h. die meisten Teilchen bewegen sich parallel entlang der Gefäßachse. Bei Störungen der Strömung bilden sich Wirbel, bewegen sich die Teilchen nicht parallel, sondern turbulent. Die bei laminarer Strömung bestehende lineare Beziehung zwischen Stromstärke und Druckdifferenz ist aufgehoben [Gleichungen (5) und (8)], statt dessen besteht eine annähernd quadratische Beziehung, und es sind wesentlich höhere Drücke für den Transport notwendig. Der Übergang von einer laminaren in eine turbulente Strömung hängt vom Innenradius des Gefäßes (**$2r_i$**), der mittleren Geschwindigkeit (**$v$**) sowie der Dichte (**$\rho$**) und der Viskosität (**$\eta$**) der Flüssigkeit ab. Diese Eigenschaften sind in der **Reynolds-Zahl** (**Re**, dimensionslos) zusammengefasst:

$$\mathrm{Re} = 2 r_i v \frac{\rho}{\eta} \qquad (13)$$

▶

## Box 6.2 (Fortsetzung)

Überschreitet die Reynolds-Zahl die kritische Grenze von 2000, so geht die laminare in eine turbulente Strömung über. Das Blut zirkuliert normalerweise mit laminarer Strömung in den Blutgefäßen, lediglich am Ende der Systole wird an der Basis der Aorta und der Lungenarterie die kritische Grenze kurz überschritten, wegen der hohen Geschwindigkeit des Bluts (Strömungsspitzen von 500–600 ml $sec^{-1}$ in der menschlichen Aorta).

**Druck an den Gefäßwänden**
Durch den Blutdruck entsteht eine Druckdifferenz über die Gefäßwand, die als der **transmurale Druck** ($P_{tm}$) bezeichnet wird.

$$P_{tm} = P_i - P_e \tag{14}$$

In vielen Geweben ist der extravasale Druck nahe null, und deshalb kann man zumindest in den Arterien den Blutdruck dem transmuralen Druck gleichsetzen. Dies ist nicht möglich in den Arterien, die das Herz versorgen, oder in der Skelettmuskulatur, wegen des durch Kontraktion erzeugten Drucks auf die Gefäße von außen. Auch in den Blutgefäßen der Lunge werden durch die Ventilation Druckschwankungen erzeugt, so dass der extravasale Druck die Größe des transmuralen Drucks, und damit die Füllung der Gefäße mit Blut, wesentlich beeinträchtigt.

Durch den transmuralen Druck wird die Wand des Blutgefäßes gedehnt und dadurch eine Wandspannung (***S***) erzeugt, die von der Größe des transmuralen Drucks, von der Wanddicke (***h***) und vom Innenradius des Blutgefäßes ($r_i$) abhängt (**Laplace'sches Gesetz**):

$$S = \frac{P_{tm} r_i}{h} \tag{15}$$

Dies ist eine Zugbelastung der Gefäßwand in Richtung ihres Umfangs, die vom Bindegewebe und der Muskulatur der Gefäßwand getragen werden muss. Die elastischen Eigenschaften der Blutgefäße lassen sich mit dem Volumenelastizitätskoeffizienten (***E'***) beschreiben, der als das Verhältnis zwischen einer Druckänderung und der Volumenänderung definiert ist:

$$E' = \frac{\Delta P}{\Delta V} \tag{16}$$

Der Reziprokwert von E' ist die elastische Dehnbarkeit, die **Compliance**, eines Blutgefäßes.

ßen Druckunterschiede zwischen dorsal und ventral, in allen Arterien herrscht ein Druck von 100 mmHg (13,3 kPa). Beim liegenden Menschen ist der mittlere Blutdruck in den Arterien ebenfalls weitgehend konstant, aber im Stehen steigt der Blutdruck in den Beinen auf etwa 180 mmHg (24 kPa) an und sinkt im Bereich der Kopfarterien auf etwa 50 mmHg (7 kPa). Die Durchblutung der Kapillaren ist durch die Schwerkraft nicht unmittelbar betroffen, da sich die Schwerkraft auf den Druck sowohl in den Arterien als auch in den Venen auswirkt. Solange ein Druckgradient zwischen Arterien und Venen erhalten bleibt, fließt Blut durch die Kapillaren. Die Schwerkraft wirkt sich deshalb in erster Linie auf den Füllungszustand und den Wanddruck in den größeren Blutgefäßen aus.

Besonders extreme Druckunterschiede sind bei Giraffen zu erwarten, da das Blut Höhenunterschiede von bis zu 6 m überwinden muss (Abb. 6.14). Zur ausreichenden Durchblutung der Gewebe im Bereich des Kopfes benötigen sie dort, wie andere Säugetiere auch, einen mittleren arteriellen Druck von 50–100 mmHg (7–13 kPa), der vom 2 m tiefer liegenden Herzen erzeugt werden muss. Giraffen entwickeln deshalb einen für Säugetiere ungewöhnlich hohen mittleren Blutdruck in Herznähe von etwa 260 mmHg (35 kPa), ein Wert, der für Menschen bereits gefährlich wäre. Wegen der Schwerkraft liegt der Blutdruck in den Beinen noch höher. Sämtliche Arterien der Giraffen sind besonders dickwandig, um hohen Drücken standzuhalten. Vor allem in den Beinen sind die Blutgefäße zusätzlich durch verfestigendes Bindegewebe umgeben. Zusätzlich erhöhen sie durch Vasokonstriktion den Strömungswiderstand zu den Beinen, wodurch ein Druckanstieg in den Beinen vermindert wird. Senkt die Giraffe den Kopf, um zu trinken, so steht die Kreislaufregulation vor

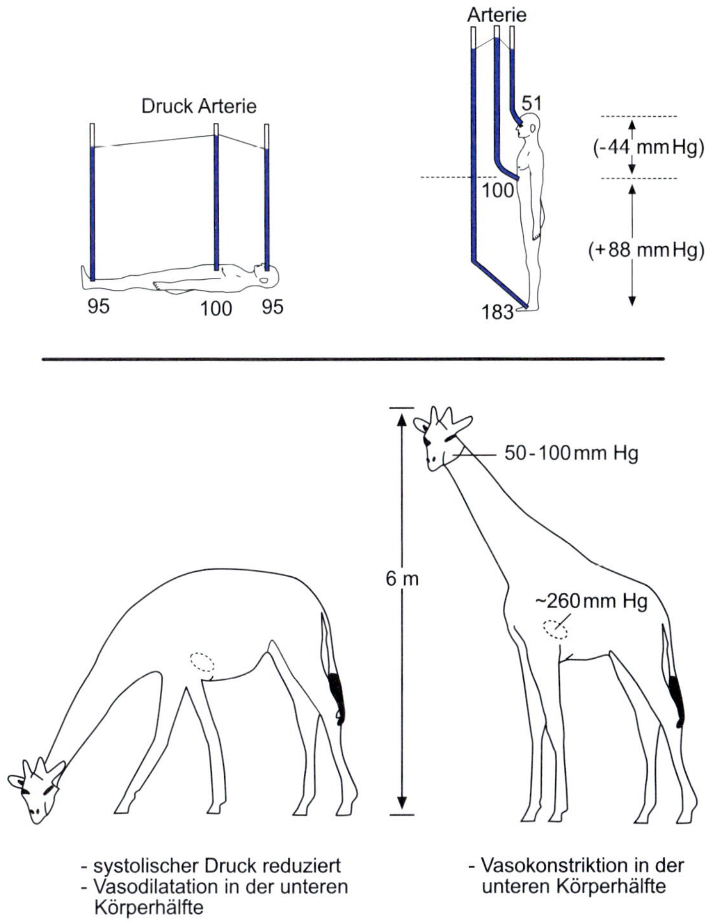


**Abb. 6.14.** Einfluss der Schwerkraft auf den Blutdruck bei Säugetieren. *Oben*: Arterieller Blutdruck des liegenden und stehenden Menschen. *Unten*: Blutdruck einer Giraffe und Umverteilung des Bluts während des Bückens der Giraffe (nach Schmidt-Nielsen 1975, Van Citters et al. 1966)

einem völlig neuen Problem. Der Kopf ist nun 6 m tiefer, und ohne Gegenmaßnahmen würde dies zu einem fatalen Blutstau im Kopf führen. Wenn Giraffen die aufrechte Körperhaltung verlassen, so müssen sie den systolischen Blutdruck in Höhe des Herzens verringern. Dies allein reicht jedoch nicht aus, um einen Blutstau im Kopf zu vermeiden. Zusätzliche Vasodilatation in den Beinen hält das Blut in der unteren Körperhälfte, und Vasokonstriktion in Blutgefäßen, die zum Kopf führen, vermeidet einen Blutstau im Kopf und sorgt für eine einigermaßen stabile Durchblutung des Gehirns.

Reptilien sind durch ihre lange Körpergestalt besonderen orthostatischen Problemen ausgesetzt. Werden Vipern (Körperlänge etwa 120 cm) aus einer horizontalen Position in Schräglage gebracht, mit dem Kopf nach oben, so bekommen sie Schwierigkeiten die Kopfregion noch ausreichend zu durchbluten (Abb. 6.15), wie Lillywhite in einem Vergleich von Vipern mit Baumschlangen zeigte. Bei einem Neigungswinkel von 45° kam bei allen Vipern innerhalb von 3 min der Blutfluss in der Arteria carotis zum Stillstand. Nach diesen 3 min wurde die Messung abgebrochen, da die Vipern sich heftig zu drehen begannen, während sie anfänglich völlig ruhig verharrten. Ganz anders die Reaktion der Baumschlangen, die auch senkrecht nach unten hängend (Neigungswinkel 90°) ihre Kopfregion weiter durchbluten konnten, obwohl sie mit Körperlängen von 150 cm und 190 cm größeren Schwerkraftwirkungen ausgesetzt sind als die Vipern. Offensichtlich ist mit der Anpassung an

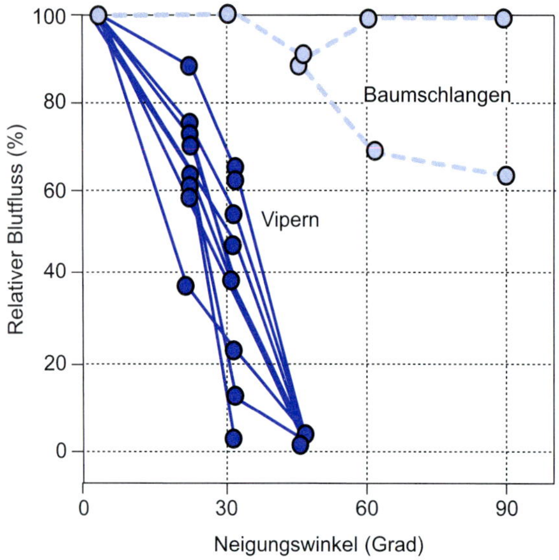


**Abb. 6.15.** Abhängigkeit des Blutfluss in der A. carotis von Schlangen vom Neigungswinkel der Körperlängsachse. Die Schlangen erhielten einen Flussmesser um die A. carotis implantiert (Doppler-Effekt) und wurden in individuell angepassten Rohren aus Kunststoff unterschiedlich stark geneigt (3 min). Die beiden Baumschlangen waren *Boiga dendrophila* und *Philodryas baroni*. Die Vipern waren *Bitis arietans*, *B. gabonis*, *B. nasicornis* und *Agkistrodon piscivorus*. Der Blutfluss wurde in Prozent des Blutflusses in horizontaler Position angegeben (Lillywhite 1993)

das Baumleben und der häufig vertikalen Körperposition auch die Vasomotorik verbessert worden, um den Blutfluss neigungsunabhängig in der Körperlängsachse zu erhalten und um zu vermeiden, dass das Blut an einem Körperende versackt. Die Anpassungsleistung der Baumschlangen wurde auch dadurch noch unterstrichen, dass sie auch bei Neigung mit dem Kopf nach unten den Blutfluss konstant hielten, während sich die Vipern so dagegen sträubten, dass keine Messungen möglich waren.

### Physikalische Grundlagen der Hämodynamik

In den Arterien fließt das Blut mit einer mittleren Geschwindigkeit von 50 cm $sec^{-1}$ (Abb. 6.12). Diese Geschwindigkeit ist allerdings nicht stabil, sondern pulsiert meist zwischen 100 cm $sec^{-1}$ während der Systole und null während der Diastole. Am Aortenansatz können bei der Ventrikelkontraktion kurzfristig Geschwindigkeitsspitzen bis 500 cm $sec^{-1}$ auftreten, die aber bereits am Ende der Aorta durch deren Windkesselfunktion aufgefangen werden. Mit zunehmender Entfernung vom Herzen wird die Amplitude der Pulsation gedämpft, die Pulskurve verflacht, erreicht aber in peripheren Arterien bei Mensch und Hund immer noch Spitzen von 50 cm $sec^{-1}$.

Die pulsierende Strömung des Bluts in elastischen Gefäßen macht die Aufklärung der physikalischen Gesetzmäßigkeiten des Blutkreislaufs besonders schwierig, denn die physikalischen Strömungsgesetze gelten alle für den Transport von homogenen Flüssigkeiten in starren Röhren mit konstanter Geschwindigkeit (Box 6.2). Trotzdem erwiesen sich theoretische Modelle als außerordentlich hilfreich, um grundsätzliche Zusammenhänge der Kreislaufdynamik zu verstehen und um zu zeigen, auf welch eindrucksvolle Weise die physikalischen Grundlagen von Tieren zur Lösung ihrer Kreislaufprobleme umgesetzt werden. Im Idealfall wäre zu erwarten, dass die Strömung des Bluts laminar erfolgt. Bei einer laminaren Strömung bewegen sich alle Flüssigkeitsteilchen in einer Richtung, mit höchster Geschwindigkeit in Flussmitte und abnehmender Geschwindigkeit zur Gefäßwand hin (Abb. 6.16). **Laminare Strömung** erfordert wesentlich weniger Energie für den Transport als eine **turbulente Strömung** (Box 6.2). Die Bedingungen für laminare Strömung werden von der Viskosität der Flüssigkeit, dem Durchmesser des Gefäßes und der Strömungsgeschwindigkeit bestimmt (**Hagen-Poiseuille-Gesetz** und **Reynolds-Zahl**, Box 6.2). Im größten Teil des Blutgefäßsystems herrscht tatsächlich laminare Strömung vor, lediglich am Ende der Systole kann im unteren Bereich der Aorta durch die hohen Spitzengeschwindigkeiten des Blutes kurz turbulente Strömung auftreten. Ähnliches kann auch an krankhaften Verengungen der Blutgefäße auftreten (Stenosen), die das Blut nur mit hoher Geschwindigkeit passieren kann. Da für den Transport mit turbulenter Strömung wesentlich mehr Energie erforderlich ist, führen Stenosen stets zu einer Mehrbelastung des Herzens.

Blut ist eine heterogene Flüssigkeit (Nicht-Newton-Flüssigkeit), da sie aus einer Mischung von Plasma und Blutzellen besteht, und weist darüber hinaus eine **variable Viskosität** auf. In

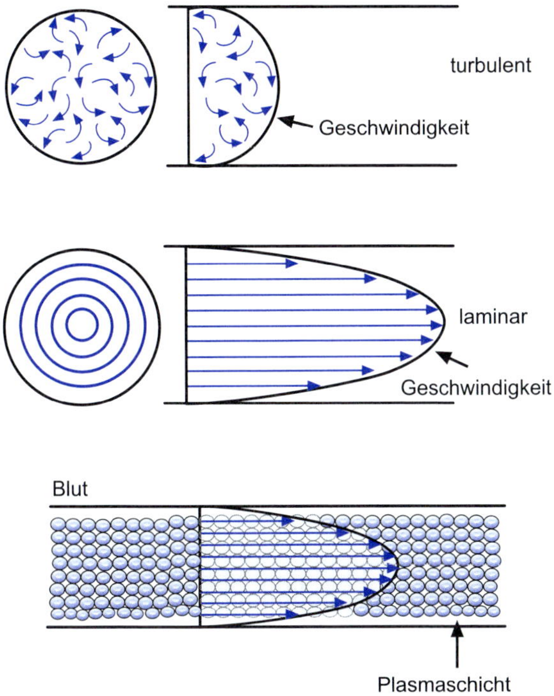


**Abb. 6.16.** Geschwindigkeitsprofil einer Flüssigkeit bei laminarer und turbulenter Strömung in einem Rohr (*oben*). Verteilung der Erythrozyten in einem Blutgefäß bei laminarer Strömung. Ausbildung einer erythrozytenarmen Gleitzone an der Gefäßwand

größeren Blutgefäßen und normalem Hämatokrit liegt die Viskosität des Blutes bei 2,5 mPa·sec (Box 6.2). Bei niedriger Strömungsgeschwindigkeit in kleinen Gefäßen nimmt die Viskosität stark zu, da die Erythrozyten sich geldrollenförmig aneinanderlagern können. Diese **Aggregate** bilden sich unter Vermittlung von Plasmaproteinen (Fibrinogen, $\alpha$-Makroglobulin) und können die Viskosität extrem erhöhen, so dass es sogar zum Strömungsstillstand in kleinen Gefäßen kommt. Die **Verformbarkeit der Erythrozyten** ist eine weitere Ursache für Viskositätsänderungen des Blutes. Bei hoher Schubspannung verhalten sie sich im Plasma nicht mehr wie feste Korpuskel, sondern eher wie eine Suspension von Tröpfchen. Dies führt zu einer Abnahme der Viskosität bei hoher Schubspannung und hoher Geschwindigkeit.

Die Fluidität der Erythrozyten ist auch Ursache für die **Axialmigration** (**Fahraeus-Lindquist-Effekt**), die vor allem in Blutgefäßen mit weniger als 300 µm Durchmesser zunehmend an Bedeutung gewinnt. In der Randzone des Blutgefäßes herrschen hohe Geschwindigkeitsgradienten und hohe Scherkräfte. Durch Rotation werden die Erythrozyten zur Gefäßmitte hin verschoben in Bereiche, in denen die Scherkräfte geringer sind. Dadurch entsteht eine zellarme Randzone im Gefäß, eine niedervisköse Gleitschicht, die im Extremfall nur noch die Viskosität des Plasmas hat (Abb 5.34). In sehr kleinen Blutgefäßen mit etwa 10 µm Durchmesser, durch die Erythrozyten bereits im Gänsemarsch transportiert werden, erreicht das Blut auf diese Weise eine sehr niedrige Viskosität. Abzweigungen aus diesen kleinen Blutgefäßen enthalten deshalb Blut mit sehr wenig Erythrozyten, im Extremfall sogar reines Plasma (**Plasmaabschöpfung,** ***plasma skimming***).

Ein weiteres Nebenprodukt der laminaren Strömung des Blutes ist die mechanische Entlastung der Erythrocyten. Dadurch dass sie bevorzugt in Strömungsmitte mitgerissen werden, entgehen sie den Scherkräften und Stößen an der Gefäßwand. Ein Vorteil, den nur die laminare Strömung bietet, denn bei turbulenter Strömung kann keine Gleitschicht an der Gefäßwand aufgebaut werden, und die Erythrozyten hätten häufiger Wandkontakte mit hoher Geschwindigkeit.

## 6.6.2 Kapillaren und Mikrozirkulation

Die Kapillaren sind der Abschnitt des Gefäßsystems, in dem der Stoffaustausch zwischen Blut und Gewebe stattfindet, während die Arterien und Venen dem Blut nur als Leitungsbahn dienen und selbst keinen Stoffaustausch betreiben. Die **Kapillaren** durchziehen netzwerkartig die peripheren Gewebe (Abb. 6.17), wobei das Kapillarnetz so dicht sein kann, dass jede Gewebezelle nicht mehr als drei Zellen von der nächsten Kapillare entfernt liegt. Die Dichte der Kapillarisierung verändert sich mit der metabolischen Kapazität des Gewebes. So ist die Muskulatur von Ektothermen in der Regel weniger dicht kapillarisiert als die Muskulatur der Endothermen.

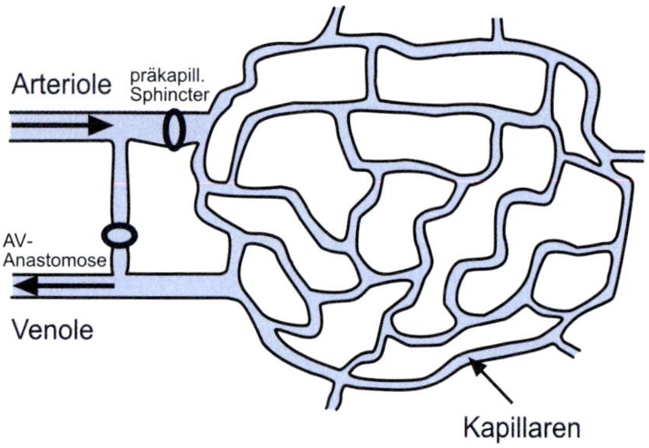


**Abb. 6.17.** Schematischer Aufbau eines Kapillarnetzwerks im Gewebe (z. B. Muskulatur)

Innerhalb der Säugetiere sind außerdem die Gewebe der kleinen Arten dichter kapillarisiert als die der großen Arten, die einen geringeren Energieumsatz pro Gewichtseinheit des Gewebes haben (Schmidt-Nielsen u. Pennycuik 1961).

In den Kapillaren sinkt die Fließgeschwindigkeit des Blutes auf langsame 0,1 cm $sec^{-1}$, da sich die Gesamtquerschnittsfläche des Gefäßsystems in den Kapillaren um das 800fache vergrößert hat (**Kontinuitätsbedingung,** Box 6.2), d.h. das Blut fließt in einem sehr breiten Strom und langsam durch die Gewebe. Dieser breite langsame Strom zieht durch winzige Kapillaren mit einem Durchmesser von im Mittel 0,008 mm (0,003–0,01 mm, Länge etwa 1 mm), so dass für den Stoffaustausch mit dem Gewebe eine riesige Oberfläche über die Kapillarwand zur Verfügung steht. Kapillaren sind gerade groß genug, dass sie von Erythrozyten (Durchmesser 0,007 mm) passiert werden können. Durch größere Kapillaren fließen die Erythrocyten im Gänsemarsch aufgereiht, und in kleineren Kapillaren werden sie verformt und regelrecht hindurchgequetscht. Leukozyten sind etwas größer, können aber große Kapillaren auf Grund ihrer amöboiden Beweglichkeit passieren, während sie in kleineren Kapillaren zeitweise festsitzen und erst bei einem Druckwechsel ins nächstgrößere Gefäß befördert werden.

Kapillaren besitzen keine eigene Muskulatur und stützendes Bindegewebe und keine Ventile. Sie können keine Eigenbewegungen durchführen und deshalb die Durchblutung nicht selbst beeinflussen. Ihre Wand besteht lediglich aus einer Schicht **Endothelzellen**, die an der Außenseite durch eine Basalmembran fixiert sind. Die Durchblutung der Kapillaren in einem Netz ist starken Schwankungen unterworfen. Meist ist nur ein Teil der Kapillaren geöffnet und mit Blut durchströmt, während in anderen das Blut zum Stillstand kommt, und wieder andere Kapillaren laufen leer und kollabieren. Innerhalb von Sekunden wird das Blut zwischen verschiedenen Kapillaren hin- und hergeschaltet, und seine Strömungsrichtung kann wechseln, je nach den lokalen Druckgradienten. Im Mittel kann man davon ausgehen, dass nur etwa zur Hälfte die Kapillaren gleichzeitig geöffnet sind und durchblutet werden. Muskeln sind besonders dynamisch kapillarisiert. Der ruhende Muskel eines Meerschweinchens enthält pro $mm^2$ etwa 100 offene Kapillaren, aber bei Aktivität steigt die Anzahl der offenen Kapillaren auf 3000 (Schmidt-Nielsen u. Pennycuik 1961).

Für die Durchblutung der Kapillaren und deren dynamischen Veränderungen sind allein die dem Kapillarnetz vorgeschalteten Arteriolen und Venolen verantwortlich. Sie können durch Querschnittsveränderung und vor allem durch kräftige **präkapilläre Sphinkter** die Durchblutung der angeschlossenen Kapillaren regulieren. Die Arteriolen und Venolen liegen meist benachbart und sind durch **Anastomosen** direkt miteinander verbunden. Durch Vasodilatation und Öffnung des präkapillären Sphinkters der Arteriole, bei gleichzeitigem Verschluss der Anastomose, wird das Kapillarnetz mit Blut gefüllt. Wird jedoch die Anastomose geöffnet, so kann das Blut im Kurzschluss direkt von der Arteriole in die Venole strömen und dabei das Kapillarnetz umgehen. Auf diese Weise können innerhalb von Sekunden die Strömungsstärke und die Strömungsrichtung in den Kapillaren wechseln und die lokale Durchblutung an die Bedürfnisse des Gewebes anpassen.

Der Stoffaustausch zwischen den Kapillaren und der Interstitialflüssigkeit bzw. dem Gewebe kann durch Diffusion und durch Konvektion erfolgen. Eine Reihe von sehr mobilen Substanzen wie $O_2$, $CO_2$, Wasser und Harnstoff kann quer durch die dünnen Kapillarendothelzellen diffundieren (Abb. 6.18). Die interzellulären Kittstellen der Kapillarendothelzellen sind besonders dünn, so dass dort ein steiler Konzentrationsgradient

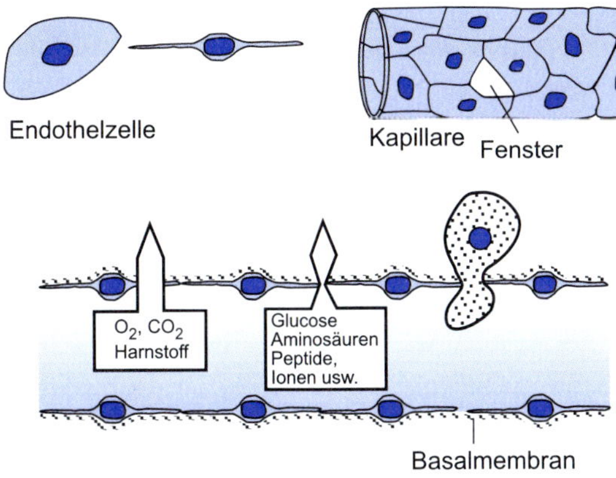


**Abb. 6.18.** Aufbau einer Kapillare und Wege des Stoffaustauschs zwischen Kapillare und Interstitialflüssigkeit

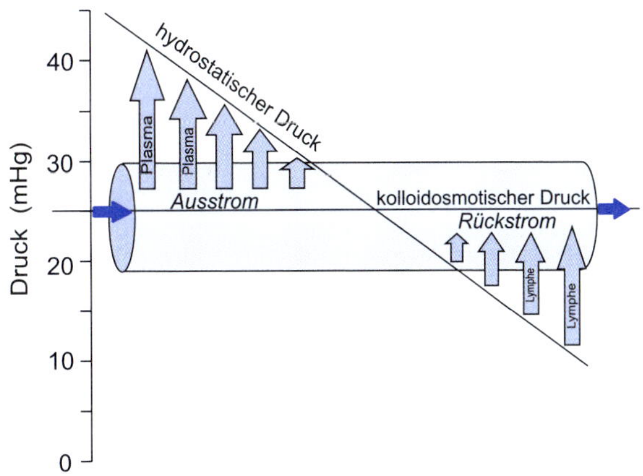


**Abb. 6.19.** Mikrozirkulation von Plasma im Kapillarbett (Starling Mechanismus). Filtration von Plasma aus den Kapillaren solange der hydrostatische Druck des Bluts höher ist als der kolloidosmotische Druck

zwischen Blut und Interstitialflüssigkeit herrscht, der lokale Osmose ermöglicht und den Austausch von größeren Molekülen wie Anionen, Kationen und Proteinen zulässt. Die meisten Kapillaren haben außerdem **Poren** und **Spalten** im Interzellularkitt, so dass Blutplasma filtriert wird, oder sogar größere Lücken (**gefenstertes Kapillarendothel**), so dass komplettes Blutplasma die Kapillaren verlassen kann (und amöboid bewegliche Leukozyten).

Der Austritt von Blutplasma hängt entscheidend vom Blutdruck ab (Abb. 6.19). Solange der hydrostatische Druck des Blutes höher ist als der kolloidosmotische Druck 3,3 kPa (25 mmHg), wird Plasma aus den Kapillaren hinausgepresst. Im Verlauf der Passage des Kapillarbetts verringert sich der hydrostatische Druck des Bluts durch Reibung an der Gefäßwand. Sinkt im Verlauf der Kapillaren der hydrostatische Druck unter den kolloidosmotischen Druck des Blutes, so wird Blutplasma wieder aus dem Interstitialbereich in die Kapillaren aufgesogen und zum Herzen zurücktransportiert. Es kommt also zu einer regelrechten **Mikrozirkulation** von Plasma durch die Interstitialräume im Kapillarbett (**Starling-Mechanismus**). Im Anfangsbereich eines Kapillarbetts tritt Plasma aus und wird am Ende wieder aus dem Interstitialraum in die Kapillaren aufgenommen.

In den meisten Organen ist diese Zirkulation für einen ausreichenden Stoffaustausch unerlässlich. Zu Beginn der Kapillarsysteme muss deshalb mindestens ein **hydrostatischer Druck** von 5,3 kPa (40 mmHg) herrschen, der über dem **kolloidosmotischen Druck** von 3,3 kPa (25 mmHg) liegt. Sinkt der arterielle Blutdruck unter 5,3 kPa im Kapillarbereich, dann ist keine ausreichende **Plasmafiltration** mehr möglich und es kommt zu Ausfallserscheinungen in stoffwechselaktiven Organen (z.B. Ohnmacht oder Nierendefekte nach Schock-Hypotonie). Der vom Herzen erzeugte hohe Blutdruck ist also nicht nur für den Kreislauf des Blutes im Körper verantwortlich, sondern auch für die Mikrozirkulation von Blutplasma zum Stoffaustausch in den Geweben.

Die Reabsorption des Blutplasmas in die Kapillaren gelingt nicht vollständig, stets verbleibt ein Teil im Interstitialbereich als **Lymphe**. Diese Flüssigkeit wird in Gewebezwischenräumen und in einem eigenen Lymphgefäßsystem transportiert. Die Lymphgefäße nehmen vor allem im Eingeweidebereich größere Flüssigkeitsmengen auf, die dann über eine besondere Verbindung (**Ductus lymphaticus**) im Bereich der Schultervene (**Vena subclavia**) wieder in das Blutgefäßsystem zurückgeführt werden. In den Lymphgefäßen herrscht kein nennenswerter hydrostatischer Druck (Ausnahme Lymphherzen bei Fischen und Amphibien), der Transport erfolgt vorwiegend passiv über die Bewegung umgebender Organe, unterstützt durch Ventile, die eine Strömung nur in Richtung des Ductus lymphaticus zulassen und so allmählich die Lymphe wieder dem Blut zuführen.

Für die Mikrozirkulation ist nicht der Blutdruck allein verantwortlich, sondern sie hängt auch von seinem Widerpart, dem kolloidosmotischen Druck des Blutes ab. Der **kolloidosmotische Druck** des Blutes wird in erster Linie durch dessen Proteingehalt verursacht. Sinkt der Proteingehalt, z.B. bei länger dauernder Unterernährung, so kann im Kapillarsystem nicht mehr genügend Flüssigkeit reabsorbiert werden und Lymphe kann sich in den unteren Körperregionen stauen (**Hungerödem**).

## 6.6.3 Venöses Gefäßsystem

Im Venensystem wird das Blut von den Kapillaren zum Herzen zurückgeführt. Der Durchmesser von Venen ist meist doppelt so groß wie der Durchmesser einer gleichrangigen Arterie, die ein Gewebegebiet versorgt. Die Wände der Venen sind wesentlich dünner und weniger elastisch als die der Arterien, da sie mehr Bindegewebe und weniger Muskelfasern enthalten. Dadurch können sie mehr gedehnt werden, ziehen sich danach aber nicht mit der gleichen Kraft in die Ausgangsstellung zusammen, wie das bei Arterien der Fall ist. Das große Volumen und die Dehnbarkeit schaffen ein großes Speichervolumen für Blut. Bei Säugetieren kann das Venensystem 50–70% des gesamten Blutvolumens aufnehmen und dient deshalb als **Blutreservoir**.

In der Regel herrscht in den Venen nur noch ein sehr geringer Blutdruck von etwa 1/10 des arteriellen Blutdrucks. Durch Reibungsverluste, vor allem in den kleinen Blutgefäßen, ist die vom Herzen erzeugte Druckenergie weitgehend aufgebraucht worden (**Bernouilles Theorem**, Box 6.2) und reicht gerade noch aus, um das Blut zum Herzen zu führen und das rechte Atrium zu füllen. Häufig werden Drücke in der Größenordnung von 0–1,3 kPa (0–10 mmHg) gemessen. Der Druck und die Strömungsgeschwindigkeit in den Venen hängen allerdings nicht nur von der Herzmuskelkontraktion ab, sondern werden in starkem Maße durch die sympathisch-adrenerg kontrollierte Wandspannung der Venen und durch die Bewegung peripherer Muskeln beeinflusst.

Unmittelbar mit Beginn der körperlichen Arbeit wird der Sympathikustonus erhöht und der in Ruhe überwiegende Parasympathikustomus gehemmt. Diese **Startreaktion** setzt bereits ein, bevor die Muskulatur sich kontrahiert und Arbeit verrichtet, weshalb z.B. beim Menschen noch vor Beginn der tatsächlichen Arbeitsleistung am Ergometer ein Anstieg des Blutdrucks beobachtet werden kann. Da jede motorische Aktivierung von einer sympathischen Aktivierung begleitet ist, bleibt der Sympathikustonus während der gesamten Dauer der Arbeit erhöht. Diese **neurogene Vasokonstriktion** peripherer Blutgefäße wird durch Ausschüttung von Catecholaminen aus der Nebenniere verstärkt (**kollaterale Vasokonstriktion**). Sie wirkt sich vor allem auf das große Blutreservoir der Venen aus. Dessen Rückstrom zum Herzen wird beschleunigt, und es kommt zu einer Umverteilung der Blutmenge in Richtung arterielles System, die den Blutfluss in den Arterien beschleunigt und die Durchblutung der Kapillarnetze erhöht.

Durch die Muskelbewegungen bei körperlicher Arbeit werden periphere Venen zusammengepresst und wieder entspannt. Das gilt auch für die großen Venen im Eingeweidebereich, denn bei der Bewegung wird auch die Spannung der Bauchmuskulatur und des Zwerchfells erhöht. Die peripheren Venen enthalten zahlreiche Klappen, so dass das Blut bei Druck auf die Venen nur in Richtung Herz getrieben werden kann und auf diese Weise den Rückstrom des Blutes zum Herzen verstärkt. Das Blutreservoir der Venen wird dadurch bei körperlicher Arbeit mobilisiert und für eine bessere Durchblutung der arteriellen Seite des Kreislaufs eingesetzt. Diese Umverteilung des Blutes durch Druck auf die Venen findet auch in der Mikrozirkulation der Gewebe statt. Arterien und Venen, die ein Gewebegebiet versorgen, liegen häufig dicht benachbart. Durch verstärkte Pulsation der Arterien bei Aktivität werden die Venen pulsierend gepresst, so dass die erhöhte Blutzufuhr in den kleinen Arterien unmittelbar den Abfluss des Blutes aus diesem Gewebebereich verstärkt.

## 6.7 Blutverteilung und Kreislaufregulation

Der Blutfluss zu den Geweben muss so reguliert werden, dass er die metabolischen Bedürfnisse der Gewebe deckt. Dies bedeutet, dass er nicht mit der Organgröße korreliert, sondern mit dem Gewebebedarf an Sauerstoff und Nährstoffen. Eine Übereinstimmung zwischen Organdurchblutung und Gewebestoffwechsel besteht bei allen Geweben mit Ausnahme der Niere. Ihre Durchblutung ist wesentlich höher, als für den metabolischen Eigenbedarf zu erwarten wäre, da sie ja aus dem Blut nicht nur ihren Energiebedarf deckt, sondern das Blut filtriert und daraus Urin produziert. Ähnlich hohe Flussraten in Relation zum eigenen Bedarf treten auch bei endokrinen Organen und im Karotidenkörperchen, einem Sauerstoffsensor an der Arteria carotis, auf.

Beim Menschen fließen die größten Anteile des Blutes durch die Muskulatur, die Eingeweideorgane, die Niere und das Gehirn (Abb. 6.20). Muskulatur und Eingeweideorgane machen einen großen Anteil am Körpergewicht aus; deshalb ist ihr hoher Anteil am gesamten Blutfluss zu erwarten. Die Leber erhält relativ wenig Blut direkt aus dem arteriellen Kreislauf, wird aber zusätzlich über die Leberpfortader aus dem Darm mit Blut versorgt. Die Niere ist ein Sonderfall, da sie mehr durchblutet wird, als ihrem metabolischen Eigenbedarf entspricht. Bezogen auf eine Gewichtseinheit stellt das Gehirn die größten Ansprüche an die Blutversorgung. Diese Werte gelten in Ruhe und verschieben sich bei Aktivität, da dann die Muskulatur ihren Eigenbedarf um etwa das 10fache steigern kann. Die Blutverteilung bei Nagetieren weicht von diesem Muster in einigen Punkten ab. So nimmt der Blutfluss zum Gehirn einen wesentlich kleineren Anteil ein, der im Koronarkreislauf bleibt etwa konstant, aber der Anteil des Bluts für die Versorgung der Haut ist bei kleinen Tieren mit ih-

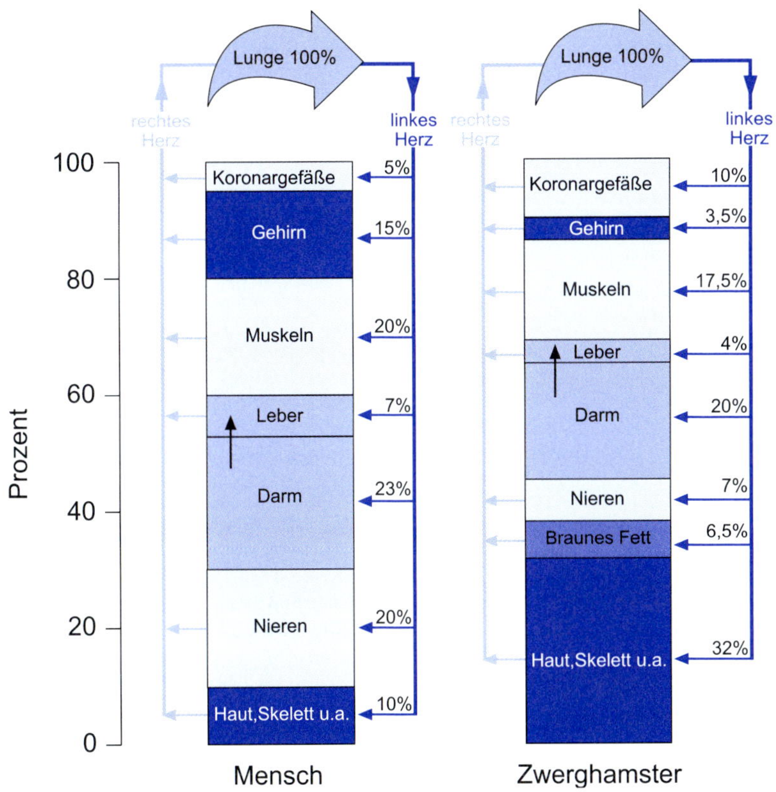


**Abb. 6.20.** Verteilung des Blutflusses auf die verschiedenen Organsysteme beim Menschen und bei einem Kleinsäuger (Zwerghamster). Beim Kleinsäuger ist ein wesentlich geringerer Anteil des Blutes zur Versorgung des Gehirns notwendig, aber ein höherer Anteil für die Haut (große relative Oberfläche, Fellwachstum), das Skelett, das braune Fettgewebe, die Sinnesorgane und die endokrinen Organe, als beim Menschen. Die Werte für den Menschen wurden aus zahlreichen Einzelbeobachtungen der arteriellen Versorgung zusammengestellt. Beim Kleinsäuger wurde der Blutfluss direkt gemessen aus der Verteilung von radioaktiv markierten Mikrosphären, nachdem diese in den linken Ventrikel injiziert worden waren (nach Guyton 1986, Heldmaier et al. 1989)

rer relativ großen Körperoberfläche deutlich höher.

Wirbeltiere haben drei verschiedene Möglichkeiten um den Umlauf des Bluts und die Durchblutung ihrer Organe zu regulieren:

- die neuronale Kontrolle der **Pumpleistung des Herzens** durch dessen sympathische und parasympathische Innervierung,
- die sympathisch adrenerge Kontrolle des Durchmessers und der **Wandspannung von Arterien und Venen**,
- die endokrine und **metabolische Kontrolle** der lokalen Durchblutung im Gewebe.

Die beiden ersten Mechanismen sind bereits erläutert worden (s. Kap. 6.5.3), der dritte Mechanismus ist noch nicht in allen Einzelheiten verstanden. Die Innervierungsdichte der Blutgefäße nimmt zu den Arteriolen hin ab, und die präkapillären Sphinkter vor dem Kapillarbett sind nicht innerviert. Ihre Motorik ist entscheidend für die lokale Durchblutung der Organe, und sie können deshalb nur über endokrine Mechanismen reguliert werden. Neben zirkulierenden Hormonen spielen dabei vor allem Gewebefaktoren eine wichtige Rolle. Dazu gehört Adenosin, das bei steigender Konzentration im Gewebe eine lokale Vasodilation verursacht (Metabolitentheorie), oder auch das Sauerstoffangebot (Angebotstheorie), das bei Abnahme im Gewebe ebenfalls zu einer Vasodilatation führt. Entscheidend ist, dass diese Mechanismen den Blutfluss an den lokalen Bedarf im Gewebe anpassen, unabhängig von der neuronalen Kontrolle des Herzens und der Vasomotorik.

Der **Tauchreflex** ist eine bei allen Wirbeltieren zu beobachtende dramatische Kreislaufreaktion. Beim Eintauchen in Wasser wird die Luft angehalten und reflektorisch die Herzfrequenz verringert (Bradykardie). Dies verringert das Herzminutenvolumen, und es kommt zu einer Umverteilung des Blutes im Körper. Die Peripherie des Körpers, die Skelettmuskulatur und die Eingeweideorgane werden weniger durchblutet, während die Durchblutung des Gehirns konstant bleibt. Dies macht Sinn, denn beim Tauchen ist Sauerstoff knapp und sein Verbrauch wird auf „wesentliche" Organe, das Zentralnervensystem und Sinnesorgane beschränkt, während die Versorgung der Eingeweideorgane und der Muskulatur mit Sauerstoff wenigstens zeitweise suspendiert wird. Insgesamt verlängern diese Maßnahmen die Tauchzeit. Der Tauchreflex kann bei allen Wirbeltieren beobachtet werden, auch bei solchen, die nur terrestrisch leben, ist aber bei tauchenden Seehunden, Pinguinen und Alligatoren besonders ausgeprägt und auch besonders gut untersucht (Scholander 1964, Hochachka 2000). Auch Fische zeigen einen Tauchreflex, allerdings im umgekehrten Sinn, nämlich dann, wenn sie aus dem Wasser an Land gebracht werden, während der luftatmende Fisch *Periophthalmus* eine typisch terrestrische Form des Tauchreflexes zeigt mit Bradykardie beim Tauchen. Dies spricht dafür, dass es sich beim Tauchreflex um einen phylogenetisch sehr alten Mechanismus der Kreislaufregulation handelt.

## Literatur


Ackers GK, Doyle ML, Meyers D, Daugherty MA (1992) Molecular code for cooperativity in hemoglobin. Science 255:54–63

Bargelloni L, Marcato S, Patarnello T (1998) Antarctic fish hemoglobins: Evidence for adaptive evolution at subzero temperatures. Proc Nat Acad Sci USA 95:8670–8675

Bartlett GR (1980) Phosphate compounds in vertebrate red blood cells. Amer Zool 20:103–114

Barnes RD (1987) Invertebrate Zoology. Saunders College Publ, Philadelphia

Bayer R (1968) Untersuchungen am Kreislaufsystem der Wanderheuschrecke (*Locusta migratoria*) mit besonderer Berücksichtigung des Blutdrucks. Z vergl Physiol 58:76–136

Bonaventura C, Bonaventura J (1980) Hemocyanins: Relationship in their structure function and assembly. Amer Zool 20:7–12

Bonaventura C, Bonaventura J (1983) Respiratory pigments: Structure and function. In: Hochachka PW (ed) The Mollusca, Vol 2, Environmental biochemistry and physiology. Academic Press, New York, pp 1–50

Bridges CR, Berenbrink M, Müller R, Waser W (1998) Physiology and biochemistry of the pseudobranch: an unanswered question. Comp Biochem Physiol 119A:67–77

Brittain T (1987) The Root effect. Comp Biochem Physiol 86B:473–481

Bunn HF (1980) Regulation of hemoglobin function in mammals. Amer Zool 20:199–211

Burmester T, Weich B, Reinhardt S, Hankeln T (2000) A vertebrate globin expressed in the brain. Nature 407:520–523

Burmester T (2002) Origin and evolution of arthropod hemocyanins and related proteins. J Comp Physiol 172:95–107
Calder WA (1981) Scaling of physiological processes in homeothermic animals. Ann Rev Physiol 43:301–322
Doeller JE, Kraus DW, Colacin JM, Wittenberg JB (1988) Gill hemoglobin may deliver sulphide to bacterial symbionts of *Soleyma velum* (Bivalvia, Mollusca). Biol Bull 175:388–396
Eastman JT (1993) Antarctic fish biology: Evolution in a unique environment. Academic Press, San Diego
Florey E (1970) Lehrbuch der Tierphysiologie, Thieme, Stuttgart
Friedberg EC, Feaver WJ, Gerlach VL (2000) The many faces of DNA polymerases: strategies for mutagenesis and for mutational avoidance. Proc Natl Acad Sci USA. 97:5681–5683
Gaykema WPJ, Hol WGJ, Vereijken JM, Soeter NM, Bak HJ, Beintem JJ (1984) A structure of the copper containing, oxygen-carrying protein *Panulirus interruptus* hemocyanin. Nature 309:23–29
Gupta AP (1985) Cellular elements in the haemolymph. In: Kerkut GA, Gilbert LI (eds) comprehensive insect physiology, biochemistry and pharmacology, Vol 3 Integument, respiration and circulation. Pergamon, Oxford, pp 401–451
Guyton AC (1986) Textbook of medical physiology. Saunders, Philadelphia
Hall FG, Dill DB, Barron ESG (1936) Comparative physiology in high altitudes. Z Cell Comp Physiol 8:301–313
Hargens AR, Millard RW, Petterson K, Johansen K (1987) Gravitational haemodynamics and oedema prevention in the giraffe. Nature 329:59–60
Heldmaier G, Klaus S, Wiesinger U, Friedrichs U, Wenzel M (1989) Cold acclimation and thermogenesis. In: Malan A, Canguilhem B (eds), Living in the Cold II. John Libbey Eurotext, London
Hemmingsen EA (1965) Accelerated transfer of oxygen through solutions of heme pigments. Acta Physiol Scand, Suppl 246:1–53
Hendrickson WA, Smith JL, Sheriff S (1985) Structure and function of hemerythrins. In: Lamy J, Truchot J-P, Gilles R (eds) Respiratory pigments in animals: Relation structure-function, Springer, Berlin Heidelberg New York Tokyo, pp 1–7
Hildebrandt JP (1988) Circulation in the leech, *Hirudo medicinalis* (L.). J exp Biol 134:235–246
Hildemann WH, Johnson IS, Jokiel PL (1979) Immunocompetence in the lowest metazoan phylum: Transplantation immunity in sponges. Science 204:420–422
Hildemann WH, Raison RL, Cheung G, Hull CJ, Akala L, Okamoto J (1977) Immunological specificity and memory in a scleractinian coral. Nature 270:219–223
Hochachka PW (2000) Pinniped diving response mechanism and evolution: a window on the paradigm of comparative biochemistry and physiology. Comp Biochem Physiol 126A:435–458
Holmes MA, LeTrong I, Turley S, Sieker LC, Stenkamp RE (1991) Structures of the deoxy and oxyhemerythrin at 2.0 Å resolution. J Mol Biol 218:583–593
Johansen K (1962) Cardiac output and pulsatile flow in the teleost *Gadus morhua*. Comp Biochem Physiol 7:169–174
Johansen K, Martin AW (1965) Circulation in a giant earthworm, *Glossoscolex giganteus*. I. Contractile processes and pressure gradients in the large blood vessels. J exp Biol 43:333–347
Jones DR (1996) The crocodilian central circulation: reptilian or avian? Verh Deutsche Zool Ges 89:209–218
Jones JC (1977) The circulatory system of insects. CC Thomas, Springfield
Jürgens KD, Pietschmann M, Yamaguchi K, Kleinschmidt T (1988) Oxygen binding properties, capillary densities and heart weights in high altitude camelids. J Comp Physiol B 158:469–477
Klotz IM, Klippenstein GL, Hendrickson WA (1976) Hemerythrin: An alternative oxygen carrier. Science 192:335–344
Klotz IM, Klotz A, Fiess HA (1957) The nature of the active site of hemerythrin. Arch Biochem Biophys 68:284–299
Kreuzer F (1970) Facilitated diffusion of oxygen and its possible significance; a review. Respir Physiol 9:1–30
Kreienbühl G, Strittmatter J, Ayim E (1976) Blood gas analysis of hibernating hamsters and dormice. Pflügers Arch 366:167–172
Lasiewski RC, Calder WA (1971) A preliminary allometric analysis of respiration variables in birds. Respir Physiol 11:152–166
Lehninger AL (1975) Biochemistry, 2nd ed. Worth Publishers, New York
Lillywhite HB (1993) Orthostatic intolerance of viperid snakes. Physiol Zool 66:1000–1014
Longo D (1986) Respiratory gas exchange in the placenta. In: Farhi LE, Tenney SM (eds) Handbook of physiology, Section 3: The respiratory system, vol IV. American Physiol Soc, Bethesda
Malan A, Arens H, Waechter A (1973) Pulmonary respiration and acid-base state in hibernating marmots and hamsters. Respir Physiol 17:45–61
Malan A, Wilson T, Reeves RB (1976) Intracellular pH in cold-blooded vertebrates as a function of body temperature. Respir Physiol 28:29–47
Markl J, Decker H (1992) Molecular structure of the arthropod hemocyanins. In: Mangum CP (ed) Advances in Comparative and Environmental Physiology, Vol 13. Blood and tissue oxygen carriers. Springer, Berlin Heidelberg New York Tokyo, pp 325–376
MacFarlane RG (1964) An enzyme cascade in the blood clotting mechanism, and its function as a biochemical amplifier. Nature 202:498–499
Martin AW, Johansen K (1965) Adaptations of circulation in invertebrate animals. In: Handbook of Physiology, Sect 2, vol 3, pp 2545–2581
McLaughlin PA (1980) Comparative morphology of recent crustacea. Freeman, New York
Mortola JP, Frappell PB (2000) Ventilatory responses to changes in temperatures in mammals and other vertebrates. Ann Rev Physiol 62:847–874
Orii Y, Washio N (1977) Reaction of Chlorocruorin with heme iron ligands and carbonyl reagents. J Biochem 81:495–503

Pelster B, Weber R (1991) The physiology of the root effect. In: Advances in Comparative and environmental physiology, Vol. 8. Springer, Berlin Heidelberg New York Tokyo, pp 51–77

Pelster B (1997) Buoyancy at depth. In: Randall D, Farrell AP Deep-sea fishes. Academic Press, San Diego, pp 195–237

Pelster B (2001) The generation of hyperbaric oxygen tensions in fish. News Physiol Sci 16:287–291

Perutz MF (1983) Species adaptation in a protein molecule. Mol Biol Evol 1:1–28

Perutz MF (1990) Mechanisms regulating the reactions of human hemoglobin with oxygen and carbon monoxide. Ann Rev Physiol 52:1–25

Pettigrew DW et al (1982) Probing the energetics of proteins through structural perturbation: Structures of regulatory energy in the human hemoglobin. Proc Nat Acad Sci USA 79:1849–1853

Powers DA (1980) Molecular ecology of teleost fish hemoglobins; Strategies for adapting to changing environments. Amer Zool 20:139–162

Rahn H (1974) Body temperature and acid-base regulation. Pneumologie 151:87–94

Reeves RB (1985) Alphastat regulation of intracellular acid-base? In: Gilles R (ed) Circulation, Respiration, and Metabolism. Springer, Berlin Heidelberg New York Tokyo, pp 414–423

Rigss A (1988) The Bohr effect. Ann Rev Physiol 50:181–204

Romer AS (1971) Vergleichende Anatomie der Wirbeltiere. Parey, Hamburg

Root RW (1931) The respiratory function of the blood of marine fishes. Biol Bull 61:427–456

Schmidt RF, Thews G (eds) (1995) Physiologie des Menschen. 26. Aufl. Springer, Berlin Heidelberg New York Tokyo

Schmidt-Nielsen K (1970) Energy metabolism, body size, and problems of scaling. Fed Proc 29:1524–1532

Schmidt-Nielsen K (1972) How animals work. Cambridge Univ Press, London

Schmidt-Nielsen (1975) Animal physiology. Adaptation and environment. Cambridge Univ Press, London

Schmidt-Nielsen K, Pennycuik P (1961) Capillary density in mammals in relation to body size and oxygen consumption. Am J Physiol 200:746–750

Schneider HJ et al (1984) Partial amino acid sequence of *Helix pomatia* hemocyanin: Tyrosinase and hemocyanins have a common ancestor. Union Biol Sci Ser A 155

Scholander PF (1960) Oxygen transport through hemoglobin solutions. Science 131:585–590

Scholander PF (1964) Animals in aquatic environments; diving mammals and birds. In: Dill DB, Adolph EFV, Wilbur CJ. Handbook of physiology. Sect 4. American Physiol Soc, Washington

Sidell BD et al (1997) Variable expression of myoglobin among the hemoglobinless Antarctic icefishes. Proc Natl Acad Sci USA 94:3420–3424

Stahl WR (1965) Organ weights in primates and other mammals. Science 150:1039–1042

Stahl WR (1967) Scaling of respiratory variables in mammals. J Appl Physiol 22:453–460

Stevens ED, Benion GB, Randall DJ, Shelton G (1972) Factors affecting arterial pressure and blood flow from the heart of intact, unrestrained lingcod, *Ophiodon elongatus*. Comp Biochem Physiol 43A:681–695

Terwilliger NB (1998) Functional adaptations of oxygen-transport proteins. J Exp Biol 201:1085–1098

Trenczek T (1998) Endogenous defense mechanisms of insects. Zoology 101:298–315

Truchot JP (1978) Mechanisms of extracellular acid-base regulation as temperature changes in decapod crustaceans. Respir Physiol 33:161–176

van Citters RL, Kemper WS, Franklin DL (1968) Blood flow and pressure in the giraffe carotid artery. Comp Biochem Physiol 24:1035–1042

van Holde KE (1997) Respiratory proteins of invertebrates: Structure, function and evolution. Zoology 100:287–297

Weber RE (1978) Respiratory pigments. In: Hill PJ (ed) Physiology of annelids. Academic Press, New York

Weber RE, Baldwin J (1985) Blood and erythrocruorin of the giant earthworm, *Megascolides australis*: Respiratory characteristics and evidence for $CO_2$ facilitation of $O_2$ binding. Mol Physiol 7:93–106

Wittenberg JB, Wittenberg BA (1974) The choroids rete mirabile of the fish eye. I. Oxygen secretion and structure: comparison with the swimbladder rete mirabile. Biol Bull 146:116–136

Weber RE (1992) Molecular strategies in the adaptation of vertebrate hemoglobin function. In: Wood SC, Weber RE, Hargens AR, Millard RW (eds) Physiological adaptations in vertebrates: Respiration, Circulation and metabolism. Dekker, New York pp 257–277

Wigglesworth VB (1955) Physiologie der Insekten, Birkhäuser, Basel

Wood SC, Weber RE, Hargens AR, Milard RW (1992) Physiological adaptations in vertebrates. Dekker, New York

# 7 Ernährung und Verdauung

Die Nahrung liefert den Tieren sowohl das Brennmaterial für den Energiehaushalt als auch Baumaterial für Biosynthesen. Energie wird in erster Linie aus dem Abbau von Kohlenhydraten und Fetten bereitgestellt, kann aber auch aus Proteinen gewonnen werden, denn das organische Kohlenwasserstoffgerüst aller drei Stoffgruppen wird über einen gemeinsamen Stoffwechselweg, den Citratzyklus und die Atmungskette, zur Gewinnung von ATP abgebaut (s. Kap 1.5 Bioenergetik). Als Energiequellen sind diese Nahrungsbestandteile deshalb weitgehend austauschbar. Der Citratzyklus liefert außerdem das Ausgangmaterial für zahlreiche Biosynthesen, so dass alle Inhaltsstoffe der Nahrung auch für den Baustoffwechsel eingesetzt werden können. Allerdings sind Proteine dafür von besonderer Bedeutung, da sie die einzige Quelle für Aminosäuren und Aminogruppen sind, die für die Biosynthese körpereigener Proteine benötigt werden.

Alle tierische Nahrung ist letzten Endes pflanzlichen Ursprungs, denn nur Pflanzen können die zum Leben notwendigen organischen Verbindungen durch Photosynthese aus Kohlendioxid und Wasser neu herstellen. Pflanzen leben **autotroph**, im Gegensatz zur **hetrotrophen Lebensweise der Tiere**, die organisches Material mit der Nahrung aufnehmen müssen. Allerdings muss nicht jedes Tier sich direkt von Pflanzen ernähren, sondern es kann auch Tiere fressen und so die pflanzlichen Syntheseprodukte auf dem Umweg über andere Tiere zu sich nehmen. Ein besonders großer Anteil der irdischen Biomasse wird von marinem Phytoplankton produziert. Dieses kann von Protozoen gefressen werden, diese wiederum von Crustaceen und letztere schließlich von Vertebraten. Man bezeichnet diese Abhängigkeit als **Nahrungskette**. Die Zusammenhänge sind in der Regel sehr viel komplizierter, da viele Tiere ihre Nahrung variieren und sowohl pflanzliche als auch tierische Nahrung aufnehmen. Auch zerfallende Körper von toten Tieren dienen als Nahrung für Detritusfresser und finden so erneut Eingang in die Nahrungskette. Daraus ergibt sich ein komplexes **Nahrungsnetzwerk** sowohl für die stoffliche Versorgung einer Tierart als auch für die Stoffflüsse innerhalb eines Ökosystems.

Auf jeder Stufe einer Nahrungskette geht ein erheblicher Teil der mit der Nahrung aufgenommenen Biomasse in Form von Wärme verloren. Als Durchschnittswert kann angenommen werden, dass in einer Stufe der Nahrungskette nur 10% der Biomasse der vorherigen Stufe erhalten bleiben. Je länger eine Nahrungskette, desto weniger Biomasse bleibt erhalten. Damit hat die Ernährungsweise unmittelbare Bedeutung für die Verbreitung und Populationsdichte einer Tierart. Tiere, die sich aus den Anfangsgliedern einer Nahrungskette ernähren, im Idealfall direkt aus dem üppigen Angebot der Primärproduktion, also Pflanzen oder Phytoplankton, können hohe Populationsdichten erreichen, wie es bei den großen Herden der Wiederkäuer der Fall ist. Dieser Zusammenhang ist möglicherweise auch der Grund dafür, dass besonders große Tierarten, wie die Bartenwale oder der Walhai, sich aus den Anfangsgliedern der Nahrungskette ernähren. Im Gegensatz dazu können Carnivoren, die am Ende einer Nahrungskette stehen, nie in einer hohen Populationsdichte vorkommen. Ihre Populationsdichte kann nur einen Bruchteil der Populationsdichte ihrer Beutetiere erreichen.

## 7.1 Nahrungsquellen und Methoden der Nahrungsaufnahme

### 7.1.1 Mikrophagen

Eine Vielzahl aquatisch lebender Tiere ernährt sich als Nahrungsstrudler oder Nahrungsfilterer. Ihre Nahrung besteht meist aus dem Phytoplankton und Zooplankton (Durchmesser 1–100 µm), weshalb sie auch als Mikrophagen bezeichnet werden. Dazu gehören besonders Muscheln, Ascidien und Schwämme, die sessil leben und Wasser durch Filtereinrichtungen pumpen, in denen Mikroorganismen hängen bleiben. Diese Lebensweise ist besonders für Küstenbereiche geeignet, da hier die Planktondichte besonders hoch ist. Grobe Schätzungen ergaben, dass unter solchen Bedingungen 10–20 l Wasser filtriert werden müssen, um die Nahrungsmenge aufzunehmen, deren Umsatz dem Verbrauch von 1 ml $O_2$ entspricht. Wesentlich geringere Planktondichten herrschen im offenen Wasser, so dass entsprechend größere Wassermengen zur Deckung des Nahrungsbedarfs gefiltert werden müssen. Der Riesenhai (*Cetorhinus maximus*, 10 m Körperlänge, 3 t Körpermasse) schwimmt mit weit geöffnetem Maul und drückt dadurch Wasser durch die vor den Kiemen sitzenden Planktonfilter. Es wurde berechnet, dass er pro Stunde 2000 Tonnen Wasser filtrieren muss, um seinen Planktonbedarf zu decken (Matthews u. Parker 1950).

Für die Filtration großer Wassermengen wird der Mundraum entsprechend umgestaltet. Fische müssen für den Gasaustausch sowieso große Wassermengen durch den Mundraum zu den Kiemenhöhlen führen. Vor den Kiemen angebrachte Filter können Mikroorganismen und die im Plankton enthaltenen Kleinkrebse usw. abfangen und direkt dem Verdauungstrakt zuführen. Wale sind Lungenatmer und müssen deshalb andere Methoden nutzen, um Plankton zu filtern. Die großen planktonfressenden Wale benutzen dazu ihre Barten, verhornte Platten, die bei geöffnetem Maul beiderseits in dichter Reihe vom Oberkiefer hängen und die der ganzen Gruppe ihren Namen gaben (Bartenwale, Balaenidae) (Abb. 7.1). Plankton und andere Kleinlebewesen bleiben an den Fransen der Bartenränder hängen. Bei geschlossenem Maul werden sie mit der Zunge abgestreift und geschluckt. Auch die Copepoden werden zu den Nahrungsstrudlern gerechnet, allerdings verschlingen sie im Vergleich zu ihrer eigenen Körpergröße relativ große Diatomeen oder tierische Beute, so dass sie wegen des geringen Größenunterschieds zu ihrer Beute auch als carnivore Beuteschlinger bezeichnet werden können. Obwohl Mikrophagie eine typische Ernährungsweise für aquatisch lebende Tiere ist, gibt es auch landlebende Tiere, vor allem Vögel, die sich das große Nahrungsangebot im Plankton zu Nutze machen. Ein Beispiel dafür sind die Flamingos, die in ihrem Schnabel Filterlamellen besitzen, ähnlich den Barten bei Walen, mit denen sie im Flachwasser stehend Mikroorganismen aus dem Wasser sieben.

### 7.1.2 Ernährung durch Endosymbionten

Eine große Anzahl aquatisch lebender Evertebraten lebt in Symbiose mit Algen. Dazu gehören vor allem Protozoen und Coelenteraten, aber auch Muscheln wie die Tridacnidae. Süßwasser bewohnende Evertebraten enthalten meist Grünalgen (Zoochlorellen) und marine Evertebraten meist Dinoflagellaten (Zooxanthellen). Die Algen produzieren Glucose, Fettsäuren, Aminosäuren und andere Verbindungen, die sie an die tierischen Zellen abgeben. Sie erhalten dagegen im Tausch von den Tieren Ammoniak und Kohlendioxid, so dass ein Material-Recycling zwischen Alge und Tier möglich ist. So weit bisher bekannt ist, produzieren die Algen, wenn sie in Coelenteraten leben, mehr organisches Material, als sie für ihren Eigenbedarf benötigen, und versorgen damit den Wirtsorganismus. Mit $^{14}C$-Markierung wurde bei dem Süßwasser-Coelenteraten *Chlorohydra viridissima* gezeigt, dass etwa 50% des photosynthetisch fixierten Kohlenstoffs von den Algen an den Wirts-Coelenteraten abgegeben werden (Smith et al. 1969). Isoliert gehaltene Algen exportieren weit weniger Photosyntheseprodukte, so dass eine Kooperation zwischen Wirt und Symbiont angenommen werden muss. Theoretisch

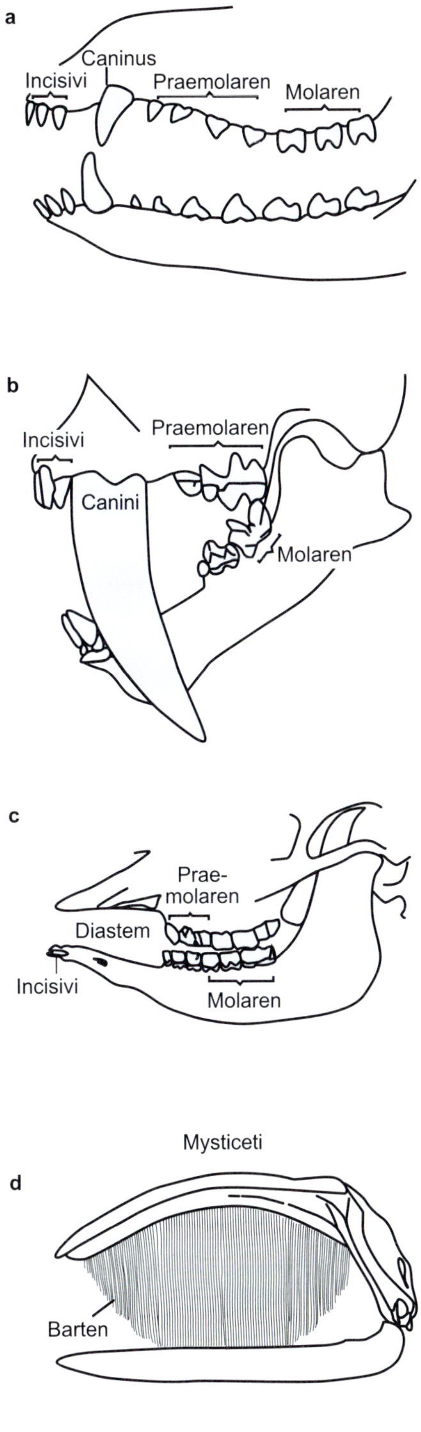


wäre auch denkbar, dass der Wirt die Algen intrazellulär verdaut. Dies scheint nur eine geringe Rolle zu spielen, da z.B. *Anemona sulcata* über Mechanismen verfügt, defekte Zooxanthellen zu erkennen und auszuscheiden.

Die Mittelmeer-Seeanemone *Anemonia viridis* nimmt während der Photosynthese ihrer Endosymbionten mit endodermalen Zellen ihrer Tentakel zusätzlich anorganisches Bikarbonat aus dem umgebenden Wasser auf. Dies unterstützt die Photosynthese und liefert zusätzlich Baumaterial für die Calcificierung (Furla et al. 1998). Riffbildende Korallen sind die größten Baumeister auf der Erde und haben in geologischen Zeiträumen durch Calcificierung ganze Gebirge aufgebaut. An dieser Leistung hat die Zusammenarbeit mit photosynthetisierenden Endosymbionten einen wesentlichen Anteil. Für diese Überlegung spricht auch die Beobachtung, dass sich das Wachstum eines Korallenstocks erheblich vermindert, wenn Korallen ihre Zooxanthellen ausstoßen (*coral bleaching*). Somit sichern die Endosymbionten nicht nur die Ernährung der Coelenteraten in den meist nährstoffarmen tropischen Gewässern, sondern schaffen auch die Voraussetzung für die Riffbildung durch Korallen.

**Abb. 7.1 a–d.** Gebissformen und Mundhöhle bei Säugetieren mit unterschiedlicher Ernährungsweise. **a** Generalisierte Grundform des Säugetiergebisses mit Schneidezähnen (Incisivi), Eckzahn (Caninus), Vorbackenzähnen (Praemolaren) und Backenzähnen (Molaren). **b** Gebiss eines ausgestorbenen Säbelzahntigers, der Beute reißt und in großen Portionen verschlingt. Stark vergrößerte obere Canini. Die zum Kauen notwendigen Praemolaren und Molaren sind reduziert, mit Ausnahme des vergrößerten Zahnpaares Praemolaren 4/Molaren 1, das eine Brechschere bildet. **c** Bei den Rindern fehlen die oberen Incisivi, die unteren Incisivi werden gegen eine verhornte Platte im Oberkiefer gepresst und dabei die Nahrung wie mit einer Pinzette gepackt und abgerissen. Nach einer zahnlosen Lücke (Diastem) folgen die Backenzähne, die zu einer Mahleinrichtung zusammengefasst sind. **d** In der Mundhöhle der zahnlosen Bartenwale (Mysticeti) hängen lange verhornte Platten vom Dach der Mundhöhle, die Barten, wie beim hier gezeigten 4 m langen Schädel eines Nordkapers. In den Fransen an ihrem Rand bleiben kleine Meerestiere (z.B. Krill) und Plankton hängen, die dann mit der Zunge abgestreift und in den Schlund befördert werden (**a–c** nach Romer 1971)

### 7.1.3 Aufnahme gelöster Substanzen aus dem Wasser

Eine ebenfalls nur bei aquatisch lebenden Tieren mögliche Ernährungsweise ist die Aufnahme von gelösten Substanzen aus dem umgebenden Wasser. Sie wurde bisher bei zahlreichen marinen Invertebraten nachgewiesen, während bei Süßwasserbewohnern sich noch keine Hinweise für eine derartige Nahrungsaufnahme ergaben. Vor allem Polychaeten, wie z. B. *Nereis diversicolor*, die im Sediment graben, das reich an organischem Material ist, können ihren gesamten Nahrungsbedarf durch direkte Aufnahme der gelösten Substanzen decken. Im freien Wasser über dem Sediment ist die Konzentration an gelösten Substanzen gering, so dass Muscheln und Coelenteraten nur einen Teil ihres Bedarfs aus wässriger Lösung aufnehmen können und zusätzlich feste Nahrung benötigen. Für die Aufnahme von Aminosäuren und Glucose konnten in den Epidemiszellen aktive Transportmechanismen nachgewiesen werden, so dass von einer gezielten Aufnahme und nicht nur einer zufälligen Diffusion von Substanzen ausgegangen werden muss (Wright 1988).

### 7.1.4 Makrophage Karnivoren

Die Versorgung des Körpers mit Eiweiß ist für Karnivoren besonders einfach. Tierisches Potein enthält in der Regel auch sämtliche essentiellen Aminosäuren. Außerdem ist tierische Beute in der Regel leicht verdaulich, da sie keine schwer verdaulichen Strukturbestandteile wie Cellulose oder Lignin aus Pflanzen enthält. Carnivoren können deshalb ihre Beute ohne aufwendige mechanische Zerkleinerung in großen Brocken verschlingen. Letzteres ist bei Schlangen besonders ausgeprägt, die ihre Beute als Ganzes verschlingen und sämtliche Verarbeitung ihrem Verdauungstrakt überlassen. Mit der karnivoren Lebensweise sind aufwendige Umgestaltungen des Gebisses notwendig. Bei den Katzen und Bären sind dies große Eckzähne für das Reißen der Beute und eine Brechschere aus Backenzähnen, mit der die Beute zerlegt werden kann (Abb. 7.1). Ein Nachteil der karnivoren Lebensweise ist die schlechtere Verfügbarkeit der Nahrung. Der tierische Anteil an der gesamten Biomasse ist meist wesentlich geringer als der pflanzliche Anteil, ist unregelmäßig verfügbar, und außerdem muss die Nahrung in der Regel mit hohem Energieaufwand gejagt werden. Karnivoren entwickelten dazu ein aufwendiges Jagd- und Beutefangverhalten, das in dieser Form bei Pflanzenfressern nicht beobachtet werden kann. Außerdem müssen sie in der Lage sein, kurzfristig viel Nahrung zu sich zu nehmen, zu speichern und lange Fastenperioden zu überstehen. Karnivore Lebensweise ist sowohl bei terrestrischen als auch aquatisch lebenden Tieren möglich.

### 7.1.5 Ernährung mit Flüssigkeiten

Eine besonders günstige Form zur Ernährung bei terrestrischer Lebensweise ist das Saugen von Pflanzensäften oder Körperflüssigkeit anderer Tiere. Sie hat den Vorteil, dass die wichtigsten Nahrungsbestandteile in wässriger Lösung enthalten sind und ohne mechanische Zerkleinerung und enzymatische Verdauungsarbeit resorbiert werden können. Außerdem kann aus Pflanzensäften oder Körperflüssigkeit auch der Wasserbedarf für die terrestrische Lebensweise mühelos gedeckt werden. Viele Insekten stechen die Leitbündel von Pflanzen an und ernähren sich aus dem Leitbündelinhalt. In Symbiose mit den Pflanzen ernähren sich viele Insekten aus dem Blütennektar und übernehmen dabei die Blütenbestäubung. Die leichte Verfügbarkeit der Nährstoffe ist sicher auch der Grund dafür, dass alle Säugetiere nach der Geburt über die mütterliche Brust flüssige Nahrung erhalten, ähnlich wie auch viele frisch geschlüpfte Vögel mit dem Kropfsekret der Eltern ernährt werden. Bei adulten Säugetieren und Vögeln ist die Flüssigernährung äußerst selten wie z. B. bei Vampirfledermäusen, blütenbesuchenden Fledermäusen, Kolibris und Nektarvögeln.

Eine spezielle Variante der Flüssigernährung ist die extrakorporale Verdauung, wie sie bei Insekten, Spinnen oder räuberisch lebenden Seesternen beobachtet werden kann. Stubenfliegen sondern mit dem Speichel Verdauungsenzyme aus, die Nahrungsteile zersetzen, und saugen diese anschließend als Flüssigkeiten auf. Spinnen injizieren mit ihren Mundwerkzeugen Verdauungsenzyme in ein Beuteinsekt, das sich in ihrem Netz verfangen hat. Nach einiger Zeit der Einwirkung der Verdauungsenzyme saugen sie die Körperflüssigkeit der Beutetiere aus. Ähnlich verfahren räuberische Seesterne, die ihren Magen nach außen über die Beute stülpen, diese verdauen und die Abbauprodukte resorbieren.

## 7.2 Verdauung

Mit der Nahrung nehmen Tiere körperfremde Proteine, Fette, Kohlenhydrate und Nukleinsäuren auf, die sie in dieser komplexen Form nicht für ihren eigenen Stoffwechsel verwerten können. Wichtigste Aufgabe der Verdauung ist es, die komplexen Polymere in ihre Einzelbestandteile zu zerlegen, so dass sie resorbiert und zur Biosynthese von körpereigenen Proteinen, Fetten, Kohlenhydraten und Nukleinsäuren verwendet werden können. **Intrazelluläre Verdauung** ist wahrscheinlich die ursprüngliche Form der Verdauung. Sie wird ausschließlich von Protozoen und Schwämmen genutzt, spielt aber noch eine erhebliche Rolle bei den Coelenteraten, Plathelminten, Muscheln und auch bei Limulus. Die intrazelluläre Verdauung erlaubt nur die Verarbeitung kleiner Nahrungspartikel und ist deshalb in erster Linie für Microphagen geeignet.

Die meisten anderen Tiergruppen beschränken sich auf **extrazelluläre Verdauung**, d.h. die Verdauungsenzyme werden in den Verdauungstrakt sekretiert, dort läuft die Verdauung extrazellulär ab, und erst die zerlegten Einzelbausteine werden in die Zellen des Körpers aufgenommen. So verfahren die meisten Evertebraten und alle Wirbeltiere. Die extrazelluläre Verdauung ermöglicht auch die Verarbeitung großer Nahrungsbrocken. Außerdem kann im Verdauungstrakt ein Nahrungsvorrat über längere Zeit gespeichert, langsam verdaut, über einen längeren Zeitraum resorbiert und an die Zellen des Körpers verteilt werden.

Trotz der äußerst vielgestaltigen Ausdifferenzierungen des Mundraums zur Anpassung an die Ernährungsweise und an die mechanischen Eigenschaften der Nahrung ist der Verdauungstrakt im gesamten Tierreich relativ einheitlich gebaut (Abb. 7.2). Die Nahrung wird mit dem Mund aufgenommen, mechanisch zerkleinert und durch Einspeicheln gleitfähig gemacht. Durch peristaltische Kontraktion wird der Speisebrocken über den Schlund in den Magen befördert. Dort werden Enzyme zugegeben, der chemische Aufschluss der Nahrung beginnt. Bei Wirbeltieren wird im Magen Salzsäure zugegeben; dabei erreicht der Speisebrei einen pH-Wert von 1–3, wodurch u.a. aufgenommene Keime abtötet werden. Im Magen der Evertebraten ist die Ansäuerung weniger stark oder fällt vollständig aus (z.B. Stubenfliege pH 3,0, Wanze pH 4,9, Kleidermotte pH >10). Der teilweise verdaute Nahrungsbrei wird in kleinen Portionen in den Dünndarm befördert,

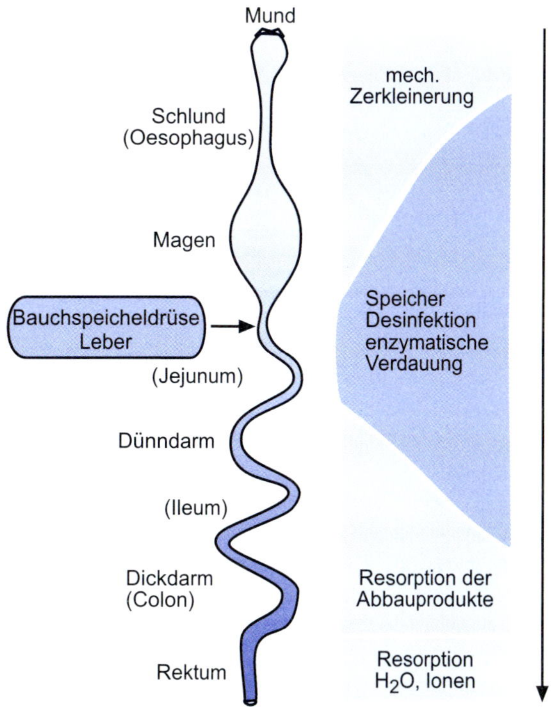


**Abb. 7.2.** Aufgabenverteilung in den verschiedenen Abschnitten des Verdauungstrakts. Bei den meisten Tieren durchzieht er die gesamte Längsachse des Körpers. Peristaltische Kontraktionen der Darmmuskulatur pressen den Nahrungsbrei langsam von der Mundöffnung in Richtung Anus

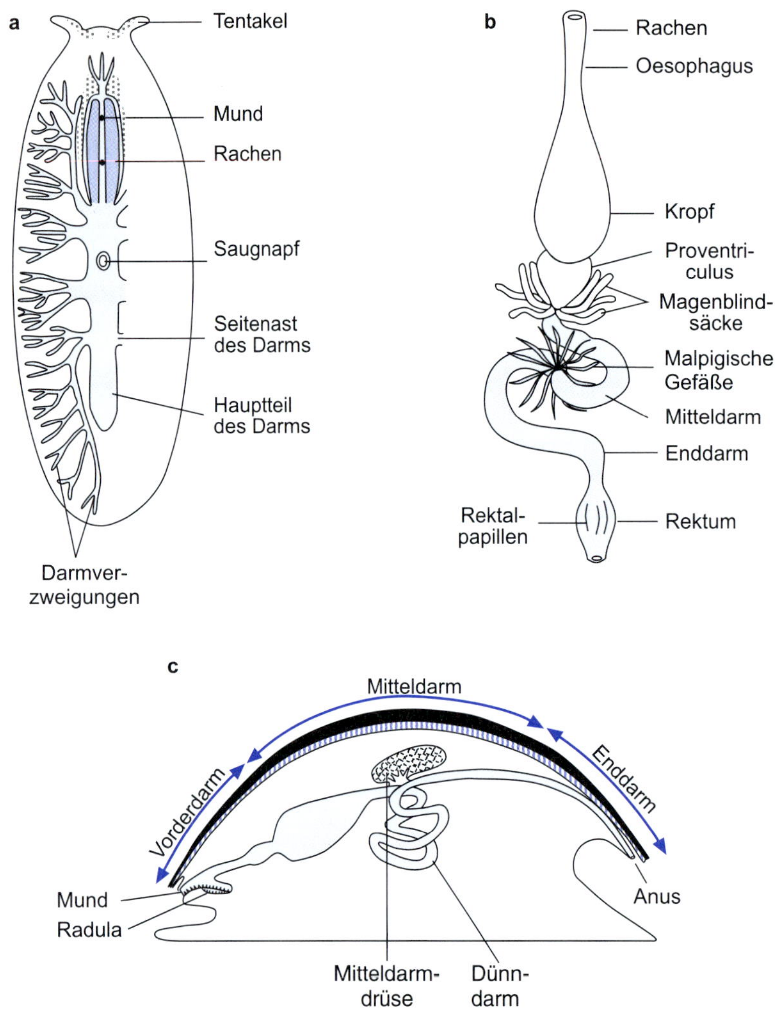


**Abb. 7.3 a–c.** Generalisierter Aufbau des Verdauungstrakts bei einigen Evertebraten. **a** Die Planarien besitzen noch keinen schlauchförmigen Verdauungstrakt sondern nur eine Öffnung mit einem daran anschließenden verzweigten Kanalsystem, das die Abbauprodukte zur Resorption im Körper verteilt (nach Eckert 1986). **b** Verdauungstrakt eines Insekts mit Kropf und blind endenden Magensäcken. An der Grenze zwischen Mitteldarm und Enddarm münden die Malpighischen Gefäße (s. Kap. 8.7.3 Exkretion), so dass die Endprodukte der Verdauung und der Exkretion gemeinsam ausgeschieden werden (nach Eckert 1986). **c** Verdauungstrakt einer Schnecke. Schnecken besitzen an der Mundöffnung eine Radula, mit deren Hornleisten sie die Nahrung vom Boden abkratzen

der pH-Wert wieder neutralisiert und mit weiteren Enzymen die Verdauung fortgesetzt. Gleichzeitig werden die Abbauprodukte über das Dünndarmepithel resorbiert. An den Dünndarm sind zusätzliche exokrine Drüsen angeschlossen, die mit ihrem Sekret die Verdauung unterstützen wie die Mitteldarmdrüse bei Evertebraten und Bauchspeicheldrüse, Leber und Galle bei Wirbeltieren. Im Dickdarm und Enddarm werden dem Speisebrei das für die enzymatische Verdauung zugegebene Wasser und die Salze entzogen und der eingedickte Rest durch den Anus ausgeschieden. Es handelt sich gleichsam um ein **Verdauungsförderband,** das den Körper in der Längsachse durchzieht und in dem die Nahrung mit peristaltischen Kontraktionen von einem Abschnitt zum nächsten befördert wird. Diese grundsätzliche Anordnung findet sich bei fast allen Tieren, aber die Länge und anatomische Ausgestaltung kann je nach Tiergruppe und Ernährungsweise variieren (Abb. 7.3, 7.4).

Größere Abweichungen von diesem Verdauungsförderband finden sich z. B. bei Planarien, die nur über eine Öffnung verfügen und die Nahrung diffus im Körper verteilen (Abb. 7.3). Auch bei parasitischer Lebensweise kann der

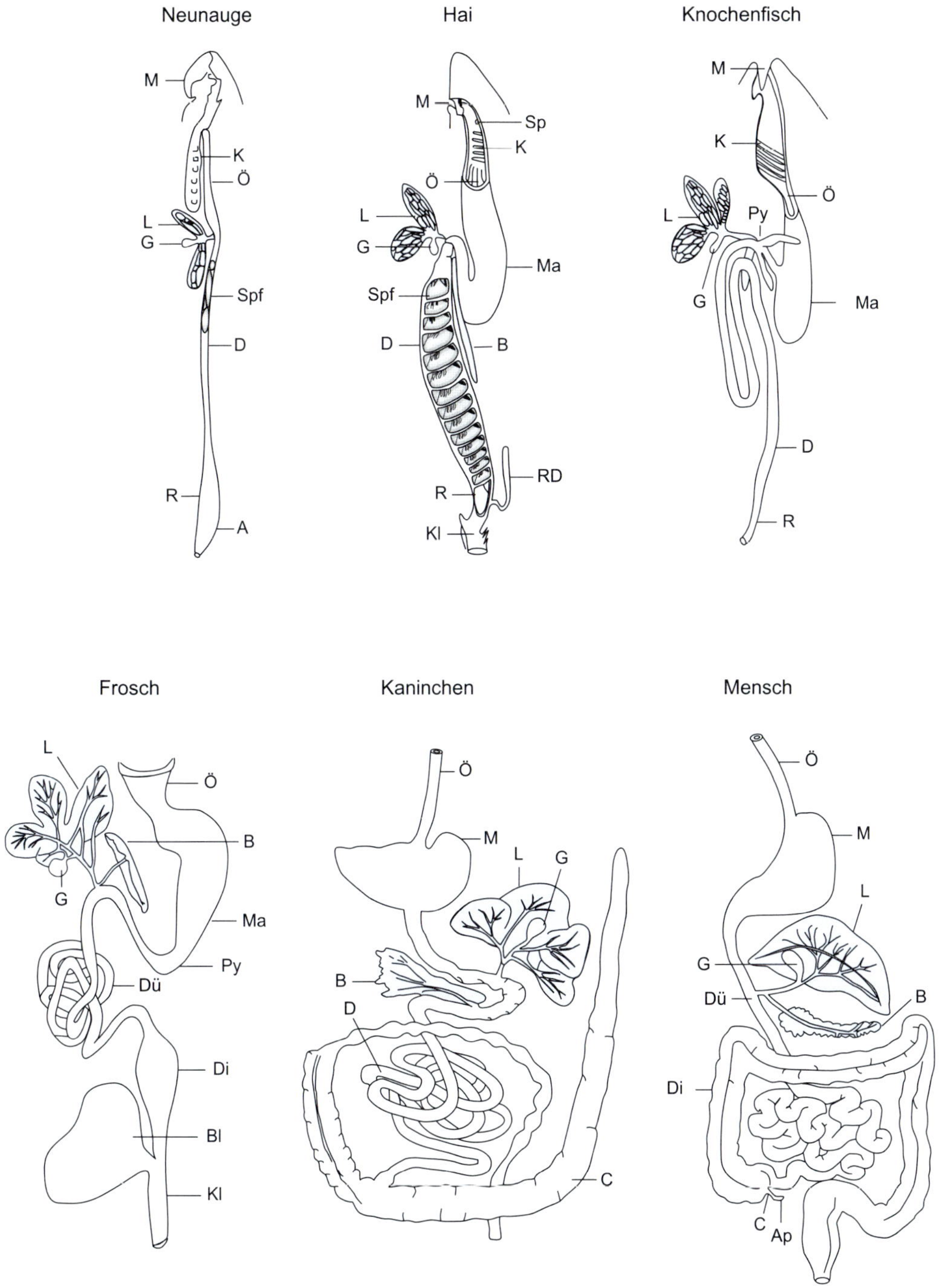


**Abb. 7.4.** Generalisierter Aufbau des Verdauungstrakts von Wirbeltieren und dem Menschen. A = Anus, Ap = Appendix, B = Bauchspeicheldrüse, Bl = Blase, C = Caecum, D = Darm, Di = Dickdarm, Dü = Dünndarm, G = Gallenblase, K = Kiemen, Kl = Kloake, L = Leber, M = Mund, Ma = Magen, Ö = Oesophagus, Py = Pylorus, Rd = Rektaldrüse, Sp = Spiraculum, Spf = Spiralfalte

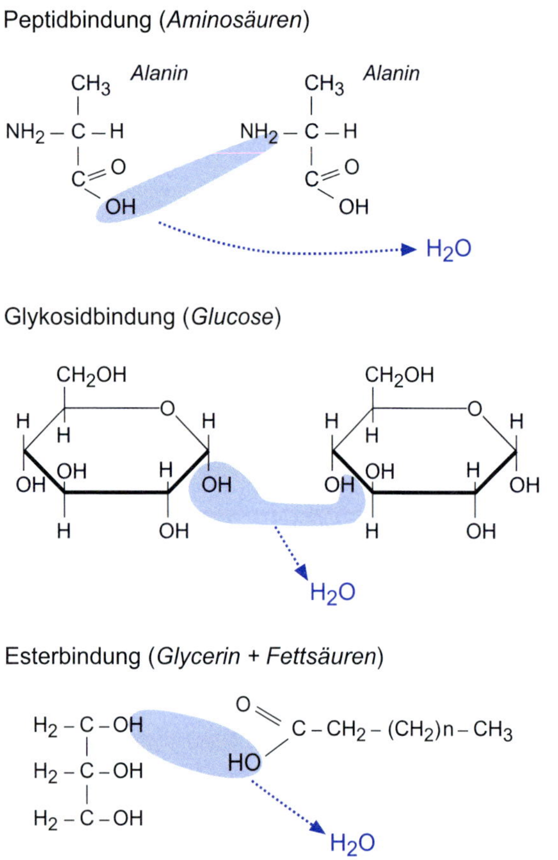


**Abb. 7.5.** Der größte Teil aufgenommener Nahrung besteht aus polymeren Kohlenhydraten und Proteinen und aus Lipiden. Sowohl die Peptidbindung der Proteine als auch die glykosidische Bindung von Stärke und Glycogen entstehen durch Entnahme von $H_2O$ und können durch Einfügen von $H_2O$ wieder gelöst werden. Auch die Esterbindung der Lipide kann hydrolytisch gespalten werden

Verdauungstrakt reduziert sein, wie z.B. bei den im Verdauungstrakt parasitierenden Würmern, die sich ein eigenes Verdauungssystem weitgehend eingespart haben und von den Verdauungssäften ihrer Wirtstiere leben. Kleinere Abweichungen von dieser Organisation lassen sich z.B. bei Regenwürmern beobachten, die ihre Nahrung erst im Schlund durch Zerreiben mit Steinen zerkleinern, oder bei körnerfressenden Vögeln, die Körnerfutter im Kropf vorquellen und dann im Magen mit Steinen zerreiben.

Die Wand des Verdauungskanals besteht aus einer inneren Schicht Epithelzellen (**Mucosa**), die große Mengen an Flüssigkeit, schleimbildende Mucopolysaccharide und Verdauungsenzyme ausscheidet und gleichzeitig die Abbauprodukte der Verdauung resorbiert. Sie ist umgeben von einer Hüllschicht (**Serosa**) aus Muskulatur, Bindegewebe und Blutgefäßen zur Versorgung und zum Abtransport der Nahrung. Abbildung 7.8 zeigt den schematischen Aufbau der Wandschichten des Magen-Darm-Traktes bei Wirbeltieren. Er enthält eine äußere Schicht Längsmuskulatur und darunter eine Schicht mit Ringmuskulatur. Nahe der Darmschleimhaut (Mucosa) liegt eine weitere Muskelschicht, die separate Bewegungen der Darmepithelstrukturen ermöglicht. Die Funktionsabläufe im Verdauungstrakt werden von den autonomen Nervennetzwerken (**enterisches Nervensystem**) des Darmes kontrolliert, wobei der zwischen den äußeren Muskelschichten liegende Plexus myentericus die Bewegung des Darms und der zentral liegende Plexus submucosus in erster Linie die Sekretion des Epithels kontrollieren. Beide Nervennetzwerke unterliegen in ihrer Gesamtaktivität **hemmenden Einflüssen des Sympathicus** und **stimulierenden Einflüssen des Parasympathicus**. Der peristaltische Transport und die Mischvorgänge selbst werden jedoch vom Darmnervensystem autonom koordiniert. Deshalb kann sich auch ein isoliertes Darmstück in Nährlösung noch weiter kontrahieren. Kontraktionen der Längsmuskulatur verursachen Pendelbewegungen des Darms, die den Darminhalt durchmischen und, in Verbindung mit Kontraktionen der Ringmuskulatur, peristaltische Bewegungen, die den Verdauungsbrei durch den Verdauungstrakt Richtung Anus befördern.

### 7.2.1 Verdauungsenzyme

Die Nahrung besteht hauptsächlich aus sehr großen Molekülen, wie Stärke und Proteinen, die teilweise schlecht wasserlöslich sind oder sogar wasserunlöslich wie die Lipide. Im Dünndarm müssen diese komplexen Moleküle in ihre Einzelbausteine, Monosaccharide, Aminosäuren und Fettsäuren zerlegt und für das Dünndarmepithel resorptionsfähig gemacht werden. Diese Aufgabe übernehmen Verdauungsenzyme, die in der Lage

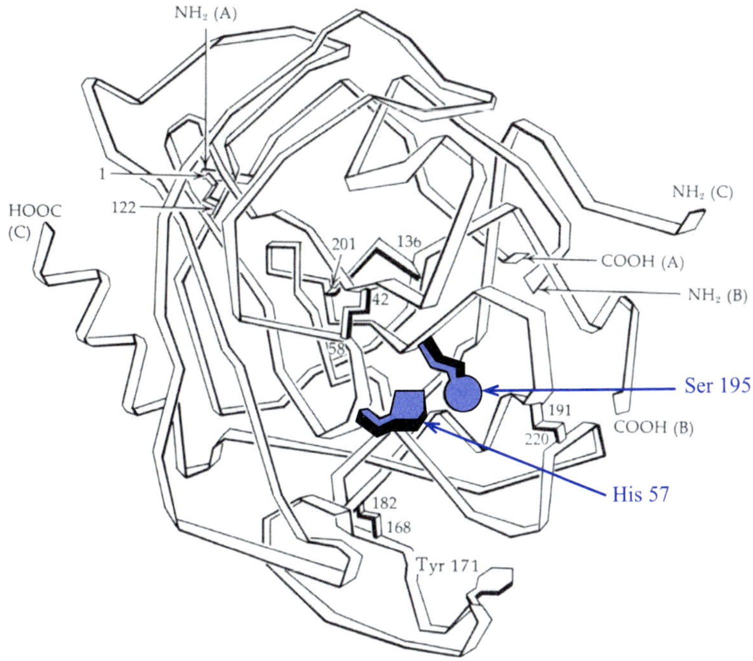


**Abb. 7.6.** Molekülstruktur des Chymotrypsin. Das hydrolytisch aktive Zentrum wird durch die Aminosäuren Histidin (Nr. 57) und Serin (Nr. 195) im räumlich gefalteten Molekül gebildet (Lehninger 1978)

sind, die Peptidbindung zwischen Aminosäuren, die Glykosidbindung zwischen Monosacchariden und die Esterbindung der Glyceride zu spalten. Alle diese Bindungen entstanden unter Abgabe von $H_2O$ ($H^+ + OH^-$) und können deshalb auch durch Einfügen von $H_2O$ wieder getrennt werden (Abb. 7.6). Eine solche hydrolytische Spaltung ist im Grunde auch durch Säurehydrolyse ($H^+$-Überangebot) oder alkalische Hydrolyse (OH-Überangebot in der Lösung) möglich. Säurehydrolyse und alkalische Hydrolyse spielen bei der Verdauung nur eine geringe Rolle, denn die Hauptarbeit der Verdauung wird von den **hydrolytisch wirkenden Enzymen** des Verdauungstrakts geleistet.

Für die verschiedenen Bindungen sind jeweils spezifische Hydrolyseenzyme zuständig. So werden alle Enzyme für den Proteinabbau als **Proteasen**, alle Stärke (Amylose) abbauenden Enzyme als **Amylasen** und alle Lipid abbauenden Enzyme als **Lipasen** bezeichnet. Die Enzyme sind jedoch nicht nur für die jeweilige Bindungsart spezifisch, sondern können auch weitere Eigenschaften des Substrats (z.B. Größe, Zusammensetzung) erkennen, und sie zerlegen die Substratmoleküle nur an definierten Angriffsstellen. So gibt es Proteasen, die bevorzugt die Peptidbindung in der Nachbarschaft bestimmter Aminosäuren spalten, z.B. Chymotrypsin, eine Protease im Dünndarm, die Stellen bevorzugt an denen Tyrosin oder andere aromatische Aminosäuren enthalten sind. Dadurch werden Proteinketten von innen her gespalten und in größere Peptide zerlegt. Man bezeichnet deshalb diese Enzyme auch als **Endoproteasen** oder **Endopeptidasen**, je nach Größe des Substratmoleküls. Andere Proteasen hydrolysieren die kleineren Peptide, indem sie jeweils die endständigen Aminosäuren abspalten. Man bezeichnet diese Peptidasen als **Exopeptidasen**, wobei zwischen Aminopeptidasen und Carboxypeptidasen unterschieden werden kann, je nachdem, ob eine Peptidkette vom Aminoende her oder vom Carboxylende her zerlegt wird (Tabelle 7.1).

Eines der ersten Verdauungsenzyme, dessen Struktur und Funktion beim Abbau der Nahrung aufgeklärt wurde, war die Endoprotease **Chymotrypsin**. Sie wird in der Bauchspeicheldrüse als inaktive Vorstufe, das Chymotrypsiongen, synthetisiert und mit dem Pankreassaft in den Dünndarm transportiert. Die inaktive Vorstufe

**Tabelle 7.1.** Enzyme im Verdauungstrakt (Auswahl). Ihr Bildungsort, ihr Wirkort und die wichtigsten Eigenschaften

| Name | Syntheseort | Wirkort | Eigenschaften | Substrat | Spaltprodukte |
|---|---|---|---|---|---|
| **Proteasen** | | | | | |
| **Endoproteasen** | | | | | |
| Pepsine | Magenepithel, als Proenzym Pepsinogen | Magen | $pH_{opt}$ 1,5–2,5, Spaltung an Phe, Tyr | Proteine | Poly-, Oligopeptide |
| Trypsin | Pankreas, als Proenzym Trypsinogen | Dünndarm | $pH_{opt}$ 7,5–8,5, Spaltung an Arg, Lys | Proteine | Poly-, Oligopeptide |
| Chymotrypsin | Pankre as, als Proenzym Chymotrypsinogen | Dünndarm | $pH_{opt}$ 7,5–8,5, Spaltung an Phe, Tyr | Proteine | Poly-, Oligopeptide |
| Elastase | Pankreas, als Proelastase | Dünndarm | $pH_{opt}$ 7,5–8,5, Spaltung an Gly, Ala, Val, Ile | Proteine | Poly-, Oligopeptide |
| **Exopeptidasen** | | | | | |
| Karboxypeptidase A | Pankreas, als Procarboxypeptidase A | Dünndarm | Spaltung C-terminaler Peptidbindungen an Arg, Lys | Poly-, Oligopeptide | Aminosäuren |
| Karboxypeptidasen | Pankreas, als Procarboxypeptidase | Dünndarm | Spaltung C-terminaler Peptidbindungen | Poly-, Oligopeptide | Aminosäuren |
| Aminopeptidasen | Pankreas, als Proaminopeptidase, Dünndarmepithelzellen | Dünndarm-Lumen und Glycocalyx | Spaltung N-terminaler Peptidbindungen | Poly-, Oligopeptide | Aminosäuren |
| Oligopeptidasen (z. B. Dipeptidylpeptidase) | Dünndarmepithelzellen | Bürstensaummembran der Epithelzellen | Abspaltung N-terminaler Di- und Tripeptide | Poly-, Oligopeptide | Dipeptide, Tripeptide |
| **Kohlenhydrat spaltende Enzyme** | | | | | |
| $\alpha$-Amylase (Ptyalin) | Speicheldrüsen | Mund, Magen | Spaltung von 1,4-$\alpha$-glykosidischen Bindungen in | Stärke und Glycogen | Poly-, Oligosaccharide |
| $\alpha$-Amylase (Pankreas-Amylase) | Pankreas | Dünndarm-Lumen | Spaltung von 1,4-$\alpha$-glykosidischen Bindungen | Stärke und Glycogen | Poly-, Oligosaccharide, Maltose |
| Maltase | Pankreas, Dünndarmepitelzellen | Dünndarm-Lumen und Glycocalyx | Spaltung der 1,4-$\alpha$-glykosidischen Bindung eines Glucose-Disaccharids | Maltose | Glucose |
| Isomaltase ($\alpha$-Dextrinase, Oligo-$\alpha$-1,6-Glukosidase) | Dünndarmepithelzellen | Glycocalyx | Spaltung der 1,6-$\alpha$-glykosidischen Bindung an Verzweigungsstellen der Dextrine | $\alpha$-Dextrine | Glucose, Maltose |
| Saccharase | Dünndarmepithelzellen | Glycocalyx | Spaltung der 1,4-$\alpha$-glykosidischen Bindung eines Glucose-Fructose-Disaccharids | Saccharose | Fructose, Glucose |
| Lactase | Dünndarmepithelzellen | Glycocalyx | Spaltung der 1,4-$\alpha$-glykosidischen Bindung der Lactose | Lactose | Galactose, Glucose |

**Tabelle 7.1** (Fortsetzung)

| Name | Syntheseort | Wirkort | Eigenschaften | Substrat | Spaltprodukte |
|---|---|---|---|---|---|
| **Lipasen** | | | | | |
| Lipase | Pankreas | Dünndarm | Spaltung von Fettsäureestern in Position 1 und 3 | Triacylglyceride | Fettsäuren, Diglyceride und 2-Monoacylglycerin |
| Phospholipase A | Pankreas | Dünndarm | Spaltung von Fettsäureestern in Position 2 | Triacylglyceride | Fettsäuren |
| **Ribonukleasen** | | | | | |
| Ribonuklease | Pankreas | Dünndarm | Hydrolytische Spaltung | RNA | Nukleotide |
| Desoxyribonuklease | Pankreas | Dünndarm | Hydrolytische Spaltung | DNA | Nukleotide |

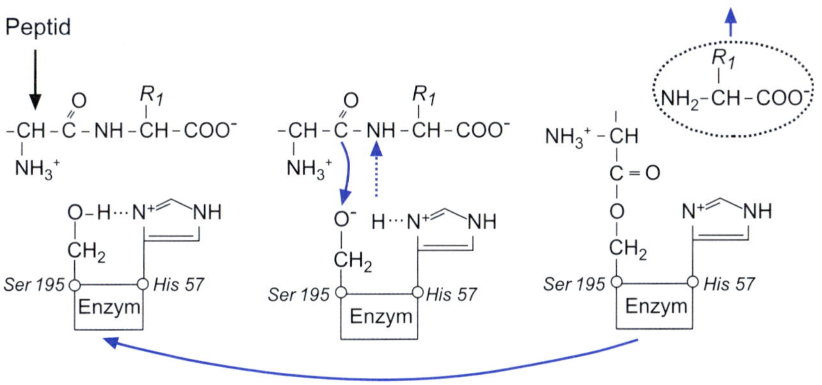


**Abb. 7.7.** Modellvorstellung zur hydrolytischen Wirkung des Chymotrypsin. Danach kommt es zu einer chemischen Wechselwirkung zwischen dem Enzym und dem Substrat. Ein mobiles Proton zwischen den beiden Aminosäuren des aktiven Zentrum reagiert mit einer Peptidbindung des Substrats. Sie wird dadurch gelöst, das Protein wird in zwei Peptide getrennt, und das Enzym kehrt in den hydrolytisch aktiven Ausgangszustand zurück

ist ein Polypeptid aus 245 Aminosäuren, das erst im Dünndarm durch Trypsin und Chymotrypsin aktiviert wird. Dabei werden vier Peptidbindungen gespalten, zwei Dipeptide abgegeben und die verbleibenden drei Peptide über Sulfidbrücken miteinander verbunden. Das aktive Zentrum des Enzyms wird durch die Aminosäuren Histidin (57) und Serin (195) gebildet, die in der Sequenz weit auseinanderliegen, aber durch die räumliche Auffaltung des Moleküls einander nahe kommen (Abb. 7.7). Man nimmt an, dass die Wirkung des Enzyms darauf beruht, dass zwischen den Aminosäurenresten des Histidin und Serin sich ein reaktionsbereites Proton befindet.

## 7.2.2 Enzymatischer Abbau der Nahrung im Verdauungstrakt des Menschen

Da die Verdauung bei allen Tieren ähnlich abläuft, soll das Zusammenspiel der verschiedenen Abschnitte des Verdauungstrakts, der Enzyme und der Regulation der Verdauung am Beispiel des Menschen erläutert werden. Die Physiologie der Verdauung ist vor allem an Hunden, Schafen und Rindern aufgeklärt worden, denen in verschiedenen Abschnitten des Magens und Darms Dauerkatheder oder Fisteln gelegt wurden. Damit konnte die Produktion der Verdauungssäfte und der Abbau der Nahrung entlang des Verdauungstrakts kontinuierlich verfolgt werden (Box 7.1). Diese Methoden werden heute noch eingesetzt, um z. B. die Brauchbarkeit von Futter in der landwirtschaftlichen Nutztierhaltung zu überprüfen.

### 7.2.3 Mund

Im Mund wird die Nahrung durch Kauen mechanisch zerkleinert und mit dem Sekret der drei Speicheldrüsenpaare vermischt, der Glandula submandibularis (Unterkieferspeicheldrüse), Gl. parotis (Ohrspeicheldrüse) und Gl. sublingualis (Unterzungenspeicheldrüse). In Ruhe liefern sie nur geringe Speichelmengen, die gerade ausreichen, um die Mundschleimhaut feucht zu halten, vor allem durch die Aktivität der Gl. submandibularis, die in Ruhe etwa 75% des gesamten Speichels liefert. Beim Anblick und Geruch von Speisen und auch bei mechanischer und chemischer Reizung des Mundes steigt die Speichelproduktion ($\sim$1 l pro Tag), vor allem durch die Aktivität der Gl. parotis, die bei Aktivität etwa 63% des gesamten Speichels liefert. Die drei Speicheldrüsenpaare sind parasympathisch und sympathisch innerviert. Bei parasympathischer Stimulation liefern sie einen dünnflüssigen, glykoproteinarmen Speichel, bei sympathischer Stimulation jedoch einen glykoproteinreichen, viskösen Speichel. Der Kauvorgang selbst läuft reflektorisch ab, kann aber auch willkürlich gesteuert werden. Im Bereich der Schneidezähne werden dabei Kräfte von 100–200 N entwickelt und im Bereich der Backenzähne von 300–700 N, mit einem Maximum bei 1900 N. Feste Nahrung wird beim Kauen in wenige $mm^2$ große Bruchstücke zerkleinert, mit dem Speichel vermischt und durch die Glykoproteine (Mucin) gleitfähig gemacht. Diese Vorarbeit ist notwendig, um die Nahrung in kleinen Portionen der enzymatischen Verdauung im Magen und Darm zuführen zu können. Durch die wässrige Lösung diffundieren Nahrungsbestandteile zu den Geschmacksknospen und werden dort auf Geschmack, Geruch und Verträglichkeit geprüft. Der Mund ist also nicht nur ein Mahlwerk, sondern hat auch die wichtige Aufgabe, die Nahrung auf ihre Brauchbarkeit hin zu kontrollieren.

Der pH-Wert des Speichels ist nicht konstant und liegt im allgemeinen zwischen 5,8 und 7,8. Bei schwacher Speichelproduktion ist er leicht sauer und bei starker Sekretion leicht alkalisch. Neben den für den pH wichtigen $HCO_3^-$-, $Na^+$-, $K^+$- und $Cl^-$-Ionen enthält der Speichel auch $SCN^-$ (Rhodanid-Ionen), die eine desinfizierende Funktion haben können.

Neben dieser vorbereitenden Arbeit des Einspeichelns wird im Mund bereits eine erste Stufe der enzymatischen Stärke-Verdauung eingeleitet. Der Speichel des Menschen und einiger anderer Säugetiere enthält eine $\alpha$-Amylase, mit der pflanzliche Stärke in kleinere Bruchstücke zerlegt wird. Die $\alpha$-Amylase ist eine Endoamylase, sehr pH-empfindlich und hat ihre optimale enzymatische Aktivität bei einem pH von 6,8. Sie benötigt die Anwesenheit von Cl-Ionen, was durch die Ionenzusammensetzung des Speichels gewährleistet ist. Das Endprodukt sind häufig Hexasaccharide und in geringem Umfang Tri-, Di- und Monosaccharide. Die $\alpha$-Amylase greift Stärke etwas besser an, wenn sie vorgequollen und erhitzt worden ist. Ein Umstand, dem Menschen durch Kochen und Backen von stärkehaltigen Nahrungsmitteln Rechnung tragen.

### 7.2.4 Magen

Nach Abschluss der vorbereitenden Arbeit im Mundraum wird die Nahrung in kleinen Brocken durch peristaltische Kontraktion der Speiseröhre in den Magen befördert. Das Schlucken wird willkürlich eingeleitet und in Pharynx und Oesophagus reflektorisch fortgesetzt. Dabei wird der obere Oesophagussphinkter geöffnet und der Speisebrocken (Bolus) durch peristaltische Kontraktion Richtung Magen befördert. Die Bolus-Passage des Kehlkopfes führt reflektorisch zu einem Verschluss der Epiglottis und Atemstillstand. Das magennahe Ende des Oesophagus ist ebenfalls durch einen Sphinkter verschlossen, der beim Schlucken erschlafft und den Bolus passieren lässt. Der Verschluss des unteren Sphinkter ist besonders wichtig, um ein Aufsteigen des Magensafts in den Oesophagus zu vermeiden (Sodbrennen), da beim Schlucken dort ein Unterdruck entsteht und der Magen durch

## Box 7.1

### Enzymatischer Abbau der Nahrung im menschlichen Verdauungstrakt

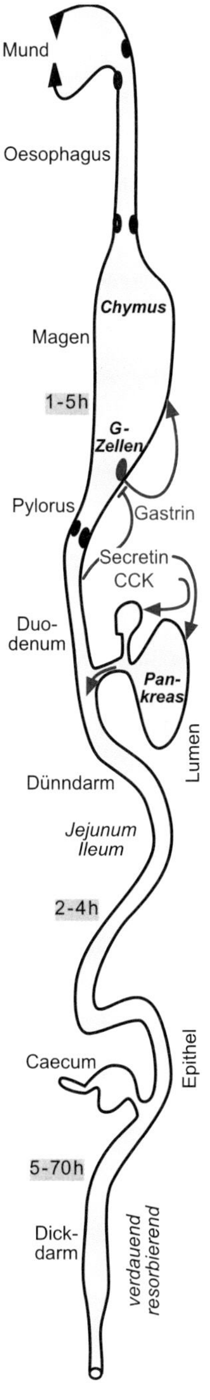


| Kohlenhydrate | Proteine | Lipide |
|---|---|---|
| **Mund:** Mechanische Zerkleinerung, Einspeicheln, Lösung in Wasser, Geschmacksprüfung, Portionierung<br>Speichel enthält $Na^+$, $K^+$, $HCO_3^-$, $Cl^-$, $SCN^-$, pH 6,8, $\alpha$-Amylase | | |
| $\alpha$-Amylase spaltet Polysaccharide, abhängig von der Kaudauer | | |
| **Magen:** Magensaft enthält Mucin, Pepsine, HCl (pH 1–4) | | |
| Nachwirkende Amylase des Mundspeichels spaltet Polysaccharide bis zu Oligosacchariden | HCl ↓<br>Pepsinogen → Pepsin<br>Endopeptidase<br>(Tyr, Phe)<br>↓<br>Proteine → Peptide | |
| **Darmlumen:** Pankreassekret und Galle wird ins Darmlumen abgegeben. Pankreassaft enthält $HCO_3^-$, pH 6–7, $\alpha$-Amylase, Peptidasen, Lipase | | |
| Pankreas-Amylase<br><br>$\alpha$-Amylase spaltet Polysaccharide in Oligosaccharide, Disaccaride, teilweise Monosaccharide | Enteropeptidase<br>↓<br>Trypsinogen → Trypsin<br>(Lys, Arg)<br>Chymotrypsinogen<br>→ Trypsinogen<br>(Tyr, Phe)<br>Carboxypeptidase<br><br>Enzyme spalten Proteine und Peptide in kleine Peptide und Aminosäure | Emulgation von Lipiden durch Gallensäuren<br><br>Lipase spaltet Triglyceride in Di-, Monoglyceride und Fettsäuren |
| **Darmepithel:** verdauend-resorbierendes Epithel, in der Glycocalyx Enzyme für die Abspaltung von Monosacchariden und Aminosäuren, anschließend Resorption | | |
| Di-, und Trisaccharidasen liefern Monosaccharide<br><br>Glucose-Resorption durch $Na^+$-Symport<br>Fructose-Resorption durch erleichterte Diffusion | Carboxy- und Aminopeptidasen liefern Aminosäuren<br><br>Resorption durch $Na^+$-Symport | <br><br>Resorption von Fettsäuren Di- und Monoglyceriden, Endocytose von Triglyceriden |
| **Dickdarm und Enddarm:** Resorption restlicher Monomere, Speichern und Vorbereitung zur Ausscheidung | | |

seine Peristaltik einen Überdruck erzeugt. Die Passagezeiten für das Schlucken betragen etwa 10 sec für einen festen Speisebrocken und 1 sec für einen flüssigen Bolus.

Im Magen wird die Speise mit dem Magensaft vermischt (**Chymus**) und es beginnt der erste Schritt der Verdauung. Fundus und oberer Korpus des Magens haben vor allem Speicherfunktion mit wenig Motorik. Im unteren Korpus und Pylorusbereich wird der Chymus durch peristaltische Kontraktionen und Pendelbewegungen des Magens durchmischt (3 Kontraktionen pro Minute), allmählich vom Fundus zum Pylorus durch den Magen befördert und dabei verdaut. Durch den Pylorus wird flüssiger Chymus in den Darm gepresst, feste Nahrungsbrocken werden zurückgehalten. Je nach Menge und Verdaulichkeit der Nahrung benötigt sie etwa 1–5 h zur Passage des Magens.

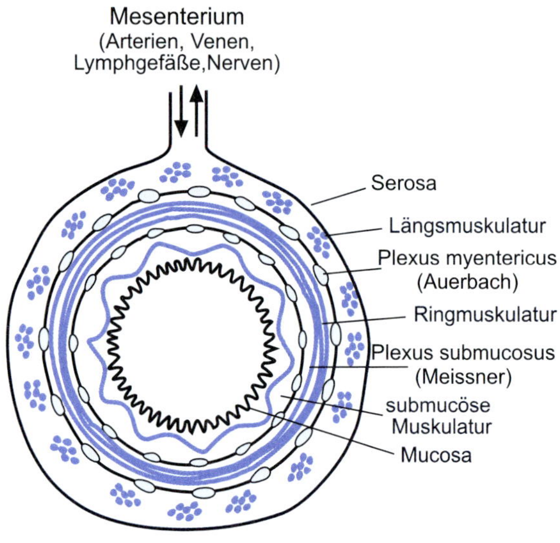


**Abb. 7.8.** Schematischer Querschnitt durch den Magen-Darm-Kanal der Säugetiere. Die verschiedenen Abschnitte des Verdauungstrakts beruhen auf einem einheitlichen Aufbau, aus dem innen liegenden sezernierendem und resorbierenden Epithel (Mucosa), aus Ring- und Längsmuskulatur und aus einem eigenen Darmnervensystem, dem Auerbachschen und Meissnerschen Plexus

## Bildung und Aufgaben des Magensaftes

Im nüchternen Zustand produziert der Magen des Menschen etwa 5–15 ml $h^{-1}$ Magensaft. Nach einer Nahrungsaufnahme steigt die Magensaft-Produktion auf 600–1200 ml $h^{-1}$ (pro Tag bis zu 3000 ml). Verantwortlich dafür ist eine neuronale Erregung des Magens über den Nervus vagus, die durch den Anblick, den Geruch oder auch nur die Einbildung einer Speise ausgelöst werden kann (Pavlovscher Reflex). Zusätzlich wird die Magenwand durch die verschluckten Speisebrocken chemisch und mechanisch gereizt und zur verstärkten Magensaftproduktion angeregt. Eine wichtige Rolle spielt dabei das Hormon **Gastrin**, das von G-Zellen des Magens produziert wird und über den Kreislauf die Magensaftbildung im gesamten Magen steigert (Abb. 7.9).

Der Magensaft enthält schleimbildende Glykoproteide, Salzsäure (HCl) und die eiweißverdauenden Pepsine. Alle drei Komponenten werden vom Epithel des gesamten Magens geliefert, aber in den tubulären Magendrüsen (Magengrübchen) des Fundus und des Korpus ist die Produktion besonders intensiv. Am oberen Ende der Magendrüsen liegen bevorzugt die Schleimzellen, in der Mitte die HCl produzierenden **Belegzellen** und am unteren Ende die für die Pepsinbildung verantwortlichen **Hauptzellen** (Abb. 7.10). Die Kombination aus Salzsäure und Pepsin gefährdet das Magenepithel. Um eine Selbstzerstörung zu verhindern, sondert das Magenepithel einen zähen Schleim ab, der den ganzen Magen von innen auskleidet. Er wird fortwährend nachgeliefert und bei lokaler Reizung werden lokal große Mengen sezerniert. Dadurch wird der agressive Magensaft ständig von der Magenwand weggeschoben.

Das proteolytische Enzym **Pepsin** wird aus den Hauptzellen der Magenwand geliefert. Die Herstellung eines proteolytischen Enzyms ist mit großer Gefahr verbunden, denn es wird die intrazellulären Proteine genauso zerstören wie die extrazellulären Nahrungsproteine. Deshalb wird das Pepsin von den Zellen in einer inaktiven Vorstufe, dem Pepsinogen, synthetisiert. Erst unter der Einwirkung der Salzsäure im Magenlumen wird vom Pepsinogen ein inhibitorischer Proteinanteil abgespalten (42 Aminosäuren vom N-terminalen Ende) und die enzymatisch wirksame Tertiärstruktur des Pepsin freigelegt. Das Pepsin selbst hat zusätzlich eine autokatalytische Wirkung auf die Umwandlung des Pepsinogen

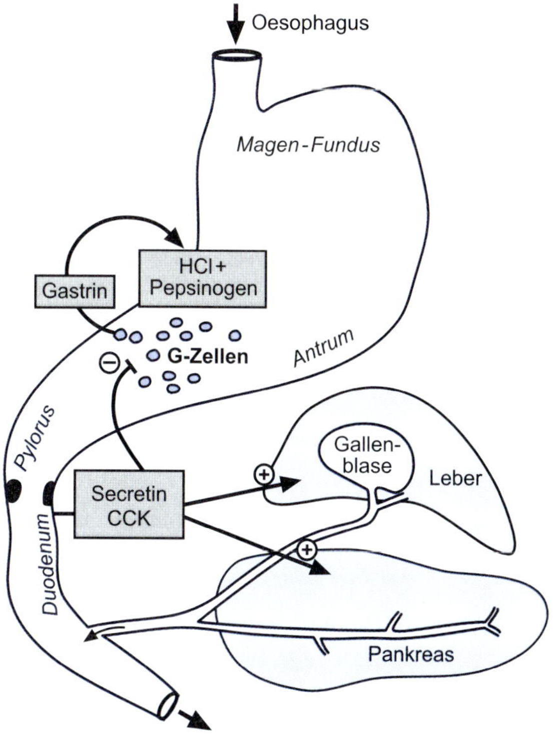


**Abb. 7.9.** Endokrine Kontrolle der Magensaftproduktion durch Gastrin und der Sezernierung des Pankreassaftes und der Gallenentleerung durch die Hormone Secretin und Cholecystokinin-Pankreozymin (CCK-PKZ)

zu Pepsin, so dass dessen Bereitstellung noch beschleunigt wird. Meist enthält der Magensaft eine Mischung verschiedener Pepsine (ca. 7), deren pH-Optimum im sauren Bereich bei 1–3 liegt, bei neutralem pH werden einige Pepsine sogar denaturiert. Das Pepsin ist eine Endoprotease und spaltet Proteine bevorzugt an Stellen, die aromatische Aminosäuren (Tyrosin, Phenylalanin) enthalten. Die im Speisebrei enthaltenen großen Proteine werden dadurch in kürzere Polypeptide zerlegt. Eine gewisse hydrolytische Wirkung auf die Proteine hat auch die Salzsäure selbst, so dass am Ende der Magenverdauung Proteine zum größten Teil nur noch als Peptide unterschiedlicher Kettenlänge vorliegen.

Bildungsort der **Salzsäure** sind die Belegzellen, die ganz auffallende intrazelluläre Kanälchen besitzen (Canaliculi, Abb. 7.10). Die Anfärbung der Belegzellen mit pH-Indikatoren zeigt, dass im Zellinneren ein ganz normaler pH herrscht und nur in den Canaliculi Salzsäure vorliegt, die offensichtlich von den Belegzellen in die Canaliculi sezerniert wird. Ein Vergleich der $H^+$-Ionen-Konzentration zwischen Zellinnerem und den Canaliculi ergab, dass über die Canaliculi-Membran hinweg ein Konzentrationsgradient von 1:1 Mio. aufgebaut wird (170 mM HCl, pH $\sim$ 0,8).

Grundlage des hohen $H^+$-Ionen-Angebots ist die Bildung von Kohlensäure aus $CO_2$ und $H_2O$, die in den Belegzellen durch eine Carboanhydrase katalysiert wird (Abb. 7.11). Die Kohlensäure dissoziiert in $H^+$ und $HCO_3^-$. Die Bedeutung die-

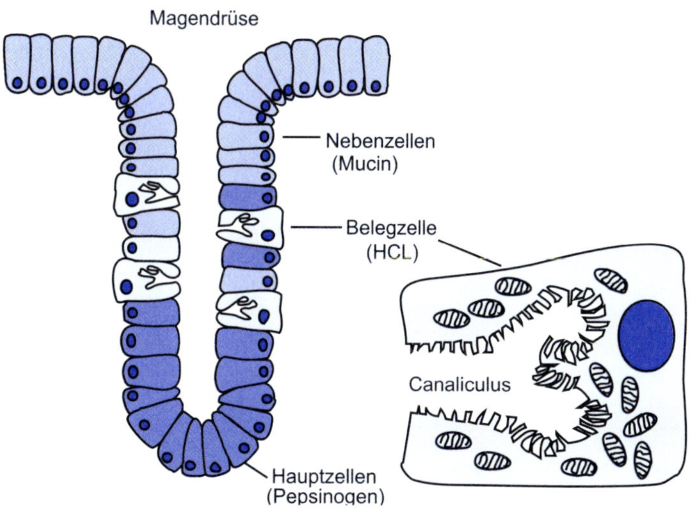


**Abb. 7.10.** Schematischer Aufbau einer Magendrüse und der Belegzellen mit den Canaliculi, über deren Membran hinweg die Salzsäure produziert wird

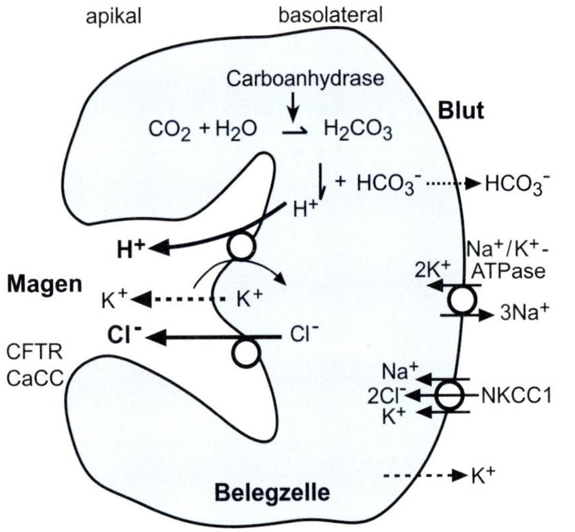


**Abb. 7.11.** Mechanismus der HCl-Produktion durch die Belegzellen

ses initialen Schritts wird daraus erkennbar, dass Carboanhydrase-Blocker (z. B. Acetazolamid) die HCl-Produktion des Magens unterdrücken können. HCl entsteht in den Canaliculi durch die Zusammenarbeit mehrerer aktiver Ionentransporter der apikalen und der basolateralen Membran der Belegzellen. $Cl^-$-Ionen werden aktiv in das Canaliculi-Lumen transportiert (apikal). Dadurch entsteht über die Canaliculi-Membran ein Ladungsungleichgewicht von –40 bis –70 mV, durch das vor allem $K^+$-Ionen zum Ladungsausgleich passiv hinausdiffundieren. Die $H^+$-Ionen werden ebenfalls aktiv in das Canaliculi-Lumen transportiert, allerdings im Austausch gegen die $K^+$-Ionen ($H^+$-$K^+$-ATPase), so dass die meisten der abgegebenen $K^+$ wieder reabsorbiert werden. Vereinfacht gesehen, wird durch den $H^+$-$K^+$-Austausch das primär ins Canaliculi-Lumen transportierte KCl in HCl umgewandelt. Der Nachschub an $Cl^-$ in die Zellen wird durch einen $Na^+$-$K^+$-$Cl^-$-Kotransporter (NKCC1) aufrechterhalten (Barrett u. Keely 2000). Das überschüssige intrazelluläre $HCO_3^-$ wird ins Blut abgegeben und über den Kreislauf abtransportiert. Nach einer üppigen Mahlzeit kann die $HCO_3^-$-Belastung so extrem ansteigen, dass ein alkalischer Urin ausgeschieden wird.

Die hohe HCl-Konzentration des Magensaftes hat neben der Aktivierung des Pepsin eine ganze Reihe von Aufgaben zu erfüllen. Sie denaturiert die meisten Proteine, die mit der Nahrung aufgenommen werden. Dadurch werden auch mit der Nahrung aufgenommene Mikroorganismen abgetötet. Die Salzsäure verleiht dem Magen also eine wichtige Desinfektionsfunktion, bevor der Speisebrei in den Resorptionsbereich des Darmes weitergeleitet wird. HCl wird aber auch die Speichelamylase des aus dem Mund kommenden Speisebrockens inaktivieren, denn diese funktioniert nur bei einem neutralen pH. Abhängig von der Größe und der Durchmischung eines Speisebrockens kann es etwa 1 Stunde dauern, bis er völlig durchgesäuert ist. In dieser Zeit kann die im Mund zugegebene Speichelamylase nachwirken. Unter idealen Bedingungen (gründliches Kauen) wird sie ihre Hauptarbeit also nicht im Mund, sondern erst im Magen verrichten.

Die mit der Nahrung aufgenommenen Lipide und Kohlenhydrate werden im Magen überhaupt nicht oder nur in geringem Umfang gespalten. Polysaccharide können durch die Salzsäure allmählich hydrolytisch gespalten werden, abhängig von der Verweildauer und dem pH des Magensaftes. Lipide sind nicht wasserlöslich und bieten deshalb noch weniger Angriffspunkte für eine Säurehydrolyse durch HCl. Allerdings wird von den Hauptzellen des Magens, wie auch von der Unterzungenspeicheldrüse, eine **säurebeständige Lipase** geliefert, die bereits im Magen mit der Hydrolyse von Lipiden beginnen kann. Wegen der nur wenig emulgierten Fette finden sie jedoch nur wenig Angriffsflächen und spielen bei Erwachsenen praktisch keine Rolle, während sie bei Säuglingen die Hydrolyse des Milchfetts unterstützen. Von den Belegzellen des Magens wird außerdem ein **Intrinsic-Faktor gebildet,** der gemeinsam mit dem R-Protein des Speichels die Aufnahme von Vitamin $B_{12}$ ermöglicht. Vitamin $B_{12}$ bildet mit dem R-Protein einen magensaftresistenten Komplex. Nach Spaltung dieses Komplexes durch proteolytische Enzyme im Dünndarm bindet der Intrinsic-Faktor das Vitamin $B_{12}$, bis es schließlich im Ileum durch Rezeptor-vermittelte Endocytose aufgenommen werden kann.

### 7.2.5 Darm

Am Ende des Magens wird der verflüssigte Speisebrei durch den Pylorus (Pförtner) portionsweise in den Dünndarm gepresst. Der saure Mageninhalt regt die Schleimhaut des ersten Dünndarmabschnitts, des Duodenums (Zwölffingerdarm), und die Bauchspeicheldrüse zu massiver Sekretion von $HCO_3^-$ an, die den sauren pH des Speisebreis neutralisiert. Durch den Kontakt des sauren Speisebreis mit dem Epithel des Duodenums werden dort zwei Hormone freigesetzt, **Secretin** und **Cholecystokinin**, die ins Blut abgegeben werden und auf diesem Weg die Bauchspeicheldrüse (Pankreas) und die Gallenblase erreichen (Abb. 7.9). Secretin reagiert besonders empfindlich auf den Säurereiz und fördert in erster Linie die Flüssigkeits- und $HCO_3^-$-Sekretion des Pankreas, während Cholecystokinin auf mechanische Reize und den Fettgehalt der Nahrung reagiert sowie die **Sekretion von Verdauungsenzymen aus dem Pankreas** und die **Kontraktion der Gallenblase** auslöst. Der Pankreas liefert pro Tag etwa 2 l eines leicht alkalischen Sekrets, in dem zahlreiche Enzyme für die hydrolytische Spaltung unterschiedlicher Nahrungsbestandteile enthalten sind. Sie werden in den Azini des Pankreas synthetisiert, bei Bedarf ausgeschüttet und mit dem Bauchspeichel in den Darm transportiert. Im Bauchspeichel sind außerdem eine Reihe von Elektrolyten wie $Na^+$, $K^+$, $HCO_3^-$ und $Cl^-$ enthalten, aber im Gegensatz zum hypotonen Mundspeichel bleibt er stets isoton zum Blutplasma. Wenn zur pH-Pufferung eine größere Menge and $HCO_3^-$ notwendig ist, so wird zum Ausgleich die $Cl^-$-Sekretion verringert.

Der saure Chymus aus dem Magen wird mit den Sekreten der Bauchspeicheldrüse, der Gallenblase und dem Sekret der Darmepithelzellen vermischt. Die spontanen Kontraktionen der Darmmuskulatur erfolgen etwas häufiger als die des Magens (3-mal pro Minute) und betragen 12-mal pro Minute im Duodenum, 8-mal pro Minute im Ileum. Die periodische und koordinierte Gesamtbewegung des Darms wird als myoelektrischer Motorkomplex bezeichnet (MMK). Die Wanderungsgeschwindigkeit dieses Bewegungsmusters entlang des Darms beträgt 6–8 cm $min^{-1}$ im oberen Dünndarm und etwa 2 cm $min^{-1}$ im unteren Dünndarm. Dadurch wird der Darminhalt nicht nur durchmischt, sondern auch allmählich in Richtung Enddarm geschoben.

#### Verdauung von Kohlenhydraten im Darmlumen

Der tägliche Verbrauch an Kohlenhydraten beträgt etwa 300–400 g, die zum größten Teil (60%) als Stärke in der Nahrung enthalten sind. Stärke ist ein Glucose-Polysaccharid mit einem Molekulargewicht zwischen 100 kDa und 1000 kDa, und besteht meist aus einer Mischung aus Amylose (20%) und dem stärker verzweigten Amylopektin (80%) (s. Kap. 1.6 Bioenergetik). Eine weitere wichtige Kohlenhydratkomponente in der Nahrung sind die Saccharose (Zucker, Sucrose), ein Disaccharid aus Glucose und Fructose (30%), kleinere Mengen (8%) Lactose (Milchzucker) und noch geringere Mengen an tierischem Glycogen und freien Monomeren wie Fructose (Fruchtzucker). Zur Kohlenhydrat-Verdauung liefert der Pankreas eine $\alpha$-Amylase die, ähnlich wie die $\alpha$-Amylase des Mundspeichels, die 1,4 $\alpha$-glykosidische Bindung der Kohlenhydrate spaltet und dadurch Polysaccharide in Oligosaccharide zerlegt. Wenn die Nahrung gründlich gekaut wurde, so wird durch die Speichelamylase im Mund und deren Nachwirkung im Magen bereits etwa die Hälfte der aufgenommen Stärke zerlegt. Der restliche Abbau der Stärke kann dann relativ rasch in den Anfangsabschnitten des Dünndarms erledigt werden, da Pankreas-Amylase im Überschuss gebildet wird. Als Endprodukt des enzymatischen Abbaus der Amylose entstehen meist Maltose und Maltotriose und beim Abbau des stärker verzweigten Amylopektine meist Maltotriosen und $\alpha$-Grenzdextrine.

#### Verdauung von Proteinen im Darmlumen

Zur Eiweißverdauung enthält der Pankreassaft zwei Endoproteasen, das **Trypsin** und das **Chymotrypsin,** sowie eine **Carboxypeptidase**. Die proteolytischen Enzyme des Pankreas werden ähnlich wie die Pepsine des Magens als **inaktive Proenzyme** sezerniert, um den Pankreas vor Selbstverdauung zu schützen. Zur Aktivierung des Trypsinogen muss es im Darmlumen mit einer im Darmepithel (Duodenum) gebildeten

Substanz, der **Enteropeptidase** (Enterokinase) zusammentreffen. Die Enteropeptidase wird von Darmepithelzellen nach Kontakt mit dem sauren Chymus gebildet, der aus dem Magen kommt. Sie spaltet einen inhibitorischen Peptidanteil (Hexapeptid) vom Trypsinogen ab und setzt damit das aktive Zentrum des Trypsins in Betrieb. Das entstandene Trypsin kann ebenfalls diesen inhibitorischen Peptidanteil abspalten, so dass Trypsin, durch autokatalytische Wirkung auf seine eigene Vorstufe Trypsinogen, die Umwandlung zum aktiven Trypsin noch beschleunigt. Darüber hinaus spaltet Trypsin zwei inhibitorische Dipeptide des Chymotrypsinogens ab und sorgt damit zusätzlich auch für die Aktivierung des Chymotrypsins (s. Kap. 7.2.1), auf das die Enteropeptidase selbst keinen Einfluss hat. Wegen der autokatalytischen Wirkung des Trypsin erfolgt die Aktivierung der proteolytischen Enzyme sehr rasch und breitet sich geradezu explosionsartig im Pankreassaft aus. Dies birgt die Gefahr, dass die Proenzyme bereits während des Anflutens im Ductus pankreaticus retrograd bis zum Pankreas aktiviert werden und den Pankreas selbst enzymatisch angreifen könnten. Um dies zu verhindern, wird vom Pankreas gleichzeitig mit den Proenzymen ein Trypsin-inhibierender Faktor ausgeschüttet, der Trypsinogen vor einer vorzeitigen Aktivierung im Pankreas und dessen Ausführgang schützt.

Trypsin spaltet Peptide bevorzugt an Stellen, die Lysin oder Arginin enthalten, während Chymotrypsin die Spaltung an aromatischen Aminosäuren (Tyrosin, Phenylalamin) bevorzugt. Durch die Aktivität dieser Endopeptidasen werden die Polypeptide in immer kleinere Peptide zerlegt. Dadurch entstehen zahlreiche Angriffsmöglichkeiten für die im Pankreassaft enthaltene Carboxypeptidase, die vom COOH-Ende eines Peptids einzelne Aminosäuren abspaltet und deren anschließende Resorption ermöglicht.

### Verdauung von Lipiden im Darmlumen

Die tägliche Fettaufnahme von Menschen in den Industrieländern beträgt etwa 60–100 g und deckt damit etwa 40% des Energiebedarfs. Zum größten Teil sind dies Triglyceride (90%), die langkettige Fettsäuren wie Palmitat (16 C-Atome) und Oleat (18 C-Atome) enthalten. Die restlichen 10% der mit der Nahrung aufgenommen Fette sind Cholesterinester, Phospholipide und andere Strukturlipide. Die Verdauung der Fette ist besonders schwierig, da sie nicht wasserlöslich sind. Um überhaupt verdaut werden zu können, müssen sie im Chymus fein emulgiert werden. Die **Emulgation der Lipide** wird von den Gallensäuren erleichtert. Die Leber produziert pro Tag etwa 600–700 ml Galle, die in der Gallenblase gespeichert und vor allem nach fettreicher Nahrung über den Gallengang in den Darm entleert wird. Die Moleküle der Gallensäuren haben amphiphile Eigenschaften, d.h. sie enthalten mit ihrem Steroidkern eine lipophile Seite und mit ihren Carboxyl- und Hydroxylgruppen eine hydrophile Seite. Dadurch wirken sie ähnlich wie Detergentien. An der Phasengrenze von Wasser und Lipiden legen sie sich zu einer monomolekularen Schicht gleich ausgerichteter Moleküle zusammen, deren hydrophile Seite dem Wasser und deren lipophile Seite dem Fett zugewandt ist. Durch die Scherkräfte der Darmperistaltik werden die so umhüllten Fetttröpfchen in immer kleiner werdende Einheiten aufgeteilt. Der Gesamtvorrat des Körpers an Gallensäuren beträgt etwa 2–4 g und die Neusynthese etwa 0,2–0,6 g pro Tag. Diese Menge reicht nicht aus, um die täglich aufgenommenen Lipide zu emulgieren (für 100 g Fett würden 20 g Gallensäuren benötigt). Deshalb werden die Gallensäuren bis zum Ende des Dünndarms wieder resorbiert (95%), mit dem Blut zur Leber transportiert und erneut zur Produktion von Galle verwendet. Dieser **enterohepatische Kreislauf der Gallensäuren** erfordert 6–10 Umläufe der Gallensäuren pro Tag, abhängig von der Fettmenge, die mit der Nahrung aufgenommen wird.

Im fein emulgierten Endzustand erreichen die Fetttröpfchen ein Größe von 0,5–1,5 μm. Dadurch bieten sie eine große Fett-Wasser-Grenzfläche, an der die **Pankreaslipase** angreifen und die Esterbindung der Fette spalten kann. Die Pankreaslipase besteht aus 2 Komponenten, einer Kolipase, die durch Trypsin aktiviert und an der Phasengrenze von Fett und Wasser verankert wird, und der eigentlichen Lipase, die mit der Kolipase einen Komplex bildet. Bei der Hydrolyse der Triglyceride werden bevorzugt die Fettsäuren in Position 1 und 3 abgespalten, so dass Fettsäuren und 2-Monoacylglycerin als Endprodukte entstehen. Einige dieser Endprodukte haben ebenfalls emulgierende Wirkung und können auf diese Weise die hydrolytische Spaltung der Lipide beschleunigen. Andere Endprodukte, vor allem die langkettigen Fettsäuren, sind immer noch schlecht wasserlöslich und werden deshalb mit Gallensäuren gemeinsam zu winzigen **Micellen** verpackt, die noch etwa 300-mal kleiner sind als die emulgierten Fetttröpfchen. Die ebenfalls im Pankreassaft enthaltene **Phospholipase A** spaltet aus Lecithin eine Fettsäure ab, und es entsteht dadurch Lysolecithin. Ähnliches gilt für die in der Nahrung enthaltenen Cholesterinester, die durch eine **Cholesterinesterase** in Cholesterin und freie Fettsäuren gespalten werden.

## 7.2.6 Verdauendes-resorbierendes Epithel des Dünndarms

Die Darmoberfläche ist durch Einfaltungen des Darmrohrs (Kerckringsche Falten), durch Zottenbildung und die Ausbildung von Mikrovilli (Bürstensaum) zum Lumen hin sehr stark oberflächenvergrößert (600fach), und bietet damit eine große Arbeitsfläche für die Verdauung und Resorption der Nahrung (Abb. 7.12). Das Darmepithel hat eine der höchsten Teilungsraten unter den Geweben des Körpers. Die Regenerationszone liegt in den Krypten an der Basis der Zotten. Von dort wandern die Epithelzellen innerhalb von 24–36 Stunden zur Spitze der Zotten, entwickeln dabei unterschiedliche Enzyme und Transport-Systeme, reifen zu den resorbierenden Enterocyten des Dünndarms und werden nach 3–5 Tagen abgestoßen (Abb. 7.13). Neben dem Sekret des Pankreas und der Leber sind auch Enzyme des Dünndarmepithels an dem enzymatischen Abbau beteiligt. Die vom Dünndarmepithel produzierten Enzyme werden jedoch nicht frei ins Darmlumen abgegeben, sondern bleiben zum größten Teil an der Oberfläche der Darmepithelzellen (Enterocyten) bzw. in der **Glycocalyx** des Bürstensaums verankert. Zusätzlich lagern sich dort auch noch Enzyme des Pankreas an, so dass die Dünndarmoberfläche eine große

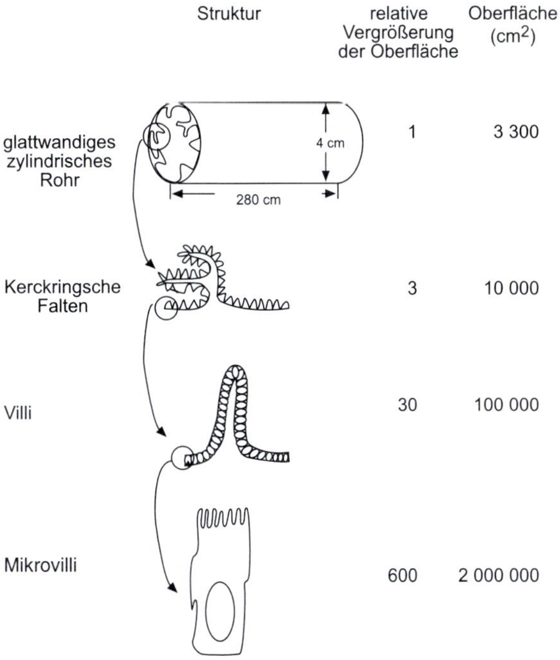


**Abb. 7.12.** Die innere Oberfläche des Dünndarms ist durch Falten (Kerckringsche Falten), Zotten (Villi) und den Bürstensaum (Mikrovilli) der Epithelzellen stark vergrößert. Dies erhöht die Angriffsfläche für den enzymatischen Endabbau und die Resorption

Oberfläche mit hoher Dichte an Verdauungsenzymen bildet (Abb. 7.14).

Die vom Dünndarmepithel gebildeten Enzyme sind in erster Linie für einen Endabbau der angelieferten Tri- und Disaccharide und der Oligopeptide zuständig. Für den Kohlenhydratabbau sind dies vorwiegend Tri- und Disaccharidasen und für den Peptidabbau Exopeptidasen, die einzelne Aminosäuren von Peptidketten abspalten. Die Abbauprodukte dieser Enzyme sind Monosaccharide und Aminosäuren. Sie werden unmittelbar nach ihrer Abspaltung von den Darmepithelzellen resorbiert, denn die Epithelzellen des Bürstensaums besitzen eine hohe Dichte an Transportmolekülen und eine hohe Transportkapazität für sämtliche Abbauprodukte der Nahrung. Bei der Resorption der Aminosäuren und der Monosaccharide spielt unspezifische Diffusion nur eine geringe Rolle. Totes Darmepithel wird von diesen Stoffen nur so langsam durch Diffusion passiert, dass es sogar als Diffusionsbarriere angesehen werden muss.

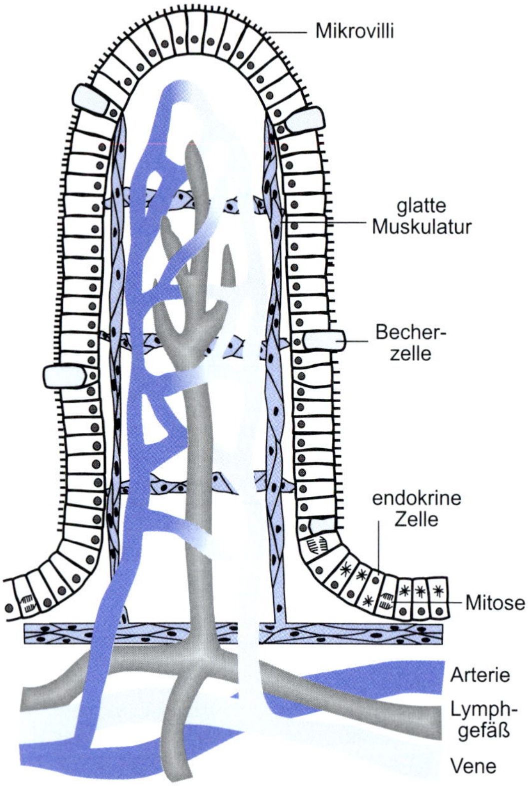


**Abb. 7.13.** Aufbau einer Darmzotte. Die Darmzotten haben eine komplexe Mikroanatomie für die Resorption und den Abtransport der aufgenommenen Nährstoffe. Die Epithelzellen tragen Mikrovilli zur Oberflächenvergrößerung für die Resorption. Das Dünndarmepithel gehört zu den Geweben mit der höchsten Teilungs- und Umsatzrate im Körper. In den Krypten werden durch Mitose neue, undifferenzierte Zellen gebildet, die dann innerhalb von 24–36 h zur Zottenspitze wandern und sich dabei zu den resorbierenden Enterozyten ausdifferenzieren. Nach 3–5 Tagen werden sie abgestoßen und durch Nachrücker ersetzt. Außer den Enterozyten enthält das Darmepithel noch schleimbildende Becherzellen und endokrine Zellen (u.a. Serotonin bildende Zellen). Im Inneren der Zotte verlaufen Blutgefäße und Kapillaren, welche die resorbierten Nährstoffe abtransportieren und das Epithel versorgen. Ein Teil des Abtransports geschieht auch über die Lymphe. Die Zotten enthalten Muskelzellen, mit denen sie sich kontrahieren und Pendelbewegungen durchführen können. Das Innere der Zotten ist außerdem dicht besiedelt von Zellen der spezifischen (B- und T-Lymphocyten) und der unspezifischen Immunabwehr (Malrophagen, Mastzellen, eosinophile Leukozyten und Plasmazellen) (nicht im Bild enthalten)

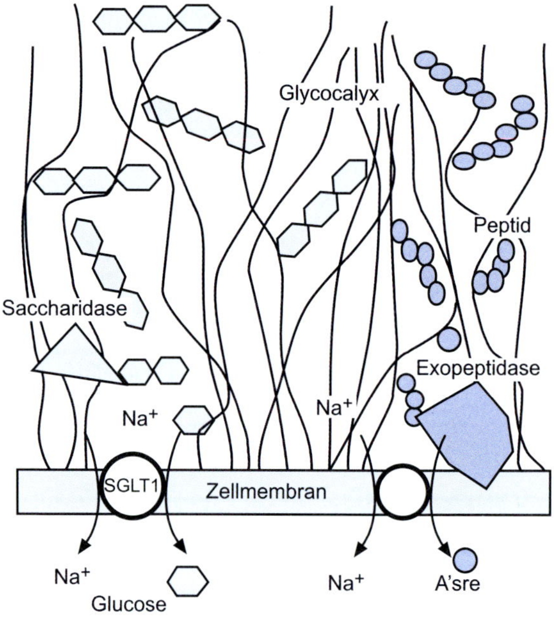


**Abb. 7.14.** Struktur der Dünndarmoberfläche. Die Oberfläche der Mikrovilli ist von einer Schicht aus Glykolipiden, Glykoproteinen und Mukopolysacchariden bedeckt (Glykokalyx), deren Kohlehydratseitenketten Wasser binden und die Haftstellen für Enzyme und andere Proteine enthalten. Der Endabbau der Oligopeptide und Oligosaccharide findet innerhalb der Glykokalyx des Dünndarmepithels statt, in direkter Nachbarschaft zu den Transportmolekülen, von denen die Aminosäuren und Monosaccharide in die Epithelzelle aufgenommen werden

Die Resorption von Aminosäuren und Monosacchariden wird deshalb in erster Linie durch aktiven Transport und durch erleichterte Diffusion bewerkstelligt (Abb. 7.15). Wegen der direkten Verbindung von enzymatischem Abbau und direkter Resorption der Nahrungsbausteine wird das Dünndarmepithel als **verdauend-resorbierendes Epithel** bezeichnet.

### Resorption der Monosaccharide

Das Monosaccharid Glucose wird durch **aktiven Transport** gemeinsam mit $Na^+$ aus dem Darmlumen resorbiert. Dafür verantwortlich ist ein **$Na^+$-D-Glucose-Kotransporter** (SGLT1, *sodium glucose linked transporter 1)*. **SGLT1** wird in den Darmepithelzellen exprimiert und in die apikale Membran der Epithelzellen (zum Darmlumen) eingebaut. Es ist ein sehr großes Protein (482–718

Aminosäuren), das 14 Transmembran-Domänen enthält, wovon 4 für die Bindung und Translokation der Glucose zuständig sind (Hediger u. Rhoads 1994). Auf Grund des $Na^+$-Gradienten zwischen Darmlumen und dem Enterocyten werden $Na^+$ und Glucose gemeinsam von SGLT1 über die apikale Membran ins Zellinnere transportiert. Durch die niedrige intrazelluläre $Na^+$-Konzentration löst sich $Na^+$ vom SGLT1, dessen Affinität zur Glucose lässt nach und die Glucose wird in der Zelle freigesetzt. Aus der Epithelzelle gelangt die Glucose durch erleichterte Diffusion (GLUT2) in die Extrazellulärflüssigkeit. Die in die Zellen eingedrungenen $Na^+$-Ionen werden durch eine $Na^+/K^+$-ATPase wieder aus der Zelle geschafft und somit ein $Na^+$-Gradient aufrechterhalten, der dauernd Glucose in die Zelle pumpen kann. Auf diese Weise wird Glucose vom Darmlumen über die Epithelzellen hinweg in das Blut transportiert und erreicht anschließend mit dem Pfortaderblut die Leber, wo sie entweder als Glycogen gespeichert oder bedarfsgerecht im Körper verteilt wird. Charakteristisch für den energieabhängigen transepithelialen Transport der Glucose ist die Tatsache, dass SGLT1 selbst kein ATP verbraucht, sondern dass seine Transportleistung vom ATP-Verbrauch der $Na^+/K^+$-ATPase abhängt. Wegen der Koppelung des SGLT1-Transports mit der $Na^+/K^+$-ATPase wird dies auch als **sekundär aktiver Transport** ($Na^+$-Symport) bezeichnet.

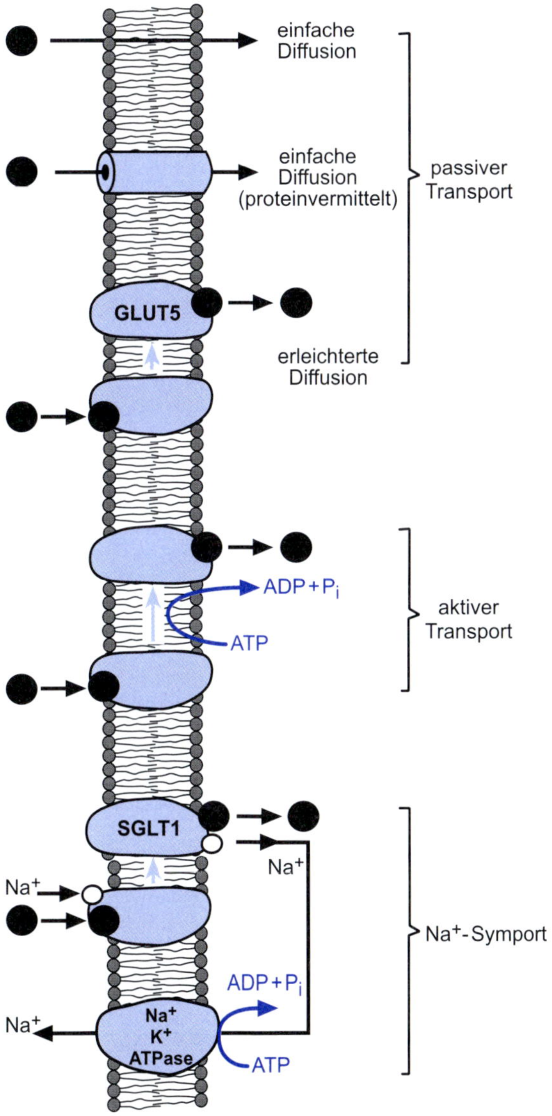


**Abb. 7.15.** Transportmechanismen für die Aufnahme von Nährstoffen. Lipidlösliche Substanzen können die Zellmembran durch einfache Diffusion passieren. Wasserlösliche Substanzen benötigen dazu die Anwesenheit von Proteinen oder Poren in der Membran, um die Lipidbarriere zu überwinden. Diffusion kann ebenfalls durch die *tight junctions* zwischen den Epithelzellen erfolgen (0,8 nm im Jejunum, 0,35 nm im Ileum, 0,25 nm im Colon). Sie erlauben kleinen Molekülen wie Wasser, Harnstoff, u.U. auch Monosacchariden und Aminosäuren den Durchtritt, wenn die entsprechenden osmotischen und elektrostatischen Gradienten vorliegen. Fructose wird durch erleichterte Diffusion in die Epithelzellen aufgenommen. Es bindet dabei an ein spezielles Transportprotein (GLUT5), das die Fructose über die Zellmembran versetzt, ohne dass dabei ATP verbraucht wird. Glucose, Galactose wie auch die Aminosäuren werden an der apikalen Seite der Enterozyten durch $Na^+$-Symport resorbiert und an der basolateralen Seite durch erleichterte Diffusion ins Blut und ins Lymphsystem abgegeben (Trägermolekül GLUT2 für Monosaccharide). Der $Na^+$-Symport ist funktionell betrachtet ein aktiver Transport, allerdings wird dabei ATP nicht direkt vom Trägermolekül verbraucht. Beim $Na^+$-Symport bindet Glucose gemeinsam mit $Na^+$ an das Trägermolekül (SGLT1). Auf Grund der geringen intrazellulären $Na^+$-Konzentration wird $Na^+$ mit der Glucose in die Zelle transportiert, löst sich vom SGLT und setzt dadurch die mitgeführte Glucose frei. Dabei wird kein ATP verbraucht. Der $Na^+$-Gradient wird jedoch unter ATP-Verbrauch durch die $Na^+/K^+$-ATPase aufrechterhalten und liefert damit die Antriebsenergie für den Substrat-Import in die Enterozyten

Andere Monosaccharide wie die Galactose werden ebenfalls aktiv unter ATP-Verbrauch mit SGLT1 resorbiert. Im Gegensatz dazu gelangt **Fructose durch erleichterte Diffusion** mit GLUT5 ohne Energieverbrauch in die Epithelzellen. Allerdings sind Fructose und Glucose in der Struktur so ähnlich, dass sie um dieselben Bindungsstellen des SGLT1 konkurrieren. Auch Fructose kann dann unter Energieverbrauch resorbiert werden. Da Fructose normalerweise in sehr viel geringerer Menge als Glucose in der Nahrung enthalten ist, spielt diese Konkurrenz bei normaler Ernährung keine Rolle, allenfalls nach Aufnahme großer Mengen an Saccharose, die ja ein Disaccharid aus Fructose und Glucose ist. Es ist erstaunlich, dass nur für Fructose eine Resorption durch erleichterte Diffusion sicher nachgewiesen ist, während alle anderen Monosaccharide durch aktiven Transport unter Energieaufwand aufgenommen werden. Ein Grund könnte darin liegen, dass das Blut nur eine sehr geringe Konzentration an Fructose enthält (<10 mg $dl^{-1}$ bei Erwachsenen, höhere Werte bei Säuglingen), so dass stets ein ausreichender Konzentrationsgradient für die Diffusion vom Darm zum Blut besteht. Der Glucose-Gehalt des Blutes ist wesentlich höher und wird bei 100 mg $dl^{-1}$ (5.5 mM) konstant gehalten. Um das Glucose-Angebot der Nahrung wirklich auszuschöpfen, muss Glucose auch dann resorbiert werden, wenn deren Konzentration im Darmlumen darunter liegt; ein solcher Transport gegen den Konzentrationsgradienten ist nur aktiv, unter Energieverbrauch, möglich. Würde Glucose nur durch Diffusion transportiert, so würde sie im letzteren Fall sogar entsprechend dem Konzentrationsgradienten vom Blut in das Darmlumen diffundieren und ausgeschieden werden. Diese Überlegungen gelten natürlich auch für andere Stoffe, die vom Darmepithel gezielt resorbiert werden. Nur durch sekundär aktiven Transport ist gewährleistet, dass der Transport ausschließlich in der einen Richtung vom Darm zum Blut geschieht und dass Glucose auch gegen einen Konzentrationsgradienten aufgenommen werden kann.

Ein Nachteil des aktiven Transports ist, dass die Transportleistung durch die Anzahl der vorhandenen Trägermoleküle begrenzt ist. Dies kann dadurch ausgeglichen werden, dass die SGLT1-Synthese fortwährend an den Resorptionsbedarf angepasst wird (Wright et al. 1997). Trotzdem ist immer wieder postuliert worden, dass Glucose auch durch Diffusion aufgenommen werden kann. Ein Grund dafür war die Beobachtung, dass bei sehr hohem Glucoseangebot mehr Glucose resorbiert wird, als auf Grund der Bindungskapazität der vorhandenen SGLT1-Transportkapazität zu erwarten ist. Neuere Untersuchungen zeigen, dass dies keine unspezifische Diffusion ist, sondern dass es bei einem hohen Glucoseangebot zu einer sehr raschen Expression von GLUT2 kommt, der dann nicht nur in die basolaterale, sondern auch die apikale Membran eingebaut wird, und auf diesem Weg eine erleichterte Diffusion von Glucose über die Epithelzellen hinweg ermöglicht (Kellett 2001).

#### Resorption der Aminosäuren

Aminosäuren werden ebenfalls durch einen sekundär aktiven $Na^+$-Kotransport resorbiert, ähnlich wie Glucose und Galactose. Die Enterocyten besitzen dafür mindestens vier verschiedene $Na^+$-Transporter, die jeweils für die Resorption von neutralen (z.B. Alanin, Leucin), basischen (z.B. Lysin, Arginin), sauren (z.B. Asparaginsäure, Glutaminsäure) oder Iminosäuren (Prolin, Hydroxyprolin) zuständig sind.

Im Gegensatz zu den Kohlenhydraten, die nur als Monomere resorbiert werden, können die Epithelzellen jedoch auch Di- und Tripeptide direkt aufnehmen. Sie entstehen entweder im normalen Ablauf der Verdauung oder werden von den Epithelzellen selbst produziert, da deren Bürstensaummembran eine **Dipeptidylpeptidase** enthält. Das Enzym ist ein homodimeres Membranprotein mit einem Molekulargewicht von 100–130 kDa. Es spaltet Dipeptide vom N-Terminus von Peptiden ab, die aus drei oder mehr Aminosäuren bestehen, wenn deren N-terminal vorletzte Position mit einem Prolin besetzt ist. Alanin, Serin, Glycin, Valin und Leucin werden an dieser Stelle auch akzeptiert, allerdings mit abnehmender Affinität. Die entstandenen Dipeptide werden durch aktiven $H^+$-Kotransport resorbiert und in den Epithelzellen durch zytoplasmatische Aminopeptidasen in einzelne Aminosäuren zerlegt, die dann durch erleichterte

Diffusion über die basolaterale Membran ins Blut gelangen.

In geringem Umfang werden auch einige größere Peptide direkt von den Epithelzellen aufgenommen (durch Pinocytose?). Dazu gehören Immunglobuline, die vor allem von Neugeborenen aus der Muttermilch resorbiert werden, aber auch Antibiotika und Mykotoxine wie z. B. das Gift des Knollenblätterpilzes, ein zyklisches Oktapeptid ($\alpha$-Amanitin), das weder durch Kochen noch durch menschliche Proteasen abgebaut wird. Es gelangt als intaktes Molekül in die Leber, bindet an die RNA-Polymerase II (in höheren Konzentrationen auch an Polymerase III) und hemmt die Elongation bei der RNA-Synthese. Eine Vergiftung mit Knollenblätterpilzen unterdrückt deshalb die Transkription wichtiger Proteine in der Leber und verursacht eine akute Zerstörung des Leber-Parenchyms.

Die Resorptionsrate für Aminosäuren ist sehr hoch, so dass im Bereich des Duodenums bereits 50% der Proteinabbauprodukte aufgenommen werden. Bis zum Ende des Jejunums sind 90% resorbiert. Die restlichen 10% der Nahrungsproteine gelangen in den Enddarm und werden dort von Bakterien abgebaut. Die mit dem Kot abgebenen Proteinmengen sind sehr gering, enthalten in der Regel keine Nahrungsproteine mehr, sondern bestehen im Wesentlichen aus bakteriellem Protein und abgeschilferten Zellen des Darmepithels.

#### Resorption der Lipide

Die beim Lipidabbau frei werdenen kurzkettigen Fettsäuren (Kettenlänge bis etwa 10 C) und Glycerin sind so weit hydrophil, dass sie durch Diffusion in die Enterozyten gelangen und von diesen direkt an das Blut weitergegeben werden. Über die Leberpfortader erreichen sie die Leber, wo sie sofort metabolisiert und zur Energiegewinnung eingesetzt werden. Langkettige Fettsäuren und Monoglyceride wandern mit den Micellen an die Oberfläche der Enterozyten. Nach Passage der Zellmembran werden sie von Fettsäuren-bindenden Proteinen zum endoplasmatischen Retikulum transportiert und dort zu Triglyceriden resynthetisiert. Die resynthetisierten Triglyceride, Phospholipide und Cholesterinester sind nicht wasserlöslich und deshalb auch nicht ohne weiteres für den Transport geeignet. Im endoplasmatischen Retikulum werden sie deshalb mit Apoproteinen kombiniert und daraus kleine emulsionsfähige Tröpfchen geformt, die **Chylomikronen** (70–100 nm Durchmesser). Die Chylomikronen werden vom Golgi-Komplex in sekretorische Vesikel verpackt und durch Exocytose in den Extrazellulärraum geschafft. Mit der Lymphe wandern sie dann langsam in Richtung des Ductus thoracicus und erreichen dort das Blutgefäßsystem. Nach einer fettreichen Mahlzeit kann es mehrere Stunden dauern, bis die Chylomikronen im Blut auftauchen, allerdings können sie dort in solcher Dichte auftreten, dass das Blutplasma trüb erscheint. Außer den Chylomikronen werden von den Enterocyten auch **Lipoproteine** sehr niedriger Dichte (*very low density lipoproteins*, **VLDL**) gebildet, die ebenfalls auf dem Umweg über die Lymphe das Blut erreichen. Als Fazit ergibt sich daraus, dass von den mit der Nahrung aufgenommenen Lipiden nur der kleine Anteil der kurzkettigen Fettsäuren direkt in den Stoffwechsel der Leber eingeschleust wird, während der größere Teil der resorbierten Lipide in der Lymphe und im Blut zwischengespeichert und erst mit Verzögerung weiter verarbeitet wird.

In geringem Umfang können Triglyceride auch durch Pinocytose direkt von den Darmepithelzellen aufgenommen werden. Da einige Lipide pflanzlichen und tierischen Ursprungs weitgehend identisch mit körpereigenen Lipiden sind (z. B. Tripalmitat), ist dieser direkte Weg nicht verwunderlich.

Bis zum Ende des Dünndarms nimmt seine Resorptionsfähigkeit für Monosaccharide, Aminosäuren und Fette stark ab. Im caudalen Teil des Dünndarms und im Dickdarm (Colon) überwiegt die Resorption von Wasser und Salzen. Die mit dem Pankreassaft zugegebenen Ionen und Wasser, die für den Betrieb der Verdauung notwendig waren, werden wieder resorbiert und der Darminhalt wird langsam eingedickt. Beim Menschen werden täglich bis zu 3000 ml Chymus vom Magen in den Dünndarm transportiert und unter Zugabe von 2000 ml Pankreassaft, 700 ml Galle und 3000 ml Darmepithelsekret verarbeitet. Der größte Teil dieser Flüssigkeit von knapp 9 l wird im Dünndarm zurückgewonnen

**Tabelle 7.2.** Hormone und Neuropeptide des Magen-Darm-Trakts der Säugetiere und ihre **wichtigsten** Wirkungen auf einzelne Schritte der Verdauung und der Resorption der Nahrung

| Hormon oder Peptid [Anzahl Aminosäurereste] | Syntheseort | Freisetzung durch | Wirkungen |
|---|---|---|---|
| **Gastrin**<br>[17–34] | G-Zellen<br>(Magen und Duodenum) | Dehnung des Magens, Proteinabbauprodukte, Vagusaktivierung | **HCl-Sekretion im Magen**<br>Pepsinogen-Sekretion im Magen<br>Magenmotilität |
| **Cholecystokinin** (CCK)<br>(=Pankreozymin)<br>[33] | I-Zellen (Duodenum und Jejunum),<br>Nervenendigungen | Proteinabbauprodukte und langkettige Fettsäuren im Duodenum | **Enzymsekretion im Pankreas**<br>**Kontraktion der Gallenblase**<br>Pepsinogen-Sekretion<br>HCl-Sekretion<br>verzögert Magenentleerung, vermittelt Sättigungsgefühl |
| **Sekretin**<br>[27] | S-Zellen (Duodenum und Jejunum) | pH<4 im Duodenum<br>Gallensalze im Duodenum | **Sekretion von $HCO_3^-$ im Pankreassaft und den Gallengängen**<br>Pepsinogensekretion<br>HCl-Sekretion<br>verzögert Magenentleerung |
| **GIP** (*glucose-dependent insulinotropic polypeptide*, früher *gastric inhibitory peptide*)<br>[43] | K-Zellen (Duodenum und Jejunum) | Glucose, Aminosäuren und Fettsäuren im Duodenum | **Proinsulin-Genexpression und Insulin-Freisetzung im Pankreas**<br>Glucagon-Freisetzung<br>Somatostatin-Freisetzung<br>HCl-Sekretion |
| **Motilin**<br>[22] | M-Zellen (Duodenum, Jejunum) | pH<4 und Fettsäuren im Duodenum | **Gastrointestinale Motilität**<br>Magenentleerung beschleunigt |
| **GLP-1** (*glucagon-like peptide-1*, Enteroglukagon)<br>[~70] | L-Zellen (Ileum, Colon) | Glucose und Fettsäuren im Ileum,<br>neuronale Signale, da die Sekretion bereits 5–10 min nach Nahrungsaufnahme beginnt | **Insulin-Freisetzung im Pankreas**<br>**Glucagon-Freisetzung**<br>**Wachstum des Darmepithels**<br>HCl-Sekretion<br>Pankreas-Sekretion<br>Verzögerung der Darmentleerung, Darm-Motilität<br>Gehirn, Verminderung der Wasser und Nahrungsaufnahme |
| **VIP (vasoactive intestinal peptide)**<br>[14–28] | Nervenendigungen | Aktivierung des Darmnervensystems | **gastrointestinale Motilität**<br>HCl-Sekretion<br>erregt Drüsenzellen des Darms<br>hemmender Transmitter für Motoneurone |
| **Somatostatin**<br>[14] | D-Zellen (Pankreas, Dünndarm), Nervenendigungen | Fettsäuren, Peptide und Gallensalze im Dünndarm | **Hemmung sekretorischer Vorgänge**<br>Interdigestive Motilität<br>Freisetzung von Gastrin, VIP, Motilin, CCK und Sekretin |
| **Neurotensin**<br>[13] | N-Zellen (Ileum) | Fettsäuren im Dünndarm | Magensaft-Sekretion<br>Pankreas-Sekretion |
| **Pankreatisches Polypeptid**<br>[10–15] | F-Zellen des Pankreas | Proteinabbauprodukte im Dünndarm, Vagusaktivierung | Pankreas-Sekretion (?) |
| **NPY** (Neuropeptid Y)<br>[36] | Nervenendigungen | Aktivierung des Darmnervensystems | Durchblutung im Splanchnikusbereich |

**Tabelle 7.2** (Fortsetzung)

| Hormon oder Peptid [Anzahl Aminosäurereste] | Syntheseort | Freisetzung durch | Wirkungen |
|---|---|---|---|
| **Substanz P** [11] | Nervenendigungen | Aktivierung des Darmnervensystems | **gastrointestinale Motilität** |
| **GRP** *(gastric releasing petide*, Bombesin) [14] | Nervenendigungen | Aktivierung des Darmnervensystems | **Gastrinfreisetzung**<br>Pankreas-Sekretion |
| **Opiopeptide** ($\beta$-Endorphin, Enkephalin, Dynorphin) | Nervenendigungen | Aktivierung des Darmnervensystems | **Darmmotilität**<br>Darmsekretion<br>Sphinktertonus |

und bis zum Ende des Colons auf ein Volumen von etwa 100–200 ml reduziert und zur Ausscheidung vorbereitet.

## 7.2.7 Regelung des Verlaufs der Verdauung

### Rolle des Darmnervensystems

Die unterschiedlichen Aufgaben der einzelnen Abschnitte des Verdauungstrakts erfordern eine Abstimmung der Darmmotorik, der Sekretion von Verdauungssäften und der Resorptionsleistungen. Die Abstimmung wird sowohl durch das Darmnervensystem als auch durch die Zusammenarbeit mehrerer Hormone erreicht. Das Darmnervensystem besteht aus dem Plexus myentericus, der im Wesentlichen efferent auf die Darmmuskelzellen wirkt, und dem Pl. submucosus, der die Drüsenzellen excitatorisch steuert. Deren Aktivität wird durch das sympathische Nervensystem kontrolliert, vor allem durch **parasympathische Fasern** über den Nervus vagus und den Sakralbereich des Rückenmarks (NN. splanchnici pelvini). Die präganglionären Fasern des **Sympathikus** für den Verdauungstrakt stammen aus dem Thorakal- (5.–12. Segment) und dem Lumbalmark (1.–3.). Daneben enthält der Darm auch Neurone mit Sensorfunktion, die ebenfalls die beiden Darmnervenkomplexe beeinflussen. Außerdem bestehen von dort zu den sympathischen Neuronen im Prävertebralganglion, zur Medulla oblongata afferente Verbindungen (**viszerale Afferenzen**), die schließlich bis zur somatoviszeralen Primärrinde projizieren und die Wahrnehmung von Schmerzen im Eingeweideweidebereich ermöglichen.

**Acetylcholin** ist der wichtigste Transmitter für die **parasympathische Aktivitätskontrolle** des Darms, wobei die präganglionären Fasern mit **nikotinergen Rezeptoren** der Ganglienzellen reagieren, und die postganglionären Neurone stimulieren die **muskarinergen Rezeptoren** der Effektorzellen. Neben den zahlreichen erregend wirkenden Neuronen des Parasympathikus finden sich auch hemmende Neurone, die nicht-adrenerg-nicht-cholinerg sind (**NANC-Neurone**). Sie benutzen Stickoxid (NO), ATP und Neuropeptide wie VIP, Somatostatin usw. als Überträgerstoff. Die **sympathische Innervierung** kontrolliert vor allem die Blutgefäße des Darmtrakts. Als postganglionärer Überträger des **Sympathikus** dient **Noradrenalin**. Es hat einen schwach hemmenden Einfluss auf die Motorik und Sekretion des Darms und ist damit ein Gegenspieler des Parasympathikus. Die Aktivität des Sympathikus hat jedoch einen dominierenden Einfluss auf die glatte Sphinktermuskulatur des unteren Oesophagus, des Pylorus und des Schließmuskels, die über $\alpha_1$-adrenerge Rezeptoren direkt stimuliert wird.

Die Zusammenarbeit dieser neuronalen Kontrolle sorgt in erster Linie für die Sekretion der Verdauungsdrüsen und die Steigerung der Darmmotorik während der Nahrungsaufnahme sowie für die Aufrecherhaltung der Verdauungstätigkeit in den Stunden nach der Nahrungsaufnahme. Die neuronale Aktivität unterliegt jedoch einer endokrinen Kontrolle durch eine Reihe von Hormonen und Neurotransmittern, die vom Epithel des Verdauungstrakts produziert werden, wenn dieser mit dem Speisebrei in Kontakt kommt. So enthält das Epithel des Verdauungstraktes etwa 20 verschiedene (mit Buchstaben gekennzeichnete) Typen endokriner Zellen, die zahlreiche Hormone und Neurotransmitter liefern, deren Vielfalt und Funktionen noch nicht vollständig geklärt ist (Tabelle 7.2). Im Folgenden werden einige dieser Wirkungen und die Zusammenarbeit mit dem Darmnervensystem exemplarisch erläutert.

#### Hormone und Neurotransmitter

Während der Nahrungsaufnahme wird die Magensaftbildung in mehreren Schritten verändert. Durch den Anblick und den Geruch einer Speise (oder durch bloße Einbildung einer Speise) wird über den Nervus vagus die Produktion des Magensaftes angeregt (**cephale Phase**). Erreicht ein Speisebrocken den Magen, so wird er die Magenwand mechanisch (Dehnung) und chemisch reizen und dadurch Gastrin aus den G-Zellen des Magens freisetzen (Abb. 7.9). Damit wird die **gastrale Phase** der Verdauung eingeleitet. Während die Stimulation des Magens durch den Nervus vagus rasch an- und wieder abklingt, kann die gastrale Stimulation des Magens über mehrere Stunden anhalten. Ihre Dauer und Intensität hängt direkt von der Menge und Qualität der Nahrung ab bzw. dem Füllungszustand des Magens und passt somit dessen Verdauungsleistung an die Eigenschaften der Nahrung an. Als **chemische Stimulantien** für die gastrale Phase eignen sich vor allem einige kleinere Peptide oder Aminosäuren (Fleischextrakt, insbesondere die Aminosäuren Glycin, Alanin, Phenylalanin und Tryptophan), geringe Mengen Alkohol (Aperitif-Effekt) oder die im Kaffee enthaltenen Röststoffe und Koffein.

Aus den G-Zellen des Antrums werden **mehrere Gastrine** (etwa 6) ausgeschüttet. Am wirksamsten sind die Gastrine I und II (mit je 17 Aminosäuren), während das aus 34 Aminosäuren bestehende (big-Gastrin) zwar etwas weniger wirksam ist, aber eine längere Halbwertszeit hat. Über den Blutkreislauf erreichen die Gastrine andere Epithelzellen der Magenschleimhaut (Mucosa) und regen diese zur Magensaftproduktion an. Einer besonders genauen Kontrolle unterliegen die Belegzellen. Ihre Salzsäureproduktion wird sowohl durch Gastrin als auch durch Histamin aus den ECL-Zellen (Enterochromaffin-ähnliche Zellen der Mucosa) und zusätzlich noch durch Acetylcholin aus der parasympathischen Innervierung der Belegzellen gesteigert. Sinkt der Säuregrad des Magensaftes im Antrum unter pH 3, so wird die HCl-Produktion durch **Somatostatin** aus den D-Zellen gehemmt. Somatostatin unterdrückt dabei auch die Aktivität der Gastrin produzierenden G-Zellen, so dass bei einem zu hohen Säuregehalt des Magens nicht nur die HCl-Produktion der Belegzellen, sondern auch die Pepsinogen-Produktion der Hauptzellen verringert wird.

Durch den Pylorus wird der saure Speisebrei in das Duodenum gepresst und dort mit reichlich $HCO_3^-$ neutralisiert. Der saure pH und andere chemische Reize des Chymus lösen in den I-Zellen und den S-Zellen des **Duodenalepithels** die Freisetzung der Hormone **Cholezystokinin** und **Secretin** aus. Diese Hormone bewirken in erster Linie die Bildung von Pankreassaft und die Kontraktion der Gallenblase. Anfänglich verstärken sie zusätzlich die Magensaftproduktion, aber nach längerer Zeit der Einwirkung hemmen sie die Gastrin-Produktion der G-Zellen. Dadurch wird die Verdauungsarbeit des Magens allmählich eingestellt und die Hauptarbeit der Verdauung in den Darm verlagert (**intestinale Phase**). An der Aufrechterhaltung der intestinalen Phase und der Resorption der Nahrung sind ein Reihe weitere Hormone und Neurotransmitter beteiligt (Tabelle 7.2). Dazu gehört das **Motilin** aus den M-Zellen des Dünndarms, denn es steigert die Darmmotilität und beschleunigt die Magenentleerung. Seine Gegenspieler sind **VIP** (*vasoactive intestinal peptide*), **Somatostatin** und **Opiopeptide**, die bei anhaltender Verdauungstätigkeit ein Übergewicht gewinnen und die Motolität und sekretorische Aktivität des Darms hemmen.

Eine weit über den Darm hinaus reichende Rolle spielt das in den K-Zellen des Dünndarms produzierte **GIP** (*glucose-dependent-insulinotropic-polypeptide*). Auslösende Signale für die GIP-Produktion sind der Glucose- und der Fettsäuregehalt des Chymus. GIP hat relativ geringe

Bedeutung für die Steuerung der Darmmotorik und Sekretion, aber es steigert die Synthese und Ausschüttung von Insulin in den Langerhansschen Inseln des Pankreas. Außerdem erhöht es die Freisetzung der Lipoproteinlipase in den Fettzellen, so dass diese vermehrt Lipide einlagern können. Die wichtigste Aufgabe von GIP ist es demnach, den Körper auf die zu erwartenden Kohlenhydrate und Lipide vorzubereiten, so dass diese rasch metabolisiert und intrazellulär gespeichert werden. Eine ganz ähnliche Funktion hat das **GLP-1** (*glucagon-like-peptide-1*), das neben seiner stimulierenden Wirkung auf Insulin in erster Linie die Glucagonsekretion des Pankreas vermindert und dadurch die weitere Bereitstellung von Glucose aus den körpereigenen Glycogenvorräten reduziert. Für GLP-1 ist darüber hinaus ein Einfluss auf das Zentralnervensystem nachgewiesen, da es bei Ratten die Nahrungsaufnahme hemmt (Tang-Christensen u. Larsen 1996), so dass für das GLP-1 auch eine zentrale Wirkung für die Regelung von Appetit, Nahrungsaufnahme und Sattheit angenommen werden muss.

### 7.2.8 Regelung der Nahrungsaufnahme

Ein wichtiges Merkmal des Verdauungstraktes ist, dass er weder die Qualität noch die Menge der aufgenommenen Nahrungsbestandteile regelt, sondern alle in der Nahrung enthaltenen Stoffe zerlegt und resorbiert, soweit dafür Enzyme und Resorptionsmechanismen vorhanden sind. Er nimmt alles auf und überlässt die Prüfung auf Brauchbarkeit anderen Organen. Überschüssig resorbierte Nahrung wird meist in Fett umgewandelt und gespeichert. Unbrauchbare und nicht speicherbare Nahrungsbestandteile werden wieder ausgeschieden (s. Kap. 8 Exkretion und Osmoregulation). Die bedarfsgerechte Versorgung des Körpers hängt deshalb in erster Linie von einer genauen **Regelung der Nahrungsaufnahme** ab. Ein Defizit an Nährstoffen verursacht **Hunger**, einen Drang zur Nahrungsaufnahme, der von einer Reihe von physiologischen Änderungen begleitet wird. Dazu gehören z. B. zunehmende rhythmische Kontraktionen des Magens (**Hunger-Kontraktionen**), die im Extremfall auch als Magenknurren oder Magenschmerzen spürbar werden. Die Hungerkontraktionen sind so deutlich und gut messbar, dass sie als Messgröße für die Definition von Hunger verwendet werden können und gelegentlich wurden sie sogar als Ursache für die Entstehung des Hungergefühls betrachtet. Allerdings entwickeln Menschen, die aus medizinischen Gründen keinen Magen mehr besitzen, ebenso Hungergefühle wie gesunde Menschen, so dass die Magenmotorik sicher keine Ursache, sondern eher eine Folge des Hungers ist. Im Verlauf der Nahrungsaufnahme schwindet der Hunger; es entsteht **Sattheit**, die den Drang zu einer weiteren Nahrungsaufnahme verringert. Sattheit wird unter anderem durch die Dehnung des Verdauungstrakts nach einer Mahlzeit ausgelöst, aber auch durch die Menge an resorbierten Nährstoffen und durch Hormone, die bei der Verdauung aus hormonbildenden Zellen des Verdauungstraktes ausgeschüttet werden (s. Kap. 9.12 Hormone und Neurotransmitter).

Die Entstehung von Hunger- und Sattheitsgefühl lässt sich Neuronengruppen im Bereich des lateralen und ventromedialen Hypothalamus zuordnen. Eine elektrische Reizung des **lateralen Hypothalamus (LH)** von Tieren löst unmittelbar und zwanghaft eine Nahrungsaufnahme aus, auch wenn sie gerade gefressen haben. Hält die Reizung über längere Zeit an, so überfressen sie sich (**Hyperphagie**). Umgekehrt beendet eine elektrische Reizung des **ventromedialen Hypothalamus (VMH)** die Nahrungsaufnahme, auch wenn die Tiere vorher hungrig waren und ihnen eine besonders leckere Speise angeboten wird (**Aphagie**). Diese Rollenverteilung zwischen lateralem und ventromedialem Hypothalamus wird auch durch Läsionen bestätigt. Nach einer Läsion des ventromedialen Hypothalamus kann offensichtlich kein Sattheitsgefühl mehr entstehen, denn die so behandelten Tiere fressen ununterbrochen, werden fettleibig (**Obesitas**) und erreichen das bis zu 3fache des normalen Körpergewichts. Die gegenteilige Reaktion wird durch bilaterale Läsion des lateralen Hypothalamus ausgelöst, denn die so behandelten Tiere fressen nicht mehr, magern ab und müssen unter Umständen sogar zwangsernährt werden. Offensichtlich kann bei Defekten im lateralen Hypothalamus kein Hungergefühl mehr entwickelt werden. Da Untersuchungen an verschiedenen Tierarten wie Ratten, Mäusen, Katzen und Hunden zu übereinstimmenden Resultaten führten, wurde der Begriff eines **Hungerzentrums im lateralen Hypothalamus** und der eines **Sattheitszentrums im ventromedialen Hypothalamus** geprägt.

Die zentralnervöse Regelung der Nahrungsaufnahme muss zwei unterschiedliche Aufgaben lösen. Eine kurzfristige Aufgabe besteht darin, den Ablauf einer einzelnen Nahrungsaufnahme sowie die anschließende Verdauung und Resorption zu regeln. Die Menge und Qualität der Nahrung schwankt jedoch von Mahlzeit zu Mahlzeit; deshalb muss darüber hinaus dafür Sorge getragen werden, dass längerfristig Nahrung in ausreichender Menge aufgenommen wird, um die Zusammensetzung des Körpers zu erhalten und ausreichend Energie für metabolische Prozesse zu liefern. Wenn man Tiere für einige Tage mit zu geringer Nahrungsmenge versorgt und ihnen dann wieder unbegrenzt Nahrung anbietet, so fressen sie für einige Tage größere Rationen, bis das entstandene Defizit wieder ausgeglichen ist. Im umgekehrten Fall, wenn sie für einige Tage zwangsweise überfüttert werden und anschließend wieder nach eigenem Bedarf fressen können, nehmen sie kleinere Rationen auf, bis der entstandene Überschuss wieder abgebaut ist.

Für die kurzfristige Regelung der Nahrungsaufnahme spielt der Glucosegehalt der Körperflüssigkeiten eine wichtige Rolle. Ein niedriger Glucosespiegel verstärkt das Hungergefühl und löst eine Nahrungsaufnahme aus. Steigt der Glucosespiegel nach der Nahrungsaufnahme, wird Sattheit ausgelöst und es wird keine weitere Nahrung aufgenommen. Diese **glucostatische Theorie** der Hunger- und Sattheits-Regelung wird durch die Existenz hypothalamischen Glucoserezeptoren unterstützt. In Versuchen an Ratten, Mäusen und Vögeln wurden diese Glucose-Rezeptoren z.B. durch Gold-Thio-Glucose blockiert. Dies löste eine Hyperphagie aus, und innerhalb kurzer Zeit wurden sie fettleibig. Offensichtlich waren sie nicht mehr in der Lage, den Glucoseanstieg bei der Nahrungsaufnahme zu registrieren und die Nahrungsaufnahme zu begrenzen. Ein erhöhter Aminosäurengehalt im Blut kann ebenfalls die Nahrungsaufnahme verringern, allerdings nicht so stark wie die Glucose.

Bei der langfristigen Regelung der Nahrungsaufnahme spielen die Fettspeicher des Körpers eine dominierende Rolle. Diese **lipostatische Theorie** blieb jahrzehntelang eine reine Hypothese, da kein Mechanismus bekannt war, der den Füllungszustand von Fettzellen registrieren konnte. Erst 1995 entdeckten Friedmann und seine Mitarbeiter das Hormon Leptin, das von Fettzellen synthetisiert und ausgeschüttet wird und dessen Menge mit dem Fettgehalt des Körpers steigt. Rezeptoren für Leptin finden sich in hoher Dichte im Hypothalamus; deshalb stellt es ein wichtiges Signal dar für die langfristige Regelung der Nahrungsaufnahme und des Körpergewichts (Halaas et al. 1995, Friedman u. Halaas 1998).

Die an der kurzfristigen Regelung der Nahrungsaufnahme beteiligten neuronalen und endokrinen Zusammenhänge sind in den letzten Jahren wesentlich detaillierter analysiert worden. Sie legen eine Revision der glucostatischen Theorie nahe, da nicht Glucose allein, sondern auch mit dem Glucosespiegel verknüpfte Hormone wie Insulin, Glucagon, Leptin usw. die Nahrungsaufnahme modulieren. Ein niedriger Insulinspiegel, wie er bei geringem Glucoseangebot zu erwarten ist, erhöht die Nahrungsaufnahme. Umgekehrt hemmt ein hoher Insulinspiegel die Nahrungsaufnahme. Während der Verdauung werden von Epithelzellen des Darms eine Reihe von Hormonen produziert, welche die Darmmotorik und die Bereitstellung von Enzymen aus Verdauungsdrüsen kontrollieren. Einige dieser Hormone, wie das Cholecystokinin und das GLP-1, wirken gleichzeitig auf das Zentralnervensystem, vermitteln ein Sattheitsgefühl und hemmen die Nahrungsaufnahme, auch wenn sie in sehr geringer Menge intracerebral verabreicht werden. Die rascheste Vermittlung der Sattheitsinformation geschieht jedoch vermutlich über Geschmacksrezeptoren in der Mundhöhle und über afferente Fasern des Nervus vagus. Mechanische und chemische Reize aus dem oberen Gastrointestinaltrakt erreichen auf diesem Weg den Nucleus tractus solitarius (NTS) im hinteren Hirnstamm. Vom NTS aus existieren reziproke

Verbindungen zum Hypothalamus und anderen Gehirnregionen, die vermuten lassen, dass der NTS das eigentliche Integrationszentrum für die Entstehung des Sattheitsgefühls ist. Auf diesem neuralen Weg und mit den zuvor beschriebenen endokrinen Signalen aus dem Verdauungstrakt wird das Zentralnervensystem über die Qualität und Menge der im Darm verarbeiteten Nahrung informiert; es kann so die Aufnahme weiterer Nahrung an die Bedürfnisse des Körpers anpassen (Woods et al. 1998, Schwarz et al. 2000).

## 7.3 Verdauung von Cellulose

Ein großer Teil der pflanzlichen Biomasse liegt als Cellulose oder Hemicellulose vor (etwa 30% der Trockenmasse). Obwohl die Cellulose ein Glucose-Polysaccharid ist, kann sie von Tieren nur unter großen Schwierigkeiten und auf Umwegen abgebaut werden. In Cellulose sind die einzelnen Glucose-Moleküle in Wechselstellung miteinander verknüpft (1,4-$\beta$-glykosidische Bindung, s. Kap. 1.6 Bioenergetik), eine Bindung, die wesentlich stabiler ist als die 1,4-$\alpha$-glykosidische Bindung der pflanzlichen Stärke. Die Enzyme des Stärkeabbaus (Amylasen) können die Cellulose nicht zerlegen, und den meisten Tieren fehlen Cellulasen, so dass sie den Energiegehalt der pflanzlichen Cellulose nicht nutzen können. Außerdem ist die Cellulose ein fester Bestandteil der pflanzlichen Zellwand, und diese muss abgebaut werden, um den nährstoffreichen Inhalt der Zellen zu erschließen, so dass ohne Cellulasen auch die Inhaltstoffe der pflanzlichen Zellen für die Verdauung schlecht erreichbar sind. Ähnliche Schwierigkeiten bestehen auch beim Abbau der pflanzlichen **Hemicellulose**. Sie ist ein komplexes Polymer aus verschiedenen Kohlenhydraten (Xylose, Arabinose, Galactose, Mannose u.a.) mit kovalenter Bindung an Lignin, Tannine, Proteine und evtl. mineralische Bestandteile wie Silikat. Sie machen die Pflanzen mechanisch stabil und resistent gegenüber einem fermentativen Abbau durch Mikroorganismen. Die Toxizität der Tannine bietet außerdem auch einen guten Schutz gegen Pflanzenfresser. Allerdings enthalten einige Pflanzenfresser, wie z.B. Rehe und Hirsche, einen hohen Gehalt an Prolin und anderen Verbindungen in ihrem Speichel, mit dem sie Tannine binden und dadurch den Angriff der Verdauungsenzyme auf die pflanzlichen Zellen erleichtern (Robbins et al. 1987).

### 7.3.1 Autogene Cellulase oder Celluloseabbau durch Endosymbionten?

Trotz dieser Schwierigkeiten sind viele Tiere in der Lage, Cellulose abzubauen. Nur einige wenige Ausnahmen, wie das Silberfischchen und Schiffsbohrmuschel, nutzen dazu eine autogene Cellulase. Beim **Silberfischchen** (*Ctenolepisma*), einem ungeflügelten Insekt, ist die Bildung und Sekretion von autogenen Cellulasen relativ gut gesichert, da sie auch bei steriler Aufzucht die Fähigkeit zu Celluloseverdauung entwickeln (Lasker u. Giese 1956). Bei der **Schiffsbohrmuschel** (Teredo) gab es Hinweise auf autogene Cellulase, aber nachträglich stellte sich heraus, dass sie in einer speziellen Drüse (Deshayes-Drüse) symbiontische Bakterien enthalten, die eine cellulolytische Aktivität besitzen und deshalb am Cellulose-Abbau mitwirken können (Waterbury et al. 1983).

Alle anderen Tiere nutzen die Hilfe von symbiontischen Mikroorganismen [Bakterien und Protozoen (Flagellaten)] in ihrem Verdauungstrakt, die meist unter anaeroben Bedingungen Cellulose und Hemicellulose abbauen. Die Wirtstiere können dann entweder die frei werdende Glucose oder die beim anaeroben Stoffwechsel der Mikroorganismen entstehenden Abbauprodukte resorbieren. Eine Cellulose-Verdauung durch Endosymbionten ist bei Insekten weit verbreitet, insbesondere bei Schmetterlings- und Käferlarven, aber auch bei adulten holzfressenden Käfern und bei Schaben. Das bekannteste Beispiel sind die **Holztermiten** *(Kalotermididae)*. Sie besitzen eine Rektaltasche, in der Endosymbionten (Flagellaten) durch anaeroben Stoffwechsel Cellulose abbauen (Abb. 7.16). Für die anaerob lebenden Flagellaten ist Sauerstoff toxisch. Dieser Umstand kann genutzt werden, um die Bedeutung der celluloseverdauenden Endosymbionten zu prüfen, indem man die Termiten in reinem Sauerstoff bei einem Druck von 3,5 atm hält (oder für 24 h bei 36 °C). Die Hyper-

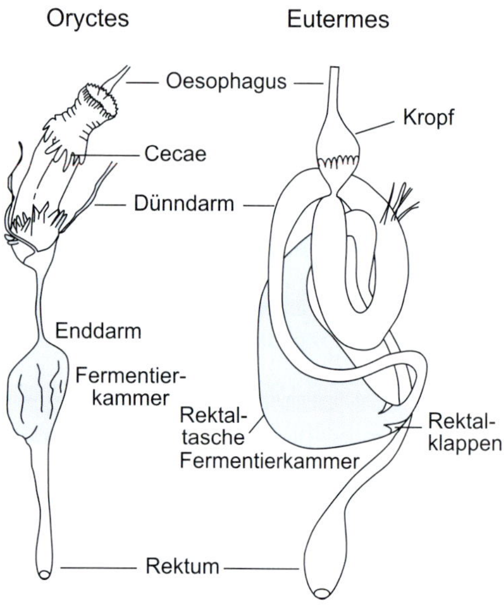


**Abb. 7.16.** Lokalisation der Cellulose-Verdauung im Insektendarm. Die Enddarm-Fermentierkammer des Nashornkäfers (*Oryctes*) ist durchzogen von feinen Kanälen und bestückt mit verzweigten Stacheln aus Kutikula. Holzfressende Termiten (Eutermes) besitzen eine große Fermentierkammer im Bereich des Enddarms (nach Wigglesworth 1935)

oxie, wie auch die hohe Temperatur, ist tödlich für die symbiontischen Flagellaten, während die Termiten überleben (Cleveland 1925). Die endosymbiontenfreien Termiten sterben allerdings rasch an Unterernährung und können nur durch Fütterung mit Glucose am Leben gehalten werden. Nach Reinfektion mit Flagellaten können sie innerhalb kurzer Zeit wieder Cellulose verdauen. Ihre Fähigkeit zur Cellulose-Verdauung verdanken daher die Termiten allein ihren Endosymbionten; ohne diese könnten sie nicht überleben. Dies gilt allerdings nicht für die **höheren Termiten** *(Termitidae)*, denn diese ernten Pflanzenteile und legen darauf Pilzkulturen an. Die Pilze übernehmen die Celluloseverdauung und werden dann von den Termiten verzehrt.

Zahlreiche Wirbeltiere nutzen ebenfalls Bakterien und Protozoen in ihrem Verdauungstrakt zum Abbau der Cellulose, aber bei keinem Wirbeltier ist bisher die Fähigkeit zur Synthese einer autogenen Cellulase nachgewiesen worden. Bei herbivoren Fischen sind Aussackungen des Darms nahe dem Rectum festgestellt worden, die große Mengen Bakterien und hohe Konzentrationen an kurzkettigen Fettsäuren enthalten, ein typisches Endprodukt bakterieller Fermentation. Einige herbivore Vögel und die meisten herbivoren Säugetiere enthalten ebenfalls Cellulose abbauende Bakterien und Protozoen in verschiedenen Abschnitten des Darmtrakts. Die Fermentation der Nahrung durch Endosymbionten kann entweder vor der Passage des Magens stattfinden – man bezeichnet dies als **prägastrische Celluloseverdauung** – oder in hinteren Abschnitten des Verdauungstraktes, dem Dickdarm, dem Blinddarm (Caecum) und dem Enddarm (Colon), da diese Bereiche relativ wenig Verdauungsenzyme enthalten, die den endosymbiontischen Bakterien und Protozoen schaden könnten. Man bezeichnet letzteres als eine **postgastrische** oder **ceacante Celluloseverdauung**.

## 7.3.2 Celluloseverdauung bei Wiederkäuern

Eine aufwendige Methode der prägastrischen Celluloseverdauung, mit der pflanzliche Inhaltsstoffe besonders effizient genutzt werden, entwickelten die Wiederkäuer [Ruminantia und Tylopoda (*Camelidae*)]. Dazu gehören die für den Menschen wichtigsten Nutztiere für die Produktion von Fleisch und Milch wie Rinder, Schafe und Ziegen, aber auch Elche, Antilopen, Giraffen, Kamele, Lama und Alpaka. Sie besitzen einen mehrkammrigen Magen, in dem Cellulose durch symbiontische Bakterien und Protozoen abgebaut wird (Abb. 7.17). Die Bezeichnung Magen ist etwas irreführend, denn eigentlich handelt es sich dabei um eine Kammerung des Oesophagus [Pansen (Rumen), Netzmagen (Reticulum), Blättermagen (Omasus), (Tylopoda kein Blättermagen)], die keine Verdauungsenzyme enthält. Sie bilden eine große Gärkammer, in der die pflanzliche Cellulose abgebaut wird, bevor der Nahrungsbrei dem eigentlichen Magen [Labmagen (Abomasum)] zur Verdauung zugeführt wird. Bei einer Kuh mit 500 kg Körpergewicht erreicht die Gärkammer mit Inhalt etwa 100 kg und füllt einen erheblichen Anteil des gesamten Körpers aus (Abb. 7.17 oben).

Nach einem ersten Zerkauen gelangt die Nahrung in die größte Kammer, das Rumen. Dort

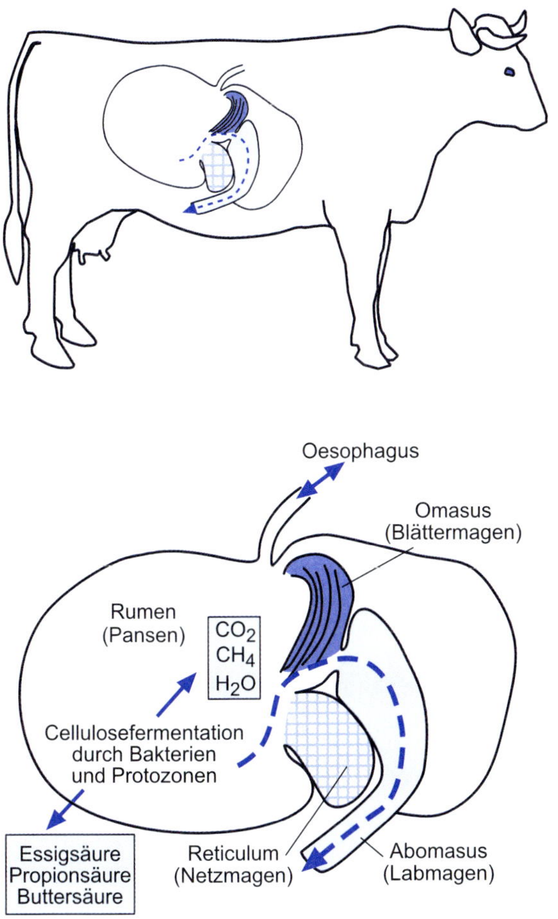


**Abb. 7.17.** Prägastrische Cellulose-Verdauung durch Endosymbionten beim Rind. Im Pansen, der Fermentierkammer des Rinds, wird die Cellulose durch Bakterien und Protozoen abgebaut. Die Endprodukte des anaeroben Stoffwechsels der Endosymbionten werden vom Rind resorbiert. An dem Prozess ist auch der Netzmagen (Reticulum) und der Blättermagen (Omasus, Psalter) beteiligt. Nach Abschluss der Fermentierung wird der Nahrungsbrei mit den Endosymbionten in den eigentlichen Magen (Abomasus) und den Darm zur Verdauung weitergeleitet

wird sie mit den Bakterien und Protozoen des Rumens, unter Zusatz von Wasser aus dem Netzmagen, vermischt und langsam durchgeknetet. Die Endosymbionten leben anaerob und bauen deshalb die Cellulose nicht vollständig zu Kohlendioxid und Wasser ab, sondern nur bis zu kurzkettigen Fettsäuren (Essigsäure, Propionsäure, Buttersäure usw.). Diese werden von der Pansenwand resorbiert und stehen dem Rind für den Stoffwechsel seiner eigenen Organe und dem oxidativen Endabbau zur Verfügung. Es ist typisch für Cellulosenutzer, dass sie von den Endosymbionten nicht die aus der Cellulose abgespaltene Glucose direkt erhalten, sondern nur die Endprodukte des Glucoseabbaus, die bei der anaeroben bakteriellen Fermentation entstehen. Die Endosymbionten bauen nicht nur Cellulose ab, sondern auch andere Kohlenhydrate, die das Rind verdauen und resorbieren könnte, so dass durch die prägastrische Fermentation eine glucosearme Ernährungssituation entstehen kann. Einige Gewebe, wie das Gehirn, können nur Glucose verwerten. Deshalb sind Wiederkäuer zusätzlich auf Gluconeogenese in der Leber angewiesen, um die Versorgung glucoseabhängiger Gewebe zu sichern. Damit hängt vermutlich auch zusammen, dass Wiederkäuer im Dünndarm nur eine geringe Disaccharidase-Aktivität besitzen (Ballard et al. 1969). Außerdem ist ihr Blutglucose-Spiegel nur halb so hoch (40–80 mg%) wie der anderer Säugetiere (100 mg%), und sie sind ungewöhnlich tolerant gegenüber Hypoglycämie.

Bei der Fermentation der Nahrung durch die Mikroorganismen entstehen außerdem noch Gase, wie Kohlendioxid, Wasserstoff und Methan, die wieder nach oben durch die Speiseröhre entweichen, mehr als 200 l pro Tag bei einem Rind. Nach einer gewissen Zeit der Fermentation im Rumen wird die Nahrung wieder regurgitiert und die noch vorhandenen faserigen Nahrungsbestandteile werden erneut fein zerrieben, um den weiteren Celluloseaufschluss durch die Mikroorganismen zu erleichtern. Dabei wird die Nahrung im Mund mit großen Speichelmengen vermischt. Der Speichel des Rindes ist praktisch eine Bikarbonat-Lösung (100 mM), die in großer Menge der Nahrung zugesetzt wird, um die Säurewirkung der von den Mikroorganismen produzierten organischen Säuren zu puffern. Ein saurer pH hemmt die metabolische Aktivität der Mikroorganismen; ohne die Bikarbonatpufferung würde daher die Fermentation der Cellulose zum Erliegen kommen. Die von einem Rind pro Tag gebildete Speichelmenge beträgt 100–200 l (bis 1 kg $NaHCO_3$), was bedeutet, dass etwa die Hälfte des gesamten Körperwassers eines Rindes täglich einmal durch die Speicheldrüsen geschickt und wieder resorbiert wird (Bailey 1961).

Die Bakterien und Protozoen des Rumens (ca. 2 kg) sorgen nicht nur für den Celluloseaufschluss, sondern sie vermehren sich im Rumen und synthetisieren dabei Proteine, Nucleotide und andere organische Verbindungen. Den für die Proteinbiosynthese notwendigen Stickstoff erhalten sie aus dem Harnstoff in der Körperflüssigkeit des Rindes. Er zirkuliert dort als Endprodukt des Proteinstoffwechsels des Rindes, und anstatt mit dem Urin ausgeschieden zu werden, wird ein Teil von den Endosymbionten wieder zu Protein verwertet. Die Bakterien und Protozoen werden mit dem Nahrungsbrei in den Labmagen abgegeben (etwa 1,4 kg pro Tag), verdaut und alle verwertbaren Stoffe resorbiert. Auf diese Weise ermöglichen die Endosymbionten nicht nur die energetische Nutzung der Cellulose, sondern sind auch eine wichtige Quelle für Proteine (100 g Protein pro Rind und Tag; Hungate 1942) und andere Wertstoffe. Um die Proteingewinnung zu unterstützen, werden Rindern in der Massentierhaltung gelegentlich Ammonium-Verbindungen, Harnstoff und auch Sulfate zur Nahrung beigemischt, da sie billig herzustellen sind und von den Mikroorganismen in hochwertiges Protein umgewandelt werden. Ein ähnliches Protein-Recycling ist auch bei Schafen und Kaninchen beobachtet worden, wenn sie mit einer proteinarmen Diät gefüttert wurden (Houpt 1963). Bei Kamelen sind diese Fähigkeiten besonders extrem ausgebildet. Sie sind sehr genügsam und können mit annähernd proteinfreiem Futter (minderwertiges Heu und Datteln) ernährt werden und scheiden unter Mangelbedingungen praktisch keinen Harnstoff aus. Statt dessen wird der Harnstoff von den Mikroorganismen in Ammonium und Kohlendioxid gespalten und die Ammoniumgruppe für die Synthese von Aminosäuren verwendet. Das Abfallprodukt Harnstoff wird wieder in wertvolles Protein verwandelt, ein perfektes internes Protein-Recycling durch Kooperation des Kamels mit seinen Endosymbionten. Außerdem verringert dies den Wasserverbrauch der Kamele, da sie kein Wasser benötigen, um die Endprodukte ihres Stickstoff-Stoffwechsels mit dem Urin auszuscheiden (Schmidt-Nielsen et al. 1957).

Wenn die Nahrung durch Wiederkauen und Fermentation im Rumen keine größeren faserigen Bestandteile mehr enthält, so wird sie nach und nach über den Netzmagen in den Blättermagen abgegeben. Dort wird die Nahrung noch etwas zerrieben und vor allem werden ihr Wasser und Ionen entzogen. Vom Blättermagen wird der Nahrungsbrei aus Pflanzenbestandteilen und Mikroorganismen in den eigentlichen Magen (Labmagen) befördert, wo die enzymatische Verdauung der Nahrung und der mitgeschluckten Mikroorganismen beginnt, ähnlich wie im Verdauungstrakt anderer Säugetiere.

Die prägastrische Celluloseverdauung ist zwar von den Wiederkäuern zur Perfektion entwickelt worden, aber das Prinzip wird auch von anderen Säugetierarten genutzt und ist vermutlich mehrfach im Lauf der Evolution entstanden. Unter den Primaten werden Magenvorkammern von einigen pflanzenfressenden Colobiden und Languren zur Celluloseverdauung eingesetzt. Ähnliches gilt auch für Faultiere, einige Nagetiere und einige Beuteltiere (Känguruh und Wallaby). Bei letzteren ist es keine Vorkammerkonstruktion, sondern der sehr lang gestreckte Magen dient in seinem Anfangsteil der Celluloseverdaunung durch Endosymbionten (Moir 1968, Hume 1989). Unter den Vögeln ist bisher nur ein Fall von prägastrischer Celluloseverdauung bekannt, beim Hoatzin (*Opisthocomus hoazin*). Im Kropf und im Oesophagus enthält er celluloseverdauende Endosymbionten und gilt mit seinen nur 750 g Körpermasse als der kleinste endotherme „Wiederkäuer“ (Grajal 1989).

### 7.3.3 Postgastrische Celluloseverdauung

Eine alternative Wirkungsstätte für die Endosymbionten sind hintere Abschnitte des Verdauungstraktes, insbesondere der Dickdarm, der Blinddarm (Caecum) und der Enddarm (Colon), da diese Bereiche weniger Verdauungsenzyme enthalten, die den endosymbiontischen Bakterien und Protozoen schaden könnten. Man bezeichnet dies als eine postgastrische oder ceacante Cellulose-Verdauung. Sie wird von Pferden, Elefanten, Klippschliefern, einigen Beuteltieren (Koala, Wombat), einigen Vögeln (z.B.

Birkenzeisig während der Wintermonate), vielen Nagetieren (Rodentia) und den Hasenartigen (Lagomorpha) praktiziert. Nagetiere und Hasen besitzen dazu einen auffallend großen Blinddarm (Caecum), der größer ist als alle anderen Darmabschnitte und mit einer Mischung aus Pflanzenresten und Endosymbionten gefüllt ist, während andere Arten diese Aufgabe von Mikroorganismen im Enddarm erledigen lassen. Die nutzbaren Endprodukte des Glucoseabbaus, insbesondere kurzkettige Fettsäuren, werden dann über das Darmepithel resorbiert, die Gase werden ausgeschieden. Damit erhalten sie einen Teil der in Cellulose enthaltenen Energie, aber ein erheblicher Teil der Wertstoffe geht durch die unmittelbar anschließende Ausscheidung verloren, insbesondere die durch Biosynthese der Mikroorganismen gebildeten Proteine.

Viele **Nagetiere und Hasen** haben diesen Mangel erkannt und formen aus dem Caecum-Inhalt spezielle helle Kotballen. Sie sind etwas weicher beschaffen, mit einer Schleimhülle versehen und werden direkt vom Anus weg gefressen (**Koprophagie**). Die Kotbällchen können im Magenfundus längere Zeit nachfermentieren und werden danach dem normalen enzymatischen Abbau zugeführt. Mit der zweiten Passage der Nahrung durch den Verdauungstrakt erzielen die Nagetiere und Hasen eine wesentlich höhere Energieausbeute. Außerdem können sie auch die von den Endosymbionten synthetisierten Proteine und andere Inhaltsstoffe verdauen und resorbieren, ähnlich wie die Wiederkäuer. Die Bedeutung der Koprophagie für Nagetiere und Hasen wird offensichtlich, wenn man sie durch eine Kragenmanschette bei der Koprophagie behindert, denn dann zeigen sie innerhalb weniger Wochen Wachstumsstörungen und Symptome des Vitaminmangels.

### 7.3.4 Vergleich von prägastrischer und postgastrischer Celluloseverdauung

Die Fähigkeit zur Cellulose-Fermentation durch Mikroorganismen im Pansen der Rinder und im Enddarm der Pferde ist ähnlich effizient, denn in beiden Fällen bauen die Mikroorganismen etwa 50% der vorhandenen Cellulose ab, und beide resorbieren die dabei frei werden kurzkettigen Fettsäuren (Kern et al. 1974). Allerdings können die prägastrisch fermentierenden Rinder durch anschließende Verdauung im Labmagen und Dünndarm die pflanzlichen Inhaltstoffe besser resorbieren. Darüber hinaus erhalten sie zusätzliche Proteine, Nukleinsäuren und andere Wertstoffe durch Verdauung der Mikroorganismen, während diese beim postgastrisch fermentierenden Pferd verloren gehen. Pferde gleichen dies durch größere Futtermengen aus. Unter guten Fütterungsbedingungen sind deshalb keine Einschränkungen durch die postgastrische Verdauung erkennbar. Wenn jedoch Nahrungsmangel herrscht, dann sind die Wiederkäuer im Vorteil, da sie geringe Futtermengen wesentlich besser ausnutzen können. Unter diesen Bedingungen haben Wiederkäuer sicher die effizientere Strategie zur Nutzung pflanzlicher Nahrung, allerdings müssen sie dazu ständig eine große Gärkammer mit sich herumschleppen und erhalten mit der Nahrung relativ geringe Mengen an direkt verwertbarer Glucose.

## 7.4 Essentielle Nahrungsbestandteile

Als **essentielle Nahrungsbestandteile** werden chemische Verbindungen bezeichnet, die nur in kleiner Menge benötigt werden und für die **Funktion des Stoffwechsels** essentiell sind. Sie können von Tieren nicht selbst synthetisiert werden, sondern werden in geringer Menge über die Nahrung aufgenommen und dienen als Hilfsstoffe für einzelne biochemische Reaktionen oder Biosynthesen. Sie unterscheiden sich dadurch von den **konsumptiven Nahrungsbestandteilen** wie Kohlenhydraten, Lipiden und Proteinen, die für die **Energiegewinnung** regelmäßig in großer Menge aufgenommen und umgesetzt werden.

### 7.4.1 Essentielle Fettsäuren

**Essentielle Fettsäuren (Vitamin F)**, z.B. mehrfach ungesättigte Fettsäuren (s. Kap. 1.11.1 Bioenergetik), sind ein fester Bestandteil von Strukturlipiden und damit für elementare Funktionen der Zellmembran, der Mitochondrienmembran und anderer intrazellulärer Membranen unerlässlich. Gleichzeitig sind sie auch Ausgangspunkt der Synthese von Prostaglandinen, einer Gruppe von hormonähnlich wirkenden Verbindungen, die an der Blutgerinnung (Thromgocytenaggregation), an der Vasomotorik und an Abwehrfunktionen (Entzündungsprozesse) beteiligt sind. Viele Tiere, wie auch der Mensch, besitzen keine ausreichende Syntheseleistung für mehrfach ungesättigte Fettsäuren und sind deshalb auf deren regelmäßige Zufuhr mit der Nahrung angewiesen, vor allem aus pflanzlichen Ölen (z.B. Olivenöl, Leinöl, Distelöl). Das gilt insbesondere für die 2- und 3fach ungesättigte Linol- und Linolensäure und die 4fach ungesättigte Arachidonsäure. Fische besitzen eine hohe Syntheseleistung für mehrfach ungesättigte Fettsäuren, so dass sie in der menschlichen Ernährung neben pflanzlichen Ölen eine wichtige Quelle für mehrfach ungesättigte Fettsäuren sind. Mit dem Lipidstoffwechsel eng verknüpft ist das **Cholesterin**, sowohl als Bestandteil von Strukturlipiden als auch als Grundgerüst für die Synthese von Steroidhormonen. Die meisten Tiere können Cholesterin selbst synthetisieren, aber vielen Insekten und einigen Cephalopoden fehlt diese Fähigkeit, so dass sie das Sterin-Grundgerüst mit der Nahrung aufnehmen müssen.

### 7.4.2 Essentielle Aminosäuren

Tiere können nur etwa die Hälfte der Aminosäuren über ihren Intermediärstoffwechsel synthetisieren (s. Kap. 1.12 Bioenergetik), die restlichen zehn müssen als essentielle Aminosäuren ständig mit der Nahrung aufgenommen werden (Box 7.2). Da diese Aminosäuren sowohl für den Menschen als auch für Protozoen, Insekten und verschiedene Wirbeltierarten essentiell sind, kann vermutet werden, dass sie normalerweise ausreichend in der Nahrung enthalten sind und deshalb für die heterotroph lebenden Tiere keine Notwendigkeit besteht, körpereigene Synthesewege zu betreiben. Karnivoren haben mit der Zufuhr von essentiellen Aminosäuren kein Problem, da in tierischem Protein die essentiellen Aminosäuren stets vollständig enthalten sind. Der Proteingehalt von Pflanzen ist wesentlich niedriger, außerdem kann die Zusammensetzung der pflanzlichen Nahrung sehr einseitig sein, d.h. einzelne Aminosäuren liegen in großer Menge vor und andere sind nur in Spuren vorhanden. Vegetarisch lebende Tiere benötigen deshalb entweder große Nahrungsmengen, um den geringen Bedarf an essentiellen Aminosäuren zu decken, oder dieser Bedarf wird durch Mischfutter aus verschiedenen Pflanzenarten gedeckt. Dies gilt auch für die Ernährung des Menschen, der bei vegetarischer Kost auf eine ausgleichende Mischung achten muss. So enthalten Bohnen sehr viel Arginin (9 g pro 16 g Stickstoff), aber nur geringe Mengen der essentiellen Aminosäure Methionin (0,6 g pro 16 g Stickstoff), während Reisprotein (2,3 g pro 16 g Stickstoff) oder Maisprotein (1,9 g pro 16 g Stickstoff) Methionin in etwas höherer Konzentration enthalten. Der Minimalbedarf des Menschen beträgt für jede essentielle Aminosäure etwa 1 g pro Tag, die empfohlene Menge etwa das Doppelte. In Wachstumsphasen ist die Deckung des Bedarfs an essentiellen Aminosäuren besonders wichtig, und die Aminosäuren Histidin und Arginin gelten vor allem im Säuglingsalter als essentielle Aminosäuren.

### 7.4.3 Vitamine

Unter den essentiellen Nahrungsbestandteilen nehmen die Vitamine eine Sonderstellung ein, da sie nur in sehr geringen Mengen benötigt werden, aber in dieser geringen Menge für die normale Funktion des Stoffwechsels absolut unerlässlich sind. Das Fehlen einzelner Vitamine führt zu schweren Mangelerscheinungen, da mit den Vitaminen verknüpfte biochemische Reaktionsschritte überhaupt nicht mehr ausgeführt werden können oder nur fehlerhaft ausgeführt werden. Daher rührt auch ihr Name „vita“ und „amin“, obwohl in der Zwischenzeit neben den Aminen auch andere Verbindungen mit Vitamin-Eigenschaft entdeckt wurden (Box 7.2). Die bei Mensch und Haustieren auftretenden Mangelerscheinungen (**Hypovitaminosen**) bei einseitiger Ernährung und deren Korrektur durch gezielte Diät, waren eine wichtige Grundlage für die Ent-

## Box 7.2

### Essentielle Nahrungsbestandteile

| | Biologische Bedeutung | Tagesbedarf Mensch | Mangelerscheinungen |
|---|---|---|---|
| **Essentielle Fettsäuren**<br>Mehrfach ungesättigte Fettsäuren, z. B. Linolsäure, Linolensäure, Arachidonsäure (Struktur s. Kap. 1.11 Bioenergetik) | Biosynthese von Membranlipiden, Vorstufen für Prostaglandine | | Hautveränderungen (Hyperkeratose, Haarausfall), Wachstumsstörungen, verminderte Leistungsfähigkeit, Thrompozytopenie |
| **Essentielle Aminosäuren**<br>Valin, Leucin, Isoleucin, Lysin, Arginin, Methionin, Threonin, Phenylalanin, Tryptophan, Arginin, Histidin (Struktur s. Kap. 1.12 Bioenergetik) | Proteinbiosynthese | etwa 1 g für jede Aminosäure | Hungerödem, Infektanfälligkeit, Apathie, Muskelatrophie |
| **Wasserlösliche Vitamine**<br>Thiamin ($B_1$)<br>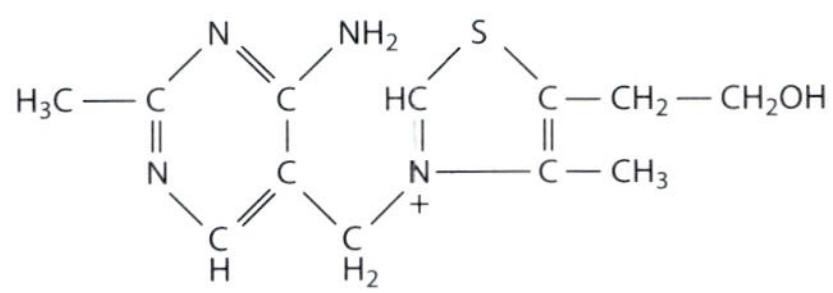 | Bestandteil des Coenzyms für oxidative Decarboxylierung | 1,5 mg | **Beri-Beri** (periphere und zentrale Nervenlähmungen, Ödeme, Herzinsuffizienz, Enzephalopathie) |
| Riboflavin ($B_2$, früher Vitamin G)<br>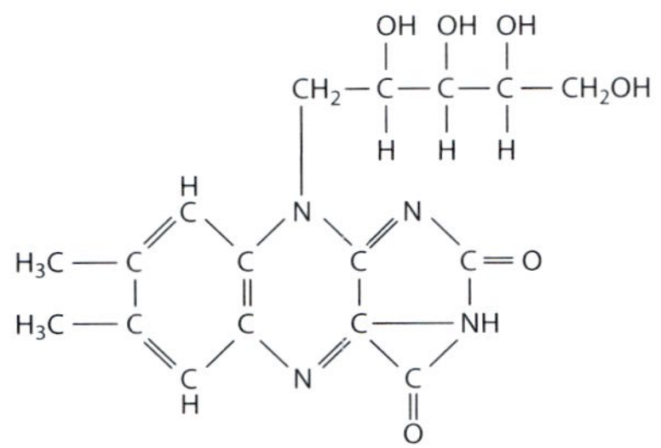 | Bestandteil der Flavinnucleotide (FAD), oxidative Phosphorylierung | 1,8 mg | **Ariboflavinose**, Hauterkrankungen (Dermatitis), Anämie, Vaskularsierung der Kornea, Katarakt, Durchfall, Wachstumstörungen |
| Nicotinsäure ($B_3$)<br>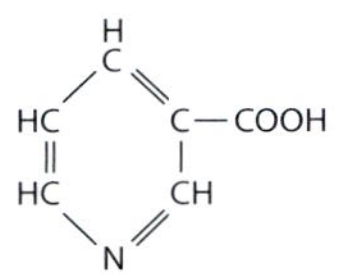 | Bestandteil der Nukleotide (NAD, NADP), $H^+$-Übertragung | 20 mg | **Pellagra**, Dermatitis und Pigmentstörungen, Hyperkeratosen mit Rhagaden an den Händen, Muskelschwäche, Sekretionsschwäche, Durchfall, Demenz |

▼

## Box 7.2 (Fortsetzung)

| | Biologische Bedeutung | Tagesbedarf Mensch | Mangelerscheinungen |
|---|---|---|---|
| Pyridoxin ($B_6$) 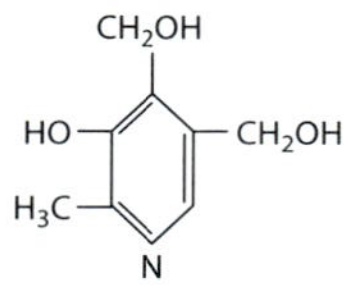 | Bestandteil eines Coenzyms für Aminosäurenstoffwechsel (Pyrodixalphosphat) | 2–2,5 mg | verzögertes Wachstum, Dermatitis, Krämpfe, Erbrechen |
| Cobalamin ($B_{12}$) 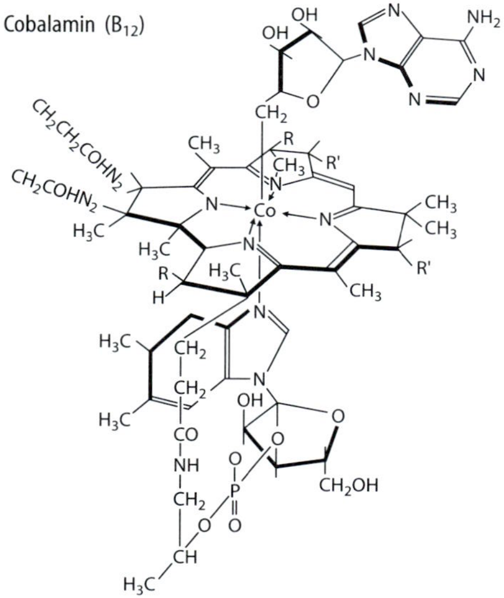 | Coenzym (Alkylgruppen-Übertragung), DNA- und RNA-Biosynthese | 5–8 µg | Defekte in Geweben mit hoher Zellteilungsrate (blutbildende Gewebe), keine Erythrocytenreifung (Perniziöse Anämie), Demyelinisierung von Nerven |
| Ascorbinsäure (C) 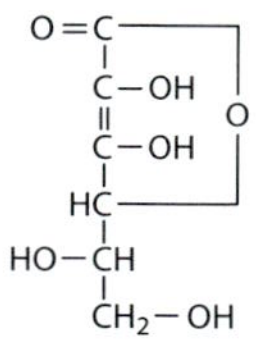 | Redoxreaktionen, z.B. bei der Collagenbildung | 100 mg | **Skorbut**, Hämorrhagie, schlechtere Wundheilung, Infektionsanfälligkeit |

▼

## Box 7.2 (Fortsetzung)

| | Biologische Bedeutung | Tagesbedarf Mensch | Mangelerscheinungen |
|---|---|---|---|
| Biotin (früher Vitamin H) 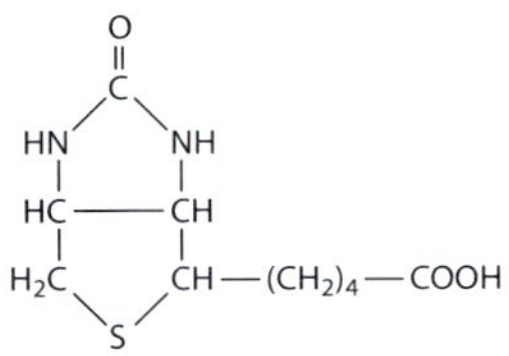 | Coenzym von Decarboxylasen ($CO_2$-Übertragung) | 0,3 mg | Dermatitis, Haarausfall, Bindehautentzündung, zentralnervöse Störungen, Hypercholesterinämie |
| Pantothensäure 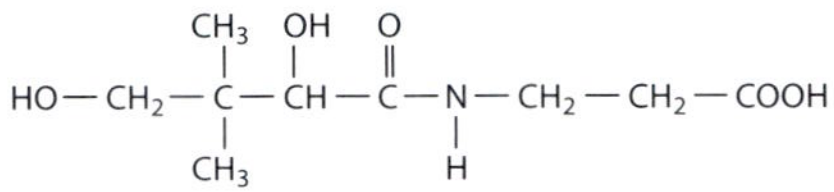 | Für Synthese von Coenzym-A | 5–10 mg | Mattigkeit, Schlafstörungen, Koordinationsstörungen |
| Folsäure 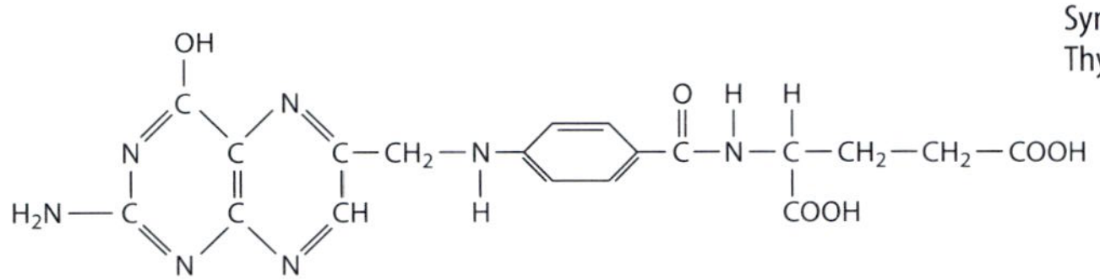 | Übertragung von C1-Gruppen, Synthese von Purinnucleotiden und Thymin (Replikation und Wachstum) | 0,4 mg | Anämie, Gastrointestinale Störungen, Durchfall |
| **Fettlösliche Vitamine** Retinol ($A_1$) 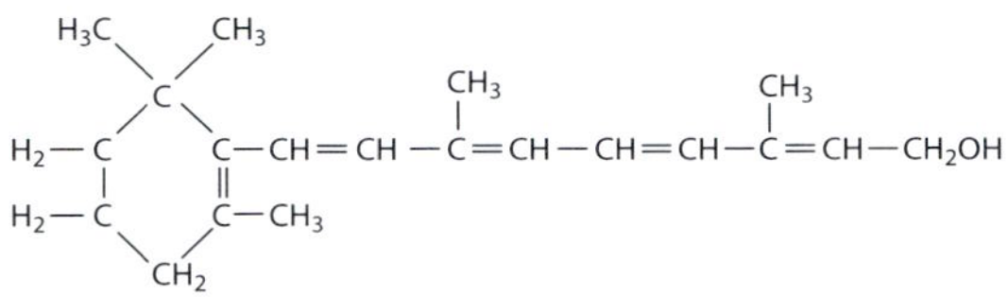 | Notwendig zu Bildung des Sehpurpur (Rodopsin), wichtig für Stabilität von Membranen (Zell-, Mitochondrien-Lysosomenmembran) | 1,7–2,7 mg | Nachtblindheit, schuppige Haut, Infektionsanfälligkeit, Hornhauttrübung Wachstumsstörungen (Skelett), Atrophie der Gonaden, bei Vitamin A sind auch Hypervitaminosen möglich (Schmerzen, Schwindel, Erbrechen) |

▼

## Box 7.2 (Fortsetzung)

| | Biologische Bedeutung | Tagesbedarf Mensch | Mangelerscheinungen |
|---|---|---|---|
| Calciferol ($D_2$) 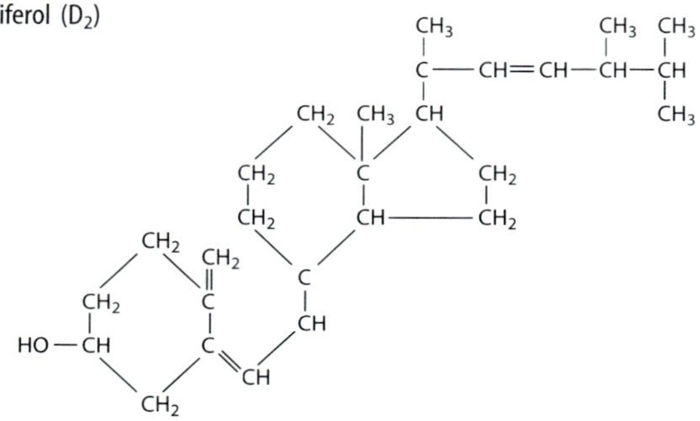 | Verhindert Sinken des $Ca^{2+}$-Gehalts im Plasma durch erhöhte intestinale $Ca^{2+}$- Resorption und $Ca^{2+}$- Mobilisierung in den Knochen | 10 µg | **Rachitis** (Mineralisationsstörungen des Skeletts) |
| $\alpha$-Tocopherol (E) 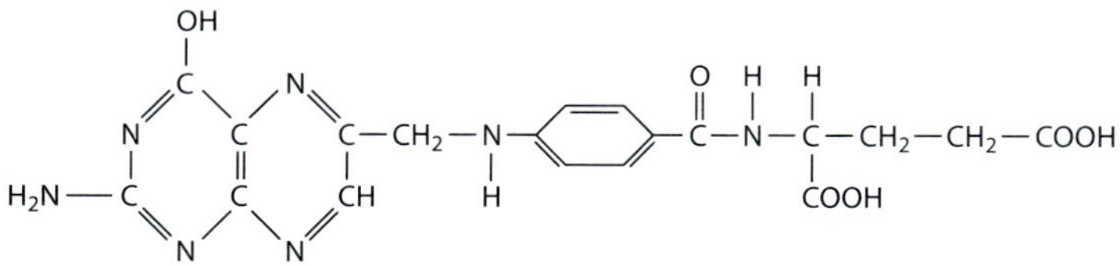 | essentiell für Gonadenfunktion | 30 mg | Degeneration des Hodenepithels, Resorption des Fetus, Muskelschwäche der Hinterextremitäten |
| Phyllochinon ($K_1$) 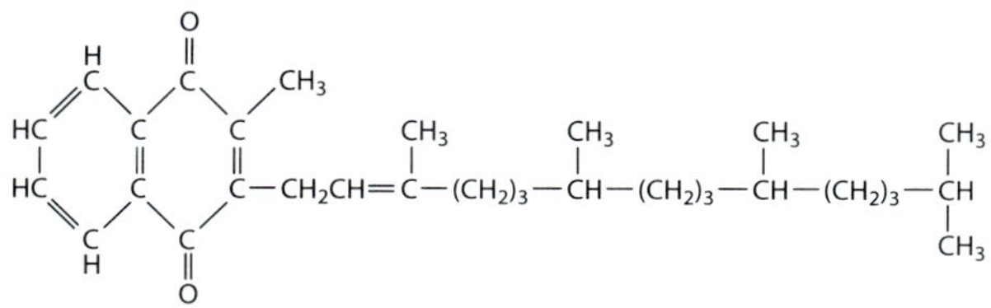 | essentiell für Synthese von Prothrombin (s. Blutgerinnung) | 0,15 mg ($K_3$) | verzögerte Blutgerinnung, Spontanblutungen |

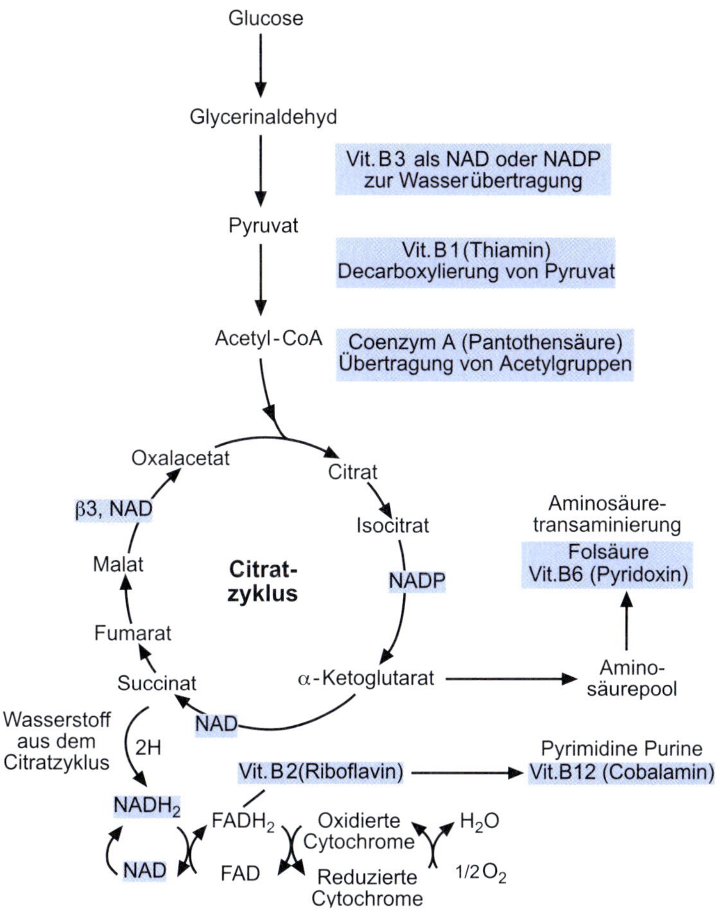


**Abb. 7.18.** Beteiligung von B-Vitaminen an Reaktionen der Glykolyse, des Citratzyklus, der mitochondrialen Respiration, der Biosynthese von Aminosäuren und der Biosynthese von Nucleotiden

deckung der Vitamine. Anfänglich wurden sie alphabetisch geordnet (Vitamin A, B, C, D usw.), aber durch zusätzliche Entdeckungen neuer Vitamine mussten zusätzlich Subskripte eingeführt werden, wie $B_1$, $B_2$ und $B_3$. Die meisten Vitamine sind Stoffwechselprodukte von Mikroorganismen. Da sowohl Protozoen als auch Evertebraten und Vertebraten auf Vitamine angewiesen sind, liegt die Vermutung nahe, dass sich Tiere in den Anfängen ihrer Evolution über lange Zeit als Planktonfiltrierer ernährten und auf diese Weise aus Bakterien und Cyanobakterien stets ausreichend mit Vitaminen versorgt wurden, so dass keine Notwendigkeit für eine körpereigene Synthese der geringen Vitaminmengen bestand.

Auf Grund ihres Lösungsverhaltens können die Vitamine in zwei Gruppen eingeteilt werden, in die **wasserlöslichen Vitamine** (B-Gruppe und C) und die **fettlöslichen Vitamine** A, D, E und K. Die wasserlöslichen Vitamine bilden Cofaktoren für einzelne biochemische Reaktionsschritte des Metabolismus (Abb. 7.18) und werden nicht für den Bau von Makromolekülen umgesetzt. Dadurch unterscheiden sie sich von den zuvor erwähnten essentiellen Fett- und Aminosäuren, die für die Biosynthese von Strukturlipiden und Proteinen kontinuierlich verbraucht werden. Außerdem werden die wasserlöslichen Vitamine B und C, im Gegensatz zu den fettlöslichen Vitaminen, nicht im Körper gespeichert, sondern im Urin ausgeschieden. Sie müssen deshalb in relativ konstanter Rate dem Körper dauernd neu zugeführt werden.

### Wasserlösliche Vitamine

**Vitamin $B_1$, Thiamin**, war das erste entdeckte B-Vitamin, dessen Vitamincharakter vor allem durch Mangelerscheinungen offensichtlich wurde, die nach einseitiger Ernährung mit geschältem und poliertem Reis in Südostasien auftraten. Diese führten nach einiger Zeit zu Nervenlähmung (Beriberi) bei Plantagenarbeitern und in Gefängnissen. Aber auch in Europa wurde gelegentlich Beriberi beobachtet, wenn sich die Menschen im Winter ausschließlich mit weißem Mehl ernährten. Viele Mikroorganismen können Thiamin synthetisieren, so dass Tiere mit einer üppigen intestinalen Mikroorganismen-Flora, wie z. B. die Wiederkäuer, daraus genügend Thiamin erhalten und bei normaler Darmfunktion keine Zufuhr mit der Nahrung benötigen.

**Vitamin $B_2$, Riboflavin**, ist ein Derivat des Alloxazin und wird ebenfalls hauptsächlich von Mikroorganismen synthetisiert. Es bildet die prosthetische Gruppe des Flavin-Adenin-Dinukleotid (FAD) und des Flavin-Mononukleotid (FMN), die eine zentrale Rolle bei der Elektronenübertragung in den Mitochondrien spielen. Außerdem wirkt es als Kofaktor für die Xanthinoxidase (Adenin-Stoffwechsel), die Cytochrom-Reduktase (Elektronenübertragung im endoplasmatischen Retikulum) und die Aminosäuren-Oxidase. Es ist dadurch von entscheidender Bedeutung sowohl für den Energiehaushalt als auch für Synthese- und Transportfunktionen.

**Vitamin $B_3$, Nikotinsäure (Niacin)**, wird von Mikroorganismen, aber auch von vielen Tieren aus der Aminosäure Tryptophan synthetisiert. Der Mangel an $B_3$ ist deshalb häufig auch auf eine ungenügende Zufuhr der essentiellen Aminosäure Tryptophan zurückzuführen. Nikotinsäure wird mit Adenin und einer Pentose zum Nikotinamid-Adenin-Dinukleotid (NAD) verbunden. Dieses Koenzym ist Akzeptor für Wasserstoff und spielt dadurch eine zentrale Rolle beim Substratabbau in der Glykolyse, im Zitrat-Zyklus und in der Elektronentransportkette. Das Schwestermolekül NADP überträgt Wasserstoff bei Synthesevorgängen.

**Vitamin $B_6$, Pyridoxin**, wird von zahlreichen Mikroorganismen hergestellt, u. a. auch von den Darmsymbionten des Menschen. Es wird als Coenzym bei der Transaminierung von Aminosäuren verwendet und ist in dieser Funktion wesentlich am Proteinstoffwechsel beteiligt.

**Vitamin $B_{12}$, Cobalamin**, ist ein sehr komplexes Molekül, das aus einem Porphyrinring mit zentralem Kobalt-Atom, einer Cyanidgruppe und einem Nukleotid besteht. Es wird von Bakterien synthetisiert und muss mit der Nahrung aufgenommen oder aus der Bakterienflora des Darmtrakts geliefert werden. Obwohl vom Menschen täglich nur sehr geringe Mengen benötigt werden (3 µg), ist es ein sehr aktives Vitamin, das für zahlreiche Transaminierungs- und Transmethylierungsreaktionen benötigt wird. Dadurch ist es sowohl für den Protein- als auch den Nukleinsäuren-Stoffwechsel von zentraler Bedeutung (Coenzym für die Reduktion von RNS und DNS), und sein Mangel hat Auswirkungen auf Gewebe mit hoher Zellteilungsrate und den Stoffwechsel von Nervenzellen. Für die Aufnahme im Magen ist ein intrinsischer Faktor erforderlich, der normalerweise in ausreichender Menge von der Zellen der Magenschleimhaut gebildet wird. Dessen Fehlen, z. B. bei erkrankter Magenschleimhaut, kann ebenfalls einen $B_{12}$-Mangel verursachen.

**Vitamin C, Ascorbinsäure**, ist ein relativ einfach gebautes Molekül, das als Redoxsystem bei Hydroxylierungsreaktion dient. Dazu gehören u.a. für die Synthese von Hydroxyprolin und Hydroxylysin aus Prolin und Lysin, die Umwandlung von Dopamin in Adrenalin und die Serotoninsynthese. Hydroxyprolin und Hydroxylysin sind wesentliche Bestandteile des Kollagen, so dass ein Mangel an Vitamin C vor allem Defekte im Bindegewebe (Skorbut, Blutungen der Schleimhäute, Zahnausfall) verursacht. Vitamin C ist vor allem in Obst und Gemüse enthalten, wird aber bei langer Lagerung durch Oxidation zerstört. Alle Pflanzen und Tiere können ausreichende Mengen an Ascorbinsäure aus Glukuronsäure herstellen. Lediglich den Meerschweinchen und den Primaten fehlt das dafür notwendige Enzym L-Glukonolakton-Oxidase, weshalb sie auf Zufuhr mit der Nahrung angewiesen sind. Die Resorption der Ascorbinsäure findet im gesamten Verdauungstrakt statt und beginnt bereits in der Mundschleimhaut.

**Vitamin H, Biotin**, ist ein schwefelhaltiges Vitamin, das als prosthetische Gruppe für die Übertragung von Carboxylgruppen an zahlreichen Biosynthese-Reaktionen beteiligt ist. Biotin wird von Mikroorganismen gebildet und der tägliche Bedarf wird normalerweise durch die Darmflora gedeckt. Mangelsituationen entstehen deshalb nur bei länger anhaltenden Störungen der Darmflora. Eiklar enthält ein Protein namens Avidin, das mit Biotin einen Komplex bildet und dessen Resorption verhindert. Deshalb kann durch einen Verzehr von großen Mengen Eiklar ein akuter Vitamin-H-Mangel künstlich ausgelöst werden.

**Pantothensäure,** ein hitzelabiles Vitamin, das früher der B-Gruppe zugerechnet wurde, wird für die Synthese von Coenzym-A benötigt, einem Molekül, das für den Eintritt von Pyruvat und Fettsäuren in den Zitratzyklus notwendig ist. Außerdem ist das Coenzym-A für die Synthese des Neurotransmitters Acetylcholin aus Cholin erforderlich, der sowohl im Zentralnervensystem als auch im peripheren vegetativen Nervensystem und an der neuromuskulären Übertragung beteiligt ist.

**Folsäure** ist eine Sammelbezeichnung für Verbindungen aus einem Pteridinring, einer p-Aminobezoesäure und einer oder mehreren Glutaminsäureresten. Die biologisch aktive Form ist die Tetrahydrofolsäure, die als Coenzym an der Übertragung von Methyl-, Formyl- und Formiat-Resten sowie an der Synthese von Nukleinsäuren beteiligt ist. Folsäure wird mit der Nahrung aufgenommen (Blattgemüse, Leber, Hefe, Milch) sowie im Dünndarm durch Darmbakterien synthetisiert.

### Fettlösliche Vitamine

Die fettlöslichen Vitamine beteiligen sich nicht an ubiquitär vorkommenden biochemischen Reaktionen wie die wasserlöslichen Vitamine, sondern beschränken ihre Funktion auf spezifische physiologische Funktionen, wie den Sehvorgang, die Blutgerinnung oder die Calcium-Regulation. Sie werden im Körper gespeichert und machen ihn deshalb weniger anfällig für Schwankungen in der Zufuhr dieser Vitamine. Die Vitamine A, D und K werden vor allem von Wirbeltieren benötigt, während das Vitamin E auch ein essentieller Nahrungsbestandteil für Evertebraten ist.

**Vitamin A, Retinol,** kann auch aus Vorstufen synthetisiert werden, dem Karotin (Provitamin), das vor allem in pflanzlicher Nahrung enthalten ist. Vitamin A ist Bestandteil des Sehpigments und in dieser Funktion sehr gut beschrieben. Darüber hinaus spielt es möglicherweise auch ein Rolle beim Aufbau von Epithelien. Sein Mangel führt deshalb zu sehr spezifischen Defekten, beginnend mit Nachtblindheit, gefolgt von Atrophie und Verhornung der Haut und Schleimhäuten, die dadurch anfälliger für Infektion durch Mikroorganismen werden. Bei Vitamin A sind auch **Hypervitaminosen** bekannt. Wenn die Tagesdosis um etwa das 200fache überschritten wird (>1 Mio. IE pro Tag), können akute Schmerzen, Schwindel und Erbrechen auftreten. Im chronischen Fall kommt es zu schmerzhaften Schwellungen der Knochenhaut, Hämorrhagien (Blutungen), Haarausfall und einem Anstieg der alkalischen Phosphatase im Serum (Freisetzung von lysosomalen Enzymen); in der Schwangerschaft sind auch teratogene Wirkungen beobachtet worden.

Als **Vitamin D** wird eine ganze Gruppe von chemisch ähnlichen Verbindungen (**Calciferole**) bezeichnet, von denen die beiden wichtigsten das Ergocalciferol (Vitamin $D_2$) und das Colecalciferol (Vitamin $D_3$) sind. Bei Säugetieren wird eine Vorstufe des Vitamins $D_3$, das 7-Dehydrosterol, durch ultraviolette Strahlung in der Haut in $D_3$ umgewandelt und dieses dann in der Leber und Niere in zwei biologisch aktivere Formen, das 25-Hydrocolecalciferol und das 1,25-Dihydrocolecalciferol, umgewandelt, die an der Regulation des Calcium-Stoffwechsels beteiligt sind. Vögel bilden eine Vorstufe des Vitamins D in der **Uropygialdrüse.** Die Vorstufe wird bei der Federpflege im Gefieder verteilt und nach Umwandlung in die aktive Form über die Haut oder den Schnabel wieder aufgenommen. Die biologisch aktive Form des Vitamin D ist an der Biosynthese eines Calcium-spezifischen Transportproteins in der Darmschleimhaut beteiligt und fördert dadurch sowohl die intestinale Calcium-Resorption als auch die Mobilisierung von Calcium aus den Knochen. Ein Mangel an Vitamin D führt deshalb zu Störungen der Knochenbildung und zu Verformungen des Skeletts. Die Vorstufen des Vitamin D können aus Cholesterin synthetisiert werden. Deshalb ist Vitamin D im eigentlichen Sinne kein Vitamin, aber bei nicht ausreichender

Aktivierung durch Licht können Mangelerscheinungen auftreten, die durch Gabe des aktivierten $D_2$ oder $D_3$ zu verhindern sind. Auch beim Vitamin D sind **Hypervitaminosen** bekannt (Entkalkung von Knochen, hoher Plasma-Calcium-Spiegel, Ausfällung von Calcium in den Nierentubuli).

**Vitamin E, das *α*-Tocopherol,** dient als Oxidationsschutz für ungesättigte Fettsäuren und kommt in relativ hoher Konzentration in der Mitochondrienmembran vor. Sein Mangel verursacht ein relativ breites Spektrum von Ausfallserscheinungen wie Anämie und Degeneration von Epithelien, deren Kausalzusammenhänge noch nicht eindeutig sind. Eine ähnliche Situation gilt auch für **Vitamin K** ($K_1$ und $K_2$), das in seinem Bau dem Tocopherol sehr ähnlich ist. Es wird von vielen Mikroorganismen gebildet und ist dem Pigment Echinochrom der Echinodermen sehr ähnlich. Vitamin K wird für die Bildung von Blutgerinnungsfaktoren in der Leber benötigt.

### Andere „Vitamine"?

Einige andere Substanzen werden gelegentlich ebenfalls als Vitamine bezeichnet, wenn sie nur von wenigen Tieren als essentieller Nahrungsbestandteil benötigt werden oder deren Funktion als Vitamin nicht genau bekannt ist. Dazu gehören das **Cholin** (Hydroxyäthyl-trimethylammoniumoxid) und das **Carnitin** (früher $B_7$), das z.B. vom Mehlkäfer *Tenebrio molitor* als Wachstumsfaktor benötigt wird. Das **Inositol**, ein Isomer der Glucose, wurde früher zu den B-Vitaminen gerechnet, ist am Lipidstoffwechsel beteiligt und wird vom Menschen in einer Menge von 1–1,5 g pro Tag benötigt. Die **Flavonoide**, eine Gruppe von meist gelb gefärbten phenolischen Pflanzenfarbstoffen, werden wegen ihres positiven Einflusses auf die Integrität und Permeabilität von Kapillaren und ihrer lindernden Wirkung bei Durchblutungsstörungen auch als Vitamin P bezeichnet. Daneben gibt es noch eine Reihe weiterer chemischer Verbindungen, die als **Pseudovitamine** bezeichnet werden, da ihre Bedeutung als Vitamin strittig ist oder sie aus kommerziellen Gründen als Vitamin propagiert werden.

## Literatur


Ahearn GA (1988) Nutrient transport by the invertebrate gut. In: Gilles R (ed) Advances in comparative and environmental physiology. vol 2. Springer, Berlin Heidelberg New York Tokyo, pp 91–129

Bailey CB (1961) Saliva secretion and its relation to feeding in cattle. 3. The rate of secretion of mixed saliva in the cow during esting, with an estimate of the magnitude of the total daily secretion of mixed saliva. Brit J Nutr 15:443–451

Barret KE, Keely SJ (2000) Chloride Secretion by the intestinal epithelium: Molecular basis and regulatory aspects. Ann Rev Physiol 62:535–572

Cleveland LR (1925) Toxicity of oxygen for protozoa *in vivo* and *in vitro*: Animals defaunted with injury. Biol Bull 48: 455–468

Elyakova LA (1972) Distribution of cellulases and chitinases in marine invertebrates. Comp Biochem Physiol 43B:67–70

Eckert R (1986) Tierphysiologie. Thieme, Stuttgart

Furla P, Bénazet-Tambutté S, Jaubert J, Allemand D (1998) Functional polarity of the tentacle of the sea anemone *Anemonia viridis*: role of inorganic carbon acquisition. Am J Physiol 274:R303–R310

Friedman JM, Halaas JL (1998) Leptin and the regulation of body weight in mammals. Nature 395:763–770

Grajal A, Strahl SD, Parra R, Dominguez MG, Neher A (1989) Foregut fermentation in the Hoatzin, a neotropical leaf-eating bird. Science 245:1236–1238

Halaas JL et al (1995) Weight-reducing effects of the plasma protein encoded by the obese gene. Science 269:543–546

Hediger MA, Rhoads DB (1994) Molecular physiology of sodium-glucose cotransporters. Physiol Rev 74:993–1026

Houpt TR (1959) Utilization of blood urea in ruminants. Am J Physiol 197:115–120

Houpt TR (1963) Urea utilization by rabbits fed a low-protein ration. Am J Physiol 205:1144–1150

Hume ID (1989) Optimal digestive strategies in mammalian herbivores. Physiol Zool 62:1145–1163

Karasov WH (1988) Nutrient transport across vertebrate intestine. In: Gilles R (ed) Advances in comparative and environmental physiology. Vol 2. Springer, Berlin Heidelberg New York Tokyo, pp 131–172

Kellet L (2001) The facilitated component of intestinal glucose absorption. J Physiol (Lond) 531:585–595

Kern KL, Slyter LL, Leffel EC, Weaver JM, Oltjen RR (1974) Ponies versus steers: Microbial and chemical characteristics on intestinal ingesta. J Anim Sci 38:559–564

Lasker R, Giese AC (1956) Cellulase digestion by the silverfish *Ctenolepisma lineata*. J Exp Biol 33:542–553

Lehninger AL (1978) Biochemistry. Worth, New York

Matthews LH, Parker HW (1950) Notes on the anatomy and biology of the basking shark (*Cetorhinus maximus* GUNNER). Pro Zool Soc Lond 120:35–576

Moir RJ (1968) Ruminant digestion and evolution. In: Code CF (ed) Handbook of physiology. vol 5, Sect 6. American Physiol Soc, Washington, pp 2673–2694

Robbins CT, Mole S, Hagerman AE, Hanley TA (1987) Role of tannins in defending plants against ruminants: Reductions in dry matter ingestion. Ecology 68:1606–1615

Romer AS (1971) Vergleichende Anatomie der Wirbeltiere. Paul Parey, Hamburg
Rozin P (1965) Adaptive food sampling in vitamin deficient rats. J Comp Physiol Psychol 69:126–132
Schmidt-Nielsen B, Schmidt-Nielsen K, Houpt TR, Jarnum SA (1957) Urea excretion in the camel. Am J Physiol 188:477–484
Schwartz MW, Woods SC, Porte D, Seeley RJ, Baskin DG (2000) Central nervous system control of food intake. Nature 404:661–671
Smith D, Muscatine L, Lewis D (1969) Carbohydrate movement from autotrophs to heterothrophs in parasitic and mutualistic symbiosis. Biol Rev 44:17–90
Stevens CE, Hume ID (1995) Comparative physiology of the vertebrate digestive system. Cambridge Univ Press, Cambridge
Waterbury JB, Calloway CB, Turner RD (1983) A celluloytic nitrogen-fixing bacterium cultured from the gland of Deshayes in shipworms. Science 221:1401–1403
Wigglesworth VB (1935) Principles of insect morphology. Chapman & Hall, London
Woods SC, Seeley RJ, Porte D, Schwartz MW (1998) Signals that regulate food intake and energy homeostasis. Science 280:1378–1383
Wright SH (1988) Nutrient transport across the integument of marine invertebrates. In: Gilles R (ed) Advances in comparative and environmental physiology. vol 2. Springer, Berlin Heidelberg New York Tokyo, pp 173–218
Wright EM, Hirsch JR, Loo DDF, Zampighi GA (1997) Regulation of $Na^+$/Glucose Cotransporters. J Exp Biol 200:287–293
Yokoe Y, Yasumasu I (1964) The distribution of cellulase in invertebrates. Comp Biochem Physiol 13:323–338

# 8 Osmoregulation und Exkretion

Wasser ist die Grundlage aller Lebensvorgänge. Im Wasser ist das Leben auf der Erde entstanden und alle Lebewesen bestehen überwiegend aus Wasser. Der relative Anteil des Wassers an der gesamten Körpermasse von Tieren beträgt 60–90%. Wenn man nur die Weichteile des Körpers berücksichtigt, also ohne Exo- oder Endoskelett, so steigt der Anteil des Wassers auf mehr als 90%. Im Körperwasser sind Salze, Nährstoffe, Eiweiße und andere Stoffwechselprodukte gelöst, und in dieser wässrigen Lösung laufen alle biochemischen Reaktionen ab, die den Organismus am Leben erhalten und dessen Wachstum und Vermehrung ermöglichen. Alle Reaktionspartner, Enzyme, Cofaktoren und Ionen, die an dieser komplexen biochemischen Maschinerie mitwirken, müssen deshalb stets in der „richtigen" Menge vorhanden sein. Dies gilt sowohl für die molaren Mengen der einzelnen Ionen und Stoffwechselprodukte (**Molarität**) als auch für die Anzahl der insgesamt in der Körperflüssigkeit gelösten Teilchen (**Osmolarität**), die beide geregelt werden, um eine **Homoiostase** ihres **inneren Milieus** zu erreichen.

In ihrer natürlichen Umgebung sind Tiere fortwährend Belastungen oder sogar Störungen des inneren Milieus ausgesetzt, da sie Nährstoffe, Wasser und Salze aufnehmen und Stoffwechselendprodukte, Wasser und Salze an die Umgebung abgeben. Sie benötigen ein leistungsfähiges System, das die Zusammensetzung der Körperflüssigkeiten überwacht und regelt. Theoretisch könnte dies durch die Nahrungsaufnahme geschehen, indem sie sich bedarfsgerecht Wasser, Salze und Nährstoffe zuführen. In der Praxis ist dies jedoch schwierig, oder sogar unmöglich, da das Nahrungsangebot natürlichen Schwankungen unterliegt und die genaue Zusammensetzung vor der Nahrungsaufnahme nicht überprüft werden kann. Außerdem wird der verdaubare Teil der Nahrung vollständig zerlegt und resorbiert, und dabei können auch überzählige, ungeeignete oder sogar schädliche Verbindungen in den Körper gelangen, die wieder ausgeschieden werden müssen. Durch die Nahrungsaufnahme kann deshalb nur der Energie- und der Wasserbedarf des Körpers sehr grob geregelt werden, aber sie eignet sich nicht für die Feinregulation der Homoiostase. Im Gegenteil, die Nahrungsaufnahme ist stets mit einer Belastung des inneren Milieus verbunden.

Die in den Zellen ablaufenden Stoffwechselvorgänge verändern ebenfalls das innere Milieu. Als Endprodukt des oxidativen Abbaus der Nährstoffe entsteht hauptsächlich Wasser und Kohlendioxid. Das Kohlendioxid reagiert mit Wasser zu Kohlensäure und erniedrigt den pH-Wert, bis es mit der Atmung entsorgt wird. Das entstehende Stoffwechselwasser mischt sich mit dem gesamten Wasservorrat des Körpers und muss in die Osmoregulation mit einbezogen werden. Das vierthäufigste Element, das mit der Nahrung aufgenommen wird, ist Stickstoff, als Bestandteil von Proteinen (95%) und Nukleinsäuren (5%). Als Endprodukte des Stickstoffstoffwechsels entstehen Ammoniak, Harnstoff oder Harnsäure, die teilweise toxisch sind. Sie müssen in wässriger Lösung aus dem Körper entfernt werden, so dass deren Exkretion ebenfalls den Wasserhaushalt und die Osmoregulation des Körpers beansprucht. Aus diesem Grund sind die Aufgaben der Osmoregulation und Exkretion eng miteinander verbunden und werden von vielen Tieren in einem Arbeitsgang bei der Exkretion erledigt.

Für diese Aufgaben wurden im Tierreich verschiedene Exkretionsorgane entwickelt, die trotz unterschiedlichem Bau ähnliche Funktionsweisen besitzen. Bereits bei Einzellern existiert mit der **kontraktilen Vakuole** ein Zellorganell, das vorrangig der Osmoregulation und Exkretion dient. Zu den eigentlichen Exkretionsorganen zählen die **Nephridien** als typisches Exkretionsorgan der meisten Evertebraten, die **Antennendrüse** der Krebse, das **Malphigische Organ** der Insekten und die **Niere** der Wirbeltiere. Diese Organe sind ausschließlich für die kombinierte Funktion von Exkretion und Osmoregulation verantwortlich. Zusätzlich werden Einzelaufgaben der Exkretion und Osmoregulation von anderen Organen übernommen. Dazu gehören die **Kiemen** der Teleostier und der Crustaceen, die mit ihrer großen Oberfläche gleichzeitig als Ionenaustauscher mit der Umgebung dienen. Eine ähnliche osmoregulatorische Funktion hat die **Rektaldrüse** der Haie und Rochen sowie die **Salzdrüse** der Vögel und Reptilien. Bei vielen Tieren wie z.B. den Amphibien spielt auch die **Haut** eine wesentliche Rolle bei der Osmoregulation, da über die Haut Salze und Wasser mit der Umgebung ausgetauscht werden. Exkretion und Osmoregulation beruhen deshalb bei den meisten Tieren auf einem Zusammenspiel mehrerer Organsysteme, mit dem Ziel, die Zusammensetzung der Körperflüssigkeiten stabil zu halten.

## 8.1 Zusammensetzung der Körperflüssigkeiten

Den größten Beitrag zur Osmolarität der Körperflüssigkeit leisten Natrium- ($Na^+$), Kalium- ($K^+$) und Chlorid-Ionen ($Cl^-$). Andere Kationen wie Calcium ($Ca^{2+}$) und Magnesium ($Mg^{2+}$) sowie Anionen wie Bikarbonat ($HCO_3^-$), Sulfat ($SO_4^{2-}$) und Phosphat ($PO_4^{3-}$) liegen nur in niedriger Konzentration vor (Tabelle 8.1). Kohlenhydrate, Proteine, Nukleinsäuren und andere organische Bestandteile stellen zwar den größten Anteil der Trockenmasse von Tieren (>90%). Sie bestehen jedoch meist aus großen polymeren Molekülen mit einem hohen Molekulargewicht, die nur in geringer Anzahl, d.h. geringer molarer Menge vorliegen und deshalb auch nur wenig zur Osmolarität der Körperflüssigkeit beitragen. So ist das Blutplasma der Säugetiere eine 7%ige Proteinlösung, deren Konzentration nur 1 mmol pro kg Plasma beträgt (Osmolalität), aber gleichzeitig 150 mmol $Na^+$, 110 mmol $Cl^-$ und 30 mmol $HCO_3^-$ enthält. Die Hauptarbeit der Ionen- und Osmoregulation leisten deshalb Tiere durch Überwachung und gezielte Verteilung von $Na^+$-, $K^+$- und $Cl^-$-Ionen in den Körperflüssigkeiten.

Eine wesentliche Eigenschaft aller Organismen ist die ungleiche Verteilung von Ionen in der Zell- und Extrazellulär-Flüssigkeit: Intrazellulär überwiegen $K^+$-Ionen, während extrazellulär $Na^+$- und $Cl^-$-Ionen vorherrschen (Abb. 8.1, Tabelle 8.1). Diese Ungleichverteilung der Ionen bildet die treibende Kraft für einen dauernden Stoffaustausch durch Diffusion über die Zellmembran. Mit dem Ionenungleichgewicht verbunden ist auch ein Ladungsungleichgewicht von etwa 70 mV über die Zellmembran (Membranpotential. Es treibt den Stofftransport von polaren Substanzen an, da Ionen bestrebt sind, das Ladungsungleichgewicht durch Diffusion

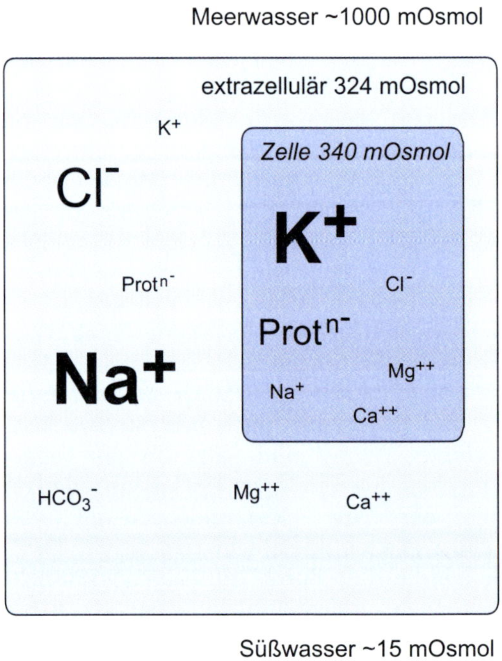


**Abb. 8.1.** Osmolarität und Verteilung von Lösungsbestandteilen in der Zelle und in der Extrazellulär-Flüssigkeit eines Säugetieres. Die Schriftgröße entspricht etwa dem Anteil der einzelnen Lösungsbestandteile

**Tabelle 8.1.** Osmolarität und Ionenverteilung in den Körperflüssigkeiten von verschiedenen Tierarten

| | Osmolarität (mOsm) | $Na^+$ (mmol) | $K^+$ (mmol) | $Ca^{++}$ (mmol) | $Mg^{++}$ (mmol) | $Cl^-$ (mmol) |
|---|---|---|---|---|---|---|
| **Meerwasser** [1] | 1030 | 478 | 10 | 10 | 54 | 558 |
| *Echinus esculentus* (Seeigel) [2] | | | | | | |
| Zelle | 948 | 125 | 195 | 14 | 22 | 124 |
| Coelomflüssigkeit | 1108 | 483 | 14 | 13 | 24 | 545 |
| *Mytilus edulis* (Miesmuschel) [3] | | | | | | |
| Zelle | 694 | 79 | 152 | 7 | 34 | 94 |
| Hämolymphe | 1148 | 490 | 13 | 13 | 56 | 573 |
| *Carcinus maenas* (Strandkrabbe) [4] | | | | | | |
| Zelle | 983 | 54 | 146 | 5 | 17 | 53 |
| Hämolymphe | 1000 | 468 | 12 | 35 | 14 | 524 |
| *Squalus acanthias* (Rochen) [5] | | | | | | |
| Zelle | 1189 | 18 | 130 | 2 | 14 | 13 |
| Blutplasma | 1096 | 296 | 7 | 3 | 4 | 276 |
| *Gadus morhua* (Dorsch) [6] | | | | | | |
| Zelle | 224 | 21 | 119 | 4 | 25 | 15 |
| Blutplasma | 308 | 174 | 6 | 7 | 3 | 150 |
| **Süßwasser** | | | | | | |
| *Anodonta cygnea* (Teichmuschel) [3] | | | | | | |
| Zelle | 75 | 5 | 21 | 12 | 5 | 2 |
| Hämolymphe | 66 | 15 | 0,5 | 8 | 0,2 | 11 |
| *Astacus fluviatilis* (Flusskrebs) [7] | | | | | | |
| Zelle | 309 | 11 | 122 | 9 | – | 14 |
| Hämolymphe | 477 | 208 | 5 | 14 | – | 250 |
| **semiaquatische und terrestrische Tiere** | | | | | | |
| *Rana esculenta* (Grasfrosch) | | | | | | |
| Zelle | 248 | 10 | 124 | 5 | 14 | 2 |
| Blutplasma | 245 | 109 | 2 | 2 | 1 | 78 |
| *Rattus norvegicus* (Wanderratte) [8] | | | | | | |
| Zelle | 340 | 16 | 152 | 2 | 16 | 5 |
| Blutplasma | 324 | 150 | 6 | 3 | 2 | 119 |

[1] H.J. Barnes: J. Exp. Biol. 31:582–588 (1954)
[2] J.D. Robertson: Comp. Biochem. Physiol. 67A:535-543 (1980)
[3] W.T.W. Potts: J. Exp. Biol. 35:749–764 (1958)
[4] J. Shaw: J. Exp. Biol. 32:383–396 (1955)
[5] J.D. Robertson: Biol. Bull. 148:303–319 (1975)
[6] A.H. Sutton: Comp. Biochem. Physiol. 24:149–161 (1968)
[7] W.T.W. Potts and G. Parry: Osmotic and Ionic Regulation in Animals, Pergamon, Oxford 1965
[8] E.J. Conway: Physiol. Rev. 37:84–132 (1957)

auszugleichen. Darüber hinaus macht das Membranpotential die Zellen elektrisch erregbar, so dass das Ionenungleichgewicht über die Zellmembran nicht nur für den Stoffaustausch genutzt wird, sondern auch der Signalübertragung dient. Einige Ionen wie $Ca^{++}$, $Mg^{++}$ und $Cl^-$ haben sich auf diese Rolle spezialisiert, da sie als Kofaktoren für enzymatische Reaktionen wirken. $Ca^{++}$ wird z.B. intrazellulär in Vesikeln gespeichert und bei Erregung der Zelle aus den Vesikeln freigesetzt. Das freie $Ca^{++}$ zeigt deshalb lokal begrenzte, intrazelluläre Konzentrationsschwankungen, die den Ablauf von biochemischen Reaktionen steuern, d.h. es wirkt als intrazellulärer Transmitter von Signalen.

## 8.2 Osmose

Die Osmose ist ein der Diffusion verwandter physikalischer Stofftransport, der auf der spontanen Bewegung der Moleküle beruht (s. Kap. 4.1.3 Atmung). Analog zur Diffusion von Gasen gilt auch für die Diffusion von Salzen, dass sie von einem Ort hoher Konzentration zum Ort niedriger Konzentration diffundieren bis die Konzentration ausgeglichen ist. Das Lösungsmittel Wasser wird natürlich ebenfalls diffundieren, allerdings in umgekehrter Richtung, da am Ort höherer Salzkonzentration gleichsam ein Wassermangel herrscht. Die Diffusionsgeschwindigkeit hängt von der Beweglichkeit der Moleküle ab, und im allgemeinen diffundieren kleine Moleküle wie das Wasser besser als große Moleküle wie Salze oder Glucose. Die meisten biologischen Membranen sind semipermeabel, d.h. sie lassen bevorzugt kleine Moleküle durch, wie z.B. Wasser, während große Moleküle am Durchtritt gehindert werden. Bei einer idealen semipermeablen Membran, die nur Wasser durchlässt, kann der Konzentrationsausgleich allein durch die Wasserdiffusion erreicht werden. Diesen **Lösungsmitteltransport zum Ausgleich der Konzentrationsunterschiede** nennt man Osmose (Abb. 8.2). Je höher die Konzentrationsunterschiede zwischen zwei Flüssigkeiten, desto heftiger wird osmotisch Wasser auf die Seite der konzentrierteren Lösung diffundieren. Sind in beiden Kompartimenten gleich konzentrierte Lösungen enthalten, kommt es zu keiner Osmose.

Für die osmotischen Eigenschaften einer Lösung wurde der Begriff **Osmolarität** eingeführt, dabei entspricht 1 Osmol der Anwesenheit von 1 Mol (1 Avogadro-Zahl $= 6{,}023 \cdot 10^{23}$) gelöster Teilchen in 1 Liter Wasser. Die Osmolarität ist direkt proportional der Anzahl der in Lösung vorhandenen Teilchen, unabhängig von deren Größe oder Ladungszustand. Bei der Lösung von nicht dissoziierenden Substanzen wie z.B. Glucose ist die Osmolarität (Osm $l^{-1}$) identisch mit der Molarität (mol $l^{-1}$) der Lösung, d.h. eine 1-molare Lösung hat auch eine Osmolarität von 1. Wenn stark dissoziierende Salze wie z.B. Kochsalz (NaCl) in Wasser gelöst werden, so dissoziiert NaCl in $Na^+$ und $Cl^-$, und die

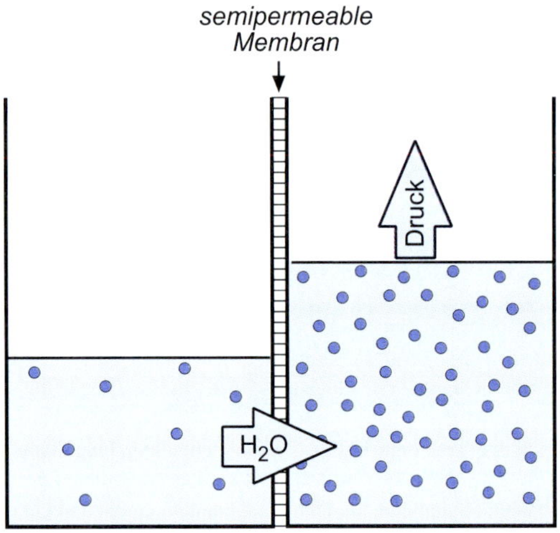


Abb. 8.2. Osmotischer Druck. Das Lösungsmittel Wasser diffundiert aus der verdünnten Lösung durch die semipermeable Membran in die konzentrierte Lösung. Dadurch nimmt das Volumen der verdünnten Lösung ab und das Volumen, bzw. der hydrostatische Druck der stärker konzentrierten Lösung steigt so lange an, bis ein Gleichgewicht erreicht ist

Osmolarität der Lösung ist doppelt so groß wie die Molarität. Die Molarität (und Osmolarität) entspricht der Anzahl von Teilchen, die in einem Liter Wasser gelöst sind. Die Lösungsbestandteile, vor allem die großen Biomoleküle, haben selbst einen Raumbedarf der als Teil des Volumens berücksichtigt werden müsste. Deshalb werden die Konzentrationen in biologischen Flüssigkeiten besser pro Kilogramm Lösung angegeben, als **Molalität** (mol $kg^{-1}$) oder **Osmolalität** (osmol $kg^{-1}$). Die Einheit Osmolarität (= pro Liter Lösungsmittel) wird zwar häufiger verwendet als die Einheit Osmolalität (= pro kg Lösung), doch ist letztere eigentlich vorzuziehen, da der osmotische Druck direkt proportional der osmolalen Konzentration ist.

Der Wassereinstrom in eine salzhaltige Lösung verursacht einen Volumenanstieg, der den Flüssigkeitsspiegel nach oben treibt (Abb. 8.2) oder in einer geschlossenen Zelle den hydrostatischen Druck erhöht. Der **osmotische Druck** ist so stark, dass pflanzliche und tierische Zellen in einer hypoosmotischen Lösung platzen können. Der osmotische Druck ($\Pi$) kann aus den allgemeinen Gasgesetzen berechnet werden und ist proportional der Anzahl der gelsten Teilchen.

$$PV = nRT$$

$$P = RTn$$

$$\Pi_{ideal} = RT\Delta C_{osmolal}$$

Aus dieser Gleichung folgt, dass bei einem 1 osmolalen Konzentrationsunterschied ($\Delta C_{\text{osmolal}}$) zwischen zwei Lösungen und einer Temperatur von 0 °C ($T$=273,1 K; $\boldsymbol{R}$=8,31 Joule $K^{-1}$ $mol^{-1}$) im Idealfall eine Druckdifferenz von 2269 kPa (22,4 atm) besteht.

Eine direkte Messung der Anzahl von im Wasser gelösten Teilchen ist technisch sehr schwierig. Deshalb wird die Osmolalität einer Lösung indirekt bestimmt aus den Eigenschaften der Wassermoleküle, die sich in Anwesenheit von Lösungsbestandteilen verändern (Abb. 8.3). Die gelösten Teilchen beeinträchtigen die Bindung zwischen den Wassermolekülen, so dass dessen Gefrierpunkt erniedrigt bzw. der Siedepunkt erhöht wird. Im Eis sind die Wassermoleküle auf Grund ihrer Polarität als hexagonaler Kristall fest miteinander verbunden. In der wässrigen Phase sind die Wassermoleküle frei beweglich. Sie bevorzugen zwar die polare Orientierung zueinander, aber diese Kontakte sind nur von kurzer Dauer, und nur ein kleiner Anteil der Moleküle ist in „kristalliner" Affinität assoziiert. Erst wenn das Wasser verdampft, sind alle Wassermoleküle vereinzelt. Im Wasser gelöste Verbindungen, vor allem die polaren Ionen, interagieren mit den leicht polaren Wassermolekülen, stabilisieren eine nichtkristalline Orientierung und verzögern auf diese Weise die Bildung von Eiskristallen (**Gefrierpunktserniedrigung, GPE**) bzw. das Verdampfen des Wassers (**Siedepunktserhöhung, SPE**). Dieser Effekt ist proportional der Osmolalität einer Lösung. Ähnlich wie der osmotische Druck gehören GPE und SPE zu den kolligativen Eigenschaften einer Lösung, d.h. Eigenschaften die von der Anzahl, aber nicht der Art der gelösten Teilchen bestimmt werden. Reines Wasser gefriert bei 0 °C. In einer 1-osmolalen Lösung ($6{,}023 \cdot 10^{23}$ Teilchen pro kg Wasser) sinkt der Gefrierpunkt auf –1,86 °C. Die Körperflüssigkeiten der meisten Wirbeltiere haben einen Osmolalität von 300 bis

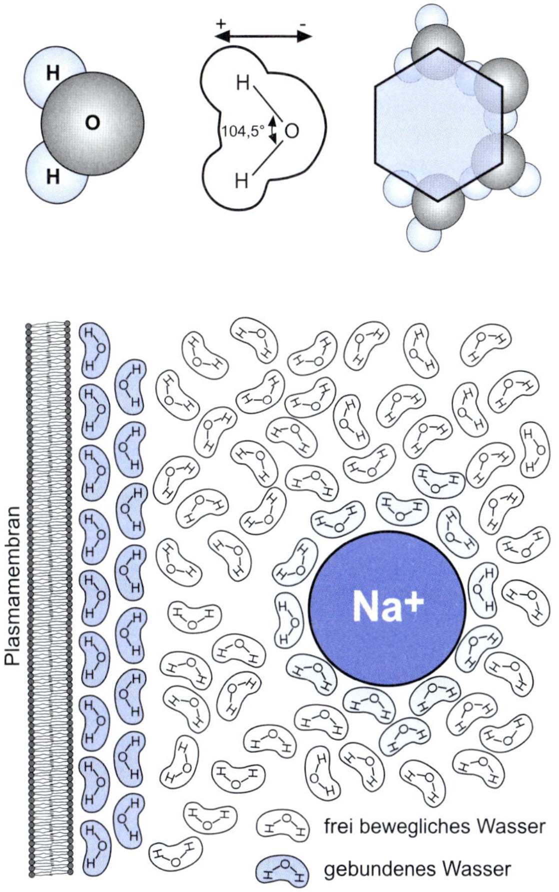


**Abb. 8.3.** Form und Eigenschaft von Wassermolekülen. Wassermoleküle bilden einen Dipol mit einem +Pol auf der Seite der beiden Wasserstoffatome und dem -Pol auf der Seite des Sauerstoffs. Im gefrorenen Zustand kommt es zu einer stabilen Anordnung der Dipole, so dass hexagonale Eiskristalle entstehen (*oben rechts*). Im Wasser orientieren sich die Dipole zwar ebenfalls bevorzugt nach ihren Ladungen aus, aber diese Kontakte bestehen nur Bruchteile von Sekunden, so dass die Wassermoleküle frei beweglich bleiben. Lediglich in der Nähe von polaren Lösungsbestandteilen, entlang von Membranen, oder bei der Einlagerung in Proteine und Kohlenhydrat kommt es zu einer stabileren Schichtung gebundener Wassermoleküle

400 mosmol; ihr Gefrierpunkt liegt bei –0,6 bis –0,8 °C. Die Messung der GPE ist deshalb ein einfacher Weg, um die Osmolalität von Körperflüssigkeiten zu bestimmen. Sie kann aus der GPE nach folgender Formel berechnet werden:

$$\text{Osmolalität}(\text{mosm}\,\text{kg}^{-1}) = \text{GPE} \cdot 1000/1{,}86$$

Proteine verhalten sich in wässriger Lösung wesentlich komplizierter als dissoziierende Elektrolyten wie Kochsalz oder nicht dissoziierende kleine Moleküle wie z. B. Glucose. Sie können sowohl positiv als auch negativ geladene Lösungsbestandteile binden, Molekülaggregate bilden und Wasser in ihr Molekülgerüst einlagern. Außerdem sind Proteine durch ihre Größe schlecht beweglich und haben eine eingeschränkte Diffusionsfähigkeit durch Membranen. Den osmotischen Druck einer stark proteinhaltigen Lösung bezeichnet man deshalb als **kolloidosmotischen Druck**. So ist bei den meisten Tieren das Blutplasma besonders reich an gelösten Proteinen und hat deshalb einen kolloidosmotischen Druck von 3,3 kPa (25 mmHg) gegenüber der umgebenden Interstitialflüssigkeit, während die sonstige Zusammensetzung an Salzen und anderen kleinen Molekülen weitgehend identisch ist. Wegen seines kolloidosmotischen Druckes hat deshalb das Plasma immer die Neigung, Wasser aus der umgebenden Interstitialflüssigkeit osmotisch aufzunehmen und ermöglicht damit den Stoffaustausch im Kapillarbett (s. Kap. 5.2.3 Blut).

## 8.3 Transport von Wasser und Ionen über die Plasmamembran

Die ungleiche Ionenverteilung im Cytosol und der Extrazellulärflüssigkeit setzt voraus, dass Wasser und Ionen über die Plasmamembran transportiert werden. Für den Transport von Ionen oder auch nicht ionisierten Lösungsbestandteilen sind in der Plasmamembran zahlreiche Transportmoleküle eingelagert, die ihr Substrat binden und über die Plasmamembran befördern (Abb. 8.4). Einige der Transportmoleküle verbrauchen ATP und können deshalb auch Ionen gegen einen Konzentrationsgradienten befördern (**aktiver Transport**). Dazu gehört die bei allen Organismen vorkommende $Na^+/K^+$-ATPase, die in erster Linie für den $Na^+/K^+$-Gradienten über die Plasmamembran verantwortlich ist (s. Kap. 1.15 Bioenergetik). Andere Transporter binden spezifische Ionen oder nicht-ionische Substrate wie Glucose, verbrauchen aber kein ATP, sondern befördern die ge-

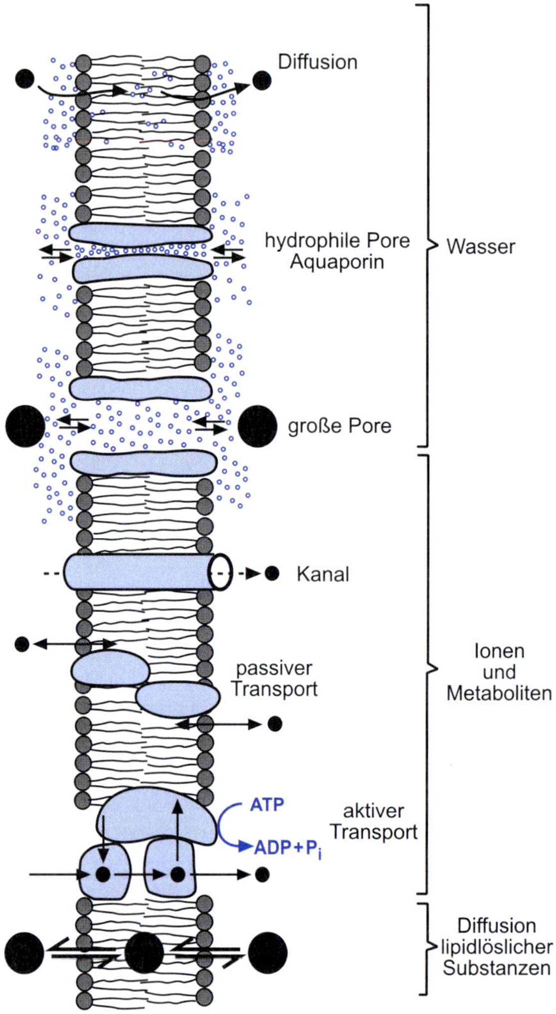


**Abb. 8.4.** Transport von Wasser und Lösungsbestandteilen über die Plasmamembran. Die Plasmamembran ist nur in geringem Ausmaß durchlässig für die Diffusion von Wasser. Der Durchtritt größerer Wassermengen geschieht durch hydrophile Poren, die so groß sein können, dass auch im Wasser gelöste Bestandteile mitgerissen werden. Im Wasser enthaltene Lösungsbestandteile werden entweder durch spezifische Kanäle (spannungsabhängig schaltbar), durch passiven Transport (konzentrationsabhängig) oder durch aktiven Transport (unter Energieverbrauch) über die Plasmamembran transportiert. Lipidlösliche Substanzen können die Plasmamembran frei passieren. Größere lipophile Moleküle sind in den Körperflüssigkeiten häufig an Proteine gebunden und werden mit diesen durch spezifische Transporter über die Plasmamembran befördert

**Tabelle 8.2.** Auswahl einiger Ionentransporter der Plasmamembran, die bei der Exkretion und Osmoregulation eine wichtige Rolle spielen, und spezifische Hemmstoffe für deren Aktivität

| Transporter oder Ionenkanal | Funktion | Hemmstoffe |
|---|---|---|
| | aktiver Transport | |
| $Na^+/K^+$-ATPase | $Na^+/K^+$-Antiport, Erzeugung des Membranpotentials | Ouabain, Strophantin |
| V-ATPase | $H^+$-Uniport, Erzeugung eines transepithelialen Potentials | Bafilomycin |
| | passiver Transport | |
| $Na^+$-Kanal | $Na^+$-Sekretion oder Resorption | Amilorid |
| $K^+$-Kanal | $K^+$-Sekretion oder Resorption | $Ba^{2+}$ |
| $Na^+/K^+/Cl^-$ Cotransporter | elektron eutraler Import von $Na^+$, $K^+$ und $Cl^-$ in Epithelzellen | Furosemid, Bumetanid |
| Anionen/$HCO_3^-$-Antiporter | elektroneutraler Austausch von Anionen | SITS (4-acetamido-4'iso thiocyanatostilben-2,2'-Disulphonsäure) |
| | $H^+/K^+$-Antiporter | elektroneutraler Austausch von Kationen |

bundenen Substrate allein auf Grund von Konzentrationsgradienten über die Plasmamembran (**passiver Transport**). Häufig handelt es sich dabei um Cotransporter, die z.B. Glucose und $Na^+$ gemeinsam transportieren und dabei den $Na^+$-Gradienten als Antrieb für den Glusose-Transport nutzen (s. Kap. 7.2.6 Verdauung). Neben diesen Transportern bestehen auch **Kanäle,** die entweder frei passiert werden oder durch Liganden (z.B. cAMP), Ionen- oder Ladungsgradienten an- und abgeschaltet werden (spannungsabhängige Kanäle). Sie ermöglichen einen besonders raschen Fluss spezifischer Ionen durch die Membran mit $10^6$ bis $10^8$ Ionen pro sec und Kanal, während ein Cotransporter nur 300–10 000 Ionen pro sec über die Membran bewegt. Tabelle 8.2 enthält eine Auswahl wichtiger Transportmoleküle aus den Epithelien von Exkretionsorganen sowie spezifische Hemmstoffe, mit denen die Rolle der Transporter bei der Osmoregulation und Exkretion ermittelt werden kann.

Wasser kann in geringer Rate durch die Plasmamembran diffundieren, da deren Lipiddoppelschicht nicht völlig wasserdicht ist. Der größte Teil des Wassertransports erfolgt jedoch durch eigens dafür geschaffene Poren, die **Aquaporine.** Sie erleichtern den Wassertransport und machen ihn regulierbar. Osmotische Wasserströme sind essentiell für alle Lebensformen als Bestandteil des Stofftransports über die Plasmamembran und vor allem für die Regulation des **Zellvolumens.** Bei den Aquaporinen handelt sich um eine große Familie obligater Membranproteine, von denen bisher etwa 300 bekannt sind. Sie lassen Wasser und andere unpolare kleine Moleküle (z.B. Glycerin) durch die Membran passieren. Beim Menschen sind mehr als 10 Aquaporine mit unterschiedlichen Funktionen in der Niere, in Blutzellen und im Gehirn identifiziert worden. Aquaporin-1 besteht aus 6 helicalen Abschnitten, welche die Plasmamembran überbrücken. Sie formen einen zentralen hydrophilen Kanal, der sich zur Mitte hin verengt und Wasser mit hoher Rate ($3 \cdot 10^9$ $sec^{-1}$ pro Kanal) und geringem Energieaufwand passieren lässt, der etwa der freien Diffusion von Wasser entspricht (de Groot und Grubmüller 2001).

Einige Epithelien von Exkretionsorganen sind auf den Transport von Wasser spezialisiert, so z.B. die Epithelien der Malpighischen Gefäße von Insekten, die über das Epithel hinweg eine Strömung in Richtung des Enddarms erzeugen, oder die Epithelien im Rektum von Insekten, die dieses Wasser mit hoher Effizienz wieder resorbieren, so dass kein Wasser bei der Exkretion verloren wird. Zur Erklärung dieses transepithelialen Transports von Flüssigkeiten wurde ein osmotisches Gradienten-Modell entwickelt, und

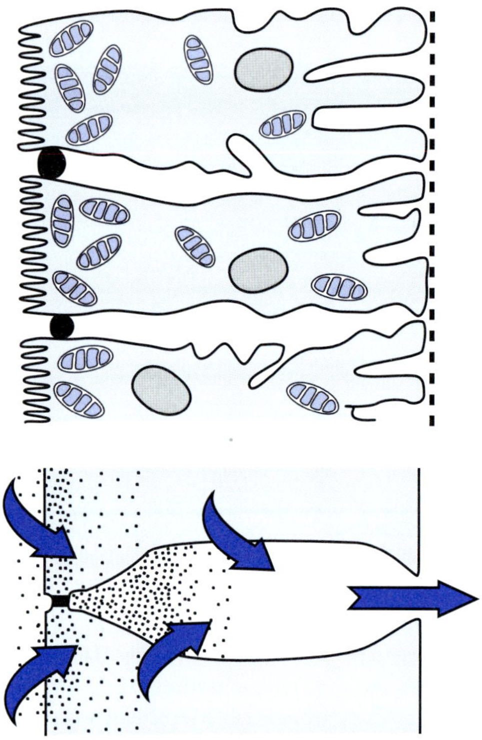

Abb. 8.5. Wassertransport über ein Epithel, am Beispiel der Gallenblase des Kaninchens. Ein stehender osmotischer Gradient (*Standing-gradient model*) verursacht einen Wasserstrom von der apikalen Seite (Mucosa, Lumen des Gallenblase) durch die Zelle zur basalen Seite (Serosa) (nach Diamond u. Bossert 1967)

zwar ursprünglich für den Transport von Flüssigkeiten über das Epithel der Gallenblase (Diamond und Bossert 1967). An der apikalen Membran der Epithelzellen werden Ionen resorbiert und dadurch ein osmotischer Gradient über die apikale Membran geschaffen. Über die laterale Membran der Zellen werden durch aktiven Transport Ionen exportiert und dadurch ein osmotischer Gradient in das laterale Labyrinth geschaffen. Die osmotischen Gradienten verursachen eine Aufnahme von Wasser in die Zellen und die Abgabe von Wasser in das basolaterale Labyrinth, also einen transzellulären Wasserstrom (Abb. 8.5). Auf diesem Weg kann sogar eine hypoosmotische Flüssigkeit sezerniert werden, wenn ihr vor dem Verlassen des basolateralen Labyrinths durch aktiven Transport wieder Ionen entzogen werden.

## 8.4 Endprodukte des Stickstoff-Stoffwechsels

Tiere nehmen mit ihrer Nahrung regelmäßig Aminosäuren und Nucleinsäuren auf, um daraus körpereigene Enzyme, Muskelfilamente, Strukturproteine und Nucleinsäuren zu synthetisieren. Diese Makromoleküle haben nur eine beschränkte Lebenszeit und werden deshalb ständig abgebaut und neu gebildet. Dabei wird ein Teil der Aminosäuren desaminiert, in andere Verbindungen umgewandelt und kann nicht wiederverwendet werden. Jedes Tier benötigt deshalb mit der Nahrung regelmäßig neue Proteine, um den Verlust an Aminosäuren zu ersetzen (Mensch 20–30 g Protein pro Tag). Die wichtigsten Abbauprodukte des Protein- und Nukleinsäurenstoffwechsels sind Ammoniak, Harnsäure und Harnstoff (Abb. 8.6). Ein Tier, das in erster Linie Ammoniak ausscheidet wird als **ammonotel** bezeichnet, für Harnstoffausscheidung wird der Begriff **ureotel** und für Harnsäure **uricotel** verwendet. Dies bedeutet allerdings nicht, dass ausschließlich nur ein Endprodukt ausgeschieden wird, sondern beschränkt sich auf das Hauptprodukt, das in der Regel 40–80% des gesamten ausgeschiedenen Stickstoffes enthält. Am Beispiel des **Abbaus von Nukleinsäuren** über Harnsäure und Harnstoff bis zum Ammoniak wird deutlich, dass diese Exkrete ineinander umgewandelt werden können und dass dazu nur wenige enzymatisch kontrollierte Reaktionsschritte notwendig sind (Abb. 8.6). Terrestrisch lebende Tiere scheiden bevorzugt Harnsäure aus, während aquatisch lebende Tiere die Harnsäure bis zum Ammoniak abbauen und deshalb ammonotel sind.

### 8.4.1 Ammoniak

Proteine und Aminosäuren können von Tieren nur in sehr geringer Menge gespeichert werden (z.B. Blutproteine). Wenn die akuten Bedürfnisse für Synthesen gedeckt sind, so werden alle überzählig aufgenommenen Aminosäuren in andere Verbindungen umgewandelt. Sie werden entweder direkt über den Citratzyklus zur Energiege-

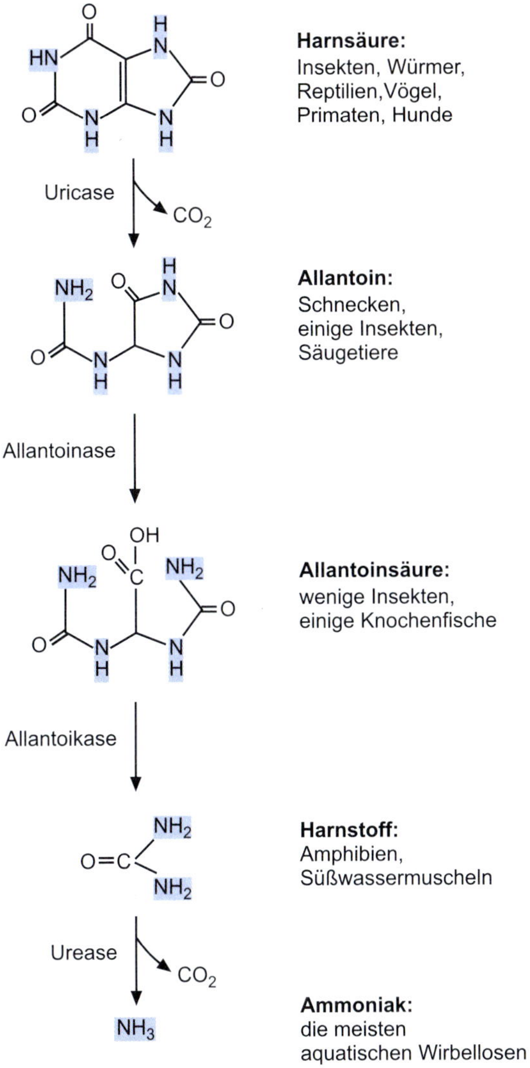


**Abb. 8.6.** Biochemische Beziehung zwischen den wichtigsten Endprodukten des Nucleinsäuren- und Protein-Stoffwechsels und deren Ausscheidung bei verschiedenen Tieren. Harnsäure ist das unmittelbare Abbauprodukt der Purinbasen (Adenin, Guanin, Hypoxanthin) und somit das wichtigste Endprodukt des Abbaus von Nucleotiden. Sie kann durch wenige enzymatische Schritte in Allantoin, Allantoinsäure, Harnstoff und Ammoniak umgewandelt werden. Jedes dieser Abbauprodukte kann ausgeschieden werden, wobei die aquatischen Organismen die gut wasserlöslichen Endprodukte Harnstoff und Harnsäure bevorzugen

winnung verbraucht, oder es wird daraus Glucose und Glycogen synthetisiert und als Energievorrat gespeichert. Für diesen Schritt ist lediglich eine Abspaltung der Aminogruppen von den Aminosäuren notwendig und es bleibt, das Kohlenstoffskelett für die energetische Nutzung der Aminosäuren. Diese Reaktion wird durch Desaminasen katalysiert. Am Beispiel der Aminosäure Serin wird deutlich, dass daraus Ammoniak und das Glycolyse-Endprodukt Pyruvat entsteht, das unmittelbar dem Citratzyklus zugeführt werden kann (Abb. 8.7).

Ammoniak ist das einfachste Endprodukt des Stoffwechsels der Aminogruppen. Seine Synthese und Weiterverwertung erfordert keine zusätzliche Energie und ist deshalb sicher die ursprünglichste und energetisch preiswerteste Lösung der Stickstoff-Entsorgung. Allerdings ist Ammoniak toxisch und kann deshalb nicht im Körper gespeichert, sondern muss rasch ausgeschieden werden. Da es sehr gut wasserlöslich ist, ist es das bevorzugte Exkret aller wasserlebenden Invertebraten und Wirbeltiere. Sie können Ammoniak über die ganze Körperoberfläche an das umgebende Wasser abgeben. Fische und Krebse können diese Abgabe durch aktive Transportvorgänge in den Kiemen unterstützen (s. Kap. 8.8.2 Chlorid-Zellen).

Wegen der Toxizität des Ammoniak eignet es sich nicht zur Exkretion bei terrestrischen Tieren. Um es in ausreichender Rate als freies Gas an die Umgebung abzugeben oder zur Exkretion im Urin zu sammeln, müsste Ammoniak in toxisch hoher Konzentration in den Körperflüssigkeiten akkumuliert werden. Trotz dieser Risiken gibt es jedoch auch bei terrestrischen Tieren einige Fälle von Ammoniakausscheidung, z. B. bei Isopoden (Asseln). Sie umgehen das Problem der Toxizität dadurch, dass sie Ammoniak direkt an der Körperoberfläche entstehen lassen. In Zellen der Körperoberfläche finden sich hohe Aktivitäten des Enzyms Glutaminase, das aus zirkulierendem Glutamat Ammoniak freisetzt. Dieses wird dann direkt über die Körperoberfläche abgegeben, ohne sich in den Körperflüssigkeiten zu akkumulieren. Bei Schaben und Schnecken wurde ebenfalls eine hohe Ammoniak-Produktion beobachtet, deren Rolle aber noch unklar ist. Eventuell ist sie bei Schnecken an der Kalkbildung der Schale beteiligt.

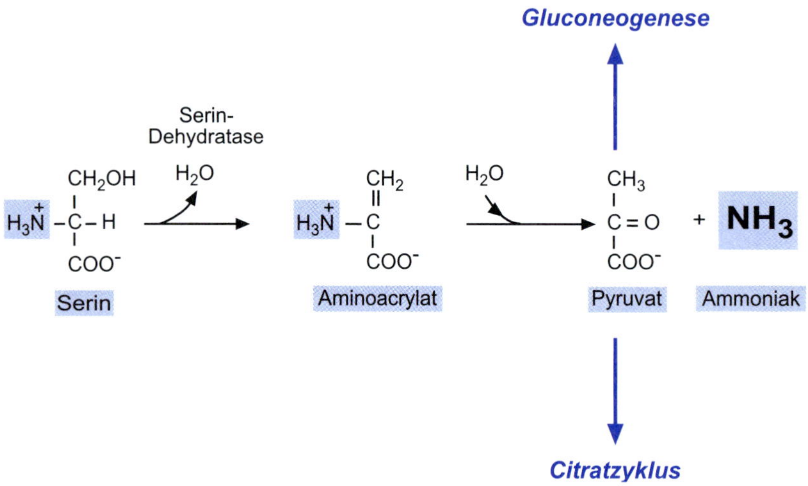


**Abb. 8.7.** Entstehung von Ammoniak bei der Desaminierung von Aminosäuren. Das Ammoniak wird über die Körperoberfläche oder Exkretionsorgane ausgeschieden

### 8.4.2 Harnstoff

Harnstoff (Abb. 8.8) wird zum überwiegenden Teil im Ornithin-Harnstoff-Zyklus (Krebs-Henseleit-Zyklus) gebildet. Das besondere daran ist, dass ein Stickstoffatom des Harnstoffs letzten Endes aus freiem Ammoniak stammt, das durch Desaminierung einer Aminosäure entstand (meistens Glutaminsäure). Der zweite Stickstoff des Harnstoffes stammt aus der Aminogruppe des Aspartat. Die Synthese von Harnstoff erfordert Energie, und zwar werden für die Synthese von einem Mol Harnstoff insgesamt 4 ATP verbraucht.

Harnstoff ist wesentlich weniger toxisch als Ammoniak und kann im Körper deshalb besser gespeichert werden. Der Gehalt an Harnstoff im Blut ist meist etwa 50-mal höher als der an Ammoniak. Außerdem enthält Harnstoff zwei Atome Stickstoff und ist deshalb osmotisch nur halb so wirksam wie dieselbe Menge Stickstoff in Form von Ammoniak. Daraus folgt, dass in der Körperflüssigkeit ureoteler Tiere im Vergleich zur Körperflüssigkeit ammonoteler Tiere die 100fache Menge Stickstoff transportiert und gespeichert werden kann.

Harnstoff ist das bevorzugte Ausscheidungsprodukt aller terrestrisch lebenden Amphibien, Säugetiere und auch einiger terrestrisch lebender Invertebraten (Regenwurm, Planarien, einige Schnecken). Marine Elasmobronchier und der Crossopterygier *Latimeria* enthalten eine außergewöhnlich hohe Harnstoffkonzentration, die aber in erster Linie zur Osmoregulation dient (s. Kap. 8.8 Strategien der Osmoregulation). Amphibien können sowohl aquatisch als auch terrestrisch leben und sind wegen ihrer meist wasserdurchlässigen Haut besonderen osmotischen Belastungen ausgesetzt. Die aquatisch lebenden Kaulquappen der Frösche und Lurche sind in der Regel ammonotel; mit dem Übergang zu der mehr terrestrischen adulten Lebensweise stellen Frösche und Lurche auf Harnstoff-Ausscheidung um. Damit wird deutlich, dass die Stickstoff-Ausscheidung nicht nur phylogenetisch an den Lebensraum angepasst, sondern auch im Lauf der Ontogenese eines Individuums adaptiv veränderbar ist. Ähnliche Beobachtungen wurden auch bei Lungenfischen gemacht die im Wasser ammonotel sind, aber während der Trockenzeit, wenn sie sich zur Aestivation in Schlamm eingraben, auf ureotel umstellen und große Mengen Harnstoff im Körper anhäufen.

Harnstoff wird zwar von vielen terrestrisch lebenden Arten bevorzugt, kann aber nicht als Gas ausgeschieden werden wie Ammoniak, sondern nur in wässriger Lösung und erfordert deshalb den zusätzlichen Verbrauch von Wasser. Trotz dieses Nachteils haben sich ureotele Tiere auch aride Lebensräume erschlossen. Säugetiere kommen

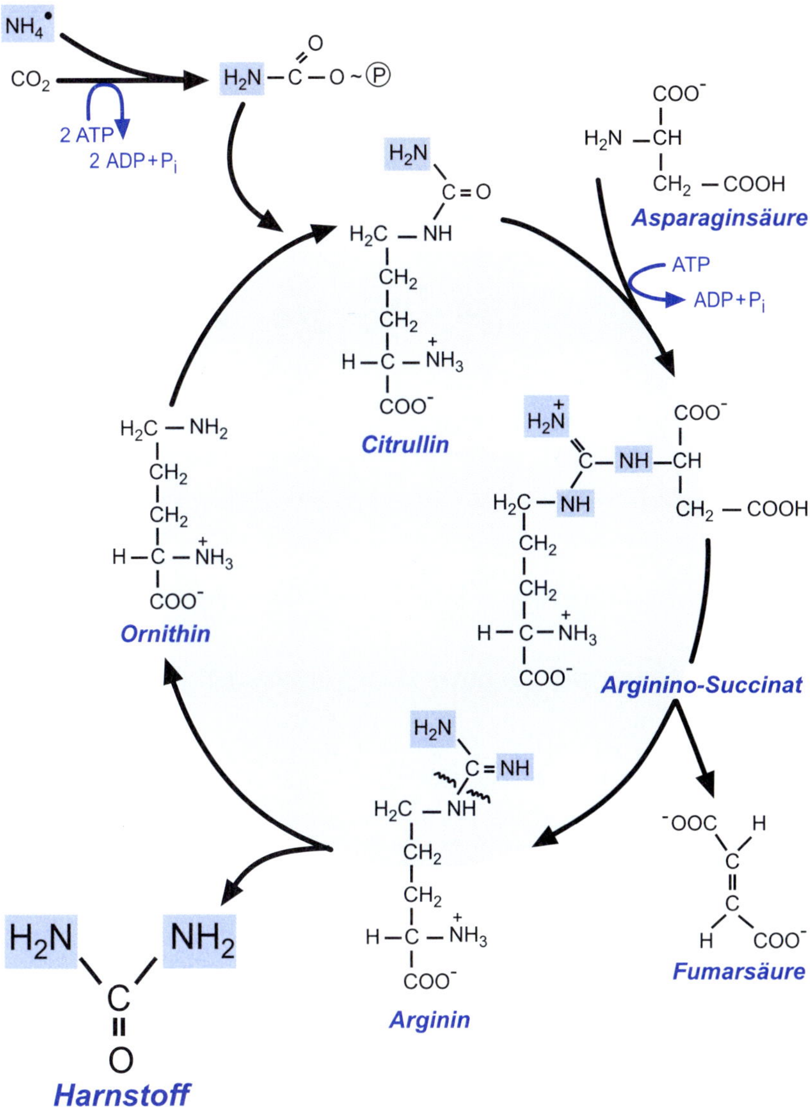


**Abb. 8.8.** Synthese von Harnstoff im Ornithinzyklus

mit wenig Wasser zur Exkretion aus, weil sie in der Niere einen hoch konzentrierten Urin bilden können. Beim Menschen kann die Osmolalität des Urins bis zu 5-mal höher sein als die des Blutplasmas, aber in diesem Urin wird der Harnstoff um den Faktor 170 gegenüber dem Blut angereichert. Bei Tieren, die an aride Bedingungen angepasst sind, ist diese Fähigkeit zur renalen Konzentrierung noch verbessert. So kann die Sandratte die Osmolalität ihres Urins um das 30fache gegenüber dem Blutplasma konzentrieren und benötigt deshalb nur minimale Mengen Wasser für die Exkretion der ausscheidungspflichtigen Stoffwechselendprodukte.

### 8.4.3 Harnsäure

Harnsäure ist das am wenigsten toxische Endprodukt des Abbaus von stickstoffhaltigen Verbindungen (Abb. 8.6). Es ist ein Purin-Derivat, das in wenigen Schritten aus den Nucleotiden

Adenin oder Guanin entsteht. Deshalb ist Harnsäure das direkte Endprodukt des Nukleinsäuren-Stoffwechsels und aller anderen Verbindungen, die Nukleotide enthalten (z.B. ATP). Tiere, die vorwiegend Harnstoff oder Ammoniak ausscheiden, können die Purinkörper in Allantoin und Allantoinsäure umwandeln, aus der dann Harnstoff oder Ammoniak freigesetzt wird. Umgekehrt kann aus diesen Endprodukten über das Allantoin auch erneut Harnsäure synthetisiert werden. Überzählige Ionen wie z.B. $K^+$ und $Na^+$ können an die Harnsäure gebunden und mit ihr abgegeben werden.

Eine besondere Eigenschaft von Harnsäure ist, dass sie schlecht wasserlöslich ist. Dies erscheint auf den ersten Blick eine paradoxe Eigenschaft für ein Stoffwechselendprodukt, da es nur in geringer Menge in Körperflüssigkeit gelöst und transportiert werden kann. Bei der Ausscheidung wird es jedoch häufig durch Wasserentzug

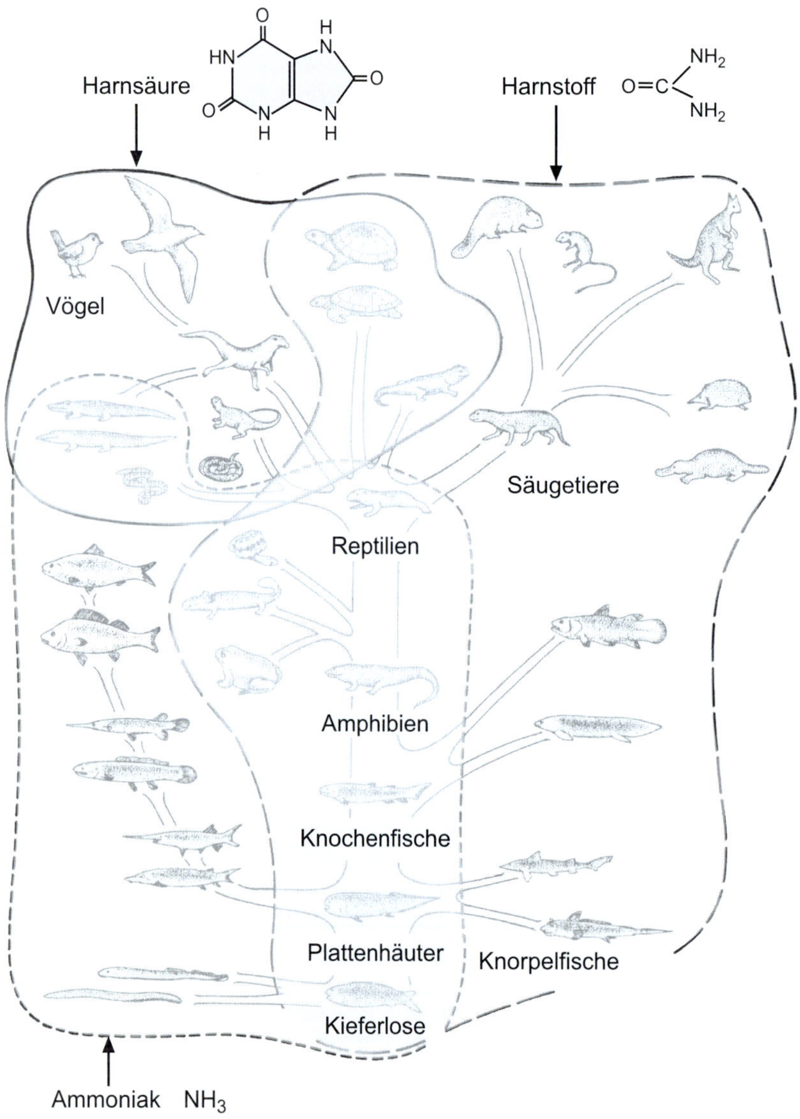


**Abb. 8.9.** Bevorzugte Exkretionsprodukte des Protein- und Nucleinsäuren-Stoffwechsels bei Wirbeltieren. Aquatisch lebende Wirbeltiere bevorzugen Ammoniak (ammonotele Lebensweise), Säugetiere bevorzugen Harnstoff (ureotel), während Reptilien und Vögel in erster Linie Harnsäure ausscheiden (uricotel) (nach Schmidt-Nielsen 1972)

auskristallisiert und als feste Paste ausgeschieden, wie z.B. bei Insekten, Reptilien und Vögeln. Damit wandelt sich der Nachteil der schlechten Wasserlöslichkeit der Harnsäure in einen Vorteil, denn er erlaubt die Entsorgung von Endprodukten des Stickstoffstoffwechsels mit sehr geringem Wasserverlust und eignet sich zur Exkretion bei terrestrisch lebenden Tieren. Dank der Ausscheidung von Harnsäure konnten Insekten und Reptilien besonders erfolgreich aride und semiaride Lebensräume besiedeln.

Obwohl Harnsäure das häufigste Endprodukt des Purinabbaus ist, können auch andere Verbindungen dieses Stoffwechselweges zur Ausscheidung gelangen. So ist Guanin das bevorzugte Exkret von Spinnen, Skorpionen und einigen anderen Arthropoden. Es ist noch schlechter wasserlöslich als Harnsäure, enthält aber noch mehr Stickstoff pro Gewichtseinheit als Harnsäure. Allantoin und Allantoinsäure wird von einigen Insekten neben der Harnsäure in größeren Mengen ausgeschieden.

Bei Wirbeltieren wird ein Teil des Stickstoff auch als Kreatin und Kreatinin ausgeschieden. Dies sind Verbindungen, die bei der Energieübertragung in der Muskulatur in Verbindung mit ATP von Bedeutung sind. Bei Säugetieren können 1–10% des gesamten Stickstoff in dieser Form abgegeben werden.

Die Eignung von Harnsäure, Harnstoff oder Ammoniak als wichtigstes Exkretionsprodukt wird aus einem Vergleich der Lebensweise von Wirbeltieren besonders deutlich (Abb. 8.9). Die terrestrisch lebenden Vögel und Reptilien bevorzugen Harnsäure und benötigen deshalb nur sehr wenig Wasser zur Exkretion. Säugetiere verwenden statt dessen Harnstoff, den sie im Urin anreichern und mit Wasser ausscheiden, während die aquatisch lebenden Wirbeltiere sich auf das zwar toxische, aber leicht zu entsorgende Ammoniak verlassen.

Eine weitgehend ungeklärte Rolle bei der Stickstoffausscheidung spielt das Trimethylaminoxid. Elasmobranchier enthalten Trimethylaminoxid gemeinsam mit Harnstoff in hoher Konzentration im Blut und scheiden es auch über den Urin aus. Eine Fähigkeit zur *de novo*-Synthese im Körper ist jedoch unklar und es könnte sein, dass Trimethylaminoxid letztendlich aus Pflanzen stammt, mit der Nahrung aufgenommen und im Körper angereichert wird.

## 8.5 Kontraktile Vakuole

Kontraktile Vakuolen sind ein charakteristisches Zellorganell von Protozoen, Schwämmen und Coelenteraten im Süßwasser. Einige marine Ciliaten besitzen ebenfalls kontraktile Vakuolen, ob sie jedoch bei Meeresorganismen weiter verbreitet sind, ist nicht gesichert. Die rhythmische Kontraktion der Vakuolen eines *Paramaecium* hat, seit ihrer Entdeckung durch Spallanzani im 18. Jahrhundert, Generationen von Biologen fasziniert. Sie ist leicht zu beobachten und führte unweigerlich zu der Frage nach ihrer Funktion. Die meisten Beobachtungen lassen vermuten, dass die kontraktilen Vakuolen überschüssiges Wasser aus der Zelle entfernen und somit der Osmoregulatorion und der Regulation des Zellvolumens dienen.

Süßwasser bereitet allen seinen Bewohnern ein fundamentales osmotisches Problem. Es hat nur eine sehr geringe Osmolarität von 10–15 mOsm, während die Körperflüssigkeiten der Organismen eine Osmolalität von <100 mOsm aufweisen (Tabelle 8.1). Dies verursacht einen osmotischen Einstrom von Wasser in die Zellen. Sie quellen auf und würden platzen, wenn sie nicht in der Lage wären, ihre Wasserbilanz zu kontrollieren. Kleine Organismen wie Protozoen haben eine relativ große Oberfläche, über die Wasser eindringen kann. Wenn sie wie die Amöben keine stabile Zellwand besitzen, die dem osmotischen Druck entgegen wirkt, so müssen sie den osmotischen Wassereinstrom auf andere Weise kompensieren. Theoretisch könnten sie versuchen, die Zellmembran abzudichten und so den Wassereinstrom möglichst gering zu halten. Allerdings können sich lebende Organismen nicht völlig abdichten, da sie selbst Wasser benötigen und der Wasser- und Ionentransport über die Zellmembran eine wichtige Grundlage anderer Lebensvorgänge ist. Deshalb bleibt eigentlich nur der zweite Weg, das überschüssige Wasser wieder aus der Zelle zu entfernen.

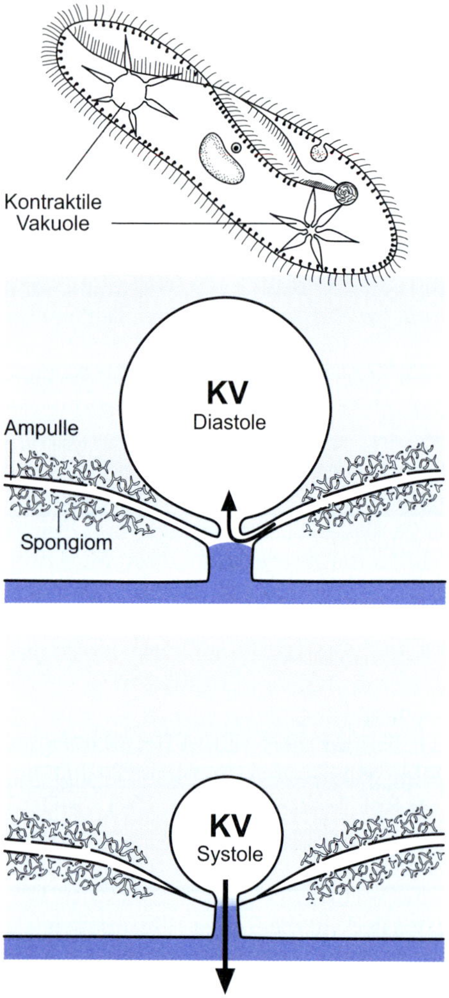


**Abb. 8.10.** Kontraktile Vakuole bei *Paramaecium*. Schema nach Allen (2000)

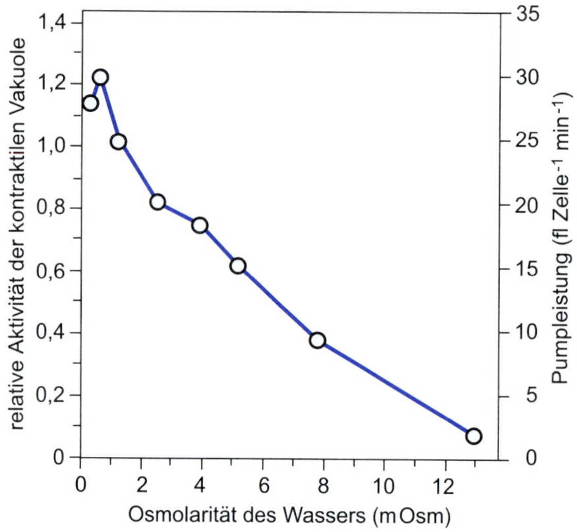


**Abb. 8.11.** Aktivität der kontraktilen Vakuole beim Süßwasserschwamm *Spongilla lacustris*, in Abhängigkeit von der Osmolarität des Wassers. Die Vakuolen füllen und entleeren sich alle 5–30 min. Die höchste Pumprate herrscht bei Aufenthalt in destilliertem Wasser. Mit zunehmender Osmolarität sinkt die Pumprate und kommt bei 12–15 mOsm zum Stillstand (nach Brauer 1975, Brauer u. McKanna 1978)

Die kontraktilen Vakuolen von Ciliaten sind von einem Kranz von Ampullen und Kanälen umgeben, die ihren Inhalt in die Vakuole geben (Abb. 8.10). Die Ampullen und deren Ausläufer beginnen mit einem Netzwerk feiner Tubuli (**Spongiom**), in dem die Füllung der Vakuole vorbereitet wird. Die vollen Vakuolen werden über eine Pore entleert. Bei Amöben fehlt der Kranz an Ampullen, statt dessen ist die große Vakuole von einer Zone mit kleinen Vesikeln und Tubuli umgeben. Die kleinen Vesikel fusionieren mit der großen Vakuole, so dass deren Volumen allmählich größer wird (Schmidt-Nielsen und Schrager 1963, Hausmann 1985). Dass dies der Osmoregulation dient, kann daraus geschlossen werden, dass die Pumpleistung der Vakuolen sich umgekehrt proportional zur Osmolariät des umgebenden Wassers verhält, wie das bei der kontraktilen Vakuole eines Süßwasserschwamms zu beobachten ist (Abb. 8.11). In destilliertem Wasser, dessen Osmolarität nahe null liegt, ist die Aktivität am höchsten. Sie nimmt mit steigender Osmolarität ab und nähert sich bei 15 mosm dem Wert null, d.h. in diesem Wasser kann die Osmolariät des Cytosol und das Zellvolumen ohne Aktivität der kontraktilen Vakuole konstant gehalten werden.

Der Inhalt der kontraktilen Vakuole ist deutlich hypoosmotisch gegenüber dem Cytosol. Bei *Amoeba proteus* beträgt die Osmolalität des Cytosol 101 mOsm und sinkt auf 32 mOsm in der kontraktilen Vakuole; bei einer zweiten großen Amöbenart, *Chaos chaos (Pelomyxa carolinensis)*, liegen die entsprechenden Werte bei 117 und 51 mOsm (Schmidt-Nielsen und Schrauger 1963, Riddick 1968). Diese Reduktion ist vor allem eine

Folge der verringerten Konzentration an $Na^+$ (20 mM und 0,6 mM) und $K^+$ (31 mM und 4,6 mM). Es ist erstaunlich, dass in der Zelle eine solch hypoosmotische Flüssigkeit entstehen kann, denn cytosolische Membranen sind im allgemeinen gut permeabel für Wasser und Ionen. Dies legt den Verdacht nahe, dass aktiver Transport an der Vakuolenfüllung beteiligt ist. Gegenwärtig geht man davon aus, dass es sich bei der kontraktilen Vakuole um ein System aus zwei Membranen handelt. Die äußere Membran ist in zahlreiche Ampullen, Vesikel und Tubuli gegliedert, hat also eine sehr große intrazelluläre Oberfläche und ist reich bestückt mit V-ATPase, die Protonen über die Membran transportiert. Die innere Membran begrenzt die eigentliche Vakuole und enthält keine V-ATPase. Über die äußere Membran wird aus dem Cytosol eine hypoosmotische Flüssigkeit erzeugt, die in der inneren Vakuole gesammelt und in Abständen über die Zellwand entleert wird. Die genaue Rolle der V-ATPase ist noch nicht geklärt, aber eine Vermutung geht dahin, dass durch Transport von $H^+$ ein Ladungsgradient über die Membran entsteht (die Membran wird innen positiv), der Kationen aus der Vakuolenflüssigkeit austreibt (Allen 2000, Allen u. Naitoh 2002).

## 8.6 Grundprinzipien der Exkretion

Die Exkretionsorgane haben meist eine Doppelfunktion zu erfüllen, sie entsorgen ausscheidungspflichtige Stoffwechselprodukte und sie kontrollieren den osmotischen Wert der Körperflüssigkeit, also deren Wassergehalt und die darin enthaltenen Ionen. Trotz unterschiedlichem Bau und Herkunft erreichen alle Exkretionsorgane dieses Ziel auf sehr ähnliche Weise in vier Schritten: **Filtration, Sekretion, Resorption und Konzentrierung** des Urins (Abb. 8.12).

- Im ersten Schritt wird Körperflüssigkeit in ein System enger Tubuli filtriert. Dieses primäre Filtrat enthält sämtliche Nährstoffe, die auch in der Körperflüssigkeit vorhanden sind, aber auch die Substanzen, die zur Ausscheidung gebracht werden sollen.
- Zusätzlich können in geringem Umfang auch Substanzen durch aktiven Transport direkt in die Tubuli sekretiert werden.

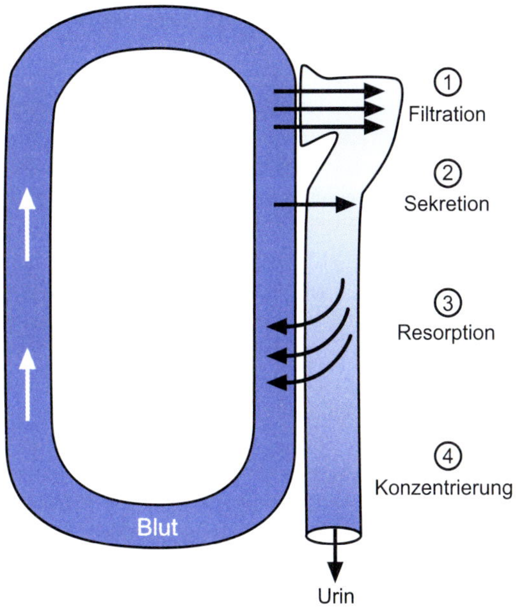


**Abb. 8.12.** Grundprinzip der Exkretion. Die Exkretion beginnt mit der Filtration von Körperflüssigkeit (Primärfiltrat, Primärurin) in die Tubuli des Exkretionsorgans. Einige wenige Stoffe werden zusätzlich durch aktive Sekretion in die Tubuli befördert. Das Primärfiltrat enthält anfänglich sowohl Nährstoffe als auch Exkretstoffe. Durch aktiven Transport werden die Nährstoffe und Ionen, die dem Körper erhalten bleiben sollen, aus dem Primärfiltrat zurückgewonnen. Wasser folgt diesem Konzentrationsgradienten und wird osmotisch resorbiert. Harnpflichtige Substanzen reichern sich durch fehlende Rückresorption im Exkretionsorgan an und werden ausgeschieden

- Während das Filtrat langsam durch die Tubuli fließt, werden im dritten Schritt alle Nährstoffe, Ionen und Wasser, die dem Körper erhalten bleiben sollen, von den Epithelzellen der Tubuli resorbiert. Sie werden in die Körperflüssigkeit zurücktransportiert, so dass sich automatisch in den Tubuli die ausscheidungspflichtigen Substanzen im Urin anreichern und ausgeschieden werden. Diese drei Prozesse finden in allen Exkretionsorganen statt. Bei vielen terrestrisch lebenden Tieren schließt sich noch ein vierter Schritt an, eine Konzentrierung des Urins, um den Wasserverlust bei der Exkretion möglichst gering zu halten.

## 8.6.1 Filtration

Durch den ersten Schritt, die Filtration, werden die Körperflüssigkeiten (Blut, Hämolymphe, Coelomflüssigkeit) einem andauernden Waschvorgang unterzogen. Dafür werden von den Exkretionsorganen drei verschiedene Techniken eingesetzt (Abb. 8.13):

- Die typischen Exkretionsorgane der Evertebraten, die Nephridien, verwenden **ciliäre Filtration. Protonephridien** sind meist im Parenchym blind endende Tubuli, die an ihrem Ende eine Reusengeißelzelle tragen (Solenocyt). Ein ständig schlagendes Cilienbündel erzeugt einen Flüssigkeitsstrom aus der Umgebung in die Nephridien und treibt die Flüssigkeit durch die Tubuli. **Metanephridien** besitzen meist einen offenen, cilienbewehrten Trichter, der in das Coelom hineinragt und ständig Coelomflüssigkeit in die Nephridien treibt.
- Einen völlig anderen Weg der **Sekretion und osmotischen Filtration** beschreiten die Insekten in ihren Malpighischen Gefäßen. Durch aktiven Transport von Ionen über das Epithel der **Malpighischen Gefäße** schaffen sie Konzentrationsgradienten über das Epithel, die zu einer Diffusion von Ionen und einem osmotischen Flüssigkeitsstrom in die Tubuli führen.
- Eine dritte Technik ist die **hydrostatische Filtration** in den Nephronen der Wirbeltierniere. Durch den hohen Blutdruck wird Blutplasma über ein engmaschiges Filter in die Tubuli gedrückt.

Die Selektivität eines Filters hängt sehr stark vom Druck ab, mit dem filtriert werden kann. Bei der ciliären Filtration werden nur geringe Druckgradienten aufgebaut, so dass der Filtrationsvorgang wenig selektiv ist und die Zusammensetzung des Filtrats sich deshalb nur wenig von der Körperflüssigkeit unterscheidet. Durch osmotische und hydrostatische Filtration können im Prinzip höhere Druckgradienten erzeugt werden, die ein selektiveres Filtern erlauben.

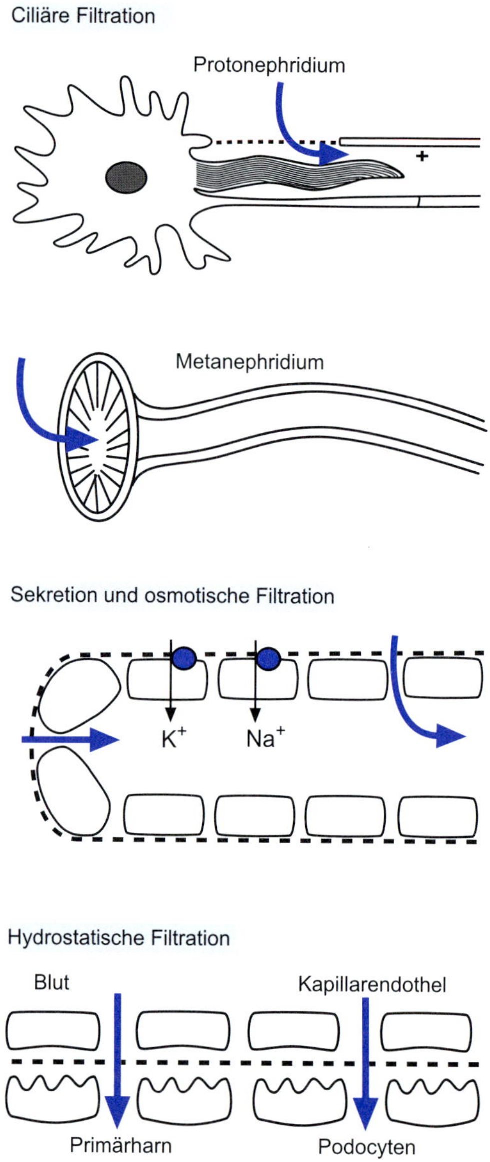


**Abb. 8.13.** Mechanismen der Filtration: Ciliäre Filtration durch Protonephridien und Metanephridien der Invertebraten, osmotische Filtration in den Malpighischen Gefäßen der Insekten, Hydrostatische Filtration in der Niere der Wirbeltiere

## 8.6.2 Resorption

Das zweite essentielle Element der Exkretion ist die **Resorption** von Nährstoffen in den Tubuli, häufig auch **Reabsorption** genannt, um zu unterstreichen, dass es sich um die Wiederaufnahme von filtriertem Material handelt. Da die filtrierte Tubulusflüssigkeit alle Nährstoffe und Ionen in derselben Konzentration wie in der sonstigen Körperflüssigkeit enthält, können diese nicht durch Diffusion, sondern nur durch aktiven Transport unter Verbrauch von ATP zurückgewonnen werden. Theoretisch wäre es denkbar, dass die Epithelzellen der Tubuli für jeden erhaltenswerten Bestandteil einen eigenen aktiven Transporter besitzen, um diesen aus der Tubulusflüssigkeit zurück in das Blut, Coelom oder die Hämolymphe zu befördern. Dies wäre eine Sisyphusarbeit für die Evolution gewesen, und es erstaunt deshalb nicht, dass dieses vielfältige Transportproblem durch eine vereinfachende Technik gelöst wird. Es werden nur einige ausgewählte Ionen aktiv (unter Verbrauch von ATP) über die Epithelzellen transportiert. Sie erzeugen, wie bei der osmotischen Filtration, Konzentrations- und Ladungsgradienten über das Epithel, die eine passive Reabsorption von Wasser und den darin gelösten Bestandteilen antreiben.

Ein wichtiger Motor dieses Transports ist die **$Na^+/K^+$-ATPase,** die pro verbrauchtes ATP drei $Na^+$ exportiert und zwei $K^+$ importiert (Abb. 8.14; s. auch Kap. 1.15 Bioenergetik). Dadurch entsteht intrazellulär eine hohe $K^+$-Konzentration und extrazellulär eine hohe $Na^+$-Konzentration. Außerdem wird ein Membranpotential aufgebaut, da drei positive Ladungen exportiert und nur zwei importiert werden (**Ussing-Modell**, Ussing 1978). Die $Na^+/K^+$-ATPase ist lange Zeit als der einzige Antrieb für die Energetisierung der Zellmembran betrachtet worden. In den letzten Jahren ergaben sich immer mehr Hinweise dafür, dass außerdem die Protonen transportierende **V-ATPase** in vielen Epithelzellen eine dominierende Rolle bei der Energetisierung der Zellmembran spielt (Abb. 8.14, **Wieczorek-Harvey-Modell**). Sie war ursprünglich in Pflanzen entdeckt worden, wo sie die Vakuolen in unreifen Früchten ansäuert. In den vergangenen 20 Jahren ist sie in immer mehr tierischen Geweben entdeckt worden, zuerst in den Membranen von Zellorganellen (z. B. Lysosomen) und schließlich in der Plasmamembran von Epithelzellen und vor allem in Exkretionsorganen (Wieczorek et al. 1999, Beyenbach 2001). Das Besondere an der V-ATPase ist, dass sie pro ATP drei $H^+$ exportiert und deshalb ein wesentlich größeres elektrogenes Potential hat als die $Na^+/K^+$-ATPase.

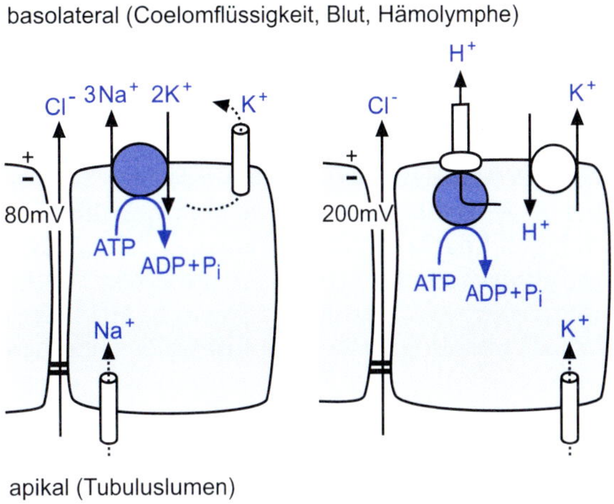


**Abb. 8.14.** Antrieb von Transportprozessen durch Energetisierung der Plasmamembran. Die beiden wichtigsten dafür eingesetzten Transportprozesse sind die $Na^+/K^+$-ATPase (Ussing-Modell) und die Protonen transportierende V-ATPase. Durch die basolaterale $Na^+/K^+$-ATPase (Ussing-Modell) wird $Na^+$ aktiv aus der Zelle exportiert und der intrazelluläre $Na^+$-Gehalt erniedrigt. Dies ermöglicht die Aufnahme von $Na^+$ in die Zelle über $Na^+$-Kanäle in der apikalen Membran. Auf diese Weise entsteht ein Fluss von $Na^+$ über die Epithelzelle. Durch die V-ATPase (Harvey-Wieczorek-Modell) werden aktiv Protonen über die basolaterale Membran exportiert, was ebenfalls einen passiven Nachstrom an positiv geladenen Ionen in die Zelle führt. In beiden Fällen entsteht ein Ladungs- und Ionengradient über die Epithelzelle, der sowohl einen transzellulären als auch eine parazellulären Transport von Wasser, Ionen und anderen Lösungsbestandteilen verursacht (nach Beyenbach 2001)

Wenn die ATPasen nur auf der basolateralen oder der apikalen Seite der Epithelzellen sitzen, so wird nicht nur die Plasmamembran, sondern die gesamte Epithelzelle energetisiert, und es kommt zu einem Materialfluss über das Epithel. Z. B. verursacht die basolaterale $Na^+/K^+$-ATPase einen passiven Einstrom von $Na^+$ über die apikale Seite in die Zellen, entweder allein durch

Kanäle oder im Cotransport mit anderen Substanzen oder im Antiport gegen $H^+$, und wird dann über die basolaterale Seite wieder exportiert. Neben diesem **transzellulären Transport** können Ionen auch auf Grund der Ladungs- und Konzentrationsunterschiede in wässriger Lösung über die Kittstellen zwischen den Epithelzellen diffundieren (**parazellulärer Transport**). Der Konzentrationsgradient verursacht außerdem einen osmotischen Nachstrom an Wasser, vor allem über die wasserdurchlässigen Kittstellen zwischen den Epithelzellen. Der Wasserstrom kann so heftig sein, dass in der Tubulusflüssigkeit gelöste Bestandteile mitgerissen werden. Diesen Vorgang bezeichnet man als **lokale Osmose**, die im Englischen noch treffender als *solvent drag* beschrieben wird.

## 8.7 Exkretionsorgane

Die Exkretionsorgane wurden ursprünglich an Hand von morphologischen und embryologischen Kriterien klassifiziert (Goodrich 1954). Danach sind **Nephridien** (Protonephridien, Metanephridien) **ektodermalen** Ursprungs und schaffen eine Verbindung von innen nach außen zur Exkretion. Die Ausscheidungsorgane der Mollusken, Arthropoden und Wirbeltiere sind **mesodermalen** Ursprungs, werden als **Coelomoduct** bezeichnet, sind aber in Aufbau und Funktion den Nephridien sehr ähnlich. Der mesodermale Ursprung lässt vermuten, dass sie von den Ausführgängen für Gameten abgeleitet wurden. Zusätzlich gibt es Exkretionsorgane, die aus der Kombinationen von Nephridien und Coelomoduct bestehen und dann als **Mixonephridium** oder **Protonephromixium** bezeichnet werden. Die Malpighischen Gefäße der Insekten fügen sich nicht in das Schema von Goodrich, denn sie sind endodermalen Ursprungs, entwickeln sich als Ausstülpungen des Enddarms und führen als einziges Exkretionsorgan nicht direkt nach außen, sondern geben ihren Inhalt in den Enddarm.

Wegen der nicht völlig konsistenten Zuordnung der Exkretionsorgane wurde von Ruppert und Smith (1988) eine alternative Einteilung vorgeschlagen, die funktionelle Kriterien zu Grunde legt, und zwar in erster Linie den Ort der Filtration. Nach dieser Einteilung werden alle Exkretionsorgane als Protonephridien bezeichnet, die aus dem Coelom, dem Pseudocoel, dem Blastocoel oder dem Interstitium filtrieren, also die Proto- und Metanephridien der bisherigen Nomenklatur. Als Metanephridien dagegen werden diejenigen Exkretionsorgane bezeichnet, die aus dem Blut oder der Hämolymphe filtrieren, und dazu gehören neben der Wirbeltierniere auch die Exkretionsorgane der Mollusken und der Arthropoden. Es kann derzeit nicht entschieden werden, ob diese funktionelle Klassifikation eine schlüssigere Erklärung für die Vielfalt der Exkretionsorgane geben als die morphologischen Kriterien, deren Einteilung in diesem Lehrbuch beibehalten wurde.

Die anatomische Vielfalt der Exkretionsorgane legt den Schluss nahe, dass sie in verschiedenen Tiergruppen unabhängig voneinander entstanden sind. Dabei handelt es sich um ein Beispiel für konvergente Evolution, denn alle funktionieren nach einem ähnlichen, zweistufigen Verfahren. Zuerst wird Körperflüssigkeit in englumige Tubuli filtriert, anschließend werden alle Substanzen reabsorbiert, die dem Körper erhalten bleiben sollen. Dieses Verfahren beruht auf der Fähigkeit von Epithelien durch aktiven Transport Konzentrationsgradienten zu schaffen, die dann den passiven Transport von Wasser und anderen Lösungsbestandteilen antreiben. Im Grunde trifft das zweistufige Verfahren auch für die kontraktilen Vakuolen auf zellulärer Ebene zu, denn auch sie separieren intrazelluläre Flüssigkeit und gewinnen anschließend die erhaltenswerten Ionen über die Spongiom-Membran zurück. Wenn wir Menschen Geräte zur Exkretion entwickeln würden, so würden wir vermutlich andere Verfahren bevorzugen, z.B. eine direkte Sekretion ausscheidungspflichtiger Substanzen. Dieses direkte Verfahren spielt nur eine untergeordnete Rolle bei der Exkretion, während das indirekte, zweistufige Verfahren der Filtration und Resorption sich im Verlauf der Evolution als die offensichtlich überlegene Technik durchgesetzt hat, um die Doppelfunktion von Osmoregulation und Exkretion zu erfüllen. Ein unbestreitbarer Vorteil des indirekten, zweistufigen Verfahrens ist, dass nicht für jede auszuscheidende Substanz zuerst ein spezifischer Exkretionsmechanismus entwickelt werden musste, sondern dass die Substanzen ausgeschieden werden, weil ein spezifischer Reabsorptionsmechanismus fehlt. Dies erlaubt eine sehr viel flexiblere Anpassung der Exkretion an unterschiedliche Nahrungsquellen und Stoffwechselwege als die direkte Sekretion.

## 8.7.1 Nephridien

### Protonephridien

Protonephridien sind das typische Exkretionsorgan der Plathelminthen und Nemertini, also Tieren ohne Coelom, aber sie finden sich auch in Einzelfällen bei Anneliden und Mollusken. Sie bilden meist ein Netzwerk von Tubuli, die blind im Parenchym enden und sich über einen Nephroporus nach außen öffnen, wie das am Beispiel von Planarien dargestellt ist (Abb. 8.15). Die geschlossenen Enden der Protonephridien tragen eine **Reusengeißelzelle** (Cyrtocyte) deren Cilienbündel (Wimpernflamme) in den Tubulus ragt (Abb. 8.13). Bei manchen Anneliden sitzen am Ende des Tubulus statt dessen mehrere Zellen (Solenocyten), die jeweils nur eine lange Geißel in das Tubuluslumen hineinragen lassen. Durch Cilienschlag erzeugen sie einen Flüssigkeitsstrom aus dem umgebenden Parenchym in die Tubuli hinein. Seitlich der Geißeln ist das Tubulusepithel dünnwandig (Basallamina) oder besitzt Poren, um den Zustrom aus dem umgebenden Gewebe zu erleichtern. Der Cilienschlag treibt das Filtrat durch die Tubuli; dabei werden Nährstoffe, Ionen und Wasser wieder resorbiert, und schließlich ein hypotoner Urin durch den Nephroporus ausgeschieden.

Mit ihren blind im Gewebe endenden Tubuli sind die Protonephriden für Tiere ohne Coelom und ohne Blutgefäßsystem besonders geeignet, da sie Flüssigkeit aus den Zellzwischenräumen im Gewebe filtrieren können. Anneliden besitzen ein Coelom und nutzen überwiegend Metanephridien mit einem offenen Wimpertrichter zur Filtration. Trotzdem finden sich Protonephridien auch bei einigen Anneliden. Dazu gehören die

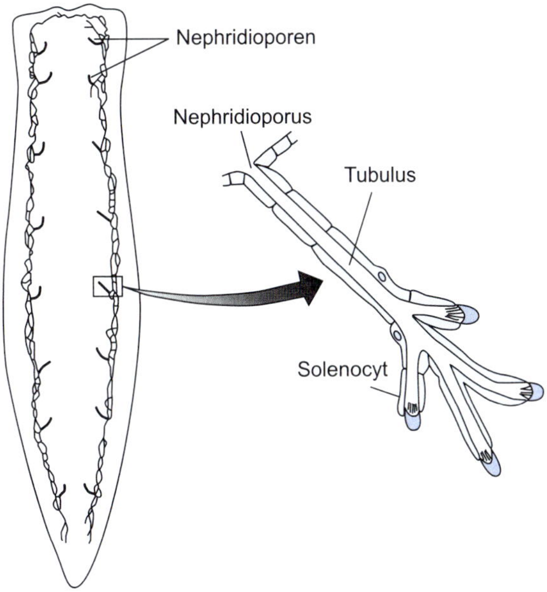


**Abb. 8.15.** Die Protonephridien des Plathelminten *Dendrocoelum* sind zu einem Netzwerk von Tubuli verbunden. Die blind endenden Kanäle beginnen mit einer Reusengeißelzelle (Cyrtocyt, Solenocyt bei Polychaeten nur eine Geißel), in der ein ständig schlagendes Cilienbündel einen Unterdruck erzeugt. Durch Poren in der Basallamina strömt Körperflüssigkeit in die Tubuli und wird im Verlauf der Tubuli zur Ausscheidung über die Nephridioporen vorbereitet (nach Barnes 1987)

Nephtyidae, eine Familie der Polychaeten. Eine Besonderheit der Nephthyidae ist, dass sie extracelluläres Hämoglobin in ihrer Coelomflüssigkeit enthalten, und möglicherweise benutzen sie geschlossene Protonephridien, um bei der Exkretion den Verlust von Hämoglobin zu vermeiden.

### Metanephridien

Metanephridien filtrieren Coelomflüssigkeit und beginnen meist in unmittelbarer Nähe von Blutgefäßen. Die Coelomflüssigkeit hat unmittelbaren Kontakt zu allen mesodermalen Geweben, enthält sämtliche Nähr- und Exkretstoffe, die im Körper anfallen, und steht dabei auch in ständigem Austausch mit dem Blutkreislauf. Durch die osmoregulatorische und exkretorische Kontrolle der Coelomflüssigkeit wird deshalb unmittelbar das gesamte mesodermale Milieu konstant gehalten. Metanephridien sind ursprünglich segmental angelegt, mit je einem Paar pro Segment, können aber bei einigen Arten nur auf bestimmte Körperabschnitte beschränkt sein, so z. B. bei den Hirudineen auf die mittleren 10–17 Körpersegmente.

Die Funktion der Metanephridien ist bei den Anneliden, insbesondere beim Regenwurm (*Lumbricus*) und den Egeln (*Hirudo*), besonders gut untersucht (Abb. 8.16). Die Metanephridien des Regenwurms beginnen mit einem offenen Wimpertrichter, dem Nephrostom. Dessen Cilienkranz strudelt Coelomflüssigkeit in den nephridialen Tubulus, ein unverzweigtes Kanälchen, das durch die Coelomhöhle des nächsten Körpersegments führt und über einen Nephroporus nach außen mündet. Die Tubuli des Regenwurms sind auf komplexe Weise ineinander verwickelt, sehr englumig und enthalten cilienbewehrte Abschnitte, die den Flüssigkeitsstrom in den engen Tubuli aufrechterhalten. In englumigen Tubuli führt aktiver Transport über das Epithel zu starken Konzentrationsänderungen, so dass Substanzen sehr effizient resorbiert werden können.

Die in das Nephrostom des Regenwurms filtrierte Flüssigkeit ist isoton mit der Coelomflüssigkeit (Abb. 8.16). In den engen Kanal zu Beginn des Nephridiums werden zusätzlich Substanzen sekretiert (z. B. Harnsäure, Ionen). Im anschließenden mittleren Kanal beginnt die Reabsorption von Salzen. Wasser folgt dem Konzentrationsgradienten passiv nach. Da mit dem Urin keine Peptide und Kohlenhydrate ausgeschieden werden, müssen sie im Verlauf des Nephridiums vollständig resorbiert worden sein. Dies geschieht vor allem im Bereich des weiten Kanals kurz vor Einmündung in die Blase. Das Epithel des weiten Kanals wird Richtung Blase zunehmend wasserundurchlässig. Ionen und Nährstoffe werden weiter reabsorbiert, aber die osmotische Reabsorption von Wasser kann nicht stattfinden, so dass die Osmolalität des Urins auf etwa 20% des Anfangswertes sinkt. Auf diese Weise produzieren Regenwürmer ständig einen hypoosmotischen Urin, der in der Blase gespeichert und über den Nephroporus ausgeschieden wird.

Es mag verwundern, dass der Regenwurm auf diese Art ständig Wasser verliert und deshalb

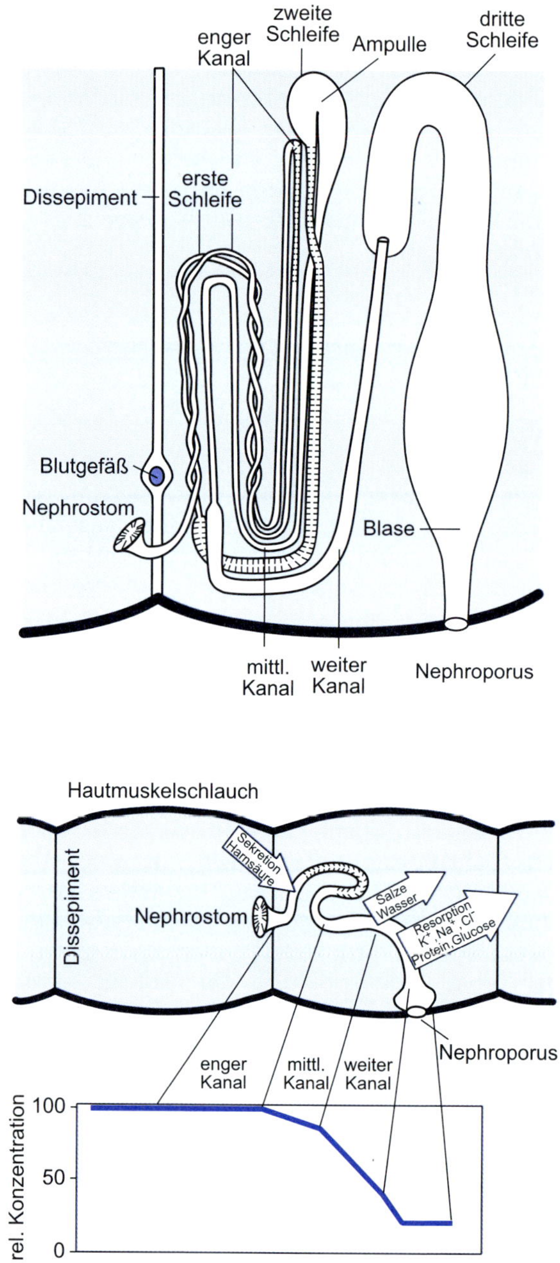


**Abb. 8.16.** Metanephridium bei Anneliden. Urinbildung durch Einstrudeln von Coelomflüssigkeit in den Nephridialkanal. Im anfänglich englumigen Kanal zusätzliche Sekretion von Substanzen aus der Coelomflüssigkeit in den Nephridialkanal. Im distalen weitlumigen Kanal überwiegt die Resorption von nicht harnpflichtigen Substanzen, und es wird ein hypotoner Urin ausgeschieden (nach Ramsay 1949, Graszynski 1963, Boroffka 1965)

für eine terrestrische Lebensweise eigentlich nicht geeignet ist. Sein Verhalten ist typisch für die Osmoregulation von Süßwasser-Bewohnern. Sie erleiden einen permanenten Wassereinstrom aus der Umgebung und müssen deshalb stets einen hypotonen Urin produzieren, um überschüssiges Wasser auszuscheiden. Der Regenwurm kann keinen konzentrierten Urin bilden und würde deshalb ohne ständige Wasserzufuhr an der Erdoberfläche vertrocknen. Beim Graben in feuchtem Erdreich nimmt er ständig Wasser über die Haut auf, und durch Fressen von Detritus oder Pflanzenteilen erhält er zusätzlich Wasser über den Darm. In Anbetracht seiner osmoregulatorischen Probleme ist er ein Süßwasser-Organismus, trotz seiner terrestrischen Lebensweise. Bei einigen Erdwürmern (Megascolidae, Glossoscolidae) mündet ein Teil der Metanephridien nicht nach außen, sondern in den Darm, und es kann vermutet werden, dass dies eine bessere Wasserrückhaltung erlaubt als bei einer direkten Ausscheidung des hypotonen Urins über den Nephroporus.

Blutegel leben im Süßwasser und produzieren in Ruhe einen hypotonen Urin, um wenig Ionen an die Umgebung zu verlieren und eindringendes Wasser wieder auszuscheiden, ähnlich wie beim zuvor beschriebenen Regenwurm. Bei einer Blutmahlzeit nehmen sie jedoch große Mengen an Salzen und Wasser auf, die ihr eigenes Körpergewicht um das 5–10fache übersteigen (Osmolalität von Wirbeltierblut $\sim$ 300 mOsm). Nach einer Mahlzeit müssen sie diese Salze und das Wasser in kurzer Zeit wieder ausscheiden (postprandiale Diurese). Die Urinproduktion steigt dabei um das 8–10fache über den Ruhewert an. Im Verlauf der postprandialen Diurese wird das aufgenommene Wasservolumen schneller ausgeschieden als die aufgenommenen Salze (Wenning et al. 1980). Die Nephridien der Egel sind ähnlich komplex aufgeknäuelt wie beim Regenwurm. Allerdings scheint bei ihnen keine offene Verbindung zwischen den Cilien und dem Nephridialkanal zu bestehen, denn ins Blut injiziertes Inulin wird nicht über die Nephridien ausgeschieden. Daraus folgt, dass der Primärharn nicht durch ciliäre Filtration produziert wird, sondern nur durch Sekretion und osmotische Filtration über die Canaliculuszellen der Nephridien. Sie wirken dabei als ein $Cl^-$-sekretierendes Epithel, ähnlich wie die Malpighischen Gefäße der Insekten, die Fischkiemen, oder die Salzdrüsen der Vögel (s. Kap. 8.8.2 Chlorid-Zellen). Antriebsmotor dieses Transports ist die basolaterale $Na^+/K^+$-ATPase. Durch einen $Na^+/K^+/Cl^-$-Cotransporter und einen $Cl^-$/Anionen-Austauscher gelangt $Cl^-$ über die basolaterale Membran in die Zelle. Auf der apikalen Seite wird $K^+$ und $Cl^-$ im Cotransport in das Lumen der Nephridien befördert. $Na^+$ und Wasser folgen auf parazellulärem Weg. Dies ergibt einen hypertonen Primärharn, der dann im Verlauf des Nephridiums durch Reabsorption auf die Endkonzentration eingestellt wird. Die Nephridien der Blutegel sind dicht vaskularisiert und innerviert, so dass die Bildung des Primärharns sowie die Resorption von Ionen und Wasser an den Fütterungszustand angepasst werden können.

## 8.7.2 Antennendrüse der Arthropoden

Arthropoden besitzen zwei verschiedene Grundtypen von Exkretionsorganen, entweder Antennendrüsen, Maxillar-, Labial- oder Coxaldrüsen, die alle dem Coelomoduct-Typus zugeordnet werden können, oder Darmanhänge wie die Malpighischen Gefäße der Insekten. Nur in wenigen Fällen, z.B. bei den meist marinen Muschelkrebsen (Ostracoda) oder einigen Arachniden, kommen beide Typen der Exkretionsorgane nebeneinander vor. Besonders gut untersucht ist die Antennendrüse der Krebse. Sie beginnt mit dem Sacculus (Endsack, Coelomsäckchen, möglicherweise Rest des ursprünglichen Coelom), darauf folgt das Labyrinth, der nephridiale Tubulus (proximal und distal), die Blase und schließlich der Nephroporus (Abb. 8.17). Die Epithelzellen des Sacculus sitzen mit mehreren Füßen auf der Basalmembran (Podocyten) und tragen Ausläufer (Pedicellen), ähnlich dem Glomerulus der Wirbeltierniere (s. Kap. 8.7.5 Glomeruläre Filtration). Ein Blutgefäß mündet in der Nähe des Sacculus, so dass zu vermuten ist, dass der Primärharn durch hydrostatische Filtration aus Hämolymphe gewonnen wird. In der Tat entspricht seine Zusammensetzung der Hämolymphe, es fehlen lediglich die großen Proteine und die Blutzellen. Im Verlauf

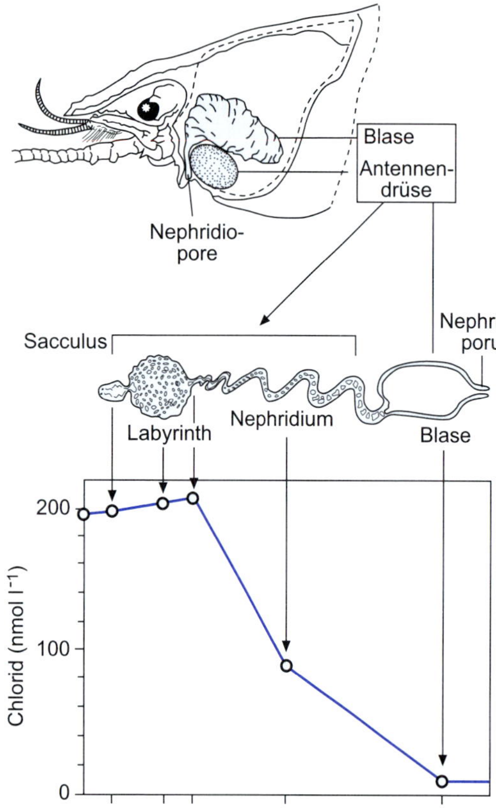


**Abb. 8.17.** Aufbau der Antennendrüse des Krebses *Astacus*, und Verlauf der Chlorid-Konzentration entlang des tubulären Apparates (nach Potts u. Parry 1964)

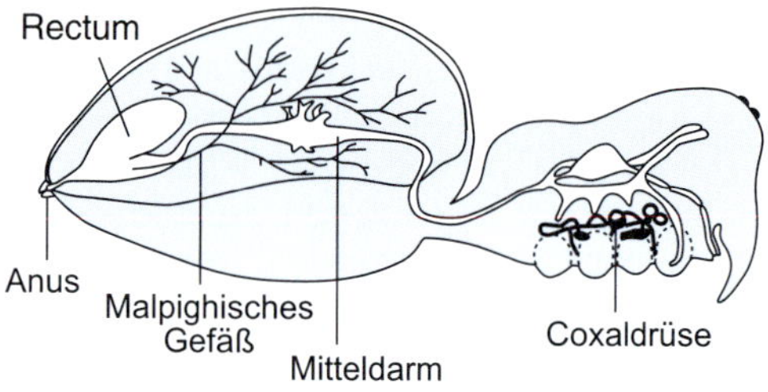


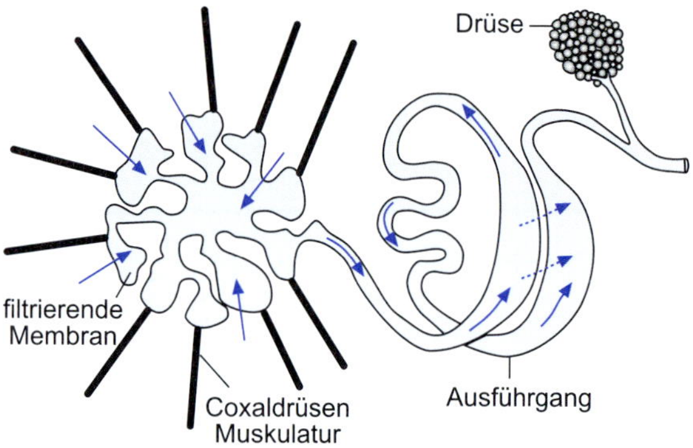


**Abb. 8.18.** Spinnen besitzen zwei Exkretionsorgane, die Coxaldrüsen im Prosoma und Malpighische Gefäße am Enddarm. Die Coxaldrüsenmembran kann durch Muskelfasern gegen die Hämolymphe bewegt werden. Der dabei einstehende Druckunterschied filtriert Flüssigkeit aus der Hämolymphe in das Lumen der Coxaldrüse

des proximalen Tubulus werden 95–99% des filtrierten $Na^+$ und $Cl^-$ wieder resorbiert. Wasser wird hauptsächlich im Labyrinth und dem proximalen Tubulus und Glucose wird vor allem über das Blasenepithel resorbiert.

Die Coxaldrüsen der Arachniden sowie die Maxillardrüsen der Malacostraca und der Entomostraca sind embryologisch mit der Antennendrüse der Krebse verwandt und sind ihr vermutlich auch in der Funktion ähnlich. Die Coxaldrüse der Spinnen ist ein dünnwandiger Sack, der mit zahlreichen Ausbuchtungen im Prosoma der Spinnen liegt (Abb. 8.18). Er nimmt Exkretstoffe auf und transportiert diese über einen Tubulus zu einer Öffnung am Ansatz der Beine. Der Primärharn wird möglicherweise durch Druckfiltration gebildet, da an den Aussackungen der Coxaldrüse Muskeln ansetzen, von denen vermutet wird, dass sie durch Zug gegen die Hämolymph-Füllung des Prosomas eine Druckdifferenz über die Membran der Coxaldrüse erzeugen.

### 8.7.3 Malpighische Gefäße der Insekten

Die Malpighischen Gefäße sind sehr enge, blind endende Tubuli, die in den Enddarm der Insekten münden (Abb. 8.19). Sie umgeben den Enddarm und das Rectum; dieser Komplex ist häufig durch eine Perirectalmembran vom übrigen Hämocoel getrennt. In den Malpighischen Gefäßen wird der Primärurin nur durch Sekretion und osmoti-

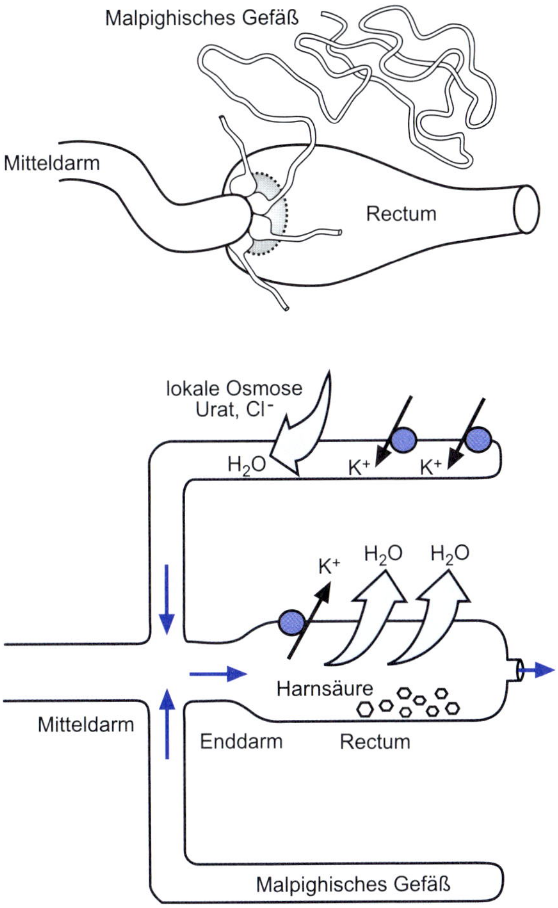


**Abb. 8.19.** Malphigisches Gefäß bei Insekten. Der Primärharn wird durch aktiven Transport und lokale Osmose vom Epithel der Malphigischen Gefäße aus der Hämolymphe gebildet. Diese Flüssigkeit erreicht den Enddarm, dort werden Ionen, vor allem $K^+$, durch aktiven Transport resorbiert und Wasser folgt osmotisch nach. Harnsäure kristallisiert aus und es kann ein sehr trockenes Exkret ausgeschieden werden (oberes Schema nach Wigglesworth 1931)

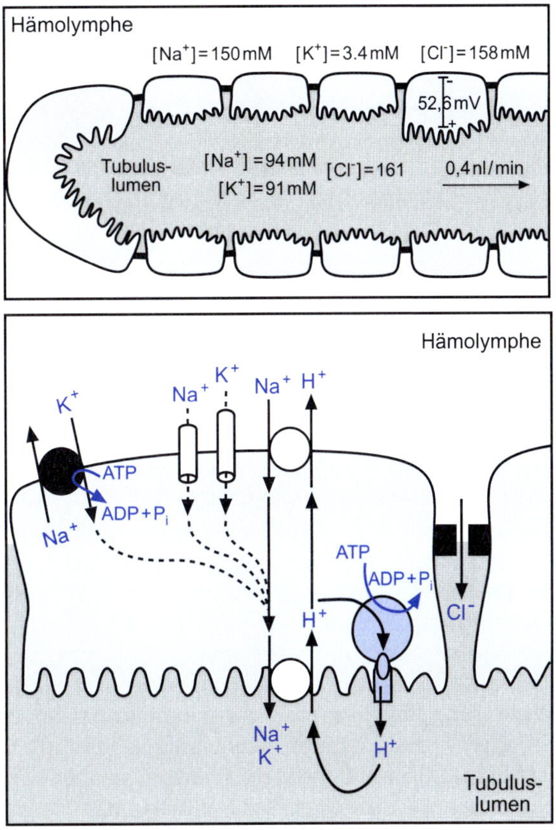


**Abb. 8.20.** Bildung des Primärharns bei Insekten durch Sekretion und osmotische Filtration. Die Sekretion wird durch eine basolaterale $Na^+/K^+$-ATPase und eine apikale V-ATPase angetrieben (nach Beyenbach 2001)

sche Filtration gebildet, die im Wesentlichen durch einen $K^+$-Transport angetrieben wird.

An der basolateralen Seite der Epithelzellen wird $K^+$ und $Na^+$ aus der Hämolymphe aufgenommen durch eine $Na^+/K^+$-ATPase, Ionenkanäle und einen $H^+/Na^+$-Antiport (Abb. 8.20). Die apikale Membran, also die zum Lumen der Gefäße gerichtete Seite der Epithelzellen, trägt einen Bürstensaum. Dessen Mikrovilli enthalten zahlreiche Mitochondrien, was vermuten lässt, dass über die apikale Membran ein aktiver Transport mit hoher Intensität stattfindet. In der Tat ist die Membran der Mikrovilli reich mit V-ATPase bestückt. Sie transportiert Protonen in das Tubuluslumen. Eigentlich müsste dadurch der pH in der Tubulusflüssigkeit sinken, was aber nicht der Fall ist, denn deren pH bleibt annähernd neutral. Die Ansäuerung bleibt nur auf die Membranoberfläche beschränkt und treibt unmittelbar den $H^+/K^+$-Antiport an (evtl. auch $H^+/Na^+$-Antiport), der $K^+$ über die apikale Membran in das Lumen befördert. Die Tubulusflüssigkeit enthält deshalb eine hohe Konzentration an $K^+$, und ist elektrisch positiv gegenüber der Hämolymphe. Dies verursacht eine parazelluläre Diffusion von $Cl^-$ und einen osmotischen Nachstrom an Wasser aus der Hämolymphe über die interzellulären Kittstellen.

Der Nachstrom an Wasser ist so heftig, dass in der Hämolymphe gelöste Substanzen mitgerissen werden, vor allem Harnsäure. Wegen der hohen $K^+$-Konzentration liegt sie als Kalium-Urat vor, eine Form, in der Harnsäure noch relativ gut wasserlöslich ist. Sekretion und lokale Osmose erzeugen in den Malpighischen Gefäßen einen Flüssigkeitsstrom in Richtung Enddarm. In darmnahen Bereichen wird ein Teil der nicht harnpflichtigen Substanzen wieder reabsorbiert. Im Enddarm wird der Urin mit dem Darminhalt vermischt und dadurch plötzlich die Osmolarität verändert. Das Epithel des Rektums ist der wichtigste Ort für die Reabsorption der Ionen ($K^+$, $Na^+$, $Cl^-$, $PO_4^{3-}$ usw.) und der im Urin enthaltenen Nährstoffe (Aminosäuren, Glucose, Trehalose, Acetat). Das Rektalepithel besitzt eine außergewöhnlich hohe Transportkapazität, so dass vor allem $K^+$ vollständig reabsorbiert und dann für die Bildung des Primärharns wieder eingesetzt wird. Auf diese Weise führt die Exkretion zu einem Kreislauf an $K^+$ durch die Malpighischen Gefäße und über das Rektalepithel. Der aktive Transport verursacht einen Konzentrationsanstieg auf der basolateralen Seite der Epithelzellen, so dass Wasser über die interzellulären Zwischenräume osmotisch nachströmt. Dieser Prozess wird noch dadurch unterstützt, dass durch Wasserentzug die Harnsäure im Rektallumen auskristallisiert und damit osmotisch nicht mehr wirksam ist. Die Harnsäure wird dann gemeinsam mit dem Kot als feste Paste ausgeschieden.

Insekten können auf diese Weise ein extrem trockenes Exkret bilden, das nach Abgabe aus dem Darm in Extremfällen sogar wieder hygroskopisch Wasser aus der Luft aufnimmt. Im allgemeinen liegt die Osmolalität des Exkrets von Insekten zwischen 500 und 5500 mOsm und bei marinen Insekten zwischen 700 und 2900 mOsm. Insekten sind perfekt an terrestrische Lebensweise angepasst, da sie kein Wasser über ihre Cuticula verlieren und auch beim Gasaustausch den Wasserverlust durch diskontinuierliche Ventilation auf ein Minimum beschränken. Der geringe Wasserverlust bei der Exkretion ist ein weiteres wichtiges Element der wassersparenden Lebensweise von Insekten, so dass sie mit Stoffwechselwasser allein auskommen können und kein zusätzliches Wasser neben der Nahrung aufnehmen müssen.

Insekten sind allein durch ihre geringe Körpergröße und ihre große relative Körperoberfläche enormen osmotischen Belastungen ausgesetzt. Sie haben sich an diese Situation auch dadurch angepasst, dass sie große Schwankungen der Osmolarität ihrer Körperflüssigkeit verkraften und nur geringen Aufwand betreiben, um die Osmolarität ihrer Körperflüssigkeiten in engen Grenzen konstant zu halten. Einige Insekten ertragen Schwankungen der Osmolarität ihrer Hämolymphe zwischen 80 und 800 mOsm. Bei dehydrierten Insekten herrscht nur ein langsamer Flüssigkeitsumlauf durch die Malpighischen Gefäße. Die Filtrationsleistung der Exkretionsorgane kann z. B. über die Auswaschrate von Inulin gemessen werden (*Inulin clearance*). Beim Menschen hat dieses inerte Kohlenhydrat im Körper eine Halbwertszeit von etwa 100 min. Bei Heuschrecken beträgt die Halbwertszeit für Inulin in der Hämolymphe etwa 8 Tage, d.h. das Exkretionssystem der Insekten erfüllt seine Aufgabe mit einer sehr viel langsameren Reinigung der Körperflüssigkeit als andere Exkretionssysteme.

Viele Insekten sind jedoch nicht nur zu wassersparender Exkretion in der Lage, sondern müssen, wenn sie sich von Pflanzensäften oder von Blut ernähren, kurzfristig auch große Flüssigkeitsmengen wieder ausscheiden. Bei Blutmahlzeiten nehmen Moskitos etwa das 10fache ihres eigenen Körpergewichts an Nahrung zu sich. Da dies die Flugfähigkeit beeinträchtigt, benötigen Moskitos leistungsfähige Mechanismen, um den Ballast an Wasser und überschüssigen Ionen wieder abzuwerfen. Bereits während der Nahrungsaufnahme setzt bei Moskitos eine heftige Diurese ein, und ein Teil der aufgenommenen Salze und des Wassers wird unmittelbar wieder ausgeschieden. Die Malpighischen Gefäße sind offensichtlich in der Lage, bei der Exkretion sowohl extrem sparsam mit Wasser und Salzen umzugehen als auch bei Bedarf rasch große Mengen an Salzen und Wasser auszuscheiden. Mit diesem breiten Regulationsbereich ihres Exkretionssystems können sich Insekten sowohl extrem trockene als auch extrem feuchte Lebensräume erschließen.

## 8.7.4 Nieren der Wirbeltiere

Die funktionelle Einheit der Wirbeltiere ist das **Nephron** (Nierenkanälchen). Es beginnt mit dem Glomerulus, einem Bündel von Blutkapillaren, das von der Bowmannschen Kapsel umschlossen wird (Nierenkörperchen, Malpighi-Körperchen). In der Bowmannschen Kapsel wird der Primärharn gebildet; im anschließenden langen Tubulus werden die erhaltenswerten Bestandteile reabsorbiert. Die ausscheidungspflichtigen Substanzen verbleiben im Nephron und werden mit dem Urin abgegeben. Entwicklungsgeschichtlich kann das Nephron von einem Ausführungsgang aus dem Coelom abgeleitet werden (Coelomoduct). Protovertebraten sekretierten aus einem Kapillarbündel, dem Glomerulus, Flüssigkeit ins Coelom, die dann über ein Coelomostom in den Coelomoduct filtriert und abgeführt wurde. Dies ist eine ähnliche Anordnung, wie wir sie bereits bei den Metanephridien des Regenwurms kennen gelernt hatten (Abb. 8.16). Bei den rezenten Vertebraten steht das Kapillarknäuel des Glomerulus in direktem Kontakt mit dem Coelomoduct und filtriert direkt in dessen Lumen ohne Umweg über die Leibeshöhle.

Ursprünglich sind die Nephrone segmental angelegt worden und erst sekundär zu kompakten Organen an verschiednen Stellen der Körperlängsachse verschmolzen. Einige Fisch- und Amphibienlarven besitzen noch eine Kopfniere (Pronephros), aus deren hinterem Ende sich die Säugetierniere entwickelt hat (Opisthonephros). Die weiter caudal liegenden Mesonephros und Metanephros sind bei Fischen und Amphibien noch erhalten, wobei der Metanephros in der Regel dominiert. Bei Reptilien, Vögeln und Säugetieren ist ein Mesonephros noch während der Embryonalentwicklung vorhanden. Einige Strukturen des Mesonephros werden modifiziert und für die Anlage von Teilen des Genitaltrakts verwendet. Im Licht dieser komplexen Entwicklungsgeschichte ist es nicht verwunderlich, dass die Nieren der Wirbeltiere sich in Aussehen und Funktion unterscheiden und auch in den verschiedenen Wirbeltiergruppen unterschiedliche Aufgaben bei Exkretion und Osmoregulation übernehmen. Ein Beispiel dafür gibt allein schon die Anzahl der Nephrone. Sie hängt sowohl von der Stoffwechselhöhe der Wirbeltiere als auch von deren Körpergröße ab. Ektotherme Wirbeltiere besitzen wenige Nephrone, häufig mit relativ großen Glomeruli, wie z. B. etwa 2000 Nephrone bei Amphibien und nur einige Dutzend Nephrone bei ähnlich großen Fischen. Säugetiere und Vögel haben deutlich mehr Nephrone, 10 000 pro Niere bei der Maus, 1,2 Mio. beim Menschen, 4 Mio. beim Rind, und 100 000 pro Niere bei der Taube.

## 8.7.5 Funktion der Säugetierniere

Die Nieren der Säugetiere, und insbesondere die des Menschen, sind besonders gut untersucht. Der tubuläre Apparat beginnt mit dem langen und stark aufgeknäuelten **proximalen Tubulus** (proximales Convolut), darauf folgt die besonders englumige **Henlesche Schleife**, und der **distale Tubulus** der schließlich ins **Sammelrohr** mündet. Glomerulus, Bowmannsche Kapsel, sowie der proximale und distale Tubulus liegen in der Nierenrinde, während sich die Henlesche Schleife U-förmig in das Nierenmark erstreckt (Abb. 8.21, Abb. 8.22). Die Nephrone der Säugetiere sind außerordentlich dünne Tubuli. Wenn man sich menschliche Nephrone in der Breite einer Autobahn vorstellt, so wären sie 10–30 km lang und im Verlauf der besonders dünnen Henleschen Schleife würden sie auf die Breite des Mittelstreifens verengt. Jedes einzelne Nephron verarbeitet pro Tag nur etwa 0,05 ml, aber durch ihre große Zahl wird die mehrfache Reinigung der Körperflüssigkeit pro Tag erreicht und beim Menschen täglich ein bis zwei Liter Urin produziert.

### Filtration im Glomerulus

Der **Primärharn** wird durch **hydrostatische Filtration** des Blutes im Glomerulus gewonnen (Abb. 8.23). Dass dabei nur Filtration stattfindet und Sekretion keine Rolle spielt, kann aus der Zusammensetzung des Primärharns geschlossen werden. Wird mit einer Mikropipette eine Flüssigkeitsprobe aus der Bowmannschen Kapsel entnommen – was aus den großen Tubuli der Frösche

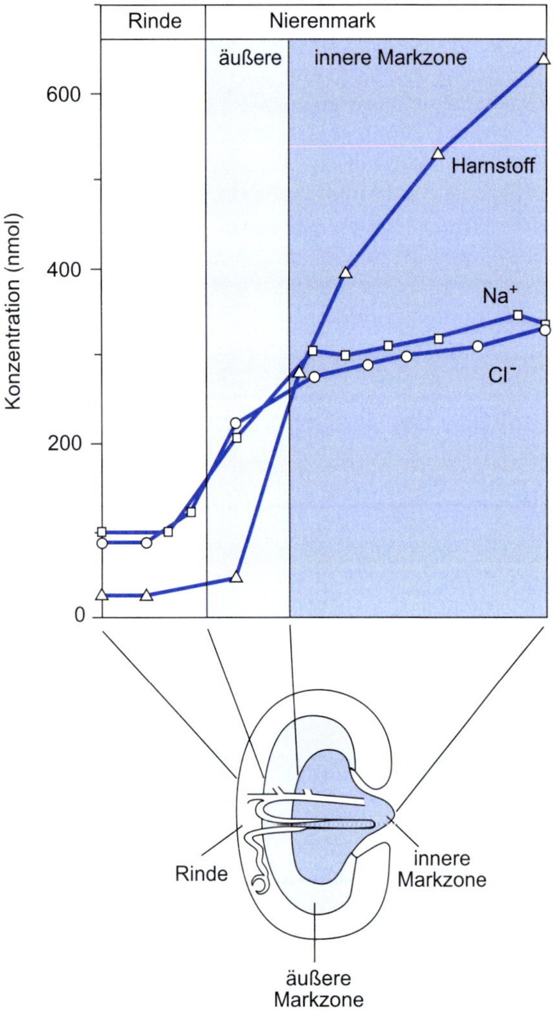


**Abb. 8.21.** Die Säugetierniere besteht aus einem Verbund zahlreicher Nephrone. Sie sind die eigentlichen Funktionseinheiten für Exkretion und Konzentrierung des Urins. Glomerulus und proximaler Tubulus liegen in der Nierenrinde; die Spitze der Henleschen Schleife und das Sammelrohr ragen in das Nierenmark. Von der Nierenrinde zum Nierenmark besteht ein hoher Konzentrationsgradient, die Konzentration harnpflichtiger Substanzen wird angereichert (nach Ullrich et al. 1961)

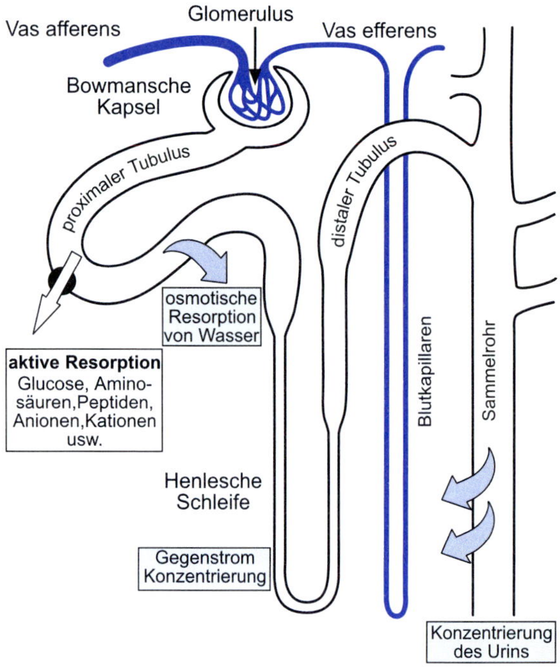


**Abb. 8.22.** Schematischer Aufbau und Funktion eines Säugetiernephrons. Aus den Glomerulus-Kapillaren wird durch Druckfiltration der Primärharn aus dem Blut gewonnen. Im proximalen Tubulus obligate Resorption aller nicht harnpflichtigen Substanzen durch aktiven Transport. Wasser folgt osmotisch nach. Zur Spitze der Henleschen Schleife wird der Urin im Gegenstrom konzentriert. Im distalen Tubulus aktive Resorption von Lösungsbestandteilen aus dem Urin. Wasser folgt wiederum passiv nach. Im Sammelrohr Konzentrierung des Urins durch osmotischen Wasserentzug

gut möglich ist - und deren Zusammensetzung mit der des Blutplasmas verglichen, so enthalten beide dieselbe Konzentration an kleinmolekularen Bestandteilen bis zu einem Molekulargewicht von etwa 1000 Da. Der Primärurin ist also ein **Ultrafiltrat.** Kleine Moleküle können offensichtlich ungehindert passieren, d.h. sie haben eine Filtrierbarkeit von 1 ($\text{Filtrierbarkeit} = \text{Filtrat}_{[X]}/\text{Plasma}_{[X]}$). Bei größeren Molekülen nimmt die Filtrierbarkeit ab. So hat Inulin eine Filtrierbarkeit von 0,98 (Molekulargewicht 5500 Da, mittlerer Moleküldurchmesser 2,96 nm), Myoglobin 0,75 (17500 Da, 3,9 nm) und Hämoglobin 0,03 (68000 Da, 6,5 nm).

Aus der Größe der frei durchtretenden Moleküle kann vermutet werden, dass die Poren des Filters 2–4 nm groß sein müssen. Die Kapillaren scheiden als Filter aus, da zwischen den Endothelzellen wesentlich größere Lücken bestehen und es deshalb sogar als **gefenstertes Kapillarendothel** bezeichnet wird (Abb. 8.23). Die Zellen des inneren Blattes der Bowmannschen Kapsel bilden ebenfalls keine dichte Schicht, sondern

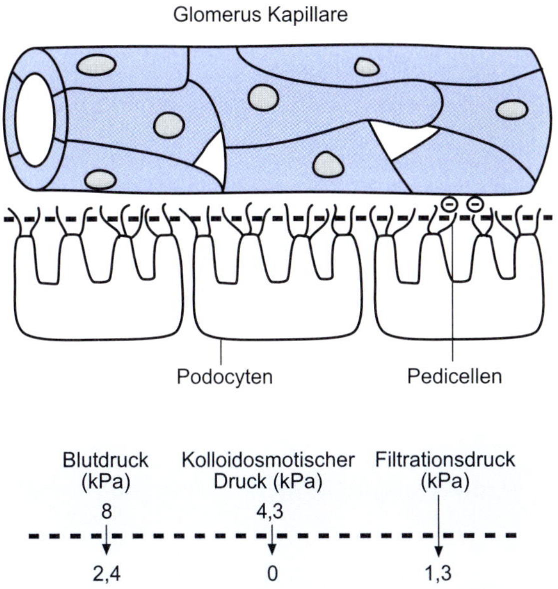


**Abb. 8.23.** Druckfiltration durch die Basalmembran des inneren Blatts der Bowmanschen Kapsel. Sie ist ein Kollagen-Geflecht mit einer Maschenweite von etwa 4 nm, so dass kleine Moleküle frei passieren können (Molekulargewicht <5 000 Dalton). Das Epithel der Podocyten trägt negativ geladene Glykoproteine (Pedicellen), die negativ geladene Blutproteine abstoßen

umschlingen die Kapillaren mit zahlreichen Ausläufern, den **Podocyten**. Zwischen beiden Zellschichten liegt eine Basalmembran, deren Collagenfaser-Geflecht eine passende Porengröße für den Durchtritt kleiner Moleküle bietet. Dessen Filterwirkung wird unterstützt von den **Pedicellen**, fransenförmigen Anhängen der Podocyten, die an ihrer Oberfläche stark negativ geladen sind (glycosylierte Proteine und sialinsäurehaltigen Proteoglykane). Sie durchziehen die Poren der Basalmembran und bilden mit ihr gemeinsam ein feines Geflecht als Filter für die Bildung des Primärurins. Die negative Ladung des Filters lässt, bei gleicher Molekülgröße, kationische Moleküle besser durchtreten als anionische Moleküle, außerdem werden die meist negativ geladenen großen Blutproteine vom Filter abgestoßen, so dass die Poren für kleine Moleküle frei bleiben.

Große Moleküle wie die Serumalbumine (>70 000 Da), und erst recht die Blutzellen, werden vom Filter vollständig zurückgehalten. Die großen Proteine sind für den kolloidosmotischen Druck des Blutplasmas verantwortlich. Durch ihr Verbleiben im Plasma wirken sie dem hydrostatischen Druck entgegen. Der effektive Filtrationsdruck ($P_{eff}$) ergibt sich deshalb aus der transmuralen Differenz im hydrostatischen Druck ($P_{glom}-P_{Bow}$), abzüglich der transmuralen Differenz des kolloidosmotischen Drucks ($\Pi_{glom}-\Pi_{Bow}$) (Abb. 8.23 unten).

$$P_{eff} = (P_{glom} - P_{Bow}) - (\Pi_{glom} - \Pi_{Bow})$$

Die glomeruläre Filtrationsrate (GFR) kann mit der Clearance-Technik bestimmt werden (**Inulin-Clearance**). Dabei wird gemessen, wie rasch ein intravenös infundierter Indikator aus dem Blut ausgewaschen und mit dem Urin ausgeschieden wird. Als Indikator hat sich Inulin bewährt. Inulin ist ein Fructosepolysaccharid aus Dahlienwurzeln mit einem Molekulargewicht von 5500 Da. Es ist nicht toxisch, wird im Körper nicht synthetisiert, metabolisiert, resorbiert oder sekretiert, sondern nur glomerulär frei filtriert. Da die gesamte filtrierte Inulinmenge mit dem Urin ausgeschieden wird gilt:

$$\text{GFR} \cdot [\text{Inulin}]_{\text{Plasma}} = \text{Flussrate}_{\text{Urin}} \cdot [\text{Inulin}]_{\text{Urin}}$$

Daraus folgt

$$\text{Clearance}_{\text{Inulin}} = \text{GFR} = (\text{Flussrate}_{\text{Urin}} \cdot [\text{Inulin}]_{\text{Urin}})/[\text{Inulin}]_{\text{Plasma}}$$

Beim Menschen beträgt die so ermittelte GFR etwa 125 ml $\min^{-1}$. Da es sich bei Inulin um einen exogenen Indikator handelt, der infundiert wird, spricht man auch von einer **exogenen Clearance**. Analog zu diesem Verfahren kann die Clearance endogener Metaboliten wie z. B. Kreatin gemessen werden (endogene Clearance).

Für eine ausreichende Filtrationsleistung ist ein relativ hoher Blutdruck von 8 kPa (60 mmHg) an den Kapillaren des Glomerulus erforderlich. Vom Herzen aus wird das Blut auf kurzem Weg und hohem Druck zur Niere geführt. Jeder Glomerulus erhält das Blut über eine relativ weitlumige Arteriole (Vas afferens), während das abführende Blutgefäß relativ englumig ist (Vas efferens), so dass ein Staudruck für das Abpressen von Flüssigkeit entsteht. Die Niere ist eines der am besten durchbluteten Organe des Körpers (25% des Herzminutenvolumens). Beim Menschen beträgt

**Tabelle 8.3.** Abhängigkeit der Nierengröße und Nierenfunktionen von der Körpermasse ($M_b$ (kg)) bei Säugetieren (nach Beuchat 1996)

| | |
|---|---|
| Nierenmasse (N; g) | $N = M_b^{0,88}$ |
| Glomeruläre Filtrationsrate (GFR; ml/h) | $GFR = 1,24\ M_b^{0,765}$ |
| Höhe des Nierenmarks (NM; mm) | $NM = 8,11\ M_b^{0,14}$ |
| Relative Höhe des Nierenmarks (RMT)* | $RMT = 5,32\ M_b^{-0,11}$ |
| Maximale Osmolalität des Urins ($U_{osm}$; mOsm $kg^{-1}$) | $U_{osm} = 2667\ M_b^{-0,09}$ |

* RMT (*relative medullary thickness*) = $NM/(H \cdot T \cdot B)^{0,33}$, dabei ist NM die Höhe des Marks von der Cortex/Mark-Grenze bis zur Spitze der Nierenpapille; H, T und B sind die Höhe, Tiefe und Breite der Niere

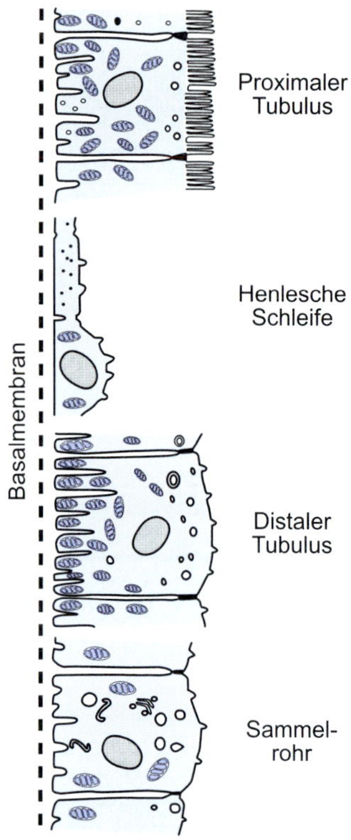


**Abb. 8.24.** Morphologie der Epithelzellen in den verschiedenen Abschnitten des Nephrons (nach Guyton 1986)

der Blutfluss durch die Niere (Gewicht 300 g) 1,3 l $min^{-1}$ und liegt damit an der Spitze aller Gewebe des Körpers. Aus diesem Blutstrom werden pro Tag etwa 180 l Ultrafiltrat abgepresst. Das Volumen des menschlichen Blutplasmas beträgt etwa 3 l, was bedeutet, dass es 60-mal täglich filtriert wird (alle 24 min einmal filtriert); das gesamte extrazelluläre Flüssigkeitsvolumen des Menschen von 14 l wird danach immerhin 13-mal täglich vollständig filtriert. Die Filtrationsleistung der Säugetiere verändert sich mit dem Körpergewicht, und kleine Säugetiere filtrieren pro Einheit des Körpergewichts sogar noch mehr, entsprechend ihrer höheren Stoffwechselrate (Tabelle 8.3; s. Kap. 2.4.2 Energiehaushalt). Aus der hohen Filtrationsleistung folgt, dass die Körperflüssigkeiten zur Exkretion und Osmoregulation einer dauernden und intensiven renalen Kontrolle unterworfen sind, die auch kurzfristig Störungen des osmotischen Gleichgewichts kompensieren kann.

### Tubuläre Resorption

Von den abfiltrierten großen Flüssigkeitsmengen des Primärharns gelangt nur etwa 1% zur Exkretion, 99% der Flüssigkeit werden im Verlauf des Tubulus resorbiert. Glucose, Aminosäuren, Peptide, Salze und sonstige Bestandteile, die dem Körper erhalten bleiben sollen, werden nahezu vollständig resorbiert. Nur überschüssige Salze und Wasser sowie Exkretstoffe, für die kein Reabsorptionsmechanismus existiert, verbleiben im Urin und werden ausgeschieden. Die Epithelzellen des Tubulus haben alle ein hohe Transportkapazität für Ionen und Wasser durch cinen apikalen Bürstensaum oder ein basales (peritubuläres) Labyrinth, oder sie sind sehr dünn, so dass rascher Stofftransport über die Zellen möglich ist (Abb. 8.24).

Die Hauptarbeit der Resorption leistet der proximale Tubulus, der auch den längsten Abschnitt des gesamten Nephrons ausmacht. In ihm werden Glucose, Aminosäuren und kleine Peptide quantitativ aus dem Ultrafiltrat entfernt und ca. 85% des abfiltrierten Wassers und der Salze wieder zurückgewonnen (obligate Reabsorption). Die Zellen des Tubulusepithels besitzen apikal und basolateral eine Fülle von Transportmechanismen (Abb. 8.25). Außerdem ist die apikale Oberfläche durch einen Bürstensaum (Microvilli) stark vergrößert, so dass eine große Arbeitsfläche für die Aufnahme von Stoffen aus dem Nephron bereitsteht. Antriebsmotor des

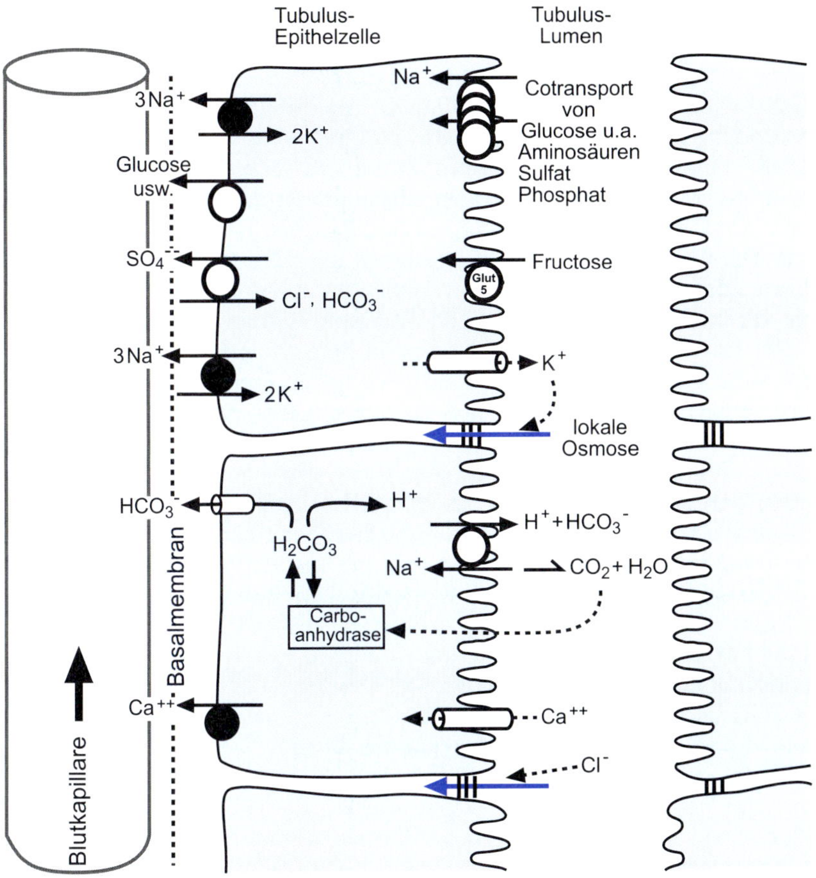


**Abb. 8.25.** Transportmechanismen in den Epithelzellen des proximalen Tubulus. Der proximale Tubulus resorbiert den größten Teil der im Primärharn enthaltenen Nährstoffe und Ionen. Sie werden meist im Kotransport mit $Na^+$ an der apikalen Seite in die Epithelzelle aufgenommen und durch spezifische Transporter an der basolateralen Seite abgegeben. $Na^+$ wird zusätzlich durch einen Antiport von $H^+$ resorbiert. Diese Transportvorgänge werden durch den $Na^+/K^+$-Gradienten über die Plasmamembran angetrieben, der von der basolateralen $Na^+/K^+$-ATPase hergestellt wird. Wasser folgt dem Ionentransport über die Epithelzellen und vor allem die Schlussleisten (lokale Osmose)

Transports ist die **basolaterale $Na^+/K^+$-ATPase**, die für eine niedrige intrazelluläre $Na^+$-Konzentration in den Epithelzellen sorgt. $Na^+$ möchte aus dem Tubuluslumen in die Zellen diffundieren, kann dies aber nur über die zahlreichen **Cotransporter in der apikalen Membran**, die $Na^+$ gemeinsam mit Glucose, Aminosäuren und anderen Substanzen über die Plasmamembran befördern. Dieser Cotransport ist selbst nicht aktiv, benötigt kein ATP, hängt aber vom aktiven Transport der $Na^+/K^+$-ATPase ab und wird deshalb als **sekundär aktiver Transport** bezeichnet. Die aufgenommenen organischen Moleküle und Ionen werden über die basolaterale Membran der Epithelzellen mit spezifischen Transportern exportiert und gelangen ins Blut. Die Tubuli sind mit einem dichten **Kapillarnetz** umgeben, das den Überstand der glomerulären Filtration enthält, also Blut mit sehr niedrigem hydrostatischem aber hohem kolloidosmotischem Druck, das die reabsorbierten Substanzen bereitwillig wieder aufnimmt und in den normalen Kreislauf zurückführt.

Neben diesem Hauptweg der Reabsorption von erhaltenswerten Bestandteilen des Ultrafiltrats existieren wichtige Mechanismen zur Resorption von zweiwertigen Ionen wie $Ca^+$, die ebenfalls durch aktiven Transport über die basolaterale Membran angetrieben werden. Da überwiegend positiv geladene Ionen aktiv resorbiert werden, ist der peritubuläre Raum positiv gegenüber dem Lumen. $Cl^-$ und andere Anionen folgen dem Ladungsgradienten und werden auf diese Weise passiv reabsorbiert.

Bei der Ultrafiltratbildung gelangen große Mengen Bikarbonat in das Tubuluslumen. Für

$HCO_3^-$ gibt es in der apikalen Membran keine Transportsysteme, so dass ein großer Verlust an Bikarbonat und damit eine Störung des pH-Wertes drohen könnte. Dieser Gefahr wird jedoch durch einen apikalen $Na^+/H^+$-Antiport begegnet, der im Austausch gegen $Na^+$ große Mengen $H^+$ ins Tubuluslumen transportiert. Diese reagieren mit Bicarbonat-Ionen zu Wasser und Kohlendioxid. Kohlendioxid verlässt das Tubuluslumen, da es über die Plasmamembran diffundieren kann. Es kann auf diesem Wege direkt ins Blut gelangen und wird abtransportiert oder in den Zellen des Tubulusepithels durch eine Carboanhydrase wieder in Kohlensäure umgewandelt. Diese liefert $H^+$ für den Betrieb des $Na^+/H^+$-Antiport, und Bikarbonat kann über einen Anionenaustauscher ans Blut abgegeben werden.

Der aktive Transport von Substanzen über das Tubulusepithel schafft eine hohe Osmolarität im peritubulären Raum, während gleichzeitig die Osmolarität der Tubulusflüssigkeit sinkt. Dieser osmotische Gradient verursacht einen passiven Ausstrom von Wasser aus dem Tubuluslumen in den peritubulären Raum. Das Wasser wird also nie aktiv resorbiert, sondern folgt dem durch aktiven Transport von gelösten Substanzen erzeugten Gradienten. Im peritubulären Raum wird die resorbierte Flüssigkeit von Blutkapillaren wieder aufgenommen und in den Körperkreislauf zurückgeführt. Die Blutkapillaren enthalten das bei der Ultrafiltration übriggebliebene Blut mit niedrigem hydrostatischem, aber konstant hohem kolloidosmotischem Druck, das eine große Neigung hat, osmotisch Flüssigkeit aufzunehmen. Der parazelluläre Transport wird noch dadurch erleichtert, dass die Zellen des Tubulusepithels nur über kurze Strecken miteinander verbunden (Schlussleiste) und an der Basalseite tief gefurcht (basales Labyrinth) sind, so dass der über die ganze Zelle aufgebaute Gradient über die kurzen Strecken zwischen dem Tubuluslumen und dem basalen Labyrinth wirksam wird. Er verursacht eine heftige lokale Osmose, bei der auch im Wasser gelöste Bestandteil mitgerissen werden. Obwohl $Na^+$ das am besten aktiv transportierte Ion ist, lassen Schätzungen vermuten, dass knapp die Hälfte allen $Na^+$ durch lokale Osmose resorbiert wird. Der aktive Transport im Tubulusepithel dient also nicht nur der gezielten Resorption von erhaltenswerten Bestandteilen des Ultrafiltrats, sondern auch dazu, einen Konzentrationsgradienten aufzubauen, der Resorption durch lokale Osmose erlaubt.

Obwohl die Urinbildung auf einer Filtration des Blutplasmas beruht, werden zusätzlich einige Substanzen aktiv in das Tubuluslumen sezerniert. Im vorigen Abschnitt ist dies bereits für $H^+$ geschildert worden, daneben ist auch eine geringfügige Sekretion von $K^+$, $NH_3$ und organischen Säuren nachweisbar. Besonders auffallend ist die Sekretion von Paraaminohippursäure, einigen Drogen und Arzneimitteln wie z. B. Penicillin. Die selektive Sezernierung von Fremdstoffen beruht darauf , dass sie in der Leber mit z. B. Gluconsäure konjugiert werden und dann in der Niere mit den wenigen Transportsystemen für organische Säuren in das Tubuluslumen geschafft werden. Aus der Tubulusflüssigkeit können sie nicht mehr entkommen, da sie für Diffusion zu polar sind und keine spezifischen Pumpen zu ihrer Reabsorption existieren. Deshalb werden sie entlang des Tubulus allmählich konzentriert und ausgeschieden.

#### Konzentrierung des Urins

Die Nephrone der Säugetiere und einige Nephrone der Vögel besitzen die Fähigkeit, den Urin sowohl zu verdünnen als auch zu konzentrieren. Beim Menschen kann die Osmolarität des Urins um das 25fache verändert werden, von etwa 60 bis 1500 mOsm. Die Osmolarität des Blutplasmas beträgt 300 mOsm, so dass der erste Wert stark hypoosmotisch gegenüber dem Blutplasma (ca. 1/5) und der zweite stark hyperosmotisch mit einer 5fachen Konzentration gegenüber dem Blutplasma. Dank dieser Leistung ist es dem Menschen möglich, den Wassergehalt des Körpers, insbesondere das Blutvolumen, konstant zu halten bei einer täglichen Wasseraufnahme von minimal 1 l bis maximal 8 l. Andere Säugetiere können ihren Urin noch stärker konzentrieren, vor allem Kleinsäuger, die in semiariden und ariden Gebieten leben (Tabelle 8.4). Die höchsten Werte mit einer Konzentrierung des Urins auf 9370 mOsm $kg^{-1}$, also 30fach gegenüber dem Blutplasma, werden von der australischen Springmaus *Notomys alexis* erreicht. Säugetiere, die nie an Wassermangel leiden wie z. B. Biber können ihren Urin nur wenig konzentrieren (537 mOsm $l^{-1}$).

**Tabelle 8.4.** Fähigkeit zur Konzentrierung des Urins und Höhe des Nierenmarks bei verschiedenen Säugetieren. Von den durch Fettdruck hervorgehobenen Nagetieren ist bekannt, dass sie im Labor ohne Trinken, also nur bei Ernährung mit trockenem Futter überleben können (Zahlen aus Beuchat 1990)

| | Körpermasse (g) | Höhe des Nierenmarks (mm) | Relative Höhe des Nierenmarks, RMT | Osmolalität (mOsm $kg^{-1}$) |
|---|---|---|---|---|
| Rodentia | | | | |
| ***Notomys alexis*** | **29** | **5,2** | **7,9** | **9370** |
| *Mus musculus* | 30 | 4,9 | 8,0 | 7000 |
| *Acomys cahirinus* | 33 | 6,4 | 9,4 | 6039 |
| ***Jaculus jaculus*** | **60** | **7,4** | **9,3** | **6500** |
| *Mesocricetus auratus* | 105 | 8,7 | 8,0 | 5340 |
| ***Psammomys obesus*** | **150** | **13,9** | **10,9** | **6340** |
| *Spermophilus lateralis* | 212 | 5,5 | 5,44 | 2425 |
| *Chinchilla laniger* | 475 | 8,7 | 9,6 | 7599 |
| *Aplodontia rufa* | 785 | 5,0 | 2,9 | 820 |
| *Castor canadensis* | 25 000 | 17,7 | 1,3 | 537 |
| Andere | | | | |
| *Eptesicus fuscus* | 13 | 4,3 | 9,3 | 3675 |
| *Erinaceus europaeus* | 637 | 8,1 | 7,0 | 3062 |
| *Fennecus zerda* | 1200 | 9,8 | 5,35 | 4022 |
| *Felis domesticus* | 5000 | 14,0 | 4,8 | 3250 |
| *Canis domesticus* | 15 000 | 17,0 | 4,3 | 2087 |
| *Sus scrofa* | 20 000 | 14 | 1,6 | 1075 |
| *Bos taurus* | 225 000 | 19 | 1,6 | 1160 |
| *Equus asinus* | 150 000 | 40 | 3,6 | 1545 |
| *Galago senegalensis* | 180 | 6,5 | 6,5 | 2020 |
| *Macaca mulatta* | 3000 | 7,0 | 3,1 | 1607 |
| *Homo sapiens* | 70 000 | 19,0 | 3,0 | 1430 |

Für die Konzentrierung des Urins ist in erster Linie die **Henlesche Schleife** verantwortlich, eine haarnadelförmige Schleife des Tubulus, die sich von der Rinde bis ins Nierenmark erstreckt. Sie liefert zwar nicht den konzentrierten Endurin, schafft aber die Voraussetzungen für den Aufbau einer hohen Osmolalität im Nierenmark. Je länger die Henleschen Schleifen sind, desto höher wird der Anteil des Nierenmarks an der gesamten Niere und desto höhere Osmolalitäten können erreicht werden (Tabelle 8.3). Die relative Höhe des Nierenmarks nimmt bei kleinen Säugetieren zu und ist bei den Bewohnern arider Lebensräume besonders hoch. Spitzenwerte werden vor allem von ariden Kleinsäugern erreicht, die auch ohne die Aufnahme von freiem Wasser mit trockenem Futter alkine leben können und einen extrem konzentrierten Urin bilden, so dass sie nur sehr wenig Wasser zur Exkretion benötigen (Tabelle 8.4).

Die Tubuli der Henleschen Schleife sind noch englumiger als andere Bereiche des Nephrons (Abb. 8.22). Deshalb verursacht ein Ionentransport über das Epithel besonders starke Veränderungen der Osmolarität des Tubulusinhalts. Der Antriebsmotor für den Aufbau der hohen Osmolarität sitzt im **aufsteigenden dicken Schenkel** der Henleschen Schleife (Abb. 8.26). Dessen Epithelzellen transportieren NaCl aus der Tubulusflüssigkeit in den peritubulären Raum. Verantwortlich dafür ist die basolaterale $Na^+/K^+$-ATPase, die unter Verbrauch von ATP $Na^+$ aus den Epithelzellen exportiert. Aus der Tubulusflüssigkeit wird über einen apikalen $Na^+/K^+/Cl^-$-Cotransporter ständig $Na^+$ nachgeliefert. $Cl^-$ folgt dem durch den $Na^+$-Transport erzeugten Ladungsgradienten und diffundiert über Kanäle in den peritubulären Raum.

Eine besondere Eigenschaft des aufsteigenden dicken Schenkels der Henleschen Schleife ist seine **Impermeabilität für Wasser** und die meisten

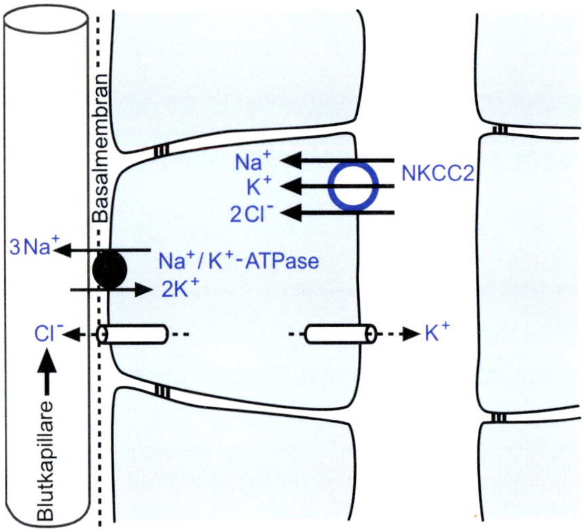


**Abb. 8.26.** $Na^+$-Export der Epithelzellen des aufsteigenden, dicken Schenkels der Henleschen Schleife durch die basolaterale $Na^+/K^+$-ATPase und den Natrium-Kalium-Chlorid-Cotransporter (NKCC2) der apikalen Seite. Das Epithel ist wasserdicht, so dass es zu keinem osmotisch bedingten Nachstrom an Wasser kommt

Ionen. Dadurch wird ein osmotischer Ausgleich des $Na^+$-Exports verhindert, und es steigt die $NaCl^-$-Konzentration im peritubulären Raum. Der eng benachbart liegende **absteigende Schenkel** der Henleschen Schleife ist jedoch wasserdurchlässig, so dass statt dessen ihm Wasser entzogen wird. Dadurch steigt die Osmolalität des Urins im absteigenden Schenkel bis zur Spitze der Henleschen Schleife an. Es handelt sich um eine **Gegenstrom-Konzentrierung**, und je länger die Henlesche Schleife ist, desto höhere Osmolalitäten können an der Spitze der Henleschen Schleife erreicht werden (Abb. 8.27 links). Der erste Abschnitt des aufsteigenden, dünnen Schenkels der Henleschen Schleife ist wasserdicht, aber durchlässig für NaCl, so dass NaCl beim Aufstieg entsprechend seinem Konzentrationsgradienten aus dem Urin in das Interstitium diffundieren kann. Durch dieses Prinzip einer **Salzfalle** wird NaCl am Wendepunkt der Henleschen Schleife zusätzlich angereichert.

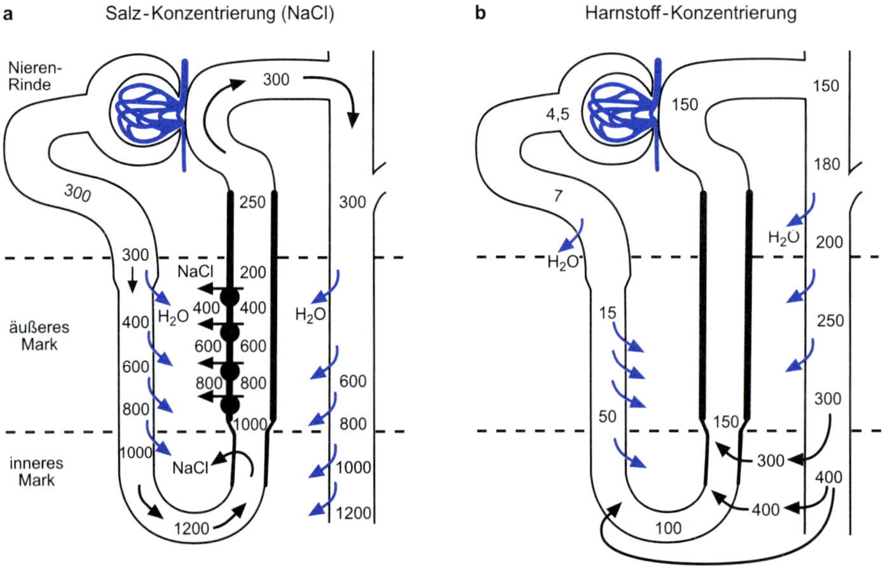


**Abb. 8.27 a, b.** Konzentrierung des Urins in der Säugetierniere. **a** Salzkonzentrierung. Aktiver Transport von NaCl aus dem aufsteigenden Schenkel der Henleschen Schleife verursacht einen Anstieg der Osmolarität im peritubulären Raum und einen Wasserentzug im absteigenden Schenkel der Henleschen Schleife. Durch Gegenstrom steigt die Osmolarität bis zur Spitze der Henleschen Schleife an. **b** Harnstoff-Konzentrierung. Die hohe Salzkonzentration an der Spitze der Henleschen Schleife wird durch eine selektive Harnstoff-Permeabilität im unteren Teil des Sammelrohrs verstärkt. Die Zahlenangaben entsprechen der osmotischen Konzentration (mOsm) des NaCl (dissoziiert in $Na^+$ und $Cl^-$) und des Harnstoffs in der menschlichen Niere

Im Verlauf des aufsteigenden dicken Schenkels geht (durch aktiven NaCl-Export) die Osmolalität des Urins wieder auf Normalwerte zurück. Er verlässt die Henlesche Schleife annähernd isotonisch oder in leicht hypotonischem Zustand. Im **distalen Tubulus** wird durch aktiven Austransport von Ionen und osmotischen Wasserentzug das Urinvolumen weiter verringert, ähnlich wie im proximalen Tubulus. Vereinfacht ausgedrückt, werden jetzt die Ionen entfernt, die für die Konzentrierungsarbeit in der Henleschen Schleife notwendig waren. Das anschließende **Sammelrohr** führt den Urin entlang der Henleschen Schleifen zum Ort höchster Konzentration durch das Nierenmark. Die Sammelrohrwand ist wasserdurchlässig und somit wird dem Urin im Verlauf des Passage des Sammelrohrs Wasser entzogen. Seine Osmolalität kann maximal bis auf Werte ansteigen, die der Osmolalität an der Spitze der Henleschen Schleife entsprechen.

Die Konzentrierung des Urins wird durch eine zweite Komponente unterstützt, den **intrarenalen Harnstoff-Kreislauf**, der ebenfalls auf einer Zusammenarbeit von Henlescher Schleife und Sammelrohr beruht (Abb. 8.27 unten). Harnstoff ist sowohl wasser- als auch lipidlöslich und kann deshalb über das Tubulusepithel diffundieren. Da keine spezifischen Mechanismen zur Reabsorption von Harnstoff bestehen, nimmt seine Konzentration im Verlauf des proximalen Tubulus, vor allem im absteigenden Teil der Henleschen Schleife, ganz allmählich zu (Abb. 8.28). Der obere Teil des Sammelrohrs ist nicht harnstoffdurchlässig, so dass die Harnstoffkonzentration im Lumen des Sammelrohrs bei Wasserentzug ansteigt. Der marknahe Teil des Sammelrohrs dagegen ist wieder harnstoffdurchlässig, so dass der nun höher konzentrierte Harnstoff ins Interstitium diffundiert und die Osmolalität der Interstitialflüssigkeit an der Spitze der Henleschen Schleife um eine Harnstoffkomponente bereichert. Er wird dort vom Urin aufgenommen und wieder in Richtung Sammelrohr transportiert. Dadurch entsteht ein Kreislauf an Harnstoff über die Henlesche Schleife und das Sammelrohr, der den Harnstoff an der Spitze der Henleschen Schleife konzentriert. Die Salzfalle der Henleschen Schleife wird also durch eine zusätzliche Harnstoff-Falle zwischen Sammelrohr und Henlescher Schleife ergänzt. Beide Komponenten bauen gemeinsam die hohe Osmolarität im inneren Nierenmark auf (Abb. 8.21).

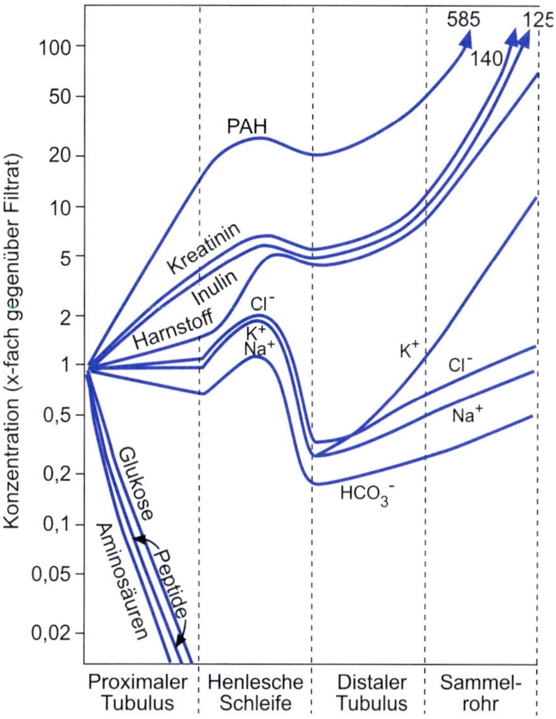


**Abb. 8.28.** Veränderungen der Konzentration von Metaboliten, Ionen und harnpflichtigen Substanzen im Urin während der Passage der verschiedenen Abschnitte des Nephrons (nach Guyton 1986)

## 8.7.6 Regelung der Nierenfunktion

Die Niere kann ihre Aufgabe nur dann erfüllen, wenn sie Filtration und Resorption immer den akuten osmotischen Belastungen des Körpers anpasst. Dazu können im Prinzip drei Wege beschritten werden:

- Die glomeruläre Filtration wird gesteigert oder vermindert.
- Die tubuläre Resorption wird modifiziert, um bestimmte Substanzen zurückzuhalten oder auszuscheiden.
- Der Urin wird hypo- oder hyperosmotisch ausgeschieden, um den Wassergehalt des Körpers zu regulieren.

Die glomeruläre Filtrationsrate ist der erste leistungsbestimmende Schritt dieser Kontrolle, da alle nachfolgenden Regelungen vom Filtrationsvolumen abhängen. Eine kurze Überlegung zeigt jedoch, dass die glomeruläre Filtrationsrate immer konstant gehalten werden muss und deshalb nur bedingt zur Regelung geeignet ist. Bei einer sehr niedrigen Filtrationsrate wäre der Fluss durch die Tubuli so langsam, dass wahrscheinlich schon im proximalen Tubulus alles wieder resorbiert würde, d.h. eine Konzentrierung des Urins wäre nicht möglich und Endprodukte könnten nicht ausgeschieden werden. In der gegenteiligen Situation, bei sehr hoher Filtrationsrate, reicht die Kapazität der tubulären Resorption nicht aus und Nährstoffe, Salze und Wasser würden im Übermaß mit dem Urin ausgeschieden. Dies bedeutet, dass die Durchblutung und Filtration des Glomerulus durch aufwendige Mechanismen konstant gehalten werden muss, auch wenn der Blutdruck bei Arbeit und Ruhe schwankt.

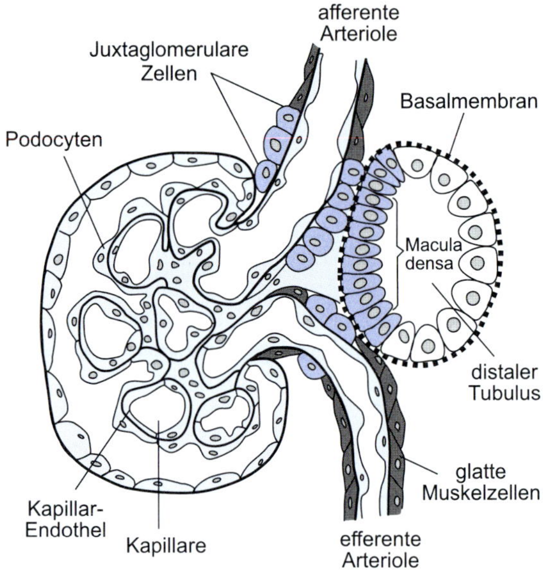


**Abb. 8.29.** Aufbau des juxtaglomerulären Apparates (nach Guyton 1986)

## Renin-Angiotension-System

Für die Kontrolle der Filtration ist in erster Linie das **Renin-Angiotension-System** verantwortlich. Die zu- und abführenden Arteriolen des Glomerulus (Vas afferens, V. efferens) enthalten direkt an der Einmündung in das Nierenkörperchen sekretorische Zellen, den sogenannten juxtaglomerulären Apparat (Abb. 8.29). Diese wiederum stehen in engem Kontakt mit dem distalen Tubulus, der an der Kontaktstelle besondere Zellen besitzt, die Macula densa, mit denen er die NaCl-Konzentration im distalen Tubulus überwacht. Sinkt die Filtrationsrate z.B. durch zu geringen Blutdruck, so würde der $NaCl^-$-Gehalt im distalen Tubulus niedriger werden. Dieses Signal setzt Renin aus den sekretorischen Zellen des Vas afferens frei. **Renin** ist eine Peptidase, die aus einem im Blut zirkulierenden Protein (Angiotensinogen) ein Dekapeptid abspaltet, das **Angiotensin I.** Eine weitere Peptidase (*Angiotensin Converting Enzyme*, ACE) entfernt ein Dipeptid, so dass ein Oktapeptid, das **Angiotensin II,** entsteht. Dieses Hormon ist eine der wirksamsten Substanzen zur Vasokonstriktion und Steigerung des Blutdrucks. Es wirkt vor allem auf die glatte Muskulatur der abführenden Arteriole ($AT_1$-Rezeptor in der Plasmamembran der Muskelzellen, G-Protein gekoppelt) und erhöht dadurch den Staudruck in den Glomeruluskapillaren, so dass mehr Ultrafiltrat im Glomerulus abgepresst wird. Die ursprünglich zu geringe Filtrationsrate wird damit ausgeglichen.

Angiotensinogen
Renin → ↓
Angiotensin I (Asp-Arg-Val-Tyr-Ile-His-Pro-Phe-*His-Leu*)
ACE → ↓
Angiotensin II (Asp-Arg-Val-Tyr-Ile-His-Pro-Phe)
↓
Vasokonstriktion

## Aldosteron

Angiotensin II regt außerdem die Synthese und Freisetzung des Steroidhormons **Aldosteron** aus der Nebennierenrinde an. Dieses Mineralocorticoid steigert die $Na^+$- und $Cl^-$-Reabsorption im proximalen und distalen Tubulus; als Folge dessen mehr Wasser zurückgehalten wird. Zusätzlich steigert Aldosteron die Ausscheidung von $K^+$, $H^+$ und $NH^{4+}$, so dass der $K^+$-Gehalt des Plasmas sinken kann. Aldosteron wirkt, wie auch andere Steroidhormone, über intrazelluläre

Hormonrezeptoren. Der Hormon-Rezeptor-Komplex gelangt nach entsprechender Aktivierung in den Zellkern und beeinflusst dort die Expression spezifischer Gene. Im Tubulusepithel führt dies zur verstärkten Expression des apikalen $Na^+$-Kanals, der $Na^+/K^+$-ATPase (Abb. 8.25) und einiger Enzyme des Citratzyklus. Diese Maßnahmen steigern die ATP-Produktion und erhöhen die Kapazität der Tubuluszellen zur $Na^+$-Reabsorption. Aldosteron hat deshalb eine zentrale Bedeutung für den Salzhaushalt des Körpers. Bei Störungen oder Entfernung der Nebennierenrinde muss Aldosteron als wichtigstes Steroidhormon substituiert werden, wenn die Tiere am Leben erhalten werden sollen.

### Adiuretin

Die Osmolarität des ausgeschiedenen Urins wird in erster Linie durch das Hormon **Adiuretin** (Vasopressin, antidiuretisches Hormon, ADH) kontrolliert. Adiuretin wird in den Neuronen der paraventriculären Kerne des Hypothalamus produziert, und in deren neurosekretorischen Terminalen im Hypophysenhinterlappen (Neurohypophyse) gespeichert. Es ist ein Peptid aus 9 Aminosäuren, dessen Cysteine in den Positionen 1 und 6 eine Disulfidbrücke bilden. Wenn die Osmorezeptoren des Zentralnervensystems eine hohe Plasmaosmolarität feststellen, so wird mehr Adiuretin aus dem Hypophysenhinterlappen sekretiert. Bereits bei Zunahme der Osmolarität um 2% kann eine Adiuretin-Ausschüttung beobachtet werden. Vasopressin erhöht zum einen den Blutdruck durch periphere Vasokonstriktion. Zum anderen erhöht es die Anzahl der Wasserkanäle in der apikalen Membran des Sammelrohrs. Ein Teil dieser Aquaporine ist in funktionslosem Zustand in intrazellulären Vesikeln gespeichert. Adiuretin ist in der Lage, diese zu aktivieren und in die apikale Membran zu verlagern. Dies erhöht die Wasserdurchlässigkeit der Sammelrohrwand. Dadurch wird mehr Wasser aus dem Sammelrohr im Nierenmark resorbiert, es bleibt dem Körper erhalten; statt dessen wird ein konzentrierter Urin ausgeschieden.

Bei der gegenteiligen Situation, einer zu geringen Osmolarität der Körperflüssigkeiten (zu viel Wasser) kommt die Adiuretin-Ausschüttung zum Erliegen, die Sammelrohrwand verringert ihre Wasserdurchlässigkeit und es wird ein hypoosmotischer Urin ausgeschieden. Adiuretin reagiert relativ rasch und direkt auf die Osmolarität der Körperflüssigkeit und kann innerhalb von 30 min die Wasserabgabe über den Urin drosseln oder um ein Mehrfaches steigern. Die Ausschüttung von Adiuretin kann auch durch die direkte Wirkung von anderen Substanzen am Hypophysenhinterlappen direkt beeinflusst werden. Dazu gehören Acetylcholin, Nicotin und Morphin, die Vasopressin freisetzen und damit antidiuretisch wirken, während Adrenalin und Äthanol die Freisetzung von Adiuretin hemmen und zu einer Diurese führen.

### Natriuretische Peptide

Aldosteron und Adiuretin sind im Grunde Hormone zur Elektrolyt- und Wassereinsparung, eine Funktion, die vor allem für die Osmoregulation terrestrischer Wirbeltiere wichtig ist. Es ist zu erwarten, dass aquatisch lebende Wirbeltiere ihre osmoregulatorischen Probleme allein damit nicht lösen können, sondern eine direkte Kontrolle der Natrium- und Wasserausscheidung benötigen. Erst vor einigen Jahren sind natriuretisch wirkende Peptide in myoendokrinen Zellen des Atriums entdeckt worden. Man gab ihnen deshalb den Namen **natriuretisches Atriopeptid** (Atriopeptin, Auriculum, *atrial natriuretic peptide*, ANP). In der Zwischenzeit sind natriuretische Peptide auch im Ventrikel (VNP) und Gehirn (BNP) gefunden worden. Vergleichende Untersuchungen natriuretischer Peptide bei verschiedenen Wirbeltieren lassen vermuten, dass die ursprüngliche Form ein $Na^+$-regulierendes Hormon von Fischen ist (Evans 2000, Cogan 2000, Takei 2001). Bei Säugetieren wird ein Prä-pro-ANP synthetisiert, das aus 151 Aminsäuren besteht und aus dem etwa 10 Peptide unterschiedlicher Länge (20–35 Aminosäuren) proteolytisch abgespalten werden können, die alle eine biologische Aktivität besitzen. Rezeptoren für ANP sind in einigen Geweben nachgewiesen worden, in der Muskulatur von Blutgefäßen, in der Niere, in Endothelzellen, Tubuluszellen, der Nebennierenrinde, aber auch im Zentralnervensystem. ANP aktiviert in Gefäßmuskelzellen die membrangebundene Guanylatcyclase, wodurch der intrazelluläre cGMP-Spiegel steigt, und die Muskulatur erschlafft.

Der auslösende Reiz für die ANP-Sekretion ist eine übermäßige Dehnung und ein Druckanstieg im Vorhof, wie er nach der Aufnahme großer Flüssigkeitsvolumina oder bei Kochsalzbelastung (Wasserretention) entstehen kann. Die wichtigste Wirkung der ANPs besteht in einer Entspannung der glatten Muskulatur der Blutgefäße, so dass es zu einer Senkung des Blutdrucks kommt. Nach Infusion von synthetischem ANP sinkt der arterielle Blutdruck von Hunden von 18 auf 16,3 kPa (135 auf 122 mmHg). Auch die renalen Arteriolen dilatieren, so dass die Filtrationsrate steigt (beim Hund von 25,5 auf 32,3 ml $min^{-1}$) und vermehrt Salz und Wasser ausgeschieden werden. Zusätzlich wirkt ANP direkt auf die Tubulusepithelien und hemmt deren $Na^+$-Reabsorption. Gleichzeitig unterbindet es die Freisetzung von Renin aus dem juxtaglomerulären Apparat und von Aldosteron in der Nebenniere. ANP erweist sich damit als Gegenspieler des Aldosteron und des Adiuretin. Dieses antagonistische Wechselspiel ist Grundlage der Osmo- und Volumenregulation von Wirbeltieren.

## 8.8 Strategien der Osmoregulation

### 8.8.1 Invertebraten

Die Körperflüssigkeit der meisten marinen Invertebraten, z.B. der Schwämme, Hohltiere und Muscheln, ist isoosmotisch mit dem umgebenden Seewasser. Lediglich die Zusammensetzung der gelösten Ionen wird im Körper geringfügig geändert. Sie unternehmen keine Anstrengung, sich ein vollständig anderes inneres Milieu aufzubauen; sie gehen mit der Umgebung konform und werden deshalb als **Osmokonformer** bezeichnet. Dieses Verhalten ist bei der Miesmuschel recht gut untersucht. Bei Schwankungen der Osmolarität des Meerwassers zwischen 300 und 1300 mOsm verändert sie parallel die Osmolarität ihrer Körperflüssigkeit (Abb. 8.30).

Die meisten Crustaceen halten die Osmolarität ihrer Körperflüssigkeit konstant und werden deshalb als **Osmoregulierer** bezeichnet. Diese Leistung wird nicht von allen Krebsen im gleichen Umfang erbracht. Krabben regulieren ihre Osmolarität meist nur teilweise gegenüber kleinen Schwankungen der Osmolarität im Außenmedium und werden deshalb als **partielle Osmoregulierer** bezeichnet, während das Salinenkrebschen als perfekter Osmoregulierer auch bei hoher Os-

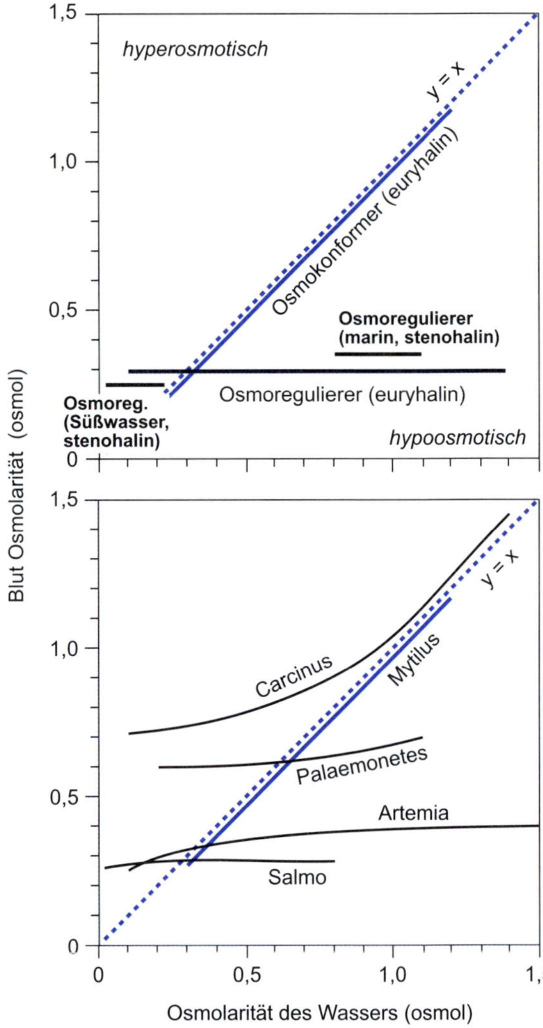


**Abb. 8.30.** Schematische Darstellung der osmoregulatorischen Strategien von aquatisch lebenden Tieren (*links*). Beispiele zur osmoregulatorischen Leistung einiger mariner Tiere (*rechts*): *Carcinus* (Strandkrabbe), *Mytilus* (Miesmuschel), *Palaemonetes* (Garnele), *Artemia* (Salinenkrebs), *Salmo* (Lachs) (nach Hill u. Wyse 1989)

molarität des Außenmediums seine Körperflüssigkeit stets auf etwa 300 mOsm konstant hält. Da die Osmolalität seiner Körperflüssigkeit stets niedriger als die des umgebenden Mediums ist, wird es als ein **hypoosmotischer Regulierer** bezeichnet. Es muss deshalb über die Körperoberfläche eindringende Ionen bzw. den damit verbundenen Wasserentzug stets durch aktiven Ionentransport ausgleichen. Ein **hyperosmotischer Regulierer** wie die Krabbe hat das gegenteilige Problem: Sie muss Salze aus der Umgebung zusätzlich aufnehmen (bzw. einen verdünnten Urin ausscheiden), um die Osmolalität ihrer Körperflüssigkeit hoch zu halten.

Für diesen aktiven Ionentransport ist Energie notwendig. Aus dem Ionentransport über die Froschhaut wurde berechnet, dass für den Transport von 17 mol NaCl ein Energieaufwand erforderlich ist, der dem Verbrauch von 1 mol Sauerstoff entspricht. Osmoregulierer müssen also einen erheblichen Teil ihres Energieaufwandes ausschließlich für die Aufrechterhaltung der Osmolarität ihrer Körperflüssigkeiten einsetzen, gleichgültig ob sie dabei hypoosmotisch oder hyperosmotisch regulieren.

Die Bewohner des offenen Meeres leben meist in einer osmotisch konstanten Umgebung. Sie sind **stenohalin** und besitzen meist keine leistungsfähigen Regulationsmechanismen, um auf Veränderungen in der Osmolarität des Wassers zu reagieren. Im Küstenbereich lebende Organismen sind starken schwankenden Osmolaritäten des Wassers ausgesetzt. Sie sind **euryhalin** und können Veränderungen der Osmolarität verkraften. Dies kann entweder nach der Strategie eines Osmokonformers geschehen, der eine gewisse Schwankung seines inneren Milieus in Kauf nimmt und trotzdem den Zellstoffwechsel intakt hält, wie das z. B. für die Miesmuschel gilt (Abb. 8.30). Trotz ihrer großen euryhalinen Toleranz wird sich die Miesmuschel allerdings nicht ausschließlich osmokonform verhalten. Bei Störungen der Osmolarität des Wassers, oder wenn sie gar trocken fällt, kann sie ihre Schale schließen und intern osmotisch stabil bleiben. Weit größere osmotische Belastungen können jedoch Osmoregulierer verkraften. Ein gutes Beispiel dafür sind Krabben, die im Küstenbereich leben und sowohl brackiges Wasser als auch übersalzte Tümpel der Gezeitenzone bewohnen können (z. B. *Carcinus*, Abb. 8.30). Außerdem können sie sich auch, zumindest für kurze Zeit, außerhalb des Wassers aufhalten. Crustaceen benutzen ihre Kiemen für die Regulation des Salz- und Wasserhaushalts. Im Kiemenepithel liegen Zellen (**Chlorid-Zellen**), die Salze mit dem umgebenden Wasser austauschen können. Süßwasserkrebse sind stets hyperosmotisch, müssen also eine höhere Osmolarität im Körper aufrechterhalten als im umgebenden Wasser und nehmen deshalb mit den Kiemen durch aktiven Transport Salze auf. Garnelen (*Palaemonetes*, Abb. 8.30) können sowohl hyperosmotisch als auch hypoosmotisch regulieren und, je nach der Osmolarität des Wassers, nehmen sie über die Kiemen Salze auf oder geben sie an das umgebende Wasser ab.

## 8.8.2 Fische

Die Osmolalität der Körperflüssigkeiten von Knochenfischen (Teleostei) liegt zwischen 250 und 500 mOsm, unabhängig davon, ob sie im Süßwasser, Brackwasser oder Meerwasser leben. Süßwasser enthält nur Spuren von Salzen und hat deshalb nur eine Osmolarität von 10–40 mOsm, während das Meerwasser eine Osmolarität von 1000 mOsm hat. Im Süßwasser lebende Fische werden deshalb ständig osmotisch Wasser aufnehmen und Salze an die Umgebung verlieren, während Fische im wesentlich hyperosmotischen Meerwasser das Gegenteil erfahren, also ständig Wasser verlieren und Salze aufnehmen. Wegen des ständigen Wasserentzugs werden die osmotischen Probleme der marinen Fische häufig mit denen terrestrisch lebender Tiere verglichen. Allerdings trifft dieser Vergleich nur für das Wasserproblem zu, während die ständige Salzbelastung ein typisches Problem mariner Fische ist. Die Osmolarität der Körperflüssigkeit von marinen Teleostier ist zwar mit 300–500 mOsm häufig etwas höher als bei Süßwasserfischen (250–350 mosmol), aber dies reicht nicht aus, um die gegensätzlichen osmotischen Probleme zu lösen. Dass beide eine ähnliche Osmolarität besitzen, können wir auch beim Verzehr von Fischen beobachten, denn marine Fische schmecken nicht salziger als Süßwasserfische.

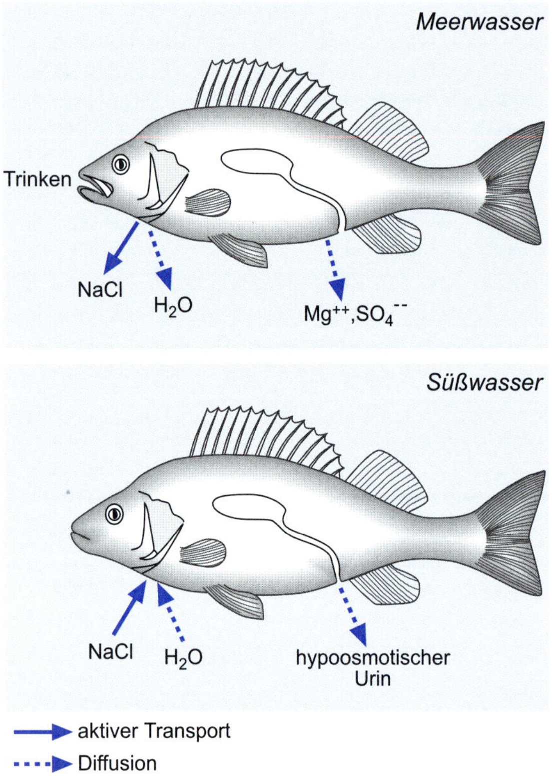


**Abb. 8.31.** Osmoregulation von Knochenfischen im Meerwasser und im Süßwasser

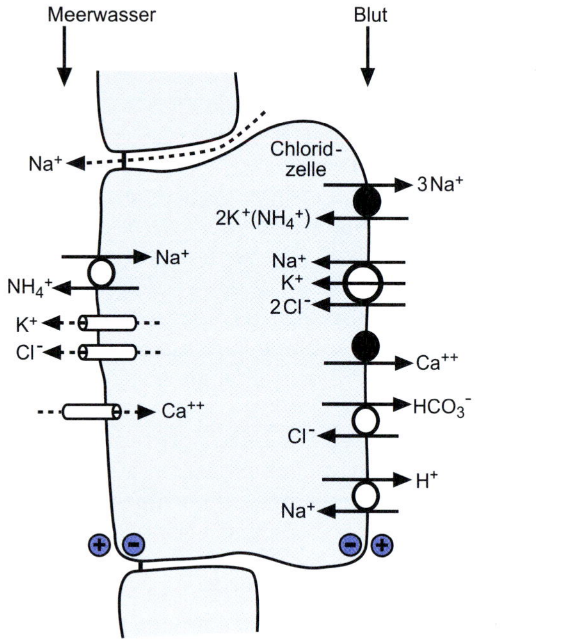


**Abb. 8.32.** Ionenexport durch Chloridzellen in den Kiemen von Meeresfischen (nach Marshall u. Bryson 1998)

Den ständigen Wasserverlust gleichen die Fische durch Trinken von Meerwasser aus (Abb. 8.31). Im Darm werden aus dem Meerwasser aktiv Salze, vor allem NaCl, resorbiert. Dem dabei entstehenden lokalen osmotischen Gradienten folgt Wasser über das Darmepithel passiv nach und wird ebenfalls aufgenommen. Von den **Chlorid-Zellen** der Kiemen wird das aufgenommene NaCl wieder ans Meerwasser abgegeben, und zwar in so hoher Rate, dass das Blut hypoosmotisch bleibt (Abb. 8.32). Antriebsmotor dieses Transports ist eine $Na^+/K^+$-ATPase, die extrazellulär eine hohe $Na^+$-Konzentration erzeugt. Dieser erleichtert den Import von $Cl^-$ in die Zelle über einen $Na^+/K^+/Cl^-$-Cotransporter. $Cl^-$ wird über Chloridkanäle ans Wasser abgegeben, während $Na^+$ über interzelluläre Kittstellen zum Konzentrations- und Ladungsausgleich folgt. Die im Meerwasser enthaltenen zweiwertigen Ionen, wie z.B. $Mg^{++}$ und $SO_4^-$, werden vom Darmepithel nur geringfügig resorbiert und zum größten Teil mit dem Kot ausgeschieden.

Süßwasserfische trinken nicht, sondern beschränken die Wasseraufnahme auf die bei der Nahrungsaufnahme unvermeidlichen Mengen (Abb. 8.31). Ihr Integument ist für Salze und Wasser meist weniger durchlässig ist als das der marinen Fische; trotzdem können sie einen Wassereinstrom und den Salzverlust über die Körperoberfläche nicht vollständig verhindern. Um die Osmolalität der Körperflüssigkeiten konstant zu halten, nehmen sie mit den Chlorid-Zellen aktiv Ionen aus dem umgebenden Wasser auf. Die Natriumaufnahme ist mit einer Abgabe an Ammoniak (bzw. Ammonium-Ionen) verbunden, so dass gleichzeitig Ammoniak entsorgt wird und es neben seiner Toxizität auch osmotisch nicht mehr wirksam ist. Die Nieren der Süßwasserfische besitzen keine Henleschen Schleifen und produzieren stets einen hypoosmotischen Urin (s. unten). Auf diesem Weg wird das über die Oberfläche aufgenommene Wasser wieder ausgeschieden. Im Zusammenspiel mit der Salzaufnahme über die Kiemen, können die Süßwasserfische so ihre Osmolarität über der des umgebenden Wassers konstant halten.

Marine Fische benutzen also denselben Mechanismus wie Süßwasserfische zur Osmoregulation, den Salztransport über die Kiemen, nur in der umgekehrten Richtung. Der Salztransport eignet sich deshalb sowohl zu hypotoner als auch hypertoner Osmoregulation. Viele Fischarten bewohnen Brackwasser und einige wenige wechseln während ihres Lebens sogar vollständig vom Süßwasser ins Meerwasser. Lachse wandern vom Meer in die Flüsse stromaufwärts zu ihren Laichplätzen (**anadrome Wanderung**), während Aale vom Süßwasser zur Fortpflanzung ins Meer wandern (**catadrome Wanderung**). Lachse halten im Meerwasser die Osmolalität ihres Blutes bei 400 mOsm und im Süßwasser bei 360 mOsm, d.h. sie können sowohl hypoosmotisch als auch hyperosmotisch regulieren. Sie erreichen dies, indem sie während der Wanderung vom Meer ins Süßwasser die Transportrichtung für NaCl in den Kiemen umkehren.

Die **Nieren** der Teleostier sind nur in beschränktem Umfang an der Osmoregulation beteiligt. Süßwasser-Teleostier bilden Urin durch glomeruläre Filtration und resorbieren im proximalen Tubulus die meisten Salze und Nährstoffe. Eine Henlesche Schleife fehlt, sie besitzen nur einen kurzen distalen Tubulus mit Sammelrohr. Das Epithel dieser beiden Abschnitte ist schlecht wasserdurchlässig, so dass die aktive Resorption von NaCl nicht osmotisch ausgeglichen werden kann. Damit scheiden sie einen stark hypoosmotischen Urin aus und gleichen den osmotischen Wassereinstrom über die Körperoberfläche und die Kiemen aus. Marine Teleostier haben das gegenteilige osmotische Problem, ihnen wird durch die hohe Osmolarität des Meerwassers ständig Wasser entzogen, das sie durch Trinken von Meerwasser und Salzausscheidung über die Kiemen ausgleichen. Wegen des dauernden Wasserverlusts über die Körperoberfläche müssen sie nur geringe Urinmengen bilden und haben häufig reduzierte Glomeruli, oder die Glomeruli fehlen vollständig. In Verbindung mit den Glomeruli wird meist auch der distale Tubulus reduziert, so dass die Osmolarität des Urins nicht modifiziert werden kann.

Einen völlig anderen Weg der Osmoregulation im Meerwasser beschreiten die **Elasmobranchier** (Haie, Rochen) und auch der **Quastenflosser** (*Latimeria chalumnae*). Sie halten ihre Körperflüssigkeit isotonisch mit dem umgebenden Meerwasser. Dies erreichen sie allerdings nicht durch einen höheren Salzgehalt der Körperflüssigkeit, sondern durch die Anhäufung von **Harnstoff** und, in geringem Umfang, Trimethylaminoxid im Blut, die beide gemeinsam etwa für die Hälfte des osmotischen Drucks der Körperflüssigkeit verantwortlich sind. Harnstoff ist ein Endprodukt des Protein- und Nucleinsäuren-Stoffwechsels, der von anderen Wirbeltieren rasch ausgeschieden, aber von den Elasmobranchiern für die Osmoregulation zurückgehalten wird. Die Herkunft von Trimethylaminoxid ist nicht ganz klar; möglicherweise wird es mit der Nahrung aufgenommen. Damit erreichen sie, dass der osmotische Ausstrom von Wasser, wie ihn alle marinen Teleostei erleiden, unterbleibt. Da der Gehalt ihres Blutes an Ionen wie $Na^+$ und $Cl^-$ etwa dem anderer Wirbeltiere entspricht und damit weniger konzentriert als im umgebenden Meerwasser vorliegt, wird trotzdem ein Salzeinstrom über die Körperoberfläche stattfinden. Dieses überschüssige NaCl wird von den Elasmobranchiern vorwiegend über eine Salzdrüse, die **Rectaldrüse**, aktiv ins Rectum transportiert und mit den Kot ausgeschieden.

### 8.8.3 Amphibien

Durch ihre amphibische Lebensweise sind Molche, Frösche und Lurche besonders extremen osmoregulatorischen Belastungen ausgesetzt. Die Jugendentwicklung der Amphibien ist aquatisch, und in dieser Zeit haben sie ähnliche Probleme wie Süßwasserfische. Weil ihre Körperflüssigkeit hyperosmotisch zum umgebenden Medium ist, sind sie ebenfalls einem Salzverlust und Wassereinstrom ausgesetzt. Ihre Kiemen enthalten ebenfalls Chlorid-Zellen, mit denen sie Salz aus dem umgebendem Wasser aufnehmen; sie verhalten sich also ähnlich wie Süßwasserfische. Adulte Amphibien können zu einer weitgehend terrestrischen Lebensweise übergehen. Dabei verlieren sie jedoch ständig Wasser über die

Körperoberfläche, da ihre Haut stets feucht gehalten wird und an der Atmung beteiligt ist. Amphibien haben sich an diese Situation angepasst, indem sie relativ tolerant gegenüber Wasserverlust sind. So toleriert die Erdkröte *Bufo terrestris* einen Wasserverlust von 43% ihres Körpergewichts, wobei die Osmolarität der Körperflüssigkeit entsprechend ansteigt (Hillman 1980). Ein Wasserverlust in dieser Größenordnung wird von keinem anderen Wirbeltier überlebt, nur von Regenwürmern und einigen Arthropoden sind ähnliche Eigenschaften bekannt.

In ihrer aquatischen Phase produzieren Amphibien vorwiegend Ammoniak als Endprodukt des Protein- und Nucleinsäurenstoffwechsels und geben das Ammoniak an das umgebende Wasser ab. Bei Übergang zur terrestrischen Lebensweise produzieren sie vermehrt Harnstoff, der mit dem Urin ausgeschieden wird. Einige Amphibien sind sogar zu einer weitgehend terrestrischen Lebensweise in einem trockenen Habitat übergegangen, wie z.B. die Savannenfrösche *Hyperolius*, und erzeugen dann einen sehr harnstoffreichen Urin, oder produzieren Harnsäure als wichtigstes Exkret wie der Baumfrosch *Phyllomedusa sauvagei* (Shoemaker und Bickler 1979, Shoemaker u. Nagy 1977, Schmuck u. Linsenmair 1997).

Eine Dehydration können Amphibien wieder sehr schnell kompensieren, da sie Wasser nicht nur durch Trinken, sondern auch über die Haut aufnehmen können. Grundlage der Wasseraufnahme über die Haut ist eine Absorption von $Na^+$ durch aktiven Transport. Antriebsmotor des Transports ist die $Na^+/K^+$-ATPase, deren grundsätzliche Bedeutung für die Energetisierung von Transportvorgängen am Beispiel der Froschhaut erkannt wurde (Ussing u. Zerahn 1951). Die basolaterale $Na^+/K^+$-ATPase pumpt $Na^+$ aus der Zelle in die Körperflüssigkeit. Über $Na^+$-Kanäle in der apikalen Plasmamembran nehmen die Epithelzellen $Na^+$ aus dem umgebenden Wasser auf. Diese Aufnahme ist an die Aktivität einer $H^+$-exportierenden V-ATPase gekoppelt. Der Ionentransport über die Zellen verursacht einen osmotischen Gradienten, dem Wasser passiv folgt. Im Bereich der Bauchhaut ist diese Fähigkeit besonders gut ausgeprägt, so dass es genügt, dass ein Frosch in einem flachen Tümpel sitzt, um in kurzer Zeit ausreichend Wasser aufzunehmen.

Die Nieren der Amphibien sind ähnlich denen der Säugetierniere gebaut, nur fehlt die Henlesche Schleife; statt dessen lässt sich zwischen dem proximalen und distalen Tubulus ein etwas englumigeres intermediäres Segment erkennen. Die Filtrationsrate der Amphibienniere ist im hydrierten Zustand relativ hoch, 60 ml $kg^{-1}$ $h^{-1}$ bei der Kröte *Bufo marinus*, aber sinkt im dehydrierten Zustand auf 1,8 ml $kg^{-1}$ $h^{-1}$ (Shoemaker u. Bickler 1979). An der Amphibienniere wurden viele grundlegenden Erkenntnisse zur Nierenfunktion gewonnen, die auch für die Säugetierniere gelten. Sie filtrieren ihren Urin im Glomerulus und resorbieren den größten Teil der Substanzen im proximalen Tubulus. Den Wassergehalt ihres Körpers kontrollieren sie ähnlich wie Säugetiere durch Veränderung der Wasserdurchlässigkeit von distalem Tubulus und Sammelrohrwand. Halten sie sich im Wasser auf, dann unterdrücken sie die Produktion des Adiuretin (Arginin-Vasotocin), wodurch der distale Tubulus und das Sammelrohr wasserundurchlässig werden. Im distalen Tubulus wird weiter NaCl resorbiert, das Wasser kann dem osmotisch nicht folgen, so dass ein stark hypoosmotischer Urin ausgeschieden wird. Amphibien können damit die aktive $Na^+$-Reabsorption und den Wassernachstrom voneinander entkoppeln. Bei Aufenthalt an Land wird Adiuretin ausgeschüttet und somit die Wasserresorption wieder an die $Na^+$-Pumpe gekoppelt. Dieser volumenreduzierte Urin wird in der Blase gespeichert. Das Blasenepithel der Amphibien hat ähnliche Eigenschaften wie die Sammelrohrwand, so dass Amphibien bei Wassermangel osmotisch Wasser aus der Blase resorbieren können.

### 8.8.4 Reptilien und Vögel

Obwohl beide Wirbeltiergruppen vorwiegend terrestrische Lebensräume bewohnen, sind einige Arten wieder sekundär zu einer aquatischen oder gar marinen Lebensweise übergegangen. Bei den Reptilien sind dies Vertreter aus den Gruppen der Krokodile, Schildkröten, Schlangen und Echsen. Unter besonders großer osmotischer Belastung stehen die Meerechsen auf Galapagos. Sie leben auf felsigen Küsten ohne Zugang zu Süßwasser. Durch Wind und die äquatoriale Sonneneinstrahlung sind sie dauerndem Wasserentzug ausgesetzt. Zur Nahrungsaufnahme tauchen sie im Meer und grasen an den Algenrasen der Küsten von Galapagos, wobei sie stets Salzwasser mittrinken. Trotz dieser ständigen Salzaufnahme und Wasserentzug behalten sie eine weitgehend normale Osmolarität ihrer Körperflüssigkeit bei. Sie erreichen dies im Wesentlichen durch Salzdrüsen, die in der Augenregion liegen und eine konzentrierte Salzlösung ausscheiden.

Seevögel sind ähnlichen osmotischen Belastungen ausgesetzt. Sie können nur Meerwasser trinken und leben entweder vegetarisch und ernähren sich von salzhaltigen Meerespflanzen oder jagen nach Fischen. Alle Meeresvögel haben eine Salzdrüse in der Nasenregion. In der Salzdrüse von Möwen wird durch aktiven Transport mit Chlorid-Zellen ständig überschüssiges Kochsalz ausgeschieden (Abb. 8.33). Durch einen Ausführgang wird die salzhaltige Lösung zum Schnabel an der Außenseite des Schnabels abgegeben. Sie tropft vom Schnabel ab oder wird von den Vögeln durch Kopfschütteln weggeschleudert. Der Salzgehalt dieser Lösung kann etwa 5-mal höher sein als im Blutplasma und damit etwa doppelt so hoch wie im Seewasser. Damit sind Vögel ohne weiteres in der Lage, Meerwasser zu trinken, und decken damit ihren Wasserbedarf, ohne die Osmolarität ihrer Körperflüssigkeit zu stören.

Die Nieren der Vögel enthalten zwei unterschiedliche Nephron-Typen: Nephrone, die anstatt einer Henleschen Schleife nur ein intermediäres Segment besitzen (Reptilien-Typ), oder Nephrone mit Henlescher Schleife und einem juxtaglomerulären Apparat ähnlich der Säugetier-Niere. Die Filtrationsrate der Vögel und Reptilien ist wesentlich niedriger als bei Amphibien und Säugtieren vergleichbarer Körpergröße (Reptilien 0,5–20 ml $kg^{-1}$ $h^{-1}$, Vögel 1–200 ml $kg^{-1}$ $h^{-1}$). Da sie Harnsäure als wichtigstes Exkret produzieren, kommt ohnehin eine den Säugetieren vergleichbare Urinkonzentrierung nicht in Frage. Harnsäure ist schlecht wasserlöslich und würde bei zu starker Konzentrierung in den Tubuli auskristalli-

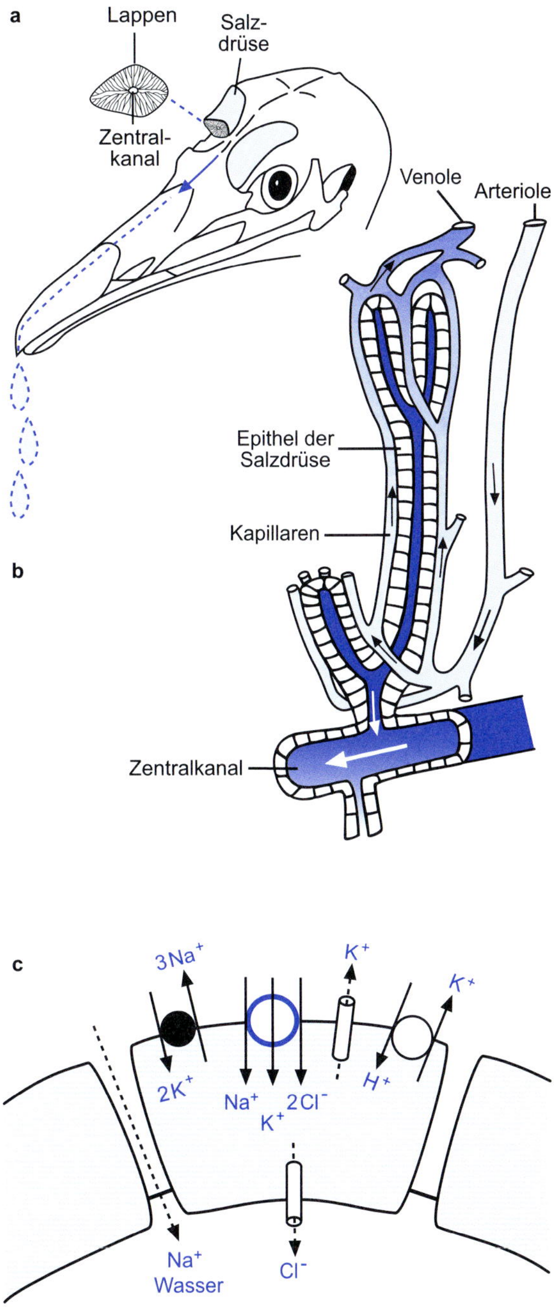


**Abb. 8.33.** Salzdrüsen der Seevögel. **a** Das Sekret der nasalen Salzdrüsen fließt über den Schnabel ab. **b** Jede Salzdrüse besteht aus Tubuli und Kapillaren, die radiär um einen Zentralkanal angeordnet sind. **c** NaCl wird aus dem Blut in das Tubuluslumen transportiert (nach Schmidt-Nielsen 1960, Hildebrandt 2001)

sieren. Vögel liefern deshalb mit ihrer Niere einen nur geringfügig konzentrierten Urin, der über den Ureter in das Urodeum der Kloake abgegeben wird. Das Kloakenepithel absorbiert Ionen und Wasser, oder der Urin wird retrograd in den Enddarm transportiert und ihm dort Salze und Wasser entzogen. Auf diese Weise entsteht ein relativ konzentriertes Exkret, das die auskristallisierte Harnsäure und den Darminhalt enthält und als Paste ausgeschieden wird (Shoemaker u. Nagy 1977).

## Literatur

Allen RD (2000) The contractile vacuole and its membrane dynamics. Bioessays 22:1035–1042

Allen RD, Naitoh Y (2002) Osmoregulation and contractile vacuoles of protozoa. Int Rev Cytol 215:351–394

Barnes RD (1987) Invertebrate Zoology. Saunders College Publications, Philadelphia

Beeuwkes R (1982) Renal countercurrent mechanisms, or how to get something for (almost) nothing. In: Taylor RC, Johansen K, Bolis L (eds) A companion to animal physiology. Cambridge Univ Press, Cambridge

Beuchat CA (1990) Body size, medullary thickness, and urine concentrating ability in mammals. Am J Physiol 258:R298–R305

Beuchat CA (1996) Structure and concentrating ability of the mammalian kidney: correlations with habitat. Am J Physiol 271:R157–R179

Beyenbach KW (2001) Energizing epithelial transport with vacuolar $H^+$-ATPase. News Physiol Sci 16:145–151

Boroffka I (1965) Elektrolyttransport im Nephridium von *Lumbricus terrestris*. Z vergl Physiol 51:25–48

Brauer EB (1975) Osmoregulation in the freshwater sponge, *Spongilla lacustris*. J exp Zool 192:181–192

Brauer EB, McKanna JA (1978) Contractile vacuoles in cells of a fresh water sponge, Spongilla lacustris. Cell Tissue Res 192:309–317

Brownfield MS, Wunder BA (1976) Relative medullary index: a new structural index for estimating urine concentrating capacity of mammals. Comp Biochem Physiol 55A:69–75

Cogan MG (1990) Renal effects of atrial natriuretic factor. Ann Rev Physiol 52:699–708

de Groot BL, Grubmüller H (2001) Water permeation across biological membranes: mechanisms and dynamics of Aquaporin-1 and GlpF. Science 294:2353–2358

Diamond JM, Bossert WH (1967) Standing-gradient osmotic flow: A mechanism for coupling of water and solute transport in epithelia. J Gen Physiol 50:2061–2083

Evans DH (1990) An emerging role for a cardiac peptide hormone in fish Osmoregulation. Ann Rev Physiol 52:43–60

Ehrenfeld J, Klein U (1997) The key role of the $H^+$ V-ATPase in acid-base balance and $Na^+$ transport processes in frog skin. J Exp Biol 200:247–256

Feder ME, Gonzalez RJ, Robbins T, Talbot CR (1993) Bulk flow of the medium and cutaneous sodium uütake in frogs: potential significance of sodium and oxygen boundary layers. J exp Biol 174:235–246

Goodrich ES (1954) The study of nephridia and genital ducts since 1895. Quart J Microsc Sci 86:113–317

Graszynski K (1963) Die Feinstruktur des Nephridialkanals von *Lumbricus terrestris* L. Eine elektronenmikroskopische Untersuchung. Zool Beitr 8:189–296

Guyton AC (1986) Textbook of medical physiology. Saunders, Philadelphia

Hausmann K (1985) Protozoologie. Thieme, Stuttgart

Hildebrandt JP (2001) Coping with excess salt: adaptive functions of extrarenal osmoregulatory organs in vertebrates. Zoology 104:209–220

Hill RW, Wyse GA (1989) Animal Physiology. Harper & Row, New York

Hillman SS (1980) Physiological correlates of differential dehydration tolerance in anuran amphibians. Copeia 1980:125–129

Ishida M, Aihara MS, Allen RD, Fok AK (1993) Osmoregulation in Paramaecium: the locus of fluid segregation in the contractile vacuole complex. J Cell Sci 106:693–702

Marshall WS, Bryson SE (1998) Transport mechanisms of seawater teleost chloride cells: an inclusive model of a multifunctional cell. Comp Biochem Physiol 119A:97–106

Nelson N, Harvey WR (1999) Vacuolar and plasma membrane proton-adenosintriphosphatases. Physiol Rev 79:361–385

Perry SF (1997) The chloride cell: Structure and function in the gills of freshwater fishes. Ann Rev Physiol 59:325–347

Potts WTW, Parry G (1965) Osmotic and ionic regulation in animals. Pergamon, Oxford

Ramsay JA (1949) The site of formation of hypotonic urine in the nephridium of *Lumbricus*. J Exp Biol 26:65–75

Reeves WB, Winters CJ, Andreoli TE (2001) Chloride channels in the loop of Henle. Ann Rev Physiol 63:631–645

Riddick DH (1968) Contractile vacuole in the amoeba *Pelomyxa carolinensis*. Am J Physiol 215:736–740

Ruppert EE, Smith PR (1988) The functional organization of the filtration nephridia. Biol Rev 63:231–258

Schmidt-Nielsen K (1960) The salt-secreting glands of marine birds. Circulation 21:955–967

Schmidt-Nielsen B (1972) Mechanisms of urea excretion by the vertebrate kidney. In: Campbell JW, Goldstein L (eds) Nitrogen metabolism and the environment. Academic Press, London, pp 79–103

Schmuck R, Linsenmair KE (1997) Regulation of body water balance in Reedfrogs (Superspecies *Hyperolius viridiflavus* and *Hyperolius marmoratus*: Amphibia, Anura, Hyperoiliidae) living in unpredictably varying savannah environments. Comp Biochem Physiol 118A:1335–1352

Shoemaker VH, Bickler PE (1979) Kidney and bladder function in the uricotelic treefrog (*Phyllomedusa sauvagei*). J Comp Physiol 133:211–218

Shoemaker VH, Nagy K (1977) Osmoregulation in amphibians and reptiles. Ann Rev Physiol 39:449–471

Stock C, Gronlien HK, Allen RD (2002) The ionic composition of the contractile vacuole fluid of Paramecium mirrors ion transport across the plasma membrane. Eur J Cell Biol Sep 81(9):505–515

Takei Y (2001) Does the natriuretic peptide system exist throughout the animal and plant kingdom. Comp Biochem Physiol 129B:559–573

Ullrich KJ, Kramer K, Boylan JW (1961) Present knowledge of the counter current system in the mammalian kidney. Prog Cardiovasc Dis 3:395–431

Ussing HH, Zeran K (1951) Active transport of sodium as the source of electric current in the short-circuited frog skin. Acta Physiol Scand 23:110–127

Ussing HH (1967) Symposium on membrane transport. Active exchanges. Proc R Soc Med 60:317–319

Wenning A, Zerbst-Boroffka I, Bazin B (1980) Water and salt excretion in *Hirudo medicinalis*. J Comp Physiol 139:97–102

Wenning A (1995) Neural regulation of salt excretion in leeches. Verh dt zool Ges 88:103–118

Wieczorek H, Brown D, Grinstein S, Ehrenfeld J, Harvey WR (1999) Animal plasma membrane energetization by proton-motive V-ATPases. Bioessays 21:637–648

Zerbst-Boroffka I, Bazin B, Wenning A (1997) Chloride secretion drives urine formation in leech nephridia. J Exp Biol 200:2217–2227

Zeuthen T (1992) From contractile vacuole to leaky epithelia. Coupling between salt and water fluxes in biological membranes. Biochim Biophys Acta 1113:229–258

# 9 Chemische Kommunikation durch Hormone

## 9.1 Vergleich von chemischer Kommunikation durch Hormone mit der zellulären Kommunikation durch das Nervensystem

Der Körper von Tieren besteht aus Dutzenden verschiedener Gewebe und enthält mehrere hundert unterschiedlich spezialisierte Zellen. Wenn nicht ein heilloses Durcheinander entstehen soll, so müssen deren Funktionen dauernd aufeinander abgestimmt werden. Dafür stehen Tieren zwei Kommunikationssysteme zur Verfügung, das Nervensystem und das Hormonsystem. Nerven durchziehen den ganzen Körper und mit ihrer hohen Leitungsgeschwindigkeit erlauben sie eine rasche Informationsübertragung über lange Strecken. Deshalb eignet sich das Nervensystem vor allem zur Steuerung von Bewegungen oder zur Verarbeitung von Sinnesreizen. Ein typisches Beispiel dafür ist die Reaktion auf Hitze. Berühren wir mit der Hand eine heiße Herdplatte, so registrieren Thermorezeptoren der Hand die hohe Temperatur, diese Information wird an das Zentralnervensystem weitergeleitet und von dort die Muskulatur des Arms erregt, so dass die Hand reflexartig zurückgezogen wird. Dies alles geschieht in Bruchteilen einer Sekunde und die Reaktion bleibt auf den von der Hitzeeinwirkung betroffenen Körperteil beschränkt. Würde diese Reaktion durch langsam im Körper zirkulierenden Hormone ausgelöst anstatt schneller Reizleitung über die Nerven, so würden wir uns mit Sicherheit die Finger verbrennen.

Das Hormonsystem ist für die Steuerung langsam ablaufender Prozesse geeignet, und erfasst den ganzen Körper (Tabelle 9.1). Hormone werden in endokrinen Drüsen gebildet, ins Blut ausgeschüttet, und durch den Blutkreislauf im Körper verteilt. Die chemischen Signale erreichen dadurch sämtliche Gewebe des Körpers und können deren Stoffwechsel verändern. Über den Kreislauf fluten sie langsam an, und ihre Wirkung hält in der Regel auch längere Zeit an, solange eben eine überschwellige Konzentration des Hormons im Blut aufrechterhalten wird. Das Hormonsystem eignet sich deshalb besonders für die **Koordination langsamer Vorgänge** im Körper, wie Wachstum, Entwicklung und Fortpflanzung, oder für **Daueraufgaben** wie die Kontrolle des Blutzuckerspiegels und die Osmoregulation.

Trotz der Langsamkeit hormoneller Reaktionen und der diffusen Verteilung der Botenstoffe können damit auch relative rasche Abläufe gesteuert werden. Ein Beispiel dafür ist der Milchejektionsreflex bei Säugetieren. Das Saugen eines Babys bewirkt eine intensive mechanische Reizung der dicht innervierten Mamillen der Brustdrüse. Dieser Reiz wird auf neuralem Weg auf die Oxytocin produzierenden Neurone des Hypothalamus übertragen und Oxytocin aus der Neurohypophyse ausgeschüttet. Oxytocin erreicht über den Blutkreislauf die Milchdrüse, löst dort die Kontraktion des Myoepithels aus, und Milch wird aus den Brustdrüsen gepresst. Der Säugling saugt also nicht die Milchdrüsen leer, sondern die Mutter hilft ihm mit dem Milchejektionsreflex. Dieser **neural-humorale Reflex** benötigt etwa 10 Sekunden von der ersten mechanischen Reizung bis zur Ejektion der Milch.

Das Beispiel des neural-humoralen Milchejektionsreflexes macht bereits klar, dass es keine grundsätzliche Trennung zwischen dem Nervensystem und der stofflichen Signalübertragung im Körper gibt. Im Gegenteil, die beiden Systeme sind eng miteinander verwoben. Außerdem wer-

**Tabelle 9.1.** Vergleich der Eigenschaften von chemischer Kommunikation durch Hormone mit neuronaler Informationsübertragung durch das Nervensystem

| | Hormone | Nervensystem |
|---|---|---|
| Übertragungsgeschwindigkeit | Langsam, meist >1 min, abhängig vom Blutfluss | Schnell, ms |
| Verteilung | Gesamter Körper | Gezielte Erregung einzelner Zellen und Organe |
| Wirkort | Alle Organe mit passenden Rezeptoren | Synapsen |
| Wirkungsmechanismus | Hormone binden an Rezeptoren der Zielorgane | Neurotransmitter binden an postsynaptische Rezptoren |

den viele Botenstoffe nicht nur als Hormone im Kreislauf verteilt, sondern dienen auch als Neurotransmitter für die Signalübertragung zwischen Neuronen und auch bei der Signalübertragung von Neuronen auf das Erfolgsorgan. Als Neurotransmitter diffundieren die Botenstoffe innerhalb von Millisekunden über die sehr kurzen Distanzen des synaptischen Spalts, und erlauben deshalb eine schnelle Reaktion. Ein Beispiel für die Doppelfunktion ist das Adrenalin, das einerseits vom Nebennierenmark als Hormon ausgeschüttet wird und den Blutdruck steigert andererseits innerhalb des Nervensystems als Neurotransmitter eingesetzt wird. Außerdem dient es auch der sympathischen Innervierung des Herzmuskels als Transmitter zur Kontrolle der Herztätigkeit. Die enge Verbindung zwischen Hormon- und Nervensystem wird auch daraus erkenntlich, dass einige endokrine Drüsen, wie die Hypophyse und das Nebennierenmark, aus umgebildeten Nervenzellen entstanden. Sie verloren ihre ursprüngliche Fähigkeit der Erregungsleitung im Nervensystem, haben statt dessen engen Kontakt zu Blutgefäßen und geben Botenstoffe ans Blut ab.

Angesichts der engen Verbindung von Hormonen und Nervensystem liegt die Frage nahe, welches der beiden Systeme phylogenetisch älter ist oder ob sie im Lauf der Evolution parallel entwickelt wurden. Bereits einzellige Organismen sind in der Lage, Stoffe aufzunehmen oder auszuscheiden, und können auf diesem Weg sogar Signale austauschen. Deshalb stand sicher die stoffliche Kommunikation an der Wiege der vielzelligen Organismen. Das Nervensystem entstand erst anschließend als ein für rasche Kommunikation spezialisiertes Gewebe und nutzte die vorhandenen Botenstoffe als Transmitter. Die Schwämme (Porifera) sind der einzige Tierstamm, der keine Nervenzellen und Sinnesorgane besitzt. Innerhalb ihres kolonialen Verbandes von Einzelindividuen und Zelltypen können sie deshalb nur auf stofflichem Weg kommunizieren, ähnlich wie das auch Pflanzen und Pilze praktizieren. Bereits die Coelenteraten besitzen Nervenzellen, die eines oder mehrere diffuse Netzwerke bilden, mit denen Sinneszellen verbunden sind und mit denen z.B. Quallen ihre Schwimmbewegungen kontrollieren. Die Nervenzellen liefern außerdem Botenstoffe für Regeneration und Entwicklung und stellen damit eine enge Verbindung von stofflicher und neuronaler Informationsübertragung her, wie sie auch bei anderen Tierstämmen besteht.

## 9.2 Entdeckung der Hormone

Der Göttinger Arzt und Zoologe Arnold Adolph Berthold (1803–1861) gilt als Begründer der Hormonforschung, weil er als erster bewies, dass die Verhaltungsänderung von Hähnen nach der Kastration auf dem Fehlen eines chemischen Botenstoffs beruhte (Berthold 1849). Haustiere wurden vermutlich bereits von neolithischen Bauern seit 6000 Jahren kastriert, um sie leichter domestizieren zu können. Die Folgen einer Kastration waren deshalb allgemein bekannt. Hähne verlieren nach einer Kastration den geschwollenen Hahnenkamm und zeigen ein weniger aggressives Dominanzverhalten. Zu Bertholds Zeiten vermutete man, dass eine neurale Verbindung zwischen den Hoden und dem Zentralnervensystem besteht, die bei Kastration unterbrochen wird. Berthold kastrierte Hähne und reimplantierte die Hoden in die Bauchhöhle. Bei diesen Hähnen blieb der Kamm geschwollen, und sie verhielten sich aggressiv dominant wie normale Hähne. Damit hatte er den Beweis erbracht, dass die Verbindung zwischen Hoden und dem Zentralnervensystem nicht auf fest verlegten Nervenverbindungen beruht, sondern dass möglicherweise von den Hoden Stoffe freigesetzt werden, die das Zentralnervensystem erreichen und die Schwellung des Kamms fördern.

Welche Stoffe dies sind, war damals noch völlig unbekannt, und es sollte weitere 85 Jahre dauern, bis das männliche Sexualhormon Testosteron nachgewiesen wurde. Die Versuche waren jedoch ein klassisches Beispiel für die Vorgehensweise in der Hormonforschung, die auch heute noch praktiziert wird, nämlich die Kombination von **Exstirpation und Substitution**. Hormonproduzierende Organe werden entfernt und die danach auftretenden Ausfallserscheinungen untersucht. Lassen sich diese durch Reimplantation der Drüse, oder durch eine Substitution mit Drüsenextrakt, oder Injektion des reinen Hormons wieder aufheben, so ist der Beweis für eine hormonelle Wirkung erbracht.

Hormonproduzierende Organe geben ihr Sekret an den Blutkreislauf ab, und auf diesem Weg wird es im ganzen Körper verteilt. Dieses Prinzip der **inneren Sekretion** ist uns heute selbstverständlich, im Gegensatz zur **äußeren Sekretion** der Schweißdrüsen, die den Schweiß nach außen abgeben, oder der Bauchspeicheldrüse, die ihre Enzyme in das Darmlumen sekretiert. Die Vorstellung, dass Drüsen und andere Organe irgendwelche Sekrete in das Blut ausschütten und diese mit dem Kreislauf im Körper verteilt werden, fand zunächst nicht den richtigen Anklang. Der englische Physiologe Edward Schaefer wies 1895 als erster auf dieses Prinzip zirkulierender Botenstoffe hin. Bei Hunden hatte er beobachtet, dass sie einen Diabetes mellitus entwickeln, wenn man ihnen die Bauchspeicheldrüse entfernt, und dass dies durch Transplantation von Bauchspeicheldrüsengewebe verhindert werden kann. Er folgerte, dass diese Drüse wohl etwas ins Blut abgibt, das einen übermäßigen Anstieg des Blutzuckers verhindert. Ähnlich vermutete er auch für die Schilddrüse, dass sie ein inneres Sekret abgibt, denn er hatte bei Mensch und Tier beobachtet, dass Myxödeme durch Implantation von Schilddrüsenextrakten gelindert werden können.

Letztlich fehlte jedoch der direkte Nachweis, dass von der vermuteten Hormondrüse eine Substanz hergestellt, diese ins Blut ausgeschüttet wird und über den Blutkreislauf ihre Wirkung entfaltet. Dazu mussten Extrakte der Drüsen hergestellt werden, das Hormon isoliert und seine chemische Struktur aufgeklärt werden, und vor allem waren empfindliche Testverfahren für die Hormone notwendig, die bisher nicht existierten. Offensichtlich liegen die Hormone als Signalgeber nur in sehr geringer molarer Menge im Blut vor, und die Suche nach ihnen in den zahlreichen biochemischen Bestandteilen des Körpers war schwieriger, als die berühmte Suche nach der Nadel im Heuhaufen. Das erste erfolgreich nachgewiesene Hormon war das Adrenalin. Schaefer stellte Extrakte aus den Nebennieren verschiedener Tiere her. Diese Extrakte injizierte er Hunden intravenös und beobachtete danach einen Anstieg des Blutdrucks und der Kontraktionsstärke des Herzmuskels (Schaefer 1895). Damit war zum ersten mal ein eindeutiger und rascher Nachweis für eine Hormonwirkung gefunden worden. Diesen Test machte man sich zu Nutze um Nebennierenextrakte zu verfeinern und schließlich die wirksame Substanz zu identifizieren. Es dauerte etwa 10 Jahre, bis Adrenalin isoliert und seine chemische Struktur aufgeklärt wurde. Außerdem gelang die Synthese von Adrenalin, und dieses Syntheseprodukt war genau so wirksam wie der natürliche Extrakt, so dass klar war, dass die Wirkung ausschließlich auf der chemischen Struktur dieses Botenstoffs beruht.

### 9.2.1 Konzept der chemischen Kommunikation

Die englischen Physiologen William Bayliss (1860–1924) und Ernest Starling (1866–1927) vom University College, London, entdeckten bei Untersuchungen am Dünndarm durch Zufall ein weiteres Hormon, das sie Sekretin nannten (Bayliss und Starling 1902). Damals war bereits bekannt, dass die Bauchspeicheldrüse ihren Verdauungssaft über den Ductus pancreaticus in den Zwölffingerdarm ausschüttet. Dies geschieht immer dann, wenn der saure Speisebrei aus dem Magen in den Dünndarm abgegeben wird. Bei einem betäubten Hund hatten sie eine Dünndarmschlinge freipräpariert und vom restlichen Darm abgebunden. Die Innervierung der Darmschlinge war durchtrennt worden, so dass sie nur noch über die Blutgefäße mit dem Körper verbunden war. Wurde eine kleine Menge verdünnter Salzsäure in diese Darmschlinge gegeben, so setzte innerhalb kurzer Zeit ein starker Sekretfluss aus der Bauchspeicheldrüse ein. Starling schloss, dass dies nur ein „chemischer Reflex" sein konnte, der von dem angesäuerten Darmstück ausgelöst wurde. Er schnitt ein Stück heraus, zerrieb dessen Schleimhaut mit etwas Sand und verdünnter Salzsäure in einem Mörser und filtrierte daraus einen Extrakt. Den Extrakt injizierte er in die Jugularvene des Hundes, und kurz darauf setzte ein noch stärkerer Sekretfluss aus der Bauchspeicheldrüse ein, als zuvor beobachtet worden war.

Damit war bewiesen, dass die Dünndarmschleimhaut bei Kontakt mit Säure eine Substanz sekretiert, die auf dem Umweg über den Blutkreislauf die Bauchspeicheldrüse zur Ausschüttung des Verdauungssafts anregt. Allerdings war die chemische Natur dieser Substanz nicht bekannt, und es sollte weitere 65 Jahre dauern, bis die Struktur des Sekretin aufgeklärt werden konnte. Starling führte für diese chemischen Botenstoffe den Begriff **Hormon** ein, abgeleitet von dem griechischen Verb „horman", das „antreiben" oder „auf den Weg bringen" bedeutet (Starling 1905). Die Anregung dazu stammt von dem Physiologen William B. Hardy (1864–1934), der dies während eines Laborbesuchs bei Bayliss und Starling vorgeschlagen hatte. Aufbauend auf Schaefers Überlegungen zur inneren Sekretion entwickelte Starling das **Konzept der chemischen Kommunikation** im Körper: Hormone werden in einzelnen Geweben gebildet, als Botenstoffe mit dem Kreislauf im ganzen Körper verteilt, wo sie an spezifischen Zielorten wirken und so die Stoffwechsellage des Körpers kontrollieren (Starling 1905).

### 9.2.2 Wettrennen um Testosteron

In den folgenden Jahrzehnten setzte eine fieberhafte Suche nach weiteren Botenstoffen im Körper ein. Da die Hormone nur in sehr geringer Menge existieren, mussten teilweise große Gewebemengen verarbeitet werden, um überhaupt messbare Mengen eines Hormons zu erhalten, wie z.B. des in den Hoden enthaltenen männliche Sexualhormons. Dr. Charles Edouard Brown-Sequard (1817–1894) berichtete im Jahr 1889 vor der Societé de Biologie in Paris von Selbstversuchen mit Hodenextrakt. Aus den Hoden von Hunden und Meerschweinchen hatte er einen Extrakt hergestellt und sich selbst subcutan injiziert. Danach erfreute er sich einer besseren körperlichen und mentalen Stärke und eines gesteigerten Appetits. Nach diesem positiven Bericht wurden weltweit Patienten mit Hodenextrakt oder Hodentransplantaten gegen alle nur denkbaren Erkrankungen behandelt, und die aufkeimende Pharmaindustrie verdiente sich eine goldene Nase an diesem *Elixir of Life* (Hansen 1999). Es steht außer Frage, dass durch das Unwissen über den eigentlichen Wirkstoff, gepaart mit Begeisterung über die Wirkung von Hodenextrakt, viele Menschen zu Schaden kamen, nicht zu reden von den akuten Infektionen und allergischen Reaktionen, die nach Injektion von unsachgemäß hergestellten tierischen Extrakten auftraten.

Bei der Aufklärung der chemischen Natur des männlichen Sexualhormons lieferten sich drei Arbeitsgruppen ein Kopf-an-Kopf-Rennen. Der Göttinger Chemiker Adolf Butenandt hatte 1929 das weibliche Sexualhormon Östron in kristalliner Reinform gewonnnen und als Steroid identifiziert. Danach machte er sich auf die Suche nach dem männlichen Sexualhormon. Dazu verarbeitete er den Urin von 15 000 Polizisten (etwa 20 000 l) und isolierte daraus 15 mg einer Reinsubstanz, die er Androsteron nannte (andro = männlich; ster = Sterolring; on = Keton), und stellte diese Entdeckung 1931 auf einem Chemikertreffen in Hamburg vor. Seine Befunde wurden von dem Züricher Chemiker Leopold Ruzicka (1887–1976) bestätigt, der Androsteron 1934 synthetisierte. Androsteron hat nur eine schwach anabole Wirkung im Vergleich zum Hodenextrakt. Dessen Wirkstoff wurde ein Jahr später identifiziert, von der Gruppe um Karoly David und Ernst Laqueur aus den Niederlanden. Aus 100 kg Stierhoden extrahierten sie 10 mg eines Steroids, das sie Testosteron nannten (Testo = Testes; ster = Sterolring; one = Keton) (David et al. 1935). Wenige Monate später veröffentlichte Butenandt eine Arbeit, in der er die Synthese von Testosteron aus Cholesterin beschrieb (Butenandt und Hanisch 1935), und praktisch gleichzeitig veröffentlichte der Züricher Chemiker Leopold Ruzicka einen alternativen Syntheseweg für Testosteron aus Androsten-3-on-17-ol (Ruzicka und Wettstein 1935). Adolf Butenandt erhielt 1939 den Nobelpreis für seine Forschung über Sexualhormone – er hatte zwischenzeitlich auch das weibliche Schwangerschaftshormon Progesteron isoliert – gemeinsam mit Leopold Ruzicka, der für seine Forschungsarbeiten über Terpene ausgezeichnet wurde. Allerdings kam es nicht zu einer Preisverleihung an Butenandt, da er auf Druck des Nazi-Regimes diese Auszeichnung ablehnte.

### 9.2.3 Insulin hilft Diabetikern

In den Jahren 1920 bis 1940 wurde die Funktion der wichtigsten endokrinen Drüsen aufgeklärt, die dafür verantwortlichen Hormone bestimmt und für die Behandlung von Erkrankungen bei Mensch und Tier verfügbar gemacht. Es ist eine Periode, in der neue Erkenntnisse der Grundlagenforschung an Tieren in bisher unbekanntem Ausmaß zum Wohle des Menschen umgesetzt werden konnten. Am Beispiel des Insulin soll dies erläutert werden. Bei Hunden hatten Joseph von Mering und Oscar Minkowski schon um 1889 festgestellt, dass sie nach Entfernung des Pankreas zuckerkrank (*Diabetes mellitus*) wurden und dieselben Symptome entwickelten wie an Diabetes erkrankte Menschen. Nachdem auch andere Forscher bestätigten, dass die Entfernung des Pankreas bei Hunden und anderen Tieren zu Diabetes führte, war klar, dass der Pankreas nicht nur eine exokrine Drüse für die Bildung von Verdauungssaft ist, sondern auch einen Regulator für den Blutzuckerspiegel enthielt. In seiner Doktorarbeit hatte der deutsche Medizinstudent Paul Langerhans die Struktur des Pankreas untersucht und 1869 ungewöhnliche Zellgruppen beschrieben, die über das ganze Organ verstreut vorkamen und völlig anders aussahen als die enzymproduzierenden Zellen. Gustave Edouard Laguesse vermutete 1893, dass diese merkwürdigen „Islots de Langerhans“ („Langerhans-Inselchen“) den Stoff liefern, der den Blutzuckergehalt regelte und der von anderen dann „Insulin“ genannt wurde. Von verschiedenen Forschern wurde daraufhin versucht, einen Extrakt aus dem Pankreas zu gewinnen, der den Blutzuckerspiegel senkt, aber die Extrakte waren unzuverlässig und wenig wirksam. Am erfolgreichsten war der rumänische Mediziner Nicolas Paulescu. Er hatte bereits 1916 nachgewiesen, dass die Behandlung von diabetischen Hunden mit seinem Extrakt den Blutzuckerspiegel deutlich senkte, und veröffentlichte diese Ergebnisse 1921.

Der kanadische Chirurg Frederick Banting vermutete, dass die Schwierigkeiten bei der Herstellung des Extrakts darauf beruhen, dass die Verdauungsenzyme des Pankreas den möglicherweise vorhandenen Wirkstoff bei der Isolierung zerstören. Diese Gefahr wollte er durch Vorbehandlung der Hunde verringern, indem er ihren Pankreas-Ausführgang unterband, so dass die Zellen des exokrinen Pankreas degenerierten und nur die Inselzellen übrig blieben. Er schlug dies John MacLeod vor, einem anerkannten Experten für Kohlenhydratstoffwechsel und gerade neu berufenem Direktor des Physiologischen Instituts in Toronto. Dieser überließ ihm ein Labor, und der Doktorand Charles Best assistierte bei den Experimenten. Innerhalb von 8 Monaten erhielten Banting und Best einen reinen Extrakt, der im Tierversuch hochwirksam und zuverlässig blutzuckersenkend wirkte. MacLeod gewann die Mitarbeit des Biochemikers James Bertram Collip, um einen Extrakt aus Rinder-Pankreas noch weiter zu reinigen, so dass sein Einsatz für Menschen erwogen werden konnte. Am 11. Januar 1922 erhielt der schwer an Diabetes erkrankte Leonard Thompson zum ersten Mal eine Injektion mit diesem Extrakt (Krankenakte „7,5 ccm MacLoed-Serum in jede Gesäßbacke“) und erholte sich innerhalb kurzer Zeit. Seither ist die Behandlung von Diabetes-Typ-I-Patienten mit Insulin zur medizinischen Routine geworden und hat Millionen von Menschen geholfen. Banting und MacLeod erhielten 1923 den Nobelpreis, alle anderen an der Wirkstoffsuche beteiligten Wissenschaftler gingen leer aus, was vor allem für Best und Paulescu eine große Enttäuschung war, und dem Nobel-Komitee viel Kritik einbrachte. Die chemische Struktur des Insulin wurde erst 1953 aufgeklärt. Während anfänglich noch Insulin aus der Bauchspeicheldrüse von Schlachttieren verwendet wurde, steht seit einigen Jahren gentechnisch hergestelltes Humaninsulin zur Verfügung.

## 9.3 Chemische Botenstoffe, ein universelles Werkzeug zur Kommunikation

Die Methoden zur Isolierung und zum Nachweis von Hormonen wurden laufend verbessert, vor allem durch Hochdruckflüssigkeitschromatographie (HPLC) und durch **Radioimmunoassays (RIA)**. Berson und Yalow entwickelten dieses Testverfahren, um Insulin im Plasma von Diabetikern und gesunden Menschen zu vergleichen (Zusammenfassung in Yalow 1978). RIAs haben die Hormonforschung beflügelt, da auf diesem Weg die Botenstoffe in der geringen Konzentration nachgewiesen werden können, wie sie im Blut und den Geweben vorkommen, ohne sie vorher aufwendig zu reinigen und zu konzentrieren. Berson und Yalow injizierten Rinder-Insulin in Meerschweinchen, die daraufhin Antikörper gegen dieses körperfremde Insulin bildeten. Diese Antikörper wurden dazu benutzt, um Insulin in einer menschlichen Blutprobe nachzuweisen. Dazu wurde Insulin mit $^{131}$J radioaktiv markiert. Ein definierte Menge $^{131}$J-Insulin und die Antikörper werden mit der menschlichen Plasmaprobe gemischt, worauf Insulin an die Antikörper bindet und als Antigen-Antikörper-Komplex ausfällt. $^{131}$J-Insulin und das Insulin in der Blutprobe konkurrieren dabei um dieselben Bindungsstellen. Aus der Radioaktivität des Niederschlags (oder des Überstands) kann dann die Menge des zu messenden Insulins berechnet werden. Dieses Testverfahren eröffnete der Erforschung und der Diagnose von Krankheiten völlig neue Wege. Sie ist so empfindlich, dass Hormone in winzigen Blut- und Gewebeproben, ja sogar in einzelnen Zellen nachgewiesen werden können (Immunhistochemie). Hormone, von denen man bis dahin glaubte, dass sie nur in einem endokrinen Organ gebildet werden, wurden plötzlich auch in anderen Geweben entdeckt, so z. B. die Darmhormone Gastrin und Cholezystokinin, die offensichtlich auch als Neurotransmitter im Gehirn eingesetzt werden. Noch weit überraschender waren die Befunde, dass viele Hormone der Wirbeltiere auch bei Invertebraten, ja sogar bei Einzellern vorkommen, wie z. B. das Pinealhormon Melatonin.

Einen weiteren Quantensprung in der Erforschung der Hormone ermöglichte die Aufklärung des Genoms in den vergangenen 10 Jahren. Durch den Einsatz spezifischer cDNA- und cRNA-Sonden (Hybridisierung im Northern blot, *in situ*-Hybridisierung) oder von DNA-Primern (RT-PCR) konnte die Expression von Peptidhormonen und die der beteiligten Enzyme *in vivo* gemessen werden. Sie erlaubt völlig neue Einblicke in die Regulation der Hormone auf zellulärer Ebene. Diese Verfahren können nicht nur für die Hormone sondern auch für den Nachweis der Hormonrezeptoren eingesetzt werden, so dass jetzt auch die Zielorte der Hormonwirkung genau erfasst werden können. Die Anzahl der bekannten Hormone und Hormonrezeptoren ist sprunghaft angestiegen. Jede Zelle scheint mit einer Palette von Rezeptoren ausgestattet zu sein, und ein Ende in der Entdeckung dieser Vielfalt Entwicklung ist gegenwärtig nicht abzusehen. Offensichtlich verfügen Tiere über einen Kosmos an Botenstoffen, den sie für die Feinabstimmung von Stoffwechselvorgängen einsetzen können.

### 9.3.1 Lokale Funktionskontrolle durch Zytokine

Ein Teil der Botenstoffe wird von regelrechten Hormonfabriken, den endokrinen Drüsen hergestellt, ausgeschüttet und über den gesamten Blutkreislauf verteilt. Sie entsprechen der ursprünglich von Starling entwickelten Vorstellung eines endokrinen Mechanismus und gelten deshalb als **Hormone** im eigentlichen Sinne (Tabelle 9.2). Die endokrinen Drüsen sind sehr klein, aber dafür sehr gut durchblutet, so dass Hormone

**Tabelle 9.2.** Endokrine Organe und Hormone der Wirbeltiere. Bildungsort, Struktur (S: Steroid, A: Aminosäurenderivat, P(n): Protein aus n Aminosäuren, GP: Glykoprotein) und Wirkung

| Bildungsort | Hormon | Chemische Struktur | Wirkung |
|---|---|---|---|
| Hypothalamus | **Releasing- und Inhibiting-Hormone** für die Adenohypophyse, z. B.: Corticotropin Releasing Hormon (CRH) Thyreotropin Releasing Hormon (TRH) | P(3-14) | Regulation der Hormonsekretion in der Adenohypophyse (Hypophysenvorderlappen) |
| | Somatostatin | P(14) | Hemmt die Sekretion von GH, Insulin und Glucagon |
| | **Neurosekret** bzw. Hormone für die Neurohypophyse | | Siehe Neurohypophyse |
| Hypophyse<br>a) Adenohypophyse (Vorderlappen) | **Thyreotropes Hormon (Thyreotropin, TSH)** | GP(204) | Steuert die Synthese und Sekretion von Thyroxin in der Schilddrüse |
| | **Follikelstimulierendes Hormon (FSH)** | GP(204) | Bei ♀ Reifung des Follikels<br>Bei ♂ Differenzierung der Spermatozyten |
| | **Luteinisierendes Hormon (Luteotropin, LH, ICSH)** | GP(204) | Bei ♀ Ovulation, Bildung des Gelbkörpers<br>Bei ♂ Synthese und Sekretion von Testosteron in den Hoden |
| | **Somatotropin (Wachstumshormon,** STH, *growth hormone*, **GH)** | P(191) | Fördert Wachstum in allen Geweben, Proteinsynthese, Fettabbau und erhöht Blutglucose |
| | **Prolactin (PRL)** | P(198) | stimuliert Milchsekretion bei Säugern, Kropfsekretion bei Vögeln, Einfluss auf Osmoregulation, Wachstum und Entwicklung |
| | **Adrenocorticotrophes Hormon** (Corticotropin, ACTH; aus Prohormon POMC) | P(39) | Regt die Synthese und Sekretion aller Steroidhormone in der Nebennierenrinde an |
| b) Pars intermedia (Zwischenlappen) | **Melanotropin** (melanocytenstimulierendes Hormon, **MSH**, aus Prohormon POMC) | P(13-18) | Melaninsynthese, Ausbreitung von Pigmentgranula in den Hautzellen, Diuresehemmung |
| c) Neurohypophyse (Hinterlappen) | **Adiuretin (Vasopressin, ADH)** | P(9) | Reabsorption von Wasser in den Sammelrohren der Niere |
| | **Oxytocin** | | Kontraktion der Uterusmuskulatur bei der Geburt, Sekretion von Milch beim Säugen |
| Epiphyse (Pinealorgan) | **Melatonin** | A | Kontraktion der Pigmentgranula in der Haut von Fischen, Amphibien und Reptilien; Beeinflussung circadianer Schrittmacher im Hypothalamus; Photoperiodische Zeitmessung; Steuerung der Releasing-Faktoren im Hypothalamus für die Gonadotropin-Sekretion (FSH, LH) aus der Adenohypophyse |
| Urophyse (nur bei Teleostiern) | **Urotensin I und II** | P | Im caudalen Bereich des Rückenmarks liegendes Neurohämalorgan, vasopressorisch aktiv, Aufgaben im Wasser und Mineralhaushalt (ähnlich Neurohyophyse) |
| Schilddrüse (Thyroidea) | **Thyroxin ($T_4$) und Trijodthyronin ($T_3$)** | A | Steigerung des Stoffwechsels in peripheren Geweben, Genexpression, Regulation von Wachstum und Entwicklung, Steuerung der Metamorphose bei Amphibien |

**Tabelle 9.2** (Fortsetzung)

| Bildungsort | Hormon | Chemische Struktur | Wirkung |
|---|---|---|---|
| Ultimobranchialkörper (bei Säugetieren in der Schilddrüse) | **Calcitonin** | P(32) | $Ca^{2+}$-Einbau in Knochen, $Ca^{2+}$-Exkretion in der Niere, Senkung des $Ca^{2+}$-Spiegels im Blut |
| Nebenschilddrüse (Parathyroidea) | **Parathormon** | P(84) | $Ca^{2+}$-Mobilisierung aus den Knochen, $Ca^{2+}$-Reabsorption in der Niere, $Ca^{2+}$-Absorption im Darm, Anstieg des $Ca^{2+}$-Spiegels im Blut |
| Langerhanssche Inseln des Pankreas | | | |
| a) $\beta$-Zellen | **Insulin** | P(51) | Glucoseaufnahme aus dem Blut in die Gewebe und Speicherung als Glycogen, oder Umwandlung in Lipid und Protein, oder Oxidation der Glucose |
| b) $\alpha$ | **Glucagon** | P(29) | Freisetzung von Glucose aus dem Leber-Glycogen und Abgabe ins Blut |
| Nebenniere | | | |
| a) Nebennierenrinde | **Glucocorticoide** (Cortinson, Cortisol, Corticosteron, Aldosteron usw.) | S | Synthese von Kohlenhydraten aus Lipiden und Proteinen, Entzündungshemmung, Beteiligung an Stressreaktionen, Dämpfung von Immunreaktionen |
| | **Mineralocorticoide** (Aldosteron usw.) | S | $Na^{+}$-Reabsorption in den Nierentubuli, als Folge dessen auch verstärkte Wasser-Reabsorption |
| | **Dehydroepiandrosteron (DHEA)** | S | Häufigstes Steroid im Blut, stark altersabhängig (Mensch 25 Jahre 600 ng $dl^{-1}$, 80 Jahre 50 ng $dl^{-1}$). Zwischenprodukt für die Synthese von Testosteron und Östrogen in den Gonaden. Schwach androgene Wirkung (10% der Testosteron-Wirkung). |
| b) Nebennierenmark | **Catecholamine (Adrenalin, Noradrenalin)** | A | Vasokonstriktion, Freisetzung von Glucose aus Glycogen und Abgabe ins Blut, löst Flucht- oder Abwehrreaktionen aus |
| Ovar | **Östrogene** (Östron, Östradiol) | S | Bei ♀ Proliferation der Uterusschleimhaut als Vorbereitung zur Aufnahme der Eizelle im Verlauf des Östrus. Während der Jugendentwicklung Ausbildung der akzessorischen Drüsen des Genitaltrakts, der sekundären Geschlechtsmerkmale und Ausprägung geschlechtsspezifischen Verhaltens. |
| | **Gestagene** (Progesteron usw.) | S | Reifung der Unterusschleimhaut für die Aufnahme einer befruchteten Eizelle. Aufrechterhaltung der Schwangerschaft |
| Hoden | **Testosteron** | S | Spermiogenese. Entwicklung der akzessorischen Drüsen des Genitaltrakts, der sekundären Geschlechtsmerkmale und Ausprägung geschlechtsspezifischen Verhaltens bei ♂. |

schnell ins Blut gelangen. Einige endokrine Drüsen sind Teil des Nervensystems und bilden ein **Neurohämalorgan** aus, eine Kontaktzone, über die Hormone aus den Nervenzellen oder Axonen ins Blut ausgeschüttet werden. Einige dieser Hormone werden im Nervensystem nur lokal begrenzt zur Erregungsübertragung in Synapsen eingesetzt und werden in dieser Funktion als **Neurotransmitter** bezeichnet. Viele Botenstoffe entstehen jedoch weder in endokrinen Drüsen noch im Nervensystem, sondern werden von unterschiedlichen Blut- und Gewebszellen produziert und deshalb als **Zytokine** bezeichnet (Tab. 9.3). Diese Bezeichnung wurde vor etwa 20 Jahren eingeführt und galt für die damals neu entdeckten Interferone und Interleukine, die als Botenstoffe des Immunsystems die Abwehrreaktionen des Körpers koordinieren (s. Kap. 5.14 Blut). Viele Zytokine wirken vorwiegend lokal ohne Verteilung

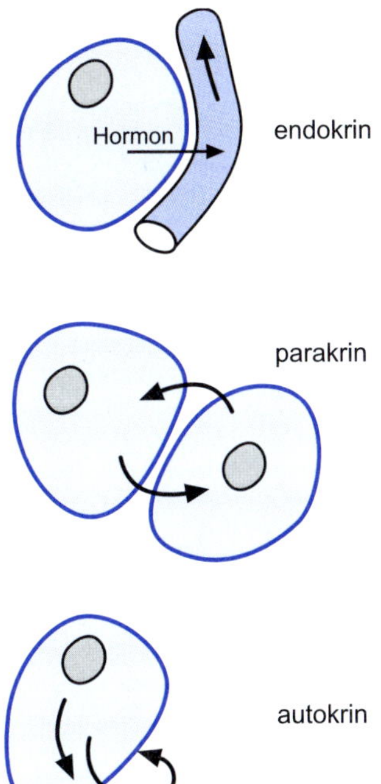


**Abb. 9.1.** Signalwege der chemischen Kommunikation. Endokrine Drüsen sekretieren ihre Botenstoffe (Hormone) ins Blut, und diese werden mit dem Kreislauf im ganzen Körper verteilt. Beim parakrinen Signalweg werden Botenstoffe (Zytokine) in die Interstitialflüssigkeit abgegeben und stimulieren direkt benachbarte Zellen oder wirken auf die produzierende Zelle zurück (autokrine Wirkung)

über den gesamten Blutkreislauf. Sie werden von einer Zelle sezerniert und stimulieren die Nachbarzellen (**parakrin**) oder sie wirken auf sich selbst zurück (**autokrin**) (Abb. 9.1).

Die parakrine und autokrine Regulation verstärkt die Reaktion auf ein vorhandenes Signal und hat den Vorteil, dass ganze Zellgruppen lokal einheitlich reagieren. Für einige langfristige physiologische Prozesse, wie Wachstum, Entwicklung und die Steuerung des Zellzyklus, ist eine gute lokale Koordination der Zellfunktionen unerlässlich. Deshalb verwundert es nicht, dass gerade in diesem Zusammenhang viele para- und autokrin wirkenden Zytokine gefunden wurden, die als **Wachstumsfaktoren oder Differenzierungsfaktoren** bezeichnet werden. Dazu gehört die Gruppe der Nervenwachstumsfaktoren (*nerve growth factor*, **NGF**), die teilweise an der Wegfindung der Axone beteiligt sind, oder die große Gruppe der transformierenden Wachstumsfaktoren (*transforming growth factor*, **TGF**). Ein Beispiel für deren Funktion ist das erst kürzlich entdeckte **Myostatin**, das zur Superfamilie der TGF-$\beta$-Zytokine gehört. Es ist als ein negativer Regulator des Muskelwachstums entdeckt worden. Ein Ausfall des Myostatin führt zu einem übermäßigen Wachstum der Muskulatur. Bei der Zucht von Rindern der Rasse Belgisch Blau waren Individuen mit wesentlich größerer Muskelmasse beobachtet worden durch eine Hyperplasie, also eine Vermehrung der Muskelfasern um etwa 20%. Die Vergrößerung fällt äußerlich vor allem im Bereich der Lenden auf, weshalb dieser Phänotyp als „Doppellendigkeit" bezeichnet wird. Aus Kreuzungsversuchen war klar, dass die Doppellendigkeit eine genetische Ursache hatte. Bei der Suche nach dem genetischen Unterschied mit Positionsklonierung wurde eine Mutation in der codierenden Sequenz des Myostatin-Gens entdeckt (Grobet et al. 1997). Diese Befunde wurden an Mäusen bestätigt, denn nach Ausschaltung des Myostatin-Gen vergrößerte sich deren Muskulatur, d. h. die Zellen vergrößerten sich, aber die Anzahl der Muskelzellen blieb konstant (McPerron et al. 1997, Zhu et al. 2000).

**Tabelle 9.3.** Zytokine bei Wirbeltieren (Auswahl). Für eine ausführlichere Darstellung der Zytokine des Verdauungstrakts siehe Tabelle 7.2. Bildungsort, Struktur (A: Aminosäurenderivat, F: Fettsäurenderivat, P(n): Protein aus n Aminosäuren, G: Glykoprotein, S: Steroid) und Wirkung

| Bildungsort | Hormon | Chemische Struktur | Wirkung |
|---|---|---|---|
| Niere | **Renin** | GP | Synthese des vasokonstriktorisch wirkenden Angiotensin aus einer im Blut zirkulierenden Vorstufe |
| Niere, Blutkreislauf | **Angiotensin I und II** | P | Angiotensin II besonders stark vasokonstringierend, insbesondere abführende Blutgefäße in der Niere, dadurch erhöhte glomeruläre Filtration |
| Niere | **Erythropoietin** | GP | Regt die Differenzierung von Erythrozyten aus Vorläufer-Zellen des blutbildenden Systems an (Erythropoese) |
| Magen | **Gastrin** | P(17-34) | Sekretion des Magensafts (s. Tabelle 7.2) |
| | **Ghrelin** | P(28) | stimuliert Nahrungsaufnahme und Freisetzung von GH aus der Hypophyse |
| Duodenum (Zwölffingerdarm) | **Sekretin** | P(27) | Sekretion des Pankreassafts (s. Tabelle 7.2) |
| | **Cholecystokinin** | P(33) | Kontraktion der Gallenblase (s. Tabelle 7.2) |
| Fettgewebe | **Leptin** | P(146) | Signalisiert den Füllungszustand der Fettzellen für die Gewichtsregulation durch den Hypothalamus |
| Placenta | **Choriongonadotropin** | GP | Ersetzt das Luteinisierungshormon (LH) der Adenohypophyse bei Schwangerschaft |
| Viele Gewebe | **Prostaglandine** | F | Blutdruckregulation durch Wirkung auf glatte Muskulatur; Regulation von Entzündungsprozessen und Abwehrreaktionen |
| Endothel von Blutgefäßen (Arterien) | **Endothelin(e)** | P | Stark vasokonstringierend wirkende Polypeptide. Produktion und Freisetzung durch mechanische Scherkräfte (Gefäßdruck), Hypoxie, Thrombin (Hämostase), Angiotensin II, Interleukin I, u. a. m. |
| Herz | **Natriuretische Peptide (ANP)** | P(20-35) | Senkung des Blutdrucks durch Entspannung der glatten Muskulatur der Blutgefäße; Filtrationsrate in der Niere steigt; es wird vermehrt Salz und Wasser ausgeschieden |
| Gewebe, die innerviert werden | **Neurotropine (Nervenwachstumsfaktoren (NGF))** | P | Werden von Geweben sezerniert, um die Innervierung (besonders sympathische und sensorische I.) aufrecht zu erhalten (z. B. in glatter Muskulatur) oder das Wachstum von Neuriten anzuregen (z. B.: *nerve growth factor*, NGF; Neurotropin 3, NT-3; *glial cell line-derived neurotropic factor*, GDNF; *insulin-like growth factor 1*, IGF-1; *fibroblast-growth factor 2*, FGF-2; *ciliary neurotrophic factor*, CNTF) |

**Tabelle 9.3** (Fortsetzung)

| Bildungsort | Hormon | Chemische Struktur | Wirkung |
|---|---|---|---|
| Makrophagen und Lymphocyten | **Interleukine** | P | Heterogene Gruppe von Proteinen (IL-1, IL-2 usw., ca. 13 bekannt), werden bei Immunreaktion gebildet, wirken auf Lymphozyten und andere Leukozyten, stimulieren die Proliferation von Antigen-spezifischen B- und T-Lymphozyten |
| T-Lymphozyten | **Lymphokine** | P | Werden von aktivierten T-Zellen bei Immunreaktion gebildet, darunter Faktoren für Chemotaxis von Makrophagen, Wachstumsfaktoren für Lympohzyten (z. B. IL-2, IL-3), $\gamma$-Interferon |
| T-Lymphozyten | **Tumornekrosefaktoren (TNF)** | | Eine Gruppe von Lymphokinen mit antitumoraler Aktivität. Z.B. **Cachectin** hemmt Enzyme des Lipidstoffwechsels und ist an der Kachexie (Auszehrung) beteiligt |
| Verschiedene Gewebe | **Interferone** | P | Werden bei Virusinfektion und als Zytokine während einer Immunreaktion gebildet (Interferon $\alpha$ und $\beta$), hemmen die Translation und stimulieren den Abbau viraler Nukleinsäuren. Interferon-$\beta_2$= IL-6. Interferon $\gamma$ s. Lymphokine |
| Verschiedene Gewebe | **Wachstumsfaktoren** | P | Heterogene Gruppe von Zytokinen, häufig mit mitogener Wirkung, die Wachstum und Differenzierung von Zellen stimulieren. Dazu gehören **CSF**, die Kolonie-stimulierenden Faktoren des Blutbildungssystem, **PDGF** (*platelet derived growth factor*), **TGF** (s. unten), **TNF** (s. oben), Chalone. **VEGF** (*vascular endothelial growth factor*), eine Gruppe von Faktoren die Erhaltung und Wachstum von Blutgefäßen in Geweben kontrollieren (Angiogenese). **IGF** (*insulin like growth factor*= **Somatomedin(e)**) sind Mediatoren des Wachstumshormons (GH) in peripheren Geweben und beeinflussen den Glucosestoffwechsel durch Bindung an Insulin-Rezeptoren |
| Verschiedene Gewebe | **Transformierende Wachstumsfaktoren (TGF)** | P (TGF-$\alpha$)<br>GP (TGF-$\beta$) | Faktoren, die das Wachstum von embryonalen oder adulten Zellen fördern oder hemmen. Z.B. **Myostatin** ein negativer Regulator des Wachstums von Skelettmuskelzellen |

### 9.3.2 Stickstoffmonoxid, ein besonders rasches chemisches Signal

Ein ganz ungewöhnlicher Botenstoff ist Stickstoffmonoxid (NO), dessen biologische Bedeutung für die Kreislaufregulation erst vor wenigen Jahren entdeckt wurde. Ursprünglich hatte man *in vitro* an Arterien beobachtet, dass diese nur dilatieren konnten, wenn das Kapillarendothel intakt war. Es wurde deshalb die Existenz eines EDRF (*endothelial derived relaxing factor*) angenommen, der schließlich als NO identifiziert wurde (Furchgott 1988, Ignarro 1988, Übersicht in Furchgott 1999). Mittlerweile ist klar, dass Kapillarendothelzellen bei mechanischer Reizung (Dehnung, Druck oder Schubspannungen an der Zelloberfläche) NO freisetzen. NO diffundiert von den Endothelzellen in die benachbarte glatte Gefäßmuskulatur, und diese erschlafft. Auf diese Weise reagieren Arterien auf einen Anstieg des lokalen Blutdrucks: Das Blutgefäß weitet sich, der Druck sinkt, und es fließt mehr Blut durch das Gewebe. Neben mechanischen Reizen können auch ein sinkender Sauerstoffpartialdruck ($<50$ mmHg$=$6,7 kPa) und einige vasoaktive Substanzen wie Acetylcholin, Noradrenalin, Serotonin, Histamin usw. NO freisetzen. Aus all diesen Einzeleffekten ergab sich so nach und nach der Schluss, dass NO eine zentrale Rolle als Signalmolekül im Herz-Kreislaufsystem und bei der Gewebedurchblutung spielt. Die amerikanischen Forscher Robert Furchgott, Louis Ignarro und Ferid Murad erhielten für diese Entdeckung 1998 den Nobelpreis.

NO wird durch Stickoxid-Synthase (NOS) aus der Aminosäure Arginin und molekularem Sauerstoff synthetisiert. Von der NOS sind mehrere Isoformen aus verschiedenen Geweben bekannt, z. B. die endotheliale NOS (eNOS), die induzierbare NOS (iNOS) und die neuronale NOS (nNOS). NO ist ein kleines Molekül und leicht flüchtiges Gas, das rasch durch Membranen diffundiert, und eignet sich geradezu ideal als auto- und parakrines Signalmolekül. Wegen dieser Eigenschaften kann es nicht in Vesikeln gespeichert werden, wie andere Botenstoffe, sondern muss stets akut synthetisiert werden. NO ist außerdem ein sehr reaktionsfreudiges Radikal, das direkt in zahlreiche Reaktionsschritte des Stoffwechsels eingreifen kann. Seine Hauptwirkung entfaltet es jedoch durch Bindung an die Hämgruppe der Guanylcyclase und steigert dadurch die Bildung von cGMP. cGMP ist eine wichtiger intrazellulärer Transmitter, der Ionenkanäle schaltet und Kinasen aktiviert (Proteinkinase G) und die glatte Gefäßmuskulatur erschlaffen lässt. Da NO so reaktionsfreudig ist, hat es nur eine kurze Lebensdauer [mit $O_2$ bildet es Nitrit ($NO_2^-$) oder Nitrat ($NO_3^-$)]. Es wird innerhalb von Sekunden inaktiviert, und seine Signalwirkung erlöscht genau so schnell, wie sie begann.

Die dilatierende Wirkung auf die Blutgefäße wirkt sich in einzelnen Geweben unterschiedlich aus. Im Herzen und in den Bronchien kommt es zu einer besseren Durchblutung, im Penis zu einem Anschwellen der Schwellkörper. Unbewusst hatte man schon seit etwa 100 Jahren die gefäßerweiternde Wirkung des NO genutzt, indem man herzkranke Patienten mit Nitroglyzerin behandelte. Nitroglycerin setzt NO frei, verbessert die Durchblutung des Herzens, und alte, etwas starr gewordene Blutgefäße können sich wieder elastisch verformen. Die Entdeckung des Synthesewegs von NO und seines Reaktionsmechanismus ermöglichte die Entwicklung neuer Kreislaufmedikamente. Außerdem entdeckte man dass NO und NOS auch in anderen Geweben eine wichtige Rolle spielen. So dient NO als Transmitter im Nervensystem, wird im Darm zur Entspannung der Ringmuskulatur eingesetzt, ist an der Insulin-Sekretion beteiligt, spielt eine Rolle bei Fieberreaktionen, und Makrophagen nutzen seine Toxizität zur Zerstörung von Bakterien, um nur einige Beispiele zu nennen. Die rasche Aktivierung, hohe Beweglichkeit und Reaktionsfreude von NO machen es offensichtlich zu einem weit verbreiteten Signalmolekül für die metabolische Regulation in Geweben (Gerstberger 1999, Spinas 1999, Andrews et al. 2002).

### 9.3.3 Kommunikation durch Duftstoffe

Die chemische Kommunikation ist nicht nur auf Vorgänge im Körper beschränkt, sondern wird auch zur Kommunikation zwischen Individuen eingesetzt. Solche Botenstoffe zur innerartlichen Kommunikation werden von Drüsen nach außen abgegeben und als **Pheromone** bezeichnet („phérein" griechisch für „tragen"). Das bekannteste Beispiel dafür ist der Sexuallockstoff des Seidenspinners das **Bombykol**, ein kleines Molekül mit 16 linear angeordneten Kohlenstoffatomen. Es ist leicht flüchtig und kann mit dem Wind einige Kilometer vom Weibchen wegtransportiert werden. Treffen einige wenige Moleküle auf die Antenne eines Seidenspinnermännchens, so fliegt es in Richtung der Duftquelle los. Andere Pheromone werden von Ameisen zur Markierung ihrer Wege und Territorien eingesetzt oder von der Königin eines Bienenvolks ausgeschieden, damit die Arbeiterinnen keine weitere Königin heranziehen (s. Band 1, S. 413 Pheromone). Auch Wirbeltiere verwenden Pheromone, z. B. die Alarmstoffe von Fischen, die sie bei Angriffen oder Verletzungen ausscheiden und damit ihre Artgenossen vor drohenden Gefahren warnen. Duftstoffe haben auch über Artgrenzen hinweg Bedeutung. Blüten können Duftstoffe absondern, mit denen sie Insekten zur Bestäubung anlocken. Diese interspezifisch eingesetzten Botenstoffe werden als **Allomone** bezeichnet.

## 9.4 Hormonrezeptoren

Chemische Botenstoffe liegen nur in sehr geringer Konzentration in den Körperflüssigkeiten vor und können deshalb auch nicht direkt wie Enzyme in den Stoffwechsel eingreifen. Die Konzentration von Glucose im Blut beträgt etwa 5 mmol $l^{-1}$, und im Vergleich dazu beträgt die Konzentration des wichtigsten Hormons, das den Glucosegehalt steuert, des Insulins, etwa 20 pmol $l^{-1}$, d. h. nur etwa ein Millionstel der Konzentration von Glucose. Hormone können nur wirken, wenn die Zielzelle spezifische Rezeptoren für den Botenstoff enthält. Diese Rezeptoren müssen drei Aufgaben erfüllen. Sie müssen

- den Botenstoff mit hoher Spezifität erkennen und eindeutig von ähnlich gebauten Molekülen unterscheiden,
- das nur in geringer Menge vorliegende Signal verstärken,
- das Signal in eine Reaktion der Zelle umsetzen.

Angesichts der großen biochemischen Vielfalt von Hormonen und Zytokinen ist es erstaunlich, dass für die Bindung und Umsetzung des Signals in den Zellen nur einige wenige, einheitliche Wege beschritten werden.

### 9.4.1 Cytosolische Rezeptoren für Steroidhormone

Lipidlösliche Hormone, wie die Steroide oder das Thyroxin, können die Plasmamembran passieren und binden an **cytosolische Rezeptoren** (Abb. 9.2 oben). Die Bindung des Liganden aktiviert den Hormon-Rezeptor-Komplex, er gelangt in den Zellkern, bindet an hormonresponsive Elemente der DNA und reguliert die Transkription spezifischer Gene. Die cytosolischen Rezeptoren haben alle eine verwandte Struktur, mit großer Ähnlichkeit in einer DNA-bindenden Domäne, und werden deshalb als Superfamilie der intrazellulären Rezeptoren zusammengefasst (*intracellular receptor superfamily* oder *steroid hormone receptor superfamily*). Die aktivierten Hormon-Rezeptorkomplexe induzieren oder reprimieren die Transkription eines ganzen Satzes von 50–100 Genen. Sie verändern dadurch das **Muster der Genexpression**, nicht nur die Aktivität eines einzelnen Enzyms oder Transporter. Dadurch können vorhandene Stoffwechselwege verändert oder neue Stoffwechselwege in Betrieb genommen werden. Deshalb sind Steroidhormone ideal geeignet, um länger wirkende Veränderungen im Stoffwechsel und einen Umbau der Zellen zu kontrollieren.

### 9.4.2 Membranständige Rezeptoren für Proteohormone

Die meisten Peptidhormone sind nicht lipidlöslich und können deshalb die Plasmamembran nicht passieren. Sie können nur an einen Rezeptor auf der Oberfläche der Plasmamembran binden, der dieses humorale Signal ins Cytosol weiterlei-

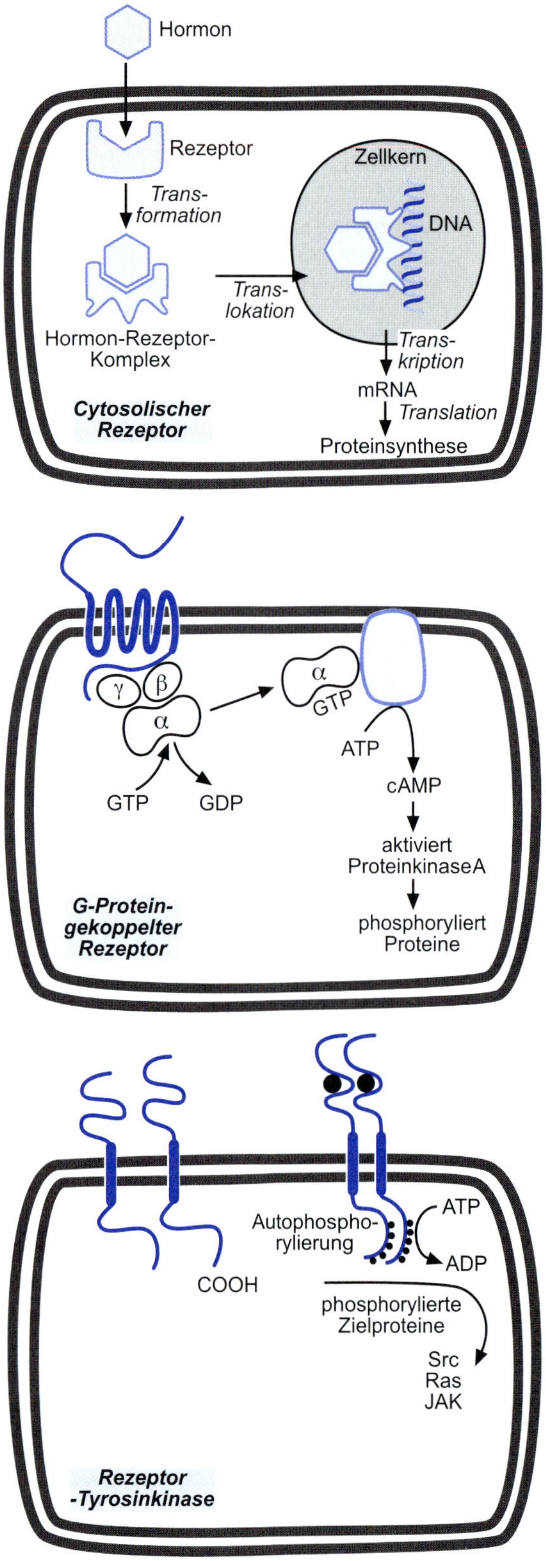


**Abb. 9.2.** Wirkungsweise von Hormonrezeptoren. Lipidlösliche Hormone, wie die Steroidhormone, binden an intrazelluläre Rezeptoren, und der aktivierte Hormon-Rezeptor-Komplex greift in die Genexpression ein (*oben*). Hydrophile Hormone können die Plasmamembran nicht durchdringen, sondern binden extern an membranständige Rezeptoren. Bei G-Protein gekoppelten Rezeptoren wird dieses Signal über G-Protein weitergeleitet und stimuliert die Adenalytcylase zur Bildung des internen Botenstoffs cAMP (*second messenger*), der Enzyme aktiviert (*Mitte*). Die Bindung von Hormonen an Enzym-gekoppelte Rezeptoren (hier Rezeptor-Tyrosin-Kinase) löst eine Dimerisierung des Hormon-Rezeptor-Komplexes und Autophosphorylierung des enzymatisch aktiven Carboxylendes des Rezeptors auf der cytosolischen Seite aus. Diese Kinase aktiviert dann weitere Zielproteine

tet. Die Plasmamembranen aller Zellen sind bestückt mit zahlreichen Transportproteinen für den Stoffaustausch, aber sie enthalten auch eine kleine Menge Hormonrezeptoren (< 0,01% des Proteingehalts). Die Aufklärung der räumlichen Struktur dieser Rezeptoren ist besonders schwierig, da sie nur in geringer Menge vorliegen und nur als Membranprotein funktionieren. Trotz dieser Schwierigkeiten ist bereits absehbar, dass die meisten Hormonrezeptoren drei unterschiedliche Funktionstypen zugeordnet werden können:

- den relativ häufigen **G-Protein-gekoppelten Rezeptoren,**
- einer Gruppe von **Ionen-Kanal-gekoppelten Rezeptoren,**
- einer Gruppe von **Enzym-gekoppelten Rezeptoren.**

Die **Ionen-Kanal-gekoppelten Rezeptoren** spielen eine wichtige Rolle bei der raschen Erregungsübertragung in Synapsen und der elektrischen Reizleitung von Nervenzellen. **Neurotransmitter** wie Acetylcholin, Serotonin, GABA, oder Glycin binden an Kanal-Proteine und öffnen oder schließen die Ionenkanäle. Sie beeinflussen dadurch direkt die Ionenpermeabilität der postsynaptischen Membran und wirken an der Depolarisation mit. Dies geschieht auch bei der neuromuskulären Erregungsübertragung. Bei Erregung sekretieren die motorischen Nervenendigungen Acetylcholin in den synpatischen Spalt. Dieses bindet an Acetylcholinrezeptoren der Muskelzellmembran und öffnet einen $Na^+$-Kanal. $Na^+$ strömt in die Muskelzelle und verursacht eine lokale Depolarisation an der postsynaptischen Membran. Diese Depolarisation aktiviert weitere spannungsabhängige $Na^+$-Kanäle, so dass noch mehr $Na^+$ einströmt. Die Depolarisation wird verstärkt und breitet sich schließlich über die gesamte Plasmamembran der Muskelzelle aus (s. Band 1, S. 20 Ionenkanäle).

### G-Protein gekoppelte Rezeptoren

Die Signalübertragung durch membranständige **G-Protein gekoppelte Rezeptoren** ist vor allem am $\beta$-adrenergen Rezeptor der Leberzellen exemplarisch aufgeklärt worden, der bei Stimulation mit Adrenalin einen Abbau von Glycogen auslöst. G-Protein gekoppelte Rezeptoren durchziehen die Plasmamembran mit sieben helicalen Domänen (Abb. 9.2 Mitte). Auf Grund von Ähnlichkeiten der Nukleinsäuren- und Aminosäurensequenz sind bisher etwa hundert unterschiedliche Rezeptoren identifiziert worden. Sie bilden die Superfamilie der Sieben-Helix-Proteine, des häufigsten Rezeptortyps in der Plasmamembran, zu denen auch der Sehfarbstoff Rhodopsin gehört (s. Band 1, S. 337 Sehen). Auf der Außenseite der Plasmamembran tragen die Rezeptoren eine spezifische Bindungsstelle für „ihr" Hormon und auf der cytosolischen Seite halten sie Kontakt zum G-Protein, einem trimeren Proteinkomplex, der mit GDP oder GTP assoziiert ist. Wenn ein Hormon an der externen Bindungsstelle andockt, so ändert sich die Struktur des Rezeptormoleküls geringfügig und aktiviert dabei das G-Protein auf der cytosolischen Seite. Dabei dissoziieren die drei Untereinheiten des G-Proteins, und die $\alpha$-Untereinheit bindet GTP (im Austausch gegen GDP).

Diese Reaktion wird genutzt, um das Erregungssignal in der Zelle weiterzugeben, z. B. über die Aktivierung der Adenylatcyclase. Die Adenylatcyclase ist ebenfalls ein membranständiges Protein, das auf der cytosolischen Seite katalytische Domänen für die Umwandlung von ATP in zyklisches AMP (cAMP) besitzt. **cAMP** dient als **intrazellulärer Botenstoff** (***second messenger***) der eine Kaskade von Kinasen durch Phosphorylierung aktiviert, die dann ihrerseits Stoffwechselwege in der Zelle umstellen. Die stimulierende Wirkung des cAMP hält nur kurz an, da cAMP durch Phosphodiesterasen wieder rasch abgebaut wird und die aktivierten Proteine durch Phosphorylasen wieder inaktiviert werden. Damit erfüllt das cAMP einige Grundvoraussetzungen, die für die Weiterleitung der Signale von membranständigen Hormonrezeptoren erfüllt sein müssen. Das extern nur in geringer Intensität vorliegende Signal (= geringe Menge Hormon) wird durch die Adenylatcyclase verstärkt und durch cAMP in der ganzen Zelle verbreitet, solange die Hormonbindung anhält.

Die meisten Wirkungen vermittelt cAMP durch die Aktivierung einer einzigen Protein-Kinase, der **Protein-Kinase A (PKA)**, die dadurch zum Schlüsselenzym der hormonellen Stoffwechselsteuerung wird. Sie besteht aus zwei regulatorischen und zwei katalytischen Untereinheiten. Bindung von cAMP setzt die katalytischen Ketten frei. Diese sind in der Lage, Zielproteine an Serin- und Threoninresten zu phosphorylieren, und verändern dadurch deren metabolische Aktivität. Je nach biochemischer Ausstattung der Zellen löst dies ganz unterschiedliche Reaktionen aus. Im **Glycogenstoffwechsel** von Leber und Skelettmuskulatur werden durch PKA zwei nachgeschaltete Enzyme aktiviert, Phosphorylase-Kinase und Glycogen-Phosphorylase, die Glucose aus den gespeicherten Glycogenvorräten freisetzen (Abb. 9.3). Epithelzellen enthalten in ihrer Plasmamembran einen **Chloridionenkanal**, der durch PKA geöffnet wird und eine wesentliche Rolle bei der Regulation des Membrantransports spielt. Dieser Chloridionenkanal ist auch als CFTR-Protein bekannt (*cystic fibrosis transmembrane regulator*). Mutationen des CFTR führen zu Fehlfunktionen des Chloridkanals, und dies ist die Ursache der cystischen Fibrose, einer der häufigsten Erbkrankheiten des Menschen. In einer Vielzahl von Zelltypen hat PKA Wirkungen die nicht nur in periphere Stoffwechselwege eingreifen, sondern sie stimuliert die **Genexpression** durch Phosphorylierung des Transkriptionsfaktors CREB (*cAMP-response element binding protein*) und erreicht dadurch langfristige Wirkungen ähnlich der Funktion von Steroidhormonen.

Ein weiterer Weg, auf dem G-Protein gekoppelte Rezeptoren die Zelle stimulieren können, ist die **Phosphoinositidkaskade**. Die Bindung eines Hormons wie Vasopressin (Adiuretin) an den Rezeptor der Zelloberfläche führt über G-Protein zur Aktivierung der Phospholipase C. Dieses Membranprotein liefert durch Spaltung eines Phospholipids der Plasmamembran (Phosphatidylinositol-4,5-Bisphosphat, $PIP_2$) zwei intrazellulär wirkende Botenstoffe (*second messenger*), das **Inositol-1,4,5-Trisphosphat ($IP_3$)** und das **Diaclyglycerin**. Beide greifen auf unterschiedliche Weise in den Stoffwechsel der Zellen ein. $IP_3$ setzt Calcium aus intrazellulären Speichern des endoplasmatischen und des sarkoplasmatischen Retikulums frei. In diesen Membranen sitzen Calciumkanäle, die aus einem sehr großen Protein mit vier kooperierenden Untereinheiten gebildet werden. IP3 bindet auf der cytosolischen Seite, worauf sich die Kanäle öffnen. In den meisten Zellen beträgt die Lebensdauer des IP3 nur wenige Sekunden, so dass es meist

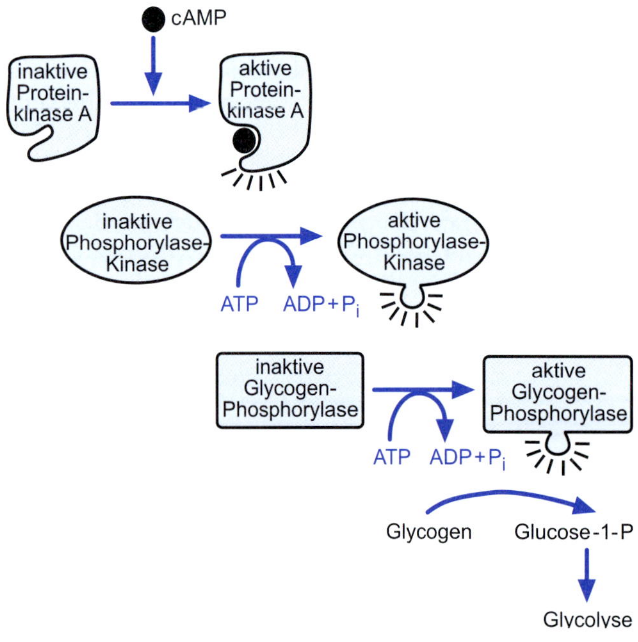


**Abb. 9.3.** Reaktionskaskade zur Aktivierung des Glycogenabbaus durch cyclisches AMP nach adrenerger Stimulation. cAMP aktiviert die Proteinkinase A, von der die Phosphorylasekinase phosphoryliert und damit aktiviert wird. Im dritten Schritt der Kaskade wird die Glycogen-Phosphorylase aktiviert, die dann in der Lage ist, Glucose-6-Phosphat aus Glycogen zu gewinnen

zu einem kurzfristigen, pulsierenden Einstrom an $Ca^{2+}$ kommt. $Ca^{2+}$ ist ein universeller cytosolischer Aktivator für verschiedene Stoffwechselprozesse. Es löst die Kontraktion glatter Muskulatur aus (s. Kap. 9.3.2 NO), vermittelt die Glycogenolyse in Leberzellen nach Stimulation mit Vasopressin und steuert die Sekretion von Stoffen (z. B. Amylasesekretion des Pankreas). An vielen $Ca^{2+}$-abhängigen Reaktionen ist das **Calmodulin** beteiligt, das praktisch in allen eukaryotischen Zellen als Calciumsensor dient und eine große Anzahl an Enzymen, Pumpen und anderen Proteinen aktiviert. Der zweite intrazellulär wirkende Botenstoff, das Diacylglycerin, aktiviert die **Protein-Kinase C** (**PKC**, in Anwesenheit von $Ca^{2+}$) die, ähnlich wie die PKA, Zielproteine an Serin- und Threonin-Resten phosphoryliert und dadurch deren Aktivität verändert. Von der PKC werden dabei vor allem Proteine aktiviert, die an der Zellteilung und Zelldifferenzierung beteiligt sind.

#### Enzym-gekoppelte Hormonrezeptoren

Die Enzym-gekoppelten Hormonrezeptoren haben wie die G-Protein-Rezeptoren eine Bindungsstelle für Hormone auf der Zelloberfläche (Abb 9.2 unten). Allerdings überbrücken sie die Plasmamembran nur mit einer Helix; auf der cytosolischen Seite besitzen sie direkt enzymatische Aktivität, im Gegensatz zu den Sieben-Helix-Rezeptoren, die das Signal über G-Protein auf die Adenylatcyclase weiterleiten. Da sie selbst enzymatische Aktivität besitzen, werden sie auch als **katalytische Rezeptoren** bezeichnet, und da bei dieser Reaktion meist Tyrosinreste phosphoryliert werden, spricht man auch von **Rezeptor-Tyrosin-Kinasen**. Enzym-gekoppelte Hormonrezeptoren werden vor allem von Wachstumsfaktoren genutzt, wie für den Epidermiswachstumsfaktor (*epidermal growth factor*, EGF), den Blutplättchenwachstumsfaktor (*platelet derived growth factor*, PDGF), den Nervenwachstumsfaktor (*nerve growth factor*, NGF), den Fibroblastenwachstumsfaktor (*fibroblast growth factor*, FGF), den Gefäßendothelwachstumsfaktor (*vascular endothelium growth factor*, VEGF), den Insulin-ähnlichen Wachstumsfaktor (*insulin like growth factor 1*, IGF-1); auch der Rezeptor für Insulin gehört zu dieser Gruppe der Hormonrezeptoren.

Es war lange unklar, wie eine solche recht einfache Struktur mit nur einer Helix bei extrazellulärer Hormonbindung im Cytosol enzymatisch aktiv werden kann. Die Aufklärung gelang bei Untersuchungen des Rezeptors für EGF. Dieser Rezeptor ist ein Protein aus 1186 Aminosäuren. In Abwesenheit von EGF liegt er tatsächlich als Monomer vor, aber wenn EGF bindet, dann bilden zwei Rezeptormoleküle ein Dimer. Diese beiden Ketten des Dimers phosphorylieren sich gegenseitig 5 Tyrosinreste, die nahe dem carboxyterminalen Ende im Cytosol liegen, ein Vorgang, der als **Autophosphorylierung des Rezeptors** bezeichnet wird. Durch die Phosphorylierung wird das cytosolische Ende des Rezeptors selbst enzymatisch aktiv und kann andere Zielproteine phosphorylieren. Ein Sonderfall ist der **Insulin-Rezeptor**, da er zwar dem EGF-Rezeptor ähnlich ist, aber bereits im Ruhezustand als Dimer vorliegt. Nach der Aktivierung bildet er ein Tetramer.

Zu den Zielproteinen der Rezeptor-Tyrosin-Kinasen gehören das GTPase-aktivierende Protein (GAP), Phospholipase C-$\gamma$ (PLC-$\gamma$) und ganz generell Proteine, die eine SH2-Domäne (Src-Homologieregion 2) besitzen, da diese Struktur phosphorylisierte Tyrosinreste erkennt. **Ras-Proteine** gehören zu einer Familie von monomeren GTPasen, die Signale von den Rezeptor-Tyrosin-Kinasen in den Zellkern übertragen. Sie spielen eine zentrale Rolle bei der Zellteilung und Zellentwicklung. Das GTPase-aktivierende Protein steigert die Hydrolyse von GTP und wird dadurch zum Gegenspieler der Ras-Proteine. An der Steuerung der Zellteilung sind ebenfalls die **MAP-Kinasen** (*mitogen activated protein kinases*) beteiligt. Ein Teil der MAP-Kinasen wird ebenfalls durch Rezeptor-Tyrosin-Kinasen aktiviert, während andere durch die oben erläuternde G-Protein-gekoppelten Rezeptoren reguliert werden. Auf Grund dieser Zusammenhänge ist es nicht verwunderlich, dass in der Verwandtschaft der Rezeptor-Tyrosin-Kinasen und der von ihnen regulierten Proteine mehrere Onkogene gefunden wurden.

Aus diesen Zusammenhängen wird deutlich, dass über die Rezeptor-Tyrosin-Kinasen vorwiegend langfristige, subtile Vorgänge des Wachstums und der Zellentwicklung über den Zellkern gesteuert werden, im Gegensatz zu den G-Protein gekoppelten Rezeptoren, die ihr Signal über cAMP verstärken und im gesamten Cytosol verteilen und auf diese Weise auch akute und massive Änderungen des Stoffwechsels verursachen können. In jüngster Zeit sind neben den Rezeptor-Tyrosin-Kinasen auch Hormonrezeptoren entdeckt worden, die mit ihrer cytosolischen Seite andere Enzymreaktionen katalysieren. Dazu gehören **Rezeptor-Tyrosin-Phosphorylasen**, die an Tyrosinresten aktivierte Proteine durch Dephosphorylierung wieder inaktivieren. Eine weitere Gruppe der Enzym-gekoppelten Rezeptoren sind die **Serin-/Threonin-Kinasen**, die cytosolische Proteine an Serin- und Threonin-Resten phosphorylieren, ähnlich wie das G-Protein abhängige Phosphorylasen geschieht. An diese Rezeptoren binden Wachstumsfaktoren die zur TGF-$\beta$-Superfamilie gehören, z. B. das oben erwähnte Myostatin als negativer Regulator der Muskelwachstums. Eine weitere Gruppe sind die **Rezeptor-Guanyl-Cyclasen**, welche die Bildung von cyclischem GMP im Cytosol katalysieren. Cyclisches GMP wirkt als ein intrazellulärer Botenstoff der, ähnlich wie cAMP, eine spezifische Kinase aktiviert, die **G-Kinase.** Dieser Rezeptor und der dazugehörende Reaktionsweg ist spezifisch für die Atrionatriuretischen Peptide (ANP), die vom Herzmuskel sekretiert werden, wenn der Blutdruck steigt. ANP wirkt dilatierend auf Blutgefäße und steigert die Salz- und Wasserausscheidung der Niere (s. Kap. 8.7.6 Exkretion und Osmoregulation). In diesem Fall ist ein Enzym-gekoppelter Rezeptor nicht als Wachstumsregulator an der Zellentwicklung beteiligt, sondern, abweichend vom typischen Muster, an einer akuten metabolischen Reaktion, mit der die Zusammensetzung der Körperflüssigkeit kontrolliert wird.

## 9.5 Endokrine Systeme der Evertebraten

Die endokrinen Funktionen der Evertebraten beruhen vorwiegend auf Neurosekretion. Sie besitzen keine oder nur wenige periphere Hormondrüsen, wie wir sie vom endokrinen System der Wirbeltiere kennen. Viele Neurotransmitter und Hormone der Evertebraten stimmen jedoch mit denen der Wirbeltiere überein oder sind ihnen chemisch nahe verwandt, wie z. B. Adrenalin, Dopamin, Serotonin, Gamma-Amino-Buttersäure (GABA), Glutamat, Melatonin, Substanz P, Vasopressin, $\alpha$-MSH, Met-Enkephalin, Insulin, Steroidhormone usw. Auch die entsprechenden Hormonrezeptoren sind bereits bei Evertebraten vorhanden, wie z. B. die ubiquitär bei Tieren verbreiteten G-Protein-gekoppelten Rezeptoren (Harmar 2001). Die Aufklärung des Genoms vom Fadenwurm *Caenorhabditis* und der Fruchtfliege *Drosophila* ermöglichte die Suche nach homologen Sequenzen der Wirbeltier-Hormonrezeptoren, und diese Suche ergab, dass auch die meisten anderen Hormonrezeptor-Typen bereits bei den Evertebraten vorhanden sind.

Als Beispiel soll der Insulin-Rezeptor erläutert werden, ein katalytischer Rezeptor, der als Tyrosin-Kinase wirkt. Sowohl *Caenorhabditis* und *Drosophila* besitzen diesen Rezeptor. Mutationen des Rezeptors führen bei beiden Arten zu Wachstumsstörungen, die bei *Drosophila* auch von neuroendokrinen Störungen begleitet sind, ähnlich wie bei Wirbeltieren (Garofalo 2002, Braeckman et al. 2001). Der Rezeptor ist offensichtlich funktionell und strukturell konserviert. Beim Insulin der Wirbeltiere denkt man zwar zuerst an die Regulation des Blutzuckers, aber man sollte nicht übersehen, dass Insulin auch eine wichtige Rolle in der frühen Entwicklung spielt und dass vor allem die IGFs (*insulin like growth factors*) auch bei adulten Wirbeltieren als Wachstumsfaktoren dienen. Möglicherweise ist die metabolische Kontrolle des Wachstums als die ursprüngliche Funktion des Insulin-Signalwegs anzusehen, und diese ist bei Wirbeltieren um die Aufgabe der Blutzuckerregulation erweitert worden. Aus diesen Beispielen folgt, dass die Grundelemente der chemischen Kommunikation in einer frühen Phase der Metazoen-Evolution entstanden sind und im Lauf der Entwicklung verschiedener Tiergruppen modifiziert und erweitert wurden. Oder in anderen Worten ausgedrückt, im Lauf der Evolution neuer Tiergruppen sind für neue physiologischen Funktionen nicht stets neue Hormone entwickelt worden, sondern die vorhandenen Hormone wurden für neue Anwendungen umfunktioniert.

Niedere Evertebraten wie die Hydrozoa und Platyhelminthes besitzen keine endokrinen Organe, sondern verfügen über einen begrenzten Satz von Neurohormonen, die an der Regulation von Wachstum, Gonadenreifung und Regeneration beteiligt sind. Höhere Invertebraten, wie die Anneliden, Mollusken und Arthropoden, besitzen ein höher entwickeltes endokrines System, das zusätzlich noch an der Osmoregulation, an der Herztätigkeit, am Farbwechsel und an der Regulation des Zellstoffwechsels beteiligt ist. Dieser Trend zu mehr Aufgaben des endokrinen Systems ist sicher im Zusammenhang mit dem Entwicklungszustand des Kreislaufsystems zu sehen, das den niederen Evertebraten fehlt, während höhere Evertebraten ein komplexes Kreislaufsystem entwickelten, mit dem Botenstoffe rasch im ganzen Körper verteilt werden können.

### 9.5.1 Hydrozoen

**Hydrozoen** besitzen neurosekretorische Zellen, die vor allem bei Wachstum und Regeneration aktiv werden. Wenn der Kopf einer Hydra entfernt wird, so wandern dichte neurosekretorische Granula zu den Enden der Axone und werden während der Regeneration der Tentakel und der Mundöffnung in den Intrazellulärraum sekretiert. Bringt man angeschnittene Hydren in ein Nährmedium, das Homogenat mit den neurosekretorischen Granula enthält, so entwickeln sich an der Schnittstelle zusätzlich Kopfregionen. Offensichtlich induziert das Neurosekret die Kopf- und Tentakelbildung und kontrolliert den Ablauf der Regeneration. An diesem Vorgang sind zahlreiche Neuropeptide beteiligt, wobei es sich meist um Hydra-RFamide handelt, also Peptide mit der Endung -Arg-Phe-CO-$NH_2$, oder Hydra-LWamide mit der Endung -Leu-Trp-CO-$NH_2$ (biologische Amide sind Verbindungen, bei denen die OH-Gruppe einer Carboxylgruppe durch $NH_2$ ersetzt ist). Hydra hat vier verschiedene Gene, die für je ein Präprohormon codieren, aus denen dann zeitlich gestaffelt mehr als 30 verschiedene Neuropeptide hergestellt werden, die den Ablauf der Regeneration steuern (Mitgutsch et al. 1999).

### 9.5.2 Anneliden

**Annneliden** besitzen ein hochentwickeltes Nervensystem, ein leistungsfähiges Kreislaufsystem, und dazu ein Coelom, so dass die Sekretion von Botenstoffen aus neurosekretorischen Zellen und deren rasche Verteilung im gesamten Körper gut funktionieren. Sekretorische Neurone liegen gehäuft in den cerebralen, supraoesophagialen und ventralen Ganglien. Bei Polychaeten und Egeln führen deren Axone teilweise bis in die Nähe von Blutgefäßen, so dass neurohämale Kontaktzonen entstehen, an denen Botenstoffe direkt ins Blut oder die Coelomflüssigkeit ausgeschüttet werden können. Oligochaeten besitzen keine spezialisierten Neurohämalbereiche, aber ihr Gehirn ist wesentlich dichter vaskularisiert als das der Polychaeten.

Das endokrine System der Anneliden spielt eine zentrale Rolle bei der Entwicklung, dem Wachstum, der Regeneration, bei der Gonadenreifung und vermutlich auch bei der Osmoregulation. Marine Polychaeten, wie die Angehörigen der Gattung *Nereis*, leben normalerweise am Meeresboden. Zum Laichen steigen sie synchron in großen Schwärmen auf und entlassen ihre Gameten zur Befruchtung ins umgebende Wasser. Dieses Verhalten setzt eine perfekte Synchronisation der Polychaeten voraus, wobei sie Pheromone zur Kommunikation nutzen, meteorologische Bedingungen berücksichtigen und die Mondphasen als Zeitgeber nutzen (**Palolo-Wurm**). Der Übergang von der benthischen, sexuell unreifen Form (atok) in die pelagisch lebende, schwimmende und sexuell aktive Form (epitok) ist mit tiefgreifenden morphologischen Änderungen verbunden (**Epitokie**). Die epitoke Form ist für das Schwimmen spezialisiert, ist größer, hat vergrößerte Augen, verbreiterte Parapodien und entwickelt Gonaden (Fischer 1999). Bei den Nereiden entwickelt sich das komplette Individuum zum Epitok (Epigamie), während bei den meisten anderen Polychaeten nur ein Teil des Körpers zum Epitok umgewandelt (Schizogamie) und für das Schwärmen abgetrennt wird (**Stolonisation**).

Die Epitokie wird hormonell gesteuert durch ein oder mehrere Neurohormone aus dem supraoesophagialen Ganglion, deren chemische Zusammensetzung und zelluläre Wirkungsweise unbekannt ist. Entfernt man einem jungen Wurm den gesamten Kopf, so beginnt er mit der epitoken Metamorphose. Implantiert man die Gehirne von älteren Würmern in kopflose Würmer, so verzögert dies den Beginn der Epitopie, und durch die Implantation von Gehirnen junger Würmer kann die Epitopie vollständig unterbunden werden (Jenkin 1970). Das vom Gehirn gebildete Hormon ist deshalb ein **Juvenilhormon**, das die Epitokie und sexuelle Reifung verhindert. Bei Sylliden, die nur ihr Hinterende in ein Epitok umwandeln, wird vermutet, dass das Juvenilhormon aus anderen Abschnitten des Nervensystems stammt und dass möglicherweise ein weiteres Hormon aus dem Prostomium beteiligt ist (Jenkin 1970, Franke 1983).

Bei Oligochaeten und Hirudineen ist ein dem Oxytocin und Vasopressin der Säugetiere ähnliches Peptid entdeckt worden, das **Annetocin**. Während der Fortpflanzungszeit (Juni–Juli) lösen Injektionen des Annetocin sowohl bei Erdwürmern als auch Egeln unmittelbar die Eiablage aus, deutlich erkennbar an peristaltischen Kontraktionen des Clitellums. Gleichzeitig werden auch große Mengen an Schleim abgesondert. Außerhalb der Fortpflanzungszeit reagieren die Würmer nur mit einer leichten Verschlankung des Körpers auf die Injektion. Wegen der starken Flüssigkeitsabsonderung hatte man ursprünglich angenommen, dass Annetocin sowohl die Eiablage steuert als auch Bedeutung für die Osmoregulation hat. Die Tatsache, dass außerhalb der Fortpflanzungszeit keine großen Schleimmengen abgesondert werden, lässt vermuten, dass Annetocin nur für die Eiablage zuständig ist und die dabei beobachtete Flüssigkeits- und Schleimausscheidung eine schützende Begleiterscheinung der Eiablage ist (Fujino et al. 1999).

## 9.5.3 Mollusken

Das endokrine System der **Mollusken** beruht nahezu ausschließlich auf Neurosekretion. Das Nervensystem der Meeresschnecke ***Aplysia*** (Opisthobranchia) ist wegen seines übersichtlichen Bauplans und der enormen Größe seiner Neurone zu einem bevorzugten Studienobjekt der Neurophysiologie geworden. Ihr ZNS enthält „nur" etwa 20 000 Neurone von denen einige über 1 mm Durchmesser erreichen. Die Rolle der einzelnen Neurone bei der Steuerung des Verhaltens ist genau verstanden, und viele der dabei beteiligten Neurotransmitter sind identifiziert. Neurosekrete, die als Hormone über den Kreislauf verteilt ihre Wirkung entfalten, sind im Gegensatz dazu wenig untersucht. An der Fortpflanzung ist ein **Eierlege-Hormon (ELH)** beteiligt, das von neurosekretorischen Zellen des parietoviszeralen Ganglions produziert wird (*bag cells*). Injektionen von Extrakten dieser Zellen in andere Individuen, lösen das gesamte zur Eiablage gehörende Verhaltensmuster aus. Das ELH von *Aplysia* ist nicht dem Annetocin der Anneliden verwandt, sondern ist ein lineares Peptid aus 35 Aminosäuren. Außerdem stellen die Zellen aus dem Prohormon von ELH noch eine Reihe von anderen Peptiden her (*bag cell proteins*, BCP) deren Primärstruktur zwar aufgeklärt wurden, aber deren Funktion unbekannt ist (Li et al. 1999). Das Hormon **Insulin** ist ebenfalls bei *Aplysia* vorhanden, allerdings scheint es nur als Neurotransmitter eingesetzt zu werden. Es erhöht den $Ca^{2+}$-Gehalt der Neurone und ist an der Freisetzung des ELH beteiligt (Floyd et al. 1999).

Landlungenschnecken (Stylommatophora, Pulmonata, Gastropoda), zu denen auch die **Weinbergschnecke** (*Helix pomatia*) gehört, haben ein stark zentralisiertes Nervensystem, in dem mit histochemischen Methoden zahlreiche neurosekretorischen Zellen nachgewiesen wurden, deren Funktion aber in den meisten Fällen unbekannt ist. Alle Pulmonaten sind Hermaphroditen, ein Verhalten, das bei den Stylommatophora sogar sukzessiv eintritt, wobei sie zuerst die männliche und dann die weibliche Phase durchlaufen. Dieser Geschlechtswechsel und Gonadenumbau stellt hohe Anforderungen an die endokrine Kontrolle der Reproduktion. Die Gonaden entwickeln sich spontan zum weiblichen Typ. Diese Entwicklung wird durch ein Neurohormon aus den Cerebralganglien und einen Faktor aus den optischen Tentakeln unterdrückt. Deren Sekretion verursacht deshalb zuerst die Ausbildung des männlichen Fortpflanzungsverhaltens. Dann lässt ihre Sekretion nach und die Schnecken nehmen das weibliche Fortpflanzungsverhalten an. Die Vitellogenese steht unter dem Einfluss eines Hormons aus dem dorsalen Ganglion, des Dorsalkörperhormons DBH (*dorsal body hormone*).

Die meisten Mollusken besitzen auch cardioaktive Neuropeptide. Bei den Muscheln ist es das FMRFamid (Phe-Met-Arg-Phe-CO-$NH_2$), und bei Schnecken wurden ähnlich wirkende Neurosekrete aus dem Suboesophagialganglion entdeckt (*suboesophagial cardioexcitatory peptides*, SCVPs). Das Nervensystem vieler Mollusken enthält Neurohämalbereiche, in denen die Peptide ins Blut ausgeschüttet werden. Mit immunologischen Methoden konnten darunter auch viele Peptide entdeckt werden, die den Neuropeptiden und Hormonen der Wirbeltiere homolog sind. Dazu gehören Vasotocin, Arginin-Vasopressin, $\alpha$-MSH, Enkephaline, Somatostatin, Insulin, deren Funktionen aber bei Mollusken nicht genau bekannt ist. Einige Neurosekrete sind an der Osmoregulation beteiligt. Bei der Süßwasserschnecke *Lymnea* liefern Zellen aus den pleuralen und parietalen Ganglien ein Sekret, das die Wasserausscheidung steigert (*dark green cells*, DGC-Hormon). Werden diese Zellen zerstört, so schwellen die Schnecken stark an. Das DGC-Hormon hat eine strukturelle Ähnlichkeit mit dem Thyrotropin-Releasing-Hormon (TRH) der Wirbeltiere. Sowohl bei *Lymnea* als auch bei der ebenfalls im Süßwasser lebenden Schnecke *Helisoma* sind weitere diuretisch wirkende Peptide entdeckt worden (DH, diuretisches Hormon), aber auch antidiuretische wirkende Faktoren wie das SISP (*sodium influx stimulatory peptide*) oder Substanzen, die wiederum den FMRFamiden ähnlich sind (*FMRFamid related peptides*, FaRP), und in Axonen vorkommen, welche die Niere innervieren.

## 9.5.4 Insekten

Viele physiologische Reaktionen der Insekten stehen unter endokriner Kontrolle. Dazu gehören die Metamorphose und die Häutungszyklen, Fortpflanzung, Diapause, der Gehalt an Metaboliten in der Hämolymphe und die Osmoregulation. Ihr endokrines System beruht im Wesentlichen auf der Aktivität von neurosekretorischen Zellen, aber einige dieser Axone und Zellen sind aus dem Zentralnervensystem ausgelagert und bilden Neurohämalorgane, mit denen sie die

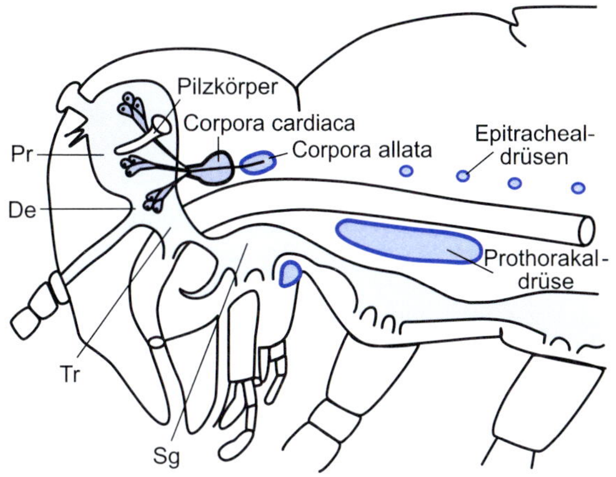


**Abb. 9.4.** Lage des Zentralnervensystems und endokriner Organe bei einem Insekt (nach Langer, verändert)., De: Deuterocerebrum, Oc: Ocelli, Pr: Protocerebrum, Su: Suboesophagialganglion, Tr: Tritocerebrum

Ausschüttung von Sekret aus den Neuronen in die Hämolymphe erleichtern. Dies sind die paarigen **Corpora cardiaca** (Abb. 9.4). Die Corpora cardiaca erhalten Neurosekret durch axonalen Transport über Nerven aus zwei verschiedenen Regionen des Protocerebrums und einer Region des Tritocerebrums. Darüber hinaus können sie Zellen enthalten, die selbst endokrine Funktion besitzen, und sie enthalten auch Neurone, deren Axone zu den mehr posterior liegenden **Corpora allata** ziehen. Die Corpora allata sind zwar innerviert, aber stellen ein endokrines Organ im klassischen Sinn dar, ein Organ, dessen Zellen nur darauf spezialisiert sind, Botenstoffe zu synthetisieren und direkt ins Blut zu sekretieren. Bei einigen Insekten sind die Corpora allata nicht mehr paarig, sondern zu einem kompakten Organ verschmolzen, das dann Corpus allatum genannt wird. Das zweite wichtige endokrine Organ der Insekten ist die paarige **Prothorakaldrüse** (Ecdysialdrüse). Sie entsteht während der Embryonalentwicklung aus ektodermalen Zellen. Diese formen bei primitiven Insekten eine kompakte endokrine Drüse, die im Bereich des Kopfes liegt, während sie bei höheren Insekten mehr posterior in den Thorax wandert und flächig ausgebreitet sein kann. Bei höheren Dipteren, wie z.B. *Drosophila*, ist die Prothorakaldrüse ein Bestandteil der Ringdrüse.

### Endokrine Steuerung der Metamorphose von Insekten

Insekten, wie auch andere Arthropoden, entwickeln sich in mehreren Schritten von der Larve bis zum adulten Individuum. Jedes Stadium wird durch eine Häutung beendet und ein neues größeres Exoskelett angelegt, das Platz für weiteres Wachstum bietet. Die Gesamtheit dieser Vorgänge wird als **Metamorphose** bezeichnet. Bei **holometabolen Insekten** besteht sie aus einem mehrfachen vollständigen Umbau des Körpers und Wechsel der Lebensweise. Aus dem Ei schlüpft eine Larve, die als Made, Raupe oder Engerling hauptsächlich frisst und wächst, ein Zustand, der über Wochen bis zu Jahren anhalten kann. Danach verpuppt sie sich und lebt ohne Nahrungsaufnahme wiederum über ähnlich lange Zeiträume. Im Puppenstadium zerfallen die meisten larvalen Organe und werden phagocytiert. Aus Zellnestern der Imaginalanlagen, die bis dahin in Ruhe verharrten, wird die Imago neu konstruiert. Sie schlüpft als Fliege, Biene, Schmetterling oder Käfer aus der Puppenhülle. Diese haben dann eine relativ kurze Lebenserwartung von einigen Tagen oder Wochen, in der sie sich in erster Linie um die Reproduktion kümmern. Bei **hemimetabolen Insekten**, wie den Wanzen oder Heuschrecken, erfolgt der Gestaltwandel nicht so radikal, sondern die Larvenstadien haben bereits Flügelanlagen usw. und nähern sich stufenweise der imaginalen Organisation. Bei der Häutung aus dem letzten Larvenstadium (Nymphe) entsteht direkt, ohne Verpuppung, die imaginale Wanze oder Heuschrecke.

Die Häutung und Metamorphose von Insekten wird durch Hormone gesteuert. Die ersten Hinweise dafür erhielt Stefan Kopec (1922). Er schnürte das letzte Larvenstadium von Motten 7 Tage nach der letzten Häutung hinter dem Kopf ab, und beobachtete, dass sich der hinter der Ligatur liegende Körperteil nicht verpuppte, sondern larval blieb. Legte er die Ligatur 10 Tage nach der letzten Häutung, so verpuppte sich die Motte vor und hinter der Ligatur. Die Verpuppung hängt also von Hormonen ab die zwischen dem 7. und 10. Tag in den Kreislauf gelangen. Wenn er das Gehirn von Larven entfernte, so fiel die Verpuppung ganz aus, aber wenn er hirnlosen Larven das Gehirn einer anderen Larve implantierte, so konnte sie sich wieder verpuppen. Kopec folgerte daraus, dass das Gehirn als endokrines Organ dient, das einen Botenstoff ins Blut abgibt, der die Verpuppung steuert.

Vincent Wigglesworth (1934) bestätigte diese Ergebnisse an Wanzen (*Rhodnius prolixus*) in verschiedenen Larvalstadien. Wanzen häuten sich wenige Tage nach einer Blutmahlzeit. Wenn er sie bis zu 4 Tagen nach der Blutmahlzeit dekapierte, so fand keine Häutung statt. Dekapitierte er sie am 5. Tag, so fand die Häutung statt. Wigglesworth schloss daraus, dass innerhalb von 4 Tagen nach einer Blutmahlzeit die Häutung vorbereitet wird und dass dazu ein Hormon aus dem Gehirn notwendig ist. Das Hormon hieß anfänglich *brain hormone*, wird heute aber als PTTH (prothorakotropes Hormon) bezeichnet. Die Auswahl von Wanzen war ein Glücksgriff, denn durch ihren länglichen Kopf war es möglich, unterschiedlich große Anteile des Gehirns zu entfernen, je nachdem ob der Kopf nur vorne oder weiter hinten abgeschnitten wurde. Außerdem sind Wanzen besonders robuste Insekten, die auch ohne Kopf noch lange lebensfähig sind und sich deshalb sehr gut eignen, um die endokrinen Zusammenhänge bei der Häutung und Metamorphose aufzuklären. Besonders wichtig waren dabei **Parabiose-Experimente**, in denen er den Blutkreislauf von Wanzen-Individuen aus verschiedenen Entwicklungsstadien über Glaskapillaren miteinander verband (Abb. 9.5). Wird der Hämolymphkreislauf einer adulten Wanze, die sich eigentlich nicht mehr häuten kann, mit dem Kreislauf von 2 Wanzen des 5ten Larvenstadiums kombiniert, so häuten sich alle drei, und die adulte Wanze entwickelt sich ein zweites Mal zur Imago. Werden zusätzlich noch Wanzen eines 4. Larvenstadiums hinzugefügt, so entwickelt sich bei der Häutung die adulte Wanze nicht zur Imago, sondern in eine jüngeres Larvenstadium. D.h. es ist ein weiteres Hormon beteiligt, das den larvalen Entwicklungszustand kontrolliert, das wir heute als **Juvenilhormon** kennen (Abb. 9.6).

Aus zahlreichen Versuchen mit Parabiose, Entfernung und Transplantation von Hirnteilen und Drüsen ergab sich schließlich ein Zusammenspiel von nur drei Hormonen, das auf sehr einfache Weise den komplizierten Ablauf der In-

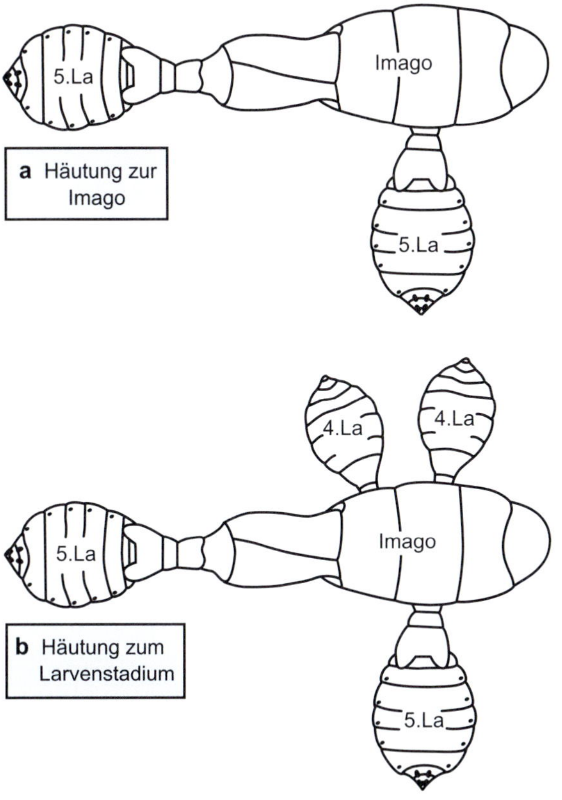


**Abb. 9.5 a, b.** Parabiose bei Bettwanzen, *Rhodnius prolixus.* **a** Bei Parabiose einer adulten, kopflosen Wanze (Imago) mit 2 Wanzen im fünften Larvenstadium (Nymphe) führt zur synchronen Häutung aller drei Individuen in den adulten Zustand. Dabei häutet sich die adulte Wanze zum zweiten Mal zur adulten Wanze. **b** Werden Wanzen eines früheren Juvenilzustands hinzugefügt, so findet eine Juvenilhäutung statt; auch die adulte Wanze entwickelt sich in einen juvenilen Zustand zurück

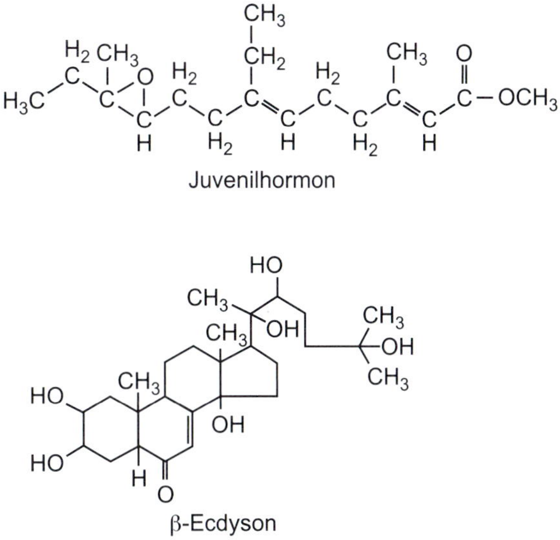


**Abb. 9.6.** Chemische Struktur des Juvenilhormons und der aktiven Form des Häutungshormons (*β*-Ecdyson)

sektenentwicklung vom ersten Larvenstadium bis zur Imago kontrolliert (Abb. 9.7, Tabelle 9.4). Das Startsignal für eine Häutung (**Ecdysis**) wird vom **Prothorakotropin (PTTH)** gegeben, einem Neurosekret, das durch axonalen Transport in die Corpora allata transportiert und gespeichert wird. Gegen Ende einer larvalen Entwicklungsphase wird PTTH von den Corpora allata in die Hämolymphe ausgeschüttet. Das PTTH-Signal erreicht die Prothorakal-Drüse und diese liefert daraufhin das eigentliche Häutungshormon **Ecdyson** (Abb. 9.6). Ecdyson wirkt vor allem auf die Epidermiszellen und löst die gesamten metabolischen Prozesse aus, die zum Aufbau einer neuen Cuticula gehören, hat aber keine Kontrolle über den larvalen Entwicklungszustand, der bei der folgenden Häutung erreicht wird. Dafür ist alleine das **Juvenilhormon** zuständig, das von den Corpora allata geliefert wird. Solange die Hämolymphe einen hohen Gehalt an Juvenilhormon hat, bleibt der Larvalzustand bei einer Häutung erhalten. Im Lauf der Entwicklung werden die Larven immer größer und ihr Gehalt an Juvenilhormon sinkt. Unterschreitet er einen Grenzwert, so verwandelt sich die Larve bei der folgenden Häutung zum adulten Insekt.

Den Begriff „Juvenilhormon" hat Wigglesworth vor 60 Jahren eingeführt. Anfänglich erregte dieser Begriff öffentliches Aufsehen und führte zu Missverständnissen, verbunden mit der Hoffnung, dass Altern vermeidbar sei und dass mit dem dafür geeigneten Elixier viel Geld verdient werden kann. Diese Hoffnungen haben sich natürlich nicht erfüllt. Aber das Juvenilhormon verdient seinen Namen zu Recht, denn es kontrolliert bei Insekten die Erhaltung des jugendlichen, larvalen Zustands und unterdrückt die Metamorphose zur Imago. Erst sein Fehlen lässt den radikalen Umbau von der Larve zum adulten Insekt zu. Die Grundzüge dieses Modells haben nach

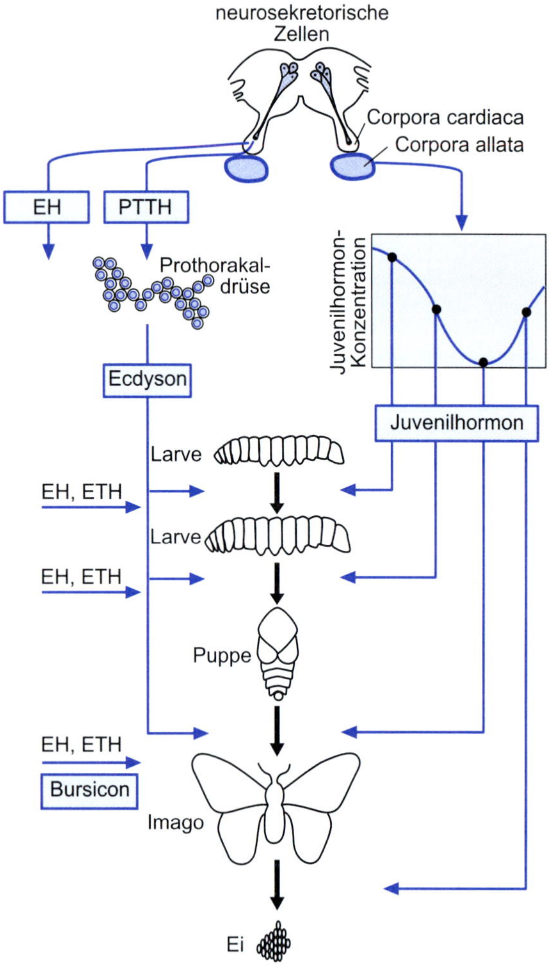


**Abb. 9.7.** Zusammenspiel von Ecdyson und Juvenilhormon bei der Häutung und Metamorphose von Insekten. Bei hoher Konzentration an Juvenilhormon finden Larvalhäutungen statt. Sinkt die Konzentration des Juvenilhormon, so kommt es zur Verpuppung und zur Entwicklung des adulten Insekts (nach Wehner u. Gehring 1995). Bei jeder Häutung wird die alte Cuticula abgestoßen und eine neue Cuticula aufgebaut. Das Schlüpfen aus der alten Cuticula wird durch das Eclosionshormon (EH) und das Ecdysis-Trigger-Hormon (ETH) ausgelöst. Busicon stimuliert die Härtung der neuen Cuticula (nach Wehner u. Gehring 1995)

wie vor Bestand, obwohl in jüngster Zeit durch die molekulare Analyse von Entwicklungsvorgängen bei *Drosophila*, und die Kenntnis ihres Genoms, neue Häutungs-Faktoren entdeckt wurden, die Hinweise auf eine weitergehende zeitliche Steuerung der Genexpression bei der Häutung geben (Übersicht s. Wigglesworth 1964, Gäde et al. 1998, Gilbert et al. 2000, Nässel 2000).

**Ecdyson** ist den Steroidhormonen der Wirbeltiere ähnlich, enthält aber mehr Hydroxylgruppen. Es wird in der Prothorakal-Drüse aus Cholesterin synthetisiert, als Prohormon ($\alpha$-Ecdyson) sekretiert und in den Zielgeweben in die biologisch aktive Form umgewandelt ($\beta$-Ecdyson, 20-Hydroxyecdyson). Nach Bindung an cytosolische Rezeptoren induziert es Genexpression in den Epidermiszellen, die daraufhin die alte Cuticula abstoßen (Apolyse) und eine neue Cuticula anlegen. Bei *Drosophila* setzt die Ecdyson-Sekretion etwa 5 Stunden vor der Verpuppung ein, fällt stark ab, wenn das erste stationäre Puppenstadium erreicht ist, und erreicht das Minimum 4–6 Stunden nach der Verpuppung. 10–12 Stunden nach der Verpuppung steigt der Ecdyson-Titer wieder an, um die Häutung zur adulten Fliege einzuleiten.

Eine besonders kritische Phase im zeitlichen Ablauf ist das Schlüpfen, denn es darf erst dann erfolgen, wenn die alte Cuticula von den Epidermiszellen vollständig getrennt und die neue Cuticula angelegt aber noch nicht ausgehärtet ist. Außerdem erfordert es ein stereotypes Bewegungsmuster, um die alte Cuticula an vorgesehenen Bruchstellen zu öffnen und vollständig abzustreifen. Für diese zeitliche Steuerung des Schlüpfens sind zwei Hormone zuständig, das **Eclosionshormon (EH)** und das **Ecdysis-Triggerhomon (ETH)**. Werden bei *Drosophila* die Gene von EH oder ETH ausgeschaltet, dann kann sie nicht mehr schlüpfen, und geht bei der Häutung ein. Diese letale Wirkung kann durch zeitgerechte Substitution des Hormons aufgehoben werden (Baker et al. 1999, Park et al. 2002). EH wird von neurosekretorischen Zellen des Gehirns gebildet und von den Corpora cardiaca ausgeschüttet. Die Sekretion des EH beginnt bei *Drosophila* etwa 40 Minuten vor dem Schlüpfen, vermutlich angeregt durch den hohen Ecdyson-Titer. EH stimuliert die Epitracheal-Drüsen, und diese sekretieren daraufhin ETH. ETH erreicht über die Hämolymphe das Gehirn und löst die Bewegungsmuster des Schlüpfvorgangs aus, in Kooperation mit EH. Es ist auf den ersten Blick erstaunlich, warum dieses Bewegungsmuster nicht von EH direkt stimuliert wird, sondern erst nach endokriner Rückmeldung des ETH

**Tabelle 9.4.** Hormone bei Insekten (Auswahl). Bildungsort, Struktur (A: Aminosäurenderivat, F: Fettsäurenderivat, P: Protein, S: Steroid) und Wirkung

| Bildungsort | Hormon | Chemische Struktur | Wirkung | Regulation durch |
|---|---|---|---|---|
| Neurosekretorische Zellen im Gehirn, Ausschüttung über Corpora cardiaca | **Prothorakotrophes Hormon (PTTH, Prothorakotropin)** | P (~5000 kD) | Stimuliert Ecdyson-Synthese, startet dadurch die Vorbereitung der Häutung | Circadiane und saisonale Signale, Temperatur, Nahrungsaufnahme |
| Protohorax-Drüse | **Ecdyson** | S | Häutungshormon. Verändert Stoffwechsel der Epidermiszellen, induziert Expression häutungsrelevanter Proteine | PTTH |
| Corpora allata | **Juvenilhormon (JH)** | Terpenderivat | Hoher JH-Gehalt erhält Larvalstadien bei der Häutung, niedriger Titer verursacht Imaginal-Häutung | Allatostatine und Allatotropine (Neuropeptide der Corpora allata) |
| Wenige neurosekretorische Zellen im Gehirn (2 Paar)) | **Eclosionshormon (EH)** | P (97 AS bei Drosophila) | Löst den eigentlichen Schlüpfvorgang aus | Ecdyson, circadianes System |
| Epitrachealdrüsen, Inka-Zellen | **Ecdysis-Trigger Hormon (ETH)** | P (26 AS bei Manduca) | Steuert den Bewegungsablauf des Schlüpfens, Interaktion mit EH | EH |
| Neurosekretorische Zellen im Gehirn | **Bursicon** | P (~40000 kD) | Fördert Cuticulaentwicklung, Härten und Gerben der Cuticula nach der Häutung (insbes. nach Imaginal-Häutung) | |
| Neurosekretorische Zellen im Gehirn, Ausschüttung aus den Corpora cardiaca | **Adipokinetisches Hormon (AKH)** | P(8-10 AS) | Etwa 30 AKHs bekannt, mobilisieren Speicherlipide, Energieversorgung beim Flug; gleichzeitig Neurotransmitter, stimuliert lokomotorische Aktivität | Neuronale Kontrolle |
| Motoneurone von Insekten und Crustaceen | **Proctolin** | P(5) | Wirkt als Neuromodulator, steigert Herzfrequenz, Darmmotorik und andere neuronal ausgelöste Muskelkontraktionen | Neuronale Kontrolle |
| Einige Neurone des Gehirns in ventralen Ganglien, und im Sehnerv; akzessorische Medulla | ***pigment-dispersing hormones* (PDHs), *pigment dispering factor* (PDF)** | P(18) | PDH bei Crustaceen für Pigmentverteilung an der Körperoberfläche und zur retinalen Adaptation. PDF bei Insekten, Teil des Koppelungswegs der circadianen Rhythmik | Neuronale Kontrolle; PDF interagiert mit Neuronen des circadianen Schrittmachers |

von den epitrachealen Drüsen (Inka-Zellen). Die Ablösung der Cuticula in den Tracheen ist sicher einer der kritischsten Momente des Schlüpfens, denn wenn in den neu ausgekleideten Tracheen noch Reste der alten Cuticula hängen bleiben, dann laufen die Insekten Gefahr zu ersticken. Möglicherweise wird auf dem Umweg über ETH sichergestellt, dass der Umbau der Cuticula in den Tracheen abgeschlossen ist, und an dieser besonders kritischen Stelle die alte Cuticula vollständig abgestreift werden kann.

Das frisch geschlüpfte Insekt hat eine helle, weiche Cuticula, die durch Atembewegungen und Füllung der Tracheen mit Luft noch etwas gedehnt werden kann. Unter dem Einfluss des **Bursicons**, eines weiteren Neurosekrets aus dem Gehirn und dem Bauchmark, wird die Cuticula von frisch geschlüpften Imagines gehärtet und gegerbt. Dies ist vor allem bei der Imaginalhäutung von holometabolen Insekten wichtig, wenn der adulte Schmetterling oder Käfer aus der Puppe schlüpft und sich für die Mobilität und Reproduktion in diesem letzten Lebensabschnitt ein besonders stabiles Exoskelett zulegt.

#### Adipokinetische Hormone

Neben der endokrinen Steuerung der Häutung verfügen Insekten auch über endokrine Mechanismen zur Kontrolle des Intermediärstoffwechsels durch **adipokinetische Hormone (AKH)**. Die AKHs sind eine Gruppe von etwa 30 Neuropeptiden, die aus 8–10 Aminosäuren bestehen mit je einer aromatischen Aminosäure in Position 4 und 8. Sie werden von den Corpora cardiaca in die Hämolymphe sekretiert und sind immunologisch in weiteren Bereichen des Gehirns nachweisbar. Wichtigstes Zielorgan der AKHs ist der Fettkörper, der ja bei Insekten nicht nur als Lipidspeicher dient, sondern als metabolisches Zentralorgan anzusehen ist, ähnlich der Funktion der Leber bei Wirbeltieren. AKHs induzieren einen Anstieg des Lipidgehalts und des Trehalosegehalts der Hämolymphe und bei einigen Arten auch die Bereitstellung von Prolin für die hohe metabolische Aktivität beim Flug (s. Kap. 1.13 Bioenergetik, Insektenflug). Gleichzeitig hemmen sie die Lipid- und die Proteinbiosynthese. Neben dieser metabolischen Aktivität wirkt AKH auch direkt auf Neurone des ZNS und stimuliert die lokomotorische Aktivität (Gäde et al. 1997, Köllisch et al. 2000, Socha et al. 1999). Eine weitere Gruppe von metabolisch aktiven Hormonen sind die **Tachykinin-verwandten Peptide** (*tachykinin-related peptides*, **TRPs**). Ursprünglich waren sie nur als Neurotransmitter eingestuft worden. Das Vorkommen von TRPs in der Hämolymphe und die weite Verbreitung von TRP-Rezeptoren in der Muskulatur und anderen Geweben lassen jedoch vermuten, dass es von den Corpora cardiaca ausgeschüttet wird und auch als peripheres Hormon dient. Auch endokrine Zellen des Darmepithels produzieren TRP und sekretieren es in die Hämolymphe. Die Freisetzung von TRP aus dem Darm steigt bei hungernden Insekten deutlich an, was einen Zusammenhang dieses Signals mit der Regulation des Ernährungszustands vermuten lässt (Nässel 2000, Winther und Nässel 2001).

## 9.6 Endokrines System der Wirbeltiere

Das endokrine System der Wirbeltiere unterscheidet sich erheblich von dem der Evertebraten. Erstens wirken die Neurosekrete von Wirbeltieren nur in wenigen Fällen als Hormon direkt auf den Stoffwechsel der Gewebe, statt dessen steuern sie die Aktivität von endokrinen Drüsen. Deren Hormone greifen dann unmittelbar in den Stoffwechsel peripherer Gewebe ein. Zweitens besitzen Wirbeltiere zahlreiche endokrine Drüsen, die über den ganzen Körper verteilt sind und, neben der Reaktion auf steuernde Neuropeptide, auch autonom Hormone ausschütten und damit Teilaufgaben der Stoffwechselregulation übernehmen, wie das z.B. bei der Blutzuckerregulation durch die Inselzellen des Pankreas geschieht. Die endokrinen Drüsen der Wirbeltiere bilden zwar kompakte Organe aus, aber diese bestehen häufig aus unterschiedlichen Zellen epithelialer oder neuronaler Herkunft, die erst sekundär in einer Drüse zusammengefasst wurden, wie das z.B. bei der Kombination von Schilddrüse/Nebenschilddrüse oder Nebennierenmark/Nebennierenrinde zu beobachten ist.

Alle Wirbeltiere, von den Fischen bis zu den Säugtieren, haben eine ähnliche Ausstattung an

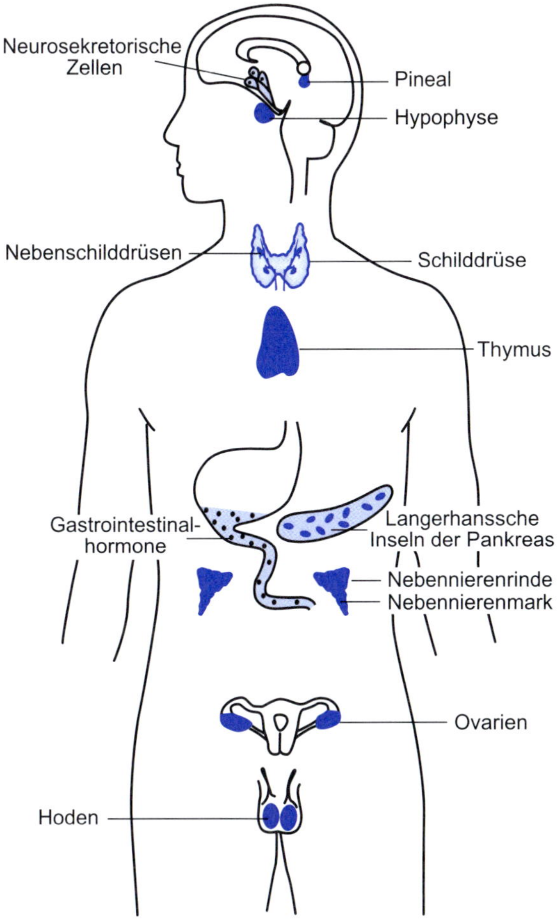


**Abb. 9.8.** Endokrine Organe des Menschen

endokrinen Drüsen und Hormonen. Diese Ausstattung stammt offensichtlich aus der unbekannten Frühzeit der Chordaten-Evolution, und wurde im weiteren Verlauf der Wirbeltier-Phylogenie nur wenig verändert, ja man kann sie sogar als gut konserviert bezeichnen. Natürlich sind bei der Evolution von den Fischen bis zu den Säugetieren viele neue endokrine Aufgaben entstanden, aber in der vergleichenden Endokrinologie gilt die Regel, dass nicht die Hormone verändert werden, sondern nur deren Verwendungszweck. Einige wenige endokrine Drüsen sind neu entstanden, wie z.B. die Ultimobranchialdrüsen bei den Elasmobranchiern oder die Parathyroidea, die erst bei den Teleostiern auftauchen. Einige sind bei den höheren Vertebraten verschwunden wie die Urophyse oder die Stanniusschen Körperchen. Die endokrinen Drüsen des Menschen (Abb. 9.8) können deshalb als Muster für die endokrine Ausstattung aller Wirbeltiere herangezogen werden. Obwohl die Hormone mit dem Kreislauf im ganzen Körper verteilt werden, finden sich die übergeordneten Steuerorgane im oder am Gehirn wie die Epiphyse und die Hypophyse. Endokrine Organe, die an der Regulation der Verdauung und dem Stoffwechsel beteiligt sind, liegen in der Leibeshöhle in der Nähe des Darms, endokrine Organe für die Reproduktion sind teilweise direkt in die Fortpflanzungsorgane integriert. Die Funktion der einzelnen Drüsen und die von ihnen gebildeten Hormone wird in Tabelle 9.2 und in den folgenden Einzelbesprechungen erläutert.

## 9.7 Hypophyse – Die Führungsdrüse des endokrinen Systems

Am Boden des Zwischenhirns, eingebettet in eine Vertiefung der Schädelbasis, liegt ein kleines, aber außerordentlich wichtiges Organ, die Hypophyse (Abb. 9.9). Sie ist die Führungsdrüse des gesamten endokrinen Systems. Dies ergibt sich schon allein aus ihrer anatomischen Lage an der Basis des Hypothalamus, der die Funktion der Hypophyse direkt kontrolliert und sie dadurch zur Schnittstelle zwischen dem Nervensystem und dem endokrinen System der Wirbeltiere macht. Auf den ersten Blick erscheint die Hypophyse als eine einheitliche, kompakte Drüse, aber in Wirklichkeit besteht sie jedoch aus zwei verschiedenen Teilen mit völlig verschiedenen Aufgaben und unterschiedlicher ontogenetischer Herkunft. Während der Ontogenese bildet sich am Boden des Zwischenhirns eine fingerförmige Ausstülpung, das Infundibulum. Vom embryonalen Munddach her wölbt sich dem eine ektodermale Tasche entgegen, die Rathkesche Tasche. Beide embryonalen Anlagen fusionieren, und aus den neuronalen Ursprungszellen entwickelt sich die **Neurohypohyse** (Hypophysenhinterlappen, Lobus posterior), während aus der ektodermalen Anlage die **Adenohypophyse** entsteht.

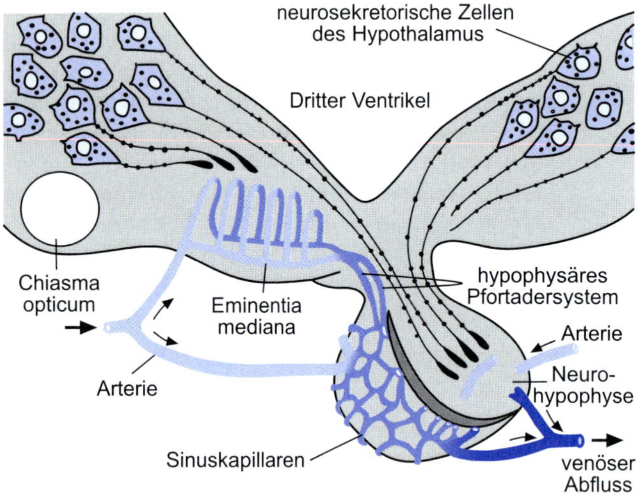


**Abb. 9.9.** Schematischer Aufbau der Hypophyse. Ihre endokrine Funktion wird durch neurosekretorische Aktivität aus dem Hypothalamus kontrolliert oder ergänzt. Die inhibitorischen und stimulierenden Neurosekrete gelangen durch axonalen Transport zu den Kapillaren der Eminentia mediana, werden mit dem Blut zur Hypohyse transportiert und kontrollieren die Freisetzung der Hormone der Adenohypophyse in das hypophysäre Pfortadersystem. Die Neurohypophyse erhält Hormone direkt durch axonalen Transport aus Neuronen des Hypothalamus, speichert sie und schüttet sie bei Bedarf aus (nach Turner 1966)

Die Adenohypophyse macht den Hauptteil der gesamten Drüse aus und kann in weitere Unterabschnitte eingeteilt werden. Ihr größter Teil ist die Pars distalis, die meist auch als Hypophysenvorderlappen bezeichnet wird. Zusätzlich können kleinere Bereiche der Pars tuberalis (Trichterlappen) und eine Pars intermedia (Zwischenlappen) unterschieden werden. Die Pars tuberalis liegt dem Hypophysenstiel an, während der Zwischenlappen die Grenze zur Neurohypophyse bildet. Das gesamte Organ hängt mit dem Hypophysenstiel am Hypothalamus, dessen Neurone im Bereich der **Eminentia mediana** Neurosekrete freisetzen, die in Blutkapillaren aufgenommen und über die **hypophysäre Pfortader** zur Adenohypophyse transportiert werden. Dort stimulieren oder hemmen sie die Freisetzung von Hormonen. Die Neurohypophyse ist ja selbst ein Bestandteil des Hypothalamus und ist mit diesem direkt über Axone verbunden. Sie liefert Hormone aus dem Hypothalamus, die in der Neurohypophyse gespeichert und bei Bedarf ausgeschüttet werden. Wegen der engen funktionalen und anatomischen Verbindung spricht man auch von einer **hypothalamisch-hypophysären Achse.**

Die verschiedenen Abschnitte der Hypophyse sind bereits bei den urtümlichen Hypophysen der Cyclostomata (z.B. Neunauge) erkennbar (Abb. 9.10). Sie besitzen keine scharf abgegrenzte Neurohypophyse, sondern nur eine homologe

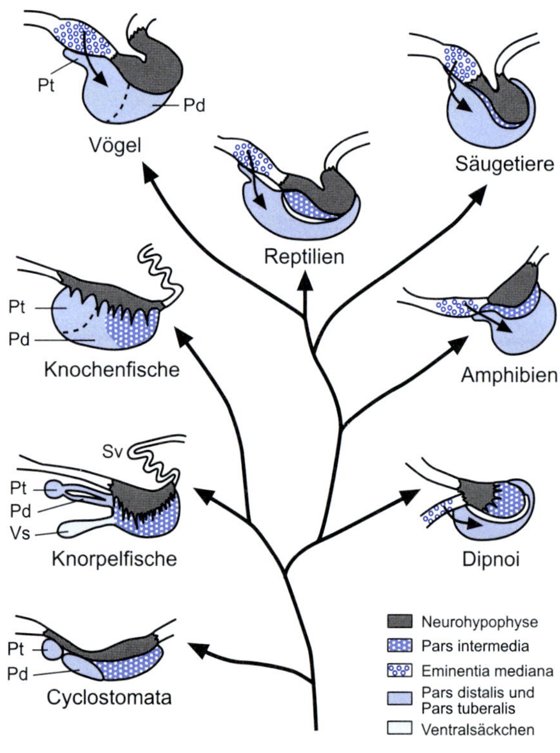


**Abb. 9.10.** Vergleichende Morphologie der Hypophyse von Wirbeltieren (nach Turner 1966)

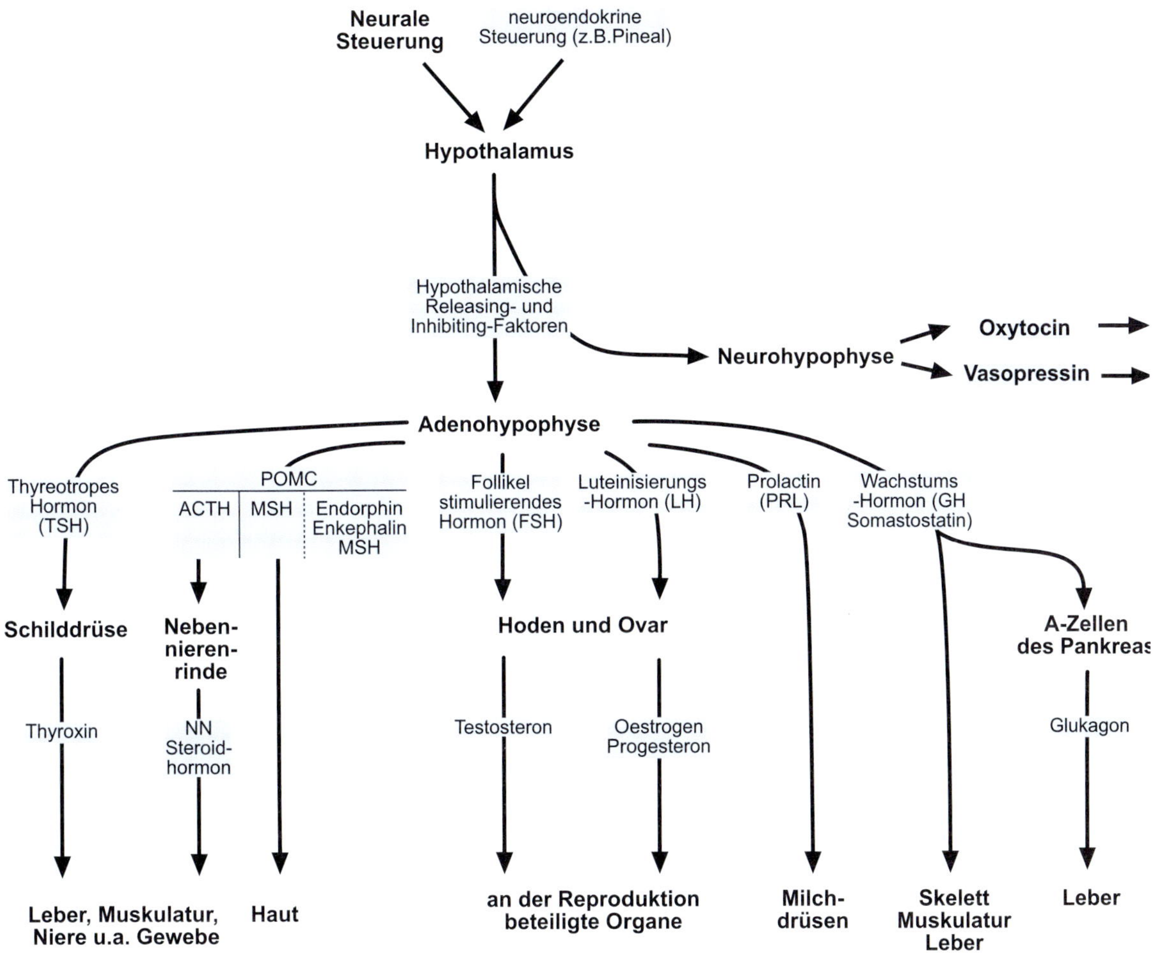


**Abb. 9.11.** Steuerung des endokrinen Systems der Wirbeltiere durch die Hypophyse

Gewebeplatte am Boden des Zwischenhirns. Ihre Adenohypophyse besteht aus isolierten Zellnestern, die in der dorsalen Wand des Hypophysengangs liegen. Bei den Fischen ist bereits eine kompakte Hypophyse erkennbar, die bei allen höheren Wirbeltieren eine typisch kugelige Gestalt besitzt, mit einem ausgeprägten Hypophysenstiel und mit der Blutversorgung über die Eminentia mediana und das hypophysäre Pfortadersystem.

Diese enge Bindung an Zentralnervensystem ist der Grund für die Sonderstellung der Hypophyse als Führungsdrüse des endokrinen Systems. Sie dient als zentrale Schnittstelle, von der die Ergebnisse neuronaler Signalverarbeitung in hormonelle Signale umgewandelt werden. Um diese Aufgabe zu meistern, verfügt sie über eine ganze Kollektion an Hormonen, die für unterschiedliche Aufgaben im Körper zuständig sind, von der Steuerung des Zellstoffwechsels bis zu Wachstum und Reproduktion (Abb. 9.11). Vier von diesen neun Hypophysenhormonen sind **Steuerhormone**, die nur andere endokrine Drüsen kontrollieren, aber nicht direkt selbst in den Stoffwechsel peripherer Gewebe eingreifen. Sie werden deshalb als **glandotrope Hormone** bezeichnet, mit denen die Hormonproduktion der Schilddrüse (TSH), der Nebennierenrinde

**Tabelle 9.5.** Releasing- und Inhibiting-Hormone des Hypothalamus zur Steuerung der Adenohypophyse. Für diese Hormone wurden früher die Bezeichnung „Faktor" verwendet und daraus Abkürzungen gebildet, z. B. CRF anstatt CRH, die auch heute noch gebraucht werden

| Abkürzung | Name | Bildungsort | Struktur | Kontrolliert in der Adenohypophyse die Freisetzung von |
|---|---|---|---|---|
| *Releasing-Hormone (Liberine)* | | | | ↗ |
| CRH | Corticotropin-Releasing-Hormon (Corticoliberin) | Nucleus paraventricularis | P(41) | ACTH |
| TRH | Thyreotropin-Releasing-Hormon (Thyroliberin) | Nucleus paraventricularis | P(3) Glu-His-Glu | TSH (und PRL) |
| GnRH | Gonadotropin-Releasing-Hormon (LHRH, Luliberin; LRH, Gonadoliberin) | Area preoptica Nucleus arcuatus | P(10) | LH und FSH |
| GHRH | Growth-Hormone-Releasing-Hormon (Somatoliberin) | Nucleus arcuatus | P(40,44) | GH |
| PRH | Prolactin-Releasing-Hormon (Prolactoliberin) | Hypothalamus | unbekannt | PRL |
| MSH-RH | Melanocyte-Stimulating-Hormone Releasing-Hormon (MRH, Melanoliberin) | Hypothalamus | | MSH |
| *Inhibiting-Hormone (Statine)* | | | | ↘ |
| GHIH | Growth-Hormone-Inhibiting-Hormon (Somatostatin) | vorderer Hypothalamus | P(14,28) | GH (und TSH) |
| PIH | Prolactin-Inhibiting-Hormon (Prolactostatin) | Nucleus arcuatus | Dopamin | PRL |
| MSH-IH | Melanocyte-Stimulating-Hormone Inhibiting-Hormon (Melanostatin) | Hypothalamus | | MSH |

(ACTH) und der Gonaden (LH und FSH) überwacht werden, im Gegensatz zu den fünf **Effektorhormonen** der Hypophyse (Prolactin, GH, MSH, Oxytocin, Vasopressin).

## 9.7.1 Adenohypophyse

Die Adenohypohyse liefert den größten Anteil der Hypophysenhormone. Dazu gehören alle vier glandotropen Hormone TSH, ACTH, LH und FSH sowie die Effektorhormone GH, MSH und Prolactin. Sie werden in verschiedenen Zellgruppen der Hypophyse gebildet und für den Bedarfsfall gespeichert. Die Ausschüttung von Hormonen der Adenohypophyse steht unter dauernder Überwachung durch den Hypothalamus. In diesem Teil des Stammhirns werden einige grundlegend wichtige Lebensvorgänge koordiniert, wie Nahrungsaufnahme, Trinken, Osmoregulation, Thermoregulation, Schlaf-Wach-Rhythmus und Reproduktion. Für diese Aufgaben sind jeweils einzelne Neuronengruppen zuständig, die miteinander kooperieren und zusätzlich dem Einfluss von übergeordneten Bereichen des Zentralnervensystems unterliegen. Sie bilden Releasing- und Inhibiting-Hormone (Liberine und Statine), die aus den Axonterminalen in der Eminentia mediana freigesetzt werden, über die hypophysäre Pfortader in die Blutkapillaren zur Adenohypophyse gelangen und dort die Freisetzung der entsprechenden Hormone auslösen (Tabelle 9.5). So bewirkt das Thyroliberin (TRH) aus dem Hypothalamus in der Adenohypophyse die Ausschüttung von Thyrotropin (TSH), das dann seinerseits über den Kreislauf die Schilddrüse erreicht und dort Thyroxin freisetzt (Abb. 9.12).

Allerdings darf man sich dies nicht als eine Einbahnstraße vorstellen, auf der ausschließlich von oben herab durch die Neuropeptide des ZNS, über die Liberine und dann die Tropine ei-

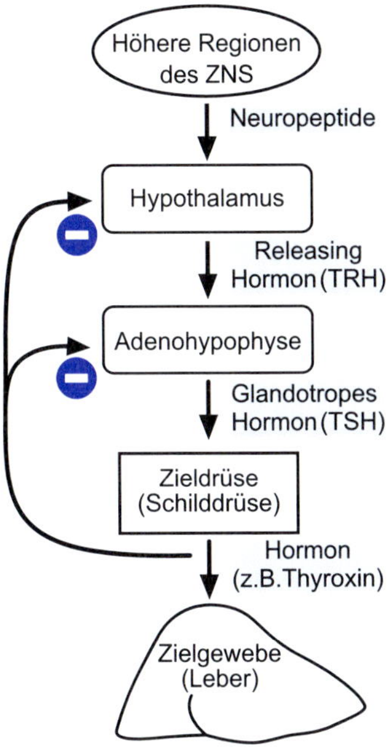


**Abb. 9.12.** Allgemeines Schema der negativen Rückkoppelung für die Regelung von Hormonen durch die Hypophyse, am Beispiel der Regelung von Schilddrüsenhormonen

ne Hormondrüse gesteuert wird. Für jedes peripher ausgeschüttete Hormon oder die von den Hormonen ausgelösten Stoffwechselvorgänge besteht eine negative Rückkopplung zum Zentralnervensystem (Abb. 9.12). Es besitzt dazu selbst Rezeptoren, mit denen es die Konzentration der peripheren Hormone misst und gleichsam den Erfolg seiner eigenen Aktivität überwacht. Diese Rezeptoren sitzen meist an den Stellen wo ein besonders intensiver Austausch zwischen dem Gehirn und dem Blutkreislauf stattfindet, z.B. im Bereich des Plexus chorioideus der für die Bildung des Liquor wichtig ist, oder in den Kapillaren am Hypothalamus und der Hypophyse. Dieser enge Kontakt über die **circumventrikulären Organe** ist notwendig, wenn dabei Hormone gemessen werden, die nicht lipidlöslich sind und die Blut-Hirn-Schranke nicht passieren können. Ergeben diese Rezeptoren einen zu niedrigen Gehalt an Hormon, so werden vom Hypothalamus vermehrt Liberine ausgeschieden, um das Defizit der peripheren Drüse auszugleichen. Solche Regelkreise sind ein fester Bestandteil des endokrinen Systems und sind häufig wesentlich komplexer aufgebaut als das hier angegebene einfache Schema für die Regelung von Thyroxin. Einige dieser Beispiele werden weiter unten erläutert.

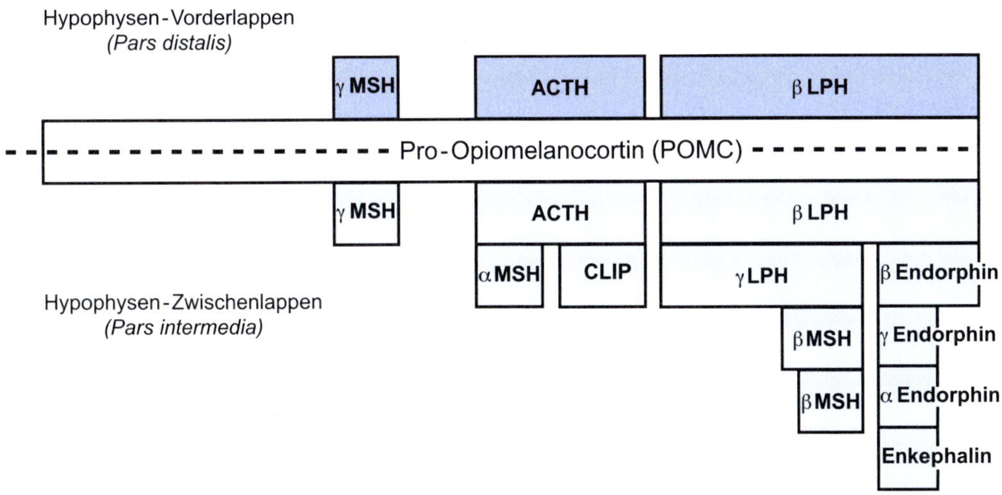


**Abb. 9.13.** Das Proopiomelanocortin ist die Vorstufe für eine Reihe (>10) von verschiedenen Hormonen der Hypophyse. Durch Proteolyse entstehen daraus im Hypophysenvorderlappen vorwiegend ACTH, $\gamma$-MSH und $\beta$-LPH. In den Zellen des Hypophysenzwischenlappens wird $\beta$-LPH in weitere MSHs, Endorphine und Enkephalin zerlegt (Lerner 1981)

Auf Grund ihrer chemischen Struktur können die Hormone der Adenohypohyse in drei Familien einteilt werden:

- TSH, LH und FSH gehören zu einer Glykoprotein-Familie deren Proteinanteil aus etwa 200 Aminosäuren besteht (Tabelle 9.5).
- GH und Prolactin sind chemisch ähnliche Proteine mit 191 und 198 Aminosäuren Kettenlänge (Somatomammotropin-Familie).
- ACTH und MSH sind ebenfalls Proteine, aber enstammen beide demselben Prohormon, dem Pro-Opiomelanocortin (POMC). Das POMC wird in der Hypophyse und im Hypothalamus exprimiert, und durch posttranslationale Mechanismen werden aus diesem großen Protein (265 Aminosäuren) bis zu 10 verschiedene bioaktive Moleküle hergestellt. Zu dieser POMC-Familie gehören ACTH, $\alpha$-, $\beta$, und $\gamma$-MSH, Enkephaline und Endorphine (Abb. 9.13).

Eine auffallende Eigenschaft der Hypophysenhormone ist, dass sie episodisch sekretiert werden, wie das am Beispiel von LH besonders ausführlich dokumentiert wurde (Abb. 9.14). In Abständen von ein bis zwei Stunden werden größere Mengen sekretiert, so dass der Hormonspiegel um das 3-4fache ansteigt und rasch wieder abfällt. Dieses episodischen Sekretionsmuster wurde vor allem am Menschen und großen Haustieren recht gut untersucht, da dazu über längere Zeit (bis zu Tagen) Blutproben in Abständen von wenigen Minuten entnommen werden müssen. Vergleichsuntersuchungen an kleineren Tieren über kurze Zeit ergaben aber ein ähnliches Bild. Das pulsierende Hormonmuster entsteht zum einen durch pulsierende Ausschüttung der hypothalamischen Releasing-Faktoren, aber auch durch die negative Rückkoppelung der Hormone auf den Hypothalamus oder die Hypophyse (Abb. 9.12), mit der sie ihren eigenen Nachschub rasch abbrechen. Die schubweise Kontrolle der endokrinen Aktivität wird häufig noch durch den Schlaf-Wach-Rhythmus oder die circadiane Aktivität überlagert. Beim LH ist dies nur andeutungsweise erkennbar, da die Sekretionsschübe tagsüber etwas dichter aufeinander folgen als während des Schlafs.

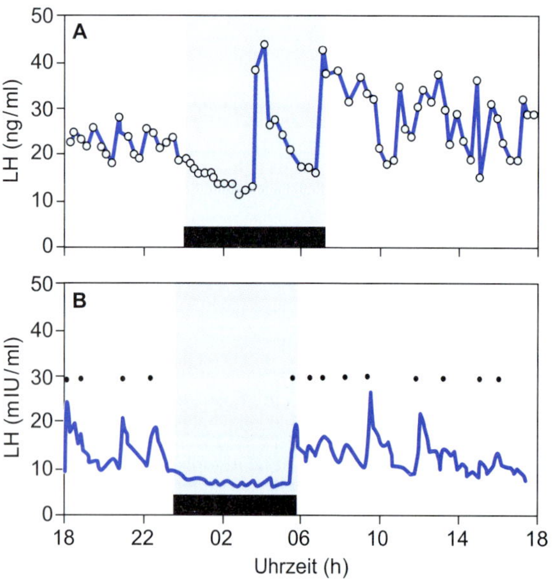


**Abb. 9.14.** Pulsatiles Muster des Luteinisierungshormons (LH) bei Menschen. In Abständen von 20 Minuten (*oben* Soules et al 1985) bzw. 10 Minuten (*unten* Filicori et al. 1986) wurden Blutproben von je einer Frau über ein Venenkatheder entnommen und der LH-Gehalt bestimmt

### Wachstumshormon (GH)

Dass die Hypophyse ein Wachstumshormon liefert, ist bereits in der Anfangszeit der Hormonforschung aus Untersuchungen an Menschen mit Riesenwachstum entdeckt worden. Ein Beispiel dafür ist der 1928 in den USA geborene Robert Wadlow. Bei der Geburt war er normal groß und wog knapp 4 kg. Nach der Geburt wuchs er jedoch so schnell, dass er im Alter von 1 Jahr bereits 28 kg wog und 1,12 m groß war. Er starb im Alter von 22 Jahren und hatte zu diesem Zeitpunkt ein Gewicht von 215 kg bei einer Körpergröße von 2,72 m erreicht, ist damit wahrscheinlich einer der größten Menschen gewesen, die je gelebt haben. Röntgenaufnahmen seines Schädels zeigten, dass er einen Hypophysentumor hatte, der für das enorme Größenwachstum verantwortlich war. Bereits 20 Jahre früher hatte der Chirurg Harvey Williams Cushing bei einem an **Akromegalie** (s. unten) leidenden Patienten einen Hypophysentumor diagnostiziert, diesen entfernt und dadurch das weitere Wachstum aufgehalten. In zahlreichen Tierversuchen an Ratten, Hunden und Kaninchen wurde die Wirksamkeit von Hypophysenextrakten erprobt, schließlich der Wirkstoff isoliert und 1971 die chemische Struktur des Wachstumshormons aufgeklärt.

GH wirkt bei allen Wirbeltieren als wachstumsförderndes Hormon. Bei Säugetieren wirkt es sich besonders stark auf das jugendliche Längenwachstum aus, während es bei Erwachsenen nur die distalen Enden (Akren) der Körpers (Finger, Zehen, Nase, Kinn usw.) verstärkt wachsen lässt (**Akromegalie**). GH hat vielfältige metabolische Wirkungen, deren Zusammenhänge noch nicht verstanden sind. Es stimuliert die Knochenbildung und die Muskelbildung. Wenn GH *in vitro* zu Gewebeproben zugegeben wird, so sind keine eindeutigen Wachstumswirkungen zu beobachten. Ein großer Teil der GH-Wirkung beruht bei Säugern nicht auf unmittelbaren Effekten des GH, sondern darauf, dass GH die Produktion von **Somatomedinen** im Körper anregt, die dann die wachstumsfördernde Wirkung des GH vermitteln. Zu den Somatomedinen gehören das IGF-I (*Insulin like growth factor-I*) und das IGF-II. IGF-I erhöht die Proteinsynthese in allen Körperzellen, stimuliert die Zellteilung, was dann letztendlich zu Wachstum führt (Abb. 9.15). Der größte Anteil des IGF-I wird von der Leber geliefert, im Blut an ein Protein gebunden und kann aus diesem zirkulieren Speicher die IGF-Rezeptoren verschiedener Gewebe stimulieren. In den letzten Jahren ist die Fähigkeit zur IGF-I-Synthese auch in anderen Geweben nachgewiesen worden, so dass zusätzlich eine autokrine und parakrine Wirkung des IGF-I besteht. Die GH-vermittelnde Wirkung des IGF-I wird vermutlich noch durch direkte Wirkungen des GH unterstützt. So mobilisiert GH Fettsäuren aus dem Fettgewebe und senkt akut den Blutzuckerspiegel. Außerdem sind in Chondrocyten Rezeptoren für GH entdeckt worden, so dass nicht auszuschließen ist, dass es auch direkte Wirkungen auf Knochen- und Knorpelwachstum hat (Froesch et al. 1985, Isaakson et al. 1985, Butler und Roith 2001).

Die Sekretion des Wachstumshormons wird durch das Zusammenspiel des Releasing-Hormons GHRH und des Inhibiting-Hormons Somatostatin kontrolliert. Hinzu kommt ein stimulierender Einfluss anderer endokriner Faktoren wie Ghrelin, das an der Regulation der Nahrungsaufnahme beteiligt ist, sowie weitere, bisher nicht bekannte Peptide (GH-Sekretagoge). Das Wachstumshormon wird in 3–5 Schüben pro Tag ausgeschüttet, zwischen den Schüben sinkt die Hormonkonzentration im Plasma auf null ab. Das pulsatile Muster ist zeitlich sehr stabil, und die mit Abstand höchste GH-Sekretion erfolgt in ein oder zwei Schüben zu Beginn der Schlafenszeit. Dadurch hat GH eine deutlich ausgeprägte Tagesperiodik mit maximalen Hormonkonzentrationen während der Nacht (Abb. 9.16). Die hohen GH-Schübe stimmen zeitlich mit den ersten Phasen des Tiefschlafs überein. Durch gleichzeitige Messung der GH-Sekretion und des EEG konnte dieser Zusammenhang bestätigt werden. Daraus ergibt sich ein enger Zusammenhang zwischen dem Wachstumshormon und der Regulation des Schlafs. Dieser Zusammen-

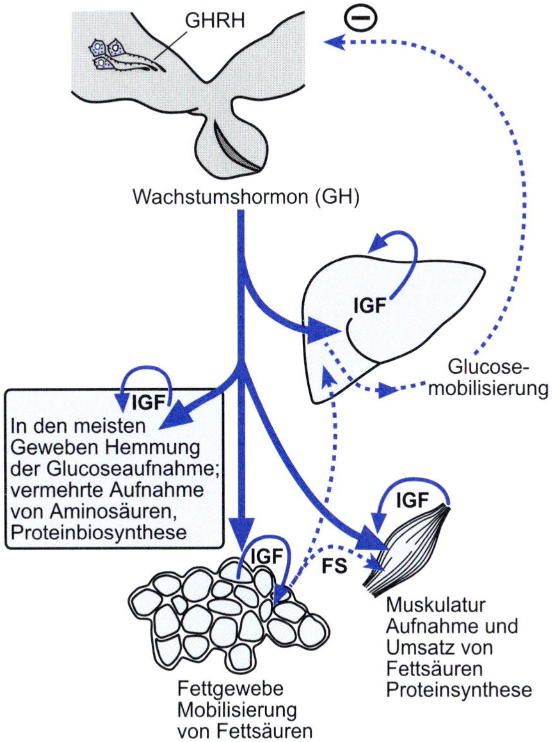


**Abb. 9.15.** Steuerung des Wachstums durch das Wachstumshormon (GH) aus der Hypophyse. Ein großer Teil der Wirkungen des GH erfolgt in peripheren Geweben nicht direkt, sondern wird durch den Insulin-ähnlichen Wachstumsfaktor (IGF) vermittelt

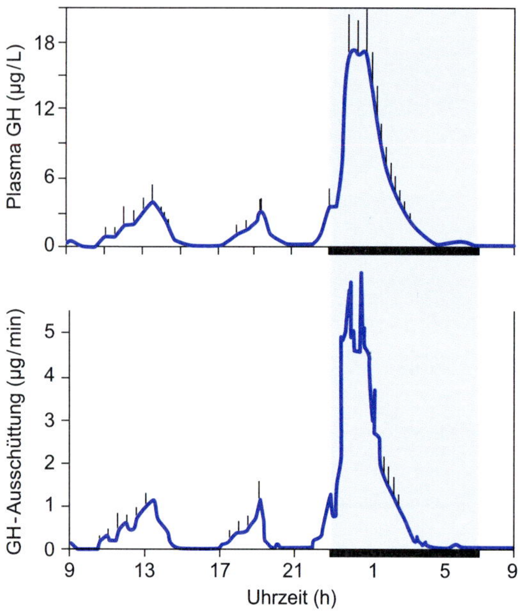


**Abb. 9.16.** Pulsatiles und tagesperiodisches Muster des Wachstumshormons im Blut (GH), und der Sekretionsrate von GH. Mittelwerte ± SEM von 8 Männern, denen Blutproben im Abstand von 10 min entnommen worden waren. Das GH-Sekretionsmuster ist, im Gegensatz zum LH-Sekretionsmuster (Abb. 9.13), so stabil, dass Mittelwerte über mehrere Personen gebildet werden können (Spiegel et al. 2000)

hang wird auch dadurch bestätigt, dass Schlafentzug die GH-Ausschüttung verringert und das GH-Sekretionsmuster stört.

### Prolactin

Prolactin ist ein dem GH ähnliches Peptid. Es wird von den lactotrophen Zellen der Adenohypophyse als Prohormon produziert, aus dem kurz vor der Freisetzung das wirksame Prolactin mit einer Kettenlänge zwischen 194 und 199 Aminosäuren abgespalten wird. In verschiedenen Wirbeltiergruppen wird es als Botenstoff für ganz unterschiedliche Aufgaben genutzt, wobei es sich dabei meistens um Sekretionsprozesse von Epithelien der Haut, der Darms, der Harnblase oder der Niere handelt. Sekretionsprozesse sind die Grundlage vieler Lebensfunktionen, und so kommt es, dass Prolactin ein **multifunktionales Hormon** ist, das sowohl an der Osmoregulation als auch am Wachstum und an der Reproduktion beteiligt sein kann. Prolactin ist ein typisches Beispiel dafür, dass im Lauf der Evolution die vorhandenen Hormone für unterschiedliche Verwendungszwecke umfunktioniert wurden, anstatt für neue physiologische Mechanismen jeweils auch neue Hormone zu entwickeln. Der Rezeptor für Prolactin wird in den meisten Geweben exprimiert, auch in Zellen des Immunsystems. Einige Lymphocyten synthetisieren und sekretieren Prolactin in großer Menge, so dass man vermuten kann, dass es zusätzlich als parakriner oder autokriner Faktor an der Immunreaktion beteiligt (Freeman et al. 2000).

Bei Fischen spielt Prolactin eine wichtige Rolle für die Regulation des Salztransports über die Kiemen und die Haut (s. Osmoregulation). Einige Fische, wie z.B. die Lachse, wechseln von ihren Brutgebieten im Süßwasser ins Meerwasser (catadrome Wanderung) und kehren als erwachsene Fische zum Laichen wieder in Süßwasser zurück (anadrome Wanderung). Dabei wechseln sie vom hypotonen Süßwasser in das hypertone Meerwasser und müssen die Richtung des Natrium-Transports in den Kiemen umkehren. Bei dieser Anpassung an die neuen osmotischen Bedingungen spielt das Prolactin eine führende Rolle. Auch bei Amphibien und Reptilien spielt das Prolactin eine wichtige Rolle für die Regelung des Salz- und Wasserhaushalts. Bei Vögeln stimuliert es die Natrium-Sekretion der Salzdrüse und bei Säugern die Natrium-Retention durch dic Nicrc.

Den Namen Prolactin erhielt das Hormon durch seine unmittelbare Wirkung auf die Milchsekretion der Brustdrüse von Säugetieren. Diese Wirkung wurde 1930 eher zufällig entdeckt, weil Ratten und Kaninchen nach der Injektion von Extrakten des Hypophysenvorderlappens regelmäßig ihre Milchdrüsen entwickelten und Milch gaben, auch wenn sie noch jungfräulich waren oder ihnen vorher die Ovarien entfernt worden waren. Dies war der Hinweis auf die Existenz eines für die Milchbildung zuständigen Hormons in der Hypohyse. Oscar Riddle nannte das Hormon deshalb Prolactin. Einige Vogelarten ernähren ihre Jungen mit Milch aus der Kropfdrüse. Riddle und seine Mitarbeiter erkannten, dass Prolactin auch für die Bildung der Kropfmilch von Tauben verantwortlich ist und auch die mit der Reproduktion verbundenen Verhaltensweisen wie Brüten und Füttern auslöst (Riddle et al. 1933). Die Reaktion war so zuverlässig, dass sie als Bioassay für den Nachweis von Prolactin verwendet werden konnte.

In der Brustdrüse von Säugern setzt Prolactin die Milchbildung in Gang und hält sie nach der Geburt aufrecht. Dies geschieht auf dreifache Weise. Unter dem Einfluss von Prolactin kommt es zu einem Wachstum der sekretierenden Zellen in der Brustdrüse. Nach der Geburt stimuliert es die Milchbildung, indem es, gemeinsam mit Insulin und Cortisol, die Transkription der für Milchprotein codierenden Gene anregt. Wenn ein Säugling an den Brustdrüsen saugt, so wird der mechanische Reiz über eine Kette von neuralen Afferenzen zum Hypothalamus geleitet, was innerhalb von Sekunden zur Ausschüttung von Prolactin aus der Hypophyse führt und akut die Milchbildung anregt. Auch bei Säugern ist Prolactin für die Ausprägung des Brutpflegeverhaltens zuständig. So steigert es bei Nagetieren die Nestbauaktivitäten und das Eintragen von Jungen, die sich aus dem Nest entfernt haben. Viele Säugetier-Mütter sind während der Laktation nicht empfängnisbereit, da sie keinen Östrus bekommen (Laktationsanoestrie, beim Menschen Laktationsamenorrhoe). Tierexperimentelle Befunde lassen vermuten, dass der hohe Prolactinumsatz während der Laktation und der damit verbundenene hohe Dopaminumsatz im Hypothalamus das pulsatile Sekretionsmuster von GnRH und Gonadotropinen so stark verändert, dass der Östrus unterdrückt wird.

Die hypothalamische Steuerung der Prolactin-Sekretion unterscheidet sich von der aller anderen Hypophysenhormone. Wird im Tierversuch der Hypophysenstiel durchtrennt, so kommt es zu einer massiven Ausschüttung von Prolactin aus der Hypophyse. Verantwortlich dafür sind dopaminerge Neurone des Hypothalamus die eine Sekretion von Prolactin tonisch unterdrücken. d.h. der Hypothalamus wirkt in erster Linie als Bremse für die Prolactin-Ausschüttung. Die inhibitorische Wirkung des Hypothalamus wird durch die Liberine TRH und GnRH, oder VIP („vasoactive inestinal peptide") aufgehoben, und es kommt dann sehr rasch zur Ausschüttung der aufgestauten Mengen an Prolactin. Dieser Vorgang wird durch ein noch nicht bekanntes Releasing-Hormon (PRH) unterstützt. Außerdem haben Steroidhormone wie das Östrogen einen stimulierenden Einfluss auf die Synthese und Sekretion von Prolactin aus den lactotropen Zellen der Hypophyse.

**Melanocyten-stimulierende Hormone – MSH**

Die Melanocyten-stimulierenden Hormone $\alpha$-MSH und $\beta$-MSH werden im Hypophysenzwischenlappen (Pars intermedia) gebildet, also dem Teil der Adenohypophyse, der in direkter Nachbarschaft zu den Zellen der Neurohypophyse liegt. Diese Region ist nicht besonders gut kapillarisiert. Ihre endokrine Funktion wird deshalb in erster Linie durch aminerge und peptiderge Innervierung von Neuronen des Hypothalamus kontrolliert. Die Zellen der Pars intermedia exprimieren Pro-Opiomelanocortin (POMC), das dann durch Proteolyse in $\beta$-LPH, ACTH und $\gamma$-MSH zerlegt wird, ähnlich wie in den ACTH produzierenden Zellen des Hypophysenvorderlappens (Pars distalis). In einem zweiten Proteolyseschritt werden weitere endokrine Faktoren gewonnen, zu denen auch $\alpha$-MSH und $\beta$-MSH gehören (Abb. 9.13).

Bei niederen Wirbeltieren (Cyclostomata, Fische, Amphibien) kontrolliert MSH die Synthese und Ausbreitung von Melanin in den Melanophoren. Diese pigmenthaltigen Zellen kommen sowohl in der Epidermis (äußere Hautschicht, ektodermal) als auch in der Dermis vor (innere Hautschicht, mesodermal). Wenn sich deren intrazelluläre Melanin-Granula ausdehnen, so erschient die Haut dunkel, ballen sie sich zusammen, dann erscheint die Haut hell. Dieser Farbwechsel kann innerhalb von Sekunden ablaufen. Er ist endokrin gesteuert, und dabei spielt das MSH eine zentrale Rolle. In einer hellen Umgebung wird kein MSH ausgeschüttet. Die Melanin-Granula bleiben dicht aggregiert, so dass die Haut hell bleibt oder die Farbe anderer pigmenttragenden Zellen der Dermis (Iridophoren) durchscheinen lässt. In einer dunklen Umgebung oder vor einem dunklen Hintergrund schüttet die Hypophyse MSH aus, die Melanin-Granula in der Zelle dispergieren, und die Haut wird dunkel.

An dieser Reaktion kann auch die adrenerge und cholinerge Innervierung der Haut beteiligt sein und vor allem das Epiphysenhormon Melatonin. Kaulquappen können sich während ihrer ersten Entwicklungsphase nicht an die Helligkeit der Umgebung anpassen, aber bleichen während der Nacht aus. Sie sind nicht in der Lage, die MSH-Sekretion der Hypophyse zu unterbinden, und müssten deshalb stets dunkel bleiben. Während der Nacht sekretiert jedoch die Epiphyse Melatonin. Dieses verursacht eine Aggregation der Pigmentgranula in den Melanophoren der Unterhaut, und die Kaulquappe bleicht aus (s. 9.9 Pinealorgan).

Vögel und Säugetiere benutzen ebenfalls Melanin zur **Pigmentierung der Haut**, können damit aber keinen Farbwechsel erzeugen. Die Melanophoren der Epidermis produzieren melaninreiche Granula (Melanosomen), und diese werden von den Keratinocyten phagozytiert. Die melaninreiche Keratinocyten wandern dann an die Oberfläche der Epidermis und ergeben eine dunkle obere Hornhautschicht. Beim Menschen ist die Intensität der Pigmentierung genetisch bedingt und wird zusätzlich durch direkte UV-Wirkungen auf die epidermale Melanin-Bildung verstärkt. Menschen mit dunkler Haut besitzen dieselbe Menge an Melanophoren, diese liefern jedoch mehr Melanosomen. Albinos produzieren keine Melanosomen und bleiben deshalb unpigmentiert. Epidermis-Zellen besitzen zwar Rezeptoren für $\alpha$-MSH (Melanocortin-1-Rezeptor, MC-1R), aber dies spielt wohl nur eine Nebenrolle bei der Pigmentierung der Haut.

Aus Mutationen der **Fellfarbe** von Mäusen (Agouti-Maus, Mahagony-Maus) ergaben sich jedoch Hinweise, dass dieser Signalweg an der Färbung der Haare beteiligt ist. Melanocyten der Haarfollikel liefern einen parakrinen Faktor, das Agouti-Protein (Glykoprotein, 18 kDa), das an MC-1R-Rezeptoren bindet und die Wirkung von $\alpha$-MSH hemmt. Die Melanocyten produzieren dann ein gelbes Pigment, das Pheomelanin, statt des schwarzen oder braunen Eumelanins, und bei zu starker Expression des Agouti-Gens bekommen die Mäuse ein gelbes Fell. Das Agouti-Protein wird normalerweise nur in den Haarfollikeln exprimiert; ein sehr ähnliches Protein (*agouti related protein*, Agrp) dient als Neurotransmitter im Nervensystem. Mutationen des Agouti-Proteins und ectopische Expression dieses Gens führen nicht nur zu Änderungen der Fellfarbe, sondern verursachen Fettleibigkeit oder führen zu letalen Funktionsstörungen. Aus dem Phänotyp dieser Funktionsstörungen folgt, dass MSH und die Melanocortinrezeptoren an weiteren physiologischen Funktionen beteiligt sind, z.B. an der Regelung der Nahrungsaufnahme und des Körpergewichts (s. Kapitel 7.2.7 Ernährung), an der Regulation des Blutzuckers und der Immunabwehr (Siracusa 1994, Miller et al. 1997, He et al. 2001).

#### Endorphine und Enkephaline

Die Identifizierung des Opiat-Rezeptors im Säugetiergehirn führte zur Entdeckung einer Gruppe von Neurotransmittern, die als endogene Opiate an dieselben Rezeptoren binden. Sie werden alle durch proteolytische Spaltung aus Proopiomelanocortin (POMC) gebildet (Abb. 9.13). Met-Enkephalin und Leu-Enkephalin sind Pentapeptide. $\alpha$-, $\beta$- und $\gamma$- Endorphine werden aus dem als Vorstufe anzusehenden $\beta$-Lipotropin ($\beta$-LPH) gewonnen (Teilsequenzen von je 31 Aminosäuren). Met-Enkephalin ist ein Pentapeptid, das ebenfalls aus $\beta$-LPH abgespalten wird. Einige Neurone im Hypothalamus bilden ebenfalls POMC und produzieren Endorphine und Enkephaline. Die Opioid-Rezeptoren sind im Nervensystem weit verbreitet. Verschiedene Typen können unterschieden werden: Enkephaline binden an die $\delta$-Rezeptoren, $\beta$-Endorphin bevorzugt an den $\mu$-Rezeptor und Dynorphin bevorzugt an den $\kappa$-Rezeptor.

Endorphine haben eine schmerzstillende Wirkung, indem sie die Übertragung der Schmerzreize im Hinterhorn des Rückenmarks, der ersten Umschaltungsstelle der Schmerzbahn, blockieren. Neben der Schmerzunterdrückung vermitteln sie ähnlich wie natürliches Opium ein Wohlgefühl, beeinflussen die Sekretion neuroendokriner Zellen des Hypothalamus (z.B. Freisetzung von GnRH), wirken anatagonistisch auf catecholaminerg dominierte Stressreaktionen, verändern die Körpertemperatur und haben einen dämpfenden Einfluss auf die Darm-Motilität. Die weite Verbreitung der Rezeptoren im Nervensystem lässt vermuten, dass sie in verschiedene vegetative Regulationsvorgänge eingreifen und das Verhalten positiv beeinflussen als neuroendokrine Modulatoren für die Bewältigung von Belastungssituationen.

## 9.7.2 Hormone der Neurohypophyse

Der Hypophysenhinterlappen ist Teil des Zentralnervensystems und besteht im Grunde nur aus einer Ansammlung von Axonendigungen, deren Somata (Perikaryen) im Hypothalamus liegen. Zwei Neuronengruppen (Kerngebiete, Nucleus) mit auffällig großen Somata, der Nucleus supraopticus und der Nucleus paraventricularis, sind die Hauptlieferanten der Hormone des Hypophysenhinterlappens. Sie synthetisieren die Vorstufen der Hormone, verpacken sie in Vesikel und befördern diese durch axonalen Transport in den Hypophysenhinterlappen. Erst in den kolbig aufgetriebenen Enden der Axone im Hinterlappen werden die aktiven Hormone durch enzymatische Spaltung aus den Vorstufen gewonnen, in Vesikeln gespeichert und im Bedarfsfall ausgeschüttet. Dieser Bedarfsfall wird durch das Membranpotential der supraoptischen oder paraventrikulären Neurone kontrolliert. Bei Depolaristion der Axonendigungen kommt es zu einer Exozytose der Neurosekretgranula in das Blut (Elektrosekretionskoppelung).

Die Hormone der Neurohypophyse sind zyklische Peptide mit sehr ähnlicher Struktur, die einen Ring aus 6 Aminosäuren (5, wenn statt 2 Cystein nur ein Cystin gezählt wird) besitzen, und eine kleine Seitenkette aus drei Aminosäuren (Abb. 9.17). Etwa 10 Varianten sind bekannt und diese unterscheiden sich lediglich in den Positionen 3, 4 und 8 der Aminosäurenkette. Die ursprünglichste Form ist wahrscheinlich das Arginin-Vasotocin, (AVT, wie Arginin-Vasopressin, AVP, aber Ile in Pos. 3), da es die häufigste Variante des Moleküls ist und bei sämtlichen Wirbeltieren vorkommt, auch bei den Cyclostomata, deren Neurohypophyse ausschließlich AVT liefert. Bei Säugetieren liefert die Neurohypophyse vor allem AVP und Oxytocin, andere Varianten nur in geringer Menge.

Die wichtigste Rolle des AVP bei Säugetieren ist die Wasserretention in der Niere durch Aktivierung der Aquaporine im distalen Tubulus und im Sammelrohr (s. 8.7.6 Exkretion). Deshalb wird es auch antidiuretisches Hormon (ADH) oder **Adiuretin** genannt. Bei den anderen Wirbeltieren spielt AVT eine ähnliche Rolle, erreicht dies aber auf etwas anderem Weg. Bei Fröschen steigert es die Wasseraufnahme über die Haut, vor allem in der gut vaskularisierten Hüftregion. Auf diese Weise können Frösche, ohne zu trinken, ihren gesamten Wasserbedarf decken, indem sie sich in eine Wasserpfütze setzen.

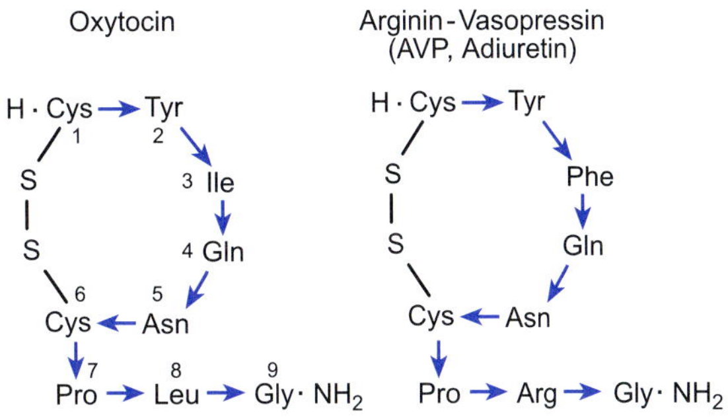


**Abb. 9.17.** Struktur von Hormonen der Neurohypophyse. Das Oxytocin kommt vor allem bei Säugetieren vor und löst die Uterus-Kontraktion bei der Geburt aus. Das Arginin-Vasopressin macht die Sammelrohrwand der Niere wasserdurchlässig, so dass Wasser im Körper zurückgehalten und ein konzentrierter Urin ausgeschieden wird

Bei Amphibien, Reptilien und Vögeln ist für AVT eine weitere Funktion nachgewiesen worden. Es ist ein sehr potenter Reiz für die Kontraktion der Muskulatur von Oviduct und Uterus und steuert das Legen der Eier. Damit übernimmt AVT eine zentrale Funktion bei der Steuerung des Reproduktionsverhaltens. Eine ähnliche Bedeutung für die Reproduktion besitzt das **Oxytocin** der Säugetiere, da es die Kontraktion der glatten Muskulatur des Uterus bei der Geburt auslöst. Diese Wirkung ist während des Geburtsvorgangs besonders stark ausgeprägt, weil kurz vorher die Anzahl der Oxytocin-Rezeptoren in der Muskulatur des Myometriums drastisch erhöht wird. Nach der Geburt wird Oxytocin zum wichtigsten Transmitter für das Auspressen der Milch aus den Brustdrüsen beim Säugen. Ein Säugling, der an den Brustwarzen saugt, reizt die dort zahlreich vorhandenen Mechanorezeptoren, und diese lösen über einen neural-humoralen Reflexbogen innerhalb von wenigen Sekunden die Ausschüttung von Oxytocin aus der Neurohypophyse aus. Die Milch-produzierenden Alveoli der Brustdrüse sind von Muskelzellen umschlossen. Unter dem Einfluss von Oxytocin kontrahieren sich diese Muskelzellen und pressen die Milch aus den Alveoli in die Ausführgänge.

## 9.8 Urophyse

Viele Teleostier besitzen ein Gruppe von großen, neurosekretorischen Zellen im Rückenmark im Bereich der caudalen Wirbelsäule. Die Axone dieser Nervenzellen verlassen das Rückenmark und formen ein ventral sitzendes Neurohämalorgan. Bei Elasmobranchiern finden sich ähnliche Neurone (Dahlgrensche Zellen) im caudalen Rückenmark, allerdings bilden deren Neurone nur einen flächigen Neurohämalbereich aus, im Gegensatz zur kompakten Urophyse der Teleostier. Die Urophyse liefert eine Reihe von Peptiden, die Urotensine (UT), welche Kontraktionen der glatten Muskulatur des Urogenitaltrakts auslösen können und möglicherweise an der Steuerung des Laichens beteiligt sind (UT II). UT-I steigert den Blutdruck, UT-III und UT-IV haben Vasotocin-ähnliche Wirkungen auf die Osmoregulation. Die histologische Struktur der Urophyse erinnert an die Neurohypophyse, was vermuten lässt, dass die Urophyse der Fische eine der Neurohypophyse vergleichbare neuroendokrine Funktion hat.

## 9.9 Pinealorgan

Das Pinealorgan ist eine kleine unpaare Hirnanhangsdrüse, die am Dach des Zwischenhirns sitzt. Während der Ontogenese entsteht es als dorsale Ausstülpung des Zwischenhirndachs. Bei den meisten Arten bleibt es über einen Stiel mit dem Zwischenhirn verbunden und hält Kontakt zum dritten Ventrikel. Bei niederen Vertebraten

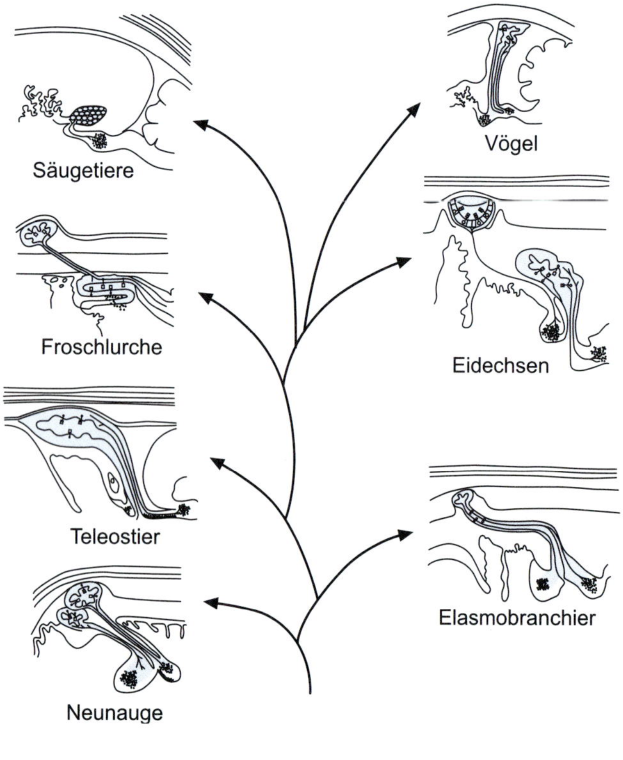


**Abb. 9.18.** Evolution des Pinealorgans bei den Wirbeltieren. Pinealorgan und Parietalorgan entstanden aus den ursprünglich paarig angelegten Dorsalaugen. Die paarige Anlage ist bei Neunaugen noch erkennbar. Bei niederen Vertebraten besitzt das Pinealorgan eine Mischfunktion als Photorezeptorfunktion und endokrine Drüse. Bei Säugetieren hat es nur noch endokrine Funktion (nach Hamasaki u. Eder 1977)

haben die Pinealocyten auch die Eigenschaften eines Photorezeptors, ähnlich den retinalen Photorezeptoren, und weisen damit auf ihre Herkunft vom Dorsalauge hin (Abb. 9.18, Abb. 9.19). Die Dorsalaugen entstanden, wie die Lateralaugen, als Ausstülpungen des Zwischenhirns. Die entfernten Vorläufer der Wirbeltiere hatten möglicherweise sowohl paarige Lateralaugen als auch paarig angelegte Dorsalaugen. Man kann dies daraus schließen, dass beim Neunauge zwei Ausstülpungen angelegt werden, das Pinealorgan und das Parietalorgan (Parapineal), die beide Augenstrukturen entwickeln. Die Brückenechse Sphenodon und die Eidechsen besitzen nur noch ein unpaares Parietalauge, das dem ursprünglichen Parietalorgan entspricht, während ihr Pinealorgan als Drüse unter dem Schädeldach liegt. Das Pinealorgan der Vögel besitzt nur noch eine rudimentäre Photosensitivität. Bei Säugetieren ist sie völlig verschwunden, die Pinealocyten sind nur noch neurosekretorisch aktiv, als eine kompakte endokrine Drüse, die **Epiphysis cerebri** (Abb. 9.18).

Größe und Aussehen des Pinealorgans variieren sehr stark. Beim Menschen erinnert seine Form an einen Pinienzapfen, weshalb es den Namen Pinealorgan erhielt. Einigen Wirbeltieren fehlt das Pinealorgan vollständig; dazu gehören Seekühe, Armadillos, Faultiere und Krokodile. Tiere aus hohen nördlichen oder südlichen Breitengraden besitzen relativ große Pinealorgane, wobei die Weddell-Robbe der Rekordhalter ist. Man vermutet, dass dies mit der Funktion des Pinealorgans bei der photoperiodischen Zeitmessung und den extremen jahreszeitlichen Schwankungen der Photoperiode in höheren Breitengraden zusammenhängt. Man kann einem Wirbeltier das Pinealorgan entfernen, ohne dass dies zu akuten oder gar letalen Ausfallserscheinungen führt. Dies war sicher einer der Gründe dafür, dass die endokrine Bedeutung des Pinealorgans lange Zeit übersehen worden ist. Der erste Hinweis auf die Funktion des Pineals war die Beobachtung, dass ein Extrakt aus dem Pinealorgan von Rindern die Melanophoren in der Froschhaut aufhellt. Der Hautarzt Aaron Lerner, der sich mit der Weißfleckenkrankheit beim Menschen beschäftigte, extrahierte die Pinealorgane von 200 000 Rindern und identifizierte den dafür verantwortlichen Wirkstoff als ein Derivat der Aminosäure Tryptophan, das Melatonin (Lerner et al. 1958).

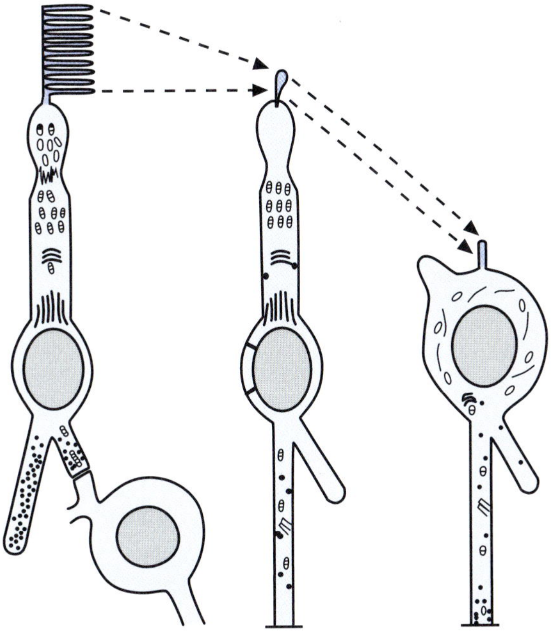


**Abb. 9.19.** Struktur des Pinealocyten mit Photorezeptor-Funktion bei den niederen Vertebraten im Vergleich zu einem nur noch sekretorisch aktiven Pinealocyten bei Säugetieren (nach Gorbmann et al. 1983)

Aus der bleichenden Wirkung des Melatonin auf die Froschhaut war Anfangs nicht zu erwarten, dass es sich beim Pinealorgan um eine endokrine Drüse von zentraler Bedeutung handelt, aber man hatte damit einen zuverlässigen und sehr empfindlichen Bioassay für Melatonin zur Verfügung. Einige Jahre später gelang der Nachweis, dass Melatonin vom Pinealorgan stets in einem strengen 24-Stunden-Rhythmus synthetisiert und ausgeschüttet wird. Dies eröffnete zum ersten Mal einen Einblick in die endokrine Regulation biologischer Rhythmen. Melatonin wird in den Pinealocyten in wenigen Schritten aus der Aminosäure Tryptophan oder aus Serotonin gebildet (Abb. 9.20). Das limitierende Enzym dieser Synthese ist die N-Acetyltransferase (NAT), deren Aktivität bei Säugetieren durch die sympathische Innervierung des Pinealorgans kontrol-

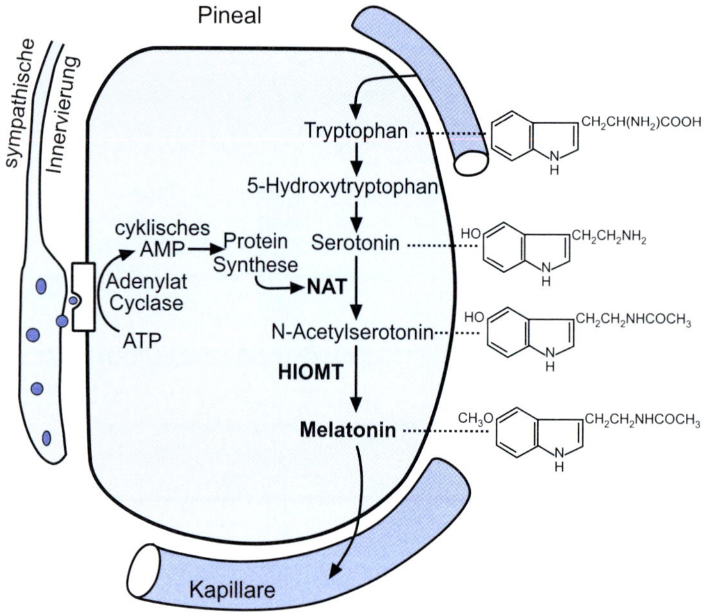


**Abb. 9.20.** Synthese von Melatonin im Pinealorgan. Schrittmacherenzym ist die N-Acetyltransferase (NAT), die Serotonin in N-Acetylserotonin umwandelt. Der letzte Reaktionsschritt wird durch die Hydroxyindol-O-Methyltranserase (HIOMT) katalysiert. Im Pinealorgan der Säugetiere wird dieser Syntheseweg über die sympathische Innervierung adrenerg kontrolliert

liert wird. Melatonin wird nur während der Nacht synthetisiert und ausgeschüttet, tagsüber ruht die Synthese. Das tagesperiodische Muster wird sowohl durch den Tag-Nacht-Rhythmus, als auch die endogen circadiane Uhr gesteuert. Je länger die Nacht dauert, desto mehr und länger wird Melatonin synthetisiert, weshalb es als Dunkel-Hormon bezeichnet werden kann. Auf diese Weise erhält der Körper die Information über die tageszeitliche Phase, in der er sich befindet, und über das Verhältnis von Licht und Dunkelzeit, die Photoperiode (Abb. 9.21). Im Gegensatz zu den meisten Hormonen wird Melatonin nicht in größeren Mengen gespeichert, sondern durch die NAT akut synthetisiert und ausgeschüttet und kann deshalb rasch auf veränderte Lichtbedingungen reagieren. Eine Minute helles Licht in der Nacht genügt, um die Melatonin-Synthese abzubrechen.

In den Pinealorganen von Vögeln bleibt die Tagesperiodik der Melatoninsynthese auch erhalten, wenn sie in einer Nährlösung *in vitro* gehalten werden. Offensichtlich besitzen sie einen eigenen circadianen Schrittmacher, mit dem sie die Melatonin-Synthese steuern. Mit dieser Eigenschaft kann das Pinealorgan der Vögel eine Führungsrolle für die circadiane Rhythmik übernehmen. Dies ist an einigen Vogelarten auch *in vivo* nachgewiesen worden. Entfernt man Sperlingen das Pinealorgan, so verlieren sie im Dauerlicht ihren normalerweise sehr stabilen geordneten Schlaf-Aktivitäts-Rhythmus und werden daueraktiv oder zeigen ein chaotisches Aktivitätsmuster. Erhalten sie dann das Pinealorgan von anderen Artgenossen als Implantat in die Augenkammer, so entwickeln sie wieder ein regelmäßiges Aktivitätsmuster, dessen Phasenlage und Muster dem des Organspenders entsprechen (Zimmermann und Menaker 1979). Bei pinealektomierten Staren fällt die circadiane Rhythmik nur teilweise oder vorübergehend aus, und bei pinealektonierten Eidechsen treten nach Pinealektomie zwei oder noch mehr Aktivitäts-Rhythmen auf, die nicht miteinander gekoppelt sind. Dies zeigt, dass das Pinealorgan als endokrines Organ dient und über den Blutkreislauf die Ausprägung circadianer Rhythmen steuert, oder an deren interner Synchronisation beteiligt ist (s. dazu auch Kap. 10 Biologische Rhythmen).

Bei Säugetieren sind diese Zusammenhänge etwas komplizierter, da ihr Pinealorgan keine eigenen Photorezeptoren und keine eigene Uhr besitzt, sondern auf neuronale Fremdsteuerung angewiesen ist (Abb. 9.22). Als Photorezeptor

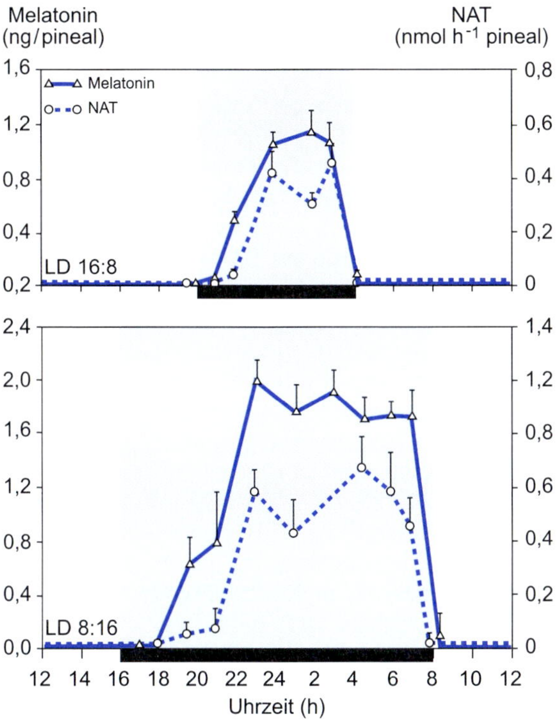


**Abb. 9.21.** Tagesperiodik der NAT-Aktivität und des Melatonin im Pinealorgan beim Dsungarischen Zwerghamster. Die Zwerghamster wurden entweder in langer (16:8 L:D) oder in kurzer (8:16 L:D) Photoperiode gehalten (nach Illnerova et al. 1984)

dient die Retina, die über eine besondere Faserverbindung mit dem Hypothalamus verbunden wird (Retino-hypothalamischer Trakt) und dort mit den Schrittmacherneuronen der inneren Uhr der Säugetiere, dem Nucleus suprachiasmaticus, in Verbindung tritt. Von dort aus führen neuronale Verbindungen über das Thorakalmark zum sympathischen Grenzstrang in das Ganglion cervicale superius. Dessen postganglionäre, adrenergen Neurone treten wieder ins Gehirn ein und innervieren das Pinealorgan. Wird dieser Signalweg unterbrochen, z.B. durch Entfernung des oberen Halsmarkganglions, so fällt die Melatoninrhythmik des Pineals aus. Zusätzlich zu dieser sympathischen Innervierung des Pineals bestehen auch bei Säugetieren neurale Projektionen von anderen Bereichen des Zentralnervensystems zum Pineal, deren funktionelle Bedeutung allerdings noch nicht klar ist.

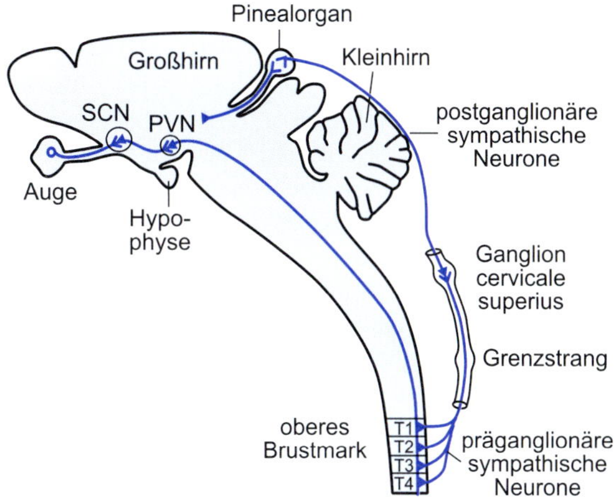


**Abb. 9.22.** Innervierung des Pinealorgans der Säugetiere (Reiter 1981)

Eine zweite wichtige Aufgabe des Pinealorgans ist die photoperiodische Zeitmessung, denn es setzt die Dauer der Dunkelzeit in ein endokrines Signal um. Die meisten Tiere ändern ihr Verhalten mit der Jahreszeit. Sie reproduzieren bevorzugt im Sommer, legen sich im Winter ein dichtes Winterfell zu, halten Winterschlaf oder ziehen weg, z.B. wie die Zugvögel. Diese Anpassungen sind überlebenswichtig, aber sie machen natürlich nur Sinn wenn sie zur richtigen Jahreszeit ablaufen. Für die zeitliche Koordination dieser Anpassungen wird die Photoperiode verwendet, die mit astronomischer Präzision Auskunft über den Jahresgang gibt. Die kritische Photoperiode vieler Tiere liegt bei 12,5 Stunden, d.h. Lichtzeiten von weniger als 12,5 Stunden oder mehr als 11,5 Stunden Dunkelheit werden als Kurztag interpretiert. Unter diesen Bedingungen dauert die nächtliche Ausschüttung des Melatonin länger als 9 Stunden, und dies ist das endokrine Signal für die Umstellung. Den größten Teil seiner Wirkung entfaltet Melatonin durch Stimulation anderer Regionen des ZNS. Bindungsstellen für Melatonin sind in verschiedenen Regionen des Hypothalamus (Area praeoptica, SCN, PVN) und der Hypophyse (Pars tuberalis, Eminentia mediana) gefunden worden. In diesen Regionen kann Melatonin circadiane Prozesse beeinflussen und die Ausschüttung der Liberine und Statine und der Hypophysenhorme verändern. Besonders deutlich ist seine Wirkung auf die Ausschüttung von GnRH und LH, so dass die Fortpflanzung eingestellt wird. Wegen der hemmenden Wirkung auf die Ovarien und Hoden ist Melatonin jahrelang als „antigonadotropes Hormon“ bezeichnet worden. In der Zwischenzeit ist klar, dass dies nur einen Teilaspekt seiner Wirkung wiedergibt. In Wirklichkeit hat Melatonin eine Doppelfunktion, als zentraler Vermittler der Tagesperiodik und als eine der Hypophyse übergeordnete endokrine Drüse zur Anpassung der Körperfunktionen an die jahreszeitlich sich ändernden Lebensbedingungen (Übersicht s. Heldmaier u. Lynch 1986, Arendt 1995, Steinlechner u. Puchalski 2002).

## 9.10 Schilddrüse

Die Schilddrüse (Thyreoidea) ist ein Derivat des Schlunddarms und damit entodermalen Ursprungs. Aus der vierten embryonalen Schlundtasche werden Follikel geformt, diese bilden die funktionelle Einheit der Schilddrüse. Die äußere Form der Drüse ist variabel, von einer diffusen Verteilung der Follikel bei vielen Fischen über paarige Knoten bei den Amphibien und Vögeln bis zur kompakten, u-förmigen Drüse der Säugetiere. Beim Menschen besteht sie aus zwei annähernd daumengroßen Lappen, die durch einen Steg miteinander verbunden sind und unterhalb des Kehlkopfes auf der Luft- und Speiseröhre liegen. Alle Schilddrüsen sind sehr gut vaskularisiert und durchblutet. Beim Menschen beträgt die Flussrate 4–6 ml $g^{-1}$ $min^{-1}$ und liegt damit höher als der Blutfluss durch die Niere (3 ml $g^{-1}$ $min^{-1}$).

Trotz unterschiedlicher äußerer Form sind die funktionellen Einheiten der Schilddrüse, die Follikel, bei allen Wirbeltieren ähnlich. Jedes Follikel besteht aus einer Epithelschicht, die einen mit Kolloid gefüllten Innenraum umschließt. Die Epithelzellen synthetisieren ein tyrosinreiches Protein, das Thyreoglobulin, und die Schilddrüsenhormone Thyroxin $T_4$ (Tetrajodthyronin) und $T_3$ (Trijodthyronin), die dann im Follikellumen gespeichert werden. Voraussetzung dafür ist eine selektive Aufnahme von Jodid aus dem Blut durch einen $Na^+/J^-$-Symporter (Natrium-Iodine-Symporter, NIS), der von $Na^+/K^+$-ATPase angetrieben wird. Das Jodid wird durch eine Peroxidase zu Jod oxidiert. Es bindet dann in intrazellulären Granula an Tyrosinreste des Thyreoglobulin und jodiert diese zu Monojodtyrosin oder Dijodtyrosin. In den Granula läuft dann eine Koppelungsreaktion ab, bei der zwei Moleküle Dijodtyrosin zu $T_4$, oder ein Monojodtyrosin mit Dijodtyrosin zu $T_3$, verbunden werden (Abb. 9.23). Mit dem Thyreoglobulin werden sie durch Exocytose in das Follikellumen abgegeben und dort als Kolloid gespeichert. Bei Bedarf wird das Thyreoglobulin von den Epithelzellen wieder aufgenommen, in Lysosomen hydrolysiert (Cathepsin, Thyroprotease), und $T_4$ (95%) und $T_3$ (5%) an das Blut abgegeben. Alle diese Prozesse werden durch das Hypophysenhormon TSH angetrieben (s. 9.7.1 Hypophyse).

Die Anreicherung von Jod in der Schilddrüse führt dazu, dass sie mehr als 90% aller Jodvorräte des Körpers enthält. Der Speicher ist groß genug, um Schwankungen im Jodgehalt der Nahrung zu überbrücken, und reicht z. B. beim Menschen aus, um den Jodbedarf für zwei Monate zu decken. Das Thyreoglobulin ist ein sehr großes Protein (660 kDa), das nur in den Follikelepithelzellen exprimiert wird und normalerweise nicht ins Blut gelangt. Geschieht dies trotzdem durch eine Erkrankung oder Verletzung der Schilddrüse, so kann es eine Immunreaktion auslösen.

Nur etwa 0,5% des $T_4$ und $T_3$ liegen im Blut als freies Hormon vor, denn der größte Teil wird an Proteine gebunden. Diese Aufgabe übernehmen beim Menschen drei verschiedene Proteine, das Thyroxin-bindende-Globulin (TBG), das Thyroxin-bindende-Päralbumin (Transthyretrin) und das Albumin. Das TBG ist nicht sehr häufig, hat aber die größte Affinität und transportiert deshalb etwa 75% des $T_4$. TBG kommt nicht bei allen Säugetieren vor und fehlt bei Reptilien und Vögeln vollständig, so dass dort Albumin als wichtigster $T_4$- und $T_3$-Transporter dient. Die Schilddrüse liefert überwiegend $T_4$, aber dies ist eigentlich nur die Transportform des Hormons, denn die größte biologische Wirksamkeit besitzt $T_3$. $T_4$ wird von den Zellen aufgenommen und intrazellulär durch Deiodinasen in die aktive Form $T_3$ umgewandelt. Einige Gewebe wie die Leber oder das braune Fettgewe-

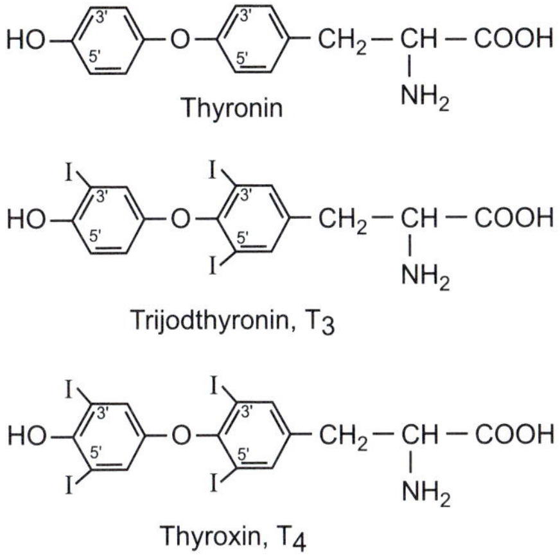


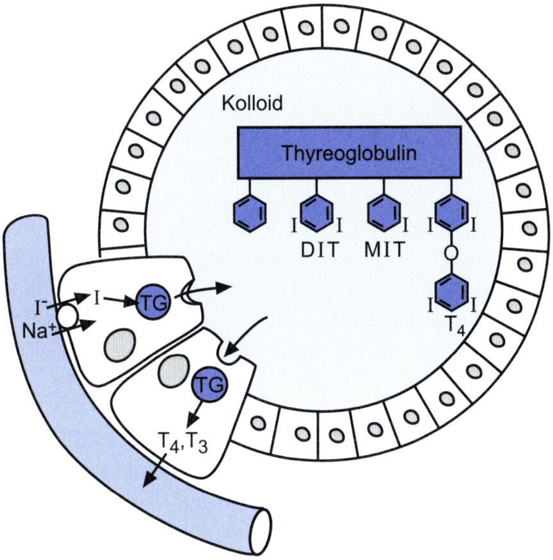


**Abb. 9.23.** Die Schilddrüse besteht aus zahlreichen Follikeln. Die Epithelzellen der Follikel reichern Jod an und synthetisieren Thyreoglobulin. Tyrosinreste des Thyreoglobulin werden jodiert und im Kolloid gespeichert. Zur Freisetzung der Schilddrüsenhormone wird das gespeicherte Thyreoglobulin wieder aufgenommen, proteolytisch zerlegt und das frei werdende $T_4$ und $T_3$ ans Blut abgegeben

be exportieren das gebildete $T_3$, so dass die überwiegende Menge (80%) des zirkulierenden $T_3$ nicht von der Schilddrüse direkt stammt, sondern durch periphere Umwandlung aus $T_4$ bereitgestellt wird.

$T_3$ und $T_4$ sind wahrscheinlich die einzigen Hormone, die auf sämtliche Gewebe des Körpers wirken und die umfassendsten Reaktionen auslösen. $T_3$ bindet an intrazelluläre Rezeptoren (zwei Isoformen TR$\alpha$ und TR$\beta$, die durch Spleißen Subtypen bilden können), wird in den Zellkern transportiert, bindet dort an spezifische hormonresponsive Elemente für Rezeptoren der Schilddrüsenhormone und kontrolliert auf diese Weise die Genexpression. Deshalb steigert $T_3$ den Zellstoffwechsel und kontrolliert **Wachstums- und Entwicklungsvorgänge**. Das auffälligste Beispiel für die physiologische Wirkung von $T_4$ und $T_3$ ist die Steuerung der **Metamorphose bei Amphibien**. Entfernt man Kaulquappen die Schilddrüse, dann fällt die Metamorphose aus, und es entwickeln sich Riesen-Kaulquappen. Füttert man Kaulquappen mit Schilddrüsen, so wird die Metamorphose verfrüht ausgelöst oder beschleunigt. Auch die Metamorphose der Fische vom Larvenstadium zu adulten Form (z.B. Lachs, Scholle) wird durch Schilddrüsenhormone kontrolliert. Darüber hinaus steigert es bei allen Tieren das Juvenilwachstum, Bildung der Zähne, Knochenwachstum, Wachstum von Hörnern und Geweihen, Flossenentwicklung bei Fischen, es steigert die Zellproliferation von Epidermiszellen, Fellwechsel, Mauser bei Vögeln, Entwicklung des Zentralnervensystems und des Verdauungstrakts. Neben diesen langfristigen Wirkungen haben Schilddrüsenhormone auch akute Wirkungen auf den Stoffwechsel. Sie steigern den Basalstoffwechsel bei Endothermen, beschleunigen den Nahrungstransport durch den Darm und dessen Resorption von Glucose, Fettsäuren sowie Vitamin A und steigern den Proteinumsatz.

## 9.11 Parathyreoidea, Ultimobranchialdrüsen und Stanniussche Körperchen

Die Parathyreoidea und die Ultimobranchialdrüsen entstehen wie die Schilddrüse ebenfalls aus Aussackungen des Schlunddarms. Die vier Parathyroidea (Nebenschilddrüsen, Epithelkörperchen) des Menschen entstehen paarig aus der dritten und vierten Schlundtasche. Sie haben etwa die Größe von Weizenkörnern und liegen direkt auf der Schilddrüse. Sie kommen bei allen tetrapoden Wirbeltieren vor, fehlen aber bei Fischen. Amphibien haben ebenfalls zwei Paar Parathyroidea wie die Säuger, Reptilien ein oder zwei Paar und Vögel ein Paar.

Sie liefern das Parathormon (PTH), ein Peptid aus 84 Aminosäuren, wobei die biologische Aktivität von den Aminosäuren 1–34 abhängt. Parathormon wird aus einem Präprohormon durch Proteolyse im endoplasmatischen Retikulum gebildet. Seine Hauptaufgabe ist die Steigerung des $Ca^{2+}$-Gehalts im Blut. Der $Ca^{2+}$-Spiegel wird sehr präzise geregelt, da dieses Ion vielfältige Aufgaben beim Aufbau des Membranpotentials und der Erregungsleitung sowie als Cofaktor von Enzymen hat. So beträgt die $Ca^{2+}$-Konzentration im menschlichen Blutplasma 2,4 mM, und davon liegen 1,2 mM als freies $Ca^{2+}$ vor. Sinkt die Konzentration unter 1,1 mM, so wird Parathormon ausgeschüttet. Es mobilisiert dann $Ca^{2+}$ aus den Knochen, steigert die $Ca^{2+}$-Resorption des Darms und die $Ca^{2+}$-Retention in der Niere, bis die $Ca^{2+}$-Konzentration des Plasmas wieder den Normalwert erreicht. Eine Hypocalcämie (Gesamt-$Ca^{2+}$ $<1{,}75$ mM) verursacht unkontrollierte Muskelkontraktionen durch neuronale Überaktivität. Eine Hypercalcämie (Gesamt-$Ca^{2+}$ $>3{,}1$ mM) unterdrückt neuronale Aktivitäten, führt zu Ausfallserscheinungen und übermäßiger Calcium-Deposition.

An der Regelung des Calciumgehalts sind auch andere Hormone wie das Calcitonin (s. unten) und Vitamin D beteiligt. Vitamin D ist für die Aufnahme von Calcium im Darm und dic Mobilisation im Knochen verantwortlich (s. Kap. 7.4.3 Vitamine). Außerdem spielen Oestrogene eine Rolle, wahrscheinlich ebenfalls über eine Stimulation des Vitamin-D-abhängigen Transports von Calcium. Der entscheidende Faktor für die akute Regulation ist jedoch das Parathormon, denn sein Ausfall kann nicht kompensiert werden und ist in kurzer Zeit tödlich. Damit ist das Parathormon, neben dem Aldosteron, das einzige Hormon, das akut lebensnotwendig ist. Lediglich bei Fischen fehlt das Parathormon. Bei ihnen wird die $Ca^{2+}$-Regelung vermutlich von ACTH und Prolactin übernommen.

Alle Wirbeltiere, mit Ausnahme der Cyclostomata, besitzen **Ultimobranchialkörper**. Bei Säugetieren sind sie als **C-Zellen** in die Schilddrüse integriert. Sie sekretieren **Calcitonin**, ein Peptid aus 32 Aminosäuren, dessen N-terminale 7 Aminosäuren einen Ring bilden. Bei Säugetieren senkt Calcitonin den Calciumgehalt des Plasmas und ist somit ein Gegenspieler zum Parathormon. Es steigert die $Ca^{2+}$-Ausscheidung in der Niere, hemmt den Abbau von Calcium aus den Knochen, hat aber keine Wirkung auf die Calcium-Resorption im Darm.

Andere Wirbeltiere besitzen zwar Ultimobranchialdrüsen und Calcitonin, aber deren Wirkung auf die Calcium-Regulation ist schwach und uneinheitlich. Bei Vögeln hat weder die Entfernung der Ultimobranchialkörper noch die Injektion von Calcitonin einen Einfluss auf den Calcium-Spiegel. Die Entfernung der Ultimobranchialkörper löst bei Fröschen eine Hypercalcaemie aus, eine Injektion von Calcitonin senkt den Calciumspiegel, ähnlich der Reaktion von Säugetieren. Erwachsene Kröten zeigen keine entsprechende Reaktion, wohl aber deren Kaulquappen. Einige Teleostier wie die Forelle reagieren hypercalcämisch, wenn Calcitonin in niedriger Dosis injiziert wird, aber hypocalcämisch bei hoher Dosierung. Man vermutet, dass Calcitonin bei den niederen Vertebraten ursprünglich eine andere Funktion hatte, z. B. bei der Regulation des Wasser und Elektrolythaushalts, und erst von Säugetieren gezielt zur Calcium-Regulation eingesetzt wird. Kurioserweise wirkt jedoch Calcitonin von Fischen auch bei Säugetieren calciumsenkend, insbesondere das Lachs-Calcitonin, das bci Rattcn dcn Calcium-Spiegel noch stärker senkt als deren körpereigenes Calcitonin.

Das Calcitonin-Gen kann durch alternatives Spleißen ein weiteres Peptid liefern, das **CGRP** (*calcitonin gene-related peptide*). Seine Existenz ist bei Fischen, Amphibien, Vögeln und Säugetieren nachgewiesen worden. In Knochenzellen ist es an der Regulation des intrazellulären Calcium-Gehalt beteiligt. Allerdings hat es auch eine Reihe von anderen Wirkungen, wie starke Vasodilatation, Hemmung der glykolytischen Insulin-Wirkung in der Muskulatur und Veränderung der Darmtätigkeit. Die Aminosäurensequenz von CGRP ist zu 50% homolog mit **Amylin**, einem Peptid, das gemeinsam mit Insulin von den B-Zellen des endokrinen Pankreas sekretiert wird und ebenfalls vasodilatierend und als Anti-Insulin wirkt.

Für die Calcium-Regulation besitzen Teleostier ein weiteres endokrines Organ, die **Stanniusschen Körperchen**. Sie sitzen an oder in der Niere und sekretieren **Hypocalcin (Stanniocalcin)**, ein Hormon, das die Aufnahme von $Ca^{2+}$ über die Kiemen steigert.

## 9.12 Hormone des Gastrointestinaltrakts

Der Magen-Darmtrakt leistet in erster Linie Verdauungsarbeit, ist aber in seiner ganzen Länge dicht bestückt mit endokrinen Zellen. Sie steuern, in Zusammenarbeit mit dem Darmnervensystem, die Motorik des Darms, die Sekretion der Verdauungsenzyme und die Resorption der Nahrung. Darüber hinaus greifen sie auch in Regulation des Energiehaushalts ein, indem sie den Zustand des Hungers oder der Sättigung vermitteln oder den Auf- und Abbau der Glycogen- und Lipidvorräte des Körpers steuern. Etwa 14 verschiedene Peptidhormon-bildende Zelltypen sind bekannt (Bentley 1998), welche Hormone wie Gastrin, Sekretin, Somatostatin, Cholezystokinin, GIP, VIP, NPY, Insulin, Glukagon usw. liefern. Diese Peptide wirken entweder als Hormone über den Blutkreislauf, oder nur lokal als Zytokin oder Neurotransmitter (s. Tabelle 9.2 und 9.3 und Kap. 7.2.7 Verdauung, Tabelle 7.2).

Auf Grund von biochemischen Gemeinsamkeiten dieser Zellen werden sie auch als GEP-System (gastro-entero-pankreatisches System) zusammengefasst. Die Häufigkeit und Verteilung der GEP-Zellen variiert geringfügig bei den verschiedenen Wirbeltiergruppen, aber im Grunde ergibt sich bei allen ein ähnliches Bild, das darüber hinaus mit entsprechenden Zelltypen bei Evertebraten eng verwandt ist. Einige dieser Peptide kommen auch als Neurotransmitter im Zentralnervensystem vor, wie z.B. VIP, NPY, Cholecystokinin, was zu der Vermutung führte, dass diese Zellen und Hormone einen gemeinsamen neuroektodermalen Ursprung haben. Diese Hypothese wurde als APUD-Konzept bezeichnet (*amino content and/or precursor uptake and decarboxylation*), und schließt auch Zellen ein, die Dopamin und Serotonin liefern (Pearse 1968). Die Aufgaben der Darmhormone sind im Kapitel 7 bereits ausgeführt, deshalb werden hier nur die Funktionen des endokrinen Pankreas erläutert.

## 9.13 Endokriner Pankreas

Der endokrine Pankreas besteht bei allen Wirbeltieren aus Zellgruppen, die in den exokrinen Pankreas eingestreut liegen, den Langerhansschen Inseln. Ausnahme sind die Cyclostomata, die ein separates endokrines Organ in der Nähe des Gallengangs gebildet haben. Die Langerhansschen Inseln enthalten vier Zelltypen, die vier unterschiedliche Peptide liefern (Abb. 9.24), die Insulin-produzierenden B-Zellen ($\beta$-Zellen), die mengenmäßig den größten Anteil ausmachen (60–80%), die Glucagon liefernden A-Zellen ($\alpha$-Zellen, 20%), die Somatostatin-liefernden D-Zellen (bis 8%), und eine kleine Anzahl PP-Zellen (F-Zellen), die Pankreatisches Polypeptid liefern (1–2%). Insulin und Glucagon sind Hormone, die den Glucose-Stoffwechsel regulieren, PP beeinflusst die Enzymsekretion des exokrinen Pankreas, und Somatostatin hemmt lokal die Sekretion von Insulin, Glucagon und PP. Es ist verwunderlich, warum die „delikaten" endokrinen Zellen ausgerechnet als Inseln in die „rabiate" Enzymfabrik der Bauchspeicheldrüse eingestreut vorliegen. Eine Vermutung ist, dass sie dadurch von der sehr guten Vaskularisierung des Pankreas profitieren und ohne eigenes Kapillarsystem ihr Sekret auf kurzem Wege in die Leber transportieren lassen. Eine andere Vermutung geht dahin, dass der endokrine Pankreas auch die Funktionen des exokrinen Pankreas kontrolliert. Für letzteres spricht, dass Somatostatin und PP hemmend auf die Enzymsekretion des Pankreas wirken, aber es ist nicht klar, ob dies als lokale als Cytokin-Wirkung oder endokrin über den Blutkreislauf vermittelt wird.

**Insulin** besteht aus zwei Peptidketten von 21 (A-Kette) und 30 (B-Kette) Aminosäuren Länge, die durch zwei Disulfidbrücken miteinander verknüpft sind. Steigt bei Säugetieren nach einer Nahrungsaufnahme der Blutglucosespiegel über 5,5 mM (1,2 g $l^{-1}$) an, so sekretieren die B-Zellen Insulin, und innerhalb 1–2 Stunden senkt es den Glucosespiegel wieder auf den Normalwert

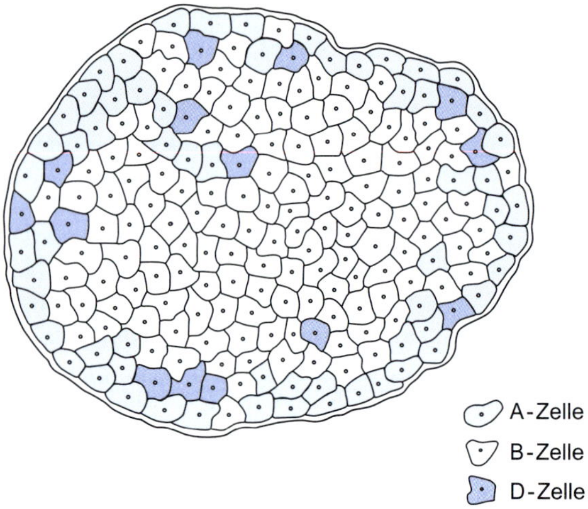


**Abb. 9.24.** Aufbau einer Langerhansschen Insel (Crapo 1985)

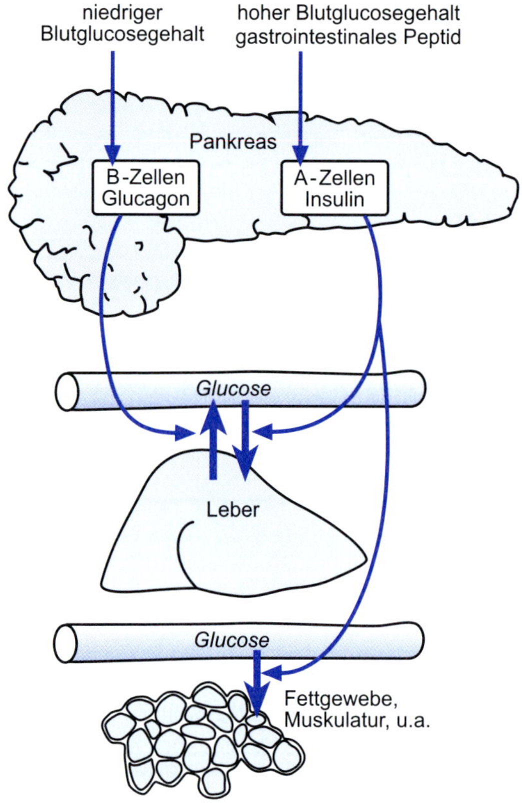


**Abb. 9.25.** Regelung des Blutzuckerspiegels durch Insulin und Glucagon

von 5 mM (Abb. 9.25). Diese Regulation ist eine autonome Leistung der B-Zellen, ohne Beteiligung des Zentralnervensystems. Das Signal für die Insulinsekretion erhalten die B-Zellen aus ihrem eigenen Glucoseumsatz. Eine wichtige Rolle spielen dabei die kinetischen Eigenschaften des GLUT2 bei der Glucoseaufnahme und die Glucokinase-Reaktion. Durch erhöhten Glucoseumsatz steigt der ATP-Spiegel, ATP-abhängige $K^+$-Kanäle werden verschlossen, was zu einer Erniedrigung des Membranpotentials und einem $Ca^{2+}$-Einstrom führt. Dieser triggert die Ausschüttung von Insulin aus den Speichergranula. Bereits drei Minuten nach einer intravenösen Infusion von Glucose erreicht der Plasmainsulingehalt beim Menschen ein Maximum. Die Halbwertszeit von Insulin beträgt 20 Minuten (Abbau in der Leber), so dass es nach Abklingen einer Glucose-Belastung auch rasch wieder verschwindet.

Insulin wirkt auf die meisten Zellen über eine tetramere Rezeptor-Tyrosinkinase. Daraufhin steigern sie die Aufnahme von Glucose aus dem Blut (GLUT4 Vesikel werden in die Plasmamembran transloziert). Außerdem werden Schlüsselenzyme für die Synthese von Glycogen, Protein und Fettsäuren aktiviert, so dass die Glucose aus dem Blut abgezogen und entweder direkt in Form von Glycogen gespeichert oder in Protein und Lipid umgewandelt und gespeichert wird. Eine Hemmung des Abbaus von Glycogen, Protein und Fettsäuren unterstützt diese Speicher-Wirkung des Insulins. Insulin kann deshalb als **Speicherhormon** bezeichnet werden. Die Ausschüttung von Insulin verursacht bei allen Wirbeltieren eine Senkung des Blutglucosespiegels, wenn auch mit etwas unterschiedlicher Intensität bei verschiedenen Arten. Reptilien und Vögel reagieren weniger intensiv, und ihr Pankreas enthält auch weniger Insulin als bei anderen Tiergruppen. Bei den Säugetieren besitzen die Wiederkäuer die geringste Sensitivität gegenüber Insulin, was sicherlich damit zu tun hat, dass sie nur wenig Glucose aus der Nahrung aufnehmen, sondern in erster Linie kurzkettige Fettsäuren von ihren Endosymbionten erhalten.

Neben einer akuten Reaktion von B-Zellen auf Glucose, bei der sie gespeichertes Insulin ausschütten, stimuliert Glucose auch die **Synthese von Insulin**. Die Synthese von Peptidhormonen erfolgt in einem mehrstufigen Prozess, der am Insulin exemplarisch aufgeklärt wurde (Steiner et al. 1974). Als erstes Produkt wird am Ribosom ein Präproinsulin synthetisiert, das etwa doppelt so groß ist wie Insulin. Es hat nur eine kurze Lebensdauer. Sein Aminoende enthält eine Signal-Sequenz für die Verankerung am endoplasmatischen Reticulum. Diese Prä-Sequenz wird bei der Aufnahme in den Golgi-Apparat proteolytisch entfernt. Es verbleibt das Proinsulin, das durch Enzyme in Insulin und C-Peptid gespalten und in den sekretorischen Granula gespeichert wird.

**Diabetes mellitus** ist eine bei Mensch und Säugetieren häufige Stoffwechselerkrankung, die auf Fehlfunktionen der Insulin-abhängigen Blutglucose-Regulation beruht. Der Blutglucosespiegel erreicht dabei häufig zu hohe Werte (< 10 mM), die auf Dauer das Gefäßendothel und andere Gewebe schädigen. Es kommt zu Durchblutungsstörungen der Extremitäten, Erblinden, oder Nierenversagen. Die Erkrankung tritt in zwei grundsätzlich verschiedenen Formen auf. Beim Typ-1-Diabetes sind die B-Zellen defekt und deshalb herrscht Insulinmangel. Die B-Zellen können durch eine Autoimmunerkrankung zerstört worden sein, und Symptome treten bereits in jugendlichem Alter auf, wenn etwa 80% der B-Zellen ausgefallen sind. Die Betroffenen sind auf Injektion von Insulin angewiesen, um ihren Stoffwechsel zu normalisieren. Beim Typ-2-Diabetes sind die B-Zellen intakt, produzieren Insulin, aber die Zielgewebe reagieren nicht auf Insulin, meist durch einen Defekt der Insulin-Rezeptoren. Die Häufigkeit der Erkrankung nimmt mit dem Alter zu und wird deshalb auch Altersdiabetes genannt. Auch Haustiere und Labortiere haben, abhängig von Fütterung und Bewegungsgrad, eine hohes Typ-2-Diabetes-Risiko. Bei dieser Diabetes-Form ist Insulin wirkungslos, es muss in erster Linie auf eine richtig dosierte Zufuhr von Kohlenhydraten mit der Nahrung geachtet werden, um einen überhöhten Blutglucosespiegel zu vermeiden.

Der Gegenspieler von Insulin ist das **Glucagon**. Es wird aus den A-Zellen ausgeschüttet, wenn der Glucosespiegel zu niedrig wird. Glucagon bindet an G-Protein-gekoppelte Rezeptoren vor allem in der Leber und löst einen Glycogenabbau sowie eine verstärkte Gluconeogenese aus. Glucose wird aus der Leber exportiert, der Blutglucosespiegel steigt und versorgt alle Gewebe mit diesem wichtigsten Grundstoff zur Energiegewinnung. Neben dieser Hauptwirkung stimuliert Glucagon auch die Lipolyse, so dass der Fettsäuregehalt des Plasmas steigt, und es mobilisiert Aminosäuren, die dann durch Gluconeogenese in Glucose umgewandelt werden. Es ist also ein **Mobilisierungshormon**, das die Energievorräte des Körpers freisetzt und für den Stoffwechsel verfügbar macht. Seine hyperglycämische Wirkung ist nicht nur bei Säugetieren vorhanden, sondern auch bei Vögeln, Reptilien und Amphibien. Einige Teleostier reagieren ebenfalls hyperglycämisch auf Glucagon, während andere schwach oder gar nicht reagieren, wie auch die Cyclostomata und die Elasmobranchier nur schwach reagieren. Eine lipolytische Wirkung von Glucagon ist bisher nur bei Säugetieren und Vögeln gut dokumentiert, so dass angenommen werden kann, dass die Bereitstellung von Glucose die ursprüngliche Funktion dieses Hormons war.

## 9.14 Nebenniere

Die Nebenniere besteht aus zwei unterschiedlichen endokrinen Organen, den chromaffinen Zellen des Nebennierenmarks und den steroidogenen Zellen der Nebennierenrinde. Bei Reptilien, Vögeln und Säugern bilden sie gemeinsam ein kompaktes Organ neben der Niere. Bei Cyclostomen liegen die chromaffinen Zellen als kleine Zellgruppen an Venen in der ganzen Leibeshöhle, getrennt vom Interrenalorgan, dem Vorläufer der Nebennierenrinde (Abb. 9.26). Bei Fischen enthalten die Kopfnieren Gruppen von chromaffinen Zellen, eingestreut in steroidogenes Gewebe, ähnlich den Amphibien. Vögel haben zwar eine deutlich von der Niere abgesetzte Nebenniere, aber die chromaffinen Zellen bilden ein Netzwerk innerhalb des steroidogenen Gewebes. Im Gegensatz dazu besitzen die Säugetiere zwei morphologisch klar voneinander abgesetzte

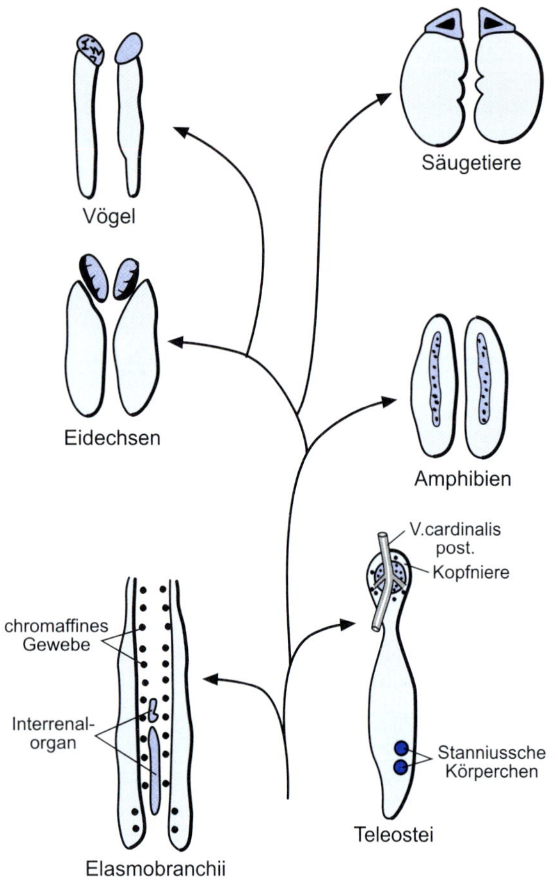


**Abb. 9.26.** Anordnung des interrenalen (*dunkelblau*) und des adrenergen (*schwarz*) Gewebes bei verschiedenen Wirbeltieren. Beide sind auch bei den niederen Vertebraten mit der Niere assoziiert und bilden bei den Eidechsen, Vögeln und Säugetieren eine kompakte Nebenniere (nach Gorbman u. Bern 1962)

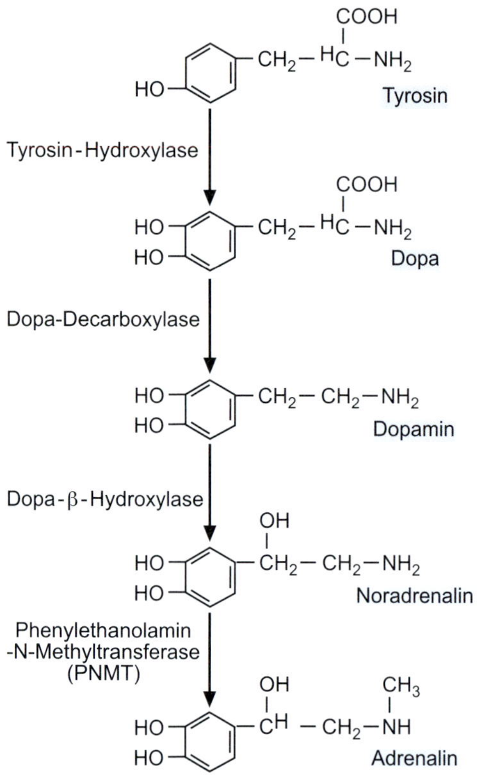


**Abb. 9.27.** Die adrenergen Neurotransmitter und Hormone Dopamin, Noradrenalin und Adrenalin werden in wenigen Schritten aus der Aminosäure Tyrosin synthetisiert

Bereiche, das chromaffine Gewebe des Nebennierenmarks und die steroidogene Nebennierenrinde.

### 9.14.1 Chromaffine Zellen

Chromaffine Zellen entstammen der Neuralleiste und sind im Grunde nichts anderes als modifizierte Neurone des sympathischen Nervensystems. Sie besitzen keine postganglionären Axone, sondern sekretieren ihre Neurotransmitter als Hormone direkt ins Blut. Die Catecholamine **Noradrenalin** (Norepinephrin) und **Adrenalin** (Epinephrin) werden in wenigen Schritten aus der Aminosäure Tyrosin synthetisiert (Abb. 9.27) und in membranständigen Vesikeln jeweils getrennt gespeichert. Der Anteil der beiden Hormone in den chromaffinen Zellen variiert bei verschiedenen Wirbeltiergruppen, wobei Elasmobranchier überwiegend Noradrenalin (60–100%) enthalten, Amphibien und Reptilen etwa zur Hälfte Noradrenalin und Adrenalin, und bei Säugetieren überwiegt Adrenalin (Mensch 80%). Die Hormone werden in Ruhe kontinuierlich ausgeschüttet, abhängig von der zentralnervös bedingten Ruheaktivität der präganglionären Neurone des Sympathikus (Mensch 8–10 ng pro kg Körpergewicht). Bei Belastungen kann die Ausschüttung innerhalb von Sekunden um ein Mehrfaches

(10fach) gesteigert werden. Nach der Ausschüttung ins Blut haben Catecholamine nur eine kurze Lebensdauer von wenigen Minuten, da sie sehr rasch von einer Monoaminoxidase (MAO) in den sympathischen Nerven oder einer Catechol-O-Methyltransferase in der Leber inaktiviert werden.

Mit der Ausschüttung von Catecholaminen reagiert der Körper auf **Belastungssituationen.** Diese reichen von rein körperlichen Belastungen bei der Arbeit über Kälte, Sauerstoffmangel, Wassermangel, Hunger, Blutverlust bis zu Schreckreaktion und psychischen Belastungen oder sozialem Stress bei Rangordnungskämpfen. Der Anstieg der Catecholamine im Blut wird nicht nur vom Nebennierenmark alleine verursacht, sondern auch durch Ausschüttung von Catecholaminen aus Axonen des sympathischen Nervensystems. So stammt bei Säugetieren der überwiegende Anteil des Plasma-Noradrenalingehalts aus der Innervierung der Blutgefäße, vor allem aus der Lunge (40%) und der Niere (17%), während Adrenalin überwiegend von der Nebenniere geliefert wird. Da das periphere sympathische Nervensystem und das Nebennierenmark bei Stress und Notfallreaktionen an einem Strang ziehen, spricht man in diesem Zusammenhang auch vom **sympathikoadrenalem System.**

Die meisten Gewebe besitzen Rezeptoren für Adrenalin oder Noradrenalin, die je nach ihrer Spezifität für die Bindung von Adrenalin und Noradrenalin in $\alpha_1$-, $\alpha_2$-, $\beta_1$-, $\beta_2$-, oder $\beta_3$-adrenerge Rezeptoren unterschieden werden (G-Protein gekoppelte Rezeptoren, Abb. 9.2). Eine Stimulation der $\alpha$-Rezeptoren der Gefäßmuskulatur löst **Vasokonstriktion** aus, vor allem im Bereich der Venen. **$\beta$-Rezeptoren** lösen die **Dilatation** von Blutgefäßen aus, vor allem in der Muskulatur, so dass der Schwerpunkt der Durchblutung vom Venen- und Eingeweidebereich in die Muskulatur verlagert wird. Auch die Bronchien dilatieren durch $\beta$-adrenerge Stimulation und erleichtern damit die Ventilation der Lunge. $\beta$-adrenerge Stimulation des Herzens steigert die Herzfrequenz, die Kontraktionskraft des Herzens und somit das Herzminutenvolumen. Die meisten anderen Gewebe reagieren auf $\beta$-adrenerge Stimulation mit **metabolischen Reaktionen.** In der Skelettmuskulatur und der Leber steigert es die Glycogenolyse, im Fettgewebe die Lipolyse, so dass mehr Substrat für den Energieumsatz bereitsteht. Zusammengefasst dienen alle adrenergen Wirkungen einem gemeinsam Ziel: Sie versetzen den Organismus in einen Zustand höherer körperlicher Leistungsfähigkeit, um Belastungssituationen zu meistern.

### 9.14.2 Steroidhormone der Nebennierenrinde

Ausgangssubstanz aller Steroidhormone ist das Cholesterin. Es wird entweder mit der Nahrung aufgenommen oder über die Squalensynthese aus Acetyl-CoA gewonnen. Der erste Schritt zum Steroidhormon ist die Entfernung der $C_6$-Seitenkette des Cholesterin, was zu einem Steroidring von 21 C-Atomen führt. Er bildet das Grundgerüst der $C_{21}$-Steroide, zu denen einige Sexualhormone (Gestagene), aber auch die Mineralocorticoide und Glucocorticoide der Nebenniere gehören. Die Entfernung von zwei weiteren C-Atomen führt zu den männlichen Sexualhormonen den ($C_{19}$-Androgene), aus denen in einem weiteren Schritt die weiblichen Sexualhormone ($C_{18}$-Östrogene) werden (Abb. 9.28). Insgesamt gibt es etwa 50 verschiedene Steroide, deren endokrine Funktionen aber nur teilweise geklärt sind. Sie sind alle sehr gut lipidlöslich, aber schlecht wasserlöslich. Beim Transport im Blut binden sie an Proteine, insbesondere an Globuline mit hoher Affinität zu Steroiden, den Sexualhormon-bindenden Globulinen (SHBG) und den Corticosteroid-bindenden Globulinen (CBG).

Erstaunlich ist die hohe **Spezifität der Hormonrezeptoren**, denn alle Steroidhormone haben eine ähnliche Größe und Form und variieren nur geringfügig in den Seitenketten. So unterscheiden sich das Progesteron (weibliches Sexualhormon) und das Deoxycorticosteron (ein Mineralocorticoid) nur durch eine Hydroxylgruppe am endständigen C-Atom, aber sie lösen völlig verschiedene Reaktionen in unterschiedlichen Geweben aus (Oocytenreifung im Ovar versus Ionenresorption in Nierentubuli). Wegen ihrer Lipidllöslichkeit können Steroide die Plasmamembran der Zielzellen passieren und binden an Rezeptoren im Cytoplasma. Diese wandern dann in den Zellkern und binden an spezifische

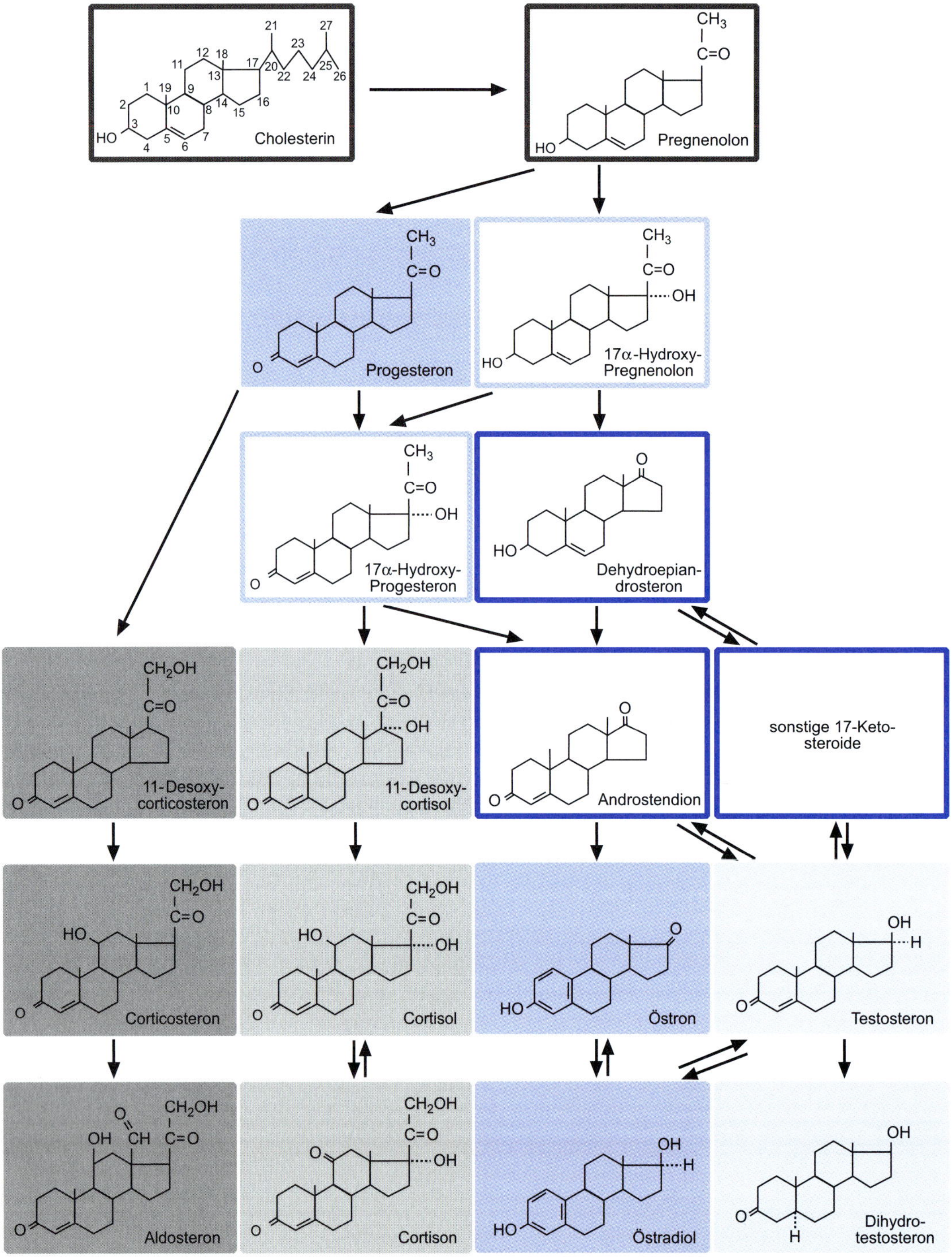


**Abb. 9.28.** Struktur und Biosynthese der wichtigsten Steroidhormone von Wirbeltieren

Stellen der DNA (Abb. 9.2). Jeder Hormon-Rezeptor-Komplex induziert oder reprimiert die Transkription eines ganzen Satzes von 50 bis 100 Genen. Sie verändern dadurch das **Muster der Genexpression**, aber nicht die Aktivität eines einzelnen Enzyms oder Transporters. Deshalb sind Steroidhormone ideal geeignet, um länger wirkende Veränderungen im Stoffwechsel und einen Umbau der Zellen zu kontrollieren.

In der Nebennierenrinde der Säugetiere können histologisch drei Zonen unterschieden werden, die jeweils andere Steroide liefern:

- Die außen liegende Zona glomerulosa produziert Mineralocorticoide.
- Darunter liegt die Glucocorticoid-liefernde Zona fasciculata.
- Die dem Mark am nächsten liegende Zona reticularis produziert Sexualhormone, vor allem Androgene (Dehydroepiandrosteron).

Die Ausschüttung der Steroide wird auf endokrinem Weg durch ACTH aus der Hypophyse kontrolliert. Dies bezieht sich vor allem auf Glucocorticoide und die adrenalen Androgene, während die Mineralocorticoide in erster Linie durch das Renin-Angiotensin-System der Niere kontrolliert werden (s. Kap. 8.7.6 Exkretion). Angiotensin I und Angiotensin II induzieren die Ausschüttung von **Mineralocorticoiden** (in erster Linie Aldosteron) aus der Nebenniere. Sie regeln den **Elektrolythaushalt** und wirken auf die Nierentubuli, indem sie deren Transportkapazität für die Reabsoption von $Na^+$ erhöhen. Außerdem steigern sie den $Na^+$-Transport in den Schweiß- und Speicheldrüsen und im Darmepithel. Bei vielen Teleostiern, die im Süßwasser leben, fördern sie die $Na^+$-Resorption über die Kiemen und die Körperoberfläche und entsprechend bei Amphibien auch die $Na^+$-Resorption über die Haut und das Epithel der Harnblase. In der Salzdrüse von Elasmobranchiern und Vögeln wirken Mineralocorticoide in der umgekehrten Richtung und steigern die $Na^+$-Sekretion der Salzdrüse.

**Glucocorticoide** haben in erster Linie metabolische Effekte. Sie steigern die Gluconeogenese in der Leber und tragen so zur Erhaltung eines hohen Glucosespiegels im Blut bei. Sie unterstützen den Proteinabbau, und unter der Einwirkung hoher Cortisolspiegel wird Muskeleiweiß abgebaut und die Aminosäuren in Glucose umgewandelt (eiweißkatabole Wirkung). Außerdem induzieren sie die Lipolyse im Fettgewebe und steigern den Fettsäurespiegel im Blut. Dies sind teilweise ähnliche Wirkungen wie von Catecholaminen und Glucagon, so dass sich diese drei Hormone in ihrer Wirkung auf die **Bereitstellung von Energieträgern** gegenseitig unterstützen. Glucocorticoide haben darüber hinaus auch noch antianabole Wirkung, d.h. sie hemmen die Synthese von Muskeleiweiß und sie hemmen die Glucoseaufnahme in Fettzellen, so dass diese nicht in Fettsäuren umgewandelt und als Lipid gespeichert werden können. Bei längerer Einwirkung von Glucocorticoiden in hoher Dosierung führt dies zur Auszehrung. Neben diesen metabolischen Effekten wirken Glucocorticoide hemmend auf Entzündungserscheinungen und unterdrücken die zelluläre und humorale Immunabwehr. Wegen dieser Eigenschaften werden Glucocorticoide in der Medizin zur Behandlung von Entzündungen oder gegen allergische Reaktionen eingesetzt, allerdings stets mit einem hohen Risiko von Nebenwirkungen.

Der Cortisolspiegel im Blut zeigt eine ausgeprägte Tagesperiodik. Es ist das typische Morgenhormon. Bereits vor dem Aufstehen, so etwa ab 4.00 Uhr steigt die Konzentration an und erreicht ihr Maximum etwa um 8.00 Uhr (350 g $l^{-1}$), sinkt dann bis zum Nachmittag wieder auf 100 $\mu g\ l^{-1}$. ACTH wird episodisch ausgeschüttet und verursacht eine episodische Ausschüttung von Cortisol aus der Nebenniere. Die Episoden haben morgens eine höhere Frequenz (einmal pro Stunde) als nachmittags und abends. Das große Volumen der Körperflüssigkeiten und die lange Halbwertszeit des Cortisol von 1–2 Stunden, dämpfen jedoch das episodische Muster, so dass im Blut ein Tagesgang des Hormonspiegels entsteht. Bei nachtaktiven Tieren, wie der Ratte, ist das Cortisolmaximum auf die frühen Abendstunden verschoben (Abb. 9.29).

Unter physiologischen Bedingungen leisten die Glucocorticoide einen wichtigen Beitrag zu den tageszeitlich sich ändernden Bedürfnissen in der Bereitstellung von Energie. Bei Belastungssituationen wird die Ausschüttung von ACTH und Cortisol erhöht, gleichzeitig mit den sympathisch stimulierten Catecholaminen aus dem

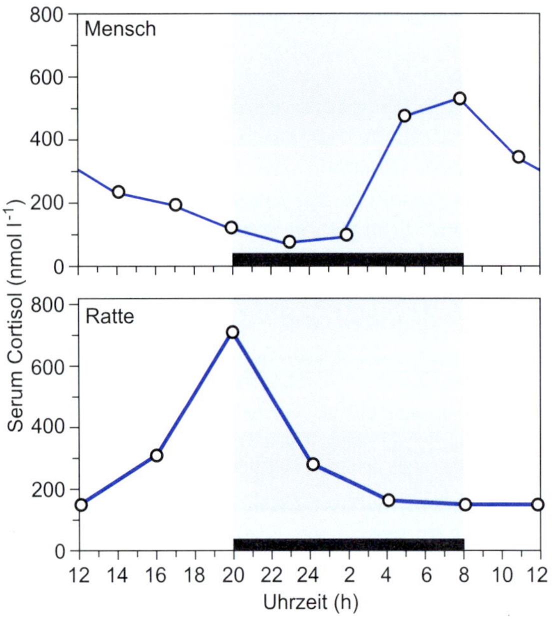


**Abb. 9.29.** Tagesperiodik des Cortisolgehalts im Blut von Mensch und Ratte (Raida et al. 2002, Krieger 1972)

Nebennierenmark. Gemeinsam verbessern sie die körperliche Leistungsfähigkeit. Catecholamine haben nur eine Halbwertszeit von 1–3 Minuten, und ihre vasomotorische Wirkung flaut nach einer Belastung rasch ab. Cortisol hingegen hat eine Halbwertszeit von 1–2 Stunden, wirkt länger nach, und ist länger nachweisbar. Eine erhöhte Konzentration an Cortisol ist deshalb ein Indikator für körperliche und psychische Belastungen, weshalb es auch **Stresshormon** bezeichnet wird. Bei andauernden oder wiederholten Belastungen erleichtert Cortisol nicht nur die Bereitstellung von Energie, sondern es machen sich dann auch die oben beschriebenen antikatabolen Wirkungen bemerkbar, die zur Auszehrung führen.

## 9.15 Steroidhormone der Gonaden

Die Gonaden sind mesodermalen Ursprungs und liefern Oocyten und Spermien für die sexuelle Fortpflanzung. Üblicherweise sind sie paarig angelegt, aber in einigen Fällen entwickelt sich nur eine der beiden Anlagen oder sie verschmelzen zu einem unpaaren Organ. Bei allen Wirbeltieren, mit Ausnahme der Cyclostomata, sind sie mit Ausführgängen verbunden, über die Oocyten und Spermien ausgeschieden werden. Bei der **oviparen** Reproduktion werden die Oocyten mit einem Nährstoffvorrat als Eier ausgeschieden, und die Embryonalentwicklung läuft extern ab. Die Oviparie ist sicher die ursprüngliche Methode der Reproduktion und ist in allen Wirbeltierklassen weit verbreitet, mit Ausnahme der Säugetiere. Sie bevorzugen **vivipare** Reproduktion, bei der die Befruchtung und Embryonalentwicklung intern stattfindet. Eine Zwischenform ist die **ovovivipare** Reproduktion der Guppys, Haie und einiger Reptilien, bei der das Ei im Körper verbleibt, bis das Junge schlüpft. Da Wachstums- und Entwicklungsvorgänge der Fortpflanzung stets langfristige Umstellungen von Stoffwechselvorgängen erfordern, sind sie ein ideales Einsatzgebiet für Hormone. Die Gonaden sind nicht nur Lieferanten für Oocyten oder Spermien, sondern produzieren gleichzeitig auch Hormone, mit denen sie die Reifung der Oocyten und Spermien sowie den Ablauf der Reproduktion selbst steuern. Die meisten Sexualhormone sind Steroide. Ihre Ausschüttung wird durch Hormone des Hypothalamus (GnRH) und der Hypophyse (LH, FSH) kontrolliert.

### 9.15.1 Spermatogenese und Testosteron

Bei Reptilien, Vögeln und Säugetieren reifen die Spermien in den Samenkanälchen (Tubuli seminiferi) der Hoden heran. Am Rand der Samenkanälchen liegen die Spermatogonien, die sich mitotisch teilen und aus denen dann durch Meiose Spermien entstehen. Sie liegen eingebettet in **Sertoli-Zellen,** die durch Testosteron und andere **Androgene** die Spermatogenese anregen und zur Ernährung und Reifung der Spermien beitragen (Abb. 9.30). Außerdem produzieren sie **Inhibin** (Peptidhormon) und ein Androgen-bindendes Protein (ABP). Zwischen den Samenkanälchen liegen die **Leydig-Zellen** und produzieren **Testosteron.** Das ABP transportiert Testosteron, Vorstufen von Testosteron und andere Androgene von

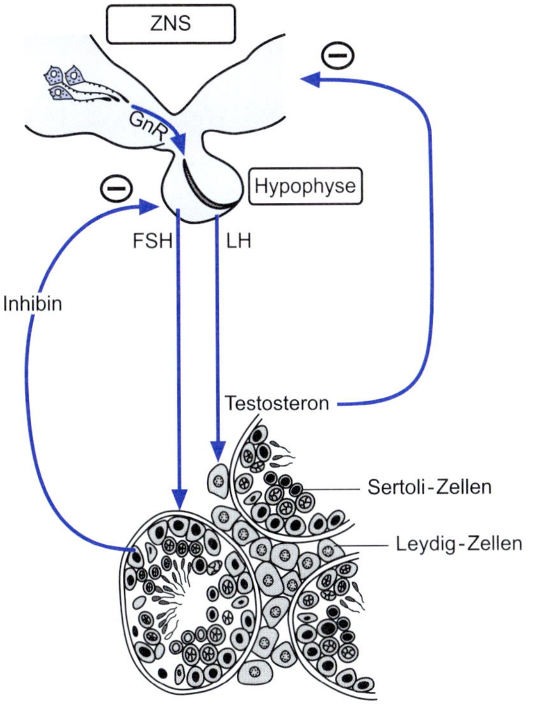


**Abb. 9.30.** Endokrine Steuerung der Spermatogenese bei Säugetieren

den Leydig-Zellen zu den Sertoli-Zellen, denn diese können selbst nicht ausreichend Testosteron synthetisieren, sondern benötigen dazu die Vorstufen von den Leydig-Zellen.

Die Spermatogenese läuft mehr oder weniger kontinuierlich ab, kann aber jahreszeitlich auf eine Fortpflanzungssaison beschränkt sein. Sie wird durch FSH gestartet und bei den meisten Wirbeltieren durch die Testosteron-Produktion der Hoden von alleine aufrechterhalten. FSH hat im Wesentlichen drei Wirkungen. Es stimuliert

- die Synthese von Testosteron-Rezeptoren in den Keimzellen,
- die Bildung und Sekretion von ABP durch die Sertoli-Zellen,
- die Synthese von LH-Rezeptoren in den Leydig-Zellen, so dass dort die Testosteron-Produktion gestartet werden kann.

Das Testosteron der Leydig-Zellen hält nicht nur die Spermienproduktion in Gang, sondern wirkt gemeinsam mit dem Inhibin der Sertoli-Zellen auf den Hypothalamus (androgen-sensitive Neurone) und die Hypophyse zurück und bremst deren Ausschüttung von FSH. Diese negative Rückkoppelung hält die Spermien-Produktion auf einem konstanten Niveau.

Bei vielen Fischen und Amphibien findet die Spermatogenese nicht in den Samenkanälchen sondern in Samendrüsen statt. Deren Lumen ist ausgefüllt mit Keimplasma (primordiale Geschlechtszellen), das sich kontinuierlich teilt und Spermien produziert. Die Zellen des Keimplasmas haben eine für Wirbeltierzellen ungewöhnlich hohe Teilungsrate, so dass große Mengen an Spermien entstehen, in der Samendrüse gespeichert werden und erst zur Ejakulation in die Samenkanälchen gelangen. Dies hat möglicherweise mit der externen Befruchtung zu tun, bei der auf einen Schlag große Mengen an Spermien ins umgebende Wasser ejakuliert werden müssen, um die Oocyten der ebenfalls ins Wasser laichenden Weibchen zu treffen.

Testosteron ist, wie andere Steroide auch, schlecht wasserlöslich und wird im Blut an Sexualhormon-bindendes Globulin (SHBG) gebunden. Nur der geringe Anteil des freien Hormons kann die cytosolischen Rezeptoren erreichen und biologisch wirksam werden. Neben der Spermatogenese hat Testosteron vielfältige Wirkungen, die insgesamt zur Ausprägung der männlichen Geschlechtsmerkmale führen. Ganz allgemein stimuliert es die Proteinsynthese und hat anabole Wirkung. Durch Stimulation der Eiweißmatrix verstärkt es die Knochenbildung und das Muskelwachstum. In vielen peripheren Organen wird Testosteron zum 5-$\alpha$-Dehydrosteron reduziert. Dieses ist der Auslöser für den maskulinen Behaarungstyp und die vermehrte Fettproduktion der Haut. Testosteron bindet an hypothalamische und limbische Strukturen des Zentralnervensystems und ist auf diesem Weg an der Ausprägung des männlichen Sexualverhaltens beteiligt.

### 9.15.2 Oestrus – Zyklische Reifung der Oocyten

Die Ovarien bestehen aus noch unreifen Oocyten (Eizellen), häufig umgeben von Follikelzellen, die sie mit Nährstoffen versorgen und Östrogene produzieren. Einzelne Follikel reifen an der Oberfläche des Ovars, platzen und entlassen die Eizellen in das Coelom (Ovulation), zur Befruchtung oder um sie als Laich abzusetzen. Die verbleibenden Follikelzellen degenerieren und werden resorbiert, mit Ausnahme der Säugetiere und der Elasmobranchier, bei denen die Follikelreste zum Gelbkörper werden, der ein weiteres Sexualhormon, das Progesteron liefert. Die Ovarien enthalten eine große Anzahl von Eizellen, von denen im Lauf des Lebens nur ein geringer Anteil schubweise zur Reifung gelangt. Trotzdem können Amphibien pro Saison mehrere hundert bis mehrere tausend reife Eier ablaichen. Bei Fischen, wie dem Kabeljau, sind es mehrere Millionen und bei Aplysia und Austern mehrere hundert Millionen. Auch Säugetiere und der Mensch verfügen über einen erheblichen Überschuss an Eizellen, den sie im Lauf ihres Lebens gar nicht nutzen können. Im Ovar eines neugeborenen Mädchens sind mehrere Millionen Eizellen angelegt, von denen ein großer Teil bereits während der Jugendentwicklung degeneriert. Während eines Zyklus beginnen mehrere Tausend Follikel zu reifen, aber nur einer davon wird dominant und gelangt zur Ovulationsreife.

Die Eizellen sind nur für einen Tag lebensfähig und müssen in dieser kurzen Zeit befruchtet werden, ganz im Gegensatz zu den Spermien, die im Hoden mehrere Wochen lebensfähig sind, kontinuierlich neu gebildet werden und deshalb im Grunde immer verfügbar sind. Die Reifung der Eizellen dagegen erfolgt periodisch und wird bei vielen Tieren durch die jahreszeitlichen Veränderungen der Photoperiode kontrolliert. Der genaue Zeitpunkt des Ablaichens wird durch Sexualverhalten mit dem Partner abgestimmt, so dass eine Chance auf Befruchtung besteht. Bei Säugetieren gelangt immer nur eine oder wenige Eizellen zur Befruchtungsreife, und in dieser kurzen Phase der Rezeptivität sind weibliche Säugetiere paarungsbereit. Viele senden sogar Signale aus, um ein Männchen anzulocken, Duftststoffe, Urinmarken, Lockrufe und zeigen paarungsbereites Verhalten. Diese Phase wird als **Östrus** bezeichnet, die Vorbereitungszeit dazu als **Prooestrus**, und wenn keine Eireifung stattfindet, als **Anöstrus**. Bei einigen Säugetieren tritt der Östrus zyklisch auf, sie sind **polyö-**

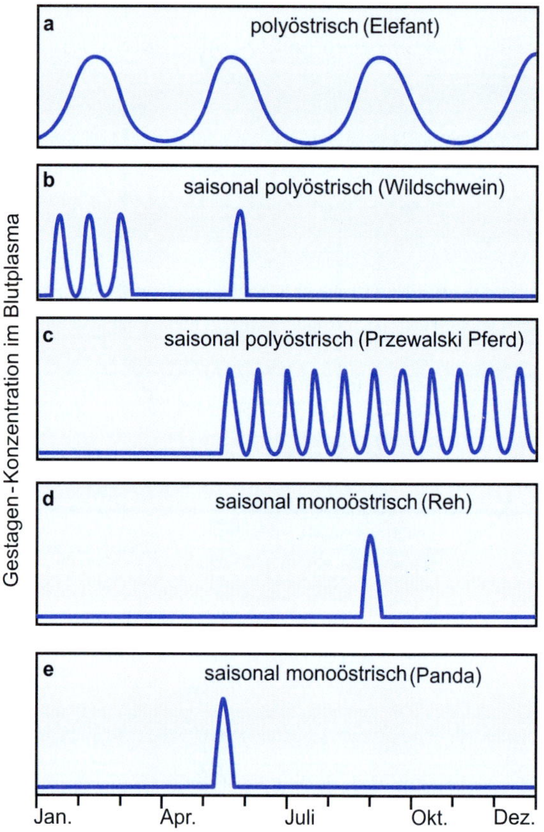


**Abb. 9.31.** Polyöstrisches und monöstrisches Reproduktionsverhalten bei Säugetieren (nach IZW Berlin)

**strisch** (Abb. 9.31), und die Zyklusdauer variiert zwischen 4 Tagen bei Mäusen und Ratten, 27–28 Tagen bei Känguruhs und vielen Primaten und etwa 100 Tagen bei Elefanten. Andere Säugtierweibchen kommen nur einmal pro Jahr in den Östrus, und nur während dieser kurzen Zeit ist Empfängnis möglich. Dazu gehören Rehe oder Schafe mit einem Östrus im Herbst. Das extremste Beispiel für dieses **monöstrische** Verhalten geben die Murmeltiere, deren Weibchen etwa 3 Wochen nach dem Ende des Winterschlafs nur für 1 Tag empfängnisbereit sind. Ein dritte Variation ist polyöstrisches Verhalten das aber nur auf eine Jahreszeit beschränkt ist, wie es viele Nagetiere zeigen, die nur im Frühjahr und Sommer reproduzieren.

### 9.15.3 Endokrine Steuerung des Zyklus durch Östrogene und Gestagene

Die endokrine Steuerung dieses Zyklus ist am Menschen sehr gut untersucht. Zu Beginn des Zyklus schütten hypothalamische Neurone GnRH aus, das die Hypophyse zur Sekretion von FSH anregt. Die Gonadotropine der Hypophyse werden pulsatil ausgeschüttet und entfalten ihre Wirkung weniger durch ein konstantes Niveau, sondern eher durch das dichte oder weniger dichte zeitliche Muster der Ausschüttung (s. Kap. 9.7 Hypophyse). FSH löst im Ovar die Reifung einer ganzen Gruppe von Follikeln aus, von denen schließlich einer dominiert und zum reifen Graafschen Follikel wird (Abb. 9.32). Die heranreifenden Follikel produzieren **Östrogene**, vor allem **Östradiol**. Unter dem Einfluss der Östrogene proliferiert die Schleimhaut der Gebärmutter (**Endometrium**). Die Östrogene wirken aber auch auf Hypothalamus, Hypohyse und andere Strukturen des Zentralenervensystem zurück und halten die LH und FSH-Sekretion auf einen niedrigen Niveau.

Je reifer die Follikel werden, desto mehr Östradiol wird produziert. Unmittelbar vor dem Eisprung werden sehr hohe Werte erreicht und die Hypophyse wird plötzlich wieder sensitiv für GnRH. Sie schüttet daraufhin vermehrt LH und FSH aus. LH ist das wichtigste endokrine Signal für den Eisprung (Ovulation), der Follikel platzt und die bisher Östradiol produzierenden Follikelzellen fangen an, zusätzlich **Gestagene** zu produzieren, insbesondere **Progesteron**. Der Follikel wird zum Gelbkörper (Corpus luteum). Unter dem Einfluss des Progesteron bilden sich in dem proliferierenden Endometrium kryptenförmige Drüsen aus. Es geht von der **Proferationsphase** in die **Sekretionsphase** über und ist damit bestens vorbereitet, eine befruchtete Eizelle aufzunehmen. Progesteron wirkt außerdem noch auf die thermoregulatorischen Zentren des Gehirns und löst einen Anstieg der Körpertemperatur um etwa 0,5 °C aus. LH ist bei allen Säugetieren das entscheidende Signal für die Ovulation, aber die Induktion dieses LH-Schubs ist artspezifisch sehr verschieden. Bei Ratten und Schafen spielt der beschriebene Anstieg des Östrogens und seine Rückkoppelung auf das Zentralnervensystem die wichtigste Rolle, und es kommt spontan zur Ovulation. Bei Primaten ist es eher ein zentral gesteuertes Zeitprogramm der GnRH-Ausschüttung, das dann über LH zur **spontanen Ovulation** führt. Bei einigen Säugetieren kann die Ovulation aber auch extern, durch sexuelle Erregung oder durch den mechanischen Reiz der Kopulation, ausgelöst werden, und wird dann als **induzierte Ovulation** bezeichnet. Dazu gehören Kaninchen, Katze, Frettchen, Waschbär, und auch beim Menschen bestehen Hinweise, dass gelegentlich induzierte Ovulation auftreten kann.

Bei der Ovulation wird ein befruchtungsfähiges Ei mit der Follikelflüssigkeit aus dem Graafschen Follikel herausgespült und erreicht den Eileiter (Tube). Innerhalb weniger Tage wird es durch Mikroperistaltik des Eileiters in die Gebärmutter transportiert. Findet keine Befruchtung statt, so ist das schwangerschaftsbereite Endometrium überflüssig. Es kann sich noch etwa 14 Tage halten, solange der Follikel weiterhin Progesteron liefert. Etwa 12 Tage nach der Ovulation degeneriert der Follikel und der Progesteronspiegel im Blut nimmt plötzlich ab. Daraufhin kontrahieren sich die Spiralarterien an der Basis des Endometriums. Das endometriale Gewebe geht zu Grunde, wird abgestoßen und über die Vagina ausgeschwemmt.

Kommt es zu einer Befruchtung durch die den Eileiter emporgeißelnden Spermien, so beginnt noch im Eileiter die Embryonalentwicklung. Innerhalb von 6–8 Tagen erreicht der Embryo den Uterus. Er befindet sich dabei bereits in einem Vielzellstadium, der Blastozyste, die sich im Endometrium festsetzt (**Nidation**). Die Außenwand der Blastocyste, der **Trophoblast**, beginnt mit der Sekretion von proteolytischen Enzymen und frisst sich damit in das Endometrium ein, das dann die Ernährung des **Embryoblasten** im Zentrum der Blastozyste übernimmt. Die Abstoßung des Endometriums wird dadurch verhindert, dass der Trophoblast bereits frühzeitig mit der Produktion eines Hormons beginnt, des **Choriongonadotropins**. Es hat eine ähnliche Wirkung wie LH und stimuliert den Gelbkörper zu vermehrter Progesteronproduktion. Dieses Progesteron hält das Endometrium funktions-

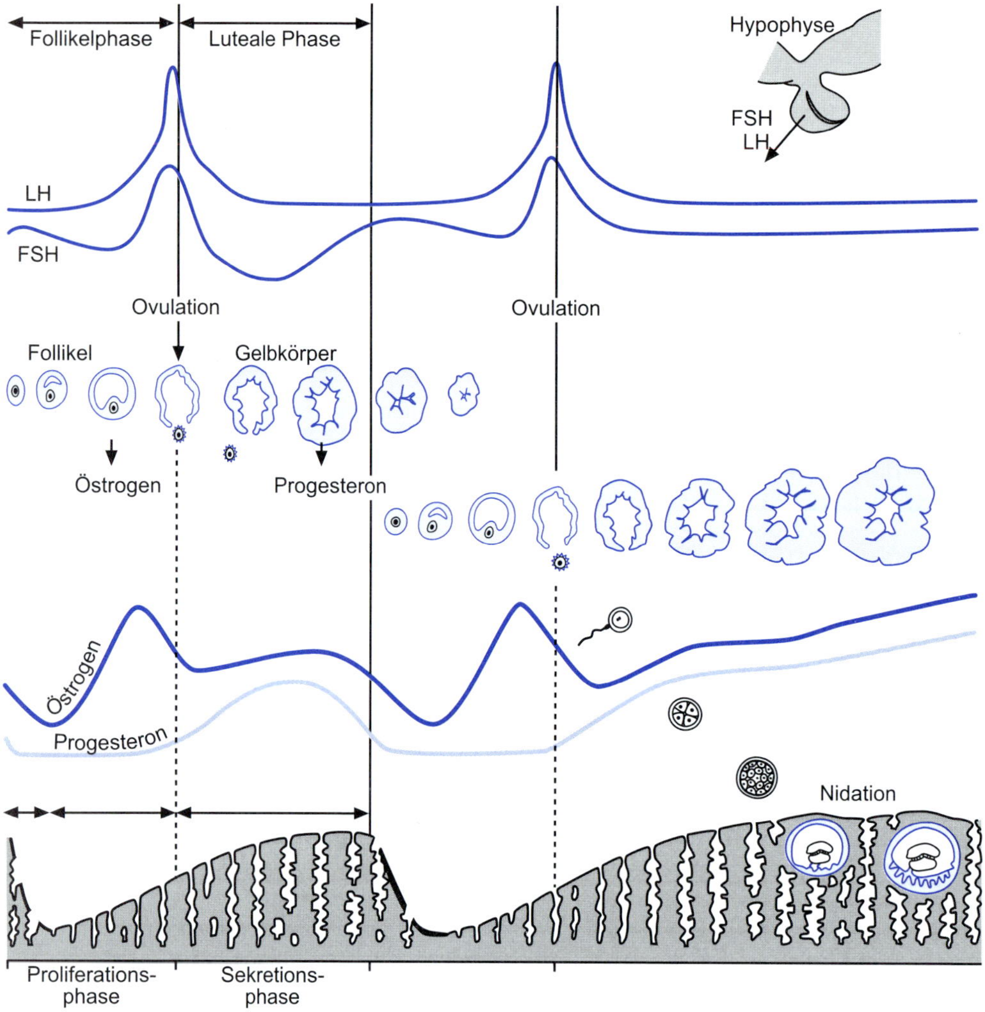


**Abb. 9.32.** Endokrine Steuerung des Menstruationszyklus beim Menschen (nach McNaught und Callander 1975)

fähig. Aus dem Trophoblasten entwickelt sich schließlich die fetoplazentare Einheit, deren Chorion große Mengen an Choriongonadotropin bildet, so dass zu Beginn einer Schwangerschaft der Progesteronspiegel weiter ansteigt. An den Frühstadien der Nidation sind weitere Cytokine und Hormone beteiligt, von denen an dieser Stelle nur noch **Relaxin** erwähnt werden soll, ein Hormon, das zu Insulin-Superfamilie gehört. Es war bereits 1926 im Serum trächtiger Meerschweinchen entdeckt worden (Hisaw 1926). Zuerst hielt man es nur für ein Hormon, das zur Geburtsvorbereitung dient, um den Gebärkanal zu weiten. Es tritt jedoch bereits sehr früh in der Schwangerschaft auf und spielt u.a. eine wichtige Rolle bei den Veränderungen des Endometriums während der Implantation des Trophoblasten (Ivell u. Einspanier 2002).

### 9.15.4 Differenzierung der Geschlechter durch Sexualhormone

Dass Sexualhormone auch über die Differenzierung der Geschlechter entscheiden, wurde schon lange vermutet. Alle Rinderzüchter wissen, dass bei Kühen, die Zwillinge unterschiedlichen Geschlechts austragen, das Bullenkalb sich normal entwickelt, während seine Zwillingsschwester steril bleibt. Es wurde vermutet, dass Androgene des Bullenkalbs die Entwicklung des Kuhkalbs stören. Durch Androgenbehandlung von Salamandern, Fröschen und Fischen während der frühen Entwicklung konnten ähnliche Effekte erzielt werden. Den ersten sicheren Nachweis lieferte Alfred Jost, der Kaninchen-Feten die Gonaden in einem sehr frühen Zustand entfernte, offensichtlich noch vor der sexuellen Differenzierung, und diese Feten entwickelten stets einen weiblichen Urogenitaltrakt (Jost 1971). Daraus folgte, dass die weibliche Ausprägung des Urogenitaltraktes die neutrale Grundform darstellt und die männliche Form nur bei Anwesenheit der embryonalen Hoden ausgebildet werden kann.

Verantwortlich dafür sind zwei Hormone in den embryonalen Hoden. Die Leydig-Zellen sezernieren Androgene und die Sertoli-Zellen ein Proteohormon, das Anti-Müllersche-Hormon (AMH). Die inneren Genitalien entstammen aus zwei unterschiedlichen embryonalen Anlagen, dem Müllerschen Gang (Ductus paramesonephricus) und dem Wolffschen Gang (Ductus mesonephricus). Der Müllersche Gang entwickelt sich zum Eileiter, zum Uterus, zum Cervix und zum oberen Teil der Vagina. Der Wolffsche Gang wird zum Nebenhoden, zum Samenleiter und zur Samenblase. Die Androgene stimulieren die Ausdifferenzierung des Wolffschen Gangs zum männlichen Genitaltrakt, und das AMH verursacht gleichzeitig die Regression des Müllerschen Gangs, so dass nur bei Anwesenheit embryonaler Hoden der männliche Genitaltrakt entsteht. Unter dem Einfluss der Androgene wird auch das fetale Gehirn maskulinisiert, so dass die morphologischen Unterschiede zwischen männlichen und weiblichen Gehirnen bereits früh ausgeprägt werden.

Diese frühe und klare Trennung in die beiden Geschlechter findet jedoch nicht bei allen Wirbeltieren statt. Bei vielen Reptilien hängt das Geschlecht von der Temperatur während bestimmter Entwicklungsphasen ab, und einige Fische können auch von einem Geschlecht zum anderen wechseln. Für die Temperaturabhängigkeit der Geschlechterdifferenzierung bei Ektothermen wird die Temperaturabhängigkeit der Expression von Enzymen (P450-Aromatase, $5\alpha$-Reduktase) verantwortlich gemacht, die an der Synthese von Androgenen und Östrogenen beteiligt sind (Pieau et al. 1994, Crews 1994). Allerdings bestehen noch große Wissenslücken über die Kontrolle der Geschlechterdifferenzierung bei niederen Wirbeltieren. Eine Kenntnis dieser endokrinen Mechanismen und der Vergleich zwischen verschiedenen Tierarten ist sicher hilfreich, um auch die Mechanismen der Geschlechterdifferenzierung bei Säugetieren besser zu verstehen.

## Literatur


Andrews KL, Triggle CR, Ellis A (2002) NO and the vasculature: Where does it come from and what does it do? Heart Failure Rev 7:423–445

Andries JC (2001) Endocrine and environmental control of reproduction in Polychaeta. Can J Zool 79:254–270

Arendt J (1995) Melatonin and the mammalian pineal gland. Chapman & Hall, London

Baker JD, McNabb SL, Truman JW (1999) The hormonal coordination of behaviour and physiology at adult ecdysis in *Drosophila melanogaster.* J Exp Biol 202:3037–3048

Bayliss WM, Starling EH (1902) The mechanism of pancreatic secretion. J Physiol (London) 28:325–353

Bentley PJ (1998) Comparative vertebrate endocrinology, 3rd edn. Cambridge Univ Press, Cambridge

Berthold AA (1849) Transplantation der Hoden. Arch Anat Physiol Wissensch 42

Braeckman BP, Houthoofd K, Vanfleteren JR (2001) Insulin-like signalling, metabolism, stress resistance and ageing in *Caenorhabditis elegans.* Mech Ageing Dev 122:673–693

Brown-Sequard CE (1889) The effects produced on man by subcutaneous injections of liquid obtained from the testicles of animals. Lancet 1889 (2):105–125

Butler AA, Le Roith D (2001) Control of growth by the somatropic axis: growth hormone and the insulin-like growth factors have related and independent roles. Ann Rev Physiol 63:141–164

Crapo L (1985) Hormone: Die chemischen Boten des Körpers. Spektrum, Heidelberg

Crews D (1994) Temperature, steroids and sex determination. J Endocr 142:1–8

Fischer A (1999) Reproductive and developmental phenomena in annelids: a source of exemplary research problems. Hydrobiologia 402:1–20

Filicori M, Santoro N, Merriam GR, Crowley WF (1986) Characterization of the physiological pattern of episodic gonadotropin secretion throughout the human menstrual cycle. J Clin Endocrinol Metab 62:1136–1144

Floyd PD et al (1999) Insulin prohormone processing, distribution, and relation to metabolism in *Aplysia californica*. J Neurosci 19:7732–7741

Franke HD (1983) Endocrine control of reproductive periodicity in male *Typosyllis prolifera* (Polychaeta, Syllidae). Int J Invert Zool 6:229–238

Freeman ME, Kanyicska B, Lerant A, Nagy G (2000) Prolactin: function, structure and regulation of secretion. Physiol Rev 80:1524–1631

Froesch ER, Schmid C, Schwander J, Zapf J (1985) Actions of insulin-like growth factors. Ann Rev Physiol 47:443–467

Furchgott RF (1988) Studies on relaxation on rabbbit aorta by sodium nitrite: the basis for the proposal that the acid-activatable inhibitory factor from Retractor penis is inorganic nitrite and the endothelium-derived relaxing factor is nitric oxide. In: Vanhoutte PM (ed) Vasodilation: vascular smooth muscle, peptides and endothelium. Raven, New York, pp 401–414

Furchgott RF (1999) Endothelium-derived relaxing factor: Discovery, early studies, and identification as nitric oxide. Bioscience Reports 19:235–251

Gäde G, Hoffmann KH, Spring JH (1997) Hormonal regulation in insects: facts, gaps, and future directions. Physiol Rev 77:963–1032

Garofalo RS (2002) Genetic analysis of insulin signalling in *Drosophila*. Trends Endocrinol Metab 13:156–162

Gerstberger R (1999) Nitric oxide and body temperature control. News Physiol Sci 14:30–36

Gilbert LI, Granger NA, Roe RM (2000) The juvenile hormones: historical facts and speculations on future research directions. Insect Biochem Mol Biol 30:617–644

Gorbmam A, Dickoff WW, Vigna SR, Clark NB, Ralph CL (1983) A textbook of comparative endocrinology. John Wiley & Sons, New York

Grobet L et al (1997) A deletion in the bovine myostatin gene causes the double-muscled phenotype in cattle. Nat Genet 17:71–74

Hamasaki DI, Eder DJ (1977) Adaptive radiation of the pineal system. In: Cresctelli F (ed) Handbook of sensory physiology, Vol VII/5: The visual system in Vertebrates. Springer, Heidelberg, pp 497–548

Harmar AJ (2001) Family-B G-Protein-coupled receptors. Genome Biol 2: reviews 3013.1–3013.10

He L et al GS (2001) A biochemical function for attracting in agouti-induced pigmentation and obesity. Nature Genetics 27:40–48

Heldmaier G, Lynch GR (1986) Pineal involvement in thermoregulation and acclimatization. Pineal Res Rev 4:97–139

Hisaw FL (1926) Experimental relation of the pubic ligament of the guinea pig. Proc Soc Exp Biol Med 23:661–663

Ignarro LJ, Byrns RE, Wood KS (1988) Biochemical and pharmacological properties of endothelium-derived relaxin factor and its similarity to nitric oxide radical. In: Vanhoutte PM (ed) Vasodilation: vascular smooth muscle, peptides and endothelium, Raven, New York, pp 427–435

Illnerova H, Hoffmann K, Vanecek J (1984) Adjustment of pineal melatonin and N-acetyltransferase rhythms to change from long to short photoperiod in the Djungarian hamster Phodopus sungorus. Neuroendocrinology. 38:226–231

Isaksson OGP, Eden S, Jansson J-O (1985) Mode of action of pituitary growth hormone on target cells. Ann Rev Physiol 47:483–499

Ivell R, Einspanier A (2002) Relaxin peptides are now global players. Trend Endocrinol Metab 13:343–348

Jay V (1999) A portrait in history. The extraordinary international career of Dr. Brown-Sequard. Arch Pathol Lab Med 123:662–666

Jenkin P (1970) Animal Hormones II. Pergamon, Oxford

Köllisch GV, Lorenz MW, Kellner R, Verhaert PD, Hoffmann KH (2000) Structure elucidation and biological activity of an unusual adipokinetic hormone from Corpora cardiaca of the blowfly, *Vanessa cardui*. Eur J Biochem 267:5502–5508

Kopec S (1922) Studies on the necessity of the brain for the inception of insect metamorphosis. Biol Bull 42:323–341

Krieger DT (1972) Circadian corticosteroid periodicity: critical period for abolition by neonatal injection of corticosteroid. Science 178:1205–1207

Leevers SJ (2001) Growth control: invertebrate insulin surprises. Curr Biol 11:R209–212

Lerner AB, Case JD, Takahashi Y (1958) Isolation of Melatonin, pineal factor that lightens melanocytes. J Am Chem Soc 80:2587

Lerner AB (1981) The intermediate lobe of the pituitary gland: Introduction and background. In: Evered D, Lawrenson G. Peptides of the Pars intermedia. Ciba Foundation Symp 81, Pitman Medical, London, pp 3–12

Li L et al (1999) Egg-laying hormone peptides in the Aplysiidae family. J Exp Biol 202:2961–2973

McNaught AB, Callander R (1975) Illustrated Physiology. Churchill Livingstone, New York

Miller KA, Gunn TM, Carrasquillo MM, Lamoreux ML, Galbraith DB, Barsh GS (1997) Genetic studies of the mouse mutations *mahagony* and *mahagonoid*. Genetics 146: 1407–1415

Mitgutsch C, Hauser F, Grimmelikhuijzen CJP (1999) Expression and developmental regulation of the Hydra-RFamide and Hydra-LWamide preprohormone genes in *Hydra*: evidence for transient phases of head formation. Dev Biol 207:189–203

McPherron AC, Lawler AM, Lee SJ (1997) Regulation of skeletal muscel mass in mice by a new TGF-$\beta$ superfamily member. Nature 387:83–90

Nässel DR (2000) Functional role of neuropeptides in the insect central nervous system. Naturwissenschaften 87: 439–449

Park Y, Filippov V, Gill SS, Adams ME (2002) Deletion of the ecdysis triggering hormone leads to lethal ecdysis deficiency. Development 129:493–503

Pieau C, Girondot M, Desvages G, Dorizzi M, Richard-Mercier N, Zaborski P (1994) Environmental control of gonadal differentiation. In: Short RV, Balaban E (eds) The differences between the sexes. Cambridge Univ Press, pp 433–448

Raida M et al (2002 ) Circadian variation of dihydropyrimidine dehydrogenase mRNA expression in leukocytes and serum cortisol levels in patients with advanced gastrointestinal carcinomas compared to healthy controls. J Cancer Res Clin Oncol 128:96–102

Reiter RJ (1981) The mammalian pineal gland: structure and function. Am J Anat 162:287–313

Riddle O, Bates RW, Dykshorn SW (1933) The preparation, identification and assay of prolactin-a hormone of the anterior pituitary. Am J Physiol 105:191–216

Schaefer EA (1895) Internal Secretions. Lancet 1895(2): 321–324

Siracusa LD (1994) The agouti gene: turned on to yellow. Trends Genet 10:423–428

Soules MR, Steiner RA, Cohen NL, Bremner WJ, Clifton DK (1985) Nocturnal slowing of pulsatile luteinizing hormone secretion in women during the follicular phase of the menstrual cycle. J Clin Endocrinol Metab 61:43–49

Spiegel K et al (2000) Adaptation of the 24-h growth hormone profile to a state of sleep debt. Am J Physiol 279:R874–R883

Spinas GA (1999) The dual role of nitric oxide in Islet $\beta$-cells. News Physiol Sci 14:49–54

Starling EH (1905) The chemical correlations of the functions of the body. Lancet 1905(2):339–341

Stauss HM, Persson PB (2000) Role of nitric oxide in buffering short term blood pressure fluctuations. News Physiol Sci 15:229–233

Steiner DF, Kemmler W, Tager HS, Peterson JD (1974) Proteolytic processes in the biosynthesis of insulin and other proteins. Fed Proc 33:2105–2115

Steinlechner S, Puchalski W (2002) Mechanisms for seasonal control in small mammals. In: Heldmaier G, Werner D (eds) Environmental signal processing and adaptation. Springer, Heidelberg, pp 233–250

Turner CD (1966) General endocrinology. 4th edn. Saunders, Philadelphia/PA

Wehner R, Gehring W (1995) Zoologie, 23. Aufl. Thieme, Stuttgart

Wigglesworth VB (1934) The physiology of ecdysis in *Rhodnius prolixus*. Factors controlling moulting and metamorphosis. Quart J Microscop Sci 77:191–877

Wigglesworth VB (1964) The hormonal regulation of growth and reproduction in insects. Adv Insect Physiol 2:247–336

Winther AME, Nässel DR (2001) Intestinal peptides as circulating hormones: release of tachykinin-related peptide from the locust and cockroach midgut. J Exp Biol 204:1269–1280

Yalow RS (1978) Radioimmunoassay: A probe for the fine structure of biologic systems. Science 200:1236–1245

Zimmerman NH, Menaker M (1979) The pineal gland: a pacemaker within the circadian system of the house sparrow. Proc Natl Acad Sci USA 76:999–1003

# 10 Biologische Rhythmen

Zahlreiche Prozesse in der Biologie beruhen auf regelmäßig wiederkehrenden Ereignissen, die als biologische Rhythmen bezeichnet werden. Ihre Periodendauer reicht von Millisekunden bei Nervenimpulsen bis zu mehreren Jahren bei den Populationszyklen von Säugetieren (Abb. 10.1). Die periodischen Änderungen des Membranpotentials von Nervenzellen bilden die Grundlage der Erregungsleitung im Nervensystem. Mit der Frequenz der Impulse wird zusätzlich noch die Information digital codiert und verarbeitet. Ventilation und Herztätigkeit haben Periodendauern im Bereich von Sekunden und beruhen auf periodischen Muskelkontraktionen. In diesem Fall sind es Pumpvorgänge, die für die Versorgung des Körpers unerlässlich sind und ein ganzes Leben lang fehlerfrei rhythmisch funktionieren müssen. Die Sekretion vieler Hormone erfolgt periodisch in Schüben, deren Dauer zwischen mehreren Minuten und Stunden schwankt. Bei den Hypophysenhormonen werden die Schübe durch negative Rückkoppelung beeinflusst; auf diese Weise ist die rhythmische Sekretion ein einfacher Weg zur Dosierungskontrolle.

Die Rhythmen beruhen auf zellulären Mechanismen des Ionentransports, wie bei den Nervenzellen oder dem Sinusknoten der Wirbeltierherzen, oder werden von rhythmogenen Zentren des ZNS gesteuert, wie bei der Ventilation oder der schubweisen Ausschüttung von Hormonen. Alle periodischen Prozesse laufen zwar autonom ab, aber können sich auch wechselseitig beeinflussen. Ein bekanntes Beispiel dafür ist die Koppelung von Atmung und Puls, mit einer höheren Herzfrequenz während der Einatmung. Diese Koppelung verbessert den Gasaustausch und Atemgastransport im Körper. Periodisch ablaufende Prozesse sollten deshalb nicht als ein Nebeneinander unkoordinierter Vorgänge betrachtet werden, sondern als ein hierarchisches System mehr oder weniger gekoppelter Oszillationen, die zu einer zeitlichen Ordnung von Lebensfunktionen im Organismus führen.

## 10.1 Biologische Rhythmen und geophysikalische Zyklen

Aus dem gesamten Spektrum biologischer Rhythmen heben sich vier Frequenzen heraus, die mit geophysikalischen Zyklen korrelieren, nämlich dem Tag/Nacht-Rhythmus, den Jahreszeiten, den Gezeiten und den Mondphasen (Abb. 10.2). Ursprünglich herrschte die Ansicht vor, dass die mit diesen Zyklen verbundenen Verhaltensänderungen von Tieren rein passive Reaktionen auf die tageszeitlichen, jahreszeitlichen, tidalen und lunaren Veränderungen der Umwelteigenschaften sind. In den vergangenen 50 Jahren sind jedoch zahlreiche Beweise dafür erbracht worden, dass Einzeller, Pflanzen und Tiere **innere Uhren** besitzen, mit denen sie sich auf regelmäßig wiederkehrende Umweltbedingungen einstellen können. Eine innere Uhr wurde als Erstes für die Tagesperiodik entdeckt. Sie hat eine Periodendauer von etwa 24 h und wird deshalb als **circadiane Uhr** bezeichnet (von lat. *circa diem*, ungefähr ein Tag). Analog dazu existieren endogen **circannnuale, circatidale und circalunare** Rhythmen, mit denen Tiere ihre jahreszeitlichen, tidalen und lunaren Verhaltensänderungen steuern.

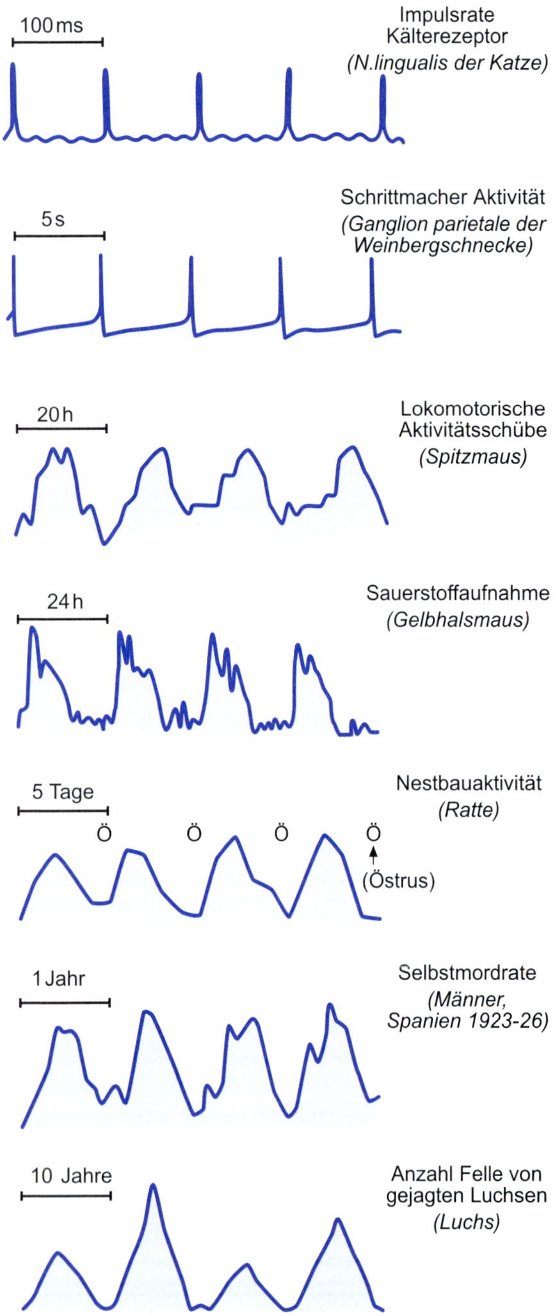


**Abb. 10.1.** Beispiele für biologische Rhythmen. Sie können auf der rhythmischen Aktivität einzelner Zellen beruhen (Schrittmacherzellen des Herzens), das Verhalten eines Organismus steuern (Aktivität) oder ganze Populationen erfassen (Populationsdichte) (Aschoff 1981a)

### 10.1.1 Tag/Nacht-Zyklus

Der tägliche Licht-Dunkel-Wechsel ist das dominierende periodische Ereignis in den meisten Habitaten. Die Rotation der Erde um ihre eigene Achse verursacht nicht nur einen Licht-Dunkel-Rhythmus, sondern auch tageszeitliche Veränderungen der Temperatur, der Luftfeuchte, der Windverhältnisse sowie in aquatischen Lebensräumen des Sauerstoffangebots und der Strömungsverhältnisse. Als Folge dessen verändern sich für Tiere auch biotische Faktoren im Verlauf der Tageszeit, wie das Nahrungsangebot, die Bedrohung durch Parasiten oder Jäger und die soziale Konkurrenz. Der tägliche Wechsel der Sonneneinstrahlung hat deshalb einen tiefgreifenden Einfluss sowohl auf das akute Verhalten einzelner Tiere als auch auf die Komplexität ökologischer Zusammenhänge.

Viele Pflanzen richten tagsüber ihre Blätter in die Sonne und lassen sie nachts hängen. Selbst Einzeller zeigen tageszeitliche Veränderungen im Schwarmverhalten oder in der Biolumineszenz, wie die einzellige Alge *Gonyaulax*. Die meisten Tiere wechseln tageszeitlich zwischen Ruhe- und Aktivitätsverhalten, eine Periodik, die auch sämtliche vegetativen Funktionen erfasst, wie Herztätigkeit, Kreislauf, Atmung, Exkretion und die damit verbundenen hormonellen Regulationen. Der Wechsel zwischen Ruhe- und Aktivitätsphasen ermöglicht es außerdem, die Nahrungssuche sowie territoriale und soziale Aktivitäten auf den Tag oder die Nacht zu beschränken. Viele Kleinsäuger sind nachtaktiv und nutzen den Schutz der Dunkelheit für ihre Aktivität im Freien. Viele Vögel sind dagegen tagaktiv und besitzen einen hoch auflösenden Gesichtssinn, der ihnen die visuelle Orientierung bei Tageslicht erleichtert. Durch Spezialisierung des Verhaltens auf eine Tageszeit erschließen sie sich eine zeitliche Nische.

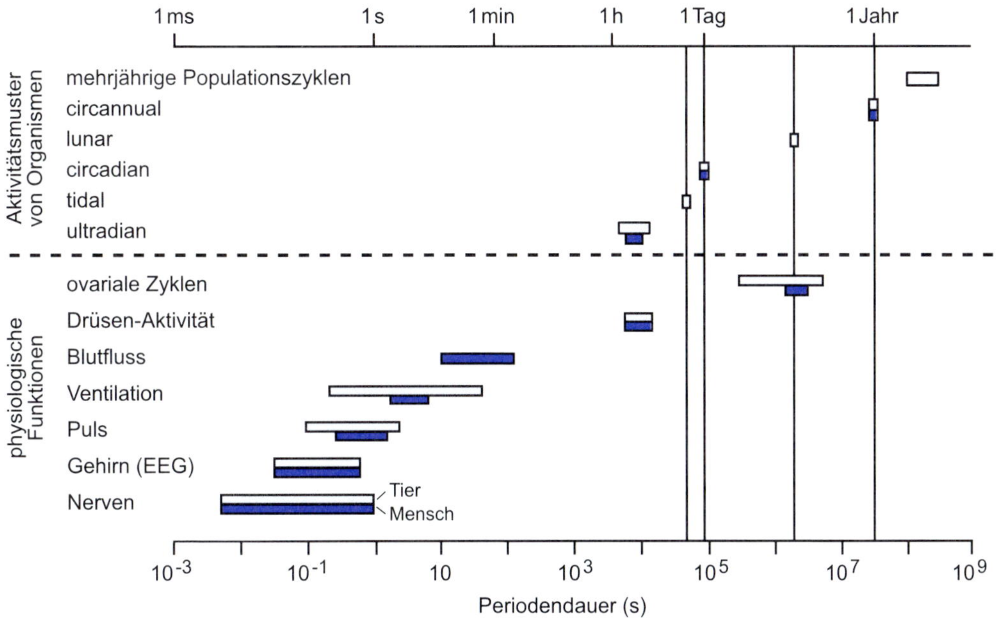


**Abb. 10.2.** Frequenzspektrum biologischer Rhythmen. Die *hellen* Balken geben die von Tieren bekannten Frequenzbereiche an, *dunkle* Balken für Menschen (nach Aschoff 1967, 1981a)

### 10.1.2 Jahreszeiten

Der Tag-Nacht-Rhythmus ist zwar allgegenwärtig, aber keineswegs die einzige periodisch wiederkehrende Umweltveränderung. In vielen Klimazonen treten deutliche jahreszeitliche Änderungen der Dauer und Intensität der Sonneneinstrahlung auf. Ursache dafür ist die Schrägstellung der Erdachse beim Umlauf der Erde um die Sonne. In Äquatornähe wirkt sich dies nur geringfügig aus. Mit steigendem Breitengrad wird der jahreszeitliche Unterschied in der Sonnenscheindauer immer größer, steigert die Differenz zwischen warmen Sommern und kalten Wintern bis hin zu den lebensfeindlichen Bedingungen des Dauerdunkels während der Polarnacht. Viele Tiere haben sich an diese jahreszeitlichen Klimawechsel angepasst und beschränken die Fortpflanzung auf die warme Jahreszeit. Sie ist nicht nur klimatisch günstiger, sondern bietet auch genügend Nahrung, da die Pflanzen nur während der warmen Jahreszeit wachsen und Früchte tragen.

### 10.1.3 Gezeiten und Mondphasen

Tiere die in der Gezeitenzone der Küsten leben, müssen mit Ebbe und Flut zurechtkommen. Diese Schwankungen im Meeresspiegel entstehen durch das Zusammenspiel von Zentrifugalkräften und Gravitationskräften des Mondes und der Sonne auf die Erde. Ein Mondtag dauert 24,8 Stunden, woraus sich für die semidiurnalen Gezeiten in Nordsee und Atlantik eine Periodendauer von 12,4 Stunden ergibt. An einigen Küsten werden dabei große Areale zweimal täglich überflutet und fallen wieder trocken. Die im Küstenbereich siedelnden Tiere haben ihre Lebensweise an diesen regelmäßigen Wechsel angepasst und zeigen einen **tidalen** Rhythmus ihres Verhaltens. Bei Ebbe schließen Muscheln ihre Schale und stellen die Nahrungsaufnahme ein, Krabben stellen auf Luftatmung um und die im Schlick vergrabenen Anneliden sind vom Nahrungs- und Atemwasserstrom abgeschnitten.

Der Gezeitenhub wird zusätzlich von der Mondphase beeinflusst und ist besonders hoch, wenn der Mond in Konjunktion mit der Sonne (Neumond) oder Opposition zu Sonne steht (Vollmond), und relativ niedrig, wenn Sonne und Mond im rechten Winkel zur Erde stehen. Deshalb kommt es pro Mondmonat (29,53 Tage) zweimal zu besonders hohen und besonders niedrigen Wasserständen (Springflut, Nippflut), also in einem **semilunaren** Rhythmus.

Die Lichtintensität des Mondscheins ist zwar relativ gering, aber verändert sich im Verlauf des Mondmonats von 0,2 lx bei Vollmond bis zu <0,01 lx bei Neumond. Einige nachtaktive Tiere verändern ihr Verhalten mit der Mondphase, zeigen damit eine **lunare** Periodik. Ein Beispiel dafür sind Zugvögel, die in hellen Mondnächten ihre Zugunruhe steigern. Auch nachtaktive Säugetiere wie die Nachtaffen (*Aotus trivogatus*) zeigen eine höhere Aktivität in Vollmondnächten.

## 10.2 Tagesperiodik

Die Tagesperiodik ist uns allen aus der Erfahrung am eigenen Körper und Beobachtungen der Natur wohl vertraut. Alle Tiere folgen dem Licht-Dunkel-Wechsel und sind nur während einer beschränkten Zeit des Tages aktiv. Liegt die Aktivität während der Lichtzeit, wie bei den meisten Vögeln, so wird sie als **diurnal** bezeichnet. Viele Säugetiere bevorzugen die Nacht für ihre Aktivitätszeit und haben deshalb ein **nocturnales** Aktivitätsmuster oder, wenn es auf die Dämmerungszeit beschränkt ist, ein **crepusculäres** Aktivitätsmuster.

Das artspezifische Aktivitätsmuster ist sehr robust und wird auch bei Haltung von Tieren im Labor beibehalten. Es ist mit Schaltern, Lichtschranken oder Bewegungsmeldern leicht

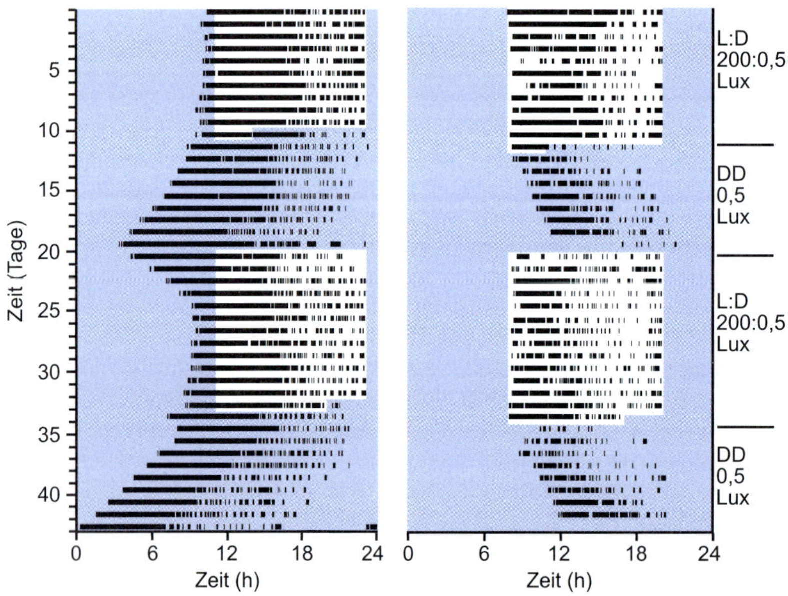


**Abb. 10.3.** Tagesperiodik der Aktivität von Grünfinken (*Fringilla coelebs*). Mikroschalter an einer Sitzstange des Käfigs registrierten die lokomotorische Aktivität. Ein Licht-Dunkel-Wechsel von 12 h Licht (200 Lux) und 12 h Dunkel (0,5 lx) diente als Zeitgeber und synchronisiert die lokomotorische Aktivität der Finken. Die Finken sind tagaktiv und halten dabei eine stabile Phasenbeziehung zwischen Aktivität und Zeitgeberperiodik ein. Ein Fink (*Beispiel links*) beginnt seine lokomotorische Aktivität jeden Tag deutlich (1–2 h) vor Licht. Nach 10 Tagen wurden sie ins Dauerdunkel (0,5 lx) entlassen und folgten ihrer endogen circadianen Uhr, die bei dem *links* abgebildeten Finken deutlich kürzer ist als 24 h (etwa 23 h), während der *rechts* abgebildete Fink eine endogen circadiane Periodik 24,5 h zeigt (Aschoff 1967)

messbar, und deshalb sind die systemphysiologischen Eigenschaften der Ruhe- und Aktivitätsperiodik bei zahlreichen Tierarten untersucht worden. Die Hüpfaktivität von zwei Grünfinken, die durch Mikroschalter an der Sitzstange gemessen wurde, gibt ein Beispiel für die bemerkenswerte zeitliche Ordnung dieses Verhaltens (Abb. 10.3). Beide zeigen eine klare Trennung in Ruhephase und Aktivitätsphase. Beide besitzen ein diurnales Aktivitätsmuster, allerdings mit individuellen Unterschieden. Die linke Registrierung zeigt einen etwas aktiver im Käfig hin- und herhüpfenden Finken als die rechte Registrierung. Der Unterschied besteht sowohl in der Aktivitätsmenge (Anzahl der Schaltkontakte) als auch in der Dauer der Aktivitätszeit $\alpha$ und der Ruhezeit $\rho$ (rho). Auerdem fällt auf, dass beide ihre Aktivität auf den Vormittag konzentrieren und nachmittags nur noch sporadisch aktiv sind.

## 10.2.1 Besitzen Tiere eine circadiane Uhr?

Jahrzehntelang war umstritten, ob es sich bei der Tagesperiodik um eine unmittelbare Reaktion auf den Licht-Dunkel-Wechsel handelt oder ob Tiere einer inneren Uhr folgen. Zahlreiche Methoden wurden ersonnen, um die exogenen oder endogenen Ursachen des Verhaltens zu unterscheiden. Den Registrierbeispielen an Finken können bereits Hinweis für die Existenz einer inneren Uhr entnommen werden. Würden die Finken ausschließlich auf den exogenen Stimulus reagieren, so müssten sie mit dem Licht am Morgen aktiv werden. Dies ist nicht der Fall, denn der linke Fink beginnt bereits 1–2 Stunden vor Licht-an mit seiner Aktivität, während der andere eher ein Langschläfer ist und erst ein halbe Stunde nach Licht-an seine Tagesaktivität beginnt.

Den Beweis für die Existenz einer inneren Uhr erbringen die Finken im zweiten Versuchsabschnitt, in dem sie statt einem Licht-Dunkel-Wechsel nur noch Dauerdunkel erhielten. Trotz fehlendem Licht-Dunkel-Wechsel behielten sie eine Tagesperiodik der Aktivität bei. Sie folgen einer inneren Uhr, die ihnen den regelmäßigen Wechsel zwischen Aktivitäts- und Ruhezeit vorgibt. Die Periodendauer ihrer inneren Uhr ist zwar stabil, beträgt allerdings nur ungefähr 24 h, und deshalb entwickeln sie ein gegenüber der Uhrzeit freilaufendes Aktivitätsmuster. Der linke Fink beginnt seine Aktivität jeden Tag eine Stunde früher, sein Tag ist deshalb kürzer als 24 h. Er hat eine circadiane Periodendauer von etwa 23 h, während der rechte Fink eine circadiane Periodendauer von 24,5 h hat. Die Abweichung der circadianen Periodendauer von 24 h und ihre individuelle Variabilität ist ein wichtiges Kriterium für den Nachweis der inneren Uhr, denn dadurch ist sichergestellt, dass unter Konstantbedingungen im Labor nicht doch irgendwelche unbekannten Signale oder Geräusche von den Vögeln als Zeitgeber wahrgenommen werden, sondern dass sie ganz alleine ihrer inneren Uhr folgen. Da die Periodik der inneren Uhr nur ungefähr 24 h beträgt, wird sie mit Recht als circadian bezeichnet (Periodendauer $\tau$ (*tau*)). Eigentlich gilt die Bezeichnung „circadian“ nur für die endogene Periodendauer, wie sie sich in einer freilaufenden Tagesperiodik äußert, im Gegensatz zur einer diurnalen oder nocturnalen Periodik unter synchronisierten Bedingungen in einem Licht-Dunkel-Wechsel (Periodendauer T eines Zeitgebers). In der Literatur wird jedoch „circadian“ häufig für alle tagesperiodisch ablaufenden Prozesse verwendet.

Auch andere physiologische Funktionen unterliegen einer circadianen Periodik. Die Körpertemperatur der meisten Tiere zeigt einen ausgeprägten Tagesgang mit höheren Temperaturen während der Aktivitätszeit und niedrigeren Temperaturen während der Ruhezeit. Sehr deutlich zeigt dies das Beispiel des Dsungarischen Zwerghamsters. Er ist nachtaktiv und während seiner diurnalen Ruhephase fällt er gelegentlich in Torpor, wobei seine Körpertemperatur bis auf 25 °C sinkt (s. Kap. 3.8 Temperatur). In einem Licht/Dunkel-Wechsel ist er mit dem Zeitgeber synchronisiert, aber im Dauerdunkel folgt er einem freilaufenden endogenen Rhythmus, wie in Abb. 10.4 zu sehen ist. Seine Torporphase beginnt jeden Tag etwa 1,8 h später, d.h. er hat einen relativ langsamen circadianen Rhythmus der Körpertemperatur von 25,8 h.

Circadiane Rhythmen steuern auch Entwicklungsvorgänge wie das Schlüpfen von Fruchtflie-

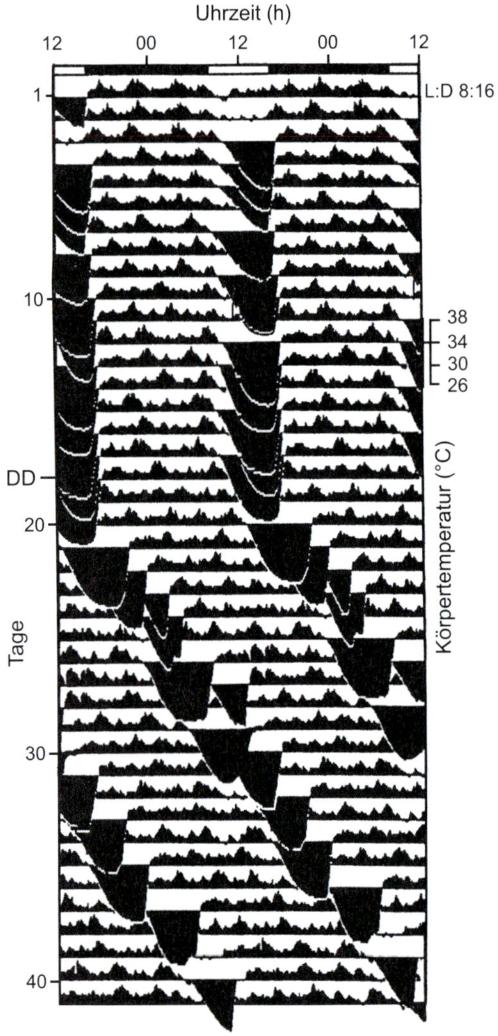


**Abb. 10.4.** Tagesperiodik der Körpertemperatur bei einem Dsungarischen Zwerghamster, *Phodopus sungorus*. Zwerghamster sind, wie die meisten Säugetiere, nachtaktiv (nocturnal) mit mehreren Aktivitätsschüben, die mit einem Anstieg der Körpertemperatur verbunden sind. Während ihrer diurnalen Ruhephase können sie in Torpor fallen. Die Körpertemperatur wurde mit i.p. implantierten Temperatursendern kontinuierlich erfasst. Als Basislinie wurde eine Temperatur von 34 °C gewählt. Darüber liegende Körpertemperaturen entsprechen einer Schwärzung *oberhalb* der Linie, unter 34 °C liegende Körpertemperaturen einer Schwärzung *unterhalb* der Basislinie. Die Messergebnisse sind als Doppelplot (*double daily plot*) dargestellt, um Periodizitäten leichter zu erkennen. Dabei stehen Tag 1 und Tag 2 in der ersten Linie nebeneinander, in der folgenden Linie Tag 2 und Tag 3 usw. (Ruf et al. 1989)

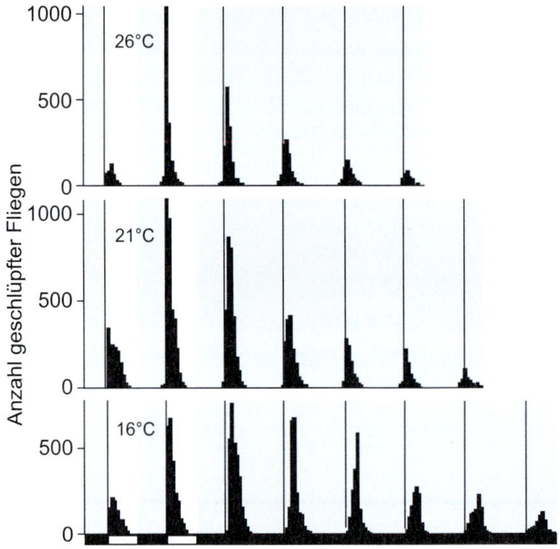


**Abb. 10.5.** Tagesperiodik des Schlüpfens der Fruchtfliege, *Drosophila pseudoobscura* (nach Pittendrigh 1967). In einem Licht/Dunkel-Wechsel schlüpfen die Fruchtfliegen bevorzugt in den frühen Morgenstunden. Im Dauerdunkel bleibt die circadiane Periodik des Schlüpfens erhalten

gen, so dass sich die gesamte Population tageszeitlich synchron verhält (Abb. 10.5). Auf Grund ihres Entwicklungsstandes müssten die Fruchtfliegen eigentlich gleichmäßig über den ganzen Tag verteilt schlüpfen. In Wirklichkeit schlüpfen sie jedoch nur in den Morgenstunden, d. h. ihr Schlüpfverhalten ist auf ein tagesperiodisches Zeitfenster beschränkt. Diejenigen, deren Metamorphose bis zur Öffnung dieses Zeitfensters noch nicht weit genug gediehen ist, müssen das entsprechende Zeitfenster am folgenden Tag abwarten. Auch im Dauerdunkel besteht diese Rhythmik fort und folgt dann einer circadianen Uhr. Die Messungen wurden bei drei verschiedenen Temperaturen durchgeführt. In der Kälte verläuft die Entwicklung bis zur Schlüpfreife langsamer, und die gesamte Population benötigt deshalb einen längeren Zeitraum, bis alle Individuen geschlüpft sind, aber trotzdem bleibt das tagesperiodische Schlüpfmuster erhalten. Daraus folgt, dass zwar die Entwicklung temperaturabhängig ist, aber die circadiane Rhythmik für das Schlüpfen bleibt unabhängig von der Temperatur konstant, d. h. die circadiane Uhr ist **temperatur-**

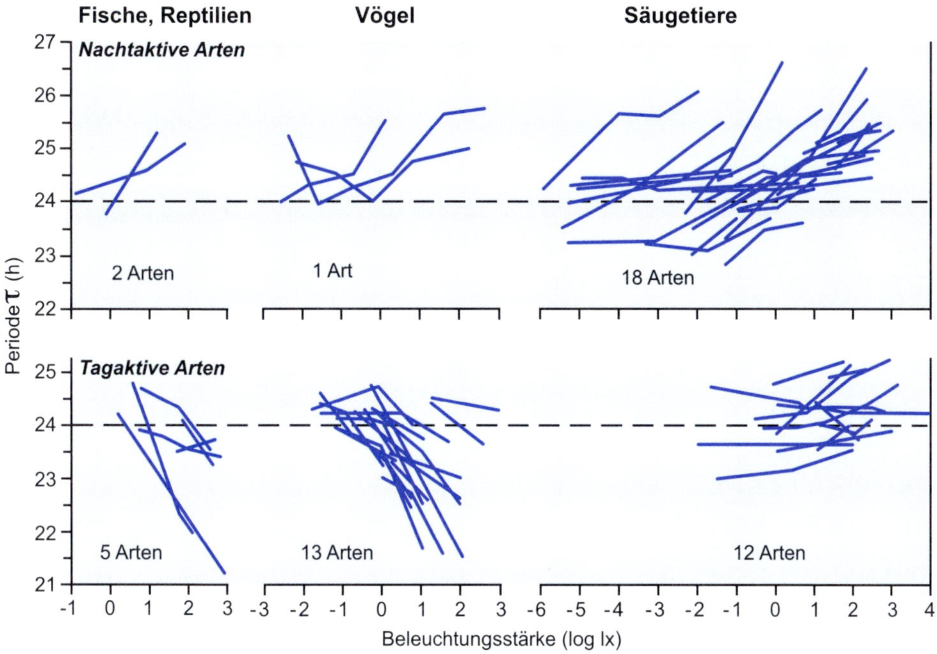


**Abb. 10.6.** Abhängigkeit der freilaufenden circadianen Periode von der Beleuchtungsstärke bei tagaktiven und nachtaktiven Tieren (Aschoff 1981b)

**kompensiert.** Dies ist eine wesentliche Eigenschaft der circadianen Uhr und ist an mehreren ektothermen und endothermen Tierarten bestätigt worden ($Q_{10}$ der circadianen Periodendauer 0,8–1,2).

Die Periodendauer $\tau$ der freilaufenden Rhythmik eines Tieres bleibt über Wochen stabil, aber sie variiert zwischen verschiedenen Individuen, wie an den beiden Finken in Abb. 10.3 erkennbar ist. Vögel besitzen häufig eine innere Uhr, deren Periodendauer kürzer ist als 24 h, während sie bei Säugetieren häufig mehr als 24 h beträgt (Abb. 10.6). Viele Menschen haben ein circadianes $\tau$ von 25 h und müssen deshalb durch Zeitgeber täglich zu einem früheren Aktivitätsbeginn veranlasst werden, als es eigentlich ihrer inneren Uhr entspricht. Obwohl die individuelle Periodendauer recht stabil ist, kann sie sich unter dem Einfluss exogener und endogener Faktoren verändern. Bei zunehmender Beleuchtungsstärke unter Konstantbedingungen verkürzen tagaktive Fische, Reptilien und Vögel ihre circadiane Periodendauer, nachtaktive Säugetiere verlängern sie. Diese Reaktion wird als **Aschoffsche Regel** (circadiane Regel) bezeichnet und bedeutet im Grunde, dass Licht einen steuernden Einfluss auf die Umlaufgeschwindigkeit der inneren Tagesuhr hat.

## 10.2.2 Synchronisation der Tagesperiodik

Eine endogen circadiane Periodik kann nur unter Konstantbedingungen beobachtet werden. Die meisten Tiere leben jedoch unter einen regelmäßigen Licht-Dunkel-Wechsel, der als Zeitgeber wirkt und die innere Uhr synchronisiert. In einer physikalischen Betrachtungsweise bedeutet dies, dass die endogene Oszillation durch eine exogene Oszillation synchronisiert wird. Dies erlaubt einige Vorhersagen über die tagesperiodische Synchronisation. So wird ein starker Zeitgeber, d. h. ein starker Helligkeitsunterschied zwischen Licht und Dunkel, stärker synchronisieren als ein schwacher Zeitgeber. Außerdem ist zu erwarten, dass die Tagesperiodik nicht belie-

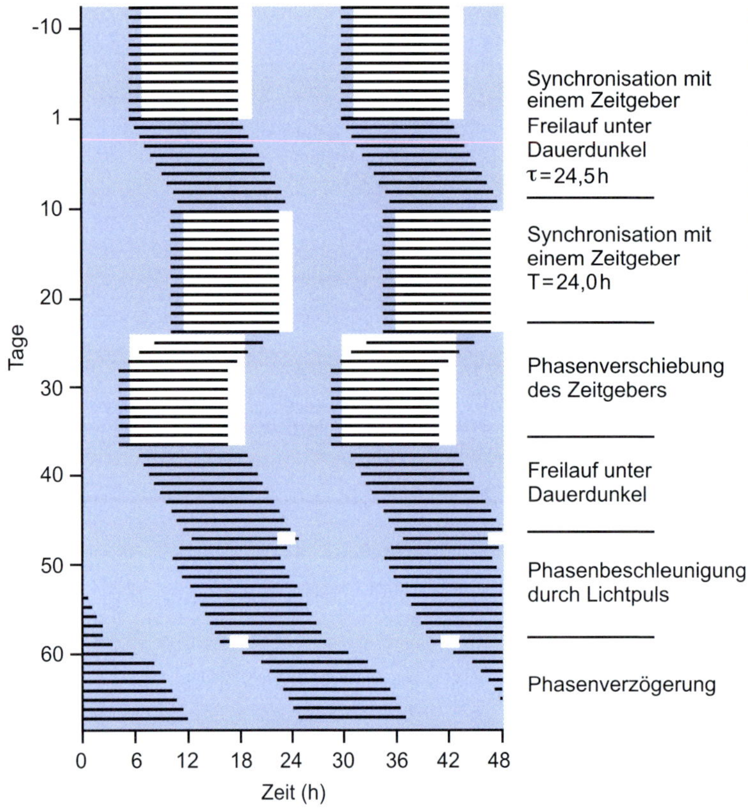


**Abb. 10.7.** Synchronisation der circadianen Periode durch Licht/Dunkel-Wechsel. Im Dauerdunkel freilaufende Aktivität. Bei Synchronisation durch einen Zeitgeber wird eine konstante Phasenbeziehung zwischen der Zeitgeber-Periodik und der Aktivitätsperiodik eingestellt. Durch Lichtpulse im Dauerdunkel-Zustand wird die freilaufende Aktivitätsperiodik nach vorne verschoben (Phasenbeschleunigung) oder verzögert (Phasenverzögerung), je nachdem in welche Phase der circadianen Lichtsensitivität der Lichtpuls fällt

big lang oder kurz sein kann, sondern dass die innere Uhr dem Zeitgeber nur innerhalb eines beschränkten Frequenzbereichs folgen kann. Dieser **Mitnahmebereich** für dic Synchronisation der Tagesperiodik ist auf Periodendauern zwischen 18,5 und 28 h beschränkt. Die theoretischen Vorhersagen aus dem Verhalten von gekoppelten Oszillatoren sind in zahlreichen tagesperiodischen Untersuchungen mit unterschiedlichen Beleuchtungsstärken und Zeitgeber-Perioden an Tieren bestätigt worden, so dass man sich die Tagesperiodik als einen endogenen, selbsterregten Rhythmus vorstellen kann, der durch einen Zeitgeber synchronisiert wird.

Eine physiologische Konsequenz dieser Vorhersagen ist, dass bei der Synchronisation die Umlaufgeschwindigkeit der inneren Uhr durch den Zeitgeber in bestimmten Phasen entweder beschleunigt oder verlangsamt wird. Wenn diese Hypothese zutrifft, so müsste es möglich sein, einem im Dauerdunkel freilaufenden Tier für kurze Zeit (1 h) Licht zu geben und dadurch die Aktivitätsrhythmik zu verschieben. Bei einem nachtaktiven Tier wie der Ratte verursacht ein Lichtpuls gegen Ende der subjektiven Ruhezeit einen früheren Beginn der nächsten Aktivitätsphase, also eine Phasenbeschleunigung (*phase advance*) (Abb. 10.7). Ein Lichtpuls zu Beginn der Aktivitätszeit hat den gegenteiligen Effekt, eine Verzögerung des nächsten Aktivitätsbeginns (*phase delay*). Prüft man diese Reaktionen über den gesamten Verlauf der circadianen Periodik, dann erhält man eine **Phasenresponsekurve** (Abb. 10.8).

Die Grundform der Phasenresponsekurve sieht bei allen Tieren ähnlich aus, unabhängig davon, ob es sich um nachtaktive oder tagaktive Tiere handelt (Pittendrigh 1981). Die Wirksamkeit von Lichtimpulsen ist im Wesentlichen auf die subjektive Nacht beschränkt. Zu Beginn der subjektiven Nacht verursacht der Zeitgeber-Impuls in der Regel eine Phasenverzögerung und

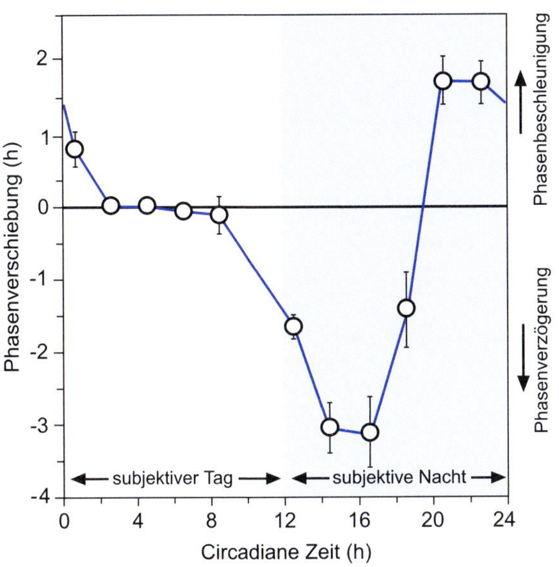


**Abb. 10.8.** Phasenresponsekurve der Ratte. Einfluss von Lichtpulsen auf die Phasenlage der circadianen Aktitivität. Die Phasenresponse kann nur an freilaufenden Tieren ermittelt werden; deshalb kann keine absolute Uhrzeit angegeben werden, sondern die subjektive circadiane Zeit eines Tiers. Man hat Aktivitätsbeginn als den Beginn eines circadianen Tages definiert, und dieser wird bis zum nächsten Aktivitätsbeginn in 24 circadiane Stunden unterteilt. Lichtpulse in der frühen subjektiven Nacht verursachen eine Phasenverzögerung und in der späten subjektiven Nacht verursachen eine Phasenbeschleunigung (Daten von Honma et al. 1985)

gegen Ende der subjektiven Nacht eine Phasenbeschleunigung. Das Ausmaß der Phasenverschiebung hängt von der Dauer und Intensität des Lichtpulses ab und gibt damit einen Hinweis auf die Qualität eines Zeitgebers. Die Phasenresponse der inneren Uhr kann nur bei circadian freilaufenden Tieren gemessen werden. Da ihre innere, subjektive Tageszeit nicht mit der Uhrzeit übereinstimmt, muss die Phasenresponse auf diese innere, subjektive Tageszeit bezogen werden. Man bezeichnet dies als die **circadiane Zeit** und ist übereingekommen, dass ein circadianer Tag vom Beginn der Aktivitätsphase bis zum Beginn der nächsten Aktivitätsphase dauert. Der Aktivitätsbeginn entspricht damit 00:00 circadianer Uhrzeit, und der folgende circadiane Tag wird in 24 circadiane Stunden unterteilt.

Die Phasenresponsekurve verdeutlicht, dass die Tagesperiodik nicht durch eine unmittelbare Reaktion des Organismus auf ein Umweltsignal zu Stande kommt, sondern dass die Rhythmik des circadianen Schrittmachers ($\tau$) von der Rhythmik des externen Zeitgebers (T) synchronisiert wird. Entsprechend der Differenz $T-\tau$ entsteht eine Phasenbeziehung zwischen dem Zeitgeber und dem endogenen Rhythmus. Die Aktivität (oder ein anderes tagesperiodisch auftretendes Verhalten) ist deshalb nicht unmittelbar an Licht-an, Licht-aus oder eine andere Eigenschaft des Zeitgebers gekoppelt, sondern kann danach oder davor auftreten. Bei einer stabilen Synchronisationslage geschieht dies täglich zur gleichen Zeit, d.h. die Synchronisation stellt eine konstante **Phasenwinkeldifferenz** zwischen dem Zeitgeber und den tagesperiodischen Funktionen eines Tieres ein, wie das aus der Aktivität der Finken (Abb. 10.3), der Körpertemperatur von Zwerghamstern (Abb. 10.4) oder dem Schlüpfrhythmus von *Drosophila* zu erkennen ist (Abb. 10.5). Nach einem Phasensprung des Zeitgebers, wie wir ihn bei einem Transatlantikflug erfahren, benötigen wir deshalb einige Tage, bis der neue Zeitgeber-Takt unsere circadiane Uhr schrittweise nachgezogen und synchronisiert hat.

Licht ist zwar das wichtigste Signal für das circadiane System, doch können auch andere Umweltsignale wie **Temperatur, Nahrungsangebot oder soziale Reize als Zeitgeber** die Tagesperiodik synchronisieren. In den meisten Habitaten ist das Tageslicht mit einem Anstieg der Temperatur verbunden. Bei Pflanzen, Pilzen, Einzellern und Insekten können durch Wärmepulse ähnliche Phasenresponsekurven erzeugt werden wie durch Lichtpulse, d.h. die beiden Umweltsignale haben eine vergleichbare Bedeutung als Zeitgeber für die Tagesperiodik. Bei einigen ektothermen Organismen wie *Neurospora*, *Drosophila* und der Eidechse *Anolis carolinensis* kann die Temperatur sogar als Zeitgeber dominieren (Francis et al. 1979, Zimmermann et al. 1968, Underwood u. Calaban 1987). Aber auch bei endothermen Säugetieren tragen Temperaturschwankungen zur Synchronisation bei, wie an Ratten, Erdhörnchen, Fledermäusen, Beuteltieren und einigen Primaten gezeigt wurde (Francis u. Coleman 1988, Aschoff u. Tokura

1986, Palkova et al. 1999, Brown et al. 2002). Der Mensch kann zwar durch Licht-Dunkel-Wechsel synchronisiert werden, aber dazu sind sehr hohe Lichtstärken erforderlich. Soziale Signale (Wecker, tägliche Routine) sind wesentlich wirksamere tagesperiodische Zeitgeber für den Menschen.

### 10.2.3 Aktivitätsmuster und ultradiane Rhythmik

Das circadiane System kontrolliert nicht nur die tägliche Aktivitätszeit, sondern auch die Aktivitätsmenge und das Muster der tageszeitlichen Verteilung von Aktivitäten. Die beiden Finken in Abb. 10.3 absolvieren Tag für Tag eine ähnliche Menge an Hüpfaktivität in ihren Käfigen und sind dabei in den Morgenstunden mit einer hohen Hüpf-Frequenz dauernd aktiv. Nachmittags wechseln sie nur noch gelegentlich die Sitzstange und nur an einigen Tagen entwickeln sie unmittelbar vor Beginn der Ruhezeit etwas mehr Aktivität. Ihre Aktivitätsverteilung über den Tag ist annähernd **monophasisch**; ähnliche Aktivitätsmuster sind bei Vögeln relativ häufig zu beobachten. Säugetiere hingegen neigen zu einem **biphasischen Aktivitätsmuster** mit hoher Aktivität in der frühen Aktivitätsphase, einer Mittagsruhe und wieder hoher Aktivität gegen Ende der Aktivitätsphase (Abb. 10.9). Diese zweigipfelige Aktivitätsverteilung kann sowohl bei tagaktiven als auch bei nachtaktiven Säugetieren beobachtet werden und ist bei synchronisierter Tagesperiodik besonders ausgeprägt. Bei freilaufenden circadianen Rhythmen können die beiden Gipfel der Aktivität nahe zusammenrücken, oder mit eigener circadianer Periode auseinanderlaufen (interne Desynchronisation, *splitting* der Aktivität).

Viele Kleinsäuger spalten ihre Aktivitätszeit noch stärker auf, in einzelne Aktivitäts- und Ruhezyklen von 1–3 Stunden Dauer. Dieses Schubfolgemuster der Aktivität kann sich bei Spitzmäusen über den gesamten 24-h-Zyklus verteilen (Abb. 10.10). Im Extremfall dominiert dann ein **ultradianes Aktivitätsmuster**, ein tagesperiodischer Wechsel zwischen Ruhe- und Aktivitätsphase ist nur noch schwach zu erkennen. Eine mögliche Erklärung für die Existenz der ultra-

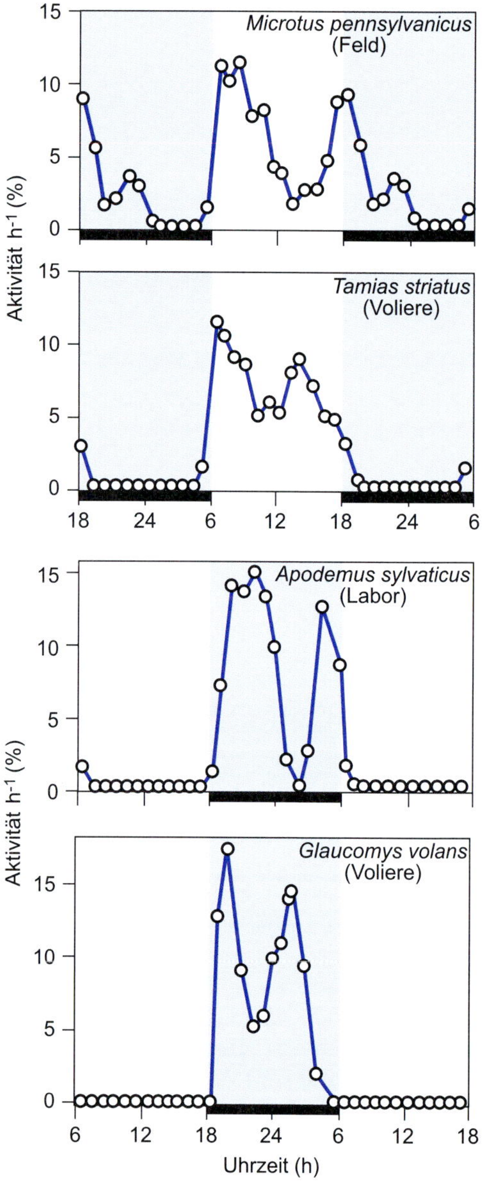


**Abb. 10.9.** Viele Säugetiere zeigen ein zweigipfliges Aktivitätsmuster, mit hoher Aktivität zu Beginn und Ende der Aktivitätszeit, und einer ausgedehnten Ruhephase in der Mitte der Aktivitätszeit. Dies gilt sowohl für tagaktive als auch für nachtaktive Tiere. Die maximale Aktivität einiger Säugetiere ist auf die Dämmerungszeiten konzentriert und wird dann als crepusculäres Aktivitätsmuster bezeichnet (nach Aschoff 1964)

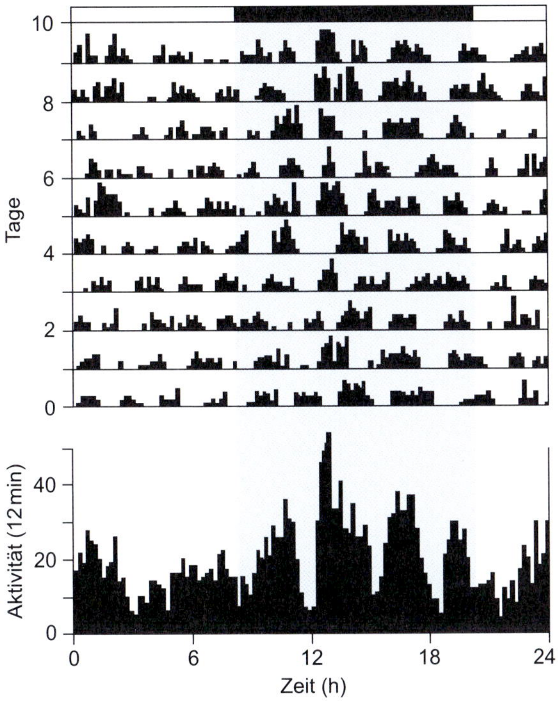


**Abb. 10.10.** Ultradianes Aktivitätsmuster bei Spitzmäusen (*Sorex araneus*). Sie sind während des gesamten 24-h-Zyklus aktiv mit etwa 10 Aktivitätsschüben pro Tag. In dem ultradianen Muster ist eine tagesperiodische Komponente nur schwach zu erkennen (Crowcroft 1954)

dianen Rhythmik wäre, dass es sich dabei um harmonische Elemente der circadianen Oszillation handelt oder dass die circadiane Periodik durch Abfolge mehrerer ultradianer Oszillationen entsteht. Diese Zusammenhänge konnten jedoch nicht belegt werden. Denn es besteht keine zahlenmäßig feste Beziehung zwischen ultradianen und circadianen Rhythmen, beide reagieren unabhängig voneinander auf Änderungen der Beleuchtungsstärke und der Temperatur. Vermutlich liegen der ultradianen Rhythmik eigenständige ultradiane Schrittmacher zu Grunde, die an die circadiane Periodik gekoppelt sein können. Die ultradiane Rhythmik und die im vorigen Absatz erwähnten biphasischen Aktivitätsmuster zeigen, dass die Tagesperiodik nicht nur auf einem uniformen circadianen Schrittmacher beruht, sondern dass dabei mehrere endogen periodische Prozesse beteiligt sind und sich auch gegenseitig beeinflussen können.

## 10.2.4 Interne Synchronisation

Im Tagesverlauf ändert sich nicht nur die lokomotorische Aktivität, sondern auch die Körpertemperatur oder das Schlüpfverhalten von Insekten. Im Grunde sind sämtliche Funktionen des Körpers einem tageszeitlichen Wechsel unterworfen. Einige dieser Veränderungen sind scheinbar mit dem Wechsel zwischen der Aktivitäts- und Ruhephase verbunden, wie das am Beispiel des Menschen in Abb. 10.11 zu sehen ist. In der Aktivitätsphase ist die Körpertemperatur hoch und sinkt während des Schlafs um 0,5–0,8 °C. Einen ähnlichen Verlauf mit hohen Tagwerten nimmt auch die Kaliumausscheidung, die Fähigkeit Zeit zu schätzen und das persönliche Tempo (selbst gewählte Tastendruckrate). Wachstumshormon und Cortisol schwanken tageszeitlich besonders stark, mit 10–15fachen Änderungen ihres Plasmaspiegels. Das Wachstumshormon erreicht seinen Spitzenwert in der frühen Schlafphase und das Cortisol in der späten Schlafphase sowie am frühen Morgen. Offensichtlich ändern sich die unterschiedlichen physiologischen Funktionen nicht parallel, sondern entwickeln jeweils ihre eigenen Tagesprofile mit unterschiedlicher Phasenlage.

Ein direkter Vergleich der Phasenlage ist schwierig, da die Tagesprofile unterschiedliche Formen besitzen, deren Minima und Maxima nicht immer eindeutig sind. Um die Formunterschiede auszugleichen, kann man sie durch eine Sinusfunktion standardisieren und deren Acrophase berechnen. Auf diese Weise kann eine Phasenkarte der physiologischen Funktionen erstellt werden (Abb. 10.12). Die Phasenkarte der nachtaktiven Maus, *Mus musculus*, zeigt einige Fälle zeitlicher Übereinstimmung. So liegt die Acrophase der Körpertemperatur und der lokomotorischen Aktivität zeitlich gut übereinstimmend in der Nacht, während die zellulären Abwehrmechanismen (Leukocyten, Eosinophile, Lymphocyten) eine zeitlich ähnliche Acrophase in der Lichtphase haben. Bei der Mehrzahl der untersuchten Funktionen liegen jedoch die Acro-

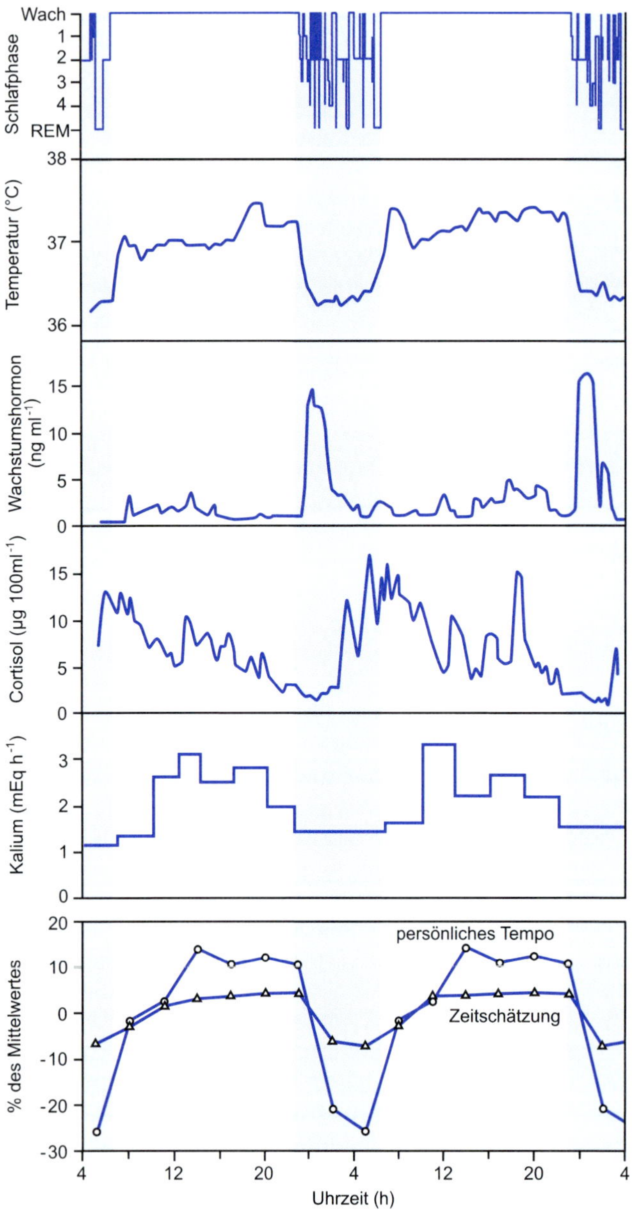


**Abb. 10.11.** Interne Phasenbeziehung tagesperiodischer Funktionen beim Menschen (nach Moore-Ede u. Sulzmann 1981, Daten zur Effizienz aus Aschoff et al. 1972)

phasen zeitlich weit gestreut über den Tag, ohne dass enge zeitliche Beziehungen erkennbar sind.

Die ausgeprägte Tagesperiodik physiologischer Funktionen hat immense praktische Bedeutung. So weiß jeder Mensch aus eigener Erfahrung, dass er nicht zu jeder Tages- und Nachtzeit zu denselben Leistungen fähig ist, sondern seine Aktivitäten am besten auf bestimmte Tageszeiten beschränkt. Aus demselben Grund können die physiologischen Leistungen von Tieren nicht zu beliebigen Zeiten untersucht werden, sondern müssen, sofern kein Tagesprofil erstellt werden kann, immer zur selben Tageszeit verglichen werden. Auch die Empfindlichkeit gegenüber Reizen oder Medikamenten unterliegt einer ausgeprägten Tagesperiodik. So reagieren

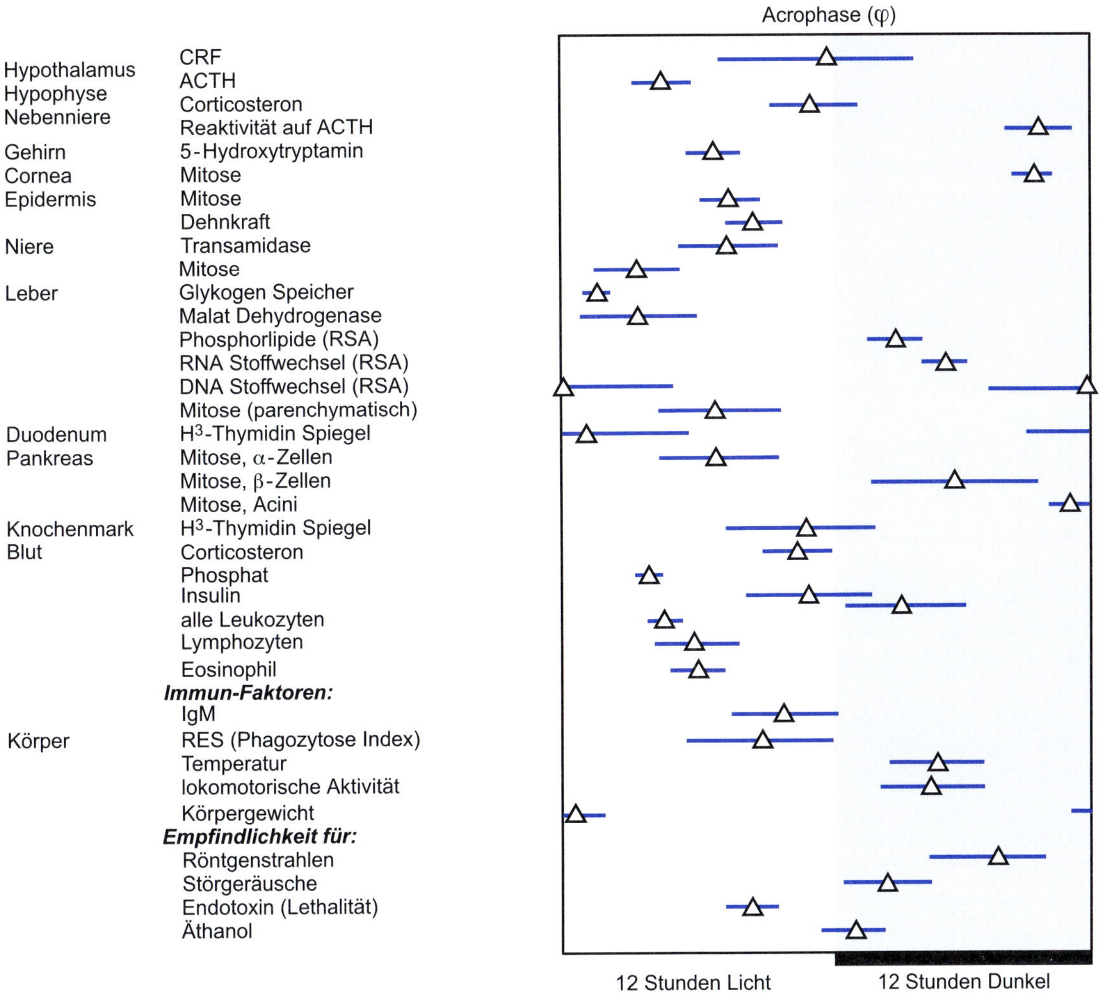


**Abb. 10.12.** Phasenkarte des circadianen Systems der Maus. Mäuse wurden in LD 12:12 h gehalten und aus der tagesperiodischen Veränderung der verschiedenen physiologischen Funktionen deren Acrophase ± SEM berechnet (nach Moore-Ede u. Sulzman 1981)

Mäuse gegen Ende ihrer subjektiven Ruhezeit besonders empfindlich auf Störgeräusche und zu Beginn ihrer subjektiven Aktivitätszeit besonders empfindlich auf Alkohol.

Bei einigen tagesperiodischen Änderungen, wie dem Tagesgang der Aktivität und der Körpertemperatur, liegt die Vermutung nahe, dass sie in enger kausaler Beziehung zueinander stehen. Die höhere Körpertemperatur während der Aktivitätszeit ist sinnvoll, da bei der Muskelaktivität stets Wärme entsteht und da umgekehrt eine hohe Betriebstemperatur die Leistung der Muskulatur verbessert. Deshalb liegt die Vermutung nahe, dass diese beiden Tagesgänge stets parallel verlaufen. Um so erstaunlicher ist deshalb die Beobachtung, dass die Tagesgänge von Körpertemperatur und Aktivität unabhängig voneinander geregelt werden. Ein erster Hinweis ergab sich bei Untersuchungen der circadianen Rhythmik des Menschen unter isolierten Bedingungen in einem Bunker, wo in Einzelfällen die Schlaf/Wach-Rhythmik und die Tagesperiodik der Körpertemperatur mit einer eigenen circadianen Frequenz auseinander liefen (Aschoff u. Wever 1976). Ähnliche Beobachtungen wurden auch bei ektothermen Tieren gemacht. Grüne Leguane (*Iguana iguana*) haben während der Aktivitätszeit stets eine höhere Körpertemperatur als während der Ruhezeit, selbst wenn im Labor eine konstante Umgebungstemperatur herrscht ($T_b$-Ruhe $\sim 27\,^\circ$C und $T_b$-aktiv $\sim 28\,^\circ$C bei $T_a$ 26 °C). Nach Entfernung des Parietalauges und des Pinealorgans erlischt die Tagesperiodik der Körpertemperatur, aber die Tagesperiodik der Aktivität bleibt weitgehend unverändert bestehen (Tosini u. Menaker 1998). Dies lässt vermuten, dass die Körpertemperatur und der Ruhe/Aktivitäts-Rhythmus jeweils eigene circadiane Schrittmacher besitzen, die normalerweise synchron laufen, aber auch intern desynchronisieren können.

### 10.2.5 Circadiane Ruhephase und Schlaf

Die Ruhephase und der Schlaf sind essentieller Bestandteil des circadianen Verhaltens. Im Schlaf nehmen alle Tiere eine charakteristische Schlafposition ein und ihre Willkürmotorik erschlafft. Sie vermindern die Reizschwelle ihrer Sinnesorgane und koppeln sich von den Einflüssen der Außenwelt ab. Herzfrequenz und Blutdruck sinken, und sie verharren in einem Zustand verminderten Energieumsatzes. Ektotherme Tiere, die keine körpereigene Wärme erzeugen, sind der nächtlichen Kälte direkt ausgesetzt und fallen während des Schlafs in Kältestarre. Vor allem Bewohner des Hochgebirges sind extremen tageszeitlichen Temperaturschwankungen ausgesetzt, wie die in 4000 m Höhe lebende peruanische Bergeidechse *Liolaemus*, deren Körpertemperatur sich nachts dem Gefrierpunkt nähert und die sich von der Morgensonne täglich wieder auf Betriebstemperatur aufheizen lässt. Aber auch die endothermen Säugetiere und Vögel senken ihre Körpertemperatur im Schlaf um 0,5–4 °C, und verringern ihren Energieumsatz um 20–30% gegenüber den Ruhewerten während der Aktivitätszeit.

Alle Tiere verbringen einen erheblichen Teil ihres Lebens im Schlaf. Alleine die Tatsache,

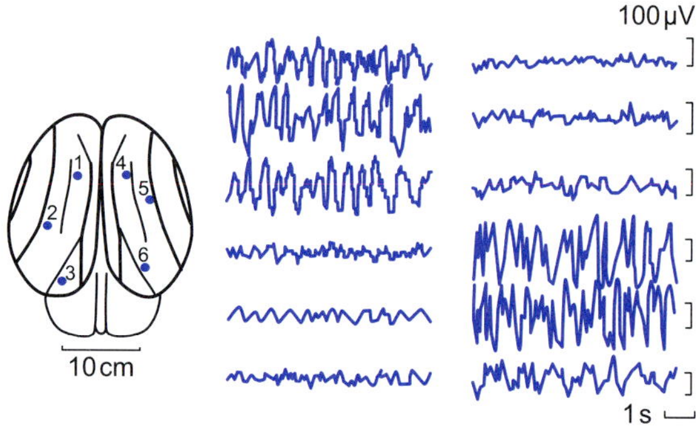


**Abb. 10.13.** EEG vom parieto-occipitalen Cortex eines schlafenden Delphins (Tümmler, *Tursiops truncatus*), der abwechselnd in der linken und rechten Hirnhälfte die für den Tiefschlaf charakteristischen langsamen Wellen mit hoher Amplitude zeigt (nach Mukhametov et al. 1977)

dass Schlaf nur auf Kosten der Aktivitätszeit stattfinden kann, unterstreicht, dass es sich um einen Prozess von elementarer physiologischer Bedeutung handelt. Ein zeitlich begrenzter Schlafentzug von etwa 48 h wird von Mensch und Tier toleriert und kann durch anschließend etwas verlängerten Schlaf kompensiert werden. Länger dauernder Schlafentzug oder auch nur die gezielte Störung einzelner Schlafphasen verursacht bei Ratten schwere Funktionsstörungen (Gewichtsverlust, Hautläsionen, endokrine Reaktionen), die in wenigen Wochen zu Tode führen. Schlaf hat offensichtlich lebensnotwendige Funktionen, auch wenn diese bis heute nicht bekannt sind. An der Organisation des Schlafes sind mindestens zwei unterschiedliche Prozesse beteiligt, eine Ermüdungskomponente und eine tagesperiodische Komponente. Im Verlauf der Aktivitätsphase steigt das subjektive Schlafbedürfnis an und führt zur Ermüdung. Sie kann durch Belastungen während der Aktivitätszeit verstärkt werden. Die Tagesperiodik begrenzt den Schlaf auf ein Zeitfenster des circadianen Rhythmus. Durch den Schlaf wird die Ermüdungskomponente wieder auf Null zurück gesetzt.

Der Schlaf der Säugetiere besteht aus einem ultradianen Rhythmus unterschiedlich tiefer Schlafzustände, die sich an typischen Mustern des EEG unterscheiden lassen. Im Wachzustand zeigt das EEG rasche Spannungsänderungen mit geringer Amplitude. Im Schlaf werden sie durch langsame EEG-Wellen mit hoher Amplitude überlagert und verdrängt (Abb. 10.13). Beim Menschen lassen sich drei Eingangsstufen mit zunehmend langsameren EEG-Wellen unterscheiden, bis der eigentliche **Tiefschlaf** (Schlafstadium 4, Delta-Wellen-Schlaf; *slow wave sleep*, SWS) erreicht ist. Der Tiefschlaf hält 15–60 Minuten an und wird durch die **REM-Phase** (*rapid eye movement*) abgelöst. Dabei treten Episoden von schnellen Augenbewegungen auf (1–4 Hz), das EEG zeigt rasche und regelmäßige Wellen, und es wird aktiv-handelnd und emotional geträumt. Die REM-Phase wird deshalb auch als **Traumschlaf** oder **paradoxer Schlaf** bezeichnet. Neben den schnellen Augenbewegungen können auch sporadische Zuckungen der Schnauzenhaare und Pfoten, vereinzelt auch Kiefer- und Kopfbewegungen vorkommen, aber die restliche Willkürmuskulatur bleibt völlig entspannt. Eine REM-Phase dauert 5 bis 30 Minuten, danach beginnt der nächste Schlafzyklus. Ein kompletter Zyklus dauert beim Menschen 80–110 Minuten (Mittelwert 90 Minuten), und bei einer durchschnittlichen Schlafdauer von 8 Stunden wird der Zyklus 4- bis 5-mal durchlaufen (Abb. 10.11).

Bei Tieren lassen sich die vom Menschen bekannten Eingangstufen des Schlafs nicht immer eindeutig unterscheiden, aber bei Säugetieren und Vögeln ist zumindest ein zyklischer Wechsel zwischen NonREM- und REM-Phasen zu erkennen. Die Gesamtdauer des täglichen Schlafs ist artspezifisch verschieden, wobei kleine Säugetiere mit einer hohen Stoffwechselrate besonders lange schlafen. So beträgt die tägliche Schlafenszeit bei Fledermäusen 20 Stunden, bei Igeln 18, bei Mäusen 13 und bei der Ratte 12 Stunden. Relativ wenig Schlaf benötigen große Säugetiere wie Kuh, Pferd und Elefant, die mit 3–6 Stunden Schlaf auskommen (Borbely 1984, Campbell u. Tobler 1984). Die Dauer des NonREM/REM-Zyklus steht dazu in einem umgekehrt proportionalen Zusammenhang. Bei der Ratte dauert ein Zyklus etwa 10 Minuten, bei der Katze 28, beim Menschen 90 und beim Elefanten 120 Minuten. Etwa 10–25% des Schlafs werden in der REM-Phase verbracht. Bei Mensch und Tier verändert sich dieser Anteil mit dem Lebensalter. Kurz nach der Geburt ist der REM-Anteil sehr hoch (neugeborene Ratten bis zu 70%) und nimmt im Laufe des Lebens ab.

Bei schlafenden Tümmlern (*Tursiops truncatus*) ist von Mukhamethov (1977) ein ganz ungewöhnliches EEG-Muster entdeckt worden. Während einer Schlafepisode treten die charakteristischen, langsamen Delta-Wellen nur in einer Hirnhälfte auf, während die andere Hirnhälfte das Wach-EEG beibehält (Abb. 10.13). Bei der nächsten Schlafepisode vertauschen die beiden Hirnhälften ihre Rolle, d.h. die Tümmler schlafen abwechselnd nur mit einer Hirnhälfte und bleiben mit der anderen Hirnhälfte wach. Für aquatisch lebende Säugetiere wie Delphine ist der Schlaf mit besonderen Schwierigkeiten verbunden, da sie während einer 30–60 Minuten dauernden Schlafepisode zum Atmen an die Wasseroberfläche müssen. Sie können deshalb ihre Willkürmotorik nicht völlig abschalten wie terrestrisch lebende Säugetiere, sondern müssen auch noch im Schlaf koordinierte Schwimmbewegungen ausführen. Dabei verharren sie relativ ruhig, mit leichten Schwimmbewegungen an oder nahe der Wasseroberfläche, so dass die Atemöffnung Zugang zur Luft erhält.

Der unihemisphärische Schlaf ist in der Zwischenzeit bei weiteren aquatisch lebenden Säugetieren wie dem Amazonas-Delphin (*Inia geoffrensis*), Pilotwal (*Globicephala scammoni*), Schweinswal (*Phocoena phocoena*), bei einigen Seelöwen (Otariidae) und der Amazonas-Seekuh (*Trichechus enungis*) nachgewiesen worden. Die Mehrzahl der bisher untersuchten Vögel schläft ebenfalls unihemisphärisch (Ente, Huhn, Wachtel, Möwe), lediglich Tauben schlafen mit beiden Hemisphären gleichzeitig. Auch bei Reptilien bestehen Hinweise für die Fähigkeit zu unihemisphärischem Schlaf. Die weite Verbreitung des unihemisphärischen Schlafs verleitet zu der Spekulation, dass es sich dabei um eine ursprüngliche Form des Schlafs handelt, eine Schlafform, bei der noch ein relativ hoher Grad an Koordination und Ansprechbarkeit auf Außenreize erhalten bleibt (Rattenborg et al. 2000).

Die tagesperiodischen Verhaltensänderungen von Fischen, Amphibien und Reptilien legen nahe, dass auch sie einen ähnlichen Umfang an Schlaf benötigen wie die endothermen Wirbeltiere. Allerdings ist der Schlaf ektothermer Wirbeltiere nicht von eindeutigen Musteränderungen des EEG begleitet, die dem SWS/REM-Zyklus der Säugetiere und Vögel entsprechen. Fische nehmen zum Schlafen eine charakteristische Ruhestellung ein, verharren ruhig im Wasser oder am Boden oder suchen sich einen geschützten Ruheort auf. In diesem Zustand lassen sie sich durch schwache Außenreize nicht mehr stören. Ähnliches gilt für Amphibien und Reptilien. Auch bei Wirbellosen wie der Riesenschnecke *Aplysia* (Seehase) ist dieses Verhalten zu beobachten. Tagsüber schwimmt sie umher und verbringt die meiste Zeit auf Nahrungssuche. Bei Sonnenuntergang sucht sie eine geschützte Nische auf, zieht sich zusammen, verharrt in Ruhe und bewegt nur noch gelegentlich ihren Kopf und ihre Fühler. Die weite Verbreitung des Schlafs im Tierreich lässt vermuten, dass es sich dabei um eine phylogenetisch sehr ursprüngliche Verhaltensweise handelt.

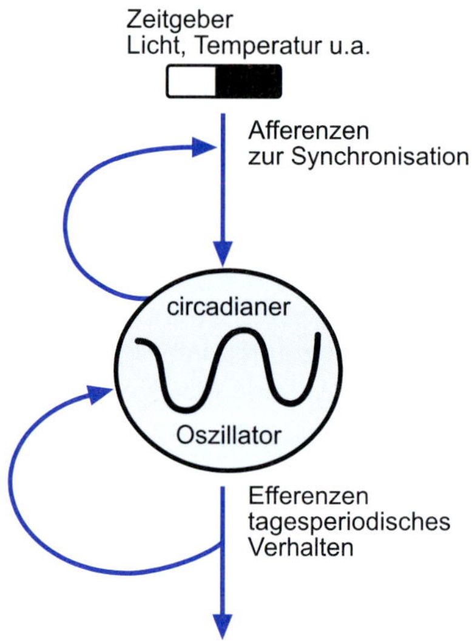


**Abb. 10.14.** Funktionsprinzip eines circadianen Schrittmachers. Ein selbsterregter circadianer Oszillator besitzt Ausgänge (Efferenzen), mit denen er tagesperiodisches Verhalten steuert, und Eingänge (Afferenzen), die eine Synchronisation durch den Zeitgeber ermöglichen. Eine Rückkoppelung der physiologischen Funktionen wie Aktivität usw. ermöglicht die Regelung des tagesperiodischen Verhaltens. Eine Rückkoppelung des Oszillators auf die Zeitgeber-Sensoren ermöglicht die Regelung der Empfindlichkeit gegenüber Zeitgeber-Signalen

## 10.2.6 Aufbau und Funktion des circadianen Schrittmachers

Für die tagesperiodische Regelung physiologischer Funktionen ist ein circadianer Schrittmacher erforderlich, der folgende Komponenten enthalten muss (Abb. 10.14):

- Einen (oder mehrere) **Oszillator**(en), d.h. physiologische oder molekulare Mechanismen, die einen etwa 24-stündigen Rhythmus erzeugen.
- **Efferenzen**, d.h. neuronale oder endokrine Mechanismen, die den Zeittakt des circadianen Oszillators auf periphere Organe übertragen.
- **Afferenzen**, d.h. Photorezeptoren oder andere Rezeptoren, denen der circadiane Oszillator durch Zeitgeber synchronisiert werden kann.
- **Rückkoppelung**, so dass die tagesperiodisch sich ändernden physiologischen Funktionen kontrolliert werden können.

Bereits Einzeller besitzen einen circadianen Schrittmacher, mit dem sie ihre tagesperiodischen Vertikalwanderungen kontrollieren oder auch (wie *Gonyaulax*) ihr Schwarmverhalten und ihre Biolumineszenz kontrollieren. Daraus folgt, dass einzelne Zellen sowohl einen circadianen Oszillator besitzen als auch afferente Mechanismen zur Steuerung von metabolischen Prozessen als auch Photorezeptoren zur Synchronisation der inneren Uhr. Eine circadiane Uhr gehört deshalb zur Grundausstattung von Zellen. Multizelluläre Organismen können sich jedoch nicht auf diese zelluläre Grundausstattung alleine verlassen, sondern müssen neuronale und humorale Mechanismen für die Koordination des circadianen Systems entwickeln. Da viele Nervenzellen und Zellen des endokrinen Systems Oszillator-Eigenschaften besitzen, dienen sie nicht nur als Kommunikationsstränge, sondern bilden selbst einen Teil des circadianen Systems.

## 10.2.7 Circadiane Schrittmacher bei Evertebraten

Bei dem marinen Gastropoden *Aplysia* sitzt ein wichtiger Oszillator des circadianen Systems im Auge. Das Auge von *Aplysia californica* hat einen Durchmesser von etwa 0,5–1 mm und enthält mehrere tausend auf komplexe Weise miteinander verschaltete Zellen. Isolierte Augen können für mehrere Tage in Kultur gehalten, und Aktionspotentiale vom Sehnerven abgeleitet werden. Die Spontanaktivität des Sehnerven hat ein Maximum um die Zeit der Morgendämmerung, und diese Periodik bleibt auch *in vitro* erhalten. Sie kann durch Licht/Dunkel-Wechsel synchronisiert werden, und im Dauerdunkel läuft sie frei (Jacklet 1969, Eskin 1971, Page 1982). Autonome circadiane Aktivitäten sind auch in anderen Bereichen des Nervensystem, z. B. im Abdominalganglion, gefunden worden. Vieles spricht jedoch dafür, dass das Auge die Funktion des circadianen Schrittmachers besitzt, denn es enthält sowohl einen circadianen Oszillator als auch den Photorezeptor für die Synchronisation und liefert ein efferentes Signal, mit dem die Periodik anderer Körperfunktionen gesteuert werden kann.

Die enge Verbindung zwischen dem visuellen System und dem Schrittmacher der circadianen Rhythmik trifft auch auf Arthropoden zu. Eine Entfernung der Augen mit dem optischen Lobus (oder eine Durchtrennung des optischen Lobus) führt bei Insekten, Skorpionen und Krebsen zum Erlöschen tagesperiodischer Verhaltensweisen wie Lokomotion, Stridulieren oder der Schlüpfrhythmik. Eine nur einseitige Operation kann zwar die tagesperiodische Aktivität geringfügig verändern, aber reicht nicht aus, um die Tagesperiodik zu eliminieren, gleichgültig welche Seite entfernt wird. Offensichtlich existieren zwei Schrittmacher der circadianen Rhythmik, d. h. der Schrittmacher selbst ist ein Multioszillator-System. Normalerweise stehen sie miteinander in Verbindung und synchronisieren sich gegenseitig, aber einer allein reicht offensichtlich aus, um die Tagesperiodik des Verhalten anzutreiben. Diese Eigenschaft kann genutzt werden, um die Schrittmacherzellen im optischen Lobus zu identifizieren, indem ein Lobus entfernt und im anderen Lobus nur Teilbereiche zerstört werden, bis die Tagesperiodik erlischt. Daraus ergab sich, dass Zellgruppen der Medulla den circadianen Oszillator bilden und die Lamina nur eine untergeordnete Rolle spielt (Abb. 10.15).

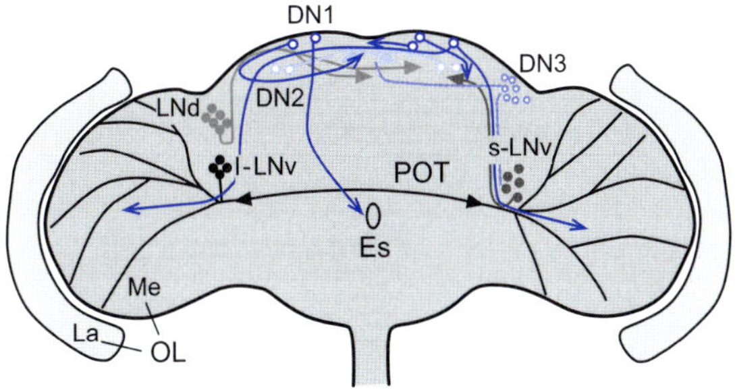


**Abb. 10.15.** Projektionen von PER-exprimierenden Neuronen im Gehirn von *Drosophila*. OL: optischer Lobus; La: Lamina; Me: Medulla; DN: dorsale Neurone; LN: laterale Neurone (nach Helfrich-Förster 1995, Stanewsky 2002)

## 10.2.8 Circadiane Schrittmacher von Wirbeltieren

Auch bei den Wirbeltieren ist das **circadiane System** sehr eng mit dem Lichtsinn verbunden, und zwar sowohl mit der **Retina** als auch mit dem **Parietal/Pineal-Komplex** (s. Kap. 9.9 Chemische Kommunikation) und mit einem Kerngebiet des Hypothalamus, dem **Nucleus suprachiasmaticus (SCN)**, der über eine besondere Faserverbindung, den **retinohypothalamischen Trakt**, mit der Retina verbunden ist.

### Photosensoren des circadianen Systems

Im circadianen System der Vögel spielt das Pinealorgan eine dominierende Rolle. Wird Sperlingen das Pinealorgan entfernt, so verlieren sie im Dauerdunkel ihren freilaufenden circadianen Rhythmus und sind stattdessen unregelmäßig über den ganzen Tage verteilt aktiv (Abb. 10.16). In einem Licht/Dunkel-Wechsel kann ihre Aktivitätsperiodik nach wie vor synchronisiert werden. Daraus folgt, dass sie ihre tagesperiodische Organisation nicht komplett verloren haben, sondern nur die Fähigkeit, eine selbsterregte circadiane Oszillation zu erzeugen. Erhielt ein pi-

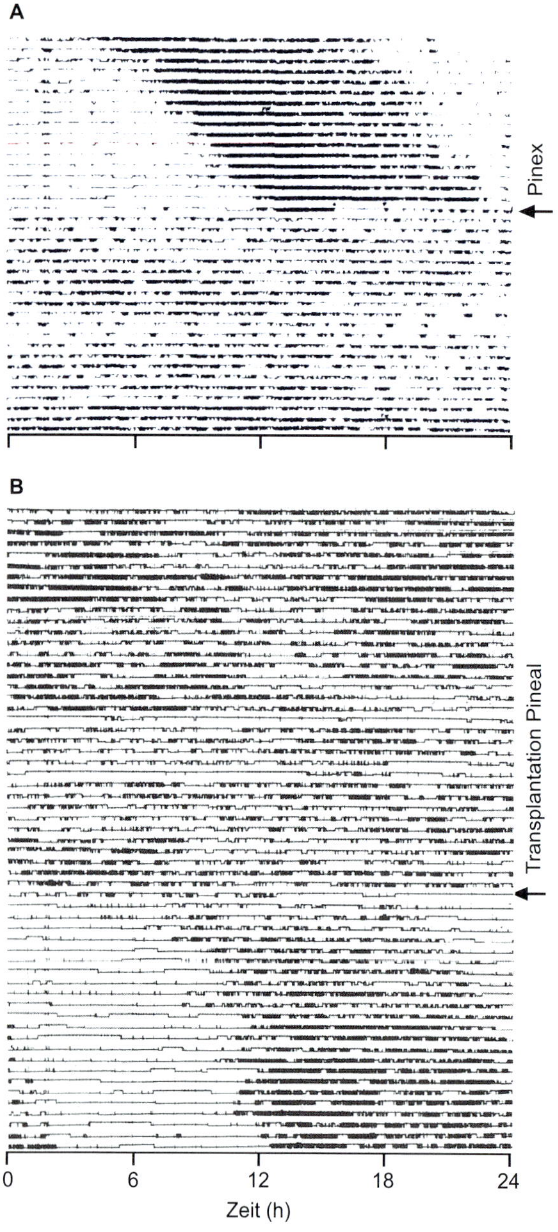


**Abb. 10.16.** Wirkung der Pinealektomie auf die freilaufende circadiane Aktivitätsrhythmik bei einem Sperling (*Passer domesticus*). Nach Entfernung des Pinealorgans wird seine Aktivität arhythmisch. Erhält ein pinealektomierter Sperling das Pinealorgan eines anderen Sperlings durch Transplantation in die vordere Augenkammer, so wird seine Aktivität wieder periodisch. Sowohl die Exstirpation als auch die Transplantation bewirken unmittelbar und ohne jede Zeitverzögerung eine Veränderung des Aktivitätsmusters (Menaker u. Zimmermann 1976)

nealektomierter, aperiodischer Sperling das Pinealorgan eines Artgenossen in die vordere Augenkammer implantiert, so wurde er wieder periodisch, und zwar mit dem Aktivitätsmuster des Pinealspenders. Bei anderen Vogelarten, wie z.B. Amseln, führte Pinealektomie nicht zu einem völligen Ausfall aller endogen circadianen Prozesse, was vermuten lässt, dass das Pinealorgan zwar eine dominierende Rolle spielt, aber daneben weitere neuronale und endokrine Strukturen an der Entstehung der circadianen Periodik beteiligt sind, die den Ausfall des Pinealorgans teilweise kompensieren können (Menaker u. Zimmermann 1976, Gwinner et al. 1987).

Das Pinealorgan der Wirbeltiere besitzt einen ausgeprägten Tag/Nacht-Rhythmus der Melatonin-Produktion, das als endokrines Signal zur Steuerung der Tagesperiodik dienen könnte. Für eine endokrine Funktion des Pineals spricht die oben erwähnte Tatsache, dass nach Transplantation des Pinealorgans aperiodische Sperlinge im Dauerdunkel wieder periodisch wurden. Außerdem kann ein freilaufender circadianer Rhythmus bei Reptilien, Vögeln und Säugetieren durch Melatoningaben (Injektion, zeitlich gezielte Fütterung) die Aktivitätsperiodik auf den Rhythmus der Melatoningabe synchronisiert werden (Armstrong et al. 1986, Underwood 1990, Heigl u. Gwinner 1995). Melatonin kann deshalb als ein zentrales Hormon für die Synchronisation tagesperiodischer Prozesse betrachtet werden.

Bei Reptilien und Vögeln bleibt der nocturnale Melatonin-Rhythmus des Pinealorgans auch *in vitro* erhalten, wie das am Beispiel des grünen Leguans in Abb. 10.17 deutlich wird. Die Pinealorgane wurden extirpiert und in einer Nährlösung in Kultur gehalten. Der Melatonin-Rhythmus besteht im Dauerdunkel fort und kann durch Licht/Dunkel-Wechsel synchronisiert werden. Daraus folgt, dass das Pinealorgan nicht nur einen eigenen circadianen Oszillator besitzt, sondern auch eigene Photorezeptoren zur Synchronisation des circadianen Rhythmus. Diese Fähigkeit ist jedoch nicht auf das Pinealorgan beschränkt, sondern gilt auch für die Retina der meisten Wirbeltiere und das Parietalorgan der Reptilien (Abb. 10.17). Offensichtlich ist die circadiane Uhr ein Multioszillatorsystem, und die Takte der verschiedenen Oszillatoren müssen in-

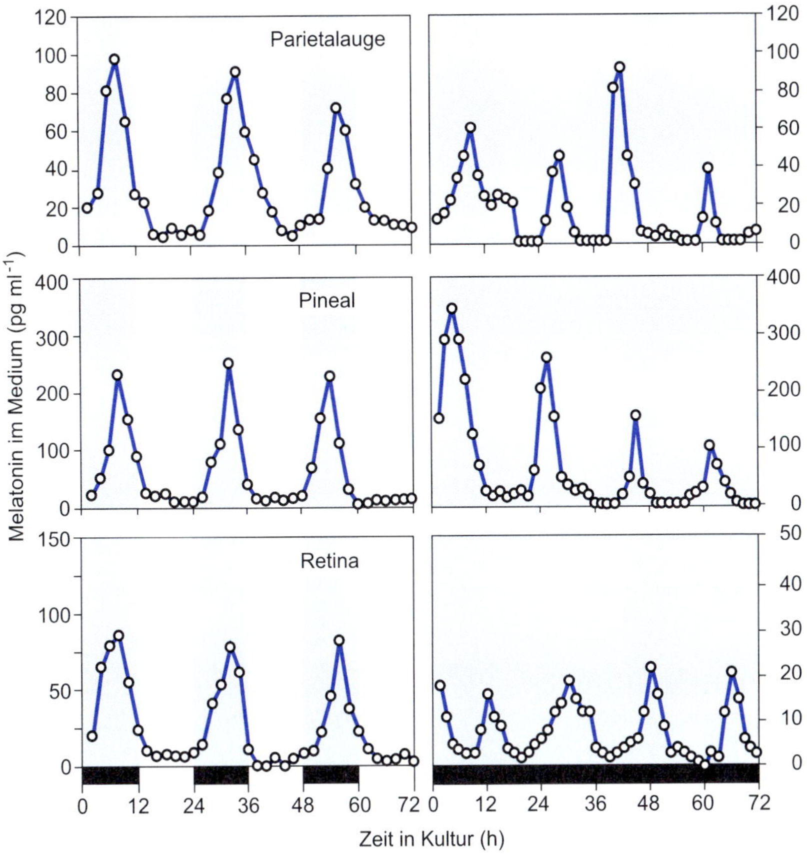


**Abb. 10.17.** Tagesperiodik der Melatonin-Produktion in der Retina, dem Pinealorgan und dem Parietalauge beim grünen Waran, *Iguana iguana*. Die Melatonin-Produktion wurde *in vitro* registriert, in der *linken Abbildungshälfte* im LD 12:12 h und in der *rechten Abbildungshälfte* im Dauerdunkel. Alle drei Gewebe besitzen einen eigenen circadianen Oszillator und eigene Photosensoren, mit denen sie den circadianen Oszillator synchronisieren können (Tosini u. Menaker 1998)

tern synchronisiert werden. Dabei spielt das Pinealorgan eine Führungsrolle, denn es liefert wesentlich mehr Melatonin (beim Leguan 4fache Menge) als Retina und Parietalorgan und gibt es direkt ans Blut ab, so dass sein Melatonin-Rhythmus im Körper dominiert. Bei Säugetieren hat die pineale Melatonin-Produktion ein noch stärkeres Übergewicht. Die Melatonin-Produktion der Retina hat wohl eher lokale Bedeutung zur Steuerung der tagesperiodischen Lichtempfindlichkeit retinaler Photorezeptoren.

Die Tagesperiodik pinealektomierter Reptilien und Vögel kann weiterhin durch einen Licht/Dunkel-Wechsel synchronisiert werden. Auch wenn zusätzlich noch die Augen entfernt werden, bleiben sie synchronisierbar, ein Zeichen dafür, dass neben der Retina und dem Parietal/Pineal-Komplex weitere Photorezeptoren für die Synchronisation der circadianen Rhythmik existieren. Erst wenn der Schädel durch eine lichtundurchlässige Folie abgedeckt wird, kann die circadiane Rhythmik nicht mehr durch Licht synchronisiert werden. Diese **extraretinalen Photorezeptoren** sitzen tief im Gehirn, und die minimalen Lichtintensitäten, die durch den Schädelknochen und das Gewebe dringen, reichen aus, um das circadiane System zu stimulieren (Underwood u. Menaker 1976). Da mit ihnen nur Lichtintensitäten gemessen werden, aber kein Bildsehen möglich ist, werden sie auch als nicht-visuelle Photorezeptoren bezeichnet.

Säugetiere besitzen weder intracerebrale Photorezeptoren noch ist ihr Pinealorgan photosensitiv. Ihr alleiniges Sinnesorgan für die Synchronisation der circadianen Rhythmik ist das Auge. Blinde Säugetiere und der Mensch können, im Gegensatz zu anderen Wirbeltieren, nicht durch einen Licht/Dunkel-Wechsel synchronisiert werden, sondern zeigen eine freilaufende circadiane Rhythmik. Andere Zeitgeber wie Temperatur, Fütterung oder soziale Reize sind nach wie vor wirksam. Der circadiane Schrittmacher funktioniert deshalb auch ohne Retina, aber ohne Retina fehlt ihm der photische Reiz zur Synchronisation. Für die tagesperiodische Synchronisation genügen bei Vögeln und Säugetieren sehr geringe Lichtintensitäten von wenigen Lux, die etwa hellem Mondlicht entsprechen und für die meisten Tiere zu niedrig sind, um für das Bildsehen genutzt zu werden. In freier Natur könnte dies bedeuten, dass bereits die niedrigen Lichtintensitäten der Dämmerung zur tagesperiodischen Synchronisation ausreichen.

Mäuse, die durch einen genetischen Defekt blind sind, also keine für das Bildsehen funktionsfähige Retina besitzen, können nach wie vor tagesperiodisch synchronisiert werden. Dies lässt vermuten, dass neben den Stäbchen und Zäpfchen weitere Photorezeptoren in der Retina existieren, die speziell für die circadiane Synchronisation zuständig sind. Sie sind kürzlich als Melanopsin-haltige, retinale Ganglionzellen identifiziert worden. Sie sind über die gesamte Retina verteilt, zeigen keine Adaption an die Helligkeit wie Stäbchen und Zäpfchen, und sind somit bestens geeignet um die Beleuchtungsstärke zu messen. Ihre spektrale Empfindlichkeit, mit einem Maximum bei 484 nm, stimmt mit der aus Verhaltensversuchen bekannten spektralen Empfindlichkeit für die Synchronisation der Aktivitätsperiodik überein. Sie projizieren direkt über den retinohypothalamischen Trakt zum *Nucleus suprachiasmaticus*, dem Schrittmacher des circadianen Systems, und übernehmen damit die Aufgabe der Lichtmessung für die Synchronisation der Tagesperiodik bei Säugetieren (Hattar et al. 2002, Berson et al. 2002, Übersicht Foster u. Hankins 2002).

### Zentraler Schrittmacher des circadianen Systems der Säugetiere

Zentraler Schrittmacher des circadianen Systems von Säugetieren ist der *Nucleus suprachiasmaticus* (SCN), ein paariges Kerngebiet, das im Hypothalamus zu beiden Seiten des dritten Ventrikels direkt oberhalb des optischen Chiasma liegt. Jedes dieser Kerngebiete enthält bei Gold-

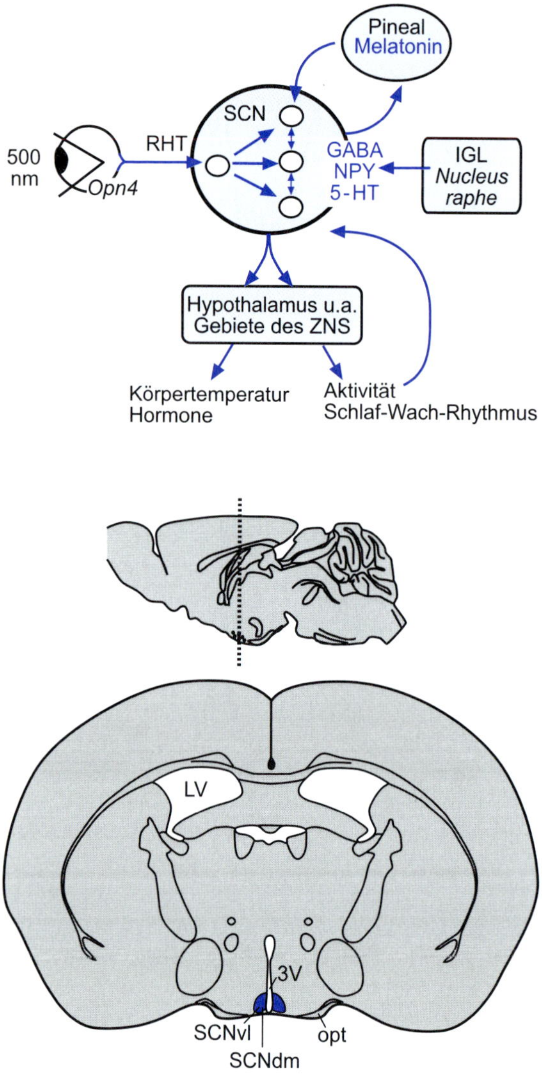


**Abb. 10.18.** Der Nucleus suprachiasmaticus (SCN) ist Schrittmacher des circadianen Systems der Säugetiere. Er liegt in direkter Nachbarschaft zum dritten Ventrikel (3V) an der Basis des Hypothalamus über dem optischen Chiasma. Durch Neurotransmitter nimmt er Einfluss auf andere Areale des ZNS, insbesondere des Hypothalamus, von dem aus zahlreiche Körperfunktionen gesteuert werden. Der SCN steuert auch die Melatonin-Synthese im Pinealorgan, und Melatonin wirkt wieder zurück auf den SCN. Andere Regionen des ZNS wie die Raphe-Kerne und auch die Aktivitätsrhythmik beeinflussen ebenfalls die oszillatorischen Funktion des SCN. Der Licht/Dunkel-Wechsel wird von melanopsin (*Opn4*)-haltigen Ganglienzellen der Retina registriert, und stimuliert über den retinohypothalamischen Trakt (RHT) den SCN (nach Panda et al. 2002)

hamstern und Ratten etwa 8000–10000 Neurone, die mit einem Durchmesser von 8–10 μm zu den kleinsten Zellen im Nervensystem gehören (Abb. 10.18). Eine operative Entfernung des SCN führt bei allen Säugetieren zu einem Ausfall der circadianen Aktivitätsperiodik im Dauerdunkel. In einem Licht/Dunkel-Wechsel sind sie nach wie vor tagesperiodisch aktiv, aber ohne Zeitgeber werden sie aperiodisch und können keinen Aktivitätsrhythmus endogen erzeugen. Andere physiologische Funktionen, wie Nahrungsaufnahme oder Körpertemperatur, sind davon nicht im selben Ausmaß betroffen, wobei zu bedenken ist, dass der Erfolg der Operation sehr stark davon abhängt, ob der SCN wirklich vollständig entfernt wurde. Sicher ist jedoch, dass ohne SCN kein freilaufender circadianer Aktivitätsrhythmus ausgebildet werden kann. Ob er selbst der circadiane Schrittmacher ist, kann mit diesem Ergebnis alleine nicht bewiesen werden (Übersicht Rusak u. Zucker 1979).

Zahlreiche Beobachtungen sprechen zwar für eine Führungsrolle des SCN, aber den überzeugendsten Beweis lieferten Versuche mit Transplantation des SCN. Ratten und Goldhamster, denen der SCN entfernt worden ist, sind im Dauerdunkel unregelmäßig aktiv ohne erkennbare Aktivitätsperiodik. Wird ihnen neonatales Hypothalamusgewebe in die Nähe des dritten Ventrikels implantiert, so entwickeln sie einige Tage später wieder eine freilaufende Aktivitätsperiodik. Anschließende histologische Untersuchungen stellten sicher, dass das transplantierte Nervengewebe angewachsen war und die für den SCN typischen Neurotransmitter enthielt. Bei Goldhamstern gibt es eine tau-Mutante, die eine sehr kurze circadiane Periode ($\tau$) von etwa 20 h hat. Wird deren SCN in Goldhamster mit einer normalen Periodendauer von etwa 24 h übertragen, so entspricht die Periodendauer des wiederhergestellten circadianen Rhythmus dem des Spendertiers und nicht der ursprünglichen Periodendauer des Empfängertiers (Abb. 10.19) (Ralph et al. 1990). Der SCN kann, wie das Pinealorgan der Vögel, in Kultur gehalten werden. Die circadiane Periodizität seines Transmitterstoffwechsels und seiner elektrischen Aktivität bleibt *in vitro* noch einige Tage erhalten, d.h. er ist auch autonom, ohne Verbindung zu anderen

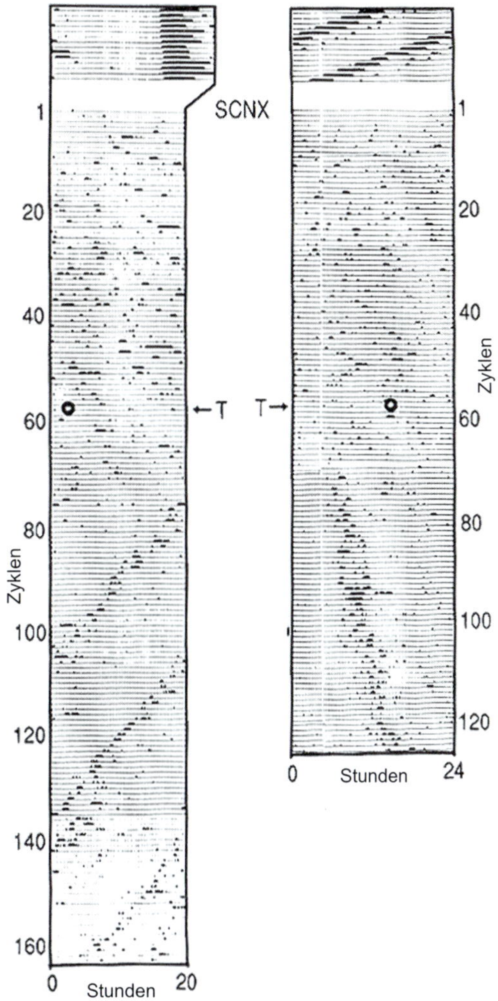


**Abb. 10.19.** Wirkung von Exstirpation und Transplantation des SCN auf die lokomotorische Aktivitätsrhythmik des Goldhamsters. Das *linke Bild* zeigt zu Beginn die freilaufende Aktivitätsperiodik eines Goldhamsters mit einer circadianen Periodendauer, die etwas länger als 24 h ist. Nach Entfernung des SCN wird die Aktivität arhythmisch. Nach Transplantation des SCN eines anderen Goldhamsters wird die Aktivität wieder periodisch, und zwar mit einer sehr viel kürzeren Periodendauer als zuvor. Das Transplantat stammte von einem Goldhamster mit einer tau-Mutation, die eine extrem kurze circadiane Periode besitzt. Das *rechte Bild* zeigt oben die freilaufende Periodik einer tau-Mutante. Auch er wird nach Entfernung des SCN arhythmisch; nach Transplantation des SCN von einem Wildtyp-Hamster wird er wieder rhythmisch mit der Periodendauer des SCN-Spenders (Ralph et al. 1990)

Nervenzellen, in der Lage, einen circadianen Rhythmus zu erzeugen, und erfüllt damit eine wichtige Voraussetzung für einen Schrittmacher.

Der SCN ist jedoch nicht der einzige tagesperiodische Taktgeber im Organismus. Das Pinealorgan und die Retina produzieren tagesperiodisch Melatonin. Die tagesperiodische Melatonin-Produktion des Pinealorgans wird durch den SCN gesteuert, aber Melatonin wirkt seinerseits auf den SCN zurück, so dass ein circadianer Rhythmus stabilisiert wird (Abb. 10.18). Neben dem SCN existieren weitere Hirnregionen, die ein tagesperiodisches Muster der *per*-Expression besitzen, eines zentralen Elements der molekularen Uhr (s. unten). Bei Mäusen wurden insgesamt 27 Hirnstücke *in vitro* untersucht; 14 davon behielten ihre *per*-Periodik in Kultur bei (Abe et al. 2002). Auch periphere Gewebe besitzen eigenständige tagesperiodische Muster der *per*-Expression, wie z. B. die Leber, deren tagesperiodisches Muster durch die Nahrungsaufnahme verändert werden kann. Selbst in isolierten Fibroblasten, kann eine tagesperiodische Expression von *per1, per2* und *Bmal1* noch für einige Tage gemessen werden (Yagita et al. 2001). Daraus folgt, dass zahlreiche zentrale und periphere Oszillatoren existieren, die zu tagesperiodischen Funktionsänderungen beitragen. Ein derartiges Multioszillator-System kann nur funktionieren, wenn eine interne Synchronisation stattfindet, und diese Funktion übernimmt nach heutigem Kenntnisstand der SCN. Er spielt deshalb eine Doppelrolle, als circadianer Oszillator und als zentraler Schrittmacher, der das Konzert der zahlreichen circadianen Oszillatoren koordiniert.

## 10.2.9 Molekularer Mechanismus des circadianen Schrittmachers von Insekten

Die Fruchtfliege *Drosophila melanogaster* schlüpft vorzugsweise am frühen Morgen. In einer Mutagenese-Studie an Fruchtfliegen suchten Konopka und Benzer (1971) systematisch nach Abweichungen von diesem Schlüpfmuster. Dabei entdeckten sie drei unterschiedliche Phänotypen, die entweder zu früh oder zu spät schlüpften oder sich aperiodisch verhielten, d. h. zu beliebigen Tag- und Nachtzeiten schlüpften. Um herauszufinden, ob dies auf Störungen der circadianen Uhr beruht, wurde der lokomotorische Aktivitätsrhythmus dieser Fliegen in kleinen Plastikröhren mit Infrarotsensor gemessen. Die sehr früh schlüpfenden Drosophila hatten im Dauerdunkel einen ungewöhnlich schnellen freilaufenden Rhythmus von 19 h, die zu spät schlüpfenden einen ungewöhnlich langsamen circadianen Rhythmus von 29 h und die aperiodisch schlüpfenden blieben aperiodisch. Offensichtlich gibt es einen gemeinsamen Oszillator für das Schlüpfen und die Aktivitätsrhythmik. Diese „falsch" gehenden circadianen Uhren trieben zu unzeitgemäßem Schlüpfen an. Alle drei Mutationen wurden auf demselben Gen kartiert, das den Namen *period (per)* erhielt, und die mutierten Allele wurden mit $per^0$ (aperiodisch), $per^S$ (*short*) und $per^L$ (*long*) bezeichnet.

Der *per*-abhängige circadiane Oszillator sitzt im Gehirn, denn nach Übertragung des Gehirns von schnellen $per^S$-Fliegen in das Abdomen von aperiodischen $per^0$-Fliegen zeigten diese wieder einen circadianen Rhythmus (Handler u. Konopka 1979). Das *per*-Gen codiert für ein Protein

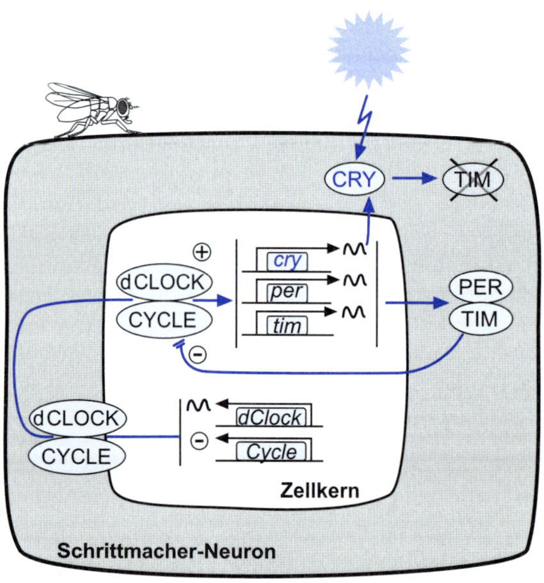


**Abb. 10.20.** Modell des molekularen Mechanismus der circadianen Uhr in Schrittmacher-Neuronen des Insektengehirns (nach Devlin u. Kay 2001, Stanewsky 2002)

**Tabelle 10.1.** Gene, Genprodukte und deren Rolle bei der circadianen Uhr von *Drosophila* und Mus musculus (nach Reppert Weaver 2001, Panda et al. 2002, Honma et al. 2002)

| Drosophila Name des Gens | Eigenschaften | Maus Name des Gens | Eigenschaften |
|---|---|---|---|
| *period (per)* | mRNA und Protein-Zyklus. Bindet an TIM. Hemmt CLK/CYC | *mPeriod 1 (mPer1)* *mPeriod 2 (mPer2)* *mPeriod 3 (mPer3)* | mRNA und Protein-Zyklus. Assoziiert mit PER und TIM. Aktivator der Funktion von Bmal1 |
| *timeless (tim)* | mRNA und Protein-Zyklus. Bindet an PER, erleichtert PER-Transport in den Zellkern. Hemmt CLK/CYC | ---- | |
| *timeout* | | *mTimeless (Tim)* | Wird konstitutiv exprimiert. Homozygote Nullmutante ist letal, deshalb circadiane Funktion nicht bestimmbar |
| *clock (clk)* | mRNA und Protein-Zyklus. Heterodimerisiert mit CYC, steigert Transkription | *Circadian locomotor output cycle kaput (Clock)* | Wird konstitutiv exprimiert. Heterodimerisiert mit BMAL1. Steigert Transkription von *mPer* und *Cry* |
| *cycle (cyc)* | Wird konstitutiv exprimiert. Heterodimerisiert mit CLK, steigert Transkription | *Bmal1* *Bmal2* | mRNA-Zyklus. Heterodimerisiert mit CLOCK. Steigert Transkription von *Per* und *Cry* |
| *cryptochrome (cry)* | mRNA-Zyklus. Circadianer Photorezeptor. Fördert lichtabhängigen Abbau von TIM | *Cryptochrome 1 (Cry1)* *Cryptochrome 2 (Cry2)* | mRNA-Zyklus. Stabilisiert PER. Hemmt Transkription von *mPer* und *Cry* |
| doubletime (dbt) | Wird konstitutiv exprimiert. Ser/Thr-Kinase. Phosphoryliert TIM-freies PER und erleichtert dessen Abbau | Caseinkinase I epsilon (CKIε) Caseinkinase I delta (CKIδ) | Wird konstitutiv exprimiert (CKIε). Phosphoryliert PER und beeinflusst dessen Stabilität |
| *vrille* | RNA und Proteinzyklus. Unterdrückt (?) Transkription von *per* und *tim* | *Nfil3/E4BP4* | Hemmt *mPer1* Expression in Zellkultur |
| *shaggy* | Wird konstitutiv exprimiert. Steigert Aktivierung von TIM (Phosphorylierung) und Translokation des PER/TIM-Komplexes | | |
| | | *Dec1, Dec2* | Zyklische Expression, unterdrückt CLOCK/BMAL1-Wirkung auf mPer-Transkription (kompetitive Bindung am E-Box Element) |

von etwa 1200 Aminosäuren Länge. Mit genetischen und immunologischen Methoden konnte der *per*-Oszillator für den Aktivitätsrhythms auf 20 bis 30 laterale Neurone im Fliegenhirn eingegrenzt werden (Abb. 10.15) (Übersicht Panda et al. 2002, Stanewski 2002).

Die erfolgreiche Identifikation von *per* führte auf die Spur weiterer Gene und Genprodukte, deren Zusammenspiel die circadiane Uhr ticken lassen (Tabelle 10.1). Ihre Oszillation beruht im Grunde auf einer negativen Rückkopplung von Genprodukten auf ihre eigene Transkription. Dabei spielen die Gene *per* und *tim* die Hauptrolle (Abb. 10.20). Die Transkription der Gene *per* und *tim* startet morgens, ihre mRNA erreicht abends die höchste Konzentration. Die beiden Genprodukte PER und TIM akkumulieren während der Nacht und bilden ein Heterodimer PER/TIM, das in den Zellkern gelangt und die Transkriptionsfaktoren *Clock* (CLK) und *Cycle* (CYC) inaktiviert. Dadurch kann CLK/CYC nicht mehr an die Promotorregionen von *per* und *tim* binden, und deren Transkription kommt zum Erliegen. PER und TIM werden durch Proteolyse im Lauf der Nacht abgebaut, ihre Bremswirkung erlischt allmählich, und so kann morgens die Transkription von *per* und *tim* erneut starten.

Ein circadianer Oszillator macht nur Sinn, wenn er in der Lage ist, andere Zellen und Funktionen zu steuern. Als Neurotransmitter der circadianen Uhr von Insekten spielt der *pigment displacing factor* (PDF) eine zentrale Rolle, ein Neurotransmitter, der in relativ hoher Konzentration in den lateralen Neuronen vorkommt. Mutanten, denen PDF fehlt, zeigen Störungen des circadianen Rhythmus, während Injektionen von PDF in die akzessorische Medulla die Phase des circadianen Rhythmus verschieben (Helfrich-Förster 1995, Petri u. Stengl 1997, Renn et al. 1999). Eine weitere Anforderung an die innere Uhr ist, dass sie durch Zeitgeber synchronisiert werden kann. Bei *Drosophila* kann der Ablauf des circadianen Transkriptions-Translations-Zyklus durch Licht beeinflusst werden, wobei Cryptochrom (CRY) als circadianer Blaulicht-Photorezeptor dient. Es degradiert TIM und beeinträchtigt dadurch die Bildung des rückkoppelnden PER/TIM Heterodimers.

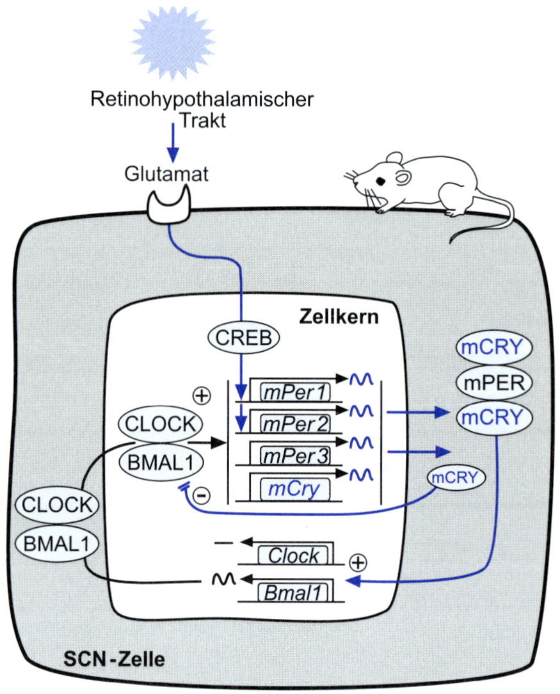


**Abb. 10.21.** Modell des molekularen Mechanismus der circadianen Uhr in Neuronen des Nucleus suprachiasmaticus (nach Devlin u. Kay 2001, Reppert u. Weaver 2001)

## 10.2.10 Molekularer Mechanismus des circadianen Schrittmachers der Säugetiere

Die systemphysiologischen Eigenschaften der inneren Uhr sind bei allen Tieren ähnlich. Unter Konstantbedingungen entwickeln sie einen freilaufenden Rhythmus, sie können durch Licht/Dunkel-Wechsel synchronisiert werden, zeigen ein ähnliches Phasenresponse-Verhalten, und die Uhr ist temperaturkompensiert. Deshalb liegt die Vermutung nahe, dass der molekulare Mechanismus der inneren Uhr konserviert ist und auch bei Säugetieren ein ähnlicher Transkriptions/Translations-Zyklus genutzt wird wie bei Insekten. Die von *Drosophila* bekannten Sequenzen wurden zur Suche nach ähnlichen Komponenten bei Mäusen genutzt und ihre Funktion durch genetische Manipulationen überprüft (Mutation, Knockout, Überexpression usw.). Der Nucleus suprachiasmaticus (SCN) enthält die Zentraluhr des circadianen Systems von Säugtieren, so dass die Expression der Uhr-Gene auf dieses Kerngebiet konzentriert werden konnte. Im Folgenden werden wir sehen, dass die Komponenten der inneren Uhr weitgehend mit der von Insekten übereinstimmen, dass sich aber ihr biochemisches Zusammenspiel bei Säugetieren geändert hat (Abb. 10.21, Tabelle 10.1).

Die molekulare Uhr der SCN-Zellen besteht aus mehreren interagierenden Translations-/Transkriptions-Zyklen mit positiver und mit negativer Rückkopplung. Die drei *period*-Gene (*mPer1, mPer2, mPer3*) und zwei *Cryptochrom*-Gene (*mCry1, mCry2*) werden tagesperiodisch exprimiert und bilden einen multimeren mPER/mCRY-Komplex, der wieder in den Zellkern gelangt. Im Zellkern interagiert mCRY mit den beiden Transkriptionsfaktoren CLOCK und BMAL1, so dass diese gehemmt werden. mPER2 hat eine Sonderfunktion, denn es trägt zur periodischen Transkription von *Bmal1* bei, so dass es in der Gegenphase zu *mPer/mCry* exprimiert

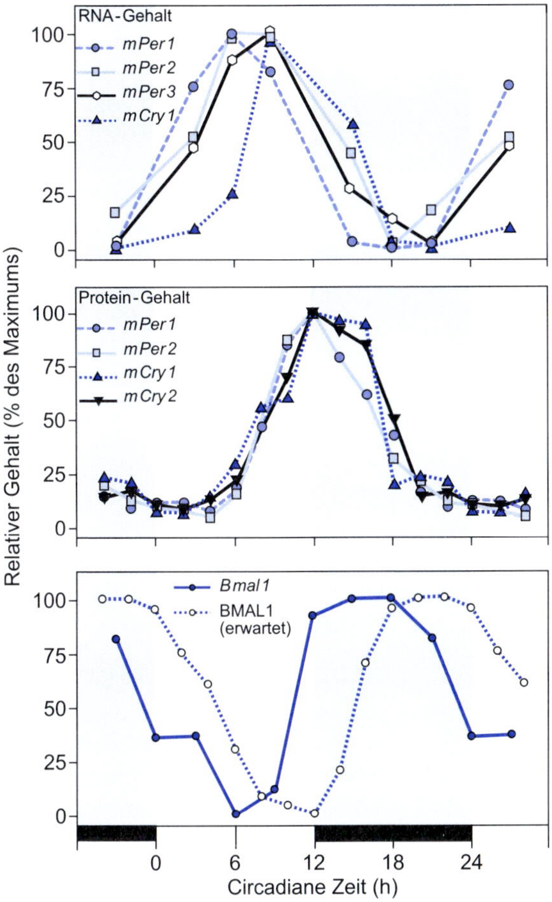


**Abb. 10.22.** Tagesperiodik der Expression von Uhr-Genen im SCN der Maus. Die rhythmische Expression von *mPer1-3* und *mCry1* wird durch E-Box-vermittelte transkriptionelle Aktivierung angetrieben (*oben*). Die Proteine akkumulieren im Gewebe (*Mitte*), und hemmen die Transkription ihrer eigenen Gene, während sie die Transkription von *Bmal1* stimulieren. Dies verursacht einen antiphasischen Rhythmus von *Bmal1* (*unten*) (Reppert u. Weaver 2001)

wird (Abb. 10.22). Diese positive Rückkoppelung verstärkt die Wirkung der negativen Rückkoppelung durch mPER/mCRY (Übersicht Reppert u. Weaver 2001, Panda 2002).

*Clock* war das erste Uhr-Gen, das bei Mäusen kloniert werden konnte (King et al. 1997). Die *Clock*-Mutation war bei Mäusen in einem chemischen Mutagenese-Programm gefunden worden, weil sie abnorm lange circadiane Rhythmen entwickelten, und homozygote Mäuse wurden gelegentlich sogar aperiodisch. *Clock* codiert einen bHLH-PAS-Transkriptionsfaktor, der mit BMAL1 heterodimerisiert und die Transkription durch Bindung an E-box-Elemente steigert. Das mutierte CLOCK kann zwar immer noch Heterodimere mit BMAL1 bilden und bindet an die DNA, löst aber keine Transkription aus (Gekakis et al. 1998).

Eine besondere Überraschung war die Entdeckung der Cryptochrome bei Mäusen und gleichzeitig die Feststellung, dass sie als negative Regulatoren im Kern der circadianen Uhr sitzen. Bei Pflanzen und Drosophila agieren die Cryptochrome als Blaulicht-Photorezeptoren für das circadiane System. Ein erster Hinweis auf ihre Rolle als Bestandteil der circadianen Uhr war die Beobachtung, dass die Deletion von *mCry1* die circadiane Periode von Mäusen verkürzt und die Deletion von *mCry2* die circadiane Periode verlängert. Endgültige Klarheit schuf die kombinierte Deletion von *mCry1* und *mCry2*, denn diese Mäuse verloren im Dauerdunkel ihren circadianen Rhythmus vollständig. Dieser Ausfall war begleitet von einem konstanten mittleren Niveau der *mPer1*- und *mPer2*-RNA im SCN, woraus folgt, dass die zentrale Oszillation des circadianen Systems vollständig ausgefallen war (van der Horst et al. 1999).

Jede Zelle des SCN ist in der Lage, ihren eigenen circadianen Rhythmus zu erzeugen. Bei Tausenden von Zellen gäbe dies ein heilloses Durcheinander, wenn sie sich nicht intern synchronisieren würden. Diese Mechanismen sind bisher nur unvollständig bekannt. Es bestehen einige Hinweise, dass einzelne Zellgruppen ihre Aktivität über *gap-junctions* koordinieren. Außerdem spielt wahrscheinlich GABA als interner Transmitter eine Rolle, da es in hoher Konzentration im SCN vorkommen kann und während der Nacht eine inhibierende, tagsüber eine stimulierende Wirkung auf die elektrische Aktivität von SCN-Neuronen hat. Auf diese Weise kann es Gruppen von SCN-Neuronen synchronisieren und die circadiane Amplitude neuronaler Aktivitäten verstärken. GABA und das ebenfalls im SCN vorkommende AVP werden dadurch auch zu Kandidaten für die Übertragung der circadianen Information auf andere Strukturen des ZNS und die Steuerung von circadianen Prozessen in der Peripherie.

Somit bleibt nur noch die Frage offen, wie denn die molekularen Oszillatoren der SCN-Zellen durch einen Licht/Dunkel-Wechsel synchronisiert werden. Der einzige Photorezeptor für das circadiane System der Säugetiere ist die Retina, die den SCN über eine besondere Verbindung, den retinohypothalamischen Trakt, erreicht. Dessen wichtigster Transmitter ist Glutamat, aber Substanz P und andere Peptide sind als Modulatoren beteiligt. Glutamat kann die SCN-Zellen auf unterschiedliche Weise stimulieren, abhängig von der circadianen Phase. Früh in der subjektiven Nacht, wenn Licht eine Phasenverzögerung auslöst, wirkt es über einen Aspartat-Rezeptor-Weg, bei dem u.a. *cAMP response element – binding protein* (CREB) phosphoryliert wird. Spät in der subjektiven Nacht, wenn Licht eine Phasenbeschleunigung verursacht, wirkt es über Glutamat-Rezeptoren: Es kommt zur Bildung von NO, Aktivierung der Guanylcylase und ebenfalls zur Phosphorylierung von CREB. P-CREB stimuliert die Transkription von *mPer1* durch Bindung an ein CRE-Element in der 5′-Region des *mPer1*-Gens. Möglicherweise stimuliert es auch die Transkription von *mPer2*, da dessen 5′-Region ebenfalls ein CRE-Element enthält. Damit dienen die *period*-Gene bei Säugetieren auch als Stellschraube für die Synchronisation des circadianen Rhythmus. Bei Insekten wird diese Funktion von den Cryptochromen wahrgenommen, die bei den Säugetieren als Rückkoppelungs-Elemente direkt in die circadianen Uhr integriert wurden und nicht mehr als Photorezeptoren dienen.

## 10.3 Jahresperiodische Prozesse

Die meisten Tiere zeigen ausgeprägte jahreszeitliche Veränderungen in ihrem Verhalten und anderen physiologischen Funktionen, wie Körpergewicht, Fell, Federn und Reproduktion. Bei Tieren aus den gemäßigten und nördlichen Breitengraden leuchtet dies ein als notwendig, um sich an die starken jahreszeitlichen Schwankungen des Klimas und des pflanzlichen Nahrungsangebots anzupassen. Aber auch Bewohner tropischer Klimazonen, die das ganze Jahr über in relativ konstantem und moderatem Klima leben, haben eine kalendarisch geordnete Lebensweise. So findet häufig die Reproduktion zu einem festgelegten Zeitpunkt statt, und alle Beteiligten müssen ihr Verhalten jahreszeitlich synchron darauf abstimmen. Gerade die Beobachtungen an tropischen Vögeln waren der erste Anlass für die Vermutung, dass bei jahreszeitlichen Verhaltensänderungen ebenfalls endogene Zeitprogramme eine wesentliche Rolle spielen (Übersicht Gwinner 1986).

### 10.3.1 Circannuale Rhythmen

Die Existenz einer endogen circannualen Periodik ist zum ersten Mal von Pengelley und Fisher für den Winterschlaf des Goldmantel-Ziesels *Citellus lateralis* nachgewiesen worden (Abb. 10.23). Sie registrierten das Winterschlafverhalten mit einer denkbar simplen Methode, der Sägemehl-Technik. Fanden sie ein schlafendes Ziesel im Käfig, so bedeckten sie es mit einer Prise Sägemehl, wie es auch als Einstreu verwendet wurde. Blieb das Sägemehl während der nächsten Tage unverändert liegen, so hielten die Ziesel Winterschlaf, war das Sägemehl weg, so waren sie in der Zwischenzeit aktiv gewesen. Auf diese Weise beobachtet, hielten sie die Ziesel für mehrere Jahre unter Konstantbedingungen, entweder im Dauerdunkel (DD) oder im Dauerlicht (LL) oder in einem Licht/Dunkel-Wechsel von 12:12 h. Alle Ziesel wechselten regelmäßig zwischen einer aktiven Jahreszeit und einer Winterschlaf-Saison. Jedes Jahr begann die Winterschlafsaison zu einem früheren Datum als im vorigen Jahr, was bedeutet, dass das endogene Jahr der Ziesel kürzer als 12 Monate ist. Diese freilaufende Jahresrhythmik ist, wie bei der circadianen Periodik, eine wichtiges Kriterium dafür, dass die Ziesel tatsächlich einem endogenen Zeitprogramm folgen und nicht doch auf irgendwelche unbekannten saisonalen Reize, z.B. auf Futter, reagieren. Weil die innere Jahresuhr ca. 12 Monate dauert, kann man sie deshalb als eine circannuale Periodik bezeichnen.

Ähnliche circannuale Rhythmen sind bei Insekten, Mollusken und bei mehreren Vogelarten beschrieben worden. Zugvögel haben ein beson-

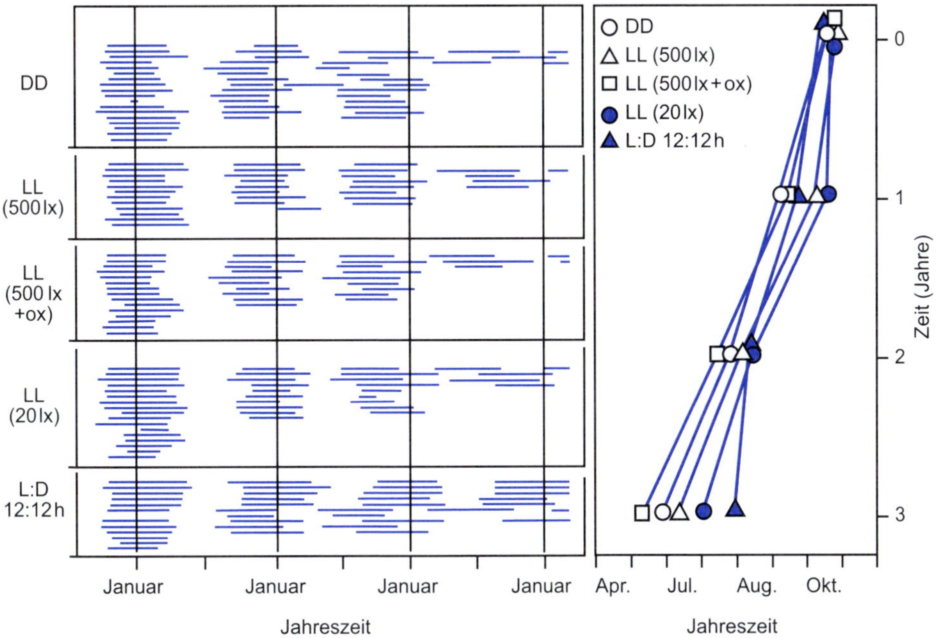


**Abb. 10.23.** Circannuale Rhythmik des Winterschlafs beim Goldmantel-Ziesel (*Spermophilus lateralis*). Die Ziesel wurden 47 Monate lang unter Konstantbedingungen gehalten, und ihr Winterschlaf mit der Sägemehl-Technik gemessen. Die Konstantbedingungen waren entweder Dauerdunkel oder Dauerlicht unterschiedlicher Intensität oder ein konstanter Licht/Dunkel-Wechsel. Eine Gruppe von Zieseln im hellen Dauerlicht (500 lx) wurde zusätzlich geblendet (ox). In allen Bedingungen zeigten die Ziesel eine freilaufende circannuale Periodik des Winterschlafverhaltens. In jedem Jahr begann die Winterschlaf-Saison etwas früher als im vorangegangenen Jahr (rechtes Diagramm), d.h. das endogene circannuale $\tau$ ist krzer als 12 Monate (nach Pengelley et al. 1976, Gwinner 1986)

ders aufwendiges endogenes Zeitprogramm. Die einheimische Gartengrasmücken (*Sylvia borin*) gehören zu den Langstreckenziehern. Sie verlassen im Spätsommer ihre Brutgebiete und ziehen über das Mittelmeergebiet und die Sahara in ihr Überwinterungsgebiet bis ins südliche Afrika. Im Frühjahr fliegen sie wieder zurück nach Europa. Sie fliegen also zweimal pro Jahr eine Strecke von 7000 km, legen sich zweimal pro Jahr dafür ein Fettpolster an, mausern zweimal pro Jahr und reproduzieren einmal pro Jahr in ihrem einheimischen Brutgebiet. Die Abfolge dieser Ereignisse bleibt auch bei Käfighaltung im Labor erhalten. Während der Zugzeit sind sie sowohl tagsüber als auch nachts aktiv; diese nächtliche Aktivität wird als Zugunruhe bezeichnet. Sie beginnt, nachdem sich die Grasmücken ein Fettpolster für den Zug angelegt haben. Die Jahresperiodik von Körpergewicht, Zugunruhe, Gonaden und Mauser bleibt auch unter Konstantbedingungen über mehrere Jahre erhalten und besitzt deshalb eine circannuale Rhythmik (Abb. 10.24). Das erste Jahr dieser circannualen Periode dauerte etwa 12 Monate, aber in den folgenden Jahren begann die Sommermauser jeweils zu einem früheren Datum, so dass auch das endogene Jahr der Gartengrasmücken kürzer ist als 12 Monate.

## 10.3.2 Eigenschaften endogen circannualer Rhythmen

Obwohl freilaufende circannuale Rhythmen bisher bei mehr als 30 Arten nachgewiesen wurden, sind sie längst nicht so universell verbreitet wie die circadiane Periodik, die ja zur Grundausstattung jeder Zelle gehört. Bei wenigen Arten persistiert die circannuale Periodik unter Konstantbedingungen im Labor sehr lange, z.B. 9 Zyklen

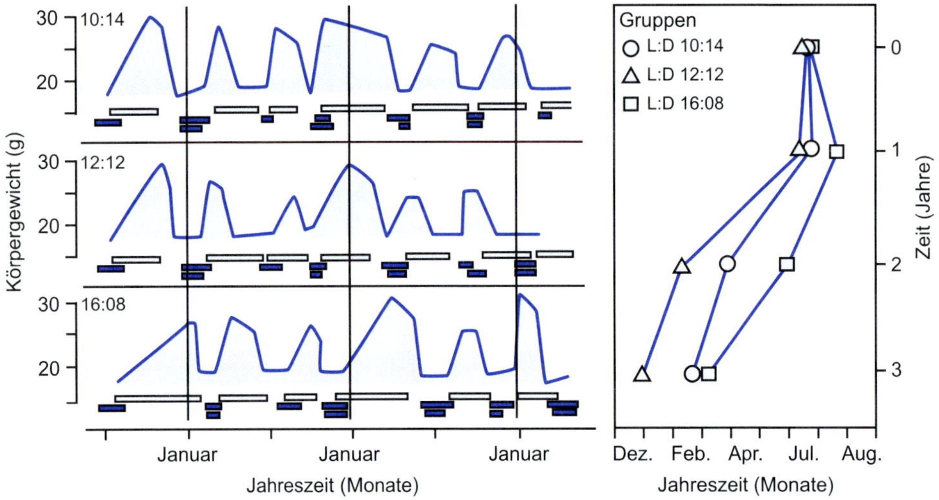


**Abb. 10.24.** Circadiane Rhythmik des Vogelzugs bei der Gartengrasmücke, *Sylvia borin*. Die Grasmücken wurden für 33 Monate unter Konstantbedingungen - bei drei unterschiedlichen Photoperioden - gehalten. Jede Gruppe bestand aus 6–8 Vögeln, deren Körpergewicht (*durchgezogene Linie*), Zugunruhe (*heller Balken*), und Mauser (Körperfedern = *oberer dunkler Balken*; Flügel und Schwanz = *unterer dunkler Balken*) aufgezeichnet wurde. Das *rechte Diagramm* gibt den Beginn der Sommer-Mauser in den aufeinanderfolgenden Jahreszyklen an. In allen drei Photoperioden entwickelten die Vögel eine freilaufende circannuale Periodik, die nach dem ersten Zyklus deutlich kürzer als 12 Monate war (nach Berthold 1972, Gwinner 1986)

bei der Gartengrasmücke und 12 Zyklen bei der äquatorialen Unterart des Schwarzkehlchens (*Saxicola torquata axillaris*). Bei anderen Arten erlischt der endogene Rhythmus nach zwei bis drei Zyklen ganz oder teilweise, wie bei der Mönchsgrasmücke (*Sylvia atricapilla*), deren circannualer Rhythmus der Zugunruhe und Mauser über mehrere Jahre persistiert, während der Jahresgang des Körpergewichts bereits nach einem Jahr verschwindet.

Die Dauer der freilaufenden circannualen Periode ist bei den meisten Tieren kürzer als 12 Monate, nur in wenigen Fällen sind längere Perioden beobachtet worden. Insgesamt variiert sie jedoch über einen über einen großen Bereich zwischen 7 und 15 Monaten, im Gegensatz zu freilaufenden circadianen Rhythmen, die meist innerhalb eines sehr engen Bereichs von ± 10% um 24 h liegt. Sogar zwischen Individuen einer Art, wie dem Goldmantelziesel, streut die circannuale Periodendauer von 9–14 Monaten.

Diese unterschiedlichen Systemeigenschaften lassen vermuten, dass der circannuale Kalender nicht so stabil in den Körperfunktionen verankert ist wie die circadiane Uhr. Ein freilaufender circadianer Rhythmus bleibt bei Tieren während des ganzen Lebens erhalten und kann unter Konstantbedingungen über Jahre und für Hunderte von Zyklen gemessen werden. Dagegen kann der circannuale Rhythmus, allein schon aus Gründen der Lebensdauer, nur über eine beschränktc Anzahl von Zyklen beobachtet werden, und in vielen Fällen ist auch ein Verflachen der Amplitude nach wenigen Zyklen beobachtet worden. Die beschränkte Anzahl an Zyklen und die nach einigen Zyklen verflachende Amplitude des circannualen Rhythmus entsprechen eher den physikalischen Eigenschaften einer gedämpften Schwingung als den für die circadiane Rhythmik geltenden Eigenschaften einer selbsterregten Schwingung.

In Anbetracht dieser großen Variabilität der circannualen Periode, ist es geradezu erstaunlich, dass die Temperatur keinen oder nur einen geringen Einfluss auf die Periodendauer hat. Ein Beispiel für fehlende Temperaturwirkung ist der Käfer *Anthrenus verbasci*, der bei 17,5 °C und 27,5 °C denselben circannualen Rhythmus der

Verpuppung hat (Nisimura u. Numata 2001). Bei Winterschläfern sind die Versuchsergebnisse nicht ganz einheitlich. In einigen frühen Studien zeigten Goldmantel-Ziesel bei 3 °C geringfügig längere (10%) circannuale Perioden als bei 12 °C ($\tau_3 = 361$, $\tau_{12} = 333$; Δ 10%, Pengelley u. Kelly 1966), die aber in späteren Studien nicht bestätigt wurden. Unter anderem wurden Ziesel dauerhaft bei 5 °C oder bei 34 °C gehalten, einer Temperatur weit außerhalb des Bereichs, den sie für den Winterschlaf benötigen, und trotzdem war ihre circannuale Periodendauer sehr ähnlich ($\tau_3 = 344$, $\tau_{12} = 331$; Pengelley et al. 1978). Für biochemische Reaktionen wäre bei 10 °C höherer Temperatur eine 2- bis 3fach höhere Reaktionsgeschwindigkeit bzw. Beschleunigung der circannualen Periode zu erwarten. Dies ist in keinem Fall beobachtet worden. Offensichtlich ist das circannuale System temperaturkompensiert, ähnlich wie das circadiane System.

### 10.3.3 Wie entsteht ein circannualer Rhythmus?

Es ist nach wie vor ein großes Rätsel, wie Tiere solch langfristige Zeitprogramme wie einen circannualen Rhythmus endogen erzeugen können. Ursprünglich wurden Überlegungen angestellt, dass der circannuale Rhythmus durch eine **Sequenz von verbundenen physiologischen Prozessen** entsteht. Ein Winterschläfer legt sich im Sommer einen Fettvorrat an, und wenn dieser Prozess abgeschlossen ist, beginnt er seinen Winterschlaf. Der gefüllte Fettspeicher ist gleichsam der Auslöser für den Winterschlaf. Am Ende der Winterschlaf-Saison sind die Fettvorräte verbraucht, das winterschlafende Ziesel wird wieder wach und beginnt mit der Reproduktion sowie mit sozialen und territorialen Aktivitäten. Die Reproduktion und der Aufbau des Fettdepots erfordern Zeit, und der anschließende Abbau des Fettdepots begrenzt die Dauer des Winterschlafs, so dass aus der Sequenz von Wach- und Winterschlafphasen eine endogene Jahresperiodik entsteht. Diese Theorie ist an Winterschläfern mehrfach überprüft worden, konnte aber nicht bestätigt werden. Wenn im Sommer das Futter rationiert wird und sie keinen Fettvorrat angelegen können, so beginnen sie trotzdem ihren Winterschlaf zum selben Zeitpunkt wie die *ad libitum* gefütterten Tiere. Ihre Jahresperiodik ist also keine Abfolge von Prozessen, sondern beruht auf einem oder mehreren endogen circannualen Mechanismen, die unabhängig voneinander das Körpergewicht und den Winterschlaf steuern (Mrosovsky 1970).

Für die Erzeugung eines endogen circannualen Rhythmus könnten Tiere ihre circadianen Rhythmen nutzen, indem sie eine bestimmte Anzahl von Tageszyklen in jahreszeitliche Verhaltensänderungen umsetzen, d.h. sie „zählen" die Anzahl der Tage pro Jahr. Diese Theorie der **Frequenz-Demultiplikation** ist gar nicht so abwegig, denn sie entspricht der Technik unserer Uhren, bei denen die hohe Frequenz einer Unruhe oder eines Schwingquarzes in Sekunden, Minuten, Stunden und Tage hochgerechnet wird. Allerdings fehlt bislang ein Beweis für diese Theorie, denn man hat bisher bei keinem Tier eine feste Beziehung zwischen der Dauer des circannualen Jahrs und der Anzahl circadianer Zyklen gefunden. Bei Staren wurde die Hypothese gezielt überprüft, indem man sie für dreieinhalb Jahre entweder in einem 22-Stunden-Tag (LD 11:11 h) oder einem 24-Stunden-Tag (LD 12:12 h) hielt und den freilaufenden Rhythmus der Mauser und der Gonadengröße verfolgte (Gwinner 1982, 1986). Nach der Frequenz-Demultiplikations-Theorie wäre im 22-Stunden-Tag ein kürzeres circannuales Jahr zu erwarten. Stattdessen zeigten die Stare in beiden Bedingungen eine ähnliche circannuale Periodendauer, ein Ergebnis, das der Theorie der Frequenz-Demultiplikation widerspricht.

Bei langfristigen Aufzeichnungen der freilaufenden Tagesperiodik von Vögeln und Säugetieren treten häufig circannuale Änderungen der circadianen Periodendauer auf, einschließlich spontaner Änderungen der Aktivitätsdauer und des Aktivitätsmusters. Daraus folgt, dass die circadiane Periodik selbst und die Abstimmung zwischen den verschiedenen circadianen Oszillatoren jahreszeitlich verändert werden. Derartige Beobachtungen gaben Anlass zu der Vermutung, dass die circannuale Rhythmik durch langsame Verschiebungen circadianer Oszillatoren zueinander entsteht (**interne Koinzidenz**). Die spontanen Änderungen der circadianen Periodendauer lassen auch erwarten, dass sich die Sensitivität gegenüber Zeitgebern verändert (**externe Ko-**

**inzidenz**). Veränderungen der internen oder externen Koinzidenz könnten an der Entstehung eines circannualen Rhythmus beteiligt sein; auf diesem Weg entstünde der circannuale Rhythmus aus der Abstimmung von Oszillatoren des circadianen Systems (Gwinner 1982, 1986).

### 10.3.4 Synchronisation der circannualen Periodik

Wichtigster Zeitgeber für die circannuale Rhythmik ist die jahreszeitliche Veränderung der Photoperiode. In Mitteleuropa (50° nördliche Breite) verändert sich die Photoperiode regelmäßig im Jahresverlauf von 16 h Licht zum Zeitpunkt der Sommersonnenwende (21. Juni) auf 8 h Licht bei er Wintersonnenwende (21. Dezember). Wenn Tiere im Labor diesen jahreszeitlichen Veränderungen der Photoperiode unterworfen werden, so kann die Jahresperiodik ihres Verhaltens damit synchronisiert werden. Ein Beispiel dafür ist die Jahresperiodik der Gonadenentwicklung des Stars (Abb. 10.25). Die Stare wurden unter simulierten jahreszeitlichen Änderungen der Photoperiode gehalten, allerdings in unterschiedlich lange dauernden Jahreszyklen von 12 Monaten bis 1,5 Monaten. In allen Zyklen folgte die Gonadenentwicklung dem Zeitgeber-Zyklus, selbst wenn das Jahr nur 1,5 Monate dauerte. In künstlichen Jahren, die kürzer als 3 Monate waren, blieben die ersten Zyklen unbeantwortet, aber dann folgten sie dem Jahrestakt

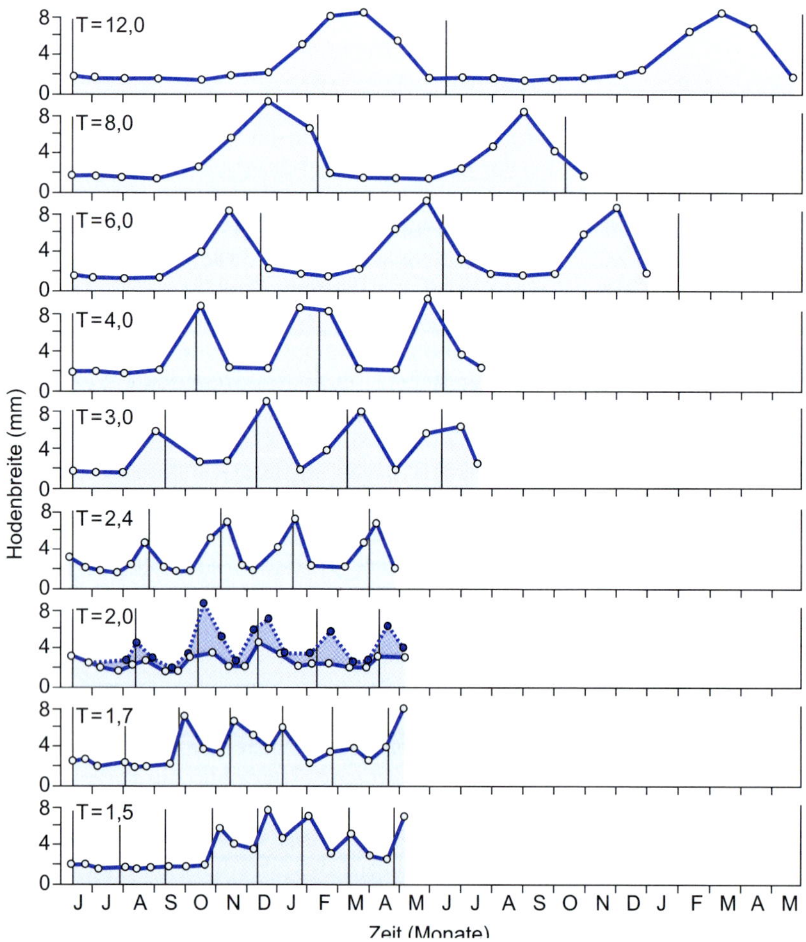


**Abb. 10.25.** Synchronisation der circannualen Rhythmik der Hodengröße beim europäischen Star (*Sturnus vulgaris*). Die Stare wurden unter sinusförmigen jahreszeitlichen Änderungen der Photoperiode gehalten. Dieser künstliche Jahreszeitgeber wurde mit unterschiedlicher Dauer angeboten, von Zeitgeber-Jahren mit 12 Monaten Dauer bis zu Jahren, die nur 1,5 Monate dauerten (Gwinner 1986)

des Zeitgebers. Dies ist ein ungewöhnlich großer Mitnahmebereich für die Synchronisation, der bis an die Grenze der Wachstumsgeschwindigkeit für Gonaden geht.

Ein ähnliches Verhalten hatte Goss (1969) auch beim Geweihwachstum des Sika-Hirschs (*Cervus nippon*) festgestellt. Er hielt die Hirsche in künstlichen Jahren von 2–24 Monaten Zyklusdauer. Bei Zyklusdauern zwischen 4 und 12 Monaten folgte das Geweihwachstum dem Zeitgeber. Die gesamte Geweihphase, in der die Hirsche ein Geweih bilden und es wieder abwerfen, dauert in normalen Jahren etwa 5 Monate. In den kürzeren Jahren verkürzten sie die Geweihphase auf etwa 3 Monate und konnten damit auch einem 4 Monate dauernden Jahreszyklus folgen. In einer noch kürzeren Zeitgeber-Periode von 2 Monaten übersprangen sie einen Zyklus, in der überlangen Zeitgeber-Photoperiode von 24 h schoben sie einen zusätzlichen Geweih-Wachstumszyklus ein. Auch diese Befunde bestätigen den ungewöhnlich großen Mitnahmebereich für die Synchronisation der Jahresperiodik, die, zumindest im Bereich der kürzer werdenden Perioden, nur durch periphere physiologische Mechanismen begrenzt erscheint. Tagesperiodische Prozesse können in der Regel höchstens einem Zeitgeber-Zyklus von 20 Stunden folgen, der etwa 20% unterhalb der natürlichen Tageslänge liegt. Offensichtlich gelten für die Synchronisation endogen circannualer andere Systemeigenschaften als für circadiane Prozesse.

## 10.4 Photoperiodische Steuerung der jahreszeitlichen Akklimatisation

Die meisten Tiere zeigen jahreszeitliche Verhaltensänderungen, auch wenn sie keine endogen circannuale Rhythmik besitzen. Auch für diese jahreszeitliche Akklimatisation ist die Photoperiode das wichtigste Signal für die Kontrolle der jahreszeitlichen Anpassung. Die meisten Kleinsäuger unserer Breiten reproduzieren ausschließlich oder vorzugsweise im Frühjahr und Sommer, wenn das Nahrungsangebot und das Klima günstigere Bedingungen bieten als im Winter. Außerdem verbessern sie im Winter ihre Fellisolierung und ihre Fähigkeit zur Wärmebildung, so dass sie auch bei extremer Kälte ihre Körpertemperatur aufrechterhalten können. Diese jahreszeitliche Akklimatisation wurde an mehreren Tierarten nachgewiesen, aber der Dsungarische Zwerghamster ist wahrscheinlich am besten untersucht, da er einen besonders auffälligen Saison-Dimorphismus zeigt (Abb. 10.26). Im Sommer ist seine Fellfarbe dunkelgrau, im Verlauf des Oktober-November legt er sich ein weißes Winterfell zu. Gleichzeitig verringert er sein Körpergewicht von 42 g auf 25 g und verringert dadurch den Energiebedarf pro Individuum im Winter. Diese Umstellung wird durch die kürzer werdenden Tageslängen im Herbst ausgelöst und läuft stets nach demselben Zeitplan ab. Als Erstes und am raschesten atrophieren die Gonaden, als Zweites wird das Körpergewicht reduziert, dann die Umfärbung des Fells abgeschlossen, und erst danach beginnen sie mit Torpor während ihrer diurnalen Ruhephase (Abb. 10.4 und 10.26). Bei der Rückkehr in den Sommer-Akklimatisationszustand ist die Sequenz entsprechend umgekehrt. Zuerst endet der Torpor, das Fell färbt um, das Körpergewicht steigt, und die Gonaden nehmen als Letzte wieder ihre Funktion auf (Heldmaier u. Lynch 1986).

Bei den meisten Kleinsäugern ist die Photoperiode der wichtigste Zeitgeber für die jahreszeitliche Akklimatisation, während die Temperatur und das Nahrungsangebot nur eine untergeordnete Rolle spielen, wobei die Gewichtung photoperiodischer und thermischer Signale für die jahreszeitliche Akklimatisation artspezifisch variieren kann. Dies ist nicht weiter verwunderlich, da sie beide sehr stark schwanken können und im Grunde unzuverlässige Signale für eine Akklimatisation sind. Im Unterschied dazu liefert die Photoperiode eine astronomisch präzise Information über die Jahreszeit, mit der auch antizipatorische Anpassungen möglich sind, so dass die Kleinsäuger sich bereits im Spätsommer auf den Winter vorbereiten können, bevor die kalte und nahrungsarme Jahreszeit beginnt.

Ein wesentliches Merkmal der photoperiodischen Reaktion ist, dass die Tiere nicht immer in gleichem Maße in der Lage sind, auf die photoperiodische Änderungen zu reagieren.

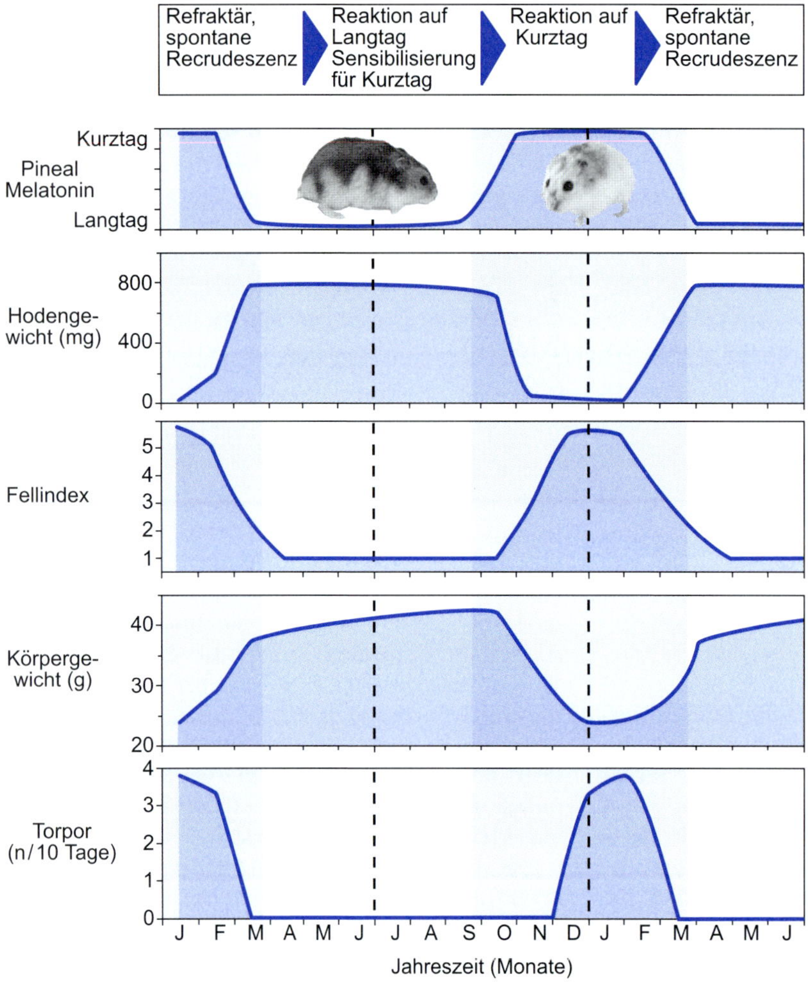


**Abb. 10.26.** Jahreszeitliche Akklimatisation beim Zwerghamster (*Phodopus sungorus*). Die Zwerghamster wurden unter der natürlichen jahreszeitlich sich veränderten Photoperiode bei konstanter Umgebungstemperatur (23 °C, thermoneutral) gehalten sowie die Melatonin-Produktion des Pineals, Gonadengröße, Fellfarbe und das Torporverhalten registriert. Einzelne Gruppen wurden zu verschiedenen Jahreszeiten aus dem Naturtag in künstlichen Langtag oder Kurztag transferiert, um ihre Sensitivität für photoperiodische Stimulation zu prüfen (*oberes Diagramm*) (nach Steinlechner u. Puchalski 2002, Heldmaier u. Klingenspor 2002)

Photoperiodische Kleinsäuger reagieren im Herbst auf Kurztag und stellen sich in der in Abb. 10.25 beschriebenen Weise auf den Winter um. Nach etwa 5 Monaten im Kurztag werden sie gegenüber Kurztag refraktär und kehren spontan in den Sommer-Akklimatisationszustand zurück, gleichgültig welche photoperiodischen oder thermischen Bedingungen herrschen. Dies ermöglicht eine zuverlässige und rechtzeitige Rückkehr in den reproduktiv aktiven Sommerzustand. Im Sommer benötigen sie etwa 10 Wochen Aufenthalt im Langtag, um wieder eine Sensitivität gegenüber Kurztag aufzubauen. Ein spezifisches Problem der photoperiodischen Kontrolle ist der Umstand, dass sowohl im Herbst als auch im Spätwinter dieselben kurzen Photoperioden herrschen, aber nur die im Herbst als Signal zur Winterakklimatisation wirken dürfen. Dies wird u. a. dadurch erreicht, dass die Kurztag-Sensitivität erst im Verlauf einer Langtag-Exposition aktiviert wird. Sie besitzen zwar keinen endogen circannualen Rhythmus, aber endogene Zeitprogramme für einzelne Phasen des Jahreszyklus, die von der Photoperiode angestoßen werden. Durch die Kombination von endogenen Zeitprogrammen und photoperiodischer Reaktion synchronisieren sie ihre Körperfunktionen mit der Jahreszeit.

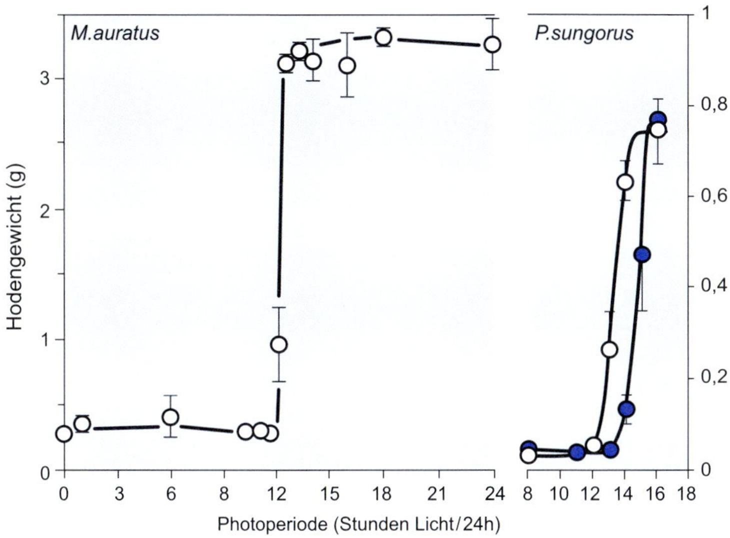


**Abb. 10.27.** Kritische Photoperiode für die Kontrolle saisonaler Anpassung beim Goldhamster, *Mesocricetus auratus* (Elliott 1976) und beim Zwerghamster, *Phodopus sungorus*, (Steinlechner u. Puchalski 2002)

## 10.4.1 Photoperiodische Zeitmessung

Der tägliche Licht/Dunkel-Wechsel kann offensichtlich für zwei unterschiedliche Funktionen genutzt werden, zur Synchronisation der circadianen Periodik und zur photoperiodischen Zeitmessung für die jahreszeitlichen Synchronisation. Bei kürzer werdender Photoperiode im Herbst stellen die meisten Kleinsäuger ihre sexuellen Aktivitäten ein, die Gonaden atrophieren und enthalten keine vitalen Spermien mehr. Die Hoden von Goldhamstern wiegen im aktiven Zustand etwa 3 g und werden in kurzer Photoperiode innerhalb von zwölf Wochen auf etwa 0,2 g reduziert. Dies setzt natürlich voraus, dass die Photoperiode genau gemessen wird. Vergleicht man die Hodengröße von Hamstern unter verschiedenen Photoperioden, so erhält man eine Kennlinie für die photoperiodische Reaktion (Abb. 10.27). Sie markiert eine **kritische Photoperiode** von 12,5 h Licht pro Tag, eine Photoperiode, die in unseren Breiten Anfang September erreicht wird. Bei mehr als 12,5 h Licht pro Tag bleiben die Gonaden funktionsfähig, bei kürzerer Photoperiode atrophieren sie vollständig. Es findet stets eine Alles-oder-Nichts-Reaktion statt, bei der das volle Programm zur Anpassung an den Lang- oder Kurztag durchlaufen wird, aber es werden keine Zwischenstadien mit halb funktionsfähigen Gonaden eingestellt. Diese Reaktion sieht bei allen photoperiodisch reagierenden Tieren ähnlich aus, und die kritische Photoperiode liegt meist zwischen 12 h und 13 h Licht pro Tag.

Die Lage der kritischen Photoperiode kann durch andere Umweltsignale, wie die Temperatur, beeinflusst werden. Beim Zwerghamster liegt die kritische Photoperiode unter thermoneutralen Bedingungen bei 13 h, aber in Kälte wird sie auf 15 h angehoben (Abb. 10.27). Unter natürlichen Bedingungen bedeutet dies, dass Kälte die saisonale Kurztaganpassung beschleunigt und zu einem früheren Zeitpunkt im Jahr einsetzen lässt. Außerdem hängt die kritische Photoperiode von der Vorbehandlung der Tiere ab. Werden Hamster in einer Photoperiode von LD 18:6 gehalten und dann nach LD 12:12 transferiert, so reagieren sie darauf mit einer Kurztaganpassung. Werden sie jedoch in einem Kurztag bei LD 8:16 gehalten und von dort aus nach LD 12:12 transferiert, so empfinden sie diese Photoperiode als Langtag.

Aus dem Verlauf der photoperiodischen Kennlinie folgt, dass Tiere entweder lange oder kurze Photoperioden kennen, mittlere oder gar indifferente Photoperioden gibt es nicht. Leider wird in der Tierhaltung häufig eine Photoperiode von LD 12:12 gewählt, mit dem Hintergedanken dass es sich dabei um eine „neutrale" Photoperiode handelt, weil sie genau in der Mitte zwischen dem sommerlichen 16-h-Tag und dem winterlichen 8-h-Tag liegt. Dies ist rechnerisch korrekt, aber physiologisch problematisch, da eine Photoperiode von 12 h in der Nähe der kritischen Photoperiode liegt, also in der Nähe des Umschlagpunktes bei dem Tiere zwischen Langtag- und Kurztaganpassung wechseln.

Die Fähigkeit von Tieren, die Photoperiode zu messen, führt uns unweigerlich zu der Frage, wie sie dies ohne Uhr und ohne astronomische Kenntnisse mit solcher Präzision bewerkstelligen. Eine Vorstellung geht davon aus, dass sie die Dauer der täglichen Lichtzeit (oder Dunkelzeit) messen, und wenn diese bestimmte Werte über- oder unterschreitet, wird eine Reaktion ausgelöst, wie bei einer Schaltuhr. Eine alternative Theorie, die ursprünglich von Erwin Bünning vorgeschlagen wurde, geht davon aus, dass die circadiane Uhr zur Messung der Photoperiode genutzt wird und dass eine photoperiodische Reaktion dadurch ausgelöst wird, dass Licht in eine photosensitive Phase des circadianen Rhythmus fällt (**externe Koinzidenz**) oder durch die Photoperiode die internen Phasenbeziehungen von circadianen Oszillatoren verstellt werden (**interne Koinzidenz**) (Bünning 1973). Das Modell der externen Koinzidenz erwies sich als eine sehr fruchtbare Vorstellung, die neue Einblicke in die Funktion circadianer Systeme ermöglichte. Eine der Vorhersagen aus dieser Idee war, dass circadiane Rhythmen auch mit kurzen Lichtpulsen synchronisiert werden können und aus dem zeitlichen Abstand zwischen den Lichtpulsen die Photoperiode gemessen werden kann. Elliot (1981) zeigte mit solchen Skelett-Photoperioden, dass 1 Stunde Licht pro circadianem Zyklus ausreicht, um eine Kurztag- oder Langtag-Reaktion auszulösen, abhängig davon, welche Phase des photosensitiven Zyklus getroffen wurde.

Kurze Lichtpulse in der subjektiven Nacht können eine Langtagreaktion auslösen. So genügt bei Zwerghamstern, die im Kurztag (LD 8:16 h) gehalten werden und atrophierte Gonaden haben, eine zusätzliche Minute Licht in der Nacht, um das Wachstum der Gonaden zu stimulieren (Hoffmann 1979). An dieser bemerkenswerten Photosensitivität und der Genauigkeit der photoperiodischen Zeitmessung ist das Pinealorgan als neuroendokriner Vermittler beteiligt (s. Kap. 9.9 chemische Kommunikation, Abb. 9.20 und 9.21). Es produziert das Hormon Melatonin während der Dunkelzeit. Hält die Dauer der Melatonin-Produktion für mehr als etwa 9 h, so löst dies eine Kurztagreaktion aus durch Wirkung des Melatonins auf die Hypothalamus-Hypophysen-Achse. Das Pinealorgan ist adrenerg innerviert, und durch Lichtpulse kann die nächtliche Melatonin-Produktion vorzeitig beendet werden, so dass im Kurztag ein für den Langtag charakteristisches Melatonin-Muster entsteht.

## 10.5 Adaptive Bedeutung endogener Rhythmen

Endogene circadiane Rhythmen sind auch bei Einzellern vorhanden und gehören offensichtlich zur Grundausstattung des Zellstoffwechsels. Dies lässt vermuten, dass endogene Rhythmen phylogenetisch sehr alt sind und dass sie Vorteile bieten gegenüber einer nur passiven Reaktion des Organismus auf veränderte Umweltbedingungen. Der Wechsel zwischen Aktivitäts- und Ruhephasen, zwischen Hell und Dunkel, zwischen warmer und kalter Tageszeit erfordert umfassende biochemische und physiologische Reaktionen. Änderungen der Stoffwechsellage können durch Aktivierung von Enzymen erreicht werden, aber in vielen Fällen werden auch durch Genexpression neue Enzyme, Rezeptoren oder Strukturproteine gebildet werden müssen. In Anbetracht der Komplexität dieser Reaktionen und ihrer unterschiedlich langen Zeitkonstanten ist eine endogene zeitliche Koordination unerlässlich. Ein Organismus kann auf Dauer nicht funktionieren, indem er nur passiv auf Veränderungen der Umweltbedingungen reagiert.

Die endogene Rhythmik bietet außerdem den Vorteil dass die Tagesperiodik weiterläuft, auch wenn die tageszeitlichen Umweltsignale einmal ausfallen oder nicht zuverlässig wahrgenommen werden. Viele Kleinsäuger sind nachtaktiv, halten sich tagsüber in ihrem Bau auf und erhalten deshalb nur sporadische Informationen über die Tageszeit. Dank ihrer endogenen Rhythmik reicht dies für eine tagesperiodische Synchronisation aus. Ähnliches gilt für Höhlenbewohner und andere verborgen lebende Tiere. Es macht keinen Sinn, wenn ein tief im Baumstamm wohnender Specht, bei jedem Einflug in seine Höhle dies für den Beginn der Nacht hielte und beim Ausflug für den beginnenden Tag. Ein endogener circadianer Rhythmus sichert ihm die tagesperiodische Organisation des Verhaltens, auch wenn er unregelmäßigen Wechseln zwischen Hell und Dunkel ausgesetzt ist. Bei einigen jagenden Tieren, z.B. Falken, ist beobachtet worden, dass sie ihre Jagdzeit auf die tagesperiodische Aktivität ihrer Beutetiere einstellen. Die Konzentration einzelner Verhaltensweisen auf beschränkte Zeiten innerhalb eines Tages ist nur möglich unter Nutzung einer endogen circadianen Uhr.

Soziale Interaktionen setzen voraus, dass Tiere gleichzeitig aktiv sind und auch gleichzeitig die Bereitschaft zu sozialen Interaktionen oder zur Reproduktion zeigen. Sowohl circadiane als auch circannuale Rhythmen erleichtern die zeitliche Synchronisation des Sozialverhaltens. Möglicherweise ist dies einer der Gründe für die ausgeprägten circannualen Rhythmen bei äquatornah lebenden Vögeln. Temperatur und Photoperiode haben dort nur einen geringen Jahresgang, aber mit einer endogenen circannualen Rhythmik können diese geringen Änderungen ausreichen, um die jahreszeitliche Organisation des Verhaltens zu synchronisieren. Dies legt die Vermutung nahe, dass endogene Rhythmen die *fitness*, d.h. den Reproduktionserfolg, verbessern. Dies ist bisher lediglich bei Drosophila gezeigt worden. Mutanten, die ein defektes Uhr-Gen (*per* oder *tim*) trugen, hatten einen 40% geringeren Reproduktionserfolg, durch geringere Anzahl Eier und einen höheren Anteil unfruchtbarer Eier. Auch wenn nur die Männchen ein mutiertes Uhr-Gen hatten, nahm der Reproduktionserfolg ab, da die Spermienproduktion einer circadianen Kontrolle unterliegt (Beaver et al. 2002).

Die Photoperiode ist der wichtigste Zeitgeber für die jahreszeitliche Anpassung und die Synchronisation der circannualen Uhr. Ohne eine endogen circadiane Uhr würde dies nicht funktionieren, denn die circadiane Veränderung der Photosensitivität ist Grundlage der photoperiodischen Zeitmessung. Daraus wird deutlich, dass eine endogen circadiane Rhythmik für Tiere überhaupt erst die Möglichkeit eröffnet, Jahreszeiten erkennen, um dann ihr Fell, ihre Reproduktion, ihren Nestbau und ihre sonstigen Aktivitäten bereits im Vorgriff auf die jahreszeitlich zu erwartenden Klimaänderungen einzustellen.

## Literatur


Armstrong SM, Cassone VM, Chesworth MJ, Redman JR, Short RV (1986) Synchronization of mammalian circadian rhythms by melatonin. J Neural Transm Suppl 21:375–394

Aschoff J (1964) Die Tagesperiodik licht- und dunkelaktiver Tiere. Rev Suisse Zool 71:528–558

Aschoff J (1967) Adaptive cycles: their significance for defining environmental hazards. Int J Biometereol 11:255–278

Aschoff J (1981a) A survey on biological rhythms. In: Aschoff J (ed) Biological rhythms. Handbook of behavioural neurobiology, vol 4. Plenum, New York, pp 3–10

Aschoff J (1981b) Freerunning and entrained circadian rhythms. In: Aschoff J (ed) Biological rhythms. Handbook of behavioural neurobiology, vol 4. Plenum, New York, pp 81–94

Aschoff J, Daan S, Honma KI (1981) Zeitgebers, entrainment, and masking: some unsettled questions. In: Aschoff J, Daan S, Groos GA (eds) Vertebrate circadian systems. Springer, Heidelberg, pp 13–24

Aschoff J, Giedke H, Pöppel E, Wever R (1972) The influence of sleep interruption and of sleep deprivation on circadian rhythms in human performance. In: Colquhoun WP (ed) Aspects of human efficiency. The English Univ Press, London, pp 135–150

Aschoff J, Tokura H (1987) Circadian activity rhythms in squirrel monkeys: entrainment by temperature cycles. J Biol Rhythms 1:91–99

Beaver LM, Gvakharia BO, Vollintin TS, Hege DM, Stanewsky R, Giebultowicz JM (2002) Loss of circadian clock function decreases reproductive fitness in male *Drosophila melanogaster.* Proc Nat Acad Sci 99:2134–2139

Berson DM, Dunn FA, Takao M (2002) Phototransduction by retinal ganglion cells that set the circadian clock. Science 295:1070–1073

Borbely A (1984) Das Geheimnis des Schlafs. Deutsche Verlagsanstalt, Stuttgart

Brown SA, Zumbrunn G, Fleury-Olela F, Preitner N, Schibler U (2002) Rhythms of mammalian body temperature can sustain peripheral circadian clocks. Curr Biol 12:1574–1583

Berthold P, Gwinner E, Klein H (1972) Circannuale Periodik bei Grasmücken: I. Periodik des Körpergewichts, der Mauser und der Nachtunruhe bei *Sylvia atricapilla* und

*S. borin* unter verschiedenen konstanten Bedingungen. J Ornithol 113:170–190

Bünning E (1973) The physiological clock. Circadian rhythms and biological chronometry. Springer, Heidelberg

Campbell SS, Tobler I (1984) Animal sleep: a review of sleep duration across phylogeny. Neurosci Biobehav Rev 8:269–300

Crowcroft P (1954) The daily cycle of activity in British shrews. Proc Zool Soc London 123:715–729

Daan S (1981) Adaptive daily strategies in behaviour. In: Aschoff J (ed) Biological rhythms. Handbook of behavioural neurobiology. Vol 4. Plenum, New York, pp 275–298

Devlin PF, Kay SA (2001) Circadian photoreception. Ann Rev Physiol 63:677–694

Eskin A (1971) Properties of the Aplysia visual system: in vitro entrainment of the circadian rhythm and centrifugal regulation of the eye. Z vergl Phys 74:353–371

Elliot JA (1976) Circadian rhythms and photoperiodic time measurement in mammals. Fed Proc 35:2339–2346

Foster RG, Hankins MW (2002) Non-rod, non-cone photoreception in vertebrates. Prog Ret Eye Res 21:507–527

Francis AJ, Coleman GJ (1988) The effect of ambient temperature cycles upon circadian running and drinking activity in male and female laboratory rats. Physiol Behav 43:471–477

Francis C, Sargent ML (1979) Effects of temperature perturbations on circadian conidiation in *Neurospora.* Plant Physiol 64:1000–1009

Gekakis N, Staknis D, Nguyen HB, Davis FC, Wilsbacher LD (1998) Role of the CLOCK protein in the mammalian circadian mechanisms. Science 280:1564–1569

Gwinner E (1986) Circannual Rhythms. In Farner DS (ed) Zoophysiology, vol 18. Springer, Heidelberg

Gwinner E (1977) Photoperiodic synchronisation of circannual rhythms in the European starling. Naturwissenschaften 64:44

Gwinner E, Subbaraj R, Bluhm CK, Gerkema M (1987) Diferential effects of pinealectomy on circadian rhythms of feeding and perch hopping. J Biol Rhythms 2:109–120

Hattar S, Liao H-W, Takao M, Berson DM, Yau K-W (2002) Melanopsin-containing retinal ganglion cells: architecture, projections, and intrinsic photosensitivity. Science 295:1065–1070

Heigl S, Gwinner E (1995) Synchronisation of circadian rhythms of house sparrows by oral melatonin: effects of changing period. J Biol Rhythms 10:225–233

Heldmaier G, Klingenspor M (2002) Role of photoperiod during seasonal acclimation in winter-active small mammals. In: Heldmaier G, Werner D (eds) Environmental signal processing and adaptation. Springer, Heidelberg, pp 233–250

Heldmaier G, Lynch GR (1986) Pineal involvement in thermoregulation and acclimatization. Pineal Res Rev 4:97–139

Helfrich-Förster C (1995) The period clock gene is expressed in central nervous system neurons which also produce a neuropeptide that reveals the projection of circadian pacemaker cells within the brain of *Drosophila melanogaster.* Proc Natl Acad Sci USA 92:612–616

Hoffmann K (1979) Photoperiodic effects in the Djungarian hamster: One minute of light during darktime mimics influence of long photoperiods on testicular regrudescence, body weight and pelage colour. Experientia 31:122–123

Honma K, Honma S, Hiroshige T (1985) Response curve, free-runnung period, and activity time in circadian locomotor activity rhythms of rats. Jap J Physiol 35:643–658

Honma S, Kawamoto T, Takagi Y, Fujimoto K, Sato F, Noshiro M, Kato Y, Honma K-I (2002) Dec1 and Dec2 are regulators of the mammalian molecular clock. Nature 419:841–844

Jacklet JW (1969) circadian rhythm of optic nerve impulses recorded in darkness from isolated eye of *Aplysia.* Science 164:562–563

King DP, Zhao Y, Sangoram AM, Wilsbacher LD, Tanaka M (1997) Positional cloning of the mouse circadian *Clock* gene. Cell 89:641–653

Klein DC, Moore RY, Reppert SM (1991) Suprachiasmatic nucleus: the mind's clock. Oxford Univ Press, Oxford

Konopka RJ, Benzer S (1971) Clock mutants of *Drosophila melanogaster.* Proc Natl Acad Sci USA 68:2112–2116

Menaker M, Zimmerman N (1976) Role of the pineal in the circadian system of birds. Amer Zool 16:45–55

Menaker M, Underwood H (1976) Extraretinal photoreception in birds. Photochem Photobiol 23:299–306

Moore-Ede MC, Sulzman FM (1981) Internal temporal order. In: Aschoff J (ed) Biological rhythms. Handbook of behavioural neurobiology, vol 4. Plenum, New York, pp 215–241

Mrosovsky N (1977) Circannual cyles in hibernators. In: Wang L, Hudson JW (eds) Strategies in Cold. Natural torpidity and thermogenesis. Academic Press, New York, pp 21–65

Mukhametov LM, Supin AY, Polyakova IG (1977) Interhemispheric asymmetry of the electroencephalographic sleep patterns in dolphins. Brain Rex 134:581–584

Neumann D (1982) Tidal and lunar rhythms. In: Aschoff J (ed) Biological rhythms. Handbook of behavioural neurobiology, vol 4. Plenum, New York, pp 3–10

Nisimura T, Numata H (2001) Endogenous timing mechanism controlling the circannual pupation mechanism of the varied carpet beetle *Anthrenus verbasci.* J Comp Physiol A 187:433–440

Page TL (1982) Neural and endocrine control of circadian rhythmicity in invertebrates. In: Aschoff J (ed) Biological rhythms. Handbook of behavioural neurobiology vol 4. Plenum, New York, pp 145–172

Panda S, Hogenesch JB, Kay SA (2002) Circadian rhythms from flies to humans. Nature 417:329–335

Pengelley ET, Asmundson SJ, Barnes B, Aloia RC (1976) Relationship of light intensity and photoperiod to circannual rhythmicity in the hibernating ground squirrel. Comp Biochem Physiol 53A:273–277

Petri B, Stengl M (1997) Pigment-dispersing hormone shifts the phase of the circadian Pacemaker of the cockroach *Leucophaea maderae.* J Neurosci 17:4087–4094

Pittendrigh CS (1967) Circadian systems. I. The driving oscillation and its assay in *Drosophila pseudoobscura*. Proc Natl Acad Sci USA 58:1762–1767

Pittendrigh CS (1981) Freerunning and entrained circadian rhythms. In: Aschoff J (ed) Biological rhythms. Handbook of behavioural neurobiology, vol 4. Plenum, New York, pp 95–124

Ralph MR, Foster RG, Davis FC, Menaker M (1990) Transplanted suprachiasmatic nucleus determines circadian period. Science 247:975–978

Reddy P, Zehring WA, Wheeler DA, Pirrotta V, Hadfield C, Hall JC, Rosbash M (1984) Molecular analysis of the period locus in *Drosophila melanogaster* and identification of a transcript involved in biological rhythms. Cell 38:701–710

Reiter RJ (1993) The Melatonin rhythm: both a clock and a calendar. Experientia 49:654–664

Rattenborg NC, Amlaner CJ, Lima SL (2000) Behavioural, neurophysiological and evolutionary perspectives on unihemispheric sleep. Neurosci Biobehav Rev 24:817–842

Rechtschaffen A (1998) Current perspectives on the function of sleep. Perspect Biol Med 41:359–390

Renn SCP, Park JH, Rosbash M, Hall JC, Taghert PH (1999) A *pdf* neuropeptide gene mutation and ablation of PDF neurons each cause severe abnormalities of behavioural circadian rhythms in *Drosophila*. Cell 99:791–802

Reppert SM, Weaver D (2001) Molecular analysis of mammalian circadian rhythms. Ann Rev Physiol 63:647–676

Ruf T, Steinlechner S, Heldmaier G (1989) Rhythmicity of body temperature and torpor in the Djungarian hamster, *Phodopus sungorus*. In: Malan A, Canguilhem B (eds) Living in the cold II. John Libbey Eurotext, pp 53–61

Stanewsky R (2002) Clock mechanisms in *Drosophila*. Cell Tissue Res 309:11–26

Stanewsky R (2003) Genetic analysis of the circadian system in *Drosophila melanogaster* and mammals. J Neurobiol 54:111–147

Steinlechner S, Puchalski W (2002) Mechanisms for seasonal control of reproduction in small mammals. In: Heldmaier G, Werner D (eds) Environmental signal processing and adaptation. Springer, Heidelberg, pp 233–250

Tosini G, Menaker M (1998) Multioscillatory circadian organisation in a vertebrate, *Iguana iguana*. J Neurosci 18:105–1114

Underwood H, Menaker M (1976) Extraretinal photoreception in birds. Photochem Photobiol 23:299–306

Underwood H, Calaban M (1987) Pineal melatonin rhythms in the lizard *Anolis carolinensis*: I. Response to light and temperature cycles. J Biol Rhythms 2:179–193

van der Horst GTJ, Muijtiens M, Kobayashi K, Takano R, Kanno SI (1999) Mammalian Cry1 and Cry2 are essential for maintenance of circadian rhythms. Nature 398:627–630

Williams JA, Sehgal A (2001) Molecular components of the circadian system in *Drosophila*. Ann Rev Physiol 63:729–755

Winfree AT (1986) Biologische Uhren. Zeitstrukturen des Lebendigen. Spektrum, Heidelberg

Wollnik F (1995) Die innere Uhr der Säugetiere. BIUZ 25:37–43

Yagita K, Tamanini F, van der Horst GTJ, Okamura H (2001) Molecular mechanisms of the biological clock in cultured fibroblasts. Science 292:278–281

Zimmerman WF, Pittendrigh CS, Pavlidis T (1968) Temperature compensation of the circadian oscillation in *Drosophila pseudoobscura* and its entrainment by temperature cycles. J Insect Physiol 14:669–684

# Sachverzeichnis

# Verzeichnis der Organismen